Krause/Krause

Die Prüfung der Industriemeister Metall

www.kiehl.de

Prüfungsbücher für Betriebswirte und Meister

Die Prüfung der Industriemeister Metall

Handlungsspezifische Qualifikationen

6., aktualisierte Auflage

Von

Dipl.-Sozialwirt Günter Krause und

Dipl.-Soziologin Bärbel Krause

Unter Mitarbeit von

Dipl.-Ing. Hans Freyert Berufsgenossenschaft Holz und Metall

Dipl.-Ing. Thomas Koch

Dipl.-Ing. Armin Liebelt

Thomas Lierath Stadtwerke Neubrandenburg

Dipl.-Gew.-StR Gunnar Mühlenstädt

Dipl.-Ing. Axel Pollaczek

ISBN 978-3-470-**54736**-7 · 6., aktualisierte Auflage 2014

© NWB Verlag GmbH & Co. KG, Herne 2006

Kiehl ist eine Marke des NWB Verlags.

Druck: Hubert & Co., Göttingen – ptkl

Vorwort zur 6. Auflage

Die Vorauflage wurde gründlich durchgesehen, aktualisiert und das Kapitel „Arbeits-, Umwelt- und Gesundheitsschutz" komplett überarbeitet. Alle DIN-Angaben wurden aktualisiert. Im Text haben wir einige Praxisbeispiele und Hinweise ergänzt. Das Stichwortverzeichnis wurde erweitert.

Anregungen und konstruktive Kritik sind gerne willkommen und erreichen uns über das Internet oder über den Verlag.

Neustrelitz, im Oktober 2013   *Diplom-Sozialwirt Günter Krause*
                                                   Diplom-Soziologin Bärbel Krause

Vorwort

Dieses Buch wendet sich an alle Kursteilnehmer, die eine **Weiterbildung zum Geprüften Industriemeister/zur Geprüften Industriemeisterin, Fachrichtung Metall** absolvieren. Es soll sie während des gesamten Lehrgangs begleiten und gezielt auf die Prüfung vor der Industrie- und Handelskammer vorbereiten. Außerdem eignet es sich als übersichtliches Nachschlagewerk für die Praxis.

Das Buch behandelt alle **Handlungsspezifischen Qualifikationen** und orientiert sich in seiner Gliederung eng am aktuellen Rahmenplan des DIHK vom Februar 2006 sowie der geltenden Prüfungsordnung. Die Haupttitel sind:

Handlungsbereich TECHNIK
1. Betriebstechnik
2. Fertigungstechnik
3. Montagetechnik

Handlungsbereich ORGANISATION
4. Betriebliches Kostenwesen
5. Planungs-, Steuerungs- und Kommunikationssysteme
6. Arbeits-, Umwelt- und Gesundheitsschutz

Handlungsbereich FÜHRUNG UND PERSONAL
7. Personalführung
8. Personalentwicklung
9. Qualitätsmanagement

Der *erste Teil* des Buches bereitet den gesamten Prüfungsstoff zur Wiederholung kompakt in Frage und Antwort auf und schafft damit gleichzeitig eine Problemorientierung. Zahlreiche Grafiken und Schaubilder strukturieren und veranschaulichen den Lernstoff. Mehr als 100 Praxisbeispiele erleichtern das Verständnis und die Anwendung der Lerninhalte. Die Querverweise fördern das Erkennen von Zusammenhängen sowie Schnittstellen und befähigen zur Handlungsorientierung der Teilnehmer.

Im *zweiten Teil* werden die Prüfungsanforderungen ausführlich erläutert. Dabei ist dem Fachgespräch ein eigener Abschnitt gewidmet. Tipps und Techniken zum Bestehen der schriftlichen und mündlichen Prüfung runden das Kapitel ab.

Der *dritte Teil* zeigt beispielhaft eine integrierte und komplexe Musterklausur, wie sie nach der Rechtsverordnung vorgesehen ist. Der Aufgabensatz enthält jeweils eine Klausur mit dem Schwerpunkt Technik und dem Schwerpunkt Organisation sowie Handlungsaufträge für das Fachgespräch. Durch die Bearbeitung können die Leser ihre Kenntnisse unter „echten Prüfungsbedingungen" testen und mithilfe der ausführlichen Musterlösung ihre Ergebnisse sofort kontrollieren.

Ein umfangreiches Stichwortverzeichnis unterstützt die selektive Bearbeitung einzelner Themen bei der Prüfungsvorbereitung und ermöglicht die schnelle Information bei Fragestellungen in der Praxis.

Noch ein Wort an die Leserinnen dieses Buches: Wenn im Text von „dem Industriemeister" gesprochen wird, so umfasst diese maskuline Bezeichnung auch immer die angehende Industriemeisterin. Die vereinfachte Bezeichnung soll lediglich den sprachlichen Ausdruck vereinfachen.

Wir wünschen allen Leserinnen und Lesern eine erfolgreiche Prüfung und die Realisierung der persönlichen Berufsziele in den klassischen Managementbereichen des Industriemeisters.

Anregungen und konstruktive Kritik sind gerne willkommen und erreichen uns über das Internet oder über den Verlag.

Neustrelitz, im September 2006   *Diplom-Sozialwirt Günter Krause*
                                                         Diplom-Soziologin Bärbel Krause

Hinweise für den Leser

Das Werk enthält zahlreiche **Querverweise**, die sich aus der Überschneidung der Handlungsbereiche bzw. der Qualifikationselemente ergeben. Sie sind mit einem Pfeil → gekennzeichnet und nennen nachfolgend die Ziffer der entsprechenden Fundstelle bzw. des Rahmenplans.

Dabei sind Hinweise auf den Inhalt der Basisqualifikationen mit einem vorangestellten „A" gekennzeichnet und zeigen gleichzeitig an, dass dieses Thema Inhalt des Grundlagenbandes „Die Prüfung der Industriemeister - Basisqualifikationen" (9. Auflage) ist. Beispielsweise verweist → A 3.5 auf das Thema „Projektmanagementmethoden" im **Grundlagenband**. Wir empfehlen die Inhalte der Basisqualifikationen nicht zu vernachlässigen. Sie werden im zweiten Teil der Prüfung als bekannt vorausgesetzt.

Querverweise innerhalb des handlungsspezifischen Teils der Prüfung enthalten nur die Angabe der Ziffer. Beispielsweise wird die Thematik „Aufstellen und Inbetriebnehmen von Maschinen und Anlagen" unter 1.5 (Betriebstechnik), 2.7 (Fertigungstechnik) und 3.4 (Montagetechnik) behandelt. Zum Teil überschneiden sich die Inhalte lt. Rahmenplan, zum Teil werden auch unterschiedliche Schwerpunkte gesetzt. Daher enthalten im Buch alle drei genannten Abschnitte jeweils einen Querverweis. Dies soll dem Leser die Komplexität der Stoffbehandlung zeigen, die Handlungsorientierung unterstützen, andererseits aber auch „Doppellernen" vermeiden.

Die Vorbereitung auf die Prüfung im Handlungsbereich Technik ist ohne die Unterstützung eines geeigneten **Tabellenwerkes** nicht möglich. Das Buch gibt bei der Stoffbearbeitung jeweils entsprechende Angaben (z. B. Friedrich Tabellenbuch, Metall- und Maschinentechnik). Die Literaturhinweise enthalten weitere Angaben zu Tabellenwerken mit ähnlichem Inhalt. In der Prüfung sollten Sie mit einem Tabellenwerk arbeiten, das Ihnen vertraut ist. Ähnliches lässt sich zum Thema „**Gesetzestexte**" sagen; z. B. empfehlen wir die Anschaffung des Arbeitsschutzgesetzes.

Inhaltsverzeichnis

I. Handlungsbereiche

1. Betriebstechnik

Prüfungsanforderungen:

Im Qualifikationsschwerpunkt Betriebstechnik soll der Prüfungsteilnehmer nachweisen, dass er in der Lage ist,

- technische Anlagen und Einrichtungen funktionsgerecht einzusetzen,

- ihre Instandhaltung zu planen, zu organisieren und zu überwachen,

- die Energieversorgung im Betrieb sicherzustellen,

- Aufträge zur Installation von Maschinen, Produktionsanlagen, Anlagen der Ver- und Entsorgung sowie von Systemen des Transports und der Lagerung umzusetzen.

Qualifikationsschwerpunkt Betriebstechnik (Überblick)

1.1 **Auswahl, Festlegung und Funktionserhalt von Kraft- und Arbeitsmaschinen und der dazugehörigen Aggregate sowie Hebe-, Transport- und Fördermittel**

1.2 **Planen und Einleiten von Instandhaltungsmaßnahmen sowie Überwachen und Gewährleisten der Instandhaltungsqualität und der Termine**

1.3 **Erfassen und Bewerten von Schwachstellen, Schäden und Funktionsstörungen sowie Abschätzen und Begründen von Auswirkungen geplanter Eingriffe**

1.4 **Aufrechterhalten der Energieversorgung im Betrieb**

1.5 **Aufstellen und Inbetriebnehmen von Anlagen und Einrichtungen, insbesondere unter Beachtung sicherheitstechnischer und anlagenspezifischer Vorschriften**

1.6 **Funktionserhalt und Überwachung der Steuer- und Regeleinrichtungen sowie der Diagnosesysteme von Maschinen und Anlagen**

1.7 **Veranlassen von Maßnahmen zur Lagerung von Werk- und Hilfsstoffen sowie Produkten**

1.1 Auswahl, Festlegung und Funktionserhalt von Kraft- und Arbeitsmaschinen und der dazugehörigen Aggregate sowie Hebe-, Transport- und Fördermittel

1.1.1 Kraft- und Arbeitsmaschinen sowie Hebe- und Fördermittel (Nutzung und Funktionserhalt)

→ 2.1.3
→ 2.7.2

01. Was sind Maschinen?

• *Maschinen* sind Vorrichtungen von zusammengesetzten Bauelementen (technisches System), die den Produktionsprozess unterstützen.

• Die grundsätzliche *Funktionsweise eines technischen Systems* (Maschine, Anlage) ist:

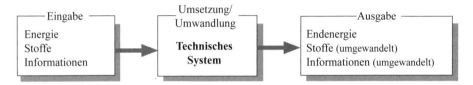

1. Dem System werden *Elemente* (Energie, Stoffe, Informationen) *zugeführt (,,Eingabe")*.
2. Die zugeführten *Elemente* erfahren im technischen System eine *,, Umsetzung "* und
3. *verlassen* nach der Umsetzung *das System (,,Ausgabe")*.

zu 1.: Die *zugeführten Elemente* (,,Eingabe") können sein:
- Energie
- Stoffe
- Informationen.

zu 2.: Das *technische System* (Umsetzung) kann sein:
- Eine Maschine
- eine technische Anlage
- eine EDV-/IT-Anlage.

zu 3.: Die *Ausgabe* kann sein:
- Umgewandelte Energie
- Umwandlung von Stoffen in Produktionsleistungen (z. B. Umformung eines Bleches mittels einer Biegemaschine)
- Umwandlung von Informationen in den benötigten Aggregatzustand (z. B. Selektion und Gruppierung von Eingabedaten).

02. Wie unterscheidet man Kraftmaschinen und Arbeitsmaschinen?

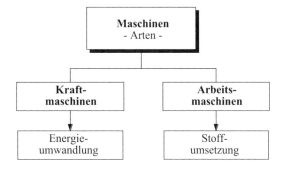

- Die *Kraft* F gibt an, wie stark Körper aufeinander wirken. Die Kraft kann eine *Verformung* (statische Kraftwirkung) und/oder eine *Änderung des Bewegungszustandes* (dynamische Kraftwirkung) hervorrufen.

- *Kraftmaschinen* wandeln Energie um in eine für den Menschen nutzbare Form, z. B. Umwandlung thermischer oder elektrischer Energie in mechanische Energie. Kraftmaschinen werden vor allem zum Antrieb von Arbeitsmaschinen oder Fahrzeugen eingesetzt.

  Beispiele: Dieselmotor, Ottomotor, Elektromotor, Turbine.

- *Arbeitsmaschinen* sind stoffumsetzende Maschinen, d. h., sie bearbeiten Stoffe mit dem Ziel der Umformung.

  Beispiele: Stanze, Biegemaschine, Pumpe, Werkzeugmaschine, Verdichter, Fördermittel.

03. Wie erfolgt die Energieumwandlung in Kraftmaschinen? → A 5.2

Meist erfolgt eine Umwandlung in mechanische Energie, um Körper zu verformen oder ihren Bewegungszustand zu verändern. Als *Arbeitsmedien* werden dafür genutzt: Wasserkraft, Windkraft, Sonneneinstrahlung, Erdwärme, Muskelkraft von Mensch und Tier, Gezeitenströmung, fossile Brennstoffe usw.

- Die *Endenergie* (= Energie am Ort der Verwendung = Ergebnis der Energieumwandlung) besteht aus *Nutzenergie* und *ungenutzter Energie*.
- Bei jeder Energieumformung ist der Anteil der genutzten Energie < 100 % (*Wirkungsgrad*).
- *Primärenergie* ist die ursprüngliche Energieart (z. B. Steinkohle, Kernbrennstoff, Erdöl).
- *Sekundärenergie* ist umgewandelte Primärenergie (z. B. Strom, Koks, Fernwärme).

Die wichtigsten *Kraftmaschinen* sind:

- *Dampfkraftmaschinen:*
  → Brennstoffenergie wird über die Verwendung des erzeugten Dampfes genutzt,
     z. B. Dampfmaschine, Dampfmotor, Dampfturbine.

- *Wasserkraftmaschinen* (auch: Strömungskraftmaschinen):
  → Die potenzielle und kinetische Energie des Wassers wird in mechanische Arbeit umgesetzt, z. B. Wasserturbinen.

- *Verbrennungskraftmaschinen:*
  → Wärmeenergie wird in mechanische Energie umgewandelt, z. B. Gasturbine, Dieselmotor, Ottomotor, Wankelmotor.

- *Elektromotoren:*
  → Elektrische Energie wird in mechanische Energie umgewandelt, z. B. als Antrieb für Pumpen, Hebewerkzeuge, Transportsysteme.

- *Hydraulische und pneumatische Kraftmaschinen:*
  → Strömungs-/Druckenergie wird in mechanische Energie umgewandelt, z. B. Hebe-/Schubvorrichtungen.

Beispiele für Energieumwandlungen durch Kraftmaschinen:

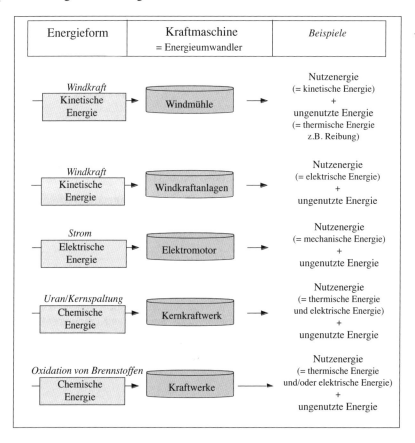

04. Was versteht man unter Energie?   → A 5.1.4

Energie E erfasst die Fähigkeit eines Körpers bzw. eines physikalischen Systems, Arbeit zu verrichten (kurz: Energie = Arbeitsvermögen). Sie ist eine Zustandsgröße. Zwischen mechanischer Arbeit W und Energie E besteht der Zusammenhang:

$$\Delta E = W.$$

Die Energie wird in den gleichen Einheiten gemessen wie die Arbeit (J; Nm; Ws).

05. Was ist potenzielle Energie?

In der Mechanik wird zwischen *potenzieller Energie* (Lageenergie, Federenergie) und *kinetischer Energie* (Energie der Bewegung) unterschieden.

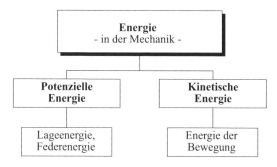

Potenzielle Energie E_{pot} (= Lageenergie, Federenergie) ist diejenige Energie, die ein ruhender Körper infolge von Krafteinwirkung (Arbeit) innerhalb eines Bezugssystems besitzt (kurz: potenzielle Energie = gespeicherte Arbeit).

Wird z. B. an einem Körper Hubarbeit verrichtet, steckt diese Arbeit dann in Form von potenzieller Energie in dem Körper. Diese Energie entspricht nicht der gesamten potenziellen Energie, sondern nur dem Zuwachs an potenzieller Energie beim Heben um die Strecke h (Ausgangspunkt kann willkürlich gewählt werden).

Wird der Körper um die Höhe h gesenkt, gibt er diese bestimmte Energie E_{pot} ab.

Auch die zur Verformung elastischer Körper aufzuwendende Verformungsarbeit W_F wird im Körper als potenzielle Energie gespeichert und als Spannungsarbeit bzw. Spannungsenergie bezeichnet.

Es gilt: Lageenergie: Energie der Feder:

$$E_{pot} = F \cdot s$$ $$E_{pot} = \frac{D \cdot s^2}{2}$$

F = Kraft
s = Weg
D = Federkonstante

06. Was ist kinetische Energie?

Kinetische Energie E_{kin} (= Energie der Bewegung) ist dann in einem Körper vorhanden, wenn an ihm Arbeit verrichtet wird (Beschleunigungsarbeit).

Durchfällt ein Körper die Höhe h, so wandelt sich seine potenzielle Energie E_{pot} in kinetische Energie E_{kin} gleicher Größe um.

Es gilt:

$$E_{kin} = \frac{m \cdot v^2}{2}$$

m = Masse des Körpers
v = Geschwindigkeit des Körpers

$$\Delta E_{kin} = \frac{m(v_2^2 - v_1^2)}{2}$$

v_1 = Geschwindigkeit 1
v_2 = Geschwindigkeit 2

D. h., eine Geschwindigkeitsänderung von v_1 auf v_2 hat eine Änderung der kinetischen Energie zur Folge.

07. Was sagt der „Satz von der Erhaltung der mechanischen Energie" aus?

Entsprechend dem *allgemeinen Energieerhaltungssatz* kann Energie nicht erzeugt oder vernichtet, sondern nur übertragen oder umgewandelt werden: $\sum E$ = konstant. Bezogen auf das Teilgebiet der Mechanik bedeutet das:

> *In einem abgeschlossenen mechanischen System bleibt die Summe der mechanischen Energie (potenzielle und kinetische Energie) konstant:*
>
> $$E_{pot} + E_{kin} = konstant$$

08. Was ist Arbeit?

Unter *Arbeit* W versteht man das Produkt aus Kraft und Weg (vgl. Frage 05.):

$$W = F \cdot s$$

$[W]$ = Joule; 1 J = 1 Nm = 1 Ws

Folgende *Arten der Arbeit* werden unterschieden:

• *Hubarbeit*   F = konstant; v = konstant
                                 z. B.: ein Kran, der ein Bauteil anhebt

• *Reibungsarbeit*   F = konstant; v = konstant
                                 z. B.: horizontal bewegter Schlitten

• *Federspannarbeit*   auch: Verformungsarbeit; F ~ s; elastische Verformung
                                 z. B.: Spannen eines Expanders

• *Beschleunigungsarbeit*   F = konstant; v $\neq$ konstant
                                 z. B.: Anfahren eines Fahrzeugs

09. Was ist Leistung?

Durch die *Leistung* P wird erfasst, in welcher Zeit t eine bestimmte Arbeit verrichtet wird:

$$\text{Leistung} = \frac{\text{Arbeit}}{\text{benötigte Zeit}}$$

$[P] = W; \ 1\,W = 1\,J/s = 1\,Nm/s$

$$P = \frac{W}{t}$$

* *Konstante Leistung:*
Wenn in gleichen Zeitabschnitten $\Delta t = t_2 - t_1$ stets die gleiche Arbeit W verrichtet wird, dann ist die *Leistung* P *konstant:*

$$P = \frac{W}{t}$$

* *Durchschnittsleistung:*
Allgemein wird bei Vorgängen in der Natur und in der Technik (Maschinen, Fahrzeuge u. Ä.) die Arbeit (zeitlich) ungleichmäßig verrichtet. Dann ist die *Leistung nicht konstant*. Die mittlere Leistung, auch *Durchschnittsleistung* P_D, für das Zeitintervall Δt ist dann der Quotient:

$$P_D = \frac{W}{\Delta t}$$

* *Momentanleistung:*
Die Momentanleistung P_M muss mittels Differenzialquotient bestimmt werden:

$$P_M = \frac{dW}{dt}$$

Umgeformt ergibt sich für die *Momentanleistung*:

Momentanleistung = Momentankraft · Momentangeschwindigkeit

$$P_M = F_M \cdot v_M$$

10. Was bezeichnet man als Wirkungsgrad?

Unter dem *Wirkungsgrad* η versteht man das Verhältnis der abgegebenen bzw. nutzbaren Leistung P_{ab} zur zugeführten Leistung P_{zu}:

$$\eta = \frac{P_{ab}}{P_{zu}}$$

Es ist häufig zweckmäßiger, den Wirkungsgrad nicht als Verhältnis zweier Leistungen, sondern als *Verhältnis zweier Arbeiten* auszudrücken: Dann ist der Wirkungsgrad

$$\eta = \frac{\text{Nutzarbeit}}{\text{Gesamtarbeit}} = \frac{W_{ab}}{W_{zu}}$$

Da die von einer Maschine abgegebene Arbeit W_{ab} stets kleiner ist als die zugeführte Arbeit W_{zu}, ist der Wirkungsgrad η jeder Maschine immer kleiner als 1 [$0 < \eta < 1$]. Der Wirkungsgrad hat keine Einheit. Er wird als Dezimalbruch oder in Prozent angegeben.

Bei mehrfacher Energieumsetzung bzw. -übertragung ist der *Gesamtwirkungsgrad* η_{ges} das Produkt der einzelnen Wirkungsgrade:

$$\eta_{ges} = \eta_1 \cdot \eta_2 \cdot \ldots \cdot \eta_n$$

11. Wie erfolgt bei Arbeitsmaschinen die Umwandlung zugeführter Energie in mechanische Arbeit?

Arbeitsmaschinen sind stoffumsetzende Maschinen, d. h., sie bearbeiten Stoffe mit dem Ziel der Umformung, z. B. Stanz-/Biege-/Werkzeugmaschinen, Pumpen, Verdichter, Fördermittel.

Mithilfe der zugeführten Energie werden die Stoffe in angestrebte Zustände gebracht; diese können z. B. sein:

- Veränderung der geometrischen Form, z. B. walzen, schmieden, trennen,
- Veränderung der Stoffeigenschaften, z. B. glühen, härten,
- Veränderung des Ortes, z. B. Fördertechnik.

1.1.2 Funktionserhalt von Kraftmaschinen – Wirkungsweise und Nutzung in der Industrie

01. Über welche Kraftmaschinen sollte der Industriemeister informiert sein (Wirkungsweise und Nutzung im Überblick)?

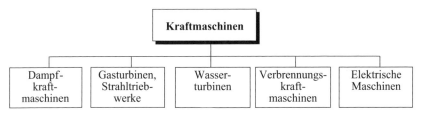

1.1.2.1 Dampfkraftmaschinen

→ A 5.2.2

01. Welche physikalischen Vorgänge erfolgen bei der Dampferzeugung?

- Wasser wird aus einer Quelle entnommen (Fluss, Brunnen, öffentliches Versorgungsnetz usw.) und aufbereitet (z. B. Enthärtung; Deionat = voll entsalztes Wasser).

- Das Wasser wird im Speisewasserbehälter vorgewärmt und in den Dampferzeuger geleitet.

- Im Dampferzeuger (Dampfkessel = geschlossenes Gefäß) wird Wasser durch heiße Feuerungsgase erhitzt. Die für die Feuerung notwendige Verbrennungsluft wird ebenfalls vorgewärmt.

- Das Wasser verdampft: Es entsteht Sattdampf, der sich über dem siedenden Wasser bildet. Der Siedepunkt des Wassers ist abhängig vom Druckzustand im Inneren des Kessels.

- Der eingeschlossene Dampf hat Druckenergie, die umgewandelt werden kann.

- Bei weiter entwickelten Geräten wird der Sattdampf in mehrere Überhitzer geleitet: Es entsteht Heißdampf von mehreren 100 °C bei hohem Druckzustand.

02. Wie unterscheiden sich Nass-, Satt- und Heißdampf?

- *Nassdampf:* Der Dampf enthält noch kleine Wasserteilchen.

- *Sattdampf:* Die Flüssigkeit ist völlig verdampft.

- *Heißdampf:* Wird dem Sattdampf weitere Wärme zugeführt (bei gleichbleibendem Druck), so entsteht Heißdampf bzw. *überhitzter Dampf*; er beträgt z. B. bei der Dampflokomotive 300 - 400 °C und in Kesselanlagen bis zu 600 °C bei einem Druck von ca. 70 bar.

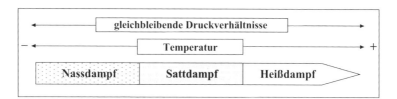

03. Aus welchen Bauteilen besteht eine Dampferzeugungsanlage?

Dampferzeugungsanlagen bestehen aus folgenden Bauteilen:

- Feuerung

- Dampferzeuger (Dampfkessel), Überhitzer und Heizwasserteil für Fernwärme (GuD)

- Rauchgasabführung

- Dampferzeugerhilfsanlagen und Zusatzaggregate:
  · Wasservorwärmer (Speisewasserbehälter)
  · Wasseraufbereitungsanlage (CWA = Chemische Wasseraufbereitung)

· Sicherheitsventile
· Luftvorwärmer
· Druckmanometer
· Kühlsysteme
· Druckluftversorgungs-Anlage
· Heizwasserrückkühlungs-Anlage

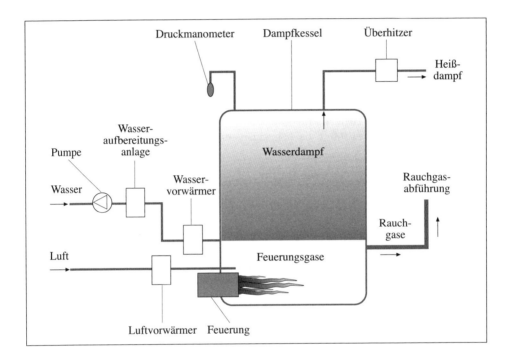

04. Welche Stoffe können zur Befeuerung von Dampferzeugungsanlagen eingesetzt werden?

- *Feste* Brennstoffe: Steinkohle, Braunkohle, Holz, Torf
- *Flüssige* Brennstoffe: Erdöl, Pflanzenöl, leichtes Heizöl
- *Gasförmige* Brennstoffe: Stadtgas, Erdgas

Bei der Verwendung *fester Brennstoffe* ist die *Befeuerung mit einem Rost ausgestattet*: Der Brennstoff kann mithilfe einer Fördereinrichtung in großen Mengen auf den Rost befördert werden. Die Rückstände (Asche) fallen durch den Rost und können entsorgt werden. Ein hoher Schornstein erbringt den für die Verbrennung notwendigen Zug. In Großanlagen wird der natürliche Zug des Schornsteins durch Gebläse- oder Sauganlagen erhöht. Bei der Verwendung *flüssiger Brennstoffe* gelangt das Öl zusammen mit der Verbrennungsluft über eine Düse fein zerstäubt in den Verbrennungsraum. *Gasfeuerungsanlagen* arbeiten z. B. mit atmosphärischen Brennern.

05. Welche Anlagenkomponenten beeinflussen bei Dampfkraftmaschinen die Nutzenergie?

Zum Beispiel:

- Die unvollständige Expansion des Dampfes
- der schädliche Raum
- die Varianten der Dampfdrosselung
- die Wandeinflüsse.

06. Welche Dampfkraftmaschinen lassen sich unterscheiden (Wirkungsweise und Nutzung)?

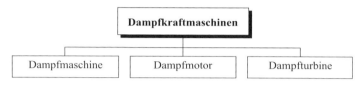

- Bei der *Dampfmaschine* wird die Brennstoffenergie indirekt über die Verwendung des erzeugten Dampfes genutzt.

- Beim *Dampfmotor* wird die Druckenergie des Dampfes (potenzielle Energie) auf einen Kolben gelenkt; die Bewegung des Kolbens leistet mechanische Arbeit.

- Bei der *Dampfturbine* wird die Druckenergie des Dampfes zunächst in Bewegungsenergie (kinetische Energie) umgesetzt; diese wird dann auf die Schaufeln eines Laufrades gelenkt, das mechanische Arbeit (mechanische Drehbewegung) verrichtet.

1.1.2.2 Gasturbinen, Strahltriebwerke

01. Nach welchem Prinzip arbeiten Gasturbinen bzw. Strahltriebwerke?

Die Gasturbine gehört zu den Wärmekraftmaschinen und wird mit den Verbrennungsgasen flüssiger oder gasförmiger Kraftstoffe betrieben (Gas, Kerosin, leichtes Heizöl). Die Wirkungsweise ist ähnlich wie bei der Dampfturbine.

- Die *Gasturbine mit offenem Kreislauf* arbeitet nach folgendem Prinzip:

  - *Frischluft* aus der Atmosphäre wird angesaugt und gefiltert,

  - im *Kompressor* verdichtet und

  - in einer *Brennkammer* unter kontinuierlicher Zuführung eines Brennstoffs verbrannt.

  - Die Verbrennungsgase mit einer Temperatur von bis zu 1.500 °C strömen in die Turbine und versetzen diese in eine Drehbewegung.

  - Die *Turbine* treibt den Kompressor und eine spezielle Arbeitsmaschine, z. B. einen Generator, an.

- Danach treten die Verbrennungsgase in die Atmosphäre aus (offener Kreislauf).

  In einigen Bauarten werden die Abgase noch über einen Wärmetauscher gelenkt, der die angesaugte Frischluft vorwärmt, da der Wirkungsgrad einer Gasturbine umso größer ist, je höher die Turbineneintrittstemperatur der Brenngase ist.

- Verdichter, Turbine, Generator und Motor sitzen auf einer Welle (mechanische Kopplung).

- Die Nutzleistung (z. B. für einen Generator) ergibt sich aus der Differenz von Turbinenleistung und Kompressorleistung.

- Zum Hochfahren der Anlage wird ein Elektromotor eingesetzt, der den Kompressor startet und sich automatisch wieder abschaltet.

Schematische Darstellung eine Gasturbine mit offenem Kreislauf (ohne Wärmetauscher):

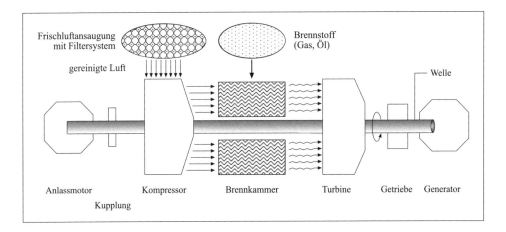

Gasturbinenkraftwerke unterscheiden sich von Dampfkraftwerken durch folgende Merkmale:

- Die Leistung ist sofort verfügbar,
- die Anlagenkosten sind geringer,
- die Stromerzeugungskosten sind höher.

Gasturbinenkraftwerke werden daher vielfach für die Abdeckung von Bedarfsspitzen eingesetzt.

• Die *Gasturbine mit geschlossenem Kreislauf* arbeitet nach folgendem Prinzip:

- Die Verbrennungsgase werden im Kreislauf geführt,
- im Kompressor verdichtet,
- über einen Wärmetauscher erhitzt,
- entspannt und
- rückgekühlt.

Gasturbinen mit geschlossenem Kreislauf finden bisher wenig Anwendung wegen der hohen Anlagekosten.

• Das Antriebsprinzip bei *Strahltriebwerken* (auch: Düsentriebwerk) beruht auf der Arbeitsweise der Gasturbine:

- Ein Laufrad saugt Frischluft an,
- der Kompressor verdichtet die Luft und führt sie in die Brennkammer.
- Die Verbrennungsgase setzen die Turbine in Bewegung.
- Die Turbine nutzt einen kleinen Teil ihrer Leistung für den Kompressor;
  der Hauptteil der Nutzenergie wird der Schubdüse zum Vortrieb zugeführt.

Schematische Darstellung eines Luftstrahltriebwerks (Einstrom-Einwellentriebwerk):

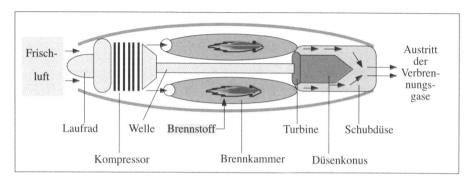

02. Wie werden Gasturbinen bzw. Strahltriebwerke in der Industrie genutzt?

Gasturbinen besitzen im Gegensatz zu Kolbenmaschinen einen kontinuierlichen, ruhigen Lauf, aber einen flacheren Verlauf des Drehmoments. Außerdem zeichnen sie sich durch ein gutes Leistungs-/Masse-Verhältnis aus. Einsatzgebiete:

- *In der Luftfahrt*, z. B.:
  Triebwerk für Hubschrauber, Turboprop-Flugzeuge; als Strahltriebwerk zum Rückstoßantrieb für Flugzeuge.

- *Zur Stromerzeugung*, z. B.:
  Schwere Turbinen-Bauarten werden im stationären Dauerbetrieb eingesetzt (Leistung ab 25 MW); leichte Turbinen-Bauarten werden z. B. als Notstromaggregat verwendet (Leistung von 100 kW und mehr); außerdem gibt es die Kombination von Gas- und Dampfkraftwerk (GuD-Kraftwerk; Wirkungsgrad = 90 %).

- *In der Schifffahrt*, z. B.:
  Schiffsturbine, Luftkissenfahrzeug.

- *Als Zusatzaggregat*
  zur Verbesserung der Leistung von Motoren, z. B. Turbolader im Kfz.

1.1.2.3 Wasserturbinen

01. Wie ist die generelle Wirkungsweise einer Wasserturbine?

Die Wasserturbine ist eine Strömungskraftmaschine, mit der die potenzielle und kinetische Energie des Wassers in mechanische Arbeit oder mithilfe eines Generators direkt in elektrischen Strom umgewandelt wird. Dabei sitzt das Laufrad i. d. R. direkt auf der Welle, die den Generator antreibt.

Wirkungsweise einer Wasserturbine (schematische Darstellung):

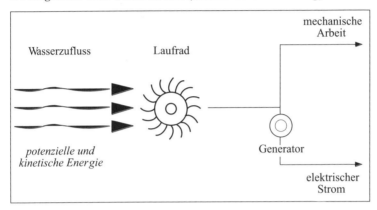

02. Welche physikalischen Zusammenhänge bestimmen den Wirkungsgrad bei Wasserturbinen?

Um einen optimalen Wirkungsgrad bei Wasserturbinen erzielen zu können, muss die Bauart den unterschiedlichen Fallhöhen und den Durchflussmengen des Wassers angepasst werden. Physikalisch kann eine große Fallhöhe einen geringen Wasserdurchfluss kompensieren und umgekehrt. Daher muss beispielsweise eine Turbine im Gebirge mit großer Fallhöhe aber relativ kleiner Wassermenge eine andere Bauart haben als die eines Flusskraftwerkes, bei dem große Wassermengen aber nur die geringe Fallhöhe eines Stauwehrs zu überwinden haben.

- Die *Wirkungsgrade* von Wasserturbinen liegen oft über 90 %.

- Die *Leistung einer Wasserturbine* P [W] ergibt sich daher als Produkt der Erdbeschleunigung g [9,81 m/s^2] mit der Dichte des Wassers ρ [kg/m^3], der Fallhöhe des Wassers h [m], dem Wasserdurchfluss durch die Turbine Q [m^3/s] und dem spezifischen Leistungsgrad der Turbine η.

Leistung P einer Wasserturbine:	$P = g \cdot \rho \cdot h \cdot Q \cdot \eta$

03. Welche Turbinentypen gibt es?

Nach dem Druckverlauf am Laufrad werden folgende Turbinentypen unterschieden:

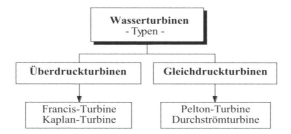

• Bei den *Überdruckturbinen* (auch: Reaktionsturbine) nimmt der Wasserdruck stetig vom Eintritt bis zum Austritt ab; das Wasser trifft mit relativ geringer Fließgeschwindigkeit aber hohem Druck auf das Laufrad und verlässt die Turbine mit geringem Restdruck:
→ Es wird potenzielle und kinetische Energie übertragen.
Typen: Francis-Turbine, Kaplan-Turbine.

• Bei den *Gleichdruckturbinen* (auch: Aktionsturbinen) ändert sich der Druck des Wassers innerhalb der Turbine nicht; das Wasser strömt mit hoher Geschwindigkeit gegen sich drehende Teile der Turbine.
→ Es wird nur kinetische Energie übertragen.
Typen: Pelton-Turbine, Durchströmturbine.

04. Nach welchem Prinzip arbeiten die einzelnen Turbinentypen?

• *Pelton-Turbine* (Freistrahlturbine):
Das Wasser trifft aus einer Düse auf die am Laufrad sitzenden Schaufeln; es ändert dabei seine Geschwindigkeit und überträgt die Energie auf das Laufrad. Der Wasserdruck bleibt innerhalb der Turbine konstant. Das Turbinengehäuse ist nach oben geschlossen, nach unten offen wegen des Wasserablaufs.

Industrielle Nutzung: → Relativ kleine Wassermengen bei großen Fallhöhen.

Schematische Darstellung:

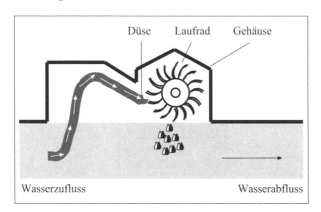

- *Durchströmturbine:*
  Die Arbeitsweise ist ähnlich wie bei der Pelton-Turbine; auf den Einsatz einer Düse wird verzichtet: Das Wasser wird auf das Laufrad gelenkt, setzt dieses in Bewegung und fließt ab. Der Wasserdruck ist gleichbleibend.

  Industrielle Nutzung: →   Mittlere bis große Wassermengen bei geringer Fallhöhe.

  Schematische Darstellung:

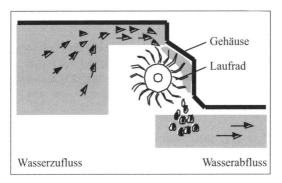

- *Kaplan-Turbine:*
  Sie gehört zu den *vollbeaufschlagten* Turbinen, d. h. das Wasser wird nicht nur an einigen Punkten auf das Laufrad gelenkt (vgl. oben, Pelton-/Durchströmturbine), sondern umschließt das Laufrad in vollem Umfang.

  Die Turbinenwelle ist senkrecht angebracht; das Laufrad sitzt waagerecht mit schräg gestellten Schaufeln. Der Wasserstrom wird über einen Leitapparat senkrecht nach unten auf das Laufrad gelenkt und setzt es in eine Drehbewegung aufgrund der Schrägstellung der Schaufeln. Der feststehende Leitapparat ist beidseitig mit Leitschaufeln ausgestattet, über die die Wassermenge und die Leistung der Turbine gesteuert werden kann.

  Industrielle Nutzung: →   Große Wassermengen bei kleinen Fallhöhen (z. B. Flusskraftwerke); für geringe Fallhöhen gibt es auch Laufräder mit bis zu 10 m Durchmesser.

  Schematische Darstellung:

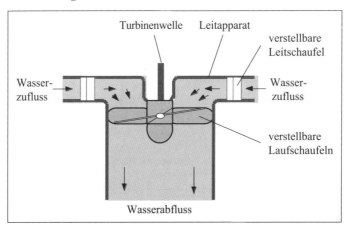

• *Francis-Turbine:*
Sie ist ebenfalls eine vollbeaufschlagte Druckturbine und als Radialturbine ausgelegt:
Das Laufrad ist liegend und die Turbinenwelle stehend.

Das Wasser wird in die Leitvorrichtung (Spirale = schneckenförmiges Rohr), geführt und trifft
dann auf die gekrümmten Schaufeln des Laufrades. Der Wasserdruck ist am Laufradeintritt
höher als am Laufradaustritt (Überdruckturbine).

Die vor dem Laufrad angeordnete Leitvorrichtung (Spirale) hat verstellbare Leitschaufeln,
sodass die Turbinenleistung reguliert werden kann (Veränderung der Eintrittsöffnungen für
das Wasser).

Industrielle Nutzung: →   Mittlere Fallhöhen und mittlere Durchflussmengen; bei
Wasserkraftwerken sehr verbreitet; kann auch als Pumpe
eingesetzt werden (Pumpspeicherkraftwerk: Kann sowohl
pumpen als auch Strom erzeugen).

Schematische Darstellung:

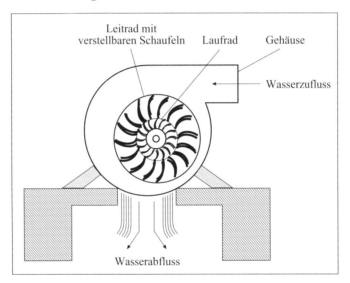

1.1.2.4 Verbrennungskraftmaschinen

→ A 5.2.5

01. Was sind Verbrennungskraftmaschinen?

*Verbrennungskraftmaschinen wandeln die durch Verbrennung entstehende Wärmeenergie direkt
in mechanische Energie um.*

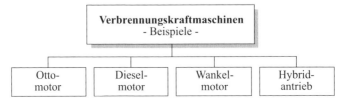

02. Welche Merkmale weist der Ottomotor auf?

• *Geschichtliches*:
Der Ottomotor wurde Ende des 19. Jahrhunderts von Nikolaus August Otto (1832 – 1891) auf der Basis des 3-Takt-Gasmotors von Lenoir entwickelt; neu war die Anordnung eines Verdichtungstakts. Weiterentwicklung durch: G. Daimler, 1834 – 1900 und C. F. Benz, 1844 – 1929.

• *Arbeitsweise/Merkmale des Ottomotors:*

1. *Äußere Gemischbildung:*
Luft und Kraftstoff werden vor dem Brennraum gemischt. Man unterscheidet drei wesentliche Arten der Gemischbildung:

2. *Fremdzündung:*
Das Kraftstoff-Luftgemisch wird angesaugt, verdichtet und durch einen Hochspannungs-funken definiert gezündet.

3. *Regelung der Leistung:*
Die Leistungssteuerung erfolgt durch die Menge des zugeführten Gemisches.

4. *Kraftstoffarten:*
Benzin, Flüssiggas, Erdgas, Wasserstoff.

5. *Verbrennungsverfahren:*
Der Ottomotor kann grundsätzlich als 2-Takt- oder 4-Takt-Motor ausgelegt sein; vorherr-schend ist heute der 4-Takt-Motor.

6. *Wirkungsgrad:*
Der Wirkungsgrad ist beim Ottomotor geringer als beim Dieselmotor; die Nutzenergie beträgt ca. 25 %.

03. Welche Merkmale weist der Dieselmotor auf?

• *Geschichtliches:*
Der Dieselmotor wurde 1892 von Rudolf Diesel (1858 – 1913) konstruiert; in den folgenden Jahrzehnten erfolgte eine kontinuierliche Weiterentwicklung (Vorkammerverfahren und Direkteinspritzung), z. B.:

- 1923: Erster Lkw mit Dieselmotor
- 1928: erster Kleinwagen von Peugeot mit quer eingebautem Dieselmotor
- 1976: VW bringt den ersten Golf mit Dieselmotor auf den Markt
- 1988: Fiat entwickelt den ersten turboaufgeladenen, direkteinspritzenden Dieselmotor
- 1993: Fiat konstruiert das Common-Rail-Prinzip und lässt es sich patentieren; andere Hersteller folgen.

- In den zurückliegenden Jahren ist der Anteil der zugelassenen Diesel-Pkw kontinuierlich gestiegen; die Gründe liegen in der verbesserten Technik der Dieselmotoren (Laufruhe, Steigerung der Leistung, Senkung des Kraftstoffverbrauchs und die Höhe der Besteuerung von Dieselkraftstoffen).

- Derzeit gilt die Abgasnorm Euro 5. Die deutsche Automobilindustrie bietet mittlerweile ihre Neufahrzeuge ebensfalls mit Rußpartikelfilter an; Altfahrzeuge können nachgerüstet werden.

• *Arbeitsweise/Merkmale des Dieselmotors:*

1. *Innere Gemischbildung:*
   Reine Luft wird angesaugt und verdichtet. Im Gegensatz zum Ottomotor erfolgt eine viel höhere Kompression, sodass die verdichtete Luft (bis zu 25:1) eine Temperatur von 700 bis 900 °C erreicht. Der Dieselmotor arbeitet also mit einem starken Luftüberschuss.

   Der eingespritzte Dieselkraftstoff entzündet sich im Brennraum selbst (innere Gemischbildung) aufgrund der hohen Temperatur der komprimierten Luft.

   Es gibt verschiedene Einspritzverfahren, die unterschiedliche Technologien zum Aufbau des Einspritzdruckes verwenden:

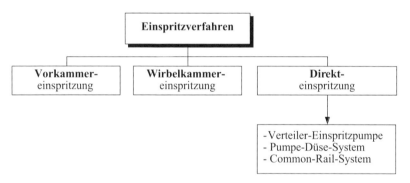

2. *Fremdzündung:*
   Der eingespritzte Kraftstoff entzündet sich selbst (vgl. oben).

3. *Regelung der Leistung:*
   Die Leistungssteuerung erfolgt durch die Menge des eingespritzten Kraftstoffs.

4. *Kraftstoffarten:*
   Diesel, Kerosin, Biodiesel (mit Alkohol veresterte Pflanzenöle), reine Pflanzenöle. Bei einigen Pkw-Marken ist die Verwendung von Biodiesel und Pflanzenöl derzeit noch nicht möglich (chemische Unverträglichkeit der Gummiteile im Motorraum mit dem Kraftstoff).

5. *Verbrennungsverfahren:*
   Der Dieselmotor kann grundsätzlich als 2-Takt- oder 4-Takt-Motor ausgelegt sein. Üblich ist die Bauweise als 4-Takt-Motor; große Dieselmotoren werden im Schiffbau, im Zugverkehr (Diesellokomotive), im Lkw-Bau, bei Baumaschinen und Generatoren (Notstromaggregate) eingesetzt.

6. *Wirkungsgrad:*
Der Wirkungsgrad ist beim Dieselmotor höher als beim Ottomotor; die Nutzenergie beträgt hier ca. 34 %.

04. Welche wesentlichen Vor- und Nachteile hat der Dieselmotor gegenüber dem Otto-motor?

Vorteile	Nachteile
- besserer Wirkungsgrad - geringerer Kraftstoffverbrauch - Vielstofffähigkeit (Diesel, Pflanzenöle) - höhere Zuverlässigkeit - höhere Lebensdauer	- Motorlauf ist weniger „kultiviert" - mehr Stickoxide - Dieselruß - höhere Herstellungskosten - größeres Gewicht - geringere Höchstdrehzahl

05. Wie ist die Arbeitsweise des Wankelmotors?

Der Wankelmotor wurde benannt nach seinem Erfinder Felix Wankel und ist ein *Kreiskolben-motor*. Durch die besondere Konstruktion entfällt hier die Umwandlung der Hubbewegung von Kolben und Pleuelstange in eine Drehbewegung. Dadurch ist der Kreiskolbenmotor im Vergleich zu einem Hubkolbenmotor leichter, es entsteht weniger Reibung und die Leistung ist höher.

Das Motorgehäuse ist wassergekühlt und besitzt einen Ein- und Auslasskanal. Der Kreiskolben hat die Form eines gleichseitigen Bogendreiecks und befindet sich auf einer mittig angeordneten Excenterwelle. Dadurch entstehen drei gasdichte, abgeschlossene Kammern, deren Volumen sich bei der Kolbenrotation jeweils ändert. Bei einem kompletten Kolbenumlauf finden in jeder Kammer alle vier Takte eines Ottomotors statt: Ansaugen, Verdichten, Arbeiten, Ausstoßen.

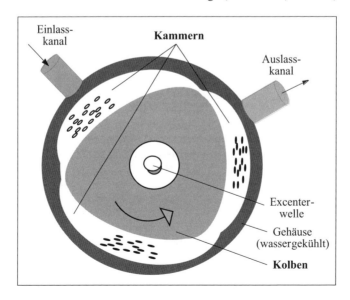

06. Was bezeichnet man als Hybrid-Antrieb?

Hybrid (lat.) bedeutet „Mischling". Zwei oder mehrere Antriebsarten sind miteinander gekoppelt, um deren spezielle Vorteile zu nutzen, z. B. Kraftstoffverbrauch, Wirkungsgrad, Reduzierung der Emission. Eine gewisse Verbreitung hat die Kombination von Verbrennungs- und Elektromotor gefunden, so z. B. der „Prius", ein Serienfahrzeug von Toyota.

Prinzipiell gibt es zwei Hybrid-Varianten:

- *Paralleler Hybrid-Antrieb:*
  Elektromotor und Verbrennungsmotor arbeiten unabhängig voneinander.

- *Hybridantrieb in Reihenschaltung:*
  Der Elektromotor übernimmt den Antrieb; der Verbrennungsmotor lädt die Batterie auf.

07. Wie unterscheiden sich das Viertakt- und das Zweitaktverfahren?

Je nach der Art und Weise, wie das Kraftstoff-Luft-Gemisch hergestellt und die verbrannten Gase aus dem Zylinder entfernt werden, unterscheidet man zwischen Viertakt- und Zweitakt-Motoren (Otto- bzw. Dieselmotor):

- Der *Viertaktmotor*
  hat vier aufeinander folgende Arbeitsperioden (Takte); für einen Arbeitshub werden zwei volle Umdrehungen der Kurbelwelle (720°) benötigt.

1. Ansaugtakt: - Das Einlassventil wird geöffnet. - Der Kolben bewegt sich nach unten. - Kraftstoff-Luftgemisch wird angesaugt.	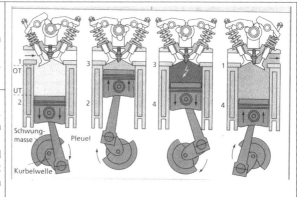
2. Verdichtungstakt: - Das Einlassventil ist geschlossen. - Der Kolben bewegt sich nach oben. - Das Kraftstoff-Luftgemisch wird verdichtet (Druck von 10 bis 12 bar; Temperatur im Zylinder von 300 bis 400 °C).	

3. Arbeitstakt:
- Der Zündkerzenfunke entzündet das verdichtete Kraftstoff-Luftgemisch kurz vor Erreichen des Oberen Totpunktes OT (Druck von ca. 50 bis 70 bar; Temperatur im Zylinder von ca. 2.000 °C).
- Der Verbrennungsdruck bewegt den Kolben nach unten.

4. Auspufftakt:
- Das Auslassventil wird am Unteren Totpunkt UT geöffnet.
- Das verbrannte Gasgemisch wird von dem nach unten gehenden Kolben ausgedrückt (Auspuff).

- Der *Zweitaktmotor*
  hat *keine* durch die Nockenwelle gesteuerten *Ventile*, sondern nur eine *Einlass- und eine Auslassöffnung* sowie einen *Überströmkanal* im Kurbelgehäuse. Im Gegensatz zum

Viertaktmotor, bei dem die Arbeitsperioden „Ansaugen" (1) und „Ausstoßen" (4) einen eigenen Takt benötigen, erfolgen diese beiden Vorgänge beim „Zweitakter" zwischen Arbeits- und Verdichtungstakt (es entfallen praktisch der erste und der vierte Takt); der Zweitaktmotor leistet bei jeder Umdrehung der Kurbelwelle einen Arbeitshub. Eine Nase am Kolben sorgt dafür, dass das Gas-Luftgemisch (auf seinem Weg vom Kurbelgehäuse in den Zylinder) nicht sofort durch die Auslassöffnung austreten kann.

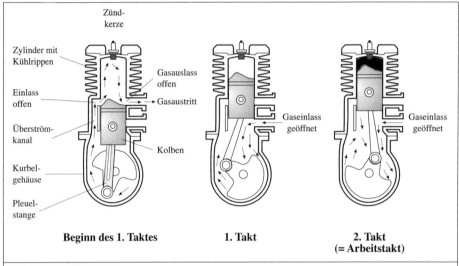

Beginn des 1. Taktes	**1. Takt**	**2. Takt** **(= Arbeitstakt)**

1. Takt:
- Überströmkanal (zwischen Kurbelgehäuse und Zylinder) und Auslassöffnung sind geschlossen.
- Der Kolben geht nach oben.
- Das Kraftstoff-Luftgemisch wird verdichtet.
- Die Einlassöffnung ist geöffnet; Gas-Luftgemisch strömt in das Kurbelgehäuse.

2. Takt (= Arbeitstakt)
- Der Zündkerzenfunke entzündet das verdichtete Kraftstoff-Luftgemisch.
- Der Verbrennungsdruck bewegt den Kolben nach unten.
- Die Einlassöffnung wird geschlossen.
- Gleichzeitig wird der Überströmkanal frei: Das im Kurbelgehäuse vorverdichtete Gas-Luftgemisch gelangt in den Zylinder.
- Gleichzeitig wird die Auslassöffnung frei; die Verbrennungsgase entweichen.

08. Welche Anforderungen werden an Kraftstoffe für Verbrennungsmaschinen gestellt?

• *Allgemein:*
- rückstandslose Verbrennung
- hohes spezifisches Gewicht (und damit kleine Kraftstofftanks)
- einfache und schnelle Gas-Luft-Gemischbildung und Zündung
- Sicherheit beim Transport im Kfz

• *Speziell beim Ottomotor:*
  Hohe Klopffestigkeit gemessen in Oktan (= Widerstandsfähigkeit gegen Selbstentzündung beim Verdichten im Verbrennungsraum); je höher die Oktanzahl (OZ) desto höher die Klopffestigkeit.

• *Speziell bei Dieselmotor:*
 Hohe Zündwilligkeit gemessen in Cetan (= Bereitschaft des Kraftstoffs zur Selbstentzündung beim Einspritzen in den Verbrennungsraum); je höher die Cetanzahl (CT) desto höher die Zündwilligkeit.

1.1.2.5 Elektrische Maschinen

01. Was sind elektrische Maschinen?

Elektrische Maschinen erbringen Leistungen und verrichten somit eine bestimmte Arbeit je Zeiteinheit.

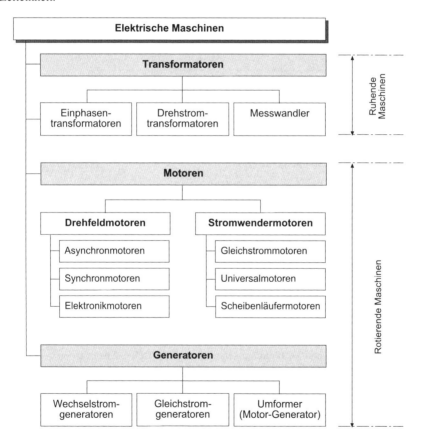

• Der *Elektromotor* ist eine elektrische Maschine, die mithilfe von magnetischen Feldern elektrische Energie in mechanische Arbeit umwandelt. In Elektromotoren wird die Kraft, die von einem Magnetfeld auf die Leiter einer Spule ausgeübt wird, in Bewegung umgesetzt. Der Elektromotor ist in seiner Wirkungsweise das Gegenstück zum Generator.

• Der *Generator* ist eine elektrische Maschine, die durch Aufwendung von mechanischer Energie Elektroenergie erzeugt. Diese Art von Spannungserzeugung wird von den Elektroenergieunternehmen betrieben. Generatoren im kleinen Maßstab sind der Dynamo am Fahrrad und die Lichtmaschine im Kraftfahrzeug. Spannungserzeugung geschieht z. B. in Generatoren, Batterien/Akkumulatoren, Solarzellen und Thermoelementen.

• *Transformatoren* dienen zur Umformung von Wechselspannungen (vgl. ausführlich Frage 19.).

Hinweis:
Bevor auf die Bauarten von Elektromotoren und der Transformatoren eingegangen wird, erfolgt eine kurze Wiederholung ausgewählter Zusammenhänge der Elektrotechnik (vgl. ausführlich unter A 5.1.5).

02. Welche elektrischen Größen und Einheiten sind zu unterscheiden?

Elektrische Größen und Einheiten			
Größe	Zeichen	Einheit	Zeichen
Leistung	P	**Watt**	W
Spannung	U	**Volt**	V
Widerstand	R	**Ohm**	Ω
Stromstärke	I	**Ampere**	A

03. Was ist die elektrische Stromstärke (I)?

Die *elektrische Stromstärke* I gibt an, wie viel elektrische Ladung Q in einer bestimmten Zeit t durch einen Leiterquerschnitt transportiert wird:

$$I = \frac{Q}{t} \qquad\qquad [I] = A$$

Merke: Elektrischer Strom (I) kann nur fließen, wenn eine Spannung vorhanden und der Stromkreis geschlossen ist.

04. Was ist elektrischer Widerstand (R)?

Alle elektrischen Leitungen und Verbraucher setzen dem elektrischen Strom einen Widerstand (R) entgegen. Gemessen wird er in Ohm mit einem Widerstandsmessgerät (Ohmmeter) oder indirekt durch die Messung von Stromstärke und Spannung.

Beispiel:
In einem elektrischen Stromkreis wird ein Widerstand von unbekannter Größe eingesetzt. Die Spannungs- und Strommessung ergibt die Werte U = 220 V und I = 2,2 A. Daraus folgt:

R = U : I = 220 V : 2,2 A = 100,00 Ω

05. Was ist die elektrische Spannung (U)?

Die elektrische Spannung U

- ist Ursache des elektrischen Stroms,
- besteht zwischen den Polen einer Spannungsquelle,
- unterscheidet man in Gleich-, Wechsel- und Mischspannung,
- entsteht aus Elektronenüberschuss (Minuspool) und Elektronenmangel (Pluspool),
- wird in Volt (V) mit einem Spannungsmesser gemessen,
- wird berechnet über die Verschiebungsarbeit (W) an Ladungsträgern in elektrischen Feldern.

06. Was ist die elektrische Leistung (P)?

Die elektrische Leistung P eines Gerätes hängt von der Spannung U und der Stromstärke I ab.

Die Einheit der Leistung P ist: $1 \text{ W} = 1 \text{ V} \cdot 1 \text{ A}$

                             $1 \text{ kW} = 1.000 \text{ W}$

$$P = U \cdot I$$

07. Was ist die elektrische Arbeit (W)?

Die elektrische Arbeit W ist das Produkt aus der Leistung P und der Zeit t, in der die Leistung erbracht wurde.

$$W = P \cdot t$$
$$= U \cdot I \cdot t$$

Beispiel:
Ein Elektroofen mit einer Anschlussleistung P = 16 kW ist t = 6 h lang in Betrieb. Daraus folgt für die elektrische Arbeit: $W = P \cdot t = 16 \text{ kW} \cdot 6 \text{ h} = 96 \text{ kW} \cdot \text{h}$

08. Was sagt das Ohmsche Gesetz aus?

Der durch einen Widerstand fließende elektrische Strom I ist umso größer, je größer die Spannung U und je kleiner der Widerstand R ist. Diesen Zusammenhang zwischen Stromstärke, Spannung und Widerstand bezeichnet man als Ohmsches Gesetz:

$$I = U : R$$

Beispiel:
Durch einen Lötkolben fließt elektrischer Strom von 0,30 A, wenn er an 220 V Spannung angeschlossen ist. Daraus folgt für den elektrischen Widerstand des Lötkolbens:

$I = U : R \Rightarrow R = U : I = 220 \text{ V} : 0,30 \text{ A} = 733 \ \Omega$

09. Was ist elektrischer Strom?

In elektrischen Leitungen werden Elektronen bewegt. Diesen Fluss von Elektronen bezeichnet man als elektronischen Strom. Wenn durch den Leiterquerschnitt in einer Sekunde $6,25 \cdot 10^{18}$ Elektronen strömen, so fließt ein Strom von 1 Ampere.

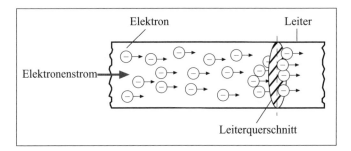

Merke: Der elektrische Strom ist der Fluss von Elektronen.

10. Was ist Gleichstrom?

Bewegt sich der *Elektronenstrom stets in die gleiche Richtung*, so spricht man von Gleichstrom. Stellt man in einem Diagramm den Strom in Abhängigkeit von der Zeit dar, so zeigt das Diagramm eine *parallele Linie zur Zeitachse*. Gleichstrom liefern z. B. Batterien und Akkumulatoren.

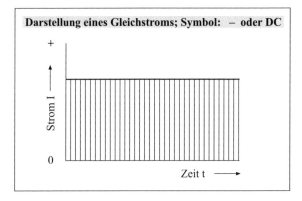

Merke: Ein Strom, der stets in die gleiche Richtung fließt, ist ein Gleichstrom.
        Symbol: – oder DC

11. Was ist Wechselstrom?

Ändert der Elektronenstrom in regelmäßigen Zeitabständen seine Größe und seine Richtung, so wird dieser Strom als Wechselstrom bezeichnet (z. B. Dynamo am Fahrrad). Stellt man in einem Diagramm den Strom in Abhängigkeit von der Zeit dar, so zeigt das Diagramm eine *Wellenlinie um die Nulllinie*.

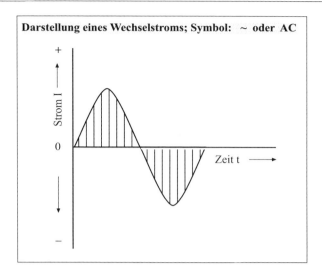

Merke: Ein Strom, der periodisch seine Richtung und Größe ändert, ist ein Wechselstrom.
Symbol: ~ oder AC

12. Was ist ein elektrischer Stromkreis?

In einer elektrischen Schaltung liegt ein Kreislauf vor, wenn Strom vom Erzeuger über die Übertragungseinrichtungen zum Verbraucher und dann zurück zum Erzeuger fließen kann.

Merke:
Der Stromfluss wird durch den Erzeuger (Generator, Batterie) hervorgerufen.

Ein elektrischer Stromkreis besteht aus

- Spannungsquelle (Erzeuger)
- Verbraucher (z. B. Glühlampe)
- Leitungen mit Schalter

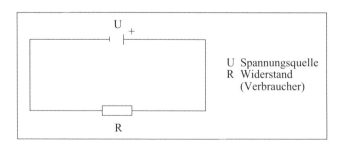

13. Wie entsteht elektrische Energie?

Elektrische Energie entsteht durch Umwandlung aus anderen Energiearten, z. B.:

- Elektrochemisch aus chemischer Energie,
- thermoelektrisch aus Wärmeenergie,
- fotoelektrisch aus Lichtenergie,
- induktiv aus mechanischer Energie.

14. Wie ist das Funktionsprinzip von Elektromotoren?

Jeden stromdurchflossenen Leiter umgibt ein magnetisches Leiterfeld. Befindet sich ein strom-durchflossener Leiter in einem Polfeld, wirkt auf ihn eine Kraft – senkrecht zur Stromrichtung und senkrecht zur Richtung des Polfeldes. Der Betrag der Kraft ist von der Stärke des Polfeldes, der Stromstärke und der Länge des Leiters abhängig. Das Magnetfeld rechts vom Leiter wird verstärkt und links geschwächt. Die so entstandene Kraftwirkung bewegt den Leiter nach links. Werden viele Leiter als Wicklung auf den Läufer des E-Motors aufgebracht, entsteht somit eine Drehbewegung und der Motor wird angetrieben. Ändert man die Stromrichtung im Leiter, so ändert sich auch die Bewegungs- und Kraftrichtung des Läufers.

• *Eigenschaften von Elektromotoren*:
  - Es entstehen keine Abgase
  - wartungsarm
  - guter Wirkungsgrad
  - die Leistung steht sofort zur Verfügung
  - einfacher Anschluss an das elektrische Netz
  - geräuscharm
  - für sehr kleine und sehr große Leistungen geeignet.

• *Kenngrößen von Elektromotoren*:
  - Die Leistung in kW oder W
  - die Stromart (Gleichstrom oder Wechselstrom)
  - die Spannung in V (42 V, 230 V oder 400 V)
  - die Nennumdrehungsfrequenz in 1/min
  - der elektrische Wirkungsgrad
  - die Drehmoment-Umdrehungsfrequenz-Kennlinie beschreibt das Betriebsverhalten eines Elektromotors.

Typenschild eines Elektromotors

Lierath & Sohn				
Mot. 1GG5 254-OWE 40-6 HUS NoN699175.2006 IM B3 IP 23				
I Cl	Hauptpol Mainpole	Wendepol Interpole	Kompensation Compensation	Läufer Rotor
V 43 400 400	A 415 415	1/min 50 1040 1040 2600 2700	kW 7,0	146 146 max.
Fremd - Err. Separate excit 310 94 V 8,6 2,6 A			Gew. / Wit. 1,02 t	
			FG VDE 0875	
Fremdkühlung/Separate cooling 0,6 m3/s VDE 0530 T.1/11.72				
36C, 3 AC 50 Hz 400 V				
MADE IN GERMANY				

15. Wie ist der Aufbau und die Wirkungsweise von Gleichstrommotoren?

Gleichstrommotoren bestehen aus einem Anker, der drehbar zwischen den Polen eines Ständers gelagert ist. Dem Anker wird über Kohlebürsten (= Kommutator, Stromwender) Strom zugeführt. Der Ständer wird über eine stromdurchflossene Feldwicklung (Spule) magnetisiert.

Der Kommutator bewirkt, dass der Stromfluss im Anker stets so gerichtet ist, dass an dieser Stelle ein Magnetfeld entsteht, das ihn im Ständerfeld in eine Drehbewegung versetzt.

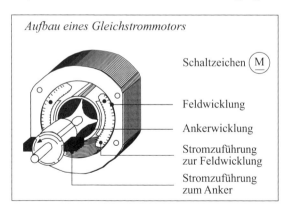

Aufbau eines Gleichstrommotors

Schaltzeichen (M)

Feldwicklung

Ankerwicklung

Stromzuführung
zur Feldwicklung

Stromzuführung
zum Anker

Je nach Schaltung der Ständerwicklung und der Ankerwicklung können die Eigenschaften des Motors beeinflusst werden.

• *Änderung der Drehrichtung*:
Die Drehrichtungsänderung des Ankers ist von der Magnetisierungsrichtung und somit der Stromrichtung im Anker und in der Feldwicklung abhängig. Möglichkeiten zur Drehrichtungsänderung:
- Umkehr der Stromrichtung im Anker
- Umkehr der Stromrichtung in der Feldwicklung

• *Änderung der Umdrehungsfrequenz*:
Die Änderung der Umdrehungsfrequenz kann durch Änderungen der Ankerspannung oder Änderung der Erregerspannung erfolgen. Geräte, die fast ohne Verluste und sehr schnell die Höhe der Gleichspannung und die Stärke des Gleichstromes ändern können, nennt man Stromrichter (auch: Frequenzumrichter).

• *Eigenschaften und Verwendung*:
- Fremd erregter Motor und *Nebenschlussmotor*:
  Maschinen mit gleichbleibenden oder genau einstellbaren Umdrehungsfrequenzen sind z. B. CNC-Maschinen
- *Reihenschlussmotor*:
  Maschinen mit schwerem Anlauf, z. B. Kreiselpumpen, Hebezeuge, Fahrzeuge.

16. Was sind Drehstrom-Synchronmotoren?

Motoren für Drehstrom bestehen aus einem *Ständer,* dessen Wicklungen so angebracht und geschaltet sind, dass bei eingeschaltetem Strom ein umlaufendes Magnetfeld entsteht. Dieses umlaufende Magnetfeld nennt man *Drehfeld.* Bringt man einen zentrisch gelagerten Magneten in dieses Drehfeld, so rotiert er in gleicher Weise wie das Feld, er dreht sich synchron.

Synchronmotoren haben eine *konstante Umdrehungsfrequenz.* Ihr Anker dreht sich synchron mit dem Magnetfeld des Ständers. Synchronmotoren können nicht selbstständig anlaufen, weil die sich drehenden Teile des Motors zu träge sind, um dem schnell umlaufenden Drehfeld zu folgen. Sie werden daher mit Hilfswicklungen ausgerüstet, die das Anlaufen ermöglichen und nach Erreichen des Gleichlaufes abgeschaltet werden. Wird der Synchronmotor belastet, so bleibt der Anker hinter dem Feld zurück, läuft aber synchron mit. Man nennt den Winkel, um den der Anker zurückbleibt, den *Lastwinkel.* Synchronmotoren geraten bei etwa doppelter Nennlast (vgl. Herstellerschild) aus dem Synchronlauf.

• *Anwendung von Drehstrom-Synchronmotoren:*
- Synchronmotoren werden am häufigsten als Vorschubmotoren in Werkzeugmaschinen verwendet.
- Sie ermöglichen eine reaktionsschnelle Änderung der Umdrehungsfrequenz bei Frequenzänderungen des Drehstromes.
- Sie sind weitgehend wartungsfrei durch ihren einfachen Aufbau.
- Sie haben ein nahezu konstantes Drehmoment bei unterschiedlichen Umdrehungsfrequenzen.

17. Was sind Drehstrom-Asynchronmotoren?

Asynchronmotoren bestehen aus einem *Ständer* mit Wicklungen, in denen durch Drehstrom ein umlaufendes Drehfeld erzeugt wird.

Die Magnetwirkung im *Läufer* (Anker) entsteht durch Ströme, die vom äußeren Drehfeld im Läufer induziert werden. Ein induzierter Strom erzeugt immer ein Magnetfeld, dass seiner Quelle, in diesem Fall dem Magnetfeld des Ankers, entgegengerichtet ist.

Darum besteht zwischen den Magnetfeldern in Ständer und Läufer immer Abstoßung. Dieses Prinzip sich abstoßender Magnetfelder zum Erzeugen der Drehbewegung des Läufers beruht darauf, dass man den Läufer aus mehreren kurzgeschlossenen Windungen zusammensetzt. Hierbei werden keine Feldlinien geschnitten und daher kann der Läufer nicht synchron mit dem Drehfeld mitlaufen. Der Läufer von Asynchronmotoren bleibt mit seiner Umdrehungsfrequenz hinter der Umdrehungsfrequenz des Feldes zurück. Diese Differenz nennt man *Schlupf*.

• *Aufbau eines Drehstrom-Asynchronmotors:*
  In einfacher Ausführung enthält der Drehstrom-Asynchronmotor einen *Läufer aus einem Blechpaket*, in dessen Längsnuten oder Bohrungen *Leiterstäbe* eingelegt sind, die an den Stirnseiten mit Ringen kurzgeschlossen sind.

  Die Leiterstäbe, die mit den Ringen kurzgeschlossen sind, ähneln einem Käfig; von daher spricht man von so genannten *Käfigläufern*. Asynchronmotoren mit einer Leistung von über 3 kW werden zur Vermeidung hoher Einschaltströme in der Stern-Dreieck-Schaltung angelassen.

18. Was sind Wechselstrommotoren (Universalmotoren)?

Diese Motoren können mit Gleichstrom oder mit Wechselstrom betrieben werden, weil *der Drehsinn* durch Umpolen der Anschlussklemmen *nicht geändert werden kann*. Sie benötigen beim Betrieb mit Wechselstrom eine höhere Spannung als mit Gleichstrom. Leistung und Drehmoment im Anlauf sind beim Wechselstrombetrieb geringer als beim Betrieb mit Drehstrom. Für den Betrieb eines Drehstrommotors mit Wechselstrom wird durch Zuschalten eines Kondensators die fehlende Phasenverschiebung des Drehfeldes bewirkt.

• *Anwendung von Wechselstrommotoren*, z. B.:

  - Handbohrmaschinen,
  - Trennschleifmaschinen und
  - Küchengeräte - bis zu einer Leistung von etwa 1.000 W.

19. Was sind Transformatoren?

• *Aufbau:*
  Der Transformator besteht aus zwei Spulen, die einen gemeinsamen Eisenkern aus Transformatorenblechen besitzen. Die Spule, die an der umzuformenden Eingangsspannung liegt, ist die *Primärspule*. Die Spule, an der die gewünschte Ausgangsspannung abgegriffen wird, nennt man *Sekundärspule*. Die an die Primärspule angeschlossene Wechselspannung erzeugt ein sich ständig änderndes Magnetfeld. Es induziert in der Sekundärspule eine Wechselspannung.

Schematischer Aufbau eines Transformators:

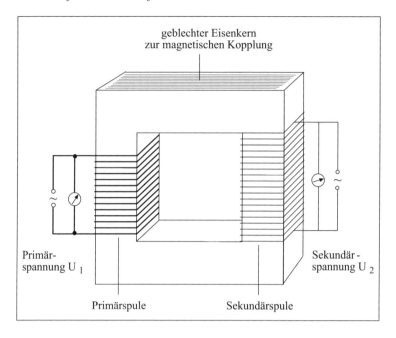

geblechter Eisenkern
zur magnetischen Kopplung

Primär-
spannung U $_1$

Sekundär-
spannung U $_2$

Primärspule   Sekundärspule

• *Anwendung:*
Der Transformator dient zur Umformung von Wechselspannungen. Eine Verwendung findet er z. B. in Schweißgeräten, um die Netzspannung von 230 V bzw. 400 V in die benötigte Schweißspannung von ca. 60 V umzuformen.

Bei einem Transformator verhalten sich die Spannungen gleich den Windungszahlen und die Stromstärken umgekehrt wie die Windungszahlen (bzw. Spannungen):

$$\frac{\text{Primärspannung}}{\text{Sekundärspannung}} = \frac{\text{Windungszahl der Primärspule}}{\text{Windungszahl der Sekundärspule}}$$

$$\frac{U_1}{U_2} = \frac{N_1}{N_2}$$ $$\frac{I_1}{I_2} = \frac{N_2}{N_1}$$

$U_{1,2}$ Spannung, Eingang/Ausgang
$N_{1,2}$ Windungszahl, Eingang/Ausgang
$I_{1,2}$ Stromstärke, Eingang/Ausgang

20. Welche Wirkung hat der elektrische Strom auf den Menschen und welche Gefährdungsbereiche gibt es?

Die Wirkung des elektrischen Stroms auf den Menschen ist vor allem abhängig von der Stromstärke I und der Dauer der Einwirkung t. Man unterscheidet beim Wechselstrom vier Gefährdungsbereiche:

Bereich I: Bei einer Stromstärke von 0,5 mA erfolgt gewöhnlich keine Reaktion (*Wahrnehmungsschwelle*).

Bereich II: Stromstärken von über 0,5 bis 10 mA führen gewöhnlich zu keiner schädlichen Wirkung.

Bereich III: Stromstärken ab 20 bis 100 mA über eine Dauer von 0,2 s und mehr können bereits die Herzimpulse stören; Herzstillstand ist möglich. Muskelverkrampfungen können dazu führen, dass das Gerät nicht mehr losgelassen werden kann (*Loslassschwelle*).

Bereich IV: Bei Stromstärken von 50 mA und mehr treten Herzkammerflimmern, Herzstillstand, Atemstillstand und schwere Verbrennungen auf.

Stromstärkebereiche I bis IV

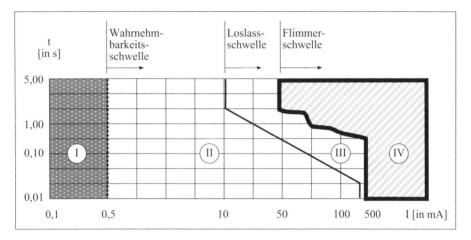

Neben der Stromstärke und der Dauer der Einwirkung sind für das Ausmaß der Körperreaktionen folgende Faktoren relevant: Hautwiderstand, Übergangswiderstand zur Erde, Temperatur, Feuchtigkeit und Anpressdruck.

Wenn also ungünstige Bedingungen auftreten, können bereits bei Stromspannungen von 220 V gefährliche, unter Umständen tödliche Körperströme fließen.

Ungünstige Bedingungen: *Günstige Bedingungen*:

- Hohe Luftfeuchtigkeit,   - trockene Luft
- feuchte/weiche Haut   - trockene, hornige Haut
- feuchter Stein-/Holzfußboden   - trockener Holz- oder Gummifußboden

Aufgrund der Wärmewirkung des Stroms kommt es bei der Berührung mit großer Stromstärke zu Verbrennungen am Körper an den Ein- und Austrittsstellen *(Strommarken)*. Eine starke Verbrennung kann zur Schädigung der Niere und damit zum Tod führen. Bei längerer Einwirkungsdauer kann es zur Zersetzung des Blutes kommen *(Vergiftung)*. Die gesundheitlichen Folgen können sich erst nach einigen Tagen bemerkbar machen.

> Daher ist bei einem Unfall mit elektrischem Strom in jedem Fall der Arzt aufzusuchen, auch wenn sich beim Verunfallten nicht sofort negative Anzeichen bemerkbar machen.

21. Welche Schutzmaßnahmen müssen beim Umgang mit elektrischen Anlagen beachtet werden?

Beim Betreiben elektrischer Anlagen und Betriebsmittel ist die Einhaltung der entsprechenden Sicherheitsbestimmungen und Vorschriften zu gewährleisten (z. B. DIN VDE 0100-410, Vorschriften der Berufsgenossenschaft und des Herstellers):

• Es gelten die *Regeln für das Arbeiten in elektrischen Anlagen* (vgl. DIN VDE, BGV A3):

→Die *5 Sicherheitsregeln vor Beginn der Arbeiten:*
  1. Freischalten.
  2. Gegen Wiedereinschalten sichern.

Nicht einschalten!

Es wird gearbeitet!

Ort: ....

Entfernen des Schildes nur durch:

Name: ....

  3. Spannungsfreiheit herstellen.
  4. Erden und kurzschließen.
  5. Benachbarte, unter Spannung stehende Teile abdecken oder abschrauben.

→ Maßnahmen vor dem Wiedereinschalten nach beendeter Arbeit.
→ Erste Hilfe bei Unfällen durch elektrischen Strom (vgl. Abb. nächste Seite).

• Änderungen und Instandhaltungsarbeiten an elektrischen Anlagen dürfen nur von ausgebildeten *Elektrofachkräften* ausgeführt werden (vgl. 1.4.3.1).

• Es ist der „*Schutz gegen gefährliche Körperströme"* entsprechend der DIN VDE zu beachten:

  - Schutz gegen direktes Berühren *(Basisschutz)* durch:
    · Isolierung aktiver Teile,
    · Abdeckungen und Umhüllungen,
    · Hindernisse (z. B. Barrieren, Schranken),
    · Abstand,
    · Fehlerstrom-Schutzeinrichtungen (FI-Schutzschalter).

  - Schutz bei indirektem Berühren *(Fehlerschutz)* durch:
    · Hauptpotenzialausgleich,
    · nicht leitende Räume,
    · Schutzisolierung,
    · Schutztrennung,
    · Schutzmaßnahmen im TN-, TT- und IT-Netz.

- Schutz bei direktem Berühren (*Zusatzschutz*) durch:
  · Schutzkleinspannung bzw. Funktionskleinspannung,
  · Leitungsschutzschalter (Sicherungsautomaten/Schmelzsicherungen).

• *Erst-Maßnahmen bei Stromunfällen:*

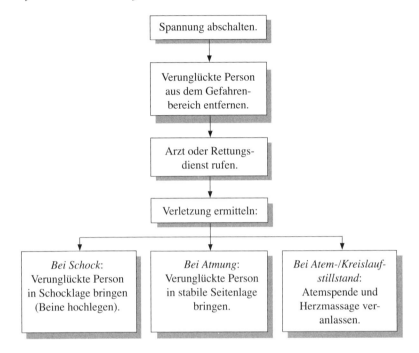

• Für elektrische Betriebsmittel gibt es *Schutzklassen* sowie *Kennzeichen/Sinnbilder* (DIN VDE 0106-1):

Schutzklasse	Kennzeichnung	Schutzmaßnahmen	Beispiele
0	–	Schutz beruht allein auf der Basisisolierung	
I		Basisisolierung und Schutzleiter	Betriebsmittel mit Metallgehäuse, z. B. Elektromotoren
II		Basisisolierung und zusätzliche Schutzisolierung	Betriebsmittel mit Kunststoffgehäuse, z. B. elektrische Handbohrmaschine
III		Basisisolierung; zusätzlich: Schutzkleinspannung/Funktionskleinspannung	Betriebsmittel mit Bemessungsspannungen bis AC 50 V und DC 120 V für Menschen, z. B. elektrische Handleuchten

1.1.3 Funktionserhalt von Arbeitsmaschinen – Wirkungsweise und Nutzung in der Industrie

1.1.3.1 Verdichter

01. Was sind Verdichter (Kompressoren) und in welche zwei Gruppen werden sie eingeteilt?

Verdichter (auch: Kompressoren) sind *Arbeitsmaschinen*, die Gase fördern bzw. zu hohen Drücken (rd. 400 bar) verdichten. Sie werden nach ihrem *Funktionsprinzip* in zwei Gruppen eingeteilt:

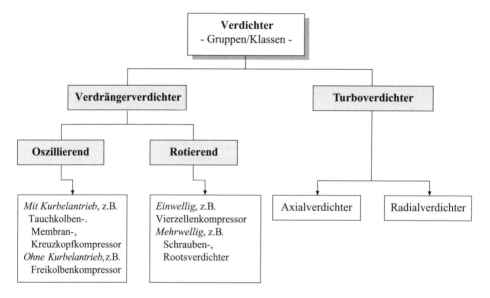

02. Welche Verdichtertechnik wird heute eingesetzt?

In der chemischen Industrie, im Maschinen- und Bergbau, in Hüttenwerken sowie in der Strom- und Wärmeerzeugung müssen Gase, Luft und Dämpfe mit unterschiedlichen Drücken verdichtet, abgesaugt oder gefördert werden.

Vor der Jahrhundertwende erfolgten diese Vorgänge ausschließlich mit *Kolbenmaschinen*, die auch heute noch für kleine Förderströme und hohe Drücke benutzt werden.

Für große Förderströme werden heute fast ausschließlich *Turboverdichter* verwendet, die von E-Motoren aber auch von Gasturbinen angetrieben werden.

03. Was versteht man unter isentroper und polytroper Verdichtung?

Theoretisch würde die Kompression gasförmiger Stoffe im Verdichter ohne Wärmeaustausch nach außen und ohne Reibung im „Inneren" erfolgen. Man spricht von *isentroper Verdichtung*.

In strömenden Gasen tritt jedoch innere *Reibung* auf und zusätzlich reibt sich das Gas an den Wandungen. Des Weiteren entstehen *Radreibungsverluste* durch Reibung zwischen den Laufradaußenwänden und der Gashülle. Da die Reibungsenergie in Wärme umgesetzt wird, spricht man von *polytroper Verdichtung*.

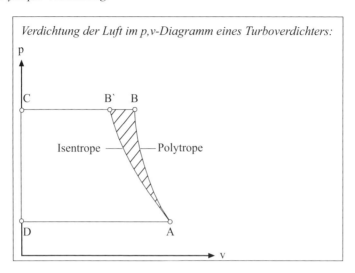

Merke:
Bei der *isentropen Verdichtung wird keine Wärme nach außen abgeführt*. Die Wärme bleibt in der verdichteten Luft und erhöht deren Temperatur.

04. Was ist eine isothermische Verdichtung?

Bei einer isothermischen Verdichtung wird die entstehende Wärme durch Kühlung des Zylinders mittels eines Kühlsystems abgeführt, sodass die Temperatur der Verdichterluft konstant bleibt (nicht realisierbarer Idealfall).

Bei hohen Druckverhältnissen wird die Verdichtung in mehrere Stufen unterteilt. Die Verdichtungsarbeit kann durch eine Zwischenkühlung, die die Gastemperatur vor der nächsten Stufe auf etwa die Ansaugtemperatur der ersten Stufe bringt, verringert werden.

05. Was sind Kolbenverdichter?

Kolbenverdichter sind *Arbeitsmaschinen*, die durch Bewegung eines Kolbens oder mehrerer Kolben Gase aus einem Raum niedrigen Druckes in einen Raum höheren Druckes fördern. Im mechanischen Aufbau und in ihrer Wirkungsweise *ähneln sie den Pumpen*.

Während Pumpen weitgehend inkompressible Medien (Flüssigkeiten) fördern, sind die Fördermedien der Verdichter kompressibel (Gase), sodass eine Drucksteigerung des Fördermediums erfolgen kann.

Merke:
Die Arbeitsweise des Kolbenverdichters ist im Prinzip eine Umkehrung der Arbeitsweise des Kolbenmotors.

• *Arbeitsweise eines Kolbenverdichters:*

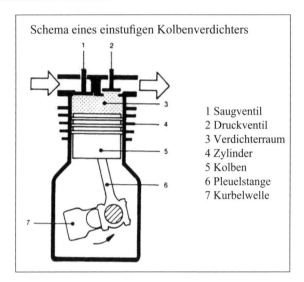

Schema eines einstufigen Kolbenverdichters

1 Saugventil
2 Druckventil
3 Verdichterraum
4 Zylinder
5 Kolben
6 Pleuelstange
7 Kurbelwelle

- Beginnt die Kolbenbewegung in der oberen Totpunktlage, so sind beide Ventile (1 und 2) geschlossen.
- Bei abwärts gehendem Kolben (5) öffnet sich bei einem bestimmten Unterdruck im Zylinder (4) das Saugventil (1) und lässt Umgebungsluft über einen Filter in den Zylinder einströmen.
- Sobald der Kolben nach Erreichen des unteren Totpunktes seine Bewegung umkehrt, schließt das Saugventil.
- Ist durch Verdichtung der Luft im Verdichtungsraum (3) der gewünschte Enddruck erreicht, so öffnet das Druckventil (2) und die Luft strömt bei einstufiger Verdichtung in die Anlagenleitung oder bei mehrstufiger Verdichtung nach Rückkühlung in die nächste Stufe.

Merke:
Zum Ausgleich der Massenkräfte werden die Kolbenverdichter in der Regel mit mehreren Zylindern gebaut. Hierfür werden Boxer-, L-, V- oder W-Anordnungen gewählt.

06. Was sind Drehkolbenverdichter (Umlaufkolbenverdichter) und wie ist ihre Wirkungsweise?

Hinweis:
Drehkolbenverdichter werden hier nur kurz in ihrem prinzipiellen Aufbau und ihrer Wirkungsweise behandelt.

Drehkolbenverdichter haben einen oder mehrere Kolben, die sich mit gleichbleibender Geschwindigkeit in einem Gehäuse drehen und durch ihre besonderen Formen eine Verdrängungswirkung auf das zu fördernde Gas ausüben. Da die Verdränger eine kreisende Bewegung ausführen, sind sie für *hohe Drehzahlen* geeignet.

Vorteile:
- Ventile und Kurbeltrieb sind nicht erforderlich,
- geringes Gewicht.

Nachteile:
- hoher Verschleiß an den dichtenden Stellen und
- dadurch bedingte, hohen Undichtigkeitsverluste.

Die Drehkolbenverdichter werden deshalb vorwiegend für geringe Drücke verwendet.

Man unterscheidet:

- *Einzellenverdichter, z. B.:*
  · Zellenverdichter,
  · Wasserringverdichter.

- *Zweiwellenverdichter, z. B.:*
  · Rootsgebläse,
  · Kreiskolbengebläse,
  · Schraubengebläse.

07. Wie ist die Wirkungsweise eines Rootsgebläses?

Das Rootsgebläse wirkt nach dem gleichen Prinzip *wie die Zahnradpumpe*. Es werden zwei doppelflügelige Drehkolben verwendet, die die Form einer *Lemniskate* (8-Form) haben. Die Flügel – durch außenliegende Steuerzahnräder gegenläufig bewegt – dichten gegen die Gehäusewand und gegenseitig (ohne sich dabei zu berühren) mit geringstem Spiel ab.

Durch die sich aufeinander, abwälzenden Drehkolben wird das zwischen ihnen und dem Gehäuse eingeschlossene Gas von der Einlass- zur Auslassseite gefördert.

Da sich während dieses Vorganges das eingeschlossene Volumen nicht ändert, findet im Gehäuse keine Verdichtung statt. Öffnet sich die Förderkammer zur Druckseite hin, dann entsteht durch Rückexpansion aus der Druckleitung ein Druckausgleich, wobei der weitergehende Kolben das Gas aus der Förderkammer in die Druckleitung drängt.

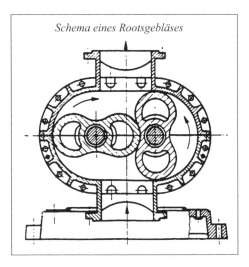

Schema eines Rootsgebläses

08. Für welche Zwecke werden Rootsgebläse eingesetzt?

Für den Industriebedarf, z. B.:

- Gießereien,
- chemische Industrie,
- Papierindustrie,
- Textilindustrie,
- Fahrzeugindustrie ($\rightarrow$ Kompressormotoren).

09. Was sind Turboverdichter?

Turboverdichter gehören zu den *thermischen Turbomaschinen*. Sie arbeiten in der Umkehrung des Prinzips einer Turbine, ähneln in ihren Bauteilen und ihrem Aufbau der *Kreiselpumpe* und fördern das jeweilige Medium ebenfalls durch Übertragung kinetischer Energie in Form eines Drallimpulses.

Im Unterschied zur Pumpe wird das Gas im Turboverdichter komprimiert. Das heißt, bei gleichem Massenstrom, ist der Volumenstrom am Austritt geringer.

10. Wie ist der Aufbau eines Turboverdichters?

Ein Turboverdichter hat

- ein *Gehäuse* mit entsprechenden Leiteinrichtungen,
- eine *Welle* mit mindestens
  · einem *Laufrad* mit Laufschaufeln bzw.
  · einer direkt auf der Welle aufgezogenen *Laufschaufelreihe*.

11. Welche Hauptbauarten gibt es bei Turboverdichtern?

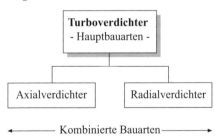

• *Axialverdichter*
sind Arbeitsmaschinen, die Gase aus einem Raum niedrigen Drucks in einen Raum höheren Drucks fördern, indem sie die Geschwindigkeitsenergie der Gase in Druckenergie umsetzen. Hierbei handelt es sich um den *umgekehrten Arbeitsablauf der Dampfturbinen*.

Beim Axialverdichter strömt das zu komprimierende Gas *in paralleler Richtung zur Welle* durch den Verdichter.

• *Radialverdichter*
ähneln in ihrem Aufbau den Kreiselpumpen. Das zu fördernde Gas wird vom rotierenden Schaufelrad in axialer Richtung angesaugt und in den Schaufeln radial umgelenkt. Durch die Zentrifugalkraft wird das Gas nach außen gedrückt, wodurch der Druck im Laufrad statisch ansteigt. Er wird mit zunehmendem Radius größer. Das Gas tritt in den Leitring. In diesem wird die im Laufrad erzeugte kinetische Energie des Gases in Druckenergie umgesetzt.

Beim Radialverdichter strömt das Gas *axial in das Laufrad* der Verdichterstufe und wird dann nach außen *(radial) abgelenkt*.

Bei mehrstufigen Radialverdichtern ist hinter jeder Stufe eine Strömungsumlenkung notwendig.

Allgemein erzeugen Axialverdichter höhere Volumenströme, während Radialverdichter höhere Drücke erzeugen.

• *Kombinierte Bauarten*
saugen mit ihren Axialstufen große Volumenströme an, die in den anschließenden Radialstufen auf hohe Drücke komprimiert werden. Während hier meist einwellige Maschinen zum Einsatz kommen, sind beim *Getriebeverdichter* die einzelnen Verdichterstufen um ein Getriebegehäuse gruppiert, wobei mehrere Wellen, die jeweils ein oder zwei Laufräder tragen, von einem großen Antriebszahnrad bewegt werden.

12. Für welche Zwecke werden Turboverdichter eingesetzt?

Turboverdichter kommen zum Einsatz, wenn große Volumenströme verdichtet werden sollen wie zu Beispiel

- in Gasturbinen und Strahltriebwerken,
- als Hochofen- und Stahlwerksgebläse,
- in Anlagen zur Luft- bzw. Gasverflüssigung,
- als Luft- oder Nitrose-Gas-Kompressor,
- in Salpetersäure-Anlagen,
- in petrochemischen Anlagen und Raffinerien,
- zur Druckerhöhung in Gas-Pipelines,
- als Vakuumgebläse in der Papierindustrie.

Merke:
Die Verdichtung im Kompressor verläuft annähernd isentrop, sodass sich auch die Temperatur des Gases erhöht. Durch Kühlung des Volumenstromes zwischen den einzelnen Stufen lässt sich der Wirkungsgrad erhöhen, da der Prozess dann annähernd isotherm verläuft.

13. Wie erfolgt die Schmierung an Verdichteranlagen?

Überwiegend erfolgt bei allen Verdichterbauarten eine *Druckumlaufschmierung*. Ist ölfreie Luft erforderlich, werden so genannte *Trockenläufer* eingesetzt. Die *Kühler* werden meist als Glatt- oder Rippenrohrwärmetauscher gebaut, wobei in der Regel das Kühlwasser durch Rohre strömt.

1.1.3.2 Pumpen

01. Was sind Pumpen und welche Arbeitsprinzipien sowie Bauarten werden unterschieden?

Pumpen sind *Fluidenergiemaschinen*, bei denen die Energie des Fluids durch Aufbringen mechanischer Arbeit erhöht wird.

Arbeitsprinzipien von Flüssigkeitspumpen (ausgewählte Beispiele)			
Arbeitsprinzip	Bauarten/Beispiele	Förderung	Einsatzbereich, Wirkungsgrad
1 Verdränger- prinzip	**Kolbenpumpen** - einfach-wirkend - doppelt-wirkend	pulsierend bis schwach pulsierend	Förder- strom von der Förder- höhe un- abhängig.	Förderstrom: klein bis mittel Drücke: klein bis sehr hoch → ca. 95 %
	Zahnradpumpen			
	Schraubenspindelpumpen		→ ca. 92 %
	Kreiskolbenpumpen		
2 Strömungs- prinzip	**Kreiselpmpen** - radiale - axiale	gleichförmig bis nahezu gleichförmig	Förder- strom von der Förder- höhe ab- hängig.	Universalpumpe bei dünnflüssigen Medien → ca. 92 %
	Seitenkanalpumpen			kleine Förderströme, große Förderhöhen → ca. 50 %
3 Auftriebs- prinzip	Mammutpumpen			Förderung ist schonend → ca. 46 %
4 Reibungs- prinzip	Schneckenpumpen			bei zähen oder ver- schmutzten Medien → ca. 70 %
5 Strahl- prinzip	Strahlpumpen			zum Absaugen, Heben und Mischen → ca. 30 %

Hinweis:
Entsprechend dem Rahmenplan werden nur die gekennzeichneten Pumpen-Bauarten behandelt.

02. Was sind Kolbenpumpen?

Kolbenpumpen können entsprechend dem Verdrängungsprinzip für alle vorkommenden Drücke gebaut werden. Da mit dem Kolbenhub nur der Zylinderinhalt verdrängt werden kann, sind die erreichbaren *Förderströme* im Vergleich zu den Kreiselpumpen *gering*.

In der Industrie werden Kolbenpumpen daher in erster Linie als Einspritzpumpen für Kühlwasser, als Anhebepumpen oder als Dosierpumpen verwendet. Sie sind außerdem als Dickstoffpumpen zur Abwasser- und Schmutzwasserförderung geeignet.

03. Wie unterscheiden sich einfach- und doppelt-wirkende Kolbenpumpen?

Je nachdem, ob nur eine Kolbenseite abwechselnd saugt und drückt oder ob beide Kolbenseiten abwechselnd saugen und drücken, werden die Pumpen als einfach-wirkende oder als doppelt-wirkende Kolbenpumpen bezeichnet.

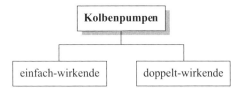

04. Wie ist der Aufbau und die Wirkungsweise von einfach-wirkenden Kolbenpumpen?

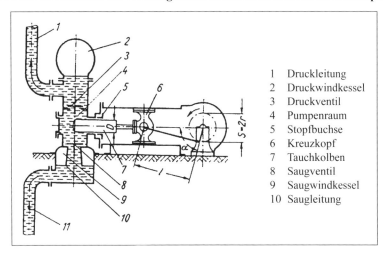

1	Druckleitung
2	Druckwindkessel
3	Druckventil
4	Pumpenraum
5	Stopfbuchse
6	Kreuzkopf
7	Tauchkolben
8	Saugventil
9	Saugwindkessel
10	Saugleitung

Beim Antrieb der Kolbenpumpe macht der Kolben eine hin- und hergehende Bewegung. Bewegt er sich nach rechts (*Saughub*), dann erzeugt er im Pumpenraum ein Vakuum. Durch dieses Vakuum wird das Saugventil geöffnet, und die Flüssigkeit strömt infolge des äußeren, atmosphärischen Luftdrucks durch die Saugleitung in den Pumpenraum ein. Während dieses Saughubes bleibt das Druckventil durch den in der Druckleitung herrschenden Überdruck geschlossen. Bewegt sich der Kolben nach links (*Druckhub*), übt er auf die Flüssigkeit einen Druck aus, das Saugventil schließt, und der Kolben verdrängt die Flüssigkeit über das sich öffnende Druckventil in der Druckleitung.

Merke:
Die Kolbenpumpe muss vor ihrer Inbetriebnahme mit Flüssigkeit gefüllt sein.

Sowohl das Ansaugen als auch das Fördern der Flüssigkeit erfolgt bei einer Kolbenpumpe nicht gleichmäßig. Erstens wird nur beim Saughub angesaugt bzw. beim Druckhub gefördert, und zweitens ist auch während dieser Hübe der Flüssigkeitsstrom nicht konstant, weil die Kolbengeschwindigkeit ungleichmäßig ist.

Deshalb wird sowohl ein *Saug-* als auch ein *Druckwindkessel* angeordnet, dessen Luftpolster diese Schwankungen möglichst ausgleichen.

Merke:
- Zur Vermeidung von Schäden muss jede Kolbenpumpe wegen des Verdrängungsprinzips druckseitig mit einem *Sicherheitsventil* versehen sein.

- Der *Platzbedarf* einer Kolbenpumpe ist im Allgemeinen *größer* als der einer Kreiselpumpe gleicher Leistung. Das gilt in der Regel auch für den Anschaffungspreis und den Wartungsaufwand.

05. Wie ist der Aufbau und die Wirkungsweise von doppelt-wirkenden Kolbenpumpen?

Die Abbildung zeigt den *Aufbau einer doppelt-wirkenden Kolbenpumpe mit Tauchkolben*:

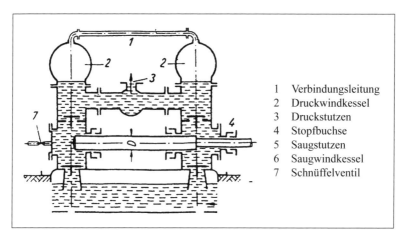

1	Verbindungsleitung
2	Druckwindkessel
3	Druckstutzen
4	Stopfbuchse
5	Saugstutzen
6	Saugwindkessel
7	Schnüffelventil

Bewegt sich der Kolben nach rechts, dann wird im linken Pumpenteil angesaugt, im rechten dagegen gefördert. Geht der Kolben nach links, dann wird im rechten Pumpenteil angesaugt und im linken gefördert. Es wird also je Hub sowohl angesaugt als auch gefördert; die Pumpe ist demnach doppelt wirkend.

Die doppelt-wirkende Ausführung hat den Vorteil einer relativ gleichmäßigen Antriebsarbeit und Fördermenge beim Hin- und Rückgang des Kolbens sowie eines relativ gleichmäßigen Förderstroms durch die beiden Windkessel. Beide Pumpenseiten haben meist einen gemeinsamen Saugwindkessel. Die Druckwindkessel sind durch eine Leitung miteinander verbunden.

06. Welche Funktion hat die Doppelstopfbuchse?

Die Abdichtung des Kolbens erfolgt durch zwei Stopfbuchsen, die bei dieser Ausführung von außen gut zu überwachen bzw. nachzustellen sind. Nachteilig ist jedoch, dass das Kolbenstück zwischen den beiden Stopfbuchsen mit der Außenluft in Berührung kommt. Um bei längerem Stillstand Korrosion zu vermeiden, baut man oft um das außenliegende Kolbenstück ein offenes Wasserbad. Dieser Nachteil fällt bei der *Doppelstopfbuchse* weg (vgl. Abb. unten). Außerdem presst bei dieser Konstruktion nur eine Packung direkt am Kolben.

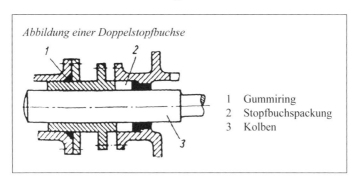

Abbildung einer Doppelstopfbuchse

1   Gummiring
2   Stopfbuchspackung
3   Kolben

07. Wie ist der Aufbau und die Wirkungsweise von einfach-wirkenden Kolbenpumpen mit Windkesseln?

Das Fördermittel wird durch einen hin- und hergehenden Kolben vom Durchmesser D aus dem Zylinder verdrängt. Der Antrieb des Kolbens erfolgt mit einem Kurbeltriebwerk. Der Zylinder ist durch Saug- und Druckventile abgeschlossen. Durch den Flüssigkeitsstrom werden die Ventile selbstständig bewegt.

Während des *Saughubs* (Kolben bewegt sich von links nach rechts) bleibt das Druckventil durch den in der Druckleitung vorhandenen Überdruck geschlossen. Das Saugventil ist durch das beim Saughub im Zylinder entstehende Vakuum geöffnet. Die Flüssigkeit wird angesaugt und füllt den Zylinder.

Beim *Druckhub* (Kolben bewegt sich von rechts nach links) schließt das Saugventil durch den jetzt im Zylinder herrschenden Überdruck. Der Kolben verdrängt die Flüssigkeit über das sich öffnende Druckventil in den Druckwindkessel und in die Druckleitung.

Der Druckwindkessel hat die Aufgabe, die Flüssigkeitsbewegung auf der Druckseite weitgehend von der ungleichförmigen Kolbenbewegung unabhängig zu machen. Als Federungselement dient das im Windkessel gespeicherte Luftpolster. Je größer der Luftinhalt der Windkessel ist, umso gleichmäßiger ist der Förderstrom in der Saug- und Druckleitung und umso ruhiger ist der Gang der Pumpe.

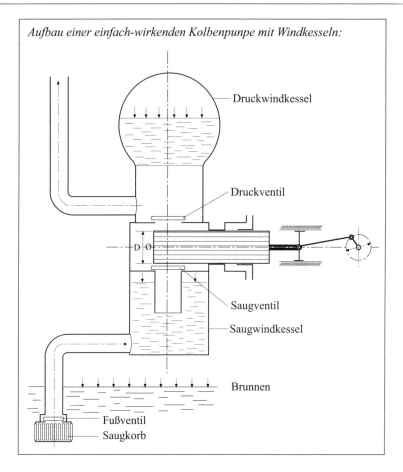

Aufbau einer einfach-wirkenden Kolbenpunpe mit Windkesseln:

Druckwindkessel

Druckventil

D Ø

Saugventil

Saugwindkessel

Brunnen

Fußventil
Saugkorb

08. Aus welchen Hauptbauteilen bestehen Kolbenpumpen?

1. Der *Saugteil* besteht aus dem Saugkorb mit eingebautem Fußventil, der Saugleitung, dem Saugwindkessel und dem Saugventil.

2. Der Pumpenteil setzt sich aus dem Pumpenarbeitsraum mit dem Kolben, der Kolbenstange und den Stopfbuchsen zusammen.

3. Zum *Förderteil* gehören das Druckventil, der Druckwindkessel und die Druckleitung.

4. Das *Gestell* besteht aus dem Rahmen mit der Kreuzkopföffnung, dem Antrieb und den Armaturen (Schmierung, Leckleitungen usw.).

09. In welche Bauarten lassen sich Kolbenpumpen einteilen?

Kolbenpumpen lassen sich nach folgenden Merkmalen einteilen:

Einteilung der Kolbenpumpen nach der ...				
Wirkungsweise	Art des Kolbens	Lage der Kolbenachse	Anzahl der Kolben	Art des Antriebs
Saug- und Hubpumpen: nur bei Kolbenaufwärtsbewegung saugend und drückend	Scheiben-kolben	liegende Pumpen (horizontale -)	Einkolben-pumpen	Hand-pumpen
Einfach-wirkende Kolbenpumpen: je Hub nur saugend oder drückend	Tauch- und Plunger-kolben	stehende Pumpen (vertikale -)	Zweikolben-pumpen (Zwillings-)	Trans-missions-pumpen
Doppelt-wirkende Kolbenpumpen: je Hub saugend und drückend	Stufen-kolben		Dreikolben-pumpen (Drillings-)	Motor-pumpen
Stufenkolbenpumpen: saugseitig wie eine einfach-wirkende, druckseitig wie eine doppelt-wirkende Pumpe	Ventil-kolben			Dampf-pumpen

10. Wie wird die Leistung von Kolbenpumpen geregelt?

Die *Förderstromregelung* bei Kolbenpumpen erfolgt durch Veränderung der Antriebsdrehzahl und somit der Hubzahl bzw. durch Veränderung der Hublänge mittels Sonderkonstruktion. Eine vergleichbare Abhängigkeit der Förderhöhe vom Förderstrom (V-p-Linie) – wie bei der Kreisel-pumpe – gibt es bei Kolbenpumpen nicht.

Die Kolbenpumpe liefert bei gleicher Drehzahl bei nicht kompressiblen Medien (z. B. Wasser) einen konstanten Förderstrom. Dabei passt sich die Förderhöhe dem Gegendruck der Anlage an.

11. Welche Pumpen gehören zu den rotierenden Verdrängerpumpen?

12. Wie ist der Aufbau und die Wirkungsweise von Zahnradpumpen?

Bei Zahnradpumpen bilden ineinander greifende Zähne eines Zahnradpaares das Verdrängungselement und zugleich auch das Trennelement. Sie liefern einen gleichmäßigen Förderstrom.

Zahnradpumpen benötigen weder Ventile noch besondere Maßnahmen für einen Massenausgleich und arbeiten mit einem Minimum an Wartung betriebssicher und wirtschaftlich. Ihr Einsatz ist vielfältig, z. B. in Kraftwerken: Sie finden dort Anwendung als Schmieröl-, Heizöl-, Zündöl- und Hydraulikpumpen.

Von Zahnradpumpen werden im Allgemeinen Förderströme bis zu etwa 30 m³/h bei Förderdrücken von 1 bis 20 bar gefordert. Sonderausführungen lassen sich für Förderdrücke über 100 bar bei einem Förderstrom von etwa 2 m³/h mit einer Stufe bauen. Für diesen Bedarfsfall werden jedoch meist Schraubenspindelpumpen (vgl. S. 67) verwendet. In einem Gehäuse wird ein Zahnrad von außen angetrieben und greift durch Abwälzen gleichzeitig in ein zweites Zahnrad. Der Zufluss vom Saug- zum Druckraum erfolgt am äußeren Umfang über die aus Zahnlücken und zylindrischen Gehäuseteilen gebildeten Räume. Damit die Spaltverluste zwischen Druck- und Saugraum gering bleiben, sind möglichst enge Spalten zwischen Zahnspitzen bzw. Zahnradstirnseiten und Gehäuse anzustreben. Der Förderstrom nimmt bei ansteigendem Gegendruck durch Spaltverluste ab, je nach den Eigenschaften des Fördermediums.

Damit bei Störungen in der zu betreibenden Anlage keine Überlastung des Pumpenaggregates oder der anschließenden Rohrleitungen eintritt, vielfach aber auch zur Mengenregulierung, wird auf der Druckseite ein Überströmventil installiert. Die Wellenlagerungen werden mit Gleit- oder Wälzlager (meist Nadellager) ausgerüstet.

Das *Förderprinzip der Zahnradpumpe* ist in der nachfolgenden Abbildung dargestellt:

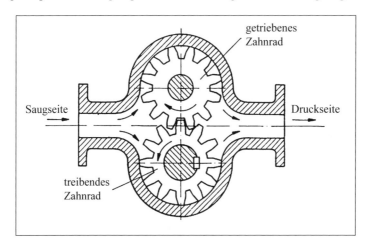

Merke:
Ist die Förderflüssigkeit zum Schmieren der Lager nicht geeignet, muss eine Pumpe mit Außenlagerung und Stopfbuchsen gewählt werden.

13. Wie ist der Aufbau und die Wirkungsweise von Schraubenspindelpumpen?

Ihre Anwendung findet diese Pumpenart z. B. zur Förderung von leichten und schweren Heizölen bei ölgefeuerten Kesselanlagen sowie für Hydraulikanlagen mit größeren Mengen und höheren Drücken. Zur Erreichung von hohen Drücken (bis 100 bar) werden zwei Pumpen hintereinander geschaltet, da für eine einzelne Pumpe die Radiallagerbelastung zu groß werden könnte.

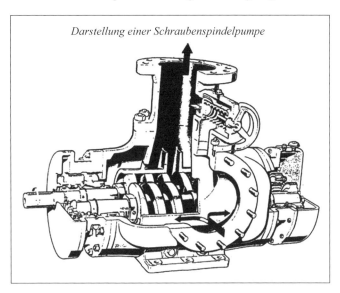

Darstellung einer Schraubenspindelpumpe

Die Schraubenspindelpumpe gehört zur Bauart der Verdrängerpumpen. Es werden Spindeln verwendet, die ein Gewinde tragen: Es müssen mindestens zwei Spindeln miteinander in Eingriff stehen, damit Saug- und Verdrängungswirkung möglich werden und die Förderflüssigkeit nicht in den Gewindegängen von der Druckseite zur Saugseite zurückströmen kann.

Die *Hauptspindel* wird angetrieben, die *Nebenspindel* wird bei Förderdrücken bis etwa 35 bar von der Hauptspindel mitgenommen, bei höheren Drücken durch ein Stirnradpaar angetrieben. Bei Drücken bis etwa 10 bar wird die Hauptspindel zweigängig, die Nebenspindel dreigängig ausgeführt, bei höheren Drücken sind beide Spindeln eingängig. Für größere Förderströme wird die Pumpe auch mit mehreren Spindeln gebaut, wobei die Nebenspindeln konzentrisch um die Hauptspindeln angeordnet sind.

Schraubenspindelpumpen arbeiten praktisch wartungsfrei. Das hydraulische Verhalten ist dem der Zahnradpumpe sehr ähnlich (vgl. Kennlinienverhalten).

Merke:
Schraubenspindelpumpen haben keine Ventile. Der Förderstrom ist gleichmäßig.

Die *Spindeln* laufen mit relativ hohe Drehzahlen (bis 2.950 U/min). Die Hauptspindel wird in der Regel direkt mit der Arbeitsmaschine gekuppelt. Bei der Förderung in einflutiger Richtung ist der gesamte Druckunterschied zwischen Druck- und Saugseite anzugleichen. Die Spindel-stirnflächen auf der Saugseite können mit dem Pumpendruck beaufschlagt werden, damit eine dem Axialschub entgegen gesetzte Kraft entsteht. Ein automatischer Schubabgleich ist durch gegenflutig angeordnete Spindeln möglich. Die Wellenabdichtung erfolgt mit Stopfbuchsen oder einfach wirkenden Gleitringdichtungen.

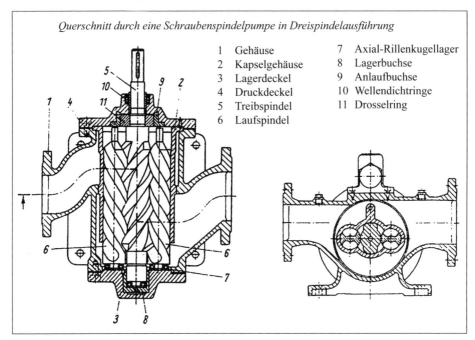

Querschnitt durch eine Schraubenspindelpumpe in Dreispindelausführung

1 Gehäuse	7 Axial-Rillenkugellager
2 Kapselgehäuse	8 Lagerbuchse
3 Lagerdeckel	9 Anlaufbuchse
4 Druckdeckel	10 Wellendichtringe
5 Treibspindel	11 Drosselring
6 Laufspindel	

14. Was sind Kreiselpumpen?

Kreiselpumpen sind *Strömungsmaschinen* zur Energieerhöhung mittels eines rotierenden Laufrades. Sie dienen der Förderung von Flüssigkeiten (meist Wasser), die durch Rohrleitungen fließen. Die Flüssigkeit, die in die Pumpe gelangt, wird vom rotierenden Pumpenrad mitgerissen und zunächst auf eine Kreisbahn gezwungen. Auf dieser Bahn treibt der durch Fliehkraft aufgebaute Druck die Flüssigkeit radial nach außen, wo sie durch den Ablauf abfließt.

Merke:
Die Arbeitsweise der Kreiselpumpe bezeichnet man als *hydrodynamisches Förderprinzip*.

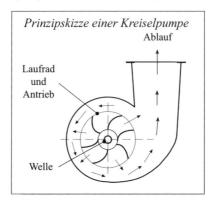

Prinzipskizze einer Kreiselpumpe
Ablauf

Laufrad
und
Antrieb

Welle

15. Was versteht man unter axialen bzw. radialen Kreiselpumpen?

Die zu fördernde Flüssigkeit kann bei Kreiselpumpen entweder hauptsächlich quer zur Achse des Antriebes bewegt werden (→ *radiale Strömung*) oder in Richtung der Achse (→ *axiale Strömung*; z. B. Propellerpumpen).

Bei entsprechender Gestaltung von Laufrad und Gehäuse können auch Flüssigkeiten mit Feststoffen gefördert werden (→ Abwasser). Eine Maßzahl der zulässigen Feststoffgröße ist der so genannte *Kugeldurchgang,* angegeben als Durchmesser einer zu fördernden Kugel.

16. Was versteht man unter der Kennlinie einer Kreiselpumpe?

Die Kennlinie einer Kreiselpumpe beschreibt den *Zusammenhang zwischen Druck und Fördermenge.* Der größte Druck wird normalerweise bei Null erzeugt. Praktisch bedeutet das einen verschlossenen Ablauf. Zusammen mit der Kennlinie des angeschlossenen Rohres ergibt sich der *Arbeitspunkt* aus der Kombination von Pumpe und Rohr. Durch Hintereinanderschalten mehrerer Kreiselpumpen erhöht sich der Druck, durch Parallelschalten die Fördermenge.

Merke:
Ändert man die Drehzahl der Pumpen, verändert sich auch die Fördermenge sowie der Druck.

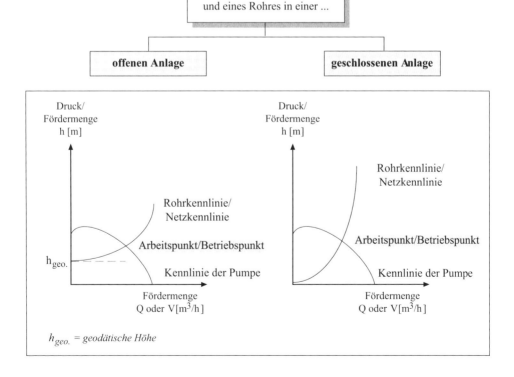

Merke:
Übliche Kreiselpumpen sind nicht selbstansaugend, dass heißt, sie müssen stets mit Medium gefüllt sein oder mittels einer zusätzlichen Pumpe entlüftet werden, bevor sie fördern können.

17. Was ist hinsichtlich der Wartung, Revision und Überholung von Kreiselpumpen zu beachten?

- Einer regelmäßigen Wartung bedürfen hauptsächlich bei der Wellenabdichtung die *Stopfbuchsen*. Sie müssen so nachgezogen werden, dass im Betrieb etwas Leckwasser durchtreten kann. Bei *Stopfbuchsbrillenkühlung* ist die Kühlung zeitweilig abzustellen, um das Leckwasser der Stopfbuchse kontrollieren zu können. Lässt sich die Stopfbuchse nicht mehr nachziehen, ist ein weiterer Packungsring einzulegen bzw. neu zu verpacken. Rauchentwicklung bei frisch verpackten Stopfbuchsen ist auf zu strammes Anziehen der Stopfbuchsenbrille zu-rückzuführen.

- Die Wartung der *Lager* umfasst im Wesentlichen die Kontrolle einwandfreier Schmierung und Kühlung: Es ist auf ausreichende Schmierung zu achten und je nach Lagerkonstruktion Fett oder Öl regelmäßig zu ergänzen. Etwa jährlich bei durchlaufendem Betrieb sind die Lager vom Schmiermittel vollkommen zu säubern, auszuwaschen und mit neuem Schmiermittel zu versehen. Bei wassergekühlten Ringschmierlagern sind die Wasserkanäle zu reinigen.

- Kreiselpumpen sollen in Abständen von 10.000 bis 20.000 Betriebsstunden einer *Revision* unterzogen werden. Hierzu ist die Pumpe zu öffnen, zu säubern und gründlich zu untersuchen. Insbesondere sind der Verschleiß und das Spiel zwischen feststehenden und beweglichen Teilen zu kontrollieren und der feste Sitz der Laufräder auf der Welle zu überprüfen. Die im Bereich der Stopfbuchse vorhandenen Wellenschutzhülsen sind zu erneuern, falls sie eingelaufen sind.

- Im Interesse der Betriebssicherheit empfiehlt es sich, bei Kreiselpumpen etwa folgende *Ersatzteile* auf Lager zu haben: Läufer, Leiträder, Wellenschutzbüchsen, Kugellager bzw. Lagerbuchsen.

Merke:
Die Lagertemperatur bei Kreiselpumpen sollte maximal 70 °C nicht überschreiten.

18. Für welche Zwecke werden Kreiselpumpen eingesetzt?

- Pumpen zur Wasser- und Abwasserförderung,
- Kondensatpumpen,
- Kühlwasserpumpen,
- Kesselspeisewasserpumpen in der Wärmeerzeugung,
- Umwälzpumpen für flüssige Medien,
- Säure- und Laugenpumpen.

19. Wie wird die Leistung von Kolbenpumpen berechnet?

Es gilt:

			Dabei ist:
Druck:	$p = \dfrac{F}{A}$		
Hubraum:	$V = A \cdot s$		A Fläche [dm²]
			s Weg [dm]
	$= \dfrac{\pi}{4} \cdot d^2$		
Volumenstrom:	$V' = V \cdot n$		V Volumen [dm³]
			n Hubzahl [1:min]

Beispiel 1:

Eine Pumpenanlage fördert in einer Stunde 10,8 m³ Wasser 40 m hoch.

a) Wie groß ist die Hubleistung in KW?

b) Wie groß muss die der Pumpenanlage zugeführte elektrische Leistung sein, wenn der Wirkungsgrad 70 % beträgt?

Gegeben: $t = 1\ h = 3.600\ s$ Gesucht: P_{ab} [in KW]

           $h = 40\ m$ P_{zu} [in KW]

           $m = 10,8\ m^3 = 10.800\ dm^3$

           $g = 9,81\ N/kg$

a) $\boxed{P_{ab} = W : t}$ $W = F_G \cdot h$

                                        $= m \cdot g \cdot h$

                                        $= 10.800\ kg \cdot 9,81\ N/kg \cdot 40\ m$

                                        $= 4.\,237.920\ N/m$

$\Rightarrow$ $P_{ab} = \dfrac{4.\,237.920\ N/m}{3.600\ s}$

             $= 1,2\ KW$

b) $P_{ab} = 1,2\ KW \quad \rightarrow \quad 70\,\%$

$\Rightarrow$ $P_{ab} = 1,71\ KW \quad \rightarrow \quad 100\,\%$

Beispiel 2:

Wie groß muss die einer Pumpenanlage zugeführte elektrische Leistung sein, die in 10 Minuten 2,5 m³ Heizöl um 3,5 m anheben soll, wenn ihr Wirkungsgrad 50 % beträgt?

Gegeben: $T = 10\ min = 600\ s$ Gesucht: P_{zu} [in KW]

           $m = 2,5\ m^3 = 2.500\ l$

           $h = 3,5\ m$

           $\eta = 50\,\%$

           Dichte von Heizöl = 0,83

           (vgl. Tabellenbuch)

$$\boxed{P_{ab} = \frac{W}{t}}$$

$$\Rightarrow \quad P_{ab} = \frac{71.245,125 \text{ Nm}}{600 \text{ s}}$$

$$= 118,74 \text{ Nm/s}$$

$$W = m \cdot g \cdot h$$
$$= 2.500 \text{ l} \cdot 0,83 \cdot 9,81 \text{ N/kg} \cdot 3,5 \text{ m}$$
$$= 71.245,125 \text{ Nm}$$

$$\eta = P_{ab} : P_{zu} = 50 \%$$

$$\Rightarrow P_{zu} = P_{ab} \cdot 2 = 118,74 \text{ Nm/s} \cdot 2$$
$$= 237,48 \text{ W}$$
$$= 0,24 \text{ KW}$$

1.1.3.3 Werkzeugmaschinen   → 2.1.3/→ 1.3.1

01. Was sind Werkzeugmaschinen?

Die Bezeichnung „Werkzeugmaschinen" ist abgeleitet aus den Worten „Maschine" und „Werkzeug" und umfasst alle Maschinen, die zur Werkstückbearbeitung mithilfe von Werkzeugen dienen.

In Anlehnung an die Fertigungsverfahren nach der DIN 8580 ff. (vgl. ausführlich unter 2.1.3) sowie die DIN 65 652 Teil 1, Werkzeugmaschinen für die Metallbearbeitung, lässt sich folgende *Einteilung der Werkzeugmaschinen* vornehmen:

Einteilung der Werkzeugmaschinen			
Urformende Werkzeugmaschinen	Umformende Werkzeugmaschinen	Trennende Werkzeugmaschinen	Stoffeigenschaftändernde Werkzeugmaschinen
- Beispiele -			
• Gesenkbiegepressen		• Schlagscheren	• Anlagen zum Glühen
• Pressen	• Biegemaschinen	• Drehmaschinen	• Anlagen zum Härten
• Gießanlagen	• Abkantmaschinen	• Erodiermschinen	• Anlagen zum Nitrieren
	• Walzmaschinen	• Bohrmaschinen	
	• Schmiedemaschinen	• Fräsmaschinen	
		• Hobel-, Stoßmaschinen	
		• Räummaschinen	
		• Sägemaschinen	
		• Feil-, Bürstmaschinen	
		• Schleifmaschinen	
		• Läppmaschinen	
		• Honmaschinen	
		• Laserschneidemaschinen	

In der Praxis spielen vor allem die umformenden sowie die trennenden (= zerteilenden, spanenden, abtragenden) Werkzeugmaschinen eine große Rolle.

02. Aus welchen Funktionseinheiten bestehen Werkzeugmaschinen? → **1.3**

Werkzeugmaschinen bestehen häufig aus einem *Grundkörper* (Gestelle und Gestellbauteile). *Tische, Betten, Ständer und Konsolen* sind oft bereits in den Grundkörper integriert oder können geschraubt oder geklebt angebracht werden.

Der Grundkörper trägt *Supporte, Getriebe, Motoren, Hydraulik-/Pneumatikeinrichtungen und Steuerorgane,* um die zwischen Werkzeug und Werkstück erforderlichen *Relativbewegungen* ausführen zu können.

Die *Relativbewegung* wird unterschieden in

- die *Hauptbewegung*, z. B. Schnittbewegung bei spanenden Maschinen und
- die *Vorschub-/Zustellbewegung*, die eine kontinuierliche Bearbeitung, z. B. Spanabhebung, ermöglicht.

Prinzipskizze einer Werkzeugmaschine am Beispiel einer konventionellen Drehmaschine:

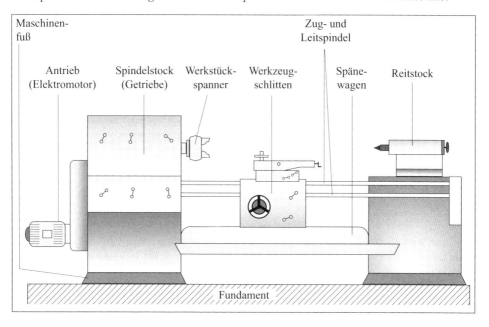

Werkzeugmaschinen dienen zur Herstellung von Werkstücken mit *hohen Qualitätsanforderungen*: Die Bearbeitungsgenauigkeit spanender Werkzeugmaschinen liegt z. B. im Bereich von 1 mm bis 1/1.000 mm. Ultrapräzisionsmaschinen arbeiten mit einer Präzision von unter 1/100.000 mm. Es werden überwiegend *Hochleistungsbearbeitungswerkzeuge* eingesetzt, die aus beschichtetem/ unbeschichtetem Hartmetall, aus Keramik, Diamant, Cermet oder Bornitrid hergestellt werden.

Werkzeugmaschinen verfügen meist über eine *Maschineneinhausung*. Damit soll das Bedienpersonal vor umherfliegenden Spänen, Kühlschmierstoff, Lärm, sich drehenden Teilen und vor Verletzungen beim Bersten von Werkzeugen geschützt werden. Größere Anlagen besitzen zusätzlich Schutzgitter bzw. Lichtschranken. Die Funktionsfähigkeit dieser Sicherheitseinrichtungen ist laufend zu gewährleisten.

03. Welche Eigenschaften von Werkzeugmaschinen sind relevant?

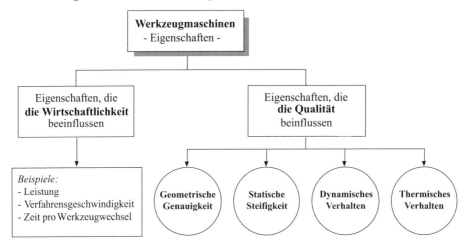

04. Wie lässt sich die Zuverlässigkeit bei Werkzeugmaschinen messen?

Die Zuverlässigkeit bei Werkzeugmaschinen ist ein Maß für die Fähigkeit einer Einheit, ihre definierte Funktion unter vorgegebenen Arbeits- und Umgebungsbedingungen zu erfüllen. Es muss vorher bekannt sein, was als Nichterfüllung der definierten Funktion gerechnet wird.

Mithilfe moderner *Messmethoden* (z. B. Wirbelstromsensor, Laserinterferometer) oder durch die Verwendung von *Prüfwerkstücken*, unter Beachtung der gültigen Richtlinien und Normen, lassen sich Maschinenbeurteilungen durchführen. Nur so ist es möglich, Qualitätsprodukte auf diesen Maschinen herzustellen.

Moderne Werkzeugmaschinen verfügen meist über *automatisierte Messeinrichtungen*, die die Parameter der Werkzeuge und/oder der Werkstücke erfassen und in die Steuerung der Maschine zurückführen; ggf. notwendige Korrekturen werden dann durch programmierte Bewegungen der Maschine ausgeführt.

05. Welche Auswirkungen haben statische und dynamische Belastungen auf die Werkzeugmaschinen?

Werkzeugmaschinen können während ihrer Nutzung statischen und dynamischen Belastungen unterliegen.

• *Statische Belastungen:*
Alle im Kraftfluss liegenden Bauteile unterliegen einer statischen Belastung und damit einer *Verformung*, die in der Folge zu einer Lageveränderung führen kann.

Mithilfe der *Schwachstellenanalyse* untersucht man nun zum Beispiel die statische Beanspruchung der im Kraftfluss vorhandenen Bauteile und Fügestellen und kann so Lage- und Verformungsveränderungen erkennen. Sie bilden die Grundlage für weitere konstruktive Verbesserungen.

• *Dynamische Belastungen*
entstehen durch Schwingungen, die sowohl von der Maschine selbst als auch von anderen Schwingungserregern (z. B. anderen Maschinen) ausgehen können.

- *Schwingungen* haben nicht nur negative Auswirkungen auf Arbeitsgenauigkeit, Maßhaltigkeit, Oberfläche und Werkzeugverschleiß im Produktionsprozess der verursachenden Fertigungseinheit, sondern sie können sich auch negativ auf die Umgebung auswirken (z. B. andere Maschinen der Feinbearbeitung beeinflussen).

- *Schwingungen* erhöhen außerdem den Verschleiß der im Eingriff befindlichen Zahnräder in Getrieben und weiteren zusammengefügten Bauteilen (Lagerstellen, Supporten) und führen zur Lockerung ursprünglich unbeweglicher Teile. Eine Überschreitung der zulässigen Werte muss deshalb verhindert werden.

06. Wie kann eine unzulässig hohe Schwingungsübertragung an Werkzeugmaschinen verhindert werden?

- Ermittlung der *Schwingungsursachen* (konstruktive und prozessabhängige Ursachen).
- *Aktive und passive Abschirmung* von Schwingungen.
- Je nach Maschinenanforderung (Feinbearbeitungs- oder Umformmaschine):
  Verwendung von
  · Aufstellelementen,
  · speziellen Maschinenfundamentierungen,
  · Dämpfungserhöhungen durch Zusatzsysteme usw.

Zu Maschinenausfällen können auch thermische Störgrößen führen, wie z. B. die ungenügende Wärmeabfuhr von Antriebssystemen, Motoren, Kupplungen, Hydraulikölen, Schmierölen sowie nicht oder schlecht funktionierende Zusatzaggregate (Pumpen, Kühlaggregate usw.). Der Eintritt eines möglichen Schadens ist in der Technik immer vorhanden. Deshalb ist es notwendig, nach seinem Eintritt eine Schadensanalyse durchzuführen.

1.1.4 Funktionserhalt von Fördermitteln und Fördereinrichtungen

1.1.4.1 Grundlagen der Fördertechnik

01. Mit welchen Fragestellungen befasst sich die Fördertechnik?

Die Fördertechnik befasst sich mit den *Fragen des innerbetrieblichen Transports* von Materialien und Personen sowie der *Gestaltung des betrieblichen Materialflusses* unter der Verwendung von Fördermitteln und Fördereinrichtungen wie z. B. Stapler, Krananlagen, Gurtförderer, Aufzüge oder Elektrohängebahnen zwischen zwei in begrenzter Entfernung liegenden Orten.

02. Welche Begriffe werden im Rahmen der Logistik unterschieden?   → 5.5

• *Logistik* (vgl. ausführlich unter 5.5)
  ist die Vernetzung von planerischen und ausführenden Maßnahmen und Instrumenten, um den Material-, Wert- und Informationsfluss im Rahmen der betrieblichen Leistungserstellung zu gewährleisten. Dieser Prozess stellt eine eigene betriebliche Funktion dar.

• *Transportieren*
  ist das Verbringen von Gütern *außerhalb eines Werkbereichs* von A nach B, ohne die Gebrauchseigenschaften der Stoffe zu verändern.

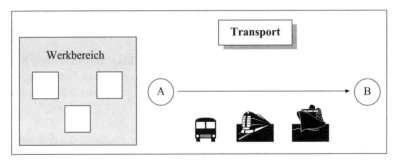

• *Umschlagen*
  ist das Umladen von Transportgütern beim Wechsel der Transportmittel oder bei der Aufnahme aus bzw. bei der Abgabe in einem/n Speicher.

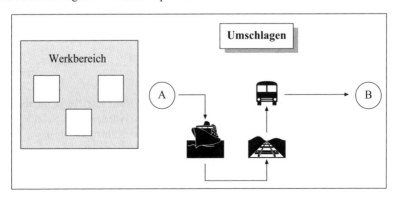

• *Fördern*
ist das Verbringen von Gütern *innerhalb eines Werkbereichs* von A nach B. Die eingesetzten Instrumente und Einrichtungen heißen *Fördermittel*.

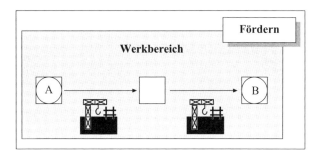

• *Speichern*
ist das Aufbewahren von Stoffen.

03. Nach welchen Merkmalen werden Fördermittel systematisiert (Fördermittelarten)?

Die *Einteilung der Fördermittel* ist in der Literatur nicht einheitlich. Meist wird nach folgenden *Merkmalen* unterschieden:

- *Flurbindung*:
 · flurfrei
 · flurgebunden
 · aufgeständert

- *Grad der Automatisierung*:
 · manuell
 · maschinell

- *Beweglichkeit*:
 · ortsfest
 · frei fahrbar
 · geführt fahrbar

- *Antriebsart*:
 · Einzelantrieb
 · Muskelkraft
 · Schwerkraft
 · mit/ohne Zugmittel

Eine häufige Gliederung der *Fördermittelarten* ist die Unterteilung in *Stetig- und Unstetigförderer*. Ein weiteres Gliederungsmerkmal ist, ob sie auf der Flur (*Flurförderer*) oder über der Flur (*flurfreie Förderer*) arbeiten. Die *Hebetechnik* (Hebezeuge, Krananlagen) ist ein wichtiges Teilgebiet der Fördertechnik (vgl. 1.1.4.2).

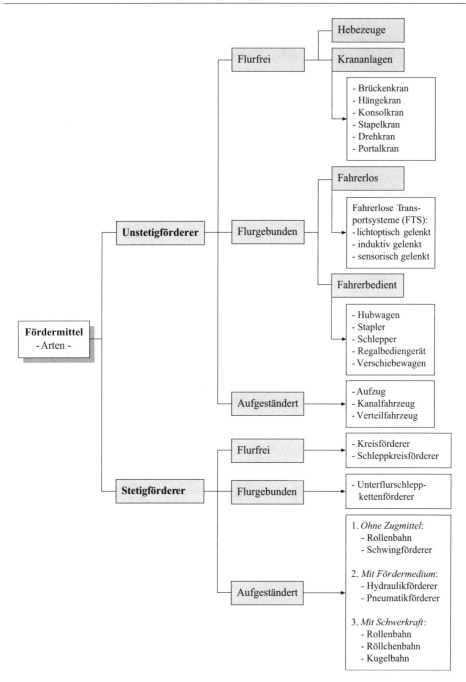

04. Wann werden Stetigförderer eingesetzt und welche Vor- und Nachteile sind damit verbunden?

Stetigförderer bringen das Transportgut stetig fließend über einen festen, gleichbleibenden Förderweg oder pulsierend (wie z. B. bei Becherwerken) von der Aufgabe- zur Abgabestelle. Ihr Einsatz ist dort wirtschaftlich, wo große Mengen gleichartiger Güter auf gleichartigen Wegen gefördert werden müssen.

Zu den Stetigförderern gehören zum Beispiel:

- Gurtförderer,
- Kettenförderer/Schüttgutförderer,
- Rollenbahnförderer,
- Schwingrinnen,
- Schneckenförderer,
- Deckenkreisförderer und
- Becherwerke.

Stetigförderer	
Vorteile	**Nachteile**
• permanente Einsatzbereitschaft	• hohe Investitionskosten (EUR pro lfd. m)
• relativ geringer Personalbedarf	• meist ortsgebundene Installation
• relativ niedrige Betriebskosten	• starre Streckenführung
• Multifunktionell: Fördern, Puffern, Sortieren	• Einsatz ist erst bei hoher Auslastung wirtschaftlich
• hohe Förderleistung	
• relativ einfach automatisierbar	

Beispiel 1:   Darstellung der zentralen Funktionen eines Stetigförderers (Prinzipskizze)

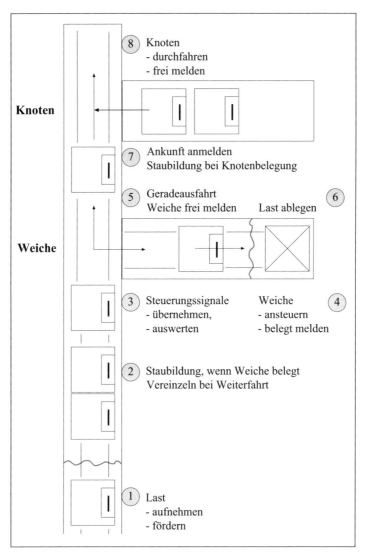

Beispiel 2: Prinzipskizze der Funktionsweise eines Schüttgutförderers

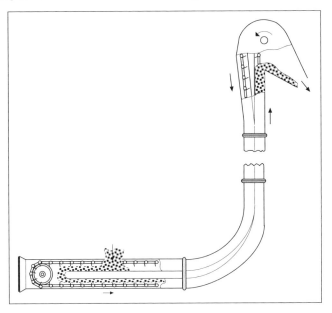

05. Wann werden Unstetigförderer eingesetzt?

Unstetige Fördermittel arbeiten mit Fördertechniken, die keinen kontinuierlichen Massenstrom zulassen und in der Regel in frei wählbarer Bewegungsrichtung arbeiten. Dazu zählen z. B. Krananlagen, Flurförderzeuge, Serienhebezeuge und Aufzüge.

06. Was sind Flurförderfahrzeuge und welche Arten werden in der Praxis überwiegend eingesetzt?

Flurförderfahrzeuge im Sinne der Unfallverhütungsvorschriften sind Fördermittel, die

- mit Rädern auf Flur laufen,
- frei lenkbar sind,
- sich auf Wegen zwischen den gelagerten Gütern bewegen,
- sich zum Befördern, Ziehen und Schieben von Lasten eignen,
- überwiegend innerbetrieblich eingesetzt werden.

Stapler sind die am häufigsten eingesetzten Flurförderfahrzeuge. Bei ihnen erfolgt der Lastangriff außerhalb der Radbasis. Konstruktiv *unterscheiden* sich Stapler vor allem hinsichtlich folgender *Merkmale*:

- Antriebsart, z. B. Elektro-, Verbrennungsmotor,
- konstruktiver Aufbau,
- erforderliche Arbeitsfläche/Größe,
- Tragkraft,
- Gabelsystem,
- Einsatz innerhalb/außerhalb von Hallen.

Am häufigsten kommen folgende Bauarten zum Einsatz:

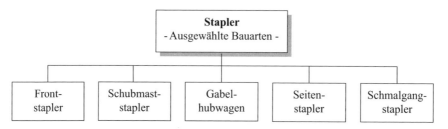

Ausführliche Informationen über Stapler-Bauarten und ihren Einsatz finden sich z. B. auf den Internetseiten der Still GmbH, www.still.de oder der Jungheinrich AG, www.jungheinrich.de.

• *Frontstapler*:
  - Last ist freitragend vor den Vorderrädern
  - Fahrersitz: in Fahrtrichtung
  - Einsatz: außen und innen, hohe Traglasten, hohe Geschwindigkeiten

• *Schubmaststapler*:
  - bei Lastaufnahme/-abgabe wird der Mast an die Vorderräder geschoben
  - Fahrersitz: quer zur Fahrtrichtung
  - Einsatz: überwiegend innen, Palettenlagerung, nicht für große Lasten geeignet

• *Gabelhubwagen*:
  - Antrieb: Muskelkraft oder Elektroantrieb
  - Einsatz: überwiegend innen, Palettenlagerung

• *Seitenstapler*:
  - Einsatz: Transport von Langgut
  - Mast ist quer zur Fahrtrichtung

• *Schmalgangstapler/Regalstapler*:
  - mit Schwenkhub- oder Teleskopgabel
  - Einsatz: für Stückgüter in Lagerhallen, enge Arbeitsgänge, große Stapelhöhen, optimale Nutzung der Lagerkapazität
  - hohe Arbeitsgeschwindigkeit

07. Welche Grundsätze der Arbeitssicherheit sind beim Einsatz von Staplern zu beachten?

1. Beachten der Tragkraft.
2. Unter schwebenden Lasten dürfen sich keine Personen aufhalten.
3. Stapler dürfen nur von ausgebildetem Personal bedient werden (Nachweis der Berechtigung).
4. Es dürfen nur geeignete Traglastmittel eingesetzt werden (z. B. genormte Paletten).

1.1.4.2 Hebezeuge und Krananlagen

01. Wie werden Hebezeuge unterschieden?

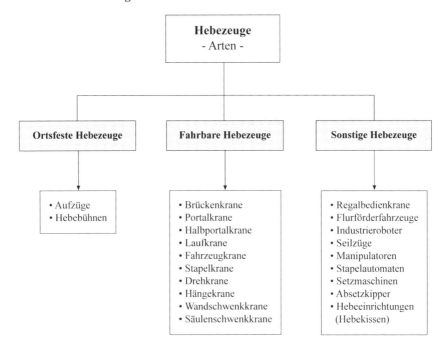

Krananlagen bieten folgende *Vorteile*:

- kein Blockieren der Bodenfläche als Transportweg,
- geeignet für große Höhen/Flächen.

Die nachfolgende Abbildung zeigt Prinzipskizzen verschiedener Kranausführungen:

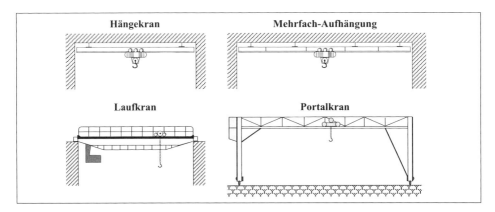

Weitere Informationen über Krananlagen als Funktionsträger im innerbetrieblichen Materialfluss finden sich z. B. auf den Internetseiten der Demag Cranes & Components GmbH, www.demagcranes.de.

02. Welche Konstruktionselemente sind für den Funktionserhalt von Hebezeugen besonders zu beachten?

Krane bestehen im Wesentlichen aus einem *Träger* und einer *Krankatze mit Hubwerk*. Die wichtigsten Konstruktionselemente von Hebezeugen sind:

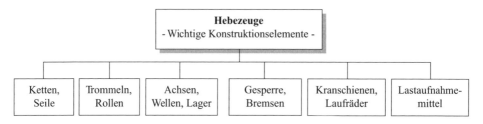

03. Welche generellen Vorschriften sind beim Aufstellen und dem Betrieb von Hebezeugen zu beachten? → 6.

Hebezeuge und Krananlagen unterliegen in Bezug auf Herstellung, Aufstellung, Bedienung, Wartung und Instandsetzung den jeweils geltenden, besonderen gesetzlichen Vorschriften und anerkannten Regeln der Technik.

Dazu gehören zum Beispiel:

- Maschinenverordnung – 9. ProdSV
- Arbeitsmittelbenutzungsverordnung (AMBV)
- Unfallverhütungsvorschriften wie z. B:
  · Allgemeine Vorschriften (DGUV Vorschrift 1)
  · Elektrische Anlagen und Betriebsmittel (BGV A3)
  · Fahrzeuge (BGV D29)
  · Krane (BGV D6)
  · Flurförderzeuge (BGV D27)
  · Betreiben von Lastaufnahmemitteln im Hebezeugbetrieb
    (BGR 500 Teil b- und 1 – Inhalte aus VBG 9a)
  · Winden, Hub- und Zuggeräte (BGV D8)

Weiterhin relevant sind wichtige DIN-Normen, Technische Regeln, VDE-Bestimmungen sowie Grundsätze und Regeln der Berufsgenossenschaft (BGR, BGG) wie zum Beispiel:

- Prüfen von Kranen (BGG 905)
- Ermächtigung von Sachverständigen für die Prüfung von Kranen durch die Berufsgenossenschaft (BGG 924)
- Sicherheitslehrbrief für Kranführer (BGI 555)
- VDI 2382 – Instandsetzung von Krananlagen

04. Was ist beim Einsatz von Ketten an Hebezeugen und Krananlagen zu beachten?

1. *Bauart*:
Ketten von Hebezeugen und Krananlagen lassen sich in *Rundstahlketten* und *Stahlgelenketten* einteilen.

2. *Verwendung*:
Rundstahlketten werden als *Zugmittel* und als *Verbindungsmittel* in Hebezeugen eingesetzt.

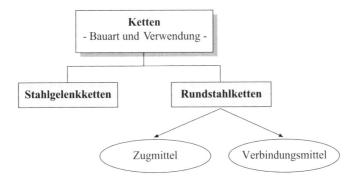

- Je nach Verwendungszweck kommen *Rundstahlketten* mit unterschiedlicher Geometrie und Werkstoffgütewerten zum Einsatz.

- Aus der Benennung der Güteklasse der Kette lässt sich die *Mindestbruchspannung* ableiten. Bruchspannungen und Bruchdehnungen sowie weitere, definierte Tragfähigkeiten und Prüfkräfte bestimmen den jeweiligen Einsatzzweck.

- Geprüfte Ketten sind neben dem *Zulassungszeichen* der Berufsgenossenschaft mit der *Güteklasse* und dem *Herstellerzeichen* gekennzeichnet.

2.1 *Ketten als Verbindungsmittel* in Hebezeugen:

Anschlagketten werden im Zusammenhang mit weiterem Zubehör als Verbindungsmittel zwischen Kranhaken und Last eingesetzt (z. B. Ring-, Klauen- und Hakenketten).

- Es sind als Anschlagketten nur geprüfte, kurzgliedrige, nicht lehrenhaltige Rundstahlketten (Teilung ≤ 3) zu verwenden.

- *Komplettkettengehänge* dürfen nur durch von der Berufsgenossenschaft zugelassenen Herstellerfirmen nach DIN 5688 geschweißt werden (die DIN 5688-2 wurde ohne Ersatz zurückgezogen).

- *Hebezeugketten* nach EN 818-7 *sind* wegen ihrer geringen Dehnung *nicht als Anschlagketten zu verwenden*.

- Anschlagketten unterliegen besonderen Sicherheitsanforderungen. Beim Einsatz ist die Unfallverhütungsvorschrift „Lastaufnahmeeinrichtungen im Hebezeugbetrieb" (GUV-V 9a) zu beachten.

- Ketten sind ständig auf mögliche Schäden zu kontrollieren und bei Vorliegen der *Ablege-
  reife* nach GUV-V 9a der Benutzung zu entziehen.

• *Schädigungen an Ketten*:
  An Ketten können zum Beispiel die folgenden Schädigungen vorliegen:

  - Längung der Kette über das zulässige Maß,
  - übermäßige Abnahme der Nenndicke des Kettengliedes,
  - Brüche, Anrisse und Verformungen eines Kettengliedes.

---

*Anschlagketten und deren Verbindungsteile müssen deshalb mindestens einmal
jährlich durch einen Sachkundigen überprüft werden.*

*Durch sorgfältigen Umgang während ihres Einsatzes kann die Funktionsfähigkeit
von Ketten erhalten bleiben.*

• *Ursachen von Schädigungen an Ketten* – insbesondere:

  - Nichtbeachtung der zulässigen Traglast in Abhängigkeit von Bauart und Anschlagart,
  - unzulässige Stoßbelastung,
  - Belastung der Kette über Kanten und nicht in geradem Strang,
  - Nichtbeachten der zulässigen Einsatztemperatur,
  - unsachgemäße Lagerung und Pflege (Korrosion).

2.2 *Ketten als Zugmittel* in Hebezeugen:

In Handhebezeugen sowie Elektrokettenzügen werden *lehrenhaltige Rundstahlketten* mit
kleinen Teilungstoleranzen nach DIN 766 und EN 818 verwendet. Sie werden teilweise mit
Oberflächenhärtung hergestellt. Die Kette wird meist durch speziell verzahnte Taschenräder
mit geringer Hubgeschwindigkeit angetrieben. Die BGV D8 „Winden, Hub- und Zuggeräte"
ist zu berücksichtigen.

Beim *Einsatz von Stahlgelenkketten* ist Folgendes zu beachten:

- Die Kettenglieder von Stahlgelenkketten werden im Allgemeinen nur in einer Ebene
  geführt. Hierzu zählen z. B.:
  · *Gallketten* nach DIN 8150,
  · *Buchsenketten* nach DIN 8164 oder
  · *Rollenketten* nach DIN ISO 606.

- *Gallketten* werden meist als Lastketten eingesetzt und müssen zur Verminderung von
  Verschleiß und Korrosion ständig geschmiert werden.

- *Buchsenketten* werden unter anderem als Förderketten für Stetigförderer verwendet.

05. Was ist zu beachten, um den Funktionserhalt von Ketten zu gewährleisten (Überblick)?

1. *Belastung*:
   Ketten, die als Anschlagketten beim Transport oder als Kettenantrieb fungieren, dürfen nicht über das zulässige Maß hinaus belastet werden.

2. *Bestimmungsgemäße Verwendung, Gütekennzeichnung*:
   Je nach Herstellungszweck und Tragfähigkeit der Kette hat eine bestimmungsgemäße Verwendung zu erfolgen. Ketten müssen geprüft und mit einer entsprechenden Gütekennzeichnung versehen sein:
   - Ketten in Normalgüte nach DIN 766,
   - hochfeste Ketten nach DIN EN 818.

   Bei Kettenantrieben mit Rollenketten muss das Verhältnis von Bruch und Tragspannung mindestens „5" betragen.

3. *Schmierung*:
   Ketten von Kettenantrieben sollen regelmäßig geschmiert und vor Korrosion geschützt werden, um den Verschleiß zu mindern.

4. *Kontrolle*:
   - Ketten sind regelmäßig auf Risse, unzulässige Längung und Beschädigung zu kontrollieren.
   - Soweit gesetzlich vorgeschrieben, müssen sie in regelmäßigen Abständen durch einen Sachkundigen begutachtet werden (Anschlagmittel mindestens einmal jährlich).
   - Verschlissene Ketten sind rechtzeitig auszutauschen.
   - *Anschlagketten* unterliegen besonderen Anforderungen und dürfen keine Quetschungen und Beschädigungen aufweisen.

5. *Beachten der Betriebsanweisung, Lagerung*:
   - Die geltenden Betriebsanweisungen sind für den jeweiligen Einsatz zu beachten (GUV-V 9a).
   - Für den Funktionserhalt ist eine ordnungsgemäße Lagerung zweckmäßig (z. B. bei Lastaufnahmemitteln in Gestellen).
   - Die Einsatztemperatur darf die zulässigen Werte nicht überschreiten.

6. *Verwendung*:
   - Als Lastaufnahmemittel dürfen nur kurzgliedrige Rundstahlketten mit entsprechender Kennzeichnung verwendet werden.
   - Kettenglieder sollen nur in geradem Strang und nicht über Kanten belastet werden.
   - Sofern bei Ketten bestimmte, definierte Schäden überschritten werden, müssen sie ausgesondert werden; vgl. auch DIN 15003 „Hebezeuge, Lastaufnahmeeinrichtungen, Lasten, Kräfte, Begriffe".

06. Welche Verwendungseigenschaften haben Seile und Seiltriebe?

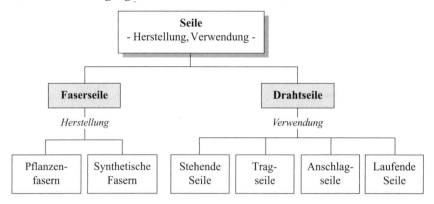

1. *Faserseile*:
Sie werden wegen geringer Verletzungsgefahr vor allem in Handrollenzügen und Anschlag-seilen eingesetzt; vgl. VDI-Richtlinie 2500 „Faserseile", DIN 83307, 83329 und DIN EN ISO 1968. Ihre Herstellung kann sowohl auf der Basis von Pflanzenfasern als auch synthetischen Fasern erfolgen.

- Sie lassen sich leicht biegen und besitzen gegenüber Stahlseilen eine wesentlich größere elastische Dehnung.

- Sie sind empfindlicher gegenüber Wärmestrahlung, Reibung, aggressiven Stoffen und me-chanischer Beschädigung als Stahlseile.

- Naturfaserseile sind insbesondere gegenüber Chlor, Säuren und Laugen empfindlich und können unter Einwirkung von Feuchtigkeit leicht verrotten.

- Augenfällige Mängel sind z. B. Verformungen, Risse, Verrottungserscheinungen, Brüche und unvollständige Kennzeichnung.

> Eine bestimmungsgemäße Verwendung unter Beachtung der GUV-V 9a „Lastaufnahmeein-richtungen im Hebezeugbetrieb" und BGV D8 „Winden, Hub und Zuggeräte" verlängert ihre Funktionsfähigkeit.

2. *Drahtseile* (einen Überblick liefert die VDI-Richtlinie 2358 „Drahtseile für Fördermittel"):
Nach ihrem Verwendungszweck lassen sich Drahtseile einteilen in:

- *Stehende Seile*
sind vorwiegend fest eingespannt und werden nicht über Rollen bewegt. Dazu gehören z. B. Abspannseile und Führungsseile für Aufzüge.

- *Tragseile*
sind Seile, auf denen Rollen von Fördermitteln laufen, z. B. Tragseile für Kabelkrane oder Seilbahnen.

- *Anschlagseile*
sind drehungsarme bzw. drehungsfreie Seile zum Aufhängen von Lasten.

- *Laufende Seile*:
Hierzu zählen Seile, die über Rollen, Trommeln und Scheiben laufen und deren Krümmung annehmen, z. B. Kranseile, Aufzugseile und Hubseile. Sie müssen so bemessen sein, dass sie den für das Gerät angegebenen zulässigen Belastungen standhalten; vgl. DIN EN 15020.

  · Je nach Anwendungsfall werden sie in genormten *Seilnenndurchmessern* mit unterschiedlichem Aufbau und Wickeltechnik für die jeweiligen Belastungsfälle eingesetzt.

  · Laufende Seile mit *Faserstoffeinlage* haben unter normalen Betriebsbedingungen eine etwas höhere Lebensdauer.

  · Bei stoßartiger Belastung oder Temperaturbelastung über 100 °C sind Seile mit *Stahleinlage* mit/ohne Kunststoffummantelung besser geeignet.

  · Ein Korrosionsschutz verhindert den vorzeitigen Verschleiß (z. B. Verzinkung).

07. Wann ist die Funktionsfähigkeit und Sicherheit von laufenden Seilen (z. B. Kranseilen) nicht mehr gegeben?

Wenn nach DIN ISO 4309 auf einer genau definierten Länge eine bestimmte Anzahl von außen *sichtbare Drahtbrüche* aufgetreten sind oder, entsprechend der Häufigkeit der Lastwechselfälle, nach Betriebsanweisung ein vorzeitiger Seilwechsel durch innere, nicht sichtbare Schädigung notwendig wird.

08. Welche typischen Schädigungen führen bei Stahlseilen zum vorzeitigen Verschleiß mit der Notwendigkeit, sie der Benutzung zu entziehen?

Typischen Schädigungen können sein:

- Bruch einer Litze,
- Aufdoldungen, Lockerung der äußeren Lage,
- Quetschungen,
- Knicke oder Kinken (Klanken),
- Quetschungen im Auflagenbereich der Öse mit einer definierten Anzahl von Drahtbrüchen,
- Korrosionsnarben,
- Beschädigung und Verschleiß der Seil- und Seilendverbindungen,
- Drahtbrüche in großer Zahl,
- verringerter Seildurchmesser durch inneren Verschleiß.

Es ist gesetzlich vorgeschrieben, dass *Anschlagseile und laufende Seile* vor Inbetriebnahme und während der Nutzung in periodischen Abständen einer Kontrolle durch Nutzer und Sachverständige unterzogen werden. *Kranseile* (laufende Seile) werden dabei in Abhängigkeit von der Einsatzdauer vorbeugend ausgetauscht.

09. Wie kann eine optimale Nutzungsdauer beim Einsatz von Stahlseilen erreicht werden (Überblick)?

Eine optimale Nutzungsdauer kann durch folgende Maßnahmen erreicht werden:

1. Nutzung bis zur optimalen, zulässigen *Verschleißgrenze*.

2. Ständige *Schmierung* der Seile (insbesondere laufender Seile) zur Verringerung des Verschleißes und zum Schutz gegen zu große Verschmutzung.

3. *Vermeidung* und Verringerung schädigender, *mechanischer Belastungen*, z. B. Quetschung, Knickung, Verdrehung, stoßartige Belastung.

4. *Schutz vor schädigender Belastung* durch Feuchtigkeit, Schmutz, Temperatur und Überlast.

5. *Bestimmungsgemäßer Einsatz* der Seile nach den anerkannten *Regeln der Technik*.

10. Wie kann der Verschleiß von Seiltrommeln und Seilrollen vermindert werden?

• *Seilrollen*
dienen zur Umlenkung oder als Ausgleichrollen sowie als Leitrollen in Flaschen. Je nach Einsatzzweck können sie in gegossener oder geschweißter Ausführung sowie aus Kunststoff (Polyamid) hergestellt sein.
- Sie können mit Gleitlagern oder Wälzlagern in Dauerschmierung versehen sein.
- Für das Arbeiten in staubiger und feuchter Umgebung besitzen z. B. Seilrollenlager eine Nachschmiermöglichkeit durch die Nabe oder Achse.

• *Seiltrommeln* (ein- oder mehrlagig bewickelt)
müssen das Seil sicher führen und geordnet aufnehmen. Ungeordnetes Bewickeln ist im Kranbau nicht gestattet.

• *Seilrollen und Seiltrommeln*:
- Sie sollen leichtgängig sein und dürfen nicht beschädigt oder verschlissen sein.
- Durch regelmäßiges Nachschmieren aller notwendigen Lagerstellen nach Wartungsanleitung, Kontrolle aller Sicherheitseinrichtungen auf volle Funktionsfähigkeit vor Einsatzbeginn und rechtzeitige Erneuerung verschlissener Bauteile wird nicht nur die Sicherheit erhöht, sondern auch der vorzeitigen Verschleiß/der Ausfall verhindert.

• *Überprüfung der Überlastsicherung und der Notendhalteeinrichtung*:
Die Sicherheitsbestimmungen verlangen vom Bediener der Krananlage die Überprüfung der Überlastsicherung vor Beginn der Kranarbeiten und vom Bediener der Winden sowie der Hub- und Zuggeräte (z. B. Elektro-Kettenzüge) die Überprüfung der vorhandenen Notendhalteeinrichtungen vor Schichtbeginn. Dadurch können plötzlich auftretende Personenschäden und große Schädigungen an den technischen Anlagen vermindert werden.

11. Welchen Beanspruchungen unterliegen Wellen und Achsen?

• *Wellen*
übertragen Drehbewegungen und Drehmomente. Sie sind umlaufend und tragen teilweise Bauteile. Wellen werden auf *Verdrehung* (Torsion) und meist auch auf *Biegung* und *Scherung* beansprucht.

- *Achsen*
tragen und stützen sich drehende Bauteile. Feststehende Achsen werden schwellend, umlaufende wechselnd auf *Biegung* beansprucht.

12. Welche Eigenschaften der unterschiedlichen Lager sind für deren Funktionserhalt zu beachten?

- *Einteilung*:
Man unterteilt Lager *nach der Reibungsart* sowie *nach der auf das Lager wirkenden Kraft* (Belastung) in:

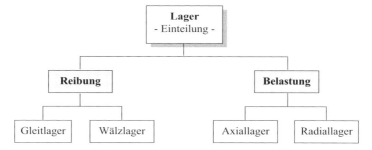

- *Vergleich der Eigenschaften*:
Der Vergleich von Gleitlagern und Wälzlagern hinsichtlich ihrer Eigenschaften, ergibt folgende Unterschiede, die beim Funktionserhalt der Lager zu beachten sind:

Vergleich der Eigenschaften		
	Gleitlager	**Wälzlager**
Anlaufmoment	• • • •	•
Potenzielle Drehzahl	• • • •	begrenzt
Lebensdauer	• • • • •	begrenzt
Schmutzempfindlichkeit	•	• • • •
Geräuschentwicklung	•	• • •
Empfindlichkeit gegen Stoß/Erschütterung	•	• • • •
Wartungsaufwand	- ständige Wartung - hoher Schmierstoffverbrauch (Ausnahme: selbstschmierende Lager)	- gering - geringer Schmierstoffverbrauch
Aufbau	- einfach - geteilt/ungeteilt	- komplex (viele Einzelteile) - ungeteilt
Baugröße	- geringer Raumbedarf - kleinste Abmessungen möglich	- Raumbedarf höher - kleinste Abmessungen nur eingeschränkt möglich
Legende: sehr hoch... • • • • • *gering:* •		

• *Arbeitsregeln bei der Montage/beim Austausch von Wälzlagern*:

1. Absolute *Sauberkeit* am Arbeitsplatz (einschließlich der Werkzeuge) einhalten.

2. Das Lager erst kurz vor dem Fügen der *Verpackung* entnehmen.

3. *Reihenfolge* beim Einbau einhalten. Der stramm gepasste Ring wird zuerst gefügt.

4. Ein *Verkanten* der Ringe ist unbedingt zu vermeiden.

5. Die *Fügekraft* muss am zu fügenden Ring ansetzen (nicht am Wälzkörper).

6. *Fügen* mit hydraulischer Presse durchführen (nicht mit dem Hammer).

7. Nach Abschluss der Arbeiten: Lagerlauf und -spiel prüfen.

13. Welche Ursachen können bei Wälzlagern zu vorzeitigen Schädigungen führen?

- Unsachgemäße Gewalteinwirkung beim Einbau/Austausch,
- zu geringes Lagerspiel,
- fehlerhafte/unzureichende Schmierung, Überlastung,
- Einwirkungen von Sand, Metallspänen, Korrosion, Staub.

14. Welche baulichen Ausführungen gibt es bei Kranschienen und Laufrädern?

Man unterscheidet

• *Kranschienen* aus
  - Flachstahlschienen (für kleine bis mittlere Belastungen),
  - Profilen nach DIN 536 (für größere Belastungen),
  - herkömmlichen Eisenbahnschienen (für Beton-/Schwellenfundamentierungen).

• *Laufräder* aus
  - Gusseisen,
  - Radreifen (Baustahl oder vergüteter Stahl; vgl. DIN 15074 - 15084).

15. Welche Aufgabe haben Bremsen und Rücklaufsperren in Hebeanlagen?

• *Bremsen*
  haben in Hebeanlagen die Aufgabe, die Senkgeschwindigkeit der Last bei Abschaltung des Antriebs zu reduzieren. Entsprechend der UVV muss eine Bremse in der Lage sein, die Prüflast[1] bei voller Senkgeschwindigkeit ohne wesentlichen Nachlauf zu stoppen.

• *Rücklaufsperren*
  sind mechanische, selbsttätig eingreifende Maschinenteile. Sie haben die Aufgabe, das Rückdrehen der Sperrwelle gegen die Antriebsrichtung zu verhindern.

---

[1] Prüflast = 1,25 · Nennlast

Nach der Wirkungsweise unterscheidet man folgende Sperren:

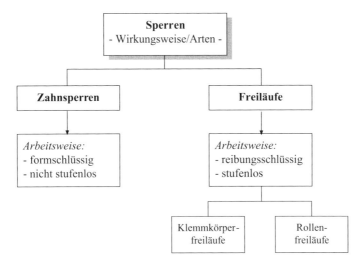

16. Was gilt generell für Bremsen und Sicherheitseinrichtungen in Hebeanlagen?

Bremseinrichtungen, Kupplungen, mechanische Sicherungen (z. B. Sperrklinken, Endschalter) und andere Sicherheitseinrichtungen in Hebeanlagen unterliegen dem normalen Verschleiß und sind deshalb während des Betriebes zu beobachten und rechtzeitig in Stand zu setzen.

17. Was sind Lastaufnahmeeinrichtungen in Hebezeugen?

Lastaufnahmeeinrichtungen unterscheidet man in:

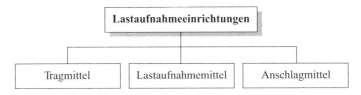

• *Tragmittel* sind mit dem Hebezeug dauerhaft verbunden. Sie nehmen Lasten, Lastaufnahmemittel oder Anschlagmittel auf.

• *Lastaufnahmemittel* gehören nicht generell zum Hebezeug. Sie können mit dem Tragmittel zur Aufnahme der Last verbunden werden.

• *Anschlagmittel* gehören nicht generell zum Hebezeug. Sie stellen eine Verbindung von Tragmittel und Last bzw. von Tragmittel und Lastaufnahmemittel her.

Lastaufnahmeeinrichtungen sind vor Korrosion und Verformung zu schützen. Die Funktionsfähigkeit der Anschlagmittel ist zu gewährleisten.

18. Welche Hebezeuge werden nach der DIN 15100 unterschieden?

1. *Handhebezeuge* sind Kleinhebezeuge mit Hand- oder Motorantrieb.

2. Bei den *Elektrokettenzüge* wird die Kette als Tragmittel eingesetzt; Bauformen, z. B.:
   - einsträngige/zweisträngige, ortsfeste Kettenzüge,
   - Einschienenlaufkatzen (ohne/mit Fahrantrieb).

3. Bei den *Elektroseilzügen* wird das Seil als Tragmittel eingesetzt; Bauformen z. B.:
   - ortsfeste Elektroseilzüge,
   - Zwillingshubwerke,
   - Winkelfahrwerke.

19. Was sind typischen Schädigungen und Mängel an Fördermitteln und Fördereinrichtungen, die eine Überprüfung und eine sofortige Beseitigung erfordern (Zusammenfassung)?

1. *Lagerschäden* (oft durch Geräuschbildung und Schwergängigkeit bemerkbar).

2. *Äußere mechanische Schäden*, die die Leichtgängigkeit beweglicher Bauteile stark behindern und eine sichere Funktionsweise unmöglich machen (z. B. verschlissene Laufrollen).

3. *Versagen*
   - der *Rückschlag- und Rücklaufsicherung*,
   - der *Brems- und Notendhalteeinrichtung*,
   - *Endschalter und Überlastschutz*.

4. Ungewohnte *Geräusche im Getriebe*.

5. *Ketten- und Seilschäden*.

6. *Aufbiegung des Lasthakens*.

7. Unzulässige *Abnutzung lasttragender Bauteile*.

8. *Leckstellen* an Hydraulik- und Pneumatikanlagen.

9. Entfernte oder nicht funktionsfähige, mechanischer *Sicherheitseinrichtungen* und Abdeckungen; Versagen elektrischer bzw. elektronischer Sicherheitseinrichtungen.

10. Unzulässige Ölstände oder verschmutztes Öl durch ungenügende Wartung.

1.2 Planen und Einleiten von Instandhaltungsmaßnahmen sowie Überwachen und Gewährleisten der Instandhaltungsqualität und der Termine

1.2.1 Wirtschaftliche Bedeutung und Ursachen der Instandhaltung

01. Welche Definitionen enthält die DIN 31051?   → **DIN 31051**

• *Instandhaltung* (Oberbegriff) umfasst alle Maßnahmen der Störungsvorbeugung und der Störungsbeseitigung.

Nach der DIN 31051 versteht man darunter „alle Maßnahmen zur Bewahrung und Wiederherstellung des Soll-Zustandes sowie zur Feststellung und Beurteilung des Ist-Zustandes von technischen Mitteln eines Systems". Die Instandhaltung wird in drei Teilbereiche gegliedert:

Maßnahmen der Instandhaltung nach DIN 31051			
Wartung	**Inspektion**	**Instandsetzung**	**Verbesserung**
Tätigkeiten:			
Reinigen	Planen	Austauschen	Verschleißfestigkeit
Schmieren	Messen	Ausbessern	erhöhen
Nachstellen	Prüfen	Reparieren	Bauteilsubstitution
Nachfüllen	Diagnostizieren	Funktionsprüfung	

• *Inspektion*
  ist die „Feststellung des Ist-Zustandes von technischen Einrichtungen durch Sichten, Messen, Prüfen". Inspektion ist die Überwachung der Anlagen durch periodisch regelmäßige Begehung und Überprüfung auf den äußeren Zustand, ihre Funktionsfähigkeit und Arbeitsweise sowie auf allgemeine Verschleißerscheinungen. Das Ergebnis wird in einem *Prüfbericht* niedergelegt. Aus dem Prüfbericht werden Prognosen über die weitere Verwendungsfähigkeit der jeweiligen Anlage abgeleitet.

• *Wartung*
  ist die „Bewahrung des Soll-Zustandes durch Reinigen, Schmieren, Auswechseln, Justieren". Wartung umfasst routinemäßige Instandhaltungsarbeiten, die meistens vom Bedienungspersonal selbst durchgeführt werden und häufig in *Betriebsanweisungen* festgelegt sind und auf den *Wartungsplänen des Herstellers* basieren.

• *Instandsetzung* (= Reparatur)
  ist die „Wiederherstellung des Soll-Zustandes durch Ausbessern und Ersetzen". Instandsetzung umfasst die Wiederherstellung der Nutzungsfähigkeit einer Anlage durch Austausch bzw. Nacharbeit von Bauteilen oder Aggregaten.

• *Verbesserung*
  ist die Steigerung der Funktionssicherheit, ohne die geforderte Funktion zu verändern.

• *Störung*

ist eine „unbeabsichtigte Unterbrechung oder Beeinträchtigung der Funktionserfüllung einer Betrachtungseinheit".

• *Schaden*

ist der „Zustand nach Überschreiten eines bestimmten (festzulegenden) Grenzwertes, der eine unzulässige Beeinträchtigung der Funktionsfähigkeit bedingt".

• *Ausfall*

ist die „unbeabsichtigte Unterbrechung der Funktionsfähigkeit einer Betrachtungseinheit". Von Bedeutung sind Dauer und Häufigkeit der Ausfallzeit.

02. Warum unterliegen Maschinen und Anlagen einem Verschleiß?

Anlagen unterliegen einem ständigen Verschleiß: Bewegliche Teile, sich berührende Teile werden im Laufe der Zeit abgenutzt. Der Verschleiß erstreckt sich über die gesamte Nutzungsdauer – meist in einem unterschiedlichen Ausmaß.

Im Allgemeinen *nimmt die Stör- und Reparaturanfälligkeit einer Anlage mit zunehmendem Alter progressiv zu* und führt zu einem bestimmten Zeitpunkt zur völligen Unbrauchbarkeit. Der Verschleiß tritt aber sehr häufig auch bei nur geringer oder keiner Nutzung ein: Auch ein Stillstand der Anlage kann zur technischen Funktionsuntüchtigkeit führen (Rost, mangelnde Pflege, Dickflüssigkeit von Ölen/Fetten usw.). Die Störanfälligkeit steigt meist mit der technischen Komplexität der Anlagen.

Generelle Ursachen für Störungen an technischen Anlagen und Maschinen können sein:

- Konstruktions-/Qualitätsfehler
- mechanische Abnutzung
- Materialermüdung, Korrosion
- fehlerhafte Bedienung, unsachgemäßer Gebrauch
- fehlende/unzureichende Instandhaltung
- äußere Einwirkungen der Natur: Feuer, Wasser, Sturm

03. Welche Folgen können mit Betriebsmittelstörungen verbunden sein?

Betriebsmittelstörungen – insbesondere längerfristige – können zu nicht unerheblichen *Folgen* führen:

- nicht vorhandene Betriebsbereitschaft der Anlagen
- Rückgang der Kapazitätsauslastung/Verschlechterung der Kostensituation
- Unfallursachen
- Terminverzögerungen/Verärgerung des Kunden mit der evtl. Folge von Konventionalstrafen
- Werkzeugschäden durch übermäßigen Verschleiß
- Einbußen in der Qualität

04. Warum hat die Bedeutung der Instandhaltung zugenommen?

Dazu ausgewählte Beispiele:

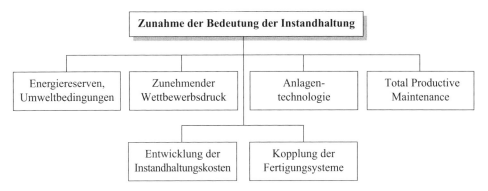

1. *Weltweiter Rückgang der Energiereserven, verschärfte Umweltbedingungen, Umweltmanagement:*
   Mangelnde/unzureichende Instandhaltung kann zu einem Funktionsausfall/zu einer Funktionsbeeinträchtigung der Anlagen führen. Damit kann ein erhöhter Energieverbrauch verbunden sein bzw. vorgehaltene (und bezahlte) Energien werden nicht entsprechend genutzt.

   Instandhaltung hat ebenfalls die Aufgabe, den Energieverbrauch der Anlagen zu überwachen und frühzeitig Entscheidungen herbeizuführen, wann neue, energieschonende Anlagen zu beschaffen sind (wirtschaftliche Entscheidung: Investitionskosten versus Energiekosten und Instandhaltungskosten).

   Die Schonung der Umwelt aufgrund nationaler und europäischer Gesetze sowie im Rahmen der Umweltauditierung stellen auch weitergehende Anforderungen an die Instandhaltung: Es sind so weit wie möglich wiederverwendbare, weiterverwertbare und umweltschonende Materialien und Ersatzteile zu verwenden (z. B. generalüberholte Aggregate statt Neuteile, Wiederaufbereitung von Kühlemulsionen; Verwendung umweltschonender Reinigungsflüssigkeiten u. Ä.); die Entsorgung nicht mehr verwendbarer Materialien muss umweltgerecht erfolgen und ggf. nachgewiesen werden (Öle, Fette, Laugen, Lacke, Emulsionen, Wasch- und Reinigungsmittel, Schrott; Entsorgungskette).

2. *Wettbewerbsdruck, Sättigung der Absatzmärkte, Bestandssicherung des Unternehmens und der Arbeitsplätze:*
   Die Absatzmärkte sind überwiegend gesättigt. Dies führt global zu einem zunehmendem Wettbewerb der Unternehmen. *Qualitäts- und Termintreue gewinnen damit einen hohen Stellenwert.* Vor diesem Hintergrund hat die Gewährleistung der Maschinenverfügbarkeit eine sehr hohe Priorität gewonnen. Der Ausfall maschineller Anlagen aufgrund einer falschen Instandhaltungsstrategie hat unmittelbar negative Folgen am Absatzmarkt: Verlust von Kundenbeziehungen, Verlust von Marktanteilen, Wettbewerbsnachteile.

   Eine ausgewogene Instandhaltungsstrategie – im Spannungsfeld der Minimierung von Instandhaltungskosten und maximaler Verfügbarkeit der Anlagen – ist zu einem Wettbewerbsfaktor geworden, der über die Sicherung des Unternehmens am Markt und der Existenzsicherung der beschäftigten Arbeitnehmer mit entscheidet.

3. *Altersstruktur und Technologie von Maschinen und Anlagen:*
Die technologische Entwicklung führt laufend zu einem verbesserten Angebot der Maschinenhersteller und Anlagenbauer. Die Produktzyklen verkürzen sich; die technische Komplexität
der Anlagen steigt; die Wartungsintervalle und der Wartungsaufwand verändert sich. Dies führt
zu dazu, dass heute die Wirtschaftlichkeit von Anlagen (Input-Output-Relation; Leistungen :
Kosten) häufiger überprüft werden muss als in früheren Zeiten. Der optimale Ersetzungszeit-
punkt in Abhängigkeit von den Wartungs- und Reparaturkosten ist zeitnah zu bestimmen.

4. *Verknüpfung der Fertigungssysteme:*
Die Realisierung der Fertigungsziele (Verkürzung der Durchlaufzeiten, Senkung der Stückkosten, hohe Qualitätsanforderungen usw.) hat zu einer komplexen Vernetzung der Material-,
Informations- und Fertigungsprozesse geführt. Dies hat zur Konsequenz, dass Störungen in
einem Teilprozess zu Ausfällen ganzer Prozessketten führen kann. Aus diesem Grunde ist die
Planung der Instandhaltung noch stärker als bisher mit der Fertigungs- und der Ressourcenplanung zu verknüpfen.

5. *Progressive Entwicklung der Investitions- und Instandhaltungskosten, Total Productive Maintenance (TPM):*
In den Unternehmen der Investitionsgüterindustrie wurden in den zurückliegenden Jahren
in der Regel einseitig technologieorientierte Rationalisierungsstrategien zur Verbesserung
der Produktion verfolgt. Man konzentrierte sich vor allem in der Automobilindustrie auf die
Mechanisierung und Automation der Produktionsanlagen.

*Die Folgen waren eine Zunahme der technischen Komplexität, eine erhöhte Störanfälligkeit
und mangelnder Zuverlässigkeit der Anlagensysteme.* Dies wiederum führte zu steigenden
Kosten und einer Verschlechterung der Rentabilität. Die Anlageneffektivität kapitalintensiver
und hochautomatisierter Produktionsanlagen wurde damit zu einem immer wichtigeren Engpass
für die Produktivität. Dies führte zu dem Gedankengut von *Total Productive Maintenance*:

*TPM beinhaltet das Bestimmen und Analysieren der Ursachen der verringerten Anlagenef-
fektivität, um daraus Maßnahmen zur Steigerung der Verfügbarkeit und Zuverlässigkeit der
Produktionsanlagen abzuleiten.* Neben der Maximierung der Effektivität bestehender Anlagen
hat TPM das Ziel, zukünftige Anlagengenerationen unter Beachtung der Lebenszykluskosten
präventiv zu verbessern. Dafür ist ein Konzept notwendig, das Erfahrungswissen aus dem
Betreiben der bestehenden Anlagen quantifiziert und daraus Ansatzpunkte für die Neuplanung
von Anlagensystemen ableitet.

TPM bedeutet eine Abkehr der früheren Trennung von Produktion und Instandhaltung und
führt beide Bereiche auf allen Ebenen des Unternehmens *zu einem integrierten Instandhal-
tungs- und Verbesserungssystem.* Eine zentrale Rolle spielt dabei die gesamte Belegschaft,
vom Montagemitarbeiter über den Instandhalter bis hin zum Topmanager. Der Systemansatz
ist damit ähnlich wie beim Konzept „Total Quality Management (TQM)".

Die *Grundsätze von TPM* sind:

		Beispiele:
1.	Planung der Instandhaltung (IH)	- Wartungspläne erstellen - Maschinenausfälle analysieren
2.	Inspektions/Wartungsarbeiten	- Wartungsintervalle nach Herstellerangaben - Wartungsumfang nach Herstellerangaben und in Abstimmung mit den Fertigungserfordernissen
3.	Qualifizierung der Bedienung und der IH	- Unterweisung - Schulungen (intern/extern)
4.	Anlagenüberwachung	- Schutzvorrichtungen kontrollieren - Maschinendaten erfassen
5.	AUG (Arbeits-, Umwelt-, Gesundheitsschutz)	- PSA bereitstellen - KSS kontrollieren
6.	Effizienz der IH-Organisation	- Dokumentation und Aufbewahrung aller Maschinenunterlagen - klare Trennung der zentralen und denzentralen IH

Die *Übersicht* zeigt Beispiele zur Steuerung und Senkung des Energieverbrauchs bzw. der Energiekosten:

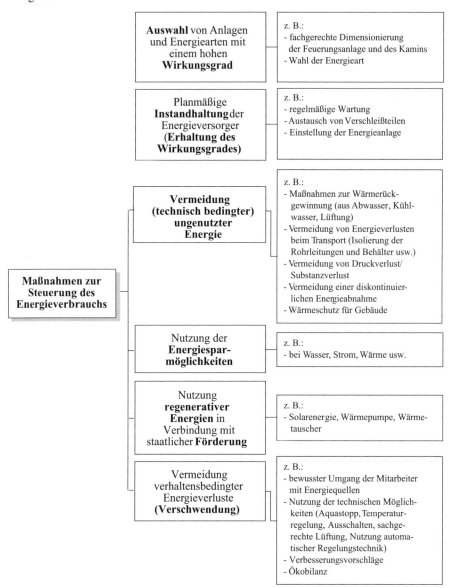

6. *Entwicklung der Investitions- und Instandhaltungskosten, qualitative Anforderungen an die Instandhaltungsdurchführung:*
   Der Ausfall maschineller Anlagen kann dazu führen, dass geplante Ressourcen (Personal, Energie usw.) für eine bestimmte Zeit nicht genutzt werden. Dies kann z. B. bei den Arbeitskräften zu Leerlauf führen, weil für die Gesamtdauer der Stillstandszeiten nicht sofort eine alternative Einsatzmöglichkeit erfolgen kann. Die Folgen: Personalkosten entstehen, ohne dass diesen

produktive Leistungen gegenüber stehen; die Produktivität sinkt; die Ausbringungskosten pro Stück steigen.

Die zunehmende technische Komplexität der Anlagen kann zu höheren Personalkosten beim Wartungspersonal führen (gestiegene Anforderungen/höhere Entlohnung). Während in früheren Zeiten einfache Wartungsarbeiten vom Bedienungspersonal ausgeführt werden konnten, nimmt heute die Tendenz zu, speziell ausgebildetes und permanent geschultes Wartungspersonal einzusetzten; neben den Grundlagen der Mechanik müssen heute die Mitarbeiter bei der Wartung der Anlagen auch über Kenntnisse der Elektrik/Elektronik, Hydraulik, Pneumatik, Mess- und Regeltechnik, SPS-Programmierung usw. verfügen (vgl. auch die Entwicklung neuer Berufsbilder: Anlagenmechaniker, Mechatroniker, Industriemechaniker). Analog können bei der Fremdvergabe der Instandhaltung die Kosten je vereinbarter Instandhaltungsleistung steigen.

Die zunehmende Kapitalintensität im Maschinen- und Anlagenbereich (Substitution des Faktors Arbeit) *verlangt eine Maximierung der Maschinenlaufzeiten.* Die Gründe liegen in der Notwendigkeit einer angemessenen Kapitalverzinsung (Kapitalrentabilität) und der Reduzierung der Durchlaufzeiten (vgl. oben).

Als Folge ist tendenziell eine *Abkehr von der ausfallbedingten Instandhaltung zur vorbeugenden Instandhaltungsstrategie* zu verzeichnen. Damit verbunden ist i. d. R. ein Anstieg der Instandhaltungskosten. Das Optimum liegt dort, wo die Summe aus Produktionsausfallkosten und Instandhaltungskosten ihr Minimum erreichen:

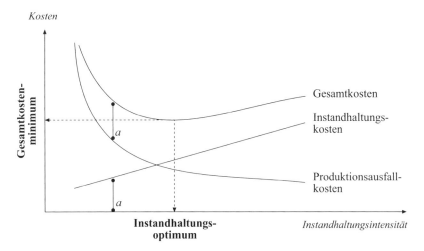

Bei intensiver Wartung steigen die Wartungskosten, die Reparaturkosten sinken und umgekehrt. Das Optimum ist die Wartungsintensität, bei der die Summe aus Wartungs- und Reparaturkosten ihr Minimum erreichen.

> Ziel der Instandhaltung ist es, die Summe der schadensbedingten Instandhaltungskosten und der Anlagenausfallkosten zu minimieren.

05. Welche Elemente der Wertschöpfungskette werden von der Instandhaltung unmittelbar beeinflusst?

1.2.2 Planen und Einleiten von Instandhaltungsmaßnahmen

→ A 5.2.6

01. Welche Strategien der Instandhaltung gibt es?

Die Tatsache, dass maschinelle Anlagen einem permanenten Verschleiß unterliegen, begründet die Notwendigkeit der Instandhaltung. Im Mittelpunkt steht die Frage der *Instandhaltungsstrategie:*

Grundsätzlich möglich ist eine

• *Präventivstrategie* (= vorbeugender Austausch von Verschleißteilen) oder

• eine *störungsbedingte Instandsetzung* (= Austausch der Teile bei Funktionsuntüchtigkeit).

Die jeweils notwendige Strategie der Instandhaltung ergibt sich aus der Art der Anlagen, ihrem Alter, dem Nutzungsgrad, der betrieblichen Erfahrung usw.

In den meisten Betrieben ist heute eine vorbeugende Instandhaltung üblich, die zu festgelegten Intervallen durchgeführt wird, sich auf eine Wartung und Kontrolle der Funktionsfähigkeit der gesamten Anlage erstreckt und besondere Verschleißteile vorsorglich ersetzt.

02. Wie erfolgt die Planung der Instandhaltung?

Die Planung der Instandhaltung muss sich an den *Kostenverläufen* orientieren. Sie muss sowohl *Schadensfolgekosten* durch Abschalten, Stillstand und Wiederanlauf als auch *Zusatzkosten* durch Verlagerung der Produktion auf andere Anlagen, Überstundenlöhne und andere Zusatzkosten berücksichtigen. Diesen Kosten sind die *Vorbeugekosten* durch entsprechende Wartung und Inspektion gegenüberzustellen (vgl. 1.2.1/04./07.).

Es müssen ferner die Ausfallursachen analysiert werden (*Schwachstellenanalyse*); sie müssen sich in einem Ablaufplan niederschlagen: Hier werden die für jede Anlage notwendigen *Überwachungszeiten* und der Umfang der auszuführenden Tätigkeiten festgelegt. Diese Zeiten müssen mit den Produktionsterminen und der jeweiligen Kapazitätsauslastung abgestimmt sein.

Spezielle *Wartungspläne* legen den Umfang der einzelnen Maßnahmen je Anlage fest, bestimmen die Termine und gewährleisten damit die notwendige Kontrolle. Parallel zum Ablauf der Instandhaltung müssen das erforderliche Instandhaltungsmaterial, die Personaldisposition der Mitarbeiter der Instandhaltung sowie die Betriebsmittel geplant werden. *Die Instandhaltungsplanung ist also eng mit der Betriebsmittelplanung verknüpft.* Die nachfolgende Abbildung zeigt die notwendigen Arbeiten im Rahmen der Instandhaltungsplanung:

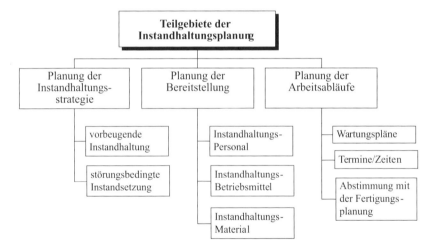

03. Wer ist im Betrieb für die Anlagenüberwachung/Instandhaltung zuständig?

Die Anlagenüberwachung kann vom „Technischen Dienst" verantwortlich übernommen werden (zentrale Organisation der Anlagenüberwachung). Er kann dabei Fremdleistungen heranziehen oder die gesamte Instandhaltung selbst durchführen (*Make-or-buy-Überlegung*).

Bei dezentraler Organisation der Anlagenüberwachung übernehmen *die Mitarbeiter in der Fertigung* die erforderlichen Arbeiten. Der Vorteil liegt in der Einbindung/Motivation der unmittelbar Betroffenen und der Chance zur laufenden Weiterqualifizierung.

In der Praxis existiert häufig eine Mischform: Instandsetzung und Inspektion übernimmt der technische Dienst; Wartung und Pflege werden vom Mitarbeiter der Fertigung durchgeführt.

Eine Ausnahme bildet dabei selbstverständlich die Kontrolle, Wartung und ggf. Instandsetzung elektrischer Anlagen wegen des Gefährdungspotenzials und der existierenden Sicherheitsvorschriften; hier ist ausschließlich Fachpersonal einzusetzen.

04. Welche Maßnahmen sind im Rahmen der Wartung zu planen und durchzuführen?

• Zur Wiederholung:
  „Wartung umfasst alle Maßnahmen zur Bewahrung des Soll-Zustandes von technischen Mitteln eines Systems" (vgl. DIN 31051).

• *Maßnahmen der Wartung:*

  1. *Erstellung der Wartungspläne;* zu beachten sind folgende Gesichtspunkte:
     - Umfang der Wartung,
     - Einzelmaßnahmen,
     - Ablauf,
     - Wartungstermine,
     - erforderliches Werkzeug,
     - erforderliches Material,
     - Erfordernisse der Arbeitssicherheit,
     - Vorgaben des Herstellers.

  2. *Feststellen des Abnutzungsvorrats:*
     Im Rahmen der Wartung ist der Abnutzungsvorrat von Verschleißteilen zu erfassen und für zukünftige Wartungsarbeiten vorzumerken (z. B. Abnutzung von Kohlebürsten bei Elektromotoren, Abnutzung keramischer Scheiben bei der Garnführung).

  3. *Rückmeldung der durchgeführten Wartung und ggf. Bericht über Erschwernisse bei der Wartungsdurchführung:*
     Die Durchführung der Wartung ist zu dokumentieren; ggf. sind Erschwernisse zu melden und geeignete Folgemaßnahmen zu veranlassen (z. B.: ein Verschleißteil lässt sich korrosionsbedingt nur mit höherem Arbeitsaufwand auswechseln; Einrichtungen zur Justierung zeigen eine Materialermüdung, sind nur noch schwierig einzurichten und müssen mittelfristig ersetzt werden).

05. Welche Einzelmaßnahmen der Wartung gibt es?

Reinigen	=	Entfernen von Fremd- und Hilfsstoffen
Konservieren	=	Schutzmaßnahmen gegen Fremdeinflüsse
Schmieren	=	Schmierstoffe zuführen zur Erhaltung der Gleitfähigkeit und Verminderung der Reibung
Ergänzen	=	Nachfüllen von Schmierstoffen
Justieren	=	Beseitigung einer Abweichung mithilfe einer dafür vorgesehenen Vorrichtung (Feststellen der Abweichung nach Art, Größe und Richtung und Einstellen auf den Sollwert)
Auswechseln	=	Austausch von Kleinteilen und Hilfsstoffen

06. Aufgrund welcher Datenbasis können Wartungsmaßnahmen ausgelöst werden?

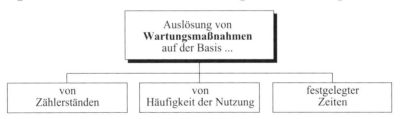

Beispiele für Wartungspläne vgl. im Anhang zu diesem Abschnitt.

07. Welche Maßnahmen sind im Rahmen der Inspektion zu planen und durchzuführen?

• Zur Wiederholung:
  „Inspektion ist die Einleitung von Maßnahmen zur Feststellung und Beurteilung des Ist-Zustandes von technischen Mitteln eines Systems" (vgl. DIN 31051).

In der Praxis erfolgt die Inspektion der Anlagen durch periodisch regelmäßige Begehung und Überprüfung auf den äußeren Zustand, ihre Funktionsfähigkeit und Arbeitsweise sowie auf allgemeine Verschleißerscheinungen.

• *Maßnahmen der Inspektion:*

1. *Inspektionsintervalle planen* nach Vorgaben des Herstellers

2. *Ist-Zustand feststellen durch Sichten, Messen, Prüfen*:
   (vgl. Kapitel 9., Qualitätsmanagement, z. B. vergleichende/messende Prüfung, Fähigkeitskennwerte)
   - messbare Größen vergleichen
   - kritische Zustände erkennen
   - Ergebnisse der Betriebsdatenerfassung (BDE) auswerten
   - Betriebsüberwachungsgeräte einsetzen und nutzen (Sensoren)
   - Qualitätsregelkarten auswerten
   - Fähigkeitskennwerte ermitteln und berücksichtigen
   - Checklisten einsetzen

3. *Inspektion durchführen* nach einer Checkliste:
   Angabe der Prüfpunkte, der Grenzwerte und der Prüfschärfe

4. *Inspektions-/Prüfbericht erstellen*:
   - Prognosen über die weitere Verwendungsfähigkeit der Anlage ableiten
   - ggf. Folgemaßnahmen (z. B. Austausch von Teilen, Reparatur) ableiten

08. Wie können Diagnosesysteme im Rahmen der Inspektion genutzt werden?

Mithilfe von Diagnosesystemen kann eine Überwachung/Unterstützung der Inspektionstätigkeit vorgenommen werden – im Online oder Offlinebetrieb. Zum Beispiel haben Werkzeugmaschinen und Bearbeitungszentren ein eingebautes Fehlerdiagnosesystem zur rechtzeitigen Fehlererkennung, um Schäden und Produktionsstörungen zu vermeiden. Vielfach gelingt es dadurch, Fehler zu erkennen, bevor sie den Produktionsprozess nachhaltig negativ beeinflussen.

Diese Überwachung kann sich z. B. beziehen auf:

- Abnutzung,
- Schadensüberwachung,
- technologische Prozessführung,
- Überwachung der Beanspruchung.

Beispiel: Bei modernen CNC-Maschinen kann der Verschleiß des Werkzeuges mithilfe folgender Verfahren gemessen werden: Wirkleistungsverfahren, Drehmomentmessung, Körperschallverfahren und Laserlichtschranke.

09. Welche Vorteile ergeben sich aus der Zusammenfassung von Wartungs- und Inspektionsmaßnahmen?

Fasst man Wartungs- und Inspektionsarbeiten in geeigneter Weise zu einer geplanten Instandhaltungsmaßnahme zusammen, ergeben sich Vorteile, z. B.:

- Durchführung von Wartungs- und Inspektionsarbeiten in einem Arbeitsgang,
- Vermeidung von Doppelarbeiten,
- Minimierung der Rüst- und Wegezeiten.

10. Welche Maßnahmen sind im Rahmen der Instandsetzung zu planen und durchzuführen?

• Zur Wiederholung:
Instandsetzung (= Reparatur) ist die Wiederherstellung des Soll-Zustandes durch Ausbessern und Ersetzen (DIN 31051).

• *Planung von Instandsetzungsmaßnahmen*:
- Instandsetzungsmaßnahmen müssen je nach Größe und Komplexität der Anlage mittel- bis langfristig geplant werden, da oft die Maschine/Anlage für eine größere Dauer für den Fertigungsprozess nicht zur Verfügung steht.

- Ebenso erwartet der Fertigungsbereich, dass die voraussichtliche Dauer der Reparaturmaßnahme exakt geplant wird. Eine Forderung, die sich in der Praxis nicht immer erfüllen lässt.

Die Abbildung auf der nächsten Seite zeigt schematisch den *Ablauf der Instandsetzung*.

Beispiel zur Inspektion, Wartung und Instandsetzung eines Wälzlagers

1. *Inspektion* des Wälzlagers (äußerer/innerer Rollbahnring, Käfig, Wälzkörper) durch Sichtkontrolle, Abhören des Laufgeräusches und Messen der Lagertemperatur.

2. *Wartung*:
- *Schmieren* bei Bedarf oder nach vorgegebenen Betriebsstunden mit geeignetem Schmiermittel laut Herstellervorgabe; Kennzeichnung z. B.: KP4E (KP = Schmierfett für hohe Druckbelastung, 4 = Konsistenzzahl, E = Gebrauchstemperatur - 20 °C ... + 80 °C).
- *Reinigen* bei Bedarf oder in Verbindung mit einer Reparatur der Anlage: Mit geeignetem Reinigungsmittel (z. B. Waschbenzin oder einem alkalischen Reiniger), Trocknen und Einölen (Korrosion).

3. *Instandsetzung*: Austausch des Lagers bei Bedarf oder bei hochbelasteten Lagern nach vorgegebenen Betriebsstunden.

Ablauf der Instandsetzung:

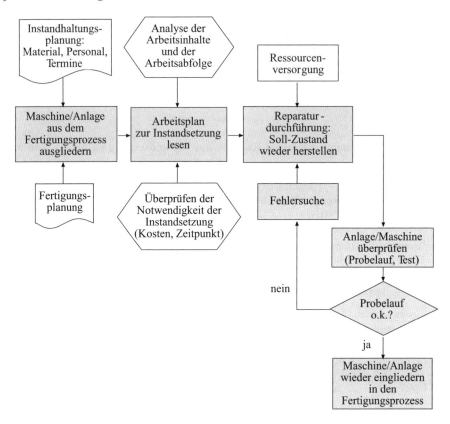

11. Welche Vorschriften des Arbeitsschutzes und der Arbeitssicherheit sind bei Instandhaltungsmaßnahmen zu beachten?

1. Der Unternehmer muss Personen, die Maschinen reinigen, warten oder in Stand setzen,
   - die erforderlichen und *geeigneten technischen Arbeitsmittel zur Verfügung stellen* und
   - über die mit dieser Arbeit verbundenen Gefahren und deren Abwehr *eingehend unterrichten*.

2. Die Reinigungs-, Wartungs- und Instandsetzungs*vorgaben des Herstellers* sind zu beachten.

3. In Gang befindliche Maschinen dürfen nur gereinigt, gewartet oder in Stand gesetzt werden, soweit dies *ohne Gefahr für Personen* erfolgen kann.

4. Für die Dauer der Durchführung von Reinigungs-, Wartungs- oder Instandsetzungsarbeiten an einer Maschine, die für diesen Zweck stillgesetzt wurde, müssen an den Betriebspunkten, an denen sie in Gang gesetzt werden kann, *Warntafeln* mit der Aufschrift angebracht werden, dass die Maschine nicht in Gang gesetzt werden darf.

1.2.3 Qualitäts- und termingesicherte Instandhaltung

01. Welche Wirkung hat die Wahl der Instandhaltungsstrategie auf bestimmte Kostenarten?

Zur Wiederholung: Grundsätzlich möglich ist eine

- *Präventivstrategie* (= vorbeugender Austausch von Verschleißteilen) oder
- eine *störungsbedingte Instandsetzung* (= Austausch der Teile bei Funktionsuntüchtigkeit).

Die jeweils notwendige Strategie der Instandhaltung ergibt sich aus der Art der Anlagen, ihrem Alter, dem Nutzungsgrad, der Fertigungsstruktur, der betrieblichen Erfahrung u. Ä. Jede Instandhaltungsstrategie muss wirtschaftlich ausgelegt sein und bewegt sich im Spannungsfeld der angestrebten Ziele (Zielkonflikte):

- Minimierung der Kosten (Instandhaltungskosten, Folgekosten bei Maschinenstillständen)
- hohe Qualität
- Einhaltung der Liefertermine (Minimierung der Durchlaufzeiten)
- hoher Nutzungsgrad der Anlagen
- hohe Wirtschaftlichkeit der Prozesse (Input-Output-Relation)

Die Wahl der jeweiligen Instandhaltungsstrategie hat Einfluss auf folgende Kostenarten (die Bewertungen in der dargestellten Matrix sind zu verstehen im Sinne von „tendenziell/in der Regel"):

Einfluss der Instandhaltungsstrategie auf unterschiedliche Kostenarten			
Kostenart	Beispiel zur Kostenart	vorbeugende Instandhaltung	zustandsabhängige Instandhaltung
Ausfallkosten	Beschädigung der Anlage	0	0000
Qualitätskosten	Ausschuss, Reklamationen	0	000
Ausweichkosten	Mehrarbeit, Mehrtransporte	0	000
Opportunitätskosten	Entgangener Gewinn	0	000
Ersatzteilkosten	Verschleißmaterial	0000	00
Wartungskosten	Material-, Personalkosten	0000	–
Inspektionskosten	Personalkosten	0000	–
Reparaturkosten	Material-/Personalkosten	0	0000
Personalkosten 1	Instandhaltungspersonal	0000	0
Personalkosten 2	Maschinenbedienpersonal	0	000
Unfallkosten	Verletzungen	0	000
Legende:	Tendenziell hoch: 0000	Tendenziell niedrig: 0	Keine Kosten: –

02. Welche Folgen hat eine qualitätsmindernde Instandhaltung?

Das folgende Beispiel zeigt den Ausschnitt einer *Kontrollkarte* (auch: *Qualitätsregelkarte*, QRK; vgl. ausführlich: 9. Qualitätsmanagement):

1. Der *Fertigungsprozess ist sicher,* wenn die Prüfwerte innerhalb der oberen und unteren Warngrenze liegen.

2. Werden die *Warngrenzen* überschritten, ist der Prozess „nicht mehr sicher", *aber „fähig"*.

3. Werden die *Eingriffsgrenzen* erreicht, muss der Prozess wieder sicher gemacht werden (z. B. neues Werkzeug, Neujustierung, Fehlerquelle beheben).

4. Erfolgt beim Erreichen der Eingriffsgrenzen *keine Korrekturmaßnahme*, so ist damit zu rechnen, dass es zur Produktion von „Nicht-in-Ordnung-Teilen" (*NIO-Teile*) kommt.

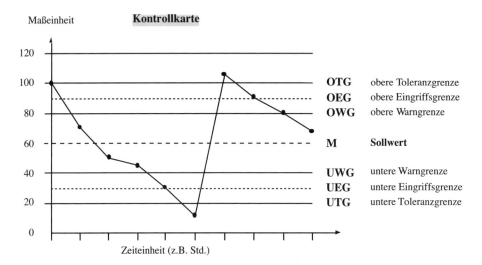

Werden im Fertigungsprozess zulässige Toleranzen überschritten, ohne dass ein Eingreifen erfolgt, führt dies zur Produktion von NIO-Teilen; ggf. entstehen Störungen auf den nachfolgenden Bearbeitungsstufen; evtl. müssen Teile vom Kunden zurückgerufen werden; außerdem steigt die Gefahr von Arbeitsunfällen.

Die Anlage muss also unverzüglich stillgesetzt und der Fehler mit hoher Priorität behoben werden (Neujustierung, Austausch von Teilen, Reparatur o. Ä.). Für die Zeit der Reparatur muss auf andere Anlagen ausgewichen werden.

Die Folgekosten einer fehlerhaften Instandhaltungsstrategie sind daher z. B. (vgl. oben/ Tabelle zu 01.):

- Qualitätskosten
- ggf. Reklamationskosten
- Imageschaden
- Ausweichkosten
- Ausfallkosten
- Unfallkosten
- Personenschäden.

03. Welche Folgen können sich aus einer fehlerhaft durchgeführten Inspektions- und Wartungsmaßnahme ergeben?

Beispiel:

Innerhalb der Fertigungslinie „Produktion von Anlasserritzeln" ist eine Spindelpresse angeordnet. Der Inspektions- und Wartungsauftrag legt u. a. fest: Sicht- und Funktionskontrolle der Spindelpresse, Schmierung der Spindel, Überprüfung des Rückzugzylinders usw.

Der Instandhaltungsmitarbeiter führt die Schmierung der Spindel nachlässig durch; die Funktionskontrolle erfolgt nicht. Dadurch wird übersehen, dass das Futter der Rückholvorrichtung klemmt und nicht korrekt schließt. Aufgrund der fehlerhaften Inspektion und Wartung fällt bei einem Arbeitsgang in der nachfolgenden Schicht die Spindel aus dem Rückholfutter; der Mitarbeiter wird am Arm verletzt (Arbeitsunfall; fünf Tage Arbeitsunfähigkeit). Da keine Ausweichmaschine zur Verfügung steht, muss die Spindelpresse unter Zeitdruck repariert werden. Die geplante Stückzahl für den laufenden Fertigungsmonat kann nicht eingehalten werden.

04. Wie ist die zeitliche Einordnung qualitätssichernder Aufgaben und Maßnahmen der Instandhaltung vorzunehmen?

Maßnahmen der Instandhaltung müssen zeitlich angepasst in den Fertigungsprozess integriert werden. Instandhaltungsabläufe und Fertigungsprozesse sind im Planungsstadium miteinander „zu verzahnen". In welcher Form dies geschieht hängt wesentlich von folgenden Faktoren ab:

- *Fertigungsstruktur* (auch: Fertigungsorganisation; vgl. 5.1.3/04.),
- *Instandhaltungsstrategie* (vorbeugende/störungsbedingte Strategie; vgl. oben, 1.2.2/01.),
- *Form der Instandhaltung* (Wartung, Inspektion, Instandsetzung),
- *Koordination der Instandhaltung* (isoliert an einzelnen Maschinen oder „en bloc" = gleiche Instandhaltungsmaßnahme für mehrere Maschinen).

Im Ergebnis kann die Verzahnung von Fertigungs- und Instandhaltungsplanung zu folgenden *Formen der zeitlichen Einordnung der Instandhaltung* führen:

- kontinuierlich
- periodisch:
  - · kurzperiodisch
  - · langperiodisch
- auf Anforderung

Welche Form der zeitlichen Einordnung im Einzelfall oder generell im Betrieb erforderlich ist, muss als Vorgabe im Rahmen des Qualitätsmanagements erarbeitet werden. Es müssen Regelkreise eingerichtet werden, die ein rechtzeitiges Eingreifen bei Anforderungsabweichungen sicher stellen (vgl. 9.1.1/14.):

Qualitätsregelkreis:

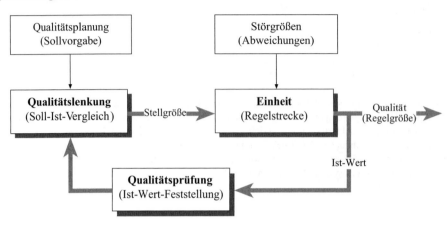

Anhang

Zum Abschnitt „Planen und Einleiten von Instandhaltungsmaßnahmen"

Anhang 1: Ausschnitt aus dem Wartungsplan eines Frequenzumrichters (Beispiel)

Firma ...	*Wartungsplan*								Frequenzumrichter	
	Jahre ab Inbetriebnahme									
	0	3	4	5	6	7	8	9	10	...
Kühlung										
Eingebauter Lüfter XYZK		A			A			A		
Zusatzlüfter NKGF		I			A			I		
...										
Anschlüsse und Umgebung										
Klemmen, Festigkeit					I					
Versorgungsspannung		I			I			I		
Kontakte, Zustand		I			I			I		
Filter MMGT7		A	A	A	A	A	A	A	A	
...										
...										
Legende: A Austausch von Komponenten I Inspektion (Sichtprüfung und ggf. Korrektur)										

Anhang 2: Struktur eines Prüf- und Wartungsplans

Quelle: Leitfaden zur Überprüfung von Werkzeugen und Maschinen nach der
Betriebssicherheitsverordnung

Prüf- und Wartungsplan

Erstellt am:			Erstellt von:				
Bezeichnung	Art der Prüfung	Prüfintervall	Prüfer-Qualifikation	Durchführung: Firma/Name	Letzte Prüfung: stattgefunden am:	Dokumentation, wo?	

Anhang 3: Inspektionsplan (Generator; Beispiel):

Inspektionsplan Generator						
Bezeichnung	**Hinweis**	**Hilfsmittel**	**Prüf-intervall**	**Wer?**	**Ausge-führt?**	**Datum**
Allgemein-zustand	Allgemeine Prüfung	Sichtprüfung	monatlich	Hr. Müller	Müller	15.01.20..
Generator-lager	- Geräusche - Schwingungen	Schwingungs-messgerät	Quartal	Hr. Müller	Müller	30.04.20..
Kabel-anschlüsse	Prüfung auf festen Sitz	Sichtprüfung	Quartal	Hr. Müller	Müller	30.04.20..
Kupplung	Prüfung der Gummielemente	Sichtprüfung	jährlich	Hr. Müller	Müller	30.12.20..

Anhang 4:   Wartungsplan für Kühlschmierstoffe (Beispiel)

Wartungsplan für Kühlschmierstoffe							
Maschine/Typ:				**Kühlschmierstoffe:**			
Erstellt am:				Erstellt von:			
Parameter	Grenzwerte			Prüfintervall	Datum/Vermerk:		
	Üblicher Bereich	Grenzwert					
Konzentration	produktspezifisch	Abweichung um 1 - 2 %		2-mal pro Woche			
ph-Wert	8,0 - 9,5	deutliches Absinken		1-mal pro Woche			
Nitritgehalt	0 - 10 ppm	max. 20-ppm		1-mal pro Woche			
Keimzahl	bis 10^3 KBE/ml	max. 10^5 KBE/ml		bei Bedarf (übler Geruch)			
Wasserhärte	5 - 20 °dH	max. 5 - 20 °dH		2-mal pro Monat			

Siehe auch BGR/GUV-R 143, Regel „Tätigkeiten mit Kühlschmierstoffen"

1.3 Erfassen und Bewerten von Schwachstellen, Schäden und Funktionsstörungen sowie Abschätzen und Begründen von Auswirkungen geplanter Eingriffe

1.3.1 Schwachstellen und/oder schadensverdächtige Stellen von Maschinen und Anlagen

Einführung

Komplexe, hochautomatisierte Maschinen und Anlagen werden in der modernen Produktions-technik zunehmend eingesetzt. Gleichzeitig werden die Anlagen *kapitalintensiver* und unterliegen damit höheren Anforderungen in Bezug auf *prozesssichere Verfügbarkeit* und *Betriebssicherheit*. Verschärfte Umweltschutz- und Arbeitsschutzvorschriften sind weitere Faktoren dieser Entwick-lung. Die damit verbundenen Anschaffungskosten bringen nicht nur *hohe Maschinenstundensätze*, sondern auch *ansteigende Stillstands- und Folgekosten* mit sich.

Maschinen und Anlagen müssen heute bestimmte Kriterien erfüllen, um wirtschaftlich arbeiten zu können. Bei Werkzeugmaschinen stehen im Vordergrund:

- Arbeitssicherheit,
- Arbeitsgenauigkeit,
- Leistungsvermögen,
- Umweltverhalten,
- Zuverlässigkeit.

Da Maschinen und Anlagen beim Anwender unterschiedlichen Beanspruchungen unterliegen können und zunehmend standardisierte Baugruppen eingesetzt werden, sind *Schadens-* und *Schwachstellenanalysen* für den jeweiligen Anwendungsfall unbedingt *notwendig*.

Prozesssicherheit und Verfügbarkeit bei höchsten Ansprüchen an die erzeugte Produktqualität bei gleichzeitigem Sinken der Instandhaltungskosten sind heute die Aufgaben, die moderne Maschinen und Anlagen auszeichnen. Das kann man nur dadurch erreichen, dass man Ausfälle vermeidet, *gezielt Schadens- und Schwachstellenanalysen* betreibt und die Erkenntnisse daraus für weitere Gegenmaßnahmen nutzt.

Diese Erkenntnisse und Daten sind insbesondere für die Konstruktion aber auch für den Anwender wichtig; sie können in neue Entwicklungen einfließen und permanente Verbesserungen ermöglichen. Analysen haben ergeben, dass bei vielen Investitionen die Folgekosten nach vier Jahren bereits so hoch sind, dass die Anlagen teilweise nicht mehr rentabel arbeiten. Deshalb ist es umso notwendiger, Schwachstellen ständig zu erfassen und sie dauerhaft zu beseitigen.

Unter der Bedingung, dass die Schwachstellenanalyse sorgfältig geplant und mit hoher Qualität erfasst und ausgewertet wird, ist es möglich, Ausfälle und Instandhaltungskosten zu verringern, indem der Austausch des entsprechenden Teils erst kurz vor Schadenseintritt erfolgt. Die entsprechende Instandhaltungsstrategie kann auf diese Weise kostengünstig dem tatsächlichen Maschinen- und Anlagenzustand angepasst werden, das heißt, sich möglichst exakt am konkreten Abnutzungsgrad des Instandhaltungsobjekts ausrichten (*Zustandsorientierte Instandhaltung*).

1.3.1.1 Schäden an der Mechanik

01. Wie können die charakteristischen Phasen der Lebensdauer eines Bauteils beschrieben werden?

Die Komplexität von Maschinen- und Anlagen vergrößert die Gefahr von Ausfällen einzelner Baugruppen mit unterschiedlicher Lebensdauer ihrer Komponenten. Die Ausfälle treten dabei in Kombination verschiedener Schädigungsprozesse auf und machen sich oft erst nach unterschiedlichen Beanspruchungszeiten bemerkbar.

Mithilfe des Verlaufs der *Ausfallrate* können die charakteristischen Phasen der Lebensdauer eines Bauteils beschrieben werden. Sie werden durch die sogenannte *„Badewannenkurve"* bildlich dargestellt. Die *Ausfallrate* gibt dabei die zeitliche Entwicklung der Ausfallwahrscheinlichkeit für die jeweilige Betriebszeit an. Die Badewannenkurve gilt für alle Maschinen- und Anlagenteile, die einem direktem Verschleiß unterliegen. Es gibt *drei Phasen* der Ausfallrate in Abhängigkeit von der Betriebszeit:

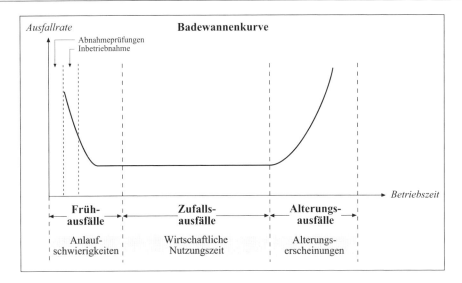

Es hat sich gezeigt, dass bei komplexen Anlagen der Verlauf der Ausfallrate vom klassischen Verlauf deutlich abweichen kann.

- *Frühausfälle* sind zu Beginn der Betriebszeit vorhanden und werden mit fortschreitender Betriebszeit immer seltener. Sie beruhen auf Fehlern in der Konstruktion und im Herstellungprozess. Ihre Ursachen werden also beim Hersteller gesetzt und sind nur nachträglich durch Nachbesserung des Auslieferungszustandes zu beseitigen.

- *Zufallsausfälle* sind nicht vorhersehbar und treten unabhängig vom Alter des Bauteils auf. Die Ausfallursache bleibt zunächst unbekannt. Nur mithilfe von Inspektion und Diagnose kann bei Zustandsverschlechterung (Maschinendiagnose), bei rechtzeitiger Erkennung und Maßnahmeeinleitung, ein Ausfall noch verhindert werden (*Zustandsorientierte Instandhaltung*).

- *Alterungsausfälle* sind solche, die durch Verschleiß und Alterung bedingt sind und mit der Lebensdauer des Bauteils zunehmen. Sie sind zum Beispiel ein typisches Erscheinungsbild an mechanischen Bauteilen.

  Alterungsausfälle lassen sich durch Maßnahmen der *vorbeugenden Instandhaltung* verhindern. Es ist dabei zu beachten, dass die Kosten der *vorbeugenden Instandhaltung* einschließlich der Folgekosten immer kleiner sein sollten, als die Kosten und Folgekosten einer nachträglichen Instandsetzung.

02. Wie ist das Ausfallverhalten komplexer Anlagen zu bewerten?

Komplexe Anlagen können aufgrund ihrer Vielzahl an Baugruppen und Bauteilen und ihrer unterschiedlichen Beanspruchung sowohl in der Anlage selbst, als auch beim Anwender *ein stark von der klassischen Badewannenkurve abweichendes Ausfallverhalten zeigen.*

Untersuchungen in der Luft - und Raumfahrt haben ergeben, dass bei über 50 % aller Anlagen mit dem Beginn der Inbetriebnahme die Ausfallrate stark ansteigen kann, bis sie dann auf niedrigem Niveau, nur gering ansteigend, die Phasen der Zufallausfälle und Altersausfälle durchläuft. Die dadurch gewonnenen Erkenntnisse zur Zustandsbeurteilung und Fehlerbeseitigung führten in den letzten Jahren auch zu einer ständigen, konstruktiven Verbesserung komplexer Produktionsanlagen und damit ihres Ausfallverhaltens.

03. Was sind die Hauptursachen von Störungen und Ausfällen an Maschinen und Anlagen?

* *Störung*
  ist eine unbeabsichtigte Unterbrechung (Beeinträchtigung) der Funktionserfüllung einer Betrachtungseinheit (vgl. DIN 31051; Ziffer 1.2.1 Ursachen der Instandhaltung).

* *Ursachen für Maschinen- und Anlagenstörungen* können sein:
  - Der *Mensch* (z. B. Qualifikation, Fehlbedienung, Motivation),
  - die *Maschine* (z. B. Konstruktion, Verkettung, Betriebsstunden),
  - das *Management* (z. B. Organisation, Motivation, Mittelbereitstellung),
  - die *Umwelt* (z. B. Temperatur, Staub, Feuchtigkeit),
  - das eingesetzte *Material* (z. B. Verschleiß, Korrosion, Ermüdung, Belastung, Dehnung, Schrumpfung, Betriebsstoff, Alterung),
  - die *Methode* (z. B. Inspektion, Wartung, Instandsetzung, Schwachstellenanalyse),
  - die *Messtechnik* (z. B. Sensorik, Signalverarbeitung, Signalauswertung) sowie andere Einflüsse.

04. Welche Folgen sind mit Maschinen- und Anlagenausfällen verbunden?

Neben den *direkten Produktionsausfallkosten* treten gleichzeitig eine Vielzahl von Folgekosten auf wie:

- Zusätzlicher Energieverbrauch,
- erhöhte Umweltbelastung,
- Qualitätseinbußen,
- Imageverlust,
- Verlust von Marktanteilen,
- Konventionalstrafen
  usw.

05. Welche Maschinen- und Anlagenausfälle werden von mechanischen Bauteilen verursacht?

Mechanische Bauteile an Maschinen und Anlagen unterliegen im Allgemeinen verschiedenen Schädigungsprozessen. *Je komplexer ein Gesamtsystem ist, umso höher ist die Wahrscheinlichkeit von Ausfällen.* Die Schwachstellenanalyse soll hier die Ursachen der Ausfälle aufdecken helfen. Deshalb ist ihre sorgfältige Planung und Durchführung von entscheidender Bedeutung. Schädigungen treten nicht nur einzeln, sondern können oft auch in Kombination auftreten.

Folgende *Beanspruchungen an Bauteilen* können die Nutzungszeit von Maschinen und Anlagen verringern:

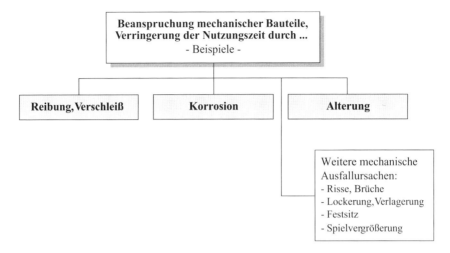

• *Reibung/Verschleiß*
entsteht zwischen Grund- und Gegenkörper und kann durch einen vorhandenen Zwischenstoff (Schmiermittel) oder ein vorhandenes Umgebungsmedium beeinflusst werden. Sie sind von einer Vielzahl von so genannten tribologischen Kenngrößen abhängig.

Merke:
Tribologie: Wissenschaft und Technik von aufeinander einwirkenden Oberflächen in Relativbewegung wie Reibung, Verschleiß, Schmierung.

Dazu zählen:

→ *Grundkörper und Gegenkörper:*
Bezeichnung, Abmessungen, Werkstoff, Rauheit

→ *Zwischenstoff:*
Bezeichnung, Aggregatzustand, Viskosität bei Raum- und Betriebstemperatur

→ *Beanspruchung:*
Bewegungsart, Bewegungsablauf, Pressung, Normalkraft, Beanspruchungsdauer, Betriebstemperatur, Geschwindigkeit

• Die *Korrosion* (vgl. A 5.1.1)
ist gekennzeichnet durch einen elektrochemischen Angriff auf die Metalloberfläche. Sie kann auch gemeinsam mit mechanischer Beanspruchung auftreten durch Überlagerung zur Spannungsrisskorrosion, Schwingungsrisskorrosion, Korrosionsverschleiß, Schwingverschleiß, Erosionskorrosion oder Kavitationskorrosion.

Meist bilden sich dabei Kerben und Risse im Metall, die infolge wechselnder mechanischer und korrosionschemischer Beanspruchung in der Folge zum Bruch führen können.

Beispiele für einen *temporären Korrosionsschutz* einer Baukomponente für den Transport:
- Einfetten
- Korrosionsschutzpapier
- Vakuumverpackung
- Einsprühen mit Korrosionsschutzöl

• *Alterung*
entsteht durch Änderung des Gefüges innerhalb des Maschinenbauteils; dadurch verändern sich auch die mechanischen Eigenschaften des Bauteils.

• *Weitere mechanische Ausfallursachen* an Maschinenbauteilen sind:

- Risse und Brüche (Trennung von festen Körpern) durch Überlast,
- Lockerung und Verlagerung ursprünglich festsitzender Teile,
- Festsitz ursprünglich zueinander beweglicher Teile,
- unzulässige Spielvergrößerung usw.

06. Aus welchen Bauelementen bestehen Werkzeugmaschinen?

Werkzeugmaschinen bestehen häufig aus einem *Grundkörper* (Gestelle und Gestellbauteile). *Tische, Betten, Ständer und Konsolen* sind oft bereits in den Grundkörper integriert oder können geschraubt oder geklebt angebracht werden. Der Grundkörper trägt *Supporte, Getriebe, Motoren, Hydraulik-/Pneumatikeinrichtungen und Steuerorgane*, um die zwischen Werkzeug und Werkstück erforderlichen Relativbewegungen ausführen zu können.

Werkzeugmaschinen dienen zur Herstellung von Werkstücken mit hohen Qualitätsanforderungen. Sie müssen deshalb den zwischen Maschinenherstellern und Kunden festgelegten Maschineneigenschaften entsprechen. Dabei kommt es besonders auf *Zuverlässigkeit*, Arbeitsgenauigkeit, Leistungsvermögen und Umweltverhalten an.

07. Wie lässt sich die Zuverlässigkeit bei Werkzeugmaschinen messen?

Die Zuverlässigkeit bei Werkzeugmaschinen ist ein Maß für die Fähigkeit einer Einheit, ihre definierte Funktion unter vorgegebenen Arbeits- und Umgebungsbedingungen zu erfüllen. Es muss vorher bekannt sein, was als Nichterfüllung der definierten Funktion gerechnet wird.

Mithilfe moderner *Messmethoden* (z. B. Wirbelstromsensor, Laserinterferometer) oder durch die Verwendung von *Prüfwerkstücken*, unter Beachtung der gültigen Richtlinien und Normen, lassen sich Maschinenbeurteilungen durchführen. Nur so ist es möglich, Qualitätsprodukte auf diesen Maschinen herzustellen.

08. Welche Auswirkungen haben statische und dynamische Belastungen auf die Werkzeugmaschinen?

Werkzeugmaschinen können während ihrer Nutzung statischen und dynamischen Belastungen unterliegen.

- *Statische Belastungen:*
  Alle im Kraftfluss liegenden Bauteile unterliegen einer statischen Belastung und damit einer *Verformung*, die in der Folge zu einer Lageveränderung führen kann.

  Mithilfe der *Schwachstellenanalyse* untersucht man nun zum Beispiel die statische Beanspruchung der im Kraftfluss vorhandenen Bauteile und Fügestellen und kann so Lage-und Verformungsveränderungen erkennen. Sie bilden die Grundlage für weitere konstruktive Verbesserungen.

- *Dynamische Belastungen*
  entstehen durch Schwingungen, die sowohl von der Maschine selbst als auch von anderen Schwingungserregern (z. B. anderen Maschinen) ausgehen können.

  - *Schwingungen* haben nicht nur negative Auswirkungen auf Arbeitsgenauigkeit, Maßhaltigkeit, Oberfläche und Werkzeugverschleiß im Produktionsprozess der verursachenden Fertigungseinheit, sondern sie können sich auch negativ auf die Umgebung auswirken (z. B. andere Maschinen der Feinbearbeitung beeinflussen).

  - *Schwingungen* erhöhen außerdem den Verschleiß der im Eingriff befindlichen Zahnräder in Getrieben und weiteren zusammengefügten Bauteilen (Lagerstellen, Supporten) und führen zur Lockerung ursprünglich unbeweglicher Teile. Eine Überschreitung der zulässigen Werte muss deshalb verhindert werden.

09. Wie kann eine unzulässig hohe Schwingungsübertragung an Werkzeugmaschinen verhindert werden?

- Ermittlung der *Schwingungsursachen* (konstruktive und prozessabhängige Ursachen).
- *Aktive und passive Abschirmung* von Schwingungen.
- Je nach Maschinenanforderung (Feinbearbeitungs- oder Umformmaschine):
  Verwendung von
  · Aufstellelementen,
  · speziellen Maschinenfundamentierungen,
  · Dämpfungserhöhungen durch Zusatzsysteme usw.

Zu Maschinenausfällen können auch *thermische Störgrößen* führen, wie z. B. die ungenügende Wärmeabfuhr von Antriebssystemen, Motoren, Kupplungen, Hydraulikölen, Schmierölen sowie nicht oder schlecht funktionierende Zusatzaggregate (Pumpen, Kühlaggregate usw.). Der Eintritt eines möglichen Schadens ist in der Technik immer vorhanden. Deshalb ist es notwendig, nach seinem Eintritt eine Schadensanalyse durchzuführen.

10. In welchen Schritten ist eine Schadensanalyse durchzuführen?

Nach VDI-Richtlinie 3822 muss die Schadensanalyse systematisch und schrittweise erfolgen, um eine Vermeidung und Wiederholung des Schadens zu erreichen. Sie wird in folgenden Schritten durchgeführt:

Schadensanalyse		
Arbeitsschritte:	Beispiele:	
1. Beurteilung und Klassifizierung des Schadens		
2. Ermittlung der Schadensursache	Schmiedefehler, Gießfehler, Risse beim Umformen, Schweißfehler, Mischungsverhältnis bei Kunststoffen (Füllstoff – Kunststoff), Wirkprinzipien, Belastungsvorgänge	
3. Auswertung der Ergebnisse und **Maßnahmen** zur Beseitigung	Werkstoffuntersuchungen an Bauteilen und Materialien:	- chemische Zusammensetzung - Gefüge (Bruchbild) - mechanisch-technologische Prüfungen
	Konstruktive Gestaltung von Anlagen und Maschinen:	- Materialauswahl - Werkstoffprüfung
	Äußere Umgebungseinflüsse:	- Bewegungsabläufe - Medien - Temperatur - Schadensbegünstigung
	- Auswertung technischer Regelwerke und Gesetze - Simulationsrechnungen am Computer - Auswertung von Schadenskatalogen und Schadensanalysen - Maßnahmen zur Abhilfe erarbeiten und einleiten - Schadensbericht erstellen	
4. Kontrolle der Maßnahmen in Bezug auf ihre Wirksamkeit		

Sehr viele Maschinenausfälle entstehen auch durch ungenügende Wartung und Pflege bzw. sind die Folge von Fehlbedienungen und damit vermeidbar (z. B. Filterverstopfung).

11. Was sind die Hauptursachen für den Ausfall elektrischer und elektronischer Bauelemente?

Typische Ursachen für den Ausfall elektrischer und elektronischer Bauelemente sind:

- Stromunterbrechungen,
- Isolationsdurchschlag, Überspannungen,
- Kontaktschäden, Verschmutzungen,
- Differenzen von Spannung, Stromstärke und Widerstand gegenüber dem Sollzustand,
- Ausfall kompletter elektronischer Bauelemente,
- mechanische Schäden an Leitungen:
  Quetschung, Leitungsbruch, thermische Beanspruchung.

Besonders äußere Einflussfaktoren wie *Schwingungen* und *Feuchtigkeit* sind häufig die Ursache für elektrische Störungen.

Beim Betreiben von elektrischen Anlagen sind die Sicherheitsbestimmungen nach *BGV A3 „Elektrische Anlagen und Betriebsmittel"* zu beachten.

12. Was sind die Hauptursachen für Schäden und Ausfälle an Antriebssystemen von Werkzeugmaschinen?

Je nach Bauart und Bearbeitungsaufgabe sind Werkzeugmaschinen mit unterschiedlichen Antriebssystemen ausgestattet, die im Wesentlichen für Hauptspindel- und Vorschubbewegung benötigt werden. Nach DIN ISO 1219 unterscheidet man elektrische, hydraulische und pneumatische Antriebe sowie Mischformen (z. B. elektrohydraulische Antriebe).

1. *Elektrische Antriebe:*
   Elektrische Antriebsmotoren an Werkzeugmaschinen (z. B. Asynchron-, Synchron-, Gleichstrom-, Linear-, Schrittmotoren) werden meist elektronisch geregelt und sind deshalb heute *weitgehend wartungsfrei*.

   - *Spannungsdurchschläge*, Kontaktschäden, mechanische Fehler (Haltebremse oder Fehler in der Steuerelektronik) können aber trotzdem auftreten.

   - *Schwingungen*, Feuchtigkeit, Schmutz und Staub sowie eine unzureichende Wärmeabfuhr sind hier Hauptausfallursachen – meist ausgelöst durch schlechte Wartung und Pflege.

   - *Sicherheitskupplungen*:
   Werkzeugmaschinenantriebe werden zur Absicherung gegen Überlast und Kollisionsschäden mit Sicherheitskupplungen (z. B. Balg- und Membrankupplungen) ausgestattet. Sie dämpfen die vom Antriebsstrang ausgehenden Schwingungen und ermöglichen es, das zu übertragene Drehmoment genau einzustellen. Sie sind voreingestellt und sollen, im Falle einer Kollision oder Überlast, sofort ansprechen, um Gefahren für den Menschen und größere Schäden an der Maschine zu vermeiden.

   > Die Funktionsfähigkeit von Sicherheitskupplungen muss unbedingt gewährleistet sein.

2. *Mechanische Getriebe*:
   Sie dienen im Werkzeugmaschinenbau zur Reduzierung der hohen Drehzahlen der Hauptantriebsmotoren und zur Erzeugung der gewählten Vorschubbewegung.

   Schäden an Getrieben treten häufig durch erhöhten Verschleiß infolge ungenügender Schmierung auf. Die Ursachen sind unter anderem:

   - *Ölverluste* (undichtes Getriebegehäuse, verschlissene Wellendichtringe usw.)
   - *Ölalterung* (Überschreitung der zulässigen Ölwechselfristen)

   > Da Getriebe sehr komplexe Gebilde und recht teuer sind, sollten die *Ölwechselvorschriften* und die geforderten *Ölmengen* und *Ölqualität*en immer eingehalten werden.

3. *Zugmittel und Reibgetriebe* (Riementriebe):
Hierzu zählen Antriebe durch Flachriemen, Keilriemen, Synchronriemen und Ketten. Sie dienen zur Übertragung von Drehbewegungen zwischen Motor und Getriebe oder zum Antrieb der Arbeitsspindel. Ihr Vorteil ist, dass sie *Schwingungen* bei der Übertragung *dämpfen* und außerdem als *Überlastschutz* dienen.

- Wichtig ist eine reibschlüssige Übertragung der Umfangskraft, um *Gleitschlupf* und eine Schädigung des Antriebsmittels zu *vermeiden*.

- Durch eine entsprechend vorgeschriebene *Vorspannkraft*, die bei nicht wartungsfreien Antriebssystemen durch Spannvorrichtungen einstellbar ist, kann das verhindert werden.

- In Abhängigkeit von ihrer Materialbeschaffenheit und Bauart müssen zum Beispiel Keilriemen regelmäßig auf Vorspannung und Schädigung kontrolliert und rechtzeitig ausgetauscht werden, um so Maschinenausfälle zu vermeiden.

- Auch der *Kontakt mit Ölen und Fetten* und zu hohen *Umgebungstemperaturen* kann die Lebensdauer von Antriebsriemen verringern und ist deshalb zu *vermeiden*.

Besonders *Antriebsriemen mit Dehnverhalten* sind deshalb regelmäßig auf ihre *Vorspannung* zu *kontrollieren*.

- *Synchronriemen* (Zahnriemen), die auch in der KFZ- Technik zur Ventilsteuerung eingesetzt werden, übertragen das Drehmoment formschlüssig und besitzen nur ein geringes Dehnverhalten.

Synchronriemen gelten deshalb als wartungsfrei.

13. Welche Schädigungen können an Kettengetrieben auftreten?

Die Lebensdauer einer Kette wird begrenzt durch

- normalen Verschleiß aufgrund von Reibung,
- ihre maximal ertragbare Verschleißlängung,
- ungenügende Schmierung,
- Verschmutzung,
- Stoß- und Schwingungsbeanspruchung.

> Bei Kettengetrieben kommt es während des Betriebes vor allem auf den Schutz vor Verschmutzung und eine ausreichende Schmierung an.

Der mechanische Verschleiß von Kettenantrieben ist erheblich geringer, wenn sie im Getriebegehäuse geschützt untergebracht sind und ständig vom Getriebeöl geschmiert werden.

1.3.1.2 Schäden an der Hydraulik

01. Wo finden hydraulische Systeme ihre Anwendung?

Hydraulische Anlagen sollten nach DIN EN ISO 4413 ausgeführt sein. Sie sind in der Technik weit verbreitet und finden z. B. Anwendung im

- Werkzeugmaschinenbau (Pressen, Hobel-/Flachschleifmaschinen)
  - · für Vorschubantriebe von Aufbaueinheiten und Automaten,
  - · für Hilfs- und Spannbewegungen in Vorrichtungen.
- Anlagenbau,
- Fahrzeugbau:
  - · Lenkung,
  - · Bremsen,
  - · Spezialausrüstungen.
- Flugzeugbau:
  - · Steuerungssysteme
- Schiffbau.

02. Was versteht man unter „Hydraulik"?

Hydraulik ist die Übertragung und Steuerung von Bewegungen und Kräften mithilfe von Flüssigkeiten.

Hydraulikanlagen arbeiten nach folgendem *Prinzip*:

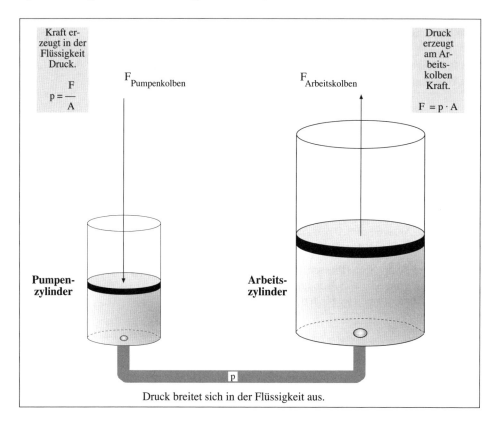

Beispiel *Hydraulikpresse:* Für das Verhältnis der Kräfte, Flächen und Wege gilt:

$$\frac{F_1}{A_1} = \frac{F_2}{A_2}$$

$$\frac{F_1}{F_2} = \frac{A_1}{A_2} = \frac{s_2}{s_1}$$

F_1, F_2	Kraft an den Kolben in N
A_1, A_2	Fläche der Kolben in cm^2
s_1, s_2	Weg der Kolben in mm

03. Was sind die Vor- und Nachteile von Hydraulikanlagen?

Hydraulikanlagen	
Vorteile	**Nachteile**
• Erzeugung und Übertragung großer Kräfte bei kleinem Bauvolumen.	• Mögliche Umweltverschmutzung bei Leckagen.
• Gute Steuer- und Regelbarkeit → stoßfreie Richtungsumkehr möglich.	• Regelmäßiger Ölwechsel wegen Verschleiß notwendig.
• Anfahren aus dem Stillstand unter Höchstlast (Hydrozylinder, Hydromotor) möglich.	• Verletzungsgefahr durch unter Druck stehende Hydraulikflüssigkeit.
• Druck, Kraft, Geschwindigkeit und Drehmoment sind stufenlos regelbar.	
• Hohe Lebensdauer der Hydraulikbauteile durch Selbstschmierung mittels Hydraulikflüssigkeit.	

04. Wie erfolgt die Energieumwandlung in hydraulischen und pneumatischen Anlagen?

Die Umwandlung kann auf folgende Art erfolgen:

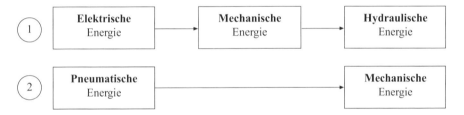

Die Energie wird mithilfe eines strömenden Fluids (Flüssigkeit oder Gas) übertragen.

05. Wie arbeiten Hydraulikanlagen?

• Der *Energiefluss* verläuft in folgenden Abschnitten:

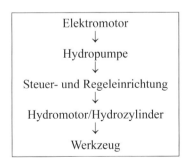

• Eine einfache *Hydraulikanlage* besteht somit aus folgenden *Bauteilen*:

1. Das Antriebsaggregat (Hydropumpe) erzeugt einen Volumenstrom (z. B. Zahnradpumpe).

2. Das Druckbegrenzungsventil regelt den Druck und damit die Kraft z. B. von Arbeitszylindern oder Hydromotoren.

3. Hydraulikbehälter (Tank) und Filter.

4. Das Wegeventil steuert die Richtung des Volumenstromes.

5. Das Sperrventil gibt den Volumenstrom frei bzw. sperrt ihn.

6. Das Stromventil verändert den Volumenstrom und damit die Geschwindigkeit z. B. von Arbeitszylindern oder verändert die Drehzahl von Hydromotoren.

7. Hydraulische Arbeitszylinder sowie Hydromotoren wandeln die hydraulische Energie wieder in mechanische Energie um.

06. Welche Anforderungen werden an die Druckflüssigkeit (Hydrauliköl) gestellt?

- Die Druckflüssigkeit muss den Anforderungen der VDMA 24317 und VDMA 24318 entsprechen.

- Die Lebensdauer der Hydraulikanlage hängt entscheidend vom Verschmutzungsgrad der Hydraulikflüssigkeit ab. Verunreinigungen, metallischer und nichtmetallischer Abrieb, Luftfeuchtigkeit und Staub sowie Ölalterung führen zu erhöhtem Verschleiß und ggf. zum Ausfall der Hydraulikanlage.

- Durch den Einsatz von effizienten Filtersystemen werden Schmutzteilchen zurückgehalten und der Verschleiß gemindert.

07. Welche Betriebsflüssigkeiten werden in Hydraulikanlagen verwendet?

Die Wahl des Flüssigkeitstyps hängt von den Anforderungen für den jeweiligen Anwendungsfall ab. Es kommen folgende Flüssigkeiten zum Einsatz:

- Mineralöle mit Additiven:
  · HLP-Öle, DIN 51524-1;
    mit Wirkstoffen zur Erhöhung des Korrosionsschutzes und der Alterungsbeständigkeit;
  · HL-Öle, DIN 51524-2;
    mit zusätzlichen Wirkstoffen, die den Verschleiß im Mischreibungsbereich mindern; bei Hydropumpen und Hydromotoren mit mehr als 200 bar.

- Biologisch schnell abbaubare Öle:
  pflanzliche Öle, Raps, synthetische Ester, Polyglykole (entsprechend VDMA 24568).

- Synthetische Flüssigkeiten.

- Wasser und Wasser-/Öl-Emulsionen.

08. Welche Aufgaben haben Hydraulikölflüssigkeiten zu erfüllen?

Hydraulikölflüssigkeiten haben die Aufgaben,

- die Kraftübertragung in hydrostatischen und hydrodynamischen Systemen zu ermöglichen,
- die aufeinander gleitenden Teile zu schmieren,
- die Hydraulikbauteile vor Korrosion, Verschleiß und Ablagerungen/Verklebungen zu schützen,
- durch eine hohe Alterungsstabilität für lange Ölverweilzeiten zu sorgen,
- dichtungsverträglich zu sein,
- das optimale Viskositäts-Temperatur-Verhalten für eine einwandfreie Funktion in kaltem und heißem Zustand zu gewährleisten,
- schädliche Schaumbildungen zu verhindern,
- eine optimale Wärmeabführung zu ermöglichen.

> Die Einhaltung der vorgeschriebenen Ölwechselfristen laut Betriebsanleitung ist deshalb eine wesentliche Voraussetzung zur Verhinderung von Verschleiß und plötzlichem Funktionsausfall von Hydraulikanlagen.

09. Welche Funktionsstörungen und Ausfälle treten häufig an Hydraulikanlagen auf?

Die größten Störfaktoren im Hydrauliksystem sind *verschmutztes Öl* und innere und äußere *Leckagen* sowie Funktionsausfälle durch *Verschleiß* von *Dichtungen* und *Bauteilen* mit hoher Oberflächengüte.

Mögliche *Betriebsstörungen der Hydraulikanlage* können sein:

1. Betriebsstörungen an *Pumpen*:

   - *Verschmutztes Öl* ist der größte Störfaktor und führt zu abnormalem Verschleiß, zu inneren und äußeren Ölverlusten und somit zur *Verringerung des Pumpenwirkungsgrades*.

   - Betriebsstörung durch *Kavitation*; der Pumpe wird nicht genügend Öl zugeführt; Luftbläschen füllen die Hohlräume in Saugleitung und Pumpe und führen in der Folge zu schweren Pumpenschäden.

2. Betriebsstörungen an *Ventilen*:
   Ventile regeln den Druck (Druckventile), steuern die Fließrichtung (Wegeventile) und regeln die Fördermenge (Stromventile) in Hydrauliksystemen. Sie sind Präzisionserzeugnisse und müssen bei der Steuerung des Hydrauliksystems sehr genau arbeiten.

   Funktionsstörungen treten zum Beispiel durch mechanischen Verschleiß, Federbruch, Korrosion, Ablagerungen an den Dichtflächen und beschädigte Dichtelemente auf.

3. Betriebsstörungen an *Arbeitszylindern* (Linearmotoren):

   - Defekte Dichtungen von Kolbenstange und Kolben können zu äußeren und inneren Leckagen führen. Die Folgen können Ölaustritt oder bei innerer Leckage eine Minderleistung und Verlangsamung der Kolbenbewegung sein.

   - Als Ursachen kommen vor allem mechanischer Verschleiß, verschmutztes Öl, beschädigte Kolbenstangen und Dichtungen sowie Korrosion infrage.

4. *Weitere mögliche Ursachen* für Funktionsausfälle von Hydraulikanlagen sind:

- Schmutzeintrag währen des Instandhaltungsprozesses,
- Luft in der Hydraulikanlage,
- Überschreitung der Ölwechselfristen,
- falsche oder schlechte Ölqualität,
- Verstopfungen der Filter,
- erhöhte Öltemperatur,
- ungeeignete Ersatzteile,
- Ölaustritt an sich lösenden Verschraubungen und Schlauchverbindungen,
- beschädigte Schläuche,
- Störungen in der Reihenfolge oder Richtung der Arbeitsbewegungen
  (meist fehlerhafte Steuerelemente wie Steuerschieber, Steuermagnete, Druckschalter),
- Störungen der Geschwindigkeit und Stetigkeit der Arbeitsbewegungen
  (fehlerhafter Pumpenstrom oder Stromregler).

Durch Hydraulikpläne und Stücklisten werden ölhydraulische Anlagen beschrieben. In der DIN ISO 1219 sind die verwendeten Symbole erläutert.

10. Welche Verunreinigungen können in Hydrauliksystemen auftreten?

Verunreinigungen können von innerhalb und von außerhalb des Hydrauliksystems kommen. *Filter* sollen Verunreinigungen zurückhalten. Ihre volle Funktion muss immer gewährleistet sein.

- *Luft* ist die Hauptursache für Verunreinigungen. Sie enthält Feuchtigkeit und Staub; sie kann über den Ausgleichsbehälter und bei Instandhaltungsarbeiten in die Anlage eindringen.

- *Schmutzeintrag* bei Reparaturen und Wartungsarbeiten, z. B. unsaubere Behälter, Trichter oder schmutzige, fusslige Wischtücher.

- *Metallabrieb*, Dichtungsteilchen, Farbteilchen können die Hydraulikanlage verunreinigen.

- Aufgrund chemischer Reaktionen mit Wasser/Luft, unter dem Einfluss von Wärme und Druck, bilden sich *Ölschlamm und Säuren*, die in der Folge zu Verstopfungen, Korrosionsschäden und Störungen führen.

1.3.1.3 Schäden an der (Elektro-)Pneumatik

01. Wie erfolgt die Energieumwandlung und -fortleitung in Pneumatiksystemen?

Beispiel „E-Motor":

| Elektrische Energie | → | Mechanische Energie | → | Antrieb Kompressor |

Erzeugung von Druckluft zentral mithilfe von Kompressoren
↓
Energiespeicherung mit Kühlung und Trocknung der Druckluft
(Speicherung im Druckluftbehälter)
↓
Verteilung der Druckenergie über die Leitungsnetze mittels Ring- und Stichleitung
↓
Aufbereitung der Druckluft mittels Filter, Druckregler und Ölen
↓
Umwandlung der Druckluft in mechanische Energie
(zum Beispiel Betätigung einer
Spannvorrichtung mittels Arbeitszylinder)

02. Wie erfolgt die Aufbereitung der Druckluft?

Die *Druckluft* für pneumatische Antriebssysteme soll *sauber, trocken* und frei von Verschmutzungen sein und in Nebelform das notwendige Schmiermittel zum Betrieb der angeschlossenen Geräte mitführen. So genannte *Wartungseinheiten*, eine Kombination aus Filter, Druckregler und Öler, erfüllen diese Aufgaben.

Um die Atemluft nicht durch Abluft zu belasten, werden verstärkt *schmierfreie Bauformen* von Ventilen und Antriebssystemen mit Gleitteilen aus Sinterwerkstoffen oder Keramik eingesetzt.

• *Filter*
bestehen meist aus einer Wirbelkammer zum Ausschleudern grober Verunreinigungen. Nachgeschaltet sind oft Metallgewebe, Textil- oder Sinterfilter. Zur besseren Kontrolle sind der Verschmutzungszustand und das anfallende Kondenswasser in einem durchsichtigen Gefäß erkennbar.

• *Druckregler*
regulieren den hinter dem Druckregler herrschenden Druck mit Hilfe einer Membran gegen eine einstellbare Federkraft. Steigender Sekundärdruck erhöht die Drosselwirkung.

• *Druckluftöler*:
Aus einem zur Kontrolle des Ölstandes durchsichtigen Vorratsgefäß wird infolge des Druckgefälles Öl angesaugt und im Luftstrom an einer Düse vernebelt.

03. Welche pneumatischen Steuerungsarten werden in automatisierten Anlagen verwendet?

• *Folgesteuerungen sind sicherer*, da die Fortschaltung des nächsten Schritts an die erfolgreiche Ausführung des vorangegangenen Schritts gebunden ist.

• Der *Aufbau der Steuerungen* erfolgt entweder

  - durch Verknüpfung von Einzelschaltelementen als Logiksteuerung oder
  - als Speichersteuerung, wobei jeder Schritt einem Speicherelement zugeordnet wird, z. B.:
    · Taktstufensteuerung,
    · Bandspeichersteuerung und
    · speicherprogrammierbare Steuerungen (SPS; in den letzten Jahren verstärkt eingesetzt).

• Die *Signalführung* kann sowohl elektrisch als auch pneumatisch erfolgen. Vorteilhaft bei der elektrischen Signalführung ist die Möglichkeit der Automatisierung unter Einbeziehung der EDV.

04. Welche Störungen können an pneumatischen Anlagen auftreten?

> Eine systematische Wartung in den vorgeschriebenen Zeitintervallen gewährleistet lange Betriebszeiten und ein wirtschaftliches Arbeiten der pneumatischen Anlage. Die pneumatische Anlage sollte nach DIN EN ISO 4414 ausgeführt sein.

• *Störungen und Ausfälle können vor allem vermindert werden* durch eine

  - konstruktiv richtige Rohrleitungsverlegung zur Verhinderung von Kondensat und Staubansammlungen,
  - regelmäßige Überprüfung aller Anschlüsse, Leitungen und Anlagenteile auf Dichtigkeit; dabei sind Meldungen über Druckhöhe und Filterzustand zu beachten,
  - wasser- und schmutzfreie Aufbereitung der Druckluft (sorgfältige Filterwartung),
  - regelmäßige Kontrolle der Einrichtungen zur Lufttrocknung und Kondensatentfernung.

• *Störungen und Ausfälle können* z. B. entstehen durch feuchte Druckluft und hohen Kondensatanfall mit den Folgen:

  - Korrosionsschäden,
  - festsitzende Ventilteile und
  - beeinträchtigte Schaltfunktionen.

• Weiterhin können z. B. *Funktionsausfälle der Ventile* verursacht werden durch:

  - gebrochene Federn,
  - Verschmutzungen,
  - beschädigte Dichtsitze,
  - gequollene Dichtringe,
  - verstopfte Entlüftungsbohrungen und
  - durchgebrannte Magnetspulen.

• Eine *vereinfachte Fehlersuche* und damit eine Verringerung der Ausfallzeiten wird ermöglicht durch

  - elektrische Bauteile, die ihre Signalzustände durch Leuchtdioden anzeigen,
  - Schalttafeln mit Anzeigeräten zur zentralen Überwachung der Prozesse sowie
  - pneumatische und hydraulische Ventile mit Druckanzeigegeräten, die den jeweiligen Schaltzustand erkennen lassen.

1.3.1.4 Schäden an der Schmierung

01. Welche Aufgaben haben Schmierstoffe zu erfüllen?

Fette, Öle und Festschmierstoffe haben folgende Aufgaben zu erfüllen:

- Verminderung von Verschleiß und Energieverlust an gleitenden Kontaktstellen,
- Korrosionsschutz,
- Abbau von Spannungsspitzen und zusätzlicher Reibung der Wälzkörper bei Wälzlagern,
- Kühlung und Abfuhr von Wärme durch strömendes Öl.

02. Welche Maßnahmen sind notwendig, um eine optimale Wartung und Schmierung zu gewährleisten?

• *Fettschmierung*:

  - Einhaltung der Wartungsvorschriften laut Schmierplan.
  - Nur die laut Maschinenunterlagen vorgeschriebenen Schmiermittel einsetzen.
  - Da Schmiermittel altern und verschmutzen, sind sie in der vorgeschriebenen Frist zu erneuern (Fettaustausch). Außerdem: Fett verhärtet und verstopft die Schmiernippel sowie die Bohrungen.
  - Zentralschmieranlagen müssen in ihrer Funktionsfähigkeit überprüft werden. Die Fettbehälter sind regelmäßig nachzufüllen.
  - Die übermäßige Erwärmung von Lagerstellen deutet auf eine unzureichende Schmierung hin.

• Die *Ölschmierung*
wird vorteilhaft dort eingesetzt, wo benachbarte Maschinenelemente ebenfalls mit Öl versorgt werden und hohe Drehzahlen ein häufigeres Schmieren sowie eine zusätzliche Wärmeabfuhr erforderlich machen.

Maßnahmen:
- Regelmäßige, nach Betriebsstundenvorgabe vorgeschriebene Ölwechsel durchführen; Filter säubern oder erneuern.
- Ölstände (Schaugläser, Ölmessstäbe) der Zentralschmierung, der Getriebe und der Hydraulikanlagen kontrollieren und ggf. ergänzen.
- Nur die vorgeschriebenen Ölqualitäten verwenden und die Einsatztemperaturen beachten.
- Regelmäßig die Führungsbahnen reinigen und die Schmierung überprüfen.
- Ölleckstellen müssen auch aus Umweltschutzgründen rechtzeitig beseitigt werden.

Durch eine regelmäßige Maschinenreinigung und Pflege lassen sich Undichtheiten und Beschädigungen an Maschinensystemen leichter erkennen und mögliche Maschinenausfälle verhindern.

---

03. Welche Schmierungsarten werden für Lagerstellen angewendet?

• *Hydrodynamische Schmierung*:

Der tragende Schmierfilm wird erst bei genügender Umgebungsfrequenz durch den mitgerissenen Schmierstoff aufgebaut.

Bei Maschinen und Anlagen, die immer nur kurzzeitig betrieben werden, tritt bei dieser Schmierungsart infolge von Trocken- und Mischreibung in der Anlaufphase verstärkt Verschleiß auf.

• *Hydrostatische Schmierung*:

Durch das in das Wellenlager eingepresste Drucköl werden die Gleitflächen schon vor dem Anlauf der Maschine getrennt, sodass kein Verschleiß (Flüssigkeitsreibung) entstehen kann (→ Hydrostatische Lager).

Um Schäden an der Lagerstelle zu vermeiden, müssen folgende *Anforderungen* erfüllt sein:
- Die Maschine darf nur in Betrieb gesetzt werden, wenn der erforderliche Öldruck erreicht wurde.
- Bei nachlassendem Öldruck muss die Maschine abgeschaltet werden.
- Beim Abschalten der Maschine muss die Ölpumpe noch solange den Öldruck liefern, bis die Welle zum Stillstand gekommen ist.

04. Wie erfolgt die Schmiermittelzuführung bei der Öl- und Fettschmierung?

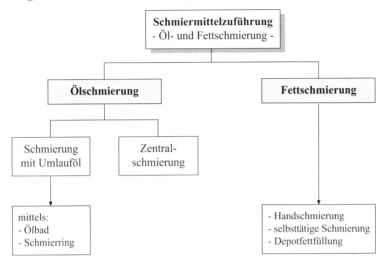

1. Die *Ölschmierung*
   wird meist bei Gleitlagern aus Metall mit kleinen bis sehr hohen Drehzahlen und Belastungen eingesetzt.

   - *Schmierung mit Umlauföl*:
     · Das Lager befindet sich im Ölbad.
     · Mithilfe eines Schmierringes, der sich lose auf der Welle mitdreht, wird das Öl an die Lagerstelle befördert.

   - *Zentralschmierung*:
     Die Zuführung des Schmiermittels mittels Pumpen über Leitungen und Kanäle ermöglicht eine automatische Kontrolle und genaue Dosierung des Schmiermittels für jede Lagerstelle.

2. Die *Fettschmierung*
   wird bei Lagern mit geringen Drehzahlen und hoher Belastung sowie Gelenklagern eingesetzt.

   Das Fett kann auf verschiedene Arten in die Lagerstelle eingebracht werden:

   - *Handschmierung*:   → mittels Schmiernippel oder Staufferbuchse.

   - *Selbsttätige Schmierung*: → Durch einstellbaren Federdruck wird Fett aus einer Fettbuchse in das Lager gepresst.

   - *Depotfettfüllung*:   → Aus einem Depot wird das Fett vom Lager entnommen. Lager dieser Bauart gelten als wartungsfrei.

   Beim Schmieren mit Fett ist Folgendes *zu beachten*:

   Nur den für die Schmierstelle vorgeschriebenen Schmierstoff einsetzen und kontrollieren, ob der Schmierstoff auch in das Lager gelangt.

- Schmiernippel vor Benutzen der Fettpresse säubern und defekte Schmiernippel austauschen.
- Auffällige Lagergeräusche und Erwärmungen deuten immer auf mögliche Lagerschäden hin.

05. Welchen Einfluss haben Kühlschmierstoffe auf den Fertigungsprozess?

Nach DIN 51385 werden folgende Kühlschmierstoffe unterschieden:

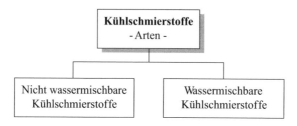

Die Auswahl der Kühlschmierstoffe hängt vom Fertigungsprozess (mehr kühlen oder schmieren) und von der Wirtschaftlichkeit ab.

Kühlschmierstoffe dienen zur Kühlung und Schmierung im Kontaktzonenbereich zwischen Werkzeug und Werkstück.

Funktionen:

- Verhindern den vorzeitigen Werkzeugverschleiß und eine Aufbauschneidenbildung,
- mindern die Gefahr einer thermischen Randzonenschädigung des Werkstücks,
- helfen bei der Späneabfuhr.

06. Was ist beim Einsatz von Kühl- und Schmierstoffen zu beachten?

1. Für den Fertigungsvorgang ist nur der jeweils geeignete Kühlschmierstoff einzusetzen.

2. Nichtwassermischbare Kühlschmierstoffe (Schneidöl, Honöl u. a.) können ihre positiven Eigenschaften durch den Eintrag von Fremdölen und Fremdstoffen verlieren.

3. Unbedingt zu beachten ist die temperaturabhängige Viskosität des eingesetzten Kühlschmierstoffs für den jeweiligen Fertigungsprozess.

4. Eine Erhöhung der Viskosität (Fließfähigkeit) eines Kühlschmierstoffs hat auf den Fertigungsprozess folgende Auswirkungen:

   - Der Spantransport durch Verkleben der Späne wird behindert,
   - die Wärmeleitfähigkeit wird geringer und damit nehmen Kühlwirkung, Nebelbildung und Entflammbarkeit ab,
   - der Kühlschmierstoffaustrag mit den Spänen nimmt zu.

5. Kühl- und Schmiermittelbehälter sind regelmäßig zu säubern. Die Flüssigkeiten müssen rechtzeitig ausgetauscht werden.

07. Was ist beim Einsatz von wassermischbaren Kühlschmierstoffen zu beachten?

Wassermischbare Schmierstoffe enthalten 2 % bis 10 % ölhaltiges Konzentrat und 90 % bis 98 % Wasser.

1. Das *Ansetzwasser* sollte sauber, möglichst weich und keimfrei sein sowie höchstens 16 Grad deutscher Härte (16 ° dH) aufweisen.

2. Die *Zusammensetzung* des Konzentrats (Emulgator) bestimmt die Aufnahmefähigkeit von Fremdöl (z. B. aus Maschinenbetten).

3. Bakterien- und pilztötende *Zusätze*, korrosionshemmende Stoffe, Antischaummittel und Hochdruckzusätze (EP-Zusätze) sind in verschiedenen Konzentraten in unterschiedlicher Zusammensetzung erhältlich.

4. Für den jeweiligen Fertigungsprozess ist deshalb nur das *geeignete* Produkt einzusetzen.

5. Wassermischbare Kühlschmierstoffe müssen auch aus hygienischen Gründen *rechtzeitig erneuert* werden.

1.3.1.5 Schäden an Strömungsmaschinen

01. Welche speziellen Schäden mindern die Funktionsfähigkeit von Strömungsmaschinen?

Ein ungenügender Druckaufbau und Volumenstrom durch Pumpen und Verdichter kann unter anderem folgende Ursachen haben:

- Antriebsmotor defekt,
- strömungstechnische Energieverluste,
- hoher Reibungsverlust durch zu hohe Viskosität des Fluids (Öl),
- Undichtheiten, Querschnittsverengungen, Einsatz nicht identischer Ersatzteile,
- Spaltverluste der beweglichen Teile durch Verschleiß,
- Kavitation bei Pumpen durch Luftblasen in der angesaugten Flüssigkeit; kann in der Folge zu schweren Pumpenschäden führen.

02. Welche Ursachen können zum vorzeitigen Verschleiß von Strömungsmaschinen führen?

1. *Fremdkörper und Schmutz* im Strömungsmedium führen zu erhöhtem Verschleiß der beweglichen Teile (Ursache: schlechte Wartung und ungenügende Filterung).

2. Die zulässigen *Einsatztemperaturen* des Strömungsmediums werden über- bzw. unterschritten.

3. *Erosion und Korrosion*:
   Eine Verminderung kann z. B. durch die Panzerung mit hochlegierten Schweiß- und Spritzschichten oder durch den Einsatz von Chrom-/Nickelstählen in Abhängigkeit vom Fluid erreicht werden.

4. *Ungenügende Schmierung und Wartung der Lagerstellen.*

5. *Überschreitung der zulässigen Ansaughöhe.*

1.3.1.6 Schäden an verfahrenstechnischen Anlagen

01. Wie werden Genauigkeitsprüfungen an Werkzeugmaschinen durchgeführt?

Die Bewertung und Abnahme von Werkzeugmaschinen erfolgt nach einheitlichen Verfahren. Normen und Richtlinien können durch Vereinbarungen zwischen Hersteller und Käufer ergänzt werden. Sie werden mithilfe folgender *Prüfverfahren* beurteilt (vgl. 9. Qualitätsmanagement):

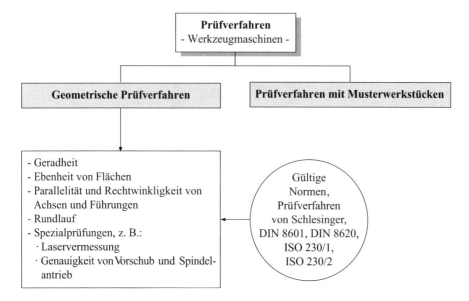

Die Prüfverfahren dienen unter anderem zur *Feststellung* der

- statischen Steifigkeit,
- Schnittgeschwindigkeit,
- Umkehrspanne,
- Bahnabweichung,
- Antriebsdynamik und
- Maß-/Winkelabweichung.

Diese Überprüfung eignet sich insbesondere für Sondermaschinen, bei denen die zu bearbeitenden Teile für die jeweilige Maschine festgelegt sind.

Alle Ergebnisse, zusammen mit den Bearbeitungsbedingungen, werden in *Messprotokollen* festgehalten, beim Versand der Maschine beigefügt und dienen als Nachweis für die mit der Maschine erreichbare Arbeitsgenauigkeit.

Zur Feststellung des Zustandes können diese Prüfverfahren auch für die *Instandhaltung* und die Neu-Instandsetzung dienen.

Maschinen in komplexen Anlagen werden unter Produktionsbedingungen untersucht und unter realen Bedingungen (Personal, Arbeitsumfeld, Material, Methoden) so eingesetzt, dass eine hohe Qualität für eine möglichst große Stückzahl erreicht wird. Schwachstellen sollen dabei möglichst vor Schadenseintritt erkannt und beseitigt werden.

02. Welche möglichen Ursachen von Anlagenausfällen lassen sich unterscheiden?

In Anlehnung an E. H. Hartmann (Entwicklung einer Instandhaltungsstrategie mithilfe von Benchmarking, 1998) lassen sich mithilfe des Ishikawa-Diagramms folgende Ursachen darstellen:

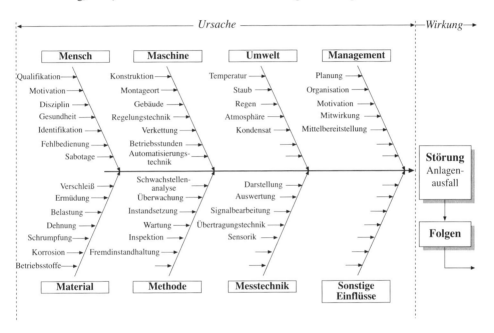

03. Welche Faktoren beeinflussen den Ausfall von Ausrüstungen? Welche Folgen können sich daraus ergeben?

Wie alle verfahrenstechnischen Anlagen unterliegen auch Ausrüstungen dem Einfluss der *Betriebsbedingungen*. Diese haben Auswirkungen auf die Funktion und die Leistungserwartung sowie auf die Art der Störung (z. B. Häufigkeit des Auftretens und notwendige Instandhaltungsmaßnahmen).

Die *Ausfallfolgen* hängen weiterhin von der Art der Anlage ab:

- Verkettete Anlagen:
  → Hier ist bei Störungen einer Maschine die gesamte Anlage betroffen.
- Nicht verkettete Anlagen:
  → Bei Störungen fällt nur die betreffende Maschine aus.

- Vorhandene Alternativanlagen:
→ Ausweichmöglichkeit aber auch Redundanz von Anlagen.
- Keine Alternativanlage vorhanden:
→ Keine Ausweichmöglichkeit beim Stillstand der Anlage.

04. Welche Bedeutung hat die Konstruktion für die technische Verfügbarkeit von verfahrenstechnischen Anlagen?

Konstruktive Verbesserungen an modernen Maschinen, wie zum Beispiel die Vereinfachung der Konstruktion, der Einsatz digital-geregelter Antriebe oder verbesserte Werkstoffe, lassen die Maschinen zuverlässiger werden.

Der Hersteller bestimmt entscheidend die Gebrauchswerteigenschaften einer Anlage einschließlich ihrer Baugruppen und Bauelemente.

Die Gebrauchswerteigenschaften wirken über die gesamte Nutzungsdauer und entscheiden über den Umfang der Instandhaltungsleistungen sowie die Verfügbarkeit.

05. Welche Maßnahmen können die Anzahl der Störungen vermindern und die Lebensdauer von Baugruppen und Bauelementen erhöhen?

1. *Instandhaltungsarme Konstruktion*:
→ Verlängerung der mittleren Funktionsdauer durch abnutzungsmindernde und beanspruchungsgerechte Konstruktion, z. B. Wahl der Materialart in Bezug auf
- Beanspruchung,
- Schmierung,
- Oberflächenbeschaffenheit,
- Korrosionsschutz.

2. *Instandhaltungsgerechte Konstruktion*:
→ Verbesserung des technologischen Prozesses, z. B.
- Vermeidung von Verschmutzungen,
- Reinigung und Aufbereitung von Grund- und Hilfsstoffen.

Beides wird durch eine *produkt- und einsatzspezifische Konstruktion* erreicht, die alle Instandhaltungsmaßnahmen in kürzester Zeit mit geringstem Aufwand zulässt. Zusätzliche Herstellungskosten sind nur dann sinnvoll, wenn sie durch Einsparungen bei den Instandhaltungskosten ausgeglichen werden können.

06. Wie können Störungen und Ausfälle verfahrenstechnischer Anlagen während ihres Einsatzes vermindert werden?

Für die Einhaltung der geforderten Zuverlässigkeit bei minimalen Kosten ist die Wahl des richtigen *Instandhaltungskonzepts* von entscheidender Bedeutung. Es basiert auf einer umfangreichen Analyse der relevanten *Faktoren*:

- Arbeitszeitvereinbarungen,
- Materialpuffer zwischen den Anlagen,
- Qualitäts-, Umwelt- und Sicherheitsnormen,
- Instandsetzungszeiten,
- Verkettung der Anlagen.

Das Ergebnis der Analyse bestimmt die Wahl der jeweils anzuwendenden, optimalen *Instandhaltungsstrategie*, z. B.:

- Ausfallbehebung,
- zeitgesteuerte, periodische Instandhaltung,
- zustandsabhängige Instandhaltung,
- vorausschauende Instandhaltung.

Beispielsweise brauchen Maschinen und Anlagen, deren Ausfallkosten lediglich die Instandsetzungskosten umfassen, nicht vorbeugend instandgehalten zu werden. Sind verkettete Maschinen und Anlagen dagegen von Ausfällen und Stillstand betroffen oder sind sie gar zu einem Umwelt- und Sicherheitsrisiko geworden, so können sie nur individuell vorbeugend oder zustandsorientiert wirtschaftlich instandgehalten werden.

07. Wie können Schädigungen und ein möglicher Ausfall durch Überbeanspruchung verhindert werden?

Eine *Versagenswahrscheinlichkeit*, das heißt, der mögliche Eintritt eines Schadens, ist in der Technik immer gegeben. Durch eine *Schadensanalyse*[1] kann das Schadensbild Aufschluss auf mögliche Ursachen geben.

Zum Beispiel kann der äußere Zustand eines beschädigten Bauteils oder Werkstoffs folgende Erkenntnisse liefern:

1. *Makroskopisches Bruchbild*:
   - spröder oder zäher Gewaltbruch,
   - Dauerbruch.

2. Äußere Verfärbungen:
   - Anlassfarben durch thermische Schädigungen,
   - Oxid- und Zunderschichten,
   - Korrosion.

---

[1] Nach VDI-Richtlinie 3822 – Schadensuntersuchung und Ableitung der Maßnahmen für Schadensabhilfe und gegebenenfalls Ableitung allgemeiner Maßnahmen zur Schadensverhütung.

Die Ermittlung der *zeitlich zuerst aufgetretenen Schadensursache* ist immer Voraussetzung für eine zukünftige Schadensvermeidung; Beispiele:

- Mechanische Beeinträchtigung,
- thermische Schädigung,
- Korrosion,
- tribologische Schädigung.

08. Welche Beanspruchungen können die Ursache von Schädigungen sein?

	Ursachen von Schädigungen - Beispiele -
1	Statische, dynamisch schwellende **Beanspruchung** über die Werkstoffkennwerte (Festigkeit, Zähigkeit, Streckgrenze) hinaus. Beispiele: Gewaltbruch, Dauerbruch
2	**Materialfehler, Behandlungsfehler** Beispiele: Wärmebehandlung, Schweißen, Veredelung, Galvanik, Härterei, Lackiererei, Wasserstoffversprödung, Härterisse, chemisch-thermische Randschichten.
3	Versagen während des Betriebes durch **Überlast** infolge von Konstruktionsfehlern; Überlagerung der Belastung durch **Zusatzbeanspruchung**.
4	**Verminderung der Festigkeit** des Werkstoffs während des Betriebs. Beispiele: Alterung (Verspröden), Korrosion, Kriechen.

09. In welchen Schritten kann man eine Schadensanalyse durchführen?

1 Beurteilung und Klassifizierung des Schadens
↓
2 Ermittlung der Schadensursache
↓
3 Schlussfolgerung zur Vermeidung
   von Wiederholungen des Schadens

10. Welche Untersuchungen können im Rahmen einer Schadensanalyse durchgeführt werden?

1. *Werkstoffuntersuchungen an Bauteilen und Materialien*:

   - Ermittlung von Herstellungsfehlern im Rohmaterial:
     · Schmiedefehler
     · Gießfehler
     · Mischungsverhältnis von Kunststoff und Füllstoff
     · Umform- und Schweißfehler

   - Chemische Zusammensetzungen

   - Gefügezusammensetzungen, Bruchbild:
     Hinweis: Vorteilhafter ist die Anwendung zerstörungsfreier oder zerstörungsarmer Prüfverfahren, z. B. Röntgen, Ultraschall, Eigenspannungsmessungen, Härteprüfungen, spektroskopische Analyse der chemischen Zusammensetzung

   - Mechanisch-technologische Prüfungen

2. *Untersuchung der konstruktiven Gestaltung von Maschinen und Anlagen*, z. B.:

   - Materialauswahl
   - Werkstoffpaarung
   - Konstruktionsvorgaben

3. *Untersuchung der Umgebungseinflüsse* zum Zeitpunkt des Schadens, z. B.:

   - Temperatur
   - Bewegungsabläufe
   - Medien
   - andere Schadensbegünstigungen

4. *Untersuchungen auf Einhaltung der Technischen Regelwerke und Gesetze*

5. *Erkenntnisse aufgrund von Simulationsrechnungen/Versuchen*, Literaturvergleiche, Auswertung der Schadenskataloge (VDI, Versicherungen), Simulation der Schadensbedingungen am Rechner.

1.3.2 Eingriffszeitpunkte für Instandhaltungsmaßnahmen

01. Welche Produktionsausfallkosten können bei komplexen Maschinensystemen entstehen?

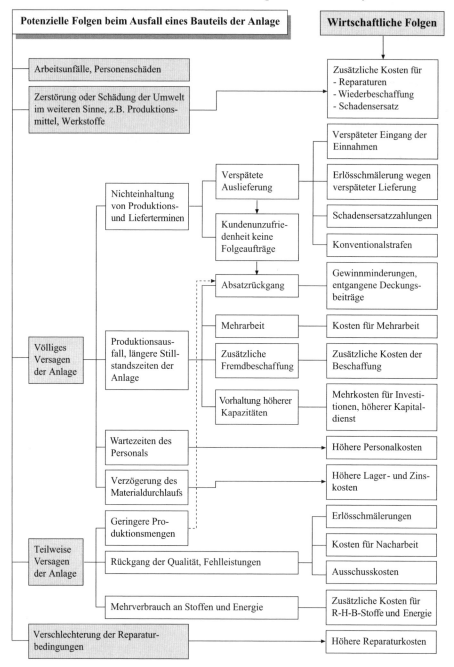

02. Welche Abhängigkeit besteht zwischen dem Abnutzungsvorrat und der Lebensdauer einer Anlage?

Der *Abnutzungsvorrat* eines Bauteils ist der konstruktiv vorgesehene Vorrat an Abnutzungsmöglichkeiten, der während des Betriebs nicht verhindert werden kann (z. B. Abnutzung von Bremsscheiben, Lagern). Damit wird erreicht, dass auch bei einer Abweichung vom Sollzustand das Bauteil funktionsfähig bleibt.

Beispiel „Gleitlager":
Ein bestimmtes Lagerspiel ist vorgeschrieben; ein Grenzlagerspiel wird als äußerster Wert festgelegt. Die Differenz beider Werte ist der Abnutzungsvorrat. Ist er verbraucht, so ist eine Instandsetzung notwendig.

Der Abnutzungsvorrat lässt sich grafisch darstellen. Der Kurvenverlauf kann je nach Bauteil sehr unterschiedlich sein. Für mechanische Bauteile ist der nachfolgende Kurvenverlauf häufig zu beobachten:

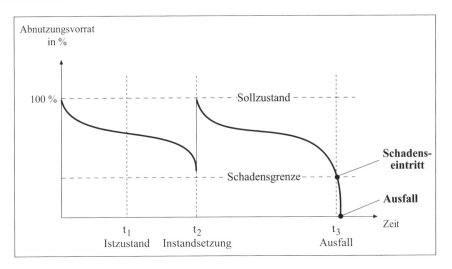

03. Welchen Einfluss haben der Nutzungsvorrat und die Lebensdauer einer Anlage auf die Wahl des Eingriffzeitpunktes der Instandhaltungsmaßnahmen?

→ 1.2

Um die Instandhaltungs- und Ausfallkosten möglichst gering zu halten, ist es notwendig, den Eingriffszeitpunkt für Instandhaltungsmaßnahmen an den Abnutzungsvorrat der Bauteile anzupassen.

In der Praxis werden verschiedene *Methoden der Instandhaltung* angewendet:

1. *Instandsetzung nach Ausfall* (Feuerwehrstrategie):

   Eine Instandsetzung nach Ausfall ist meist die ungünstigste Variante, da sofort nach Eintreten der Störung Ausfallzeiten und Kosten entstehen. Der Austausch der Verschleißteile erfolgt immer zu spät.

2. *Zeitgesteuerte, periodische Instandhaltung*:

- *Präventiver Austausch* einzelner Bauteile, wenn sich zum Beispiel Verschleißgeräusche Ermüdungserscheinungen oder Spielvergrößerungen zeigen.
- Vorbeugender Austausch von Bauteilen und Baugruppen basierend auf Erfahrungen, Schadensanalysen u. Ä.; Nachteil: Austausch erfolgt zu früh oder ggf. zu spät.

3. *Zustandsüberwachung der Maschinen und Anlagen*:

Es erfolgt eine Wartungs- und Instandhaltungsstrategie, die sich exakt am konkreten Abnutzungsgrad des Instandhaltungsobjekts orientiert. Sie lässt sich mithilfe von Einrichtungen zur Anlagenüberwachung und -diagnose für kritische Stellen durchführen (Anwendung der technische Diagnostik).

04. Wie wird die optimale Instandhaltungsstrategie realisiert?

Durch eine so genannte *RCM-Analyse* (Reliability Centered Maintenance) wird die „richtige" Instandhaltungsstrategie ermittelt. Die Einhaltung der geforderten Zuverlässigkeit bei minimalen Kosten unter Berücksichtigung von Arbeitssicherheit und Umweltschutz wird als Ergebnis sichtbar.

Die RCM-Analyse kann in folgenden Schritten realisiert werden:

1. *Ermittlung der Leistungsnormen*, die die betreffende Maschine unter Berücksichtigung der momentanen Betriebsbedingungen zu erfüllen hat, z. B.:

- Produktionsmenge,
- Qualität,
- Sicherheit,
- Betriebskosten,
- Einhaltung von Umweltstandards,
- Effizienz,
- Kundenzufriedenheit u. Ä.

2. *Analyse der Störungsarten und -ursachen*, z. B.:

- Abnutzung,
- Schmutz,
- Versagen der Schmierung,
- menschliche Fehler,
- Blockierung.

3. *Analyse der Störungsfolgen* in Bezug auf folgende Merkmale:

- Verkettung der Anlage,
- Qualität,
- Umwelt- und Sicherheitsnormen,
- Instandsetzungszeit,
- Ersatzteilverfügbarkeit,
- Arbeitszeitvereinbarungen,

- Materialpuffer,
- Rohstoffverfügbarkeit u. Ä.

4. Klärung der *Grundfrage „Wie kann der Störung vorgebeugt werden?"* Infrage kommen folgende Maßnahmen:

• *Vorbeugende Maßnahmen*:
→ nur dann, wenn technisch realisierbar bzw. ökonomisch vertretbar.

• *Geplanter Austausch oder Überholung*:
→ Austausch oder Überholung störungsanfälliger Komponenten unabhängig von ihrem tatsächlichen Zustand.

Voraussetzung:
Die ungefähre Lebensdauer anderer Anlagenkomponenten ist bekannt und Umwelt- und Anlagensicherheit sind weiterhin gewährleistet.

• *Zustandsbedingte Maßnahmen*:
→ Anwendung:
a) wenn Ausfälle mit dem Alter der Maschinen und Anlagen in keinem Zusammenhang stehen und es sich um keine verdeckten Störungen handelt;
b) wenn die Ausfallwahrscheinlichkeit (mit Auswirkungen z. B. auf die Sicherheit und die Umwelt) durch Zustandsüberwachungen erheblich gesenkt werden kann;
c) wenn Anlagenausfälle sehr teuer sind.

Ist eine Störungsvorbeugung technisch oder wirtschaftlich nicht realisierbar, müssen Ausfälle von Bauteilen oder der gesamten Anlage durch geplante Fehlersuchmaßnahmen, durch Instandsetzung nach Ausfall oder durch Konstruktionsänderungen reduziert werden.

05. Welche Methode ist geeignet, die Instandsetzung noch wirtschaftlicher zu gestalten und den Instandsetzungszeitpunkt noch genauer bestimmen zu können?

Die Anwendung der vorbeugenden Instandsetzung ist zur Verhinderung von Schäden in vielen Fällen nicht wirtschaftlich.

> Bei der *zustandsorientierten Instandsetzung* sind die Wartungs- und Instandsetzungsmaßnahmen vom konkreten *Abnutzungsgrad* des Anlagenobjekts abhängig.

Der Abnutzungsgrad von Bauteilen kann heute mit geeigneten technischen Einrichtungen recht exakt bestimmt werden. Man erreicht dies durch den Einsatz von Diagnose- und Überwachungssystemen, die rechtzeitig Abweichungen vom Sollwert melden. Damit können frühzeitig evtl. Ausfälle angezeigt werden.

Durch die zustandsorientierte Instandhaltung können

- eingetretene Schäden diagnostiziert und gleichzeitig Folgeschäden vermindert,
- Kosten gesenkt und

- das Risiko von Schäden bei der Anwendung vorbeugender Instandhaltungsmaßnahmen vermindert

werden.

06. Welche Kosten können bei frühzeitiger Erkennung der Abweichungen vom Sollwert gesenkt werden?

Beispiele:

- *Betriebskosten*:
  → durch Überwachung und Kontrolle des Wirkungsgrades und der Maschinenleistung.

- *Anlagenkosten*:
  → Gewährleistung ihrer ständigen Verfügbarkeit.

- *Instandsetzungskosten*:
  → Ausfallvermeidung

- *Ausfallkosten*:
  → Verringerung von Wartungs- und Instandsetzungszeiten.

07. Welche Vorteile bringt der Einsatz von Diagnosesystemen für die Fertigungstechnik?

1. *Erhöhung der Maschinenverfügbarkeit*:
   - Verringerung der Maschinenstillstandszeiten durch bessere Wartung und Instandhaltung,
   - zeitweise bedienerloser Betrieb,
   - Verlegung der Wartungsarbeiten in die Produktionsstillstandszeit.

2. *Gleichbleibende Fertigungsqualität*:
   - Gleichbleibender Maschinenzustand verbunden mit einer Verbesserung der Maschinen- und Prozessfähigkeit,
   - Qualitätsregelung sowie Verringerung von Nacharbeit und Ausschuss.

3. *Gewährleistung von Sicherheits- und Umweltstandards*:
   - Warnung vor gefährlichen Zuständen,
   - Verringerung der Umweltgefährdung,
   - verbesserte Arbeitsbedingungen/einfachere Maschinenbedienung.

08. Wie wird die Zustandsüberwachung (Condition Monitoring) durchgeführt?

Vorbemerkung:
Eine einfache, subjektive aber ungenaue Methode ist die Zustandswachung der Anlage durch den Menschen auf der Basis akustischer Wahrnehmung (→ Analyse des charakteristischen Maschinengeräusches durch das menschliche Ohr). Der Vorteil liegt darin, dass man schnell und ohne Messapparaturen bestimmte Zustände der Maschine erkennen kann (z. B. Lagergeräusche).

Durch den Einsatz objektiver Überwachungseinrichtungen lässt sich gerade bei komplexen Maschinen und Anlagen die Zuverlässigkeit erhöhen. Bei der objektiven Messmethode versucht man, aufgrund der Veränderung der Messgrößen auf Veränderungen der Bauteile zu schließen (z. B. Verschleiß, Temperatur):

Mithilfe mechanischer, thermischer und elektrischer Größen, die über Sensoren erfasst werden, lassen sich Aussagen über die Zuverlässigkeit und Verfügbarkeit der Anlage treffen. Der Zustand der Bauteile wird dabei permanent erfasst und auf Abweichungen von ihren Sollparametern überprüft. Über eine entsprechende Hard- und Software erfolgt eine Erfassung, Analyse und Auswertung der Messdaten und Schwingungssignale.

Die Zustandsüberwachung kann auf zwei Arten erfolgen:

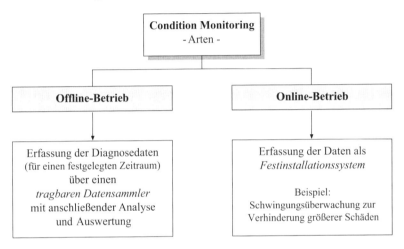

09. Was ist bei der Einführung von Maschinendiagnosesystemen zu beachten?

Zunächst ist eine genaue Analyse der Fertigungseinrichtung im Hinblick auf Fehlerquellen notwendig. Unter Beachtung technischer und ökonomischer Aspekte sollte es das Ziel sein, mit möglichst wenig Sensoren möglichst viele Baugruppen zu überwachen.

Bei der Einführung von Diagnosesystemen sind vor allem folgende Planungs- und Entscheidungsfragen zu lösen:

- Strategie und Diagnoseziele?
- Online- oder Offlineüberwachung?
- Gerätetechnik und Software?
- Verarbeitung der aufbereiteten Messwerte?
- Kosten für die Anschaffung der Diagnoseeinrichtung und der Personalausbildung?
- Diagnosemanagment?
  (z. B. Software mit Auswertungsintelligenz u. Ä.)

10. Mit welchen organisatorischen und technischen Lösungen können Kosten und Stillstandszeiten von Maschinen und Anlagen zukünftig weiter verringert werden?

- Mithilfe der *Echtzeitübertragung* von Maschinendaten über das Internet werden im Störungsfall Fehler schneller diagnostiziert. Dabei können zeitgleich beim Hersteller Diagnosedaten kontrolliert und analysiert werden.

  Durch Freischaltung und Zugriff auf die Steuerung können so Kosten reduziert und Stillstandszeiten verringert werden. Die Störungsbeseitigung erfolgt schneller, da der Kundendienst über die Störung genauer informiert ist.

  Damit erhöht sich die Verfügbarkeit der Anlage und durch nachfolgende Software-Updates lassen sich weitere Prozessoptimierungen erreichen.

- Auch mithilfe der *Video-Übertragung* (Videodiagnose, z. B. Online) lassen sich vor allem bei mechanischen Problemen Kosten reduzieren und Schadensursachen schneller beurteilen.

1.4 Aufrechterhalten der Energieversorgung im Betrieb

1.4.1 Energiegewinnung und Energieumwandlung

01. Was versteht man unter Energie?

Energie E (auch: *W*) erfasst die Fähigkeit eines Körpers bzw. eines physikalischen Systems, Arbeit zu verrichten (griechisch: Energeia = Tätigkeit, Tatkraft). Sie ist eine Zustandsgröße. Zwischen mechanischer Arbeit und Energie besteht der Zusammenhang:

$$\Delta E = W.$$

Bei einem Vorgang ist die Änderung der Energie eines Systems gleich der von außen verrichteten oder nach außen abgegebenen Arbeit.

Die Energie wird in den gleichen Einheiten gemessen wie die Arbeit (J; Nm; Ws).

Energie hat unterschiedliche *Erscheinungsformen*, die an das Vorhandensein materieller Körper sowie ihren Bewegungen und Wechselwirkungen gebunden ist:

- Mechanische Energie
- elektrische Energie
- magnetische Energie
- thermische Energie
- chemische Energie
- Kernenergie.

Alle Energieformen sind ineinander umwandelbar. In einem geschlossenen System bleibt die Gesamtenergie konstant (vgl. S. 150: Erhaltungssatz).

02. Welcher Unterschied besteht zwischen potenzieller und kinetischer Energie?

In der Mechanik wird unterschieden zwischen *potenzieller Energie* (auch: Lageenergie) und *kinetischer Energie* (Energie der Bewegung).

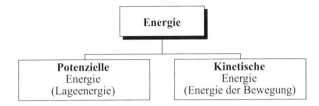

• Die *potenzielle Energie* E_{pot} ist diejenige Energie, die ein ruhender Körper infolge von Krafteinwirkung (Arbeit) innerhalb eines Bezugssystems besitzt. Wird an einem Körper z. B. Hubarbeit verrichtet, steckt diese dann in Form von potenzieller Energie in dem Körper. Diese Energie entspricht nicht der gesamten potenziellen Energie, sondern nur dem Zuwachs an potenzieller Energie beim Heben um die Strecke h (Ausgangspunkt kann willkürlich gewählt werden). Wird der Körper um die Höhe h gesenkt, gibt er diese bestimmte Energie E_{pot} ab. Durchfällt ein Körper die Höhe h, so wandelt sich seine potenzielle Energie E_{pot} in kinetische Energie E_{kin} gleicher Größe um.

Auch die zur Verformung elastischer Körper aufzuwendende Verformungsarbeit W_F wird im Körper als potenzielle Energie gespeichert und als Spannungsarbeit bzw. Spannungsenergie bezeichnet:

$$E_{pot} = \frac{Ds^2}{2}$$

Dabei ist:

E_{pot}	potenzielle Energie (Spannenergie)
D	Federkonstante k
s	Federweg

• *Kinetische Energie* oder Energie der Bewegung ist dann in einem Körper vorhanden, wenn an ihm Arbeit verrichtet wird (Beschleunigungsarbeit). Die kinetische Energie berechnet sich nach der Gleichung:

$$E_{kin} = \frac{1}{2} mv^2$$

Dabei ist:

E_{kin}	kinetische Energie
m	Masse des Körpers
v	Geschwindigkeit des Körpers

03. Was sagt der „Satz von der Erhaltung der mechanischen Energie" aus?

Entsprechend dem *allgemeinen Energieerhaltungssatz* kann Energie nicht erzeugt oder vernichtet, sondern nur übertragen oder umgewandelt werden: $\sum E$ = konstant. Bezogen auf das Teilgebiet der Mechanik bedeutet das:

> *In einem abgeschlossenen mechanischen System bleibt die Summe der mechanischen Energie (potenzielle und kinetische Energie) konstant: $E_{pot} + E_{kin}$ = konstant*

04. Was bezeichnet man als Wirkungsgrad?

Unter dem *Wirkungsgrad* η versteht man das Verhältnis der abgegebenen bzw. nutzbaren Leistung P_{ab} zur zugeführten Leistung P_{zu}:

$$\eta = \frac{P_{ab}}{P_{zu}}$$

Es ist häufig zweckmäßiger, den Wirkungsgrad nicht als Verhältnis zweier Leistungen, sondern als *Verhältnis zweier Arbeiten* auszudrücken: Dann ist der Wirkungsgrad

$$\eta = \frac{\text{Nutzarbeit}}{\text{Gesamtarbeit}} = \frac{W_{ab}}{W_{zu}}$$

Da die von einer Maschine abgegebene Arbeit W_{ab} stets kleiner ist als die zugeführte Arbeit W_{zu}, ist der Wirkungsgrad η jeder Maschine immer kleiner als 1 [$0 < \eta < 1$]. Der Wirkungsgrad hat keine Einheit. Er wird als Dezimalbruch oder in Prozent angegeben.

Bei mehrfacher Energieumsetzung bzw. -übertragung ist der *Gesamtwirkungsgrad* η_{ges} das Pro-dukt der einzelnen Wirkungsgrade:

$$\eta_{ges} = \eta_1 \cdot \eta_2 \cdot \ldots \cdot \eta_n$$

05. Welcher Unterschied besteht zwischen Primär- und Sekundärenergie?

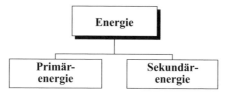

- *Primärenergiequellen* sind solche, die in der Natur unmittelbar vorhanden sind. Man unterscheidet „sich ständig erneuernde Energien" und „sich verbrauchende Energie".

  Beispiele:
  Braunkohle, Steinkohle, Erdöl, Sonnenstrahlung, Wind, Holz, Erdgas, Uranerz, Erdwärme, fließendes oder gestautes Wasser (Energienutzung über Gezeitenkraftwerke und Wellenkraftwerke).

- *Sekundärenergiequellen* sind aus Primärenergiequellen umgewandelte Energieformen. Die Primärenergie wird also vom Energiedienstleister in eine verbrauchsgerechte Form umgewandelt.

  Beispiele:
  Koks oder Briketts aus Braun- oder Steinkohle; Benzin, Heizöl und Dieselkraftstoff aus Erdöl; elektrischer Strom oder Fernwärme aus Kohle, Erdöl, Erdgas oder Klärgas.

06. Warum unterscheidet man Nutzenergie und ungenutzte Energie?

Beim Umwandlungs- und Verteilungsprozess entsteht *Nutzenergie* und *ungenutzte Energie*. Außerdem benötigt die Energieerzeugungsanlage (z. B. Kraftmaschinen) in einer Reihe von Fällen kurzfristig selbst Nutzenergie für den Eigenbedarf.

• *Endenergie* ist das Ergebnis der Energieumwandlung = Nutzenergie + ungenutzte Energie.

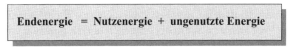

Endenergie = Nutzenergie + ungenutzte Energie

• *Nutzenergie* ist die Energie, die dem Verbraucher nach der Energieumwandlung zur Verfügung steht.

• *Ungenutzte Energie* ist die Energie, die bei der Energieumwandlung aus dem System entweicht und zur Nutzung nicht zur Verfügung steht (z. B. Reibung). Umgangssprachlich wird die Bezeichnung „Energieverluste" gewählt; nach dem „Satz von der Erhaltung der mechanischen Energie" (vgl. oben) ist diese Ausdrucksweise falsch.

Überblick: Primärenergien und Nutzenergien

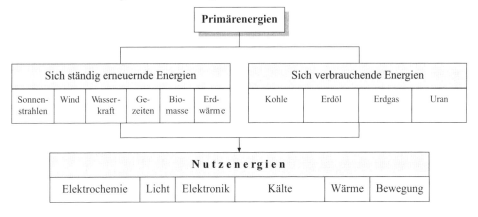

07. Welche Aktivitäten werden unter dem Begriff „Energiewirtschaft" zusammengefasst?

Die Energiewirtschaft umfasst alle Aktivitäten zur Bereitstellung von *Energiedienstleistungen*:

- „Erzeugung",   - Import,
- Umwandlung,   - Lagerung,
- Transport,   - Verteilung

von Energie sowie die Umwandlung der Endenergie in Nutzenergie beim Verbraucher.

Zur „Energieerzeugung" und -umwandlung gehören:

- Bereitstellung von Primärenergieträgern,
- Umwandlung von Primärenergie in Sekundärenergie.

08. Welche Bedeutung hat die Energie in der Volks- und Betriebswirtschaft?

Der Aufwand an *erneuerbaren* und *nicht erneuerbaren Primärenergieträgern* pro Energiedienst-leistung wird bestimmt durch die *Effizienz* und den *Wirkungsgrad* der Energieumwandlung entlang der gesamten Prozesskette.

Die Energie hat in der Volkswirtschaft und in den Unternehmen eine *Schlüsselstellung*: Sie ist ein Hauptbestandteil der Vorleistungen zur Erzeugung von Produkten und Dienstleistungen. Die Energiebereitstellung (Kraftwerke usw.) ist kapitalintensiv. Eine Änderung in der Struktur der Energieerzeugung lässt sich nur langfristig erreichen und ist politisch von gegensätzlichen Interessen gekennzeichnet (Verbraucher, Erzeuger, Umweltschutz, Industrie-/Drittländer).

Aufgrund der Initiativen des Europäischen Parlaments wird die Liberalisierung des Strommarktes voranschreiten; in Deutschland wurde eine staatliche Regulierungsbehörde eingerichtet. Nach wie vor kann man jedoch noch von einer Monopolstellung der Stromerzeuger auf dem deutschen Markt sprechen.

09. Welche Energievorräte existieren weltweit?

Die Weltvorräte an Energierohstoffen sind nur schwer abzuschätzen; die Angaben von Experten differieren. Die bekannten Vorräte an fossilen Rohstoffen nehmen bisher noch jährlich zu, weil derzeit das Volumen der Neuentdeckungen größer ist als das des Abbaus. Dies darf nicht darüber hinwegtäuschen, *dass mittel- bis langfristig die Vorkommen an Mineralöl und Erdgas erschöpft sein werden.* Für die Kohle- und Uranvorkommen gilt ein Zeithorizont von mehreren Hundert Jahren.

Grobe Schätzungen sprechen davon, dass der Vorrat an Erdöl noch ca. 50 Jahre, an Erdgas noch ca. 60 Jahre und an Kohle noch ca. 250 - 300 Jahre reichen wird.

Das Energiepotenzial der Erde lässt sich auch deshalb schwer abschätzen, weil Unsicherheit besteht, in welchem Umfang erneuerbare Energiequellen (Biomasse, Sonnen-, Wind-, Gezeiten-energie sowie geothermische Energie und Wasserkraftnutzung) ökonomisch und ökologisch sinnvoll genutzt werden können (vgl. dazu auch Ziffer A 5.2.6).

Ausgewählte Daten zum Energieverbrauch in der Welt und in Deutschland:

- Der Energieverbrauch weltweit stieg 2011 gegenüber dem Vorjahr um 2,5 %.
- Der Energieverbrauch ist weltweit ungleich verteilt: Den stärksten Energieverbrauch haben etwa in gleicher Höhe von rd. 20 %: Nordamerika, Europa (inkl. Russland u. GUS) und VR China.
- Am stärksten ist der Energieverbrauch in der VR China und Indien gestiegen.
- Deutschland und Japan erreichten einen Rückgang des Energieverbrauch von 5 %.

Energieverbrauch nach Kontinenten und Regionen Primärenergieverbrauch in Mio. t Öleinheiten				
	2001	2011	Veränderung zu 2010 in %	Weltanteil in %
Nordamerika	**2.698**	**2.773**	**0,3**	**22,6**
USA	2.259	2.269	-0,4	18,5
Mittel- und Südamerika	468	642	3,8	5,2
Europa inkl. Russland u. GUS	**2.852**	**2.923**	**-0,5**	**23,8**
EU	1.756	1.690	-3,1	13,8
Russland	623	685	2,5	5,6
Deutschland	339	306	-5,0	2,5
Naher Osten	445	747	4,3	6,1
Asien u. Ozeanien	**2.690**	**4.803**	**5,4**	**39,1**
VR China	1.041	2.613	8,8	21,3
Indien	297	559	7,4	4,6
Japan	512	477	-5,0	3,9
OECD	5.407	5.527	-0,8	45
Welt	**9.434**	**12.274**	**2,5**	

Quelle: BP 2012

- Der Primärenergieverbrauch in Deutschland (absolut) verzeichnet einen kräftigen Rückgang:
  1990: 508,9 Mio. t SKE

  2011: 456,4 Mio. t SKE
- Der Anteil der Energieträger am Primärverbrauch in Deutschland hat sich verändert:
  - Steinkohle und Kernenergie sind zurückgegangen
  - Naturgas ist gestiegen.

Anteil der Energieträger in % am Primärenergieverbrauch in der BRD

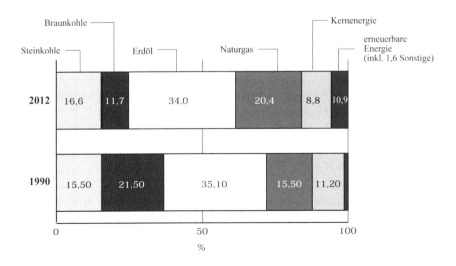

1.4.2 Energieeinsparung[1] und Energiebereitstellung

01. Was heißt „Energiesparen"?

Energiesparen (nicht: Einsparen; vgl. oben) umfasst alle Aktivitäten und Maßnahmen zur Verringerung des Energieverbrauchs je Leistungs- oder Produktionseinheit.

02. Welche Möglichkeiten gibt es, den Energieverbrauch planmäßig zu steuern und ggf. zu senken?

Die permanente Beachtung und Steuerung des Energieverbrauchs ist heute aus *ökologischer* und *ökonomischer Sicht* eine Selbstverständlichkeit. Eine wichtige Voraussetzung ist dazu, dass *der Verbrauch* der unterschiedlichen Energiearten im Betrieb *mengen- und wertmäßig erfasst und dokumentiert wird.*

03. Welche Energie sparenden Antriebe sind in der Entwicklung bzw. existieren als Prototypen?

Beispiele: Elektro-, Erdgas-, Hybrid-, Solar-, Wasserstoffantrieb.

04. Welche neuen Energiequellen sind in der Entwicklung bzw. welche vorhandenen Energiequellen werden wieder verstärkt genutzt?

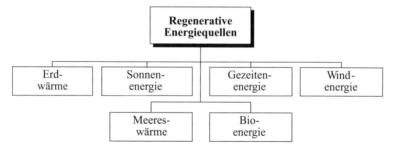

---

[1] Der Begriff (lt. Rahmenplan) ist unkorrekt; vgl. S. 151, Energieerhaltungssatz; richtigerweise muss von Energiesparen gesprochen werden.

05. Wie kann die Energie der Sonne (Solarenergie) genutzt werden?

1. Die Sonnenenergie kann *direkt* – ohne Umwandlung in eine andere Energieform – genutzt werden: Man bezeichnet dies als *passive Maßnahme*. Die Architektur eines Gebäudes wird dabei so gestaltet, dass die direkte Sonneneinstrahlung zur Erwärmung der Räume genutzt wird (sog. *Solararchitektur*; z. B. Integration von großzügigen Glasflächen in Gebäudeteile mit einem Neigungswinkel zur Sonne, Optimierung der Lage des Baukörpers in Abhängigkeit von Himmelsrichtung, Wind, Sonne und Regen, Kombination von Sonneneinflutung und Techniken der Verschattung).

2. Als *aktive Nutzung* der Sonnenenergie bezeichnet man die Umwandlung der Solarenergie in Strom oder Wärme durch geeignete Technik.

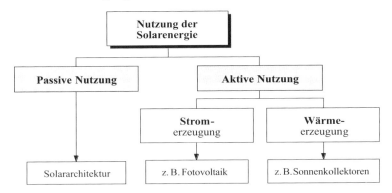

06. Wie wird die Solarenergie zur Wärmeerzeugung/Warmwasseraufbereitung genutzt?

Ablauf der Wärmeerzeugung durch thermische Solaranlagen (= *Solarthermie*):

- Eine Trägerflüssigkeit (meist Wasser versetzt mit Frostschutzmittel) wird in Kollektoren (auf dem Dach des Gebäudes) erhitzt.

- Die erhitzte Trägerflüssigkeit wird in einem geschlossenen Heizkreislauf zum Brauchwasserspeicher gepumpt. Dies erfolgt über eine temperaturgesteuerte Umwälzpumpe.

- Die Trägerflüssigkeit erwärmt im Speicher mithilfe von Rohrschlangen das für den Verbrauch vorgesehene Wasser.

- Aus dem Brauchwasserspeicher wird Warmwasser entnommen und je nach Verbrauch entsprechend kaltes Wasser wieder zugeführt.

- Je nach Witterung und Tageszeit wird über eine entsprechende Regelungstechnik die konventionelle Heizung zur Brauchwasseraufbereitung zugeschaltet.

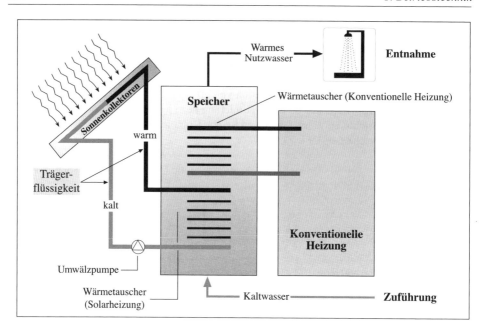

07. Wie wird die Solarenergie zur Stromerzeugung genutzt?

Ablauf der Stromerzeugung durch Fotovoltaikmodule:

- Die in der Sonnenstrahlung enthaltene Energie verursacht in Halbleitern, wie z. B. Silicium, *ein Fließen von Elektronen* (sog. Fotoeffekt bzw. fotovoltaischer Effekt), d. h. elektrischem Strom. Auf diese Weise wird Solarenergie in elektrische Energie umgewandelt. Solarzellen werden zu mehreren Fotovoltaikmodulen kombiniert.

- Der auf diese Weise erzeugte *Gleichstrom* wird über Wechselrichter in *Wechselstrom* umgewandelt. Er kann in Akkumulatoren gespeichert oder ins öffentliche Stromnetz eingespeist werden. Die *Stromerzeugung durch Solarenergie spielt* derzeit in Deutschland noch *eine untergeordnete Rolle.* Obwohl die Stromerzeugung durch Wind- und Solarenergie in den letzten Jahren mit hohem finanziellen Aufwand und öffentlicher Förderung deutlich zunahm, bildet sie zusammen mit sonstigen erneuerbaren Energien (Biogas, Holzverbrennung) nur einen Anteil von 3,9 % an der Elektrizitätserzeugung.

08. Welche Bedeutung hat Windenergie?

„In Deutschland ist die Windenergie das Rückgrat der Energiewende. Sie liefert den größten Anteil des erneuerbaren Stroms und sie liefert ihn zu vergleichsweise günstigen Kosten. Weltweit wächst die Branche dynamisch und ihre technologische Entwicklung ist rasant." (Quelle: Bundesumweltminister Altmaier anlässlich der Messe Husum WindEnergy; das BMU vom 18.09.2012)

Windkraft ist eine der Energiearten, die vom Menschen bereits lange genutzt werden. Die bis Mitte des 19. Jahrhunderts weit verbreiteten Windmühlen wurden von Verbrennungsmotoren verdrängt. Im Zuge der Ölkrise 1973 erlebte die Nutzung der Windenergie eine Renaissance. Seit

1989 werden in Deutschland private Windkraftanlagen (WKA) staatlich gefördert. Der deutsche Windenergiemarkt hat sich 2008 stabilisiert. Die Windenergie behält bei der Strombereitstellung in Deutschland den mit Abstand größten Anteil an den erneuerbaren Energien. Mit dem EEG 2009 (Erneuerbare Energien-Gesetz) wird ein weiterer Schub beim Ausbau der Windenergie erwartet.

09. Wie wird die Windkraft zur Stromerzeugung genutzt?

Die Bewegungsenergie der Luft versetzt einen *Rotor* in Drehbewegungen und wird auf eine Antriebswelle übertragen. Der angeschlossene *Generator* erzeugt dadurch Strom. Durchgesetzt haben sich heute schnelllaufende *Rotoren* mit *horizontaler Achse*. Sie haben einen höheren Wirkungsgrad als *Rotoren mit vertikaler Achse*, werden jedoch elektrisch oder hydraulisch der Windrichtung nachgeführt, um die Leistungsaufnahme zu optimieren. Rotoren mit zwei Blättern erreichen eine höhere Drehzahl und damit eine höhere Leistung, sind jedoch aerodynamisch ungünstiger als Rotoren mit drei Blättern. Bei kleineren WKA wird auf die kostenintensive Verstellung und Ausrichtung der Rotorblätter verzichtet.

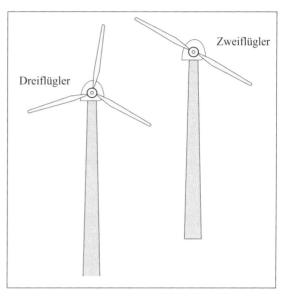

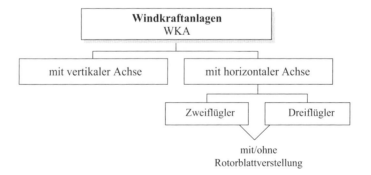

Windkraftanlagen zählen zu den umweltfreundlichen Arten der Energieerzeugung. Vergessen werden darf dabei jedoch nicht der Ressourcenverbrauch bei der Produktion von WKA und die spätere Entsorgung. Außerdem verursachen die Rotorblätter Geräusche; manche Menschen empfinden *Windparks* als Störung des Landschaftsbildes, teilweise sogar als bedrohlich.

WKA erreichen heute einen Wirkungsgrad von rund 50 %. Wirtschaftlich ist die Investition nur in Regionen mit einer über das Jahr gemittelten Windgeschwindigkeit von ≥ 4 m/s. Bei der Errichtung von WKA müssen neben der durchschnittlichen Windgeschwindigkeit die Bau- und Naturschutzvorschriften des Bundes und der Kommunen beachtet werden.

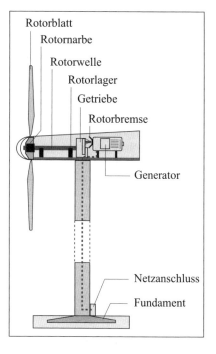

Rotorblatt
Rotornarbe
Rotorwelle
Rotorlager
Getriebe
Rotorbremse
Generator
Netzanschluss
Fundament

1.4.3 Energieversorgung des Betriebes

01. Wie erfolgt die Energieversorgung und -verteilung im Industriebetrieb?

Der Industriebetrieb benötigt unterschiedlichste Energiearten zur Herstellung und Veredlung seiner Produkte. Im Jahr 2008 betrug der gesamte deutsche Primärenergieverbrauch 484,5 Mio. t SKE (= Steinkohleeinheiten). In den Vorjahren waren leichte Verbrauchsrückgänge zu verzeichnen. Verglichen mit dem Weltdurchschnitt liegt der Pro-Kopf-Verbrauch an Energie in Deutschland sehr hoch.

Der Einsatz von Anlagen und Energiearten mit *hohem Wirkungskrad*, die *effiziente Nutzung der Energie* sowie die Möglichkeiten ihrer *Rückgewinnung* sind in Deutschland bereits Realität.

Der spezifische Energieverbrauch (Verhältnis zur erwirtschafteten Wertschöpfung) lag im Jahr 2008 in Deutschland bei 70,4 t je Einheit reales BiP.

Die folgende Abbildung *zeigt schematisch die Versorgung des Industriebetriebes mit Energiearten unterschiedlichster Art und die Verteilung der Energie über die verschiedenen Leitungssysteme an die „Verwender".*

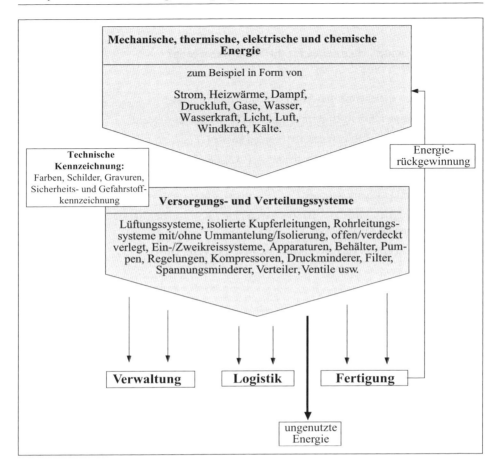

Entsprechend dem Rahmenplan werden im Folgenden die in der Abbildung gezeigten Energieversorgungsarten behandelt:

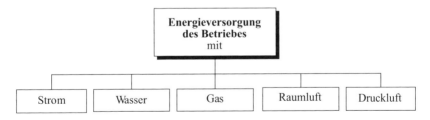

1.4.3.1 Stromversorgung

01. Welche Besonderheiten gelten für die Stromversorgung?

Im Überblick:

- Strom ist kaum speicherbar und leitungsgebunden (Stromnetz).
- Auch kurzfristige Leistungsspitzen müssen i. d. R. abgedeckt werden.
- Störungen müssen i. d. R. kompensiert werden können (Ersatzstromaggregate).
- Es gibt Niederspannungs-, Mittelspannungs-, Hochspannungs- und Höchstspannungssysteme.
- Übertragungsmittel der Stromverteilung sind Leitungsnetze, Transformatoren, Kabel, Umspannungs- und Übergabestationen.
- Das Versorgungsnetz umfasst z. B. Strangspannung 230 V, Außenleiterspannung 400 V, Spannung für besondere Anlagen (660 V/690 V).
- Sicherheitsvorschriften sind zu beachten (z. B. BGV, VDE, DIN).

02. Was ist elektrischer Strom?

Elektrischer Strom

- ist die Bezeichnung für eine gerichtete Bewegung von Ladungsträgern (Elektronen, Protonen, Ionen) in einem Stoff;
- entsteht, wenn sich frei bewegliche Ladungsträger in einem elektrischen Feld befinden.

03. Was versteht man unter dem Begriff „Stromerzeugung"?

Stromerzeugung ist die Bereitstellung von elektrischer Energie in Form von elektrischem Strom.

Merke:
Dieser Prozess wird oft auch als „Energieerzeugung" bezeichnet. Die Ausdrucksweise ist im Grunde genommen falsch, da lediglich eine Energieform in eine andere umgewandelt wird.

04. Wie wird elektrische Energie bereit gestellt?

Die großtechnische Bereitstellung von elektrischer Energie erfolgt in Kraftwerken, die Verteilung zu den Abnehmern über Stromnetze.

Merke:
Die ausreichende Versorgung mit elektrischer Energie ist eine Grundvoraussetzung für die Produktion und Leistungserstellung in der Wirtschaft.

05. Wie erfolgt die Umwandlung in elektrische Energie?

1. *Mechanische Bewegungs- oder Lageenergie* wird mittels eines Generators in elektrische Energie umgewandelt.

    Beispiele: Wasser-, Wind-, Gezeiten-, Wellenkraftwerk.

2. *Thermische Energie* wird zunächst durch eine Wärmekraftmaschine in mechanische Energie und anschließend mittels eines Generators in elektrische Energie umgewandelt.

    Beispiele: Gas- und Dampfturbinen.

3. *Spezielle Energieformen* werden direkt in elektrische Energie umgewandelt.

    Beispiele: Solarzellen, Brennstoffzellen.

06. Wie erfolgt der Transport elektrischer Energie zum Abnehmer?

Das Elektroenergienetz ist ein *Verbundnetz*. Es ist grenzüberschreitend und transportiert große Elektroenergiemengen als Dreiphasenwechselspannung. Kraftwerke, Umspannwerke, Transformatoren und Abnehmeranlagen bilden dabei die *Knotenpunkte*:

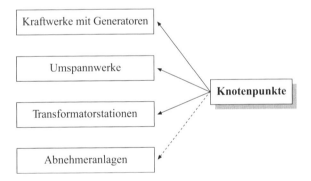

- *Kraftwerke mit Generatoren*:
  In den Kraftwerken entsteht als Ergebnis verschiedener Wandlungsprozesse aus den Primärenergieträgern (z. B. Kohle, Wasser, Gas, Öl) Elektroenergie. Von den Generatoren wird die Elektroenergie mit Spannungen zwischen 6 kV und 24 kV abgegeben.

  Merke:
  In den Kraftwerksschaltstationen wird die Spannung bis 380.000 V herauf transformiert → Verringerung der Stromwärmeabgabe über die nachfolgenden Leitungen.

- *Umspannwerke*
  verbinden Netze verschiedener Spannungen und bestehen deshalb mindestens aus einem Transformator und zwei Schaltanlagen, die meistens an zentrale Schaltwarten zur Überwachung des Energieflusses angeschlossen sind. Ihre kleinste primäre Netzspannung beträgt 30 kV.

• *Transformatorstationen*

sind elektrische Anlagen zur Energieumformung. Sie sind der letzte Knotenpunkt des Elektroenergiesystems vor der Abnehmeranlager. Auch die Transformatorstationen verbinden Netze verschiedener Spannungsebenen. Ihre kleinste primäre Netzspannung ist 6 kV. Das *Übersetzungsverhältnis* Ü wird von ihren Windungszahlen N_1 und N_2 bestimmt. Es gilt:

$$\ddot{U} \quad = \quad \frac{N_1}{N_2} \quad = \quad \frac{U_1}{U_2} \quad = \quad \frac{I_2}{I_1}$$

• *Abnehmeranlagen*:

Dies sind z. B. Industriebetriebe mit eigenen Industrietransformatorstationen. Sie werden von eigenem Personal betrieben (→ *Fachpersonal* nach VDE 0100). Spannungsebenen von 6 kV, 500 V und 690 V sind gebräuchlich.

07. Welche Aufgabe haben die Stromnetze?

Um die Verbraucher mit elektrischer Energie zu versorgen ist es notwendig, Leitungen von den Kraftwerken zum Verbraucher zu verlegen. Über weite Distanzen wird in Deutschland die Energie mittels Dreiphasenwechselspannung mit einer Frequenz von 50 Hz und einer Spannung von bis zu 400 kV übertragen. Erst kurz vor dem Verbraucher wird die Spannung auf die bekannte Niederspannung von 230 V Einphasenwechselspannung bzw. 400 V Dreiphasenwechselspannung übertragen.

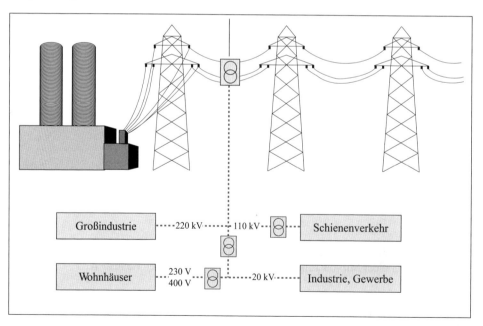

08. Wie werden die Stromnetze unterschieden?

Man unterscheidet die Stromnetze nach der anliegenden Spannung:

Höchstspannung	> 150 kV
Hochspannung	60 kV – 150 kV
Mittelspannung	1 kV – 60 kV
Niederspannung	< 1 kV

09. Warum werden die Stromnetze mit Hochspannung betrieben?

Die Stromnetze werden mit Hochspannung betrieben, weil ...

- hohe Spannungen technisch leichter zu kontrollieren sind als hohe Ströme,
- eine hohe Übertragungsleistung gesichert ist,
- geringe Übertragungsverluste auftreten,
- große Entfernungen überbrückt werden können,
- geringere Investitionen getätigt werden müssen.

10. Welche Bestimmungen regeln vor allem den Umgang mit elektrischem Strom?

VDE   0100   Bestimmungen für das Errichten von Starkstromanlagen bis 1.000 V

VDE   0101   Errichten von Starkstromanlagen über 1.000 V

VDE   0105   Betrieb von Starkstromanlagen

VDE   0132   Merkblatt für die Bekämpfung von Bränden in elektronischen Anlagen und deren Nähe

VDE   0134   Anleitung zur ersten Hilfe bei Unfällen

VDE
Verband der Elektrotechnik, Elektronik, Informationstechnik e.V.

11. Wer wird als Elektrofachkraft bezeichnet?

Im Sinne der BGV A3 gilt als *Elektrofachkraft*, wer aufgrund seiner fachlichen Ausbildung, Kenntnisse und Erfahrungen sowie Kenntnis der einschlägigen Bestimmungen die ihm übertragenen Arbeiten beurteilen und mögliche Gefahren erkennen kann.

Die fachliche Qualifikation als Elektrofachkraft wird im Regelfall durch den Abschluss einer Ausbildung, z. B. als Elektroingenieur, Elektrotechniker, Elektromeister, Elektrogeselle, nachgewiesen. Sie kann auch durch eine mehrjährige Tätigkeit mit Ausbildung in Theorie und Praxis nach Überprüfung durch eine Elektrofachkraft nachgewiesen werden. *Der Nachweis ist zu dokumentieren.*

Der Unternehmer hat dafür zu sorgen, dass elektrische Anlagen und Betriebsmittel nur von einer Elektrofachkraft oder unter Leitung und Aufsicht einer Elektrofachkraft den elektrotechnischen Regeln entsprechend errichtet, geändert und in Stand gehalten werden. Der Unternehmer hat ferner dafür zu sorgen, dass die elektrischen Anlagen und Betriebsmittel den elektrotechnischen Regeln entsprechend betrieben werden.

12. Welche Führungs- und Fachaufgaben nimmt eine Elektrofachkraft wahr?

- Das Überwachen der ordnungsgemäßen Errichtung, Änderung und Instandhaltung elektrischer Anlagen und Betriebsmittel;

- das Anordnen, Durchführen und Kontrollieren der zur jeweiligen Arbeit erforderlichen Sicherheitsmaßnahmen einschließlich des Bereitstellens von Sicherheitseinrichtungen;

- das Unterrichten elektrotechnisch unterwiesener Personen;

- das Unterweisen von elektrotechnischen Laien über sicherheitsgerechtes Verhalten, erforderlichenfalls das Einweisen;

- das Überwachen, erforderlichenfalls das Beaufsichtigen, der Arbeiten und der Arbeitskräfte, z. B. bei nichtelektrotechnischen Arbeiten in der Nähe unter Spannung stehender Teile.

13. Was ist ein Notstromaggregat?

- Ein Notstromaggregat ist ein mithilfe eines Verbrennungsmotors (Zweitakt-, Viertakt- oder Dieselmotoren) betriebenes Elektrizitätswerk (Stromerzeuger), das nicht zur ständigen Stromversorgung (Versorgung mit elektrischer Energie) dient, sondern nur für zeitlich begrenzte Dauer eingerichtet wird.

- Es ist eine Anlage, die aus Gründen der Sicherheit von Personen, zum Weiterbetreiben von Maschinen, Notbeleuchtungen, Aufzügen und anderen kritischen Anlagen bei Stromausfall ihre Anwendung findet.

- Es gibt kleine Stromerzeuger mit einer Leistung von unter 1 kW bis zu großen mit mehreren 100 kW.

- Das Notstromaggregat ist von Stromnetzen unabhängig.

Merke:
Für eine Vollversorgung sind Notstromaggregate aus Kostengründen (Anschaffungskosten) meist zu schwach dimensioniert.

14. Wie sind die Anforderungen an Notstromaggregate?

Sie müssen

- die geforderte Leistung über eine festgelegte Zeit (Versorgungsdauer) liefern,
- müssen innerhalb kürzester Zeit in Betrieb gehen.

Merke:
Mit Notstromaggregaten kann man Gleichstrom, Wechselstrom und Drehstrom nach Bedarf bereit stellen.

15. Wie ist der Aufbau eines Notstromaggregates?

- Antriebsaggregat (kraftbetriebener Motor)
- Übertragungseinheit (Welle)
- Stromerzeuger (Generator mit Rotor und Stator)
- vorgeschriebene Einspeiseeinrichtung mit Netzabfallrelais

16. Nach welchen Kriterien werden Notstromaggregate unterschieden?

- Spannungsgleichheit zwischen Generator, Notstromaggregat und benötigter Spannung der Maschinen
- Schutzklassebezeichnungen (z. B. IP 23 spritzwassergeschützt)

• *Synchron-Notstromaggregate*
sind für den Betrieb induktiver Maschinen vorgesehen (die zum Anlaufen einen höheren Strombedarf haben).

• *Asynchron-Notstromaggregate*
reichen für den Betrieb von „normalen" elektrischen Geräten, da diese keinen hohen Anlaufstrom benötigen um die gewünschte Leistung zu erbringen.

17. Was sind die Leistungskriterien für Notstromaggregate?

Leistungskriterien für Notstromaggregate		
Wirkleistung	**Scheinleistung**	**Blindleistung**

• *Wirkleistung*:
 - wird in W oder kW angegeben
 - ist die Leistung, die vom Notstromaggregat abgenommen werden kann

• *Scheinleistung*:
 - wird in VA oder kVA angegeben
 - ist die Leistung, die vom Generator erzeugt wird

• *Blindleistung*:
 - ist die Leistung, die für einen eventuell benötigten Anlaufstrom einer Maschine verwendet werden kann
 - errechnet sich aus der Differenz der Wirk- und der Scheinleistung

18. Welche Sicherheitsmaßnahmen sind bezüglich der Kraftstoffzufuhr bei Notstromaggregaten zu beachten?

Sicherheits-vorkehrungen (Beispiele)	Bodenversiegelung bzw. Auffangwanne	Überfüllsicherung
	doppelwandiger Tank	Beachtung der TRbF für Tankanlagen
	Anzeige von Leckagen	

19. Welche Inspektions- und Wartungsarbeiten sind an einem kraftstoffbetriebenen Notstromaggregat durchzuführen?

- Sichtkontrolle, wöchentlich, z. B. Leckagen, Kühlwasser, Filter, Füllstände, Batterie
- monatliche Funktionskontrolle (Probebetrieb)

20. Welche Bestimmungen sind beim Betrieb von Notstromaggregaten zu beachten?

- VDE 0100   Bestimmungen für das Errichten von Starkstromanlagen bis 1000 V

- DIN VDE 0100-718   Starkstromanlagen mit Sicherheitsstromversorgung in baulichen Anlagen mit Menschenansammlungen

- VDEW   Richtlinien für Planung, Errichtung und Betrieb von Anlagen mit Notstromaggregaten

- TAB 2000   Technische Anschlussbedingungen für den Anschluss an das Niederspannungsnetz

- TÜV   Bestimmungen der Technischen Überwachungsvereine

- BGV, UVV   Unfallverhütungsvorschriften der gewerblichen Berufsgenossenschaften

- ProdSG   Produktsicherheitsgesetz

1.4.3.2 Wasserversorgung und -entsorgung

→ A 1.5.2

01. Was ist Wasser?

Wasser ist eine chemische Verbindung aus den Elementen Wasserstoff (H) und Sauerstoff (O).

Nachfolgend wird u. a. auf folgende *Wasser-Bezeichnungen* (-arten) eingegangen:

Wasserbezeichnungen (-arten)					
Trinkwasser	Grundwasser	Brauchwasser	Kreislaufwasser	Warmwasser	Abwasser

02. Was ist Trinkwasser?

Trinkwasser ist Süßwasser mit einem hohen Maß an Reinheit, dass für den menschlichen Gebrauch geeignet ist. Trinkwasser ist das wichtigste Lebensmittel.

03. Welche Anforderungen muss Trinkwasser erfüllen?

- Technische Anforderungen,
- es dürfen keine krankmachenden (pathogenen) Keime enthalten sein,
- muss geruchlos, farblos sowie appetitlich sein,

- ein Mindestmaß an Mineralien muss vorhanden sein,
- soll an den Übergabestellen in genügender Menge und mit ausreichendem Druck zur Verfügung stehen.

Merke:
Die häufigsten im Trinkwasser gelösten Mineralstoffe sind Calcium- und Magnesiumcarbonate bzw. Phosphate. Deren Konzentration werden als Härte (deutsche Härte) des Wassers angegeben Trinkwasser muss mindestens 5° und soll höchstens 25° deutsche Härte (dH) haben. Der ph-Wert soll zwischen 6,5 und 9,5 liegen.

04. Wie wird Trinkwasser in Deutschland gewonnen? → A 5.1.2

Trinkwasser wird als Grundwasser aus Brunnen und Quellen gewonnen; daneben wird Oberflächenwasser und Flusswasser zu Trinkwasser aufbereitet. Der Transport zum Verbraucher erfolgt durch ein Wasserverteilungssystem, das aus Behältern, Pumpen und Leitungen besteht.

05. In welchen Normen ist die Versorgung mit Trinkwasser in Deutschland geregelt?

- DIN 1988   Bau und Betrieb von Wasserversorgungsanlagen (die DIN 1988 wurde zurückgezogen; Ersatz: DIN EN 1717, 806, 1988-100).

- DIN 2000   Anforderungen an die Trinkwasserqualität

- TrinkwV   Trinkwasserverordnung: Anforderungen an Trinkwasser

06. Wie kann die Wasserhärte gemessen werden?

Die Angabe von Härtegraden des Wassers erfolgt heute durch die Angabe der Calzium- und Magnesiumkonzentration in Millimol pro Liter (mmol/l). Auch noch gebräuchlich ist die früher verwendete Angabe in Grad deutscher Härte (°dH). Ein Grad deutscher Härte bedeutet einen Gehalt von umgerechnet 10 mg CaO in 1 l Wasser. Das entspricht 7,19 mg Calzium bzw. 4,34 mg Magnesium je Liter (1 mmol/l = 5,6 °dH; 1 °dH = 0,18 mmol/l).

Jeweils sieben Härtegrade (in °dH) bilden einen Härtebereich:

Härtebereich	Eigenschaften des Wassers	Härtegrad in °dH
1	weich	< 7
2	mittelhart	7 - 14
3	hart	15 - 21
4	sehr hart	> 21

07. In welchen Schritten erfolgt die Wasseraufbereitung?

1. Entfernung von Stoffen aus dem Wasser, z. B. Reinigung, Sterilisation, Enteisung, Enthärtung und Entsalzung.

2. Ergänzung von Stoffen, z. B. Dosierung, ph-Wert-Einstellungen, Einstellung der Leitfähigkeit.

08. Was ist Grundwasser?

Grundwasser wird nach DIN 4049 Teil 1 bis 3 definiert als unterirdisches Wasser, das die Hohlräume der Erdrinde zusammenhängend ausfüllt und dessen Bewegung ausschließlich von der Schwerkraft und den durch die Bewegung selbst ausgelösten Reibungskräften bestimmt wird. Es entsteht durch Niederschläge, die versickern oder Wasser im Uferbereich von Oberflächengewässern, die in den Untergrund infiltrieren.

Merke:
Der Anteil des Grundwassers an der gesamten Trinkwassergewinnung beträgt in Deutschland etwa 70 %.

Der Verbrauch an Trinkwasser in Liter je Einwohner und Tag ist in Deutschland in den letzten 18 Jahren zurückgegangen:

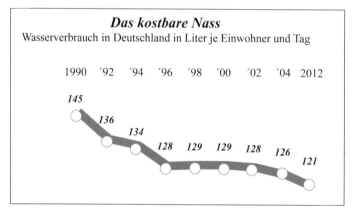

Das kostbare Nass
Wasserverbrauch in Deutschland in Liter je Einwohner und Tag

Quelle: RWE

09. Was ist Brauchwasser (Nutzwasser)?

Brauchwasser (auch: Nutzwasser, vgl. unten) ist Wasser, dass für technische, gewerbliche und landwirtschaftliche Anwendungen eingesetzt wird. Es *ist nicht für den menschlichen Genuss vorgesehen,* muss jedoch den technologischen Anforderungen des jeweiligen Prozesses genügen. Brauchwasser unterliegt nicht der Trinkwasseraufbereitung.

Merke:
Der Begriff „Brauchwasser" wird in der Trinkwasserverordnung vom 21.05.2001 nicht mehr verwendet. Die (neuere) Bezeichnung lautet *Nutzwasser.*

10. Was ist Kreislaufwasser?

Kreislaufwasser ist Wasser, das unter Zusatz von chemischen Stoffen in einem System von Rohrleitungen, Pumpen und Kaskaden seine Anwendung findet. Es wird z. B. benötigt zum Abkühlen von Flüssigkeiten in Rückkühlanlagen bei der Stromerzeugung in Kraftwerken: Das Kreislaufwasser nimmt die überschüssige Wärme bei der Stromerzeugung über Rückkühlanlagen bzw. Kühltürme (Kaskaden) auf.

Merke:
Im Kreislaufwasser treten so gut wie keine Verluste auf (geschlossenes System).

11. Wie wird Warmwasser hinsichtlich seiner Anwendung unterschieden?

1. Warmwasser für *private Haushalte*:
   Das Warmwasser muss *Trinkwasserqualität* besitzen.

2. Warmwasser für *gewerbliche und industrielle Zwecke*:
   Das Warmwasser ist *Nutzwasser* mit unterschiedlichen Güteeigenschaften.

12. Was ist die Aufgabe der Warmwasseraufbereitung?

Aufgabe der Warmwasseraufbereitung (für alle Anwendungsbereiche) ist die Erzeugung von Warmwasser bei regelbaren Temperaturen und in gleichmäßiger Menge ohne Verzögerung, um sie dem Abnehmer zur Verfügung zu stellen.

13. Welche Bauteile umfasst eine Warmwasseraufbereitungsanlage?

1. *Wärmetauscher* (in zwei Ausführungen: elektrisch oder unter Zuführung von Brennstoff (Gas, Öl, Holz usw.)
2. Warmwasserspeicher mit Ausdehnungsgefäß
3. Kaltwasserzuleitung
4. Warmwasserverbrauchsleitung mit/ohne Zirkulationspumpe

14. Nach welchen Merkmalen unterscheidet man Warmwasseraufbereitungsanlagen?

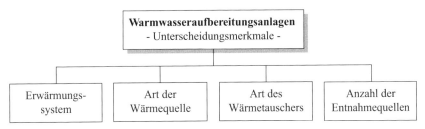

15. Was ist das Ziel der Abwasserbehandlung?

Ziel der Abwasserbehandlung ist die Beseitigung der Abwasserinhaltsstoffe und die Wiederherstellung der natürlichen Wasserqualität (§ 7 a WHG).

16. Was ist Abwasser?   → A 5.1.2

Abwasser ist durch häuslichen, gewerblichen, landwirtschaftlichen oder sonstigen Gebrauch in seinen Eigenschaften verändertes und bei Trockenwetter damit zusammen abfließendes Wasser sowie das von Niederschlägen aus dem Bereich von bebauten oder befestigten Flächen abfließende und gesammelte Wasser.

Merke:
Als Abwasser gelten auch die aus Anlagen zum Behandeln, Lagern und Ablagern von Abfällen austretenden und gesammelten Flüssigkeiten.

17. Welche Wasserarten gelten als Abwasser?

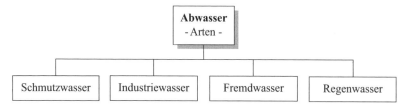

• *Schmutzwasser*
  ist häusliches Abwasser aus Toiletten, Sanitäreinrichtungen, Küchen und Waschmaschinen und Abwasser aus Betrieben, die in die öffentliche Kanalisation ableiten.

• *Industriewasser*
  weist besondere und starke Verschmutzungen auf, weshalb es oft in industrieeigenen Anlagen (Kostenersparnis) behandelt wird, bevor es in die öffentliche Kanalisation oder ein Gewässer eingeleitet wird.

• *Fremdwasser*
  ist zusammen mit dem Schmutzwasser bei Trockenwetter abfließendes, unverschmutztes Wasser, das eigentlich nicht in die Kanalisation gelangen soll (Grundwasser, Dränwasser).

• *Regenwasser*
  Da Regen aus der Atmosphäre Staub, Ruß, Pollen und Gase löst sowie Staub und Schadstoffe mitschwemmt, muss es behandelt werden.

18. Welche Entwässerungsverfahren gibt es?

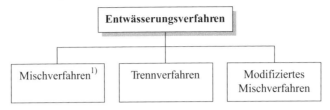

19. Welche Entwässerungssysteme gibt es?

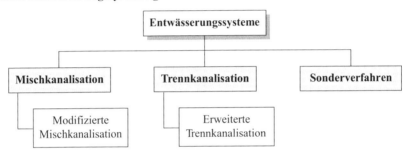

• *Mischkanalisation*:
Haus-, Industrie- und Niederschlagswasser werden gemeinsam abgeführt.

• *Modifizierte Mischkanalisation*:
Schmutzwasser sowie behandlungsbedürftige Niederschlagsabwasser werden zusammen abgeführt. Nicht behandlungsbedürftige Niederschlagsabwässer werden vor Ort versickert.

• *Trennkanalisation*:
Schmutzwässer werden in einem Kanal abgeführt, Niederschlagsabwässer in einem separaten Kanal. Wegen der in der Regel geringen Schmutzfracht von Regenwässern werden diese meistens direkt in Gewässer eingeleitet und nicht in Kläranlagen behandelt.

• *Erweiterte Trennkanalisation*:
Schmutzwässer und behandlungsbedürftige Niederschlagsabwässer werden in separaten Kanälen abgeleitet. Nicht behandlungsbedürftige Niederschlagsabwässer werden vor Ort versickert.

• *Sonderverfahren*:
Bei abgelegenen Gebäuden oder Siedlungen können, abhängig vom Abwasseraufkommen und von der -beschaffenheit, auch Druck- oder Vakuumentwässerungsverfahren sowie die Speicherung in abflusslosen Sammelgruben verwendet werden. Die Entsorgung der Abwässer erfolgt durch Fahrzeuge von Fachfirmen.

---

[1] Das Mischverfahren ist zurzeit das häufigste Entwässerungsverfahren in Deutschland.

20. Was sind Wasseraufbereitungsanlagen?

Dies sind Anlagen zur Aufbereitung von Wasser zu Trink- und Betriebswasser einschließlich der Anlagen zur Behandlung von hierbei anfallenden Stoffen, die in den Aufbereitungsprozess zurückgeführt werden.

Schema einer Wasseraufbereitungsanlage mit Zu- und Abführung:

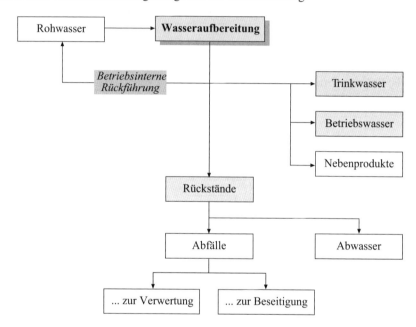

21. Was sind Armaturen für die Wasserver- und Entsorgung?

- Wasserpumpwerke
- Druckerhöhungsanlagen
- Hebewerke
- Druck- und Saugleitungen
- Schieber, Ventile, Rückschlagklappen
- Elektro-, Mess-, Steuer-, Regel- und Datenübertragungstechnik

22. Was ist Kesselspeisewasser?

Als Kesselspeisewasser wird das Wasser bezeichnet, das in einer Dampfmaschine oder Dampf-turbinenanlage kontinuierlich dem Dampferzeuger zugegeben wird.

Merke:
Kesselspeisewasser ist vollentsalztes Wasser und wird in der Kraftwerkstechnik auch *Deionat* genannt.

23. Was sind Kühl- und Schmiermittel?

Kühl- und Schmiermittel

- sind gasförmige, flüssige oder feste Stoffe oder Stoffgemische, die zum Kühlen anderer Stoffe eingesetzt werden;

- werden vor ihrer Anwendung mit Wasser gemischt; man unterscheidet zwischen
  - · mineralölhaltigen wassergemischten Kühlschmierstoffen und
  - · mineralölfreien Lösungen;

- sind milchig-weiße Öle in Wasser-Emulsionen.

24. Was ist Hydraulikwasser?

Hydraulikwasser

- ist reines Wasser ohne Zusatzstoffe;

- eignet sich für fast alle Anwendungen, die bisher ölhydraulischen, pneumatischen oder elektromotorischen Systemen vorbehalten waren;

- besitzt einen hohen Wirkungsgrad, lange Lebensdauer, Korrosionsbeständigkeit, gute Regeleigenschaften und ist einfach zu reinigen (Umweltschutz).

Die Abwärme der Maschinen kann über das Hydraulikwasser aus dem temperaturkritischen Bereich abgeleitet werden. Abluftprobleme wie bei Emulsionen werden vermieden.

25. Wo kommt Hydraulikwasser zum Einsatz?

Hydraulikwasser kommt vor allem in Betrieben zum Einsatz, in denen es auf Sauberkeit, hohe Umweltstandards und die Vermeidung von Brandgefahren ankommt (z. B. Lebensmittelindustrie).

Merke:
- Hohe Anschaffungskosten der Maschinen,
- kostengünstige Entsorgung,
- kann direkt in das Abwassersystem eingeleitet werden.

1.4.3.3 Raumluftversorgung

01. Was ist eine Lüftungsanlage?

Eine Lüftungsanlage ist ein Gerät, um Wohn- und Betriebsräumen Frischluft zuzuführen bzw. verbrauchte oder belastete Luft abzuführen.

Um Menschen und Maschinen vor Verunreinigungen aus der Luft zu schützen, besitzen die Geräte, je nach Anwendung, mehr oder weniger feine Luftfilter.

Merke:
Zur Energieeinsparung wird eine Lüftungsanlage oft mit Wärmerückgewinnungsfunktion ausgestattet und mit einem Erdwärmeübertrager verbunden.

02. Was versteht man unter Lüften?

Lüften ist die Methode, in einem Raum einen Luftwechsel zu erreichen.

Merke:
In der Gebäudetechnik spricht man von „Mechanischer Lüftung".

03. Welche Kenngrößen sind für die Dimensionierung von Lüftungsanlagen relevant?

- Fördermenge in m^3/h
- Luftwechselrate
- Luftgeschwindigkeit
- Auslegung auf das Medium und/oder explosionsfähige Atmosphäre.

04. Welche Kriterien muss eine Lüftungsanlage erfüllen?

- Regelbare Temperatur
- regelbare Luftbewegung
- regelbare Feuchte
- Reinheit der Luft
- Abführen von Wärme.

05. Wie wird die Lufttechnik unterschieden?

1. *Raumlufttechnik*
   - mit
   - ohne Lüftungsfunktion

2. *Prozesslufttechnik* in der Industrie (Absaugen, Fördern, Trocknen)

06. Welche lufttechnischen Anlagen werden unterschieden?

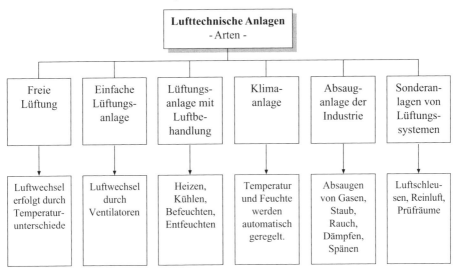

07. Welche Bedingungen gelten für Arbeitsstätten?

Raumluft: Bedingungen in Arbeitstätten	
Temperatur	18° – 28° C
Luftfeuchtigkeit	30 – 70 %
Luftbewegung ...	sollte fast nicht wahrnehmbar sein.

08. In welcher Vorschrift ist die Lüftungs- und Klimatechnik geregelt?

DIN 1946 Teil 3 bis 4: Lüftungstechnische Anlagen, Grundregeln sowie DIN EN 12792, 13779

09. Welche Aufgabe erfüllen Absauganlagen, Abscheideanlagen und Entstaubungsanlagen?

Die bei den industriellen Prozessen entstehenden Verunreinigungen der Luft (Staub, Gase, Dämpfe) können für den Menschen gesundheitliche Schäden hervorrufen. Daher werden die Luftverunreinigungen mittels Ventilatoren über Rohrleitungen aus diesem Bereich abgesaugt.

Merke:
Sind Schadstoffe (Verunreinigungen) in der abgesaugten Luft enthalten, müssen Abscheideanlagen zwischen geschaltet werden.

10. Aus welchen Bauteilen besteht eine Absauganlage?

1. Saugleitung (zur Schadstoffaufnahme)
2. Abscheideanlage mit Sammelbehälter
3. Saugventilator zum Ansaugen der schadstoffversetzten Luft
4. Druckleitung zur Beförderung der gereinigten Luft ins Freie

11. Welche Entstaubungsarten gibt es und nach welchem Prinzip wirken sie?

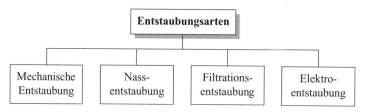

* *Mechanische Entstaubung*:
  Sie beruht auf der Abscheidung der Staubpartikel durch die Schwerkraft, die Trägheitskraft oder die Fliehkraft.

* *Nassentstaubung*:
  Die Staubpartikel werden an feinversprühte Wassertröpfchen gebunden und mit diesen von der Luft getrennt

* *Filtrationsentstaubung*:
  Der zu reinigende, staubbeladene Luftstrom wird durch ein Filtermittel von den Staubpartikeln getrennt, während die Luft das Filtermittel durchströmt.

* *Elektroentstaubung*:
  Beruht auf der Tatsache, dass elektrisch geladene Staubteilchen in einem elektrisch geladenen Feld von der verunreinigten Luft getrennt werden.

1.4.3.4 Druckluftversorgung

01. Nach welchem physikalischen Prinzip arbeiten Verdichter?

Verkleinert man das Volumen eines Gases, so spricht man von Verdichten bzw. Komprimieren. Entsprechende Geräte heißen Verdichter oder Kompressoren (Fluidmaschinen). Bei Verdichtungsvorgängen wird ein vorhandenes Ansaugvolumen mit dem Betriebdruck zu einem kleineren Volumen zusammengepresst. In dem kleineren Volumen herrscht ein höherer Druck.

02. Was sind Verdichter (Kompressoren)?

Es sind Arbeitsmaschinen, die beim Verdichten der zugeführten Gase, Bewegungsenergie und Reibung erzeugen. Das führt zum Druck- und Temperaturanstieg.

Merke:
Temperaturerhöhung in geschlossenen Behältern führt zum Druckanstieg.

03. Welche Hauptarten von Verdichtern gibt es? → **1.1.3.1**

Je nach den betrieblichen Anforderungen hinsichtlich des Arbeitsdrucks und der Liefermenge unterscheidet man *zwei Verdichterhauptarten* (vgl. ausführlich unten sowie unter Ziffer 1.1.3.1):

• *Kolbenverdichter (Verdrängerverdichter)*
• *Turboverdichter*

04. In welche Bauarten werden Verdichter unterschieden (Überblick)?

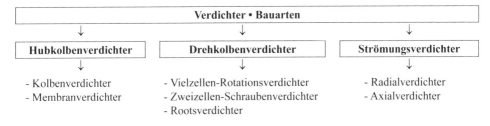

05. Wie ist der Aufbau einer Verdichterstation (Luftverdichter)?

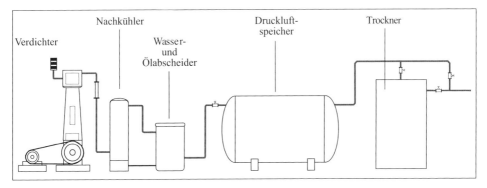

06. Welche Voraussetzungen muss die Räumlichkeit für eine Verdichterstation erfüllen?

Beispiele:

- Die Lage muss zentral sein, damit die Leitungswege zu den Verbrauchern möglichst kurz ist.
- Der Raum sollte keiner Sonneneinstrahlung ausgesetzt sein (Kälte der Druckluft).
- Der Raum muss eine ausreichende Größe haben, damit er alle Komponenten der Verdichterstation aufnehmen kann.
- Das Ansaugvolumen muss ausreichend sein; ggf. ist eine Verbindung zur Außenluft zu schaffen.

07. Wie ist die Funktionsweise einer Verdichterstation?

Der Verdichter komprimiert angesaugte Luft und fördert dann die entstandene Druckluft in den Druckluftspeicher. Ist ein eingestellter Druck erreicht, wird der Verdichter automatisch abgeschaltet. Sinkt durch Luftentnahme aus dem Druckluftspeicher der Druck wieder ab, schaltet sich der Verdichter wieder automatisch ein.

08. Welche Funktion hat der Druckluftspeicher?

Der Druckluftspeicher

- dient zur Stabilisierung der Druckluftversorgung und gleicht Druckschwankungen im Netz bei Druckluftverbrauch aus,
- besitzt eine große Oberfläche, dadurch wird die komprimierte Luft zusätzlich gekühlt (ein Teil der feuchten Luft wird als Wasser abgeschieden).

Nach dem Druckluftspeicher strömt die Druckluft über ein Leitungsnetz zu den einzelnen Verbrauchern. Vor jeder Anlage wird Druckluft ein letztes Mal aufbereitet.

09. Welche Funktion haben Lufttrocknungseinheiten?

Die sich beim Verdichten erwärmte Luft muss gekühlt und das dabei entstehende Kondensatwasser abgeschieden werden. Reichen Zwischen- und Nachkühler nicht aus, um absolut trockene Druckluft zu erhalten, muss die Luft einem Trocknungsprozess unterzogen werden. Dabei kann in besonderen Fällen der Wassergehalt bis auf 0,001 g/m^3 reduziert werden.

10. Welche Lufttrocknungsverfahren kommen zur Anwendung?

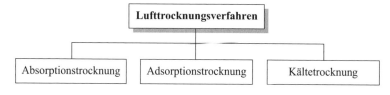

11. Wie arbeitet die Absorptionstrocknung?

- Ist ein rein chemisches Verfahren;
- ein Vorfilter scheidet größere Wasser- und Öltropfen der Druckluft aus;
- beim Eintritt in das Gerät wird die Druckluft in Rotation versetzt;
- der Trockenraum ist mit Schmelzmittel gefüllt, das der Luft die Wassertropfen entzieht;
- das Schmelzmittel verbindet sich mit Wasser und gelangt in den Auffangraum; im Trockenraum wird das Schmelzmittel langsam verbraucht.

Merke:
Das Schmelzmittel muss regelmäßig ersetzt werden.

12. Wie arbeitet die Adsorptionstrocknung?

- Begriff „Adsorbieren": Stoffe werden an der Oberfläche fester Körper abgelagert;
- ist ein physikalischer Vorgang;
- das Trockenmittel ist ein Gel aus einem körnigen Material;
- die poröse Oberfläche der Körner wird beim Durchströmen der Druckluft mit Flüssigkeit gefüllt;
- das gesättigte Gel-Bett wird regeneriert; durch den Trockner wird Warmluft geblasen, die die Feuchtigkeit aufnimmt.

Merke:
Die Speicherkapazität des Gel-Bettes ist begrenzt. Die Auswechselung muss alle zwei bis drei Jahre erfolgen.

13. Wie arbeitet die Kältetrocknung?

- Physikalischer Vorgang: Wird Druckluft unter den Taupunkt abgekühlt, so tritt eine Kondensation ein; das Wasser wird abgeschieden;

- die zu trocknende Druckluft strömt in den Kältetrockner;

- im ersten Teil der Anlage durchströmt sie den Luft-Luft-Wärmetauscher;

- dort wird die zu trocknende, warme Druckluft von der ausströmenden kalten und trockenen Luft vorgekühlt, Wasser und Öl werden ausgeschieden;

- im zweiten Teil tritt die Druckluft in das Kälteaggregat, es erfolgt eine Abkühlung an den Kältespiralen, die mit einem Kältemittel durchströmt werden;

- Wasser und Ölteilchen werden nochmals ausgeschieden;

- die saubere und trockene Druckluft strömt wieder in den ersten Teil des Kältetrockners, tritt auf der Sekundärseite ein und übernimmt die Vorkühlung der auf der Primärseite einströmenden warmen Druckluft.

Merke:
Verölte und verschmutzte Innenwände können die Funktion beeinträchtigen. Deshalb muss ein Vorfilter dafür sorgen, dass größere Öl- und Schmutzteile ausgeschieden werden.

14. Welche Anforderungen werden an Druckluftleitungen gestellt?

1. Regelmäßige Wartung und Kontrolle.
2. Möglichst keine Verlegung im Mauerwerk oder in engen Rohrschächten.
3. Die Rohrleitung muss in Strömungsrichtung 1 bis 2 % Gefälle haben.
4. Wegen des anfallenden Kondensats sind die Abzweigungen der Luftentnahmestellen bei horizontalem Leitungsverlauf grundsätzlich an der Oberseite des Rohres anzubringen.

Merke:
Bereits kleine Undichtigkeiten der Druckluftleitungen verursachen Druckverluste.

15. Wie werden Druckluftleitungen eingeteilt?

16. Welche Normen regeln die Versorgung mit Druckluft?

- DIN 1945   Raumlufttechnik
- VDI Richtlinie 2045 Bl. 2   Anforderungen an die Versorgung mit Druckluft

17. Welche Aufgabe hat die Wartungseinheit?

Die Druckluft aus dem Rohrleitungsnetz darf nicht unmittelbar den Pneumatikelementen zugeführt werden. Sie muss aufbereitet werden:

- Reinigen und Abscheiden von Kondensat in einem Filter mit Abscheider;
- Regeln durch ein Druckreduzierventil mit Überdruckmessgerät (hält den konstanten Druck);
- Anreichern mit Ölnebel in einem Öler (Korrosion und Abrieb werden vermieden).

Merke:
Die Wartungseinheit besteht aus Filter, Regler (Druckreduzierventil mit Überdruckmessgerät) und Öler.

1.4.3.5 Gasversorgung

01. Wie hat sich die Gasversorgung in Deutschland entwickelt?

Anfang der sechziger Jahre begann in Deutschland die starke Entwicklung der Versorgung mit *Erdgas*. Durch Nutzung von Erdgasfunden in Norddeutschland sowie die Aufnahme von Importen aus den Niederlanden und später aus Russland wurde das *Stadtgas* (hergestellt aus Kohle) verdrängt. Die Gewinnung und der Transport von Erdgas über weite Entfernungen und unter extremen Witterungsbedingungen ist heute Stand der Technik.

Die Lieferanten von Erdgas waren im Jahr 2011:

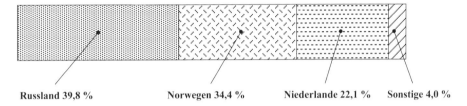

Russland 39,8 %　　　Norwegen 34,4 %　　　Niederlande 22,1 %　　Sonstige 4,0 %

02. Wie ist die Zusammensetzung von Erdgas?

Methan ist der Hauptbestandteil des Erdgases. Daneben sind Ethan, Propan, Butan und Kohlenstoffverbindungen aber auch Stickstoff und Kohlendioxid enthalten.

03. Wie erfolgt die Erdgaseinleitung in die Industriebetriebe?

Die Einleitung von Erdgas in die Betriebe erfolgt über ein *Rohrleitungssystem* durch ein Energieversorgungsunternehmen (EVU)[1]. Je nach benötigten Druckverhältnissen folgt eine *Gasdruckregelanlage* und entsprechend den betrieblichen Verhältnissen ein *Gasverdichter* mit Messeinrichtungen und Absperrarmaturen.

Hierbei handelt es sich um Energieanlagen im Sinne des Energiewirtschaftsgesetzes (vgl. EnWG §§ 1 - 19).

---

[1] Neue Bezeichnung: Versorgungsnetzbetreiber (VNB)

04. Wie wird das Erdgas von den Betrieben verwendet?

Betriebs- und branchenabhängiger Einsatz von Erdgas	
Einsatz als ...	**für ...**
Kesselgas	die Erzeugung von Dampf, Warmwasser und Strom
Heizgas	die Direktbeheizung von Produktionshallen
Produktionsgas	die Wärmebehandlung in der - Metallindustrie, z. B. Schmelzen, Verformen, Vergüten - Keramikindustrie (Glasherstellung), z. B. Trocknen, Brennen, Schmelzen, Bearbeiten
Rohstoff	die Wasserstoff- und Amoniakproduktion
Einsatzstoff	den Betrieb von Brennstoffzellen
Werkzeug	das Schneiden, Entgraten, Entzundern
Brennstoff	den Betrieb von Gasturbinen
Kraftstoff	den Betrieb von Gasmotoren, Kraftfahrzeugen

05. Was versteht man unter dem Begriff „Fachpersonal nach DVGW"?

Fachpersonal nach DVGW sind versicherte Personen, die aufgrund ihrer fachlichen Ausbildung, praktischen Tätigkeit und Erfahrung ausreichende Kenntnisse auf dem Gebiet der ihnen übertragenen Arbeitsaufgaben besitzen. Fachpersonal muss unterwiesen sein. *Die Unterweisungen sind vom Unternehmer mindestens einmal im Jahr durchzuführen.* Über die Teilnahme hat der Unternehmer einen schriftlichen Nachweis zu führen.

06. Welche Fristen gelten für die Überwachung und Wartung von Gasanlagen?

Die in einem Betrieb befindliche Gasanlage ist in Zeitabständen unter Berücksichtigung örtlicher Verhältnisse zu prüfen. *Prüfzyklen sind im DVGW-Regelwerk vorgegeben.* Die Zeitabstände für die regelmäßigen Überprüfungen sind von den Betriebsbedingungen und dem technischen Zustand der Gasleitungen abhängig, z. B. den maximalen Betriebsdrücken und der Leckstellenhäufigkeit. Die Prüfung erfolgt durch Fachpersonal. Die Prüfungsergebnisse sind schriftlich zu dokumentieren.

Überwachungszeiträume von Gasleitungen in Jahren		Leckstellenhäufigkeit pro km		
		$\leq 0,1$	$\leq 0,5$	$\leq 1,0$
Betriebsdruck in bar	$\leq 0,1$	6[1]	4	2
	> 0,1 bis $\leq 1,0$	4[1]	2	1
	> 1,0	2[1]	1	0,5

[1] Diese Überprüfungszeiträume (in Jahren) gelten nur für PE-Leitungen und kathodisch geschützte Stahlleitungen.

07. In welchen Ausführungen werden/wurden Gasrohrleitungen verlegt?

Ausführung:	Verlegung:

1. *Graugussleitungen* GG:
  - mit Stemmuffen:
  - mit Schraubmuffen:
	bis Ende der 40er-Jahre
	bis Mitte der 60er-Jahre

2. *Leitungen aus duktilem Gusseisen* GGG:
  - ohne ausreichende Rohrumhüllung:
  - mit Außenschutz nach DIN 30674-3 und
    5 sowie DIN EN 14628, 15542
	Mitte der 60er-/Anfang der 70er-Jahre
	ab Anfang der 70er-Jahre

3. *Stahlrohrleitungen* St:
  je nach der Rohrumhüllung:
  - mit Jute-/Asphaltumhüllung:
  - mit einfacher Bitumenumhüllung:
  - mit doppelter Bitumenumhüllung
    und Gewebeeinlage:
 	
  - mit PE-Umhüllung
    · mit/ohne mechanischem Schutz:
  - mit PE-Umhüllung und Faser-
    zementumhüllung:
	bis Mitte der 40er-Jahre
	bis Ende der 50er-Jahre
	
	bis Ende der 70er-Jahre
	in/ohne Sandbett-verlegt
	
	ab Beginn der 70er-Jahre
	
	ab Beginn der 80er-Jahre
	(Verlegung ohne Sandbett)

4. *PVC - Leitungen*:
  - mit Doppelmuffen Klebeverbindung
  - mit angeformten Klebemuffen
	von 1962 bis 1982

08. Wie ist die Überwachung und Instandsetzung industrieller Gasrohrnetze durchzuführen?

• *Maßnahmen der Überwachung und Wartung*:
Planmäßige Überwachungsmaßnahmen sind regelmäßige Überprüfungen der Gasleitungen und der freiverlegten Gasrohrnetzteile auf *Leckstellen* und sonstigen ordnungsgemäßen Zustand. Im Rahmen der Überwachung ist darauf zu achten, dass die Leitungen und Armaturen nicht unzulässig überbaut, überpflanzt oder in ihrer *Zugänglichkeit* beeinträchtigt sind. Bei freiverlegten Gasleitungen und deren Bauteilen erstreckt sich die Überwachung auf den *Zustand der Rohrleitungen* und die äußere Belastung, auf Rohrbefestigungen, Rohraußenschutz (Korrosionsschutz), Dichtheit der lösbaren und nichtlösbaren Rohrverbindungen und der *Funktionsfähigkeit* von Armaturen und Rohrleitungsteile.

Müssen Wartungsarbeiten im Zuge der Überwachung durchgeführt werden, bedarf es besonderer Anforderungen an das Personal: Die Arbeiten sind durch *Fachpersonal des Betriebes* oder durch *Fachfirmen* auszuführen. Mit Wartungs- und Überwachungsmaßnahmen beauftragte Firmen müssen die dazu erforderliche *Befähigung* besitzen und nachgewiesen haben (Anforderung nach dem DVGW-Arbeitsblatt G 468/1).

• *Maßnahmen der Instandsetzung*:
Störungen und Schäden, sofern sie eine Gefahr für den Betrieb der Gasleitung oder für Dritte darstellen, sind unverzüglich zu beheben. Den Betriebsverhältnissen entsprechend können Störungen und Schäden auch provisorisch beseitigt werden. In solchen Fällen ist jedoch planmäßig für eine endgültige Beseitigung zu sorgen.

- Die bei der Instandsetzung zu verwendenden Rohre und Rohrleitungsteile müssen den Anforderungen der DIN 2470-1 und des DVGW- Arbeitsblattes G 462 entsprechen.

- Die *Instandsetzung* im Sinne des Arbeitsblattes des DVGW G 465-1 umfasst:
  · *Reparaturarbeiten* (Abdichten von Leckstellen bzw. Beseitigung von Rohrbrüchen),
  · *Einbindungsarbeiten* und
  · das *Abtrennen von Leitungen*.

Überblick: *Maßnahmen der Sanierung und Erneuerung als Bestandteil der Instandsetzung von Gasversorgungsnetzen*

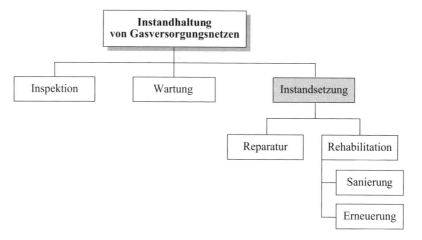

Praxisbeispiel (Flussdiagramm):
Entscheidungsfindung für geeignete Maßnahmen bei der Instandhaltung von Gasleitungen

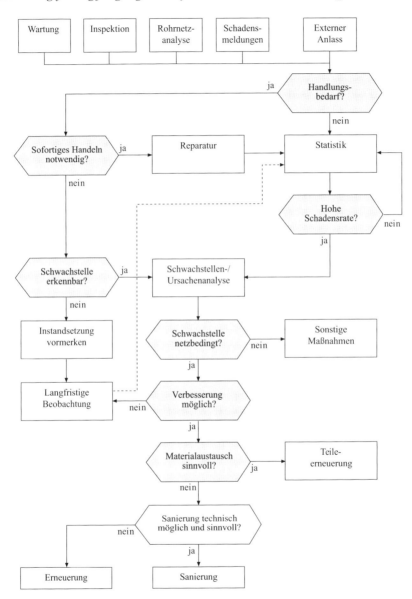

09. Welche arbeitsvorbereitenden Maßnahmen sind bei der Instandhaltung von Gasrohrnetzen zu beachten?

- Die Arbeiten zur Instandhaltung an Gasrohrnetzen sind *sorgfältig vorzubereiten*. Gegebenenfalls sind Arbeits- und/oder Schaltpläne zu erstellen.

- In der *Versorgung* beeinträchtigte Abteilungen rechtzeitig verständigen.

- Bei der Betätigung von *Absperreinrichtungen* ist auf die Arbeitsweise von vor- oder nachgeschalteten Gasleitungen zu achten.

- Vor Arbeitbeginn sind die für die Leitungen erforderlichen *Absperreinrichtungen* auf ihre Gängigkeit und Zugänglichkeit zu überprüfen.

- Es ist dafür Sorge zu tragen, dass für die Ausführung der Instandhaltungsmaßnahme ausreichender *Platz vorhanden* ist.

- Die Gasleitung ist vor *Beschädigung* zu schützen und gegen *Lageveränderung* fachgerecht zu sichern (vgl. DVGW – Hinweis GW 315).

- Vor Beginn der Arbeiten sind vor Ort die erforderlichen persönlichen Schutzausrüstungen bereitzuhalten und ggf. anzulegen (*PSA*).

- Durch den Einsatz geeigneter Messgeräte ist kontinuierlich die *Gaskonzentration* zu überwachen.

- Es sind *Feuerlöschgeräte* bereitzustellen.

- Im unmittelbaren Baustellenbereich darf nicht geraucht werden. Flammen und sonstige Zündquellen sind fernzuhalten und der Gefahrenbereich ist entsprechend zu kennzeichnen.

- Es sind spezifische Werkzeuge und Hilfsmittel einzusetzen (wegen Funkenflug/Explosionsgefahr).

- Der Arbeitsbereich muss schnell und gefahrlos verlassen werden können.

Beachte:
→ Nach abgeschlossener Instandhaltung ist eine *Dichtheitsprüfung* durchzuführen. Diese kann entweder mit geeigneten Gaskonzentrationsmessgeräten nach DVGW Hinweis G 465-4 oder nach DVGW Arbeitsblatt G 469 durchgeführt werden.
→ Durchführung und Ergebnis der Dichtheitsprüfung sind zu *dokumentieren*.

1.5 Aufstellen und Inbetriebnehmen von Anlagen und Einrichtungen, insbesondere unter Beachtung sicherheitstechnischer und anlagenspezifischer Vorschriften

1.5.1 Funktionsnotwendige Bedingungen beim Aufstellen von Anlagen und Einrichtungen[1]

01. Welche Bedeutung hat die Aufstellung und Inbetriebnahme von Maschinen für das Unternehmen? → A 1.4.1/4/5/9, 2.7

Das Unternehmen kann durch die Auswahl und Aufstellung sowie Inbetriebnahme einer Maschine wesentlich darüber entscheiden, ob diese auf Dauer wirtschaftlich, sicher und gesundheitsgerecht verwendet werden kann. Jede Auswahl und Bereitstellung von Maschinen[2] sollte daher als *interdisziplinäres Projekt* bearbeitet werden:

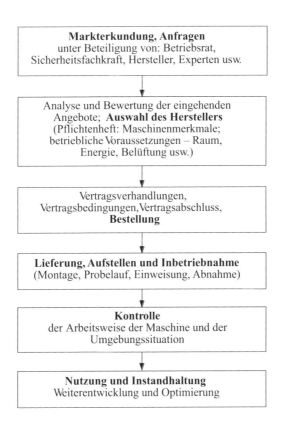

Markterkundung, Anfragen
unter Beteiligung von: Betriebsrat,
Sicherheitsfachkraft, Hersteller, Experten usw.

Analyse und Bewertung der eingehenden
Angebote; **Auswahl des Herstellers**
(Pflichtenheft: Maschinenmerkmale;
betriebliche Voraussetzungen – Raum,
Energie, Belüftung usw.)

Vertragsverhandlungen,
Vertragsbedingungen, Vertragsabschluss,
Bestellung

Lieferung, Aufstellen und Inbetriebnahme
(Montage, Probelauf, Einweisung, Abnahme)

Kontrolle
der Arbeitsweise der Maschine und der
Umgebungssituation

Nutzung und Instandhaltung
Weiterentwicklung und Optimierung

---

[1] Die Ziffer 1.5.1 des Rahmenplans ist fehlerhaft; die „Inbetriebnahme von Anlagen" wird erst unter 1.5.2 behandelt.
[2] Der Begriff „Maschinen" wird in diesem Kapitel synonym für „Anlagen und Einrichtungen" verwendet.

Nur durch diese projektorientierte Vorgehensweise können Fehlentscheidungen und damit ökonomische, ökologische sowie sicherheitsgefährdende Fehlentwicklungen vermieden werden (Stillstandszeiten, teure Nacharbeit, Personenschäden, unfallbedingte Ausfallzeiten usw.).

02. Welche Gesetze, Verordnungen und Vorschriften sind bei der Aufstellung und Inbetriebnahme von Maschinen einzuhalten? → 5.

• *Maschinensicherheitsnorm DIN EN 12100:2011 (neu)*

• *Arbeitsschutzgesetz* (ArbSchG) in Verbindung mit der *Arbeitsmittelbenutzungsverordnung* (AMBV)

• *Vorschriften/Regeln der Berufsgenossenschaften,* z. B. über „Lärm", „Geräuschminderung", PSA (vgl. Kapitel 6, Arbeits-, Umwelt- und Gesundheitsschutz)

• Spezielle *Rechtsquellen zum Umweltschutz* (vgl. 6.4.6)

• *Das Produktsicherheitsgesetz* (ProdSG)
  enthält Regelungen zu den Sicherheitsanforderungen von technischen Arbeitsmitteln und Verbraucherprodukten vor. Es ersetzt seit Dezember 2011 das Geräte- und Produktsicherheitsgesetz (GPSG).

• Je nach Besonderheit der Maschine sind ggf. zu beachten:
  - Spezielle *Verordnungen für überwachungsbedürftige Anlagen*
  - *Gesetz über die elektromagnetische Verträglichkeit von Geräten* (EMVG)

• *Arbeitsstättenverordnung* (ArbStättV)
  Sie wurde im Jahr 2004 völlig neu erstellt und setzt ebenfalls europäisches Recht um.
  Ein *Anhang* in fünf Abschnitten konkretisiert die Verordnung zu folgenden Themen:

  - Allgemeinen Anforderungen (Abmessungen von Räumen, Luftraum, Türen, Tore, Verkehrswege)
  - Schutz vor besonderen Gefahren (Absturz, Brandschutz, Fluchtwege, Notausgänge)
  - Arbeitsbedingungen (Beleuchtung, Klima, Lüftung)
  - Sanitär-, Pausen-, Bereitschaftsräume, Erste-Hilfe-Räume, Unterkünfte, Toiletten
  - Arbeitsstätten im Freien (z. B. Baustellen)
  In der *Neugestaltung* befindet sich das *„Regelwerk Arbeitsstätten".*

• *Technische Unterlagen des Herstellers* (Aufstell-, Inbetriebnahme- und Abnahmevorschriften, Betriebsanleitung).

• *Betriebssicherheitsverordnung* (BetrSichV)
  Sie regelt vor allem folgende Einzeltatbestände:

  - Gefährdungsbeurteilung
  - Anforderungen an die Bereitstellung und Benutzung von Arbeitsmitteln
  - Explosionsschutz inkl. Explosionsschutzdokument
  - Anforderungen an die Beschaffenheit von Arbeitsmitteln

- Schutzmaßnahmen
- Unterrichtung/Unterweisung
- Prüfung der Arbeitsmittel
- Betrieb überwachungsbedürftiger Anlagen (Druckbehälter, Aufzüge, Dampfkessel)

03. Wann ist die Prüfung von Arbeitsmitteln, die nicht überwachungsbedürftig sind, grundsätzlich durchzuführen?   → 6.

1. Wenn die sichere Funktion des Arbeitsmittels von der ordnungsgemäßen Montage abhängt:

- Nach der Montage
- *vor der ersten Inbetriebnahme*
- nach jeder neuen Montage z. B. auf einer neuen Baustelle
- an einem neuen Standort.

2. Wenn Schäden verursachende Einflüsse vorhanden sind:

- Nach außergewöhnlichen Ereignissen mit schädigenden Auswirkungen.

3. Sind Instandsetzungsarbeiten durchgeführt worden, die Rückwirkungen auf die Sicherheit haben könnten, muss das Arbeitsmittel geprüft werden.

04. Welche Bedingungen sind bereits im Vorfeld der Aufstellung und Inbetriebnahme von Maschinen zu prüfen und zu gestalten?

Die Arbeitsweise der Maschine soll nach der Inbetriebnahme auf Dauer wirtschaftlich, ökologisch und sicher sein. Dazu wird der Betreiber bereits im Vorfeld der Inbetriebnahme – bei den Vertragsverhandlungen mit dem Lieferanten – sicher stellen, dass die erforderlichen *Schnittstellen* sachgerecht gestaltet werden. Dazu gehören im Wesentlichen:

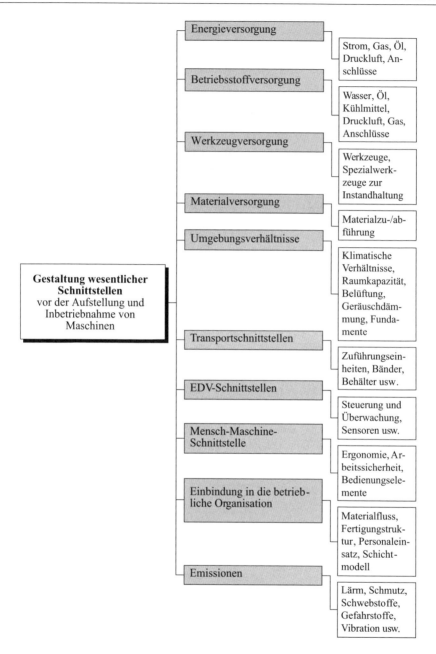

Die Einhaltung dieser Schnittstellengestaltung (lt. Pflichtenheft/Lastenheft) ist bei der Aufstellung und *Inbetriebnahme erneut zu prüfen* und sicher zu stellen.

05. Welche Erfordernisse sind bei der Gestaltung der Umgebungsverhältnisse zu beachten?

Die Abbildung zeigt den relevanten Ausschnitt aus der Übersicht zu Frage 04.:

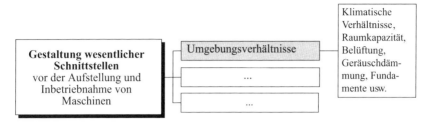

- Bei der *Raumkapazität* (Raumfläche/-höhe)
  sind nicht nur die Abmessungen der Maschine zu berücksichten (vgl. Herstellerangaben), sondern auch die vorgeschriebenen Abstände für Verkehrswege (vgl. ArbStättV) sowie die Zugangsmöglichkeiten bei der Instandhaltung. Wichtige Fragen sind:
  - Stimmen Raumbedarf und -angebot überein?
  - Sind die Verkehrswege eingehalten?
  - Wird Raum für Zwischenläger benötigt?
  - Ist die neue Raumorganisation ausreichend beschildert (Fluchtwege)?
  - Sind geeignete Transportwege von der Abladestelle zum Aufstellungsort der Maschine vorhanden (z. B. Höhe und Breite der Räume und der Raumöffnungen)?
  - Welche Umräumarbeiten müssen vor dem Aufstellen der neuen Anlage durchgeführt werden?

- *Transportmittel*:
  - Stehen geeignete Fördermittel und Fahrzeuge zum Transport der neuen Maschine von der Abladestelle zum Aufstellungsort zur Verfügung?
  - Kann die neue Maschine vom eigenen Personal transportiert werden oder muss eine Fremdfirma rechtzeitig beauftragt werden?

- *Klimatische Verhältnisse:*
  - Eine ausreichende *Belüftung* und ggf. eine Abgasableitung sind für die Funktion der Maschine (vgl. Hinweise des Herstellers) und im Sinne des Arbeitsschutzes (vgl. ArbSchG, ArbStättV) erforderlich.

    Beispiel: Für die Funktionsfähigkeit von Hydraulikanlagen ist der Fließpunkt (Pourpoint) der Druckflüssigkeit in Abhängigkeit von der Umgebungstemperatur zu beachten.

  - Jede Maschine verlangt für die optimale Funktionsweise die Einhaltung bestimmter Toleranzgrenzen hinsichtlich der Luftfeuchtigkeit (vgl. z. B. Papierherstellung → Luftfeuchtigkeit und elektrostatische Aufladung).

  - Bei einer Montage im Freien sind Wetterschutzmaßnahmen erforderlich.

- *Geräuschdämmung:*
  Übermäßiger Lärm macht krank, erhöht das Unfallrisiko, vermindert die Leistung, ist ein wesentlicher Stressfaktor und beeinträchtigt das Befinden der Mitarbeiter (vgl. Kapitel 6, Arbeits-, Umwelt- und Gesundheitsschutz).

Die *zulässige, tägliche Schallbelastung* für eine 8-stündige Arbeitsschicht ist auf *80 dB(A)*[1] festgelegt (ArbStättV, 3. ProdSG).

• *Lärmschutz* ist eine zentrale Aufgabe des Herstellers und des Betreibers:

- Der Hersteller ist verpflichtet, die Geräuschemission der Maschine anzugeben (vgl. ProdSG).
- Der Betreiber sollte bei der Auswahl von Maschinen diejenigen mit niedriger Geräuschemission berücksichtigen.
- Die Schallpegelabnahme ist in geschlossenen Räumen geringer als im Freien. Abhilfe schaffen hier schallabsorbierende Wände und Decken sowie Schallschirme.
- Lärmschutz durch technische Maßnahmen hat Vorrang vor dem Einsatz von PSA (Gehörschutz; vgl. Kapitel 6).
- Unterschiedliche kommunale Gesetze sind zu beachten beim Betrieb von Maschinen in Wohn-, Misch- und Gewerbegebieten.
- Bei diesen und anderen Fragen der Arbeitssicherheit und des Arbeitsschutzes sollte sich der Unternehmer von der Fachkraft für Arbeitssicherheit und dem Betriebsarzt ggf. beraten lassen.

• *Dimensionierung und Beschaffenheit des Fundaments:*

Das Fundament muss ausreichend groß sein (Angaben des Herstellers) und in seiner Beschaffenheit und Tragfähigkeit an dem Gewicht sowie der Vibration der Maschine ausgerichtet sein; ggf. muss vor dem Aufstellen der Maschine eine Untersuchung der Tragfähigkeit des Untergrundes vorgenommen werden.

Bei der Auslegung des Fundamentes sowie der Wahl der Aufstellelemente sind folgende Punkte zu beachten bzw. zu gewährleisten:

- Gewicht der neuen Maschine, Gewichtsverteilung, Standsicherheit
- Ausrichtung und Justierung der Anlage, ggf. ergänzende Versteifung der Anlage durch das Fundament
- Vermeidung dynamischer Störungen durch benachbarte Maschinen (passive Isolierung)
- Vermeidung der Übertragung von Vibrationen an benachbarte Arbeitsplätze durch aktive Isolierung.

Besonderheiten der Fundamentierung und der Wahl der Aufstellelemente in Abhängigkeit vom Maschinentyp:

1. *Kleine Werkzeugmaschinen*, z. B. Dreh-, Fräs- und Bohrmaschinen:
   In der Regel verfügen diese Maschinen über eine ausreichende Eigensteifigkeit und können daher direkt und ohne weitere Maßnahmen auf den Boden der Fertigungshalle gesetzt werden.

2. *Große Werkzeugmaschinen*, z. B. Langfräsmaschinen:
   Sie verfügen i. d. R. nicht über eine ausreichende Eigensteifigkeit, sodass eine entsprechende Fundamentverbindung hergestellt werden muss; ggf. ist der Untergrund auf ausreichende Festigkeit und Belastbarkeit zu prüfen.

---

[1] Die (neue) **Lärm- und Vibrations-Arbeitsschutzverordnung** legt Auslöseschwellen fest: Untere Auslöseschwelle LEX, 8h = 80 dB(A); obere Auslöseschwelle LEX, 8h = 85 dB(A); Gehörschutz LEX, 8h = 85 dB(A)

3. *Größere Umformmaschinen, z. B.* Stanz- und Biegemaschinen:
Hier muss aufgrund der starken Erschütterungsemissionen meist eine Aktivisolierung im Fundament vorgenommen werden. Die Kosten können beträchtlich sein. Die Arbeitsschutzbestimmungen hinsichtlich der Lärmemissionen sind zu beachten. Die Berufsgenossenschaften beraten in Fragen der Lärmminderung (z. B. „Lärmminderung in der Metallbearbeitung, Arbeitswissenschaftliche Erkenntnisse, Forschungsergebnisse für die Praxis").

• *Elektroinstallation:*
   - Ist die Verlegung neuer Elektroanschlüsse erforderlich?
   - Steht eigenes Fachpersonal zur Verfügung oder muss eine Fremdfirma beauftragt werden?

• *Anordnung der Maschine entsprechend der Fertigungsstruktur/-organisation:*
Entsprechend dem Rahmenplan wird dieser Aspekt unter Ziffer 2.7.1 behandelt.

06. Welche Arbeiten sind vor bzw. während der Montage der Maschine durchzuführen?

Beispiele:

- Entfernen aller Verpackungsmaterialien
- Entfernen der Transportsicherungen
- Entfernen von Transportdämpfern
- Dekonservierung aller Teile mit einem geeigneten Lösungsmittel (Herstellerhinweise
- Reinigen der Hydraulikbehälter, -leitungen
- Reinigen/Überprüfen der Ventile und Filter

07. Wie erfolgt die Montage der Maschine?

Sind alle *Umgebungsvoraussetzungen erfüllt* (vgl. Frage 04., Gestaltung der Schnittstellen) *kann die Montage der Maschine erfolgen.*

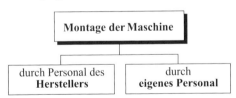

• Empfehlenswert ist es, hochwertige Maschinen *vom Hersteller montieren zu lassen.* Dabei kann mit ihm vertraglich vereinbart werden, dass er

   - spezifische Anpassungen der Maschine vor Ort vornimmt,
   - die Einweisung und Schulung der Mitarbeiter durchführt und
   - die regelmäßige Inspektion und Wartung übernimmt.

• Im anderen Fall kann die Montage *von eigenem Personal* vorgenommen werden:
   - Nur zuverlässiges und fachkundiges Personal kommt dafür infrage.
   - Der Unternehmer hat zu gewährleisten, dass Arbeiten an Gasleitungen und stromführenden Bauteilen nur von Fachpersonal ausgeführt wird (VDE, DIN-Normen, Unfallverhütungsvorschriften, DVGW-Regelwerk; vgl. 1.4 Energieversorgung im Betrieb).

- Es sind die *Montagevorschriften des Herstellers* zu beachten; ggf. sind bei der Montage „fliegende Leitungen" sachgerecht zu befestigen. Dies gilt analog für Ver- und Entsorgungsleitungen. Die fachgerechte *Montage* umfasst folgende *Einzelarbeiten:*

- Aufbauen
- Einbauen
- Ausrichten/Justieren
- Einstellen
- Kontrollieren (Messen und Prüfen)
- Sonderoperationen (z. B. Lackieren von Muttern).

Dabei sind für Fügearbeiten die Vorgaben des Herstellers sowie die einschlägigen DIN-Normen zu beachten (DIN 8580: 2003-09; DIN 8593:2003-09).

Für Schweiß-, Löt- und Elektroarbeiten ist Fachpersonal einzusetzen; diese Arbeiten sind bei der Abnahme gesondert zu prüfen durch Personen mit gültiger Prüfbefähigung.

1.5.2 Funktionsnotwendige Bedingungen beim Inbetriebnehmen von Anlagen aus dem Ruhezustand in den Dauerbetriebszustand

01. Welche Informationen liefert der Hersteller zur Inbetriebnahme und Abnahme der Maschine?

Der Hersteller muss eine umfassende *Betriebsanleitung* in der Sprache des Verwenderlandes beifügen. Die Betriebsanleitung ist Teil der Technischen Dokumentation.

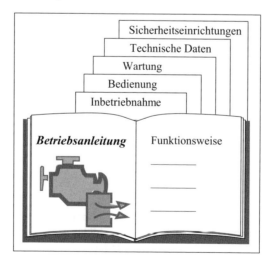

02. Mit welchen Angaben muss jede Maschine mindestens gekennzeichnet sein?

An jeder Maschine müssen deutlich lesbar und unverwischbar folgende Mindestangaben angebracht sein:

- Name und Anschrift des Herstellers
- CE-Kennzeichnung
- Bezeichnung der Serie/des Typs
- ggf. Seriennummer
- Baujahr.

03. Welche Bedeutung hat die CE-Kennzeichnung und die Konformitätserklärung?

→ **MRL**

• *Die CE-Kennzeichnung* (= Communautes Européennes) bescheinigt die Übereinstimmung des Produktes mit den einschlägigen Sicherheits- und Gesundheitsvorschriften (vgl. 1.5.1/02.). Nicht bescheinigt wird ein bestimmter Qualitätsstandard. Die CE-Konformitätskennzeichnung besteht aus den Buchstaben „CE" mit folgendem Schriftbild:

Bei Verkleinerungen oder Vergrößerungen müssen die Proportionen eingehalten werden. Die Mindesthöhe der Kennzeichnung beträgt 5 mm. Bei kleinen Maschinen kann von dieser Mindesthöhe abgewichen werden.

• Der Hersteller muss in der beigefügten *Konformitätserklärung* nach Anhang II (A) der MRL bescheinigen, dass er die Maschine entsprechend den Beschaffenheitsanforderungen gebaut hat und die technische Dokumentation nach Anhang V (3) der MRL vorhanden ist. Mit Unterzeichnung der Konformitätserklärung ist der Hersteller berechtigt, die CE-Kennzeichnung auf der Maschine anzubringen.

• Der *Betreiber* ist lt. AMBV verpflichtet, zu prüfen

- ob die Maschine mit der *CE-Kennzeichnung* versehen ist,
- ob der Hersteller eine sachgerechte *Konformitätserklärung* sowie eine aussagekräftige *Betriebsanleitung* beigefügt hat,
- ob die Maschine *Mängel* oder technische Widersprüche aufweist,
- dass der *Betrieb sicher* und gesundheitsgerecht durchgeführt werden kann.

04. Welche Arbeiten umfasst die Inbetriebnahme der Maschine?

1. *Anfahren der Maschine nach Herstellervorgaben:*
   Maschinen dürfen nur von den für ihre Bedienung ausgebildeten Personen in Gang gesetzt werden; diese müssen sich vorher davon überzeugen, dass sich niemand im Gefahrenbereich aufhält, keine Schutzvorrichtungen fehlen und die Anlage keine sichtbaren Mängel aufweist.

2. *Laufende Kontrolle der Anzeigegeräte:*
   Druck, Temperatur, Drehzahl, Spannung, Durchflussmenge u. Ä.

3. *Einhalten der vorgeschriebenen Energiebelastung.*

4. *Durchführung des Probelaufs nach Herstellervorgaben:*
   Dauer, Belastung, Kontrollzeit, Kontrollarbeiten

5. Über die *Inbetriebnahme* der Anlage ist ein *Protokoll* anzufertigen.

05. Wie erfolgt die Abnahme der Maschine?

Die Abnahme der Maschine umfasst eine Vielzahl von Einzelpunkten (in der Praxis empfiehlt sich eine Checkliste), z. B.:

Checkliste (Beispiel)			
Abnahme der Maschine Nr. ...		**Datum:**	**Bemerkungen:**
1	Sind alle vertraglichen Anforderungen eingehalten?		
2	Erfüllt die Maschine alle Leistungsanforderungen?		
3	Ist die Betriebsanleitung aussagekräftig?		
4	Liefert der Probelauf die erforderliche Präzision der Werkstücke? - Ergebnisse der Messprotokolle? - Vereinbarte Prüfverfahren?		
5	Wurden alle Sicherheitsteile der Maschine einer gesonderten Prüfung unterzogen? Mit welchem Ergebnis?		
6	Ist die beigefügte Konformitätserklärung sachgerecht?		
7	Ist die CE-Kennzeichnung vorhanden?		
8	Ist der Maschinenbetrieb sicher? Sind ergänzende Schutzmaßnahmen erforderlich?		
...	usw.		

Über die Abnahme der Anlage ist ein *Protokoll* anzufertigen.

1.5.3 Funktionsnotwendige Bedingungen bei der Einweisung des Bedienungspersonals

01. Welche Bedeutung hat die Einweisung des Bedienungspersonals?

Der Unternehmer verfolgt mit der Anschaffung einer neuen Maschine wirtschaftliche Ziele (Kapazitätserweiterung, Rationalisierung, Qualitätsverbesserung, Ersatzinvestition u. Ä.). Diese Ziele wird er nur dann erreichen, wenn er – neben der sachgerechten Auswahl und Inbetriebnahme der neuen Anlage (vgl. oben, 1.5.1 f.) – das Bedienungs- sowie das Instandhaltungspersonal sorgfältig auswählt (Zuverlässigkeit, Fachkunde), einweist und die ggf. erforderlichen Schulungsmaßnahmen rechtzeitig und methodisch durchführt.

Neben den technischen Bedingungen ist die sachgerechte Bedienung und Instandhaltung der zentrale Faktor für eine langfristig angelegte sichere und wirtschaftliche Funktion der Maschine. Nachlässigkeiten oder Versäumnisse auf diesem Gebiet führen zu Bedienungsfehlern, Maschinenstillständen, zu Unfällen/Beinaheunfällen und ggf. zum Verlust der gesetzlichen bzw. vertraglich vereinbarten Gewährleistung.

02. Welche Einzelmaßnahmen muss der Unternehmer bei der Einweisung des Bedienungs- und Instandhaltungspersonals durchführen? → A 4.5.6
→ 6.1.1, 6.4.2, 7.2.1, 8., BetrVG

Im Mittelpunkt stehen folgende Einzelmaßnahmen:

1. *Überprüfung der Anzeige- und Warnvorrichtungen sowie der Warnung vor Restgefahren*:
   Vor der Inbetriebnahme der Anlage muss der Betreiber/Unternehmer prüfen, ob die Anzeige-, Warnvorrichtungen sowie die Warnung vor Restgefahren ordnungsgemäß vorhanden sind. Im Einzelnen:

   - *Anzeigevorrichtungen*:
     Die für die Bedienung einer Maschine erforderliche Information muss eindeutig und leicht zu verstehen sein. Die Personen dürfen nicht mit Informationen überlastet werden. Wird eine Maschine nicht laufend überwacht, muss eine akustische oder optische Warnvorrichtung vorhanden sein.

   - *Warnvorrichtungen*:
     Müssen eindeutig zu verstehen und leicht wahrnehmbar sein. Es müssen Vorkehrungen getroffen werden, dass das Bedienpersonal die Funktionsbereitschaft der Warnvorrichtung überprüfen kann. Die Vorschriften über Sicherheitsfarben und -zeichen sind einzuhalten.

   - *Warnung vor Restgefahren*:
     Bestehen trotz aller getroffenen Vorkehrungen Restgefahren oder potenzielle Risiken, so muss der Hersteller darauf hinweisen; z. B. bei Schaltschränken, radioaktiven Quellen, Strahlungsquellen: Hinweise durch Piktogramme oder in der Sprache des Verwenderlandes.

2. *Auswahl, Information und Einweisung des Bedienungspersonals*:
   Zu Beginn des Maßnahmenkatalogs steht die Auswahl der Mitarbeiter, die zukünftig die Maschine/Anlage bedienen werden. Die Auswahlkriterien sind Eignung, Neigung und ggf. organisatorische Aspekte (Fachwissen, Erfahrung, Motivation, Verfügbarkeit u. Ä.; vgl. A 4.5.6 sowie 7.2.1).

   Die Mitarbeiter müssen rechtzeitig über die Handhabung der Maschine, mögliche Gefahren für Sicherheit und Gesundheitsschutz und zu ergreifende Schutzmaßnahmen angemessen und praxisbezogen unterwiesen werden. Verantwortlich ist dafür der Unternehmer. Er kann die Unterweisung auf geeignete Führungskräfte übertragen und/oder die Unterstützung durch den Lieferanten in Anspruch nehmen.

   Bei hochwertigen und komplexen Anlagen wird die Einarbeitung des Bedienungspersonals durch den Lieferanten meist bereits im Kaufvertrag fest vereinbart; *hier muss die aufwändige*

Einweisung rechtzeitig geplant und mit der Inbetriebnahme organisatorisch abgestimmt werden; ausführliche Beispiele für die Konzeption von Qualifizierungsmaßnahmen finden Sie in Kapitel 7., Personalentwicklung – insbesondere im Anhang zu dem Kapitel.

Bei ausländischen Mitarbeitern ist zu prüfen, ob die Kenntnisse der deutschen Sprache ausreichend sind; dies gilt nicht nur bezogen auf das „Verstehen der Einweisung", sondern auch für die spätere Kommunikation mit Kollegen/Vorgesetzten beim Dauerbetrieb der Anlage. Ggf. ist eine angemessene *Sprachschulung* durchzuführen und *Betriebsanweisungen sind zusätzlich in der Muttersprache des Bedieners zur Verfügung zu stellen.*

3. *Information und Einweisung des Instandhaltungspersonals:*

Nach der AMBV muss der Betreiber einer Anlage durch geeignete Maßnahmen (Instandhaltung) sicherstellen, dass die Maschine über ihre gesamte Lebensdauer sicher und gesundheitsgerecht benutzt werden kann. Dies gilt unabhängig von der Notwendigkeit einer Instandhaltungsplanung aus wirtschaftlichen Gesichtspunkten (vgl. 1.2).

Dazu sind u. a. folgende Maßnahmen einzuleiten:

- Auswahl und Einweisung des Instandhaltungspersonals:
  Der Unternehmer muss Mitarbeiter, die Maschinen reinigen, warten oder instandsetzen, über die mit dieser Tätigkeit verbundenen besonderen Gefahren und deren Abwehr eingehend unterrichten.
- Durchführung und Dokumentation der Instandhaltungsplanung (vgl. 1.2.2).
- Festlegung, welche Wartungsmaßnahmen vom Bedienungspersonal und welche vom Instandhaltungspersonal ausgeführt werden.
- Kennzeichnung der Bedienungselemente, Armaturen, Messinstrumente und Wartungsstellen. Stillsetzungsvorrichtungen müssen leicht erkennbar sein und gefahrlos bedient werden können.
- Überprüfung, ob die Bezeichnungen/Beschriftungen an der Anlage mit den Darstellungen in der technischen Zeichnung und den Schaltplänen übereinstimmt.

4. *Beteiligung des Betriebsrates, der Sicherheitsfachkraft, des Sicherheitsbeauftragten und des Betriebsarztes:*

Bei der Aufstellung und Inbetriebnahme neuer Anlagen/Maschinen hat der Betriebsrat Mitwirkungs- und Mitbestimmungsrechte (§§ 80, 87, 89, 90 f. BetrVG; vgl. 6.1.1). In angemessenem Umfang muss der Unternehmer Sicherheitsfachkraft, Sicherheitsbeauftragte und Betriebsarzt sowie die betroffenen Mitarbeiter bei der Gestaltung der Arbeitsabläufe und Fragen der Sicherheit mit einbeziehen.

5. *Gefährdungsbeurteilung:*
Der Unternehmer hat bei der Aufstellung und Inbetriebnahme neuer Einrichtungen/Maschinen eine Gefährdungsanalyse und -beurteilung durchzuführen (§§ 5 f. ArbSchG, § 3 BetrSichV; Einzelzeiten vgl. 6.1.1/23. f.).

6. *Betriebsanweisungen:*
Der Unternehmer muss den Beschäftigten geeignete Anweisungen z. B. in Form von Betriebsanweisungen erteilen, die darlegen wie die Arbeiten an der neuen Maschine sicher und gesundheitsgerecht durchzuführen sind (vgl. 6.4.2/02.).

1.6 Funktionserhalt und Überwachung der Steuer- und Regeleinrichtungen sowie der Diagnosesysteme von Maschinen und Anlagen

1.6.1 Grundlagen der Steuerungs- und Regelungstechnik

01. Was versteht man nach DIN IEC 60050-351 (alt: DIN 19226) unter Steuern?

Nach DIN IEC 60050-351 ist Steuern ein Vorgang in einem System, bei dem bestimmte Größen (Eingangsgrößen) andere Größen (Ausgangsgrößen) beeinflussen. Kennzeichnend für das Steuern ist der offene Wirkungsablauf der Signale: Sie können nicht selbsttätig eingreifen, um Störungen auszugleichen.

02. Welche Steuerungsarten gibt es?   → 1.6.6

Grundsätzlich wird unterschieden zwischen *Handsteuerung* und *automatischer Steuerung*.

Hand-steuerung	Hier ist der Mensch notwendiges Element der Steuerkette. Aufgrund bestimmter Vorgaben betätigt er Stellglieder und löst damit Steuerungsvorgänge aus.

Die *automatische Steuerung* lässt sich unterteilen in:

Halteglied-steuerung	Das Eingangssignal wird gespeichert bis zum Eintritt eines neuen Signals.
Führungs-steuerung	Ausgangsgrößen sind Eingangsgrößen fest zugeordnet, jedoch abhängig von Störgrößen.
Programm-steuerung	**Zeitplansteuerung:** Die Führungsgröße wird zeitabhängig durch einen Programmspeicher beeinflusst.
	Wegplansteuerung: Die Führungsgröße wird wegabhängig beeinflusst.
	Bei **Ablaufsteuerungen** erfolgen die Einzelprozesse zwangsläufig schrittweise. Ein definierter Gesamtprozess wird in Teilschritte zerlegt und logisch strukturiert. Die Durchführung eines Teilschrittes ist von *Weiterschaltbedingungen* (Transitionen) abhängig. Diese sind entweder *zeitabhängig* oder *prozessabhängig*.
	Bei der **speicherprogrammierten Steuerung** ist das Steuerungsprogramm in einem Programmspeicher hinterlegt.
Informations-steuerung	Steuerungsabhängige Informationen werden von einem Prozessor weiterverarbeitet. Am Ende der Informationskette ist das Stellglied, das bei Ansprechen direkt die Steuerstrecke (z. B. Motor) beeinflusst.

03. Wie unterscheidet sich die Steuerung von der Regelung hinsichtlich ihres Wirkungsablaufs?

Nach DIN IEC 60050-351 unterscheidet man zwei grundsätzliche Wirkungsabläufe:

• *Steuerung → offener Wirkungsablauf:*
Die Steuerung hat einen offenen Wirkungsablauf, d. h. es existiert keine Rückmeldung. Man bezeichnet diesen Wirkungsablauf als *Steuerkette.*

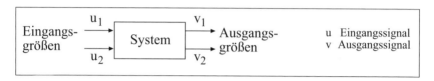

• *Regelung → geschlossener Wirkungsablauf:*
Die Regelung hat einen geschlossenen Wirkungsablauf, d. h. zwischen System 1 und System 2 findet eine Rückmeldung statt. Man bezeichnet diesen Wirkungsablauf als *Regelkreis.*

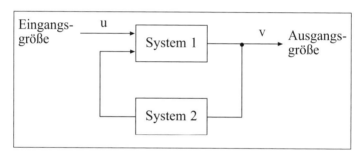

Vgl. z. B. den Regelkreis in der Qualitätsplanung unter 9.1.1.

04. Wie unterscheiden sich die verschiedenen Steuerungstechniken in ihrer Wirkungsweise und welche Anwendungsgebiete sind vorherrschend?

Mechanische Steuerung	
Wirkungsweise	Steuerung von Arbeitsabläufen z. B. über Kurvenscheiben und Nocken
Merkmale	zuverlässig, meist einfache Technik
Anwendung	Serienherstellung

Pneumatische Steuerung	
Wirkungsweise	über Ventile gesteuert; hier dient verdichtete Luft als Arbeitsmittel für translatorische und rotatorische Bewegungen.
Merkmale	Hohe Bewegungsgeschwindigkeiten sind bei (allerdings) kleinen Kräften möglich. Die Bewegungsgeschwindigkeit ist lastabhängig; Änderungen durch Betriebspersonal möglich (Umbau von Ventilständen).
Anwendung	Fertigungslinien, Bewegen von Teilen mit geringer Masse, Schutzeinrichtungen, Spannvorrichtungen.

Hydraulische Steuerung	
Wirkungsweise	Über Ventile gesteuert; hier dient verdichtetes Öl als Arbeitsmittel für translatorische und rotatorische Bewegungen.
Merkmale	Hohe Bewegungsgeschwindigkeiten und sehr hohe Kräfte sind möglich; Änderungen durch Betriebspersonal möglich (Umbau von Ventilständen); schnelle, feinfühlige, stufenlos verstellbare Bewegungen; überlastsicher.
Anwendung	(Schwer-)Maschinenbau, Bewegen von Maschinen- und Bauteilen mit großer Masse, Pressenbaum, Mobiltechnik.

Elektrische Steuerung	
Wirkungsweise	Durch Schalter, Taster, Relais und Schütze werden Elektromotoren, Elektromagnete, aber auch Elektroheizungen u. Ä. angesteuert.
Merkmale	Günstig: kein Aufwand für Hydraulik- bzw. Druckluftaggregate, Speicher usw. Durch Betriebspersonal änderbar/erweiterbar.
Anwendung	einfache Einzelsteuerungen (z. B. Hallenkräne), vor Einführung der SPS auch für komplexere Aufgaben eingesetzt.

Elektronische Steuerung	
Wirkungsweise	Die Schaltverbindungen und Abläufe werden elektronisch abgebildet (fest gespeichert oder programmierbar: SPS).
Merkmale	Einzelgerät (Kleinsteuerung) oder modular aufgebaut (Zentraleinheit und Ein-/Ausgabebaugruppen); Änderungen erfordern spezielle Kenntnisse (SPS-Programmierung).
Anwendung	Stand der Technik für nahezu alle Anwendungen aufgrund der Flexibilität, Vernetzungsmöglichkeit und Wirtschaftlichkeit.

Elektropneumatische und elektrohydraulische Steuerung
Häufig werden elektronische Steuerungen mit pneumatischen oder hydraulischen Systemen kombiniert. Dabei werden die Logik und die Abläufe in der elektronischen Steuerung (SPS) abgebildet und mit den Ausgangssignalen Ventile der Hydraulik oder Pneumatik angesteuert.

05. Was versteht man nach DIN IEC 60050-351 unter Regeln?

Beim Regeln wird die zu regelnde Größe ständig erfasst, mit den vorgegebenen Größen verglichen und selbsttätig so beeinflusst, dass sie sich der gewünschten Größe (Führungsgröße) angleicht. Abweichungen entstehen nur durch Störgrößen oder einer Änderung der Führungsgrößen. Der sich dabei ergebende Wirkungsablauf findet in einem geschlossenen Kreis, dem Regelkreis, statt.

Schema des Regelkreises:

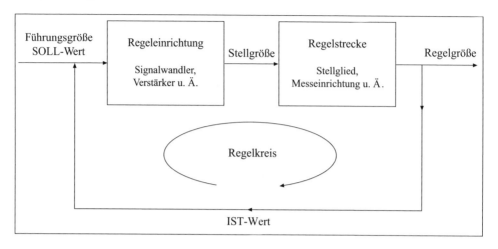

06. Was sind die Merkmale des Regelns?

Merkmale des Regelns:

- fortlaufende Erfassung der zu regelnden Größe,
- Vergleich mit der Führungsgröße,
- Angleichen an die Führungsgröße,
- geschlossener Wirkungsablauf (Regelkreis).

07. Welche Struktur, Elemente und Größen hat der Regelkreis?

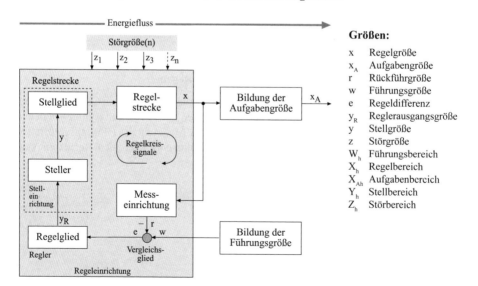

Größen:

x	Regelgröße
x_A	Aufgabengröße
r	Rückführgröße
w	Führungsgröße
e	Regeldifferenz
y_R	Reglerausgangsgröße
y	Stellgröße
z	Störgröße
W_h	Führungsbereich
X_h	Regelbereich
X_{Ah}	Aufgabenbereich
Y_h	Stellbereich
Z_h	Störbereich

08. Welche Regelungsarten werden unterschieden?

• *Handregelung:*
Mindestens ein Glied des Regelkreises wird vom Menschen gesteuert.

• *Festwertregelung:*
Aufgabe der Festwertregelung ist es, eine Größe (z. B. die Temperatur) konstant zu halten. Störungen als Abweichung des Istwertes vom Sollwert werden immer wieder ausgeglichen.

Beispiele einer Festwertregelung:
- Ein Härteofen soll die Temperatur auf einem gleich bleibenden Niveau halten.
- In einer Laserschneidanlage wird mithilfe eines Sensors das Werkzeug auf einen gleichbleibenden Abstand zum Werkstück gehalten.

• Aufgabe der *Folgeregelung*
ist es, die Regelgröße einem vorgegebenen Führungsgrößenverlauf folgen zu lassen.

Beispiel einer Folgeregelung ist die Positionsregelung des Maschinenschlittens einer Werkzeugmaschine mit unterschiedlichen Vorschubgeschwindigkeiten in Abhängigkeit von der aktuellen Position.

1.6.2 Mechanische Steuer- und Regeleinrichtungen

01. Welche charakteristischen Eigenschaften haben mechanische Steuer- und Regeleinrichtungen?

Mechanische Steuer- und Regeleinrichtungen arbeiten genau, wirken direkt und zeichnen sich durch eine lange Lebensdauer aus. Nachteilig sind die teilweise hohen Herstellungskosten.

02. Aus welchen Bauteilen bestehen mechanische Steuer- und Regeleinrichtungen?

- Kupplungen,
- Getriebe,
- Hebel,
- Kurvenscheiben und
- anderen mechanische Elemente.

Bekanntes Anwendungsbeispiel bei Verbrennungsmotoren ist die Steuerung der Ventile über eine Nockenwelle.

Mechanische Steuerungen sind nach folgendem *Grundprinzip* aufgebaut:

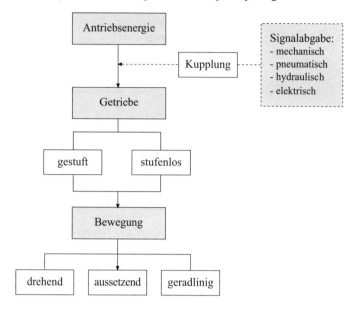

03. Welche typischen Schädigungen treten an mechanischen Steuer- und Regelelementen auf?

Alle mechanischen Bauelemente unterliegen permanenten Beanspruchungen. Die Ausfallursachen können sehr vielfältig sein. Dazu zählen insbesondere:

• *Verschleiß,* z. B. Abrieb infolge Materialpaarung fester Stoffe
  Beispiele: ungünstige Materialpaarung durch konstruktive Fehler, ungenügende Schmierung, Erreichen der konstruktiven Nutzungsdauer usw.

  B. Bruch
  Mögliche Ursachen: keine bestimmungsgemäße Verwendung, unvorhergesehene Belastungen u. Ä.

• *Materialermüdung*
  Beispiele: Ständige wiederkehrende statische und dynamische Dauerbelastungen infolge von Schwingungen.

• *Materialveränderungen* durch Korrosion, Erosion (Abrieb durch Flüssigkeitseinfluss) und Alterung durch Änderung der Gefüge und der mechanischen Eigenschaften.

• *Dehnung und Schrumpfung*

• *Positionsverlagerung,* z. B. aufgrund von Lockerung zusammengefügter Bauteile und Verbindungsmittel.

• *Festsitz* (Festfressen) von zuvor beweglichen Teilen.

Häufig treten Maschinen- und Anlagenausfälle auch als Folge mehrerer schädigender Beanspruchungen auf.

04. Wie kann das Auftreten von Maschinen- und Anlagenausfällen verringert werden?
→ **1.2, 2.3**

Insbesondere der Wartung, Inspektion und vorbeugenden Instandsetzung muss bei der Vermeidung von Maschinen- und Anlagenausfällen unter Beachtung der Kosten größte Aufmerksamkeit gewidmet werden. Die Ermittlung der Ausfallursachen sowie Schwachstellenanalysen führen zu wichtigen Erkenntnissen für eine zukünftige Vermeidung von Ausfällen.

Durch fachgerechte Instandhaltungsmaßnahmen nach Herstellerangaben können in Abhängigkeit von den jeweiligen Nutzungsbedingungen Verschleiß und Ausfälle vermieden werden.

Der Bediener kann durch rechtzeitiges Eingreifen beim Auftreten von Warnsignalen größere Schädigungen und Ausfälle verhindern.

Warnsignale können zum Beispiel sein:

- Starke Laufgeräusche von Antrieben (Lager, Spindeln, Keilriemen)
- Abwälzgeräusche bei Zahnrädern
- Anzeigen unzulässiger Flüssigkeits-/Druck-/Temperaturstände u. Ä.
- Risse an Bauteilen
- beschädigte Elektroinstallationen
- Leckverluste
- ungewöhnliche Erwärmung von Lagerstellen und elektrischen Bauteilen
- beschädigte Führungen.

1.6.3 Pneumatische Steuer- und Regeleinrichtungen

01. Was versteht man unter Pneumatik?

Pneumatik ist die Lehre vom Gleichgewicht ruhender und strömender Luft. In der Technik findet die Druckluft Anwendung zum Antrieb und zur Steuerung von Maschinen sowie zur Überwachung von Fertigungsanlagen.

02. In welche Gruppen werden die Bauglieder einer pneumatischen Steuerung unterteilt?

1. *Antriebsglieder* (Zylinder, Motoren)
2. *Signalglieder* (Auslösung der Schaltschritte)
3. *Stellglieder* (Ventile zur Signalverknüpfung)
4. *Versorgungsglieder* (Aufbereitungseinheit, Hauptventil)

03. Welche Anwendung findet die Pneumatik in der Fertigungstechnik?

- *Druckluftzylinder* (Linearantriebe) werden zum Spannen, Zuführen, Verschieben und Auswerfen
  von Werkstücken eingesetzt.

- *Druckluftmotoren* werden
  · als rotierende Antriebe zum Schrauben, Schleifen und Bohren sowie
  · als schlagende Antriebe zum Meißeln, Stanzen und Nieten verwendet.

- *Druckluft* wird
  · mithilfe von Düsen zum Ausblasen von Werkstücken,
  · zum Fördern von Schüttgütern,
  · in der Oberflächenbehandlung zum Sandstrahlen und Farbspritzen,
  · in der Längenprüftechnik für pneumatische Mess- und Prüfgeräte sowie
  · für die Erzeugung von Unterdruck zum Bewegen und Transportieren von Bauteilen genutzt.

04. Welche Vorteile bietet die Anwendung von Druckluft in der Fertigung?

Vorteile der Druckluftanwendung:
Luft ist einfach zu verdichten, zu speichern und zu verteilen. Es ist keine Rückleitung erforderlich.
Pneumatikbauteile sind äußerst robust, leicht zu reparieren und haben ein geringes Gewicht.
Es sind Kolbengeschwindigkeiten bis 3 m/s möglich. Druckluftmotoren erreichen Drehzahlen bis zu 30.000 /min, kleine Turbinen sogar bis zu 450.00 /min.
Geschwindigkeiten und Kräfte lassen sich stufenlos einstellen.
Mit Druckluft angetriebene Vorrichtungen und Werkzeuge sind überlastsicher und verfügen über ein hohes Anfahrmoment.
Fahrbare Verdichter ermöglichen einen flexiblen Einsatz.
Druckluft kann ohne Gefahr in explosionsgefährdeten Bereichen eingesetzt werden.

05. Welche Nachteile beschränken den Einsatz der Druckluft?

Nachteile, die den Einsatz der Druckluft beschränken:
Wegen der niedrigen Drücke (bis 10 bar) und der Kompressibilität der Luft sind nur relativ geringe Kolbenkräfte erreichbar.
Die Bewegungen sind stark lastabhängig.
Kleine, konstante Kolbengeschwindigkeiten und Motordrehzahlen sind nicht möglich.
Ölnebel in der Abluft belasten die Umwelt. Ausströmende Druckluft verursacht Lärm. Schmutz, Wasser und Öl müssen abgeschieden werden (Kosten).
Leckagen führen zu einem Anstieg der Energiekosten.

06. Aus welchen Baueinheiten ist eine Pneumatikanlage aufgebaut? → **1.4.3.4**

Jede Pneumatikanlage besteht aus

- einer Druckerzeugungsanlage (Verdichter[1]),
- einer Aufbereitungseinheit und
- einer Steuerungseinheit mit Signal-, Steuer-, Stell- und Antriebsgliedern.

Prinzipskizze: Aufbau einer Pneumatikanlage

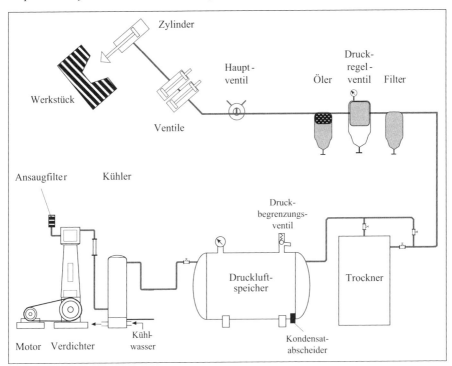

07. Wie wird Druckluft erzeugt? → **1.4.3.4**

Ein Verdichter saugt aus der Atmosphäre Luft an und verdichtet sie. Die durch die Verdichtung erwärmte Luft wird anschließend abgekühlt. Das dabei entstehende Kondenswasser (Luftfeuchtigkeit) wird abgeleitet. Ein Teil der für die Druklufterzeugung aufgewendeten Energie kann durch Reibung und Wärme nicht genutzt werden. Bei Leitungslängen über 1.000 m ist es ökonomisch sinnvoll, eine zentrale Druckluftanlage einzusetzen.

08. Wie wird die Druckluft aufbereitet? → **1.4.3.4**

Die Luft erwärmt sich beim Verdichten sehr stark und muss daher zwischen den einzelnen Verdichtungsstufen und nach dem Verdichter gekühlt werden. Das dabei anfallende Kondenswasser

---

[1] Zu den Verdichterbauarten vgl. ausführlich unter 1.4.3.4.

im Nachkühler und im Druckluftspeicher leitet man über einen Kondensatabscheider ab. Die Anforderungen an die Druckluftqualität ist je nach Anwendungsfall sehr hoch; daher ist meist eine weitere Drucklufttrocknung unumgänglich. Jede Temperaturverringerung der Druckluft führt zu weiterem Kondensatanfall mit dem Ergebnis, dass der Schmierfilm an Ventilen, Werkzeugen und pneumatischen Bauteilen ausgewaschen wird und sich in der Folge Korrosion einstellt.

09. Welche Anforderungen werden an die Qualität der Druckluft gestellt?

Die Druckluft muss folgende Anforderungen erfüllen:

- frei von flüssigen und festen Bestandteilen sein,
- möglichst konstanten Druck aufweisen,
- schmiermittelhaltig zum Schmieren der pneumatischen Bauteile sein,
- nicht schmiermittelhaltig sein, wenn die pneumatischen Bauteile dauergeschmiert sind.

10. Welche Funktion haben Lufttrocknungseinheiten?   → **1.4.3.4**

In vielen Fällen wird der Luft mithilfe von Hochleistungstrocknern nach der Entnahme aus dem Druckluftspeicher noch einmal ein wesentlicher Teil der Restfeuchtigkeit entzogen. Es werden dabei drei Trocknungsverfahren[1] eingesetzt:

- Kühlverfahren
- Adsorptionsverfahren
- Absorbtionsverfahren.

11. Welche Anforderungen werden an das Druckluftnetz gestellt?   → **1.4.3.4**

Folgende Anforderungen müssen erfüllt sein:

- Ausreichende Durchflusskapazität
- gut geplantes und verlegtes Druckluftnetz
- geringe Druckverluste
- minimale Luftleckage (Kosten).

Rohrleitungen sind verzugsfrei zu verlegen und dürfen nicht zweckentfremdet eingesetzt werden. Das Abfließen von Kondenswasseransammlungen ist immer zu gewährleisten. Gute Luftqualität erhöht das Leistungsvermögen, die Lebensdauer der Anlage und verringert die Servicekosten.

12. Welche Aufgabe hat die Wartungseinheit[2] und aus welchen Bauteilen besteht sie?

Um Reste von Kondenswasser, Schmutz sowie Rost nicht zum Druckluftverbraucher gelangen zu lassen, ist es erforderlich, an jeder Druckluftentnahmestelle noch einmal eine Aufbereitungseinheit (Wartungseinheit) zu installieren. Sie besteht aus den folgenden *Bauteilen*:

---

[1] Vgl. ausführlich unter 1.4.3.4/09. ff.
[2] Vgl. auch: 1.4.3.4/16.

- *Absperrventil* (Kugelventile öffnen und schließen nur mit geringen Druckstößen)

- *Druckfilter* zum Filtern von Verunreinigungen und Abscheiden von Wasser; während des Betriebs sind die Filter auf Verschmutzung zu kontrollieren; vorteilhaft ist eine automatische Entleerung.

- *Druckluftregler*, der den eingestellten Betriebsdruck unabhängig von Druckluftschwankungen im Netz annähernd konstant hält.

- *Schmiergerät* (Nebelöler), das nach dem Venturiprinzip arbeitet. Der dabei entstehende Ölnebel gelangt mit der aufbereiteten Druckluft zum Pneumatikgerät. Der Nebelöler ist nach Vorschrift einzustellen und es sind die vorgeschriebenen Öle zu verwenden. Weiterhin ist zu kontrollieren, ob das Gerät bei Betrieb Öltropfen absondert.

13. Welche Funktion haben Antriebsglieder und welche Arten gibt es?

Die pneumatischen Antriebsglieder wandeln pneumatische Energie (Druckenergie) in mechanische Energie (Bewegungsenergie) um.

Nach DIN ISO 1219 werden die Antriebsglieder unterschieden in:

- Druckluftzylinder für geradlinige Bewegungen
- Druckluftmotoren ohne begrenzten Schwenkbereich
- Druckluftmotoren mit begrenztem Schwenkbereich
- Druckübersetzer (ein pneumatischer Druck X wird in einen höheren Druck Y umgewandelt).
- Pneumatischer Muskel (Schlauch, der sich unter Druck verkürzt); Anwendung: Spann- und Greiftechnik, für Sortieraufgaben.

Alle Antriebsglieder sind fast wartungsfrei. Trotzdem ist für den jeweiligen Anwendungsfall die geeignete konstruktive Bauart auszuwählen.

14. Welche Besonderheiten weisen Druckluftzylinder auf und welche Schäden können ggf. entstehen?

Druckluftzylinder führen geradlinige Bewegungen aus. Ihr Haupteinsatzgebiet ist das Heben, Verschieben und Spannen von Werkstücken. Man unterscheidet grundsätzlich einfachwirkende und doppeltwirkende Zylinder. Sonderbauarten sind Mehrstellungszylinder, doppeltwirkende Mehrfachzylinder, Flach- und Einschraubzylinder.

Bei Druckluftzylinder kann es beim Abbremsen großer Massen zu harten Endlageanschlägen und damit zu Schäden am Arbeitszylindern kommen. Durch den Einsatz von Zylindern mit Endlagendämpfung und deren korrekte Einstellung können nachhaltige Schäden vermieden werden.

Bei größerem Hub (lange Ausfahrwege) und einer Schwenkbefestigung kann es zu unzulässigen Knickbelastungen der Kolbenstange kommen. Um dies zu vermeiden ist ggf. ein Arbeitszylinder mit stärkerem Kolbenstangendurchmesser notwendig. Auch eine ungenügende Ausrichtung und Befestigung des Arbeitszylinders kann zu unzulässigen Belastungen führen.

15. Welche Besonderheiten weisen Druckluftmotoren auf und welche Schäden können ggf. entstehen?

Druckluftmotoren (z. B. Lamellenmotor) sind sehr robust und unter Beachtung ihrer konstruktiven Eigenschaften wie Drehzahl und Drehmoment sehr langlebig. Sie besitzen einen einfachen Aufbau und werden als Werkzeugantrieb wegen ihrer Überlastsicherheit sowie ihres Gewichtsvorteils auch für hochtourige Antriebe benutzt. Trotzdem können bei einer Reparatur Schäden durch Nichtbeachten der Einbauvorschriften sowie durch fehlerhaften Einbau des Abtriebs (Kupplungen, Riementrieb, Zahnräder) auftreten. Zu beachten sind immer der richtige Drehsinn und der Arbeitsdruck.

16. Welche Funktion haben pneumatische Ventile und welche Hauptarten gibt es?

Ventile sind Energiesteuerelemente. Sie steuern Start und Stopp des Energieflusses sowie Flussrichtung, Druck und Durchflussmenge. Man unterscheidet folgende pneumatische Ventilarten:

Pneumatische Ventile	
Bauarten	*Funktion*
Wegeventile	... bestimmen Start, Stopp und Durchflussrichtung der Druckluft.
Sitzventile: - Kugelsitzventile - Tellersitzventile	... haben eine kurze Ansprechzeit, sind nicht schmutzempfindlich und müssen mit hohen Nennweiten vorgesteuert werden.
Schieberventile	... eine längere Ansprechzeit, sind schmutzempfindlich und benötigen geringe Betätigungskräfte.
Sperrventile	... bestimmen die Richtung der Druckluft.
Rückschlagventile	... sperren den Durchfluss in eine Richtung und öffnen ihn in die andere.
Wechselventile	... haben zwei Eingänge und einen Ausgang (Funktion der ODER-Verknüpfung).
Zweidruckventile	... haben zwei Steueranschlüsse und einen Ausgang (Funktion der UND-Verknüpfung).
Stromventile	... bestimmen die Durchflussmenge.
Drosselventile	... reduzieren die Durchflussmenge.
Drosselrückschlagventile	... sind eine Kombination von Drossel- und Rückschlagventil.
Verzögerungsventile	... sind eine Kombination von Drosselrückschlagventil, 3/2-Wegeventil und Speicher.
Schnellentlüftungsventile	... ermöglichen die schnelle Entlüftung von Leitungen.
Druckventile	... bestimmen den Druck.
Druckregelventile	... ermöglichen die Reduzierung des Primärdrucks.
Druckbegrenzungsventile	... sind Sicherheitsventile, die eine Überschreitung des zulässigen Drucks vermeiden.

17. Welche Information enthält zum Beispiel die Angabe „3/2-Wegeventil"?

Das Wegeventil verfügt über 3 Anschlüsse und 2 Schaltstellungen.

18. Welche Fehlerarten sind bei der Inbetriebnahme von Pneumatikanlagen denkbar?

- Montagefehler,
- ungenaue Einstellungen der vorgeschriebenen Werte bei Druck- und Stromventilen,
- fehlende Dichtungen,
- vertauschte elektrische und pneumatische Anschlüsse,
- falsche Grundstellung bei Impulsventilen,
- falsche oder fehlende Spannung.

Grundsätzlich ist bei allen Pneumatikanlagen die Wartung der Bauteile und die Qualität der Druckluftaufbereitung (Luftfeuchtigkeit, Ölgehalt) ein entscheidendes Kriterium für die Zuverlässigkeit und die Vermeidung vorzeitiger Verschleißerscheinungen.

19. Welche Aufgabe haben Schaltpläne, Lagepläne und Weg-Schritt-Diagramme?

• Der *Lageplan*
zeigt in einem Schema die räumliche Anordnung der wichtigsten pneumatischen Bauglieder.

• *Schaltpläne*
zeigen die Bauglieder in ihrer Ausgangsstellung. Sie werden in der Reihenfolge des Steuerungsablaufs von unten nach oben unabhängig von ihrer tatsächlichen Lage im Schaltplan angeordnet. Man verwendet genormte Bauteilsymbole (vgl. im Einzelnen, unten/19.).

• *Funktionsdiagramme*
zeigen grafisch den zeitlichen und funktionellen Ablauf der Steuerung (Schrittfolge). Damit können Zustände und Zustandsänderungen von Anlagen verdeutlicht werden. Der Funktionsplan (DIN 40719-6) war bis 2005 gültig und wurde mittlerweile durch die DIN EN 60848 (Grafcet; vgl. S. 130) ersetzt. Obwohl das Funktionsdiagramm ein nicht mehr gültiges Werkzeug ist, wird es im Maschinenbau, der Pneumatik und Hydraulik und dort speziell in der Ausbildung weiterhin benutzt.

- *Weg-Zeit-Diagramme*
zeigen die Bewegungsabläufe von Antriebsgliedern in Abhängigkeit von Weg und Zeit.

- *Weg-Schritt-Diagramme*
geben Hinweise für die Wartung und Instandsetzung (ohne Darstellung der Zeitabhängigkeit).

- *Zustands-Schritt-Diagramme*
geben einen schnellen Überblick über Funktionszusammenhänge der wichtigsten pneumatischen Bauteile und dienen dem besseren Verständnis der Steuerung.

Sie erleichtern in Verbindung mit Schaltplänen das Einrichten, Justieren und Kontrollieren der einzelnen Schaltfunktionen bei der Inbetriebnahme sowie während des Betriebes und unterstützen die Fehlersuche.

Das Zustands-Schritt-Diagramm zeigt die Steuerung in einzelnen Schritten:
· Die senkrechte Koordinate zeigt die Schaltzustände der Bauglieder, z. B. bei Ventilen a/b bzw. bei Zylindern ein/aus.

· Die waagerechte Koordinate zeigt die Zeit und/oder die Schritte des Steuerungsablaufs.

· *Funktionslinien:*
Schmale Volllinien zeigen die Bauglieder in Ruhestellung; breite Volllinien zeigen alle davon abweichenden Zustände (z. B. Zylinder fährt aus).

· *Signallinien*
verbinden die Funktionslinien und stellen die Abhängigkeit der einzelnen Bauglieder dar. Eine Pfeillinie zeigt dabei die Verbindung vom auslösenden Schaltelement zum Element, das als nächstes betätigt wird. Dadurch ist es möglich, den vollzogenen Schritt und gleichzeitig den daraus resultierenden neuen Schritt leicht zu erkennen.

· *UND-Verknüpfung:*
Die Vereinigungsstelle der Signallinien wird mit einem dicken Schrägstrich versehen.

· *ODER-Verknüpfung:*
Die Vereinigungsstelle der Signallinien wird mit einem Punkt versehen.

Funktionsdiagramm (Zustandsdiagramm, Ausschnitt):

Bauglieder			Schritte			
Benennung	Nr.	Lage/Zustand	0	1	2	3
Haupt-ventil	0V1	b / a				
Hub-zylinder	1A1	aus / ein		2S1		
5/2-Wege-ventil	1V1	a / b				

a Schaltstellung   Ein(schalter) ○   Aus(schalter) ◎
b Ruhestellung

20. Welche Symbolik wird bei der Erstellung von Schaltplänen verwendet?

Die DIN ISO 1219-1: 1996-03 hat die Symbole für die Darstellung von Schaltkreisen der Pneumatik und der Hydraulik vereinheitlicht (Symbolik der Fluidtechnik[1]). Dazu sind nachfolgend einige Beispiele dargestellt:

▷ ▶	Energiequelle pneumatisch hydraulisch
	Verdichter (Kompressor)
	Hydropumpe verstellbar
	2/2-Wegeventil mit variablem Durchflussweg
	3/2-Wegeventil geschlossen
	Filter oder Sieb

Nachfolgend ist die Benennung der Anschlussstellen nach DIN ISO 1219 wiedergegeben (in Ziffern); ergänzend wurden die alten Benennungen (in Buchstaben) mit aufgeführt:

Anschlussbezeichnungen nach DIN ISO 1219		
	Benennung	
	Neu	Alt
Druckquelle	1	P
Arbeitsleitung	2, 4	A, B
Entlüftung/Abfluss	3, 5, 7	R, S, T
Steueranschluss	12, 14	Y, Z

---

[1] Vgl. in den Tabellenwerken, z. B. Friedrich Tabellenbuch, a.a.O., S. 9-14 ff.

21. Welche Ursachen können für den Ausfall pneumatischer Anlagen vorliegen?

Zwei der häufigsten Ursachen für den Ausfall pneumatischer Anlagen sind:

1. *Schlechte Wartung, z. B.*
   - unzureichende Filterwartung,
   - verschmutzte Druckluft und
   - das Auftreten von Kondenswasser in der Pneumatikanlage.

2. *Überhöhte Erwartungen an die Lebensdauer der Bauteile:*
   Es ist deshalb sinnvoll, für den Betrieb einer pneumatischen Anlage ein Reparatur- und Wartungshandbuch zu führen. Die dv-gestützte Erfassung der Anlagedaten ermöglicht es, Wiederholungsfehler schnell zu finden und exakte Aussagen über den technischen Zustand und die Kosten der Instandhaltung zu geben.

Zu einer vollständigen technischen Dokumentation der Pneumatikanlage u. a. gehören:

- Ausführlicher pneumatischer Wirkschaltplan,
- Funktionsdiagramme,
- Stücklisten.

Mitentscheidend ist die richtige Wahl des optimalen Instandhaltungskonzepts, z. B. ein Mix aus Ausfallbehebung sowie zustandsorientierter und vorbeugender Instandhaltung. Auf diese Weise können plötzliche Ausfälle minimiert und die Zuverlässigkeit der pneumatischen Steuerung erheblich verbessert werden.

Weiterhin können mithilfe von Fehlersuchprogrammen und systematischen Abfragen Fehlfunktionen an pneumatischen Steuerungen leichter eingegrenzt werden. Dazu ausgewählte Beispiele:

Kontrolle
- der Verdichter und Trockner
- des Druckluftnetzes auf Undichtheiten
- des Steuerprogramms
- des Leitungsnetzes auf Verstopfungen
- der Ventile auf richtigen Einbau, Anschluss und Einstellung
- der Filter auf Verschmutzung/Kondenswasser
- von Stromart und Spannung (bei elektromagnetischen Ventilen)
- auf ausreichende Schmierung der Bauteile
- der Sicherheitseinrichtungen
- der Sensortechnik (Einstellung, Funktion)
- der Drücke sowie aller Einstellwerte und Vergleich mit der technischen Dokumentation.

1.6.4 Elektropneumatische Steuer- und Regeleinrichtungen

01. Was ist Gegenstand der Elektropneumatik?

In der Elektropneumatik werden elektrische und pneumatische Bauteile in Automatisierungsanlagen miteinander kombiniert:
Die *Pneumatik* übernimmt die Funktion der *Leistungseinheit*; mithilfe elektrischer Signale und deren Verknüpfung wird der *Signalteil* gesteuert. Beide Energiekreise werden durch Elektro-Pneumatik-Wandler (*EP-Wandler*) verknüpft.

02. Welche Vorteile bietet der elektrische Strom als Steuerenergie?

Als Steuerenergie bietet der elektrische Strom gegenüber der Druckluft eine Reihe von Vorteilen:

- Die Kosten sind geringer
- die Signalübertragung ist schneller
- logische Verknüpfungen lassen sich mithilfe von Relais leichter gestalten.

03. Welche Bauteile finden in elektropneumatischen Anlagen Verwendung?

1. *Pneumatische Antriebsglieder* (Zylinder, Motoren, Drossel-/Sperrventile). Vgl. 1.6.3/12. ff.

2. *Elektrische und elektropneumatische Bauteile*
   Die nachfolgende Übersicht zeigt eine Auswahl wichtiger Bauteile sowie eine Kurzbeschreibung ihrer Funktionsweise:

Elektrische und elektropneumatische Bauteile	
Bauarten	*Funktion*
Elektrische Eingabeelemente	... öffnen und schließen den Stromzufluss zu einem Verbraucher.
Taster	... öffnet und schließt für die Dauer der Betätigung.
Stellschalter	... öffnet und schließt; Schaltstellung bleibt bis zur nächsten Betätigung erhalten.
Schließer	Stromkreis ist ohne Betätigung unterbrochen.
Öffner	Stromkreis ist ohne Betätigung geschlossen.
Wechsler	... kombiniert die Funktion des Schließers und des Öffners.
Sensoren	... übermitteln mithilfe unterschiedlicher Messverfahren Informationen über den Zustand von Bauteilen der Steuerung, z. B. Zylinder in Ausgangslage.
Mechanische Grenzwerttaster	... übermitteln die Position eines Werkstücks oder Werkzeugs.
Druckschalter	... öffnen, schließen oder wechseln Stromkreise bei Erreichen eines bestimmten Drucks.
Reedkontakte	... übermitteln die Endlagen von Zylindern.
Relais, Schütze	... sind Schalter mit elektromagnetischen Kontakten.
Relais	... schalten kleine Spannungen (≤ 1 kW).
Schütze	... schalten größere Spannungen (> 1 kW).
Magnetventile	... sind EP-Wandler, die den elektrischen Teil einer Steuerung mit dem pneumatischen verbinden. Sie verfügen über eine Magnetspule und ein Pneumatikventil. Es werden z. B. 3/2-Wegeventile mit Federrückstellung mit/ohne Vorsteuerung eingesetzt.

04. Wie werden Betriebsmittel im Stromlaufplan gekennzeichnet?

Nach DIN EN 81346 werden Betriebsmittel in Stromlaufplänen mit Buchstaben gekennzeichnet, z. B.:

Kennzeichnung der Betriebsmittel im Stromlaufplan nach DIN EN 81346			
A	Baugruppen	R	Widerstände
B	PE-Wandler	S	Schalter, Taster
C	Kondensatoren	T	Transformator
...	...	...	...

Vgl. z. B.: Friedrich Tabellenbuch, a.a.O., S. 9-19

05. Wie werden die Kontaktbahnen eines Relais gekennzeichnet und welche Bedeutung haben die Ziffernangaben?

Beispiele:

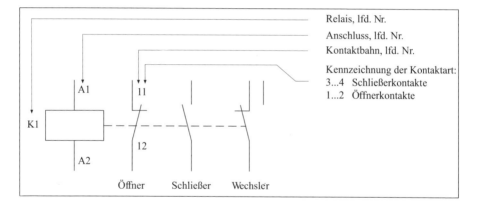

1.6.5 Hydraulische Steuer- und Regeleinrichtungen

01. Wie ist das Funktionsprinzip hydraulischer Anlagen?

In hydraulischen Anlagen werden durch ruhende und strömende Flüssigkeiten Kräfte und Energien übertragen. Es können lineare oder rotierende Bewegungen erzeugt werden. Die übertragenen Energien werden gesteuert oder geregelt und vorrangig im Leistungsteil der Anlage eingesetzt. Im Steuerungsteil verwendet man mechanische oder elektrische Elemente. Merkmale für die Leistungsfähigkeit von Hydraulikanlagen sind Druck und Volumenstrom.

02. Welche Vorteile bieten hydraulische Anlagen?

- Sie können feinfühlig und stufenlos Arbeitszylinder und Motorgeschwindigkeiten steuern (Positioniermöglichkeit ± 1 μm).

- Sie haben einen großen Regelbereich und sind einfach im Aufbau.
- Die Überlastsicherung ist unkompliziert durch Druckbegrenzung möglich.
- Kleine, kompakte und platzsparende Bauteile übertragen große Kräfte.

03. Welche Nachteile sind mit dem Einsatz hydraulischer Anlagen verbunden?

- Druckverluste bei großen Leitungslängen
- Schwingungsneigung
- Schmutzempfindlichkeit
- Leckagemöglichkeit mit negativen Auswirkungen auf die Umwelt
- Speicherung von hydraulischer Energie nur über Umwege möglich
- relativ hohe Bauteilkosten
- Unfallgefahr wegen hoher Anlagendrücke
- bei hoher Eigenerwärmung aufwändige Kühlsysteme notwendig
- Hydraulikflüssigkeiten verändern ihre Viskosität bei Veränderung ihrer Temperatur

04. In welchen Druckbereichen werden hydraulische Anlagen bevorzugt eingesetzt?

1. Im *Niederdruckbereich:*	30 bis 50 bar	Werkzeugmaschinen: Vorschubantriebe, Spannen, Transport
2. Im *Mitteldruckbereich:*	bis 250 bar	Mobilhydraulik, Hub- und Transportanlagen, Spritzgießmaschinen, Flugzeughydraulik, Spritzgießmaschinen
3. Im *Hochdruckbereich:*	bis 500 bar bis 1.000 bar	Fahrantriebe, Pressen Werkzeugantriebe, Vorrichtungen, Labor- und Prüfgeräte

05. Wie ist die grundsätzliche Wirkungsweise einer Hydraulikanlage?

Die Energieerzeugung in einer Hydraulikanlage erfolgt über eine Hydraulikpumpe. Die elektrische bzw. mechanische Energie wird auf die Druckflüssigkeit übertragen und anschließend mithilfe von Druck-, Wege- und Stromventilen zu den Aktoren (Zylinder und Motoren) übertragen. Diese wandeln die Druckenergie wieder in mechanische Energie um. Der Energietransport wird mithilfe mechanischer, pneumatischer, elektrischer und hydraulischen Steuersignalen beeinflusst. Im Gegensatz zur Pneumatik muss sich bei einer Hydraulikanlage die Flüssigkeit in einem Kreislauf bewegen.

Prinzipskizze einer Hydraulikanlage:

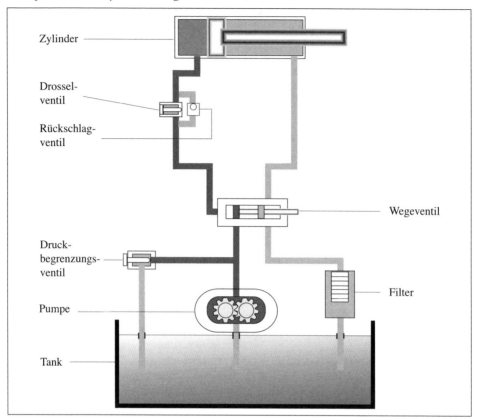

06. Welche hydraulischen Antriebselemente werden eingesetzt?

07. Welche Besonderheiten weisen Hydraulikpumpen[1] auf?

Pumpen verdrängen Hydraulikflüssigkeit von der Saugseite zur Druckseite und übertragen auf diese Weise mechanische Energie in Flüssigkeiten. Während *Konstantpumpen* einen gleichbleibenden Förderstrom liefern, können mit *Verstellpumpen* Förderströme energiesparend, stufenlos und richtungsändernd beeinflusst werden.

---

[1] Vgl. zu den unterschiedlichen Pumpenbauarten ausführlich unter 1.1.3.2.

Wichtige Auswahlkriterium für den zweckgerichteten Einsatz von Pumpen sind:

- Förderstrom,
- maximal zulässiger Höchstdruck,
- Wirkungsgrad,
- Geräuscheigenschaften.

Entsprechend der Bauart unterscheidet man vor allem Kolben-, Zahnrad- und Flügelzellenpumpen.

Pumpen unterscheiden sich je nach Konstruktion und Anforderung in folgenden Eigenschaften:

- Volumenstrom und erzeugte Drücke
- Ansaugverhalten
- Schmutzempfindlichkeit
- Druckbelastung
- Einbauvolumen
- Schwingungsverhalten und Geräuschentwicklung
- Verstellbarkeit und Verstellverhalten
- Schwenkwinkel
- Wirkungsgrad

08. Welche Verschleißerscheinungen treten bei Pumpen auf?

Der Verschleiß ist bei Pumpen an der Minderleistung erkennbar: Erzeugter Druck und Volumenstromförderung sind stark vermindert. Ein vorzeitiger Verschleiß entsteht z. B. durch verschmutztes Öl bei Überschreiten der Filter- und Ölwechselfristen.

Auch beim Auftreten von Kavitation wird der Verschleiß von Pumpen beschleunigt. Deshalb ist unbedingt ein Trockenlaufen von Pumpen zu vermeiden. Auf einen ruhigen Lauf der Pumpe und des Antriebsmotors ist ebenfalls zu achten. Kupplungsunrundlauf und Kupplungsspiel können zu unzulässigen Schwingungen führen, die einen vorzeitigen Verschleiß zur Folge haben.

09. Welche Besonderheit weisen Hydraulikmotoren auf?

Hydraulikmotoren wandeln hydraulische Energie in mechanische um. Bei dieser Umwandlung nimmt der Hydraulikmotor ein Schluckvolumen auf und erzeugt so das Drehmoment. Axialkolbenpumpen können in vielen Anwendungsfällen auch als Hydraulikmotor betrieben werden.

Hydraulikmotoren besitzen einen Leckölanschluss. Die Menge des auftretenden Lecköls ist deshalb ein zuverlässiger Hinweis auf den Verschleißzustand.

10. Welche Besonderheiten sind bei Hydraulikzylindern zu beachten?

Hydraulikzylinder ermöglichen es auf einfache Weise, Linearbewegungen zu realisieren. Ein- und Ausfahrgeschwindigkeiten sind stark vom *Volumenstrom* abhängig. Der *Flüssigkeitsdruck* bestimmt dagegen die Kraft, mit der der Kolben bewegt werden kann. Fehler in einer Hydraulikanlage beruhen in erster Linie auf einer Veränderung dieser beiden Größen. Weitere Störungs-ursachen können sein:

- Verschlissene Abdichtungen sowie innere und äußere Leckagen vermindern die Leistung von Arbeitszylindern.
- Vorzeitiger Verschleiß tritt durch verschmutztes Öl und schlechte Wartung ein.
- Beschädigungen der Kolbenstange (Riefen, Knickung und Rost) führen ebenfalls zum vorzeitigen Ausfall.

11. Welche Aufgabe hat ein Druckflüssigkeitsspeicher?

Druckflüssigkeitsspeicher haben die Aufgabe,

- Förderstromschwankungen auszugleichen und Schwingungen zu dämpfen,
- Ölreserven bei Leckverlusten zu ermöglichen und
- Energiereserven zu speichern (bei Notbetätigungen).

Der Gasdruck des Druckflüssigkeitsspeicher muss dem Schaltplan entsprechen. Druckgefäße unterliegen besonderen Vorschriften hinsichtlich der Herstellung und Überwachung. Auf Dichtheit und eine ölseitige, freie Verbindung zum Tank beim Befüllen des Druckbehälters mit Stickstoff ist besonders zu achten.

12. Welche Funktion haben Ventile in einer Hydraulikanlage?

Hydraulikventile steuern bzw. regeln den Druck, den Volumenstrom und die Strömungsrichtung des Fluids. Hinsichtlich ihrer Funktion in der Anlage unterscheidet man folgende Ventilarten:

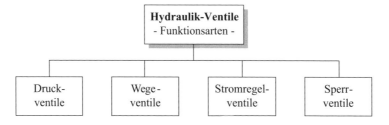

- *Druckventile:*
  Ihre Aufgabe ist die Druckbegrenzung, Konstanthaltung des Arbeitsdruckes und das Schalten der Aktoren. Mit ihnen lassen sich auch große Volumenströme steuern.

- *Wegeventile*
  steuern die Volumenstromrichtung (z. B. Aus- und Einfahren von Arbeitszylindern). Ein 4/2-Wegeventil wird so bezeichnet, weil es 4 Anschlüsse und 2 mögliche Schaltstellungen besitzt.

- *Stromregelventile* (Drosselventile)
  steuern den Volumenstrom und halten damit die Ein- und Ausfahrgeschwindigkeit der Arbeits-zylinder bei Belastung konstant.

- *Sperrventile*
  sind Rückschlagventile. Sie benötigen keine Steuersignale und haben die Aufgabe den Durchfluss in eine Richtung zu sperren.

- Ventile mit Proportionaltechnik (beim Wegeventil: richtungsabhängiger Volumenstrom; beim
  Druckventil: variabler Druck; beim Stromventil: variabler Volumenstrom).

13. Welche Besonderheiten sind bei der Wartung und Instandsetzung von Hydraulikventilen zu beachten?

Ventile verschleißen durch ständige Beanspruchung und Ölverschmutzung, werden undicht und
müssen rechtzeitig ersetzt werden.

- *Fehlerursachen bei Wegeventile, z. B.:*
  · Fehlende Dichtungen,
  · falsche Montage,
  · vertauschte Anschlüsse,
  · falsche Spannung,
  · falsche Grundstellung.

- *Fehlerursachen bei Druckventilen, z. B.:*
  · falsche Druckeinstellung,

- *Fehlerursachen bei Stromregelventilen, z. B.:*
  · falsche Anordnung des Rückschlagventils

14. Welche Aufgaben erfüllt die Hydraulikflüssigkeit?

Die Lebensdauer einer Hydraulikanlage und ihr wirtschaftlicher Betrieb ist in hohem Maße von
der Wahl der verwendeten Hydraulikflüssigkeit abhängig. Meist werden Druckflüssigkeiten auf
der Basis von Mineralölen eingesetzt. Daneben gibt es schwer entflammbare sowie biologisch
abbaubare Druckflüssigkeiten (vgl. dazu auch: 1.4.3.2); Hinweise enthalten die DIN 51524 sowie
die Tabellenwerke; vgl. z. B. Friedrich Tabellenbuch, a.a.O., S. 7-25.

Die Hydraulikflüssigkeit erfüllt folgende Aufgaben:

- Übertragung der Energie zum Verbraucher
- Weiterleitung von Signalen durch Druckwellen
- Schmierung beweglicher Innenteile von Hydraulikelementen (Kolben, Lager) und Schutz vor
  Korrosion
- Transport von Wärme und Verunreinigungen.

15. Welche Besonderheiten sind bei der Wartung und Reparatur von Hydraulikanlagen zu beachten?

• *Inspektionsmaßnahmen,* z. B.:
  - Der Austritt von Hydraulikflüssigkeit an Ventilen, Dichtungen, Verschraubungen und Zylindern weist auf Verschleiß oder mangelhafte Wartung hin.
  - Druck- und Temperaturmessgeräte zeigen die aktuelle Werte an und sind zu kontrollieren.
  - Oft sind noch zusätzliche Messstellen an der Anlage installiert, damit Fehlfunktionen schnell eingrenzt werden können.
  - Die Füllstandsanzeige ist regelmäßig zu kontrollieren und unter Beachtung der Betriebsanleitung bei Bedarf zu ergänzen.
  - Der Zustand der Hydraulikflüssigkeit (Farbe, Wasser, Schaumbildung) ist regelmäßig zu kontrollieren.
  - Sicherstellen, dass alle Sicherheitseinrichtungen voll funktionsfähig sind.

• Zu den *Wartungsmaßnahmen,*
  die unter Beachtung der Sicherheits- und Brandschutzvorschriften sowie den Vorgaben des Herstellers durchzuführen sind, gehören vor allem:
  - Wechsel der Hydraulikflüssigkeit
  - Reinigen und Spülen des Flüssigkeitsbehälters
  - Wechseln der Filtern in der gesamten Anlage
  - Auswechseln stark beanspruchter Dichtungen
  - Bei Bedarf: Neueinstellung der Betriebsdrücke
  - Festdrehen von Verschraubungen
  - Vorschriftsmäßige Auswechslung der Schläuche bei Beschädigung

• Bei *Reparaturen*
  ist darauf zu achten, dass die vom Hersteller geforderten Ersatzteile mit gleichen technischen Daten, Anschlussquerschnitten usw. verwendet werden.

Es wird empfohlen ein Betriebs- und Wartungsbuch über alle Inspektionen, Wartungen und Reparaturen zu führen. Schaltplan, Funktionsdiagramme und Stromlaufplan sollten selbstverständlich zur Verfügung stehen (vgl. 1.6.3).

1.6.6 Elektrische/elektronische Steuer- und Regeleinrichtungen

01. Welcher Unterschied besteht zwischen Verknüpfungs- und Ablaufsteuerungen?

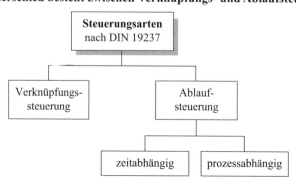

Der Unterschied zwischen beiden Steuerungsarten liegt in der Form der Signalverarbeitung:

• Bei den *Verknüpfungssteuerungen*
resultiert die Steuergröße durch die Verknüpfung mehrerer Signale. Ein schrittweiser Ablauf ist nicht erforderlich.

Beispiel: Ein Maschine verrichtet erst dann Arbeit, wenn die Schutzvorrichtung geschlossen ist und beide Handtaster gleichzeitig betätigt werden.

• Bei *Ablaufsteuerungen*
erfolgen die Einzelprozesse zwangsläufig schrittweise. Ein definierter Gesamtprozess wird in Teilschritte zerlegt und logisch strukturiert. Die Durchführung eines Teilschrittes ist von *Weiterschaltbedingungen* (Transitionen) abhängig. Diese sind entweder *zeitabhängig* oder *prozessabhängig*.

Beispiel (Ausschnitt):
- Ein Bearbeitungsteil wird an einer Maschine per Hand eingelegt.
- Es wird per Hand der Startimpuls gegeben.
- Das Werkstück wird von Zylinder 1 gespannt.
- Der Start soll nur möglich sein, wenn Zylinder 1 eingefahren ist.
- Der nächste Bearbeitungsschritt erfolgt durch Zylinder 2 und 3.
- Zylinder 2 fährt aus und verharrt 15 Sekunden, während Zylinder 3 nach dem Bearbeitungsvorgang wieder einfährt.

02. Welcher Unterschied besteht zwischen verbindungsprogrammierten und speicherprogrammierten Steuerungen?

• Bei der *verbindungsprogrammierten Steuerung* (VPS)
ist der Programmablauf durch fest miteinander verbundene Schaltelemente vorgegeben. Zum Beispiel erfolgt dies bei einer Relaissteuerung durch die Art der Verdrahtung. Will man den Programmablauf ändern, muss die Verdrahtung neu erstellt werden. Nachteil bei der VPS ist der erhebliche Änderungsaufwand bei neuen Programmabläufen.

Beispiele für VPS:

- Relaissteuerungen
- Schützsteuerungen
- pneumatische Steuerungen

• Bei der *speicherprogrammierten Steuerung* (SPS)
wird der Programmablauf in einem Softwareprogramm festgelegt. Die Verdrahtung der Bauteile ist steuerungsunabhängig. Änderungen in der Steuerungslogik können ohne großen Aufwand durch Programmänderungen durchgeführt werden.

03. Welche Vor- und Nachteile hat die SPS gegenüber der VPS?

Vor- und Nachteile der SPS gegenüber der VPS	
Vorteile	**Nachteile**
- kann mit Rechnern und anderen EDV-Anlagen vernetzt werden - weniger Platzbedarf - zuverlässiger - flexibler - geringer Stromverbrauch - Änderungen schnell durchführbar - schnelle Fehleranalyse möglich - Trennung zwischen Geräteaufbau (Hardware) und Programm (Software)	- zusätzliche Infrastruktur erforderlich, z. B. Programmiergerät (PG), Datensicherung - Personal muss ausreichend qualifiziert sein - kostenintensiver

04. Welche Einsatzgebiete gibt es für SPS?

Hauptaufgabe der SPS ist die Steuerung, Verriegelung und Verknüpfung von Maschinenfunktionen. Die SPS wird überall dort eingesetzt, wo im Rahmen der Automatisierung Fertigungsprozesse gesteuert, überwacht und beeinflusst werden sollen.

05. Aus welchen Funktionseinheiten besteht eine SPS?

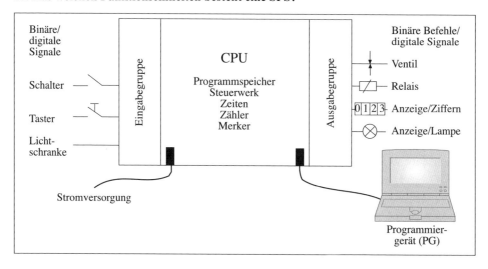

1. Die *Spannungsversorgung* der elektronischen Baugruppen erfolgt über ein Netzgerät.

2. Die *Zentraleinheit* (CPU) der SPS verarbeitet die Eingangssignale nach Vorgabe der Programmanweisung. Sie enthält folgende Speicher:

   a) Den *Systemspeicher* für die Arbeitsweise der SPS (Betriebssystem)
      · als ROM-Speicher (Read Only Memory): Festwertspeicher, dessen Inhalt nur gelesen werden kann und unveränderbar ist;

oder

· als EPROM-Speicher (Electrically Programmable Read Only Memory) bzw. EEPROM-Speicher (Electrically Erassable Programmable Read Only Memory); dies sind elektronische Nur-Lese-Speicher. Sie benötigen keine Stromversorgung. Die Daten von EPROM-Speichern können durch Bestrahlen mit UV-Licht, die von EEPROM durch elektrische Impulse gelöscht werden.

b) Der *Programmspeicher* als RAM-Speicher (Random Access Memory) ist ein Schreib-Lese-Speicher, der die Anweisungen für den steuerungstechnischen Ablauf enthält. Er kann programmiert, geändert und gelöscht werden und muss mit Strom versorgt werden. Wird die Stromversorgung unterbrochen, gehen die gespeicherten Daten verloren. Man vermeidet dies durch den Einbau einer Pufferbatterie.

c) Der *Zwischenspeicher* ist ebenfalls ein RAM-Speicher, der Merkerfunktionen und Verknüpfungsergebnisse enthält.

3. Die *Eingabegruppe* nimmt Signale auf, die *Ausgabegruppe* gibt Signale an Stellgeräte ab.

4. Über das *Programmiergerät* können Anweisungen in einer bestimmten Programmiersprache (vgl. unten) eingegeben werden. Ein *Kompiler* (Übersetzer) wandelt das Anwenderprogramm in die Maschinensprache um.

Die einfachsten SPS mit nur wenigen Ein-/Ausgängen werden als Steckkarten in einen Rechner (z. B. PC-Bus) eingesteckt. Für kleine Steuerungsaufgaben werden alle vier Baugruppen aus Kostengründen in einem gemeinsamen Gehäuse in Form einer *Kompakt-SPS* untergebracht. Kompakt-SPS werden immer leistungsfähiger, sind vernetzbar, über Bus-Systeme programmierbar und können erweitert werden.

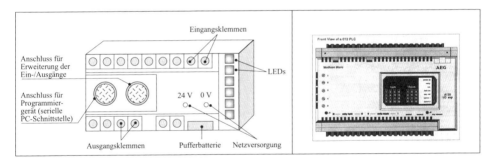

06. Welche Programmierarten (-sprachen) gibt es?

Nach IEC 61131 gibt es fünf genormte Programmiersprachen:

Programmiersprachen				
AWL Anweisungs liste	**FUP** Funktionsplan	**KOP** Kontaktplan	**ST** Strukturierter Text	**AS** Ablaufsprache - grafisch -

In der einfachen Ausbaustufe ist die SPS nur für logische Operationen programmierbar. Derartige Operationen basieren auf Einbitinformationen (Binärzahlen: 0 oder 1). Das Programm der SPS besteht aus einer Folge von Steueranweisungen, die der Prozessor in der vorgegebenen Reihefolge abarbeitet.

07. Wie erfolgt die AWL-Programmierung?

Die AWL-Programmierung bedient sich einer Textsprache. Eine Steueranweisung hat zwei Bestandteile:

AWL-Programmierung				
- Bestandteile der Programmanweisung -				
Befehlsteil = Operationsteil			**Zuordnungsteil = Operandenteil**	
Er enthält logische Verknüpfungen und sonstige Anweisungen.			Er enthält die Eingänge, Ausgänge, Zähler und Merker, mit denen die Operationen durchgeführt werden sollen.	
Beispiele: [1]				
Laden	L		Eingang	E
UND	U		Ausgang	A
ODER	O		Merker	M
NICHT	N		Zeitglied	T
UND-NICHT	UN			
Klammer auf, in Kombination mit U/O	(			
Klammer zu	)			
SETZEN	S			
RÜCKSETZEN	R			
Zuweisung	=			
Zählen, vorwärts	ZV			

Beispiel (Ausschnitt):
Bei der Inbetriebnahme einer Maschine muss ein Starttaster (E 0.1) betätigt werden. Das Betriebssignal (A 1.1) ertönt, gleichgültig ob der Schalter E 0.2 den Zustand „0" oder „1" meldet. Die Anweisungsliste kann ohne oder mit Merker erstellt werden.

Anweisungsliste ohne Merker:	Anweisungsliste mit Merker:
O (U E0.1 U E0.2) O (U E0.1 UN E0.2) S A1.1	U E0.1 U E0.2 = M9.1 U E0.1 UN E0.2 = M9.2 O M9.1 O M9.2 S A1.1

---

[1] Weitere Kennzeichen vgl. in den Tabellenwerken, z. B. Friedrich Tabellenbuch, a. a. O., S. 9-25 ff.

08. Wie erfolgt die FUP-Programmierung?

Der Funktionsplan (FUP) stellt Steuerungsabläufe mithilfe genormter Symbole dar. Die Programmierung ist einfach und übersichtlich (DIN 40 719).

Es werden zum Beispiel folgende Symbole verwendet:

Symbol	Bedeutung
☐	Basiselement
&amp;	Basiselement + Funktionssymbol
E1 & A E2	UND-Verknüpfung: Das Ausgangssignal A nimmt den Wert 1 an wenn die Eingänge den Zustand 1 zeigen.
E1 ≥ A E2	ODER-Verknüpfung: Das Ausgangssignal nimmt den Wert 1 an, wenn mindestens einer der Eingänge den Zustand 1 zeigt.

Vgl. ausführlich zur Symbolik des FUP: Friedrich Tabellenbuch, a.a.O., S. 9-9

Beispiel (Ausschnitt):

$$\text{E0.1} \longrightarrow \boxed{\geq} \longrightarrow \text{A1.1}$$
$$\text{E0.2} \longrightarrow$$

09. Welche Aufgabe haben Funktionsdiagramme (FUP)?

Funktionsdiagramme (veraltet) zeigen grafisch den zeitlichen und funktionellen Ablauf der Steuerung (Schrittfolge). Damit können Zustände und Zustandsänderungen von Anlagen verdeutlicht werden.

Hinweis: Seit April 2005 ist die DIN 40719 Teil Funktionsplan (FUP) *nicht mehr gültig*. Daher wird auf Funktionsdiagramme hier nicht weiter eingegangen. Stattdessen gilt die DIN EN 60484 GRAFCET.

Übungsaufgabe: Elektropneumatische Steuerung (mit Ablaufbeschreibung nach Grafcet)

Von einem Rollengang ankommende Paletten werden von einem Pneumatikzylinder 1A1 angehoben und von einem zweiten Pneumatikzylinder 2A1 in eine andere Ebene weiter geschoben.

Zylinder 1A1 darf erst einfahren, wenn Zylinder 2A2 die hintere Endlage erreicht hat. Das Startsignal nach Ablauf eines Zyklus wird durch die jeweils neu ankommende Palette über 1S3 ausgelöst. Es ist die Ablaufbeschreibung nach Grafcet darzustellen.

Lösung:

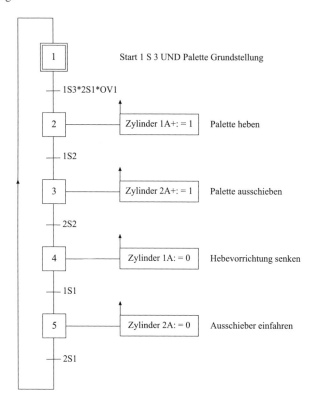

10. Wie erfolgt die KOP-Programmierung?

Der Kontaktplan (KOP) hat Ähnlichkeit mit dem Stromlaufplan. Die Ablaufschritte werden von links nach rechts dargestellt. Es wurden nach der DIN EN 61131 neue Symbole eingeführt. Nachfolgend ist eine Auswahl dieser Symbole dargestellt (vgl. ausführlich in den Tabellenwerken, z. B. Friedrich Tabellenbuch, a.a.O., S. 9-25):

Symbol	Bedeutung
	Eingangssignal ohne Umkehrung
	Eingangssignal mit Umkehrung
	Ausgang
	UND-Verknüpfung
	ODER-Verknüpfung

Beispiel:

```
 | E0.1        E0.2           A1.1
 |                             ( )
 |
 |  E0.1        E0.2
 |
```

11. Welche Funktion hat ein Optokoppler in der SPS?

Der Optokoppler ist ein zusätzliches Bauelement in der SPS. Er ist ein Wandler zwischen den optischen und elektrischen Signalen. Seine Aufgabe ist die Absicherung der Eingänge gegen zu hohe Eingangsspannungen.

12. Warum verwendet man Merker bei der Programmierung einer SPS?

Merker sind Operanden in einem Programm, in denen Informationen abgelegt sind. Sie vereinfachen die Programmierung (vgl. 06. AWL-Programmierung).

13. Was ist die Zykluszeit einer SPS?

Das Programm einer SPS wird vom Prozessor in einer sich permanent wiederholenden Schleife
vom Zyklusanfang bis zum Zyklusende bearbeitet. In jeder Schleife erfolgen durch den Prozessor
drei Arbeitsschritte:

1. Abfragen der Eingänge
2. Verarbeitung der Eingangssignale entsprechend dem Programm
3. Belegung der Ausgänge.

Die *Zykluszeit* ist die Dauer, die der Prozessor benötigt, um die Bearbeitungsschleife einmal zu
durchlaufen. Sie ist abhängig von der Anzahl der Befehle sowie der Arbeitsgeschwindigkeit des
Prozessors und liegt im ms-Bereich.

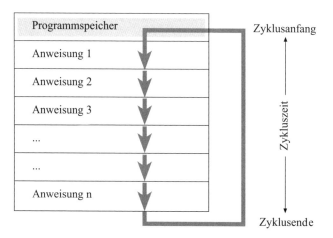

1.6.7 Diagnosesysteme an Maschinen und Anlagen

**01. Wie wird die Zustandsüberwachung (Condition Monitoring) von Maschinen und An-
lagen durchgeführt?** → **1.3.2**

Vgl 1.3.2/Frage 08.

02. Was ist bei der Einführung von Maschinendiagnosesystemen zu beachten? → **1.3.2**

Vgl. 1.3.2/Frage 09.

03. Welche Vorteile bringt der Einsatz von Diagnosesystemen für die Fertigungstechnik?

1. *Erhöhung der Maschinenverfügbarkeit*:
   - Verringerung der Maschinenstillstandszeiten durch bessere Wartung und Instandhaltung,
   - zeitweise bedienerloser Betrieb,
   - Verlegung der Wartungsarbeiten in die Produktionsstillstandszeit.

2. *Gleichbleibende Fertigungsqualität*:
   - Gleichbleibender Maschinenzustand verbunden mit einer Verbesserung der Maschinen- und Prozessfähigkeit,
   - Qualitätsregelung sowie Verringerung von Nacharbeit und Ausschuss.

3. *Gewährleistung von Sicherheits- und Umweltstandards*:
   - Warnung vor gefährlichen Zuständen,
   - Verringerung der Umweltgefährdung,
   - verbesserte Arbeitsbedingungen/einfachere Maschinenbedienung.

04. Wie ist die Funktionsweise der Diagnose-Software?

Komplexe Maschinen und Anlagen sind heute mit spezifischer Diagnose-Software ausgerüstet. Fehler in der Steuerung oder in der Bedienung der Anlage werden automatisch erkannt und dokumentiert.

Beispielsweise werden Fehler in der CNC-Steuerung einer Maschine am Bildschirm angezeigt. Der Bediener kann im Benutzerhandbuch die Erläuterung zur Fehlermeldung nachlesen und den Fehler beheben. Ist die Störungsursache behoben, verschwindet die Fehlermeldung am Bildschirm automatisch oder sie muss gesondert über eine Fehlerquittiertaste gelöscht werden.

Beispiele für Fehlermeldungen:

F 000 009   Spindeldrehzahl zu hoch   → Drehzahlwächter überprüfen
F 000 023   Öltemperatur zu hoch   → Kühleinheit überprüfen

1.7 Veranlassen von Maßnahmen zur Lagerung von Werk- und Hilfsstoffen sowie Produkten

1.7.1 Materialflusssteuerung

01. Welche Teilbereiche der Logistik werden unterschieden? → 5.5.1 ff.

Entsprechend den Phasen des Güterflusses gliedert man die Unternehmenslogistik in folgende Teilbereiche:

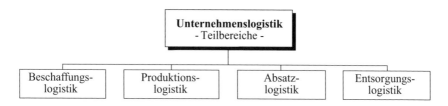

Vgl. dazu ausführlich unter 5.5.1 - 5.5.4.

02. Welche Aufgaben hat die Materialwirtschaft?

Die Materialwirtschaft hat die Aufgabe, Werk- und Hilfsstoffe sowie Produkte (Zulieferteile, Waren, Verschleißteile; Roh-, Halbfertig-, Fertigteile)

- zu beschaffen,
- zu verwalten,
- zu *lagern*,
- zu verteilen (transportieren) und
- zu entsorgen.

03. Was versteht man unter dem Begriff „Lager"?

Der Begriff „Lager" kann unterschiedliche Inhalte haben:

1. Der *Raum*, in dem Materialien bevorratet werden.
2. Die *Materialien*, die bevorratet werden.
3. Der Begriff „Lager" umfasst die *gesamte Funktion der Lagerwirtschaft* (verwalten/disponieren, lagern, transportieren, entsorgen).

04. Wie ist die Lagerfunktion in die betrieblichen Hauptfunktionen Beschaffung, Fertigung und Absatz integriert?

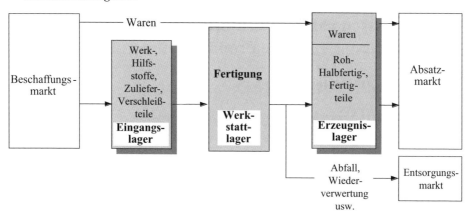

Entsprechend dem *Materialverlauf* unterscheidet man drei bzw. fünf grundsätzliche *Lagerstufen:*

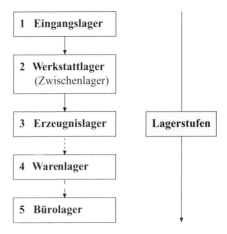

1. Das *Eingangslager*
   bevorratet *Roh-, Hilfs- und Betriebsstoffe* sowie *Zukauf- und Verschleißteile* zur Versorgung der Fertigung. Damit wird ein Puffer zwischen dem Fertigungs- und dem Beschaffungsrhythmus eingerichtet. Das Eingangslager führt *Sicherheitsbestände* und sichert so die Fertigung.

   Ggf. werden *Waren* beschafft, die ohne weitere technische Bearbeitung an den Kunden weiterverkauft werden (z. B. komplementäre Güter, die das Absatzprogramm abrunden; Beispiel: Pkw-Verkauf + Pflegemittel).

2. *Werkstattläger*
   sind Zwischenläger, die bei der Werkstattfertigung als Puffereinrichtung zwischen den einzelnen Fertigungsstufen erforderlich sind. Bei der Werkstattfertigung sind meist mehrere Zwischenläger erforderlich. Die Größe eines Zwischenlagers hängt von der Art der Fertigung ab. Bei der Fließfertigung ist dies weniger oder gar nicht erforderlich.

3. Im *Erzeugnislager* (auch: Absatz-/Endlager)
   werden die (zugekauften) Waren und die aus der Fertigung kommenden Roh-, Halbfertig- und Fertigprodukte sowie Ersatzteile bevorratet. Das Erzeugnislager soll die Schwankungen des Absatzmarktes auffangen.

4. Ggf. *Warenlager:*
   In einigen Firmen werden zugekaufte Waren nicht im Erzeugnislager, sondern in einem gesonderten Warenlager geführt (Lagerstufe 4).

5. *Büro-/Verwaltungslager:*
   Große Unternehmen haben mitunter als 5. Lagerstufe ein Büro- oder Verwaltungslager eingerichtet zur Versorgung der Verwaltungsbedarfe (Papier, Schreib- und PC-Materialien).

05. Welche Bedeutung haben die einzelnen Lagerstufen innerhalb des Gesamtprozesses der Leistungserstellung?

Das Sankey-Diagramm veranschaulicht beispielhaft die Intensität der einzelnen Materialflüsse in Beziehung zu den Fertigungs- und Lagerstufen (Zahlenwerte in Prozent):

Sankey-Diagramm

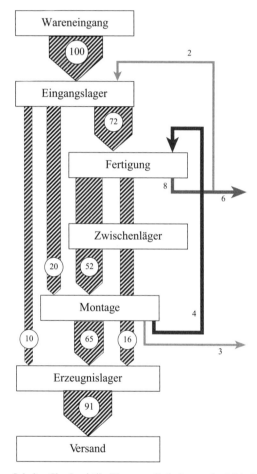

Quelle: in Anlehnung an Schulte, Ch., Logistik, Wege zur Optimierung des Material- und Informationsflusses, München 1999

06. Welche Ziele hat die Lagerwirtschaft?

- Bereitstellung ausreichender *Lagerkapazität*
- Optimierung der *Volumennutzung*
- Einsatz wirtschaftlicher *Technik*
- *Gewährleistung eines reibungslosen Materialflusses*
- Sicherstellung einer *sachgerechten* Lagerung

07. Welche Aufgaben hat die Lagerwirtschaft?

- *Wareneingang:*
  - Abwickeln der Materialeingänge
  - Mengen- und Qualitätskontrolle
  - wirtschaftliche Lagerung
  - Einlagern
  - Umformen
  - Umlagern
  - Auslagern

- *Lagerbuchhaltung:*
  Ordnungsgemäße Verbuchung von:
  - Eingängen
  - Ausgängen
  - Rückgaben
  - Umlagerungen
  - Vormerkungen

- *Disposition:*
  - Bedarfsermittlung
  - Bestandsrechnung
  - Bestellrechnung

- *Sonderaufgaben:*
  - Leergutverwaltung
  - Kontrolle und Beseitigung von Ladenhütern
  - Abfallhandling (Entsorgung)

Die *Disposition* wird meist von einer Abteilung der Materialwirtschaft wahrgenommen als Schnittstelle zwischen dem Beschaffungs-, dem Fertigungs- und dem Absatzbereich.

08. Was bezeichnet man als Materialfluss?   → 5.3.3, 5.5

Der *Materialfluss* ist die geordnete Verkettung aller Vorgänge der Beschaffung, Lagerung und der Verteilung von Stoffen innerhalb und zwischen festgelegten Bereichen (vgl. Ziffer 5.3.3).

Im einfachsten Fall besteht also ein *Materialflusssystem* aus den drei *Funktionen*:

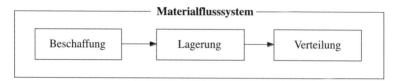

Eine gebräuchliche Abkürzung für die Gesamtheit der Materialprozesse ist die Bezeichnung „*TUL-Prozesse"* (Transfer, Umschlag, Lagerung; auch: Logistik des Materialflusses; vgl. dazu ausführlich Ziffer 5.5, Logistik).

Transport, Umschlag und Lagerung = TUL = Kernprozesse des Materialflusses

09. Welche Materialflusssituationen müssen bei der Layoutplanung der Fertigungslogistik im Einzelnen betrachtet werden?

Materialfluss
1. innerhalb des Betriebes
2. zwischen den Werkhallen
3. innerhalb der Werkhallen
4. zwischen/innerhalb der Funktionsbereiche
5. zwischen den Arbeitsplätzen.

Materialflusssituationen im Unternehmen/Betrieb

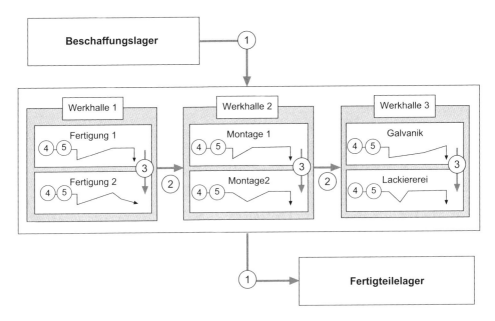

Neben diesen Materialflusssituationen innerhalb des Unternehmens/Betriebes gibt es weiterhin den Materialfluss

- *zum Unternehmen* (Beschaffungsmarkt – Unternehmen) und
- *vom Unternehmen* (Unternehmen – Absatzmarkt).

10. Welche Funktionen hat das Lager?

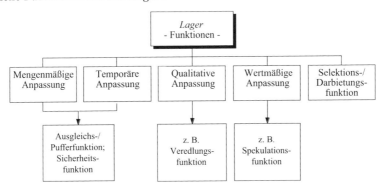

11. Nach welchen Kriterien können Läger gegliedert bzw. aufgebaut sein?

- nach Funktionen
- nach Lagergütern
- nach der Bedeutung
- nach dem Standort
- nach dem Eigentümer
- nach der Bauart
- nach der Lagertechnik
- nach dem Automatisierungsgrad
- nach dem Grad der Zentralisierung.

Vgl. dazu ausführlich unter 5.5.4/Frage 03.

12. Welche Vorteile können mit der Einrichtung von Werkstattlägern verbunden sein?

Zum Beispiel:

- Geringerer Organisationsaufwand (Abkopplung vom Zentrallager),
- Verringerung der Transportwege,
- Einrichtung einer spezifischen Lagertechnik,
- schnellerer Materialzugriff bei Eil-/Sonderaufträgen,
- ggf. geringere Material-, Lagerhaltungs- und Kapitalbindungskosten.

13. Was sind produktspezifische Zwischenlager?

Produktspezifische Zwischenlager stellen eine Besonderheit dar. Sie können erforderlich sein, wenn z. B. Rohstoffe vor der Verarbeitung einen bestimmten Reife-/Alterungs-/Trocknungsprozess erfahren müssen (z. B. Holz) oder produktspezifische Lagervorschriften zu beachten sind (Vorschriften des Herstellers, Vorschriften des Umwelt- und des Arbeitsschutzes, z. B. Lagerung von Gefahrstoffen).

14. Welche Bedeutung haben Instandhaltungslager?

Instandhaltungslager sind Sonderlager, die sicherstellen sollen, dass die Instandhaltung rechtzeitig mit den erforderlichen Ersatzteilen versorgt wird.

15. Welche Vorteile bietet ein Zentrallager gegenüber dezentralen Lägern?

- Geringere Lagervorräte,
- geringere Kapitalbindung,
- geringere Mindestbestände,
- bessere Nutzung der Raumkapazität,
- wirtschaftlicher Personaleinsatz,
- effektive Nutzung der Lagertechnik.

16. Welche Vorteile bieten dezentrale Läger?

- Exaktere Disposition der Einzelmaterialien,
- spezifische Arten der Lagerung möglich,
- spezifische Kenntnisse des Lagerpersonal vorhanden,
  (z. B. Korrosionsbildung, Temperatur/Belüftung).

17. Welche Prinzipien der Lagerhaltung und -organisation sind zu beachten?

- *Lageranpassung*, z. B.:
  Anpassung der Lagerräume und -einrichtungen an die Besonderheit der Lagergüter: staubfrei, trocken, Größe der Lagerräume passend zur Größe der Lagergüter und zu den erforderlichen Transportwegen, spezielle Lagerung von Gefahrstoffen, Temperatur (Haltbarkeit/ Funktionserhalt von Ölen, Fetten und Lacken), Luftfeuchtigkeit (speziell bei der Lagerung von Metallen und Gegenständen der Optik und Feinwerktechnik), Sonneneinstrahlung, Klima-/ Kühlanlage, permanente Be- und Entlüftung, Vermeidung von Kondenswasserbildung.

- *Übersicht, Ordnung, Sauberkeit*, z. B.:
  Aufbewahrung nach einem Lagerplan, Schutz vor Verderb/Beschädigung/Schmutz, Freihalten der Transportwege, geeignete Lagerorganisation, Hygiene (speziell bei der Lebensmittellagerung).

- *Lagerverfahren* (Lagerorganisation), z. B.:
  Einlagerungs-/Auslagerungsprinzipien, geeignete Lagermittel/Packmittel.

- *Transportmittel*, z. B.:
  Eignung der Transport-/Pack-, Lagermittel und der sonstigen Hilfsmittel (Wiege-/Mess- einrichtungen).

- *Sicherheitsvorkehrungen*, z. B.:
  Einbruch, Diebstahl, Feuer, Schädlingsbefall.

- *Pflege der Lagergüter*, z. B.:
  Umlagern, Korrosions-/Staubvermeidung.

- *Lageraufzeichnungen*, z. B.:
  Lagerkartei/-datei, Lagerfachkarten, Eingangs-/Entnahme-/Rücklieferungsscheine.

18. Welche Arbeiten sind im Lager erforderlich?

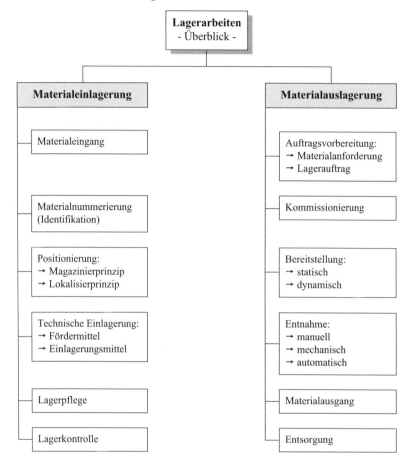

19. Wie ist der organisatorische Ablauf bei der Warenannahme?

- Annahme des Materials/der Ersatzteile
- Prüfung der Lieferberechtigung
- Art- und Mengenprüfung des Materials
- Erstellung der Materialeingangspapiere
- Qualitätsprüfung

20. Warum sollte die Prüfung der Ware unmittelbar nach deren Eingang erfolgen?

- Aufgrund der unverzüglichen kaufmännischen Untersuchungs- und Rügepflicht laut § 377 HGB ist bereits hier eine Prüfung auf äußerlich erkennbare Schäden anzuraten.

- Bei erkennbaren Beschädigungen ist mit den Beschaffungs- oder Fertigungsstellen die weitere Vorgehensweise abzustimmen.

21. Welche Prüfungen sollten nach Eintreffen der Ware erfolgen?

• *Prüfung der Lieferberechtigung*:
- Nach Identifizierung des Materials (meist anhand der Begleitpapiere) sollte eine Prüfung erfolgen, ob die gelieferte Ware auch bestellt wurde.
- Diese Prüfung geschieht in der Regel anhand des „Bestellsatzes".
- Bei Fehlen von Bestellsätzen oder Lieferpapieren sind die zuständigen Beschaffungs- bzw. Verbrauchsstellen zu informieren.

• *Art- und Mengenprüfung*:
- Stimmt die Art der gelieferten Ware mit der auf den Lieferpapieren angegebenen Art überein?
- Stimmt die Menge der gelieferten Ware mit der auf den Lieferpapieren angegebenen Menge überein?
- Stimmt die Art der gelieferten Ware mit der auf der Bestellung angegebenen Art überein?
- Stimmt die Menge der gelieferten Ware mit der auf der Bestellung angegebenen Menge überein?
- Bei Abweichungen sind die Beschaffungsstellen zu informieren.

• *Qualitätsprüfung*

22. Warum muss eine Prüfung der Funktionsfähigkeit der Ersatzteile nicht nur im Rahmen der Wareneingangsprüfung erfolgen?

Auch bei sorgfältigster Lagerung kann es zu Funktionsstörungen der Ersatzteile kommen (Witterungseinflüsse, Korrosion, Verhärten von Ölen/Fetten). Daher ist die Funktionsweise der Ersatzteile ganz oder in Stichproben von eingewiesenem Personal zu prüfen (aufgrund von Erfahrungswerten oder nach Herstellenvorgaben). Defekte Ersatzteile müssen verschrottet (Entsorgung) und wiederbeschafft werden (auf eigene Kosten/auf Kosten des Herstellers → Gewährleistung/Kulanz).

23. Welche wesentlichen Packmittel gibt es?

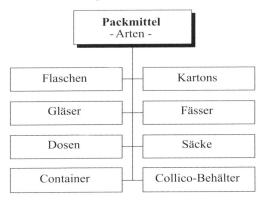

24. Welche Lagermittel werden eingesetzt?

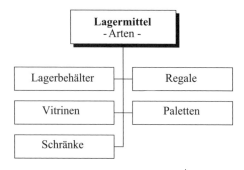

25. Welche Regal- bzw. Palettenarten gibt es?

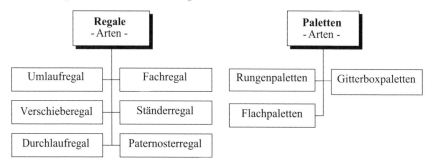

26. Wie müssen Verpackungen zum Transport von Gütern beschaffen sein?

Die Verpackungen müssen generell so hergestellt sein, dass unter normalen Beförderungsbedingungen das Austreten des Inhaltes ausgeschlossen ist. Beim Transport von gefährlichen Gütern müssen sie baumustergeprüft und der Gefahr angemessen sein.

27. Welche Einlagerungssysteme gibt es?

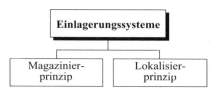

• *Magazinierprinzip:*
  Jedes Material hat seinen festen Lagerplatz.

• *Lokalisierprinzip* (chaotische Lagerung):
  Die Festlegung des Lagerplatzes erfolgt bei jedem Eingang neu.

Beispiel für ein Hochregallager (Lagerfreiplatzverwaltung, chaotische Lagerung): Alle Artikel und alle Lagerplätze werden (z. B. durch Palettierung) auf ein einheitliches Format gebracht. Der Transport erfolgt durch Kletterkräne, die weit über die Stapelhöhen von z. B. Gabelstaplern hinausgehen. Im Gegensatz zum Magazinierprinzip können dadurch bei einem automatisierten Hochregallager alle Artikel an jedem beliebigen, freien Platz eingelagert werden. Jeder Lagerplatz wird per Nummerung gekennzeichnet; Beispiel:

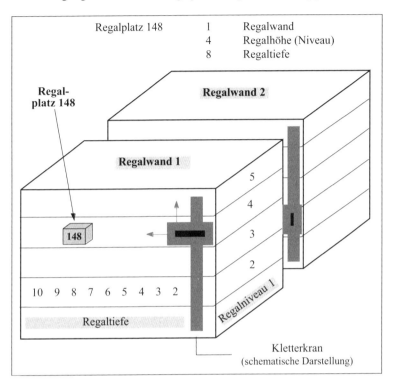

28. Welche Kommissioniersysteme sind geläufig?

• *Statische Kommissionierung:*   Mann-zur-Ware

• *Dynamische Kommissionierung:*   Ware-zum-Mann

29. Welche Methoden zur Mengenerfassung in der Lagerbuchhaltung gibt es?

• *Skontraktionsmethode:*
 Alle Zu- und Abgänge werden fortlaufend erfasst und zwar in Lagerkarteien, auf Lagerbegleitkarten oder mithilfe der EDV. Sie wird auch als *Fortschreibungsmethode* bezeichnet.

• *Inventurmethode:*
 Hierbei wird auf die laufende Erfassung der Zu- und Abgänge verzichtet. Der Lagerbestand wird mithilfe von körperlichen Inventuren ermittelt. Verbräuche können dann entsprechend errechnet werden. Sie wird auch als *Bestandsdifferenzrechnung* oder *Befundrechnung* bezeichnet.

• _Retrograde Methode:_
Hierbei wird der Lagerbestand aus der tatsächlich hergestellten Stückzahl zurückgerechnet. Sie wird auch als _Rückrechnung_ bezeichnet.

30. Welchen Zweck erfüllt die Werterfassung bei der Lagerbuchhaltung?

- Nachweis über den Verbleib der am Lager geführten Materialien nach Handels- und Steuerrecht.

- Erfassung von Zu- und Abgängen sowie Beständen für die Buchhaltung, Kostenrechnung und Kalkulation.

- Erfassung der Zu- und Abgänge sowie der Bestände für die Materialabrechnung.

31. Welche Merkmale der zu befördernden Güter sind für die Transportwahl von Bedeutung?

- das Gewicht der Güter
- der Wert der Güter
- die Verderblichkeit der Güter
- der Zustand der Güter
- die zu bewältigende Strecke

- der Umfang des Transportes
- die Dringlichkeit des Transportes
- die Häufigkeit des Transports
- die Empfindlichkeit der Güter

32. Welchen generellen Transportbedarf hat ein Unternehmen?

• _Innerhalb der Materialwirtschaft_:
  - Transport vom Lieferanten
  - Transport beim Wareneingang
  - Transport der Lagerung.

• _Innerhalb der Produktion_ (vgl. 04. ff.):
  Der innerbetriebliche Transport zwischen
  - Werkhallen
  - Werkstätten
  - Funktionsbereichen
  - Werkstätten.

• _Innerhalb der Absatzwirtschaft_:
  Der Transport zum Lieferanten.

33. Bei welchen materialwirtschaftlichen Funktionen (= Verrichtungen) entsteht innerbetrieblich ein Transporterfordernis?

Innerbetrieblicher Transport fällt bei folgenden materialwirtschaftlichen Verrichtungen an:

- Der Warenannahme
- der Einlagerung
- der Bereitstellung

- der Umlagerung
- der Kommissionierung
- der Auslagerung u. Beladung der externen Verkehrsträger.

34. Welche Fördermittel des innerbetrieblichen Transportes sind zu unterscheiden?

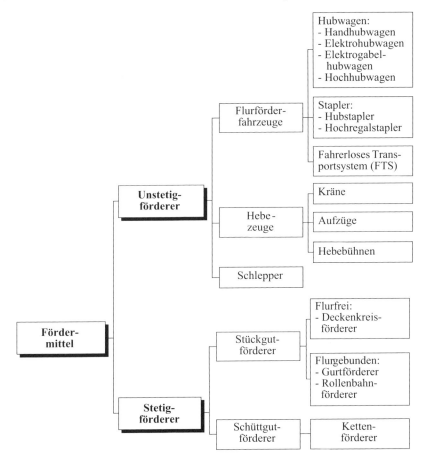

Hinweis: Die technischen Merkmale der Fördermittel werden unter Ziffer 1.1.4 behandelt.

Beispiele aus der Praxis nach Angaben der Hersteller von Fördermitteln:
- Die Jungheinrich AG bietet in ihrer Programmpalette Diesel- und Treibgasstapler mit einer Tragkraft zwischen 1.600 und bis zu 9.000 kg; vgl. www.jungheinrich.de

- Für die Beförderung von Lasten auf engem Raum hat die OM-Pimespo Fördertechnik GmbH den Kompaktstapler „IDEA" entwickelt; vgl. www.ompimespo.de

- Für den Einsatz im Gelände bietet die Fischer Transporttechnik GmbH & Co. KG einen Diesel-Gelände-Gabelstapler mit einer Tragkraft von 3,5 t und einem 39 kW Fahrmotor mit All-Rad-Antrieb; vgl. www.fischer-transportgeraete.de

- Die Linde Material Handling hat ein neues Fahrzeugkonzept entwickelt (vom Schubmaststapler zum Schubstapler). Beim Gabelschub wird nicht mehr, wie bisher, der gesamte Mast entlang der Radarme bewegt, sondern ein Gabelträger übernimmt sowohl Schub- als auch Neigefunktion; vgl. www.linde-stapler.de

1.7.2 Lagerung von Ersatzteilen für Maschinen und Anlagen

01. Welche Bedeutung hat die Lagerung von Ersatzteilen?

Wirtschaftlich gesehen befindet sich die Lagerhaltung von Ersatzteilen in einem *Zielkonflikt:*

A. Einerseits müssen Ersatzteile in der notwendigen *Qualität* und *Menge* rechtzeitig zur Verfügung stehen, damit über durchgeführte Instandhaltungsmaßnahmen ein *Stillstand* der Anlagen *vermieden* wird.

B. Zum anderen soll die Lagerhaltung der Ersatzteile auf das erforderliche Maß begrenzt werden, damit die *Kosten der Lagerhaltung* (vgl. unten) minimiert werden können.

02. Welche Maßnahmen sind zielführend im Rahmen des Bedarfsmanagements von Ersatzteilen?

1. *Online-Diagnose der Anlage über Prozessrechner:*
Sie ermöglicht die automatische Erfassung relevanter Maschinenparameter, die gegen gespeicherte Warn- und Grenzwerte geprüft werden. Die Grenzwerte werden aufgrund von Erfahrungen so gewählt, dass noch ausreichend Zeit zur Verfügung steht, notwendige Aktionen einzuleiten und die Beschaffung des Ersatzteils zu veranlassen. Die Folge: Die Maschinenverfügbarkeit wird erhöht, die Kapitalbindung verringert und die Kosten werden gesenkt.

2. *Standardisierung und Mehrfachverwendung/-einsatz von Ersatzteilen:*
Es sollte in Abstimmung mit Herstellern versucht werden, die Vielfalt der Ersatzteile zu reduzieren. Es gibt bei genauerer Untersuchung eine Reihe von Ersatzteilen/Komponenten, die in mehr als einem Maschinentyp eingebaut werden können.

Beispiele: Elektroantriebe, Speicherplatten, Elektrikmodule, Steckkarten usw.

3. *SOS = Sicherheit, Ordnung, Sauberkeit:*
Das Bedienpersonal sollte die Anlage regelmäßig reinigen, überprüfen und warten. Dadurch wird die Lebensdauer der Maschine verlängert und Abweichungen vom Sollzustand eher erkannt.

4. *Planung und Dokumentation des Lebenszyklusses einer Maschine*:
Aufgrund von Erfahrungswerten sollte der Lebenszyklus wichtiger Anlagen dokumentiert werden, sodass der Ersatzzeitpunkt wirtschaftlich gewählt werden kann (vgl. 1.2 Instandhaltung). Außerdem kann in einer Frühphase der Entwicklung neuer Anlagen beim Hersteller Einfluss genommen werden auf die Entwicklung signifikanter Vorteile des neuen Maschinentyps (Bedienerfreundlichkeit, Verbesserung einzelner Funktionen/der Arbeitssicherheit, Reduzierung des Energieverbrauchs, verbesserte Eingliederung in die internen Produktionsprozesse u. Ä.).

03. Welche Maßnahmen sind zielführend im Rahmen der Logistik und des Lagermanagements von Ersatzteilen?

1. *Optimierung der Lagerstrategie*:

1.1 *Keine eigene Lagerhaltung:*
Hochwertige, spezifische Einzelteile einer Anlage werden nicht als Ersatzteile gelagert, da im Rahmen der gesetzlichen und/oder vertraglichen Gewährleistung bei Ausfall vom Lieferanten Ersatz gestellt werden muss. Die vertragliche Sicherstellung dieser Lieferantenverpflichtung wird vom Einkauf übernommen und ist nicht Sache des Meisterbereichs.

Nach Ablauf der Gewährleistungsfrist ist im Rahmen der Instandhaltungsplanung zu ermitteln, welchem Verschleiß hochwertige, spezifische Einzelteile unterliegen. Im Wege einer vorbeugenden Instandhaltung kann der Austausch frühzeitig geplant und die Ersatzbeschaffung dem Lieferanten (in Abhängigkeit von seiner Lieferfrist) angezeigt werden. Als weitere Variante für die Verschleißteile mit hohem Artikelpreis ist die Einrichtung eines *Konsignationslagers* des Betreibers beim Lieferanten.

1.2 *Eignes (Hand-)Lager:*
Normteile (nach DIN), z. B. gängige Verbindungselemente, werden als kleines Handlager geführt und in Abhängigkeit vom Verbrauch aufgefüllt. Ebenso wird man geringerwertiges *Verschleißmaterial* als Handlager führen. Hier lassen sich oft die Nachteile der Kapitalbindung durch die Vorteile größerer Bestellmengen (Rabatte, Transportkosten) kompensieren. In jedem Fall sind die Kosten der Kapitalbindung gering im Vergleich zu den Ausfallkosten.

1.3 *Eigenes Lager:*
Teile mit hoher Auswahlwahrscheinlichkeit und hohen Ausfallkosten werden beim Betreiber gelagert. Bei vorbeugender Instandhaltung lässt sich der Ersatzteilbedarf höherwertiger Baugruppen und Teile mithilfe stochastischer Methoden (Wahrscheinlichkeitsrechnung) ermitteln; die Bestellung kann rechtzeit in Abhängigkeit von der Instandhaltungsplanung ausgelöst werden.

2. *Bildung eines Ersatzteilpools*:
Große Unternehmen haben häufig eine Vielzahl dezentaler Läger eingerichtet. Hier bietet es sich an, alle Läger mit einem Informationssystem zu verknüpfen und ein überbetriebliches Ersatzteilmanagement zu etablieren. Damit können Ersatzteilfehlbestände und die Kapitalbindung reduziert werden. Die Poolbildung kann weiterhin genutzt werden, um eine Optimierung der Lagerstandorte zu realisieren (Reduzierung der Transportwege und -zeiten).

04. Welche Varianten der Lagerhaltung von Ersatzteilen sind grundsätzlich denkbar (Überblick)?

Neben den in Frage/Antwort 03. relevanten Aspekten gibt es grundsätzliche Varianten der Ersatzteillagerung, die zum Teil vertragsmäßig beim Kauf von Anlagen vereinbart werden:

1. Das Unternehmen kann die *Lagerhaltung der Ersatzteile in Eigenregie* durchführen.

2. Alternativ kann teilweise oder völlig auf eigene Lagerhaltung verzichtet werden: *Der Hersteller sichert die Lagerhaltung der Ersatzteile vertraglich zu* und stellt sich auf die Instandhaltungserfordernisse seines Kunden ein (*Unternehmen – Hersteller*).

3. Diese Variante kann umgekehrt auch für die Rechtsbeziehung „Unternehmen – Kunde" gelten: Das eigene Unternehmen hat Maschine und Anlagen an seine Kunden geliefert; es wird vertraglich vereinbart, dass ein bestimmtes Handlager von Ersatzteilen (Normteile und gängige Verschleißteile als Fremdlager) beim Kunden geführt wird. Dies verbessert die Verfügbarkeit der Teile und reduziert die Transportkosten.

4. Die grundsätzliche Entscheidung „Eigen- oder Fremdersatzteillager" ist abhängig von folgenden Aspekten (vgl. Frage 03):

- Verfügbarkeit der Teile
- Wert der Teile
- Ausfallwahrscheinlichkeit
- Verschleißhäufigkeit/Ersatzintervalle
- Kosten der Lagerhaltung
- Instandhaltung mit eigenem Personal oder durch Servicepersonal des Herstellers.

05. Wie kann das Ersatzteillager im Maschinenbauunternehmen organisatorisch gegliedert sein?

Zum Beispiel nach Objekten:

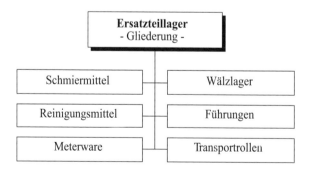

06. Welcher Zusammenhang besteht zwischen folgenden Größen der Lagerwirtschaft: Lagerbestand, Durchschnittsbestand, verfügbarer Bestand, disponierter Bestand, Sicherheitsbestand, Meldebestand, Höchstbestand, Lagerreichweite, Wiederbeschaffungszeit?

- *Lagerbestand* LB:
  Tatsächlich im Lager vorhandenes Material.

- *Durchschnittsbestand* ø LB:
  Durchschnittlicher Lagerbestand; Mittelwert über eine bestimmte Periode; Varianten:

  ø LB = (Anfangsbestand + Endbestand) : 2
  ø LB = (Anfangsbestand + 12 Monatsendbestände) : 13
  ø LB = (Anfangsbestand + 4 Quartalsendbestände) : 5

- *Verfügbarer Bestand* LB_v:
  Der Teil des Lagerbestandes, der zu einem bestimmten Zeitpunkt noch verfügbar ist; dabei werden offene Bestellungen und Materialreservierungen berücksichtigt.

  LB_v = Lagerbestand + offene Bestellungen – Reservierungen

- *Disponierter Bestand* LB_d:
  Der Teil des Lagerbestandes, über den aufgrund von Vormerkungen oder Reservierungen nicht mehr verfügt werden kann.

  LB_d = Reservierungen + Vormerkungen

- *Sicherheitsbestand* LB_s (auch: eiserner Bestand, Mindestbestand, Reservebestand):
  Der Sicherheitsbestand ist der Bestand an Materialien, der normalerweise nicht zur Fertigung herangezogen wird. Er stellt einen Puffer dar, der die Leistungsbereitschaft des Unternehmens gewährleisten soll und dient zur Absicherung von Abweichungen verursacht durch:

  - Verbrauchsschwankungen
  - Überschreitung der Beschaffungszeit, z. B.
    · Lieferengpass beim Lieferanten (Streik, Qualitätsprobleme)
    · externe Transportprobleme
  - quantitative Minderlieferung
  - qualitative Mengeneinschränkung
  - Fehler innerhalb der Bestandsführung

- *Meldebestand* LB_M (auch: Bestellpunkt):
  Der Lagerbestand, bei dem die Bestellung ausgelöst wird; er kann näherungsweise ermittelt werden:

  LB_M = (ø Verbrauch je Periode · Beschaffungsdauer) + Sicherheitsbestand

- *Höchstbestand* LB_H:
  Bestand der höchstens auf Lager genommen werden sollte (Raumkapazität, überhöhte Vorräte, Kapitalbindung).

• *Lagerreichweite:*
Zeit vom Erreichen des Meldebestandes bis zum Nullbestand – bei durchschnittlicher Entnahme.

• *Wiederbeschaffungszeit:*
Zeit zwischen dem Bestellzeitpunkt und dem Eintreffen des Materials; sie setzt sich aus dem Zeitbedarf für folgende Verrichtungen zusammen:

Bestellvorgang + Auftragsannahme + Auftragsbearbeitung + Transport + Materialannahme

Der Zusammenhang ist in der nachfolgenden Grafik dargestellt; dabei ist eine kontinuierlich gleichbleibende Entnahme unterstellt:

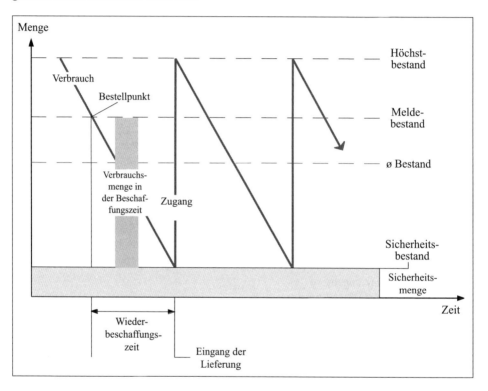

07. Welche Folgen können aus einem zu ungenau bestimmten Sicherheitsbestand entstehen?

• Der Sicherheitsbestand ist im Verhältnis zum Verbrauch *zu hoch*:
→   Es erfolgt eine unnötige Kapitalbindung.

• Der Sicherheitsbestand ist im Verhältnis zum Verbrauch *zu niedrig*:
→   Es entsteht ein hohes Fehlmengenrisiko.

08. Wie kann der Sicherheitsbestand bestimmt werden?

• Bestimmung aufgrund subjektiver Erfahrungswerte.

• Bestimmung mittels grober Näherungsrechnungen:
  - Durchschnittlicher Verbrauch je Periode · Beschaffungsdauer:
    $$LB_s = \varnothing \text{ Verbrauch je Periode} \cdot \text{Beschaffungsdauer}$$
  - Errechneter Verbrauch in der Zeit der Beschaffung + Zuschlag für Verbrauchs- und Beschaffungsschwankungen.
  - Längste Wiederbeschaffungszeit:
    Herrschende Wiederbeschaffungszeit · durchschnittlicher Verbrauch je Periode

  - Arithmetisches Mittel der Lieferzeitüberschreitung je Periode · durchschnittlicher Verbrauch je Periode
• Mathematisch nach dem Fehlerfortpflanzungsgesetz.
• Bestimmung durch eine pauschale Sicherheitszeit.
• Festlegung eines konstanten Sicherheitsbestandes.
• Festlegung eines konstanten Sicherheitsbestandes nach dem Fehlerfortpflanzungsgesetz.
• Statistische Bestimmung des Sicherheitsbestandes.

09. Was sind Fehlmengenkosten und welche Folgen können sich daraus ergeben?

• *Fehlmengenkosten* entstehen durch:
  - Falsche Disposition
  - zu späte Bestellung
  - nicht ausreichende Menge
  - Falschlieferung
  - Reklamation

• *Folgen:*
  - Mitarbeiterkosten
  - Überpreise
  - Vertragsstrafen
  - Imageverlust.

10. Was versteht man unter Lagerhaltungskosten?

Die Lagerhaltungskosten sind die Kosten, die durch die Lagerung von Material verursacht werden. Sie umfassen folgende Einzelkosten:

- Zinskosten
- Lagerraumkosten
- Abschreibungen
- Kosten für Heizung
- Kosten für Wartung
- Kosten für Verderb

- Versicherungskosten
- Mietkosten
- Kosten für Beleuchtung
- Kosten für Instandhaltung
- Kosten für Schwund
- Kosten für Überalterung

11. Welche Maßnahmen sind geeignet, die Lagerhaltungskosten zu senken?

Beispiele:
- Kauf auf Abruf
- Rabatte
- Streckengeschäft
- Just-in-time und Kanban-Prinzip (vgl. ausführlich: 5.3.3)

Beispiel aus der Praxis:
Die Koenig & Bauer AG in Radebeul bei Dresden gehört weltweit zu den größten Druckmaschinenherstellern. Sie wickelt ihre Beschaffung von C-Teilen (Norm- und Zeichnungsteile, Elektro-, Hydraulik- und Pneumatikartikel) über die Firma Ferdinand Gross in Leinfelden-Echterdingen (Baden-Württemberg) nach dem Kanban-Prinzip ab. Dadurch konnten 70 Prozent der Handlingskosten eingespart werden; Vorgänge wie Bedarfsermittlung, Preisverhandlung, Wareneingang und Rechnungsbezahlung konnten deutlich reduziert werden.

12. Wie lässt sich die Ladefläche und die Lademasse eines Lkws berechnen?

Übung:

Für den innerbetrieblichen Transport stehen Euro-Paletten mit den Abmessungen 800 mm x 1.200 mm und der Eigenmasse $mE = 20$ kg zur Verfügung, die mit $n = 200$ Gussteilen der Stückmasse $ms = 3,5$ kg beladen werden können. Der 5,5 t Lastenanhänger (Lkw) hat eine Ladefläche $AL = 4,5$ m x 2,10 m.

Zu ermitteln ist die Transportkapazität für den Lastenanhänger hinsichtlich der Ladefläche und der Lademasse. Außerdem ist die Auslastung des Lastenanhängers hinsichtlich der Ladefläche und der Lademasse in Prozent zu bewerten.

Lösung:

• Ladefläche des Anhängers	=	4,5 m x 2,10 m	= 9,45 m²
Fläche pro Palette	=	0,8 m x 1,2 m	= 0,96 m²
Transportkapazität/Ladefläche	=	9,45 m² : 0,96 m2	= 9,8
	≈	9 Paletten á 0,96 m²	
Lademasse pro Palette	=	20 kg + 200 Stk. · 3,5 kg/Stk.	
	=	720 kg	
Lademasse des Anhängers	=	5,5 t	= 5.500 kg
Transportkapazität/Lademasse	=	5.500 kg : 720 kg	= 7,63
	≈	7 Paletten á 720 kg	
• Auslastung/Ladefläche	=	6,72 m² : 9,45 m² · 100	≈ 71,1 %
Auslastung/Lademasse	=	5.040 kg : 5.500 kg · 100	≈ 91,6 %

2. Fertigungstechnik

─── *Prüfungsanforderungen:* ───

Im Qualifikationsschwerpunkt Fertigungstechnik soll der Prüfungsteilnehmer nachweisen, dass er in der Lage ist,

- Fertigungsprozesse zur Herstellung und Veränderung von Produkten zu planen, zu organisieren und zu überwachen,

- fertigungstechnische Einzelheiten und Zusammenhänge sowie Optimierungsmöglichkeiten des Fertigungsprozesses zu erkennen und zweckentsprechende Maßnahmen einzuleiten,

- beim Einsatz neuer Maschinen, Anlagen und Werkzeuge sowie bei der Be- und Verarbeitung neuer Werkstoffe und Fertigungshilfsstoffe Auswirkungen auf den Fertigungsprozess zu erkennen und zu berücksichtigen.

Qualifikationsschwerpunkt Personalführung (Überblick)

2.1 Planen und Analysieren von Fertigungsaufträgen und Festlegen der anzuwendenden Verfahren, Betriebsmittel und Hilfsstoffe einschließlich der Ermittlung der erforderlichen technischen Daten

2.2 Einleiten, Steuern, Überwachen und Optimieren des Fertigungsprozesses

2.3 Umsetzen der Instandhaltungsvorgaben und Einhalten qualitativer und quantitativer Anforderungen

2.4 Beurteilen von Auswirkungen auf den Fertigungsprozess beim Einsatz neuer Werkstoffe, Verfahren und Betriebsmittel

2.5 Anwendung der numerischen Steuerungstechnik beim Einsatz von Werkzeugmaschinen, bei der Programmeirung und Organisation des Fertigungsprozesses unter Nutzung von Informationen aus rechnergestützten Systemen

2.6 Einsatz und Überwachung von Automatisierungssystemen einschließlich der Handhabungs-, Förder- und Speichersysteme

2.7 Aufstellen und Inbetriebnehmen von Maschinen und Fertigungssystemen

2.8 Umsetzen der Informationen aus verknüpften, rechnergestützten Systemen der Konstruktion, Fertigung und Qualitätssicherung

2.1 Planen und Analysieren von Fertigungsaufträgen und Festlegen der anzuwendenden Verfahren, Betriebsmittel und Hilfsstoffe einschließlich der Ermittlung der erforderlichen technischen Daten

2.1.1 Aufgaben der Fertigung

01. Welcher Unterschied besteht zwischen Produktion und Fertigung?

• *Produktion* umfasst *alle Arten* der betrieblichen Leistungserstellung. Produktion erstreckt sich somit auf die betriebliche Erstellung von *materiellen* (Sachgüter/Energie) und *immateriellen* Gütern (Dienstleistungen/Rechte).

• *Fertigung* meint nur die Seite der *industriellen* Leistungserstellung, d. h. der materiellen, absatzreifen Güter und Eigenerzeugnisse.

Der Unterschied zwischen diesen Begriffen muss hier vernachlässigt werden, da der Rahmenplan beide Termini oft synonym verwendet.

02. Welche Kernfunktion erfüllt die industrielle Produktion/Fertigung aus betriebswirtschaftlicher Sicht?

→ A 2.2.4

1. *Produktion/Fertigung als Transformationsprozess:*
   Die Produktion/Fertigung ist das *Bindeglied* zwischen den betrieblichen Funktionen *Beschaffung und Absatz*. Im Prozess der betrieblichen Leistungserstellung erfüllt sie die *Funktion der Transformation*.

Der zu beschaffende Input wird transformiert in den am Markt anzubietenden Output:

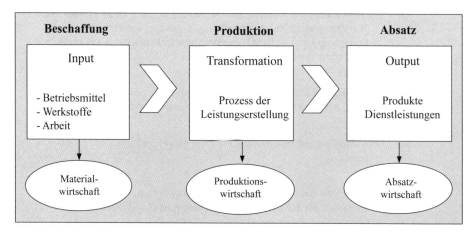

2. *Produktion/Fertigung als Kernbereich der Wertschöpfung:*
Die Produktion/Fertigung ist in Industriebetrieben der *Kernbereich der Wertschöpfung.* Die betriebliche Wertschöpfung ist der wertmäßige Unterschied zwischen den Vorleistungen, die das Unternehmen vom Markt bezieht und den erzeugten und abgesetzten Leistungen.

$$\text{Wertschöpfung} \quad = \quad \text{Erlöse - Vorleistungen}$$

Die zentralen Bestimmungsgrößen einer optimalen Wertschöpfung sind:

- Minimale Durchlaufzeiten
- Qualität
- Wirtschaftlichkeit
- Produktivität
- Flexibilität.

03. Was versteht man unter dem Begriff „Fertigungstechnik" entsprechend der DIN 8580?

Die Fertigungstechnik ist die Gesamtheit der materiell-technischen Mittel und Vorgänge, die zur Herstellung eines Erzeugnisses dienen. Dazu gehören im Wesentlichen:

- Fertigungsverfahren
  Fertigungsmittel und Fertigungshilfsmittel
- Fertigungseinrichtungen
- Fertigungsstoffe.

04. Welche Fertigungsverfahren werden aus technischer Sicht unterschieden?

• *Fertigungsverfahren*
sind alle maschinellen und manuellen Vorgänge zur Herstellung geometrisch bestimmter, fester Körper. Dazu gehören auch die Vorgänge, die zur Veränderung der Stoffeigenschaften führen bzw. solche Vorgänge, die zur Gewinnung fester Formen aus formlosen Zuständen dienen.

• Nach DIN 8580 werden die *Fertigungsverfahren* nach drei Merkmalen *systematisiert:*

• Nach DIN 8580 erfolgt eine Unterteilung der Fertigungsverfahren in *sechs Hauptgruppen:*

Fertigungshauptgruppen nach DIN 8580					
Haupt gruppe	**1** **Urformen**	**2** **Umformen**	**3** **Trennen**	**4** **Fügen**	**5** **Beschichten**	**6** **Stoffeigenschaft ändern**
Form	*schaffen*	*ändern*			*beibehalten*	
Zusam- menhalt	*schaffen*	*beibehalten*	*vermindern*	*vermehren*		*beibehalten* *vermindern* *vermehren*

Diese Hauptgruppen können weiter in Gruppen und Untergruppen unterteilt werden (vgl. ausführlich unter 2.1.3 Fertigungsverfahren und deren technologische Grundlagen):

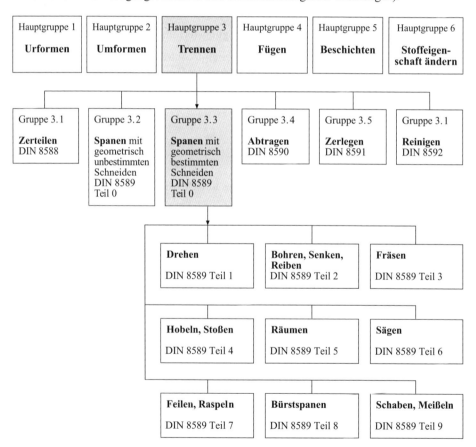

05. Wie erfolgt der Fertigungsprozess aus technischer Sicht?

Aus technischer Sicht ist der Fertigungsprozess die schrittweise Veränderung der Werkstücke vom Ausgangszustand in den marktfähigen Zustand unter Einsatz verschiedener Fertigungsverfahren. Dazu müssen die notwendigen Produktionsfaktoren in geeigneter Weise bereit gestellt und kombiniert werden.

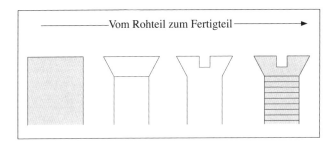

Für die Herstellung von Einzelteilen müssen beispielsweise bereit gestellt werden:

• Material (Roh-, Hilfs- und Betriebsstoffe)
• Personal
• Finanzen
• Betriebsmittel
• Informationen/Daten:
  - Materialdaten
  - Produktdaten
  - Betriebsmitteldaten
  - Auftragsdaten
  - Leistungsdaten der Mitarbeiter
  - Sollzeiten
  - Stammdaten
  - Termine/Kapazitäten
  - Wertdaten
  - Zeichnungen/Stücklisten.

2.1.2 Fertigungsaufträge unter Einbeziehung technischer Kommunikations- und Informationsmittel

01. Welche Arten von Fertigungsaufträgen lassen sich unterscheiden?

• *Nach dem Aspekt „Auftraggeber"* gibt es folgende Auftragsarten:

Auftragsart	Beschreibung	Anfallende Daten, z. B.:
Kundenauftrag	Zuordnung eines Auftrags zu der Bestellung eines Kunden	- Kundenstammdaten - Bestellnummer - Termin - Menge - Sachnummer
Lagerauftrag	Kundenanonymer Auftrag zur Auffüllung des Lagerbestandes	- Lagerstammdaten - Ersatzteilnummer - Artikelnummer
Beschaffungsauftrag	Bestellung an Lieferanten zur Beschaffung von R-H-B-Stoffen	- Lieferantenstammdaten - Artikelnummer - Termine
Fertigungsauftrag	Ausführung eines Auftrags in der eigenen Fertigung	- Erzeugnisnummer - Arbeitsplan-Nr. ... - Auftragsnummer
Fremdfertigungs-auftrag	Bestellung an Lieferanten zur Herstellung eines bestimmten Produkts	- Lieferantenstammdaten - Artikelnummer - Termine
Innerbetriebliche Aufträge	Aufträge an innerbetriebliche Werkstätten zur Erstellung oder Instandhaltung eigener Anlagen, Werkzeuge oder Vorrichtungen	- Auftragsnummer - Kostenstelle - Termine - Artikelnummer - Erzeugnisnummer

• *Nach dem Aspekt „Komplexität"* kann man folgende Auftragsarten unterscheiden:

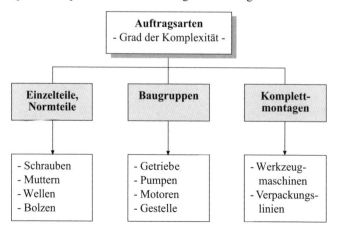

02. Welchen Umfang kann ein Fertigungsauftrag haben?

1. Technische Zeichnung + Stückliste:
   Die einfachste Form eines Fertigungsauftrages ist die technische Zeichnung ggf. in Verbindung mit einer Stückliste, die alle für die Herstellung des Produktes erforderlichen Daten enthält.

2. Arbeitsplan:
   Umfangreiche und detaillierte Fertigungsaufträge werden in Form von Arbeitsplänen erstellt. Sie enthalten u. a. (vgl. ausführlich unten/05.):
   - die einzelnen Arbeitsstufen
   - die erforderlichen Arbeitsmittel
   - die Werkzeuge und Vorrichtungen
   - die Maschineneinstellwerte
   - die Fertigungsdaten.

03. Wie sind bereits laufende Fertigungsaufträge zu kontrollieren? → **5.2.2**

Aufträge, die sich bereits in der Fertigung befinden, sind zu überwachen, um den Auftragsfortschritt sowie den Ressourcenverbrauch zu erkennen (*Auftragscontrolling*). Dabei sind permanente Rückmeldungen aus dem Prozess erforderlich, um die Ist- und Soll-Daten miteinander abzugleichen. Dies betrifft z. B. Informationen über folgende *Daten*:

- betriebsmittelbezogene Daten,
- materialbezogene Daten,
- werkzeugbezogen Daten,
- personalbezogene Daten.

Die unmittelbar operative Steuerung der Aufträge, der Arbeitsvorgänge und des Materialflusses bezeichnet man als *Werkstattsteuerung* (vgl. 5.2.2/28.).

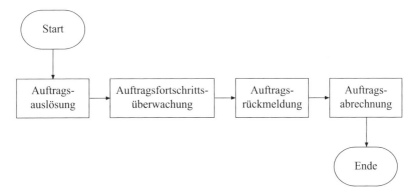

Immer dann, wenn die Fertigungsdurchführung vom Plan abweicht (Termine, Qualitäten, Mengen usw.), d. h. wenn Störungen im Prozess erkennbar sind, müssen diese über Korrekturmaßnahmen beseitigt und zukünftig vermieden werden.

Mitunter kommt es aufgrund von Soll-Ist-Abweichungen auch zu Änderungen der Ausgangs-
planung (vgl. dazu ausführlich unter 5.2.2, Fertigungsplanung und -steuerung).

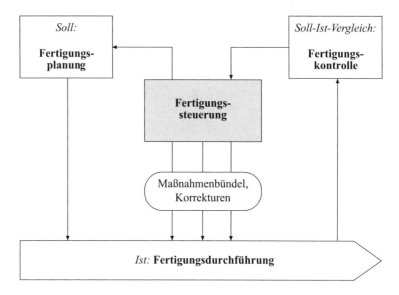

04. Was ist Gegenstand der Arbeitsplanung?   → **5.2.2**

Die Arbeitsplanung kann sich auf einen konkreten Auftrag beziehen oder auftragsneutral sein.
Man unterscheidet also:

- Auftragsabhängige Arbeitsplanung
- Standard-Arbeitsplanung.

Gegenstand der Arbeitsplanung ist die Ermittlung der Auftrags- und Durchlaufzeit. Die Auftragszeit ist durch die Rüstzeiten und die Zeiten je Einheit bestimmt. Bei der Durchlaufzeit
werden zusätzlich Transport- und Liegezeiten erfasst. Im Rahmen der Feinplanung werden die
Einzelzeiten je Arbeitsplatz und Arbeitsvorgang bestimmt. Die so ermittelten Zeiten sowie die
Festlegung der Lohngruppen bzw. Maschinenstundensätze werden von der Kostenrechnung
übernommen:

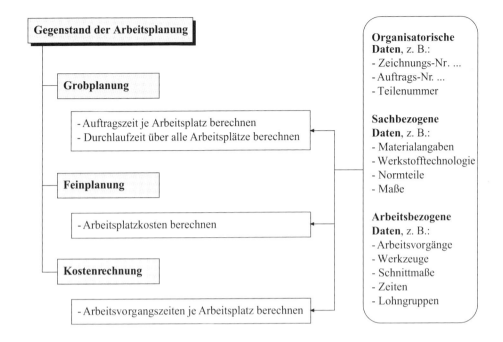

05. Welche Elemente enthält der Arbeitsplan?

Das Ergebnis der Arbeitsplanung mündet in den Arbeitsplan, der gemeinsam mit den Zeichnungen und Stücklisten die Grundlage der Fertigung bildet.

Im Arbeitsplan ist festgelegt, in welcher Reihenfolge, an welcher Stelle und mit welchen Betriebsmitteln das Erzeugnis zu fertigen ist. Arbeitspläne werden meist in tabellarischer Form erstellt und enthalten in der Regel folgende Angaben:

1. *Kopfdaten*, z. B.
   - Auftragsnummer
   - Werkstück
   - Losgröße
   - Jahresbedarf
   - Datum der Planerstellung/Änderung
   - Liefertermin
   - DLZ = Durchlaufzeit.

2. *Positionsdaten*, z. B.
   - Fertigungsort
   - lfd. Nr. des Arbeitsgangs
   - APL = Arbeitsplatznummer
   - LG = Lohngruppe
   - E = Einheiten
   - L = Lohnart (A = Akkordlohn; R = Zeitlohn).

Beispiel eines Arbeitsplans:

Arbeitsplan Nr. 3706							
Erstellt am: 27.06....		von: G. Huber				Losgröße:	200
Teilenummer:		9317				Einheit:	Stück
Bezeichnung:		Kupplungsgehäuse					
Arbeits-gang Nr.	Arbeitsgang	Kosten-stelle	Maschinen-gruppe	Lohn-gruppe	tr (min)	te (min)	
10	Bohren	3411	12	6	5,00	0,50	
20	Entgraten	3411	12	6	–	2,00	
30	Gewinde schneiden	3411	13	7	10,00	2,50	
40	Entgraten	3411	13	7	–	2,00	
50	Fräsen	3411	14	7	15,00	3,00	
60	Entgraten	3411	14	7	–	2,00	
...							

Vgl. dazu auch Musterklausur, S. 1222

06. Welche Funktionen haben Fertigungspläne, Fertigungsanweisungen, Werkzeugbedarfspläne, Werkstattaufträge, Materialentnahmescheine und Lohnscheine?

- *Fertigungspläne* sind zusätzliche Regelungen, die dann notwendig werden, wenn sich Arbeitsvorgänge aus umfangreichen Teilverrichtungen zusammensetzen. Die Fertigungspläne *sind daher als aufgegliederte Arbeitspläne* zu bezeichnen.

- *Fertigungsanweisungen* enthalten klare Regelungen über die gewählten Verfahren zur Herstellung des Erzeugnisses.

- Der *Werkzeugbedarfsplan* soll sicherstellen, dass alle benötigten Werkzeuge und Vorrichtungen termingerecht zur Verfügung stehen.

- *Werkstattauftrag*: Da ein Fertigungsauftrag oftmals mehrere Abteilungen durchläuft, ist es erforderlich, den *Gesamtauftrag aufzugliedern* und für jeden Einzelauftrag besondere Werkstattaufträge zu erteilen.

- Mithilfe der *Materialentnahmescheine* ist die Entnahme der benötigten Einzelteile sichergestellt. Der Materialentnahmeschein enthält neben der Auftragsnummer die zur Erfassung der Materialkosten erforderlichen Daten, wie Materialart, -form, -abmessungen und -mengen sowie Angaben über die Materialkosten. Auf diese Weise ist sichergestellt, dass die jeweiligen Kosten den Aufträgen verursachergerecht zugeordnet werden können.

- Die *Lohnscheine* dienen einmal zur Berechnung des Lohnes aufgrund der erbrachten Arbeitsleistungen, zum anderen der Erfassung der Fertigungslohnkosten, mit denen die Kostenträger belastet werden.

07. Was ist der Inhalt technischer Zeichnungen?

In technischen Zeichnungen wird das Erzeugnis nach DIN-Zeichnungsnormen oder anderen Symbolen unter Angabe von Maßen, Toleranzen, der Oberflächengüte und -behandlung, der Werkstoffe und Werkstoffbehandlungen *grafisch* dargestellt.

08. Welche Arten von technischen Zeichnungen werden unterschieden? → 3.1.1

• *Zusammenstellungszeichnungen:* Sie zeigen die Größenverhältnisse, die Lage und das Zusammenwirken der verschiedenen Teile.

• *Gruppenzeichnungen:* Sie zeigen die verschiedenen Teilkomplexe auf.

• *Einzelteilzeichnungen:* Sie enthalten die vollständigen und genauen Angaben für die Fertigung des einzelnen Erzeugnisses.

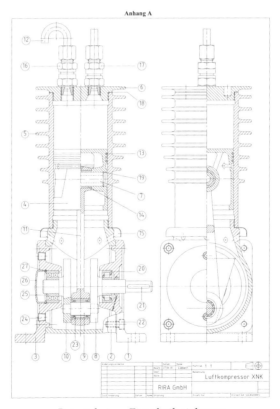

Beispiel einer Einzelteilzeichnung

• Die *Fertigungszeichnung* wird von der Konstruktionsabteilung meist als Einzelteil- oder Baugruppenzeichnung erstellt; man kann ihr folgende Angaben zu dem Werkstück entnehmen:

 - Form und Abmaße

- Maße und Toleranzen
- Oberflächenqualität
- Form- und Lagetoleranzen
- ggf. Angaben zur Wärmebehandlung
- ggf. Angaben für Schweißverfahren.

09. Wie werden technische Zeichnungen gelesen (Zeichnungsanalyse)?

- Erkennen der Inhalte und Zusammenhänge
- Unterscheiden von Entwurfs-, Fertigungs-, Teile-, Sammel- und Gesamtzeichnungen
- Unterscheiden von maßstäblichen und nicht-maßstäblichen Zeichnungen
- Überprüfen der Angaben auf fertigungs- und bemaßungstechnische Herstellbarkeit
- Übernahme der Werkstoffe, Rohmaße und Normteile aus den Stücklisten
- Beachten der technischen Vorschriften (DIN-, EN- und Iso-Normen für Formen, Abmessungen und Gütebedingungen)
- Ableiten der notwendigen Fertigungsverfahren aus den Werkstückformen
- Beachten der notwendigen Maß-, Form- und Lagegenauigkeit
- Erkennen der anzuwendenden Wärmebehandlungsverfahren

10. Was ist eine Stückliste?

Die Stückliste ist die Aufstellung der benötigten Werkstoffe eines Erzeugnisses oder Erzeugnisteiles auf der Grundlage der Zeichnungen.

Sie gibt *in tabellarischer Form* einen vollständigen *Überblick* über *alle Teile* unter Angabe der Zeichnungs- oder DIN-Nummer, des Werkstoffes sowie der Häufigkeit des Vorkommens in einem Erzeugnis. Die Stückliste ist in der Regel nach dem Aufbau des Erzeugnisses, d. h. nach technischen Funktionen, gegliedert.

11. Welche Arten von Stücklisten werden unterschieden?   → **3.1.1**

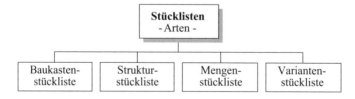

- Im Hinblick auf den *Aufbau:*

  - *Baukastenstückliste*: Sie ist in der Zusammenstellungszeichnung enthalten und zeigt, aus welchen Teilen sich ein Erzeugnis zusammensetzt. Die Mengenangaben beziehen sich auf eine Einheit des zusammengesetzten Produkts.

  - *Struktur-Stücklisten*: Sie geben Aufschluss über den Produktionsaufbau und zeigen, auf welcher Produktionsstufe das jeweilige Teil innerhalb des Produkts vorkommt.

- *Mengen-Stücklisten*: In ihr sind alle Teile aufgelistet, aus denen ein Produkt besteht und zwar mit der Menge, mit der sie jeweils insgesamt in eine Einheit eines Erzeugnisses eingehen.

12	1	Stck.	Ansaugrohr	Zg. XNK 12 / C-Cu / Rohr 8x0,75 DIN 175w	
13	1	Stck.	Kolbenring	Zg. XNK 13	Bestellteil
14	1	Stck.	Lagerbuchse	Zg. XNK 14 / G-CuSn14 / ⌀20x30	
15	1	Stck.	Schutzkappe	Zg. XNK 15 / C-Cu / Bl0,5x⌀120 DIN 1752	
16	1	Stck.	Kegelventil (Einlass)	Zg. XNK 16	Bestellteil
17	1	Stck.	Kegelventil (Auslass)	Zg. XNK 17	Bestellteil
18	1	Stck.	Dichtring ⌀70x62x0,5	C-Cu / Bl0,5x⌀70 DIN 1752w	
19	1	Stck.	Sicherungsring	DIN 472-15x1	
20	1	Stck.	Zylinderrollenlager NU202	DIN 5412	Bestellteil
21	1	Stck.	Passfeder A 4x4x25	DIN 6885-A - 4x4x25	
22	8	Stck.	Zylinderschraube	DIN EN ISO 4762-M6x15-8.8	
23	1	Stck.	Nadellager ohne Innenring	INA NK 14/20	Bestellteil
24	2	Stck.	Verschlussschraube	DIN 906-M8x1-5.8	
25	1	Stck.	Rillenkugellager 4202	DIN 625	Bestellteil
26	1	Stck.	Verschlussdeckel	DIN 443-36-Fe P01-phr	
27	1	Stck.	Sicherungsring	DIN 472-36x1,5	
28					

	Datum	Name	Benennung
Bearb.	27.06.20	Liebelt	**Luftkompressor XNK**
Gepr.			
Norm			

RIRA GmbH

| Zust | Änderung | Datum | Name | Ursprung | Ersatz für | Erstellt mit SOLIDWORKS |

Beispiel einer Mengenstückliste

- *Variantenstücklisten* werden eingesetzt, um geringfügig unterschiedliche Produkte in wirtschaftlicher Form aufzulisten (als: Baukasten-, Struktur- oder Mengenstückliste).

• Im Hinblick auf die *Anwendung* im Betrieb:

- *Konstruktionsstückliste*: Sie gibt Aufschluss über alle zu einem Erzeugnis gehörenden Gegenstände.
- *Fertigungsstückliste*: Sie zeigt, welche Erzeugnisse im eigenen Betrieb gefertigt werden müssen und welche von Zulieferern beschafft werden müssen.
- *Einkaufsstücklisten*: Sie zeigen, welche Teile die Beschaffungsabteilung einkaufen muss.
- *Terminstückliste*: Sie zeigt, zu welchem Termin bestimmte Teile beschafft werden müssen.

12. Aus welchen Zeitarten besteht die Durchlaufzeit?

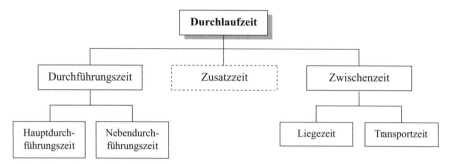

Die Zusatzzeit beinhaltet hierbei alle angefallenen Zeiten, die *nicht zur planmäßigen Durchführung* der Arbeitsaufgabe gehören.

13. Was sind Vorgabezeiten?   → 3.1.3, 4.7

Nach REFA sind Vorgabezeiten „Soll-Zeiten für von Menschen und Betriebsmitteln ausgeführte Arbeitsabläufe. Vorgabezeiten für den Menschen enthalten Grundzeiten, Erholungszeiten und Verteilzeiten; Vorgabezeiten für das Betriebsmittel enthalten Grundzeiten und Verteilzeiten".

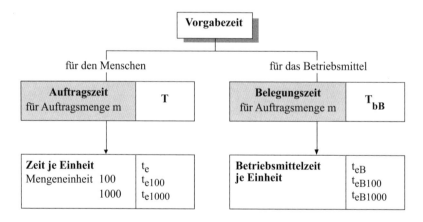

Die Vorgabezeit ist im Arbeitsplan festgelegt. Sie bildet neben der Funktion als Eingangsgröße für die Terminplanung eine Grundlage für die Entlohnung im Leistungslohn, wobei der Bezug die Normalleistung ist.

14. Wie gliedert sich die Auftragszeit nach REFA? → 4.7

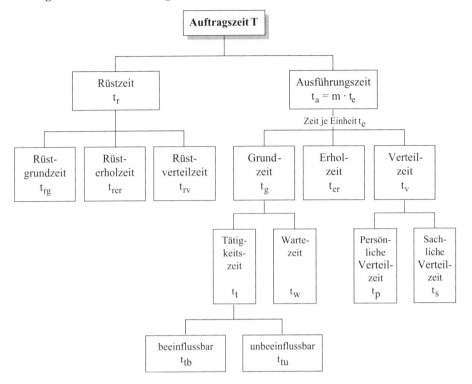

Die Belegungszeit für die Betriebsmittel T_{bB} und die Betriebsmittelzeit je Einheit t_{eB} haben analoge Beziehungen (→ vgl. ausführlich: 4.7 Methoden der Zeitwirtschaft).

Dabei gelten folgende *Definitionen und Begriffe nach REFA*:

- *Menge* m:
  Anzahl der zu fertigenden Einheiten (Losgröße des Auftrags).

- *Zeit je Einheit* t_e:
  Stückzeit (wird meist gebildet aus der Grundzeit t_g und prozentualen Zuschlägen für t_{er} und t_v bezogen auf t_g).

- *Rüstzeit* t_r:
  Ist die Zeit, während das Betriebsmittel gerüstet (vorbereitet) wird, z. B. Arbeitsplatz einrichten, Maschine einstellen, Werkzeuge bereit stellen, Herstellen des ursprünglichen Zustandes nach Auftragsausführung.

- *Grundzeit* t_g:
  Ist die Zeit, die zum Ausführen einer Mengeneinheit durch den Menschen erforderlich ist.

- *Erholzeit* t_{er}:
  Ist die Zeit, die für das Erholen des Menschen erforderlich ist.

• *Verteilzeit* t_v:
Ist die Zeit, die zusätzlich zur planmäßigen Ausführung erforderlich ist:
- sachliche Verteilzeit: = zusätzliche Tätigkeit, störungsbedingtes Unterbrechen
- persönliche Verteilzeit: = persönlich bedingtes Unterbrechen.

Beispiel: Zu ermitteln ist die Auftragszeit T für den Auftrag „Drehen von 20 Anlasserritzeln"
nach folgenden Angaben:

Lfd. Nr.	Vorgangsstufen	Sollzeit in min
1	Zeichnung lesen	4,0
2	Werkzeugstahl einspannen	1,5
3	Maschine einrichten	2,0
4	Rohling einspannen	0,5
5	Maschine einschalten	0,2
6	Ritzel drehen	4,5
7	Maschine ausschalten	0,2
8	Ritzel ausspannen und ablegen	0,4
9	Werkzeugstahl ausspannen und ablegen	0,5
10	Maschine endreinigen	3,0
Verteilzeitzuschlag für Rüsten: 20 %		
Verteilzeitzuschlag für Ausführungszeit: 10 %		

Lösung:

	Vorgangsstufen	Sollzeit in min	Rüstzeit			Ausführungszeit		
			t_{rg}	t_{rv}	t_{rer}	t_g	t_v	t_{er}
1	Zeichnung lesen	4,0	4,0					
2	Werkzeugstahl einspannen	1,5	1,5					
3	Maschine einrichten	2,0	2,0					
4	Rohling einspannen	0,5				0,5		
5	Maschine einschalten	0,2				0,2		
6	Ritzel drehen	4,5				4,5		
7	Maschine ausschalten	0,2				0,2		
8	Ritzel ausspannen und ablegen	0,4				0,4		
9	Werkzeugstahl ausspannen und ...	0,5	0,5					
10	Maschine endreinigen	3,0	3,0					
	Summe t_{rg} bzw. t_g		11,0			5,8		
	Verteilzeitzuschlag: 20 % bzw. 10 %			2,2			0,58	
	Summe t_r bzw. t_e		13,2			6,38		
$T = t_r + t_a = t_r + 20 \cdot t_e = 13,2 \text{ min} + 20 \cdot 6,38 \text{ min} = 140,8 \text{ min}$								

15. Wie ist die Belegungszeit für das Betriebsmittel nach REFA gegliedert?

Die Belegungszeit T_{bB} für das Betriebsmittel ist analog zur Auftragszeit T (für den Menschen) gegliedert ohne die Erholzeit:

Belegungszeit T_{bB}				
Betriebsmittelrüstzeit t_{rB}		**Betriebsmittelausführungszeit** $T_{aB} = m \cdot t_{eB}$		
		Betriebsmitteleinzelzeit je Einheit t_{eB}		
Rüstgrundzeit t_{rgB}	Rüstverteilzeit t_{rvB}	Grundzeit t_{gB}		Verteilzeit t_{vB}
		Haupt- nutzungszeit t_h	Neben- nutzungszeit t_n	Brach- zeit t_b
		- beeinflussbar - unbeeinflussbar	- beeinflussbar - unbeeinflussbar	

16. Wie wird die Hauptnutzungszeit t_h berechnet?

Betriebsmittelgrundzeit t_{gB}		
Hauptnutzungszeit t_h	Nebennutzungszeit t_n	Brachzeit t_b
- beeinflussbar - unbeeinflussbar	- beeinflussbar - unbeeinflussbar	

- *Hauptnutzungszeiten* t_h sind die Zeiten, in denen an einem Betriebsmittel das Werkstück unmittelbar bearbeitet wird. Hauptnutzungszeiten werden vorrangig bei der spanenden Bearbeitung als Grundlage zur Ermittlung der Vorgabezeit für Betriebsmittel verwendet.

- Die *Berechnung* erfolgt mithilfe spezieller *Formeln* (Hauptnutzungszeit beim Drehen, beim Bohren, beim Fräsen usw.; vgl. Tabellenwerke; z. B. Friedrich Tabellenbuch, Bildungsverlag EINS, a.a.O., S. 7-4 ff. oder Tabellenbuch Metall, Europa Lehrmittel Verlag, a.a.O., S. 264 ff.).

Die angegebenen Formeln leiten sich aus *drei Grundrelationen* ab:

$$t_h = \frac{L \cdot i}{f \cdot n} \qquad n = \frac{v_c}{\pi \cdot d} \qquad v_f = n \cdot f$$

Dabei ist:

t_h	Hauptnutzungszeit	L	Vorschubweg in mm	v_c	Schnittgeschwindigkeit
n	Drehfrequenz in min^{-1}	f	Vorschub	d	Werkstückdurchmesser
v_f	Vorschubgeschwindigkeit	i	Anzahl der Schnitte		

17. Wie wird die Hauptnutzungszeit beim Drehen berechnet?

- *Berechnungsgrößen:*

t_h	Hauptnutzungszeit	f	Vorschub je Umdrehung
L	Vorschubweg in mm	l	Werkstücklänge in mm
i	Anzahl der Schnitte	l_a	Anlauf in mm
n	Drehfrequenz in min^{-1}	l_u	Überlauf in mm
d	Werkstückdurchmesser in mm		

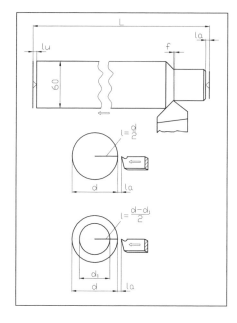

- *Berechnung der Hauptnutzungszeit:*

$$t_h = \frac{L \cdot i}{f \cdot n}$$

- *Berechnung des Vorschubweges* L:

Berechnung von L				
Längs-Runddrehen		**Quer-Plandrehen**		
ohne Ansatz	*mit Ansatz*	*ohne Ansatz*	*mit Ansatz*	*Hohlzylinder*
$L = 1 + l_a + l_u$	$L = 1 + l_a$	$L = d : 2 + l_a$	$L = (d - d_1) : 2 + l_a$	$L = (d - d_1) : 2 + l_a + l_u$

Beispiel 1: *Berechnung von t_h beim Längs-Runddrehen ohne Ansatz*

Ein Bolzen mit der Länge 160 mm wird bei einem Vorschub von 0,3 mm und einer Drehfrequenz von 1.000/min überdreht ($l_a = l_u = 2$ mm).

Gesucht: $t_h = ?$

Gegeben:
$$L = 1 + l_a + l_u$$
$$= 160 \text{ mm} + 2 \text{ mm} + 2 \text{ mm}$$
$$= 164 \text{ mm}$$

$i = 1$
$f = 0,3 \text{ mm}$
$n = 1.000 \text{ min}^{-1}$

Berechnung:
$$\boxed{t_h = \frac{L \cdot i}{f \cdot n} = \frac{164 \cdot 1}{0,3 \cdot 1.000} \cdot \frac{\text{mm} \cdot \text{min}}{\text{mm} \cdot 1} = \mathbf{0,55 \ min}}$$

Beispiel 2: *Berechnung von t_h beim Quer-Plandrehen ohne Ansatz*

Eine Welle mit den Rohmaßen D120 x 400 wird plan gedreht. Die Drehfrequenz beträgt 800/min und der Vorschub ist auf 0,4 mm eingestellt ($l_a = 2$ mm).

Gesucht: $t_h = ?$

Gegeben:
$$L = d : 2 + l_a$$
$$= 120 \text{ mm} : 2 + 2 \text{ mm}$$
$$= 62 \text{ mm}$$

$i = 1$
$f = 0,4 \text{ mm}$
$n = 800 \text{ min}^{-1}$

Berechnung:
$$\boxed{t_h = \frac{L \cdot i}{f \cdot n} = \frac{62 \cdot 1}{0,4 \cdot 800} \cdot \frac{\text{mm} \cdot \text{min}}{\text{mm} \cdot 1} = \mathbf{0,20 \ min}}$$

18. Wie wird die Hauptnutzungszeit beim Bohren berechnet?

• *Berechnungsgrößen:*

t_h	Hauptnutzungszeit	f	Vorschub je Umdrehung
L	Bohrweg in mm	l	Bohrungstiefe in mm
i	Anzahl der Bohrungen	l_a	Anlauf in mm
n	Drehfrequenz in min^{-1}	l_u	Überlauf in mm
d	Bohrerdurchmesser in mm	l_s	Anschnitt

Dabei gilt für den Anschnitt l_s in Abhängigkeit vom Spitzenwinkel σ:

σ	l_s
80°	$0,60 \cdot d$
118°	$0,30 \cdot d$
130°	$0,23 \cdot d$
140°	$0,18 \cdot d$

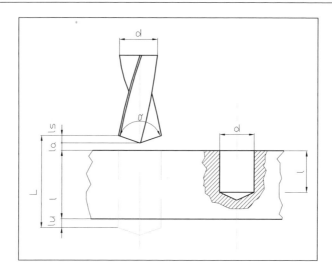

- *Berechnung der Hauptnutzungszeit:*

$$t_h = \frac{L \cdot i}{f \cdot n} = \frac{\text{Bohrweg} \cdot \text{Anzahl der Bohrungen}}{\text{Vorschub} \cdot \text{Drehfrequenz}}$$

- *Berechnung des Bohrweges L:*

Berechnung von L	
Durchgangsbohren	**Grundlochbohren**
$L = 1 + 1_s + 1_a + 1_u$	$L = 1 + 1_s + 1_a$

Beispiel 1: *Berechnung von t_h bei Durchgangsbohren*

Es sind vier Löcher mit einem Durchmesser von 20 mm in eine 40 mm dicke Stahlplatte zu bohren. Der Vorschub beträgt 0,3 mm und die Drehfrequenz ist auf 800/min eingestellt; als Anschnitt gilt: $1_s = 0,3 \cdot d$ ($1_a = 1_u = 2$ mm).

Gesucht: t_h = ?

Gegeben: L = $1 + 1_s + 1_a + 1u$ i = 4
                     = 40 mm + 0,3 · 20 mm + 2 mm + 2 mm   f = 0,3 mm
                     = 50 mm   n = 800 min⁻¹

Berechnung: $t_h = \dfrac{L \cdot i}{f \cdot n} = \dfrac{50 \cdot 4}{800 \cdot 0,3} \cdot \dfrac{mm \cdot min}{mm \cdot 1} = \mathbf{0,83\ min}$

Beispiel 2: *Berechnung von t_h beim Grundlochbohren*

In eine 30 mm dicke Stahlplatte sind 12 Grundlochbohrungen mit einem Durchmesser von 10 mm zu fertigen. Der Vorschub beträgt 0,3 mm und die Drehfrequenz 600/min (1_a = 2mm).

Gesucht: $t_h = ?$

Gegeben: $L = 1 + l_s + l_a$ $i = 12$
             $\quad = 30\ mm + 0,3 \cdot d + 2\ mm$ $n = 600\ min^{-1}$
             $\quad = 30\ mm + 0,3 \cdot 10\ mm + 2\ mm$ $f = 0,3\ mm$
             $\quad = 35\ mm$

Berechnung: $$t_h = \frac{L \cdot i}{f \cdot n} = \frac{35 \cdot 12}{600 \cdot 0,3} \cdot \frac{mm \cdot min}{mm \cdot 1} = \mathbf{2,33\ min}$$

Weitere Berechnungsvarianten der Hauptnutzungszeit, z. B. beim Fräsen, Schleifen und Abtragen sind den Tabellenwerken zu entnehmen.

2.1.3 Fertigungsverfahren und deren technologische Grundlagen

Nach DIN 8580 erfolgt die Unterteilung der Fertigungsverfahren in *sechs Hauptgruppen:*

Fertigungshauptgruppen nach DIN 8580						
Haupt gruppe	**1** **Urformen**	**2** **Umformen**	**3** **Trennen**	**4** **Fügen**	**5** **Beschichten**	**6** **Stoffeigenschaft ändern**
Form	*schaffen*	*ändern*			*beibehalten*	
Zusam- menhalt	*schaffen*	*beibehalten*	*vermindern*	*vermehren*		*beibehalten* *vermindern* *vermehren*

Diese Hauptgruppen werden weiter in Gruppen und Untergruppen unterteilt. Der Abschnitt 2.1.3 behandelt die Besonderheiten der einzelnen Fertigungshauptgruppen in der Reihenfolge der DIN 8580. Dabei beschränkt sich die Darstellung auf die Inhalte, die laut Rahmenplan gefordert sind.

2.1.3.1 Urformen

01. Was ist Urformen?

Beim Urformen wird ein fester Körper mit einer vorbestimmten Form aus formlosem Stoff gefertigt. Dabei wird ein Zusammenhalt der Stoffteilchen geschaffen.

02. Welche Urformverfahren gibt es nach DIN 8580?

Urformen	Fertigungsart	Verfahren, z.B.
• Form des festen Körpers schaffen • Zusammenhalt der Stoffteilchen herstellen	1. Aus dem flüssigen, breiigen oder plastischen Zustand	- Gießen - Spritzen - Schäumen
	2. Aus dem festen, körnigen oder pulverigen Zustand	- Sintern von Metallpulver - Pressen von Kunstharzen
	3. Aus dem gas- oder dampfförmigen Zustand	- Aufdampfen
	4. Aus dem ionisierten Zustand	- Galvanoplastik

03. Was ist charakteristisch für das Urformverfahren „Gießen"?

Beim Gießen wird eine Form (Hohlraum) mit flüssigem oder teigig-plastischem Werkstoff (meist Metallschmelze) gefüllt.

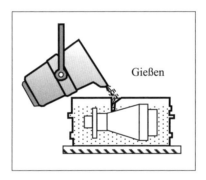

Gießen

Gießverfahren werden eingesetzt, wenn die Herstellung durch andere Fertigungsverfahren nicht möglich oder unwirtschaftlich ist bzw. wenn man bestimmte Eigenschaften des Gusswerkstoffes erzeugen will. Die Gussform wird so gefertigt, dass sie in allen Einzelheiten der beabsichtigten äußeren Werkstückform entspricht. Die Metallschmelze wird in die Form gegossen und dort zum Erstarren gebracht.

04. Welche Vor- und Nachteile bietet das Gießen?

Vorteile, z. B.:

- Materialersparnis, insbesondere bei hohen Stückzahlen
- hohe Genauigkeit bei modernen Gießverfahren.

Nachteile, z. B.:

- manche Werkstoffe sind nicht gießtauglich.

05. Welche Gießformen werden eingesetzt?

- *Verlorene Formen*
  werden beim Entformen der Gusstücke zerstört, z. B. Sandgießen, Maskenformverfahren.

- *Dauerformen*
  werden aus Stahl gefertigt und wiederholt zur Herstellung von Gussteilen verwendet.

06. Was versteht man in der Gießtechnik unter einem Modell und welche Arten gibt es?

Ein Modell ist die Nachbildung eines Werkstücks zur Herstellung einer Gießform. Dabei muss das Schwindmaß (vgl. unten) berücksichtigt werden. Man unterscheidet ebenso wie bei den Gießformen unter:

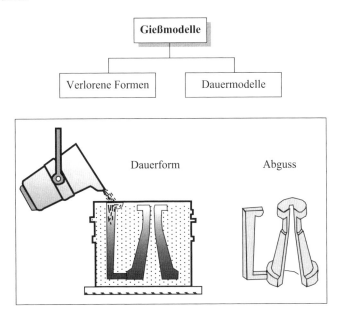

07. Warum muss bei der Modellherstellung das Schwindmaß berücksichtigt werden?

Flüssig vergossene Metalle ziehen sich beim Erkalten zusammen (Schwindung). Würde man das Schwindmaß bei der Anfertigung des Modells nicht berücksichtigen, wäre das gegossene Werkstück zu klein. Die Schwindmaße sind vom Werkstoff abhängig und liegen zwischen 0,5 bis 2 Prozent. Gängige Schwindmaße können den Tabellenwerken entnommen werden.

Beispiel: Ein Werkstück mit der Länge l = 850 mm soll aus Stahlguss hergestellt werden. Das Schwindmaß S beträgt 2 %. Nach dem Dreisatz ergibt sich folgende Berechnung für die Länge l* des Modells:

$$l^* = \frac{l \cdot 100}{100 - S} = \frac{850 \cdot 100}{100 - 2} = 867,35 \text{ mm}$$

08. Welche weiteren technologischen Bedingungen müssen beim Gießen berücksichtigt werden?

Beispiele:

- Um das Gussteil spanend bearbeiten zu können, erfolgt eine *Bearbeitungszugabe*.
- Für das gleichmäßige Abkühlen des Werkstückes muss auf eine *gleichbleibende Wanddicke* geachtet werden.
- Der *Gießvorgang* muss *gleichmäßig* erfolgen (ohne Kaskadensprünge).

09. Welche Fehler können an Gussteilen vorliegen?

Beispiele:

- Gasblasen
- Lunker (Schwindungshohlräume)
- Schlackeneinschlüsse
- Grate
- ungleichmäßige Wanddicke
- Risse
- sandiger Guss.

10. Wie ist der Arbeitsablauf beim Gießen?

1. Der *Fertigteilzeichnung* werden entnommen:

   - Gussfertigteilnennmaße und Genauigkeitsgrad der Maße
   - Oberflächenbeschaffenheit
   - Gusswerkstoff, z. B. Grauguss, Stahlguss.

2. Ermittlung der *Bearbeitungszugaben* (vgl. Tabellenwerk)

3. Ermittlung der *Abmaße* und der Gussrohteilnennmaße (vgl. Tabellenwerk)

4. Ermittlung des *Schwindmaßes* und des Modellmaßes in Abhängigkeit vom Gusswerkstoff

5. Ggf. Berücksichtigung der *Formschräge* (zur besseren Trennung von Modell und Gießform)

11. Was versteht man unter Sintern? → **2.4.1**

Sintern ist das Glühen von gepressten Metallpulvern. Bei dem Vorgang entsteht durch Diffusion und Kristallisation ein zusammenhängendes Gefüge. Die Herstellung von Sintermetallen erfolgt in vier Arbeitsstufen:

1. *Pulverherstellung:*
   Durch Zerstäuben oder Verdüsen werden aus Metallschmelzen kleine Metallpulverteilchen hergestellt.

2. *Mischen:*
   Unterschiedliche Metallpulver werden in der erforderlichen Zusammensetzung gemischt.

3. *Pressen:*
   Das Metallpulvergemisch wird in formgebenden Werkzeugen so stark verdichtet, dass an den Berührungsstellen eine Kaltverfestigung erfolgt (Pressrohling).

4. *Sintern:*
   Durch die Wärmebehandlung (Sintern) erhält der Rohling seine endgültige Festigkeit; ggf. erfolgt eine Nachbehandlung (Kalibrieren, Wärmebehandlung, Tränken).

12. Welche Vor- und Nachteile bietet das Sintern?

Vorteile, z. B.:

- Herstellung einbaufertiger Bauteile, die eine hohe Präzision und Maßhaltigkeit aufweisen
- chemische Zusammensetzung ist genau bestimmbar (gewünschte Eigenschaft des Werkstücks)
- unterschiedliche Werkstoffeigenschaften sind herstellbar, z. B.:
  - · hoher Pressdruck   → dichte Werkstoffe
  - · niedriger Pressdruck   → poröse Werkstoffe
- keine Werkstoffverluste
- große Stückzahlen.

Nacheile, z. B.:

- nur auf kleinere Werkstücke beschränkt (hoher Pressdruck erforderlich)
- Einschränkungen in der Formgebung
- wirtschaftlich nur bei Massenfertigung.

13. Warum sind Gleitlager aus Sintermetall wartungsfrei?

Gleitlager aus Sintermetall haben einen Porenanteil von 15 bis 20 %, der mit Flüssigschmierstoff gefüllt ist. Bei Erwärmung des Lagers tritt das in den Poren gespeicherte Öl aus und bildet einen Schmierfilm.

14. Wie ist die Systematik der Normbezeichnung für Sintermetalle?

Die Normbezeichnung gängiger Sintermetalle nach DIN 30910-1 kann den Tabellenbüchern entnommen werden:

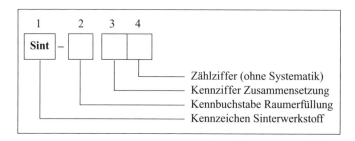

Beispiel: Sint-B 10   Sinterstahl
              Sint-D 30   Sinterstahl, Cu- und Ni-haltig.

15. Was bezeichnet man als „Rapid Prototyping"?

Rapid Prototyping (RP) sind Verfahren zur additiven Herstellung von Prototypen. Im Gegensatz dazu sind z. B. Drehen, Fräsen usw. subtraktive Fertigungstechniken. Den Verfahren des RP sind folgende Prozessschritte gemeinsam:

1. *Schritt:*
   Konstruktiv oder durch Scannen wird das 3-D-Modell erstellt und die Daten werden an die RP-Software übergeben.

2. *Schritt:*
   Die RP-Software zerlegt den 3-D-Körper in Schichten (Schnitte = Sclicen) und erzeugt die erforderlichen Schnitt- und Steuerinformationen für die Fertigung.

3. *Schritt:*
   Das Modell wird schichtweise erstellt; ggf. können sich Folgeverfahren anschließen (z. B. Gießen, Oberflächenbehandlung).

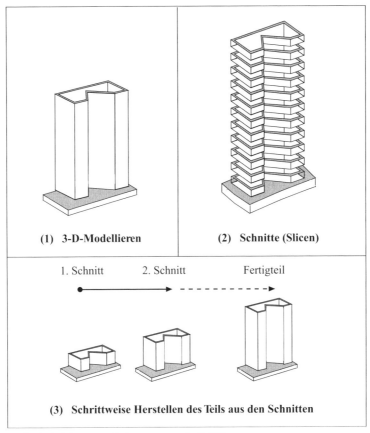

Quelle: in Anlehnung an: Awiszus u.a., a.a.O., S. 322

2.1.3.2 Umformen

01. Was ist Umformen?

Umformen ist das Verändern der Form eines festen Körpers. Dabei bleiben Masse und Stoffzusammenhalt unverändert.

02. Welche Umformverfahren gibt es nach DIN 8580?

Umformen	Fertigungsart	Verfahren, z. B.	
• Form des festen Körpers ändern • Zusammenhalt der Stoffteilchen und Masse des Körpers bleiben erhalten	1. Druckumformen	Walzen[1)	Schmieden
		Freiformen	Eindrücken
		Gesenkformen	Durchdrücken
	2. Zugumformen	Längen	Weiten
		Tiefen	
	3. Zugdruckumformen	Durchziehen	Drücken
		Tiefziehen[1)	Knickbauchen
		Kragenziehen	
	4. Biegeumformen	Biegen[1)	Wickeln
		Runden	
	5. Schubumformen	Verschieben	Verdrehen

[1) Nachfolgend werden ab Frage 05. ff. die gekennzeichneten Verfahren behandelt (lt. Rahmenplan).

1. Beim *Druckumformen*
   wird das gesamte Werkzeug in Richtung der Kraft gestaucht. Die Teilchen des Werkstücks verschieben sich so gegeneinander, dass es breiter wird (Beispiel: *Walzen* von Blech; vgl. 05.).

2. Beim *Zugumformen*
   wird das gesamte Werkstück in Zugrichtung gedehnt. Die Teilchen des Werkstoffs verschieben sich in Zugrichtung.

3. Beim *Zugdruckumformen*
   wird das Werkstück so geführt, dass Teile des Werkstücks gestaucht und andere gedehnt werden (Beispiel: Tiefziehen, vgl. unten/06.).

4. Beim *Biegeumformen*
   wird eine gedachte Achse des Werkstücks um einen bestimmten Winkel abgebogen (Beispiel: *Schwenkbiegen*, vgl. unten/10.).

5. Beim *Schubumformen*
   werden zwei benachbarte Querschnitte des Werkstücks gegeneinander verschoben:
   - Verschieben   →   parallel zueinander
   - Verdrehen   →   in einem Winkel zueinander

03. Welche Vorteile bietet das Umformen?

- Beim Umformen wird der Faserverlauf im Werkstück nicht unterbrochen. Dadurch erhöht sich
  bei einigen Verfahren die Festigkeit des Werkstoffs.

- Es können auch schwierige Formen bei hoher Oberflächenqualität und engen Toleranzen
  gefertigt werden.

- Die Anzahl der Arbeitsvorgänge ist geringer als beim Fügen.

- Die Werkstoffausnutzung ist wirtschaftlicher als bei spanenden Verfahren.

04. Wie unterscheiden sich Kalt- und Warmumformen?

Beim Kaltumformen werden für den Vorgang größere Kräfte benötigt. Die erreichbaren Formänderungen sind geringer.

05. Was ist charakteristisch für das Umformverfahren Walzen?

Durch die Druckkräfte gegenläufig rotierender Walzen wird der Werkstoff (im warmen oder
kalten Zustand) auf die Form des Walzenspaltes gebracht.

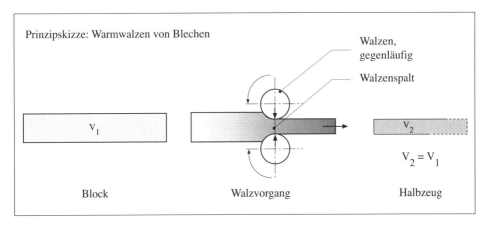

Die Produkte bei diesem Verfahren nennt man Walzerzeugnisse (Halbzeuge). Sie werden auf
Walzstraßen/-anlagen hergestellt; deren Bauteile sind: Walzgerüst, Rollengänge, Schere, Wärmeofen (beim Warmwalzen).

06. Was ist Tiefziehen?

Das Tiefziehen gehört zu den wichtigsten Herstellverfahren der Blechumformung. Dabei wird ein ebener Blechzuschnitt (Ronde) zu einem Hohlteil umgeformt.

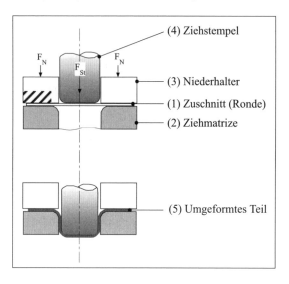

Ablauf:

- Der Zuschnitt, die Ronde, wird in die Aufnahme der Ziehmatrize eingelegt.
- Der Niederhalter drückt die Ronde mit einer bestimmten Kraft F_N gegen die Ziehmatrize.
- Der Ziehstempel zieht die Ronde mit der Kraft F_{St} über die abgerundeten Einziehecken in die Matrize und formt das Teil um.

Um die Reibung zwischen Ronde und Werkzeug zu verringern, werden Schmierstoffe eingesetzt (z. B. Petroleum, Wasser-Grafit-Brei; vgl. Tabellenwerke).

Man unterscheidet Tiefziehen mit

- starren Werkzeugen
- elastischen Werkzeugen
- Wirkmedien
- Wirkenergie.

07. Welche physikalischen Bedingungen sind beim Tiefziehen zu beachten?

Die Werkstoffe werden beim Tiefziehen hohen Beanspruchungen ausgesetzt. Um Brüche und Risse zu vermeiden, werden Tiefziehversuche durchgeführt. Dabei spielen u. a. das Ziehverhältnis β, der Zuschnittdurchmesser D sowie die Durchmesser d_1, d_N und der Ziehspalt z_w am Tiefziehwerkzeug eine Rolle. Die entsprechenden Formeln zur Berechnung dieser Größen sind in den Tabellenwerken enthalten.

Beim Tiefziehen wirken folgende Kräfte:

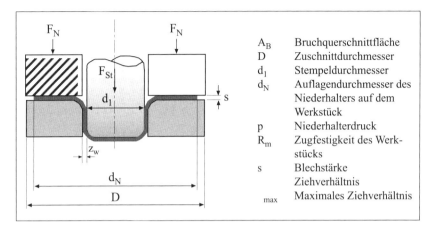

A_B	Bruchquerschnittfläche
D	Zuschnittdurchmesser
d_1	Stempeldurchmesser
d_N	Auflagendurchmesser des Niederhalters auf dem Werkstück
p	Niederhalterdruck
R_m	Zugfestigkeit des Werkstücks
s	Blechstärke
	Ziehverhältnis
max	Maximales Ziehverhältnis

$$\text{Bodenreißkraft } F_B = A_B \cdot R_m \qquad \text{mit } A_B = \pi \, (d_1 + s) \cdot s$$

$$\text{Tiefziehkraft } F_{St} = A_B \cdot R_m \cdot 1{,}2 \cdot \frac{\beta - 1}{\beta_{max} - 1}$$

$$\text{Niederhalterkraft } F_N = \frac{\pi}{4} \cdot (D^2 - d_N^2) \cdot p$$

$$\text{Gesamtziehkraft } F = F_{St} + F_N$$

08. Welche Fehler können beim Tiefziehen entstehen?

Mögliche Fehlerquellen sind z. B.:

- Werkstofffehler,
- Werkzeugfehler,
- Verfahrensfehler.

09. Welche Gestaltung der Tiefziehteile sollte angestrebt werden?

Die Radien am Werkstück sollten möglichst groß sein. Scharfkantige Übergänge, unterschnittene oder ausgebuchtete Teile sind zu vermeiden. Nach Möglichkeit sollte das Werkstück in einem Zug gefertigt werden.

Ziehleisten und Ziehwülste verbessern den Werkstofffluss: Der Materialfluss wird gebremst und das Werkstoffgefüge aufgelockert.

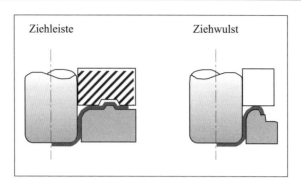

Ziehleiste   Ziehwulst

10. Was ist Biegen?

Biegen ist die örtliche Veränderung der Werkstückkrümmung (Biegezone) entlang einer kör-
perfesten Bezugslinie, der *Biegelinie*. Dabei wirken im äußeren Bereich des Biegequerschnitts
Zugspannungen und im inneren Bereich *Druckspannungen*, d. h. die äußeren Fasern des Werkstoffs werden verlängert, die inneren Fasern verkürzt.

Die innere Faser, die beim Biegen weder gestreckt noch gestaucht wird, liegt ungefähr in der
Mittellinie und wird als *neutrale Faser* bezeichnet (die Ausgangslänge wird durch das Biegen
nicht verändert). Als *Biegeradius* bezeichnet man den an der Innenseite des Werkstücks liegenden
Radius nach dem Biegen.

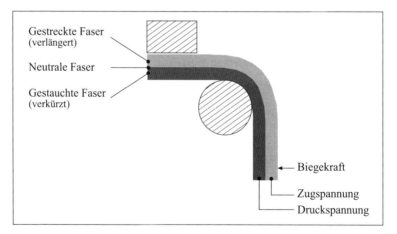

Gestreckte Faser (verlängert)
Neutrale Faser
Gestauchte Faser (verkürzt)
Biegekraft
Zugspannung
Druckspannung

11. Welche Biegeverfahren gibt es?

Die wichtigsten Biegeverfahren sind:

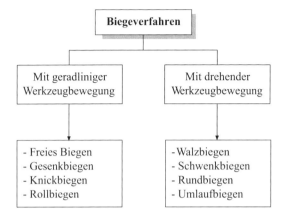

- *Freies Biegen:* → Bild 1
  Umformen ohne Verwendung von Vorrichtungen und Maschinen.

- Beim *Gesenkbiegen* → Bild 2
  wird das Werkstück durch einen Biegestempel und das Biegegesenk
  umgeformt. Mit diesem Verfahren, das sehr häufig eingesetzt wird,
  sind auch schwierige Blechprofile herzustellen. Der Arbeitsgang
  ist erst nach völligem Anlegen des Werkstückes an das Biegegesenk
  abgeschlossen.

- Beim *Knickbiegen* → Bild 3
  entsteht ein Ausknicken des Werkstückes senkrecht zur Kraftrichtung. Die Begrenzung der Umformzone wird durch eine Einspannung des nicht umzuformenden Werkstückteils erreicht.

- Beim *Rollbiegen* → Bild 4
  wird der Zuschnitt in eine vorgegebene Form hineingedrückt. Um
  das Abrollen des Werkstücks zu verbessern, wird der Zuschnitt vor
  dem Rollbiegen vorgebogen.

- Das *Walzbiegen* → Bild 5
  erfolgt durch hintereinander angeordnete Walzpaare.

- Beim *Schwenkbiegen* → Bild 6
  wird das Werkstück an eine Auflage gedrückt und durch eine Bie-
  gewange umgeformt.

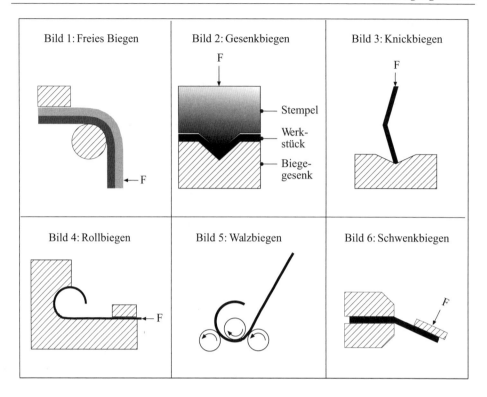

12. Welche physikalischen und technologischen Gesetzmäßigkeiten sind beim Biegen zu beachten?

Es gelten folgende Bezeichnungen:

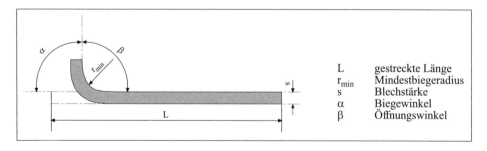

L	gestreckte Länge
r_{min}	Mindestbiegeradius
s	Blechstärke
α	Biegewinkel
β	Öffnungswinkel

1. Zug- und Druckspannung, Zuschnittlänge L:

Beim Biegen entsteht am äußeren Teil des Werkstücks Zugspannung, am inneren Teil Druckspannung (vgl. 10.). Daher muss vor dem Biegen die Länge des Zuschnitts (= gestreckte Länge) ermittelt werden. Es gilt:

Zuschnittlänge (Gestreckte Länge L) = Länge der neutralen Faser

Zur Berechnung vgl. die Tabellenwerke:

- Berechnung von L für Biegewinkel $\alpha = 90°$
- Berechnung von L für beliebige Öffnungswinkel β

2. *Elastische Rückfederung, Rückfederungswinkel ε, Überbiegen des Werkstoffs:*
In Abhängigkeit von der Technologie federt ein Werkstoff bei geringem Biegemoment in die Ausgangslage zurück. Erst nach stärkerer Belastung biegt er sich weiter durch und bleibt gebogen. Es muss daher beim Biegen eines Werkstoffs seine Elastizitätsgrenze überwunden werden. Sind genaue Biegewinkel vorgegeben, muss die Rückfederung durch Überbiegen des Werkstoffs ausgeglichen werden. Der Rückfederungswinkel ε (auch: α_R) ist 1 %...3 % des Biegewinkels α. Seine Größe ist abhängig

- von der Blechdicke,
- vom Biegewinkel,
- vom Biegeradius,
- von der Elastizität des Werkstoffs.

Zur Berechnung vgl. die Tabellenwerke:

- Rückfederung beim Biegen VDI 3389

3. *Bruchgrenze ε_B:*
Beim Biegen eines Werkstoffs muss seine spezifische Bruchgrenze beachtet werden; sie ist abhängig von der Werkstofftechnologie. Zum Biegen geeignete Werkstoffe sind z. B. Stahl, Kupfer, Aluminium, Zink, Magnesium und ihre Legierungen.

4. *Mindestbiegeradius r_{min}:*
Speziell bei Blechen gilt, dass sie nicht scharfkantig abgebogen werden dürfen: Es kann sonst durch zu starkes Strecken an der Außenseite des Werkstoffs zu Rissen kommen. Daraus folgt: Beim Biegen muss ein bestimmter Mindestbiegeradius r_{min} eingehalten werden. Seine Größe ist abhängig

- von der Art des Werkstoffs,
- von seiner Festigkeit und Dehnbarkeit,
- von der Walzrichtung,
- von der Blechdicke.

Zur Berechnung vgl. die Tabellenwerke:

- Kleinstmögliche Biegeradien für NE-Metalle
- Mindestbiegeradien für Rohre nach DIN 25570.

5. *Beachtung der Walzrichtung bei Blechen:*
Bleche sollten möglichst senkrecht zur Walzrichtung gebogen werden.

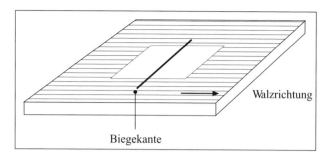

6. *Biegen von Rohren und Hohlprofilen:*
Speziell beim Biegen von Rohren und Hohlprofilen sind wegen der zum Teil dünnen Wandungen folgende Hinweise zu berücksichtigen:

- Das *Einknicken oder Einquetschen* des Biegequerschnitts lässt sich vermeiden durch folgende Maßnahmen:
  · Einhalten des Mindestbiegeradius (vgl. Herstellerhinweise; z. B. Stahlrohre: 10-fache des Außendurchmessers; Kupferrohre: 3-fache des Außendurchmessers)
  · Füllen der Hohlräume (Masse, Dorn)
  · Biegeform entsprechend dem Durchmesser des Werkstücks gestalten
  · Warmbiegen (damit kann der Mindestbiegeradius verringert werden)

- Das freie Biegen von Hand sollte die Ausnahme bilden. In der Regel ist der Einsatz von *Vorrichtungen* (Biegevorrichtung, hydraulische Biegemaschine, Ringbiegemaschine) anzuraten.

- *Schweißnähte* sollten außerhalb der Biegezone oder in der neutralen Zone liegen. Schweißnähte sind weniger elastisch (Bruchgefahr).

2.1.3.3 Trennen

01. Was ist Trennen?

Trennen ist nach DIN 8580 die 3. Hauptgruppe innerhalb der Fertigungsverfahren und umfasst das Herstellen geometrisch bestimmter fester Körper mittels Werkzeugen durch Ändern der Form und Vermindern des Stoffzusammenhalts.

Fertigungshauptgruppen nach DIN 8580						
Haupt gruppe	1 Urformen	2 Umformen	**3 Trennen**	4 Fügen	5 Beschichten	6 Stoffeigenschaft ändern
Form	*schaffen*	*ändern*			*beibehalten*	
Zusam- menhalt	*schaffen*	*beibehalten*	*vermindern*	*vermehren*		*beibehalten vermindern vermehren*

02. Welche Gruppen umfasst die Fertigungshauptgruppe Trennen?

Die Fertigungshauptgruppe Trennen umfasst *sechs Verfahrensgruppen*:

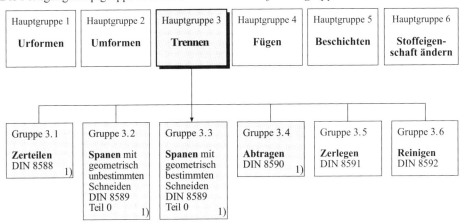

¹⁾ Behandelt werden in den nachfolgenden Abschnitten 2.1.3.3.1 bis 2.1.3.3.4 die gekennzeichneten Verfahrensgruppen (vgl. Rahmenplan).

2.1.3.3.1 Trennen durch Zerteilen

01. Was ist Zerteilen?

Zerteilen ist mechanisches Trennen von Werkstücken ohne Entstehen von formlosem Stoff (keine Spanbildung).

02. Welche Zerteilverfahren gibt es?

Zerteilen ist die 1. Gruppe innerhalb der Trennverfahren und wird nach DIN 8588 in sechs Untergruppen gegliedert:

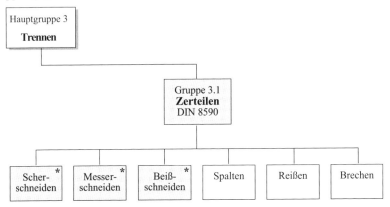

* Behandelt werden lt. Rahmenplan die gekennzeichneten Verfahren.

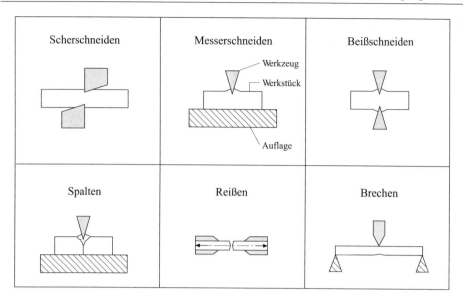

03. Was ist Scherschneiden?

Scherschneiden (auch kurz: Schneiden) umfasst alle Verfahren, bei denen der Werkstoff durch zwei Schneiden zerteilt wird, die sich gegenläufig aneinander vorbeibewegen.

• Man unterscheidet *grundsätzlich*:

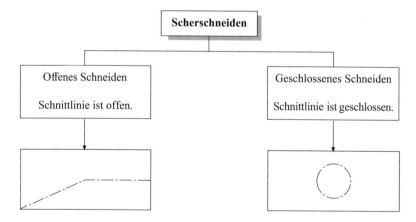

• Nach der *Lage der Schnittlinie* gliedert man Scherschneiden in folgende Varianten:

Trennschneiden	Ausschneiden	Beschneiden (Abgraten)	Lochen
Schnittlinie Werkstück			
Ausklinken	Einschneiden	Nachschneiden	Nibbeln/ Knabberschneiden = fortschreitendes Ausklinken

04. Welche hauptsächlichen Einsatzgebiete hat das Scherschneiden?

1. *Blechschneiden*:
   - Abschneiden/Ausschneiden aus Halbzeugen (Blechzuschnitte)
     → Anfangsformen für nachfolgende Bearbeitungsschritte, z. B. Umformen.

   - Ausschneiden, Beschneiden, Lochen, Ausklinken, Einschneiden
     → Herstellen von Konturen für nachfolgende Bearbeitungsschritte

2. *Massivschneiden*:
   - Herstellen von Stangenabschnitten
   - Lochen und Beschneiden von Werkstücken nach dem Umformen

05. Wie wird die Schneidkraft beim Scherschneiden berechnet?   → **A 5.3.1**

Die Schneidkraft F_S beim Scherschneiden ist abhängig von der Werkstoffdicke s, der Schnittlänge L und der Scherfestigkeit τ_B:

$$
\begin{array}{ccc}
\text{Scherkraft} & = & \text{Scherfläche} \quad \cdot \text{Scherfestigkeit} \\
F_S & = & S \qquad\quad \cdot \tau_B
\end{array}
$$

mit: Scherfläche = Schnittfläche   = getrennte Fläche

= Scherkantenlänge · Werkstoffdicke

$$S = L \qquad \cdot s$$

$$\Rightarrow \qquad \boxed{F_S = L \cdot s \cdot \tau_B}$$

Dabei wird die Scherfestigkeit τ_B aus der Zugfestigkeit R_m ermittelt; es gilt:

$$\tau_B \approx 0{,}8 \cdot R_m \qquad \text{Spezifische Werte für } R_m \rightarrow \text{Tabellenwerke}$$

Beispiel:
Eine Platte aus S 185 ($\rightarrow R_{m\,max}$ = 510 N/mm²; vgl. Tabellenwerke) wird gelocht mit d = 25 mm und s = 2 mm.

$$S = L \cdot s = \pi \cdot 2 \cdot r \cdot s = 3{,}14 \cdot 25 \,\text{mm} \cdot 2 \,\text{mm}$$

$$= 155 \,\text{mm}^2$$

$$\Rightarrow \qquad \boxed{F_S = S \cdot 0{,}8 \cdot R_{m\,max}}$$

$$= 155 \,\text{mm}^2 \cdot 0{,}8 \cdot 510 \,\text{N/mm}^2$$

$$= 63{,}24 \,\text{kN}$$

Weitere Formeln und Richtwerte zum Scherschneiden wie Berechnung von Stempelabmessung und Schneidspalt in Abhängigkeit von der Scherfestigkeit entnehmen Sie bitte den Tabellenwerken (vgl. z. B. Friedrich Tabellenbuch, a. a. O., S. 6-14 ff.).

06. Was ist Beißschneiden?

Beißschneiden ist das Zerteilen von Werkstoff zwischen zwei keilförmigen Schneiden, die sich aufeinander zu bewegen.

Werkzeuge: Seitenschneider, Bolzenschneider, Kneifzange.

07. Was ist Messerschneiden?

Messerschneiden ist das Zerteilen von Werkstoff mit einer Keilschneide, die gegen eine Auflage wirkt.

Anwendung: Zerteilen von Papier, Pappe, Textilien, Dichtungswerkstoffen.

Gestaltung der Messer:

- Keilwinkel ca. 20 °
- Schneiden von Außenformen → Messer ist innen senkrecht und außen keilförmig
- Schneiden von Innenformen → Messer ist innen keilförmig und außen senkrecht

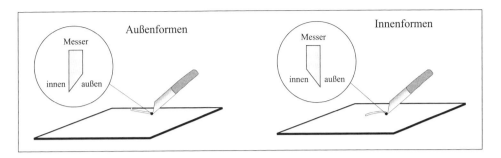

08. In welche Bauarten werden Schneidwerkzeuge eingeteilt?

• *Einfachschnittwerkzeug:*
Der Schneidvorgang wird nur von einem Werkzeug ausgeführt.
Anwendung: Herstellung einfacher, großer Schnittteile.

• *Folgeschnittwerkzeug:*
Die Kontur des Werkstücks wird durch aufeinanderfolgende Arbeitsvorgänge hergestellt.
Anwendung: Herstellung komplizierter Werkstückkonturen.

• *Gesamtschneidwerkzeug:*
Die Fertigung der Innen- und Außenform erfolgt mit *einem* Pressenhub.
Anwendung: Herstellung großer Werkstückzahlen, bei denen die Lage der Innen- zur Außenform
sehr genau sein muss.

09. Wie ist die Schnittfläche in Werkzeugen bei Scherscheiden gestaltet?

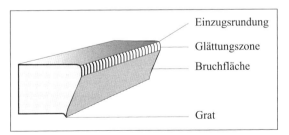

2.1.3.3.2 Trennen durch Spanen mit geometrisch unbestimmten Schneiden

01. Was ist Spanen?

Spanen umfasst alle Verfahren, mit denen verschiedene Formelemente an Werkstücken durch mechanisches Abtrennen von Stoffteilchen hergestellt werden können. Nach der geometrischen Art der Schneide unterteilt man in

- Spanen mit geometrisch unbestimmten Schneiden
- Spanen mit geometrisch bestimmten Schneiden.

Beide Verfahren haben im Prinzip identische Verfahrensschritte:

Reiben → Stauchen → Scheren → Trennen

02. Was ist Spanen mit geometrisch unbestimmten Schneiden?

Nach DIN 8589 Teil 0 ist Spanen mit geometrisch unbestimmten Schneiden ein Verfahren, bei dem ein Werkzeug verwendet wird, dessen Schneidenzahl, Geometrie der Schneidkeile und Lage der Schneiden zum Werkstück unbekannt ist.

03. Welche Verfahren gibt es?

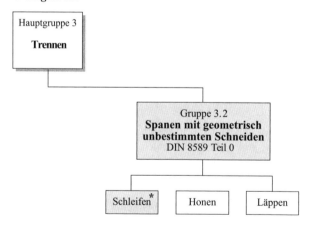

* Behandelt wird im Folgenden das Schleifen (vgl. Rahmenplan).

04. Was ist Schleifen?

Schleifen ist ein spanendes Fertigungsverfahren mit vielschneidigen, unregelmäßig geformten Werkzeugen (gebundene Schleifkörner), die mit hoher Geschwindigkeit den Werkstoff abtrennen (DIN 8589 Teil 0).

05. Warum werden Werkstoffe geschliffen?

- Herstellen einer hohen Maß- und Formgenauigkeit
- Fertigen einer hohen Oberflächengüte mit kleiner Rauheit und Welligkeit.

06. Warum ist eine Schleifscheibe ein Werkzeug mit geometrisch unbestimmten Schneiden?

Eine Schleifscheibe ist ein Werkzeug mit geometrisch unbestimmten Schneiden, weil Form und Lage der Schleifkörner unbekannt ist und jedes Schleifkorn unterschiedliche Winkel zum Werkstoff hat.

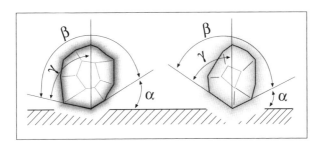

07. Welche Hauptbestandteile hat ein Schleifwerkzeug?

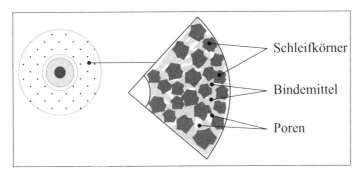

Die Bestandteile haben folgende Aufgabe:

- Schleifkörner   →   Schleifen
- Bindemittel   →   Zusammenhalt der Schleifkörner
- Poren   →   Abtransport der Späne

08. Welche Anforderungen müssen Schleifmittel erfüllen?

Schleifmittel müssen verfügen über ausreichende

- Härte und Schneidfähigkeit (→ Spanbildung),
- Zähigkeit (→ Belastung),

- Sprödigkeit (→ Absplittern/Bildung neuer Schneidkanten) sowie
- thermische Widerstandsfähigkeit (→ Widerstand gegen Erhitzen).

Die Härte der Schleifmittel ist nicht zu verwechseln mit der Härte des Schleifwerkzeugs. Es gilt:

| Das eingesetzte Schleifmittel muss härter sein als der zu bearbeitende Werkstoff. |

09. Welche Schleifmittelarten werden verwendet?

Schleifmittelarten		
Natürliche Schleifmittel	**Künstliche Schleifmittel**	
		Bezeichnung nach DIN ISO 6104
Ölsandstein	Elektrokorund	A
Schmirgel	Zirkonkorund	Z
Naturdiamant	Silitiumkarbid	C
	Diamant	D
	Bornitrid	B

10. Welche Körnung gibt es?

Die Körnung (Korngröße) beeinflusst die Zerspanleistung. Man unterscheidet:

	Körnung			
	Makrokörnung			Mikrokörnung
	grob	**mittel**	**fein**	**sehr fein**
	4...24	30...60	70...220	230...1200
Anwendung:	Schruppen	Schlichten		Feinschleifen

Bei Diamant wird der Buchstabe D bzw. bei Bornitrid der Buchstabe B vor die Kennzahl der Körnung gesetzt (z. B. D 230, B 70).

11. Was bezeichnet man als Härtegrad?

Der Härtegrad ist das Maß für die Kraft, mit der die Schleifkörner durch das Bindemittel gehalten werden. Bei harten Werkstoffen werden die Schleifkörner schneller stumpf. Sie müssen daher schneller aus der Bindung herausbrechen können, damit neue (scharfe) Schleifkörner zur Verfügung stehen. Es gilt daher:

> Harte Werkstoffe   →   Weiche Schleifscheibe
> Weicher Werkstoff   →   Harte Schleifscheibe

Man unterteilt Schleifscheiben in folgende Härtegrade (Normierung durch Buchstaben):

Härtegrade						
äußerst weich	sehr weich	weich	mittel	hart	sehr hart	äußerst hart
A...D	E...G	H...K	L...O	P...S	T...W	X...Z

12. Was bezeichnet man als Gefüge?

Das Gefüge ist die Struktur (räumliche Verteilung) von Schleifkörnern, Bindemittel und Poren (vgl. Frage 06.). Je mehr Späne anfallen, umso poröser muss das Gefüge sein. Die Unterteilung erfolgt nach Ziffern:

Gefüge				
Dichtes Gefüge	←——————————→			Offenes Gefüge
Kleine Poren	←——————————→			Große Poren
Kennziffern für Gefüge				
sehr dicht	dicht	mittel	offen	sehr offen
1...2	3...4	5...8	9...11	12...14

13. Welche Bindungsarten werden verwendet?

Die Schleifkörner werden durch ein Bindemittel zusammengehalten. Das Bindemittel muss je nach zu bearbeitendem Werkstoff so beschaffen sein, dass die Schleifkörner gehalten werden aber auch rechtzeitig beim Abstumpfen ausbrechen können, um neue (scharfe) Schleifkörner freizugeben. Man unterscheidet u. a. folgende Bindungsarten und ihre Anwendung:

Bindungen			
Bindungsart		Kurz-zeichen	Eigenschaften/Anwendung
Anorganische Bindungen	Keramik	V	unelastisch, spröde; unempfindlich gegenüber Wasser, Öl, Wärme; empfindlich gegenüber Schlag/Stoß → Nass-, Trocken-, Schrupp-/Feinschleifen
	Metall	M	unempfindlich gegenüber Druck und Wärme → Werkzeug-, Präzisionsschleifen; Werkzeugbau, Glasindustrie
Organische Bindungen	Kunstharz	B	unempfindlich gegenüber Schlag, Stoß und Wärme → Schruppschleifen, Entgraten, Putzen von Metallwerkstoffen
	Kunstharz + Faserverstärkung	BF	siehe oben B → Trennschleifen
	Gummi	R	elastisch, zäh; unempfindlich gegenüber Schlag und Stoß; wärmeempfindlich; für hohe Umfangsgeschwindigkeiten → Nassschleifen, verlustarmes Trennschleifen
	Gummi + Faserverstärkung	RF	

14. Welche Bedeutung hat die Arbeitshöchstgeschwindigkeit $v_{c\,max}$ für Schleifscheiben?

Aus wirtschaftlichen Gründen ist eine hohe Arbeitsgeschwindigkeit beim Schleifen gewünscht. Aus physikalischer Sicht sind dem Grenzen gesetzt: Schleifscheiben haben eine relativ geringe Zugfestigkeit. Damit sie nicht durch die entstehenden Fliehkräfte zerstört werden (Unfallgefahr) ist die Arbeitshöchstgeschwindigkeit $v_{c\,max}$ normiert – in Abhängigkeit von

- der Maschinenart (MA),
- der Anwendungsart (AWA) und
- den Maßverhältnissen (MV) sowie
- der Bindungsart der Schleifscheibe.

Die Schleifscheiben tragen entsprechende farbliche Kennzeichnungen nach DIN EN 12413:

Arbeitshöchstgeschwindigkeiten von Schleifscheiben							
$v_{c\,max}$ in m/s	50	63	80	100	125	140	160
Farbstreifen	blau	gelb	rot	grün	blau + gelb	blau + rot	blau + grün

→ Einzelheiten vgl. Tabellenwerke unter $v_{c\,max}$

15. Welche Schleifkörperformen gibt es?

Die Einteilung der Schleifkörperformen wird nach folgenden Merkmalen vorgenommen:

1. *Art der Einspannung*:
   - Bohrung → Schleifscheibe
   - Schaft → Schleifstift

2. *Form*:
   - Profilformen von Schleifscheiben sind normiert nach DIN ISO 525 mit den Kennbuchstaben B...P (vgl. Tabellenwerke).
   - Die Form der Schleifkörper ist weiterhin normiert nach DIN EN 12413 mit den Bezeichnungen Form 1...Form 52 (vgl. Tabellenwerke).

16. Welche Arbeiten sind vor Inbetriebnahme einer neuen Schleifscheibe auszuführen?

1. Überprüfen auf Beschädigungen, z. B. Risse

2. Schleifscheibe spannungsfrei montieren

3. Mindestdurchmesser der Flansche beachten

4. Zwischenlagen verwenden (je nach Werkstoff)

5. Überprüfen auf Unwucht

6. Probelauf ($\geq$ 5 min bei Höchstdrehzahl)

17. Welche Maßnahmen zur Unfallverhütung sind beim Schleifvorgang insbesondere zu beachten?

1. Beim Schleifen ohne Maschinenabdeckung: Schutzbrille tragen!

2. Werkstückauflage nur bei stehender Maschine justieren!

3. Passendes Schleifmittel/passenden Schleifkörper verwenden!

4. Arbeitshöchstgeschwindigkeit einhalten!

5. Beim Trockenschleifen: Staub absaugen!

6. Schmieren des Schleifkörpers (mangelde Zerspanung) vermeiden!

18. Wie werden die Schleifverfahren unterteilt?

Schleifverfahren				
Plan-schleifen		Plan-Umfangs-Längsschleifen	Plan-Umfangs-Einstechschleifen	Plan-Seiten-Längsschleifen
Rund-schleifen	Außen-schleifen	Außen-Rund-Umfangs-Längsschleifen	Außen-Rund-Umfangs-Einstechschleifen	Außen-Rund-Seiten-Längsschleifen
	Innen-schleifen	Innen-Rund-Längsschleifen	Innen-Rund-Einstechschleifen	
Schraub-schleifen		Längs-Außen-Schraubschleifen	Quer-Außen-Schraubschleifen	
Wälz-schleifen		Kontinuierliches Außen-Wälzschleifen	Diskontinuierliches Außen-Wälzschleifen	
Profil-schleifen		Längs-Außen-Profilschleifen	Quer-Außen-Profilschleifen	Quer-Innen-Profilschleifen

Quelle: in Anlehnung an: Awiszus u. a., a.a.O., S. 165

19. Wie sind die Rautiefen R_t, R_z und R_a definiert?

- *Rautiefe R_t*
  Nach DIN EN ISO 4287 ist R_t der Abstand der höchsten Profilerhöhung bis zum tiefsten Profiltal innerhalb einer Messstrecke L_m.

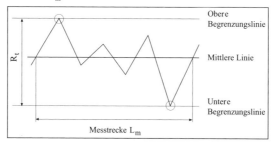

- *Gemittelte Rautiefe R_z*
  Nach DIN EN ISO 4287 ist R_z der Mittelwert innerhalb von fünf aufeinander folgenden Einzelmessstrecken l_e.

$$R_z = (Z_1 + Z_2 + ... + Z_5) : 5$$

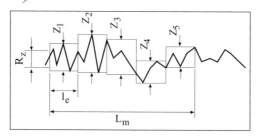

• *Arithmetischer Mittelrauhwert* R_a

Nach DIN EN ISO 4287 ist R_a der arithmetische Mittelwert aller Abweichungen Y des Rauhheitsprofils von der mittleren Linie.

$$R_a = (Y_1 + Y_2 + \dots + Y_n) : n$$

2.1.3.3.3 Trennen durch Spanen mit geometrisch bestimmten Schneiden

01. Was ist Spanen mit geometrisch bestimmten Schneiden?

Nach DIN 8589 Teil 1 ist Spanen mit geometrisch bestimmten Schneiden ein Verfahren, bei dem ein Werkzeug verwendet wird, dessen Schneidenanzahl, Geometrie der Schneidkeile und Lage der Schneiden zum Werkstück exakt bestimmt ist.

02. Welche Verfahren gibt es?

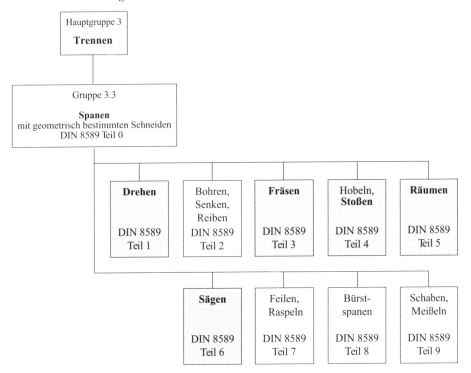

Behandelt werden lt. Rahmenplan die markierten Verfahren.

03. Welche charakterischen Merkmalen weisen die Spanverfahren mit geometrisch bestimmten Schneiden auf (Überblick)?

Spanen mit geometrisch bestimmten Schneiden (1)				
Ver-fahren	*Varianten*	*Beschreibung, Vefahrensmerkmale*	*Spezielle Hinweise zur Anwendung*	*Berechnungs-größen, Richtwerte*
Drehen	Runddrehen	Spanen mit geschlossener, meist kreisförmiger Schnittbewegung und beliebiger, senkrecht zur Schnittrichtung liegender Vorschubbewegung des Werkzeugs.	- Längsrunddrehen - Querrunddrehen - Fertigung von Wellen	· Zeitspanvolumen Q_w · Schnittzeit t_c · Schnitt-geschwindigkeit v_c · Anschnittweg l_{ak} · Anzahl der Schnitte i · Schnittkraft F_c · Schnittleistung P_c · Rautiefe R_t
	Plandrehen		- Planflächen herstellen - Stangenmaterial trennen	
	Schraubdrehen		- Gewinde	
	Profildrehen		- Querprofileinstech-drehen - Nuten	
	Formdrehen		- Nachformdrehen - Getriebe	
	Modifikationen:		- Außen-/Innendrehen - Längs-/Querdrehen	→ S. 6-23 ff. Friedrich Tabellenbuch
Fräsen	Planfräsen	Spanen, bei dem ein mehrschneidiges Werkzeug eine rotierende Bewegung verrichtet; die Vorschubbewegung kann senkrecht oder schräg zur Drehachse des Werkzeugs verlaufen.	- ebene Flächen	Berechnungsgrößen: · Zeitspanvolumen Q_w · Schnittzeit t_c · Vorschub f · Drehzahl n_c · Anschnittweg l_a · Schnittkraft F_c · Schnittleistung P_c

	Rundfräsen		- Außenbearbeitung
			- Innenbearbeitung
			- Achsanordnung:
			  · parallel
			  · senkrecht
			- Bearbeitung von Rad-sätzen	

	Schraubfräsen		- Schneckenräder - Gewinde	
	Wälzfräsen		- Verzahnungen	
	Profilfräsen		- T-Nuten - Verzahnungen	
	Formfräsen		- Formenbau - Werkzeugbau	
	Gegenlauf-/Gleichlauffräsen			
	Umfangs-Stirn-plan-/Stirn-Um-fangs-Planfräsen			→ S. 6-34 ff.

Spanen mit geometrisch bestimmten Schneiden (2)				
Ver-fahren	*Varianten*	*Beschreibung, Vefahrensmerkmale*	*Spezielle Hinweise zur Anwendung*	*Berechnungs-größen, Richtwerte*
Hobeln		Zerspanen mit wieder-holter, i.d.R. geradliniger Schnittbewegung und schrittweiser Vorschubbe-wegung	- Nuten - Zahnräder - Aussparungen - Führungen	· Schnittkraft F_c · Schnittleistung P_c
Stoßen				→ S. 6-39 Friedrich Tabellenbuch
Räumen	Innenräumen	Spanen mit einem mehr-zahnigen Werkzeug; die Schneidzähne liegen hin-tereinander und ihre Spa-nungsdicke nimmt vom Anschnitt her zu. Jede Schneide kommt nur ein-mal zum Einsatz (Gegen-satz zum Sägen).	- hohe Maßtoleranzen - sehr gute Oberflächen-güte - Profilräumen (z. B. Keilnabenprofile)	Berechnungsgrößen: · Zeitspanvolumen Q_w · Schnittzeit t_c · Spanungsquer-schnitt A · Eingriffszähne-zahl z_e · Spanungsbreite b
	Außenräumen			
Sägen	Handsägen	Spanen, bei dem die Schnittbewegung mit einem vielzahnigen Werkzeug geradlinig oder kreisförmig ausgeführt wird. Verwendet werden Winkel- bzw. Bogenzahn-formen; Einteilung: - grob (16/1,56) - mittel (22/1,14) - fein (32/0,78)	- Abtrennen - Formsägen - Schlitzen - große Zahlteilungen: → weiche Werkstoffe → lange Schnittfugen - feine Zahnteilungen: → harte Werkstoffe → kurze Schnittfugen	Zahnteilung = Abstand von Zahnspitze zu Zahnspitze Zahnteilung = Bezugslänge : Zähnezahl Bezugslänge: 1 inch = 25,4 mm
	Maschinen-sägen			

2.1.3.3.4 Trennen durch Abtragen

01. Was ist Abtragen?

Traditionell wird das Abtragen als Trennen von Stoffteilchen von einem festen Körper auf nicht-mechanischem Wege bezeichnet. Mit der Entwicklung der Wasserstrahltechnologie lässt sich auch das mechanische Abtragen realisieren und kann demzufolge der Verfahrensgruppe 3.4 zugeordnet werden (vgl. Awiszus u. a., a. a. O., S. 181).

02. Wann ist der Einsatz abtragender Verfahren sinnvoll?

Der Einsatz abtragender Verfahren ist dann zweckmäßig, wenn die Bearbeitung mit spanenden Verfahren zu kosten- und/oder zeitintensiv ist bzw. nur unbefriedigende Ergebnisse liefert, z. B. bei der Bearbeitung von Hartmetallen, hochlegierten Stählen und Keramik.

03. Wie lassen sich die abtragenden Fertigungsverfahren einteilen?

In Anlehnung an DIN 8590 lässt sich folgende Einteilung vornehmen:

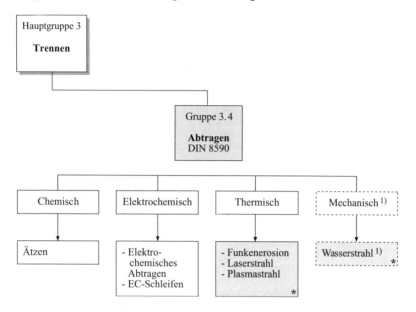

[1] Nach neuerer Auffassung werden auch mechanische Verfahren zur Gruppe der abtragenden Verfahren gerechnet.
* Behandelt werden lt. Rahmenplan die gekennzeichneten Verfahren.

04. Wie ist das Verfahrensprinzip beim funkenerosiven Abtragen?

Zwischen zwei Metallelektroden (Werkzeug- und Werkstückelektrode), die sich in einem Dielektrikum (elektrisch nicht leitende Flüssigkeit) befinden, wird pulsierende Gleichspannung (20...100 V) angelegt. Nähern sich beide Elektroden bis auf eine bestimmte Entfernung (Arbeitsspalt; abhängig von der angelegten Spannung) erfolgt ein Funkenüberschlag. Er führt durch Schmelzen, Verdampfen und Abplatzen kleinster Werkstoffteilchen zum Abtragen am Werkstück. Aufgabe des umlaufenden, gefilterten Dielektrikums ist das Kühlen der Werkzeugelektrode und des Werkstücks sowie der Abtransport der erodierten Partikel. Man verwendet synthetische Öle und Mineralöle.

Prinzip der Funkenerosion:

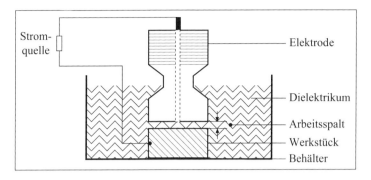

Man unterscheidet zwei Verfahren:

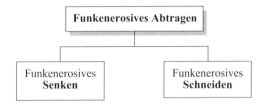

• Beim *funkenerosiven Senken* hat die Werkzeugelektrode die Gegenform des gewünschten Werkstücks.

• Beim *funkenerosiven Schneiden* verwendet man eine straff gespannte Drahtelektrode (Kupfer oder Messingdraht). Der Draht wird über Spulen und Rollen kontinuierlich nachgeführt, um den Verschleiß auszugleichen. Als Dielektrikum wird entsalztes Wasser eingesetzt.

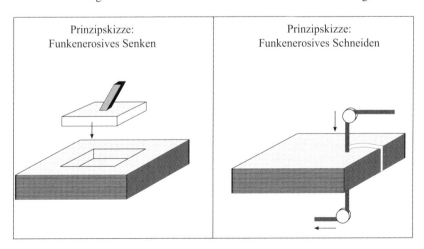

05. Wie ist das Verfahrensprinzip beim Abtragen durch Plasmastrahl?

Der Werkstoff wird durch den Plasmastrahl (bis 30.000 °C) geschmolzen, teilweise verdampft und aus der Schnittöffnung gedrückt (vgl. Plasmaschweißen, Lichtbogentechnik).

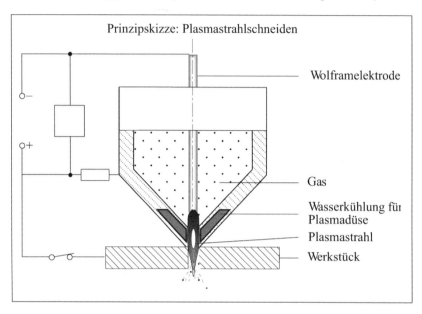

Prinzipskizze: Plasmastrahlschneiden

- Wolframelektrode
- Gas
- Wasserkühlung für Plasmadüse
- Plasmastrahl
- Werkstück

Das Plasmaschneiden hat gegenüber dem Brennschneiden folgende *Vorteile*:

- Die Arbeitsgeschwindigkeit ist höher
- die Wärmeinwirkung auf den Werkstoff ist geringer
- auch für Kupfer, Aluminium und Cr-Ni-Stähle geeignet.

Nachteile:

- Breite Schnittfuge
- ausgeprägte Schnittkantenwinkel
- Werkstoffdicke ≤ 120 mm.

06. Wie ist das Verfahrensprinzip beim Abtragen durch Laserstrahl?   → 2.1.3.4.1

Laser ist die Abkürzung von Light Amplification by Stimulated Emission of Radiation: Vereinfacht gesagt, wird Licht mithilfe von Spiegeloptiken verstärkt (zur Lasertechnik vgl. 2.1.3.4.1 Schweißen mit Lasertechnik). Aufgrund der hohen Energiedichte wird der Werkstoff zum Aufschmelzen und Verdampfen gebracht. Das eingesetzte Arbeitsgas drückt den gelösten Werkstoff aus dem Schnittspalt.

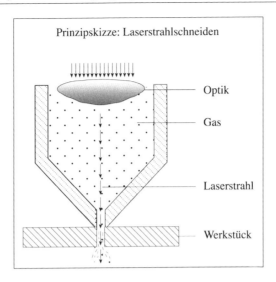

Als Arbeitsgas werden eingesetzt:

- Sauerstoff bei Baustahl,
- Stickstoff bei rostfreien Stählen (Vermeidung von Oxidschichten an der Schnittkante),
- Inerte/reaktionsträge Gase (z. B. Stickstoff Helium, Argon) bei Kunststoff, Holz, Keramik, Papier.

Anwendung: Stähle bis ca. 12 mm Dicke, NE-Metalle mit Ausnahme von Silber und Kupfer, nichtmetallische Werkstoffe

07. Wie ist das Verfahrensprinzip beim Abtragen durch Wasserstrahl?

Wasser hat gute Strömungseigenschaften, ist chemisch neutral und relativ kostengünstig. Der Wasserstrahl kann in Abhängigkeit vom Wasserdruck zum Reinigen, Aufrauhen, Abtragen und Schneiden eingesetzt werden:

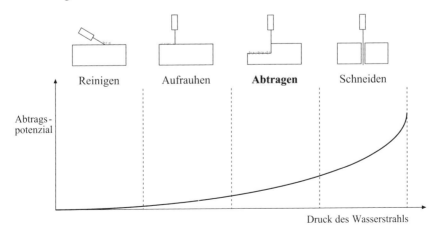

Wasser wird mit hohem Druck durch eine Düse gepresst. Die Druckenergie wird in Bewegungs-energie umgewandelt, trifft auf den Werkstoff und löst kleine Partikel ab. Beim Reinigen werden Drücke von 100...500 bar und relativ große Wassermengen eingesetzt; Schneiden erfolgt mit Drücken von 1.500...4.000 bar und es reichen geringe Wassermengen aus.

Anwendung: Schneiden nichtmetallischer, weicher Werkstoffe wie z. B. Kunststoff, Gummi, Pappe

08. Was ist Wasserabrasivstrahlschneiden?

Die Verfahrenstechnik ist wie beim Abtragen durch Wasserstrahl mit dem Unterschied, dass dem Wasser Schleifmittel (Abrasivmittel) beigemischt werden. Dadurch erhöht sich das Abtragspo-tenzial des Wasserstrahls deutlich.

Anwendung: Schneiden metallischer und keramischer Werkstoffe

2.1.3.4 Fügen

01. Was ist Fügen?

Fügen ist das Zusammenbringen von Werkstücken. Dabei wird der Zusammenhalt der Elemente geschaffen oder vermehrt.

Fügen ist die vierte Hauptgruppe der Fertigungsverfahren nach DIN 8580:

Fertigungshauptgruppen nach DIN 8580						
Haupt gruppe	1 Urformen	2 Umformen	3 Trennen	**4 Fügen**	5 Beschichten	6 Stoffeigenschaft ändern
Form	*schaffen*	*ändern*			*beibehalten*	
Zusam-menhalt	*schaffen*	*beibehalten*	*vermindern*	*vermehren*		*beibehalten vermindern vermehren*

02. Welche Fügeverfahren[1) lassen sich unterscheiden? → **3.6.1**

1. Unterscheidung nach DIN:
   Die DIN 8593 Hauptgruppe 4 gliedert die Fügeverfahren nach der Art des Zusammenhalts:

Fügeverfahren nach DIN 8593 Hauptgruppe 4		
Verfahren:	**DIN:**	**Beispiele:**
Zusammensetzen	8593 Teil 1	Auflegen, Aufsetzen, Schichten, Einsetzen, Einhängen, Einrenken
Füllen	8593 Teil 2	Einfüllen, Tränken
Anpressen, Einpressen	8593 Teil 3	Schrauben, Klemmen, Klammern, Einschlagen, Verkeilen, Verspannen, Schrauben
Urformen	8593 Teil 4	Ausgießen, Einvulkanisieren, Eingalvanisieren
Umformen	8593 Teil 5	Knoten, Falzen, Verlappen, Nieten
Schweißen[1)	8593 Teil 6 1910	Gas-, Lichtbogenschweißen
Löten[1)	8593 Teil 7 8505	Weich-, Hartlöten
Kleben[1)	8593 Teil 8	Nass-, Kontakt-, Haftkleben
Textiles Fügen	8593 Teil 9	Binden, Nähen

2. Unterscheidung nach der physikalischen Wirkungsweise:

Fügeverbindungen		
Lösbare Verbindung	**Bedingt lösbare** Verbindung	**Unlösbare** Verbindung
← *Beweglich*		*Starr* →
Formschlüssige Verbindung		
Kraftschlüssige Verbindung		
		Stoffschlüssige Verbindung

Beispiele:

- *Formschlüssige Verbindungen:*
  - Passverbindungen
  - Keilverbindungen
  - Stiftverbindungen
  - Bolzenverbindungen
  - Passschraubenverbindungen
  - Nietverbindungen

[1) Nachfolgend werden die gekennzeichneten Verfahren behandelt (lt. Rahmenplan).

- *Kraftschlüssige Verbindungen:*
  - Schraubenverbindungen
  - Kegelverbindungen
  - Klemmverbindungen
  - Einscheibenkupplungen

- *Stoffschlüssige Verbindungen:*
  - Schweißverbindungen
  - Lötverbindungen
  - Klebeverbindungen

03. Welche Anforderungen werden an Fügeverbindungen gestellt?   → **3.1.6**

Fügeverbindungen unterliegen als Kopplungsstelle mehrerer Teile besonders hohen Beanspruchungen. Sie müssen, entsprechend den konstruktiven Erfordernissen, unterschiedliche Anforderungen erfüllen:

- Aufnehmen und Übertragen von Kräften
- Übertragen von Drehmomenten
- Änderung von Wirkungsrichtungen
- elektrische Leitfähigkeit oder Isolation
- thermische Leitfähigkeit oder Isolation
- Dichtheit
- Schutz oder Resistenz gegen chemische Einflüsse
- optische Aspekte, dekoratives Aussehen
- Flexibilität oder Beweglichkeit
- technologische Ausführbarkeit
- Lösbarkeit.

04. Durch wen und in welcher Form wird die Art der Fügeverbindung festgelegt?

Die Verbindungsarten werden durch den Konstrukteur festgelegt. Damit erfolgt bereits in der Konstruktionsphase in Abstimmung mit der Arbeitsvorbereitung die Entscheidung über die anzuwendenden Fügeverfahren. Dokumentiert und dargestellt werden die Verbindungsarten in der technischen Zeichnung.

05. Welche Angaben sind für eine eindeutige Verbindungsdarstellung noch erforderlich?

In Abhängigkeit von der Art der Fügeverbindung sind technische Parameter und ergänzende Zusatzangaben auf der Zeichnung unbedingt erforderlich, z. B.:

- Schraubverbindungen: → Angabe - des Anzugdrehmomentes
                                 - des Einschraubwinkels

- Schweißverbindungen: → Angabe - der Nahtform
                                 - der Anzahl der Lagen
                                 - des Elektrodenwerkstoffs

06. Welche Gestaltungsregeln gelten hinsichtlich des Fügeverfahrens für eine montage-gerechte Konstruktion? → 3.1.1

- Vermeidung von gleichzeitigem Anschnäbeln an mehreren Fügestellen,
- Fügen senkrecht von oben,
- lineare Fügebewegungen,
- gleichzeitiges Fügen ermöglichen,
- große Fügefreiräume,
- Vermeidung langer Fügewege,
- Einsatz von Fügehilfen (z. B. Einführschrägen),
- Gewährleistung allseitiger Zugänglichkeit an den Fügestellen,
- so wenig wie möglich separate Verbindungselemente (Schnappverbindungen).

2.1.3.4.1 Fügen durch Schweißen

01. Was ist „Schweißen"? Wie ist die Abgrenzung von „Schweißen" und „Löten"?

Schweißen definiert die DIN 1910-100 als *unlösbares Verbinden* von Stoffen unter Anwendung von Wärme (Lichtbogenschweißen), Kraft (Pressschweißen) oder der Kombination beider Verfahren (Punktschweißen). Es erfolgt mit oder ohne Schweißzusatz und kann durch Schweiß-hilfsstoffe (Schutzgase, Schweißpulver o. ä.) verbessert werden.

• Beim *Schweißen*
  wird nicht nur der Zusatzwerkstoff geschmolzen, auch die Grundwerkstoffe werden partiell geschmolzen.

• Beim *Löten*
  schmilzt nur der Zusatzwerkstoff, die Grundwerkstoffe werden in festem Zustand durch das flüssige Lot benetzt.

02. Wie ist die Schweißbarkeit von Werkstücken/Bauteilen definiert?

Schweißen ist bei hochbelasteten Werkstücken und Bauteilen das häufigste Fügeverfahren im Maschinen- und Stahlbau. Es gibt über 100 verschiedene Schweißverfahren. Damit der Zusammenhalt der Stoffe gewährleistet ist, muss die Schweißbarkeit der Werkstücke bzw. Bauteile erfüllt sein:

Nach DIN 8528 bezeichnet man als *Schweißbarkeit* die Eigenschaft von Werkstücken/Bauteilen sich zu einer Verbindung fügen zu lassen, die die geforderten Eigenschaften erfüllt. Es wird untergliedert in drei Merkmale:

Schweißbarkeit nach DIN 8528	
Schweißeignung ↓ Werkstoffeigenschaft	Die Schweißeignung betrachtet die Eigenschaften eines Werkstoffs; sie ist abhängig von den Faktoren: - chemische Zusammensetzung - metallurgische Eigenschaften - physikalische Eigenschaften
Schweißsicherheit ↓ Konstruktive Gestaltung	Die Schweißsicherheit betrachtet die konstruktive Gestaltung eines Bauteils; sie ist abhängig von den Faktoren: - Werkstoffeigenschaften, z. B. Reaktion beim Erwärmen und Erkalten - Kraftschluss im Bauteil - Dicke des Werkstücks - Anordnung der Schweißnähte - Beanspruchung des Bauteils, z. B. mechanisch, thermisch
Schweißmöglichkeit ↓ Fertigungsbedingungen	Die Schweißmöglichkeit ist dann gegeben, wenn die vorgesehenen Schweißverfahren unter den gegebenen Fertigungsbedingungen fachgerecht ausgeführt werden können; sie ist abhängig von den Faktoren: - Vorbereiten des Schweißens, z. B. Schweißverfahren, Schweißzusätze - Durchführen des Schweißens, z. B. Wärmeeinbringung, -führung, Schweißfolge - Nachbereiten des Schweißens, z. B. Richten, Schleifen, Beizen

03. Wie lassen sich die Schweißverfahren unterteilen?

Schweißverfahren lassen sich nach mehreren Gesichtspunkten einteilen:

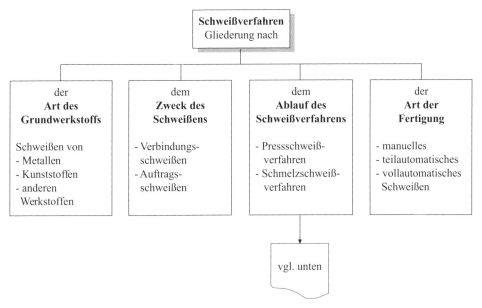

- Beim *Verbindungsschweißen* werden zwei oder mehrere Teile verbunden.

- Beim *Auftragsschweißen* wird ein flüssiger Werkstoff zur Maßvergrößerung, zum Ausgleich von Verschleißabtragungen oder als Korrosionsschutz hinzugefügt.

- Ausgewählte *Press- und Schmelzschweißverfahren* werden nachfolgend ausführlich beschrieben.

04. Welche Metallschweißverfahren gibt es?

Die Metallschweißverfahren nehmen den größten Umfang innerhalb der Schweißverfahren ein. Es sind sehr differenzierte Verfahren. Zum Teil bestehen große Unterschiede nicht nur in den Verfahrenstechnologien, sondern auch in den Investitions- und Betriebskosten.

Schweißen von Metallen • Schweißverfahren		
Schmelzverbindungs-schweißen	- Lichtbogenschmelzschweißen	- Metalllichtbogenschweißen - Schutzgasschweißen - Unterpulverschweißen
	- Strahlschweißen	- Laserstrahlschweißen - Elektronenstrahlschweißen
	- Gasschmelzschweißen	
Pressverbindungs-schweißen	- Lichtbogenbolzenschweißen	
	- Sprengschweißen	
	- Widerstandspressschweißen	- Punktschweißen - Buckelschweißen - Rollnahtschweißen - Abbrennstupfschweißen
	- Reibschweißen	
	- Ultraschallschweißen	

05. Wie unterscheiden sich Press- und Schmelzschweißverfahren?

1. Beim *Pressschweißen* werden die Teile im teigigen Zustand durch Druck und Wärme ohne Schweißzusatz verbunden. Die Wärmezufuhr ist örtlich begrenzt.

2. Beim *Schmelzschweißen* (DIN 1910-100) werden die Teile im flüssigen Zustand durch Wärmezufuhr (mit/ohne Schweißzusatz) ohne Kraftaufwand verbunden. Der Schmelzfluss ist örtlich begrenzt.

Verfahren	Energie-zufuhr	Stoffzusammenhalt durch ...	Prinzipskizze
Pressschweiß-verfahren	Wärme + Druck	Plastifizierung und örtliches Verformen der Fügeteile	F → ← F Bereich der Plastifizierung
Schmelz schweiß-verfahren	Wärme	Schmelzfluss - der Fügeteile und - der Zusatzwerkstoffe	Bereich der Schmelzzone

Quelle: in Anlehnung an: Awiszus u. a., a. a. O., S. 217

06. Welche Schweißtechniken gehören zu den Pressschweißverfahren?

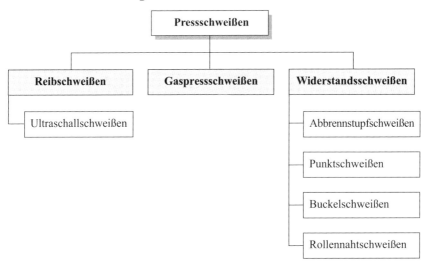

07. Wie ist das Verfahrensprinzip beim Widerstandsschweißen?

Das Widerstandsschweißen (DIN 1910-100) ist ein elektrisches Verfahren und gehört zu den häufigsten Pressschweißverfahren. Die notwendige Wärme wird durch den Stromfluss über den elektrischen Widerstand der Schweißzone hergestellt.

Einsatzgebiete: Fügen von Dünnblechen und Drähten, z. B. Karosseriebau, Waggonbau, Luftfahrzeugbau, Stahlmatten in der Bauindustrie; Bauteile in der Elektro-, Elektronik- und Haushaltsgeräteindustrie

Vorteile: Kurze Schweißzeiten, keine Nahtvorbereitung, einfache Handhabung, geringe oder keine Nacharbeit

Nachteile: Geringe Dauerfestigkeit, schlechte Prüfbarkeit der Verbindung mit zerstörungsfreien Prüfmethoden, Kerbwirkung

Zu den Widerstandsschweißverfahren gehören u. a.:

• *Punktschweißen*
Hier werden übereinanderliegende dünne Bleche oder Drähte mit einzelnen Schweißpunkten verbunden. Zwei gegenüberliegende Kupferelektroden drücken die Bleche zusammen und übertragen kurzzeitig Strom (0,1...0,4 s/5-25 kA). Über den Kontaktwiderstand an der Berührungsstelle der Bleche entsteht Schweißwärme und erzeugt linsenförmige Verbindungsstellen. Der Druck auf die Bleche wird so lange ausgeübt, bis die Teile erkaltet sind.

Prinzipskizze: Punktschweißen

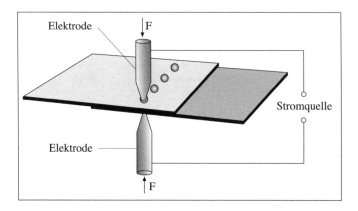

- *Rollennahtschweißen* (RR-Schweißen)
  Statt der Punktschweißelektroden (vgl. oben) werden Rollelektroden eingesetzt, die Kraft und Strom auf die beiden Werkstücke übertragen. Dadurch können linienförmige dichte Schweißnähte erzeugt werden.

Prinzipskizze: Rollennahtschweißen

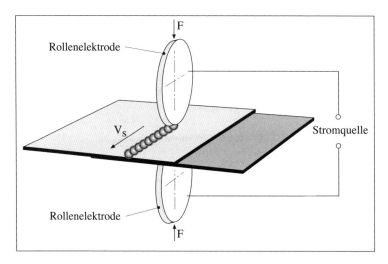

Einsatzgebiete:
Fertigung von Massenbedarfsgütern, z. B. Kraftstofftanks, Radiatoren, Konserven-/Getränkedosen, Fässer, Töpfe, Spülbecken, Schalldämpfer; Behälterfertigung, längsnahtgeschweißte Rohre

- *Buckelschweißen* (RB-Schweißen)
  Dieses Verfahren ermöglicht das Verbinden von Blechen an mehreren Punkten. Vor dem Schweißvorgang wird eines der Bleche durch Ziehen oder Pressen mit Buckeln versehen. Der Schweißstrom und die Erwärmung konzentriert sich auf die Buckel. Während des Schweißvorgangs erfolgt eine weitgehende Zurückverformung der Buckel (Wärme + Kraft).

Prinzipskizze: Buckelschweißen

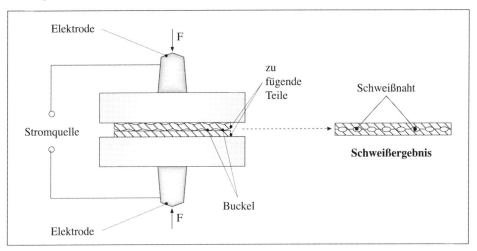

Einsatzgebiete:
Wirtschaftliches Verfahren für viele Massenartikel (vgl. Rollennahtschweißen) sowie für Pkw- und Lkw-Felgen, elektronische Bauelemente, Gehäuse von Sensoren, Metallbrillengestelle, Kontaktträger, Stecker u. Ä.

• *Abbrennstumpfschweißen* (RA-Schweißen)
Die zu schweißenden Bauteile werden jeweils in eine Kupferspannbacke eingespannt. Eine Spannbacke ist fest, die andere beweglich. Beide Spannbacken sind als Elektroden mit Wechselstrom verbunden. Der bei Berühren und Trennen entstehende Lichtbogen erzeugt die Schweißtemperatur. Ist diese ausreichend, werden beide Bauteile durch schlagartiges Stauchen geschweißt. Wichtig ist bei diesem Verfahren, dass die Querschnitte der zu fügenden Teile gleich sind. Die Schweißstelle weist einen Grat auf, der spanend entfernt werden muss.

Prinzipskizze: Abbrennstupfschweißen

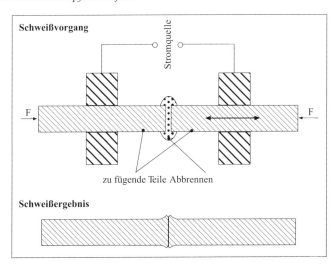

Einsatzgebiete: Felgen, Karosserieteile, Fenster, Drähte, Litzen, Ketten, Rahmenkonstruktionen, Werkzeuge (Bohrer, Fräser, Meißel, Sägebänder)

Vorteile: Schweißverbindung enthält keine Verunreinigungen und hat hohe Festigkeitswerte.

Nachteile: Starke Spritzerbildung beim Schweißvorgang, Längenzugabe vor dem Schweißen.

08. Wie ist das Verfahrensprinzip beim Schweißen durch Bewegungsenergie?

Die für das Schweißen erforderliche Wärme wird durch mechanische Reibung (rotatorisch oder translatorisch) unter Druck erzeugt.

Prinzipskizze: *Reibschweißen*

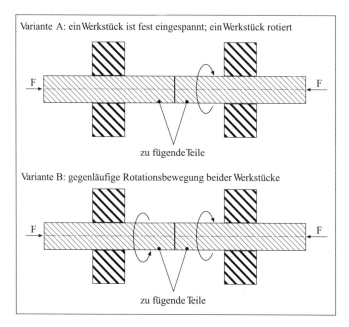

Vorteile: Zeitersparnis gegen über dem Schmelzschweißen (Schweißnahtvorbereitung, Handling), keine Schweißzusatzstoffe.

Nachteile: Für die Realisierung bestimmter Eigenschaften der Schweißverbindung muss das Druck-Zeit-Programm in Abhängigkeit von der Reibbewegung reproduzierbar sein (Steuerungstechnik).

Zu den Schweißverfahren durch Bewegungsenergie gehören u. a.:

• *Reibschweißen:*
Verfahrenstechnik: vgl. oben; Verfahrensvarianten, z. B.: Rührreibschweißen, Radialreibschweißen, Reibschweißen bei gegenläufiger Rotationsbewegung.

Einsatzgebiete: Verbindung von Getriebeteilen, Rohr-Zapfen-Verbindungen, Fertigung von Kolbenstangen.

• Beim *Ultraschall-Schweißen*
erzeugen hochfrequente mechanische Schwingungen die örtlich notwendige Reibung zwischen den zu schweißenden Bauteilen.

Einsatzgebiete: Schweißen thermoplastischer Kunststoffe sowie dünner Bleche, Drähte und Metallfolien.

09. Welche Schweißtechniken gehören zu den Schmelzschweißverfahren und wie lassen sie sich unterteilen:

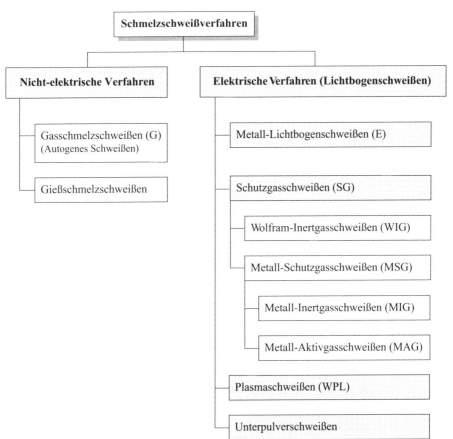

10. Wie ist das Verfahrensprinzip bei nicht-elektrischen Schmelzschweißverfahren?

• Beim *Gasschmelzverfahren* (G; autogenes Schweißen) wird die erforderliche Wärme durch die Flamme eines Schweißbrenners (Acetylen) erzeugt. Der Sauerstoff dient zur Erhöhung der Flammtemperatur.

Brenngas + Sauerstoff + Zusatzstoff → Wärme (Schmelzen der Stoßkanten und des Zusatzstoffes)

Einsatzgebiete: Schweißen von Rohren und Dünnblechen, Erwärmen (zum Löten, Richten, Biegen), Brennschneiden.

• *Gießschmelzschweißen:*
Ein Gemisch aus Eisenoxid-Aluminium-Pulver wird in einem Tiegel gezündet. Bei der exothermen Reaktion oxidiert das Aluminium und das Eisenoxid wird zu Eisen reduziert. Die Eisenschmelze wird in eine Form gefüllt (vgl. Gießen, 2.1.3.1).

Eisenoxid + Aluminiumpulver + Zündwärme → Eisenschmelze

11. Wie ist das Verfahrensprinzip beim Lichtbogenschweißen?

Beim Lichtbogenschweißen erzeugt ein Lichtbogen die Wärme zum Schmelzen des Grund- und Zusatzstoffes. Der Lichtbogen brennt zwischen der abschmelzenden Metallelektrode (Ausnahme: WIG-Verfahren) und dem Werkstück. Schweißstromaggregate erzeugen Stromstärke und Spannung entsprechend den Anforderungen. Ein wesentlicher Unterschied besteht in der Technik, die Schweißschmelze vor Luftzufuhr zu schützen:

Schutz vor Luftzufuhr

- beim Metall-Lichtbogenschweißen → Einsatz ummantelter Zusatzschweißstäbe
- beim Schutzgasschweißen   → Einsatz verschiedener Schutzgase

Prinzipskizze: Lichtbogenhandschweißen

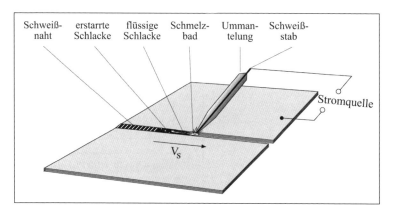

Lichtbogenhandschweißen	
Vorteile, z. B.	**Nachteile,** z. B.
- flexibel einsetzbar - gute Handhabung - einfacher Aufbau des Gerätes - Schweißgut und Schweißparameter sind leicht an das Werkstück anpassbar - gute Festigkeit der Schweißnaht	- Gesundheitsgefährdung (Dämpfe) - Elektroden sind hochpreisig - Qualität des Schweißergebnisses ist unterschiedlich je nach Qualifikation des ausführenden Mitarbeiters - Gefahr von Verzug und Schrumpfung - Schlacke muss entfernt werden

12. Welche Schweißtechniken gibt es?

Verbreitet sind folgende Schweißtechniken:

Lichtbogenschweißen		
Schweißtechnik	Kurzbeschreibung	Einsatzgebiete
Metall-Lichtbogen-schweißen	Elektrische Energie wird in einem Lichtbogen in Wärme umgewandelt; der Lichtbogen brennt zwischen einer *abschmelzenden Metallelektrode* und dem Werkstück.	Schweißen niedrig legierter Stähle
Schutzgasschweißen:		
Wolfram-Inertgas-schweißen (WIG)	Der Lichtbogen brennt zwischen einer *nicht abschmelzenden Wolframelektrode* und dem Werkstück in einer *Edelgasatmosphäre*. Das Gas wird über einen Brenner, der Schweißstab (ohne Strom) seitlich zugeführt.	Schweißen hochlegierter Stähle, NE- und Leichtmetalle; weit verbreitet, manuell/vollmechanisch
Metall-Schutzgas-schweißen (MSG)	Der Lichtbogen brennt zwischen *abschmelzender Elektrode* und Werkstück.	Stahl- und Fahrzeugbau
MIG (Metall-Inert-Gas)	Einsatz reaktionsträger (inerter) Schutzgase, z. B. Argon, Helium oder Gemische; dadurch keine Reaktion mit dem Schmelzbad.	Schweißen von Edelstählen, NE- und Leichtmetallen
MAG (Metall-Aktiv-Gas)	Einsatz reaktionsfähiger (aktiver) und preiswerter Schutzgase wie z. B. CO_2, O_2 oder Gemische.	Schweißen unlegierter Stähle und NE-Metalle (Karosseriebau)
Plasma-schweißen	Das eingesetzte Gas wird durch hohe Energiezufuhr in einen leitenden Zustand versetzt. Es wird ebenfalls eine Wolframelektrode eingesetzt. Der Plasmalichtbogen brennt zwischen Elektrode und Düse im Schweißbrenner und wird dadurch gebündelt.	Schweißen hochlegierter Stähle und Sonderwerkstoffe; Uhren- und Dentaltechnik; Apparate- und Behälterbau
Unterpulver-schweißen	Ist ein vollmechanisiertes Schweißverfahren: Eine blank zugeführte Bandelektrode wird kontinuierlich unter dem Schweißpulver abgeschmolzen. Der Lichtbogen ist nicht sichtbar und brennt zwischen der Elektrode und dem Werkstück.	Wegen der höheren Investitionskosten nur bei größeren Stückzahlen wirtschaftlich.

13. Wie sind die Verfahrensprinzipien beim Schweißen mit dem Energieträger Strahlung?

• *Elektronenstrahlschweißen:*
Die Schweißtemperatur wird durch Elektronen erzeugt, die aus einer Glühkatode austreten. Aufgrund einer Beschleunigungsspannung erreichen die Elektronen 2/3 der Lichtgeschwindigkeit. Beim Auftreffen der Elektronen auf das Werkstück wird die Beschleunigungsenergie in Wärme umgewandelt. Dadurch wird die Oberfläche des Werkstücks aufgeschmolzen und verdampft. Der Dampfdruck verdrängt die Schmelze aus dem entstandenen Spalt, sodass der Elektronenstrahl noch tiefer in das Werkstück eindringen kann.

Einsatzgebiete: Medizin-, Feinwerk-, Elektro-, Nuklear- und Raumfahrttechnik.

• *Laserstrahlschweißen* (kurz: Laserschweißen):
Laser ist die Abkürzung von Light Amplification by Stimulated Emission of Radiation: Vereinfacht gesagt, wird Licht mithilfe von Spiegeloptiken verstärkt. Durch die hohe Energiedichte wird ein Schweißergebnis ähnlich wie beim Elektronenstrahlschweißen erreicht. Der Schutz der Schweißstelle erfolgt durch den Einsatz von Schutzgas.

Vorteile: Hohe Bearbeitungsgeschwindigkeit und -qualität, gute Handhabbarkeit, kaum Nacharbeit, keine Einwirkung mechanischer Kräfte auf das Werkstück, hohe und punktgenaue Energiedichte.

Einsatzgebiete: Schneiden und Schweißen unterschiedlichster Werkstoffe.

14. Welche Sicherheitsmaßnahmen sind beim Schweißen zu beachten?

1. *Schweißfachmann:*
Schweißarbeiten dürfen nur von ausgebildeten Personen durchgeführt werden.

2. *Augenschutz:*
Es muss beim Schweißen eine Schweißbrille bzw. ein Schutzschild verwendet werden.

3. *Körperschutz:*
Handschuhe und Lederschürze sollen vor Metallspritzern schützen.

4. *Atemschutz:*
Die beim Schweißen entstehenden Gase müssen abgesaugt werden.

5. Beachtung der *Regeln für den Umgang mit Gasflaschen:*
- gegen Umfallen sichern
- vor Stoß, Erwärmung und Frost sichern
- Transport nur mit Schutzkappen
- frei von Öl und Fett halten (Explosionsgefahr).

Wesentliche Einzelheiten zum Lichtbogenschweißen und zu verwandten Verfahren enthält die BGI 553 (Lichtbogenschweißer) und die BGI 593 (Schadstoffe beim Schweißen und verwandte Verfahren); es werden z. B. folgende Regeln und Vorschriften genannt:

- Allgemeine Vorschriften	DGUV Vorschrift 1
- Elektrische Anlagen und Betriebsmittel	BGV A 3
- Arbeitsmedizinische Vorsorge	BGV A 4
- Erste Hilfe im Betrieb	BGI 509
- Lärm- und Vibrationsschutzverordnung	
- Schweißen, Schneiden und verwandte Verfahren	BGV D 1
- Arbeiten an Gasleitungen	BGV D 2
- Explosionsschutz-Regeln (EX-RL)	BGR 104
- Benutzung von Augen- und Gesichtsschutz	BGR 192
- Odorierung von Sauerstoff zum Schweißen und Schneiden	BGR 219

15. Welche technologischen Grundlagen und Richtwerte sind beim Schweißen zu berücksichtigen?

1. Schweißbarkeit der Werkstoffe   → vgl. Frage 02.

2. Druckflaschen, Gasverbrauch

3. Gasschmelzschweißen:
   Kennzeichnung, Richtwerte, Eignung

4. Lichtbogenhandschweißen

5. Schutzgasschweißen   → Tabellenwerke
   WIG-, MIG-, MAG-Schweißen
   (Richtwerte)

6. Laserschweißen

7. Schweißzusätze für Aluminium und Kupfer

8. Schweißnahtvorbereitung

2.1.3.4.2 Fügen durch Löten

01. Was ist Löten?

Löten ist das stoffschlüssige Verbinden metallischer Werkstoffe (DIN ISO 857-2) mithilfe eines geschmolzenen Zusatzmetalls (Lot). Die Schmelztemperatur (Liquidustemperatur) des Lots liegt unterhalb der des Grundwerkstoffs. Zum Teil erfolgt der Lötvorgang unter Verwendung von Flussmitteln.

02. Welche Fügeverbindungen durch Löten gibt es?

Löten lässt sich nach unterschiedlichen Merkmalen systematisieren, z. B. Gliederung nach

- der Liquidustemperatur der Lote,
- der Art der Lötstelle,
- der Art der Lotzuführung,
- der Art der Fertigung,
- der Art der Wärmezuführung (z. B. Kolbenlöten).

Vorherrschend ist die Einteilung der Lötverfahren nach der Liquidustemperatur der Lote:

Lötverfahren	Löten durch ...	Liquidus-temperatur der Lote	Lote	Einsatzbereiche
Weich-löten	- feste Körper - Flüssigkeit - Gas - Strahl - elektrischen Strom	< 450 °C	- Blei - Zink - Zinn	Verbindungen ohne besondere Anforderungen, z. B. hinsichtlich der Belastbarkeit
Hart-löten	- Flüssigkeit - Gas - elektrische Gasentladung - Strahl - elektrischen Strom	> 450 °C	Silber- und Kupfer-legierungen	Verbindungen mit höheren Anforderungen hinsichtlich Festigkeit und Wärmebeständigkeit
Hoch-temperatur-löten	- Strahl - elektrischen Strom	> 900 °C	- Kupfer - Nickel - Gold-Nickel	Hohe Anforderungen, z. B. Raumfahrt-, Kerntechnik, Turbinenfertigung

Angaben für Weichlote, Hartlote und Flussmittel für spezielle Anwendungen können den Tabellenwerken entnommen werden.

03. Welche Vor- und Nachteile haben Lötverfahren?

Lötverfahren	
Vorteile	**Nachteile**
Verbindung verschiedenartiger Metalle möglich.	Hohe Kosten vieler Lote.
Lötverbindungen sind in der Regel - dicht gegen Dämpfe und - Flüssigkeiten	Die Festigkeitswerte der Lötverfahren sind zu beachten.
Viele Lötverfahren lassen sich gut automatisieren.	Elektrochemische Korrosion
Aufgrund der geringen Arbeitstemperaturen bestehen kaum Beeinträchtigungen des Grundwerkstoffs (Gefügeveränderung, Wärmespannung, Verwerfung).	
Lötverbindungen haben in der Regel eine gute elektrische Leitfähigkeit.	

04. Welche Einsatzgebiete gibt es?

- Elektronik (z. B. Kabelverbindungen),
- Behälterbau
- Rohr- und Armaturenbau
- gedruckte Schaltungen (Platinen)

05. Welche Aufgabe hat das Flussmittel?

Das Flussmittel hat die Aufgabe,

- Oxidschichten auf dem Grundwerkstoff zu beseitigen,.
- die Bildung neuer Oxidschichten während der Erwärmung zu verhindern und
- die Ausbreitung des Lotes während des Lötvorgangs zu fördern.

Nach dem Löten müssen Flussmittelreste entfernt werden (Vermeidung von Korrosion). Kennzeichnungen und Eigenschaften der Lote können den Tabellenwerken entnommen werden, z. B. sind Flussmittel zum Weichlöten nach DIN EN 29454 gekennzeichnet.

06. Welche Bedingungen sind Voraussetzung für gute Lötverbindungen?

- Metallisch reine Oberfläche
- Lötspalt von 0,05 mm bis 0,2 mm (Ausnutzen der Kapilarwirkung)
- Einhalten der erforderlichen Arbeitstemperatur
- Vermeidung von Erschütterungen des Werkstücks beim Abkühlen der Lötstelle
- Entfernen der Flussmittelreste nach dem Löten.

07. In welchen Einzelvorgängen erfolgt das Löten?

1. *Benetzen:*
   Nach Erreichen der erforderlichen Arbeitstemperatur breitet sich das Lot auf der Oberfläche des Werkstoffs aus.

2. *Fließen:*
   Das flüssige Lot verdrängt das Flussmittel und füllt den Lötspalt. Voraussetzung für die Kapilarwirkung ist, dass der Lötspalt nicht zu groß ist (vgl. oben/06.).

3. *Legieren:*
   Das fließende Lot dringt in den Grundwerkstoff ein (Diffusion), löst einen Teil davon und bildet eine Legierung.

Prinzipskizze: Kolbenlöten

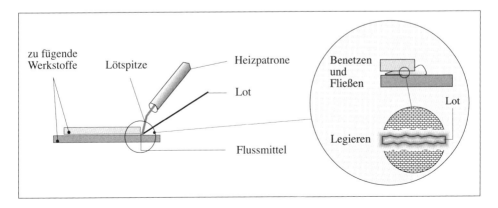

2.1.3.4.3 Fügen durch Kleben

01. Was ist Kleben?

Kleben ist nach DIN 8593 Teil 8 die stoffschlüssige Verbindung artgleicher oder verschiedener Werkstoffe mit einem ausgehärteten Zusatzstoff, dem Kleber. Er kann artfremd oder artgleich sein.

02. In welche Gruppen lassen sich Klebstoffe einteilen?

Die wichtigste Einteilung ist die Unterscheidung in physikalisch abbindende und chemisch reagierende Klebstoffe. Weitere Unterscheidungen sind schwierig, da sich die Verarbeitungs-eigenschaften und Einsatzgebiete überschneiden. Gebräuchlich ist noch die Differenzierung in Kalt- und Warmkleber, Ein- bzw. Zweikomponentenkleber sowie Haft-, Kontakt- und Festkleber.

Klebstoffarten			
Unterscheidungs-merkmal	Klebstoffart	Wirkung	Beispiele
1 Prinzip der Verfestigung	**Chemisch reagierend**	Chemische Reaktion, Ver-netzung und Aushärtung	Epoxidharz, Polyurethan, Silicon, Diacrylat, Cyan-crylat
	Physikalisch abbindend	Verdunsten des Lösungs-mittels und Erstarren	PVC-Lösung, Acrylatdisper-sion, Ethylen-Vinylacetat, Plastisol, Schmelzklebstoffe, Kontaktklebstoffe
2 Verarbeitungs-temperatur	**Kaltkleber**	Kalthärtend	Zweikomponenten-Kleber
	Warmkleber	Aushärten durch Wärme und Druck	Einkomponenten-Kleber
3 Anzahl der Komponenten	**Einkomponenten-Kleber**	Enthalten bereits alle Bestandteile gemischt (fertig vorbereitet)	PVC, Polyethylen, Poly-chloropren, Cyanacrylat
	Zweikomponen-ten-Kleber	Aushärten durch Zugabe von Härtern	Epoxid-Polyaminoamid, Epoxid-Silikon
4 Klebfestigkeit	**Haftkleber**	Lösbar	Isolierband, Haftfolien
	Kontaktkleber	Leicht bis schwer lösbar	Kleber für Bodenbeläge und Karosserieauskleidungen
	Festkleber	Unlösbar	Polyurethane, Epoxidharze

03. Für welche Einsatzgebiete eignen sich Klebstoffe?

- Kleben von Metall-Metall-Verbindungen, z. B.:
  · Sichern von Schrauben
  · Befestigung von Lagern und Buchsen
  · Abdichtung von Gehäusen
  · Branchen: Fahrzeug- und Flugzeugbau, Elektroindustrie

- Kleben von Metall-Nichtmetall-Verbindungen
- Kleben von Nichtmetall-Nichtmetall-Verbindungen
- Herstellen von Verbundstoffen, z. B.
  · Metall-Papier-Folien
  · Isolierungen in der Elektroindustrie (Metall-Kunststoff-Verbindungen)
  · Beläge in der Baustoff- und Möbelindustrie
  · Aufbringen von Bremsbelägen

Hinweise für den Einsatz und die Verarbeitungseigenschaften verschiedener Klebstoffarten enthalten die Tabellenwerke sowie die DIN EN 923. Wegen der sehr differenzierten Eigenschaften spezieller Klebstoffe empfiehlt es sich bei schwierigen Anwendungen die Hersteller zu kontaktieren.

Für die Herstellung von Metall-Metall-Verbindungen werden z. B. eingesetzt:

- Epoxidharze
  · mit Polyaminen
  · mit Carbonsäureanhydriden (Härtetemperatur: > 100 °C)
- Polyurethane
- Arylverbindungen

04. Welche Merkmale bestimmen die Auswahl der Klebstoffe?

Beispiele:

- Oberfläche der zu verbindenden Werkstoffe
- Art der Werkstoffe (z. B. Metall, Kunststoff, Holz)
- Größe und Richtung der Belastung an die Werkstoffverbindung
- Umgebungsbedingungen beim Einsatz der Werkstoffverbindung

05. Welche Vor- und Nachteile haben Klebstoffverbindungen?

Klebstoffverbindungen	
Vorteile	**Nachteile**
• vielfach geringe Kosten	• Zeitaufwand beim Aushärten
• Verbindung unterschiedlicher Materialarten → Verbundstoffe	• nicht geeignet bei Beanspruchung auf Schälung und Spaltung
• geringes Gewicht → Leichtbau	• Möglichst große Fügeflächen sind anzustreben
• keine Gefügeveränderung durch thermische Einwirkung	• sorgfältige Vorbehandlung der Werkstoffoberfläche erforderlich
• keine Korrosion	• anfällig bei Wärmeeinwirkung
• Schwingungsdämpfung und dynamische Festigkeit	
• geeignete Beanspruchungsart: Torsion und Scherung	

06. In welchen Arbeitsschritten erfolgt die Herstellung von Klebeverbindungen?

1. *Vorbereiten* der Klebestellen:
   - Die Klebestellen müssen sauber, fett-, öl- und staubfrei sein.
   - Entfernen schadhafter Werkstückoberflächen (mechanisch, chemisch)
   - Ggf. Vorbehandlung des Untergrunds mit Primern, Aufrauhen, Anfeuchten, Strahlen, Beizen u. Ä. erforderlich.
   - Verfahren zur Vorbehandlung der Klebflächen können den Tabellenwerken entnommen werden.

2. *Mischen und Dosieren* des Klebers:
   - Hinweise des Herstellers beachten
   - Verarbeitungsdauer lt. Herstellerhinweis beachten (Topfzeit; vgl. Frage 07.).

3. *Auftragen* des Klebstoffs
   - Gleichmäßiges Benetzen des Klebers auf der Werkstoffoberfläche
   - Blasen, Perlen bzw. leere Flächen vermeiden
   - In der Regel ist Raumtemperatur empfohlen.

4. *Zusammenpressen* der zu fügenden Teile:
   - Verschieben der Teile vermeiden
   - Bei Lösungsmittelklebern wird jedes Werkzeugteil mit Kleber benetzt; der Fügevorgang erfolgt erst nach vollständigem Ablüften des Klebers.

5. *Wartezeit* bis zum Aushärten des Klebers einhalten; die Wartezeit kann bei höherer Raumtemperatur ggf. verkürzt werden.

07. Was bezeichnet man als „Topfzeit"?

Innerhalb der Topfzeit kann die aufbereitete Mischung eines Zweikomponentenklebers verarbeitet werden.

08. Auf welchen Kräften beruht die Wirkung der Klebstoffverbindung?

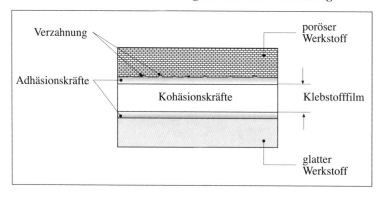

1. *Adhäsionskräfte* stellen die Verbindung zwischen Kleber und Werkstoff her.

2. *Kohäsionskräfte* wirken im Klebstoff und bestimmen die Festigkeit.

09. Wie sind gute Klebeverbindungen konstruktiv zu gestalten?

Dazu ausgewählte Beispiele:

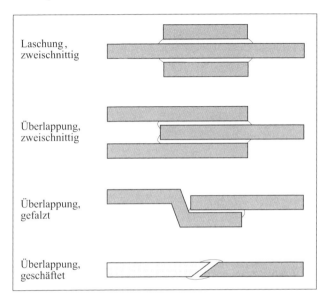

10. Welche Gefährdungen können beim Kleben auftreten?

Beispiele:

- Haut- und Augenkontakt,
- Freisetzung von Dämpfen,
- Lagerung,
- Erwärmung.

11. Welche Sicherheitsmaßnahmen sind beim Einsatz von Klebstoffen zu beachten?

- Brand- und Explosionsschutz
- für gute Belüftung (ggf. Absaugung) sorgen
- erforderliche persönliche Schutzausrüstung, wie z. B. Knieschützer, Schutzbrille, Atemschutz (A2P2-Filter), Handschuhe (Nitrilkautschuk) zur Verfügung stellen
- Hautkontakt vermeiden
- Hautschutz-, Hautreinigungs-, Hautpflegemittel zur Verfügung stellen.

Quelle: BGI „Handlungshilfe für den Einsatz von Klebstoffen"; die Information enthält darüber hinaus typische Einsatzbereiche für Klebstoffe in der Metallindustrie und eine gut gegliederte Systematik der Klebstoffarten.

2.1.3.5 Beschichten

01. Was ist Beschichten?

Nach DIN 8580 ist Beschichten das Aufbringen einer fest haftenden Schicht aus formlosem Stoff auf ein Werkstück ohne wesentliche Änderung der Geometrie des Werkstücks.

02. Welchen Zweck verfolgt das Beschichten?

1. Reduzierung der *Abnutzung* des beschichteten Werkstoffs, z. B.:
   - Verbesserung der Verschleißbeständigkeit
   - Schutz gegen Korrosion
   - Verbesserung der thermischen Beständigkeit.

2. *Ausbessern* von Materialfehlern/Fehlstellen, z. B.:
   - Ausgleich von Rissen
   - Abdecken offener Lunker.

3. Herstellen erforderlicher *Oberflächeneigenschaften*, z. B.:
   - Dekoration
   - Leitfähigkeit
   - Wärmedämmung
   - Elektrische Isolation.

03. In welche Verfahrensgruppen wird das Beschichten unterteilt?

Nach DIN 8580 wird die Hauptgruppe 5 neben der Beschichtung durch Schweißen und Löten in vier Untergruppen gegliedert; dabei wird unterschieden nach dem *Zustand des Beschichtungsstoffes* vor dem Beschichten (vgl. auch: Tabellenwerke, Einteilung der Beschichtungsverfahren). Die zu beschichtenden Werkstücke werden als *Substrat* bezeichnet.

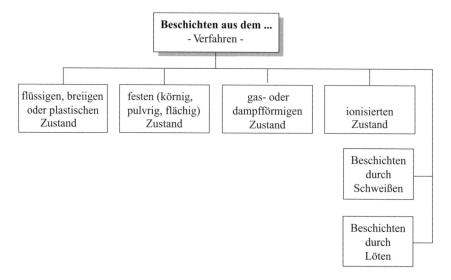

Daneben kann man noch die Unterteilung in organische und anorganische Beschichtungsstoffe vornehmen:

Beschichtungsstoffe	Beispiele
Organische	Farben, Lacke
	Kunststoffe
	Öle, Fette, Wachse, Paraffine
	Gummi, Teer, Bitumen
Anorganische	Metalle
	Metallverbindungen
	Nichtmetalle, z.B. Silikate, Keramik, Email

04. Welche Vorbehandlungen des Substrats sind vor dem Beschichten erforderlich?

Das Substrat (das zu beschichtende Werkstück) erfährt eine Vorbehandlung der Oberflächen, um eine optimale Haftung des Beschichtungsstoffes zu erreichen. Denkbar sind folgende Vorbehandlungen:

Verfahren zur Vorbehandlung der Substratoberfläche		
Mechanische Verfahren		*Chemische Verfahren*
Nass-Verfahren	*Trocken-Verfahren*	
Abwaschen	Abkratzen	Beizen
Abspritzen	Scheuern	Entfetten
Abkochen	Schleifen	Elektrolyse
Strahlen	Strahlen	
Ultraschall	Bürsten	
	Polieren	

05. Welche Verfahren der Beschichtung aus dem festen Zustand gibt es?

Dazu ausgewählte Verfahren (vgl. außerdem in den Tabellenwerken: Schutzschichten, Anwendungsziele und Anwendungsgrenzen, z. B. Friedrich Tabellenbuch, a.a.O, S. 6-66 ff.):

1. *Wirbelsintern*
   ist ein Verfahren zur Beschichtung von Substraten mit Kunststoffen: In einem Behälter wird Kunststoffpulver durch Druckluft aufgewirbelt und in der Schwebe gehalten. Das über die Schmelztemperatur des Kunststoffes aufgewärmte Werkstück wird in das Wirbelbett eingetaucht. Das Kunststoffpulver schmilzt und bildet am Substrat eine geschlossene Oberfläche.

   Beschichtungsstoffe: Thermoplastische Kunststoffe
   Anwendungsbereiche: Dekorationsbeschichtung, Gleit- und Korrosionsschutz

2. *Elektrostatisches Beschichten*:
Der Beschichtungsstoff (z. B. duroplastisches Pulver) wird elektrostatisch aufgeladen und mittels einer Sprühpistole fluidisiert. Der Beschichtungsstoff haftet an der Oberfläche des Substrats (Coulombsche Anziehungskräfte). Anschließend durchläuft das Werkstück einen Ofen. Durch die Erhitzung verteilt sich der aufgebrachte Beschichtungsstoff gleichmäßig auf der Oberfläche des Substrats.

3. *Beim thermischen Spritzen*
wird der Beschichtungsstoff geschmolzen und mittels unterschiedlicher Verfahren auf die vorbereitete Oberfläche des Substrats aufgebracht; Verfahren sind z. B.: Drahtflammspritzen, Pulverflammspritzen, Hochgeschwindigkeitsflammspritzen).

Anwendungsbereiche: Es können Spritzschichten von einigen Hundertstel bis zu wenigen Millimetern aufgebracht werden. Der Einsatz erfolgt bei Werkstücken, die nur partiell beschichtet werden müssen.

06. Welche Verfahren der Beschichtung aus dem flüssigen Zustand gibt es?

Beispiele:
- Anstreichen   - Spritzen
- Tauchen   - Gießen
- Rollen   - Walzen
- Bedrucken   - Lackieren
- Schmelztauchen   - Emaillieren

Das *Schmelztauchen* erfolgt meist als *Feuerverzinken*: Das Substrat wird in 450 °C heiße Zinkschmelze getaucht und dadurch mit Zink beschichtet. Das Emaillieren erfolgt durch Tauchen oder Spritzen. Nach dem Auftragen und Abtrocken wird der Beschichtungsstoff (Emailschlicker) bei 750...900 °C gebrannt.

Beschichtungsstoffe: Lösungen organischer/anorganischer Stoffen, Lacke/Farben, Metall-, Kunststoff-, Glasschmelzen

Anwendungen: Emaillieren: Behälter, Geschirr, chemische Apparaturen
                    Lackieren: Karosserien, Rohrbau
                    Schmelztauchen: Bleche, Bänder, Stahlprofile

07. Welche Verfahren der Beschichtung aus dem gas- oder dampfförmigen Zustand gibt es?

Bei diesen Verfahren wird der Beschichtungsstoff in den gas- oder dampfförmigen Zustand gebracht und in dünnen Schichten auf das Substrat aufgetragen. Die Dicke der Schichten reicht von einigen Nanometern bis in den Mikrometerbereich (Dünnschichttechnik).

Beschichtungsstoffe: Nitride, Carbide, Oxide, Metalle, Metalllegierungen
Anwendungen: Maschinenbau, Elektroindustrie, Optik zur Herstellung von Verschleiß-, Oxidations- und Korrosionsschutz, Gleitflächen, Dekoration

Man unterscheidet PVD- und CVD-Verfahren:

Beschichten aus dem gas- oder dampfförmigen Zustand	
Verfahren	*Beschreibung*
PVD-Verfahren Physical Vapour Deposition	Die Beschichtung erfolgt aus dem dampfförmigen Zustand: Der feste Beschichtungsstoff (Target) wird in einem Vakuum verdampft. Die Dämpfe scheiden sich auf dem relativ kalten Substrat als Schicht ab.
CVD-Verfahren Chemical Vapour Deposition	Die Beschichtung erfolgt aus dem gasförmigen Zustand: Der Beschichtungsstoff wird chemisch gebunden (z. B. Chloride, Fluoride) und in gasförmigem Zustand in den Reaktor geleitet. Bei 700...900° C bildet sich chemisch der Schichtwerkstoff, der sich auf dem Substrat abscheidet.

Prinzipskizzen:

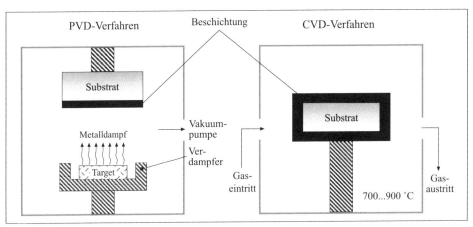

08. Welche Verfahren der Beschichtung aus dem ionisierten Zustand gibt es?

Man unterscheidet drei Verfahren:

Beschichten aus dem ionisierten Zustand			
	Elektrostatisches Beschichten	**Elektrolytisches Beschichten**	**Chemisches Beschichten**
Beschreibung	Durch ein elektrisches Feld wird der Beschichtungsstoff ionisiert, beschleunigt und auf dem Substrat abgelagert.	**Galvanisieren**: Die Beschichtung wird in wässriger Metallsalzlösung und einer äußeren Stromquelle erzeugt (→ A 5.1.1). Das Werkstück ist als Kathode gepolt.	Die Schichten bilden sich in einer Säure- oder Metallsalzlösung durch Freisetzen von Ionen.
Beschichtungsstoffe, z. B.	Aluminium, Chrom, Nickel	Nickel, Kupfer, Chrom, Zink, Zinn, Cadmium	Mangan, Aluminium
Anwendung, z. B.	Korrosions-, Verschleißschutz, Gleitschutz	Karosseriebau, Sanitär, Schmuckindustrie	Chromatieren, Brünieren, Phosphatieren

2.1.3.6 Änderung der Stoffeigenschaft

01. Was ist Stoffeigenschaftsändern?

Stoffeigenschaftsändern ist das *Umlagern, Aussondern* oder *Einbringen* von Stoffteilchen in einen geometrisch bestimmten Gegenstand oder in einen formlosen Stoff zur Erreichung bestimmter *Stoffeigenschaften* (Hauptgruppe 6 der Fertigungsverfahren).

	Verfahren zur Änderung der Stoffeigenschaft		
	Umlagern	**Aussondern**	**Einbringen**
Fertigungs-technologien	Härten	Sandstrahlen	Mischen
	Glühen	Filtrieren	Kneten
	Vulkanisieren	Destillieren	Legieren
- Beispiele -	Anlassen	Zentrifugieren	Versprühen
	Vergüten	Abbeizen	Verstäuben

02. In welche Untergruppen wird das Stoffeigenschaftsändern nach DIN 8580 gegliedert?

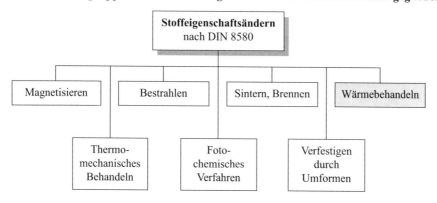

Im Mittelpunkt der Technologien zur Änderung der Stoffeigenschaft stehen die *Verfahren der Wärmebehandlung* (vgl. Rahmenplan). Dabei wird das Werkstück im Ganzen oder partiell gezielt Temperatur-Zeit-Folgen ausgesetzt ggf. ergänzt durch chemische oder mechanische Einwirkungen.

Ziel dieser Werkstückbehandlung ist:

- Bewusste Beeinflussung der Ver- und Bearbeitungseigenschaften sowie der Gebrauchseigenschaften (→ Zähigkeit, Verschleiß)
- Reduzierung der Spannungen im Werkstück (→ Festigkeit)

03. Welche Teilgebiete der Wärmebehandlung werden unterschieden?

Teilgebiete/Verfahren der Wärmebehandlung			
Gebiet		*Prinzip*	*Verfahren (Beispiele)*
1	Thermische Verfahren	Wirkung einer Temperatur-Zeit-Folge	**Glühen**[1]
			Spannungsarmglühen
			Rekristallisationsglühen
			Weichglühen
			Normalglühen
			Diffussionsglühen
			Grobkornglühen
			Härten[1]
			Vergüten[1]
2	Thermochemische Verfahren	Wie (1); zusätzliche Einwirkung eines Mediums und Stoffaustausch mit dem Medium in den Randgebieten des Werkstoffs	Einsatzhärten
			(Gas-)Nitrieren
			Aufkohlen
			Borieren
			Nitrocarburieren
			Sulfonitrieren
			Metallcarbidbehandlung
			Chromieren
3	Thermomechanische Verfahren	Wie (1); zusätzlich gekoppelt mit plastischer Deformation	Umformen
			Normalisierendes ...
			Thermomechanisches ...
			BY-Behandlung
			Austenitformhärten

[1] Ausgewählte Verfahren (lt. Rahmenplan) werden im Folgenden behandelt; vgl. ergänzend dazu in den Tabellenwerken, z. B. Friedrich Tabellenbuch, a. a. O., S. 6-71 f.

04. Wie lässt sich die Temperatur-Zeit-Folge einer Wärmebehandlung schematisch darstellen?

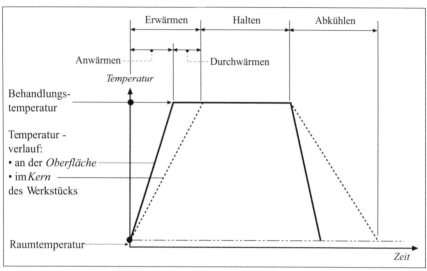

Quelle: in Anlehnung an Awiszus u.a., a.a.O., S. 305

05. Welche Auswirkungen haben Wärmebehandlungsverfahren auf die Eisen-Kohlenstoff-Legierung?

Die Wärmebehandlungsverfahren basieren auf den Erstarrungsvorgängen der Eisen-Kohlenstofflegierung, bei denen es abhängig von dem Kohlenstoffgehalt und der Temperatur zu Veränderungen sowohl der Kristalle als auch der Zusammensetzung der Gefüge kommt. Es bilden sich Mischkristalle z. B. mit kubisch-raumzentrierten (krz) oder mit kubisch-flächenzentrierten (kfz) Kristallgittern, die eine unterschiedliche Löslichkeit für Kohlenstoff haben. Letztere können mehr C-Atome aufnehmen als erstere, was wesentlichen Einfluss auf die Festigkeit hat. Die Zusammensetzung der Eisen-Kohlenstoff-Legierung in den unterschiedlichen Phasen bestimmt die einzelnen Gefügearten.

06. Welche Gefügebezeichnungen werden unterschieden?

Gefügebestandteile	
Ferrit	bezeichnet ein FeC-Gefüge aus α-Mischkristallen mit krz-Kristallgitter und ist weich, zäh und korrosionsanfällig.
Austenit	bezeichnet ein FeC-Gefüge aus Mischkristallen mit kfz-Kristallgitter und ist weich, zäh, hochwarmfest und gut umformbar.
Zementit	bezeichnet ein FeC-Gefüge aus Fe3C (Eisencarbid)-Verbindungen und ist hart verschleißfest, spröde und schlecht formbar.
Martensit	entsteht durch Abkühlung des Austenit, wobei es zu einer Umwandlung des Kristallgitters von kfz zu krz kommt. Es ist hart und verformbar.
Perlit	ist ein Phasengemisch aus Ferrit und Zementit. Es ist hart und spröde.
Ledeburit	ist ein Phasengemisch aus Zementit und Perlit bzw. Austenit. Es ist hart, sehr spröde und nicht formbar.

Gefügeaufbau, Stähle	
Eutektoid	Stähle mit C-Gehalt = 80 % (Perlit)
untereutektoid	Stähle mit C-Gehalt < 80 %(Perlit + Ferrit)
übereutektoid	Stähle mit C-Gehalt > 80 % (Perlit + Zementit)

Gefügeaufbau, Gusseisen	
Eutektikum	Gusseisen mit dem C-Gehalt = 4,30 %
untereutektisch	Gusseisen mit einem C-Gehalt von > 2,60 - 4,30 % (Perlit + Ledeburit + Sekundärzementit)
übereutektisch	Gusseisen mit einem C-Gehalt > 4,30 - 6,6 % (Primär- + Sekundärzementit + Ledeburit)

07. Welche Zusammenhänge werden im Eisen-Kohlenstoff-Zustandsdiagramm dargestellt?

In dem Eisen-Kohlenstoff-Zustandsdiagramm (auch Fe-C-Diagramm) werden schematisch die Grenzen der Gefügebereiche in Abhängigkeit des Kohlenstoffgehalts und der Temperatur dargestellt. Die daraus ersichtlichen Umwandlungen des Stahls erfolgen nur bei genügend langsamer Abkühlung. (Martensitgefüge ist daher nicht dargestellt, weil es eine rasche Abkühlung erfordert.)

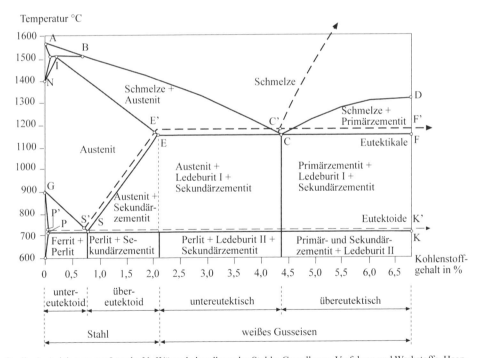

Quelle: In Anlehnung an: Läpple, V.: Wärmebehandlung des Stahls: Grundlagen, Verfahren und Werkstoffe, Haan-Gruiten 2010

Charakteristische Linien und Punkte:

- Die Liqiduslinie verläuft über die Punkte ABCD. Oberhalb dieser liegt die FeC-Legierung in flüssigem Zustand (Schmelze) vor. Unterhalb beginnt die Erstarrung. Eisen kristallisiert aus.

- Die Soliduslinie verläuft über die Punkte AECF. Unterhalb liegt alles in kristallinem Zustand vor. Die Arten der Kristalle sind unterschiedlich.

- Im stabilen System liegt nach Abkühlung der Schmelze der Kohlenstoff in Form von freiem Grafit im Gefüge vor (Gusswerkstoffe).

- Im metastabilen System liegt der Kohlenstoff chemisch gebunden als Fe3C (Eisencarbid) vor.

- Punkt E (1147 °C und 2,06 % C-Gehalt) markiert den Sättigungspunkt des Austenit. Die Senkrechte des Kohlenstoffgehalts begrenzt den Bereich (0 bis 2,06 %) der als Stahl bezeichnet wird. Bei höherem Kohlenstoffgehalt (2,06 bis 6,67 %) handelt es sich um Gusseisen.

- Punkt S (723 °C und 0,80 % C-Gehalt) markiert die niedrigste Löslichkeit von C. Das eutektoidische Gefüge mit diesem C-Gehalt besteht nur aus Perlit.

- Punkt C (1147 ° C und 4,30 % C-Gehalt) markiert den niedrigsten Erstarrungspunkt der Legierung. Das eutektische Gefüge mit diesem C-Gehalt besteht nur aus Ledeburit

08. Was ist Glühen?

Glühen ist die Wärmebehandlung eines Werkstoffs und besteht aus den Folgen

- Erwärmung auf eine bestimmte Temperatur,
- Halten der Temperatur und
- Abkühlen,

sodass der Zustand des Werkstoffes bei Raumtemperatur dem Gleichgewichtszustand näher ist (DIN EN 10052).

Die Glühverfahren[1] unterscheiden sich nach:

- Glühdauer
- Glühtemperatur
- Art der Abkühlung.

---

[1] Vgl. ausführlich z. B.: Friedrich Tabellenbuch, a.a.O., S. 6-71

09. Was ist Härten?

Härten ist eine Wärmebehandlung[1] des Werkstoffs mit folgenden Prozessschritten:

1. Langsame *Erwärmung* des Werkstoffs auf Härtetemperatur (ca. 30-50 °C oberhalb der GSK-Linie)

2. *Halten* (20...30 min)
   → Umwandlung in Austenit (Zementit zerfällt)

3. *Abschrecken* in Wasser, Öl, Warmbad oder Pressluft
   → Umwandlung in Martensit

4. Thermische Nachbehandlung durch *Anlassen* (200...400 °C; unterhalb der PSK-Linie) und Halten (1 - 2 Stunden)
   → Abbau der Härtespannungen

5. Langsame *Abkühlung* an ruhender Luft.

Ziel: Martensitgefüge mit hoher Verschleißfestigkeit.

10. Was ist Anlassen?

Anlassen ist Erwärmen eines gehärteten Stahls auf eine festgelegte Temperatur (maximal unterhalb der PSK-Linie), Halten und Abkühlen an Luft.

Ziel: Abbau der Härtespannungen.

11. Was ist Vergüten?

Vergüten ist Anlassen im oberen Temperaturbereich (500...680 °C).

Ziel: Verbesserung von Festigkeit, Härte und Zähigkeit (z. B. bei Blattfedern).

12. Was ist charakteristisch für thermochemische Verfahren?

Der Werkstoff wird einer Wärmebehandlung unterzogen. Außerdem findet ein Stoffübergang vom Umgebungsmedium und Diffusion im Werkstoff statt. Man unterscheidet:

- Nichtmetalldiffusionsverfahren, z. B.:
  · Aufkohlen
  · Nitrieren
  · Nitrocarburieren
  · Sulfonitrieren
  · Borieren

---

[1] Richtwerte für die Wärmebehandlung der Stähle vgl. z. B. Friedrich Tabellenbuch, a.a.O., S. 6-73

- Metalldiffusionsverfahren, z. B.:
  · Alitieren
  · Silizieren
  · Titanieren
- Metall-Nichtmetalldiffusionsverfahren, z. B.:
  · Metallcarbidbehandlung

Ziel: Herstellen bestimmter Eigenschaften in den Randschichten des Werkstücks, wobei der Werkstückkern zäh bleibt, z. B. Verschleißwiderstand, Härte, Korrosionsbeständigkeit (z. B. bei Zahnrädern, Wellen, Spindeln).

• *Aufkohlen*:
  - Wärmebehandlung des Werkstücks (4...8 h bei 880...960 °C) in C-abgebender Umgebung
  - langsames Abkühlen oder Abschrecken

• *(Gas-)Nitrieren:*
  - Wärmebehandlung des Werkstücks (10...100 h bei 480...550 °C) in N-Abgebender Umgebung
  - langsames Abkühlen

Weitere Beispiele vgl. die einschlägige Fachliteratur, z. B. Awiszus u. a., a.a.O., S. 311 ff.

13. Welche Bedeutung hat die Kunststoffverarbeitung in der Industrie?

Kunststoffe zeichnen sich durch *vielseitige Verwendbarkeit*, *günstige Verarbeitungseigenschaften* und *kostengünstige Herstellungsverfahren* aus (vgl. ausführlich unter 2.4.1.2, Einteilung der Kunststoffe und 2.4.1.6, Werkstoffsubstitution).

14. Welche Fertigungsverfahren sind bei Kunststoffen einsetzbar?

Die DIN 8580 systematisiert die Fertigungsverfahren der Kunststoffverarbeitung:

		Thermoplaste/ Plastomere	Duroplaste/ Duromere	Elaste/ Elastomere
Fertigungsverfahren	**Urformen**	- Extrudieren - Spitzgießen - Schäumen - Pressen - Blasformen	- Extrudieren - Spitzgießen - Schäumen - Pressen - Laminieren - Faserspritzen	- Extrudieren - Spitzgießen - Schäumen - Pressen
	Umformen	- Warmformen - Kaltformen		
	Trennen	- Zerteilen - Spanen	- Zerteilen - Spanen	- Zerteilen - Spanen
	Fügen	- Schweißen - Kleben	- Kleben	- Kleben
	Beschichten	- Lackieren - Aufdampfen - Bedrucken - Galvanisieren	- Heißprägen - Beflocken	

2.2 Einleiten, Steuern, Überwachen und Optimieren des Fertigungsprozesses

Hinweis:
Das Thema wird umfassend in Kapitel 5. Planungs-, Steuerungs- und Kommunikationssysteme behandelt. In diesem Abschnitt werden konkrete Arbeitsschritte wiederholt, die der Meister in seinem unmittelbaren Verantwortungsbereich im Rahmen der Einleitung, Steuerung und Optimierung des Fertigungsprozesses beherrschen muss.

2.2.1 Einleiten des Fertigungsprozesses

01. Mit welchen konkreten Arbeiten wird der Fertigungsprozess eingeleitet?

1. Voraussetzung für das Einleiten des Fertigungsprozesses ist das Vorliegen eines (Fertigungs-) *Auftrags*.

2. Im nächsten Schritt erfolgt die *Auftragsbildung*; dazu gehören:

2.1	Festlegen der *Auftragsart* (z. B. Fertigungsauftrag, Werkstattauftrag, Kundenauftrag)	→ vgl. 5.3.5 Auftragsarten Auftragsauslösungsarten
2.2	Ermittlung der *Auftragsdaten* und Zusammenstellen der *Auftragspapiere* (auftragsabhängige Daten, Stücklisten, Zeichnungen, Arbeitspläne, Arbeitsplatzdaten, Laufkarte, Werkzeugvorgabeblätter, Lohnscheine/Zeitsummenkarte)	→ vgl. 5.4.1 Informations-/ Kommunikationssysteme
2.3	*Losgrößenfestlegung* auf der Basis einer wirtschaftlichen Auftragsmenge	

3. Vor der *Freigabe des Auftrags* sind weiterhin folgende Arbeiten erforderlich:

3.1	Festlegen des *Starttermins*	→ vgl. 5.2.2 Terminplanung
3.2	*Verfügbarkeitsprüfung:* - Prüfung der *Kapazitäten:* Sind die benötigten Betriebsmittel/Anlagen auch tatsächlich verfügbar?	→ vgl. 5.2.2 Kapazitätsplanung Planungsfaktor
	- *Materialverfügbarkeit:* Sind die erforderlichen Materialien und Hilfsmittel auch tatsächlich verfügbar oder haben sich gegenüber der Planung Abweichungen aufgrund von Lieferverzug, Fehlplanungen usw. ergeben. Dies betrifft u. a.:	→ vgl. 5.2.2 Mengenplanung JiT, Kanban

· RHB-Stoffe
· Werkzeuge, Spezialwerkzeuge
· Hilfsmittel, Mess- und Prüfmittel

- *Personalverfügbarkeit:*
  Stehen Mitarbeiter für diesen Auftrag
  auch tatsächlich zur Verfügung oder haben sich
  Abweichungen zur Planung ergeben (Arbeitsunfähigkeit, kurzfristige Versetzung u. Ä.)

→ vgl. 7.1.1 ff.
   Personalbedarfsermittlung

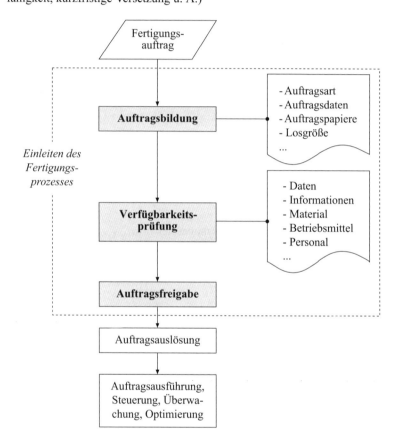

4. Die *Auftragsfreigabe*
   überführt den Auftrag vom Planungsstadium in den Aus-
   führungsstatus: Der Auftrag erhält eine Kennzeichnung
   (Auftragsnummer) und ggf. werden noch benötigte Werk-
   stattpapiere erstellt.

5. Die *Auftragsauslösung* ist der Beginn der Fertigungsaus-
   führung und -steuerung.

2.2.2 Fertigungsaufträge und -unterlagen

01. Welche Auftragsarten gibt es?

Man unterscheidet *marktbezogene* und *innerbetriebliche* Fertigungsaufträge (vgl. ausführlich unter 2.2.1 und 5.3.5):

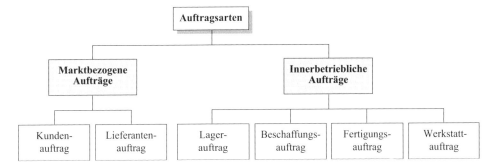

02. Welche Kriterien bestimmen über die Zuordnung der Fertigungsaufgabe?

Die Voraussetzung für das Einleiten des Fertigungsprozesses ist der Fertigungsauftrag. Nach Art und Umfang des Fertigungsauftrages und der weiteren Fertigungsunterlagen erfolgt die Zuordnung der Fertigungsaufgabe nach folgenden Kriterien:

Kriterien	Beispiele
Organisatorische Kriterien	- Art der Materialbereitstellung - Form und Zustand der Rohteile - erforderliche Werkstoffe, Hilfsstoffe - sonstige Fertigungshilfsmittel - Gewährleisten der Qualitätssicherung
Fertigungstechnische Kriterien	Auswahl des geeigneten - Fertigungsverfahrens, z. B. nach Qualitätskriterien - Betriebsmittels, z. B. nach Maschinenleistung - Fertigungsmittels, z. B. Werkzeuge, Spezialwerkzeuge - Fertigungshilfsstoffes, z. B. nach Eigenschaften
Wirtschaftliche Kriterien	- Auslastung der Produktionskapazitäten unter Beachtung der Maschinenbelegung und der Durchlaufzeiten - Zuordnung nach Lohngruppenkriterien unter Beachtung der erforderlichen Mitarbeiterqualifikation - Entscheidung über den Automatisierungsgrad, z. B. konventionelle Fertigung, Bearbeitungszentrum, FFS

2.2.3 Steuerung des Fertigungsprozesses   → 5.2.2

Hinweis:
Vgl. dazu ausführlich unter 5.2.2, Kernaufgaben der Produktions-/Fertigungsplanung und -steuerung.

01. Was versteht man unter Fertigungssteuerung?

Fertigungssteuerung ist die mengen- und termingemäße Planung, Veranlassung und Überwachung der *Fertigungsdurchführung*. Dabei sind menschliche Arbeit, Anlagen und Materialien aufgrund der Vorgaben des Fertigungsprogramms und der Arbeitsplanung miteinander zu kombinieren.

Fertigungssteuerung		
Veranlassen	**Überwachen**	**Sichern**
Programm-/Auftragsbildung	Datenerfassung	Störungen beheben
Terminermittlung	Mengenüberwachung	Eingreifen
Bedarfsermittlung	Terminüberwachung	Plankorrektur
Bereitstellung	Kostenüberwachung	Qualitätssicherung
Arbeitsverteilung	Qualitätsprüfung/-überwachung	
	Arbeitsbedingungen überwachen	

02. Was sind die Ziele der Fertigungssteuerung?

Minimierung	der Rüstkosten und der Durchlaufzeiten
Maximierung	der Materialausnutzung
Optimierung	der Lagerbestände und der Nutzung vorhandener Fertigungskapazitäten
Einhaltung	der Termin- und Qualitätsvorgaben
Humanisierung	der Arbeit

03. Welche Variablen des Fertigungsprozesses sind im Rahmen der Fertigungssteuerung besonders zu beachten?

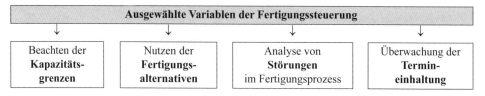

Ausgewählte Variablen der Fertigungssteuerung			
Beachten der **Kapazitäts-grenzen**	Nutzen der **Fertigungs-alternativen**	Analyse von **Störungen** im Fertigungsprozess	Überwachung der **Termin-einhaltung**

• *Beachten der Kapazitätsgrenzen:*   → vgl. 5.2.2 Kapazitätsplanung

Ist die verfügbare Kapazität auf Dauer höher als die erforderliche Kapazität, so führt dies zu einer Minderauslastung. Es werden mehr Ressourcen zur Verfügung gestellt als notwendig. Die Folge ist u. a. eine hohe Kapitalbindung mit entsprechenden Kapitalkosten (Wettbewerbsnachteil).

Im umgekehrten Fall besteht die Gefahr, dass die Kapazität nicht ausreichend ist, um die Aufträge termingerecht fertigen zu können (Gefährdung der Aufträge und der Kundenbeziehung).

Durch Maßnahmen der *Kapazitätsabstimmung* (Kapazitätsabgleich/-anpassung) können Engpässe vermieden werden.

• *Nutzung von Fertigungsalternativen:*
Infrage kommen z. B.:
- Wechsel von automatischer Fertigung zu konventioneller Fertigung
- Wechsel der Betriebsmittel/des Arbeitsplatzes
- Losteilung
- Fremdvergabe/Outsourcing

• *Störungen im Fertigungsprozess* sind zu analysieren und kurzfristig zu beheben; neben der Störungsbeseitigung ist grundsätzlich die Ursachenquelle zu betrachten. Störungen können folgenden Bereichen zugeordnet werden:

Werden derartige Störungen nicht rechtzeitig behoben, sind die Ziele der Fertigungssteuerung gefährdet (vgl. 02.); es kann z. B. zu Terminüberschreitungen, Qualitätseinbußen oder unwirtschaftlicher Fertigung kommen.

• *Störungsmanagement:*
Geeignete Maßnahmen zur Behebung von Störungen sind u. a.:
- Überstunden, Personalversetzung
- Verlagerung auf andere Betriebsmittel (Reserveanlagen)
- Einsatz alternativer Materialien
- Nutzen des Materialsicherheitsbestandes
- Nacharbeit.

• *Überwachung der Termineinhaltung:*
Die *Termingrobplanung* ermöglicht es, Engpässe und Überkapazitäten zu erkennen und entsprechende Maßnahmen zu ihrer Beseitigung zu treffen. Zentrales Thema ist die Durchlaufterminierung und die Kapazitätsanpassung (→ vgl. 5.2.2). Ermittlung der *Terminfeinplanung* ist die Ermittlung der frühesten und spätesten Anfangs- und Endtermine der Aufträge bzw. Arbeitsgänge. Die Terminüberwachung erfordert eine sorgfältige Auswertung der Rückmeldungen, um weitere Steuerungsaktivitäten einzuleiten.

Beispiel: Bei drohender Terminüberschreitung sind z. B. Fertigungsalternativen zur Reduzierung der Durchlaufzeit zu prüfen.

04. Welche Bedeutung hat die Rückmeldung?

Die Rückmeldung sagt aus, in welcher Weise die Aufträge erledigt worden sind. Sie muss jeweils kurzfristig, fehlerfrei und vollständig erfolgen, um im Zustand der Planung noch Änderungen berücksichtigen zu können, um bei Erledigung des Auftrages aus der Auftragsnummer die weiteren kaufmännischen Schritte abzuleiten und aus der aufgewandten Zeit die Löhne zu errechnen. Die Rückmeldung signalisiert zugleich, dass über die Maschinen neu verfügt und andere Aufträge bearbeitet werden können.

Immer dann, wenn die Fertigungsdurchführung vom Plan abweicht (Termine, Qualitäten, Mengen usw.) – wenn also Störungen im Prozess erkennbar sind – müssen über Korrekturmaßnahmen/ Maßnahmenbündel die Störungen beseitigt und (möglichst) zukünftig vermieden werden; mitunter kommt es aufgrund von Soll-Ist-Abweichungen auch zu Änderungen in der (ursprünglichen) Planung (vgl. dazu ausführlich unter 5.2.2, Fertigungsplanung und -steuerung und 2.1.1).

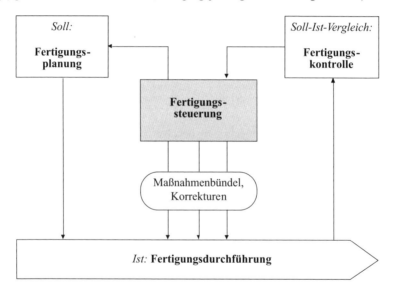

2.2.4 Überwachung und Optimierung des Fertigungsprozesses

01. Wie kann der Fertigungsablauf (-fortschritt) gesichert und überwacht werden?

Vorrangig sind zu überwachen:

- Mengenvorgaben
- Qualitätsvorgaben
- Terminvorgaben
- Kalkulationsvorgaben (Einhaltung der Kosten)
- Betriebsmittel (Kapazitätsplanungen, Vorgabezeiten)
- Arbeitsbedingungen, Personaleinsatz (Lohnkosten, Arbeitssicherheit).

02. Welche Maßnahmen zur Optimierung der Arbeitsplatzgestaltung sind denkbar?

• *Optimierung der Arbeitstechniken*, z. B.:
- Ablagesysteme, PC-Einsatz für Terminplanung/-überwachung u. Ä.   → vgl. A 3.2.1

• *Optimierung der Arbeits-, Arten- und Mengenteilung*   → vgl. A 2.1.3

• *Optimierung* der Gestaltung   → vgl. A 4.2.2
- des *Arbeitsplatzes*   → vgl. A 2.4.1
- der *Arbeitsumgebung*   → vgl. 4.3.1
- der *Arbeitsmittel*
- der *Arbeitsbedingungen* (Ergonomie)

03. Welche Maßnahmen sind zur Flexibilisierung der Fertigung geeignet?

→ vgl. 2.6, 4.3.1

Im Mittelpunkt der Maßnahmen zur Flexibilisierung der Fertigung steht die Wirtschaftlichkeit des Fertigungsprozesses sowie die kurzfristige Anpassung an veränderte Kundenwünsche; geeignete Maßnahmen zur Realisierung dieser Ziele sind z. B.:

• *Technische Rationalisierungsmaßnahmen:*   → vgl. A 3.2.1
- *Normung* = Vereinheitlichung von *Einzelteilen* (Größe, Qualität, Form, Farbe, Abmessung)
- *Typung* = Vereinheitlichung ganzer *Erzeugnisse* oder Aggregate (Art, Größe, Ausführungsform)
- *Baukastensystem* = innerbetriebliche Typung
- *Teilefamilien* = innerbetriebliche Zusammenfassung form-ähnlicher Gegenstände
- *Spezialisierung* = Einschränkung des betrieblichen Produktions-programms auf bestimmte Produkte

• *Anwendung von REFA-Studien* (Arbeitsablauf-, -zeitstudien)   → vgl. A 2.4.1

• *Fertigung nach dem Lean Production-Prinzip, Optimierung der Fertigungstiefe, Insourcing/Outsourcing*   → vgl. 5.2.2

• *Nutzung von Konzepten der Gruppenarbeit*   → vgl. 7.8

• *Änderung/Flexibilisierung der Fertigungsverfahren/-techniken*, z. B.:
- Fertigungstechniken (Umformen, Urformen usw.)   → vgl. 2.1.3
- Fertigungsverfahren (Werkstättenfertigung, Straßenfertigung usw.)   → vgl. 2.7.2
- Einsatz flexibler Fertigungsanlagen:
Flexible Fertigungssysteme/Fertigungszellen/Montagesysteme usw.)   → vgl. 2.6, 5.3.1
- Verfahrensanpassung (Arbeitsplatz-, Arbeitsgang-, Reihen-folgeanpassung)
- Begrenzung der Werkzeugvielfalt, der Maschinenvielfalt
- Integration von Planungs- und Steuerungsaufgaben   → vgl. 5.2.2

• *Einsatz flexibler Arbeitszeitsysteme, z. B.*
KAPOVAZ/Arbeit auf Abruf, Schichtmodelle, Teilzeitarbeit,
Jahresarbeitszeit, Telearbeit u. Ä.

• *Optimierung der Materialbestände und der Logistikprozesse*   → vgl. 4.3.1
                                                                       → vgl. 5.5

04. Welche Maßnahmen sind zur Optimierung der Haupt- und Nebenzeiten geeignet?
→ **vgl. 2.1.1**

Hauptnutzungszeiten t_h sind die Zeiten, in denen an einem Betriebsmittel das Werkstück unmittelbar bearbeitet wird. Man unterscheidet zwischen beeinflussbarer und unbeeinflussbarer Hauptnutzungszeit.

Belegungszeit T_{bB}				
Betriebsmittelrüstzeit t_{rB}		**Betriebsmittelausführungszeit** $T_{aB} = m \cdot t_{eB}$		
		Betriebsmitteleinzelzeit je Einheit t_{eB}		
Rüstgrundzeit t_{rgB}	Rüstverteilzeit t_{rvB}	Grundzeit t_{gB}		Verteilzeit t_{vB}
		Haupt-nutzungszeit t_h	Neben-nutzungszeit t_n	Brach-zeit t_b
		- beeinflussbar - unbeeinflussbar	- beeinflussbar - unbeeinflussbar	

Betriebsmittelgrundzeit t_{gB}		
Hauptnutzungszeit t_h	Nebennutzungszeit t_n	Brachzeit t_b
- beeinflussbar - unbeeinflussbar	- beeinflussbar - unbeeinflussbar	

Die Berechnung der Hauptnutzungszeiten t_h bei der spanenden Fertigung leiten sich aus *drei Grundrelationen* ab (vgl. 2.1.1):

$$t_h = \frac{L \cdot i}{f \cdot n}$$

$$n = \frac{v_c}{\pi \cdot d}$$

$$v_f = n \cdot f$$

Dabei ist:

t_h	Hauptnutzungszeit	L	Vorschubweg in mm	v_c	Schnittgeschwindigkeit
n	Drehfrequenz in min^{-1}	f	Vorschub	d	Werkstückdurchmesser
v_f	Vorschubgeschwindigkeit	i	Anzahl der Schnitte		

Folgende Maßnahmen zur Optimierung der Haupt- und Nebenzeiten sind denkbar:

Maßnahme:	*Beispiel:*
• Veränderung der Werkstofftechnologie: →	Werkstoffe mit günstigeren Bearbeitungseigenschaften ermöglichen ggf. eine Erhöhung der Vorschubgeschwindigkeit, der Schnittgeschwindigkeit bzw. der Drehfrequenz
• Reduzierung der Rüstzeiten →	laufzeitparalleles Rüsten von Maschinen
• Veränderung des Fertigungsverfahrens →	Verkürzung der Ausführungszeit, z. B. Schweißen statt Sägen, Stirnfräsen statt Umfangsfräsen, Außenrundschleifen statt Innenrundschleifen o. Ä.
• Veränderung der Fertigungsdaten →	Reduzierung der Ausführungszeit durch Optimieren von Vorschub, Eindringtiefe, Spanleistung, Erwärmung und Werkzeugverschleiß
• Vermeidung von Brachzeiten →	Optimierung der Abläufe und der Instandhaltung

2.3 Umsetzen der Instandhaltungsvorgaben und Einhalten qualitativer und quantitativer Anforderungen

→ A 5.2.6, 1.2

Hinweis:
Die Instandhaltungsthematik wird ausführlich im *Qualifikationsschwerpunkt Betriebstechnik* (vgl. 1.2, Planen und Einleiten von Instandhaltungsmaßnahmen) sowie unter A 5.2.6 behandelt. Daher beschränkt sich die Darstellung in diesem Abschnitt auf eine kurze Wiederholung ausgewählter, konkreter Maßnahmen der Instandhaltung im unmittelbaren Verantwortungsbereich des Meisters.

2.3.1 Instandhaltung von Maschinen und Fertigungsmitteln

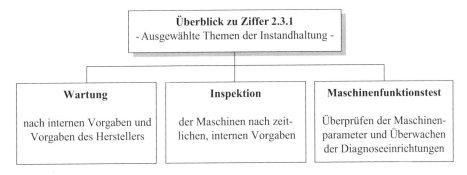

01. Wie erfolgt die Wartung nach internen Vorgaben bzw. Vorgaben des Herstellers?

Wartung ist die „Bewahrung des Soll-Zustandes durch Reinigen, Schmieren, Auswechseln, Justieren" (DIN 31051). Wartung umfasst routinemäßige Instandhaltungsarbeiten, die meistens vom Bedienpersonal selbst durchgeführt werden, häufig in *Betriebsanweisungen* festgelegt sind und auf den *Wartungsplänen des Herstellers* basieren. Dabei sind terminliche Eckdaten der Betriebsmittelbelegung und der Fertigungsplanung zu berücksichtigen (vgl. ausführlich unter 1.2.2 f.).

• *Einzelmaßnahmen der Wartung* sind:

• *Wartungsmaßnahmen werden ausgelöst* auf der Basis von:

• Wartungsmaßnahmen können durchgeführt werden (vgl. 1.2.2 Instandhaltungsplanung):
  - Im Stillstand/im Betriebszustand der Maschinen
  - manuell/maschinell
  - kontinuierlich/diskontinuierlich
  - intervallbezogen/zustandsabhängig

02. Wie erfolgt die Inspektion nach zeitlichen, internen Vorgaben?

„Inspektion ist die Einleitung von Maßnahmen zur Feststellung und Beurteilung des Ist-Zustandes von technischen Mitteln eines Systems durch Sichten, Messen und Prüfen" (DIN 31051).

• *Maßnahmen der Inspektion:*

  1. *Inspektionstermine planen* (nach Vorgaben des Herstellers):
     - Erst-Inspektionen (nach Inbetriebnahme)
     - Regelinspektionen/Inspektionsintervalle
     - Sonderinspektionen (z. B. bei Betriebsstörungen)

2. *Feststellen des Ist-Zustandes* durch Sichten, Messen, Prüfen:[1]
   - Messbare Größen vergleichen
   - kritische Zustände erkennen
   - Ergebnisse der Betriebsdatenerfassung (BDE) auswerten
   - Betriebsüberwachungsgeräte einsetzen und nutzen (Sensoren)
   - Qualitätsregelkarten auswerten
   - Fähigkeitskennwerte ermitteln und berücksichtigen
   - Checklisten einsetzen

3. *Inspektions-/Prüfbericht erstellen*:
   - Prognosen über die weitere Verwendungsfähigkeit der Anlage ableiten
   - ggf. Folgemaßnahmen (z. B. Austausch von Teilen, Reparatur) ableiten

03. Wie können Diagnosesysteme im Rahmen der Inspektion genutzt werden?   → 1.1.6

Im Rahmen der Inspektion sind regelmäßig Maschinenfunktionstests durchzuführen. Geprüft werden Maschinenparameter, z. B. Druck von Leitungen, Drehzahl von Motoren.

Mithilfe von Diagnosesystemen (vgl. dazu ausführlich unter 1.6.6) kann eine Überwachung/ Unterstützung der Inspektionstätigkeit vorgenommen werden – im Online oder Offlinebetrieb. Zum Beispiel haben Werkzeugmaschinen und Bearbeitungszentren ein eingebautes Fehlerdiagnosesystem zur rechtzeitigen Fehlererkennung, um Schäden und Produktionsstörungen zu vermeiden. Vielfach gelingt es dadurch, Fehler zu erkennen, bevor sie den Produktionsprozess nachhaltig, negativ beeinflussen.

Die *Überwachung* kann sich z. B. beziehen auf:

Werkzeugbruch-kontrolle	z. B. bei bruchempfindlichen Werkzeugen (z. B. Überwachung mit Infrarotstrahl)
Werkzeugtemperatur-kontrolle	z. B. berührungslose Messung der Werkzeugtemperatur und Abschalten bei Erreichen des vorgegebenen Grenzwertes
Schnittkraftmessung	z. B. indirekte Messung von Axialkraft und Drehmoment an der Arbeitsspindel
Stromaufnahme	z. B. kann ein Anstieg des Drehmoments an der Hauptspindel zu einer höheren Stromaufnahme führen
Sonstiges, z. B.	Messen der Füllstände, der Betriebstemperatur, der Laufzeit (Betriebsstunden)

---

[1] vgl. Kapitel 9., Qualitätsmanagement, z. B. vergleichende/messende Prüfung, Fähigkeitskennwerte

2.3.2 Maßnahmen zur Beseitigung von Störungen und zur Wiederherstellung der Funktionsfähigkeit

Überblick zu Ziffer 2.3.2
- Ausgewählte Themen der Instandhaltung -

Störungslokalisierung	**Maschinenstörungen**	**Funktionsfähigkeit**	**Prüffähigkeit**
vornehmen und Behebungshinweise geben	aufzeichnen oder in ein DV-System eingeben	der eingesetzten Werkzeuge, Vorrichtungen und Fördermittel beurteilen	der eingesetzten Prüfmittel bewerten

01. Wie erfolgt die Lokalisierung von Störungen?

• *Störung*
  ist eine „unbeabsichtigte Unterbrechung oder Beeinträchtigung der Funktionserfüllung einer Betrachtungseinheit" (DIN 31051).

• Die *Anzeige/Lokalisierung von Störungen* kann z. B. erfolgen durch

  - *Störmeldezentralen*
    (Überwachung der gesamten Anlage an Monitoren und Auslösung optischer/akustischer Störmelder; Condition Monitoring → vgl. 1.3.2/08.),
  - *Störmelder* an den jeweiligen Betriebsmitteln,
  - systematische *Störungssuche* und *Schadensanalyse*
    (VDI-Richtlinie 3822 → vgl. 1.3.1.1/10.; Ursachen von Anlagenausfällen → 1.3.1.6/02).

02. Welche Bedeutung hat die Aufzeichnung von Maschinenstörungen?

Störungen an Maschinen/Anlagen müssen erfasst und behoben werden (Bedienpersonal oder Instandhaltungspersonal). Die systematische Aufzeichnung von Störungen (dv-gestützt oder manuell) kann zur *Schwachstellenanalyse* genutzt werden; daraus kann eine verschleißabhängige, vorbeugende Instandhaltung und rechtzeitige *Ersatzteilversorgung* abgeleitet werden.

Häufig auftretende Störungen an bestimmten Maschinen/Baugruppen sind generell zu beheben, z. B. durch Zusammenarbeit mit dem Lieferanten, Wechsel des Lieferanten bei Neuinvestitionen, Wahl der eingesetzten Betriebsstoffe u. Ä.

03. Wie kann die Funktionsfähigkeit der eingesetzten Werkzeuge, Vorrichtungen und Fördermittel beurteilt werden?

Das Bedienungs- bzw. das Instandhaltungspersonal muss die Funktionsweise der eingesetzten Werkzeuge, Vorrichtungen und Fördereinrichtungen exakt kennen (vgl. Betriebsanleitung des Herstellers). Beispiele:

- Fördereinrichtung, z. B. Laufgeschwindigkeit, Belastungsgrenze
  (vgl. ausführlich: 1.1.4, 1.3.1.1)
- Vorrichtung, z. B. Überprüfen der Justierung, Abnutzungserscheinungen

04. Warum muss die Prüffähigkeit der eingesetzten Prüfmittel bewertet werden?

→ **9.1.2**

Prüfmittel dienen zur Beurteilung oder zum Vergleich von Qualitätsergebnissen innerhalb vorgegebener Toleranzbereiche, ohne deren genauen Wert zu ermitteln. Je nach Art der Qualitätsanforderung kann das erreichte Ergebnis *zerstörungsfrei* oder nur durch *Zerstörung der Einheit* festgestellt werden (vgl. ausführlich unter 9.1.2 und 9.4.3/11.).

Die Prüftechnik unterliegt ebenfalls einem Verschleiß und ist in festgelegten Abständen auf ihre Genauigkeit und Funktionsfähigkeit zu überprüfen (z. B. nachkalibrieren, neu eichen). Dies erfolgt ggf. durch den Hersteller der Prüftechnik, durch zertifizierte Prüflabore oder den TÜV; der Vorgang wird dokumentiert.

Zur Überwachung der Prüfmittel werden *Prüfmittelüberwachungspläne* erstellt. Ist die Prüftechnik unreparabel verschlissen, erfolgt die Sperrung zur Verwendung und die Aussonderung (häufig mit anschließender Verschrottung).

Neben der Wartung der Prüfmittel gibt es *ergänzende Maßnahmen* zur Gewährleistung der Funktionsfähigkeit der Prüftechnik, z. B.:

- Die Prüftechnik wird an zentraler Stelle im Betrieb gelagert und überwacht,
- es werden nur funktionsfähige Prüfmittel ausgegeben,
- für jedes Werkzeug der Prüftechnik wird eine Prüfkarte geführt,
- benutzte Prüfmittel und Messwerkzeuge werden bei Rückgabe überprüft und ggf. ausgesondert.

2.4 Beurteilen von Auswirkungen auf den Fertigungsprozess beim Einsatz neuer Werkstoffe, Verfahren und Betriebsmittel

2.4.1 Werkstofftechnologie

2.4.1.1 Grundlagen

01. Was sind technische Stoffe?

Technische Stoffe lassen sich einteilen in *Werkstoffe* und *Betriebsstoffe*.

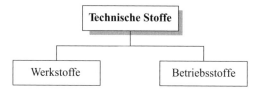

- *Werkstoffe* sind alle festen technischen Stoffe, die durch mechanische und thermische Bearbeitung zu Formteilen verarbeitet werden können: Metalle, Nichtmetalle und Verbundstoffe.

- *Betriebsstoffe* sind alle festen, flüssigen und gasförmigen technischen Stoffe, die zum optimalen Betreiben von Maschinen/Anlagen eingesetzt werden. Sie sind in der Regel nicht Bestandteil des hergestellten Produkts, z. B. Schmierstoffe, Kühlmittel, Hilfsstoffe.

02. Wie lassen sich Werkstoffe unterteilen?

Werkstoffe werden unterteilt in zwei Hauptgruppen – Metalle und Nichtmetalle. Daneben gibt es sog. *Verbundstoffe*: Dies sind Verbindungen aus zwei oder mehreren Werkstoffen mit unterschiedlichen Eigenschaften:

Werkstoffe					
Metalle				Nichtmetalle	
Eisenmetalle		Nichteisenmetalle		Anorganische Werkstoffe	Organische Werkstoffe
Knetwerkstoffe	Gusswerkstoffe	Leichtmetalle	Schwermetalle		
- Baustahl - Werkzeugstahl - Sonderstahl	- Stahlguss - Grauguss - Temperguss	- Aluminium - Titan - Magnesium - Beryllium	- Blei - Kupfer - Zink - Zinn - Nickel	- Glas - Keramik	- Kunststoffe - Plaste - Gummi - Textilien - Holz
Verbundstoffe: Faserverstärkter Verbund, Metall-Matrix-Verbund, z.B.: Stahlbeton, Hartmetalle, Stahlgürtelreifen, Faserverbundstoffe, Kühlmittel					

03. Welche Werkstoffeigenschaften werden unterschieden?

Werkstoffeigenschaften			
Physikalische Eigenschaften	**Chemische Eigenschaften**	**Technologische Eigenschaften***	**Ökologische Eigenschaften**
Gliederung: • **Mechanische*** • Optisch-akustische • Thermische • Elektrische Eigenschaften	Beispiele: - Korrosions- beständigkeit - Hitzebeständigkeit - Säure-/Laugenbe- ständigkeit	Beispiele: - gießbar - umformbar - härtbar - schnittbearbeitbar - schweißbar	Beispiele: - Rohstoffverbrauch - Energieverbrauch - Recycelfähigkeit - Entsorgungsfähigkeit - Schadstoffgehalt - Lebensdauer - Verletzungsgefahr - Wartungseigenschaften

* Entsprechend dem Rahmenstoffplan werden im Folgenden nur die *mechanischen* und *technologischen Eigenschaften ausgewählter Werkstoffe* behandelt.

04. Welche mechanischen Eigenschaften von Werkstoffen gibt es?

Ausgewählte Beispiele:

1. Die *Dichte* ρ gibt an, welche Masse jeder cm^3 Volumen eines Stoffes hat; die Einheit ist 1 g/cm^3; die Berechnung ist:

$$\rho = m : V$$ mit: m = Masse
                        V = Volumen

2. *Elastizität* ist die Eigenschaft eines Stoffes, nach Wegfall der Belastung wieder in seine Ausgangsform zurückzukehren.

3. *Plastizität* ist die Eigenschaft eines Stoffes, sich in bestimmten Grenzen bleibend umformen zu lassen.

4. *Festigkeit* σ ist ein Kennwert für die Belastbarkeit eines Stoffes und wird als Verhältnis von größtmöglicher Belastung F zum Querschnitt A in N/mm^2 ausgedrückt. Es gibt unterschiedliche Festigkeitsarten, z. B. Zugfestigkeit, Druckfestigkeit.

5. *Härte* ist der Widerstand, den ein Stoff dem Eindringen eines anderen Gegenstandes entgegensetzt (vgl. dazu: A 5.3.1, mechanische Spannung).

6. *Verschleiß* ist die Beschädigung der Werkstoffoberfläche durch mechanische Beanspruchung:
   - Haftverschleiß (Adhäsion, Aufbauschneide; Partikel schweißen sich auf der Spanfläche fest),
   - Ermüdungsverschleiß und Kolkverschleiß (Diffusion; Ausbrüche an der Schneidkante),
   - Furchungs-/Freiflächenverschleiß (Abrasion; Abtragen; z. B. Abrundung der Schneidkante).

05. Welche technologischen Eigenschaften der Werkstoffe sind für den Fertigungsprozess relevant?

Die technologischen Eigenschaften charakterisieren das *Verhalten der Werkstoffe bei ihrer Verarbeitung*. Unter diesem Gesichtspunkt unterscheidet man z. B.:

1. *Gießbare Werkstoffe:*
können in Formen gegossen werden, z. B. Gusseisen, Stahl, Blei, Zinn, Zink.

2. *Umformbare Werkstoffe:*
Umformen ist das Fertigen durch Ändern der Form eines festen Körpers (vgl. DIN 8580 sowie ausführlich unter 2.1.3). Man unterscheidet:

- *Kalt umformbare Werkstoffe* können bei Raumtemperatur getrieben, gewalzt, gebogen oder gezogen werden, z. B. Stahl, Kupfer, Blei, Zink, Zinn, Aluminium.

- *Warm umformbare Werkstoffe* können nach Anwärmen geschmiedet, gewalzt oder gepresst werden, z. B. Stahl, Kupfer, Messing, Aluminium.

3. *Schnittbearbeitbare Werkstoffe* können spanabhebend bearbeitet werden durch Sägen, Bohren, Hobeln, Drehen und Fräsen.

4. *Schweiß-/Lötbare Werkstoffe* können durch Schweißen oder Löten miteinander verbunden werden, z. B. Metalle und bestimmte Kunststoffe.

5. *Härtbare Werkstoffe* sind solche, bei denen durch Lösungsglühen mit nachfolgendem Abkühlen eine erhebliche Härtesteigerung erreicht werden kann.

6. *Klebbare Werkstoffe* können mithilfe bestimmter Klebstoffe miteinander verbunden werden; die Festigkeit der Klebverbindung ist abhängig von:
- der Festigkeit des Klebstoffes,
- den Oberflächen-Haftkräften und
- dem Umfang der mechanischen Verankerung des Klebstoffes in den Poren der zu verbindenden Teile.

7. *Beschichtbare Werkstoffe* sind solche, bei denen eine Vermehrung des Stoffzusammenhalts durch Aufbringen einer fest haftenden Schicht aus formlosem Stoff erreicht werden kann.

2.4.1.2 Kunststoffe

01. Wie werden Kunststoffe nach ihren technologischen Eigenschaften unterteilt?

Kunststoffe (auch: Plaste, Plastik) werden durch chemische Umwandlung von Naturstoffen (Zellulose, Harz) oder vollsynthetisch aus Erdöl, Erdgas oder Kohle hergestellt.

- Kunststoffe besitzen im Allgemeinen eine Reihe günstiger *Verarbeitungseigenschaften*:
  - formbar,
  - korrosionsbeständig,
  - einfärbbar,
  - geeignet zur Isolation (Temperatur, elektrischer Strom).

Nachteilig ist die schwierige Entsorgung von Kunststoffen. Im Vergleich zu Metallen ist die Festigkeit und die Verformbarkeit geringer, die Dehnbarkeit sowie die Schlagzähigkeit höher.

- *Einteilung der Kunststoffe nach der Entstehung:*
  - *Thermoplaste/Plastomere* sind Kunststoffe aus langen Fadenmolekülen; die Struktur ist unvernetzt, nicht kristallin bis teilkristallin.
  - *Duroplaste/Duromere* sind Kunststoffe aus räumlich eng vernetzten Makromolekülen; die Struktur ist vernetzt, nicht kristallin.
  - Elaste/Elastomere sind Kunststoffe aus räumlich lose vernetzten Makromolekülen; die Struktur ist verknäuelt oder schwach vernetzt.

- *Einteilung der Kunststoffe nach technologischen Eigenschaften*:

Einteilung der Kunststoffe			
Eigenschaften	**Thermoplaste/ Plastomere**	**Duroplaste/ Duromere**	**Elaste/ Elastomere**
Verarbeitungseigenschaft:	- gut - plastisch verformbar (bei erhöhter Temperatur) - Verformung bleibt erhalten - schweißbar - spanbar - härt-, trenn- und klebbar	- aufwändig - nur spanend bearbeitbar (bei geringem Vorschub und geringer Schnittgeschwindigkeit) - nicht schweißbar - spröde - nicht schmelzbar	- gut - stark elastisch verformbar - hohe Formfestigkeit - nicht schweißbar - nicht schmelzbar - quellbar
Mechanische Eigenschaft:	- hohe Festigkeit	- hohe Festigkeit - hohe Härte - hohe Wärmebeständigkeit	- hartelastisch bei tiefer Temperatur - gummielastisch bei höherer Temperatur
Chemische Beständigkeit:	sehr gut	sehr gut	mäßig

02. Welche Kunststoffarten werden in der Industrie vorwiegend eingesetzt?

Dazu ausgewählte Beispiele nach DIN EN ISO 1043:

Ausgewählte Kunststoffe nach DIN EN ISO 1043				
Kunststoff	Abk.	Handelsname	Eigenschaften	Verwendung
Thermoplaste/Plastomere				
Polyamid	PA	- Nylon - Perlon - Durethan - Ultramid	fest, hart, steif, ver- schleißfest	- Zahnräder - Lagerbuchsen - Kupplungsteile - Gleitlager
Polycarbonat	PC	- Makrolan - Lexan	fest, hart, steif, zäh, witterungsbeständig, isolierend	- Gehäuse - Stecker - Kupplungsteile - Zahnräder
Polyethylen	PE	- Hostalen - Vestolen	weich/flexibel bis hart/ zerbrechlich, geruchsfrei, durchscheinend	- Dichtungen - Folien - Rohre - Isolierungen
Polymethyl- methacrylat	PMMA	- Plexiglas	fest, hart, steif, lichtdurch- lässig, kratzfest, schlagzäh, witterungsbeständig	- Linsen - Uhrgläser - Verglasungen - Modellbau
Polysterol	PS	- Vestyron - Styroflex - Styropor	hart/spröde, glasklar, leicht, einfärbbar, schäumbar, ge- ruchs- geschmacksfrei	- Verpackung - Dämmung - Isolierung - Geschirr
Polytetrafluor- ethylen	PTFE	- Teflon - Hostaflon	Verschleißfest, thermosta- bil, isolierend, witterungs- beständig	- Dichtungen - Manschetten - Membranen - Rohre - Dielektrika
Polyvinylchlorid hoher Dichte	PVC-H D	- Hostalit	abriebfest, zäh, hornartig	- Profile - Rohre - Fittings - Folien - Batterien
Polyvinylchlorid niedriger Dichte	PVC-L D	- Mipolam - Ekalit - Dralon	abriebfest, gummi- bis lederartig, keine Wasserauf- nahme	- Bodenbeläge - Bekleidung - Folien - Behälter - elektrische Isolierung

Duroplaste/Duromere				
Epoxydharz	EP	- Epikute - Epoxin	glasklar bis gelblich, hart, zäh, schwer zerbrechlich, gute Hafteigenschaft	- Lacke - Klebstoffe - Schalter - Geräte - elektrische Isolierung
Phenol-Formaldehyd	PF	- Alberite - Bakelite - Corephan - Supraplast	Hart, spröde, elektrische Isolierung	- Schalter - Bremsbeläge - Lager - Gieß-, Klebharz
Polyurethan	PUR	- Moltopren - Lycra - Ultramid	hart/zäh bis weich/elastisch, haftfähig, alterungsbeständig	- Schaumformteile - Lager - Rollen - Zahnräder
Harnstoff-Formaldehyd-Kunststoffe	UF	- Hornitex - Kaurit - Resamin - Resopal	fest, hart, steif, lichtecht,	- Leim - Schaltergehäuse - Stecker - Abdeckungen - Schraubverschlüsse
Polyesterharz ungesättigt	UP	- Diolen - Trevira - Aldenol - Laminac	glasklar, einfärbbar, zäh bis weich, gute elektrische Eigenschaften	- Fasern - Folien - Dächer - Textilien
Elaste/Elastomere				
Naturkautschuk	NR	–	hoch beanspruchbar	- Lager - Reifen
Styrol-Butadien-Kautschuk	SBR	- Buna S	universeller Einsatz, ölbeständig	- Bereifungen - Hydraulikdichtungen - Schläuche - Kabelmäntel
Chlor-Butadien-Kautschuk	CR	- Buna C - Neopren - Chloopren	witterungsbeständig, verschleißfest, schwer entflammbar	- Tauchanzüge - Bremsleitungen - Dichtungsbahnen
Acrylnitrid-Buta-dien-Kautschuk	NBR	- Perbunan - Nitril - Kautschuk	öl-, kraftstoffbeständig	- Dichtungen - Hydraulik und Pneumatik - Seelen von Kraftstoff- und Hydraulikleitungen
Silicon-Kautschuk	SI	- Silastik	chemisch beständig, temperaturbeständig	- Schläuche - Dichtungen - elastische Isolierung

03. Was sind faserverstärkten Kunststoffe?

Faserverstärkte Kunststoffe zählen zu den Verbundwerkstoffen. Die Eigenschaften wie geringe Dichte, hohe Festigkeit, hohes Elastizitätsmodul und einfache Verarbeitung werden bestimmt durch die Wahl der Kunststoffe für die Matrix und die Wahl und Anordnung der Fasern. Die gebräuchlichsten faserverstärkten Kunststoffe sind die glas- und kohlenstofffaserverstärkten, seltener die borfaden- und araramid-/kevlarverstärkten. Die Fasern können als Faserbünde, gerichtete und ungerichtete Kurzfasern, Matten, Gewebe und Vlies angeordnet sein. Diese Anordnung hat wesentlichen Einfluss auf die Zugkraftwirkung und Festigkeit in dem Verbund. Sie steigt mit der Ausrichtung. Faserverstärkte Kunststoffe werden vielseitig verwendet, so im Fahrzeug-, Flugzeug- und Bootsbau, z. B. für Bauteile und Verkleidungen, im allgemeinen Maschinenbau, im Bauwesen, in der Sportgeräteherstellung, der Möbelindustrie und für etliche weitere Anwendungsgebiete.

04. Welche Verfahren zur Kunststoffverarbeitung gibt es?

Thermoplaste und thermoplastische Elastomere können durch folgende spanlose Verfahren verarbeitet werden:

- Extrudieren
- Blasen von Hohlkörpern
- Spritzgießen
- Formpressen von Duroplasten
- Vakuumtiefziehverfahren
- Herstellen von Schaumstoffen
- Schweißen von Kunststoffen
  · Heißgasschweißen
  · Heizelementschweißen
  · Reibschweißen

05. Was ist Extrudieren?

Extrudieren ist ein Vorgang, bei dem Kunststoffgranulat einer beheizten Transportschnecke zugeführt und in ihr aufgeschmolzen, homogenisiert, entgast und verdichtet wird. Durch den im Extruder aufgebauten Druck wird die Kunststoffschmelze durch eine Düse gedrückt, deren Form das Profil des austretenden Strangs bestimmt. Nach dem Austritt wird der Kunststoff kalibriert und abgekühlt, bis er vollkommen erstarrt ist. Mit diesem Verfahren lassen sich nahtlose Rohre, Folien, Tafeln, Bänder und andere Halbzeuge herstellen.

06. Wie erfolgt das Blasen von Hohlkörpern?

Als Blasen von Hohlkörpern, auch Extrusionsblasen, bezeichnet den Extrudiervorgang, bei dem die Kunststoffschmelze durch eine Ringdüse in eine Hohlraumform mit gekühlten Außenwänden geblasen wird. Nach Abkühlung an den Außenwänden und Öffnen der Form kann der Hohlkörper entnommen werden. Kanister, Tanks, Fässer u. ä. Behälter werden so hergestellt.

07. Was ist Spritzgießen?

Spritzgießen bezeichnet einen Vorgang, bei dem Kunststoffgranulat einer Plastifizier- und Spritzeinheit zugeführt wird. Diese besteht aus einer in einem Zylinder bewegten beheizten Transportschnecke (ähnlich Extruder) und einer Einspritzdüse. Die Kunststoffschmelze wird in ein Formwerkzeug gepresst (gespritzt), dessen beiden Hälften gekühlt sind. In ihnen erstarrt die Kunststoffmasse und erhält die gewünschte Form. Durch Druckluft wird das Werkstück ausgeworfen.

Vorteile des Spritzgießens:

- voll automatisierbar,
- wenig Nacharbeit,
- für komplizierte Formteile anwendbar,
- läuft in einem Arbeitsgang ab (Schmelzen, Formen, Erstarren),
- hohe Reproduzierbarkeit.

08. Wie erfolgt das Formpressen von Duroplasten?

Formpressen ist ein Vorgang, bei dem eine für das Formteil bemessene unvernetzte, vorgewärmte Kunststoffmasse in den unteren Teil eines Stempels gefüllt wird. Danach drückt der obere Teil des Stempels auf diese Masse. Durch Druck und beheizte Formwandung wird die Masse flüssig und füllt den Zwischenraum beider Stempelteile aus. Dort verbleibt sie, bis sie ausgehärtet ist. Eine Auswurfvorrichtung schafft Platz für eine erneute Füllung. Das Formpressen kann für alle Kunststoffarten angewandt werden.

09. Was bezeichnet man als Vakuumtiefziehverfahren?

Das Vakuumtiefziehverfahren bezeichnet eine Warmumformung thermoplastischer Halbzeuge wie z. B. Folien und Platten. Dazu wird das Halbzeug gleichmäßig erwärmt und durch ein Vakuum in ein Formwerkzeug gesaugt, dessen Außenwände gekühlt sind. Dabei erstarrt die erwärmte Kunststoffmasse und behält die vom Werkzeug vorgegebene Form. Je nachdem, ob das erwärmte Kunststoffhalbzeug in eine Form oder über einen Stempel gezogen wird, unterscheidet man zwischen Negativ-Verfahren und Positiv-Verfahren.

10. Wie werden Schaumstoffe hergestellt?

Schaumstoffe entstehen grundsätzlich durch Aufschäumen von flüssigem Kunststoff. Dazu werden hinzugegebene Treibmittel entweder verdampft oder chemisch zersetzt, wodurch dann die feinen Gasbläschen entstehen. Aushärten schließt diesen Prozess ab. Die gebräuchlichsten Schaumstoffe sind Polystyrol-Schaumstoff und Polyurethan-Schaumstoff.

• Zur Herstellung von *Polystyrol-Schaumstoff*
 wird das mit dem Treibmittel Pentan vermischte Granulat mit Wasserdampf auf 105 °C erhitzt. Die so vorgeschäumte Masse wird zwischengelagert. In dieser Zeit entweicht ein Teil des Pentan und Luft wird aufgenommen. Das Fertigschäumen geschieht bei einer weiteren Erwärmung durch Wasserdampf auf ca 130 °C. In der Form wird die nun weiter aufgeschäumte Masse abgekühlt und abschließend zum beabsichtigten Bauteil verklebt.

• Zur Herstellung von *Polyurethan-Schaumstoff*
 werden die flüssigen Vorprodukte des Polyurethan gemischt und durch eine Schlitzdüse auf eine fortlaufende Trennfolie gespritzt. Dabei kommt es zu einer chemischen Reaktion zwischen beiden, die Gase freisetzt und das flüssige Polyurethan aufschäumt. Durch Aushärten auf der Ablaufbahn entstehen Schaumstoffblöcke.

11. Wie lassen sich Kunststoffe schweißen?

Teile aus gleichen oder ähnlichen thermoplastischen Kunststoffen lassen sich prinzipiell durch Schweißen zusammenfügen, indem sie an ihren Verbindungsflächen bis zum Schmelzzustand erwärmt und dann unter Druck aneinander gepresst werden. Nach Abkühlung der Verbindung bleibt diese formstabil.

12. Welche Schweißarten für Kunststoffe gibt es?

Aus der Vielzahl der Schweißarten werden behandelt:

- *Heißgasschweißen*
  Der thermoplastische Kunststoff und ein Schweißstab werden an den Fügeflächen durch eine Düse mit einem heißen Luftstrom bis zum Schmelzzustand erwärmt und dann unter Druck zusammengefügt und so verschweißt. Danach erfolgt die Abkühlung bis zur Erstarrung.

- *Heizelementschweißen*
  Die Erwärmung der zu verbindenden Teile des thermoplastischen Kunststoffs geschieht derart, dass sie an ein zwischen ihnen angebrachtes Heizelement gedrückt werden. Bei Erreichen der Schmelztemperatur wird das Heizelement entfernt und die Teile aneinander gepresst und so verschweißt. Danach erfolgt die Abkühlung bis zur Erstarrung.

- *Reibschweißen*
  Die zwei zu verbindenden Teile des thermoplastischen Kunststoffs werden einander gegenüber eingespannt, eines davon rotierbar. Während ein Teil rotiert, werden beide Teile aufeinander gedrückt. Durch die Reibung entsteht Wärme. Ist die Schmelztemperatur erreicht, wird die Rotation beendet und beide Teile werden aneinander gedrückt und so verschweißt. Danach erfolgt die Abkühlung bis zur Erstarrung.

- *Ultraschallschweißen*
  Die zwei zu verbindenden Teile des thermoplastischen Kunststoffs werden über einen Schall-schweißkopf mit von einem Hochfrequenzgenerator erzeugten energiereichen, nicht hörbaren Schallwellen bestrahlt. Diese erwärmen die Fügestellen bis zur Schmelztemperatur, bei der sie durch Druck verschweißt werden. Dieses Verfahren bedarf nur sehr kurzer Schweißzeiten und ist für die Massenfertigung geeignet.

2.4.1.3 Stahl

01. Was ist Stahl?

Stahl ist ein künstlicher Werkstoff. Er besteht aus einer Legierung mit Eisen als Hauptbestandteil und einem Kohlenstoffgehalt unter 2,0 %. Er lässt sich z. B. weiter verarbeiten durch

- Umformen,   - Wärmebehandlung,
- Glühen,   - Fügen,
- Beschichten.

Dadurch lassen sich die Stahleigenschaften beeinflussen.

02. Wie unterscheiden sich Stähle aufgrund der Herstellungsverfahren?

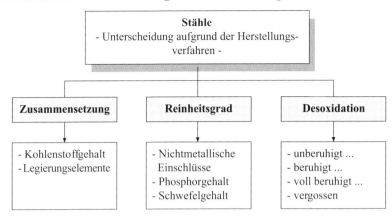

03. Wie werden Stähle eingeteilt?   → **DIN EN 10020**

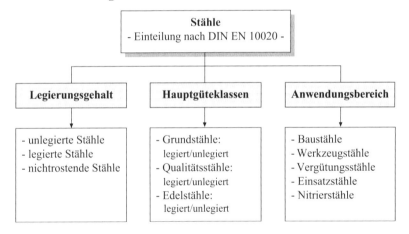

04. Wie erfolgt die Kennzeichnung der Stahlsorten nach DIN EN 10 027?

Die Europäische Norm unterscheidet zwei Arten der Bezeichnung:

1. die Bezeichnung nach dem *Kurznamen* (DIN EN 10 027-1), die weiter in zwei Gruppen unterteilt ist:

   Gruppe 1: Kurznamen nach *Verwendungszweck und Eigenschaften*

   Gruppe 2: Kurznamen nach der *chemischen Zusammensetzung*

2. die Bezeichnung nach einem *Nummernsystem* (DIN EN 10 027-2)

05. Wie ist die Bezeichnung der Stähle nach Namen (Verwendungszweck und Eigenschaften; DIN EN 10 027-1) aufgebaut?

Grundsätzlich besteht die Bezeichnung aus Hauptsymbolen und Zusatzsymbolen. Das alphanummerische Hauptsymbol kennzeichnet den Anwendungsbereich mit einem Buchstaben und die Mindeststreckgrenze in N/mm² mit einer dreistelligen Zahl.

Beispiel: S 235 J2 W

Kurzbezeichnung nach Namen – DIN EN 10 027-1 (nach Verwendungszweck und Eigenschaften)			
Hauptsymbole		**Zusatzsymbole**	
Verwendungszweck	Mindeststreckgrenze	Gruppe 1	Gruppe 2
S	235	J2	W

In dem angegebenen Beispiel handelt es sich um einen Stahl für den Stahlbau mit einer Mindeststreckgrenze von 235 N/mm². Seine Kerbschlagarbeit beträgt 27 Joule bei Temperaturen bis -20 °C. Er ist wetterfest.

Die Bedeutung der Symbole ist den Tabellen der europäischen Normung oder einschlägigen Tabellenbüchern zu entnehmen. So bedeuten z. B. die Hauptsymbolkennbuchstaben:

Hauptsymbolkennbuchstaben	
Kz.	**Anwendungsbereich**
D	Flachstähle zum Kaltumformen
E	Maschinenbaustähle
H	Flacherzeugnisse aus höherfesten Stählen
L	Stähle für Leitungsrohre
P	Stähle für Druckbehälter
R	Stähle für Schienen
S	Stähle für den Stahlbau

Die Zusatzsymbole lassen sich wieder in 2 Gruppen einteilen. Die erste Gruppe enthält Angaben zur Kerbschlagarbeit, die zweite bezeichnet besondere Eigenschaften wie nachfolgende Tabellen zeigen.

Zusatzsymbole Gruppe 1			
Kerbschlagarbeit in Joule			Prüf-temperatur
27J	**40J**	**60J**	**°C**
JR	KR	LR	+2 °C
JO	KO	LO	0
J2	K2	L2	-20
J3	K3	L3	-30
J4	K4	L4	-40
J5	K5	L5	-50
J6	K6	L6	-60

Zusatzsymbole Gruppe 2	
Kenn-buchstabe	**Eigenschaften**
C	besonders kalt umformbar
F	zum Schmieden
L	für tiefe Temperaturen
N	normalgeglüht
T	für Rohre
W	wetterfest
Weitere Zusatzsymbole in ECISS-Mitteilung IC10	

06. Wie ist die Bezeichnung der Stähle nach Namen (chemische Zusammensetzung; DIN EN 10 027-1) aufgebaut?

Aufgrund der unterschiedlichen chemischen Zusammensetzung der Stähle gibt es auch unterschiedliche Arten der Bezeichnung:

1. *Unlegierte Stähle mit < 1 % Mn*
   Der Kurzname setzt sich aus dem Kennbuchstaben C und einer Zahl, die den hundertfachen Wert des Kohlenstoffgehalts angibt, zusammen. Es können auch hier Zusatzsymbole wie bei den Bezeichnungen nach Namen verwendet werden.

Beispiel: C45U

Hauptsymbole		Zusatzsymbole
Kennbuchstabe	Mittlerer C-Gehalt x 100	z. B. E – für maximaler S-Gehalt U – für Werkzeuge
C	45	U

Es handelt sich um einen unlegierten Stahl mit einem Gehalt von < 1% Mangan und einem Gehalt an Kohlenstoff von 0,45 % der für Werkzeuge genutzt wird.

2. *Legierte Stähle mit > 1 % Mn und keinem Legierungselement > 5 %*
   Der Kurzname beginnt mit einer Zahl, dem hundertfachen Wert des Kohlenstoffgehalts. Es folgen die chemischen Symbole der Legierungselemente in absteigender Folge ihres Gehaltes an der Legierung. Die Elemente haben unterschiedliche Multiplikationsfaktoren für die Angabe ihres Gehalts, wie nachfolgende Tabelle zeigt:

Legierungselemente	Faktor
Cr, Co, Mn, Ni, Si, W	4
Al, Cu, Mo, Pb, Ta, Ti, V	10
C, N, P, S	100
B	1000

Beispiel: 16MnCr5

Hauptsymbole		Zusatzsymbole
Kennbuchstaben	Mittlerer C-Gehalt x 100	Legierungselemente z. B. Mn Cr 5 (5 gilt für Mn; Cr ohne Angabe)
Ohne	16	**Mn Cr 5**

Es handelt sich um einen legierten Stahl mit 0,16 % Kohlenstoff und 5/4 (= 1,25 %) Mangan und einem nicht genannten Gehalt an Chrom.

3. *Legierte Stähle mit mindestens einem Legierungselement > 5 %*
   Der Kurzname beginnt mit einem X, gefolgt von einer Zahl, die das hundertfache des Kohlenstoffgehalts angibt. Es folgen die chemischen Symbole der Legierungselemente in absteigender Folge ihres Gehaltes an der Legierung. Danach werden die Anteile in Zahlen angegeben.

Besonderheit: Sie werden in % angegeben und müssen nicht erst mit einem Faktor umgerechnet werden. Bei mehreren Legierungsanteilen werden ihre Zahlen durch Bindestrich getrennt dargestellt.

Beispiel: X5CrNi18-10

Hauptsymbole		Zusatzsymbole	
Kennbuchstabe	Mittlerer C-Gehalt x 100	Legierungselemente	
		Chemische Symbole	prozentualer Anteil
X	**5**	**CrNi**	**18 -10**

Es handelt sich um einen hochlegierten Stahl mit 0,05 % Kohlenstoff, 18 % Chrom und 10 % Nickel.

4. *Schnellarbeitsstähle*
Der Kurzname beginnt mit dem Kennbuchstaben HS. Die Legierungselemente Wolfram, Molybdän, Vanadium und Cobalt werden nur durch die festgelegte Reihenfolge als Zahlen angegeben, die den Anteil in % angeben.

Beispiel: HS6-5-2-5

Hauptsymbol		Zusatzsymbole
Kennbuchstabe	Mittlerer C-Gehalt X 100	Reihenfolge der Legierungselemente: W, Mo, V, Co
HS	Ohne	**6 – 5 – 2 – 5**

Es handelt sich um einen Schnellarbeitsstahl mit 6 % Wolfram, 5 % Molybdän, 2 % Vanadium und 5 % Cobalt.

07. Wie ist die Bezeichnung der Stähle nach dem Werkstoffnummernsystem (DIN EN 10 027-1) aufgebaut?

Eine Werkstoffnummer besteht aus einer Folge von fünf oder sieben Ziffern mit folgender Bedeutung:

Werkstoffnummer
a.bbcc.dd

- Werkstoffhauptgruppe	a
- Sortennummer	bb
- Zählnummer innerhalb einer Stahlsorte	cc
- Anhängezahlen mit Zusatzinformationen	dd

Beispiel:

Werkstoffnummer
1.0810

- Werkstoffhauptgruppe	1
- Sortennummer	08
- Zählnummer innerhalb einer Stahlsorte	10

Die DIN EN 10027-2 enthält folgende Werkstoffhauptgruppen bzw. Sortennummern (Einzelheiten sind dort bzw. den einschlägigen Tabellenwerken zu entnehmen):

Werkstoffhauptgruppe		Werkstoffgruppe	
Hauptgruppen-nummer	Hauptgruppe	Sorten-nummer	Stahlsorte
0	Roheisen, Gusseisen	01 ... 07	Unlegierte Qualitätsstähle
1	**Stahl, Stahlguss**	**08, 09**	**Legierte Qualitätsstähle**
2	Nichteisen-Schwermetalle	10 ... 18	Unlegierte Edelstähle
3	Leichtmetalle	20 ... 28	Legierte Werkzeugstähle
4...8	Nichtmetallische Werkstoffe	33 ... 49	Legierte sonstige Stähle
...	...	51 ... 89	Legierte Bau-, Maschinenbau- und Behälterstähle

2.4.1.4 Nichteisenmetalle

01. Was sind Nichteisenmetalle?

Nichteisenmetalle sind alle reinen Metalle außer Eisen und alle Legierungen von Metallen, bei denen der Eisengehalt nicht größer ist als alle anderen Anteile.

• *Leichtmetalle* haben eine Dichte von weniger als 5 kg/dm^3.
• *Schwermetalle* haben eine Dichte von mehr als 5 kg/dm^3.

Nach ihrer Herstellung sind Knet- und Gusslegierungen zu unterscheiden. Wie beim Werkstoff Stahl kennt das Bezeichnungssystem für Nichtmetalle eine numerische Bezeichnung und eine Bezeichnung nach Namen bzw. chemischer Zusammensetzung.

02. Wie lassen sich Nichteisenmetalle im Einzelnen untergliedern?

Neben der Unterscheidung hinsichtlich ihrer Dichte in Leicht- und Schwermetalle (vgl. 2.4.1.1/02.) lassen sich Nichteisenmetalle weiterhin untergliedern in edle/unedle Metalle sowie in niedrigschmelzende, mittelschmelzende und hochschmelzende Metalle:

Nichteisenmetalle						
Chemische Beständigkeit		Dichte		Schmelztemperatur		
Edle Metalle	Unedle Metalle	Leicht-metalle	Schwer-metalle	Niedrig-schmelzende Metalle	Mittel-schmelzende Metalle	Hoch-schmelzende Metalle
				bis 1.000 °C	*1.000 °C - 2.000 °C*	*über 2.000 °C*

03. Welche Bezeichnungssystematik gilt für NE-Metalle und ihre Legierungen?

Das Bezeichnungssystem für NE-Metalle und ihre Legierungen orientiert sich an der DIN EN 10027 für die Stahlbezeichnung und wird in den vielen Normen als Bezeichnung für die unterschiedlichen NE-Legierungen und Verwendungszwecke angewandt.

So wird z. B. in der DIN EN 573 folgende Alu-Knetlegierung dargestellt:

- *Bezeichnung nach chemischen Symbolen:*

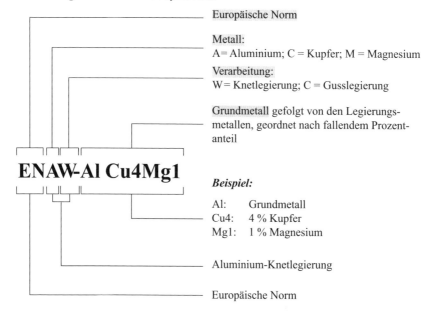

Europäische Norm

Metall:
A = Aluminium; C = Kupfer; M = Magnesium

Verarbeitung:
W = Knetlegierung; C = Gusslegierung

Grundmetall gefolgt von den Legierungs-
metallen, geordnet nach fallendem Prozent-
anteil

ENAW-Al Cu4Mg1

Beispiel:

Al: Grundmetall
Cu4:   4 % Kupfer
Mg1:   1 % Magnesium

Aluminium-Knetlegierung

Europäische Norm

• *Bezeichnung nach Nummern:*

EN AW - 2024 ⟶ Europäische Norm
⟶ Aluminium-Knetlegierung
⟶ Hauptlegierungselement
⟶ Kupfer Originallegierung
⟶ Sortennummer (für EN AW-AlCu4Mg1)

04. Welche Eigenschaften und Anwendungsbereiche haben wichtige NE-Metalle?

Dazu ausgewählte Beispiele; vgl. dazu ergänzend: Tabellenwerke und Fachliteratur zur Werkstofftechnologie.

Metall	Dichte in kg/dm³	Schmelz-temperatur in °C	Eigenschaften	Anwendungsbereiche
1. Niedrig schmelzende Metalle				
Zinn Sn	7,3	232	silberglänzend; gut bearbeitbar, biegsam, leicht schmelzbar, gut walzbar	Verzinnen (Weißblech); Herstellung von Legierungen, z. B. Bronze, Rotguss, Lagermetall, Lötzinn
Blei Pb	11,3	327	weich, geschmeidig, beständig gegen Schwefelsäure; absorbiert Röntgenstrahlen	Strahlenschutz, Plattierungen, Bleiakkus, Bleilegierungen
Zink Zn	7,1	419	grauweiß; witterungsbeständig, gut lötbar und zerspanbar, große Wärmedehnung	Dachabdeckungen, -rinnen, Druckguss, Legierungen mit Kupfer, Korrosionsschutz (Verzinken, Zinkfarben)
Aluminium Al	2,7	659	leicht, weich, dehnbar, gut verformbar, guter Leiter; löt-, schweiß- und gießbar	Folien, Tuben, Haushaltsgeräte; wichtig im Kfz- und Flugzeugbau (Motorblock, Karosserie)

Metall	Dichte in kg/dm³	Schmelz- temperatur in °C	Eigenschaften	Anwendungsbereiche
2. Hochschmelzende Metalle				
Kupfer Cu	8,9	1083	weich, zäh, gute elektrische und thermische Leitfähigkeit, gut schweiß- und lötbar, schlecht gießbar, nicht säurebeständig	Dachbeläge, Dachrinnen, Elektroindustrie (Kabel, Heiz- und Kühlschlangen), Herstellung von Messing, Bronze und Rotguss
Wolfram W	19,3	3380	grau, zähhart, hohe Temperaturbeständigkeit	Legierungsmetall für Schnellarbeitsstähle, Herstellung von Hartmetall, Glühfäden, Thermoelemente, WIG-Elektroden
Molybdän Mo	10,2	2600	hart, luftbeständig	Heizleiter, Legierungselement für hitzebeständige Stähle und Schnellarbeitsstähle

Metall	Dichte in kg/dm³	Schmelz- temperatur in °C	Eigenschaften	Anwendungsbereiche
3. Leichtmetalle				
Magnesium Mg	1,8	650	silber weiß, entzündet sich bei 800 °C und verbrennt mit weißem Rauch und blendendem Licht (Vorsicht beim Zerspanen!) leichtestes Metall	wird überwiegend mit Aluminium, Zink und Silizium legiert, um Festigkeit, Härte und Korrosionsbeständigkeit zu erhöhen; Leichtbauteile im Geräte-, Fahrzeug- und Flugzeugbau
Titan Ti	4,5	1727	hohe Festigkeit, zäh, korrosions- und temperaturbeständig; teuer	Leichtbauteile, die mechanisch hoch belastet werden, z. B. Chemieapparate, Medizin- und Raumfahrttechnik, Automobilbau

Metall	Dichte in kg/dm³	Schmelz-temperatur in °C	Eigenschaften	Anwendungsbereiche
4. Edelmetalle				
Silber Ag	10,5	960	glänzend, höchste Leitfähigkeit für Elektrizität und Wärme, hohes Reflexionsvermögen	elektrische Leitungen und Kontakte, Reflektoren, Spiegel, Scheinwerfer, Münzmetall
Gold Au	19,3	1063	korrosionsbeständig, weich, dekorativ	Schutzüberzüge, Schmuck, Elektrokontakte, Münzmetall
Platin Pt	21,5	1773	sehr korrosionsbeständig gegen Säuren	Chemielabortechnik, Thermoelemente, Schmuck

2.4.1.5 Weitere Industriewerkstoffe

01. Welche nichtmetallischen Werkstoffe können in der Fertigung eingesetzt werden?

Beispiele:	Anwendungsbereich, z. B.:
Holz	→ Schalung, Fundament, Haltevorrichtung, Träger, Stützen, Verbundstoff, Gießereimodelle, Schall- und Wärmedämmung
Diamant	→ Schleif- und Schneidmittel
Gummi	→ Transportbauteile, Schwingungsdämpfung
Keramik	→ Isolierkörper in der Elektroindustrie, Verminderung von mechanischem Verschleiß (z. B. Fadenführung bei Spinnmaschinen), Rohre, Behälter
Glas	→ Sicherheitsglas, optische Gläser, Apparateglas, Glasfaserstoffe; Isolierstoff in der Elektroindustrie, Schall- und Wärmeisolierung im Bauwesen

02. Was sind Verbundwerkstoffe?

Verbundwerkstoffe bestehen aus zwei oder mehr Werkstoffen mit unterschiedlichen Eigenschaften. Das Ziel des Verbunds ist ein Werkstoff, dessen Eigenschaften die der Einzelwerkstoffe übertrifft und auf üblichem Wege nicht erreicht wird. Die gezielten Eigenschaftsverbesserungen wirken meist in Richtung physikalischer und mechanischer Verbesserungen wie z. B.: Festigkeit, Zähigkeit, Steifigkeit, Warmfestigkeit, Verschleißwiderstand u.a. Der Unterschied zu Legierungen (in ihnen sind die Einzelkomponenten gelöst und fein verteilt) besteht darin, dass in Verbundwerkstoffen die Einzelkomponenten unverändert und in größeren Teilen vorliegen.

03. Wie werden Verbundwerkstoffe eingeteilt?

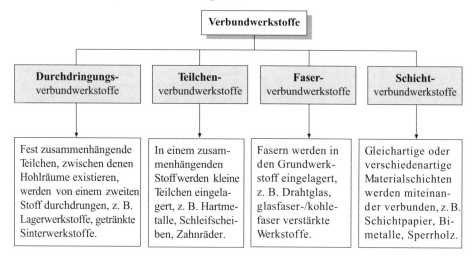

Durchdringungs-verbundwerkstoffe	**Teilchen-**verbundwerkstoffe	**Faser-**verbundwerkstoffe	**Schicht-**verbundwerkstoffe
Fest zusammenhängende Teilchen, zwischen denen Hohlräume existieren, werden von einem zweiten Stoff durchdrungen, z. B. Lagerwerkstoffe, getränkte Sinterwerkstoffe.	In einem zusammenhängenden Stoff werden kleine Teilchen eingelagert, z. B. Hartmetalle, Schleifscheiben, Zahnräder.	Fasern werden in den Grundwerkstoff eingelagert, z. B. Drahtglas, glasfaser-/kohlefaser verstärkte Werkstoffe.	Gleichartige oder verschiedenartige Materialschichten werden miteinander verbunden, z. B. Schichtpapier, Bimetalle, Sperrholz.

04. Was versteht man unter Sintern?   → 2.1.3.1

Sintern ist das Glühen von gepressten Metallpulvern. Bei dem Vorgang entsteht durch Diffusion und Kristallisation ein zusammenhängendes Gefüge. Die Herstellung von Sintermetallen erfolgt in vier Arbeitsstufen:

1. *Pulverherstellung:*
   Durch Zerstäuben oder Verdüsen werden aus Metallschmelzen kleine Metallpulverteilchen hergestellt.

2. *Mischen:*
   Unterschiedliche Metallpulver werden in der erforderlichen Zusammensetzung gemischt.

3. *Pressen:*
   Das Metallpulvergemisch wird in formgebenden Werkzeugen so stark verdichtet, dass an den Berührungsstellen eine Kaltverfestigung erfolgt (Pressrohling).

4. *Sintern:*
   Durch die Wärmebehandlung (Sintern) erhält der Rohling seine endgültige Festigkeit; ggf. erfolgt eine Nachbehandlung (Kalibrieren, Wärmebehandlung, Tränken).

Sinterwerkstoffe finden Verwendung als Filterteile, Lagerwerkstoffe, Formteile u.a. Kennzeichnend für Sinterwerkstoffe ist die Porosität.

05. Welche Vor- und Nachteile bietet das Sintern?

- *Vorteile*, z. B.:

  - Herstellung einbaufertiger Bauteile, die eine hohe Präzision und Maßhaltigkeit aufweisen,
  - chemische Zusammensetzung ist genau bestimmbar (gewünschte Eigenschaft des Werkstücks),
  - unterschiedliche Werkstoffeigenschaften sind herstellbar, z. B.:
    - · hoher Pressdruck   → dichte Werkstoffe
    - · niedriger Pressdruck   → poröse Werkstoffe
  - keine Werkstoffverluste,
  - große Stückzahlen.

- *Nacheile*, z. B.:

  - nur auf kleinere Werkstücke beschränkt (hoher Pressdruck erforderlich),
  - Einschränkungen in der Formgebung,
  - wirtschaftlich nur bei Massenfertigung.

2.4.1.6 Werkstoffsubstitution

01. Welche Bedeutung hat die Werkstoffsubstitution für den Fertigungsprozess?

Die Entscheidung für die in einem Fertigungsprozess einzusetzenden Werkstoffe ist komplex und orientiert sich an einer Vielzahl von Faktoren, z. B.: (→ vgl. 2.4.1.1):

1. *Technologische Eigenschaften* des Werkstoffs, z. B.:
   Umformbarkeit, Spanbarkeit, Gießbarkeit.

2. *Mechanische Eigenschaften* des Werkstoffs, z. B.:
   Härte, Festigkeit.

3. *Chemische Eigenschaften* des Werkstoffs, z. B.:
   Hitze- und Korrosionsbeständigkeit.

4. *Physikalische Eigenschaften* des Werkstoffs, z. B.:
   Dichte, Schmelzpunkt, Leitfähigkeit.

5. *Kosten* des Werkstoffs, z. B.:
   Beschaffungskosten (Rohstoffmärkte), Kosten der Be- und Verarbeitung (z. B. Energiekosten → Energiebilanz des Unternehmens), Entsorgungskosten

6. *Ökologische Aspekte*, z. B.:
   Verknappung der Ressourcen, Abhängigkeit von Lieferanten, Belastung der Umwelt mit Abfällen, Emissionen u. Ä., Möglichkeiten und Kosten der Entsorgung bzw. Aufbereitung (Stichworte: Ökobilanz des Unternehmens, Umweltzertifizierung).

7. *Gesellschaftliche Aspekte*, z. B.:
   Meinung der Verbraucher, Gefahren der gesundheitlichen Schädigung bei der Herstellung und beim Gebrauch von Produkten (Stichwort: Kontaminierung).

02. Welche Beispiele der Werkstoffsubstitution lassen sich anführen?

1. *Konstruktionswerkstoffe im Fahrzeugbau:*
Stähle und Gusslegierung sind nach wie vor dominierend. Ihr Einsatz wird durch legierungs- und fertigungstechnische Maßnahmen laufend verbessert. Trotzdem finden alternative Werkstoffe ihre Verwendung. Im Gegensatz zu früher wird heute ein Pkw nur noch zu rd. 50 Prozent aus Stahl gefertigt.

→ Unter dem Aspekt der Leichtbauweise (Gewicht, Komfort, Sicherheit, Energieverbrauch des Fahrzeugs) bieten Leichtmetalle, Polymere, thermoplastische Kunststoffe, Magnesiumlegierungen, Faser- und Schichtverbundwerkstoffe deutliche Vorteile. Dem stehen zum Teil Probleme der Entsorgung und des Recyclings gegenüber.

→ Der Versuch, keramische Werkstoff im Motorenbereich einzusetzen, scheiterte bisher nicht an den Eigenschaften des Werkstoff, sondern an der Wirtschaftlichkeit der Herstellung.

2. *Konstruktionswerkstoffe im Flugzeugbau:*
→ Statt metallischer Komponenten werden zunehmend langfaserverstärkte Polymer Compositen und Metall-Polymer-Schichtverbunde eingesetzt (Gewichtsreduktion).

3. *Konstruktionswerkstoffe im Maschinenbau:*
→ PZT (Blei-Zirkon-Titanat) ist ein multifunktioneller Werkstoff, der über den piezoelektrischen Effekt mechanische Verformung in elektrische Signale umwandelt und umgekehrt. Daher lässt er sich ebenso als Sensor wie als Aktor einsetzen (neuestes Beispiel: Feinsteuerung der Kraftstoffeinspritzung bei Dieselmotoren).

4. *Konstruktionswerkstoffe für Produkte des täglichen Bedarfs:*
→ Seit vielen Jahren bekannt ist der „Siegeszug" der Kunststoffe als Werkstoffbasis für Gegenstände des täglichen Bedarfs (zu den vielfältigen Eigenschaften der Kunststoffe vgl. 2.4.1.2). Im Bereich der Haushaltsgeräte, der Motorengehäuse bei Elektrogeräten sowie in der Elektroindustrie haben z. B. Kunststoffe die traditionellen Werkstoffe wie Holz, Keramik und Stahl verdrängt. Ursache dafür sind die hervorragenden Bearbeitungseigenschaften sowie günstige Kostenrelationen. Nicht immer trifft diese Entwicklung auf den uneingeschränkten Zuspruch der Verbraucher (z. B. Gleichförmigkeit und stereotypes Aussehen der Produkte, mangelhafte Festigkeit und übermäßiger Verschleiß z. B. beim Ersatz von Metallzahnrädern durch Kunststoffe usw.).

Insgesamt ist jede Entscheidung des Einsatzes alternativer Werkstoffe unter dem Aspekt der Verarbeitungs- und Gebrauchseigenschaften, der Wirtschaftlichkeit und der Ökologie zu sehen. Dabei spielt der Gesichtspunkt der „Nachhaltigkeit" eine zunehmende Rolle: Es sind nicht nur die kurzfristig entstehenden Fertigungskosten substituierbarer Werkstoffe zu betrachten, sondern der Gesamtaufwand zur Herstellung, zum Betrieb und zur Entsorgung eines Produkts ist zu berücksichtigen. Vor diesem Hintergrund ist auch die Einführung des neuen ElektroG durch den Gesetzgeber zu sehen (vgl. auch unten, 2.4.2).

2.4.2 Verfahrenstechnologie

01. Was ist Gegenstand der Verfahrenstechnik?

Die Verfahrenstechnik beschäftigt sich mit der technischen und wirtschaftlichen Durchführung aller Prozesse, in denen *Stoffe* nach Art, Eigenschaft und Zusammensetzung *verändert werden*.

Teilgebiete der Verfahrenstechnik (VT) sind:

- Mechanische VT
- Thermische VT
- Chemische VT
- Bio-VT
- Umwelttechnik.

02. Welche Stoffumwandlungsprozesse finden bei der Herstellung von Produkten statt?

Die meisten Gebrauchs- und Verbrauchsgegenstände einer Volkswirtschaft bestehen aus Stoffen, die in ihrer Form und Eigenschaft in der Natur nicht direkt vorkommen (z. B. Stahlblech, Pkw-Reifen, Motorengehäuse).

Innerhalb des Stoffumwandlungsprozesses (*Verfahren*) müssen die erforderlichen Ausgangs-stoffe (Erdöl, Gummi, Eisen) z. B. zerkleinert, aufgelöst, gereinigt und vorgewärmt werden (*Stoffvorbereitung*).

Anschließend werden die Stoffe z. B. geformt, gehärtet, erwärmt, abgekühlt und gereinigt (*Stoffumwandlung*).

In der dritten Stufe erfahren die umgewandelten Stoffe eine *Nachbereitung* (z. B. Abkühlen, Prüfen, Verpacken, Transportieren).

03. Welche Maßnahmen zur Optimierung der Verfahrenstechnik sind denkbar?
→ **2.1.3, 4.1.1, 4.4.2, 7.7.1, 9.2.2**

Die Entscheidung über eine bestimmte *Fertigungstechnologie* bei der geplanten Herstellung eines Produktes ist abhängig von einer Vielzahl von Faktoren, die wiederum in gegenseitiger Abhängigkeit stehen. Die wichtigsten *Einflussfaktoren* sind:

1. Wahl der *Werkstoffe*:
   →   Metalle, Kunststoffe, Keramik, Verbundstoffe

2. Wahl der *Fertigungstechnik:*
   →   Urformen, Umformen, Trennen usw.

3. Wahl der *Fertigungsorganisation*:
   →   Werkstattfertigung, Baustellenfertigung, Fließfertigung usw.

4. Wahl der *Kombination der Produktionsfaktoren*:
   →   Mechanisierung, Automation

5. Wahl der *Energieträger*:
   →   Energieversorgung des Unternehmens (→ 1.4)

6. Wahl des *Standortes*:
   →   innerbetrieblich, überbetrieblich (Inland/Ausland)

Damit führt jede Entscheidung über eine spezifische Fertigungstechnologie zwangsläufig zu einer daraus resultierenden Kostenstruktur und zu einer bestimmten Energie- und Ökobilanz sowie einer „gefertigten" Qualitätslage. Daraus ergeben sich Konsequenzen für die Herstellungskosten eines Produktes, seiner Wettbewerbsfähigkeit am Markt sowie seiner nachhaltigen Verwendung.

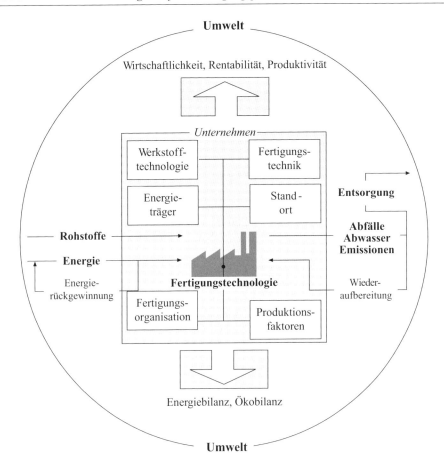

Der verantwortliche Meister ist mit Unterstützung seiner Mitarbeiter im Rahmen kontinuierlicher Verbesserung permanent in der Pflicht, diese Verfahrensprozesse zu optimieren zur Verbesserung der Wirtschaftlichkeit, der Qualität und der ökologischen Kennwerte der Fertigung.

Geeignete Maßnahmen dazu sind beispielsweise:

- Senkung des Primärenergieverbrauchs,
- Einsatz ressourcenschonender Werkstoffe,
- Vermeidung/Verminderung von Abfällen und Emissionen,
- Wirtschaftliche Nutzung des Maschinenparks,
- Erkennen von Rationalisierungsreserven (z. B. Abläufe, Personaleinsatz, Materialversorgung).

2.5 Anwendung der numerischen Steuerungstechnik beim Einsatz von Werkzeugmaschinen, bei der Programmierung und Organisation des Fertigungsprozesses unter Nutzung von Informationen aus rechnergestützten Systemen

Einführung

Von den produzierenden Unternehmen wird heute zunehmend gefordert, ihre Produkte in immer kürzerer Zeit bei sinkenden Preisen in höherer Qualität auf den Markt zu bringen. Der steigende Anspruch nach Kundenorientierung führt aufgrund einer höheren Variantenanzahl fertigungstechnisch zu einer größeren Stückzahlflexibilität. Gerade bei kleinen Losgrößen entscheiden Schnelligkeit, Qualität und Kosten über den Erfolg des Unternehmens.

Von diesen Entwicklungen sind gleichermaßen die Großindustrie wie auch mittelständische Unternehmen und Kleinbetriebe betroffen. Im Bereich der Fertigung führt dies zu einer Optimierung der Maschinentechnologie. Dabei spielt der Einsatz der numerischen Steuerungstechnik (NC-Technik, numerical control) eine besondere Rolle. Von zentraler Bedeutung ist nicht nur der Einsatz geeigneter Maschinen, sondern auch die Verwendung optimaler, d. h. möglichst wirtschaftlicher Programmierverfahren zur Erstellung der Maschinensteuerprogramme und ihre Einbindung in das betriebliche Umfeld.

2.5.1 Technische Merkmale von NC- und CNC-Maschinen

01. Welche technischen Merkmale besitzen NC- und CNC-Maschinen?

Moderne NC- und CNC-Werkzeugmaschinen (im Allgemeinen wird heute nur noch von NC-Maschinen gesprochen) sind entsprechend ihren Einsatzgebiete ausgelegt und unterscheiden sich grundsätzlich von konventionellen Werkzeugmaschinen.

NC-Maschinen ermöglichen die Herstellung komplizierter Werkstückgeometrien, erreichen eine gleich bleibende Produktqualität bei geringen Durchlaufzeiten und ermöglichen eine Mehrmaschinenbedienung. Technische Merkmale NC-gesteuerter Werkzeugmaschinen sind hochauflösende, präzise, elektronisch auswertbare Messsysteme und stufenlos regelbare Antriebe pro Achse. Anstelle von Handrädern und -hebeln werden Motoren oder hydraulische Stellglieder verwendet. Aufgrund der höheren Beschleunigungswerte und Belastungen an NC-Maschinen, sind größere statische und dynamische Steifigkeiten und stärker dimensionierte Antriebe, Getriebe, Führungen, Spindeln und Lager erforderlich.

Da sich die einzelnen Maschinentypen trotz eines ähnlichen Grundprinzips wesentlich voneinander unterscheiden, sind auch die Anforderungen an die maschinenspezifischen Steuerungen unterschiedlich.

Der Einsatz von NC-Maschinen wirkt sich auch auf das Werkzeugsystem sowie die Betriebsorganisation aus:

Werkzeuge müssen voreinstellbar sein, eine hohe Steifigkeit und formschlüssige Werkzeugaufnahmen aufweisen. Konstruktion und Arbeitsvorbereitung haben sich auf die Bearbeitung der Werkstücke mit NC-Maschinen einzustellen.

Kriterium	Konventionelle Werkzeugmaschine	NC-Werkzeugmaschine
Einspannen des Werkzeugs	manuell	manuell/automatisch
Aufspannen des Werkstücks	manuell	manuell/automatisch
Festlegung der Bezugspunkte	manuell	manuell
Positionierung der Werkzeuge	manuell	automatisch
Eingabe Bearbeitungsprogramm	manuell	manuell/Datenträger
Informationsdarstellung	analog (Anschlag)	numerisch
Soll-Ist-Abgleich bei Bearbeitung	visuell – Bediener	durch Steuerung nach Programm

02. Welche Funktion hat das Spindel-Mutter-System?

Die Aufgabe des Spindel-Mutter-Systems besteht in der Erzeugung der linearen Vorschubbewegung der Schlitten durch Wandlung von rotatorischer in translatorische Bewegung.

Konventionelle Werkzeugmaschine	NC-Werkzeugmaschine
Spindel-Mutter-System:	Kugelumlaufspindel:
• reine Kraftspindel	• Kraft- und Messspindel
• Trapezgewinde	• Spielfreiheit
• Spindelspiel	• rollende Reibung
• relativ hohe Reibung	• Leichtgängigkeit
• Verschleiß	• geringer Verschleiß
• niedrige Betriebsgeschwindigkeit	• nahezu kein Stick-Slip-Effekt

03. Welche Funktion hat die Messeinrichtung?

Werkzeugmaschinen sind dadurch gekennzeichnet, dass sie aus einer Kombination linearer und rotierender Achsen bestehen. Um diese Achsen numerisch ansteuern zu können, muss jede NC-Achse eine *Messeinrichtung* haben, die die Ist-Position bewegter Maschinenteile erfasst und einen regel- bzw. steuerbaren *Antrieb*, der direkt mit der numerischen Steuerung gekoppelt ist.

Bei der *direkten Messwerterfassung* ermittelt man den Messwert durch einen direkten Vergleich zwischen der Messgröße und einer entsprechenden Bezugsgröße.

Die *indirekte Messwerterfassung* erfolgt durch die Umwandlung der Messgröße in eine andere physikalische Größe, aus der der Messwert ermittelt wird.

Neben der *digitalen* und *analogen Messwerterfassung* ist die Ausführung des verwendeten Maßstabes ein weiteres Unterscheidungsmerkmal. Moderne Werkzeugmaschinen verfügen in der Regel über *inkrementale Wegmesssysteme*, bei denen die periodischen Messsignale während des Verfahrens einer Wegstrecke gezählt und dann angezeigt werden. Durch den Zählvorgang wird nur die relative Lage zu dem Ort erfasst, an dem der Zählvorgang gestartet wurde. Im Gegensatz dazu ist die *absolute Messwerterfassung* durch eine ständige feste Zuordnung zwischen dem Ort des Schlittens und dem Messwert charakterisiert.

Direkte (translatorische) Messsysteme	Indirekte (rotatorische) Messsysteme
• Linearmaßstab – der lineare Verstellweg wird direkt am Schlitten gemessen • Spiel/Ungenauigkeit der Spindeln nahezu bedeutungslos • keine mechanischen Zwischenglieder zwischen Messsystem und Schlitten • Messung unabhängig von Kräften der Stellspindel • höchste Genauigkeit • teuer	• Umwandlung der Verfahrbewegung des Schlittens in Drehbewegung und Übermittlung an Drehgeber – Stellspindel = Messspindel • Genauigkeit abhängig von Spindelspiel, Spindelgenauigkeit und Messgetriebe • konstruktiv einfacher • günstig (Verwendung ausschließlich bei Drehmaschinen)

Digitale Messwerterfassung	Analoge Messwerterfassung
• Unterteilung der Weglänge in kleine, gleiche Inkremente • Weglänge = ganzzahliges Vielfaches dieser Inkremente • Messnormal muss digital aufgebaut sein	• Umformung und Darstellung des Weges in eine andere dem Weg proportionale physikalische Größe

Inkrementales Wegmesssystem	Absolutes Wegmesssystem
• Rastermaßstab mit gleichmäßig verteilten Hell-Dunkel-Feldern • richtungsabhängige Addition der Inkremente gegenüber Vor-Position (Kettenmaßprinzip) *Vorteile:* • einfaches Messnormal/Abtasten *Nachteile:* • kein Nullpunktbezug • Referenzpunktfahrt notwendig • Messwertverlust nach Stromausfall • Möglichkeit des „Verzählens"	• codierter Digitalmaßstab bzw. Winkelgeber • jedem Punkt der Messstrecke ist genau ein binär codierter Zahlenwert zugeordnet • Lagewertmessverfahren *Vorteile:* • keine Referenzpunktfahrt notwendig • kein Messwertverlust nach Stromausfall • keine Fehlanzeige bei Rattern Nachteile: • aufwändige Codemaßstäbe/Abtastvorrichtung

04. Wie ist das Werkzeugsystem gestaltet?

• *Werkzeughalter und Werkzeugspannung*

Die Werkzeugaufnahmen an Revolvern und an der Hauptspindel sind für ein breites Spektrum einsetzbarer Werkzeuge in der Regel nach ISO-, DIN- oder VDI-Norm ausgeführt. Durch übereinstimmende Abmessungen von Werkzeughalter und Werkzeugaufnahme an den Maschinen erreicht man eine gleich bleibende Lage der Schneide bezogen auf den Revolver (Drehen) und somit auch schnelle Werkzeugwechsel zwischen den Bearbeitungsschritten. Die Werkzeugspannung erfolgt in der Regel mittels Steilkegel nach ISO 40 bzw. 50, pneumatischem oder hydromechanischem Spannsystem oder per Spannzange.

• *Werkzeugwechselsysteme*

Bearbeitungszentren und NC-Drehmaschinen verfügen in der Regel über automatische Werkzeugwechselsysteme, um den schnellen Werkzeugwechsel (t < 0,5 s) während der Bearbeitung zu gewährleisten. Je nach Bauart können diese unterschiedlich viele Werkzeuge aufnehmen. Hier werden Werkzeugrevolver und Werkzeugmagazine unterschieden.

Werkzeugrevolver	Werkzeugmagazin
Werkzeug fest eingespannt	Speicher zur Entnahme + Ablage der Werkzeuge
Werkzeug dreht in Arbeitsstellung	Werkzeugwechsel durch Greifersystem
kurze Schaltzeiten	längere Werkzeugwechselzeiten
einfache Werkzeugverwaltung	Problem: Werkzeugidentifikation
geringer Werkzeugvorrat	größere Werkzeugvorrat
Kollisionsgefahr	geringere Kollisionsgefahr

Bei der Werkzeugidentifikation wird zwischen Platzcodierung und Werkzeugcodierung unterschieden:

Werkzeugcodierung	Platzcodierung
Werkzeug ist gekennzeichnet	Werkzeug muss nicht gekennzeichnet sein
Codierung durch *Codierschrauben* oder *Codierringe* am zylindrischen Schaft	Werkzeug nach Magazin-Bestückungsplan auf bestimmten Platz angeordnet
duale Erkennung mechanisch oder induktiv	

• *Werkstückaufspannung*

Werkstückspannmittel dienen zum lagerichtigen und -genauen Positionieren und Halten des Werkstückes. Die Werkstückspannung muss das Werkstück absolut spielfrei, lagerichtig und lagesicher positionieren. Die NC-Fertigung stellt besondere Anforderungen an die Spannmittel. Sie sollten zur Planbarkeit in der Arbeitsvorbereitung und zur schnellen Anpassung an wechselnde Werkstückformen aus Standard-(Baukasten-)Teilen bestehen. Die Werkstückspannung soll einen möglichst schnellen, leicht zugänglichen, lagerichtigen und genauen, wiederholbaren Werkstückwechsel gestatten. Für eine Automatisierung der Werkstückwechsel ist eine Steuerung der Spannsysteme über Programme erforderlich.

05. Welche Vorteile bietet die Fertigung mit NC-gesteuerten Werkzeugmaschinen?

Der Einsatz von NC-Maschinen in der Fertigung hat im Vergleich zu konventionellen Fertigungsmaschinen zahlreiche Vorteile:

- Hohe Prozesssicherheit durch Bearbeitungs- und Wiederholgenauigkeit
- einfache Bearbeitung auch komplexer Bauteilgeometrien
- Programmspeicherung
- neue Maschinenkonzepte durch Entkopplung von Haupt- und Vorschubantrieben
- wirtschaftliche Fertigung auch kleiner Stückzahlen
- kurze Rüstzeiten durch schnelle Programmeingabe

- Verringerung der Nebenzeiten durch hohe, zielgenaue Eilgangsbewegungen und kurze Werkzeugwechselzeiten
- hohe Belastbarkeit ermöglicht die Werkstückbearbeitung mit einem hohen
- Zeitspannungsvolumen bei entsprechendem Einsatz von hoch belastbaren Werkzeugen und Schneidstoffen
- Verringerung der Rüstzeiten durch Einsatz externer Werkzeugvermessungs- und Werkzeugeinrichtssysteme parallel zur Fertigung
- kurze Durchlaufzeiten bei der Bearbeitung von Werkstücken durch Reduzierung der Hauptnutzungszeiten aufgrund des großen Zeitspanvolumens sowie der Rüst- und Nebenzeiten
- gleichzeitige Bedienung mehrerer Maschinen durch vollständige Bearbeitung der Werkstücke auf einer Maschine
- hohe Automatisierbarkeit und Einbindung der Maschinen in flexible Fertigungsanlagen durch entsprechende Schnittstellen.

06. Welche Nachteile sind mit dem Einsatz NC-gesteuerter Werkzeugmaschinen verbunden?

Den Vorteilen der NC-gestützten Fertigung stehen einige, wenige Nachteile gegenüber:

- Höherer Qualifikationsbedarf der Mitarbeiter
- hohe Anfangsinvestitionskosten
- höherer Maschinenstundensatz
- Technologiefortschritt erfordert Investitionen zur Technologieanpassung bzw. Neuanschaffung.

07. Welche Arbeitsschutzmaßnahmen sind zu beachten?

Durch den Arbeitsschutz sollen Menschen, Maschinen und Einrichtungen am Arbeitsplatz vor Schaden bewahrt werden. Grundsätzlich gelten für die Arbeit an NC-Werkzeugmaschinen die gleichen sicherheitstechnischen Bedingungen, wie beim Arbeiten an konventionellen Werkzeugmaschinen:

- Der Aufenthalt an Arbeitsplätzen ist nur befugten Personen erlaubt.
- Die Inbetriebnahme/Nutzung der Maschinen und Geräte ist nur den hierfür ausgebildeten Personen erlaubt.
- Mängel an Maschinen und allen zur Arbeit notwendigen Geräten müssen sofort gemeldet werden.
- Vorgeschriebene Schutzkleidung (z. B. Augenschutz, Sicherheitsschuhe) ist zu tragen, gefährdende Schmuckgegenstände (z. B. Ringe, Uhren) sind abzulegen.
- Alle Sicherheitshinweise müssen lesbar und alle Sicherheitseinrichtungen müssen betriebsbereit sein
- Gefahrenstellen müssen abgeschirmt und gesichert sein.

Bei der Einrichtung und Bedienung von CNC-Maschinen ist besonders zu beachten:

- Einrichtearbeiten sind mit Ausnahme der Arbeiten, die den Betrieb der Maschine erfordern, grundsätzlich bei ausgeschalteter Maschine durchzuführen.

- Die speziellen sicherheitstechnischen Auflagen des Maschinenherstellers sind einzuhalten.

- Kein Aufenthalt des Bedieners im Arbeits- und Schwenkbereich der Maschine.

- Verriegelung gegen das Bearbeiten von unbefestigten oder falsch angeordneten Werkstücken, gegen selbsttätiges Bewegen beweglicher Elemente und gegen die Ausführung eines automatischen Arbeitsganges vor Abschluss der Einrichtearbeiten.

2.5.2 Numerische Steuerungen

01. Welche numerischen Steuerungskonzepte werden unterschieden?

• *NC-Steuerung* (N – Numerical C – Control):
NC-Maschinen sind Werkzeugmaschinen, die mit ziffernmäßiger Eingabe der Weg- und Schaltinformationen arbeiten.

• *Konventionelle NC-Steuerungen*:
- Kein Computer
- jedes Signal steuert eine diskrete Verbindung zweier Punkte
- Verdrahtungsprogrammsteuerung der 1.- 3. Generation
- Offline-Betrieb
- reines Hardware-Konzept.

• *CNC-Steuerungen* (C – Computer N – Numerical C – Control):
- Speicherprogrammsteuerung
- Steuerung, deren Funktionsinhalt durch einen oder mehrere parallel arbeitende Rechner realisiert wird
- Online-Betrieb
- Software-Modifikation.

• *DNC-Steuerung* (D – Direct/Distributed N – Numerical C – Control):
- Mehrere NC- oder CNC-Steuerungen per Datenkabel an Prozessrechner angeschlossen
- Steuerung von Prozessor gesteuert (Online-Betrieb).

02. Wie sind die Koordinatenachsen und Bezugspunkte der Steuerung definiert?

Die geometrischen Informationen oder Wegbedingungen bestimmen die Verfahrwege des Werkzeuges. Diese können inkremental oder absolut programmiert werden. Bei der *inkrementalen Maßangabe* wird die Wegstrecke, die verfahren werden soll, als Differenz vom momentanen Standort des Werkzeuges zum jeweils nächsten Werkstückkonturpunkt vorzeichenrichtig angegeben.

Bei der *absoluten Programmierung* werden die Anfahrpunkte durch Angaben der Abstände von einem Bezugspunkt in Richtung der Koordinatenachsen festgelegt. Während ältere NC-Maschinen abhängig von den verwendeten Messsystemen häufig nur inkremental oder absolut verfahren können, bieten moderne CNC-Steuerungen die Möglichkeit, sowohl in Kettenmaßen als auch in Absolutmaßen zu programmieren, unabhängig von der Art des installierten Messsystems.

03. Wie ist das Koordinatensystem festgelegt?

Die Steuerung der Werkzeugmaschine erhält ihre Weginformationen durch Koordinatenwerte. Um Werkstücke unabhängig von der Maschine programmieren zu können, sollen alle Maschinen ein gleich angeordnetes Koordinatensystem haben. Geht man davon aus, dass sich das Werkzeug bewegt und das Werkstück feststeht, gilt für die Belegung der Werkzeugachsen gemäß *DIN 66217*:

Die Richtung der z-Achse eines rechtsdrehenden, rechtwinkligen Koordinatensystems ist stets parallel zur Drehachse der Werkzeugspindel. Diese steht senkrecht auf der mit x- und y-Achse festgelegten Werkstückaufspannfläche. Die x-Achse sollte dabei möglichst horizontal verlaufen. Wird das Werkstück und nicht das Werkzeug bewegt, spricht man bei den zugehörigen Achsen von Maschinenachsen, die den Werkstückachsen entgegengerichtet und durch einen Apostroph gekennzeichnet sind. Zur Orientierung dient die *Rechte-Hand-Regel.*

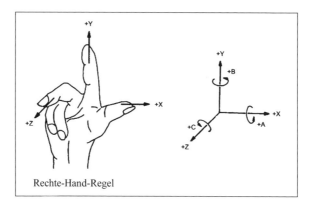

Rechte-Hand-Regel

Im Ausgangszustand der Steuerung beziehen sich die absoluten Weginformationen immer auf den *Maschinennullpunkt M.*

Im Gegensatz zum Maschinenkoordinatensystem, das vom Hersteller festgelegt und nicht verschiebbar ist, wird das Werkstückkoordinatensystem vom Programmierer festgelegt. Der Ursprungspunkt des Werkstückkoordinatensytems heißt *Werkstücknullpunkt W.*

04. Wie sind die wichtigsten Bezugspunkte definiert?

Neben dem Koordinatensystem sind an jeder NC-Werkzeugmaschine verschiedene Bezugspunkte definiert, mit deren Hilfe der Bezug zwischen der Stellung des Werkzeuges und der Lage des Werkstückes hergestellt wird. Die wichtigsten Bezugspunkte sind:

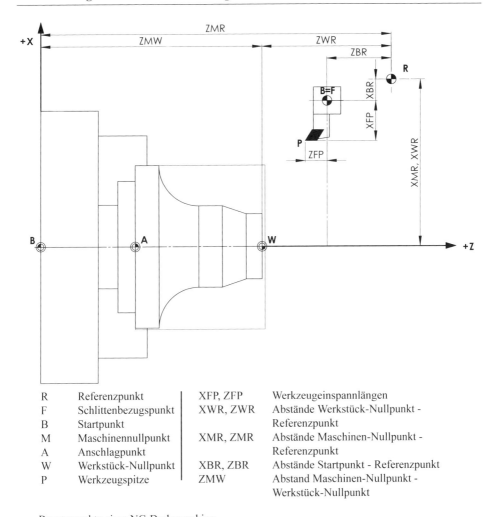

R	Referenzpunkt	XFP, ZFP	Werkzeugeinspannlängen
F	Schlittenbezugspunkt	XWR, ZWR	Abstände Werkstück-Nullpunkt -
B	Startpunkt		Referenzpunkt
M	Maschinennullpunkt	XMR, ZMR	Abstände Maschinen-Nullpunkt -
A	Anschlagpunkt		Referenzpunkt
W	Werkstück-Nullpunkt	XBR, ZBR	Abstände Startpunkt - Referenzpunkt
P	Werkzeugspitze	ZMW	Abstand Maschinen-Nullpunkt -
			Werkstück-Nullpunkt

Bezugspunkte einer NC-Drehmaschine

Maschinennullpunkt M

Der Maschinennullpunkt ist der Ursprung des maschinenbezogenen Koordinatensystems. Seine Lage ist unveränderlich und wird durch den Maschinenhersteller festgelegt.

Referenzpunkt R

NC-Maschinen mit inkrementalem oder zyklisch absolutem Wegmesssystem benötigen einen Referenzpunkt, um das Messsystem auf das Maschinenkoordinatensystem abzugleichen. Dieser Eichpunkt ist in seiner Lage durch Endschalter genau festgelegt; seine Koordinaten haben bezogen auf den Maschinennullpunkt immer den gleichen Zahlenwert. Nach jedem Einschalten der Maschine ist zur Eichung des Wegmesssystems in allen Achsen eine Referenzpunktfahrt erforderlich.

Werkstück-Nullpunkt W

Der Werkstücknullpunkt ist der Ursprung des Werkstückkoordinatensystems, auf das sich die Programmierung bezieht. Seine Lage kann vom Programmierer frei gewählt werden.

05. Zwischen welchen Steuerungsarten wird bei NC-Maschinen unterschieden?

Um den Funktionszusammenhang der Achsen bei der Bewegung und die Spindeldrehzahl für eine konstante Schnittgeschwindigkeit v_c bei veränderlichem Durchmesser einhalten zu können, verfügen NC-Maschinen über einen Lageregelkreis sowie einen Geschwindigkeitsregelkreis.

Bei der *Lageregelung* vergleicht die Steuerung der Maschine die Positions-Sollwerte mit den vom Wegmesssystem gemeldeten Positions-Istwerten und gibt bei Abweichungen einen entsprechenden Stellbefehl an die Achsantriebe, um die Abweichung auszugleichen.

Bei der *Geschwindigkeitsregelung* muss die Drehzahl der Arbeitsspindel für Drehen mit konstanter Schnittgeschwindigkeit v_c an den Ist-Durchmesser des Werkstückes angepasst werden. Bei der Fräsbearbeitung wird die vorgegebene Vorschubgeschwindigkeit v_f mittels eines mit dem Vorschubmotor verbundenen Tachogenerators überwacht.

Es wird zwischen Punktsteuerung, Streckensteuerung und Bahnsteuerung unterschieden.

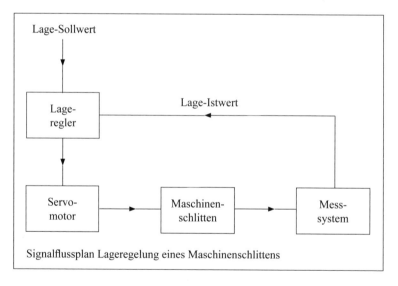

Signalflussplan Lageregelung eines Maschinenschlittens

Bei der *Punktsteuerung* laufen im Positionierbetrieb alle Achsen gleichzeitig mit Eilgangsgeschwindigkeit, bis jede Achse ihre Zielposition erreicht hat. Der Weg von einem Positionspunkt zum nächsten kann je nach NC-Maschine geradlinig oder kurvenförmig ausfallen Sie wird für Maschinen verwendet, die ohne Werkzeuge im Eingriff im Eilgang verfahren. Erst bei erreichter Position erfolgt die Bearbeitung. Punktsteuerungen werden z. B. bei Bohrmaschinen, Stanzmaschinen und Punktschweißanlagen eingesetzt.

Bei der einfachen *Streckensteuerung* kann in den einzelnen Achsen nacheinander im programmierten Vorschub achsparallel verfahren werden. Die erweiterte Streckensteuerung ermöglicht durch simultane Bewegung entlang der X- und Z-Richtung das Verfahren entlang beliebiger Geraden.

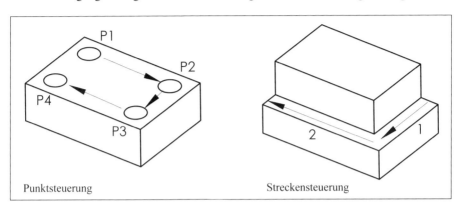

Punktsteuerung   Streckensteuerung

Die *Bahnsteuerung* ermöglicht es, die Relativbewegung zwischen Werkzeug und Werkstück entlang einer Bahn in beliebiger Form kontinuierlich zu steuern Dies geschieht durch die koordinierte, gleichzeitige Bewegung von zwei oder mehr Maschinenachsen. Die Lage- und Geschwindigkeitsregelung erfolgt durch so genannte Interpolatoren. Je nach Anzahl der gleichzeitig und unabhängig voneinander steuerbaren Achsen wird bei Bahnsteuerungen zwischen 2-D-, 2 1/2-D-, 3-D- und mehrachsigen Steuerungen unterschieden.

Mit der *2-D-Bahnsteuerung* können gleichzeitig Bewegungen von 2 Achsen in der Ebene ausgeführt werden. Eine dritte vorhandene Achse kann lediglich unabhängig von den beiden anderen angesteuert werden. Bei der 2 1/2-D-Bahnsteuerung können – wie bei der 2-D-Steuerung – nur zwei Achsen parallel angesteuert werden. Jedoch kann die Steuerung auf verschiedene Achsen umgestellt werden. Die verbleibende 3. Achse ist wie bei der 2-D-Steuerung für die Zustellbewegung einsetzbar. Somit ist eine Bearbeitung in X-Y, X-Z sowie Y-Z Ebene möglich. Die Umstellung erfolgt über die Wegbedingungen G17 – G19.

Die *3-D-Bearbeitung* ermöglich die simultane Steuerung von drei Achsen und somit das Verfahren entlang beliebiger Bahnen im Raum. Bei der mehrachsigen Bahnsteuerung werden neben den drei Maschinenachsen gleichzeitig auch rotatorische Achsen angesteuert. So ist es beispielsweise für die Erzeugung komplizierter Konturen wie Freiformflächen beim Schmiedegesenken notwendig, sowohl den aufgesetzten Drehtisch als auch die Bewegung des Schwenkkopfes zu steuern.

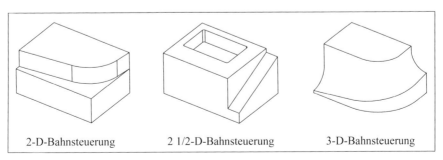

2-D-Bahnsteuerung   2 1/2-D-Bahnsteuerung   3-D-Bahnsteuerung

2.5.3 Programmierung

01. Wie ist ein NC-Programm aufgebaut?

Eine gewünschte Werkstückbearbeitung muss der NC-Steuerung in einer Beschreibung/ einem Programm mitgeteilt werden. Der Aufbau dieser Steuerprogramme ist in der DIN 66025 festgelegt. Das NC-Programm ist aus einer Folge von Sätzen aufgebaut, wobei jeder Satz einem Arbeitsgang der Maschine entspricht. Die Einzelinformationen in einem Satz heißen Wörter. Die Reihenfolge der Wörter in einem Satz ist festgelegt.

Weginformationen					Schaltinformationen			
	Geometrische Informationen				Technologische Informationen			
Satz-Nr.	Wegbe-dingung	Wegbefehle			Kreismittelpunkt-Abstand			Vor-schub	Dreh-zahl	Werk-zeug-Nr.	Zusatz-funktion
N	G	X	Y	Z	I	J	K	F	S	T	M
N 20	G 01	X 90	Y 35					F300	S 1000	T 02	M 08

Ein Wort besteht aus einem *Adressbuchstaben* und einer *Ziffernfolge* – der Kennung. Die meisten Befehle bleiben auch für nachfolgende Programmsätze bis zu ihrer ausdrücklichen Änderung (modal) wirksam. Programmwörter werden im Allgemeinen in Wegbedingungen, Koordinatenangaben sowie Zusatz- und Schaltfunktionen unterteilt.

Beispiel	Adresse	Kennung	Bedeutung
N 20	N	20	Für die Adresse N bezeichnet die Kennung 20 die Nummer des NC-Satzes.
G 01	G	01	G bedeutet in Verbindung mit der Kennung 01 „Verfahren des Werkzeuges entlang einer Geraden mit Vorschubgeschwindigkeit".
X 90	X	90	In Verbindung mit dem Befehl G 01 verfährt das Werkzeug im aktuellen Werkstückkoordinatensystem auf die Position X = 90.

Das Programm beginnt in der Regel mit dem Zeichen % für Programmanfang und der nachstehenden Programmnummer. Im Folgenden bietet sich zur Erleichterung beim Schreiben und Lesen folgende Strukturierung an:

Zu Beginn eines Programms stehen so genannte Routinesätze, die beispielsweise die Art der Messwertbestimmung (absolut oder inkremental) und Angaben zur Nullpunktverschiebung erhalten. Der Hauptteil des Programms enthält alle zur Werkstückbearbeitung erforderlichen und in Abschnitte gegliederte Arbeitsschritte. Der Schlussteil besteht wiederum aus einer Anzahl von Routinesätzen und dem Programmende-Befehl M30.

• *Adressbuchstaben*

N (Satznummer)
Das Wort für die Satznummer ist das erste Wort eines jeden Satzes in einem Programm und dient zur eindeutigen Kennzeichnung der einzelnen Programmsätze, z. B. N 20. Jede Kennung darf dabei nur einmal verwendet werden. Die Satznummer hat jedoch <u>keinen</u> Einfluss auf die

Abarbeitung der einzelnen Sätze, da sie nach der Reihenfolge ihrer Eingabe in die Steuerung aufgerufen werden.

G (Wegbedingung)
Die Wegbedingungen legen zusammen mit den Wörtern für die Koordinaten im Wesentlichen den geometrischen Teil des NC-Programms fest. Sie bestehen aus dem Adressbuchstaben G und einer zweistelligen Kennzahl (z. B. G 03).

Die folgende Tabelle zeigt eine Auswahl von Worten, die aus der Kombination des Adressbuchstabens G mit verschiedenen Kennungen resultieren.

Wort	Bedeutung
G 00	Eilgang
G 01	Geradeninterpolation
G 02	Kreisinterpolation im Uhrzeigersinn (cw = clockwise)
G 03	Kreisinterpolation im Gegenuhrzeigersinn (ccw = counterclockwise)
G 04	Verweilzeit
G 33	Gewindeschneiden
G 90	Absolutmaßeingabe
G 91	Kettenmaßeingabe

X, Y, Z (Koordinaten)
Die Koordinaten beschreiben die Zielpunkte, welche für die Verfahrbewegung notwendig sind.

I, J, K (Interpolationsparameter)
Die Interpolationsparameter dienen z. B. bei einer kreisförmigen Bahnbewegung zur Beschreibung der Kreismittelpunktkoordinaten. Sie werden meist inkremental als Abstand vom Anfangspunkt eingegeben.

F (Vorschub)
Die Funktion F beschreibt die Geschwindigkeit, mit der sich das Werkzeug bewegen soll und wird in mm/min oder mm/U angegeben. Die Bedeutung der Zahl wir durch eine G-Funktion festgelegt und ist modal wirksam.

S (Spindeldrehzahl)
Die Funktion S dient zur Eingabe der Spindeldrehzahl in U/min.

T (Werkzeug)
Die T-Funktion legt mit der folgenden Schlüsselzahl das zum Einsatz kommende Bearbeitungswerkzeug fest. Zudem sind die Werkzeugmaße im Werkzeugkorrekturspeicher der Steuerung unter der Werkzeugnummer abgespeichert und werden automatisch bei allen Verfahrbewegungen verrechnet.

M (Zusatzfunktion)
Zusatzfunktionen werden mit dem Adressbuchstaben M und einer zweistelligen Schlüsselzahl eingegeben und beschreiben zusätzliche technologische Informationen.

02. Welche Programmierverfahren werden unterschieden?

Programmierung von NC-Werkzeugmaschinen bedeutet eine der Programmiervorschrift entsprechende Erstellung von Steuerinformationen, die exakt und in der richtigen Reihenfolge die Arbeitsbefehle für die Werkzeugmaschine enthalten. Die Steuerinformationen werden der Maschine heute üblicherweise via Datenträger oder DNC übertragen. Aus den Eingabedaten errechnet die NC die an die Maschine auszugebenden Weg- und Schaltinformationen. Die NC arbeitet die eingegebenen Informationen Satzweise ab, entweder direkt vom Datenträger oder vom internen Datenspeicher. Der Programmaufbau ist nach DIN 66025 genormt.

Die jeweiligen in der Praxis angewendeten Programmierverfahren werden in der Regel nach der organisatorischen Zuordnung (Programmierung in der Werkstatt, Arbeitsvorbereitung oder Konstruktionsabteilung), nach räumlichen Kriterien (Maschine, Maschinennähe oder Büro) und den ausführenden Personen (Maschinenbediener, Einrichter, NC-Programmierer oder Konstrukteur) unterschieden. Im Allgemeinen zielt man jedoch darauf ab, Universalität und somit Flexibilität im Bereich der Programmierung zu erreichen.

Das Spektrum der Programmierverfahren reicht von der *klassischen manuellen Programmierung* anhand der genormten Programmiersprache nach DIN 66025 über die *maschinelle Programmierung* bis hin zur *werkstattorientierten Programmierung* (WOP).

Grundsätzlich gehört die WOP in den Bereich der maschinellen Programmierung. Das Verfahren kann jedoch aufgrund eines einheitlichen, grafischen und benutzerfreundlichen Programmierkonzepts auch direkt an der Maschine genutzt werden und ist damit nicht nur an den klassischen Einsatz in der Arbeitsvorbereitung gebunden.

Die Wahl eines geeigneten Verfahrens hängt in erster Linie von der Art und Menge sowie der Komplexität des Werkstückes, den zur Verfügung stehenden Maschinen wie auch der innerbetrieblichen NC-Programmierung, die in unterschiedlichen Abteilungen zu finden ist, ab.

03. Wie erfolgt die manuelle Programmierung?

Die manuelle Programmierung erfordert eine exakte Planung jedes einzelnen Bearbeitungsschrittes durch den Programmierer. Neben den Geometriebedingungen des Werkstückes müssen vor allem die technologischen und die maschinenspezifischen Aspekte bei der Programmierung berücksichtigt werden. Während in einem Arbeitsplan die Bearbeitungsreihenfolge festgelegt wird, sind im Einrichteplan Angaben über die eingesetzten Werkzeuge, Spannlage des Werkstückes u. a. zu finden.

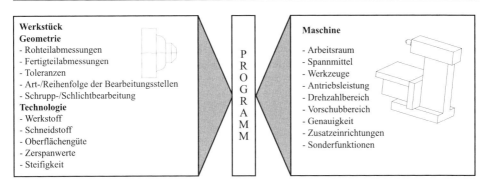

Daten zur Erzeugung von Steuerinformationen

Bedingt durch die erforderliche Umrechnung der Werkstückgeometrie auf den Bahnverlauf des Werkzeuges erfordert die Ermittlung und Festlegung der geometrischen Maße den weitaus größten Zeitanteil. Zudem ist aufgrund der verschiedenen Interpolationsarten einer NC-Steuerung die Aufteilung der Werkstückkontur in einzelne Konturelemente notwendig.

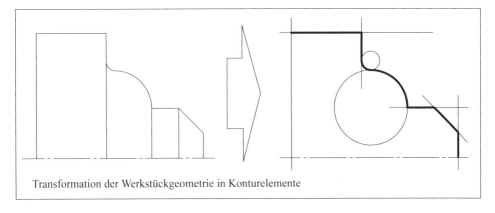

Transformation der Werkstückgeometrie in Konturelemente

Technologische Größen wie Vorschub und Schnittgeschwindigkeit werden aus Richtwerttabellen ermittelt und mit den weiteren technologischen Informationen wie z. B. Kühlschmiermittel-Ein/ Aus oder Werkzeugwechsel in den Datenspeicher übernommen.

Programmierbeispiel:

Zur Fertigung eines Werkstückes auf einer NC-Drehmaschine ist das Programm zu erstellen. Drehmaschine, Werkzeuge, Dreibackenfutter und Spannlage sind bereits vorgegeben.

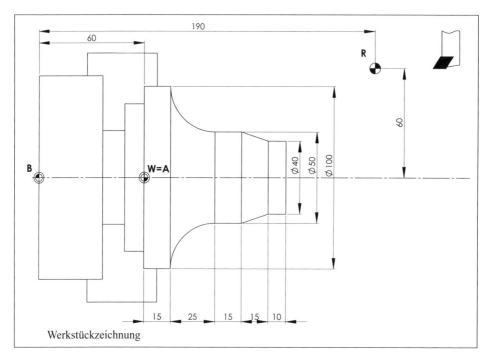

Werkstückzeichnung

Die Bearbeitung soll mit zwei Werkzeugen erfolgen, die auf den Plätzen 1 und 2 des Werkzeugwechslers eingespannt sind. Eine eventuelle Werkzeuglängekorrektur erfolgt über die Korrekturwertspeicher 6 und 7. Mit Werkzeug 1 soll die Schruppbearbeitung, mit Werkzeug 2 die Schlichtbearbeitung durchgeführt werden. Die Werkzeuge sind bereits voreingestellt im Werkzeugträger montiert und sollen keinen Schneidkantenradius besitzen.

Aufgrund der gegebenen Werkstoff-/Schneidstoffkombination und der verfügbaren Maschinenleistung soll mit konstanter Schnittgeschwindigkeit von 100 m/min zerspant werden. Zur Gewährleistung einer guten Spanbildung sind die maßgebenden Größen für den Zerspanungsquerschnitt wie folgt gewählt:

Schnitttiefe	$a_p = 10$ mm
Vorschub (Schruppbearbeitung)	$f_1 = 0.5$ mm/U
Vorschub (Schlichtbearbeitung)	$f_2 = 0.1$ mm/U
Das Rohteil hat die Abmessungen:	
Durchmesser	$d = 100$ mm
Länge	$L = 80$ mm

Das Schlichtaufmaß soll 1 mm betragen. Der Vorschub sei nur in mm/min programmierbar.

1. Lösungsschritt

Unter Berücksichtigung der maximalen Schnitttiefe und des Schlichtaufmaßes ergeben sich drei Schnitte für die Schruppbearbeitung und ein Schnitt für die Schlichtbearbeitung. In der gewählten Schnittaufteilung markieren die Punkte 1 – 18 jeweils die Endpunkte der Programmsätze mit Werkzeugbewegung.

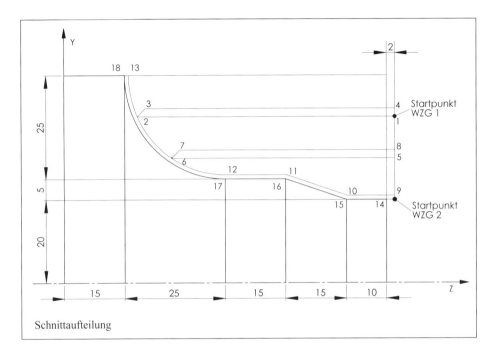

Schnittaufteilung

Berechnung der Koordinaten der jeweiligen Konturpunkte:

Nach Zeichnung ist
$$r = 25 \text{ mm (Zeichnung)} - 1 \text{ mm (Schlichtaufmaß)} = 24 \text{ mm}$$
$$x_s = 50 \text{ mm} - h$$
$$z_s = 40 \text{ mm} - b \quad \text{mit } b = \sqrt{r^2 - h^2}$$

Für den ersten Schnitt ergibt sich mit h = a = 10 mm:

$$b = 21{,}817 \text{ mm}$$
$$x_s = 40 \text{ mm}$$
$$z_s = 18{.}183 \text{ mm}$$

Die anderen Konturpunkte werden nach demselben Schema ermittelt.

2. Lösungsschritt

Ermittlung der technologischen Werte: Drehzahl und Vorschubgeschwindigkeit

Zwischen Schnittgeschwindigkeit, gedrehtem Werkstückdurchmesser und Drehzahl gilt folgender Zusammenhang:

$$v = \pi \cdot d \cdot n$$

Daraus ergibt sich für den ersten Schnitt

$$n_1 = 397{,}89 \ \text{min}^{-1}$$

und für die Vorschubgeschwindigkeit

$$v_{f1} = n_1 \ f_1$$

Die übrigen Schnitte ergeben sich analog.

3. Lösungsschritt

Um die Bestimmung der Bewegungsanweisungen zu vereinfachen, lässt sich durch eine Nullpunktverschiebung der Maschinennullpunkt in den Werkstücknullpunkt verlegen. Hierdurch können die Maßangaben der Werkstückzeichnung weitgehend in das Programm übernommen werden.

Grundsätzlich bestehen zwei verschiedene Möglichkeiten der Nullpunktverschiebung. Unter Verwendung der Anweisungen G53 bis G59 erfolgt die Nullpunktverschiebung ausgehend von einem der Steuerung bekannten Bezugspunkt. Ein Bezugspunkt kann in diesem Fall beispielsweise der Maschinennullpunkt M sein.

Bei Verwendung der Anweisung G54 wird das Werkstück-Koordinatensystem in Bezug auf den Maschinennullpunkt festgelegt. Das Maschinenkoordinatensystem wird hier um 60 mm in Z-Richtung verschoben.

Eine andere Möglichkeit der Nullpunktverschiebung bietet das Setzen des Istwert-Speichers durch den Befehl G92. Die Werte der aktuellen Position werden im Speicher gesetzt und können so indirekt den Nullpunkt des Werkstückes festlegen.

	Kommentar	Verfahrweg		Drehzahl	Vorschub	N	G	X	Z	I	K	F	S	T	M
		x	z	n[min⁻¹]	f[m/U]										
1	Programmanfang					%									
2	Nullpunktverschiebung	60	130			N10	G92	X60	Z130						
3	Spindel ein, Wrkz.1			398		N20	G04	X2000					S398	T0106	M04
4	Absolutbemaßung					N30	G90								
5	Zustellen, R → 1	Ø 80	82		EIL	N40	G00	X80	Z82						
6	1. Schnitt, 1 → 2	Ø 80	18,183		199	N50	G01		Z18,183			F199			
7	Abheben, 2 → 3	Ø 84	20		Eil	N60	G00	X84	Z20						
8	Rückfahren, 3 → 4	Ø 84	82	530	Eil	N70			Z82				S530		
9	Zustellen, 4 → 5	Ø 60	26,733		Eil	N80		X60							
10	2. Schnitt, 5 → 6	Ø 60	26,733		265	N90	G01		Z26,733			F265			
11	Abheben, 6 → 7	Ø 64	28		Eil	N100	G00	X65	Z28						
12	Rückfahren, 7 → 8	Ø 64	82	758	Eil	N110			Z82				S758		
13	Zustellen, 8 → 9	Ø 42	82		Eil	N120		X42							
14	Inkrementalbemaßung					N130	G91								
15	3. Schnitt, 9 → 10	0	-12		379	N140	G01		Z-12			F379			
16	Verweilzeit			612		N150	G04	X1000					S612		
17	4. Schnitt, 10 → 11	5	-15		306	N160	G01	X5	Z-15			F306			
18	5. Schnitt, 11 → 12	0	-15			N170			Z-15						
19	Verweilzeit			318		N180	G04	X1000					S318		
20	6. Schnitt, 12 → 13	24	-24		159	N190	G02	X24	Z-24	124		F159			
21	Absolutbemaßung					N200	G90								

	Kommentar	Verfahrweg		Drehzahl	Vorschub	N	G	X	Z	I	K	F	S	T	M
		x	z	n[min⁻¹]	f[m/U]										
22	Rückfahr R	Ø120	130	796		N210	G00	X120	Z130				S796		
23	Fahrzeugwechsel					N220								T0207	
24	Zustellen, R → 14	Ø 40	82			N230		X40	Z82						
25	Inkrementalbemaßung					N240	G91								
26	7. Schnitt, 14 → 15	0	-12		80	N250	G01	Z-12	Z-12			F80			
27	Verweilzeit			637		N260	G04	X1000					S637		
28	8. Schnitt, 15 → 16	5	-15		64	N270	G01	X5	Z-15			F65			
29	9. Schnitt, 16 → 17	0	-15			N280			Z-15						
30	Verweilzeit			318		N290	G04	X1000					S318		
31	10. Schnitt, 17 → 18	25	-25		32	N300	G02	X25	Z-25	125		F32			
32	Absolutbemaßung					N310	G90								
33	Rückfahrt R, Spindel aus	Ø 120	130			N320	G00	X120	Z130						M05
34	Ende					N330									M30

04. Wie erfolgt die maschinelle Programmierung?

Für den wirtschaftlichen Einsatz von NC-Maschinen ist die schnelle und sichere Erstellung des Steuerprogramms eine wesentliche Voraussetzung. Zur Entlastung des Programmierers wurden daher rechnergestützte Programmierverfahren entwickelt, die häufig wiederkehrende, zeitaufwändige und Fehler verursachende Tätigkeiten weitgehend automatisieren. Bei der maschinellen Programmierung wird die Werkstückbearbeitung mittels einer problemorientierten Sprache oder grafisch-interaktiv beschrieben. Problemorientierte Sprachen verwenden mnemotechnische Ausdrücke, d. h. Wörter und Symbole, die leicht zu merken sind, während grafisch-interaktive Systeme dem Benutzer die Programmerstellung dialogisch und mit grafischen Erläuterungen ermöglichen.

Zunächst wird das Teile-Programm allgemeingültig für alle Werkzeugmaschinen und unabhängig von der verwendeten Steuerung erstellt und übersetzt, die geometrischen und arithmetischen Anweisungen berechnet, Unterprogramme eingefügt und eine Fehleranalyse durchgeführt. Das Ergebnis wird satzweise in einem Daten-Zwischenformat (in der Regel CLDATA nach DIN 66215) gespeichert. Anschließend wird es durch den Postprozessor in eine der NC-Maschine angepasste Form gebracht.

Die maschinellen Programmiersysteme lassen sich grundsätzlich in geometrieorientierte Systeme und technologieorientierte Systeme unterteilen.

Die *geometrieorientierten Systeme* übernehmen die Codierung der Steuerdaten und die geometrischen Berechnungen. Den geometrisch orientierten Programmierverfahren ist gemeinsam, dass die Ermittlung der technologischen Daten und damit die Verantwortung für die Qualität des Fertigungsablaufs nach wie vor beim Programmierer liegen.

Die *technologieorientierten Systeme* bieten neben geometrischen auch technologische Ermittlungsmethoden an. Mit diesen Systemen können Arbeitsabläufe, Werkzeuge, Schnittwerte und Werkzeugwege automatisch ermittelt werden. Dabei unterstützen diese Systeme die gängigsten Fertigungsverfahren Drehen, Bohren und Fräsen. Hingegen wird das 5-Achsen-Fräsen nur von wenigen Systemen beherrscht.

Als universelle Programmiersprache gilt APT (Automatically Programmed Tools). Aus dieser ca. 300 symbolische Wörter umfassenden Sprache, sind aufgrund der damals hohen Anforderungen an die Rechnerkapazität zahlreiche andere Sprachen hervorgegangen, wie ADAPT, EXAPT, MINIAPT u. a. Aus diesem Grund ist auch der Übergang von einer Sprache zur anderen unproblematisch.

2.5.4 Organisation von Fertigungsprozessen unter Nutzung rechnergestützter Informationssysteme

01. Wie können NC-Systeme mit dem CAD-/CAM-System gekoppelt werden?

Die Kopplung eines maschinellen NC-Programmsystems mit einem CAD-System basiert auf der Idee, ein vollständiges Teilprogramm unter Nutzung der bereits verfügbaren Geometrieinformation des CAD-Systems zu erstellen. Prinzipiell besteht die Möglichkeit der Kopplung von NC- und CAD-Systemen durch eine geeignete Datenschnittstelle oder der Vereinigung von CAD- und NC-Programmiersystemen unter einer gemeinsamen Oberfläche. Bei Letzterem ist nicht nur ein Zugriff auf dieselbe Datenbasis gegeben sondern auch eine daraus resultierende bidirektionale Assoziativität der Modelle. Wird im NC-Modul die Programmierung eines Bauteiles vorgenommen und dessen CAD-Modell nachträglich verändert, so muss die NC-Programmierung nicht zu Beginn anfangen, sondern es reicht, das NC-Bearbeitungsmodell den Änderungen anzupassen.

02. Welche Vorteile bietet die werkstattorientierte Programmierung (WOP)?

Die werkstattorientierte Programmierung (WOP) basiert auf einem rechnergestützten Programmiersystem direkt an der Werkzeugmaschine und ist durch eine dialoggeführte Bedienoberfläche mit grafischer Unterstützung gekennzeichnet. Die Programmierung erfolgt nicht durch eine Programmiersprache, sondern durch eine getrennte Definition von Rohteil- und Fertigteilgeometrie, Bearbeitungsplanung und den anzuwendenden Technologien mit parametrierten bildlichen Eingabeelementen. Im Gegensatz zu den manuellen Programmierverfahren werden hier nicht die Verfahrbewegungen der Werkzeuge, sondern die Geometrie des zu fertigenden Werkstücks programmiert. Zunehmend findet die Übernahme von NC-gerecht aufbereiteten Geometriedaten aus einem CAD-System Verwendung. Hervorzuheben sind die grafisch-dynamischen Simulationsmöglichkeiten des Bearbeitungsprozesses sowie die Möglichkeit der Optimierung und Änderung von Programmen in der gleichen Methode wie der Neuprogrammierung. Das Verfahren erlaubt den wirkungsvollen Einsatz des Facharbeiters unter Ausnutzung seines fertigungstechnologischen Wissens bei gleichzeitiger Entlastung von technologischen und mathematischen Berechnungen gegenüber der manuellen, codeorientierten Programmierung. Die WOP ist vor allem auch dann interessant, wenn das Programmieraufkommen einen eigenen Programmierarbeitsplatz nur unzureichend auslastet.

03. Welche Programmierverfahren unterscheidet man beim Robotereinsatz?

Teach-in-Verfahren Online	Vorgehensweise beim Teach-in-Programmieren einer Roboterzelle mit Handterminal: 1. Der Roboterarm wird bei abgeschalteten Antrieben in die gewünschte Position gebracht. 2. Der Koordinatenwert wird gespeichert. 3. Analog wird für die weiteren Positionen verfahren. 4. Im Automatikbetrieb steuert der Roboter die erlernten Positionen an.
Play-Back-Verfahren Online	Eine Variante des Teach-in-Verfahrens ist das Play-Back-Verfahren. Zusätzlich zur Position wird der Verfahrensweg inklusive der Beschleunigung und Geschwindigkeit eingelernt.
Off-Line-Programmierung	Das Programm wird ohne das Zielsystem (den Roboter) erstellt. In Produktionsprozessen ist es schon aus ökonomischen Gründen meist nicht möglich, einzelne Roboter zur Programmierung still zu setzen. Die Neuprogrammierung erfolgt daher auf separaten Systemen, die auch über Simulationsmöglichkeiten verfügen, um die einwandfreie Funktion des Programms vor dem Einspeisen in den Produktionsroboter sicherzustellen.

2.6 Einsatz und Überwachung von Automatisierungssystemen einschließlich der Handhabungs-, Förder- und Speichersysteme

2.6.1 Automatisierung von Fertigungsprozessen

01. Was ist ein Automat?

Ein Automat (griechisch: sich selbst bewegend) ist ein System (Maschine, Einrichtung, Anlage), bei dem nach der Auslösung ein vorprogrammierter Prozess selbstständig abläuft.

02. Welche Zusammenhänge bestehen zwischen der menschlichen Tätigkeit und der Automatisierung in der Fertigung?

A. Das *Arbeitssystem* umfasst folgende Elemente (→ vgl. A 2.1.3):

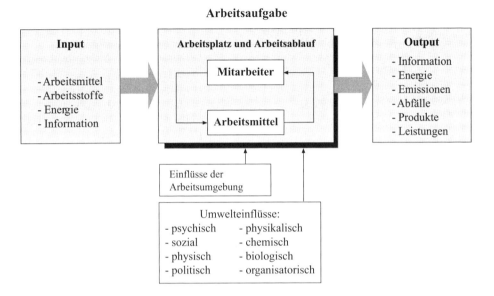

B. Um ein Betriebsmittel fertigungstechnisch nutzen zu können, müssen folgende *Funktionen/ Tätigkeiten* ausgeführt werden:

1. *Information*	→	Arbeitsplan, technische Zeichnung, Stückliste usw.
2. *Bedienung*	→	Rüsten, Einspannen, Anstellen usw.
3. *Steuerung*	→	Auslösen und Beenden, Abläufe gestalten usw.
4. *Materialver- und -entsorgung*	→	Normteile, Bauteile, Baugruppen usw.
5. *Kontrolle*	→	Überwachung der Maschine und der Fertigungsqualität

Ausgehend von den Zusammenhängen aus A. und B., lassen sich folgende Veränderungen beim Übergang von konventioneller zu flexibler, automatisierter Fertigung herleiten:

Merkmal	Konventionelle Fertigung	Flexible, automatisierte Fertigung
Information	- mündlich, schriftlich - Unterlagen in Papierform - für jeden Einzelfall	- durchgängiger Informationsfluss - Verknüpfung der Daten - gemeinsame Datenbank - Einmal-Eingabe, Mehrfachnutzung
Fertigungs-konzept	- Einzelmaschinen - Bearbeitungszentren - Sondermaschinen - Fließfertigung	- flexible Fertigungsanlagen durch Kombination anpassungsfähiger Maschinen und Montagezellen - flexibler, automatisierter Werkstück- und Werkzeugwechsel
Fertigungs-ablauf	- Automation nur bei gleichen Teilen mit hoher Stückzahl - hohe Arbeitsteile - zum Teil repetetive Teilarbeit	- automatisierter Fertigungsablauf - ohne manuelle Eingriffe werden Werkstücke in wählbarer Folge gefertigt - geringere Arbeitsteilung
Steuerung	- Fertigungssteuerung durch eine verantwortliche Person	- Fertigungssteuerung durch Prozess-rechner (DNC-Rechner)
Material-versorgung	- manueller Transport - manueller Wechsel von Werkstücken und Werkzeugen	- flexibler, automatisierter Material-fluss (logistischer Prozess) - integrierte Systeme für Transport, Handhabung und Lagerung
Fertigungs-überwachung	- Überwachung durch eine Person Maschine/Anlage, Werkzeuge, Prüf-mittel und Werkstückqualität)	- sensorgesteuerte Fertigungs- und An-lagenüberwachung - automatische Prozessoptimierung - rechnergestützte Qualitätsüber-wachung

03. Welche Vor- und Nachteile sind für den Mitarbeiter mit der Automation der Fertigung verbunden?

Automation der Fertigung	
Vorteile für den Mitarbeiter, z. B.:	**Nachteile für den Mitarbeiter, z. B.:**
- laufende Aktualisierung des Wissens durch Anpassungsfortbildung	- Gefahr der Entlassung bei fortschreitender Rationalisierung (Substitution des Faktors Arbeit durch den Faktor Kapital)
- Verminderung der Unfallgefahren	- Notwendigkeit des permanenten Lernens
- zum Teil Zunahme inhaltsreicher und qualifizierter Tätigkeiten, z. B. · Maschinenprogrammierung · Programm- und Ablaufoptimierung · Planungsaufgaben	- Probleme beim Wiedereintritt in die Arbeitswelt nach längerer Unterbrechung (fehlende Erfahrung mit neuen Fertigungstechniken)
- Spezialisten werden gebraucht	- steigende psychische Belastung aufgrund der Zunahme der Überwachungsaufgaben und der sich beschleunigenden Prozesse
- weniger physische Belastung	- sinkende Marktchancen für ungenügend ausgebildete Arbeitskräfte
- weniger Routinearbeiten	

04. Welche Vor- und Nachteile sind für den Betrieb mit der Automation der Fertigung verbunden?

Automation der Fertigung	
Vorteile für den Betrieb, z. B.:	**Nachteile für den Betrieb, z. B.:**
- Erhöhung der Ausbringung	- Tendenz zur Unflexibilität der Anlagen
- Verbesserung der Produktivität	- Krisenanfälligkeit bei Programmwechsel
- konstante gleichbleibende Qualität der Produkte	- Notwendigkeit der Vollbeschäftigung der Anlagen zur Senkung der fixen Stückkosten
- sinkender Anteil der Lohnkosten	

05. Wann ist der Einsatz automatisierter Fertigung wirtschaftlich sinnvoll?

- Massenfertigung gleicher Teile
- Großserienfertigung formähnlicher Teile
- Mittelserienfertigung von Teilefamilien bei Komplettbearbeitung
- Kleinserien bei großer Formvielfalt und Komplettbearbeitung

06. Welcher Automatisierungsgrad ist wirtschaftlich?

Der *Grad der Automatisierung* einer Anlage lässt sich rechnerisch darstellen, indem die Zahl der automatisierten Funktionen der Anzahl aller Funktionen gegenüber gestellt wird:

$$\text{Automatisierungsgrad} = \frac{\text{automatisierte Funktionen}}{\text{manuelle Funktionen} + \text{automatisierte Funktionen}} \cdot 100 \; [\%]$$

Mit zunehmender Automatisierung steigen die Anlagenkosten überproportional, die Personalkosten nehmen degressiv ab. Der *optimale Grad der Automatisierung* ist im Minimum der Gesamtkosten pro Stück realisiert:

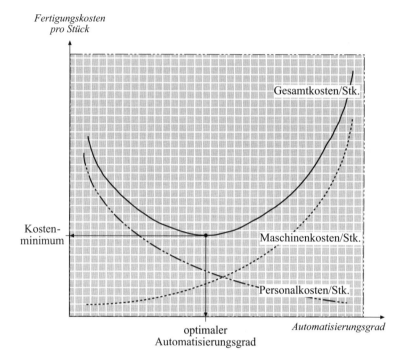

07. Welcher Zusammenhang besteht zwischen Mechanisierung/Automatisierung und Steuerungstechnik?

- Bei der Mechanisierung wird die Muskelarbeit des Menschen durch Vorrichtungen sowie durch pneumatische, hydraulische und elektrische Antriebe (Aktoren) substituiert.

- Die Steuerungstechnik entlastet den Menschen von immer wiederkehrender Gedächtnisleistung. Es werden Weg- und Schaltinformationen gespeichert, verarbeitet und übertragen.

Die folgenden Komponenten sind Voraussetzung für die Einführung der Mechanisierung bzw. Automatisierung:

- *Steuerungen*, die Weg- und Schaltinformationen für den Fertigungsprozess speichern, verarbeiten und übermitteln
- *Antriebe* (Aktoren) zur Bewegung von Werkstücken und Werkzeugen im Fertigungsablauf
- *Sensoren* zur permanenten Überwachung des Fertigungsprozesses
- *Hard- und Software* zur Steuerung, Regelung und Simulation des Fertigungsprozesses

08. Welche Einrichtungen an Maschinen und Fertigungssystemen sind automatisierbar?

Verdeutlicht man sich die Ausbaustufen der Automatisierung am Beispiel einer Werkzeugmaschine, so lassen sich folgende Einrichtungen und Prozesse automatisieren (vgl. auch unten: 2.6.2 Flexible Fertigungssysteme, FFS):

Vorgang	Automatisierung
1. Bedienen der Maschine	- Rüsten, Einspannen, Ausspannen usw. - Vor- und Rückwärtsbewegung des Werkzeugträgers
2. Zuführen der Rohteile	- automatische Zuführung der Werkstücke und Weitertransport
3. Zuführen der Werkzeuge	- automatische Zuführung der Werkzeuge; automatischer Werkzeugwechsel
4. Messen	- automatische, integrierte Messsysteme
5. Steuern	- Vernetzung der anfallenden Informationen über DNC- und Leitrechner; Automatisierung der Abläufe; dazu werden mechanische, pneumatische und hydraulische Steuerungselemente sowie elektrische Aktoren eingesetzt (vgl. ausführlich unter 1.1.3 Arbeitsmaschinen und 1.4.3 Energieversorgung).

2.6.2 Flexible Fertigungssysteme

2.6.2.1 Maschinenkonzepte

01. Was sind flexible, automatisierte Fertigungssysteme?

Die Nachteile der Automatisierung versucht man zu vermeiden durch den Bau flexibler, automatisierter Fertigungssysteme:

- flexibel bedeutet so viel wie „biegsam, geschmeidig, anpassungsfähig",
- flexible Fertigungssysteme sind Anlagen, die relativ schnell an veränderte Markt- und Produktionsbedingungen angepasst werden können; sie zeichnen sich aus durch:
  · Verkettung der räumlich angeordneten Maschinen (automatisierter Werkstücktransport)
  · geringen Umrüstaufwand für unterschiedliche Werkstücke und Bearbeitungsverfahren
  · Automatisierung der Fertigungsversorgung
  · Variation der Losgröße
  · Steuerung der Prozesse über Leitrechner (vgl. ausführlich unter 2.6.2.2)

02. Welche Maschinenkonzepte bilden die Bausteine der automatisierten Fertigung?

In Abhängigkeit von der Komplexität der Prozesse und dem Grad der Automatisierung werden grundsätzlich folgende Maschinenkonzepte unterschieden:

1. *Einstufige Maschinenkonzepte*:
   Das Werkstück wird an einer Station bearbeitet; Beispiele:
   - NC-/CNC-Einzelmaschinen
   - Bearbeitungszentren
   - flexible Fertigungszellen.

2. *Mehrstufige Maschinenkonzepte*:
   Das Werkstück wird an mehreren Stationen bearbeitet; Beispiele:
   - Flexible Fertigungssysteme
   - flexible Transferstraßen.

In Bezug auf Losgröße und Produktivität sowie Flexibilität und Varianz der Teile lassen sich die genannten *Maschinenkonzepte* in einem *Stufenmodell* darstellen:

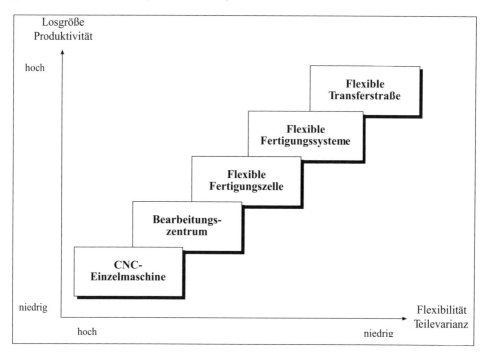

03. Welche Merkmale kennzeichnen eine NC-Werkzeugmaschine?   → **2.5**

Die NC-Werkzeugmaschine ist der Grundbaustein einer flexiblen Fertigungsanlage. Mit ihr kann hauptsächlich ein Fertigungsverfahren ausgeführt werden. Sie hat den geringsten Automatisierungsgrad.

Die *NC-Werkzeugmaschine* kennzeichnen folgende *Merkmale*:

- Einmaschinenkonzept
- Bearbeitung eines Werkstückes hauptsächlich durch ein Fertigungsverfahren
- automatische Werkzeugmagazinierung

- automatische Steuerung der Vorschub- und Schnittbewegung
- automatischer Werkzeugwechsel
- maschineninterner Steuerungsrechner.

Prinzipdarstellung des Fertigungsprozesses mit sich ergänzenden NC-Maschinen:

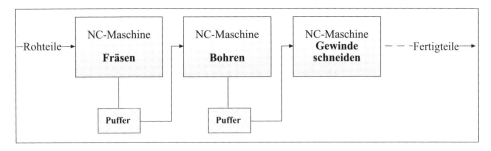

04. Welche Merkmale kennzeichnen ein Bearbeitungszentrum (BZ)?

Nicht nur die Bearbeitungsmaschine arbeitet computergesteuert, sondern auch der Wechsel der Arbeitsstücke sowie der Werkzeuge erfolgt automatisch. Es lassen sich damit *komplexe Teile* in Kleinserien bei relativ hoher Fertigungselastizität herstellen. Die Rundumbearbeitung der Werkstücke erfolgt über einen Drehtisch. Ein Palettenwechseltisch ermöglicht, dass gleichzeitig während der Bearbeitung ein anderes Werkstück aufgespannt werden kann. Die Überwachung mehrerer Bearbeitungszentren kann von einem Mitarbeiter oder einer Gruppe durchgeführt werden.

Das *Bearbeitungszentrum* kennzeichnen folgende *Merkmale*:

- Einmaschinenkonzept
- Bearbeitung eines Werkstückes durch mehrere Fertigungsoperationen in nur einer Aufspannung
- automatische Steuerung des Drehtisches zur kompletten Rundumbearbeitung des Werkstücks
- automatische Steuerung der Vorschub- und Schnittbewegung
- automatische Werkzeugmagazinierung
- automatischer Werkzeugwechsel
- maschineninterner Steuerungsrechner.

Prinzipdarstellung des Fertigungsprozesses mit Bearbeitungszentren ohne automatischen Werkstücktransport:

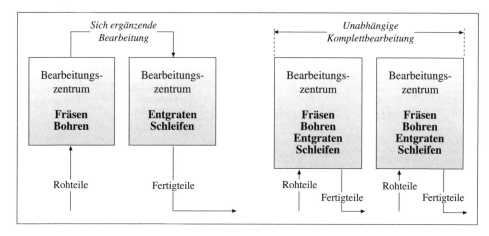

Bearbeitungszentren bieten u. a. folgende *Vorteile*:

- Verkürzung der Durchlaufzeit je Werkstück
- Verkürzung der Rüstzeiten
- kein Transport des Werkstücks erforderlich
- nur einmalige Aufspannung für alle Bearbeitungsvorgänge erforderlich.

05. Welche Merkmale kennzeichnen eine flexible Fertigungszelle (FFZ)?   → vgl. 5.1.3

Flexible Fertigungszellen (FFZ) sind die unterste Stufe eines flexiblen Fertigungssystems (FFS). Sie haben zusätzlich zum Automatisierungsgrad der Bearbeitungszentren eine automatische Zu- und Abführung der Werkstücke in Verbindung mit einem Pufferlager. Diese Systeme können auch in Pausenzeiten der Belegschaft weiterlaufen.

Die flexible Fertigungszelle kennzeichnen folgende Merkmale:

- Einmaschinenkonzept
- Komplettbearbeitung eines Werkstücks
- automatische Steuerung der Vorschub- und Schnittbewegung
- automatische Werkzeugmagazinierung
- automatischer Werkzeugwechsel
- maschineninterner Steuerungsrechner
- automatische Speicherung der Werkstücke
- Verkettung der Maschine mit Werkzeugmagazin und Werkstückspeicher (automatisierte Versorgung).

Nachteile einer flexiblen Fertigungszelle:

- Aufwändige Steuerung
- erfahrenes Bedienpersonal
- hohe Investitionskosten
- für hohe Stückzahlen weniger geeignet.

06. Welche Merkmale kennzeichnen ein flexibles Fertigungssystem (FFS)?

Beim flexiblen Fertigungssystem werden mehrere NC-Maschinen, Bearbeitungszentren und/oder flexible Fertigungszellen miteinander verkettet. Die Steuerung erfolgt über einen Leitrechner.

Das flexible Fertigungssystem kennzeichnen folgende Merkmale:

- Mehrmaschinenkonzept
- komplette, mehrstufige Bearbeitung eines Werkstücks/einer Baugruppe
- automatisierter Werkstücktransport zwischen den Bearbeitungsstationen
- automatische Werkstück- und Werkzeugversorgung über einen verketteten Speicher
- variable Steuerung des Fertigungsprozesses (z. B. unterschiedliches Ansteuern der Bearbeitungsstationen)
- Steuerung über einen Leitrechner.

Prinzipdarstellung des Fertigungsprozesses bei einem flexiblen Fertigungssystem unter Einsatz von NC-Maschinen, Bearbeitungszentren und flexiblen Fertigungszellen unter Einsatz eines automatischen Werkstücktransports:

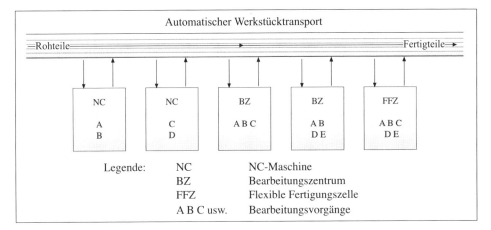

Vorteile eines flexiblen Fertigungssystems, z. B.:

- Hohe Flexibilität (Stückzahl, Bearbeitungsfolge)
- stufenweiser Ausbau möglich.

Nachteile eines flexiblen Fertigungssystems, z. B.:

- Aufwändige Technik der Bearbeitung und der Verkettung
- hohe Investitionskosten.

07. Welche Merkmale kennzeichnen eine flexible Transferstraße?

Um die Fertigung ähnlicher Werkstücke mit hohen Stückzahlen bei minimaler Durchlaufzeit zu realisieren, werden Bearbeitungsstationen in einer vorgegebenen Reihenfolge miteinander verkettet. Die Werkstücke durchlaufen alle Bearbeitungsstationen der Fertigungslinie. *Der automatisierte Fertigungsablauf ist taktgebunden.*

Die flexible Transferstraße kennzeichnen folgende Merkmale:

- Mehrere Bearbeitungsstationen sind zu einer Fertigungslinie verkettet
- das Werkstück durchläuft alle Bearbeitungsstationen
- der Werkstückfluss ist automatisiert und taktgebunden
- zur Abstimmung der Bearbeitungszeiten je Station werden Ausgleichspuffer eingerichtet.

Vorteile der flexiblen Transferstraße, z. B.:

- Hohe Produktivität
- Minimierung der Durchlaufzeit
- meist nur angelerntes Personal erforderlich.

Nachteile der flexiblen Transferstraße, z. B.:
- Beeinträchtigung der gesamten Fertigungslinie beim Ausfall einer Bearbeitungsstation
- bei Änderungen des Fertigungsproramms ist eine aufwändige Taktabstimmung erforderlich.

2.6.2.2 Informationsstrukturen in der flexiblen Fertigung

01. Welche Funktion haben DNC-Rechner?

Nach DIN ISO 2806 ist DNC (Direct Numerical Control) ein System, bei dem mehrere numerisch gesteuerte Arbeitsmaschinen mit einem gemeinsamen Rechner verbunden sind, der die Daten der Steuerprogramme für die Arbeitsmaschinen verwaltet und zeitgerecht verteilt. Zusätzliche Funktionen können z. B. das Erfassen und Auswerten von Betriebs- und Messdaten sowie das Ändern von Daten eines Steuerprogramms sein.

Entscheidend ist also, dass mehrere NC- oder CNC-Maschinen und andere Fertigungseinrichtungen per Kabelverbindung direkt mit einem Rechner verbunden sind.

In der neueren Bezeichnung „Distributed Numerical Control" kommt zum Ausdruck, dass der DNC-Funktionsumfang auf mehrere Rechner verteilt ist, die über ein LAN (Local Area Network) miteinander kommunizieren.

In Betrieben, die über kein LAN verfügen, sind die Bearbeitungsstationen meist sternförmig über direkte Kabelverbindung und einen Multiplexer an den DNC-Rechner angeschlossen:

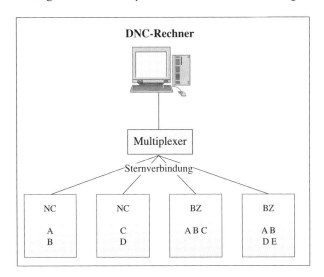

Heute werden zunehmend LANs installiert. Die Verbindung zu den angeschlossenen Maschinen erfolgt über einen LAN-Adapter:

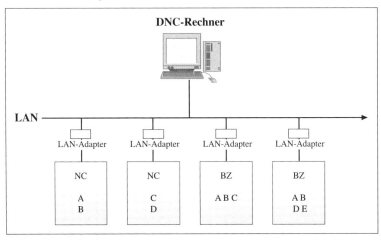

Erweiterte DNC-Systeme können zusätzlich auch organisatorische Aufgaben übernehmen:

- Auftragsübernahme- und -fortschrittsverfolgung
- Maschinen- und Rüstplatzbelegungsplanung
- Materialflusssteuerung
- Steuerdatenverwaltung
- Maschinen- und Betriebsdatenerfassung
- Werkzeugfluss-Steuerung und -datenverwaltung.

02. Welche Aufgabe hat ein Fertigungsleitrechner?

Ein Fertigungsleitrechner ist ein übergeordneter Rechner, der je nach Auslegung und Automatisierungsgrad eines flexiblen Fertigungssystems (FFS) folgende Aufgaben übernimmt:

- Übernahme der Fertigungsaufträge vom PPS und Überwachung der Termine und Stückzahlen anhand der Rückmeldungen

- Steuerung der Maschinenbelegung

- Bereitstellung der Rohteile

- Anforderung und Bereitstellung der erforderlichen Werkzeuge an den Maschinen

- Information an den DNC-Rechner zur Bereitstellung der notwendigen NC-Programme

- Information an die Transportsteuerung über die Zuordnung der Werkstücke zu den einzelnen Bearbeitungsstationen

- Bereitstellung der erforderlichen Messprogramme für maschineninterne Kontrollen bzw. für in das FFS integrierte Messeinrichtungen

- Informationen an das Bedienpersonal, z. B.:
  · Änderungen in der Fertigung
  · Statusmeldungen
  · Alternativen bei Maschinenausfällen
  · Termine
  · Stückzahlen.

03. Welche Ebene der Informationsvernetzung lassen sich bei der Gestaltung eines FFS unterscheiden?

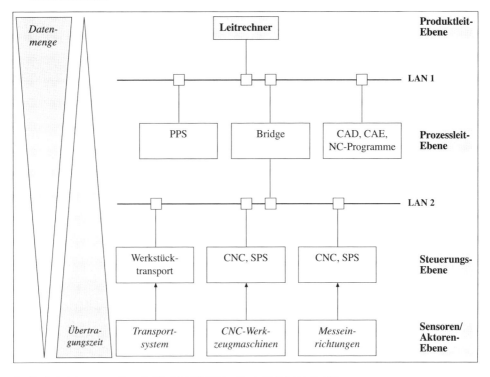

Quelle: in Anlehnung an: Hans B. Kief, NC/CNC Handbuch 2009/2010, S. 478

2.6.3 Automatisierungskomponenten im Fertigungsprozess

2.6.3.1 Industrieroboter

01. Was ist ein Roboter?

„Ein Roboter ist ein universell einsetzbarer Bewegungsautomat mit mehreren Achsen, dessen Bewegungen hinsichtlich Folge und Wegen bzw. Winkeln frei programmierbar und gegebenenfalls sensorgeführt sind." (Die *DIN 2860* wurde ohne Ersatz zurückgezogen.)

Roboter sind also universell einsetzbare Automaten zum Ausführen unterschiedlicher Arbeitsaufgaben. Sie dienen zum Bewegen, Positionieren und Orientieren von Werkstücken und Werkzeugen in mehreren Achsen. Die Bewegungsabläufe sind programmgesteuert und variabel. Sie werden mittels *Sensoren* überwacht und ggf. korrigiert. An der letzten „Handachse" befindet sich der *Effektor,* der die eigentliche Roboteroperation ausführt. Effektoren sind zum Beispiel Greifer, Schweißzangen, Messtaster und andere Fertigungsmittel.

Entsprechend dem Einsatzgebiet unterscheidet man:

- *Industrieroboter,*
- *Serviceroboter* und
- *Geländeroboter.*

02. Welche Grundtypen von Industrierobotern gibt es?   → 3.2.1/17. ff.

Industrieroboter werden nach ihrer *Bauform* definiert. Diese wird durch die Anordnung und Kombination der Bewegungsachsen bestimmt. Es wird zwischen *Linearachsen* und *Drehachsen* unterschieden.

Grundtypen von Industrierobotern	
Bauform	**Bewegungsachsen**
Vertikal-Knickarm-Roboter	3 Drehachsen
Schwenkarm-Roboter (SCARA-Roboter)	3 Drehachsen 1 Linearachse Selective Comliance Assembly Robot Arm
Horizotal-Knickarm-Roboter	2 Linearachsen 1 Drehachse
Lineararm-Roboter	2 oder 3 Linearachsen
Portalroboter	3 Linearachsen

03. Wie ist der Aufbau von Industrierobotern?

Industrieroboter bestehen aus bis zu sechs Hauptbaugruppen:

1. *Achsen*
   (rotatorisch oder linear) zur Ausführung der Bewegungen im Arbeitsraum.

2. *Effektor*
   (Greifer oder Hand) um Werkstücke oder Werkzeuge zu greifen, festzuhalten, zu transportieren und zu positionieren.

3. *Steuerung*
   zur Eingabe und Speicherung der Programmabläufe. Die Bewegungsabläufe werden extern oder vor Ort im Teach-In-Verfahren programmiert.

4. *Antriebe*
   zum geregelten Bewegungsablauf jeder Achse bzw. zum Halten der Position.

5. *Messsystem*
   zum Messen der Position bzw. der Winkel jeder Achse, der Verstellgeschwindigkeit und der Beschleunigung der einzelnen Achsen.

6. *Sensoren*
   zum Erfassen von Störeinflüssen (z. B. Lageveränderungen, Musterabweichungen des Werkstücks).

Prinzipskizze eines Industrieroboters:

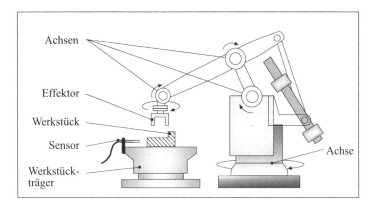

04. Welche Bedeutung hat das Kartesische Koordinatensystem für Roboter?

Das *Kartesische Koordinatensystem* (benannt nach Cartesius) bezieht sich im mathematischen Sinne auf das Rechtwinklige. In der Robotertechnik bezieht sich dieses Koordinatensystem auf die Linearachsen. So arbeiten Portal- und Linearroboter nach dem Kartesischen Koordinatensystem.

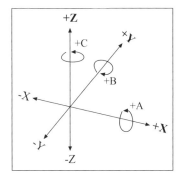

05. Mit welchen Steuerungsarten können Industrieroboter arbeiten? → 2.5

Aufgabe der Robotersteuerung ist es, die Bewegung der Effektoren zu realisieren. Es werden grundsätzlich *zwei Steuerungsarten* und damit zwei Bewegungsarten unterschieden.

• Die *PTP-Steuerung* (Point-To-Point)
  wird eingesetzt für Arbeitsaufgaben, bei denen der Roboter nur an bestimmten Positionen Aufgaben ausführen muss.

  Beispiel: Verschrauben, Punktschweißen.

• Die *Bahnsteuerung*
wird eingesetzt für bahnbezogene Arbeitsaufgaben, bei denen der Roboter den Effektor eine
Bahnkurve entlang führt.

Beispiel: Nahtschweißen, Entgraten, Beschichten

06. Was ist das Linien- und das Zellenprinzip beim Robotereinsatz?

• Das *Linienprinzip* entspricht dem Fließprinzip. Die Arbeitsaufgaben sind in Teilaufgaben
gegliedert und auf mehrere Roboter verteilt.

• Das *Zellenprinzip* entspricht dem Einzelarbeitsplatz, an dem das Montageobjekt komplett
montiert wird. Hierbei können auch mehrere Roboter zum Einsatz kommen.

07. Welche Besonderheiten sind beim Robotereinsatz zu beachten?   → 3.2.1/17. f.

Es gelten folgende Richtlinien und Normen für Sicherheitsmaßnahmen:

• *VDI 2853:*
Sicherheitstechnische Anforderungen an Bau, Ausrüstung und Betrieb von Industrierobotern

• *VDI 3228 – 3231*
Technische Ausführungsrichtlinien für Werkzeugmaschinen und andere Fertigungsmittel

Besondere Bedeutung hat die Beachtung der *Kollisionsfreiheit* des Roboters zur Peripherie und
zu anderen Robotern. Der *Bewegungsraum* des Roboters ist gegenüber dem Menschen technisch
so abzugrenzen, dass es ebenfalls nicht zur Kollision kommen kann.

08. Welche Unfallursachen durch den Einsatz von Industrierobotern lassen sich nennen?

- Unvorhergesehene Roboterbewegungen
- Lösen von Werkstücken oder Werkzeugen aufgrund der Fliehkraft oder Schwerkraft bei
  ungenügender Haftung im Greifer
- angetriebene Werkzeuge (z. B. Schleifscheiben)
- heiße Werkstücke
- Strahlung beim Schweißen.

2.6.3.2 Fördersysteme

01. Mit welchen Fragestellungen befasst sich die Fördertechnik?   → 1.1.4

Die Fördertechnik befasst sich mit den *Fragen des innerbetrieblichen Transports* von Materialien
und Personen sowie der *Gestaltung des betrieblichen Materialflusses* unter der Verwendung von
Fördermitteln und Fördereinrichtungen wie z. B. Stapler, Krananlagen, Gurtförderer, Aufzüge
oder Elektrohängebahnen zwischen zwei in begrenzter Entfernung liegenden Orten.

02. Nach welchen Merkmalen werden Fördermittel systematisiert (Fördermittelarten)?

Die *Einteilung der Fördermittel* ist in der Literatur nicht einheitlich. Meist wird nach folgenden *Merkmalen* unterschieden:

- *Flurbindung*:
  · flurfrei
  · flurgebunden
  · aufgeständert

- *Grad der Automatisierung*:
  · manuell
  · maschinell

- *Beweglichkeit*:
  · ortsfest
  · frei fahrbar
  · geführt fahrbar

- *Antriebsart*:
  · Einzelantrieb
  · Muskelkraft
  · Schwerkraft
  · mit/ohne Zugmittel

Eine häufige Gliederung der *Fördermittelarten* ist die Unterteilung in *Stetig- und Unstetigförderer*. Ein weiteres Gliederungsmerkmal ist, ob sie auf der Flur (*Flurförderer*) oder über der Flur (*flurfreie Förderer*) arbeiten (vgl. Abb. unter 1.7.1/Frage 34.). Die *Hebetechnik* (Hebezeuge, Krananlagen) ist ein wichtiges Teilgebiet der Fördertechnik (ausführlich behandelt unter 1.1.4).

03. Was sind Förderhilfsmittel und welche Prinzipien sind bei der Wahl von Förderhilfsmitteln maßgeblich?

• Förderhilfsmittel haben die Hauptaufgabe, Ladeeinheiten zu bilden: Aus mehreren Einzelgütern sollen größere Transporteinheiten geschaffen werden.

Einzelaufgaben von Förderhilfsmitteln sind z. B.:

- Schutz des Lager- bzw. Transportgutes
- Identifizierung des Lager- bzw. Transportgutes
- Ermöglichen des Auf- und Abladens
- Rationalisierung des Transports und der Lagerung.

- Beispiele für Förderhilfsmittel:

1. tragende Förderhilfsmittel	· Flachpaletten · Werkstückträger
2. umschließende Förderhilfsmittel	· Gitterboxpaletten · Kästen
3. abschließende Förderhilfsmittel	· Container · Wechselpritschen für Lkw · Kisten · Fässer · Kartons · Kanister

• Prinzipien, die bei der Wahl geeigneter Förderhilfsmittel maßgeblich sind, z. B.:

- Einheitlichkeit, Rationalisierung: Ladeeinheit = Transporteinheit = Lagereinheit
- kostengünstig und sicher
- mehrfach verwendbar (Rückhol-, Rückgabesystem)
- möglichst nur genormte, international verwendete Förderhilfsmittel einsetzen
- Umweltverträglichkeit.

2.6.3.3 Handhabungstechnik

01. Welche Bedeutung hat die Handhabungstechnik im Rahmen der Automatisierung?

Handhaben ist das Schaffen, das definierte Verändern oder das vorübergehende Aufrechterhalten einer vorgegebenen räumlichen Anordnung von geometrisch bestimmten Körpern (VDI-Richtlinie 2860).

Grundsätzlich kann ein starrer Körper nach sechs Freiheitsgraden im Raum angeordnet werden:

- *3 translatorische Freiheitsgrade*   →   *Position* des Körpers
  (xyz-Koordination des Schwerpunkts)

- *3 rotatorische Freiheitsgrade*   →   *Orientierung* des Körpers
  (Rotationswinkel um die xyz-Achse)

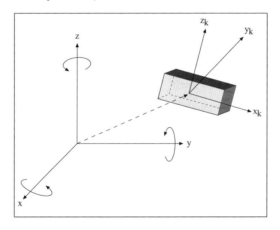

02. In welche Teilfunktionen wird das Handhaben gegliedert?

Man unterscheidet man fünf Teilfunktionen:

Teilfunktionen des Handhabens				
Sichern	**Bewegen**	**Verändern der Menge**	**Speichern**	**Kontrollieren**
Halten	Drehen	Teilen	geordnetes ...	Prüfen
Lösen	Verschieben	Vereinigen	ungeordnetes ...	Messen
Spannen	Schwenken	Abteilen	teilgeordnetes ...	
Entspannen	Orientieren	Zuteilen		
	Positionieren	Verzweigen		
	Ordnen	Zusammenführen		
	Führen	Sortieren		
	Weitergeben			

03. Welche Handhabungsgeräte/-einrichtungen werden unterschieden?

Als Handhabungsgeräte werden alle Geräte bezeichnet, die einen Körper zu einer bestimmten Position hinbewegen und ihn so weit drehen, bis sich der Körper in der richtigen Lage befindet. Sie übernehmen damit Funktionen der menschlichen Sinnesorgane und der Hände. Handhabungseinrichtungen dienen der exakten Werkstück- und Werkzeugpositionierung und sollen den Menschen von montonen und körperlich schweren Arbeiten entlasten (Ergonomie).

Die Systematik der Handhabungseinrichtungen ist schwierig, da viele Geräte mehrere Funktionen übernehmen. Stellt man die Hauptfunktionen in den Vordergrund lässt sich folgende, grobe Einteilung vornehmen:

Handhabungseinrichtungen zum ... (Beispiele)				
Speichern	**Verändern der Menge**	**Bewegen**	**Sichern**	**Kontrollieren**
Gurt	Zuteiler	Dreheinrichtung	Aufnahme	Prüfeinrichtung
Palette	Weiche	Industrieroboter	Greifer	Messeinrichtung
Magazin	Vereinzelungs-einrichtung	Ordnungs-einrichtung	Spanner	Sensor
Bunker		Schieber	Backenfutter	
		Rinnen	Spannplatten	
		Ladeportale		
		Umlenk-einrichtung		

Kurzbeschreibung spezieller Handhabungseinrichtungen:

• *Balancer*
ermöglichen das Heben schwerer Lasten.

• *Manipulatoren*
sind Handhabungseinrichtungen, deren Bewegungsablauf manuell gesteuert wird, z. B. bei der Handhabung schwerer und/oder heißer Werkstücke.

• *Teleoperatoren*
sind ferngesteuerte Manipulatoren, die genutzt werden, wenn der Kontakt zum Objekt für den Menschen gefährlich oder unmöglich ist (z. B. Kerntechnik, Bombenentschärfen, Kanalisation).

• *Modulare Systeme*
bestehen aus verschiedenen Modulen, die je nach Anforderungsart verschiedene Funktionen des Greifens, Rotierens und Bewegens ausführen. Die Steuerung erfolgt über Endschalter oder Programme.

04. Welche Symbole werden in der Handhabungstechnik verwendet?

Zur Darstellung von *Handhabungsvorgängen* in Funktionsplänen werden nach VDI 2860 *Symbole* für die einzelnen Funktionen verwendet (Beispiele; ausführlich: vgl. Tabellenwerke):

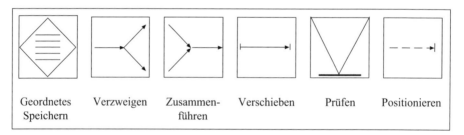

| Geordnetes Speichern | Verzweigen | Zusammen-führen | Verschieben | Prüfen | Positionieren |

2.6.3.4 Speichersysteme

01. Was ist „Speichern"?

Speichern ist das Aufbewahren von Stoffen im weitesten Sinne (Begriff aus der Logistik; vgl. 1.1.4.1/02.).

02. Wie werden Speichersysteme unterschieden?

Speichersysteme lassen sich einteilen in mechanische und elektronische Speicher:

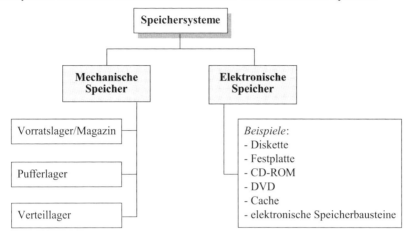

* *Elektronische Speichersysteme*
  gehören zu den Informationsträgern (→ vgl. ausführlich unter 5.4.1/19.).

* *Vorratslager/Magazine*
  sind eine geordnete Teilebereitstellung zum Ausgleich von Bedarfsschwankungen (zu den Lagerarten vgl. ausführlich unter 1.7).

Als *Magazin* im engeren Sinne wird die geordnete Teilebereitstellung an einer Bearbeitungsstation bezeichnet.

* *Puffer*(lager)
  sind Kleinlager mit geringer Reichweite zum Ausgleich zwischen verketteten Bearbeitungsstationen bei zeitlich unterschiedlichen Arbeitsinhalten (vgl. u. a. 3.1.3).

03. Welche Arten von Puffern gibt es?

- Hinsichtlich der *Funktion* kann man differenzieren zwischen
  · Bereitstellungspuffern,
  · Ausgleichspuffern und
  · Störungspuffern.

- Hinsichtlich der *Anordnung* in verketteten Systemen unterscheidet man z. B. zwischen folgenden Arten:

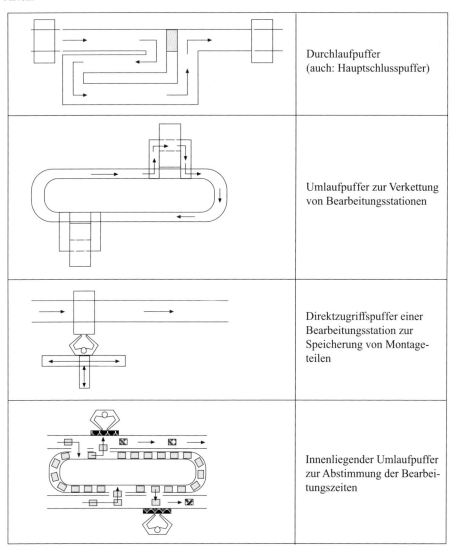

	Durchlaufpuffer (auch: Hauptschlusspuffer)
	Umlaufpuffer zur Verkettung von Bearbeitungsstationen
	Direktzugriffspuffer einer Bearbeitungsstation zur Speicherung von Montageteilen
	Innenliegender Umlaufpuffer zur Abstimmung der Bearbeitungszeiten

2.7 Aufstellen und Inbetriebnehmen von Maschinen und Fertigungssystemen

→ A 2.2.5, 1.5, 5.1.3, 5.5.3

Hinweis:
Der Abschnitt 2.7 bearbeitet das Aufstellen von Maschinen/Fertigungssystemen unter zwei Aspekten:

1. *Aufstellen von Maschinen hinsichtlich des Fertigungsprozesses* (auch: Fertigungsstruktur, Fertigungsorganisation):

   Im Mittelpunkt steht hier die Frage, nach welchen *Prinzipien die Maschinen zeitlich und räumlich anzuordnen sind*, um den Fertigungsprozess zu gewährleisten. Man bezeichnet diese Strukturierung als *Fertigungsorganisation (auch: Produktionsorganisation, Layoutplanung)*.

   Inhaltlich wird diese Fragestellung in der Literatur unter dem Thema „*Fertigungsverfahren*" behandelt. Generell gliedert man die Fertigungsverfahren nach drei Gesichtspunkten (vgl. A 2.2.5 und ausführlich unter 5.1.3, Ablaufstrukturen).

2. *Aufstellen von Maschinen hinsichtlich der Inbetriebnahme:*
   Zentrales Thema sind hier folgende Überlegungen: Ist die generelle Frage beantwortet, wie die Maschine/Anlage innerhalb der Fertigungsstruktur anzuordnen ist muss weiterhin geklärt werden, welche Vorschriften des Herstellers, welche internen Vorgaben und welche sicherheitstechnischen Aspekte bei der Aufstellung und Inbetriebnahme zu berücksichtigen sind.

   Diese Thematik wird im Qualifikationsschwerpunkt „Betriebstechnik" ausführlich unter 1.5, Aufstellen und Inbetriebnehmen von Anlagen und Einrichtungen behandelt und daher in diesem Abschnitt nicht erneut ausführlich dargestellt (bitte ggf. Ziffer 1.5 wiederholen).

2.7.1 Aufstellen von Maschinen und Fertigungssystemen hinsichtlich des Fertigungsprozesses

01. Welche Aspekte sind beim Aufstellen von Maschinen und Fertigungssystemen zu beachten?

	Folgende Aspekte sind beim Aufstellen von Maschinen und Fertigungssystemen zu beachten:		
	Gesichtspunkt:	*Einzelheiten, Beispiele:*	*Details vgl.:*
1	**Gesetze, Verordnungen, Vorschriften**	Maschinensicherheitsnorm DIN EN 12100:2011	1.5.1
2	**Fertigungstechnik**	Manuelle, maschinelle, mechanisierte Fertigung	2.6
3	**Fertigungstypen**	- Einzelfertigung - Mehrfachfertigung: Serien-, Sorten-, Massenfertigung	A 2.2.5
4	**Fertigungsorganisation**	- Werkstattfertigung - Gruppenfertigung - Fließfertigung - Baustellenfertigung	A 2.2.5
5	**Gestaltung wesentlicher Schnittstellen**	- Versorgung mit Energie, Betriebsstoffen, Werkzeugen, Material - Umgebungsverhältnisse - Schnittstellen (Transport, EDV) - Mensch-Maschine (Ergonomie) - Instandhaltung - Arbeitssicherheit	1.5.1
6	**Kapitalbedarf, Kapitalausstattung**	in Abhängigkeit von der Fertigungsorganisation, der Fertigungstechnik sowie dem Fertigungstyp	A 2.2.5 4.
7	**Realisierung der Fertigungsziele, z. B.**	- Produktivität - Optimierung der Durchlaufzeiten - Optimierung des Materialflusses - Flexibilität der Fertigung	A 2.1.2 2.1.1
8	**Beachtung der Restriktionen, z. B.**	- Kapitalausstattung - Raum- und Platzangebot - Anordnung der Gebäude - Auflagen des Arbeits- und Umweltschutzes	1.5.1

Die Organisationsprinzipien der Montage werden ausführlich unter dem Qualifikationsschwerpunkt 3. Montagetechnik behandelt.

02. Welche Anordnungsstrukturen sind beim Aufstellen von Maschinen grundsätzlich möglich (Prinzipien der Fertigungsorganisation)?

Aufstellen von Maschinen nach der Anordnungsstruktur (Fertigungsorganisation und Fertigungslogistik)		
Bezeichnung	**Anordnungsstruktur**	**Organisationsprinzip**
Werkstattfertigung (Werkstättenfertigung)	Zusammenfassung gleicher Bearbeitungsverfahren in einer Werkstatt (Schlosserei, Dreherei, Fräserei, Schleiferei usw.)	**Funktionsprinzip** (Verrichtungsprinzip)
Fließfertigung Sonderformen: - Linienfertigung - Reihenfertigung - Fließbandfertigung	Aufstellen der Maschinen nach der Arbeitsvorgangsfolge/nach der Abfolge der Bearbeitungsstufen	**Objektprinzip**
Gruppenfertigung Sonderformen: - Inselfertigung - Flexible Fertigung - Teilautonome Gruppen - Mischformen	Zusammenfassung der erforderlichen Bearbeitungsverfahren für einzelne Baugruppen	**Mischform** Objektprinzip und innerhalb der Gruppe Verrichtungsprinzip
Baustellenfertigung	Sonderform	**Objektprinzip**
Aspekte der Fertigungslogistik	Aufstellen von Maschinen unter Einbeziehung der verketteten Lager- und Transportsysteme. Gestaltung der Fertigungsstrukturen nach logistischen, ganzheitlichen und prozessorientierten Gesichtspunkten mit entsprechender Layoutplanung der Produktionsstätte (Optimierung des internen Materialflusses; Kanban, JiT)	Mischformen (Verrichtungs-, Objekt-, Gruppenprinzip)

03. Welche Anordnungsstruktur ist bei der Werkstattfertigung vorherrschend?

Als Werkstattfertigung werden die Verfahren bezeichnet, *bei denen die zur Herstellung oder zur Be- bzw. Verarbeitung erforderlichen Maschinen an einem Ort, der Werkstatt, zusammengefasst sind.* Die Werkstücke werden von Maschine zu Maschine transportiert. Dabei kann die gesamte Fertigung in einer einzigen Werkstatt erfolgen oder auf verschiedene Spezialwerkstätten verteilt werden.

Die Werkstattfertigung ist dort zweckmäßig, wo eine Anordnung der Maschinen nicht nach dem Arbeitsablauf erfolgen kann und eine genaue zeitliche Abstimmung der einzelnen Arbeitsgänge nicht möglich ist, weil die Zahl der Erzeugnisse mit unterschiedlichen Fertigungsgängen sehr groß ist (weitere Ausführungen vgl. A 2.2.5 und 5.1.3).

04. Welche Anordnungsstruktur ist bei der Fließfertigung vorherrschend?

Fließfertigung ist eine örtlich fortschreitende, zeitlich bestimmte, lückenlose Folge von Arbeitsgängen. Bei der Fließfertigung ist der Standort der Maschinen vom Gang der Werkstücke abhängig und die Anordnung der Maschinen und Arbeitsplätze wird nach dem Produktionsablauf vorgenommen, wobei sich der Durchfluss des Materials vom Rohstoff bis zum Fertigprodukt von Produktionsstufe zu Produktionsstufe ohne Unterbrechung vollzieht. Die Arbeitsgänge erfolgen pausenlos und sind zeitlich genau aufeinander abgestimmt, sodass eine Verkürzung der Durchlaufzeiten erfolgen kann (weitere Ausführungen vgl. A 2.2.5 und 5.1.3).

05. Welche Anordnungsstruktur ist bei der Gruppenfertigung vorherrschend?

Die *Gruppenfertigung* ist eine Mischform von Fließfertigung und Werkstattfertigung, die die Nachteile der Werkstattfertigung zu vermeiden sucht. Bei diesem Verfahren werden verschiedene Arbeitsgänge zu Gruppen zusammengefasst und innerhalb jeder Gruppe nach dem Fließprinzip angeordnet (weitere Ausführungen vgl. A 2.2.5 und 5.1.3).

06. Was ist für die Baustellenfertigung charakteristisch?

Bei der *Baustellenfertigung* ist der Arbeitsgegenstand entweder völlig ortsgebunden oder kann zumindest während der Bauzeit nicht bewegt werden. Die Materialien, Maschinen und Arbeitskräfte werden an der jeweiligen Baustelle eingesetzt. Die Baustellenfertigung ist in der Regel bei Großprojekten im Hoch- und Tiefbau, bei Brücken, Schiffen sowie dem Bau von Fabrikanlagen anzutreffen (weitere Ausführungen vgl. A 2.2.5).

07. Wie erfolgt die Aufstellung der Maschinen unter Einbeziehung verketteter Lager- und Transportsysteme?

Die oben dargestellten Ausführungen erwecken unter Umständen den Eindruck, dass sich die Aufstellung von Maschinen/Anlagen nur an einem bestimmten Prinzip orientiert. Das ist in der heutigen Praxis nicht der Fall: Es würde zu einer isolierten Betrachtungsweise führen und Schwachstellen in der Ver- und Entsorgung der Produktion nach sich ziehen.

Moderne Konzepte der Layoutplanung von Produktionsstätten berücksichtigen die zentralen Aspekte der Logistik, speziell der Fertigungslogistik. Auch wenn in einem Unternehmen das vorherrschende Prinzip der Maschinenanordnung das „Werkstattprinzip" ist, müssen bei der Layoutplanung Aspekte des internen Materialflusses, der Informationsversorgung, der Lagerplanung und der Entsorgung mit einbezogen werden (Prinzip „Logistische Kette").

Maschinen und Anlagen müssen layoutmäßig so aufgestellt werden, dass eine Verkettung der Fertigung mit den Lagereinrichtungen (Eingangs-, Zwischen-, Ausgangslager) über geeignete Transportsysteme sicher gestellt ist. Fragen der Entsorgungslogistik sind dabei synchron zu beantworten (Reststoffe, Abfälle, Retouren, Recycling, Entsorgungskette; weitere Ausführungen vgl. 5.5.3).

Beispiel zur Layoutplanung (verkürzt):
Vgl. dazu auch: 3.1.4 Montageorganisation und 5.1.4/09. Raumorientierte Ablaufplanung.

Für die neu zu planende Herstellung eines Pneumatikzylinders (Tageslosgröße 100) sollen das Gehäuse und die Kolbenstange in Halle 1 gefertigt werden. Kleinteile werden fremd bezogen. Es sind unter Berücksichtigung der Belegungs- und Auftragszeiten folgende Arbeitsplätze/Maschinen erforderlich: Das Gehäuse wird an zwei Metallsägen gefertigt und anschließend montiert. Die Kolbenstange wird auf drei CNC-Drehmaschinen und einer Universalfräsmaschine hergestellt. Es ist ein Pufferlager zwischen

Fertigung und Montage einzurichten. Die Montage erfolgt in drei Stufen an drei Arbeitsplätzen. Der Montage nachgeschaltet ist die Qualitätskontrolle. Die nachfolgende Skizze zeigt die Gebäude- und Raumanordnung, das Raumangebot sowie den Flächenbedarf je Arbeitsplatz:

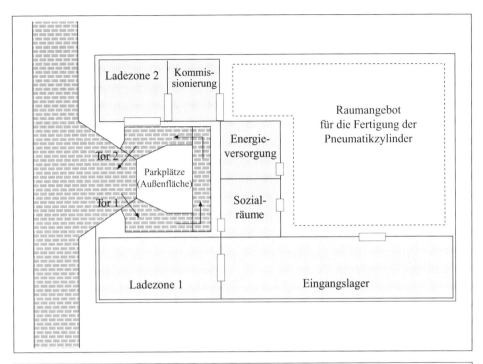

Lösungsskizze:

1. Fertigungsorganisation:	Wegen der Losgröße (100 E pro Tag) werden die Maschinen nach dem Fließprinzip angeordnet.
2. Fertigungstechnik:	Es werden konventionelle Bearbeitungsmaschinen eingesetzt.
3. Montageorganisation:	Die Montagearbeitsplätze werden in Reihe angeordnet.
4. Materialversorgung:	Der Materialfluss für die Gehäuse erfolgt vom Eingangslager zu den Metallsägen und anschließend zum Zwischenlager (vor der Montage). Der Materialfluss für den Kolbenzylinder folgt dem Fließprinzip der Maschinenanordnung und wird dem Zwischenlager zugeführt.
5. PPS-Steuerungsmethode:	Es wird das MRP II-Konzept gewählt (vgl. 2.8.3).
6. Schnittstellen, Restriktionen:	Das Raumangebot ist ausreichend. Die Sicherheitsvorschriften (z. B. Breite der Verkehrswege) können eingehalten werden; die Energieversorgung ist ohne nennenswerten Zusatzaufwand gewährleistet u. Ä. (vgl. 2.7.1/01.).

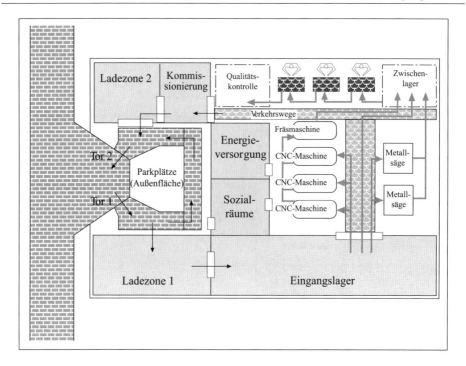

2.7.2 Aufstellen von Maschinen und Fertigungssystemen hinsichtlich ihrer Inbetriebnahme

Das Thema wird ausführlich unter 1.5, Aufstellen und Inbetriebnehmen von Anlagen und Einrichtungen behandelt. Zur Wiederholung: Die zentralen Aspekte sind:

- Gesetze, Verordnungen und Vorschriften bei der Aufstellung und Inbetriebnahme beachten
- Herstellen geeigneter Bedingungen im Vorfeld der Aufstellung und Inbetriebnahme
- Erfordernisse bei der Gestaltung der Umgebungsverhältnisse berücksichtigen
  (z. B. Lärmschutz, Dimensionierung und Beschaffenheit des Fundaments)
- Arbeiten vor und während der Montage planen und ausführen
- Informationen des Herstellers zur Inbetriebnahme und Abnahme beachten
  (CE-Kennzeichnung, Betriebsanleitung)
- Bedeutung der CE-Kennzeichnung und der Konformitätserklärung kennen
- Abnahme der Maschine durchführen:
  · Probeläufe mit Werkstück
  · Überprüfen der funktionalen Zusammenhänge
  · Ermittlung von Schwachstellen.

Dabei sind Aspekte der Arbeitssicherheit, des Arbeits-, Umwelt- und Gesundheitsschutzes sowie des Personaleinsatzes und der Personalschulung zu berücksichtigen (vgl. A 4.5.6, 6.1.1/6.4.2, 7.2.1, 8.).

2.8 Umsetzen der Informationen aus verknüpften, rechnergestützten Systemen der Konstruktion, Fertigung und Qualitätssicherung

→ A 3.1.1, 2.6, 5.4, 9.

2.8.1 Rechnergestützte Systeme der Konstruktion, Fertigung und Qualitätssicherung

01. Wie werden rechnergestützte Systeme in der Konstruktion, der Fertigung und in der Qualitätssicherung eingesetzt?

Die Anwendung von rechnergestützten Systemen in der Konstruktion, in der Fertigung und bei anderen technischen Fragestellungen ist seit langem verbreitet.

In der *ersten Phase des Computereinsatzes* wurden manuelle Tätigkeiten durch geeignete Rechnerprogramme unterstützt bzw. ersetzt.

Beispiel:
Eine technische Zeichnung wird nicht mehr manuell, sondern mithilfe eines CAD-Systems erstellt und in einer Datenbank abgelegt. Mit der Zeichnungserstellung wird eine entsprechende Stückliste generiert. Zeichnungen und Stücklisten sind im Rechner gespeichert und können für unterschiedliche Zwecke (Einkauf, Materialplanung, Arbeitsplanung) als Ausdruck erzeugt und an andere Abteilungen („Prozesskunden") weitergegeben werden. Analoge Beispiele gibt es für den Einsatz von Rechnern in der Prüftechnik und in der Arbeitsvorbereitung.

Nachteilig war zu diesem Zeitpunkt, dass unterschiedliche Datenbestände in verschiedenen Arbeitsbereichen der Fertigung als Insellösung vorlagen; *es fehlte die Verknüpfung der Informationen über eine gemeinsame Datenbank.*

Die höchstentwickelte Form der Prozessanalyse und -steuerung existiert heute als sog. computerintegrierte Fertigung (CIM, Computer Integrated Manufactoring). Vor Einführung eines solchen Systems müssen Aufwand und Nutzen sorgfältig abgewogen werden.

CIM ist ein Konzept zur informationstechnischen Vernetzung der rechnergestützten Systeme der Konstruktion, der Fertigung und der Qualitätssicherung; daneben gibt es weitere CIM-Komponenten (z. B. CIP, CAO).

Die technische Seite des CIM-Konzepts bilden die CA-Systeme (CAD, CAM, CAQ, CAP); der betriebswirtschaftliche Bereich wird durch die Produktionsplanung und -steuerung (PPS) repräsentiert (vgl. zu CIM ausführlich unten, 2.8.5).

02. Welche CA-Systeme werden im Rahmen der computerintegrierten Fertigung eingesetzt?

Man unterscheidet Systeme der Planung und der Durchführung:

CA-Systeme			
Systeme der Planung			
CAE	Computer Aided Engineering	Computergestütztes Ingenieurwesen in der Entwicklung/Fertigung	Entwurf
CAD	Computer Aided Design	Computergestützte Konstruktion und Zeichnungserstellung	Konstruktion
CAP	Computer Aided Planning	Computergestützte Arbeits- und Montageplanung	Arbeitsplanung
Systeme der Durchführung			
CAM	Computer Aided Manufacturing	Computergestützte Fertigungsdurchführung	Fertigung
CAQ	Computer Aided Quality Assurance	Computergestützte Qualitätssicherung	Qualitätssicherung

03. Welche Vor- und Nachteile können mit der Einführung eines CIM-Konzeptes verbunden sein?

CIM-Konzept	
Mögliche Vorteile, z. B.:	**Mögliche Nachteile, z. B.:**

• Reduzierung
  - der Entwicklungszeiten/-kosten
  - der Rüst- und Liegezeiten/-kosten
  - der Fertigungszeiten/-kosten
  - der Lagerbestände/-kosten
  - des Personalbestandes/der Personalkosten
	• Der Einsatz vernetzter, rechnergestützter Systeme führt nur dann zur Realisierung der angestrebten Ziele, wenn
	  - die Systeme laufende Updates erfahren,
	  - die Teilsysteme kompatibel sind,
	  - die Datenbestände aktuell sind.

• Verbesserung
  - der Fertigungsflexibilität
  - der Produktqualität
  - der Produktivität
	• Der Einsatz vernetzter, rechnergestützter Systeme verlangt vom Mitarbeiter
	  - die Bereitschaft, die Anwendung der Systeme zu lernen und zu nutzen,
	  - die Bereitschaft zu laufender Weiterdung,
	  - Flexibilität im Umgang mit den Systemen,
	  - die Bereitschaft zur Tätigkeit im Rahmen flexibler Schichtsysteme

• Abbau monotoner Arbeiten, z. B.:
Immer wiederkehrende, zum Teil doppelte Dateneingabe und -pflege wird reduziert; aufgrund der Systemunterstützung kann die manuelle Überwachungstätigkeit vermindert werden.
	• Hohe Investitionskosten für
	  - Hardware
	  - Software (Kompatibilität, Update)
	
	• Hohe Anlaufkosten für
	  - Implementierung des CIM-Konzepts
	  - Eingabe der Datenbestände
	  - Einarbeitung der Mitarbeiter

04. Warum muss die Organisation bei der Einführung eines CIM-Konzeptes modifiziert werden?

Die Implementierung eines CIM-Konzeptes verlangt eine *exakte, aufbauorganisatorische Struktur* des Unternehmens. Die Hierarchie des Softwaresystems muss der Hierarchie der Wirklichkeit entsprechen, damit Ein- und Ausgabedaten den jeweiligen Unternehmensbereichen, Abteilungen und Arbeitsplätzen zugeordnet werden kann.

Bei der Gestaltung der Ablauforganisation erfolgt ein *Übergang zur Prozessorganisation* (vgl. 5.1.4, Optimierung der Aufbau- und Ablauforganisation). Jeder Bereichs-, Gruppen- und Einzelarbeitsprozess muss in der Realität genau definiert und in der „Rechnerwelt" entsprechend abgebildet sein. Für jeden Prozess muss klar erkennbar sein, wer Lieferant und wer Kunde einer Leistung ist.

Diese Erfordernisse führen bei Einführung eines CIM-Konzeptes zu einer Neuorganisation bzw. zu einer Modifizierung der bestehenden Aufbau- und Ablaufstrukturen.

2.8.2 Informationen aus verknüpften, rechnergestützten Systemen der Konstruktion

01. Welche Aufgaben kann ein CAD-System übernehmen?

CAD (= Computer Aided Design) bedeutet computergestütztes Konstruieren. Konstruktion umfasst die Tätigkeitsfelder planen, konzipieren, entwerfen und ausarbeiten.

In der Regel übernimmt ein CAD-System folgende *Aufgaben* bzw. liefert folgende *Informationen:*

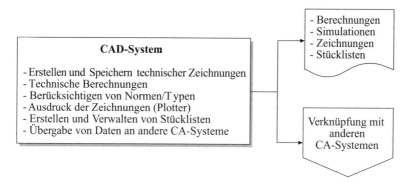

02. Welche Aufgaben kann ein CAE-System übernehmen?

CAE (= Computer Aided Engineering = Computergestütztes Ingenieurwesen in der Konstruktion) umfasst alle mit der Konstruktion verbundenen, *grundlegenden Berechnungen und Untersuchungen*, die am Bildschirm durch Simulation dargestellt werden. Beispiele: Verbindung von Baugruppen, Belastungsberechnungen, Simulation thermodynamischer und strömungsmechanischer Vorgänge, Crashsimulationen, Simulation von Materialfluss-Systemen. Die Informationen können an andere CA-Systeme weitergegeben werden.

03. Welche Aufgaben kann ein CAP-System übernehmen?

CAP (= Computer Aided Planning) bedeutet computergestützte Arbeits- und Montageplanung. CAP-Systeme helfen bei der Erstellung von

- Arbeitsplänen (Arbeitsvorgangsermittlung, Betriebmittelauswahl),
- Montageplänen,
- Programmen zur Maschinensteuerung (NC-Programmierung),
- Testprogrammen für Prüfmaschinen

und bauen auf den Arbeitsergebnissen der Konstruktion (CAD) auf.

2.8.3 Integration der Basisdaten in die Produktionsplanung und -steuerung

01. Welche Aufgaben kann ein PPS-System übernehmen?

Produktionsplanung und -steuerung (PPS) umfasst die computergestützte Planung, Steuerung und Überwachung von Produktionsabläufen hinsichtlich Terminen, Mengen, Kapazitäten und Material sowie Auftragsfreigabe und -überwachung. *PPS-Systeme übernehmen die betriebswirtschaftlichen Aufgaben des CIM-Konzeptes.* Im Gegensatz zum CAP-System erfolgt hier nicht nur eine einmalige, statische Planung, sondern eine laufende, dynamische Kontrolle und Korrektur der Planungsergebnisse entsprechend dem Realisierungsfortschritt der Aufträge. Die meisten PPS-Systeme sind in ihren Funktionen nahezu identisch; sie unterscheiden sich nur in der Bedienerführung, der Übersichtlichkeit und dem Zusammenwirken der einzelnen Funktionen.

Die Hauptaufgaben von PPS-Systemen sind:

- Grunddatenverwaltung:
  Stammdaten der Arbeitsplätze, der Artikel, der Fertigungsaufträge, der Materialbestände, des Personals usw.
- Produktionsprogrammplanung
- Mengenplanung/Bestellrechnung
- Termin- und Kapazitätsplanung (Durchlaufterminierung)
- Kalkulation
- Auftragsfreigabe und Auftragsüberwachung
- Werkstattsteuerung.

Ein PPS-System ist also in seiner Hauptfunktion eine Programmoberfläche zur Ein- und Ausgabe von Fertigungsdaten mit einer strukturierten Verknüpfung und dem gemeinsamen Zugriff zu einer Datenbank.

Das PPS-System nutzt die Stammdaten und Arbeitsergebnisse des CAD-/CAP-Systems und übergibt seinerseits produktspezifische Arbeitspläne für den Fertigungsprozess bzw. für die Auftragskalkulation (Mengen-, Zeit- und Wertparameter).

Die Aufgaben der PPS lassen sich einteilen in die *auftragsneutrale* Fertigungsplanung und die *auftragsabhängige* Fertigungssteuerung:

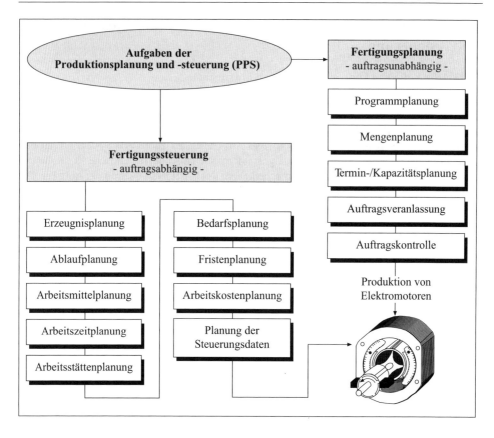

02. Welche Steuerungskonzepte für PPS-Systeme gibt es?

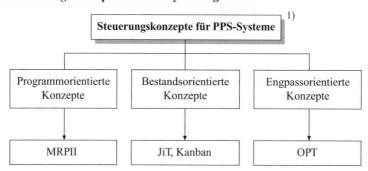

---

[1] Es werden im Folgenden nur die Steuerungskonzepte lt. Rahmenplan behandelt.

03. Wie ist der Ansatz beim MRP II-Konzept?

Das MRP II-Konzept (Manufacturing Resource Planning) ist ein *Rechnerprogramm* aus den frühen 80er-Jahren. Es geht von der Absatzplanung aus, leitet daraus die Produktionsprogramm-planung ab und *entwickelt in logisch abgestuften Rechenschritten den Produktionsplan* unter Berücksichtigung aller notwendigen Ressourcen und Vorgaben (Personal, Betriebsmittel, Material, Flächen, Termine usw.).

Ist das Ergebnis der Berechnung, der *Kapazitätsbelastungsplan*, fertigungstechnisch nicht durch-führbar, erfolgt eine Wiederholung des „Rechenvorgangs". Vereinfacht lässt sich das hierarchisch gegliederte Rechenprogramm von MRP II in folgenden Schritten darstellen:

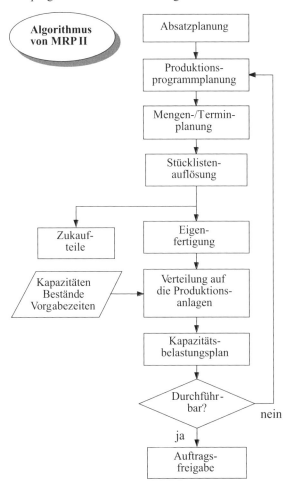

Zur Kritik von MRP II wird vorgetragen:

- Die wechselseitigen Abhängigkeiten von Absatz- und Programmplanung werden nicht hinreichend berücksichtigt; Änderungen in der Absatzplanung führen zu einem umfangreichen Rechenaufwand.
- Die rechnerisch verwendeten Plan-Durchlaufzeiten sind oft unrealistisch.

04. Wie ist der Ansatz bei den bestandsorientierten Konzepten JiT und Kanban?

$\rightarrow$ **3.1.4, 5.3.2**

• *Just-in-Time* (JiT) verfolgt als Hauptziel, alle nicht-wertschöpfenden Tätigkeiten zu reduzieren. Jede Verschwendung und Verzögerung auf dem Weg „vom Rohmaterial bis zum Fertigprodukt an den Kunden" ist auf ein Minimum zu senken. Teile und Produkte werden erst dann gefertigt, wenn sie – intern oder extern – nachgefragt werden. Das erforderliche Material wird *fertigungssynchron beschafft*. Damit sind innerhalb der Produktion nur noch kleine Zwischenläger erforderlich; auf Eingangslager kann verzichtet werden. Realisiert wird eine Produktion mit minimalen Beständen und möglichst geringen Steuerungs- und Handlingkosten bei der Materialversorgung (vgl. ausführlich unter 5.3.3).

• Das *Kanban-System* ist eine von mehreren Möglichkeiten zur Umsetzung des JiT-Konzepts: Jede Fertigungsstelle hat kleine Pufferlager mit sog. Kanban-Behältern (jap. Kanban = Karte), in denen die benötigten Teile/Materialien liegen. Wird ein bestimmter Mindestbestand unterschritten wird eine Identifikationskarte (Kanban) an dem Behälter angebracht. Dies ist das Signal für die vorgelagerte Produktionsstufe, die erforderlichen Teile zu fertigen.

Die Abholung der Teile erfolgt nach dem Hol-Prinzip, d. h. die verbrauchende Stelle muss die Teile von der vorgelagerten Stelle abholen. Auf diese Weise *werden die Bestände in den Pufferlagern minimiert bei gleichzeitig hoher Servicebereitschaft.*

05. Wie ist der Ansatz beim OPT-Konzept?

Das OPT-Konzept (Optimized Production Technology) ist ein Steuerungssystem, das sich darauf konzentriert, die Engpasskapazität zu ermitteln und diese zu optimieren:

Auf der Basis des vorliegenden Fertigungsprogramms erfolgt zunächst eine Kapazitätsplanung. Aufgrund dieser Grobplanung wird der Produktionsbereich in einen unkritischen und einen kritischen Bereich aufgeteilt.

Der kritische Bereich repräsentiert die *Engpasskapazitäten* und hat Vorrang in der Planung: Im Wege der Vorwärtsterminierung wird versucht, die kritischen Betriebsmittel optimal zu belegen (Optimierung der Ablaufplanung und Losgrößenvariationen). Die Feinplanung für die unkritischen Betriebsmittel wird anschließend per Rückwärtsterminierung durchgeführt.

Das OPT-Konzept eignet sich für Kleinserien- und Serienfertigung, die nach dem Verrichtungsprinzip strukturiert sind.

Schematisch zeigt das OPT-Konzept folgenden Planungsablauf:

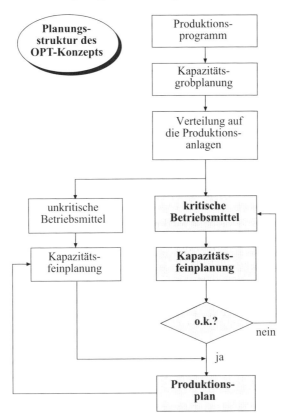

2.8.4 Informationen aus verknüpften, rechnergestützten Systemen

01. Welche Aufgaben kann ein CAM-System übernehmen?

CAM (Computer Aided Manufacturing = Computergestützte Fertigungsdurchführung) bedeutet computerunterstützte Fertigung durch CNC-Maschinen, Handhabungssysteme, Industrieroboter, automatisierte Lagersysteme und Montagesysteme. Im Gegensatz zum CAP-System (Unterstützung der Fertigungsplanung) wird *CAM zur Durchführung der Fertigung* eingesetzt.

Mit CAM können viele Funktionen der Fertigung automatisiert werden. Dazu zählen u. a. die Werkstückbearbeitung, die Maschinenbe- und -entstückung, die Teile- und Baugruppenmontage, der Transport und die Fertigungszwischenlagerung. Es werden Daten benötigt über die Konstruktionsmerkmale, den Bedarf an Material, Betriebsmitteln und Personal, den Arbeitsablauf, die Termine, die Maschinenbelegung und die Fertigungsmenge.

Im CAM-System werden die Geometriedaten des CAD-Systems, die Technologiedaten aus dem CAP-System und die betriebswirtschaftlichen Informationen aus dem PPS-System zusammengefasst.

02. Welche Aufgaben kann ein CAQ-System übernehmen?

CAQ (= Computer Aided Quality Assurance) ist die computergestützte Qualitätssicherung. CAQ-Systeme haben folgende Aufgaben:

- Festlegen der Qualitätsstandards
- Erstellen von Prüfplänen/Prüfprogrammen unter Verwendung der Konstruktionsdaten (Verknüpfung mit CAE/CAD)
- Prüfprogrammierung
- Durchführung rechnergestützter Mess- und Prüfverfahren
- Qualitätsanalyse
- Speicherung von Qualitätsdaten zur Förderung der Qualität.

2.8.5 Ebenen der computerintegrierten Fertigung

01. Welche Fertigungstechnologie wird mit CIM umschrieben?

CIM (= Computer Integrated Manufactoring) bedeutet computerintegrierte Fertigung. In dieser höchsten Automationsstufe sind alle Fertigungs- und Materialbereiche untereinander sowie mit der Verwaltung durch ein einheitliches Computersystem verbunden, dem eine zentrale Datenbank angeschlossen ist. Jeder berechtigte Benutzer kann die von ihm benötigten Daten aus der Datenbank abrufen und verwerten. CIM umfasst folglich ein Informationsnetz, das die durchgängige Nutzung von einmal gewonnenen Datenbeständen ohne erneute Erfassung zulässt. CIM ist kein fertiges Konzept, sondern es besteht aus einzelnen Bausteinen, die miteinander zu einem Ganzen kombiniert werden müssen.

Komponenten der computerintegrierten Fertigung sind im Wesentlichen:

- Datenverarbeitungs- und Steuerungstechnik
- Leitrechner
- Maschinen/Anlagen mit CNC-Steuerung (CNC = Computerized Numeric Control – computerausgeführte Steuerung von Maschinen/Anlagen)
- entsprechende Robotertechnik zur Be- und Entschickung von Maschinen mit Werkstücken (DNC-Technik; Direct Numeric Control – direkte numerische Steuerung von Maschinen)
- computergesteuerte, fahrerlose Transportsysteme
- lokales Netzwerk zur Verknüpfung der Systeme (LAN).

Die Struktur der CIM-Bausteine unter einem „Dach" zeigt in der Regel eine gleichgewichtige Darstellung von PPS (betriebswirtschaftlicher Bereich) und CA-Techniken (technischer Bereich):

CIM			
PPS	**CAD/CAM**		
Grunddatenverwaltung	**CAE**	Produktentwurf	
Produktionsprogrammplanung	**CAD**	Konstruktion	**CAQ**
Materialwirtschaft	**CAP**	- Arbeitspläne und - NC-Programmierung	Qualitäts-
Mengen-, Terminplanung		- Steuerung von NC-Maschinen - Transportsteuerung - Lagersteuerung - Montagesteuerung - Steuerung der Instandhaltung	sicherung
Kapazitätsplanung			
Auftragsfreigabe	**CAM**		(Schnittstellen-
Auftragsüberwachung			funktion)
Kalkulation			

Jedes Unternehmen muss – in Abhängigkeit von Größe, Produktprogramm, Art der Fertigung usw. – entscheiden, welche der CIM-Bausteine eingesetzt und verknüpft werden. Der Implementierungsaufwand ist beträchtlich. Obwohl Unternehmen und Institute an der Entwicklung von CIM arbeiten, gibt es bisher keine in sich geschlossenen CIM-Software-Systeme.

Zwischen den einzelnen CIM-Bausteinen gibt es Verfahrensketten („Bearbeitungspaare"), z. B.:

CAD	Kostenschätzungen ⟶ ⟵ Konstruktionsanforderungen	**CAP**
CAD	Konstruktionsunterlagen, Datenmodelle, Fertigungsanforderungen ⟶ ⟵ Technologische Anforderungen	**CAM**
CAM	Versandinformationen, Fertigstellungstermine ⟶ ⟵ Produktionsmengen	**CAP**

Innerhalb von CIM sind alle Bausteine integriert. Dabei hat CAQ einen alle Bereiche übergreifenden Charakter.

In der Anwendung ergeben sich aus CIM sog. prozessorientierte „Ketten", z. B. CIM-Kette „Produkt" und CIM-Kette „Produktionsplanung":

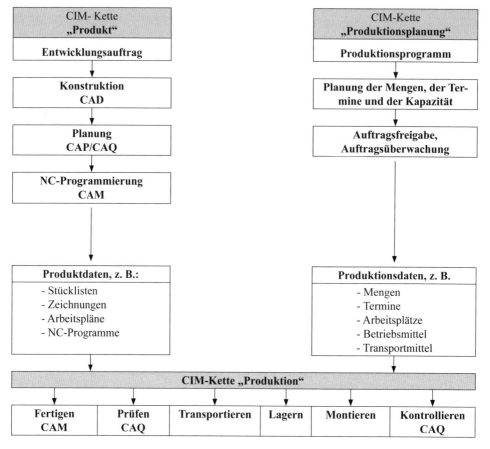

Eingesetzt werden Layout-Planungen vor allem bei:

• Neugestaltungen
• Umgestaltungen
• Erweiterungen

von Produktionsstätten.

02. Welche Ebenen der computerintegrierten Fertigung werden unterschieden?

1. Unterscheidung nach *Gestaltungsebenen* bei der CIM-Planung:

• Auf der *Strategieebene* ist aufgrund der Produktionsstruktur u. a. zu klären:
  - Welche CIM-Bausteine sollen eingesetzt werden?
  - Welcher Grad der Integration ist wirtschaftlich vertretbar?

• Auf der *Organisationsebene* ist u. a. zu beantworten:
Wie muss die Aufbau- und Ablauforganisation so modifiziert werden, dass
die reale Unternehmensstruktur der „Rechnerwelt" entspricht (vgl. oben, 2.8.1)?

• Auf der *Ebene der Informationstechnik* ist z. B. zu entscheiden:
- Welche Hardware?
  · Zentralrechner?
  · Peripheriegeräte?
- Welche Software?
  · PPS-System/-Konzept?
  · CA-Systeme?
  · Datenbanksystem?

2. Unterscheidung in *Planungs-, Leit- und Realisationsebene:*

• Auf der *Planungsebene* wird ein durchgängiger Informationsfluss sichergestellt durch die
Vernetzung von PPS, CAD/CAE und CAP (gemeinsame Datenbank, LAN).

• Die *Leitebene* ist die Schnittstelle zwischen Planungsebene und Realisationsebene:
Mithilfe des CAM-Systems werden die Geometriedaten des CAD-Systems, die Techno-
logiedaten aus dem CAP-System und die betriebswirtschaftlichen Informationen aus dem
PPS-System zusammengefasst. Über Leitstände, Server und DNC-Rechner erfolgt eine
Verbindung zur Realisationsebene.

• Auf der *Realisationsebene* (auch: Werkstatt-/Prozessebene) erfolgt die Durchführung der
Fertigungsplanung über NC-Werkzeugmaschinen, Handhabungs-, Transport- und Lagersysteme.

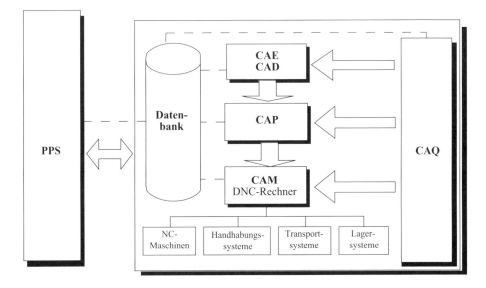

3. Montagetechnik

————— *Prüfungsanforderungen:* —————

Im Qualifikationsschwerpunkt Montagetechnik soll der Prüfungsteilnehmer nachweisen, dass er in der Lage ist

- die Aufträge zur Montage von Maschinen und Anlagen zu planen, zu organisieren und deren Durchführung zu überwachen,

- den Montageablauf bestimmende Teilvorgänge und Zusammenhänge sowie Optimierungsmöglichkeiten des Montageprozesses zu erkennen und entsprechende Maßnahmen zur Umsetzung einzuleiten sowie

- Montageprinzipien nach vorgegebenen Kriterien auszuwählen, den Eigen- und Fremdanteil mit zu berücksichtigen und die Auswirkungen auf den Montageprozess zu erkennen.

Qualifikationsschwerpunkt Montagetechnik (Überblick)

3.1 Planen und Analysieren von Montageaufträgen nach konstruktiven Vorgaben, Disponieren der Eigen- und Fremdanteile und der terminlichen Vorgaben sowie Festlegen des Montageplatzes, der Betriebs-, Montage- und Prüfmittel, der Montageprinzipien und Veranlassen des Montageprozesses

3.2 Planen und Beurteilen des Einsatzes von automatisierten Montagesystemen einschließlich der Anwendung von Handhabungsautomaten

3.3 Überprüfen der Funktion von Baugruppen und Bauteilen nach der Methode der Fehler-Möglichkeit-Einfluss-Analyse (FMEA)

3.4 Inbetriebnehmen und Abnehmen von montierten Maschinen und Anlagen nach den geltenden technischen Richtlinien

3.1 Planen und Analysieren von Montageaufträgen nach konstruktiven Vorgaben, Disponieren der Eigen- und Fremdanteile und der terminlichen Vorgaben sowie Festlegen des Montageplatzes, der Betriebs-, Montage- und Prüfmittel, der Montageprinzipien und Veranlassen des Montageprozesses

3.1.1 Planen von Montageaufträgen

01. Was ist unter Montage im technologischen Sinne zu verstehen?

Montage ist das Zusammen*fügen* von mindestens zwei Teilen mittels *funktionsabhängiger Technologien.* Sie umfasst alle Tätigkeiten, um aus Einzelteilen Baugruppen und aus Baugruppen und Einzelteilen verkaufsfähige Erzeugnisse herzustellen.

02. Was sind die Ziele der Montage?

- Einhaltung der Liefertermine
- Einhaltung der Qualitätsvorgaben und -standards
- Minimierung der Montagekosten
- Reduzierung der Montagezeiten und dadurch Verkürzung der Durchlaufzeiten
- Beitrag zur Sicherung der Wertschöpfung

03. Was ist die Aufgabe der Montage?

Der Zusammenbau von Einzelteilen unterschiedlichen Status (siehe 3.1.1/18.) zu Baugruppen unterschiedlicher Komplexität bis hin zu verkaufsfähigen Erzeugnissen.

04. Welche Faktoren beeinflussen die Montage grundsätzlich?

- Geometrische Form (Abmessungen)
- Toleranzen
- Qualitätsvorgaben
- Oberflächengüte
- Werkstoff
- Anzahl der Montagevorgänge (Anzahl der Bauelemente)
- Gestaltung der Montagereihenfolge.

05. Welche Montagearten werden unterschieden?

• *Baugruppenmontage:*
Auch *Vormontage* genannt. Herstellung von Unter- bzw. Vorbaugruppen.
Beispiele: Getriebe, Kabelbaum.

• *Endmontage:*
Montage zum Endprodukt, erfolgt beim *Hersteller.*
Beispiele: Kaffeemaschine, Kraftfahrzeug.

• *Baustellenmontage:*
Montage zum Endprodukt erfolgt beim *Kunden.*
Beispiele: Anlagenbau, Hausbau.

• *Reparaturmontage:*
Sonderform der Montage, der i. d. R. eine Demontage vorausgeht und bei der ggf. nur teilweise Neuteile verbaut werden.

06. Aus welchem Grund wird die Montage auch als „Tor zum Kunden" bezeichnet?

Die Montage ist nach der Teilefertigung der letzte technologische Abschnitt der produktiven Wertschöpfungskette und steht am Ende der Auftragsabwicklung. Sie bildet durch die hohe Wertschöpfung den Kernprozess der Leistungserstellung einer Fertigung. In ihrer Bedeutung steht sie im direkten Bezug zum Kunden wie kein anderer Produktionsabschnitt, da hier die verkaufsfähigen Erzeugnisse entstehen.

07. Wie beeinflussen Schwachstellen und Fehler anderer Unternehmensbereiche die Realisierung der Montageaufträge?

Häufig ist die Montageabteilung das „Auffangbecken" aller vorher entstandenen Terminverzögerungen und Versäumnisse, die nicht selten von anderen Fachbereichen des Unternehmens verursacht wurden.

Beispiele:

- Die so genannten *Kurzfristaufträge*: Heute Auftragseinsteuerung – „gestern" Liefertermin. Bei normalem, planmäßigem Ablauf – wenn alle Beteiligten ihre Aufgaben entsprechend der Vorgabe erfüllt hätten, müsste beispielsweise für diesen Auftrag ein Zeitraum von acht Arbeitstagen zur Verfügung stehen.

- *Qualitätsmäßig mangelhafte oder nicht termingerecht bereitgestellte Einzelteile und Baugruppen.* Hierbei ist es für den Montageablauf unerheblich, ob es sich um Kaufteile oder Eigenfertigungsteile handelt.

Die Ergebnisse solcher Zustände wirken voll *kontraproduktiv* zu den in 3.1.1/02. genannten Zielen. Es entstehen zusätzlicher Organisationsaufwand und beträchtliche Mehrkosten.

08. Welche Arten der projektbezogenen Montageplanung gibt es?

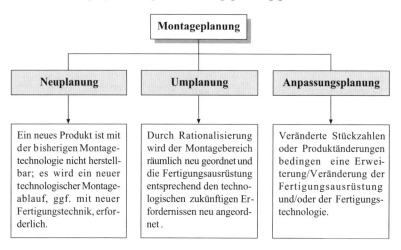

09. Was sind grundsätzliche Maßnahmen zur Rationalisierung der Montage?

Maßnahmen der

• *Organisationsstruktur*
   → Untergliederung des Montageablaufes in Vormontage und Endmontage.

• *Arbeitsgestaltung*
   → Einrichtung ergonomischer Arbeitsplätze, Einsatz von Montagehilfen (Hub- oder Wende-vorrichtungen).

• *Automatisierung*
   → Montageautomaten, automatische Zuführeinrichtungen, automatische Schraubstationen.

• *Konstruktion*
   → Einhaltung des „obersten Konstruktionsgebotes", fertigungsgerecht zu konstruieren. Dies gilt auch bei Änderung und Beseitigung von Konstruktionsfehlern.

10. Welcher Grad der Montage-Automatisierung ist grundsätzlich denkbar?

Es wird unterschieden in *Teil-* und *Vollautomatisierung*. Der Grad der Montage-Automatisierung ist grundsätzlich von mehreren Faktoren abhängig:

Die Montageautomatisierung

- ist grundsätzlich *produktbezogen*,
- sollte bereits bei der *Produktentwicklung* und *Konstruktion* berücksichtigt werden,
- erfordert eine höhere und gleichmäßigere *Teilegenauigkeit* (enge Toleranzen) als bei manueller Montage; damit sind auch die *Teilekosten höher*,

- erfordert im Planungsprozess die Ermittlung einer effektiven Grenzstückzahl, deren Unterschreitung ein entscheidungsbeeinflussendes Kriterium für die Automatisierung sein sollte.

11. Was ist eine grundlegende Voraussetzung für eine wirtschaftliche Montage?

> → Die *montagegerechte Konstruktion.*

Bereits bei der Erzeugnisentwicklung ist darauf hinzuarbeiten, dass sich das Produkt effektiv montieren lässt. Die daraus folgende Konstruktion des Produktes ist danach auszurichten. Zu beachten sind dabei die internen, technologischen Gegebenheiten genau so wie bei den Einkaufsteilen die technologischen Bedingungen der möglichen Lieferanten.

12. Welche Bedeutung hat die montagegerechte Konstruktion für die Sicherung der Wirtschaftlichkeit der Montage?

Werden die technologischen Bedingungen und Möglichkeiten nach dem Prinzip „*Wir haben ein hervorragendes Produkt konstruiert, die wirtschaftliche Herstellung ist nicht unser Thema*" missachtet, entstehen durch erhöhte Montageaufwendungen u. a. auch höhere Arbeitskosten, längere Durchlaufzeiten, höhere Einkaufspreise und ggf. vermeidbare, zusätzliche Investitionen in beträchtlicher Höhe. Diese können im Extremfall von der räumlichen Neuordnung des Montagebereichs bis hin zum Neubau einer zusätzlichen Fertigungsstätte führen, wodurch weitere Kosten entstehen. Ergeben sich durch diese höheren Aufwendungen auch höhere Verkaufspreise, resultiert daraus letztendlich auch noch eine Verschlechterung der Wettbewerbssituation – trotz des „hervorragenden Produkts".

13. In welchen Branchen hat eine montagegerechte Konstruktion eine besonders herausragende Bedeutung?

In Branchen, die naturgemäß ein hohes *Reparaturaufkommen haben*, z. B. die Fahrzeugbranche, ist auch in Verbindung mit der Festlegung von Verschleißteilen, Ersatzteilen und -baugruppen im Entwicklungsprozess, eine effektive Demontage und Montage im Reparaturfall zu berücksichtigen. Dabei hat diese Effektivität entsprechenden *Servicecharakter*, der sich über die optimalen Reparaturzeiten auf die Werkstattkapazität sowie auf die (geringeren) Reparaturkosten für den Kunden auswirkt.

14. Welche Forderungen stellt die Montage an die konstruktive Gestaltung eines Produkts und seiner Komponenten?

- Eine sinnvolle *Erzeugnisstruktur* - daraus abgeleitet
- eine sinnvolle *Erzeugnisgliederung*
- ein logisches *Strukturierungs- bzw. Ordnungssystem*
- *Toleranzrechnungen* bei funktionswichtigen und technologiebestimmenden Maßen
- ein klarer, eindeutiger *Aufbau der Montagezeichnungen*
- mit den Montagezeichnungen *übereinstimmende Stücklisten.*

15. Was ist eine Erzeugnisstruktur?

Nach DIN 199 ist die Erzeugnisstruktur die Gesamtheit der Beziehungen zwischen Gruppen und Teilen eines Erzeugnisses, die nach bestimmten Gesichtspunkten festgelegt sind.

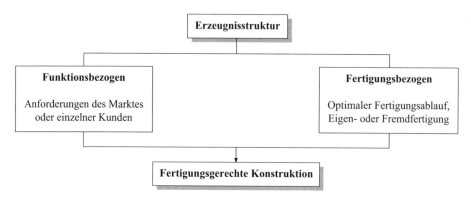

16. Wozu ist eine Erzeugnisgliederung erforderlich?

- *Wirtschaftlichkeit* der Montageprozesse,
- *Verbesserung der Kalkulation* für ähnliche Erzeugnisse auf der Grundlage vorhandener, vergleichbarer Baugruppen,
- Grundlage der Klassifizierung von Baugruppen zur *Erhöhung der Mehrfachverwendung*,
- Verbesserung der *Terminplanung* hinsichtlich der Angebotstermine und der Durchlaufzeiten.

Durch das Aufgliedern von Erzeugnissen in Baugruppen, Einzelteile und Material ergeben sich verschiedene *Gliederungsebenen*. In Abhängigkeit der entsprechenden Bedingungen können die einzelnen Komponenten eines Erzeugnisses den unterschiedlichen Erzeugnisebenen zugeordnet werden.

17. Wie sieht eine typische Erzeugnisgliederung aus?

0. Gliederungsebene	*Erzeugnis*	*Bsp.:* Handbohrmaschine
1. Gliederungsebene	*Hauptbaugruppe*	*Bsp.:* Elektromotor
2. Gliederungsebene	*Baugruppe*	*Bsp.:* Netzkabel
3. Gliederungsebene	*Unterbaugruppe*	*Bsp.:* Schalter
4. Gliederungsebene	*Einzelteil*	*Bsp.:* Aderendhülse
5. Gliederungsebene	*Material*	*Bsp.:* Blech (Halbzeug)

Die Anzahl der Gliederungsebenen sowie deren Bezeichnung und die Arten der Gliederung sind in den Unternehmen unterschiedlich.

18. Welche einheitlichen Definitionen beschreibt die DIN 199?

Die DIN 199 gibt folgende Definitionen:

- *Erzeugnis:*
„Ein Erzeugnis ist ein durch Fertigung entstandener gebrauchsfähiger bzw. verkaufsfähiger Gegenstand."
Synonym für Erzeugnis stehen auch die Begriffe *Produkt, Ware, Gut* u. a. Sie alle kennzeichnen materielle Güter sowie auch immaterielle Güter (Dienstleistungen).

- *Gruppe:*
„Eine (Bau-)*Gruppe* ist ein aus zwei oder mehr Teilen oder Gruppen niedrigerer Ordnung bestehender Gegenstand."
Diese Gruppe kann sowohl montiert sein, als auch aus losen Teile bestehen, die z. B. in einen Beutel verpackt werden.

- *Teil:*
„Ein (Einzel-)*Teil* ist ein Gegenstand, für dessen weitere Aufgliederung aus Sicht des Anwenders dieses Begriffes kein Bedürfnis entsteht."
Ein Einzelteil ist nicht zerstörungsfrei zerlegbar.

- *Rohstoff:*
„Der *Rohstoff* ist das Ausgangsmaterial, aus dem ein Einzelteil erstellt wird."
Er wird unterteilt in *Grundstoff, Rohmaterial* und *Halbzeug*. Die DIN zählt auch *Vorarbeits- und Umarbeitsteile* sowie *Rohteile* zu den Rohstoffen.

- *Grundstoff:*
„Der Grundstoff ist ein Material ohne definierte Form, das gefördert, abgebaut, angebaut oder gezüchtet wird und als *Ausgangssubstanz für Rohmaterial* dient."

- *Rohmaterial:*
„Das *Rohmaterial* ist ein *aufbereiteter Grundstoff* in geformtem Zustand, der zur Weiterbearbeitung oder als *Ausgangssubstanz für Hilfs- und Betriebsstoffe* dient."

- *Halbzeug:*
„*Halbzeug* ist der Sammelbegriff für Gegenstände mit *bestimmter Form*, bei denen mindestens noch ein Maß unbestimmt ist."
Es wird insbesondere durch erste, technologische *Bearbeitungs*stufen wie Walzen, Pressen, Schmieden, Weben usw. hergestellt.
Beispiele: Stangenmaterial, Bleche, Seile, Tuche.

- *Rohteil:*
„Ein *Rohteil* ist ein zur Herstellung eines bestimmten Gegenstandes *spanlos* gefertigtes Teil, das noch einer Bearbeitung bedarf."
Beispiele: Guss- und Pressteile, Schmiederohlinge.

- *Vorarbeitsteil:*
„Ein *vorgearbeitetes Teil* ist ein Gegenstand, der aus fertigungstechnischen Gründen in einem definierten Zwischenzustand vorliegt."

• *Umarbeitsteil:*
„Ein *Umarbeitsteil* ist ein Gegenstand, der aus einem Fertigteil durch weitere Bearbeitung entsteht."

• *Wiederholteil:*
„Ein *Wiederholteil* ist ein Gegenstand, der in verschiedenen Gruppen verwendet wird."
Diese Teile haben eine so genannte *Mehrfachverwendung.* In diesem Zusammenhang kann man bei Gruppen mit Mehrfachverwendung von *Wiederhol(bau)gruppen* sprechen.

• *Variante:*
„*Varianten* sind Gegenstände ähnlicher Form oder Funktion mit einem in der Regel hohen Anteil identischer Gruppen oder Teile."
Sie stellen Ausführungsunterschiede eines Erzeugnisses dar, die aus konstruktiven Unterschieden in den untergeordneten Gliederungsebenen resultieren.
Es werden *Muss*-Varianten (veränderte Basisversionen) und *Kann*-Varianten (erweiterbare Basisversionen) unterschieden.

19. Was ist innerhalb der Erzeugnisgliederung unter einem logischen Ordnungssystem zu verstehen?

Es handelt sich hier um ein Zuordnungssystem, welches unter dem Begriff *Zeichnungsnummernsystem* bekannt ist.

• *Ziele:*
- *Eindeutige* Identifizierung der Teile, Baugruppen, Erzeugnisse und Varianten über ein (alpha) numerisches Nummernsystem,
- einfache Zuordnung zu Baugruppen höherer Ordnung bzw. zum Erzeugnis durch den logischen Aufbau des Systems,
- Schaffung eines *durchgängigen* Ordnungssystems, von der Entwicklung über den Einkauf und die Fertigung bis zum Versand,
- einfache Ablage, Verwaltung und Recherche der zugehörigen Dokumentationen (Zeichnungen, Arbeitspläne u. Ä.).

• Der *Aufbau*
eines Zeichnungsnummernsystems ist unternehmensbezogen unterschiedlich. Auch die Bezeichnung unterscheidet sich dementsprechend. Andere Begriffe für *Zeichnungsnummer* sind beispielsweise:
- Artikelnummer,
- Identifikationsnummer,
- Identnummer,
- *Teilenummer* und *Sachnummer* (beide auch für Baugruppen).

Beispiel: Zeichnungsnummernaufbau „Handbohrmaschine Version 12"		
Ebene 0 *Erzeugnis*	Handbohrmaschine	Z.Nr. ***12***.00.00.00.00-00
Ebene 1 *Hauptbaugruppe*	Elektromotor	Z.Nr. 12.***01***.00.00.00-00
Ebene 2 *Baugruppe*	Netzkabel	Z.Nr. 12.02.***02***.00.00-00
Ebene 3 *Unterbaugruppe*	Schalter	Z.Nr. 12.02.01.***03***.00-00
Ebene 5 *Einzelteil*	Aderendhülse	Z.Nr. 12.02.02.01.***04***-00
		Änderungskennzeichen ⌐

Ein völlig *ungeeignetes System* in diesem Sinne *ist die Vergabe von fortlaufenden Zählnummern,* die beim Anlegen eines Teiles, einer Baugruppe oder eines Erzeugnisses im Konstruktions- oder PPS-System automatisch vergeben werden. Eine strukturelle Zuordnung ist in keinem Fall erkennbar und möglich.

Beispiel:

Handbohrmaschine	Sachnummer	625897-01
Netzkabel	Sachnummer	398524-00
Aderendhülse	Sachnummer	469870-08

Sollte eine strukturelle Ablage der *Konstruktionsunterlagen* erforderlich werden, wäre ein *zusätzliches* logisches System nach o. g. Beispiel erforderlich.

20. Warum ist die Toleranzrechnung für die Montage von elementarer Bedeutung?

Die Durchführung von Toleranzrechnungen ist Aufgabe der Erzeugnisentwickler und der Konstrukteure. Damit werden folgende *Ziele* realisiert:

- Gewährleistung der *qualitätsgerechten Funktionsfähigkeit* der Baugruppen und Erzeugnisse nach der Montage,

- Sicherung der *Einhaltung* von Maßen und Toleranzen in den Baugruppen und Erzeugnissen, insbesondere *von Funktionsmaßen,*

- *Realisierbarkeit der* baugruppen- und erzeugnisbezogenen *Maße und Toleranzen* durch den Montageprozess.

Beispiel: Eine runde Platine soll in ein Gehäuse montiert werden.

Platinen-durchmesser	Durchmesser im Gehäuse	Ergebnis
125 ± 0,4 mm	125 ± 0,2 mm	Bei Ausschöpfung der zulässigen Toleranzen beträgt - die größte Abweichung 0,6 mm [von -0,4 bis + 0,2] und - die kleinste Abweichung 0,4 mm [von -0,4 bis 0]. Liegt der zulässige Platinendurchmesser an der oberen Toleranzgrenze, lässt sich die Platine nicht mehr in das Gehäuse montieren, da sie 0,2 mm größer ist als der maximal zulässige Durchmesser im Gehäuse.

Wird die Toleranzrechnung versäumt, werden die daraus resultierenden Probleme meist erst im Montageprozess oder, im ungünstigsten Fall, beim Kunden festgestellt. Unter dem Motto „Die Teile passen nicht!" werden dann zum Teil aufwändige und teure Änderungen veranlasst, die von vorn herein hätten vermieden werden können.

21. Welche Gestaltungsregeln gelten für eine montagegerechte Konstruktion?

- So wenig Teile wie möglich,
- Vereinheitlichung und Mehrfachverwendung von Teilen,
- vormontierbare und mehrfachverwendbare Baugruppen,
- Vermeidung von gleichzeitigem Anschnäbeln an mehreren Fügestellen,
- Fügen senkrecht von oben,
- lineare Fügebewegungen,
- gleichzeitiges Fügen ermöglichen,
- große Fügefreiräume,
- Vermeidung langer Fügewege,
- Einsatz von Fügehilfen (z. B. Einführschrägen),
- Gewährleistung allseitiger Zugänglichkeit an den Fügestellen,
- keine biegeschlaffen Teile,
- so wenig wie möglich separate Verbindungselemente (Schnappverbindungen),
- Anschlag-, Greif- u. Ordnungsmöglichkeiten vorsehen (Schwerpunktlage beachten),
- Vermeidung von Einstell- oder Justiervorgängen,
- Anwendung montagegeeigneter Toleranzen,
- Vermeidung der Bildung von Luftpolstern in Sacklochbohrungen.

Beispiele (nach Dilling):

Gestaltungsregel	Ungünstig!	Günstig!
Vereinheitlichung und Wiederholverwendung von Bauteilen anstreben!		
Lange Fügewege vermeiden!		
Gleichzeitiges Anschnäbeln an mehreren Fügestellen vermeiden!		
Bei Sackbohrungen ist die Bildung von Luftpolstern zu vermeiden!		
Einführschrägen vorsehen!		
Zugänglichkeit gewährleisten, örtliche Behinderung vermeiden!		

22. Welche Methoden und Hilfsmittel sind für eine montagegerechte Produktgestaltung geeignet?

Methoden, Hilfsmittel - Beispiele -		Maßnahmen - Beispiele -
Konventionelle	**Rechnergestützte**	
Konstruktionsrichtlinien: - Normen - Vorschriften - quantifizierte Regeln - Regeln zur Gestaltung	*CAD-Systeme:* - Explosionsdarstellung - Montagegraferstellung - Montagefolgefestlegung - Ermittlung der Fügeein- richtung - Montagesimulation - Einbauuntersuchung - Toleranzanalyse	*Schwachstellenanalyse:* - Wertanalyse (WA) - FMEA - ABC-Analyse - Wiederholmontage
Bewertungsverfahren: - Punktbewertungen - Checklisten	*DV-gestützte Bewertungs-* *verfahren*	*Beratung durch die Kons-* *truktion* - bei Bedarf vor Ort u. Ä.
Hilfsmittel zur Bewertung *der Kosten:* - Kalkulationsmethoden - Kostendatenbanken - Relativkostenkataloge	*Informationssysteme:* - Kosteninformationssysteme - Sollzeiten (z. B. MTM, SvZ) - Gestaltungsregeln	*Fehlerlisten*
Unterlagen der Konkurrenz		*Qualifizierung der Mitarbeiter*

23. Was ist die Grundlage für eine Montageplanung?

Die Grundlage für jegliche Montageplanung ist der *Montageauftrag* bzw. das *Montageprogramm* als Zusammenfassung von Montageaufträgen *für einen definierten Zeitraum* (Schicht, Woche, Monat). Daraus leiten sich die auszuführenden Montageaufgaben ab.

24. Welche Mindestvorgaben enthält ein Montageauftrag?

• Die *produktspezifischen* Vorgaben sind:

  - Genaue Bezeichnung mit Zeichnungsnummer des zu montierenden *Erzeugnisses* und seiner Baugruppen,
  - die zu montierende *Stückzahl*,
  - den Fertigstellungs- bzw. Ausliefer*termin*,
  - die *Verpackung*.

Die erzeugnisspezifischen Details (z. B. zu verwendende Vorrichtungen und Werkzeuge, Maße, Toleranzen, Hilfsstoffe) sind den zur Verfügung stehenden Fertigungsunterlagen zu entnehmen.

• Die *fertigungsspezifischen* Vorgaben sind:

- Die Festlegung der einzusetzenden *Montagearbeitsplätze* oder Montagelinie,
- die *Auftragsnummer*,
- die abzuarbeitende *Auftragsfolge*.

25. Was zählt zu den Fertigungsunterlagen für die Montage?

Auf der Grundlage der *Konstruktionszeichnungen* und den zugehörigen *Stücklisten* werden die *Arbeitspläne* erstellt. Die Detaillierung einzelner Arbeitsvorgänge wird in der *Arbeitsunterweisung* dargestellt. Zur Ergänzung kann bedarfsweise eine *Visualisierung* mittels Foto bereitgestellt werden. Weitere Montageunterlagen sind *Prüfpläne und -vorschriften, Qualitätsregelkarten, Fehlersammelkarten, Inbetriebnahme- und Abnahmevorschriften* und *Verpackungsvorschriften*.

26. Welche Ziele und Rahmenbedingungen muss der Meister bei der Planung von Montageaufträgen berücksichtigen?

Bei der Montageplanung sind die *Ziele* (Kosten-, Gewinn- und Budgetziele) *und Rahmenbedingungen des Unternehmens* zu beachten. Dazu zählen insbesondere das tatsächliche Investitionsbudget, die vorhandene Montageausrüstung, die Montagekapazitäten, die Personalressourcen, einzubeziehende, andere betriebliche Einrichtungen und Anlagen sowie (tarifliche) Lohn- und Arbeitsbedingungen.

27. Wie gliedert sich die Montageplanung inhaltlich?

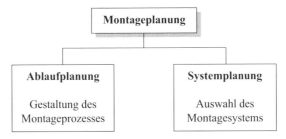

28. Wie ist die Montageplanung in den Gesamtablauf integriert?

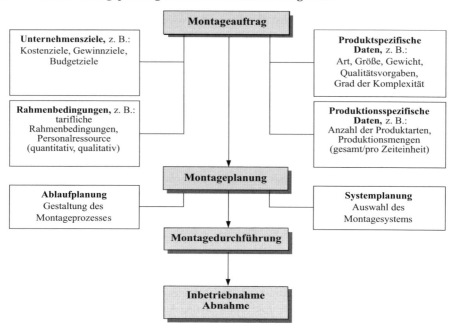

29. In welcher Form erfolgt das Zusammenwirken von Erzeugnisentwicklung und Montageplanung?

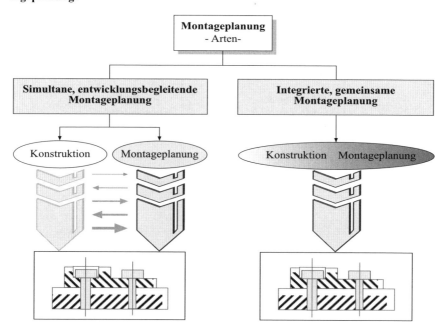

30. Welche systematischen Planungsstrategien werden unterschieden?

• *Vorplanung:*
Anwendung der mittelfristigen Planung von Montagetechnologien und -investitionen auf der Grundlage der Erzeugnis-Entwicklungskonzeption. Eine weitere Anwendung erfolgt bei geplanten oder zu erwartenden, mittelfristigen Steigerungen der Stückzahlen bzw. des Auftragsvolumens. Die zu Grunde liegenden Einflussgrößen sind weitgehend global und noch sehr veränderlich.

• *Grobplanung:*
Erarbeitung von Montagekonzepten im frühen Stadium erzeugnisbezogener Entwicklungsprojekte; Detaillierung der Montagestrategien der sich aus der Vorplanung ergebenden Volumenerhöhung des bisherigen Montageumfanges.

Auf der Grundlage einer umfassenden Terminplanung (Projektmanagement) lässt sich die Investitionsplanung zielgerichtet weiter präzisieren und deren Umsetzung vorbereiten. Im Zusammenhang mit dieser Planungsstrategie ist auch eine erste fundierte Aufwands- und Kostenermittlung möglich.

• *Feinplanung:*
Auf der Basis konkret vorliegender Einflussgrößen erfolgt die weitere Präzisierung des Montagekonzeptes oder der neuen Montagestrategien. In Verbindung mit der Umsetzung der direkt daraus abgeleiteten Investitionsvorhaben und der weiteren Serienvorbereitung des neuen Montageprozesses erfolgt die Feinplanung zur Stufe des Arbeits- oder Montageplanes bzw. der Arbeitsunterweisung.

Diese Planungsstrategien sind auf alle Arten der Montageplanung in 3.1.1/08. anwendbar. Es besteht kein Zwangslauf zur vollständigen Einhaltung der Planungsfolgen. Sie sind vielmehr von den unternehmerischen Zielen und Zeiträumen abhängig, aus deren Zielkriterien sich letztendlich die anwendbaren Planungsstrategien ergeben.

31. Welche Abhängigkeit besteht zwischen den Planungsabläufen und den Einflussgrößen?

Die Planungsabläufe sind bezüglich ihrer Art, ihres Umganges und ihrer Detailliertheit von den Einflussgrößen abhängig. Je genauer und umfangreicher die Einflussgrößen zu den einzelnen Planungsabläufen vorliegen, desto zielgerichteter und konkreter kann die Montageplanung erfolgen.

32. Wie erfolgt die Konkretisierung der Montageplanung?

- Planung des Montageflusses, d. h. des Transports der Werkstücke im Montageprozess.
- Planung des Materialflusses und der Materialbereitstellung.
- Layoutplanung, d. h. Anordnung der Montagesysteme, Maschinen, Arbeitsplätze und Wege.
- Planung der Arbeitsbedingungen und der Ergonomie.

33. Welche Werkzeuge stehen für die Montageplanung zur Verfügung?

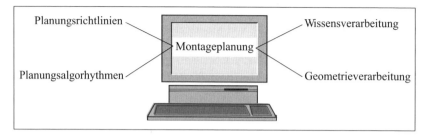

Planungsrichtlinien

Montageplanung

Wissensverarbeitung

Planungsalgorhythmen

Geometrieverarbeitung

34. Welche Einflussgrößen sind für die Planungsstrategien relevant?

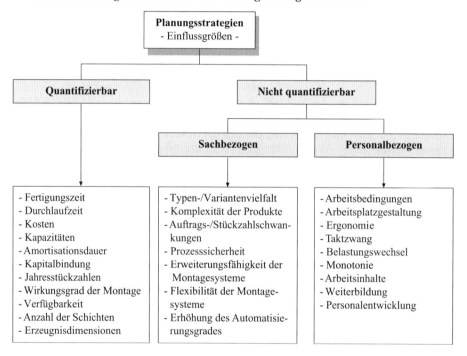

Planungsstrategien
- Einflussgrößen -

Quantifizierbar

Nicht quantifizierbar

Sachbezogen

Personalbezogen

- Fertigungszeit
- Durchlaufzeit
- Kosten
- Kapazitäten
- Amortisationsdauer
- Kapitalbindung
- Jahresstückzahlen
- Wirkungsgrad der Montage
- Verfügbarkeit
- Anzahl der Schichten
- Erzeugnisdimensionen

- Typen-/Variantenvielfalt
- Komplexität der Produkte
- Auftrags-/Stückzahlschwankungen
- Prozesssicherheit
- Erweiterungsfähigkeit der Montagesysteme
- Flexibilität der Montagesysteme
- Erhöhung des Automatisierungsgrades

- Arbeitsbedingungen
- Arbeitsplatzgestaltung
- Ergonomie
- Taktzwang
- Belastungswechsel
- Monotonie
- Arbeitsinhalte
- Weiterbildung
- Personalentwicklung

35. Welche betrieblichen Funktionsbereiche haben Einfluss auf die Montageplanung?

- Entwicklung: →   montagegerechte Konstruktion
- Einkauf: →   externe Teillieferanten
- Fertigung: →   interne Teillieferanten
- Controlling: →   Überwachung der Montagekosten
- Personalwesen: →   Personaleinsatz in der Montage
- Verkauf: →   Montageprogramm, Stückzahlen, Varianten, Termine

36. Welche Faktoren beeinflussen die Wirtschaftlichkeit eines Montageprozesses?

• *Markt:*   Lieferzeiten, Garantie, Preisdruck, Stückzahlschwankungen, Typenvielfalt.

• *Betrieb:*   Ausrüstung, Energie, Organisation, Rohstoffe, Personalumsetzung, häufige Produktionsumstellungen.

• *Gesellschaft:* Gesetze, Normen, Recycling, Richtlinien.

• *Mensch:*   Arbeitszeiten, Arbeitsbedingungen, Bildungsniveau.

37. Welche Beziehung besteht zwischen der Kostenbeeinflussung und den Änderungskosten bezogen auf die einzelnen Fertigungsphasen?

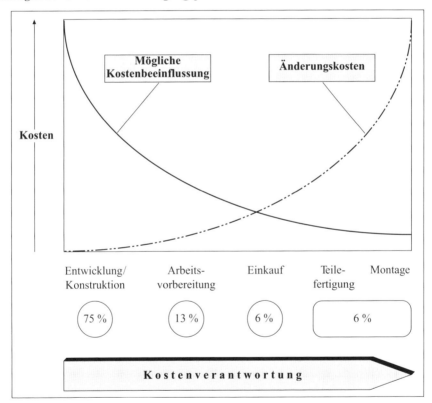

3.1.2 Analysieren von Montageaufträgen unter Beachtung der terminlichen Vorgaben

01. Was sind Konstruktionsunterlagen?

Konstruktionsunterlagen dokumentieren ein Erzeugnis in allen seinen Einzelteilen und Gruppen auf einer technischen Basis. Sie bilden die Grundlage zur Herstellung des Erzeugnisses, zur Definition der zu erreichenden Qualitätsziele für dieses Erzeugnis und zur Realisierung der vereinbarten Kundenforderungen. In einigen Branchen (z. B. Fahrzeugbranche) ist es üblich, dass Konstruktionsunterlagen wie Lastenhefte und Zeichnungen vom Kunden bestätigt und freigegeben werden müssen, ehe danach gefertigt werden darf.

02. Welche Konstruktionsunterlagen gibt es?

• *Lastenheft:*
Es beinhaltet mindestens die zu erreichenden technischen und funktionellen Parameter eines Produktes, spezielle Kundenforderungen und Aussagen über Ersatzteil- und Servicepflicht.

• *Gesamtzeichnung:*
Sie stellt das Produkt in zusammengebautem Zustand dar. Sie dient als Fertigungsunterlage für die Endmontage und enthält alle für den Zusammenbau relevanten Informationen und Daten.

• *Baugruppenzeichnung:*
Sie stellt eine Baugruppe in zusammengebautem Zustand dar. Sie dient als Fertigungsunterlage für die Endmontage und enthält alle für den Zusammenbau relevanten Informationen und Daten.

• *Funktionsgruppenzeichnung:*
Sie stellt das Zusammenwirken funktionell zusammengehöriger Teile und Baugruppen dar.

• *Einzelteilzeichnung:*
Sie stellt ein Einzelteil in der jeweiligen technologischen Bearbeitungsstufe dar. Sie dient als Fertigungsunterlage und enthält alle für die betreffende Bearbeitungsstufe relevanten Informationen und Daten.

• *Stromlaufplan:*
Er ist die nach Stromkreisen aufgelöste schematische Darstellung der Schaltung nach dem Übersichtsprinzip. Er dient zur Erkennung der Schaltfolge, zum Verfolgen der einzelnen Stromwege bei der Störungssuche. Die räumliche Lage der Bauelemente und der mechanische Aufbau werden nicht berücksichtigt.

• *Bauschaltplan:*
Er ist die Unterlage für die Herstellung der Leitungsführung. Es werden der Leitungsverlauf und die Bauelemente in ihrer wirklichen Anordnung und Form, einschließlich sämtlicher Anschlussstellen, dargestellt. Er dient ebenfalls zur Störungssuche.

• *Stückliste:*
Sie ist die vollständige Aufzählung der auf der zugehörigen Zeichnung dargestellten Teile und Baugruppen mit ihrer Häufigkeit (Anzahl), einschließlich der Hilfsstoffe und -materialien.

• *Aufbauübersicht, Auflösungs-/Gliederungsübersicht (Stammbaum)*
Dies sind bei Darstellung nach DIN EN 82045-1 grafische Übersichten über die Aufgliederung einer Baugruppe oder eines Erzeugnisses.

03. Welche Konstruktionsunterlagen sind für die Montage relevant?

Die für den Montageprozess erforderlichen *konstruktiven* Unterlagen sind die *Gesamtzeichnung*, die *Baugruppenzeichnungen* sowie die jeweiligen, dazugehörigen *Stücklisten*. Entsprechend DIN 199 sind *Gesamtzeichnungen* alle Zeichnungen, die eine Anlage, ein Bauwerk, eine Maschine, ein Gerät oder eine Baugruppe in zusammengebautem Zustand zeigen. Der Aufbau und die Funktion des dargestellten Erzeugnisses sowie das Zusammenwirken der Bauteile und die Art ihrer Verbindung sind daraus ersichtlich.

04. Was ist unter einer montagegerechten, technischen Zeichnung zu verstehen?

Für die Erstellung einer technischen Zeichnung für die Fertigung gelten folgende *Grundsätze*:

1. Die Zeichnung muss eine *eindeutige Interpretation* der damit zu realisierenden Arbeitsaufgabe *gewährleisten*.

2. Die *Zeichnungsdarstellungen* und *Ansichten* sind *zweckdienlich* zu erstellen und *übersichtlich* anzuordnen.

3. Es müssen alle für die Realisierung der Arbeitsaufgabe *erforderlichen Maße* und *Daten* auf der Zeichnung *vorhanden* und *erkennbar* sein.

4. Die Art der *Bemaßung* und die *Darstellungen* sollen weitestgehend dem *technologisch möglichen Ablauf* entsprechen.

5. Fertigungsfremde Angaben sowie Kundendaten, die für die jeweilige technologische Aufgabe keine Bedeutung haben, sind auf der Zeichnung *weitestgehend zu vermeiden*.

6. Die Teilebenennung und Positionsangaben auf Montagezeichnungen müssen der *zugehörigen Stückliste* entsprechen.

7. Die für die Fertigung bestimmten Zeichnungen sollten den *DIN-Formaten* entsprechen. Größere als DIN A0 vorgesehene *Sonderformate* sind am Arbeitsplatz *kaum* oder *nicht handhabbar*. Damit wird gegen die *Qualitätsregel* verstoßen, dass die Zeichnung* bei Montageprozessen als Arbeitsgrundlage für den Monteur geöffnet am Montageplatz zur Verfügung zu stehen hat (*die im Allgemeinen größere Montagezeichnung).

8. Die Darstellungen sind gegebenenfalls auf mehrere Blätter zu verteilen. Eine Darstellung von der „Rolle" mit teilweise mehreren Metern Zeichnungslänge (siehe Foto, unten) ist für den Fertigungsprozess ungeeignet.

(Foto aus datenschutzrechtlichen Gründen verfremdet)

05. Welcher Zusammenhang zwischen einer montagegerechten Zeichnung und einem effektiven Montageablauf?

Es gehört zur Vorbereitung eines Montageauftrages, dass sich der Monteur mit der Arbeitsaufgabe vertraut macht und die betreffende Zeichnung und Stückliste durcharbeitet. Werden die oben genannten *Grundsätze* ganz oder teilweise vernachlässigt, ergeben sich daraus *negative Folgen*:

1. *Verlängerung der Vorbereitungszeit:*
   - Eine unübersichtliche Zeichnung führt zu einer Verlängerung der Vorbereitungszeit, da das Wesentliche der anstehenden Aufgabe daraus nicht zu erkennen ist.

   - Unklare oder fehlende Darstellungen führen ebenfalls zu eine Verlängerung der Vorbereitungszeit durch Rückfragen beim Vorgesetzten oder beim Konstrukteur.

2. *Unterbrechungen im Montageablauf:*
   Eine unübersichtliche Zeichnung mit unklaren oder fehlende Darstellungen führt zu einem stockenden Montageablauf durch Unterbrechungen zum wiederholten Zeichnungslesen.

3. *Fehler in der Montage:*
   Die Nicht-Übereinstimmung der Zeichnung mit der Stückliste, uneindeutigen Zeichnungsangaben oder Darstellungen führt zur Montage falscher Teile mit aufwändiger Fehlerbeseitigung.

Letztendlich können technische Zeichnungen, bei denen die Gestaltungsgrundsätze verletzt wurden, zu höheren Fertigungs- und Fehlerkosten, zur Kapazitätsverringerung, zu Montagefehlern sowie zur Verlängerung der Montage- und Durchlaufzeiten führen.

06. Was ist eine Stückliste?   → A 2.2.4, 3.4.1

Die Stückliste beinhaltet wesentliche Informationen über die in der zugehörigen Zeichnung dargestellten Gegenstände, wie z. B. Eigenfertigungsteile, Normteile, Kaufteile und Materialien.

Die DIN 199 definiert die Stückliste als Verzeichnis, das sich auf die Menge 1 eines Gegenstandes bezieht. Es ist eine für den jeweiligen Zweck *vollständige* formale Auflistung der Bestandteile eines Gegenstandes, die alle zugehörigen Gegenstände mit *mindestens* der Angabe der Benennung, der Nummerierung, der Menge und der Mengeneinheit enthält.

Der Begriff *Stückliste* ist hauptsächlich in der Metallverarbeitung gebräuchlich. In anderen Branchen werden für solche Verzeichnisse teilweise unterschiedliche Begriffe verwendet:

- Rezeptur:	→	Chemie- und Lebensmittelbranche
- Materialliste:	→	Baubranche
- Holzliste:	→	Holzverarbeitung
- Gattierungsliste:	→	Gießereibranche

07. Für welche Funktionsbereiche sind Stücklisten eine wesentliche Arbeitsgrundlage?

Da technische Zeichnungen auch für andere betriebliche Funktionsbereiche nicht alle erforderlichen Informationen enthalten, bilden Stücklisten, außer für den Montageprozess, die Grundlage für weitere betriebliche Abläufe, z. B.: *Bedarfsplanung, Materialbeschaffung* und *-bereitstellung, Kostenrechnung, Lagerhaltung, Ersatzteilmanagement, Arbeits-* und *Kapazitätsplanung.*

08. Welche Bestandteile enthält die Grundform einer Stückliste?

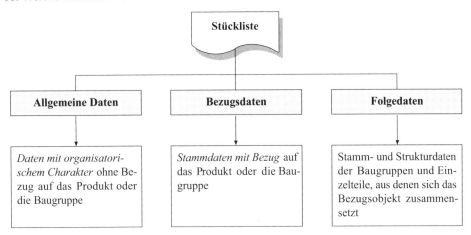

09. Nach welchen Merkmalen werden Stücklisten unterschieden?

Stücklisten lassen sich grundsätzlich unterscheiden hinsichtlich

- des *Inhalts,*
- des (Erzeugnis-)*Aufbaus* und
- der betrieblichen *Anwendung.*

10. Welche aufbaubezogenen Stücklisten gibt es?

• *Strukturstückliste:*
Auch unter der Bezeichnung *mehrstufige Stückliste* bekannt; enthält sie Baugruppen und Teile aller niedrigeren Ebenen eines Erzeugnisses in strukturierter Form. Dabei wird jede Gruppe wiederum bis zu ihrer niedrigsten Stufe aufgelöst. Sind diese Stücklisten in einem Datenverarbeitungssystem hinterlegt, lassen sie sich auch nur bis zur gewünschten Gliederungsebene darstellen.

Beispiel: Auszug aus der Strukturstückliste einer Handbohrmaschine

Anzahl (Stück)	Benennung			Zeichnungs-nummer	Teilestatus
1	*Handbohrmaschine*			12.00.00.00.00-00	Eigenfertigungsteil
1		Gehäuseschale rechts		12.00.00.00.01-01	Kaufteil
1		Gehäuseschale links		12.00.00.00.02-00	Kaufteil
4		Torxschrauben M4x15		12.00.00.00.03-00	Normteil
1		*Elektromotor*		12.01.00.00.00-03	Eigenfertigungsteil
1			Motorgehäuse	12.01.00.00.01-00	Eigenfertigungsteil
2			Ankerwellenlager	12.01.00.00.02-00	Kaufteil
1			*Ankerwelle kpl.*	12.01.01.00.00-08	Eigenfertigungsteil
1			Ankerwelle	12.01.01.00.01-01	Eigenfertigungsteil
1			Anker kpl.	12.01.01.00.02-07	Kaufteil

• *Mengenübersichtsstückliste:*
In der DIN 199 wird die Mengenübersichtsstückliste als eine Stücklistenform definiert, „in der für einen Gegenstand alle Teile nur einmal mit Angabe ihrer Gesamtmenge aufgeführt sind." Sie enthält keine Gliederungs- bzw. Auflösungsstufen. Die Anwendung beschränkt sich auf Erzeugnisse mit geringem Teileumfang oder einfacher Gliederung.

• *Baukastenstückliste:*
Sie enthält als *einstufige Stückliste* nur die Baugruppen und Einzelteile der nächst tieferen Ebene, die direkt für die Montage der jeweiligen Baugruppe oder des Erzeugnisses erforderlich sind. Eine Erzeugnisstruktur lässt sich aus der Baukastenstückliste nicht ableiten.

• *Variantenstückliste:*
Sie entspricht einer Strukturstückliste und zählt zu den kompliziertesten Stücklisten. Sie enthält *alle* Baugruppen und Teile *aller* Varianten eines Erzeugnisses. Deshalb steht für Variantenstückliste häufig auch der Begriff *Maximalstückliste.* Um die mögliche Variantenvielfalt eines Erzeugnisses im Herstellungsprozess und insbesondere in der Montage beherrschbar zu gestalten, werden feste Varianten definiert. Vergleichbar mit den Ausstattungs*paketen* der Autohersteller werden hierfür die Marktanforderungen zu Grunde gelegt.

11. Welche anwendungsbezogenen Stücklisten gibt es?

• *Konstruktionsstückliste:*
DIN 199 definiert sie als eine im Konstruktionsbereich im Zusammenhang mit den zugehörigen Zeichnungen erstellte Stückliste. Sie ist *auftragsunabhängig.*

• *Fertigungsstückliste:*
Ist nach DIN 199 „eine Stückliste, die in ihrem Aufbau und Inhalt Gesichtspunkten der Fertigung Rechnung trägt". Sie entspricht der einstufigen Stückliste. „Sie dient als Unterlage für die organisatorische Vorbereitung, Abwicklung und Abrechnung der Fertigung eines Erzeugnis-

ses" (DIN 6789). Sie ist inhaltlich ergänzt mit den für die Fertigung *technologisch bedingten, erforderlichen Hilfsstoffen und Materialien*, die nicht zur Konstruktion gehören und keinen konstruktiven oder funktionellen Einfluss auf das Erzeugnis haben. Sie werden nicht mit dem Erzeugnis „verkauft".

• *Einkaufsstückliste:*
Sie entspricht der *Fremdbedarfsstückliste* und enthält alle für das betreffende Erzeugnis erforderlichen Einkaufsteile und Materialien. Sie ist somit eine Arbeitsgrundlage für die Einkaufsabteilung.

• *Terminstückliste:*
Aus ihr wird ersichtlich, zu welchen Terminen welche Teile und Materialien in welcher Menge erzeugnisbezogen beschafft werden müssen.

• *Teilebereitstellungsliste:*
Ihre Anwendung liegt hauptsächlich im Lagerwesen. Sie regelt die terminliche Teilebereitstellung hinsichtlich Menge, Reihenfolge und Bereitstellungsort.

• *Teileverwendungsnachweis:*
Er gibt Informationen darüber, welche Baugruppen und Einzelteile in welchen Produkten und Baugruppen mit welcher Anzahl verwendet werden.

12. Welche Darstellungsform hat eine Stückliste?

Stücklisten werden in *Tabellenform* dargestellt. Die Art der Tabelle ist abhängig von der Art der Stückliste und von üblichen betrieblichen Gegebenheiten.

13. Warum bilden Montagezeichnung und Stückliste eine untrennbare Einheit?

Die Stückliste ist *grundsätzlich* ein Bestandteil der Gesamt- und Baugruppenzeichnungen. Sie kann direkt auf der Zeichnung dargestellt werden oder als getrennte Stückliste (als separates, zur Zeichnung gehörendes Dokument) ausgegeben werden. Letzteres ist in Unternehmen mit umfassender Datenverarbeitung die übliche Praxis.

14. Was ist ein Zeichnungs- und Stücklistensatz?

Das Konstruktionsergebnis kann nur durch eine *komplette, durchgängige Dokumentation* eindeutig dargestellt werden. Dazu gehört auch ein vollständiger *Zeichnungs- und Stücklistensatz*. Er ist die *Gesamtheit* aller zur Herstellung eines Erzeugnisses notwendigen Zeichnungen und Stücklisten.

15. Wodurch ist der Zeichnungs- und Stücklistensatz gekennzeichnet?

Der Zeichnungs- und Stücklisten*satz* kennzeichnet das *Ergebnis der Erzeugnisgliederung*. Nach DIN 6789 soll der „Aufbau des Zeichnungs- und Stücklistensatzes dem Zusammenbaufluss entsprechen, d. h. die montageorientierte Produktstruktur abbilden". Durch diese *fertigungsgerechte*

Gliederung des Zeichnungs- und Stücklistensatzes werden aufwändige Umstrukturierungen des Erzeugnisses, z. B. bei Änderungen, vermieden. Die tangierenden betrieblichen Prozesse, z. B. der Arbeitsvorbereitung, -durchführung, der Arbeitsleistungsabrechnung und der Kalkulation, werden dadurch vereinfacht.

16. Welche Tätigkeitsgruppen werden nach DIN 8593 für die Montage unterschieden?

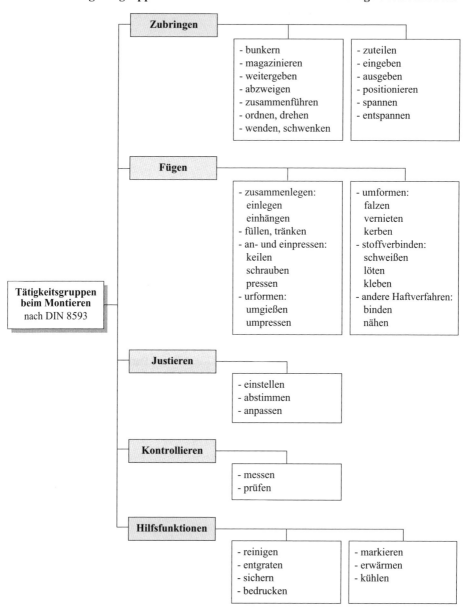

17. Wozu ist die Analyse von Montageaufträgen erforderlich?

Neben der montagegerechten Erzeugnisgestaltung gilt es, auch die Montageprozesse, die einzelnen Arbeitsabläufe und die Arbeitssysteme optimal zu gestalten. Dazu erfordert es deren Analyse und Bewertung, um mögliche Rationalisierungsansätze zu erkennen.

18. Welche Ziele und Aufgaben hat die Analyse von Montageaufträgen?

• *Ziele:*
  - Erkennung von Schwachstellen des Montageprozesses
  - optimale Gestaltung der Arbeitsabläufe
  - Erhöhung der Wirtschaftlichkeit der Montage.

• *Aufgaben:*
  - Erfassung des Ist-Zustandes
  - Ursachenanalyse
  - Erarbeitung von Lösungsansätzen für die Optimierung
  - Analyse des verbesserten Prozesses (Ergebniskontrolle).

19. Welche Analysemethoden sind für den Montageprozess besonders geeignet?

  - Befragung und Selbstaufschreibung
  - Multimomentaufnahme
  - Wiederholmontage
  - Ablaufanalysen
  - Primär-Sekundär-Analyse

20. Wie sinnvoll ist eine Befragung oder Selbstaufschreibung?

Durch entsprechende *Befragungstechniken* lassen sich die Erfahrungen und Erkenntnisse, die die Monteure oder Meister in ihrer täglichen Arbeit machen, auf einfache Art und Weise erfassen. Häufig werden durch die Mitarbeiter für die in diesem Zusammenhang dargestellten Probleme schon Lösungsansätze benannt.

Bei der *Selbstaufschreibung* geht es hauptsächlich um eine einfache Art der Datenerfassung. Sie kann sich auf den Mitarbeiter, die Arbeitsabläufe, die Arbeitsmittel oder den Arbeitsgegenstand beziehen.

Aufzuschreibende Daten sind zum Beispiel:
  - Ist-Zeiten,
  - Ausfallzeiten,
  - Störungen,
  - Auftragsbeginn und -ende,
  - Stückzahlen pro Zeiteinheit.

21. Wann ist eine Multimomentaufnahme angebracht? → 4.7.4

Nach REFA besteht eine Multimomentaufnahme „in dem Erfassen der Häufigkeit zuvor festgelegter Ablaufarten an einem oder mehreren gleichartigen Arbeitssystemen mithilfe stichprobenmäßig durchgeführter Kurzzeitbetrachtungen".

Für den Montageablauf ist das die zweckmäßige Ermittlung von Anteilen bestimmter, einzelner Montageabläufe oder Zeitarten am Gesamtmontageablauf. Rationalisierungsschwerpunkte lassen sich durch diese Methode rangfolgeartig ableiten.

22. Ist eine Wiederholmontage wirklich erforderlich?

Handelt es sich hier um eine zusätzliche, aus arbeitsanalytischen Gründen festgelegte Montage, setzen beide Arten dieser Montage eines voraus:

- Dafür vorhandenes Material und
- dafür vorhandene Kapazitäten.

Daraus wird ersichtlich, dass es sich hier, abhängig vom betreffenden Erzeugnis, um eine teure Analysemethode handeln kann. Vor allem dann, wenn diese Erzeugnisse nach der „Analyse-Montage" nicht verkäuflich sind.

Im Allgemeinen gilt, dass nach erfolgten Probemontagen in der Stufe der Serienvorbereitung innerhalb der Erzeugnisentwicklung (hier ist der Aufwand dafür geplant) eine Wiederholmontage in der Serie *ohne Veränderungen durch Randbedingungen* nicht erforderlich ist. Liegt das Prinzip der Serienfertigung vor, können die nachfolgenden Serienaufträge unter diesem Aspekt zur Analyse genutzt werden.

23. Wofür werden Ablaufanalysen durchgeführt?

Sie dienen zur Untersuchung des räumlichen und zeitlichen Zusammenwirkens aller Komponenten eines Arbeitssystems. Sie sind für Ist-Zustände und Soll-Zustände sowie auch in Planungsphasen durchführbar.

Ablaufanalysen können in unterschiedlicher Form erfolgen. So z. B. als technologische Studien, Belastungs- und Anforderungsanalysen, Materialfluss- sowie Informationsflussanalysen.

Eine Sonderform der arbeitskraftbezogenen Ablaufanalysen ist für den Makrobereich die *MTM-Analyse*.

24. Was ist die MTM-Analyse?

Beim *MTM-Verfahren* (Methods-Time-Measurement) erfolgt eine *Aufgliederung* der körperlichen Arbeit in *fünf Grundbewegungen*. Diesen kleinsten, vom Menschen *voll beeinflussbaren Bewegungsabläufe* werden bereits festgelegte *Normalzeitwerte* zugeordnet.

Diese Zeitwerte sind unveränderbare Standarddaten, die auf arbeitswissenschaftlicher Grundlage mit statistischer Sicherheit ermittelt wurden.

Die *Grundbewegungen* des MTM-Verfahrens:

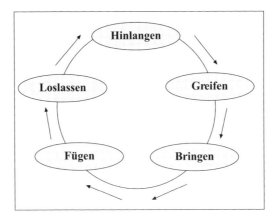

Dem MTM-Verfahren ähnliche Verfahren sind die *SvZ* von REFA (*Systeme vorbestimmter Zeiten*) und das *WF-Verfahren* (*Work-Factor*). Die Unterschiede liegen weniger in der Bewegungsablaufanalyse als vielmehr in der Berücksichtigung der Einflussgrößen und der Zeitzuordnung.

25. Was versteht man unter der Primär-Sekundär-Analyse?

Sie ist ein quantitatives Planungsinstrument zur Ermittlung des *Wirkungsgrades der Montage*. Das Ergebnis der Berechnung zeigt, ob Möglichkeiten zur Optimierung oder Rationalisierung des Montageprozesses bestehen.

• Als *Primärmontagevorgänge* (PMV) bezeichnet man Tätigkeiten der Montage, die *direkt der Wertschöpfung dienen* (= unmittelbarer Ressourceneinsatz zur Vervollständigung des Erzeugnisses/der Baugruppe), z. B. Fügen, Einpressen, Nieten.

• Als *Sekundärmontagevorgänge* (SMV) bezeichnet man alle Tätigkeiten, die *keine direkte Wertschöpfung* des Erzeugnisses/der Baugruppe bewirken (= indirekter Ressourceneinsatz, der notwendig ist aufgrund des gewählten Montageprinzips und der keine Vervollständigung des Objektes zur Folge hat), z. B. Transportieren, Wenden, Ablegen.

• Der *Wirkungsgrad eines Montageprozesses* η_M wird nach folgender Formel berechnet:

$$\eta_M = \frac{\sum PMV}{\sum PMV + \sum SMV} \cdot 100 \ [\%]$$

Die fünf Grundbewegungen des MTM-Verfahrens werden entsprechend der Analyseart zuge-ordnet:

Bewegungen	Analyseart	
	Grundanalyse	Feinanalyse
Hinlangen	PMV	SMV
Greifen Greifen mit Hilfsmittel dem Bringen zuordnen.	PMV	SMV
Bringen	PMV	SMV
Fügen Für Montagewerkzeuge gelten die Hinlang- und Bringbewegungen	**PMV**	**PMV**
Loslassen	PMV	SMV
Alle Aufwendungen mit Körperbewegungen: Gehen, Beugen, Aufrichten	SMV	SMV

Beispiel einer Feinanalyse:
An einem Montageplatz ist eine Baugruppe aus zwei Einzelteilen zu montieren; Ablauf am Montageplatz:

Ablauf		Vorgang	Zeit [s]
1.	Hinlangen, Greifen zu Teil 1	SMV	1,0
2.	Teil 1 in Fügeposition bringen	SMV	0,5
3.	Hinlangen, Greifen zu Teil 2	SMV	0,5
4.	Teil 2 mit Teil 1 fügen	PMV	4,0
5.	Ablegen in Übergabepuffer	SMV	1,0
		Summe	7,0

$$\eta_M = \frac{\sum PMV}{\sum PMV + \sum SMV} \cdot 100 = \frac{4\ s}{4\ s + 3\ s} \cdot 100 = 57,14\ \%$$

Der Wirkungsgrad von 57,14 % bei diesem Montageablauf zeigt, dass 42,86 % der Arbeitskosten ohne Wertschöpfung sind.

26. In welchen Fällen wird welche Analyseart eingesetzt?

- Die *Grundanalyse* gestattet die Beurteilung des eigentlichen, *komplexen Montageablaufes*.

- Die *Feinanalyse* als engere Auslegung der Grundanalyse ist besser für die Beurteilung *einzelner Montagearbeitsplätze* und *abgegrenzter Montageabläufe* geeignet.

27. Wie kann die Abgrenzung zwischen Primär- und Sekundärablauf vorgenommen werden?

Die Grenze ist variabel und von der Art des Erzeugnisses sowie von den Arbeitsinhalten der einzelnen Montagearbeitsplätze abhängig.

28. Wie lässt sich das Verhältnis von Primär- und Sekundäraufwand verbessern?

Eine wesentliche Verbesserung zu Gunsten des Primäraufwandes lässt sich durch eine *ergonomische Arbeitsplatzgestaltung* erzielen. Je optimaler die Sekundärabläufe sind (kürzere Entfernungen = kürzere Zeiten), desto effektiver werden die Primärabläufe.

Beispiel: Ergonomische Gestaltung der Greifräume eines Montageplatzes

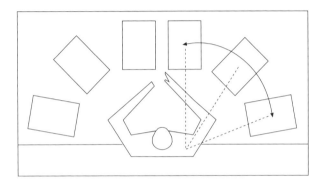

29. Welche Fertigungsverfahren können im Montageprozess zum Einsatz kommen?

Ausgehend von den Tätigkeitsgruppen der Montage nach DIN 8593 (siehe 3.1.2/16.) sind die montageüblichen Fertigungsverfahren enthalten in der

- *Fügegruppe* speziell das An- und Einpressen und Umformen (PMV),
- *Justiergruppe* (SMV),
- *Kontrollgruppe* (SMV),
- *Hilfsfunktionsgruppe* (SMV).

Die Angaben in Klammern für die Primär- und Sekundär-Montagevorgänge entsprechen der Grundanalyse. *Auch spanende Verfahren sind in der Montage üblich.* Dazu zählen hauptsächlich das *Bohren, Reiben* und *Gewindeschneiden*.

30. Wodurch lassen sich Montageprozesse weiterhin in ihrem Wirkungsgrad verbessern?

Der Einsatz von *bestimmenden* und *nicht bestimmenden Montagevorrichtungen* sowie von *Montagehilfsmitteln* beeinflusst wesentlich die Effektivität der Montageprozesse und die Qualität der Prozesse und Erzeugnisse.

31. Wie werden Montagevorrichtungen unterschieden?

Montagevorrichtungen		
Bestimmende Montagevorrichtungen	**Nicht bestimmende** Montagevorrichtungen	**Montagehilfsmittel**
Komplexe Vorrichtungen zum Aufnehmen, Positionieren und Ausrichten zu montierender Teile und Baugruppen zueinander.		Hilfsmittel, die nicht den komplexen Charakter einer Vorrichtung haben, z. B.
Durch die Art und Genauigkeit der Bestimmungselemente werden vorgegebene Zeichnungsmaße und Positionen realisiert.	Die Realisierung von Zeichnungsmaßen und Positionen erfolgt nicht durch die Vorrichtung, sondern aus der Konstruktion heraus fi durch die maßliche Gestaltung und Tolerierung der zu montierenden Teile und deren Befestigungspunkte.	Abstecker, Aufnahmen und Positionierhilfen.

32. Welche charakteristischen Daten sind für den Montageprozess relevant?

Es werden *erzeugnisbezogene* und *montagebezogene* Daten unterschieden.

• *Erzeugnisbezogene Daten:*
  - Erzeugnisart
  - Erzeugnisvarianten
  - Größe
  - Gewicht
  - Komplexitätsgrad
  - Grad der Erzeugnisgliederung
  - Genauigkeitsanforderungen
  - Qualitätsanforderungen
  - Anzahl, Art und Umfang der Endprüfungen, soweit sie in den Montageprozess integriert sind (z. B. Band-Endprüfung)
  - Montagezeiten, Taktzeiten.

• *Montagebezogene Daten:*
  - Stückzahlen pro Planungs- oder Fertigungsperiode
  - Montage-Losgrößen
  - Anzahl der Varianten
  - Anzahl der Erzeugnisarten
  - Liefertermine.

33. Wofür werden diese Daten verwendet?

Diese Daten bilden u. a. die Grundlage für die *Montageplanung*, die *Auftragsplanung*, die *Disposition* und die *Fertigungssteuerung*.

Beispiele:

- Die *Größe* und das *Gewicht* eines Erzeugnisses oder einer Baugruppe entscheiden über den möglichen Mechanisierungsgrad und die Mechanisierungsart der betreffenden Montageplätze (Schwere Teile lassen sich nicht leicht bewegen.).

- Die *Genauigkeitsanforderungen* beeinflussen ebenfalls die Art und den Umfang einer möglichen Mechanisierung.

- Die *Komplexität*, in Verbindung mit der *Erzeugnisgliederung*, kann die Parallelmontage beeinflussen.

- Die zu montierenden *Stückzahlen* eines Produktes sind ein wesentlicher Beeinflussungsfaktor. In Bezug auf die Planungs- oder Fertigungsperiode können die Stückzahlen, in Abhängigkeit von den entsprechenden *Montage- oder Taktzeiten*, eine Parallelmontage notwendig machen, Mechanisierungs- oder Automatisierungsinvestitionen erfordern oder zur Einzelplatz-Komplettmontage führen.

- Die *Anzahl unterschiedlicher,* zu montierender *Varianten* oder *Erzeugnisse* in einer Periode oder ihre *Aufeinanderfolge* haben Einfluss auf die Flexibilität der Montage.

- Die *Fertigungssteuerung* muss auf der Basis der jeweiligen Montagezeiten und den vorhandenen Montagekapazitäten unter Beachtung der Liefertermine die Aufträge je Montageperiode so zusammenstellen, dass ein störungsfreier Montageablauf gewährleistet ist.

34. Was ist ein technisches Pflichtenheft?

Nach DIN 69901 und VDA 6.1 sind in einem *Pflichtenheft* die vom „Auftraggeber erarbeiteten Realisierungsvorgaben" niedergelegt. Es geht hierbei um die Beschreibung der „Umsetzung des vom Auftraggebers vorgegebenen Lastenhefts".

35. Was ist ein Lastenheft?

Die DIN 69901 und VDA 6.1 definiert das *Lastenheft* als Beschreibung der „Gesamtheit der Forderungen an die Lieferungen und Leistungen eines Auftragnehmers".

36. Worin unterscheiden sich Lastenheft und Pflichtenheft?

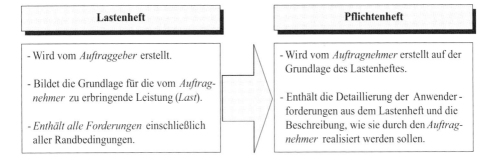

Lastenheft	**Pflichtenheft**
- Wird vom *Auftraggeber* erstellt. - Bildet die Grundlage für die vom *Auftragnehmer* zu erbringende Leistung (*Last*). - *Enthält alle Forderungen* einschließlich aller Randbedingungen.	- Wird vom *Auftragnehmer* erstellt auf der Grundlage des Lastenheftes. - Enthält die Detaillierung der Anwender- forderungen aus dem Lastenheft und die Beschreibung, wie sie durch den *Auftrag- nehmer* realisiert werden sollen.

37. Wofür werden Lastenhefte und Pflichtenhefte erstellt?

Der *Kunde* erstellt ein *Lastenheft* für die Entwicklung eines von ihm gewünschten *Erzeugnisses*. Der ausgewählte *Auftragnehmer* erstellt auf dieser Basis das *Pflichtenheft* zur Realisierung des *Erzeugnisses*. Daraus ergeben sich für den Auftragnehmer notwendige Investitionen für eine Montageanlage.

Der *Auftragnehmer* erstellt entsprechend seinen Anforderungen ein *Lastenheft* für die benötigte *Montageanlage*. Er wird zum *Auftraggeber* (Kunde) gegenüber dem Hersteller der Montageanlage, der als *Auftragnehmer* (Lieferant) wiederum das *Pflichtenheft* für die Montageanlage daraus ableitet.

38. Was sind wesentliche Inhalte eines Pflichtenheftes?

- detaillierte Beschreibung der Produktanforderungen
- Beschreibung der technischen Randbedingungen und der Schnittstellen
- Produktstruktur
- Beschreibung von Softwareanforderungen
- Abnahme- und Inbetriebnahmebedingungen
- zulässige Fehlerhäufigkeiten (ppm) für definierte Einlaufabschnitte (Vorserie, Serienanlauf, Serie)

39. Wie ist der weitere Ablauf nach Erstellung des Pflichtenheftes?

Die Erarbeitung des Pflichtenheftes erfolgt in enger Zusammenarbeit mit dem Auftraggeber. Das Pflichtenheft wird nach seiner Erstellung einer *internen Prüfung* unterzogen und sozusagen intern freigegeben. Abschließend erfolgt die Abnahme und *Freigabe* des Pflichtenheftes *durch den Auftraggeber*. Erst dann ist es verbindlich und bildet die offizielle Grundlage für den weiteren Ablauf.

40. Was ist ein Vorranggraf?

Der Vorranggraf ist eine *netzplanähnliche Darstellung* der Montagetätigkeiten und der bestehenden zeitlichen Beziehungen der Teilaufgaben untereinander (Vorrangbeziehungen). Die *Teilaufgaben* werden darin als *Knoten* und die *Abhängigkeitsbeziehungen* als *Verbindungslinien* (Kanten) zwischen den Knoten dargestellt werden. Die Teilaufgaben werden zum *Zeitpunkt der frühesten Ausführbarkeit* eingetragen. Das Ende der von einem Knoten ausgehenden Kante kennzeichnet den Zeitpunkt, zu dem der Teilablauf *spätestens* ausgeführt sein muss.

Beispiel eines Vorranggrafen:

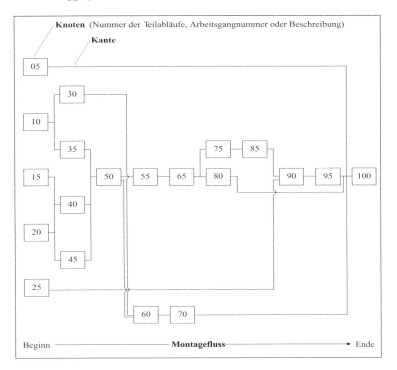

41. Auf welcher Grundlage entsteht der Vorranggraf?

Die Grundlage bilden die *Stückliste* und der *Arbeitsplan*.

42. In welchen Fällen ist die Anwendung eines Vorranggrafen sinnvoll?

- Bei *Neuplanungen* von Montageabläufen aufgrund neuer Erzeugnisse
- bei *Umplanungen* bestehender Montageabläufe
- bei der Bildung von *Montageabschnitten*
- für *Untersuchungen zur Automatisierung* von Montageabläufen.

3.1.3 Disposition der Eigen- und Fremdteile nach Terminvorgaben

01. Auf welcher Grundlage werden Montageaufträge disponiert?

Die Dispositionsgrundlage bildet die Stückliste in Form der *Fertigungsstückliste*. Sie ist auftragsbezogen und wird aus der auftragsneutralen Konstruktionsstückliste erstellt. Aus ihr wird auch ersichtlich, welche Teile und Baugruppen den Status „Eigenfertigung" oder „Einkaufsteil" haben.

Nach DIN 6789 enthält die *Fertigungsstückliste* nach der Bearbeitung durch die zuständigen Stellen alle Angaben für die Vorbereitung, Abwicklung und Abrechnung eines bestimmten Auftrags.

Für Eigenfertigungsteile und -baugruppen bildet der *Arbeitsplan* und ggf. der *Montageplan* die ergänzende Grundlage.

02. Nach welchen Kriterien wird über Eigen- oder Fremdfertigung entschieden?

- Herstellkosten
- Stückzahlen
- vorhandene Fertigungsausrüstung
- vorhandene Fertigungskapazitäten
- erforderliche Investitionen
- vorhandenes Know-how
- eigene Kernkompetenzen.

03. Wann erfolgt die Entscheidung über Eigen- oder Fremdfertigung?

Aus den Entscheidungskriterien geht hervor, dass es nicht möglich ist, auftragsbezogen jeweils neu festzulegen, was selbst hergestellt wird und was zu beschaffen ist. Die Entscheidung über Eigen- oder Fremdfertigung erfolgt in der Fertigungsvorbereitungsphase. Der weitere Ablauf der Fertigungsvorbereitung verläuft zwischen Lieferant und eigener Vorbereitung annähernd parallel und kann inhaltlich ähnlich sein.

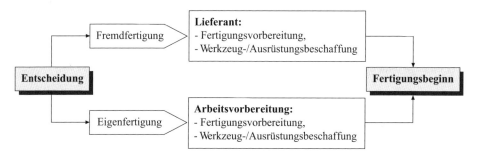

04. Welche Bedeutung hat die Materialbereitstellung für den Montageablauf?

Ausgehend davon, dass ausreichende Montagekapazitäten und eine einsatzfähige Montageausrüstung zur Verfügung stehen, *ist die Materialbereitstellung ein kritischer Punkt*. Um einen störungsfreien Montageablauf zu gewährleisten, sind folgende *Kriterien für die Materialbereitstellung* zu berücksichtigen:

Bereitstellung

- der richtigen Teile/Baugruppen
- in der richtigen Menge
- in der geforderten Qualität

- zum erforderlichen Termin
- am richtigen Ort.

Das gilt gleichermaßen für Eigenfertigungsteile wie für Kaufteile. Hierbei ist ein weiteres Kriterium, die *terminliche Koordinierung* mit dem Lieferanten, von wesentlicher Bedeutung.

05. Welche Arten der Materialbereitstellung für den Montageprozess gibt es?

Es werden drei Bereitstellungsarten unterschieden, die in Abhängigkeit der zu montierenden Produkte, ihrer Komplexität und ihrer Montagedurchlaufzeit auftragsbezogen angewendet werden können:

• *Komplette Bereitstellung:*
Es erfolgt die Bereitstellung des gesamten, für den betreffenden Montageauftrag erforderlichen Materials zum Montagebeginn. Anwendung für einfache Erzeugnisse mit geringer Komplexität; damit auch relativ geringe Lager- und Kapitalbindungskosten beim „Sammeln, bis alles zusammen ist".

• *Montagesynchrone Bereitstellung:*
Das Material wird ohne Zwischenlagerung direkt in die Montage eingesteuert (Just in Time); damit geringste Lager- und Kapitalbindungskosten (siehe dazu im Einzelnen unten, 3.1.3/07.)

• *Gemischte Bereitstellung:*
Kombination von kompletter Bereitstellung und montagesynchroner Bereitstellung. Anwendung hauptsächlich bei komplexen Erzeugnissen. Klassifizierung des Materials in A-, B,- und C-Kategorien. Teures Material (A) wird montagesynchron bereitgestellt. Die Bereitstellung geringerwertigen Materials (C) erfolgt aus dem Lager.

06. Was versteht man unter dem Push- bzw. dem Pull-Prinzip der Materialbereitstellung?

Diese Prinzipien (auch: *Bring-Prinzip, Hol-Prinzip)* kennzeichnen das System der Materialbereitstellung für die Montage:

• *Push-Prinzip:*
Die Materialdisposition und -bereitstellung erfolgt durch eine zentrale Fertigungssteuerung auf der Grundlage von Planungsvorgaben. Ein Ziel dabei ist die weitestgehende Auslastung von Produktionskapazitäten. Es besteht nicht unbedingt ein Bezug zu Kundenaufträgen.

• *Pull-Prinzip:*
Die Materialdisposition und -bereitstellung erfolgt (kunden-) auftragsbezogen durch verbrauchsgesteuerte, fertigungsbasierende Systeme. Zu diesen Systemen zählt *Just in Time* und *Kanban*.

07. Wie ist Just in Time definiert?

Das von Toyota entwickelte System Just in Time (JiT) ist nach DGQ-Schrift 11-04 die „Zulieferung eines materiellen Produktes unmittelbar vor dessen Einsatz". Es ist ein komplexes Logistikkonzept der „Teilebereitstellung zur richtigen Zeit".

• *Ziele von JiT:*
- Minimierung der Materialbestände
- Reduzierung der Umlaufmittel
- Minimierung der Lagerkosten
- Vermeidung von nicht wertschöpfenden Abläufen
- Reduzierung der Fertigungstiefe

• *Voraussetzungen von JiT:*
- Störungsfreie und qualitätssichere Montageprozesse
- stabiles Umfeld und stabile Randbedingungen
- keine Änderung der eingesteuerten Auftragsreihenfolge im Montagedurchlauf
- hohe Vorschaugenauigkeit hinsichtlich Bedarfsmengen und -sequenzen
- enge Informationsverknüpfungen zwischen Kunde, Lieferant und Unterlieferanten
- höchste Liefersicherheit.

Just in Time kann sowohl intern als auch extern angewendet werden:

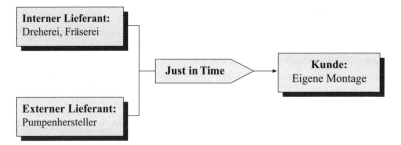

08. Was sind typische Störungen im JiT-System?

Es werden im Wesentlichen *zwei Arten* von Störungen unterschieden:

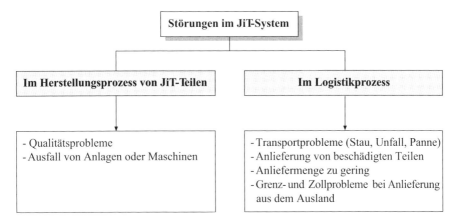

09. Warum sind Störungen im JiT-System von weit reichender Bedeutung?

Diese Störungen beeinflussen das gesamte System (ggf. bis hin zum Kunden). Sie führen zum Montagestillstand mit den Folgen von Überstunden und Mehrarbeit am Wochenende, um den Rückstand aufzuholen. Es entstehen Gewinneinbußen durch Mehrkosten. Kann der Kundentermin nicht gehalten werden und dies führt zum Lieferverzug, können vom Kunden weiterhin die Kosten für seinen Produktions- und Umsatzausfall geltend gemacht werden.

Es gilt also, bei Einführung eines JiT-Systems von vorn herein Maßnahmen festzulegen, die eine Störungskompensation zum Ziel haben.

10. Was sind geeignete Maßnahmen zur Störungskompensation im JiT-System?

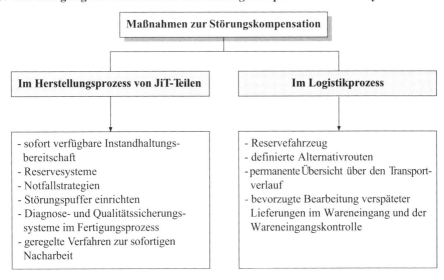

11. Mit welchem System lässt sich Just in Time im Montageprozess effektiv realisieren?

→ Mit Kanban.

12. Was ist Kanban?

Das ebenfalls von Toyota entwickelte Kanban-System ist die *bedarfsorientierte Materialbereit-stellung* auf der Grundlage von Verbraucheranforderungen. Wird für einen anstehenden Monta-geauftrag Material benötigt, erfolgt durch den verantwortlichen Mitarbeiter eine Anforderung über das System an den Lieferanten. Diese Anforderung erfolgt klassisch mittels einer entsprechenden *Materialkarte* (jap. KANBAN) oder elektronisch über das PPS-System.

Charakteristisch ist, dass der Informationsfluss entgegengesetzt dem Materialfluss erfolgt. Damit stellt das Kanban-System einen dezentralen, selbstgesteuerten Regelkreis dar.

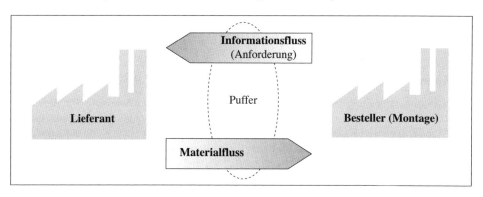

13. Was sind die Ziele von Kanban? Welche Voraussetzungen müssen vorliegen?

• *Ziele:*
- Reduzierung der Durchlaufzeiten
- Reduzierung der Lagerbestände
- Kostenminimierung
- Reduzierung von Ausschuss, Nacharbeit und Überresten
- Reduzierung des Planungs- und Steuerungsaufwandes
- Erhöhung der Flexibilität

• *Voraussetzungen:*
- stabiles Umfeld und stabile Randbedingungen
- hohe Vorschaugenauigkeit hinsichtlich Bedarfsmengen und -sequenzen
- enge Informationsverknüpfungen zwischen Kunde und Lieferant
- Einhaltung der Wiederbeschaffungszeit
- bestimmter Standardisierungsgrad
- ausgewogenes Fertigungsprogramm.

14. In welcher Form erfolgt die Materialbereitstellung?

Die Materialbereitstellung erfolgt in so genannten Kanban-Behältern. Man spricht auch vom *„2-Behälter-Prinzip"*. Der leere Behälter wird gegen einen vollen getauscht. Das können handelsübliche Transport- oder Lagerbehälter sein, die jeweils mit einer Materialkarte zum betreffenden Inhalt gekennzeichnet sind. Diese Materialkarte entspricht inhaltlich der Karte der Materialanforderung. Ist das Material aus dem Behälter aufgebraucht und weiteres erforderlich, erfolgt über diese Materialkarte die neue Anforderung mit der benötigten Stückzahl.

Die Materialanlieferung erfolgt in einen der Montage vorgelagerten *Puffer*. Von diesem Bereitstellungspuffer aus erfolgt nach Materialabruf die Materialversorgung der Montage.

15. Worin besteht der Unterschied zwischen Kanban und der allgemein üblichen Produktionsplanung und -steuerung (PPS)?

Die *traditionelle Produktionsplanung und -steuerung* ist zentral organisiert, sodass alle diesbezüglichen Aufgaben von zentralen Stellen bearbeitet werden. Die Grundlage für diese Planungen bilden oft Absatzprognosen oder für den Planungszeitraum erfolgte Hochrechnungen. Das kann dazu führen, dass Maßnahmen oder Entscheidungen, die von den zentralen Stellen getroffen werden, oft nicht mit den tatsächlichen Anforderungen und Realitäten übereinstimmen. Die Folge davon sind Fehlplanungen.

Kanban, als selbststeuernder Regelkreis nach dem *Hol-Prinzip*, sorgt für eine verbrauchsgesteuerte Materialbereitstellung. Die Auftragsauslösung zur Neufertigung von Teilen bzw. der Beschaffung neuen Materials durch den Einkauf erfolgt durch die Signalisierung des Erreichens oder der Unterschreitung eines definierten Lagermindestbestandes.

16. Welche Zeitarten sind für den Montageablauf relevant?

Die wichtigsten Zeitarten sind die *Auftragszeit,* die *Rüstzeit,* die *Zeit je Einheit* (stückbezogene Vorgabezeit) und die *Montage-Durchlaufzeit.* Sind automatische oder teilautomatisierte Montageanlagen vorhanden, ist noch die *Belegungszeit* von Bedeutung.

Auf der Grundlage dieser Zeitarten, die über den Arbeitsplan systemwirksam werden, erfolgt die Auftragssteuerung und Kapazitätsplanung für die Montage.

17. Was sind Vorgabezeiten? → 4.7

Nach REFA sind Vorgabezeiten „Soll-Zeiten für von Menschen und Betriebsmitteln ausgeführte Arbeitsabläufe. Vorgabezeiten für den Menschen enthalten Grundzeiten, Erholungszeiten und Verteilzeiten; Vorgabezeiten für das Betriebsmittel enthalten Grundzeiten und Verteilzeiten".

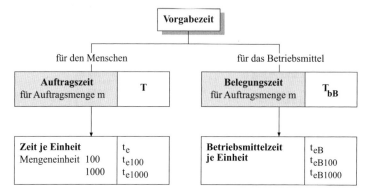

Die Vorgabezeit ist im Arbeitsplan festgelegt. Sie bildet neben der Funktion als Eingangsgröße für die Terminplanung eine Grundlage für die Entlohnung im Leistungslohn, wobei der Bezug die Normalleistung ist.

18. Wie gliedert sich die Auftragszeit nach REFA?

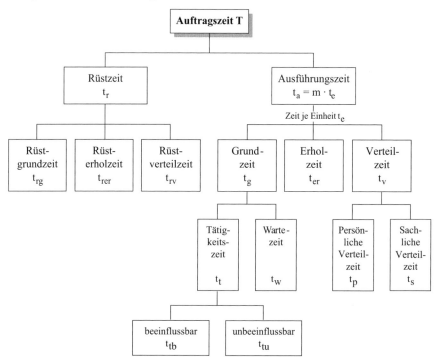

Die Belegungszeit für die Betriebsmittel T_{bB} und die Betriebsmittelzeit je Einheit t_{eB} haben analoge Beziehungen.

19. Aus welchen Zeitarten besteht die Durchlaufzeit?

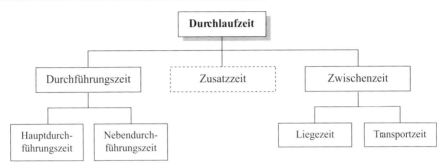

Die Zusatzzeit beinhaltet hierbei alle angefallenen Zeiten, die *nicht zur planmäßigen Durchführung* der Arbeitsaufgabe gehören.

20. Welche Besonderheiten sind bei der Personaleinsatzplanung zu berücksichtigen?

Das zur Verfügung stehende Montagepersonal ist häufig unterschiedlich qualifiziert, hat unterschiedliche Fähigkeiten, Fertigkeiten, Kenntnisse und berufliche Erfahrung. Für einen prozesssicheren und qualitativen Montageablauf sind diese Gegebenheiten zu berücksichtigen.

Bei einer flexiblen Montageorganisation, bei Auftragsschwankungen oder Störungen ist es zeitweise erforderlich, *das Personal innerhalb einer Schicht an unterschiedlichen Arbeitsplätzen einzusetzen.* Das setzt eine entsprechende Qualifizierung geeigneter Mitarbeiter auf die möglichen Arbeitsaufgaben innerhalb des Montagebereiches voraus.

Eine schnelle Übersicht über den möglichen Einsatz der Mitarbeiter bietet eine *Qualifikationsmatrix* nach folgendem Beispiel:

Mitarbeiter	Arbeitsplatz A	Arbeitsplatz B	Maschine 1	Maschine 2
Frau Mischberger	√	√		
Herr Kerner	√	√		√
Herr Grausam			√	√

Das Beispiel macht deutlich, dass in der Bedienung der Maschine 1 sehr schnell ein personeller Engpass entstehen kann, da nur Herr Grausam an dieser Maschine eingewiesen ist. Eine derartige „Monopolisierung" von Kenntnissen/Fähigkeiten ist in jedem Fall zu vermeiden.

21. In welcher Form kann das Montagepersonal in geeigneter Weise qualifiziert werden?
→ 8.

Beispiele:

- Zielgerichtete Mitarbeiterschulung
- spezielle Teamschulungen (intern/extern)
- Training durch „Learning By Doing" (on-the-job)
- Teilnahme an Bedienerlehrgängen (off-the-job)
- Teilnahme an Qualitätslehrgängen.

22. Was sind Betriebsmittel und wie ist ihre Gliederung?

	Betriebsmittel	Beispiele
1	**Ver- und Entsorgungsanlagen** Mittel, die als mittel- oder unmittelbare Voraussetzung zur Nutzung der Fertigungs-, Mess-, Prüf-, Lager- und Fördermittel, der Innenausstattung oder zur Beseitigung von Abfallstoffen dienen.	- Wasseraufbereitungsanlage - Abfallverbrennungsanlage
2	**Fertigungsmittel** Mittel zur direkten oder indirekten Form-, Substanz- oder Fertigungszustandsänderung mechanischer bzw. chemisch-physikalischer Art.	- Walzstraße - Werkzeugmaschinen - Werkzeuge - Vorrichtungen
3	**Mess- und Prüfmittel** Mittel, die bei der Durchführung von Fertigungsaufgaben zum Prüfen von Maßhaltigkeit, Funktion, Beschaffenheit und besonderen Eigenschaften dienen.	- Bandmaß - Wasserwaage - Messmaschine - Messschieber - Prüfstand
4	**Fördermittel** Mittel zur Lage- und Ortsveränderung von Material, Erzeugnissen und anderen Gegenständen.	- Förderband - Gabelstapler - Transportbehälter - Kran - Transferanlage
5	**Lagermittel** Mittel, die als Hilfsmittel der Ablauforganisation eingesetzt werden. Sie dienen nicht der Be- und Verarbeitung von Material oder anderen Erzeugnissen.	- Regal - Lagerbehälter - Lagersystem
6	**Organisationsmittel** Mittel zum Abstellen und Aufbewahren von Material, Erzeugnissen und anderen Gegenständen.	- Aktenordner - Aktenschrank - Hängeregistratur - Personalcomputer
7	**Innenausstattung** Mittel, die zur Nutzung und Sicherung der Grundstücke und Gebäude oder zur Durchführung betrieblicher Aufgaben bestimmt sind, aber keiner anderen Betriebsmittelkategorie zugeordnet werden können.	- Brandschutzanlage - Möbel - sonstige Ausstattung

23. Wonach richtet sich der Flächenbedarf für die Montage?

Die erforderliche Fläche für den betreffenden Montagebereich ist zu unterscheiden in die vorhandene, durch das *Layout fixierte Fläche* und die *zur Verfügung stehende*, freie, flexibel nutzbare *Fläche*. Weiterhin ist zu unterscheiden, ob es sich um eine Montage-Neuplanung, Umplanung oder auftragsbezogene Flächenplanung handelt. Der erforderliche *Flächenbedarf* richtet sich in jedem Fall nach

- der vorhandenen Montagestruktur und -ausrüstung,
- der Art und den technischen Dimensionen des zu montierenden Produktes,
- der Anzahl der zu montierenden Einzelteile und Baugruppen,
- der Losgröße des Montageauftrages,
- der Montagedurchlaufzeit eines Auftrages,
- dem Umfang an JiT-Teilen und normalen Lagerteilen hinsichtlich der für die Materialpuffer erforderlichen Bereitstellungsfläche,
- der Art und Größe der einzusetzenden Transportmittel,
- den notwendigen Sonderflächen (Pausenbereich, Lagerfläche für spezielles Material).

Hierbei sind die Vorgaben der Arbeitsstättenverordnung zu Wegbreiten, Bewegungsflächen u. a. zu beachten.

24. Welche Bedeutung haben Materialpuffer für die Montage?

Der Material*puffer* ist ein in die Montage integriertes, kleines Materiallager mit geringer Reichweite, die – je nach Auslegung – von wenigen Minuten bis zu einem Schichtbedarf reichen.

• *Ziele der Materialpuffer:*
  - Ausgleich von Kapazitätsschwankungen
  - Verringerung von Störungswirkungen
  - Gewährleistung eines kontinuierlichen Flusses bei Linienfertigung
  - Ausgleich bei zeitlich unterschiedlichen Arbeitsinhalten zur Abtaktung bei Taktmontage
  - JiT

• *Nachteile*:
  - Verdeckung von Organisations- und Ablaufproblemen
  - Platzbedarf
  - Kosten

25. Wie müssen Materialpuffer gestaltet sein?

Die Gestaltung ist abhängig von der Art der Integration der Puffer in den Montageprozess. Sie reicht von einer normalen Abstellfläche für Paletten bis zu automatisierter Lagertechnik mit prozessgesteuerten Einlager- und Entnahmeabläufen.

26. Welche Pufferarten und -typen werden unterschieden?

• *Arten*:
  - Bereichspuffer
  - Abschnittspuffer
  - Fertigungssystempuffer
  - Arbeitsplatzpuffer

• *Typen: Beispiele:*
  - Linienpuffer: einbahniges Band, Rinnenrutsche, Scharnierbandkettenpuffer
  - Flächenpuffer: mehrbahniger Linienpuffer, Parallelrollenbahn
  - Regalpuffer: Regal mit Beschickungseinrichtung, Paternosterpuffer
  - Umlaufpuffer: Hängbahnkarussell, Wendelrutsche

27. Welche Anforderungen werden an das Behältersystem gestellt?

Die Behälter, in denen das Material für den Montageprozess bereitgestellt wird, müssen mehreren Anforderungen entsprechen:

Das Behältersystem muss

- der Qualität und den Eigenschaften des aufzunehmenden Materials entsprechen,
- identifizierbar bzw. unterscheidbar sein,
- ihrer Dimension entsprechend hohe Tragfähigkeit besitzen,
- mit den üblichen Transportmitteln oder manuell transportierbar sein,
- handhabbar sein,
- stapelbar sein mit der Möglichkeit, Transporteinheiten (Gebinde) zu bilden,
- die Erfüllung von rechtlichen Bestimmungen und Vorschriften gewährleisten,
- standardisiert und als Behälter*system* verfügbar sein.

Beispiele:

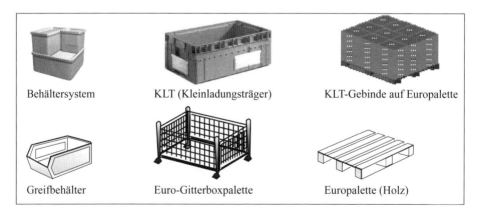

| Behältersystem | KLT (Kleinladungsträger) | KLT-Gebinde auf Europalette |
| Greifbehälter | Euro-Gitterboxpalette | Europalette (Holz) |

28. Nach welchen Kriterien erfolgt die Behälterfestlegung für die Montage?

Für die Behälterauswahl sind die Daten des jeweiligen, zu transportierenden oder zu lagernden Materials wie Beschaffenheit, Abmessungen, Gewicht und zu beachtende besondere Anforderungen (z. B. ESD-Schutz) ausschlaggebend. Dabei sind für den Einsatz im Montageprozess wesentliche *Kriterien* zu beachten:

- Am Arbeitsplatz multivalent einsetzbar als Transport-, Lager- und Handhabungseinheit
- Vermeidung von Umpackaufwand durch Bereitstellung in den entsprechenden Behältern schon aus dem Lager
- ergonomische Aufstellung und Teileentnahme
- ausreichend Platz am Arbeitsplatz
- Beachtung des maximal zulässigen Füllgewichtes bei manueller Handhabung
- Reichweite der Füllmenge.

Externe Lieferanten sollten nach Möglichkeit gleich in den erforderlichen, montagebezogenen Behältern anliefern, um Umpackaufwand zu vermeiden.

3.1.4 Montageauftragsabhängige Festlegung von Montagestrukturen, -phasen und -systemen

01. Welche prinzipiellen Montagestrukturtypen werden unterschieden?

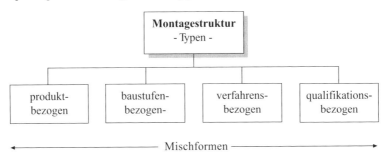

02. Welche Organisationsformen der Montage werden unterschieden?

		Montageobjekt	
		stationär	**ortsveränderlich**
Montage- platz	**stationär**	- *Einzelplatz*montage - *Baustellen*montage	- *Reihen*montage - *Fließ*montage - *Werkstatt*montage
	ortsveränderlich	- *Wander*montage - *Gruppen*montage	- *Werkstatt*montage

1. Stationäre Montage:
Das Montageobjekt bleibt während des Zusammenbaus am selben Platz. Der Montageplatz ist in seiner Position ortsgebunden.

2. Ortsveränderliche Montage:
Das Montageobjekt wird während des Zusammenbaus, entsprechend dem Montagefortschritt, an nachfolgende Montageplätze weitergegeben. Der Montageplatz ist variabel positionierbar.

3. Einzelplatzmontage:
Das Montageobjekt wird vollständig, ohne Arbeitsteilung, an einem stationären Arbeitsplatz von einem Werker montiert. Die Teile bzw. Baugruppen müssen zum Montageplatz transportiert werden.

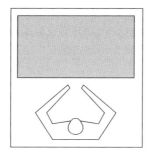

4. Baustellenmontage:
Das Montageobjekt wird vollständig an seinem stationären Einsatzort montiert.

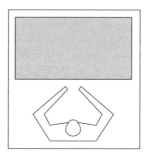

5. Wandermontage:
Das Montageobjekt ist stationär positioniert. Die Mitarbeiter wandern für die Ausführung der gleichen Arbeitsaufgabe von Objekt zu Objekt.

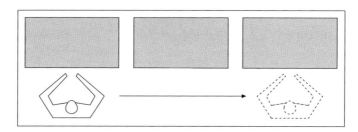

6. *Gruppenmontage:*
   Sie ist eine spezielle Form der Wandermontage. Die Montageobjekte sind stationär in mehrere Gruppen aufgeteilt. Die Mitarbeiter wandern innerhalb einer Gruppe für die Ausführung der gleichen Arbeitsaufgabe von Objekt zu Objekt.

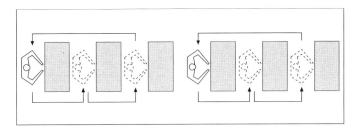

7. *Reihenmontage:*
   Sie stellt die einfachste Form der Fließmontage dar. Das Montageobjekt durchläuft die entsprechend dem Montagefortschritt angeordneten Montageplätze.

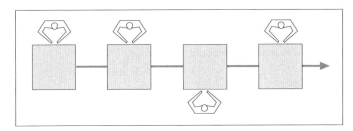

8. *Fließmontage:*
   Das Montageobjekt durchläuft die entsprechend dem Montagefortschritt angeordneten und miteinander verketteten Montageplätze in einem definierten Zeittakt. Dieses Montageprinzip wird nur bei größeren Serien angewendet.

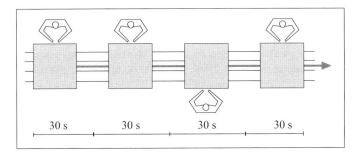

9. *Werkstattmontage:*
   Nach dem Werkstattprinzip konzipierter, separater Montagebereich, der in seiner internen Ablauforganisation flexibel gestaltbar ist. Die Montageobjekte können stationär wie ortsveränderlich montiert werden. Ebenso sind die Montageplätze anpassbar.

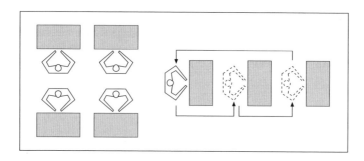

03. Welche Formen von Fließmontage werden unterschieden?

• *Kontinuierliche Fließmontage:*
Das Montageobjekt wird während des Zusammenbaus weiter transportiert. Das Montagepersonal geht in seinem zugeordneten, begrenzten Bereich mit dem Objekt mit. Typische Anwendung: Automobilmontage.

• *Intermittierende Fließmontage:*
Das Montageobjekt wird während des Zusammenbaus für die Zeit des Montagevorganges angehalten und es wird stationär montiert.

• *Elastische Fließmontage:*
Fließmontage mit Taktzeitvorgabe *und* Zwischenpuffer.

• *Starre Fließmontage:*
Fließmontage mit Taktzeitvorgabe *ohne* Zwischenpuffer.

• *Fließmontage mit loser Verkettung:*
Die Montageobjekte werden nach Beendigung des Montagevorganges *asynchron* weitertransportiert. Dadurch wird eine Zwischenpufferung zwischen den Montageplätzen ermöglicht, indem die Verkettungseinrichtung als Puffer wirkt.

• *Fließmontage mit starrer Verkettung:*
Die Montageobjekte werden nach Beendigung des Montagevorganges nach einem definierten Takt *gleichzeitig* weitertransportiert. Diese Art der Verkettung wird als auch *Synchrontransfer* bezeichnet.

04. Von welchen Einflussgrößen ist die Organisationsform der Montage abhängig?

Nach der Festlegung des Montagestrukturtyps ist hinsichtlich der Wirtschaftlichkeit und Effektivität des Montageprozesses die geeignete Organisationsform zu bestimmen. Hierbei ist das Montageobjekt das wesentliche Kriterium zur Bestimmung der Organisationsform. Es gelten folgende Einflussgrößen:

- Bewegungsverhalten des Montageobjektes
- Grad der Arbeitsteilung (Vor-, Endmontage)
- Masse

- Dimensionen, Abmessungen
- Komplexität
- Konstruktiver Aufbau
- Schwierigkeitsgrad der Montage
- Montagezeit, Taktzeit
- Auftragsgröße, Losgröße
- Jahresstückzahlen, Auftragshäufigkeit pro Planungszeitraum.

05. Was sind die Besonderheiten einer qualifikationsbezogenen Montagestruktur?

Die erforderliche *Qualifikation* des Montagepersonals ergibt sich aus den Anforderungen der Montageaufgaben und der daraus abgeleiteten Personalpolitik.

Hauptsächlich wird unterschieden in

• *Anlerntätigkeiten:*
  Sie erfordern keine spezielle Ausbildung. Die Dokumente zur Montageaufgabe sind extrem detailliert, bebildert und werden häufig durch Vergleichs- oder Anschauungsmuster ergänzt. Die Mitarbeiter werden genauestens eingewiesen und eingearbeitet und bei Bedarf trainiert. Für das Training ist allerdings entsprechend ausgebildetes Fachpersonal erforderlich.

• *Facharbeitertätigkeiten:*
  Die Montageaufgaben erfordern entsprechende fachliche Ausbildung und Kenntnisse. Die Fähigkeit, technische Zeichnungen zu lesen und zu interpretieren ist ebenso erforderlich, wie eine begrenzt selbstständige Arbeitsausführung.

06. Auf welcher Grundlage wird der Montageprozess strukturiert?

Die Grundlage für die Strukturierung eines Montageprozesses bildet die *Erzeugnisgliederung* (siehe 3.1.1/17.) und die daraus abgeleiteten *Stücklisten*. Über die Erstellung der Montage- oder Arbeitspläne erfolgt die Zuordnung der Montageaufgaben zu den betreffenden Kostenstellen, Arbeitsplatzgruppen oder Einzelarbeitsplätzen.

07. In welche Phasen und Ebenen lässt sich der Montageprozess unterteilen?

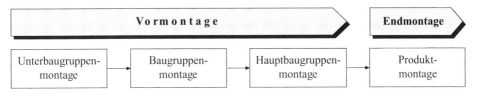

3.1.5 Gestaltung von Montagearbeitsplätzen nach ergonomischen Gesichtspunkten → A 4.2.2

01. Welche Ziele verfolgt die ergonomische Gestaltung der Arbeitsplätze?

• *Ergonomie* ist die Lehre von der Erforschung der menschlichen Arbeit; untersucht werden die Eigenarten und Fähigkeiten des menschlichen Organismus (z. B.: Wann führt dauerndes Heben von Lasten zu gesundheitlichen Schäden?). Die Ergebnisse dienen dem Bestreben, die Arbeit dem Menschen anzupassen und die menschlichen Fähigkeiten wirtschaftlich einzusetzen.

• *Humanisierung der Arbeit* ist die umfassende Bezeichnung für alle Maßnahmen, die auf die Verbesserung der Arbeitsinhalte und der Arbeitsbedingungen gerichtet sind.

Im Zusammenhang mit der Gestaltung der Arbeitsplätze, der Arbeitsmittel und der Arbeitsumgebung sind die Unfallverhütungs- und Arbeitsschutzvorschriften der Berufsgenossenschaften sowie zahlreiche gesetzliche Auflagen zu beachten, z. B.:

- Gestaltung der Maschinen und Werkzeuge
- Elektrische Anlagen und Geräte (GS-Zeichen; Geprüfte Sicherheit)
- Gestaltung von Bildschirmarbeitsplätzen
  (z. B. Augenuntersuchung; keine Überbeanspruchung der Augen, des Rückens, der Nerven; vgl. Bildschirmarbeitsverordnung aus dem Jahr 2000)
- Arbeitsmaterialien (z. B. Heben und Tragen von Lasten)
- Umgang mit gefährlichen Stoffen (z. B. Gefahrstoffdatenblätter der Hersteller und Lieferanten; ggf. Einhaltung arbeitsmedizinischer Vorsorgeuntersuchungen)
- präventive Vermeidung von Berufskrankheiten (vgl. Arbeitsschutz → 6. AUG)
- Vermeidung psychomentaler (nervlich-seelischer) Belastungen
- Ausgabe persönlicher Schutzausrüstungen

02. Welche Bereiche umfasst die Arbeitsgestaltung?

Die Arbeitsgestaltung umfasst drei Bereiche:

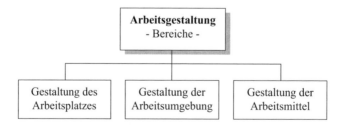

1. Bei der Arbeitsplatzgestaltung sind u. a. zu berücksichtigen:

- Die Körpermaße des Mitarbeiters
- der Raumbedarf – im Sitzen und im Stehen
- die Arbeitsflächen, -sitze und -stühle
- der Greifraum und der Sehbereich.

Die Kriterien der Arbeitsplatzgestaltung sind im Einzelfall auf die unterschiedlichen *Arten von Arbeitsplätzen* umzusetzen – wie:

- Maschinenplätze
- Handarbeitsplätze (Werkbank)
- Steuerstände

- Zusammenbauplätze (Montage)
- Büroarbeitsplätze
- Transportarbeiten.

2. Bei der Gestaltung der *Arbeitsumgebung* sind zu berücksichtigen:

- Raumgestaltung
- Raumklima und Lüftung
- Brandschutz

- Beleuchtung und Farbgebung
- Sicherheitskennzeichnung
- Lärmschutz.

3. Bei der *Gestaltung der Arbeitsmittel* ist zu berücksichtigen:
Handwerkzeuge sollen ergonomisch geformte Griffmulden haben (Sicherheit und Kraftübertragung). Elektrowerkzeuge müssen ausreichend isoliert sein; Fußpedale zur Bedienung von Anlagen müssen eine ausreichende Trittbreite haben und eine rutschfreie Oberfläche (z. B. Riffelung) aufweisen; Druckknöpfe und Drehknöpfe müssen durch farbliche Kennzeichnung leicht erkennbar sein und dürfen keine Ecken, Kanten oder Grate besitzen.

Ausführlich nachzulesen im Band 1 „Basisqualifikationen" unter A 4.2.2

Speziell für Arbeitsplätze in der Montage ist zu gewährleisten, dass geeignete Montagehilfen, Hebewerkzeuge, Handhabungsgeräte, Vorrichtungen und Werkzeuge eingesetzt werden, die körperlichen Überbelastungen oder einseitigen Belastungen vorbeugen (vgl. Fördereinrichtungen, Robotereinsatz, geeignete Höhe der Werkbänke, ergonomische Entnahme von Werkstücken, Hub- und Wendvorrichtungen usw.).

Eine wesentliche Verbesserung zu Gunsten des Primäraufwandes lässt sich durch eine *ergonomische Arbeitsplatzgestaltung* erzielen. Je optimaler die Sekundärabläufe sind (kürzere Entfernungen = kürzere Zeiten), desto effektiver werden die Primärabläufe (vgl. 3.1.2/28.).

Beispiel: Ergonomische Gestaltung der Greifräume eines Montageplatzes

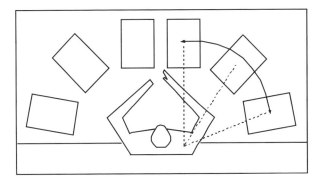

3.1.6 Montage von Bauteilen durch Fügen und Verbinden von Werkstücken

01. Was ist Fügen?

Mit Fügen (auch: Verbinden) bezeichnet man nach der DIN 8580 das dauerhafte Verbinden von mindestens zwei Bauteilen. Sie können eine geometrisch feste Form haben oder aus formlosem Stoff bestehen.

02. Welche technologischen Verfahren liegen dem Prozess „Fügen" zu Grunde?

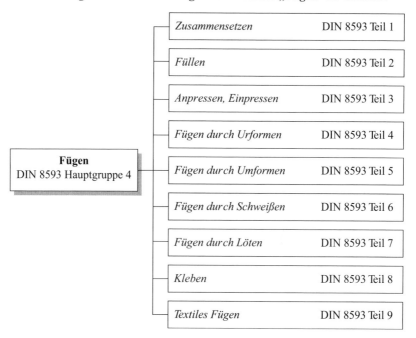

Zusammensetzen	DIN 8593 Teil 1
Füllen	DIN 8593 Teil 2
Anpressen, Einpressen	DIN 8593 Teil 3
Fügen durch Urformen	DIN 8593 Teil 4
Fügen durch Umformen	DIN 8593 Teil 5
Fügen durch Schweißen	DIN 8593 Teil 6
Fügen durch Löten	DIN 8593 Teil 7
Kleben	DIN 8593 Teil 8
Textiles Fügen	DIN 8593 Teil 9

Fügen
DIN 8593 Hauptgruppe 4

03. Welche Wirkungsweisen haben die c?

Es können Teile, Baugruppen und Produkte aus völlig unterschiedlichen Werkstoffen untereinander und ggf. auch miteinander gefügt werden. Dabei kann die Verbindung *fest* oder *beweglich, lösbar* oder *nicht lösbar* sowie *stoff-, form-* oder *kraftschlüssig* sein.

- *Feste Fügeverbindung:*   Die Teile sind so fest miteinander verbunden, dass ein gegenseitiges Bewegen und Verschieben zueinander ausgeschlossen ist, z. B. ein Fahrradrahmen.

- *Bewegliche Fügeverbindung:*   Die Teile sind beweglich miteinander verbunden. Sie können Gleit- oder Drehbewegungen zueinander ausführen, z. B. ein Scharnier.

- Lösbare Fügeverbindung:	Die verbundenen Teile und das Verbindungsteil sind ohne ihre Zerstörung wieder trennbar. Alle Teile sind wiederverwendbar, z. B. eine Schraubenverbindung.
- Unlösbare Fügeverbindung:	Die Verbindung kann meist nur durch die Beschädigung oder Zerstörung der Werkstückteile oder ihres Verbindungsmittels getrennt werden, z. B. eine Schweißverbindung.
- Stoffschlüssige Fügeverbindung:	Die Teile werden durch die Verbindung ihrer Werkstoffe miteinander gefügt. Diese Verbindung entsteht durch die Wirkung der Kohäsions- und Adhäsionskräfte zwischen den verschiedenen Werkstoffteilchen an der Fügestelle während des Fügevorganges, z. B. beim Schweißen, Löten oder Kleben.
- Formschlüssige Fügeverbindung:	Die Teile und ggf. ihre Verbindungselemente werden durch das Ineinanderpassen ihrer Formen oder Formflächen miteinander verbunden, z. B. Schraube mit Mutter.
- Kraftschlüssige Fügeverbindung:	Die Verbindung der Teile und ggf. ihrer Verbindungselemente entsteht an ihren Oberflächen im Fügebereich durch das Auftreten von Reibungskräften zueinander. Diese werden durch eine Zusammenpresskraft erzeugt, z. B. Zusammenhalten von Papierseiten mittels Büroklammer.

04. Welche Anforderungen werden an Fügeverbindungen gestellt?

Fügeverbindungen unterliegen als Kopplungsstelle mehrerer Teile besonders hohen Beanspruchungen. Sie müssen, entsprechend den konstruktiven Erfordernissen, unterschiedliche Anforderungen erfüllen:

- Aufnehmen und Übertragen von Kräften
- Übertragen von Drehmomenten
- Änderung von Wirkungsrichtungen
- elektrische Leitfähigkeit oder Isolation
- thermische Leitfähigkeit oder Isolation
- Dichtheit
- Schutz oder Resistenz gegen chemische Einflüsse
- optische Aspekte, dekoratives Aussehen
- Flexibilität oder Beweglichkeit
- technologische Ausführbarkeit
- Lösbarkeit.

05. Durch wen und in welcher Form wird die Art der Fügeverbindung festgelegt?

Die Verbindungsarten werden durch den Konstrukteur festgelegt. Damit erfolgt bereits in der Konstruktionsphase *in Abstimmung mit der Arbeitsvorbereitung* die Entscheidung über die anzuwendenden Fügeverfahren (siehe auch 3.1.1/30.). Dokumentiert und dargestellt werden die Verbindungsarten in der technischen Zeichnung.

06. Welche Angaben sind für eine eindeutige Verbindungsdarstellung noch erforderlich?

In Abhängigkeit von der Art der Fügeverbindung sind technische Parameter und ergänzende Zusatzangaben auf der Zeichnung unbedingt erforderlich, z. B.:

- Schraubverbindungen: →   Angabe   - des Anzugsdrehmomentes
                                         - des Einschraubwinkels

- Schweißverbindungen: →   Angabe   - der Nahtform
                                         - der Anzahl der Lagen
                                         - des Elektrodenwerkstoffs

07. Welche Gestaltungsregeln gelten hinsichtlich des Fügeverfahrens für eine montagegerechte Konstruktion?

- Vermeidung von gleichzeitigem Anschnäbeln an mehreren Fügestellen,
- Fügen senkrecht von oben,
- lineare Fügebewegungen,
- gleichzeitiges Fügen ermöglichen,
- große Fügefreiräume,
- Vermeidung langer Fügewege,
- Einsatz von Fügehilfen (z. B. Einführschrägen),
- Gewährleistung allseitiger Zugänglichkeit an den Fügestellen,
- so wenig wie möglich separate Verbindungselemente (Schnappverbindungen).

08. Nach welchen Merkmalen werden Fügeverbindungen klassifiziert?

Fügeverbindungen		
Lösbare Verbindung	**Bedingt lösbare** Verbindung	**Unlösbare** Verbindung
← Beweglich		*Starr →*
Formschlüssige Verbindung		
Kraftschlüssige Verbindung		
		Stoffschlüssige Verbindung

Beispiele:

- *Formschlüssige Verbindungen:*
  - Passverbindungen
  - Keilverbindungen
  - Stiftverbindungen
  - Bolzenverbindungen
  - Passschraubenverbindungen
  - Nietverbindungen

- *Kraftschlüssige Verbindungen:*
  - Schraubenverbindungen
  - Kegelverbindungen
  - Klemmverbindungen
  - Einscheibenkupplungen

- *Stoffschlüssige Verbindungen:*
  - Schweißverbindungen
  - Lötverbindungen
  - Klebeverbindungen.

09. Welche Verfahren zählen nach DIN 8593, 4. Hauptgruppe, zu den Fügeverfahren „Zusammensetzen und Anpressen/Einpressen"?

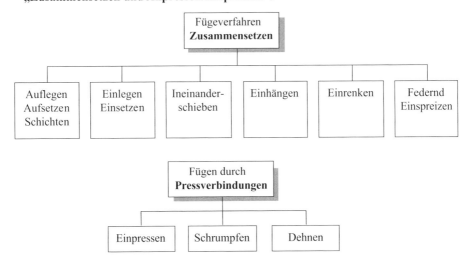

3.2 Planen und Beurteilen des Einsatzes von automatisierten Montagesystemen einschließlich der Anwendung von Handhabungsautomaten

3.2.1 Automatisierte Montagesysteme

01. Welche Montagesysteme werden unterschieden?

Es werden drei Systemarten unterschieden.

1. Manuelle Montagesysteme
2. Teilautomatisierte Montagesysteme
3. Vollautomatisierte Montagesysteme

Der Einsatz dieser Systeme ist abhängig von den zu montierenden Stückzahlen pro Jahr, je Erzeugnis oder je Erzeugnisvariante und von der Anzahl der unterschiedlichen Varianten:

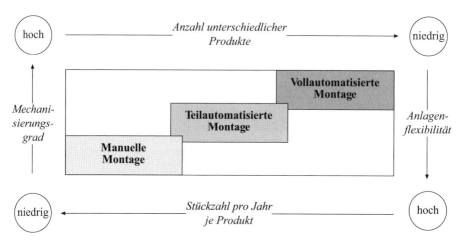

02. Was ist ein Montagesystem?

Ein *Montagesystem* ist eine aus mindestens drei Komponenten bestehende technisch-organisatorische Fertigungseinheit:

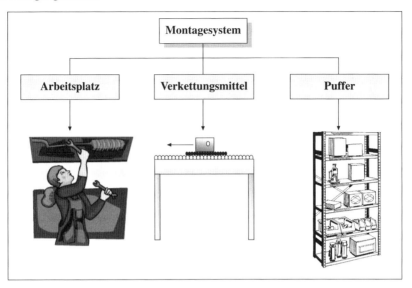

Integrierte *Überwachungs- und Prüfeinrichtungen* (Taster, induktive und optische Sensoren, Kamerasysteme), *Handhabungseinrichtungen* (Industrieroboter) und *Ausrüstungen zur Erhöhung der Prozesssicherheit* (Datentransfer mit dem Montageobjekt) können weitere Komponenten eines Montagesystems sein.

1. Der *Arbeitsplatz* kann aus einer produktneutralen Grundausstattung bestehen, die mit einer produktspezifischen Zusatzausrüstung für die jeweilige Montageaufgabe ergänzt wird. Die Teilebereitstellung erfolgt ebenfalls produktbezogen. Ein Montageplatz kann beispielsweise mit den *Fügeeinrichtungen* Schrauber, Einpress- oder Nietvorrichtung sowie mit *Überwachungseinrichtungen* ausgestattet sein.

   Einzweckarbeitsplätze bestehen aus einer speziellen Arbeitsplatzausrüstung, die auf eine ganz bestimmte Arbeitsaufgabe (z. B. Dichtprüfen innerhalb des Montageprozesses) ausgerichtet ist. Davon abweichende Tätigkeiten lassen sich an diesem Arbeitsplatz nicht ausführen.

2. Die *Verkettungsmittel* (Transfereinrichtungen) verbinden mindestens zwei Arbeitsplätze oder Stationen miteinander. Sie ermöglichen den Transport der Objekte entsprechend dem erforderlichen Montageablauf direkt oder mittels eines *Werkstückträgersystems*. Ihre Anordnung kann z. B. linear (Montageband), kreisförmig (Rundtakttisch), horizontal oder vertikal umlaufend oder vertikal (Senkrechtförderer) sowie in mehreren Ebenen verlaufen. Für die Planung eines geeigneten Verkettungsmittels sind u. a. folgende *Werkstückmerkmale* relevant:

   - Gewicht und Abmessungen des Werkstücks,
   - erforderliche Tragkraft auf eine bezogene Längeneinheit (Meter),
   - Fördergeschwindigkeit,
   - Art und Anzahl der zu verkettenden Stationen,
   - Notwendigkeit und Dimension von Puffern.

3. Der *Puffer* ist ein in den Montageprozess integriertes, montagebedarfsorientiertes Materiallager (vgl. 3.1.3/24.).

03. Worin besteht das Ziel der Automatisierung? Welche Voraussetzungen müssen vorliegen?

Die Montage bestimmt letztendlich als „Schrittmacherprozess" die Lieferfähigkeit zum Kunden. Nur mit möglichst kurzen Durchlaufzeiten, minimaler Materialpufferung und einem effektiven und prozesssicheren Montageablauf lassen sich die Kundenforderungen konkurrenzfähig erfüllen.

• *Ziel:*
  Kontinuierlicher Fluss des Materials durch den Montageprozess; eine Fließfertigung „Stück für Stück" nach dem Lean Production-Prinzip, auch One Piece Flow genannt.

• *Voraussetzungen:*
  - Eliminierung der Verschwendung, z. B. kein Ausschuss, kein Werkzeugbruch, kein fehlendes Material
  - Reduzierung der Nebentätigkeiten, z. B. Rüstzeiten verringern.

04. Welche Faktoren sind bei der Automatisierung der Montage von Bedeutung?

- Stückzahlen je Zeiteinheit oder Auftrag
- Auftragsfolgen
- Durchlaufzeiten
- Produktionszeitraum des Erzeugnisses
- Variantenvielfalt
- Änderungsdynamik
- montagegerechte Erzeugnisgliederung
- automatisierungsgerechte Einzelteilkonstruktion
- handhabungsgerechte Einzelteil- und Baugruppengestaltung

05. Ist die Montage auch bei kleinen Stückzahlen und großer Vielfalt automatisierbar?

Prinzipiell ist jede Montage automatisierbar. Es ist in diesem Fall der Montageumfang, das Montagevolumen, bezogen auf eine Zeiteinheit und der Kundentakt zu betrachten. Entscheidend ist ein sich daraus ableitender, sinnvoller Automatisierungsgrad. Je kleiner die zu montierenden Stückzahlen und je größer die Erzeugnisvielfalt sind, desto flexibler müssen die Handhabungs- und Transfersysteme sein.

06. Was ist der Kundentakt?

Der *Kundentakt* ist eine Kennzahl zum Vergleich der tatsächlichen Produktionsmenge pro Schicht gegenüber der vom Kunden benötigten Produktionsmenge pro Schicht.

Beispiel für eine 8-Stunden-Schicht (ohne Pausen):

$$\text{Kundentakt} = \frac{\text{Verfügbare Arbeitszeit [s]}}{\text{Erforderliche Stückzahl für den Kunden [Stk.]}}$$

$$= \frac{28.800 \text{ s}}{500 \text{ Stk.}} = 57,6 \text{ s/Stk. (Taktzeit)}$$

Beträgt die tatsächliche Taktzeit beispielsweise 45 Sekunden, liegt bei gleichen Bedingungen (z. B. Auslastung der Schichtkapazität) eine Überproduktion von 140 Stück je Schicht vor.

07. Sollte in jedem Fall die Vollautomatisierung angestrebt werden? Welche Nachteile können damit verbunden sein?

Generell kann man auf die Frage „Wann ist eine Vollautomatisierung sinnvoll?" antworten: „Nie!"

Die theoretischen Betrachtungen enthalten nicht die realen Stückzahl-Schwankungen in Bezug auf die Laufzeit des Produktes. Automatische Montageanlagen sind auf eine bestimmte Stückzahlausbringung ausgelegt und durch ihre Konstruktion kaum optimierbar. Abweichungen von den der Anlagenkonzeption zugrunde liegenden Stückzahlen führen zwangsläufig zu einer Stückkostenerhöhung.

• *Nachteile der Vollautomatisierung:*
 - Höchste Investitionskosten
 - maximale technische Komplexität der Arbeitsplätze
 - reduzierte Zuverlässigkeit der Anlage
 - komplizierte Beschickungs- und Transfertechnik (Roboter)
 - teures Betreuungspersonal
 - geringste Flexibilität bezüglich Kapazitätserhöhung und Produktvielfalt.

Vollautomatisierte Montageprozesse haben als höchste Automatisierungsstufe natürlich ihre gerechtfertigte Bedeutung. Jedoch sollte das Ziel Vollautomatisierung unter den genannten Aspekten sehr verantwortungsbewusst untersucht werden.

08. Welche Faktoren bestimmen die konstruktive Gestaltung automatischer Montagesysteme?

 - Komplexität der Montageobjekte
 - Maße, Toleranzen und Gewicht der Werkstücke und Baugruppen
 - erforderliche Fügetechnologie
 - Varianten- oder Produktvielfalt
 - erforderliche Montagekapazität.

09. Was ist an einem Montageplatz zu handhaben?

- Das *Werkstück* wird an einen Ort oder in eine definierte Position gebracht.
- Das *Werkzeug* wird zum Montageobjekt gebracht, positioniert und ggf. zur Arbeitsverrichtung in unterschiedlichen Richtungen und Ebenen bewegt.

10. Welche Grundstrukturen von Arbeitssystemen gibt es?

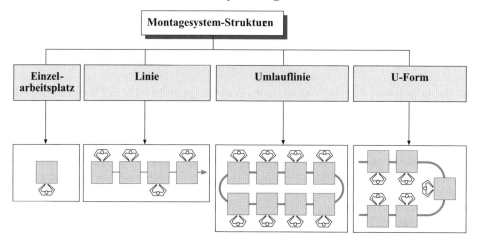

Die Grundstrukturen kennzeichnen den Montagefluss, unabhängig davon, ob sich nur das Montageobjekt oder ob sich der Monteur *und* das Montageobjekt von Station zu Station bewegt.

11. Welche Grundprinzipien der Arbeitsteilung gibt es bei der Fließfertigung?

Die Arbeitsteilung beschränkt sich nicht nur auf die technische Seite der Automatisierung, sondern im Wesentlichen auf die Arbeitsinhalte der Mitarbeiter. Die Auslastung der Mitarbeiter (MA) hat gegenüber der Auslastung der Maschinen die größere Bedeutung.

Die Gestaltungssystematik erfolgt (nach Toyota) nach dem „Zwiebelschalenprinzip":

$$\text{Mitarbeiter)} \rightarrow \text{Arbeitsinhalte}) \rightarrow \text{Arbeitsabläufe}) \rightarrow \text{erforderliche Technik})$$

Man unterscheidet folgende *Prinzipien der Arbeitsteilung* bei der Montage:

	Prinzipien der Arbeitsteilung	Beschreibung
1	Teilung in **getaktete Teilabläufe**	Jeder Mitarbeiter arbeitet im Takt an einem Teilablauf und bewegt sich dabei zwischen verschiedenen Arbeitsstationen.
2	**Kreislauf** → typisch: U-Form	Der Mitarbeiter führt alle Teilabläufe der nach, entsprechend dem Materialfluss, an den einzelnen Arbeitstationen aus – gefolgt vom nächsten Mitarbeiter („Hasenjagd").
3	**Gegenstrom**	Der Mitarbeiter führt alle Teilabläufe entgegen dem Materialfluss aus – gefolgt vom nächsten Mitarbeiter.
4	**Mitarbeiter an Arbeitsstation** → typisch: Linie	Der Mitarbeiter bleibt an der Arbeitsstation. Nur das Material fließt von Station zu Station.
5	**Kombinationen**	Kombination der Prinzipien innerhalb eines Kreislaufs.

12. Wodurch sind manuelle Montagesysteme gekennzeichnet?

Manuelle Montagesysteme können nicht verkettete oder lose verkettete Arbeitsplätze in Linien- oder Parallelanordnung sein. Die Montage erfolgt mittels handgeführter Werkzeuge. Die Verkettung kann z. B. eine nicht angetriebene Rutsche, Rollenbahn, Röllchenbahn oder Gleitebene sein. Die Weitergabe des Montageobjektes erfolgt manuell oder durch die leichte Neigung des Verkettungsmittels zum Folgearbeitsplatz durch das Gewicht des Objektes selbst.

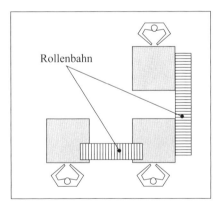

Rollenbahn

13. Was unterscheidet teilautomatisierte und manuelle Montagesysteme?

Bei teilautomatisierten Systemen erfolgt der Transport der Montageobjekte in loser oder starrer Verkettung in horizontaler Ebene *mit angetriebenen Verkettungsmitteln*. Weiterhin können in das System automatische oder halbautomatische Montageeinheiten und Prüfstationen integriert sein. Ein Anteil an manueller Tätigkeit ist aber weiterhin vorhanden.

Beispiel: *Halbautomatischer Rundtakttisch*

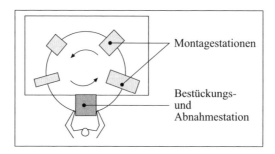

14. Was sind automatische Montagesysteme?

Die Montageobjekte werden auf automatischen Transfereinheiten zwischen den Montage- und Prüfstationen transportiert. Die Bestückung der Montagestationen, die Montage- und Prüfabläufe sowie die Entnahme der Montageobjekte aus den Stationen erfolgen ebenfalls automatisch.

Beispiel: *Vollautomatischer Rundtakttisch*

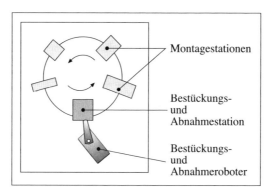

Typische, automatische Montagesysteme sind

- Rundtransferautomaten,
- Längstransferautomaten,
- flexible automatische Montagelinie (Roboterlinie),
- flexible Montagezelle (Roboterzelle),
- Mischformen.

15. Worin ist die typische U-Form von Fließfertigungen begründet?

Montagesysteme in U-Form sollen möglichst kurze Kreisläufe und für die Mitarbeiter kurze Wege gewährleisten. Dazu sind Ausgangs- und Endprozesse möglichst nahe zueinander zu platzieren. Daraus resultiert ein kurze Durchlaufzeit des Montageprozesses und nur die unmittelbar notwendige Entfernungsüberbrückung für die Mitarbeiter. Dabei sollte die innere Systembreite 1,50 m nicht überschreiten und sich die Arbeitshöhen aller Stationen in einer Ebene befinden.

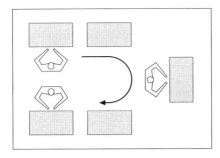

16. Was ist ein Roboter?

„Ein Roboter ist ein universell einsetzbarer Bewegungsautomat mit mehreren Achsen, dessen Bewegungen hinsichtlich Folge und Wegen bzw. Winkeln frei programmierbar und gegebenenfalls sensorgeführt sind" (*VDI-Richtlinie 2860).*

Roboter sind also universell einsetzbare Automaten zum Ausführen unterschiedlicher Arbeitsaufgaben. Sie dienen zum Bewegen, Positionieren und Orientieren von Werkstücken und Werkzeugen in mehreren Achsen. Die Bewegungsabläufe sind programmgesteuert und variabel. Sie werden mittels Sensoren überwacht und ggf. korrigiert. An der letzten „Handachse" befindet sich der *Effektor,* der die eigentliche Roboteroperation ausführt. Effektoren sind zum Beispiel Greifer, Schweißzangen, Messtaster und andere Fertigungsmittel.

Entsprechend ihres *Einsatzgebietes* unterscheidet man:

- *Industrieroboter,*
- *Serviceroboter* und
- *Geländeroboter.*

17. Welche Grundtypen von Industrierobotern gibt es?   → **2.6.3**

Industrieroboter werden nach ihrer *Bauform* definiert. Diese wird durch die Anordnung und Kombination der Bewegungsachsen bestimmt. Es wird zwischen *Linearachsen* und *Drehachsen* unterschieden.

Grundtypen von Industrierobotern	
Bauform	**Bewegungsachsen**
Vertikal-Knickarm-Roboter	3 Drehachsen
Schwenkarm-Roboter (SCARA-Roboter)	3 Drehachsen 1 Linearachse Selective Comliance Assembly Robot Arm
Horizontal-Knickarm-Roboter	2 Linearachsen 1 Drehachse
Lineararm-Roboter	2 oder 3 Linearachsen
Portalroboter	3 Linearachsen

18. Mit welchen Steuerungsarten können Industrieroboter arbeiten?

Aufgabe der Robotersteuerung ist es, die Bewegung der Effektoren zu realisieren. Es werden grundsätzlich *zwei Steuerungsarten* und damit zwei Bewegungsarten unterschieden.

- *PTP-Steuerung* (Point-To-Point):
  Wird eingesetzt für Arbeitsaufgaben, bei denen der Roboter nur an bestimmten Positionen Aufgaben ausführen muss und nur das Anfahren der Positionen von Bedeutung ist.
  Beispiel: Verschrauben, Punktschweißen.

- *Bahnsteuerung:*
  Wird eingesetzt für bahnbezogene Arbeitsaufgaben, bei denen der Roboter den Effektor eine Bahnkurve entlang führt.
  Beispiel: Nahtschweißen, Entgraten, Beschichten.

19. Welche Bedeutung hat das Kartesische Koordinatensystem für Roboter?

Das *Kartesische Koordinatensystem* (benannt nach Cartesius) bezieht sich im mathematischen Sinne auf das Rechtwinklige. In der Robotertechnik bezieht sich dieses Koordinatensystem auf die Linearachsen. So arbeiten Portal- und Linearroboter nach dem Kartesischen Koordinatensystem.

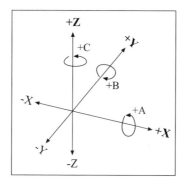

20. Was ist das Linien- und das Zellenprinzip beim Robotereinsatz?

- Das *Linienprinzip* entspricht dem Fließprinzip. Die Arbeitsaufgaben sind in Teilaufgaben gegliedert und auf mehrere Roboter verteilt.

- Das *Zellenprinzip* entspricht dem Einzelarbeitsplatz, an dem das Montageobjekt komplett montiert wird. Hierbei können auch mehrere Roboter zum Einsatz kommen.

21. Welche Besonderheiten sind beim Robotereinsatz zu beachten?

Es gelten folgende Richtlinien und Normen für Sicherheitsmaßnahmen

* *VDI 2853:*
  Sicherheitstechnische Anforderungen an Bau, Ausrüstung und Betrieb von Industrierobotern

* *VDI 3228 – 3231*
  Technische Ausführungsrichtlinien für Werkzeugmaschinen und andere Fertigungsmittel

Besondere Bedeutung hat die Beachtung der *Kollisionsfreiheit* des Roboters zur Peripherie und zu anderen Robotern. Der *Bewegungsraum* des Roboters ist gegenüber dem Menschen technisch so abzugrenzen, dass es ebenfalls nicht zur Kollision kommen kann.

22. Was ist ein Werkstückträger (WT)?

Werkstückträger (WT) sind bewegliche, wagenähnliche Einheiten eines Transfersystems, die mittels Verkettungseinrichtung bewegt werden. Sie dienen dem Transport sowie der speziellen und positionsbestimmenden Aufnahme von Einzelteilen, Baugruppen und Erzeugnissen. Werkstückträger können mittels Datenspeicher Daten des zu transportierenden Objektes (z. B. Stationsadressen, Artikelnummern, Prüfresultate) in einem begleitenden Datentransfer den Arbeitsstationen zur Identifizierung mitliefern.

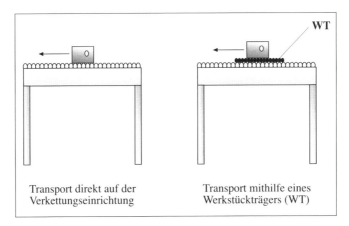

23. Wie erfolgt der Transport der Werkstückträger?

Bei den üblichen Werkstückträgersystemen sitzt der WT auf zwei seitlichen, umlaufenden Gurtbändern. Durch sein Gewicht und der daraus entstehenden Haftreibung erfolgt die Mitnahme des WT auf dem Transferband so lange, bis eine Stoppeinrichtung den WT anhält. Das Gurtband läuft unter dem WT weiter hindurch. In automatischen Montagestationen können die Werkstückträger von unten indexiert und genau positioniert werden. Bei vertikalen Werkstückträgersystemen erfolgt der Ebenenwechsel zur Rückführung der WT mittels Lift oder Hubeinrichtung.

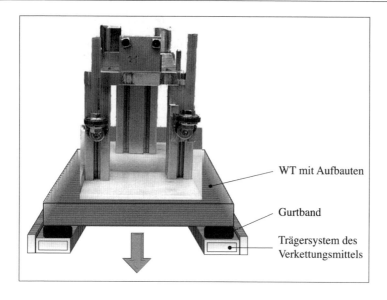

24. **Wonach richtet sich die Gestaltung der Werkstückträger?**

Für die Gestaltung der Werkstückträger sind bestimmte Einflussgrößen von Bedeutung:

- Form, Kontur des Montageobjektes
- definierte Position auf dem WT
- Gewicht des Montageobjektes
- Überstandsmaße von über den WT-Rand hinausragenden Teilen (Kollisionsgefahr)
- Eigengewicht des WT, bedeutsam bei manueller Umsetzung oder Entnahme.

25. **Was sind Ordnungselemente?**

Ordnungselemente sind Bestandteile von Transfer- und Zuführsystemen zum Ordnen und Sortieren von Teilen und Baugruppen. Durch entsprechende Führungen (Schienen, Geländer, Rinnen) werden die Teile aus einer ungeordneten Menge in eine geordnete Reihenfolge und Lage gebracht (z. B. Vibrationsförderer, Flaschenvereinzelung zur Etikettierung).

Beispiel: *Reduzierung von vier Bahnen auf eine Bahn durch ein Ordnungselement*

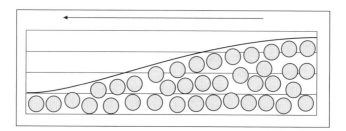

3.2.2 Einflussgrößen für die Planung von automatisierten Montagesystemen

01. Welche Einflussgrößen sind für die Gesamtplanung einer automatisierten Montage zu berücksichtigen?

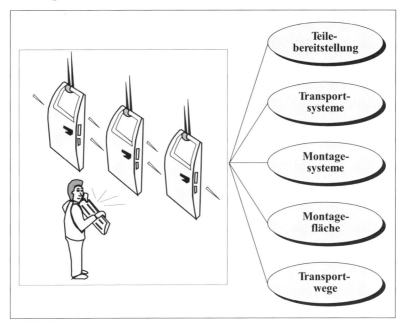

02. Wie erfolgt der Ablauf der Gesamtplanung eines Montagesystems?

Die Planung eines Montagesystems erfolgt in mehreren Schritten und Abschnitten. Sie führen im Ergebnis zu einem *Pflichtenheft* als Grundlage für die Investitionsplanung und Angebotseinholung:

03. Was ist ein Layout und wie erfolgt die Layoutplanung?

Das *Layout* ist der maßstäbliche Übersichtsplan, in dem die Flächenbelegung, -verteilung und Aufstellung der Arbeitsplätze und Anlagen dargestellt wird. Er bezieht sich in erster Linie auf das zur Verfügung stehende Areal, kann aber auch die Einordnung in das Gesamtlayout des Montagebereiches beinhalten.

Die *Layoutplanung* ist die Konkretisierung der Montageplanung hinsichtlich

- Materialbereitstellung und Materialfluss,
- Montagefluss,
- Anordnung der Arbeitsplätze, Werkzeuge und Maschinen,
- Anordnung der Verkettungsmittel,
- Verlauf der Transportwege,
- Arbeitsumfeldbedingungen und Ergonomie.

Hierbei sind die Bedingungen der *Arbeitsstättenverordnung* zu berücksichtigen (neu: ArbStättV 2004, BGBl I 2004/2179 vom 12. August 2004).

04. Nach welchen Kriterien werden automatisierte Montagesysteme beurteilt?

- Technischer Inhalt
- organisatorischer interner Arbeitsablauf
- organisatorische Einbindung in den Gesamtablauf
- Wirtschaftlichkeit
- Personalbedarf und Qualifikation.

05. Welche betrieblichen Strategien können die Wirtschaftlichkeit der Fließfertigung im Montageprozess beeinflussen?

• *Strategie der maximalen Auslastung der Maschinen und Anlagen:*

- Verschwendung in Form von Wartezeiten des Personals während unbeeinflussbarer Ablaufprozesse wird schwer erkannt.
- Unbeeinflussbare Prozesse sind schwer und nur mit hohen Kosten optimierbar.
- Bezogen auf den Kundentakt (siehe 3.2.1/06.) besteht das Problem der Überproduktion mit Folgekosten (z. B. zusätzlicher Lagerbedarf, höhere Umlaufkostenbindung).

• *Strategie der maximalen Auslastung des Montagepersonals*

- Die Auslastung des Personals sollte im Vordergrund stehen, da die hier vorhandenen beeinflussbaren Zeiten durch geeignete Maßnahmen wirkungsvoller optimierbar sind.
- Zeiten von Verschwendung oder Nebentätigkeiten lassen sich differenzierter ermitteln und eliminieren bzw. reduzieren.

3.2.3 Funktionsträger der automatisierten Montagesysteme

01. Was sind die Hauptfunktionen automatisierter Montagesysteme?

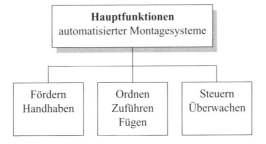

02. Welche Funktionsträger leiten sich aus den Hauptfunktionen ab?

Funktionsträger sind die Grundbausteine automatisierter Montagesysteme. Sie werden je nach Erfordernis konstruiert und kombiniert:

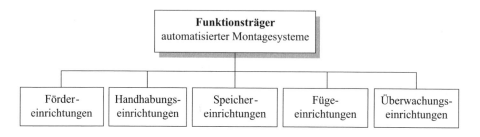

3.3 Überprüfen der Funktion von Baugruppen und Bauteilen nach der Methode der Fehler-Möglichkeit-Einfluss-Analyse (FMEA)

3.3.1 System FMEA

01. Was ist eine FMEA und welche Zielsetzung hat sie?

Die *FMEA* (Fehler- Möglichkeits- und Einfluss-Analyse) ist ein Werkzeug zur systematischen Fehlervermeidung bereits im Entwicklungsprozess eines Produktes.

Ziele:

- Frühzeitige Erkennung von Fehlerursachen, deren Auswirkungen und Risiken,
- Festlegung von Maßnahmen zur Fehlervermeidung und Fehlererkennung,
- Risikoanalyse durch Bewertung und Gewichtung der möglichen Fehlersituation mittels einheitlichem Punktesystem,
- hohe Kundenzufriedenheit,
- stabile Prozessabläufe mit höchster Prozesssicherheit.

02. Welche Arten von FMEA werden unterschieden? → 9.3.3

FMEA		
System-FMEA	**Konstruktions-FMEA**	**Prozess-FMEA**
Gegenstand der Analyse:		
• komplexe Systeme • Teilsysteme • Systemeinbindung einzelner Produkte • Produkte	• Produkte • Baugruppen • Einzelteile • Konstruktionslösunge	• Produktionsprozesse • Prüfprozess • Logistikprozess • Organisationsprozesse • Dienstleistungsprozesse • sonstige Abläufe
Was wird analysiert?		
• Funktionstüchtigkeit des Gesamtsystems • Zusammenwirken der Komponenten und Teilsysteme • Schnittstellen des Systems	• Auswirkung der Toleranzfestlegungen • konstruktive Gestaltung und Funktionalität der Einzelteile, Baugruppen und Produkte	• Durchführung der Prozesse • einzelne Prozessschritte • Teilprozesse • Auftreten möglicher Störfaktoren

03. Wie stellen sich die Zusammenhänge der unterschiedlichen FMEA dar?

Die einzelnen Arten der FMEA bauen aufeinander auf und bilden ein äußerst komplexes System. Die jeweils vorhergehende FMEA bildet die Grundlage für die nachfolgende FMEA.

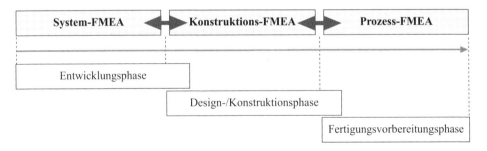

Ebenso können die Ergebnisse der nachfolgenden FMEA Auswirkungen auf die vorhergehende FMEA haben und zu einer Neubetrachtung (z. B. durch Konstruktionsänderung) führen.

In der Praxis wird häufig nicht zwischen System- und Konstruktions-FMEA unterschieden. Unter dem Begriff *Produkt-FMEA* werden beide Arten zusammengefasst.

04. Welche Bedeutung hat die Prozess-FMEA für den Montageprozess?

Sie hat für den Montageprozess die größere Bedeutung gegenüber den anderen Fertigungsprozessen. Der relativ hohe Anteil manueller Montageabläufe enthält naturgemäß eine größere Fehlerwahrscheinlichkeit, als maschinelle oder automatisierte Prozesse. Es ist deshalb sinnvoll, vor allem für Montageprozesse eine FMEA zu erstellen.

05. Wie wird eine FMEA durchgeführt?

Die acht Schritte zur FMEA:

1. *Teambildung* aus Mitarbeitern der Konstruktion, der Arbeitsvorbereitung, dem Qualitätsbereich, der Fertigung und ggf. dem Kunden
2. *Organisatorische Vorbereitung*
3. *Systemstruktur* erstellen mit Abgrenzung des Analyseumfangs
4. *Funktionsanalyse* und Beschreibung der Funktionsstruktur
5. *Fehleranalyse* mit Darstellung der Ursache-Wirkungs-Zusammenhänge
6. *Risikobewertung*
7. *Dokumentation im FMEA-Formblatt*
8. *Optimierung* durchführen mit Neubewertung des Risikos.

06. Wann gilt eine FMEA als abgeschlossen?

Eine FMEA gilt dann als abgeschlossen, wenn keine Veränderungen mehr am System, Produkt oder Prozess auftreten. Sobald Veränderungen erfolgen, ist die betreffende FMEA zu überprüfen und ggf. entsprechend zu aktualisieren.

Beispiel der Aktualisierungshäufigkeit:

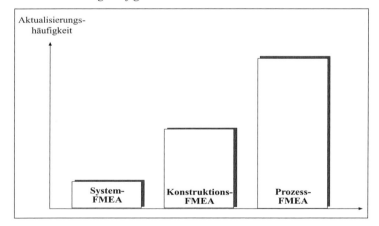

07. Wodurch ist die Struktur einer FMEA gekennzeichnet?

Die *Struktur einer FMEA* ist ein Datenmodell zur Darstellung aller für die FMEA relevanten Informationen. Sie stellt die Objekte des Modells und ihre Beziehungen und Verknüpfungen untereinander dar. Eine FMEA-Struktur sollte nach QS 9000 *nicht mehr als drei Ebenen* beinhalten. Die 3. Ebene ist durch die *5 M* (Mensch, Maschine, Material, Methode und Mitwelt), soweit zutreffend, gekennzeichnet.

Beispiel: *Systemstruktur des Systems FMEA*

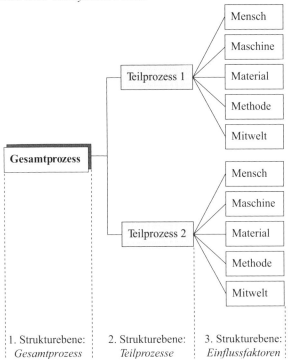

Besteht in der 3. Ebene ein weiterer Teilprozess (z. B. für eine weitere Unterbaugruppe), ist dafür eine neue Teilstruktur zu erstellen und mit der übergeordneten Struktur zu verbinden.

08. Wie stellt sich der Zusammenhang zwischen Fehlerursache und Fehlerfolge dar?

Ausgehend vom obigen Beispiel entstehen die Fehler in den Teilprozessen der 2. Ebene. Die Fehlerursachen liegen in den Prozessmerkmalen. Die Folgen der Fehler wirken auf das Produkt.

Nur das Erreichen der Prozessmerkmale stellt das Erreichen der Produktmerkmale sicher.

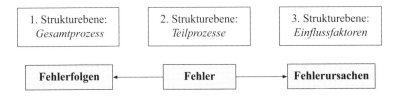

09. Wie erfolgt die Risikobewertung?

Jedes Produkt und jeder Prozess besitzt ein Grundrisiko. Die Risikoanalyse einer FMEA quantifiziert das Fehlerrisiko in Verbindung mit den Fehlerursachen und den Fehlerfolgen. Die Höhe des Risikos wird durch die *Risiko-Prioritäts-Zahl* (RPZ) dargestellt.

Die Bewertung erfolgt anhand von drei Kenngrößen:

- Die *Wahrscheinlichkeit des Auftretens* eines Fehlers (Auftreten *A*) mit seiner Ursache,
- die *Bedeutung der Fehlerfolge* für den Kunden (Bedeutung *B*),
- die *Entdeckungswahrscheinlichkeit* (Entdeckung *E*) der analysierten Fehler und deren Ursachen durch Prüfmaßnahmen.

Bewertet werden diese Kenngrößen mit Zahlen zwischen 1 und 10. Ausgehend von der Bewertungssystematik liegt das *niedrigste Risiko* bei RPZ = 1 und das *höchste Risiko* bei RPZ = 1.000. Je größer der RPZ-Wert ist, desto höher ist das mit der Konstruktion oder dem Herstellungsprozess verbundene Risiko, ein fehlerhaftes Produkt zu erhalten.

Formell lassen sich drei RPZ-Bereiche definieren:

RPZ < 40	→	Es liegt ein beherrschbares Risiko vor.
RPZ 41 bis 125	→	Risiken sind weitgehend beherrschbar, Optimierungsmaßnahmen sind mit einem vertretbaren Aufwand gegenüberzustellen.
RPZ > 125	→	Es sind zwingend geeignete Abstellmaßnahmen festzulegen, deren Abarbeitung und Ergebnisse zu protokollieren sind.

Praktisch gibt es unternehmens- oder branchenbezogen weitere Restriktionen, die je nach Bewertung *einer* Kenngröße bereits Abstellmaßnahmen als zwingend erforderlich vorschreiben.

10. Wie entsteht die Risiko-Prioritäts-Zahl?

Die RPZ ergibt sich aus der Multiplikation der Bewertungsfaktoren der drei Kenngrößen.

RPZ = Bedeutung · Auftretenswahrscheinlichkeit · Entdeckungswahrscheinlichkeit
RPZ = B · A · E

Somit kann der Wert der Risiko-Prioritäts-Zahl zwischen 1 (1·1·1) und 1.000 (10·10·10) liegen. Die Entscheidung, welche Bewertungszahl innerhalb einer Risiko-Kategorie zutreffend ist, erfolgt durch das FMEA-Team nach Abwägung aller Risiken.

Beispiel: *Bewertungstabelle einer Prozess-FMEA*

Bewertungszahl für die **Bedeutung** **B**		Bewertungszahl für die **Auftretenswahrscheinlichkeit** **A**		Bewertungszahl für die **Entdeckungswahrscheinlichkeit** **E**	
10 9	**Sehr hoch** - Sicherheitsrisiko - Nichterfüllung gesetzlicher Vorschriften	10 9	**Sehr hoch** - Sehr häufiges Auftreten der Fehlerursache - unbrauchbarer, ungeeigneter Prozess	10 9	**Sehr gering** - Entdecken der aufgetretenen Fehlerursache ist unwahrscheinlich - die Fehlerursache wird oder kann nicht geprüft werden
8 7	**Hoch** - Funktionsfähigkeit des Produkts stark eingeschränkt - Funktionseinschränkung wichtiger Teilsysteme	8 7	**Hoch** - Fehlerursache tritt wiederholt auf - ungenauer Prozess	8 7	**Gering** - Entdecken der aufgetretenen, wahrscheinlich nicht zu entdeckenden Fehlerursache - unsichere Prüfung
6 5 4	**Mäßig** - Funktionsfähigkeit des Produkts eingeschränkt - Funktionseinschränkung von wichtigen Bedien- und Komfortsystemen	6 5 4	**Mäßig** - Gelegentlich auftretende Fehlerursache - weniger genauer Prozess	6 5 4	**Mäßig** - Entdecken der aufgetretenen Fehlerursache ist wahrscheinlich - Prüfungen sind relativ sicher
3 2	**Gering** - Geringe Funktionsbeeinträchtigung des Produkts - Funktionseinschränkung von Bedien- und Komfortsystemen	3 2	**Gering** - Auftreten der Fehlerursache ist gering - genauer Prozess	3 2	**Hoch** - Entdecken der aufgetretenen Fehlerursache ist sehr wahrscheinlich - Prüfungen sind sicher, z.B. mehrere, voneinander unabhängige Prüfungen
1	**Sehr gering** - Sehr geringe Funktionsbeeinträchtigung - nur vom Fachpersonal erkennbar	1	**Sehr gering** - Auftreten der Fehlerursache ist unwahrscheinlich	1	**Sehr hoch** - Aufgetretene Fehlerursache wird sicher entdeckt

Beispiel 1:

In einer FMEA-Sitzung ergibt sich für einen Montageablauf entsprechend der *Bewertungstabelle* die Bewertungszahl B = 8 (Bedeutung des Fehlers für den Kunden ist hoch), die Bewertungszahl A = 5 (Auftretenswahrscheinlichkeit ist mäßig, er kann gelegentlich auftreten) und die Bewertungszahl E = 6 (Entdeckungswahrscheinlichkeit des Fehlers im Montageprozess ist ebenfalls mäßig, er kann nicht sicher erkannt werden).

Nach der Formel $\boxed{RPZ = \text{B} \cdot \text{A} \cdot \text{E}}$ ergibt sich:

$$RPZ = 8 \cdot 5 \cdot 6 = 240$$

Da die ermittelte RPZ im Intervall [240 ≥ RPZ > 125] liegt, sind hier zwangsläufig Maßnahmen zur Verbesserung der Prozesssicherheit mit Realisierungstermin und Verantwortlichkeit festzulegen.

Beispiel 2: Für eine Pumpe mit den Einzelteilen Gehäuse, Antriebswelle, Dichtungssatz, Laufrad, Steuerscheibe und Deckel ist eine Produkt-FMEA (ohne RPZ) zu erstellen. Zu betrachten sind das Material, die Toleranzen und die Lagerkräfte:

	Auftretenswahrscheinlichkeit			**B**edeutung	**E**ntdeckungs-wahrscheinlich-keit
Betrachtungs-gegenstand	Möglicher Fehler	Mögliche Ursache	mögliche Vermeidung	Mögliche Fehlerfolge	Entdeckungs-möglichkeit
Material	Reibung Erwärmung	Dichtungswerk-stoff ungeeignet	Dichtungswerk-stoff verbessern	Lackage, Funktionsverlust	Wärme, Geräu-sche, Lackage
Toleranzen	Toleranzen nicht eingehalten	Fehler in der Fertigung	Prüfen der To-leranzen in der Fertigung	Schwingungen, Leistungsver-lust, erhöhter Verschleiß	Laufgeräsche, Schwingungen
Lagerkräfte	Mangel an Schmierstoff	Schmierstoff-verlust	vorbeugender Lageraustausch	Lagerkräfte zu hoch	Geräuschent-wicklung, hohe Wärmeentwick-lung

3.3.2 Produkt FMEA

01. Was ist ein System FMEA Produkt?

Das System FMEA Produkt ist eine *Konstruktions*-FMEA im Sinne 3.3.1/02. Die Vorgehensweise bei der FMEA-Durchführung ist die Gleiche, wie bei der Prozess-FMEA. Die Teammitglieder sind hier hauptsächlich Entwickler, Konstrukteure und Projekt-Qualitätsverantwortliche. Nicht ungewöhnlich ist die Teilnahme des Kunden an den FMEA-Sitzungen. Die Bewertungstabelle für die Produkt-FMEA entspricht dem dargestellten Beispiel. Lediglich die inhaltlichen Prämissen sind auf die Konstruktion bezogen.

Beispiel: *Systemstruktur einer Konstruktions-FMEA*

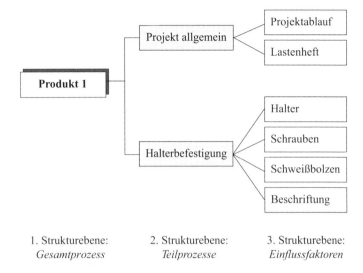

1. Strukturebene:	2. Strukturebene:	3. Strukturebene:
Gesamtprozess	*Teilprozesse*	*Einflussfaktoren*

02. Welches sind geeignete Abstellmaßnahmen zur Systemoptimierung?

Beispiele für typische Abstellmaßnahmen:

- Materialänderungen,
- konstruktive Veränderungen,
- Lebensdaueruntersuchungen vor der Material- oder Konstruktionsfreigabe,
- Lieferantenvereinbarungen,
- redundante technische Lösungen,
- prozessbegleitende Qualitätsprüfungen,
- statistische Prozessüberwachung,
- Wareneingangs- und Endprüfungen,
- Produkt- und Prozessaudits.

03. Womit lässt sich eine FMEA am besten durchführen?

Das geeignetste Hilfsmittel zur Erstellung einer FMEA ist ein entsprechendes Softwareprogramm (z. B. IQ FMEA). Da der Aufbau einer FMEA-Struktur kompliziert ist, sollte das FMEA-Team von einem qualifizierten Moderator geführt werden. Auch die beteiligten Teammitglieder sollten eine entsprechende Qualifikation besitzen. Nur eine richtig strukturierte FMEA lässt die programmtechnische Ableitung des Prozessablaufplanes als Folgeschritt zu.

3.3.3 Konstruktions-FMEA

→ vgl. Kapitel 3.3.2/02 ff.

3.4 Inbetriebnehmen und Abnehmen von montierten Maschinen und Anlagen nach den geltenden technischen Richtlinien

Hinweis:
Der Abschnitt 3.4 enthält zu einem großen Teil Inhalte, die analog bereits in den Qualifikationsschwerpunkten Betriebstechnik, Fertigungstechnik und Arbeits-, Umwelt- und Gesundheitsschutz behandelt werden. Die Stoffdarstellung beschränkt sich daher auf die Nennung der wichtigsten Gliederungspunkte mit einem Verweis auf Fundstellen in anderen Handlungsbereichen.

3.4.1 Vorbereitung der Inbetriebnahme von Maschinen und Anlagen

01. Welche Arbeiten sind bei der Vorbereitung der Inbetriebnahme von montierten Maschinen und Anlagen durchzuführen?

1. Planung der Prüfungen:
- Berücksichtigen der technischen Bedingungen,
- Planung der Termine,
- Planung der Ressourcen:
  · Betriebsmittel
  · Personal (Vorgabezeiten, Tätigkeitsfolgen)
  · Materialversorgung
- Planung des Soll-Ablaufs der Inbetriebnahme

2. Planung der Dokumentation der Inbetriebnahme:
Berücksichtigung der geltenden Vorschriften und Vorgaben (Pflichtenheft, Betriebsanleitung, Maschinenbegleitbuch, VDI-Richtlinien)

3. Planung der Funktionskontrolle

→ vgl. ausführlich unter 1.5.1 f.

3.4.2 Funktionskontrolle im Zusammenspiel aller Baugruppen

01. Welche Arbeiten umfasst die Funktionskontrolle?

- Überprüfen der Ablauffunktionen
  (Zusammenspiel der Baugruppen)
- Gewährleisten der technischen Sicherheit
  (Festigkeit, Dichtheit, Arbeitsraum usw.)
- Einhalten gesetzlicher Vorschriften   → vgl. 1.5.1/02.
- Umweltschutz und Gesundheit   → vgl. 6.4.6
- Instandhaltungsfreundlichkeit   → vgl. 1.5.1/05.
- Einhaltung gesetzlicher Vorschriften   → vgl. 1.5.1/02.

- Wirtschaftliche Energieverwendung   → vgl. 1.4.2
- Sicherheitsprüfung   → vgl. 6.1.1, 6.5.3 f.

3.4.3 Anforderungen an Maschinen bei der Abnahme

01. Welche Anforderungen müssen Maschinen bei der Abnahme erfüllen?

- Genauigkeit, Steifigkeitsverhalten   → vgl. 1.3.1.6
- Automatisierung einschließlich der
  Ver- und Entsorgung   → vgl. 3.2
- Nachweis der vereinbarten kundenspezifischen
  Vorgaben (Pflichten-/Lastenheft)   → vgl. 3.1.2/35. f.
- Sicherheit   → vgl. 6.1.1, 6.5.2 f.
- Umweltverhalten
  (Geräuschentwicklung, Staub, aggressive Medien,
  Wassernutzung/Nutzwasserentsorgung)   → vgl. 6.4.6, 1.4.3
- Erfassen und Beseitigen von Störungen,
  Fehlern und Mängeln (Störanalyse/Schadensanalyse)   → vgl. 1.3.1.1/10. f.
      → VDI-Richtlinie 3822

3.4.4 Abnahme von Maschinen

01. Welche Arbeiten umfasst die Abnahme von Maschinen?

- Geometrieprüfungen
- Bearbeiten von Probewerkstücken
- Überprüfen zugesicherter Eigenschaften
- Abnahmeprotokoll

Dabei ist die Fachkompetenz innerbetrieblicher Verfahrenstechniker zu nutzen; Arbeiten an elektrischen Anlagen dürfen nur von einer Elektrofachkraft ausgeführt werden.

→ vgl. 1.5.2, 1.4.3

3.4.5 Anforderungen an Anlagen bei der Abnahme

01. Welche Anforderungen müssen Anlagen bei der Abnahme erfüllen?

1. Inbetriebnahme von Anlagen:
- Kontrolle des Montageablaufs: → vgl. 3.3.1 f.
  Fließbilder (ARI, RUI) stellen in schematisierter
  Form die einzelnen Verfahrensabschnitte dar; die
  Darstellung ist geregelt nach DIN EN ISO 10628
  in Verbindung mit DIN EN ISO 10628, 2429 und DIN EN 62424.

- Messtechnische Überprüfung	→ vgl. 9.3
- Überprüfen der vereinbarten Funktionssicherheit	→ vgl. 1.3
- Nachweis der Betriebssicherheit	→ vgl. 6.5.3
- Nachweis der vereinbarten kundenspezifischen	
Vorgaben (Pflichten-/Lastenheft, z. B.	
Rüstzeit, Taktzeit, Qualität)	→ vgl. 3.1.2/35. f.
- Optimierung des technischen Ablaufs	→ vgl. 3.3.2/02.
- Erfassen und Beseitigen von Störungen,	
Fehlern und Mängeln (Störanalyse/Schadens-	→ vgl. 1.3.1.1/10. f.
analyse)	→ VDI-Richtlinie 3822

2. Inbetriebnahme von *Anlagenkomponenten*:
- Druck- und Steuersysteme (z. B. Hydraulik, Pneumatik)   → vgl. 1.6
- Stickstoff-, Kühlwasser-, Dampf-, Heißwasser- und
  Abwassersysteme   → vgl. 1.4
- Messtechnische Überprüfung   → vgl. 9.3

3. Inbetriebnahme von *verfahrenstechnischen Anlagen*:
- Anfahren, Stabilisieren, Hochfahren, Einfahren
  und Abfahren   → vgl. 1.5
- Garantieversuch/Dauerbetrieb   → vgl. 1.5
- Sicherheitsaspekte   → vgl. 6.1.1, 6.5.3

3.4.6 Abnahme von Anlagen

01. Welche Arbeiten umfasst die Abnahme von Anlagen?   → vgl. 1.1.3, 1.4.3, 1.5.2, 3.1.2

- Umsetzen der Funktions- bzw. Prozessprüfung
- Überprüfen zugesicherter Eigenschaften, z. B. Leistungsdaten
- Abnahmeprüfungen:
  · Nachweis der sicheren und beanspruchungsgerechten Konstruktion und der drucktragenden
    Ausrüstungen
  · Nachweis der einwandfreien Funktion aller technischen Systeme, z. B.
    Pumpen, Verdichter, Dampferzeuger, Wärmeübertragungseinheiten
  · Nachweis der Leistungsfähigkeit aller Anlagenkomponenten im Dauertest
- Abnahmeprotokoll

Dabei ist die Fachkompetenz innerbetrieblicher Verfahrenstechniker zu nutzen; Arbeiten an
elektrischen Anlagen dürfen nur von einer Elektrofachkraft ausgeführt werden.

3.4.7 Regelwerk von DIN-EN-Normen   → 1.5, 6.

**01. Welche Gesetze, Verordnungen und Vorschriften sind beim Inbetriebnehmen und Ab-
nehmen von montierten Maschinen und Anlagen einzuhalten?**

- *Maschinensicherheitsnorm DIN EN 12100:2011 (neu)*

- *Arbeitsschutzgesetz* (ArbSchG)
  in Verbindung mit der Arbeitsmittelbenutzungsverordnung (AMBV)

- *Vorschriften/Regeln der Berufsgenossenschaften,*
  z. B. über „Lärm", „Geräuschminderung", PSA ($\rightarrow$ vgl. 6. Arbeits-, Umwelt- und Gesundheitsschutz)

- Spezielle Rechtsquellen zum *Umweltschutz* ($\rightarrow$ vgl. 6.4.6)

- *Produktsicherheitsgesetz* (ProdSG)

- Je nach Besonderheit der Maschine sind ggf. zu beachten:
  - Spezielle *Verordnungen für überwachungsbedürftige Anlagen*
  - *Gesetz über die elektromagnetische Verträglichkeit von Geräten* (EMVG)

- *Arbeitsstättenverordnung* (ArbStättV)

- *Technische Unterlagen des Herstellers* (Aufstell-, Inbetriebnahme- und Abnahmevorschriften, Betriebsanleitung).

- *Betriebssicherheitsverordnung* (BetrSichV)

- *CE- und GS-Kennzeichnung*

- *Gesetze und Verordnungen über das Inverkehrbringen* von Maschinen und Anlagen, *Verordnungen zum ProdSG*

- *Produkthaftungsgesetz* ($\rightarrow$ vgl. A 1.6.2)

- Bestimmungen des Bürgerlichen Gesetzbuches (*Schuldrecht*) über
  · Kauf/Verkauf (§§ 433 ff. BGB)
  · Schenkung (§§ 516-534 BGB)
  · Leihe (§§ 598-606 BGB)

- *Gefährdungsermittlung* nach § 5 ArbSchG ($\rightarrow$ vgl. 6.1.1)

3.4.8 Dokumentation der Inbetriebnahme $\rightarrow$ 1.5, 1.2

01. Welche Unterlagen gehören zur Dokumentation der Inbetriebnahme?

1. *Betriebsanleitung*:
   Der Hersteller muss eine umfassende *Betriebsanleitung* in der Sprache des Verwenderlandes beifügen. Die Betriebsanleitung ist Teil der Technischen Dokumentation.

2. Beschreibung der *Leistungsdaten*

3. Erstellung der *Wartungspläne* in der Sprache des Verwenderlandes

4. Inbetriebnahmeprotokoll ($\rightarrow$ vgl. Muster am Ende dieses Kapitels)

3.4.9 Anleitung von Bedien- und Instandhaltungspersonal

01. Welche Bedeutung hat die Einweisung des Betreiberpersonals?

Der Unternehmer/Betreiber verfolgt mit der Anschaffung bzw. Modernisierung einer Maschine wirtschaftliche Ziele (Kapazitätserweiterung, Rationalisierung, Qualitätsverbesserung, Ersatzinvestition u. Ä.). Diese Ziele wird er nur dann erreichen, wenn er – neben der sachgerechten Auswahl und Inbetriebnahme der neuen/veränderten Anlage – das Bedienungs- sowie das Instandhaltungspersonal sorgfältig auswählt, einweist und die ggf. erforderlichen Schulungsmaßnahmen rechtzeitig und methodisch durchführt.

Neben den technischen Bedingungen ist die sachgerechte Bedienung und Instandhaltung der zentrale Faktor für eine langfristig angelegte sichere und wirtschaftliche Funktion der Maschine bzw. des Fertigungssystems. Nachlässigkeiten und Versäumnisse auf diesem Gebiet führen zu Bedienungsfehlern, Maschinenstillständen, zu Unfällen/Beinaheunfällen und ggf. zum Verlust der gesetzlichen bzw. vertraglich vereinbarten Gewährleistung.

02. Welche Einzelmaßnahmen muss der Unternehmer/Betreiber bei der Einweisung des Bedienungs- und Instandhaltungspersonals durchführen?

Im Mittelpunkt stehen folgende Einzelmaßnahmen:

1.	Überprüfung der Anzeige- und Warnvorrichtungen sowie der Warnung vor Restgefahren:

Vor der Inbetriebnahme der Anlage muss der Betreiber/Unternehmer prüfen, ob die Anzeige-, Warnvorrichtungen sowie die Warnung vor Restgefahren ordnungsgemäß vorhanden sind. Im Einzelnen:

Anzeigevorrichtungen:
Die für die Bedienung einer Maschine erforderliche Information muss eindeutig und leicht zu verstehen sein. Die Personen dürfen nicht mit Informationen überlastet werden. Wird eine Maschine nicht laufend überwacht, muss eine akustische oder optische Warnvorrichtung vorhanden sein.

Warnvorrichtungen:
Müssen eindeutig zu verstehen und leicht wahrnehmbar sein. Es müssen Vorkehrungen getroffen werden, dass das Bedienpersonal die Funktionsbereitschaft der Warnvorrichtung überprüfen kann. Die Vorschriften über Sicherheitsfarben und -zeichen sind einzuhalten.

Warnung vor Restgefahren:
Bestehen trotz aller getroffenen Vorkehrungen Restgefahren oder potenzielle Risiken, so muss der Hersteller darauf hinweisen; z. B. bei Schaltschränken, radioaktiven Quellen, Strahlungsquellen: Hinweise durch Piktogramme oder in der Sprache des Verwenderlandes.

2.	Auswahl, Information und Einweisung des Bedienungspersonals:

Zu Beginn des Maßnahmenkatalogs steht die Auswahl der Mitarbeiter, die zukünftig die Maschine/Anlage bedienen werden. Die Auswahlkriterien sind Eignung, Neigung und ggf. organisatorische Aspekte (Fachwissen, Erfahrung, Motivation, Verfügbarkeit u. Ä.; vgl. A 4.5.6 sowie 7.2.1). Bei der Auswahl ist das Mindestalter von Bedienpersonen zu beachten (z. B. Pressen, Holzbearbeitungsmaschinen).

Die Mitarbeiter müssen rechtzeitig über die Handhabung der Maschine, mögliche Gefahren für Sicherheit und Gesundheitsschutz und zu ergreifende Schutzmaßnahmen angemessen und praxisbezogen unterwiesen werden. Verantwortlich ist dafür der Unternehmer. Er kann die Unterweisung auf geeignete Führungskräfte übertragen und/oder die Unterstützung durch den Lieferanten in Anspruch nehmen. Die Unterweisung ist zu dokumentieren. Die erforderliche persönliche Schutzausrüstung (PSA) ist zur Verfügung zu stellen.

Bei hochwertigen und komplexen Anlagen wird die Einarbeitung des Bedienungspersonals durch den Lieferanten meist bereits im Kaufvertrag fest vereinbart; hier muss die aufwändige Einweisung rechtzeitig geplant und mit der Inbetriebnahme organisatorisch abgestimmt werden; ausführliche Beispiele für die Konzeption von Qualifizierungsmaßnahmen finden Sie in Kapitel 7., Personalentwicklung – insbesondere im Anhang zu dem Kapitel.

Bei ausländischen Mitarbeitern ist zu prüfen, ob die Kenntnisse der deutschen Sprache ausreichend sind; dies gilt nicht nur bezogen auf das „Verstehen der Einweisung", sondern auch für die spätere Kommunikation mit Kollegen/Vorgesetzten beim Dauerbetrieb der Anlage. Ggf. ist eine angemessene Sprachschulung durchzuführen und Betriebsanweisungen sind zusätzlich in der Muttersprache des Bedieners zur Verfügung zu stellen.

3.	**Information und Einweisung des Instandhaltungspersonals:**

Nach der Arbeitsmittelbenutzungsverordnung (AMBV) muss der Betreiber einer Anlage durch geeignete Maßnahmen (Instandhaltung) sicherstellen, dass die Maschine über ihre gesamte Lebensdauer sicher und gesundheitsgerecht benutzt werden kann. Dies gilt unabhängig von der Notwendigkeit einer Instandhaltungsplanung aus wirtschaftlichen Gesichtspunkten.

Dazu sind u. a. folgende **Maßnahmen** einzuleiten:

Auswahl und Einweisung des Instandhaltungspersonals:
Der Unternehmer muss Mitarbeiter, die Maschinen reinigen, warten oder instandsetzen, über die mit dieser Tätigkeit verbundenen besonderen Gefahren und deren Abwehr eingehend unterrichten.

Durchführung und **Dokumentation** der Instandhaltungsplanung

Festlegung, welche **Wartungsmaßnahmen** vom Bedienungspersonal und welche vom Instandhaltungspersonal ausgeführt werden.

Kennzeichnung der Bedienungselemente, Armaturen, Messinstrumente und Wartungsstellen. Stillsetzungsvorrichtungen müssen leicht erkennbar sein und gefahrlos bedient werden können.

Überprüfung, ob die **Bezeichnungen/Beschriftungen** an der Anlage mit den Darstellungen in der technischen Zeichnung und den Schaltplänen übereinstimmt.

4.	**Beteiligung des Betriebsrates, der Sicherheitsfachkraft, des Sicherheitsbeauftragten und des Betriebsarztes:**

Bei der Aufstellung und Inbetriebnahme neuer Anlagen/Maschinen hat der Betriebsrat Mitwirkungs- und Mitbestimmungsrechte (§§ 80, 87, 89, 90 f. BetrVG; vgl. A 1.2.1, A 1.4.4, 6.1.1). In angemessenem Umfang muss der Unternehmer Sicherheitsfachkraft, Sicherheitsbeauftragte und Betriebsarzt sowie die betroffenen Mitarbeiter bei der Gestaltung der Arbeitsabläufe und Fragen der Sicherheit mit einbeziehen.

5.	**Gefährdungsbeurteilung**

Der Unternehmer hat bei der Aufstellung und Inbetriebnahme neuer Einrichtungen/Maschinen eine Gefährdungsanalyse und -beurteilung durchzuführen (§§ 5 f. ArbSchG, § 3 BetrSichV; Einzelzeiten vgl. 6.1.1/23. f.).

6.	**Betriebsanweisungen:**

Der Unternehmer muss den Beschäftigten geeignete Anweisungen z. B. in Form von Betriebsanweisungen erteilen, die darlegen wie die Arbeiten an der neuen Maschine sicher und gesundheitsgerecht durchzuführen sind (vgl. 6.4.2/02.). Dabei sind die Hinweise aus der Betriebsanleitung des Herstellers zu beachten.

Anhang: Muster eines Inbetriebnahmeprotokolls

Inbetriebnahmeprotokoll	Typ: ....
	Anlagen-Nr.: ....

Die Unterzeichnenden bestätigen, dass vom ....bis zum .... die Inbetriebnahme

der Anlage in der Firma (Kunde) ....stattgefunden hat.

Es wurden folgende Funktionen der Anlage hinsichtlich Genauigkeit und Vollständigkeit geprüft und für in Ordnung befunden:

• Mechanik: ....

• Elektrik: ....

• Pneumatik: ....

• Hydraulik   ....

• Funktion: ....

• Sicherheitsanforderungen: ....

• Umweltschutz: ....

• Genehmigung der Behörde: ....

• Dokumentation: ....

Abweichungen: ....

Erforderliche Maßnahmen: ....

Unterschriften: ....

Ort, Datum   ....

Hersteller (Lieferant):   ....

Kunde: ....

Anlagen: Prüflisten von Nr. ....bis ....

4. Betriebliches Kostenwesen

Prüfungsanforderungen:

Im Qualifikationsschwerpunkt Betriebliches Kostenwesen soll der Prüfungsteilnehmer nachweisen, dass er in der Lage ist,

- betriebswirtschaftliche Zusammenhänge und kostenrelevante Einflussfaktoren zu erfassen und zu beurteilen,

- Möglichkeiten der Kostenbeeinflussung aufzuzeigen und Maßnahmen zum kostenbewussten Handeln zu planen, zu organisieren, einzuleiten und zu überwachen,

- Kalkulationsverfahren und Methoden der Zeitwirtschaft anzuwenden und organisatorische sowie personelle Maßnahmen auch in ihrer Bedeutung als Kostenfaktoren beurteilen und berücksichtigen kann.

Qualifikationsschwerpunkt Betriebliches Kostenwesen (Überblick)

4.1   Planen, Erfassen, Analysieren und Bewerten der funktionsfeldbezogenen Kosten nach vorgegebenen Plandaten

4.2   Überwachen und Einhalten des zugeteilten Budgets

4.3   Beeinflussen der Kosten insbesondere unter Berücksichtigung alternativer Fertigungskonzepte und bedarfsgerechter Lagerwirtschaft

4.4   Beeinflussung des Kostenbewusstseins der Mitarbeiter bei unterschiedlichen Formen der Arbeitsorganisation

4.5   Erstellen und Auswerten der Betriebsabrechnung durch die Kostenarten-, Kostenstellen- und Kostenträgerzeitrechnung

4.6   Anwenden der Kalkulationsverfahren in der Kostenträgerstückrechnung einschließlich der Deckungsbeitragsrechnung

4.7   Anwenden von Methoden der Zeitwirtschaft

Hinweis: Der Rahmenplan behandelt die Inhalte der Abschnitte *4.1 bis 4.4* innerhalb des *Plankostensystems*; die Ziffern *4.5 und 4.6* bearbeiten die Kostenarten-, Kostenstellen- und Kostenträgerrechnung im Rahmen der *Istkostenrechnung*. Diese Systematik ist in der Fachliteratur unüblich. Dem Leser wird daher empfohlen, sich zunächst mit der Istkostenrechnung (4.5 und 4.6) und erst dann mit der Plankostenrechnung zu beschäftigen. Die wesentlichen Darstellungen zur Kostenartengliederung, zur Kostenstellenrechnung bzw. zur Kostenauflösung werden hier innerhalb der Istkostenrechnung dargestellt (4.5 f.).

Abschnitt 4.7 geht auf ein Sonderthema ein und zeigt im Überblick die Arbeitszeitstudien nach REFA. In der Fachliteratur wird diese Thematik meist im Rahmen der Produktionswirtschaft/Fertigungstechnik behandelt; vgl. daher auch unter: 2.1.2 Vorgabezeiten, 5.1.4 Arbeitszeit, 5.1.6 Rüstzeiten/-kosten, 5.3.5 Durchlaufzeit sowie im Basisteil unter A 2.5.

4.1 Planen, Erfassen, Analysieren und Bewerten der funktionsfeldbezogenen Kosten nach vorgegebenen Plandaten

4.1.1 Plankostenrechnung als Teil der kostenbezogenen Unternehmensplanung

Hinweis:
Bevor mit der Darstellung der Plankostenrechnung begonnen wird, erfolgt ein Überblick zentraler Zusammenhänge im Rechnungswesen, die uns zum Verständnis notwendig erscheinen.

01. In welche Teilgebiete wird das Rechnungswesen gegliedert?

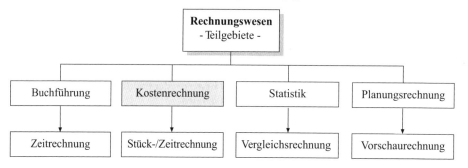

1. Buchführung:
- *Zeitrechnung:*
  Alle Aufwendungen und Erträge sowie alle Bestände der Vermögens- und Kapitalteile werden für eine bestimmte Periode erfasst (Monat, Quartal, Geschäftsjahr).

- *Dokumentation:*
  Aufzeichnung aller Geschäftsvorfälle nach Belegen; die Buchführung liefert damit das Datenmaterial für die anderen Teilgebiete des Rechnungswesens.

- *Rechenschaftslegung:*
  Nach Abschluss einer Periode erfolgt innerhalb der Buchführung ein Jahresabschluss (Bilanz und Gewinn- und Verlustrechnung), der die Veränderung des Vermögens und des Kapitals sowie des Unternehmenserfolges darlegt.

2. *Kostenrechnung (auch: Kosten- und Leistungsrechnung, KLR):*
   - *Stück- und Zeitrechnung:*
     Erfasst pro Kostenträger (Stückrechnung) und pro Zeitraum (Zeitrechnung) den Werteverzehr (Kosten) und den Wertezuwachs (Leistungen), der mit der Durchführung der betrieblichen Produktion entstanden ist.

   - *Überwachung der Wirtschaftlichkeit:* Die Gegenüberstellung von Kosten und Leistungen ermöglichkeit die Ermittlung des Betriebsergebnisses und die Beurteilung der Wirtschaftlichkeit.

Zur Wiederholung:

$$Betriebsergebnis = Leistungen - Kosten$$

$$Wirtschaftlichkeit = \frac{Leistungen}{Kosten}$$

3. *Statistik:*
   - *Auswertung:*
     Verdichtet Daten der Buchhaltung und der KLR und bereitet diese auf (Diagramme, Kennzahlen).

   - *Vergleichsrechnung:*
     Über Vergleiche mit zurückliegenden Perioden (innerbetrieblicher Zeitvergleich) oder im Vergleich mit anderen Betrieben der Branche (Betriebsvergleich) wird die betriebliche Tätigkeit überwacht (Daten für das Controlling) bzw. es werden Grundlagen für zukünftige Entscheidungen geschaffen.

4. *Planungsrechnung:*
   Aus den Istdaten der Vergangenheit werden Plandaten (Sollwerte) für die Zukunft entwickelt. Diese Plandaten haben Zielcharakter. Aus dem Vergleich der Sollwerte mit den Istwerten der aktuellen Periode können im Wege des Soll-Ist-Vergleichs Rückschlüsse über die Realisierung der Ziele gewonnen werden bzw. es können angemessene Korrekturentscheidungen getroffen werden.

02. Welche Aufgaben hat die Kosten- und Leistungsrechnung (KLR)?

Aus dem Hauptziel der KLR, der periodenbezogenen Ermittlung des Betriebsergebnisses, ergeben sich folgende Aufgaben:

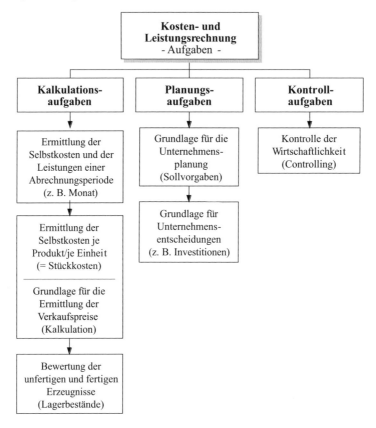

03. Wie wird das Betriebsergebnis ermittelt?   → A 2.5.2

- Innerhalb der Buchführung wird das *Gesamtergebnis* ermittelt und in der GuV-Rechnung ausgewiesen (sog. Rechnungskreis I).

- Innerhalb der KLR wird das *Betriebsergebnis* ermittelt (sog. Rechnungskreis II).

- Das Betriebsergebnis unterscheidet sich vom Gesamtergebnis durch:
  · die kalkulatorischen Kosten,
  · die neutralen Ergebnisse der Abgrenzungsrechnungen.

→ Bitte wiederholen Sie ggf. die Grundbegriffe der Kostenrechnung unter A 2.5.2 (Aufwendungen, Kosten, kalkulatorische Kosten usw.).

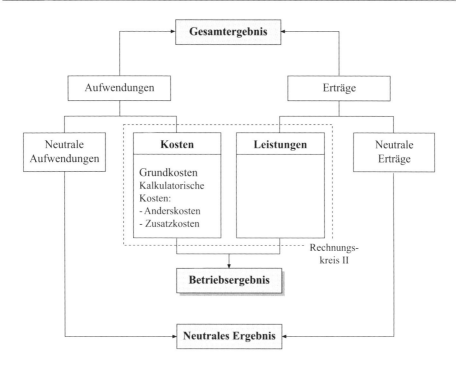

04. Wie ist die Kosten- und Leistungsrechnung strukturiert?

Die Stufen der KLR sind:

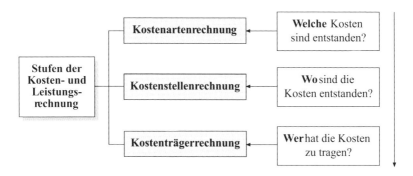

05. Welche Systeme der Kostenrechnung gibt es?

• Die *Vollkostenrechnung* verrechnet alle Kosten auf die Kostenträger. Sie kann durchgeführt werden als
  - *Istkosten*rechnung,
  - *Normalkosten*rechnung,
  - *Plankosten*rechnung.

• Die *Teilkostenrechnung* bezieht nur die variablen Kosten auf die Kostenträger. Sie bedient sich
  - der *Istkosten* und
  - der *Plankosten*.

→ Beide Systeme arbeiten mit der Kostenarten-, Kostenstellen- und Kostenträgerrechnung.

• *Istkosten* sind tatsächlich entstandene Kosten (vergangenheitsbezogen). Im einfachen Fall gilt:

$$\text{Istkosten} = \text{Istmenge} \cdot \text{Istpreis}$$

• *Normalkosten* sind Durchschnittswerte der Vergangenheit (der Istkosten); sie dienen der
  Vorkalkulation.

Beispiel: Eine Komponente wurde viermal pro Jahr beschafft. Nachstehend sind die Preise und Mengen
dargestellt:

	1. Beschaffung	2. Beschaffung	3. Beschaffung	4. Beschaffung	Summe
Menge	20	25	30	20	95
Stückpreis (€)	125,00	130,00	140,00	125,00	
Menge · Stück-preis (€)	2.500	3.250	4.200	2.500	12.450

Der *Normalkostensatz* (= gewogener Durchschnitt) beträgt: 12.450 € : 95 = 131,05 €.

• *Plankosten* werden ermittelt aufgrund der Erfahrungen der Vergangenheit und der Erwartungen
  an zukünftige Entwicklungen. Es gilt:

$$\text{Plankosten} = \text{Planmenge} \cdot \text{Planpreis}$$

Beispiel: Ein Mitarbeiter erhält zur Zeit ein Gehalt von 4.100 €. Für die Sozialversicherung ist ein
Zuschlag von 21,1 % zu berücksichtigen. Die außertarifliche Erhöhung ist mit 4 % geplant.

Das Plangehalt beträgt daher: Istgehalt · SV-Planzuschlag · Zuschlag/Planerhöhung
                                  =   4.100 € · 1,211 · 1,04
                                  =   5.163,70 €

• *Systeme der Kostenrechnung* im Überblick:

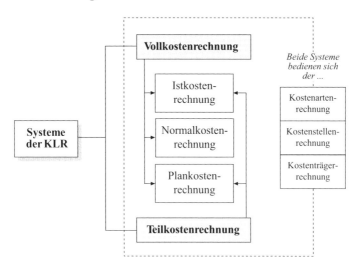

06. Wie ist das System der Vollkostenrechnung weitergehend gegliedert?

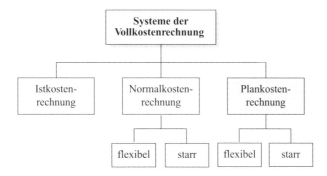

07. Wie ist das Verfahren bei der starren Plankostenrechnung?

• *Merkmale:*
  - Sie führt keine Auflösung der Kosten in fixe und proportionale Bestandteile durch.
  - Die Vorgabe der Kosten (Planwerte) erfolgt primär auf der Basis zukünftiger Entwicklungen (Erwartungen).

• *Vorteile:*
  - Das Verfahren ist relativ einfach.

• *Nachteile:*
  - Der Beschäftigungsgrad wird nicht berücksichtigt.
  - Bei Beschäftigungsschwankungen ist keine exakte Kostenkontrolle möglich.
  - Abweichungen (Soll - Ist) können nur als Ganzes dargestellt werden.

Es gelten bei der starren Plankostenrechnung folgende Beziehungen (Formeln):

Starre Plankostenrechnung (Formeln)		
1	**Plankosten**	= Planmenge · Planpreis
2	**Istkosten**	= Istmenge · Planpreis
3	**Plankostenverrechnungssatz**	= $\dfrac{\text{Plankosten}}{\text{Planbeschäftigung}}$
4	**Verrechnete Plankosten**	= Istbeschäftigung · Plankostenverrechnungssatz
		= Beschäftigungsgrad · Plankosten
		Beschäftigungsgrad = $\dfrac{\text{Istbeschäftigung} \cdot 100}{\text{Planbeschäftigung}}$
5	**Abweichung**	= Istkosten − verrechnete Plankosten

Hinweis:
Achtung: Die Istkosten der Plankostenrechnung unterscheiden sich von den Istkostenrechnung:

- Istkostenrechnung:	→	Istkosten	= Istmenge · Istpreis
- Plankostenrechnung:	→	Istkosten	= Istmenge · Planpreis

Beispiel zur starren Plankostenrechnung:
Für die Kostenstelle 23031 betragen die Plankosten 50.000 € bei einer Planbeschäftigung von 5.000 Stunden. Die Istbeschäftigung lag bei 4.000 Stunden, die Istkosten bei 30.000 €

⇒ 3) Plankostenverrechnungssatz = 50.000 € : 5.000 Std. = 10,– €/Std.
⇒ 4) verrechnete Plankosten = 4.000 Std. · 10,– €/Std. = 40.000 €
⇒ 5) Abweichung = 30.000 € − 40.000 € = − 10.000 €

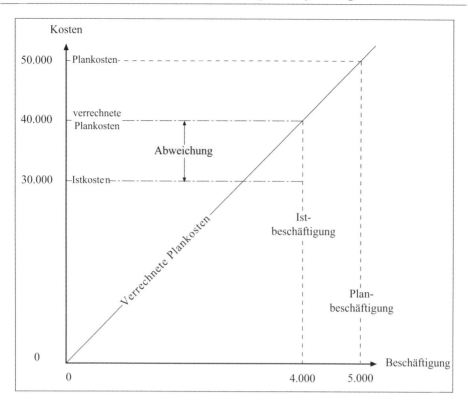

Bei der *flexiblen Plankostenrechnung* erfolgt eine Aufspaltung der Kosten in fixe und variable Bestandteile. Dadurch lässt sich während der laufenden Rechnungsperiode eine Anpassung an die jeweils vorliegende Istbeschäftigung vornehmen; vgl. dazu ausführlich unter Ziffer 4.1.4.

4.1.2 Plankostenrechnung in unterschiedlichen Produktions- verfahren

01. Unter welchen Bedingungen ist der Einsatz der Plankostenrechnung sinnvoll?

• Die *starre Plankostenrechnung* liefert dann gute Ergebnisse, wenn keine oder nur geringe Beschäftigungsschwankungen vorliegen.
  Beispiele: Massenfertigung oder Großserienfertigung

• Die *flexible Plankostenrechnung* liefert dort gute Ergebnisse, wo innerhalb der laufenden Periode Beschäftigungsschwankungen berücksichtigt werden müssen. Voraussetzung ist eine Kostenrechnung, die eine Auslösung der Kosten in fixe und variable Bestandteile durchführt.

Beide Systeme sind nur dann zweckmäßig, wenn aufgrund der Auftragslage stabile Fertigungs-strukturen für mindestens eine Periode die Einrichtung von Plandaten zweckmäßig erscheinen lässt.

Für Betriebe mit Einzel- und Kleinserienfertigung ist die Plankostenrechnung ungeeignet.

4.1.3 Struktur der funktionsfeldbezogenen Plankostenrechnung

01. Welche betrieblichen Funktionen (Funktionsbereiche) werden unterschieden?

→ A 2.1.2

Der in der Betriebswirtschaftslehre verwendete Begriff „Funktion" bezeichnet *die Betätigungsweise und die Leistung von Organen/Bereichen/Teilbereichen* eines Unternehmens. Man unterscheidet im Wesentlichen folgende Hauptfunktionen:

- Leitung (= Management, Unternehmensführung)
- Beschaffung (Logistik)
- Materialwirtschaft
- Produktions- bzw. Fertigungswirtschaft
- Forschung und Entwicklung
- Absatzwirtschaft
- Transport (Logistik)
- Personalwirtschaft
- Finanzwirtschaft
- Informationswirtschaft.

02. Wie erfolgt die Gliederung der Kostenbereiche nach Funktionen?   → 4.1.1, 4.5.2

Die einfachste Form der Aufteilung der Kostenbereiche ist die Gliederung des Gesamtbetriebes in *vier Kostenbereiche,* die sich aus den Funktionen des Betriebes ableitet:

Kostenbereiche nach Funktionen:
I.   Materialbereich
II. Fertigungsbereich
III. Verwaltungsbereich
IV. Vertriebsbereich

Für kleine Betriebe genügt i. d. R. eine Kostenstelle je Kostenbereich. In größeren Betrieben erfolgt eine weitere Aufteilung in mehrere Kostenstellen – hierarchisch gegliedert – z. B. nach

- Abteilungen,
- Gruppen,
- einheitlichen Tätigkeitsfeldern (Funktionsfelder)   → Vgl. ausführlich: 4.5.2

Neben der Funktionsorientierung kann eine Berücksichtigung interner, räumlicher Gegebenheiten oder objektbezogener Gliederungsmerkmale erforderlich sein, z. B. Werk 1, Werk 2 bzw. Fertigung Produkt 1/2 bzw. Fertigung Ersatzteile usw.

03. Was sind funktionsfeldbezogene Kosten?

Es sind die Einzel- und Gemeinkosten, die von einem Funktionsfeld direkt und indirekt verursacht und verantwortet werden müssen.

Die Bildung von Funktionsfeldern/Kostenstellen hängt von der Größe des Betriebes, seinem Fertigungsprogramm und der notwendigen Genauigkeit der Kostenrechnung ab. In der Regel ist *ein Funktionsfeld ein einheitliches Tätigkeitsfeld*, z. B. Montage (bzw. Montage 1, Montage 2), Vorrichtungsbau, Gießerei, Schweißerei, Lackiererei, Blechfertigung u. Ä.

04. Welche Stufen sind beim Aufbau der Plankostenrechnung erforderlich?

Der *Aufbau einer Plankostenrechnung* umfasst:

* Die Kostenartenrechnung:
  Planung der Kostenarten: Erfassung aller zu erwartenden Kosten in der Planperiode (z. B. für das kommende Geschäftsjahr).

* Die Kostenstellenrechnung:
  Zuordnung der zukünftig anfallenden Kosten auf die Kostenstellen (Festlegung der Plankosten je Kostenart und Kostenstelle).

* Soll-Ist-Vergleich:
  Gegenüberstellung geplanter und tatsächlich entstandener Kosten als Hauptziel der Plankostenrechnung.

* Kostenträgerrechnung:
  Durchführung der Kostenträgerzeitraumrechnung bzw. der Kostenträgerstückrechnung auf der Basis von Plankosten; Ermittlung der Abweichungen bei einem Kostenträger je Periode bzw. Vergleich der Plankalkulation (auf Basis von Plankosten) mit der Nachkalkulation (auf Basis tatsächlich entstandener Istkosten).

05. Welche Kosten sind für die zukünftige Periode zu planen?

Die Struktur der funktionsfeldbezogenen Plankosten ist unterschiedlich – je nach Betriebsgröße und -art; die nachfolgende Abbildung enthält ein Beispiel zur Gliederung der wichtigsten Plankosten einer Kostenstelle. Dabei werden die einzelnen Kostenarten kurz erläutert (siehe Abbildung nächste Seite).

4.1.4 Flexible Plankostenrechnung

01. Wie ist das Verfahren bei der flexiblen Plankostenrechnung?

* *Merkmale:*
  - Sie führt eine Auflösung der Kosten in fixe und proportionale Bestandteile durch.
  - Durch die Einführung der *Sollkosten* lässt sich die Gesamtabweichung differenziert in die Verbrauchsabweichung und die Beschäftigungsabweichung darstellen.

* *Vorteile:*
  - Die Kostenkontrolle ist wirksam – in der Kostenarten- und auch in der Kostenstellenrechnung.

- Durch die Berücksichtigung von Beschäftigungsschwankungen während der laufenden Periode wird erreicht:
  · Die Genauigkeit der Kalkulation wird verbessert.
  · Die Abweichung kann differenziert als Verbrauchs- und als Beschäftigungsabweichung ermittelt werden.

• *Nachteil:*
Die fixen Kosten haben die gleichen Bezugsgrößen wie die variablen Kosten („erzwungene Proportionalisierung").

• *Vorgehensweise:*
1. Errechnung der *Plankosten je Kostenstelle.*
2. *Aufspaltung der Plankosten* in fixe und variable Bestandteile.

	Kostenart		Erläuterung und Zuordnung
1	**Personalkosten**		
	1.1	Fertigungslöhne	Zeit-/Leistungslöhne; direkte Zuordnung durch Beleg
	1.2	Hilfslöhne	Fertigungshilfslöhne/sonst. Hilfslöhne; Gemeinkosten
	1.3	Gehälter	Angestelltenvergütung; Einzel- oder Gemeinkosten
	1.4	Sozialkosten	AG-Anteile zu RV, AV, PV, KV, UV; freiwillige Leistungen; Einzelkosten → Fertigungslöhne; Gemeinkosten → UV
	1.5	Ausbildungsvergütung	Einzelkosten
2	**Materialkosten**		
	2.1	Fertigungsstoffe	Hauptbestandteil des Produkts; Materialeinzelkosten
	2.2	Hilfs-/Betriebsstoffe	Nebenbestandteil des Produkts; Gemeinkostenmaterial
	2.3	Sonstige Kosten	Beschaffung, Lagerung: Als Zuschlag auf Materialeinzelkosten
3	**Betriebsmittelkosten**		
	3.1	Kalkulatorische AfA	Fixe oder proportionale Kosten: Zeitliche bzw. verbrauchsbed. AfA
	3.2	Instandhaltung	Großreparaturen: Verteilung über die Planperiode
	3.3	Mieten, Leasing	Fixe Kosten
	3.4	Kalkulatorische Zinsen	Fixe Kosten
4	**Gebäudekosten**		
	4.1	Kalkulatorische AfA	Werden unter der Bezeichnung „Raumkosten" direkt zugerechnet oder als Gemeinkosten umgelegt – je nach betrieblicher Situation; Raumkosten sind fixe Kosten.
	4.2	Instandhaltung	
	4.3	Steuern, Versicherungen	
5	**Energiekosten**		
	5.1	Strom	Bestehen aus fixen und variablen Bestandteilen (z. B. Grundgebühr + Verbrauch); Verbrauch: meist direkte Zuordnung; fixe Bestandteile werden umgelegt aufgrund von Erfahrung.
	5.2	Treibstoffe	

6	Kapitalkosten	
6.1	Kalkulatorische Zinsen	Umlage als Gemeinkosten nach geeignetem Schlüssel; Berechnungsbasis ist das betriebsnotwendige Kapital.
6.2	Sonstige Kapitalkosten	
7	**Kosten für Fremdleistungen**	
7.1	Fremdfertigung	Einzel- oder Gemeinkosen – je nach Sachverhalt; überwiegend variable Kosten.
7.2	Transporte	
7.3	Bewirtungs-/Reisekosten	
8	**Umlagekosten**	Gemeinkosten, die zusätzlich umgelegt werden müssen, z. B. Kosten der Geschäftsleitung, der Stabstellen, des Vertriebs, der Verwaltung usw.

Es gelten bei der flexiblen Plankostenrechnung folgende Beziehungen (Formeln):

Flexible Plankostenrechnung (Formeln)		
1.1	**Proportionaler Plankostenverrechnungssatz**	= Proportionale Plankosten : Planbeschäftigung
1.2	**Fixer Plankostenverrechnungssatz**	= Fixe Plankosten : Planbeschäftigung
1.3	**Plankostenverrechnungssatz** (gesamt) bei Planbeschäftigung	= Proportionaler Plankostenverrechnungssatz + Fixer Plankostenverrechnungssatz
		= Plankosten : Planbeschäftigung
2	**Verrechnete Plankosten**	= Istbeschäftigung · Plankostenverrechnungssatz
		= Plankosten · Beschäftigungsgrad
3	**Sollkosten**	= Fixe Plankosten + Prop. Plankostenverrechnungssatz · Istbeschäftigung
		= Fixe Plankosten + Prop. Plankosten · Beschäftigungsgrad
4	**Beschäftigungsabweichung (BA)** Abweichung, die auf einer Beschäftigungsänderung basiert	= Sollkosten - Verrechnete Plankosten[1]
5	**Verbrauchsabweichung (VA)** Abweichung, die nicht auf einer Beschäftigungsänderung basiert	= Istkosten - Sollkosten[1] = (Istverbrauch · Planpreis) – (Sollverbrauch · Planpreis)
6	**Gesamtabweichung (GA)**	= Istkosten – Verrechnete Plankosten
		= Verbrauchsabweichung + Beschäftigungsabweichung

---

[1] Die Definition der BA und der VA sind in der Literatur nicht einheitlich; ebenso: vgl. Olfert, Kostenrechnung, a.a.O., S. 245 sowie Däumler/Grabe, Kostenrechnungs- und Controllinglexikon, a.a.O., S. 31, 321; anders: Schmolke/Deitermann, IKR, a.a.O., S. 485 (hier wird allerdings das Vorzeichen in Klammern gesetzt). Merke: Entscheidend ist nicht das Vorzeichen der Abweichung, sondern die richtige Interpretation.

Beispiel zur flexiblen Plankostenrechnung:
Für die Kostenstelle 23031 existieren nach Ablauf einer Periode folgende Werte:

Kostenstelle: 23031		*Monat:* ...		
		Gesamt	Fixe Kosten	Proportionale Kosten
Plan	Plankosten (in €)	300.000	100.000	200.000
	Planbeschäftigung (in Std.)	10.000	–	–
Ist	Istkosten	250.000	–	–
	Istbeschäftigung	9.000	–	–

Flexible Plankostenrechnung (Beispiel)			
1.1	Prop. Plankostenver.satz	=	Proportionale Plankosten : Planbeschäftigung *200.000 € : 10.000 Std. = 20,– €/Std.*
1.2	Fixer Plankostenver.satz	=	Fixe Plankosten : Planbeschäftigung *100.000 € : 10.000 Std. = 10,– €/Std.*
1.3	Plankostenverrechnungssatz	=	Proportionale Plankostenverrechnungssatz + Fixer Plankostenverrechnungssatz *20,– €/Std. + 10,– €/Std. = 30,– €/Std.*
		=	Plankosten : Planbeschäftigung *300.000 € : 10.000 Std. = 30,– €/Std.*
2	Verrechnete Plankosten	=	Istbeschäftigung · Plankostenverrechnungssatz *9.000 Std. · 30,– €/Std. = 270.000 €*
		=	Plankosten · Beschäftigungsgrad *300.000 € · 90 : 100 = 270.000 €*
3	Sollkosten	=	Fixe Plankosten + Prop. Plankostenverrechnungssatz · Istbeschäftigung *100.000 € + 20,– €/Std. · 9.000 Std. = 280.000 €*
		=	Fixe Plankosten + Prop. Plankosten · Beschäftigungsgrad *100.000 € + 200.000 € · 90 : 100 = 280.000 €*
4	Beschäftigungs-abweichung (BA)	=	Sollkosten - Verrechnete Plankosten *280.000 € – 270.000 € = 10.000 €*
5	Verbrauchs-abweichung (VA)	=	Istkosten - Sollkosten *250.000 € – 280.000 € = – 30.000 €*
6	Gesamt-abweichung (GA)	=	Istkosten - Verrechnete Plankosten *250.000 € – 270.000 € = – 20.000 €*
		=	Verbrauchsabweichung + Beschäftigungsabweichung *– 30.000 € + 10.000 € = – 20.000 €*

Analyse:

1. *Beschäftigungsabweichung:*
   Bei einem Beschäftigungsgrad von 90 % betragen die variablen Plankosten 180.000 € und es hätten 100.000 € fixe Kosten berücksichtigt werden müssen. Tatsächlich wurden verrechnet: 180.000 € variable Kosten (200.000 · 90 %) und (nur) 90.000 fixe Kosten (90.000 · 90 %), sodass 10.000 € fixe Kosten zu wenig verrechnet wurden.

2. *Verbrauchsabweichung* = -30.000 €, d. h. es wurden 30.000 € weniger Kosten verbraucht.

Die Abbildung zeigt die grafische Lösung des Beispiels:

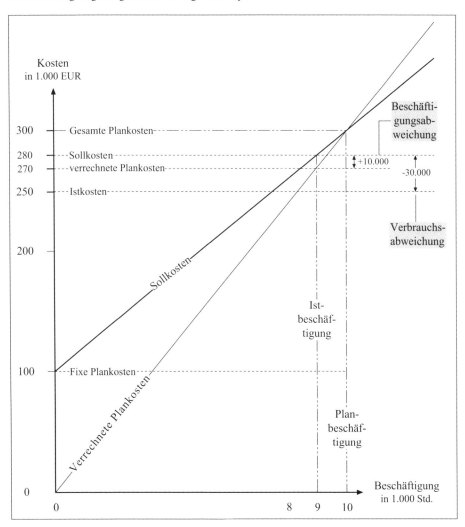

Generell gilt:

1. *Istbeschäftigung = Planbeschäftigung:* Verrechnete Plankosten = Sollkosten; → Schnittpunkt der Sollkostenfunktion mit der Funktion der verrechneten Plankosten.

2. *Istbeschäftigung < Planbeschäftigung*: Plankosten < Sollkosten; ein Teil der fixen Kosten wird nicht verrechnet.

3. *Istbeschäftigung > Planbeschäftigung*: Plankosten > Sollkosten; es werden mehr fixe Kosten verrechnet als nach Plan anfallen sollen.

4.1.5 Methoden der funktionsfeldbezogenen Kostenerfassung

01. Wie werden die Kostenarten im Rahmen der Plankostenrechnung erfasst bzw. berechnet? → A 2.5.5, 4.6.1

Im Folgenden werden die wichtigsten Methoden der Kostenerfassung im Rahmen der Plankostenrechnung dargestellt; zu den Kostenarten: vgl. die Struktur in Ziffer 4.1.4/05; zur Berechnung der Maschinenkosten im Rahmen der Istkostenrechnung: vgl. A 2.5.5 sowie 4.6.1:

1. *Personalkosten:*
   Sind alle Kosten, die durch den Einsatz von Arbeitnehmern entstehen. Der kalkulatorische Unternehmerlohn gehört nicht dazu. Personalkosten lassen sich folgendermaßen aufteilen:

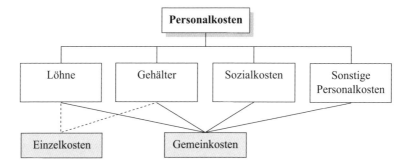

Ermittlung der *Arbeitszeit:*
Zentraler Bestandteil ist die Planung der Arbeitszeit für die zukünftige Periode. Im Ein-Schicht-Modell wird z. B. die *Standard-Arbeitszeit* ermittelt, indem die jährlichen Arbeitstage (mithilfe eines Planungskalenders für die Planperiode) durch 12 dividiert werden:

z. B.: 240 Arbeitstage : 12 = 20 Arbeitstage/Standardmonat

1.1 *Gehälter* sind Einzel- oder Gemeinkosten; es sind die Plangehälter für die Planungsperiode zu bestimmen; dabei sind zu erwartende Gehaltsanpassungen (tariflich/betrieblich) sowie die voraussichtlichen Sätze der Sozialversicherungsbeiträge zu planen:

z. B.: Istgehalt$_n$ + betriebliche Anpassung + tarifliche Anpassung   = Plangehalt$_{n+1}$
3.000 + 3 % aufgrund Umgruppierung + 2 % Tariferhöhung   = Plangehalt$_{n+1}$

3.000 + 90,–[1] + 61,80   = 3.151,80

Bei Gehältern als Einzelkosten werden die gesetzlichen SV-Beiträge (Arbeitgeberanteile) direkt addiert – unter Beachtung der in der Planungsperiode geltenden, gesetzlichen Beiträge (vgl. dazu ausführlich: A 3.3.5):

z. B.:

	Istjahr	Planungsjahr (AG-Anteil)
KV	14 %	Anstieg auf 8 %
RV	19,5 %	Anstieg auf 9,95 %
AV	4,2 %	Senkung auf 1,65 %
PV	1,7 %	Anstieg auf 0,975 %
Summe in % bezogen auf die Personalgrundkosten (= 100) = 20,575 %		

⇒ | Plangehalt · Faktor (direkte Personalzusatzkosten) = Bruttogehaltskosten
3.151,80 · 1,20575   = 3.800,28

Gehälter als Einzelkosten werden i. d. R. von der verantwortlichen Stelle geplant; Gehälter als Gemeinkosten werden zentral vom Personalwesen geplant.

1.2 Die übrigen *Sozialkosten* (Weiterbildung, Mutterschaft, Freistellungen, Feiertage, freiwillige Sozialleistungen usw.) werden aufgrund von Erfahrungssätzen als Gemeinkosten geplant und betragen in Deutschland ca. 60 % (bezogen auf die Grundkosten) je nach Betriebsgröße und der Sozialpolitik des Unternehmens, d. h. insgesamt beträgt der Zuschlag der Personalzusatzkosten in der BRD rd. 80 %.

1.3 *Fertigungslöhne* sind Einzelkosten und werden direkt zugerechnet:

- *Zeitlohn* = Plan-Lohnsatz je Zeiteinheit · Anzahl der Plan-Zeiteinheiten
z. B.:
     = 18,– · 7,5 · 22,20 Arbeitstage · 13,5 Monate · 1,20575
     = 48.784,04 € Jahres-Bruttoarbeitslohnkosten

- *Leistungslöhne* werden von der verantwortlichen Kostenstelle geplant unter Berücksichtigung der Planungsvorgaben (Absatzplan, Fertigungsplan, Personalbedarfsplan, Lohnart: Akkord-/Prämienlohn, Zuschläge usw.).

2. *Materialkosten:*
2.1 *Materialeinzelkosten* werden auf der Basis des Mengengerüstes aus den Stücklisten und den Planpreisen (oder innerbetrieblichen Verrechnungspreisen) berechnet:

Plan-Materialeinzelkosten = Materialmenge$_{Plan}$ in Einheiten · Preis$_{Plan}$ je Einheit

---

[1] z. B. Umgruppierung von K4 nach K 5/Tarifvertrag Eisen-Metall

2.2 *Gemeinkostenmaterial* wie Hilfs- und Betriebsstoffe sowie *Materialgemeinkosten* (Beschaffungskosten, Lagerkosten) werden als Zuschlag auf die geplanten Materialeinzelkosten berechnet (vgl. 4.5.3, Zuschlagssätze).

3. Betriebsmittelkosten:

3.1 *Kalkulatorische Abschreibungen* sind fixer Natur bei einem Werteverzehr nach Zeiteinheiten (Zeitverschleiß); sie sind proportional bei einem Werteverzehr nach Gebrauchseinheiten (Gebrauchsverschleiß).

Die Abschreibungsmethode ist so zu wählen, dass am Nutzungsende ausreichend Abschreibungsgegenwerte vorhanden sind, um die Ersatzinvestition zu tätigen; zu den Abschreibungsmethoden (lineare Abschreibung, Leistungsabschreibung) vgl. ausführlich unter A 2.1.5; es gilt:

$$\text{AfA-Betrag} = \frac{\text{Bezugswert}^{1)\,2)}}{\text{Nutzungsdauer in Jahren}} \qquad \text{„Zeitverschleiß“}$$

$$\text{AfA-Betrag} = \frac{\text{Bezugswert}^{1)} \cdot \text{Jahresleistung in E}}{\text{Geschätzte Gesamtleistung in E}} \qquad \text{„Gebrauchsverschleiß“}$$

3.2 *Instandhaltungskosten:*

- *Kleinreparaturen* werden von der Maschinenbedienung meist selbst vorgenommen und gehen als Hilfslöhne in die Planung ein.

- *Großreparaturen* werden gesondert geplant und auf die Nutzungsdauer des Betriebsmittels verteilt.

- Das Mengengerüst für *Wartungs- und Inspektionsarbeiten* wird den Hinweisen des Herstellers entnommen bzw. den betriebsinternen Plänen; bei Durchführung mit eigenem Personal erfolgt eine Bewertung mit Planstundensätzen. Bei Ausführung durch Fremdpersonal wird mit den vertraglichen Konditionen der Fremdfirma geplant.

3.4 *Kalkulatorische Zinsen* (für Betriebsmittel; abnutzbares Anlagevermögen):
Für die Kapitalbindung der Betriebsmittel wird eine Durschnittsverzinsung angesetzt, d. h. der Anschaffungswert (AW) wird mit dem halben Wert und dem aktuellen Marktzins für Kapitalanlagen pro Jahr verzinst; ggf. muss ein vorhandener Restwert (RW) addiert werden:

$$\text{kalkulatorische Zinsen} = \frac{\text{AW} + \text{RW}}{2} \cdot \frac{i}{100}$$

---

[1] Als *Bezugswert* werden verwendet:
   1. Nettoanschaffungs- bzw. Nettoherstellungskosten (inkl. Beschaffungs- und sonstigen Nebenkosten)
   2. Wiederbeschaffungskosten, netto (= Nettoanschaffungskosten · Preismultiplikator); **Beispiel:** Der Anschaffungswert von 10.000 € (netto) unterliegt einer jährlichen Kostensteigerung von 2 % bezogen auf das Vorjahr; daraus ergibt sich ein Wiederbeschaffungswert 10.000 € · 1,21899 = 12.189,9 € (vgl. Finanzmathematische Tabellen).

[2] Es sind die *Abschreibungstabellen* des Bundesfinanzministeriums zu berücksichtigen (AV-Tabellen).

z. B.: $= \dfrac{100.000}{2} \cdot \dfrac{6}{100} = 3.000 \,€$ pro Jahr

4. *Gebäudekosten:*
   Gebäudekosten umfassen u. a. Instandhaltungskosten, kalkulatorische Abschreibung, Gebäudereinigung und sind fixe Kosten. Sie werden als „Raumkosten" entsprechend der genutzten Fläche über einen Plankostenverrechnungssatz (PKV; auch: Raumkosten-Deckungssatz) geplant:

   z. B.: Gebäudefläche aller Kostenstellen $= 80.200 \, m^2$
          Summe aller Gebäudekosten p.a. $= 196.000 \,€$

   $\Rightarrow$ PKV =   196.000 € : 80.200 $= 2,444 \,€/m^2/\text{Jahr}$

   Analog gilt dies für die Verwendung einer kalkulatorischen Miete pro m^2:

   Raumkosten der Kostenstelle p.a. = Flächennutzung in $m^2 \cdot$ kalkulatorische Miete/$m^2 \cdot 12$
   z. B.: $= 200 \, m^2 \cdot 6,-€ \cdot 12$
              $= 14.400 \,€$ p.a.

5. *Energiekosten:*
   Die Energiekosten sind ihrer Natur nach Mischkosten (Grundgebühr = fixe Kosten; Verbrauchskosten = variable Kosten). Die kostenstellenweise Erfassung der Energiekosten ist in der Praxis oft schwer bzw. teuer (Vielzahl an Messeinrichtungen). Daher werden die Energiekosten oft geplant aufgrund von Erfahrungswerten der Vergangenheit und über geeignete Verteilungsschlüssel den Kostenstellen zugerechnet. Ist eine Einzelberechnung pro Kostenstelle möglich, erfolgt die Berechnung in der Form:

   Energiekosten = Planverbrauch (kWh) · Arbeitspreis (€/kWh) + ant. Grundkosten

Die Gliederungstiefe der Organisationsstruktur bzw. der Kostenstellenstruktur hängt von der Größe des Unternehmens und dem notwendigen Genauigkeitsgrad der Kostenstellenrechnung ab. Denkbar ist z. B. eine Struktur der Kostenstellengliederung in folgender Tiefe bei großen Unternehmen:

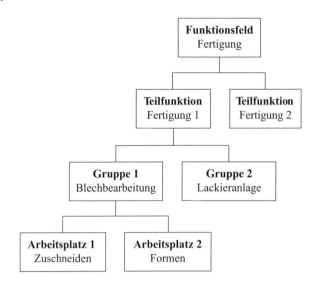

02. Welche Prinzipien gelten bei der Bildung von Kostenstellen?

Die Kostenstellenrechnung muss ihrer besonderen Kontrollfunktion gerecht werden: Die Kostenabweichungen müssen dort ermittelt werden, wo sie tatsächlich entstehen. Aus diesem Grunde müssen *drei Prinzipien bei der Bildung von Kostenstellen* eingehalten werden:

1. Es müssen genaue Maßstäbe als *Bezugsgröße* zur Kostenverursachung festgelegt werden. Als Bezugsgrößen kommen z. B. infrage: Der Fertigungslohn, die Fertigungszeit, die Erzeugniseinheit. Die Bezugsgröße sollte zur Leistung der Kostenstelle proportional sein.

2. Jede Kostenstelle ist ein *eigenständiger Verantwortungsbereich*.

3. Kostenbelege müssen je Kostenstelle *problemlos gebucht* werden können.

03. Welche Kostenbereiche werden im Betriebsabrechnungsbogen gebildet? → 4.5.2

Meist werden folgende Kostenbereiche im Betriebsabrechnungsbogen eines Industrieunternehmens gebildet:

Kostenbereiche im BAB					
Allgemeiner Bereich	Materialbereich	Fertigungsbereich		Verwaltungsbereich	Vertriebsbereich
Allgemeine Kostenstellen	Materialstellen	Fertigungshilfsstellen	Fertigungshauptstellen	Verwaltungsstellen	Vertriebstellen
• Grundstücke, Gebäude • Sozialeinrichtungen • Energiestationen	• Einkauf • Lager	• Instandhaltung • Arbeitsvorbereitung	• Mechanische Bearbeitung • Montage • Lackiererei	• Kfm. Leitung • Buchhaltung • Poststelle • Botendienst • EDV	• Werbung • Verkauf • Fertiglager • Versand • Logistik

- *Allgemeiner Bereich:*
  Er enthält die Kostenstellen, die keiner der vier Funktionen (Material, Fertigung, Verwaltung, Vertrieb) zugeordnet werden können.

- *Hauptkostenstellen:*
  Hier wird direkt an der Produktherstellung gearbeitet.

- *Unterkostenstellen:*
  Sie werden in großen Betrieben gebildet und sind eine weitere Unterteilung von Hauptkostenstellen.

- *Hilfskostenstellen:*
  Sie leisten nur einen mittelbaren Beitrag zur Produktion und dienen z. B. der Vorbereitung und Aufrechterhaltung der Fertigung.

- Gelegentlich werden *Nebenkostenstellen* geführt:
  Sie erfassen z. B. Kosten von Neben-/Ergänzungsprodukten, z. B.: Abfallverwertung; Wäscherei in einem Waschmittelwerk; Verkauf von Sägespänen bei der Holzverarbeitung.

4.1.6 Verrechnung der Kostenarten auf Kostenstellen im Betriebsabrechnungsbogen

01. Wie erfolgt die Verrechnung der Kostenarten auf die Kostenstellen im Betriebsabrechnungsbogen (BAB)? → 4.5.2 f.

A. *Einzelkosten* aus der Kostenartenrechnung *werden direkt dem Kostenträger zugerechnet*; sie müssen nicht im BAB aufgeführt sein. Achtung: Häufig werden die Einzelkosten trotzdem zu Informationszwecken in den BAB übernommen, da sie Basis für die Berechnung der Gemeinkostenzuschläge sind (zum BAB vgl. ausführlich unter 4.5.2).

B. Bereich 1 des BAB:
   Kostenstellen-Einzelkosten werden aufgrund von Belegen *den Kostenstellen direkt zuge-*
   rechnet, z. B. Hilfs-, Betriebsstoffe, Hilfslöhne, Gehälter, kalkulatorische Abschreibung,
   Ersatzteile.
C. Bereich 2 des BAB:
   Kostenstellen-Gemeinkosten werden nach verursachungsgerechten *Verteilungsschlüsseln* auf
   die Kostenstellen *umgelegt, z.* B. Raumkosten, Steuer, Versicherungsprämien.

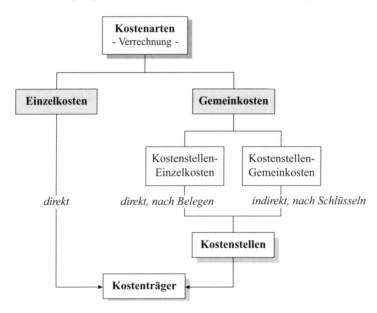

Die Reihenfolge der Verrechnung nach dem Stufenleitersystem (auch Treppenverfahren) ist
dabei zu beachten:

1. Umlage der Allgemeinen Kostenstelle auf die Hilfs- und Hauptkostenstellen
2. Umlage der Hilfskostenstellen (= Vorkostenstellen) auf die Hauptkostenstellen
3. Es werden die Summen der Hauptkostenstellen (=Stellenendkosten) ermittelt.

D. Bereich 3 des BAB:
Durch Gegenüberstellung der Einzelkosten und der Summe der Gemeinkosten je Kostenstelle werden die *Zuschlagssätze* für die Kostenträgerrechnung ermittelt (vgl. ausführlich unter 4.5.3).

z. B. $$\text{Materialgemeinkostenzuschlag} = \frac{\text{Materialgemeinkosten} \cdot 100}{\text{Materialeinzelkosten}}$$

Kostenarten	Kostenstellen					
	Allg-meiner Bereich	Material-bereich	Fertigungsbereich		Verwaltungs-bereich	Vertriebs-bereich
	Allgemeine Kosten-stellen	Material-stellen	Fertigungs-hilfs-stellen	Fertigungs-haupt-stellen	Verwaltungs-stellen	Vertrieb-stellen
Verrechnung der **Kostenstellen-Einzelkosten**	**Bereich 1 des BAB:** Verrechnung nach Belegen					
Verrechnung der **Kostenstellen-Gemeinkosten**	**Bereich 2 des BAB:** Verrechnung nach Verteilungsschlüsseln					
Summe der Hauptkosten-stellen	•••		•••		•••	•••
	Bereich 3 des BAB: Ermittlung der Zuschlagssätze für die Erzeugniskosten (→ Kostenträgerrechnung)					
	$\dfrac{\text{MGK} \cdot 100}{\text{MEK}}$		$\dfrac{\text{FGK} \cdot 100}{\text{FEK}}$		$\dfrac{\text{VwGK} \cdot 100}{\text{HKU}}$	$\dfrac{\text{VtrGK} \cdot 100}{\text{HKU}}$

02. Welche Erfassungsgrundlagen bzw. Verteilungsschlüssel sind für die Verrechnung der Gemeinkosten auf die Kostenstellen geeignet?

Ausgewählte Beispiele:

Gemeinkosten	Verrechnung		Verrechnungsgrundlage
	direkt	indirekt	- Beispiele -
Hilfslöhne	•		Lohnbelege, -listen
Gehälter	•		Gehaltslisten
Hilfsstoffe	•		Entnahmescheine
Betriebsstoffe	•		Entnahmescheine
Fremdleistungen	•		Eingangsrechnungen
Kalkulatorische Abschreibungen	•		Anlagenkartei/-datei
Kalkulatorische Zinsen (Betriebsmittel)	•		Anschaffungswerte, Kapitalbindung
Raumkosten, Mieten		•	Flächennutzung in m^2
Gesetzliche Sozialleistungen	•		Lohn-/Gehaltslisten
Freiwillige Sozialleistungen		•	Anzahl der Mitarbeiter je Kostenstelle
Heizung		•	Raumgröße in m^3
Elektrische Energie		•	Anzahl der Verbraucher/ Verbrauch je kWh
Sachversicherungen		•	Anlagendatei/Anlagenwerte
Steuern		•	Kapitalbindung

4.1.7 Überwachung der funktionsfeldbezogenen Kosten

01. Was ist der Soll-Ist-Vergleich?

Der Soll-Ist-Vergleich ist der Hauptzweck der Plankostenrechnung: Den geplanten Kosten werden die tatsächlich entstandenen Kosten gegenüber gestellt. In der Praxis wird der Kostenstellenverantwortliche einen monatlichen Report erhalten, der die Istkosten und die Sollkosten – einzeln je Monat und meist auch aktuell aufgelaufen – enthält. In der Praxis wird der Soll-Ist-Vergleich nicht nur in absoluten Werten, sondern auch in Prozentwerten ausgewiesen. In größeren Betrieben besteht für den Kostenstellenverantwortlichen eine interne Vorgabe, Abweichungen, die einen bestimmten Prozent-Wert überschreiten, schriftlich zu kommentieren, z. B. Abweichung in % > 5 %.

> Der Vorgesetzte hat Kostenabweichungen seiner Kostenstelle zu verantworten!

Eine Ausnahme bilden die Abweichungen, die durch Fehlplanungen oder durch nicht planbare Ereignisse aufgetreten sind.

Merke:

$$\text{Abweichung absolut} = \text{Ist} - \text{Soll}$$

$\Rightarrow$ Ist - Soll $>$ 0   Kostenüberschreitung!
$\Rightarrow$ Ist - Soll $\leq$ 0   Kostenunterschreitung bzw.
                                                Einhaltung der Kostenvorgabe!

$$\text{Abweichung in Prozent} = \frac{\text{Ist} - \text{Soll}}{\text{Soll}} \cdot 100$$

02. Welche Abweichungen werden unterschieden? $\rightarrow$ **4.1.4**

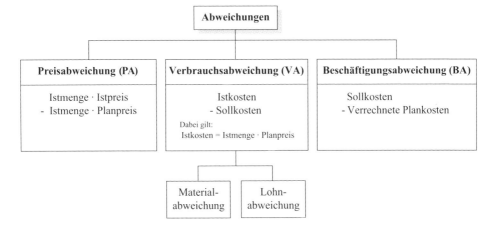

• Die *Preisabweichung* (PA) ergibt sich als Differenz zwischen Sollkosten und Istkosten; die Differenz ergibt sich aus der Unterschiedlichkeit von Planpreis und Istpreis. Es gilt:

PA > 0 → Es sind Mehrkosten entstanden!
PA < 0 → Es wurden zu hohe Kosten verrechnet!

Beispiel: PA = Istmenge · Istpreis - Istmenge · Planpreis
                        = 1.000   · 10,–   - 1.000   · 12,–
                        = 2.000,–

Es sind Mehrkosten von 2.000,– € entstanden aufgrund des Unterschiedes von Plan- und Istpreis.

• Die *Verbrauchsabweichung* (VA) ergibt sich als Differenz von Istkosten und Sollkosten innerhalb der flexiblen Plankostenrechnung (vgl. ausführlich oben: 4.1.4/01.).

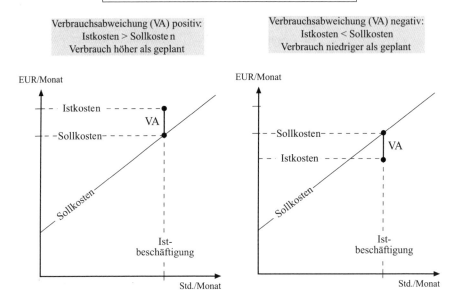

VA > 0 → Istkosten > Sollkosten:
           Verbrauch ist höher als geplant!
VA < 0 → Istkosten < Sollkosten:
           Verbrauch ist niedriger als geplant!

Das Problem besteht darin, dass vor der Ermittlung der VA die anderen Abweichungen bekannt sein müssen. Die VA ist somit eine Restgröße, die sich aus der Gesamtabweichung minus Preis-, Beschäftigungs- und ggf. Verfahrensabweichung[1] ergibt. Die VA kann weiter gegliedert werden in Material- und Lohnabweichungen.

• Die *Beschäftigungsabweichung* (BA) ist die Differenz zwischen Sollkosten und verrechneten Plankosten innerhalb der flexiblen Plankostenrechnung (vgl. ausführlich 4.1.4/01.).

Die BA ist im Grunde genommen keine echte Kostenabweichung, sondern sie wird als *Verrechnungsdifferenz* ermittelt: Bei Unterbeschäftigung werden zu wenig, bei Überbeschäftigung zu viele fixe Kosten verrechnet.

---

[1] Auf die Verfahrensabweichung im Rahmen der mehrfach flexiblen Plankostenrechnung wird hier nicht eingegangen.

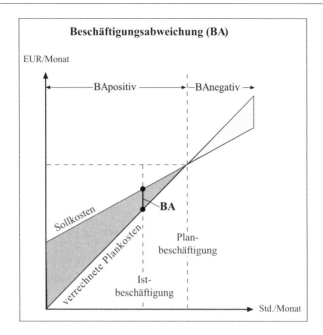

03. In welchen Arbeitsschritten erfolgt der Soll-Istvergleich?

Die Systematik beim Soll-Ist-Vergleich ist identisch mit dem „Regelkreis des Controllings":

1. *Sollwerte* festlegen.
2. *Istwerte* ermitteln:
   - Sachlich zutreffend
   - zeitnah
   - zeitraumbezogen (Woche, Monat, Quartal, Jahr)
3. *Soll-Ist-Vergleich* ermitteln.
4. *Abweichung analysieren* und bewerten.
5. Ggf. *Korrekturmaßnahmen* festlegen/vereinbaren und durchführen.
7. Beabsichtigte *Wirkung der Korrekturmaßnahmen überprüfen.*

> → Ein Praxisbeispiel zum Soll-Ist-Vergleich wird unten, in Ziffer 4.2.1, Budgetkontrolle, S. 541 behandelt.

Die zentralen Fragen des Meisters beim Soll-Ist-Vergleich lauten:

        →   *Wann*   trat die Abweichung auf?
        →   *Wo*   trat die Abweichung auf?
        →   *In welchem Ausmaß* trat die Abweichung auf?

Schwerpunkt der Betrachtung für den Meister ist dabei die Verbrauchsabweichung.

4.2 Überwachen und Einhalten des zugeteilten Budgets

4.2.1 Budgetkontrolle   → A 2.5.9

01. Welche Zielsetzung ist mit der Budgetierung verbunden?

• *Begriff:*
Der Begriff „Budget" kommt aus dem Französischen und bedeutet übersetzt „Haushaltsplan,
Voranschlag". Im Controlling kann *Budgetierung* gleichgesetzt werden mit *Planung*. Für den
Meister bedeutet das, in seinem Bereich ein Gerüst von Zahlen zu erstellen (Planung), die für
ihn Gradmesser des Erfolges sind.

• *Arten:*
In der betrieblichen Praxis sind zwei Arten von Budgets geläufig:

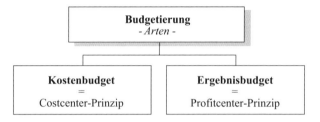

Allgemein enthält ein Budget Planzahlen für Kosten, Leistungen und Erfolge. Aber: Für die
Struktur von Budgets gibt es keine allgemein gültigen Regeln; das Budget kann differieren

- in *zeitlicher* Hinsicht, z. B.:
  Monats-, Quartals-, Jahresbudget

- in *sachlicher* Hinsicht, z. B.:
  Kostenbudget/Ergebnisbudget (vgl. oben), auf einen Bereich bezogen oder eine einzelne
  Kostenstelle usw.

- in *funktioneller* Hinsicht, z. B.:
  Produktionsbudget, Absatzbudget, Finanzbudget, Investitionsbudget.

Welche Daten letztendlich in einem bestimmten Budget zusammengestellt werden, hängt von
der betrieblichen Funktion (z. B. Lager, Fertigung, Montage, Logistik usw.) und dem Verantwortungsbereich des Vorgesetzten ab.

Beispiel: Kostenbudget
Das nachfolgende Beispiel zeigt die Budgetierung der Kostenstelle 23031 für das kommende Planjahr
(Kostenbudget; vereinfachte Darstellung auf der Basis der starren Plankostenrechnung, d. h. die Abwei-
chungen werden en bloc ermittelt; Angaben in Tsd. €):

Kostenstelle 23031	Plan 20.. (in Tds. €)
Materialkosten	300
Personalkosten	288
Sondereinzelkosten	84
Sachkosten	36
Betriebsumlage	60
Gesamtkosten	**768**

Bei einer gleichmäßigen Verteilung über das Gesamtjahr kann das *Jahresbudget* in ein *Monatsbudget* aufgesplittet werden (vereinfacht: Division durch 12), sodass im Verlauf des kommenden Jahres die Monatsergebnisse im Ist mit den Plandaten verglichen werden können; aufwändige Budgetkontrollen nehmen folgende Vergleiche vor:

- Soll-Ist, monatlich
- Soll-Ist, aufgelaufen (z. B. kumulierte Werte von Januar bis Mai)
- Ist-Ist, monatlich
- Ist-Ist, kumuliert.

02. Welche Kostenarten sollte der Meister im Rahmen der Budgetkontrolle besonders überwachen?

Für den Meister ist insbesondere die Kontrolle folgender Kostenarten bzw. folgender Daten/ Kennzahlen relevant:

1. *Materialkosten*, z. B.:

   - *Materialeinstandspreise:*
     → Senkung der Materialkosten z. B. durch Angebotsvergleiche/Lieferantenauswahl

   - *Änderungen in der Konstruktion:*
     → Senkung der Materialkosten durch Substitution (Verwendung anderer kostengünstigerer Materialien)
     → Veränderung/Überprüfung der notwendigen Materialeigenschaften
     → Überprüfung der notwendigen Abmessungen, Toleranzen, Dimensionierungen

   - *Änderungen im Produktionsablauf:*
     → Kostenvergleich von Eigen- und Fremdfertigung
     → Verringerung der Bestellkosten durch Änderung des Bestellverfahrens, der Lagerhaltung (z. B. JiT, Kanban)

2. *Kosten der Anlagen*, z. B.:
   - Beschäftigungsgrad/Kapazitätsauslastung
   - Maschinenproduktivität
   - Energiekosten
   - Instandhaltungskosten
   - Sondereinzelkosten der Fertigung

- Werkzeugkosten
- Kosten des Umweltschutzes

3. Qualitätskosten, z. B.:
- Prüfkosten
- Fehlerverhütungskosten
- Fehlerkosten

4. Lohnkosten, z. B.:
- Arbeitsproduktivität
- Ausfallzeiten (Absentismus).

Die *Umlagekosten* enthalten Gemeinkosten, mit denen die Kostenstellen des Betriebes nach einem ermittelten Schlüssel belastet werden, z. B. Kosten für Kommunikation, Verwaltung, Zinsen, Energiekosten u. Ä. Auf diese Umlagekosten hat der Meister in der Regel keinen Einfluss, da sie von der Geschäftsleitung/dem Rechnungswesen ermittelt und vorgegeben werden.

4.2.2 Ergebnisfeststellung und Maßnahmen

01. Durch welche Steuerungsmaßnahmen kann der Meister die Einhaltung der budgetierten Vorgaben beeinflussen?

→ 5.1.1

Die Produktivität ist eine Mengenkennziffer:

$$\text{Produktivität} = \frac{\text{Mengenergebnis der Faktorkombination}}{\text{Faktoreinsatzmengen}}$$

1. Grundsätzlich ist eine Verbesserung der Produktivität möglich durch
   - Reduzierung der Faktoreinsatzmenge bei gleichem Mengenergebnis,
   - Verbesserung des Mengenergebnisses bei gleicher Faktoreinsatzmenge.

1.1 Die Arbeitsproduktivität

$$\text{Arbeitsproduktivität} = \frac{\text{Erzeugte Menge}}{\text{Arbeitsstunden}}$$

lässt sich verbessern durch:

- Anstieg der Menge bei gleichem Einsatz an Arbeitsstunden,
- Reduzierung der Arbeitsstunden bei konstantem Mengenergebnis,
- Kombination beider Maßnahmen.

Geeignete *Steuerungsmaßnahmen* des Meisters sind z. B.:

- Reduzierung der Fehlzeiten der Mitarbeiter
- optimaler Mitarbeitereinsatz
- Qualifizierung der Mitarbeiter
- optimale betriebliche Rahmenbedingungen (Klima, Beleuchtung, Arbeitsmittel usw.)
- Verbesserung/Optimierung der Fertigungstechnik/-verfahren
- optimale Kombination von Mensch – Maschine (Maßnahmen der Rationalisierung)

1.2 Die Materialproduktivität (= erzeugte Menge : Materialeinsatz) lässt sich verbessern durch:

- Anstieg der Menge bei gleichem Materialeinsatz (mengenmäßig)
- Reduzierung des Materialeinsatzes (mengenmäßig) bei konstantem Mengenergebnis
- Kombination beider Maßnahmen.

1.3 Für die Maschinenproduktivität (= erzeugte Menge : Maschinenstunden) gelten die Aussagen zur Arbeitsproduktivität analog.

1.4 Die Rentabilität (= Rendite) einer Rationalisierungsmaßnahme lässt sich überprüfen:

Beispiel:
Bei einem Fertigungsprozess lässt sich die Zerspanungsleistung von 40.000 € pro Jahr um 25 % durch eine Investition in Höhe von 60.000 € reduzieren. Die AfA pro Jahr ist 3.000 €. Die Rendite bzw. die Amortisationsdauer (= Kapitalrückflusszeit; vgl. A 2.5.12) der Investition beträgt daher:

$$\text{Rendite} = \frac{\text{Kosteneinsparung (= Gewinn)}}{\text{Investitionskosten}} \cdot 100 = \frac{40.000\ € \cdot 0{,}25}{60.000\ €} = 16{,}67\ \%$$

$$\text{Amortisations-dauer} = \frac{\text{Investition}}{\text{ø Gewinn} + \text{AfA p. a.}} \cdot 100 = \frac{60.000\ €}{10.000\ € + 3.000\ €} \cdot 100 = 4{,}6\ \text{Jahre}$$

02. Durch welche Steuerungsmaßnahmen kann der Meister die Einhaltung der budgetierten Kapazitätsauslastung beeinflussen?

→ 5.3.1

- *Definition:*
  Mit *Kapazität* (auch: Beschäftigung) bezeichnet man das technische Leistungsvermögen in Einheiten pro Zeitabschnitt. Sie wird bestimmt durch die Art und Menge der derzeit vorhandenen Produktionsfaktoren (Stoffe, Betriebsmittel, Arbeitskräfte). Die Kapazität kann sich auf eine Fertigungsstelle, eine Fertigungsstufe oder auf das gesamte Unternehmen beziehen.

- Der *Auslastungsgrad* (auch: Beschäftigungsgrad) ist das Verhältnis von Kapazitätsbedarf und Kapazitätsbestand in Prozent des Bestandes:

$$\text{Auslastungsgrad} = \frac{\text{Kapazitätsbedarf}}{\text{Kapazitätsbestand}} \cdot 100$$

auch:

$$\text{Beschäftigungsgrad} \; = \; \frac{\text{Eingesetzte Kapazität}}{\text{Vorhandene Kapazität}} \cdot 100$$

oder:

$$\text{Beschäftigungsgrad} \; = \; \frac{\text{Ist-Leistung}}{\text{Normalkapazität}} \cdot 100$$

Mit *Kapazitätsabstimmung* bezeichnet man die kurzfristige Planungsarbeit, in der die vorhandene Kapazität mit den vorliegenden und durchzuführenden Werkaufträgen in Einklang gebracht werden muss. Die Kapazitätsabstimmung erfolgt kurzfristig durch eine *Kapazitätsabgleichung* bzw. kurz- oder mittelfristig durch eine *Kapazitätsanpassung*.

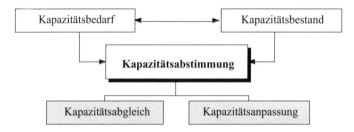

• *Kapazitätsabgleich:*
Bei unverändertem Kapazitätsbestand wird versucht, die (kurzfristigen) Belegungsprobleme zu optimieren (z. B. Ausweichen, Verschieben, Parallelfertigung).

• *Kapazitätsanpassung:*
Anpassung der Anlagen und ihrer Leistungsfähigkeit (kurz-/mittelfristiges Angebot) an die Nachfrage (Kundenaufträge). Kapazitätsanpassung durch Erhöhung der Kapazität:
- Kurzfristig:
  · Überstunden/Mehrarbeit
  · zusätzliche Schichten,
  · Veränderung der Wochenarbeitszeit/Samstagsarbeit (Betriebsvereinbarung)
  · verlängerte Werkbank

- Mittelfristig:
  · Kauf/Bau neuer Anlagen, Gebäude
  · Fertigungstiefe verändern
  · Personalneueinstellungen.

Einen vollständigen Überblick über die Maßnahmen zur Anpassung der Normalkapazität an den Kapazitätsbedarf zeigt die nachfolgende Abbildung:

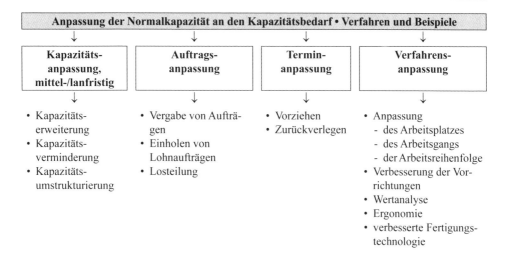

03. Welche Einflussgrößen bestimmen die Kapazitätsplanung?

Beispiele:

- Der *technologische Fortschritt* der Produktions-/Fertigungstechnik kann zu einer Erhöhung des Kapazitätsbestandes führen: Der Einsatz verbesserter Fertigungstechnologie führt zu einem höheren Leistungsangebot pro Zeiteinheit (z. B. Ersetzung halbautomatischer durch vollautomatische Anlagen).

- *Veränderungen auf dem Absatzmarkt* können zu einem Nachfrageanstieg bzw. -rückgang führen mit der Folge, dass das Kapazitätsangebot erhöht bzw. gesenkt werden muss.

- Die Kapazitätsplanung steht in *Abhängigkeit zur gesamtwirtschaftlichen Entwicklung*: Bei einem Konjunkturaufschwung wird tendenziell die Notwendigkeit einer Kapazitätserhöhung bestehen; umgekehrt wird man bei einem Abschwung die angebotene Kapazität mittelfristig nach unten korrigieren.

- Analog gilt dies für *Veränderungen der Konkurrenzsituation*: Die Zunahme von Wettbewerb kann zu einem Rückgang der Kundennachfrage beim eigenen Unternehmen führen und mittelfristig eine Reduzierung des Kapazitätsbestandes zur Folge haben.

04. Wie wird der Soll-Ist-Vergleich im Rahmen der Budgetkontrolle konkret durchgeführt?

Nachfolgend ein vereinfachtes *Beispiel des Soll-Ist-Vergleiches* zu dem dargestellten Budget 2013:

Anfang April des lfd. Jahres erhält der Meister den folgenden Report seiner Kostenstelle über die zurückliegenden drei Monate Januar bis März (Abweichung absolut: [Ist - Soll]; Abweichung in Prozent = [Ist - Soll] : Soll · 100):

Kostenstelle	23031		Budget				2013	
Kostenart	**Plan (Soll)**		**Ist**				**Abweichung (Ist - Soll)**	
	p. a.	*aufgel.*	*Jan.*	*Feb.*	*März*	*aufgel.*	absolut	in %
Materialkosten	300	75	25	32	28	85	10	13,33
Personalkosten	288	72	24	25	26	75	3	4,17
Sondereinzel-kosten	84	21	4	4	2	10	-11	-52,38
Sachkosten	36	9	3	2	2	7	-2	-22,22
Umlage	60	15	5	5	5	15	0	0,00
Gesamtkosten	**768**	**192**				**192**	**0**	**0,00**

Abweichungsanalyse und Beispiele für *Korrekturmaßnahmen zur Budgeteinhaltung*; dabei werden die Schlüsselfragen des Controllings eingesetzt (Wo? Wann? In welchem Ausmaß?):

Abweichung	Mögliche Ursache, z. B.:	Korrekturmaßnahme, z. B.:
1. Materialkosten um 10 Tsd. € bzw. rd. 13 % überschritten	• Preisanstieg:	> Lieferantenwechsel > Änderung des Bestellverfahrens (Menge, Zeitpunkt) > Verhandlung mit dem Lieferanten > ggf. Wechsel des Materials
	• Mengenanstieg:	> erhöhter Materialverbrauch (Störungen beim Fertigungsprozess: menschbedingt, maschinenbedingt) > Mängel in der Materialausnutzung
	• Anstieg der Gemein-kosten:	> z. B. Materialgemeinkosten, kalkulatorische Kosten
	• zu geringer Planansatz:	> ggf. Korrektur des Planansatzes
2. Personalkosten um 3 Tsd. € bzw. rd. 4 % überschritten	• Anstieg der Fertigungs-löhne: - außerplanmäßige Lohnerhöhung (Tarif oder Einzel-maßnahme)	> Analyse der Lohnkosten/Lohnstruktur; ggf. Rationalisierung, Verbesserung der Produktivität, Verbesserung des Aus-bildungsniveaus usw.
	• Anstieg der Sozialkosten (KV, RV, AV, PV, frei-willige Sozialkosten):	> ggf. längerfristige Korrektur im Bereich der betrieblichen Sozialleistungen oder Rationalisierung
	• Verschiebungen im Personaleinsatz:	> ggf. „zu teure Mitarbeiter" eingesetzt, Korrekturen im Mitarbeitereinsatz
	• zu geringer Planansatz:	> ggf. Korrektur des Planansatzes
3. Unterschreitung der Sonder-einzelkosten und der Sach-kosten:	• ggf. zeitliche Verschiebung der Ausgaben	> weiterhin beobachten und ggf. Fein-analyse der betreffenden Kostenart
	• zu geringer Planansatz:	> ggf. Korrektur des Planansatzes

Insgesamt zeigt die Analyse einen *klaren Handlungsbedarf im Bereich der Materialkosten*; die Abweichung im Bereich der Personalkosten ist weder absolut noch relativ besonders kritisch; die Entwicklung sollte aufmerksam beobachtet werden.

Neben den oben dargestellten Möglichkeiten der Kostenabweichung sind weitere *Ursachen* generell denkbar, z. B.:

- Abweichungen im Beschäftigungsgrad (Änderung der fixen Stückkosten)
- erhöhte Kosten durch fehlende/falsche Planung und Durchführung der Instandhaltung
- erhöhte Personalkosten pro Stück durch hohen Krankenstand
- Veränderung der Rüstzeiten, Vorgabezeiten usw.

4.3 Beeinflussung der Kosten insbesondere unter Berücksichtigung alternativer Fertigungskonzepte und bedarfsgerechter Lagerwirtschaft

4.3.1 Methoden der Kostenbeeinflussung

Hinweis: Im Folgenden werden einige ausgewählte Ansätze zur Beeinflussung der für den Meister besonders relevanten Kostenarten behandelt. Die Übersicht ist nicht vollständig, sondern orientiert sich eng am Rahmenplan und berücksichtigt besonders alternative Fertigungskonzepte und Aspekte der Lagerwirtschaft.

01. Welche Kostenarten müssen vom Meister beachtet und gesteuert werden? Welche Methoden der Kostenbeeinflussung sind für den Meister besonders relevant?

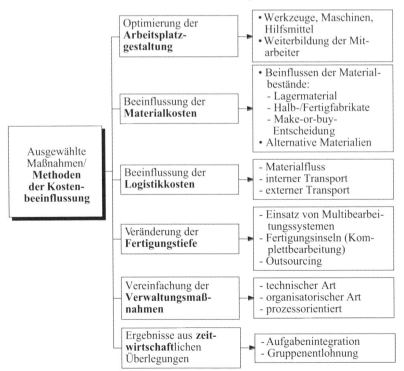

02. Durch welche Maßnahmen zur Optimierung der Arbeitsplatzgestaltung können die Kosten beeinflusst werden?

Zur Wiederholung:
Das Arbeitssystem umfasst folgende Elemente: → A 2.1.3

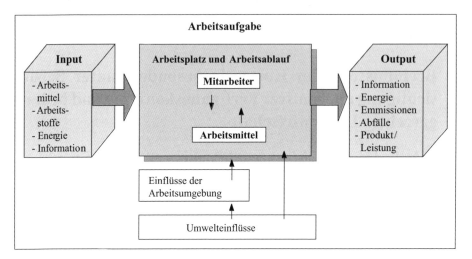

Das Arbeitssystem bzw. die Arbeitsplatzgestaltung kann – im Sinne der Kostenbeeinflussung – durch folgende Maßnahmen optimiert werden:

1. *Einsatz verbesserter Arbeits- und Betriebsmittel* (Werkzeuge, Maschinen, Hilfsmittel), z. B.:
   - Entlastung der eingesetzten Körperkräfte durch Maschinen und Hilfsmittel,
   - Einsatz von Vorrichtungen zum Heben von Lasten,
   - Einsatz von Fördereinrichtungen,
   - ergonomische Gestaltung der Arbeitsmittel (Griffmulden, Gewicht, Farbgestaltung, Sicherheitsbestimmungen).
   Vgl. ausführlich unter 5.2.2, Betriebsmittelplanung

2. *Ergonomische Gestaltung der Arbeitsplätze,* z. B.:   → A 2.2.7, A 2.4, A 4.2.2, 2.2.3
   - Einhalten der Arbeitssicherheit und der Arbeitsschutzbestimmungen (vgl. Kapitel 6, AUG),
   - Einsatz der REFA-Systematik zur Gestaltung von Arbeitssystemen (vgl. 5.3.2),
   - Gestaltung der Arbeitsplätze (Beachtung der Körpermaße, Raum- und Sitzbedarf, Arbeitsflächen, Greifraum, Sehbereich)
   - Gestaltung der Arbeitsumgebung (Raumklima, Lüftung, Farbgebung, Beleuchtung, Lärmschutz, Brandschutz)

Vgl. zum Thema „Ergonomische Arbeitsplatzgestaltung" auch die Übersicht auf der nächsten Seite sowie ausführlich unter 4.2.2 ff. (mehrfache Überschneidung im Rahmenplan).

3. *Weiterbildung der Mitarbeiter*, z. B.: → **8.4**
   - Verbesserung der Qualifikationen,
   - KVP,
   - BVW.

Zusammenfassung: Die *Basisfaktoren der menschlichen Arbeitsleistung* sind (vgl. A 4.2.2):

- Die Arbeitsfähigkeit (das „Können"),
- die Arbeitsbereitschaft (das „Wollen"),
- die Arbeitsbedingungen (das „Ermöglichen").

Die optimale Gestaltung der Arbeitsplätze und der Arbeitsumgebung soll die menschliche Arbeitsleistung fördern und zur Zufriedenheit der Mitarbeiter beitragen (vgl. Maslow/Herzberg). Fehlentwicklungen auf diesem Sektor beeinflussen die Kostenentwicklung negativ, z. B.: Fluktuation, Fehlzeiten, Arbeitsunfälle, Minderleistung, sinkende Qualität/Reklamationskosten, verminderte Leistungsbereitschaft und ähnliche, unerwünschte Folgen.

03. Durch welche Maßnahmen können die Materialkosten beeinflusst werden?

→ **4.2.1, 5.2.2**

- *Materialeinstandspreise:*
  → Senkung der Materialkosten z. B. durch Angebotsvergleiche/Lieferantenauswahl

- *Änderungen in der Konstruktion:*
  → Senkung der Materialkosten durch Substitution (Verwendung anderer kostengünstigerer Materialien)
  → Veränderung/Überprüfung der notwendigen Materialeigenschaften
  → Überprüfung der notwendigen Abmessungen, Toleranzen, Dimensionierungen
  → Verbesserung der Montageeigenschaften.

04. Durch welche Maßnahmen können die Materialbestände/-kosten beeinflusst werden?

- Überprüfung der Bedarfsermittlung (verbrauchsgesteuerte/auftragsorientierte Materialbedarfsermittlung),
- Verringerung der Bestellkosten durch Änderung des Bestellverfahrens (Bestellmengenoptimierung)
- Veränderung der Lagerhaltung (z. B. JiT, Kanban),
- Verringerung der Lagerbestände bei B- und C-Teilen,
- Überprüfung der Höhe der Sicherheitsbestände,
- Anwenden des Fifo-Prinzips bei verfallskritischen Verbrauchsstoffen, z. B. Kühlschmiermittel,
- Vermeidung von Ausschuss, Reduzierung der Schrottmenge.

→ Vgl. ausführlich unter 5.2.2, Mengenplanung.

05. Mit welchen Maßnahmen der Veränderung der Fertigungstiefe können die Kosten beeinflusst werden?

- Kostenvergleich von Eigen- und Fremdfertigung (Make-or-buy-Analyse),
- Outsourcing („verlängerte Werkbank"),
- Einsatz von Multibearbeitungssystemen (flexible Bearbeitungszentren, Mehrmaschinensysteme),
- Optimierung der Fertigungs- und Montagestrukturen (vgl. ausführlich: 5.1.3), z. B. Einrichtung von Formen der Gruppenfertigung (Fertigungsinseln, teilautonome Gruppen).

06. Welche Maßnahmen der Zeitwirtschaft sind geeignet, die Kosten zu beeinflussen?

- Optimierung der Belegungszeit der Betriebsmittel,
- Verbesserung des Leistungsgrades (Qualifizierung, Arbeitsplatzgestaltung)
- „Neue Formen der Zusammenarbeit" (NFZ), z. B. Autonomie/Teilautonomie der Fertigungsgruppen,
- Überprüfen der Vorgabezeiten bei Veränderung der Fertigungsbedingungen,
- Einführung geeigneter Entlohnungsformen (Einzel-/Gruppenakkordlohn, Einzel-/Gruppenprämienlohn, Pensumlohn),

- Gestaltung von Prämien (Mengen-, Ersparnis-, Anwesenheitsprämie u. Ä.; vgl. ausführlich: A 2.4.2),
- Einführung motivierender Führungsmodelle (MbO, KVP; vgl. ausführlich: A 4.5).

07. Durch welche Maßnahmen können die Logistikkosten beeinflusst werden? → **5.5**

Hinweis:
Die nachfolgende Abbildung zeigt den Fertigungsprozess in Verbindung mit den vor- und nachgelagerten Bereichsprozessen (Beschaffungs- und Absatzprozess sowie der integrative Logistikprozess) und ordnet die Möglichkeiten der Kostenbeeinflussung den einzelnen Bereichsprozessen zu. Anschließend werden die unterschiedlichen Methoden der Kostenbeeinflussung im Einzelnen betrachtet:

Möglichkeiten der Kostenbeeinflussung durch Steuerung der ...

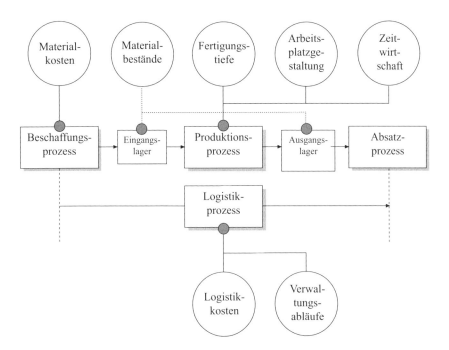

- *Optimierung der Produktionslogistik*, z. B. durch
  - Gestaltung der Fertigungsstrukturen
  - Gestaltung der Produktionsabläufe
  - Einsatz von CAX-Verfahren
  - Vermeidung von Ausfällen und a. o. Abschreibungen der Anlagen durch vorbeugende Instandhaltung.

- *Optimierung der Beschaffungslogistik*, z. B. durch
  - Lieferantenauswahl/-bewertung
  - Steuerung der Fertigungstiefe

- Produktionssynchrone Anlieferung (JiT)
- Global Sourcing, Modular Sourcing
- Reduzierung von Leistungsstörungen im Beschaffungsprozess, z. B. durch geeignete Vertragsgestaltung mit dem Lieferanten.

• *Optimierung der Absatzlogistik, z. B. durch*
- Verbesserung der Auftragsabwicklung
- Vergleich: Transport durch Eigen- oder Fremdleistung
- Optimierung der internen und externen Transportwege und -mittel
- Einsatz von Telekommunikation zur Steuerung des externen Transports (DSL, GPS)
- Zusammenfassung von Transportmaßnahmen.

08. Wie können Verwaltungsabläufe vereinfacht werden?

• *Optimierung der Verwaltungsabläufe technischer Art*, z. B.:
NC-Programmierung, SPS, Qualitäts-/Werkstoffprüfung, Erstellen von Zeichnungen und Stücklisten.
→ Geeignete Maßnahmen, z. B.:
· DV-gestützte Informationsverarbeitung (vgl. 5.4.1, 1.6.6, 9., 2.5)
· Einsatz integrierter Systeme der Konstruktion, Fertigung usw. (vgl. 2.5).

• *Optimierung der Verwaltungsabläufe organisatorischer Art*, z. B.:
Bearbeiten von Kundenanfragen, Angebotserstellung, Berichtswesen, Schichtpläne, Maschinenbelegung, Kapazitätsplanung, Personaleinsatz, Urlaubsplanung, Vorbereitung von Meetings, Reklamationsbearbeitung, Rechnungsschreibung.
→ Geeignete Maßnahmen, z. B.:
- Dv-gestützte Auftragsabwicklung
- Dv-gestütztes Berichtswesen (Intranet, Internet)
- Personalinformationssystem (PIS)
- Checklisten, Musterschreiben, Textverarbeitungs-/Grafiksoftware
  (vgl. ausführlich: 5.1.5, 5.4.2).

• *Optimierung der Verwaltungsabläufe prozessorientierter Art*, z. B.:
Bereichsprozesse, Gruppenprozesse, Einzelarbeitsprozesse.
→ Geeignete Maßnahme:
- Analyse der Prozesse und Optimierung unter den Aspekten Zeit, Kosten, Effizienz, Wirtschaftlichkeit und Zielbeitrag (vgl. ausführlich: 5.1.4)
- Einsatz geeigneter Analyse- und Entscheidungstechniken (vgl. A 3.2).

09. Wie können die Gemeinkosten am Arbeitsplatz beeinflusst werden?

Kostenbewusster Umgang

- *mit Verbrauchs- und Hilfsstoffen* (Schmiermittel, Putzwolle, Arbeits- und Sicherheitsbekleidung),

- *mit Energie* (Heizung, Klima, Druckluft, Energierückgewinnung, Brauchwasseraufbereitung, Energiesparlampen, Vermeidung von Leckagen).

- *mit Kommunikationseinrichtungen* (Porto, Telefon, Telefax, Internet usw.),

- *mit Büromaterial*.

10. Welche Maßnahmen sind geeignet, um die Personalkosten zu beeinflussen?

Abgesehen von direkten Maßnahmen des Personalabbaus sollte der Meister z. B. beachten:

- Keine Anordnung vermeidbarer Überstunden.
- Vermeidung von Unfällen durch sicherheitsbewusstes Arbeiten.
- Beachten und ggf. reduzieren des Krankenstandes (z. B. Rückkehrgespräche, Betreuung).
- Vermeidung von Fehlern und Nacharbeiten.
- Ggf. den Einsatz flexibler Arbeitszeitmodelle vorschlagen/einführen.
- Effektive Nutzung der Regelarbeitszeit.

11. Welche kalkulatorischen Wagniskosten kann der Meister beeinflussen?

- *Anlagewagnis:*   Vermeidung fehlerhafter Maschinenbedienung, nachlässiger/fehlender Wartung.
- *Beständewagnis:*   Vermeidung von Diebstahl, Überalterung, Verderb, Schwund.
- *Fertigungswagnis:* Vermeidung von Nacharbeit, Mehrarbeit, Mehrverbrauch.

4.3.2 Kostenbeeinflussung aufgrund von Ergebnissen der Kostenrechnung

→ 4.5, 4.6

Hinweis: Die nachfolgenden Ausführungen setzen die Kenntnis der Kostenarten-, Kostenstellen- und Kostenträgerrechnung voraus (vgl. 4.5 und 4.6). Wir empfehlen daher, diese beiden Abschnitte erst zu bearbeiten und danach den Text unter Ziffer 4.3.2 zu lesen. Für das Verständnis des Lesers wäre es günstiger gewesen, wenn der Rahmenplan die Erkenntnisse, die der Praktiker aus der Kostenrechnung ableiten kann, dem Gebiet 4.5 f. zugeordnet hätte.

01. Welche Erkenntnisse und Maßnahmen zur Kostenreduzierung kann der Meister aus der Kostenstellenrechnung ableiten?

Beispiele für geeignete Fragestellungen/Analysen:

1. Entspricht die *Gliederung der Kostenstellen* den betrieblichen Funktionen und der Fertigungsstruktur?

2. Ist eine verursachergerechte *Zuordnung der Gemeinkosten* gewährleistet? Entsprechen die gewählten *Verteilungsschlüssel* noch der Inanspruchnahme der Ressourcen (Auswertung des BAB)?

3. Überprüfen der Kostenentwicklung der Kostenstelle: Wird das *Kostenbudget eingehalten*? Wo, in welchem Ausmaß und zu welchem Zeitpunkt treten Kostenüberschreitungen ein? Mit welchen *Maßnahmen* muss gegengesteuert werden?

4. Werden den verrechneten *Normalkosten* die *Istkosten* gegenüber gestellt? Ergeben sich im *Soll-Ist-Vergleich* Kostenüber-/Kostenunterdeckungen? Ist eine Korrektur der Normalzuschläge erforderlich?

02. Welche Erkenntnisse und Maßnahmen zur Kostenreduzierung kann der Meister aus der Kostenträgerrechnung ableiten?

Beispiele für geeignete Fragestellungen/Analysen:

1. Kostenträgerzeitraumrechnung:
   Auswertung des Kostenträgerblattes je Periode (BAB II): Welchen Ergebnisbeitrag liefern die einzelnen Leistungen/Produkte? Sind Korrekturmaßnahmen erforderlich?

2. Welche Erkenntnisse liefert die *Nachkalkulation* (auf *Istkosten*basis) im Verhältnis zur Vorkalkulation (auf *Normalkosten*basis)? Wie kann die Nachkalkulation genutzt werden, um zukünftige Gewinnschmälerungen zu vermeiden?

3. Bei welchen Aufträgen ist eine *mitlaufende Kalkulation* erforderlich?

4. Entspricht das gewählte *Kalkulationsverfahren* (z. B. Zuschlags-/Divisionskalkulation) noch dem Fertigungsverfahren?

5. Muss von der *summarischen Zuschlagskalkulation* auf die *differenzierte* gewechselt werden?

6. Ist aufgrund der zunehmenden Automatisierung die *Kalkulation mit Maschinenstundensätzen* erforderlich?

7. Müssen bei der Divisionskalkulation mit *Äquivalenzziffern* die Verhältniswerte zur Einheitssorte geändert werden, weil sich die Fertigungsbedingungen geändert haben?

03. Welche Erkenntnisse und Maßnahmen zur Kostenreduzierung kann der Meister aus der Deckungsbeitragsrechnung ableiten?

Beispiele für geeignete Fragestellungen/Analysen:

1. Welchen *Deckungsbeitrag* (DB) leistet das einzelne *Produkt*? Ist der DB noch ausreichend oder müssen Änderungen des Fertigungssortiments vorgenommen werden?

2. In welchen Fällen kann ein *Auftrag* angenommen werden, obwohl er nicht alle Fixkosten deckt (z. B. bei Unterbeschäftigung)?

3. Wie kann eine Senkung der Fixkosten realisiert werden, um den Deckungsbeitrag eines Auftrages zu verbessern?

4. Welche variablen Kosten können beeinflusst werden, um den Deckungsbeitrag eines Auftrages zu verbessern?

4.4 Beeinflussung des Kostenbewusstseins der Mitarbeiter bei unterschiedlichen Formen der Arbeitsorganisation

01. Welche Zusammenhänge zwischen Kosten und Leistungen bezogen auf eine Kostenstelle muss der Mitarbeiter kennen?

Hinweis:
Auch hier wird empfohlen, vor der Lektüre dieses Abschnitts die Ziffern 4.5 und 4.6 zu bearbeiten.

Die Kostenstellen im Fertigungsbereich unterliegen dem Prinzip der Wirtschaftlichkeit; vereinfacht man die Zusammenhänge so gilt:

Kostenstelle 33061			
Kosten, Klasse 6, 7		**Erträge (Leistungen), Klasse 5**	
Fertigungskosten: Fertigungseinzelkosten Fertigungsgemeinkosten Sondereinzelkosten		**Umsatzerlöse** **Mehrbestände**	
Materialkosten: Materialeinzelkosten Materialgemeinkosten			
Gemeinkostenumlage: Verwaltungskosten Vertriebskosten Kapitalkosten: Arbeitsplatz, Anlagen	260.000		
Betriebsergebnis	40.000		300.000
	300.000		300.000

1. *Kosten:*

Im Rahmen des Fertigungsprozesses werden Ressourcen in Anspruch genommen und führen betriebswirtschaftlich zu *Kosten* (Fertigungskosten, Materialkosten sowie Gemeinkosten, mit denen die Kostenstelle in Form der Umlage belastet wird, z. B. Verwaltungs-, Vertriebs-, Kommunikationskosten u. Ä.).

2. *Leistungen:*

Die von der Kostenstelle erbrachten *Leistungen* werden verkauft bzw. auf Lager genommen – führen also betriebswirtschaftlich zu Umsatzerlösen bzw. (Lager)Mehrbeständen.

3. *Betriebsergebnis = Leistungen - Kosten*

Per Saldo ergibt sich aus der Gegenüberstellung von Kosten und Leistungen das Betriebsergebnis (+/–) einer Kostenstelle.

Geht man davon aus, dass die Gemeinkostenumlage für den Meister eine kurzfristig nicht zu beeinflussende Größe ist, so bedeutet dies:

→ Jede Maßnahme, die zu einer Verschlechterung der Leistung pro Zeiteinheit führt, hat bei sonst konstanten Bedingungen eine Verschlechterung des Betriebsergebnisses der Kostenstelle zur Folge.

→ Analog gilt dies für jede Entwicklung/Maßnahme, die zu einem Kostenanstieg pro Auftrag, pro Vorgang usw. führt.

Diese Zusammenhänge muss der Meister den Mitarbeitern seines Verantwortungsbereichs verdeutlichen!

Weiterhin sollte der Vorgesetzte die Mitarbeiter über den grundsätzlichen Aufbau des Betriebsabrechnungsbogens informieren sowie den Zweck des BAB erläutern (vgl. 4.5.3). Außerdem sollte er sie einbeziehen in die Bewertung von Soll-Ist-Abweichungen, das Erkennen von Ursachen und die Entwicklung von Maßnahmen zur Gegensteuerung bei Kostenüberschreitungen.

Beispiel:

Die nachfolgende Tabelle zeigt den (vereinfachten) Kostenreport (das Kostenbudget) der Kostenstelle 33061 (Meisterbereich Schweißen) für den Monat Juni (alle Angaben in Euro). Die Kostenstelle war zu 100 Prozent ausgelastet. Der Kostenstellenverantwortliche, Herr Hubert Kantig, hat die Aufgabe, die dargestellten Abweichungen mit seinen Mitarbeitern zu besprechen, d. h. die Abweichungen zu bewerten, die Ursachen zu erkennen und geeignete Korrekturmaßnahmen zu vereinbaren. Dabei werden Verantwortlichkeiten und Termine im Ergebnisprotokoll notiert.

Bevor Herr Kantig mit der eigentlichen Analyse des Kostenreports beginnt, erläutert er seinen Mitarbeitern die „4 klassischen Fragen des Controllers":

1. Wo war die Abweichung?
2. Wann war die Abweichung?
3. In welchem Ausmaß war die Abweichung?
4. Welche Korrekturmaßnahmen sind erforderlich?

Außerdem verdeutlicht er „seinen Leuten", dass es im Controlling nicht darum geht, „Erbsen zu zählen" und „Schuldige zu finden", sondern gravierende Fehlentwicklungen zu erkennen und abzustellen.

Meisterbereich:	*Schweißen*		Monat:		*Juni*
Leiter:	*Kantig, Hubert*				
Kostenstelle:	*33061*				
Kostenart	**Sollkosten**	**Istkosten**	**Abweichung**		
			absolut		**in Prozent**
			Ist - Soll		(Ist - Soll) : Soll · 100
Fertigungslöhne	120.000	126.000	6.000		5,00
Hilfslöhne	10.000	12.000	2.000		20,00
Gehälter	12.000	12.000	0		0,00
Werkstoffe	8.000	7.000	-1.000		-12,50
Energiekosten	8.000	9.200	1.200		15,00
Instandhaltung	3.000	2.500	-500		-16,67
Werkzeugkosten	2.000	3.000	1.000		50,00
Raumkosten	5.000	5.000	0		0,00
Kalk. Abschreibungen	14.000	14.000	0		0,00
Kalk. Zinsen	4.000	4.000	0		0,00
Summe	186.000	194.700	8.700		4,68

Das Ergebnis der Besprechung finden Sie auf der nächsten Seite.

Außerdem stellt Herr Kantig mit seinen Mitarbeitern Überlegungen an, mit welchen allgemeinen Maßnahmen die Fertigungskosten reduziert werden könnten. Man kommt zu folgenden Ergebnissen (Maßnahmen):

- das betriebliche Vorschlagswesen intensivieren
- den kontinuierlichen Verbesserungsprozezess (KVP) einführen bzw. verbessern
- in den Besprechungen Wege der Kostensenkung ermitteln und diskutieren
- die Mitarbeiter in den Prozess der Zielvereinbarung mit einbeziehen.

Die Besprechung führt zu folgenden Ergebnissen (ausgewählte Beispiele; verkürzt):

Ergebnisprotokoll	*Besprechung vom 10.07.20..*	Teinehmer: ...
Thema:	*Analyse des Kostenreports Meisterbereich Schweißen*	
Kostenart:	**Bewertung der Abweichung:**	**Korrekturmaßnahme:** V: Verantwortlich; T: Termin
Fertigungslöhne	Obwohl die Kostenüberschreitung nur 5 % beträgt, besteht Handlungsbedarf, da die Kostenüberschreitung absolut bei bei 6 TEUR liegt.	Herr Kantig vermutet, dass die Abweichung auf drei „vorgezogene" Umgruppierungen zurückzuführen ist. Er wird dies im Gespräch mit der Abt. Kostenrechnung klären. V: Herr Kantig T: bis 15.07.
Hilfslöhne	Die Abweichung ist absolut zwar nicht gravierend, muss jedoch bei einer Höhe von 20 % beachtet werden.	Ist erledigt; war nicht vermeidbar. Wegen Erkrankungen mussten kurzfristig zwei Aushilfskräfte von einem Zeitarbeitsunternehmen eingestellt werden.
Werkstoffe	Es muss in Erfahrung gebracht werden, ob der geringere Werkstoffverbrauch „zufällig" war oder sich maßnahmenbedingt ergeben hat.	Der Werkstoffverbrauch im Monat Juni soll analysiert werden: Liegt eine Mengen- oder eine Wertänderung vor? Welche Rückschlüsse können abgeleitet werden? V: Herr Kurz T: bis zur nächsten Besprechung
Energiekosten	Die Betriebsleitung hat Herrn Kantig bereits mitgeteilt, dass sich der Fixkostenanteil in den Energiekosten erhöht hat (Anhebung der Umlage); für die zukünftigen Monate wird das Rechnungswesen den Sollwert korrigieren.	Ist erledigt; war nicht vermeidbar. Planwert wird korrigiert. V: – T: –
Instandhaltung	vgl. Kostenart „Werkstoffe"	Der Schweißautomat N84K musste außerplanmäßig repariert werden. Maßnahmen: keine
Werkzeugkosten	vgl. Kostenart „Hilfslöhne"	Abweichung ist bekannt: Mit Genehmigung der Betriebsleitung wurde das dringend erforderliche Spezialwerkzeug RADO KX beschafft.
Summe	Die Kostenüberschreitung ist mit rd. 5 % noch relativ vertretbar; trotzdem sind geeignete Maßnahmen zur Gegensteuerung zu gestalten. Würde sich diese Entwicklung – bei sonst unveränderten Bedingungen – fortsetzen, hätte die Kostenstelle eine Ergebnisreduzierung von insgesamt rd. 61.000 € zu vertreten (= 7 · 8.700 €).	In der nächsten Sitzung mit der Betriebsleitung wird Herr Kantig die Abweichungen kommentieren und über die eingeleiteten Maßnahmen berichten. V: Herr Kantig T: 26.07.

4.5 Erstellen und Auswerten der Betriebsabrechnung durch die Kostenarten-, Kostenstellen- und Kostenträgerzeitrechnung

Hinweis: Bitte beachten Sie, dass sich die Darstellungen in Ziffer 4.5 und 4.6 auf die Istkostenrechnung beziehen.

4.5.1 Kostenartenrechnung

01. Welche Stufen/Teilgebiete umfasst die Kosten- und Leistungsrechnung (KLR)?

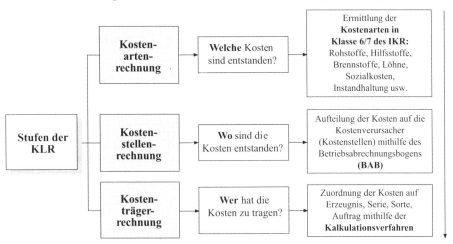

02. Welche Aufgabe hat die Kostenartenrechnung?

Die Kostenartenrechnung hat die Aufgabe, alle Kosten zu erfassen und in Gruppen systematisch zu ordnen. Die Fragestellung lautet:

→ *Welche Kosten sind entstanden?*

03. Nach welchen Merkmalen können Kostenarten gegliedert werden?

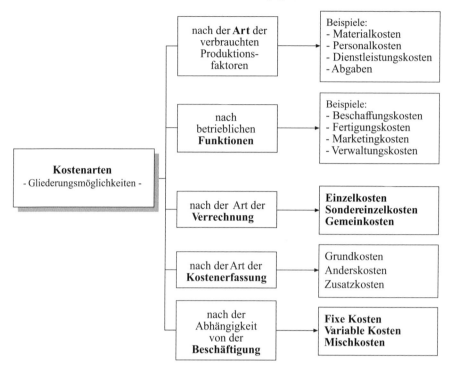

04. Wie werden Einzel- und Gemeinkosten unterschieden?

• *Einzelkosten können* dem Kostenträger (Produkt, Auftrag) *direkt zugerechnet* werden, z. B.:

Einzelkosten, z. B.	Zurechnung, z. B. über
- Fertigungsmaterial - Fertigungslöhne - Sondereinzelkosten	→ Materialentnahmescheine, Stücklisten → Lohnzettel/-listen, Auftragszettel → Auftragszettel, Eingangsrechnung

• *Gemeinkosten* fallen für das Unternehmen insgesamt an und *können* daher *nicht direkt* einem bestimmten Kostenträger *zugerechnet werden*. Man erfasst die Gemeinkosten zunächst als Kostenart auf bestimmten Konten der Finanzbuchhaltung. Anschließend werden die Gemeinkosten über geeignete *Verteilungsschlüssel* auf die Hauptkostenstellen umgelegt (vgl. unten: Betriebsabrechnungsbogen; BAB) und später den Kostenträgern prozentual zugeordnet.

Beispiele: Materialgemeinkosten = Abschreibungen, Zinsen, Steuern, Versicherungen, Gehälter usw.

05. Wie werden fixe und variable Kosten unterschieden?

• *Fixe Kosten sind beschäftigungsunabhängig* und für eine bestimmte Abrechnungsperiode konstant (z. B. Kosten für die Miete einer Lagerhalle). Bei steigender Beschäftigung führt dies zu einem Sinken der fixen Kosten pro Stück (sog. *Degression der fixen Stückkosten*).

• *Variable Kosten verändern sich mit dem Beschäftigungsgrad*; steigt die Beschäftigung, so führt dies z. B. zu einem Anstieg der Materialkosten und umgekehrt. Bei einem proportionalen Verlauf der variablen Kosten sind die variablen Stückkosten bei Änderungen des Beschäftigungsgrades konstant.

Die nachfolgende Abbildung zeigt *schematisch den Verlauf der fixen und variablen Kosten* sowie *der jeweiligen Stückkosten* bei Veränderungen der Beschäftigung. Dabei ist:

x = Ausbringungsmenge in Stück (Beschäftigung)

K_f = fixe Kosten $\quad \dfrac{K_f}{x}$ = fixe Kosten pro Stück

K_v = variable Kosten $\quad \dfrac{K_v}{x}$ = variable Kosten pro Stück

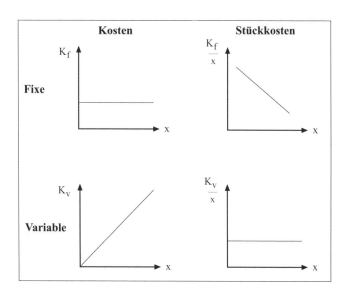

• *Mischkosten* sind solche Kosten, die fixe und variable Bestandteile haben (z. B. Kommunikationskosten: Grundgebühr + Gesprächseinheiten nach Verbrauch; ebenso: Stromkosten, Instandhaltungskosten).

06. Wie erfolgt die Auflösung von Mischkosten?

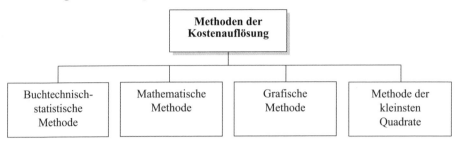

- Bei der *buchtechnisch-statistischen Methode* werden die Gesamtkosten daraufhin untersucht, wie sie sich bei einer Änderung der Beschäftigung verhalten. Die Gesamtkosten werden näherungsweise mithilfe des *Reagibilitätsgrades* R in fixe und variable Bestandteile zerlegt.

$$R = \frac{\text{Prozentuale Kostenänderung}}{\text{Prozentuale Beschäftigungsänderung}}$$

Je nach der Größe des Reagibilitätsgrades lässt sich folgende *Einteilung* vornehmen:

R > 1 variable, progressive Kosten
R = 1 variable, proportionale Kosten
0 < R < 1 variable, degressive Kosten
R = 0 fixe Kosten

Beispiel: Die Beschäftigung wird von 1.000 auf 1.400 Stück erhöht (40 %); die Gesamtkosten steigen daraufhin von 40.000 auf 44.000 € (10 %):

$$R = \frac{\text{Prozentuale Kostenänderung}}{\text{Prozentuale Beschäftigungsänderung}} = \frac{10\,\% \cdot 100}{40\,\%} = 25\,\%$$

Es ergibt sich folgende Kostenaufteilung:

Beschäftigung in Stück	Variable Kosten 25 %	Fixe Kosten 75 %	Gesamtkosten 100 %
1.000	10.000	30.000	40.000
1.400	11.000	33.000	44.000

- Bei der *mathematischen Methode* wird ein linearer Kostenverlauf unterstellt. Es wird der Differenzenquotient K′ aus der Kostenspanne $K_2 - K_1$ und der Beschäftigungsspanne $x_2 - x_1$ gebildet; das Ergebis des Quotienten wird als variabler Kostenbestandteil pro Stück k_v angesetzt:

$$K' = k_v = \frac{\text{Kostenspanne}}{\text{Beschäftigungsspanne}} = \frac{K_2 - K_1}{x_2 - x_1} = \text{€/Stück}$$

Beispiel: Die Erhöhung der Beschäftigung von 1.000 (x_1) auf 1.400 Stück (x_2) führt zu einem Anstieg der Kosten von 40.000 (K_1) auf 48.000 € (K_2).

$$K' = k_v = \frac{K_2 - K_1}{x_2 - x_1} = \frac{48.000\ € - 40.000\ €}{1.400\ \text{Stück} - 1.000\ \text{Stück}} = 20,-\ €/\text{Stück}$$

Der Fixkostenbestandteil K_f an den Gesamtkosten K ergibt sich als:

$$K_f = K_1 - (k_v \cdot x_1)$$

$$= 40.000\ € - (20,-\ €/\text{Stück} \cdot 1.000\ \text{Stück})$$

$$= 20.000\ €$$

oder:

$$K_f = K_2 - (k_v \cdot x_2)$$

$$= 48.000\ € - (20,-\ €/\text{Stück} \cdot 1.400\ \text{Stück})$$

$$= 20.000\ €$$

• Bei der *grafischen Methode* wird ebenfalls ein linearer Kostenverlauf unterstellt: Man kumuliert über ein Jahr die monatliche Ausbringung x_i und die damit verbundenen Kosten K_i. Die Werte [x_i; K_i] werden in das Koordinatensystem eingetragen. Durch die „Punktwolke" wird freihändig eine Gerade so gezeichnet, dass möglichst kleine Abstände zwischen ihr und den realen Werten entstehen. Im Schnittpunkt der Geraden mit der Ordinate (Kostenachse) lassen sich die fixen Kosten pro Monat ablesen.

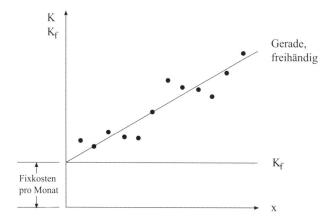

• Bei der *Methode der kleinsten Quadrate* ist der Ansatz ähnlich wie bei der grafischen Methode – mit dem Unterschied, dass die Lage der „Geraden" nicht freihändig, sondern mathematisch ermittelt wird. Durch Umrechnung gelangt man zu folgender Formel für die Fixkosten bezogen auf die Gesamtkosten:

$$k_v = \frac{\sum (\text{Beschäftigungsabweichung} \cdot \text{Kostenabweichung})}{\sum (\text{Beschäftigungsabweichung})^2}$$

Die Fixkosten K_f ergeben sich als:

$$K_f = K - k_v \cdot x$$

07. Wie ist der Industriekontenrahmen (IKR) gegliedert?

Der IKR wird seit 1970 vom Bundesverband der Deutschen Industrie e.V. (BDI) empfohlen; im Jahr 1986 wurde er überarbeitet und umfasst insgesamt zehn Kontenklassen:

Industriekontenrahmen (IKR)			
Aktiva	Anlage-vermögen	Klasse 0	Immaterielle Vermögensgegenstände und Sachanlagen
		Klasse 1	Finanzanlagen
	Umlauf-vermögen	Klasse 2	Umlaufvermögen und aktive Rechnungsabgrenzung
Passiva		Klasse 3	Eigenkapital und Rückstellungen
		Klasse 4	Verbindlichkeiten und passive Rechnungsabgrenzung
Erträge		Klasse 5	Erträge
Aufwendungen		Klasse 6	Betriebliche Aufwendungen
		Klasse 7	Weitere Aufwendungen
Ergebnisrechnungen		Klasse 8	Ergebnisrechnungen
Kosten- und Leistungsrechnung		Klasse 9	Kosten- und Leistungsrechnung

• Der IKR (vgl. Anhang zu diesem Kapitel) ist nach dem *Zweikreissystem* gegliedert: Er enthält im

Rechnungskreis I	=	Kontenklasse 0 bis 8 die Konten der Geschäfts- und Finanzbuchführung,
Rechnungskreis II	=	Kontenklasse 9 die Betriebsbuchführung.

08. Welche Vorteile hat die Anwendung des IKR?

Der IKR bietet den Industrieunternehmen eine einheitliche Grundstruktur für die Gliederung und Bezeichnung der Konten. Damit wird die buchhalterische Erfassung der Geschäftsvorgänge vereinfacht und vereinheitlicht. Zeitvergleiche und Betriebsvergleiche sowie die Prüfung der Kontierung sind leichter möglich.

Der Kontenrahmen ist unterteilt in zehn Konten*klassen* (1-stellige Ziffer), in zehn Konten*gruppen* (2-stellige Ziffer) und in zehn Konten*arten* (3-stellige Ziffer). Die Konten*unterarten* können vom Unternehmen individuell benannt werden – je nach den betrieblichen Erfordernissen (Kontenplan).

09. Was ist ein Kontenplan?

Der *Kontenplan* wird aus dem Kontenrahmen abgeleitet und ist auf die Belange des betreffenden Unternehmens speziell ausgerichtet: Er enthält die Grundstruktur des Kontenrahmens, führt jedoch nur die Konten, die das betreffende Unternehmen benötigt und spezifiziert die Bezeichnung in der Konten*unterart*.

Beispiel:

Kontenrahmen und Kontenplan				
Kontenklasse	6		Betriebliche Aufwendungen	Kontenrahmen
Kontengruppe		62	Löhne	
Kontenart			623 Freiwillige Zuwendungen	
Kontenunterart			6230 Fahrtkosten	Kontenplan
			6231 Betriebssport	
			6232 Härtefond	

Das Beispiel zeigt:
Innerhalb der Kontenklasse 6 (Betriebliche Aufwendungen), der Kontengruppe 62 (Löhne) und der Kontenart 623 (Freiwillige Zuwendungen) enthält der Kontenplan des Betriebes drei spezielle Kontenunterarten (6230, 6231, 6232).

Analog wird der Betrieb bei der Bildung seiner Finanzkonten verfahren: Je nachdem, welche Bankverbindungen existieren, werden in der Kostenart 280 Banken z. B. aufgeführt:

2801 Stadtsparkasse ...
2802 Volksbank ...
2803 Deutsche Bank ...

4.5.2 Kostenstellenrechnung

01. Welche Aufgabe erfüllt die Kostenstellenrechnung?

Die *Kostenstellenrechnung* ist nach der Kostenartenrechnung *die zweite Stufe* innerhalb der Kostenrechnung. Sie hat die Aufgabe, die Gemeinkosten *verursachergerecht auf die Kostenstellen zu verteilen*, die jeweiligen Zuschlagssätze zu ermitteln und den Kostenverbrauch zu überwachen. Die zentrale Fragestellung lautet:

→ *Wo sind die Kosten entstanden?*

02. Was ist eine Kostenstelle?

Kostenstellen sind nach bestimmten Grundsätzen abgegrenzte Bereiche des Gesamtunternehmens, in denen die dort entstandenen Kostenarten verursachungsgerecht gesammelt werden.

03. Welchen Kostenstellen werden verrechnungstechnisch unterschieden?

- Hauptkostenstellen ...   an denen unmittelbar am Erzeugnis gearbeitet wird, z. B.:
                                Lackiererei, Montage.

- Hilfskostenstellen ...   sind nicht direkt an der Produktion beteiligt, z. B.:
                                Arbeitsvorbereitung, Konstruktion.

- Allgemeine Kostenstellen ... können den Funktionsbereichen nicht unmittelbar zugeordnet
                                werden, z. B.: Werkschutz, Fuhrpark.

04. Nach welchen Merkmalen können Kostenstellen gebildet werden?

Im Allgemeinen wird ein Industriebetrieb in folgende Kostenstellengruppen aufgeteilt:

- Kostenstellen: - Materialstellen
                            - Fertigungsstellen
                            - Verwaltungsstellen
                            - Vertriebsstellen
- Fertigungshilfsstellen
- Allgemeine Kostenstellen

05. Welche Verteilungsschlüssel sind sinnvoll?

- qm, cbm, kWh, l
- Kapitaleinsatz, Mitarbeiter, Arbeitszeit, Verhältniszahlen

06. Wie erfolgt die Verteilung der Kostenarten auf die Kostenstellen?

• *Buchhalterische (kontenmäßige) Aufteilung*:
Die Kosten der Kostenartenkonten werden verteilt auf die Kostenstellen-Konten und weiterhin auf die Kostenträgerkonten. Unter Berücksichtigung der Lagerzu- und -abgänge und der Umsatzerlöse erfolgt eine Saldierung auf dem Konto Betriebsergebnis.

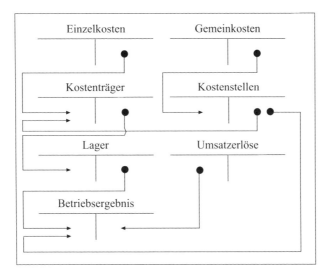

Unterstellt man vereinfacht, dass es keine Lagerbestände an fertigen und unfertigen Erzeugnissen gibt, d.h. alle in der Periode hergestellten Erzeugnisse auch verkauft wurden, weist daher lt. IKR das *Konto 9900 Betriebsergebnis* auf der Sollseite alle Kosten der Herstellung, des Vertriebs und der Verwaltung (Klasse 6/7) und auf der Habenseite die Umsatzerlöse/Leistungen (Klasse 5) aus.

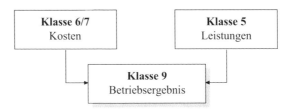

• *Statistisch-tabellarisches Verfahren* unter Verwendung des BAB:
Im BAB werden die Gemeinkosten der Kostenartenrechnung auf die im Unternehmen
eingerichteten Kostenstellen verteilt:

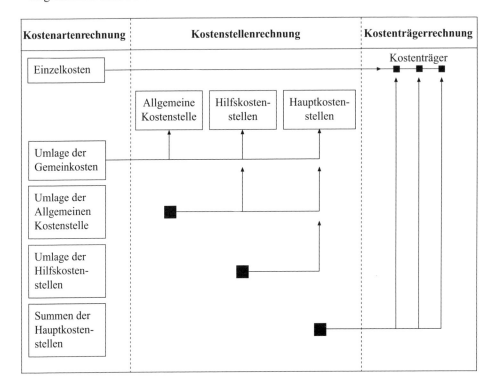

- Die *Einzelkosten* werden direkt den Kostenträgern zugeordnet.

- Beim *einstufigen* (einfachen) *BAB* werden die Gemeinkosten nur auf Hauptkostenstellen
  (Material, Fertigung, Verwaltung, Vertrieb) umgelegt.

- Beim *mehrstufigen BAB* werden die Gemeinkosten auf Allgemeine Kostenstellen,
  Hilfskostenstellen und Hauptkostenstellen verteilt – in der Reihenfolge:
  1. Umlage der Allgemeinen Kostenstellen auf die Hilfs- und Hauptkostenstellen
  2. Umlage der Hilfskostenstellen auf die Hauptkostenstellen

- Die Verteilung der Gemeinkosten erfolgt
  · *direkt als Stellen-Einzelkosten* nach *Belegen* (*primäre Gemeinkosten*; z. B. Lohnscheine,
    Materialentnahmescheine)
  oder
  · *indirekt als Stellen-Gemeinkosten* mithilfe von verursachergerechten *Schlüsseln (sekundäre
    Gemeinkosten).*

- Die Summen der Hauptkostenstellen werden in die Kostenträgerrechnung übertragen.

Beispiel 1 (einfacher BAB):

In einer Rechnungsperiode liefert die KLR nachfolgende Gemeinkosten, die entsprechend den angegebenen Schlüsseln zu verteilen sind; es existieren vier Hauptkostenstellen: Material, Fertigung, Verwaltung und Vertrieb:

Gemeinkosten	€	Verteilungsschlüssel
Gemeinkostenmaterial	9.600	3 : 6 : 2 : 1
Hilfslöhne	36.000	2 : 14 : 5 : 3
Sozialkosten	6.600	1 : 3 : 1,5 : 0,5
Steuern	23.100	1 : 3 : 5 : 2
Sonstige Kosten	7.000	2 : 4 : 5 : 3
Abschreibung (AfA)	8.400	2 : 12 : 6 : 1

Die Verteilung der Gemeinkosten auf die Kostenstellen erfolgt beim einfachen BAB in folgenden Schritten:

1. Erstellen des BAB-Schemas
2. Verteilung der Gemeinkosten nach den vorgegebenen Schlüsseln
3. Addition der Kosten der Hauptkostenstellen
4. Probe: Die Summe aller Gemeinkosten aus der Buchhaltung ist gleich der Summe aller Kosten der Hauptkostenstellen.

			Hauptkostenstellen			
Gemein-kosten	Zahlen der Buchhaltung	Verteilungs-schlüssel	Material	Fertigung	Verwaltung	Vertrieb
Gemein-kosten-material	9.600	3 : 6 : 2 : 1	2.400	4.800	1.600	800
Hilfs-löhne	36.000	2 : 14 : 5 : 3	3.000	21.000	7.500	4.500
Sozial-kosten	6.600	1 : 3 : 1,5 : 0,5	1.100	3.300	1.650	550
Steuern	23.100	1 : 3 : 5 : 2	2.100	6.300	10.500	4.200
Sonstige Kosten	7.000	2 : 4 : 5 : 3	1.000	2.000	2.500	1.500
AfA	8.400	2 : 12 : 6 : 1	800	4.800	2.400	400
Summen	**90.700**		**10.400**	**42.200**	**26.150**	**11.950**

Einfacher BAB (Beispiel 1)

Beispiel 2 (mehrstufiger BAB):

In einer Rechnungsperiode liefert die KLR nachfolgende Gemeinkosten, die entsprechend den angegebenen Schlüsseln zu verteilen sind; es existieren die Kostenstellen: Allgemeine Kostenstelle, Materialstelle, Fertigungshilfsstelle, Fertigungsstelle A und B, Verwaltungsstelle und Vertriebsstelle. Die Umlage der Allgemeinen Kostenstelle ist nach dem Schlüssel 6 : 15 : 10 : 8 : 6 : 5 durchzuführen; die Fertigungshilfsstelle ist auf die Fertigungsstellen A und B im Verhältnis 6 : 4 zu verteilen.

Gemeinkosten	€	Verteilungsschlüssel
Gemeinkostenmaterial (GKM)	50.000	1 : 3 : 8 : 4 : 0 : 0 : 0
Gehälter	200.000	2 : 4 : 3 : 3 : 2 : 8 : 3
Sozialkosten	45.000	2 : 4 : 3 : 3 : 2 : 8 : 3
Steuern	60.000	1 : 2 : 3 : 2 : 1 : 2 : 1
Abschreibung (AfA)	160.000	2 : 4 : 6 : 7 : 2 : 3 : 1

Die Verteilung der Gemeinkosten auf die Kostenstellen erfolgt beim mehrstufigen BAB in folgenden Schritten:

1. Erstellen des BAB-Schemas
2. Verteilung der Gemeinkosten nach den vorgegebenen Schlüsseln
3. Umlage der Allgemeinen Kostenstelle
4. Umlage der Hilfskostenstelle
5. Addition der Kosten der Hauptkostenstellen
6. Probe: Die Summe aller Gemeinkosten aus der KLR ist gleich der Summe aller Kosten der Hauptkostenstellen.

Mehrstufiger BAB (Beispiel 2)								
Ge-mein-kosten	Zahlen der KLR	Allge-meine Kosten-stelle	Hilfs-kosten-stelle	Material	Fertigungsstellen		Verwal-tung	Vertrieb
					A	B		
GKM	50.000	3.125	9.375	25.000	12.500	–	–	–
Gehälter	200.000	16.000	32.000	24.000	24.000	16.000	64.000	24.000
Sozial-kosten	45.000	3.600	7.200	5.400	5.400	3.600	14.400	5.400
Steuer	60.000	5.000	10.000	15.000	10.000	5.000	10.000	5.000
AfA	160.000	12.800	25.600	38.400	44.800	12.800	19.200	6.400
Summe	515.000	40.525	84.175					
Umlage der Allgemeinen Kostenstelle		4.863	12.157,50	8.105,00	6.484,00	4.863,00	4.052,50
Summe			89.038					
Umlage der Fertigungshilfsstelle					53.422,80	35.615,20		
Summe			515.000	119.957,50	158.227,80	79.499,20	112.463,00	44.852,50

4.5.3 Betriebsabrechnungsbogen (BAB)

01. Welche Aufgaben erfüllt der BAB?

- Verteilung der Gemeinkosten auf die Kostenstellen,
- innerbetriebliche Leistungsverrechnung,
- Ermittlung der Ist-Gemeinkostenzuschlagssätze für die Kalkulation,
- Berechnung der Abweichungen der Ist-Gemeinkostenzuschlagssätze von den Normal-Gemeinkostenzuschlagssätzen (Kostenüber- bzw. Kostenunterdeckung),

- kostenstellenbezogene Kostenkontrolle,
- Basis für Wirtschaftlichkeits- und Verfahrensvergleiche.

02. Wie werden die Zuschlagssätze für die Kalkulation ermittelt?

Bei der differenzierten Zuschlagskalkulation (= selektive Zuschlagskalkulation) werden die Gemeinkosten nach Bereichen getrennt erfasst (vgl. Beispiel 1 und 2) und die Zuschlagssätze differenziert ermittelt:

Bereich	Gemeinkosten	Zuschlagsbasis
Materialbereich	Materialgemeinkosten	Materialeinzelkosten
Fertigungsbereich	Fertigungsgemeinkosten	Fertigungseinzelkosten
Verwaltungsbereich	Verwaltungsgemeinkosten	Herstellkosten des Umsatzes
Vertriebsbereich	Vertriebsgemeinkosten	Herstellkosten des Umsatzes

Demzufolge werden die differenzierten Zuschlagssätze folgendermaßen ermittelt:

$$\text{Materialgemeinkostenzuschlag} \quad = \quad \frac{\text{Materialgemeinkosten} \cdot 100}{\text{Materialeinzelkosten}}$$

$$\text{Fertigungsgemeinkostenzuschlag} \quad = \quad \frac{\text{Fertigungsgemeinkosten} \cdot 100}{\text{Fertigungseinzelkosten}}$$

$$\text{Verwaltungsgemeinkostenzuschlag} = \frac{\text{Verwaltungsgemeinkosten} \cdot 100}{\text{Herstellkosten des Umsatzes}}$$

$$\text{Vertriebsgemeinkostenzuschlag} \quad = \quad \frac{\text{Vertriebsgemeinkosten} \cdot 100}{\text{Herstellkosten des Umsatzes}}$$

Dabei sind die *Herstellkosten des Umsatzes:*

> Materialeinzelkosten
> + Materialgemeinkosten
> + Fertigungseinzelkosten
> + Fertigungsgemeinkosten
>
> = Herstellkosten der Erzeugung
> − Bestandsveränderungen (+ Minderbestand/− Mehrbestand)
>
> = Herstellkosten des Umsatzes

Sind *keine Bestandsveränderungen* zu berücksichtigen – sind also alle in der Periode hergestellten Erzeugnisse verkauft worden – so gilt:

> Herstellkosten der Erzeugung = Herstellkosten des Umsatzes

Beispiel:

Ermittlung der Zuschlagssätze					
Zahlen der KLR	Material	Fertigung	Verwaltung	Vertrieb	
Gemeinkosten	23.903	142.700	60.610	18.183	
Einzelkosten	217.300	170.000			553.903
Bestands- veränderungen					- 190.243
Herstellkosten des Umsatzes					363.660
Zuschlagsbasis	217.300	170.000	363.660	363.660	
Zuschlagssätze	23.903 : 217.300 · 100 = 11,00 %	142.700 : 170.000 · 100 = 83,94 %	60.610 : 363.660 · 100 = 16,67 %	18.183 : 363.660 · 100 = 5,00 %	

03. Was ist der Unterschied zwischen Istgemeinkosten und Normalgemeinkosten?

• *Istgemeinkosten* sind die in einer Periode *tatsächlich* anfallenden Kosten; sie dienen zur Ermittlung der *Ist-Zuschlagssätze* (vgl. Beispiel 02.: 11,00 %, 83,94 % usw.).

• *Normalgemeinkosten* sind statistische Mittelwerte der Kosten zurückliegender Perioden; sie dienen zur Ermittlung der Normal-Zuschlagssätze. Dies bewirkt eine Vereinfachung im Rechnungswesen. Kurzfristige Kostenschwankungen werden damit ausgeschaltet.

04. Wie wird die Kostenüber- bzw. Kostenunterdeckung ermittelt?

Am Ende einer Abrechnungsperiode werden die Normalgemeinkosten (auf der Basis von Normal-Zuschlagssätzen) mit den Istgemeinkosten (auf der Basis der Ist-Gemeinkostenzuschläge) verglichen. Es gilt:

Normalgemeinkosten > Istgemeinkosten → Kostenüberdeckung

Normalgemeinkosten < Istgemeinkosten → Kostenunterdeckung

Berechnung der Normalgemeinkosten:
1. Normalmaterialgemeinkosten = Istkosten/Material · Normalzuschlag
2. Normalfertigungsgemeinkosten = Istkosten/Fertigung · Normalzuschlag
3. Normalverwaltungsgemeinkosten = Normalkosten/Herstellung · Normalzuschlag
4. Normalvertriebsgemeinkosten = Normalkosten/Herstellung · Normalzuschlag

Berechnung der Istgemeinkosten:
1. Istmaterialgemeinkosten = Istkosten/Material · Istzuschlag
2. Istfertigungsgemeinkosten = Istkosten/Fertigung · Istzuschlag
3. Istverwaltungsgemeinkosten = Istkosten/Herstellung · Istzuschlag
4. Istvertriebsgemeinkosten = Istkosten/Herstellung · Istzuschlag

Beispiel:
Das Unternehmen kalkuliert mit bestimmten Normalzuschlagssätzen auf der Basis der Einzelkosten; in der Abrechnungsperiode wurden folgende Istgemeinkosten sowie ein Minderbestand von 10.000 € ermittelt:

	Material	Fertigung	Verwaltung	Vertrieb
Normal-Zuschlagssätze	50 %	120 %	20 %	10 %
Einzelkosten	50.000	140.000		
Istgemeinkosten	30.000	154.000	84.480	46.080

Es ist die Kostenüber-/Kostenunterdeckung der Kostenstellen zu ermitteln und zu kommentieren.

Bearbeitungsschritte:

1. Berechnung der Ist-Zuschlagssätze; dabei sind die Herstellkosten des Umsatzes auf Istkostenbasis zu ermitteln.

2. Berechnung der Normalgemeinkosten mithilfe der Normal-Zuschlagssätze; dabei sind die Herstellkosten des Umsatzes auf Normalkostenbasis zu ermitteln.

3. Berechnung der Über-/Unterdeckung je Kostenstelle und Analyse der Ergebnisse.

		Material	Fertigung	Verwaltung	Vertrieb	Summe
Kalkulation auf Istkosten-basis	Ist-gemeinkosten	30.000	154.000	84.480	46.080	314.560
	Zuschlags-grundlage	50.000	140.000	384.000[1]	384.000[1]	
	Ist-Zuschlagssätze	60 %	110 %	22 %	12 %	
Kalkulation auf Normalkosten-basis	Normal-gemeinkosten	25.000	168.000	78.600	39.300	310.900
	Zuschlags-grundlage	50.000	140.000	393.000[2]	393.000[2]	
	Normal-Zuschlagssätze	50 %	120 %	20 %	10 %	
Überdeckung (+)			14.000			
Unterdeckung (–)		5.000		5.880	6.780	3.660

1) *Istkosten/Herstellung:*		2) *Normalkosten/Herstellung:*	
FEK	140.000	FEK	140.000
+ FGK, 110 %	154.000	+ FGK, 120 %	168.000
+ MEK	50.000	+ MEK	50.000
+ MGK, 60 %	30.000	+ MGK, 50 %	25.000
+ Minderbestand	10.000	+ Minderbestand	10.000
= HKU	384.000	= HKU	393.000

• *Analyse* der Wirtschaftlichkeit (Kostenüber-/Kostenunterdeckung) der einzelnen Kostenstellen:

1. Die *Kostenunterdeckung* (Normalgemeinkosten < Istgemeinkosten) *im Materialbereich* könnte beruhen auf, z. B: höhere Lagerkosten.

2. Die *Kostenüberdeckung* (Normalgemeinkosten > Istgemeinkosten) *im Fertigungsbereich* könnte beruhen auf, z. B.: wirtschaftliche Losgrößenfertigung, optimale Instandhaltung, geringer Verschleiß der Werkzeuge.

3. Die *Kostenunterdeckung im Verwaltungsbereich* könnte beruhen auf, z. B.: höhere Gemeinkosten, höhere Abschreibung aufgrund von Rationalisierungsinvestitionen.

4. Die *Kostenunterdeckung im Vertriebsbereich* könnte beruhen auf, z. B.: höhere Gemeinkostenlöhne, höhere Energiekosten.

4.5.4 Kostenträgerrechnung

01. Welche Aufgabe erfüllt die Kostenträgerrechnung?

Die Kostenträgerrechnung hat die Aufgabe zu ermitteln, *wofür die Kosten angefallen sind*, d. h. *für welche Kostenträger* (= Produkte oder Aufträge). Sie wird in zwei Bereiche unterteilt:

Die Kostenträgerrechnung übernimmt die Einzelkosten aus der Kosten*arten*rechnung und die Gemeinkosten aus der Kosten*stellen*rechnung. Außerdem werden die Leistungen erfasst, um dadurch den Erfolg der Unternehmensaktivität zu ermitteln:

Die *Kostenträgerstückrechnung* (Kalkulation) ermittelt die Kosten pro Leistungseinheit: Im nachfolgenden Text werden aus Vereinfachungsgründen folgende, gebräuchliche Abkürzungen verwendet (Darstellung im Schema der differenzierten Zuschlagskalkulation, Gesamtkostenverfahren):

Zeile		Kostenart	Abkürzung		Beispiel
1		Materialeinzelkosten	MEK		100,00
2	+	Materialgemeinkosten	MGK	20 %	20,00
3	=	Materialkosten	MK		**120,00**
4		Fertigungseinzelkosten	FEK		80,00
5	+	Fertigungsgemeinkosten	FGK	120 %	96,00
6	+	Sondereinzelkosten der Fertigung	SEKF		40,00
7	=	Fertigungskosten	FK		**216,00**
8	=	Herstellkosten der Fertigung/Erzeugung	HKF		**336,00**
9	-	Bestandsmehrung, fertige/unfertige Erzeugnisse	BV–		0,00
10	+	Bestandsminderung, fertige/unfertige Erzeugnisse	BV+		60,00
11	=	Herstellkosten des Umsatzes	HKU		**396,00**
12	+	Verwaltungsgemeinkosten	VwGK	30 %	118,80
13	+	Vertriebsgemeinkosten	VtGK	15 %	59,40
14	+	Sondereinzelkosten des Vertriebs	SEKV		20,00
15	=	Selbstkosten des Umsatzes	SKU		**594,20**

Die Selbstkosten des Umsatzes betragen also 594,00 €. Bei einem geplanten Listenverkaufspreis von 800,00 € sowie einem geplanten Kundenrabatt von 20 % und einem geplanten Kundenskonto von 3 % lässt sich der Gewinn ermitteln (Differenzkalkulation):

	Listenverkaufspreis		800,00		
-	Kundenrabatt	20 %	-160,00	800 · 20 : 100	
=	Zielverkaufspreis		640,00		
-	Kundenskonto	3 %	-19,20	640 · 3 : 100	
=	Barverkaufspreis		620,80		
-	Selbstkosten des Umsatzes (SKU) (vgl. oben: Beispiel)		*-594,00*		
=	**Gewinn**		**26,80**	≈ 4,52 % von SKU	

02. Welche Aufgabe erfüllt die Kostenträgerzeitrechnung?

Die *Kostenträgerzeitrechnung* (= kurzfristige Ergebnisrechnung) überwacht laufend die Wirtschaftlichkeit des Unternehmens:

Sie stellt die Kosten und Leistungen (Erlöse) *einer Abrechnungsperiode* (i. d. R. ein Monat) im *Kostenträgerblatt (BAB II)* gegenüber – insgesamt und getrennt nach Kostenträgern. Sie ist damit die Grundlage zur Berechnung der Herstellkosten, der Selbstkosten und des Umsatzergebnisses einer Abrechnungsperiode. Außerdem kann der Anteil der verschiedenen Erzeugnisgruppen an den Gesamtkosten und am Gesamtergebnis ermittelt werden. Die Kostenträgerzeitrechnung wird üblicherweise auf Basis der verrechneten Normalkosten erstellt und später mit den Istkosten verglichen.

Bei der Gegenüberstellung von Kosten und Erlösen tritt ein Problem auf: Die Erlöse beziehen sich auf die *verkaufte Menge*, während sich die Kosten auf die *hergestellte Menge* beziehen. Das heißt also, *das Mengengerüst von hergestellter und verkaufter Menge ist nicht gleich* (Stichwort: *Bestandsveränderungen*). Um dieses Problem zu lösen, gibt es zwei Verfahren zur Ermittlung des Betriebsergebnisses:

(1) Die Erlöse werden an das Mengengerüst der Kosten angepasst
    (*Gesamtkostenverfahren*).

(2) Die Kosten werden an das Mengengerüst der Erlöse angepasst
    (*Umsatzkostenverfahren*).

Kostenträgerzeitrechnung - Verfahren -			
Gesamtkostenverfahren HGB § 275 Abs. 2		**Umsatzkostenverfahren** HGB § 275 Abs. 3	
	Umsatzerlöse		Umsatzerlöse
+/–	Bestandsveränderungen zu Herstellkosten	–	Herstellkosten der zur Erzielung der Umsatzerlöse erbrachten Leistungen
–	Kosten (gesamte primäre Kosten)	–	Vertriebskosten und Verwaltungsgemeinkosten
=	Betriebsergebnis	=	Betriebsergebnis

Beispiel 1:   Ermittlung des Betriebsergebnisses nach dem Gesamtkostenverfahren bei zwei Produkten. Zu berücksichtigen sind Bestandminderungen von 10.000 €. Die Abrechnungsperiode hat bei Produkt 1 Nettoerlöse in Höhe von 310.000 € und bei Produkt 2 in Höhe von 140.000 € ergeben.

Bearbeitungsschritte:
1. Schema nach dem Gesamtkostenverfahren erstellen
2. Verteilung der Kostensummen je Kostenart auf die Produkte (Kostenträger)
3. Ermittlung des Umsatzergebnisses gesamt und je Produkt:
   Umatzergebnis = Nettoerlöse - Selbstkosten des Umsatzes
4. Analyse des Ergebnisses

Verrechnete Normalkosten				
Berechnungsschema		Kostenart	Produkt 1	Produkt 2
		in EUR		
	MEK	50.000	30.000	20.000
+	MGK, 50 %	25.000	15.000	10.000
=	MK	75.000	45.000	30.000
	FEK	120.000	80.000	40.000
+	FGK, 120 %	144.000	96.000	48.000
=	FK	264.000	176.000	88.000
=	HKF	339.000	221.000	118.000
+	BV/Minderbestand	10.000	5.000	5.000
=	HKU	349.000	226.000	123.000
+	VwGK, 15 %	52.350	33.900	18.450
+	VtGK, 5 %	17.450	11.300	6.150
=	**Selbstkosten des Umsatzes**	**418.800**	**271.200**	**147.600**
	Umsatzerlöse, netto	**450.000**	**310.000**	**140.000**
	Umsatzergebnis	**31.200**	**38.800**	**-7.600**

Analyse:
1. Das Umsatzergebnis ist insgesamt positiv und beträgt 31.200 €.
2. Das Produkt 1 erwirtschaftet ein positives und das Produkt 2 ein negatives Umsatzergebnis.
3. Mögliche Maßnahmen, z. B.:
   - Senkung der Fertigungskosten für Produkt 2, z. B. Lohnkosten, Materialkosten, Überprüfung der Umlage Verwaltung/Vertrieb, Rationalisierung der Abläufe, Veränderung des Fertigungsverfahrens.
   - Reduzierung der Fertigungsmenge von Produkt 2 zu Gunsten von Produkt 1.

Beispiel 2: Ermittlung des Betriebsergebnisses nach dem Gesamtkostenverfahren bei zwei Produkten. Neben der Ausgangslage von Beispiel 1 ist eine Kostenüberdeckung lt. BAB von 15.000 € zu berücksichtigen.

Bearbeitungsschritte:
1. Schema nach dem Gesamtkostenverfahren erstellen und Kostensummen verteilen (vgl. oben)
2. Umsatzergebnis   =   Nettoerlöse – Selbstkosten des Umsatzes
3. Betriebsergebnis   =   Umsatzergebnis + Kostenüberdeckung

Begründung: Kalkuliert wurde mit Normal-Zuschlagssätzen. Der BAB weist eine Kostenüberdeckung aus; das heißt, dass die Istkosten geringer sind als die Kalkulation auf Normalkostenbasis ausweist. Demzufolge müssen die Istkosten um den Betrag der Kostenüberdeckung reduziert bzw. das Umsatzergebnis um den Betrag erhöht werden. Analog ist eine Kostenunterdeckung zu subtrahieren.

4. Analyse des Ergebnisses

Berechnungs-schema	Verrechnete Normalkosten		
	Kostenart	Produkt 1	Produkt 2
	in EUR		
...	...	...	...
= Selbstkosten des Umsatzes	418.800	271.200	147.600
Umsatzerlöse, netto	450.000	310.000	140.000
Umsatzergebnis	31.200	38.800	-7.600
+ Überdeckung lt. BAB	15.000		
Betriebsergebnis	46.200		

03. Welche Aufgabe erfüllt die Kostenträgerstückrechnung?

Die *Kostenträgerstückrechnung* ermittelt die *Selbstkosten je Kostenträgereinheit*. Sie kann als Vor-, Zwischen- oder Nachkalkulation aufgestellt werden:

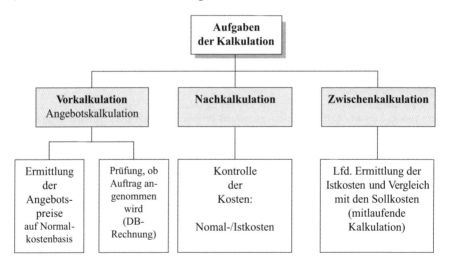

Beispiel 1: Vorkalkulation (Kalkulation des Angebotspreises)
Eine Sonderfertigung für einen Gewerbekunden ist zu kalkulieren mit 20 % Gewinnzuschlag, 2 % Skonto und 10 % Rabatt.

Berechnungsschritte:
1. Auf der Basis der Selbstkosten des Umsatzes sind 20 % Gewinn zu kalkulieren („vom 100") (zur Berechnung der Selbstkosten des Umsatzes vgl. Frage 02.).

2. Kundenskonto-Berechnung: Berechnungsbasis ist der Zielverkaufspreis; Achtung: „vom verminderten Wert"/Barverkaufspreis („auf 100"); Beispiel:

Gegeben:	98 %	=	Barverkaufspreis	=	9.600,–
	2 %	=	Skonto	=	x

Gesucht	x	=	9.600 · 2 : 98	=	195,92
Probe:	2 %		von 9.795,92	=	195,92

3. Kundenrabatt-Berechnung: „vom verminderten Wert"/Zielverkaufspreis; analog zu Kundenskonto:

$$x \quad = \quad 9.795,92 \cdot 10 : 90 \quad = \quad 1.088,44$$

4. Mehrwertsteuer:
 - Bei gewerblichen Kunden können Nettopreise (ohne MwSt) angeboten werden.
 - Bei Endverbrauchern müssen Bruttopreise (inkl. MwSt) angeboten werden.

Vorkalkulation: Kalkulation des Angebotspreises		
	Selbstkosten des Umsatzes	8.000,00
+	Gewinn, 20 %	1.600,00
=	Barverkaufspreis	9.600,00
+	Kundenskonto, 2 %	195,92
=	Zielverkaufspreis	9.795,92
+	Kundenrabatt, 10 %	1.088,44
=	Nettoverkaufspreis	10.884,36

Beispiel 2: Nachkalkulation
Nach Durchführung des Auftrags (vgl. Beispiel 1) liegen aus der Kostenstellenrechnung die tatsächlichen Kosten des Auftrags vor. Es soll ein Vergleich der Normalkosten aus der Vorkalkulation mit den Istkosten durchgeführt werden:

Berechnungsschritte:
1. Für die Nachkalkulation werden die tatsächlichen Werte des Auftrags der Kostenrechnung (mit Istzuschlägen aus dem BAB) entnommen und den Normalkosten der Vorkalkulation gegenübergestellt.
2. Ist der Angebotspreis verbindlich, führt eine Kostenunterdeckung (Istkosten > Normalkosten) zu einer Gewinnschmälerung und umgekehrt.

Kalkulationsschema	Vorkalkulation Normalkosten		Nachkalkulation Istkosten		Abweichung (+) Kostenüberdeckung (−) Kostenunterdeckung
MEK		1.000,00		1.200,00	-200,00
+ MGK	50 %	500,00	~ 41,67 %	500,00	0,00
= MK		1.500,00		1.700,00	-200,00
FEK		2.000,00		2.200,00	-200,00
+ FGK	120 %	2.400,00	~ 113,64 %	2.500,00	-100,00
= FK		4.400,00		4.700,00	-300,00
= Herstellkosten des Umsatzes		5.900,00		6.400,00	-500,00
+ VwGK	15 %	885,00	13,75 %	880,00	+5,00
+ VtGK	10 %	590,00	~ 9,38 %	600,00	-10,00
+ Sondereinzelkosten des Vertriebs		625,00		700,00	-75,00
= Selbstkosten des Umsatzes		8.000,00		8.580,00	-580,00
+ Gewinn	20 %	1.600,00	~11,89 %	1.020,00	**-580,00**
= Barverkaufspreis		9.600,00		9.600,00	
+ Kundenskonto, 2 %		195,92			
= Zielverkaufspreis		9.795,92			
+ Kundenrabatt, 10 %		1.088,44			
= Nettoverkaufspreis		10.884,36			

Analyse:
Gegenüber der Vorkalkulation führt die Kostenunterdeckung bei fast allen Kostenarten zu einer Gewinn-schmälerung: Die Gewinnspanne sinkt von 20 % (kalkuliert) auf tatsächlich 11,89 %. Die Gewinneinbuße beträgt 580,– €. Die Ursache(n) für die Kostenüberschreitungen ist gründlich zu untersuchen. Lassen sich die Istkosten im vorliegenden Fall nicht verändern, müssen die Normal-Zuschlagssätze korrigiert werden. Erfolgt keine Korrektur, besteht die Gefahr, dass auch andere Angebotspreise „falsch" kalkuliert sind und ggf. zu einer Gewinneinbuße führen – in der Praxis eine gefährliche Entwicklung.

4.6 Anwenden der Kalkulationsverfahren in der Kostenträgerstückrechnung einschließlich der Deckungsbeitragsrechnung

4.6.1 Kalkulationsverfahren und ihre Anwendungsbereiche

01. Welche Kalkulationsverfahren muss der Industriemeister anwenden können?

Je nach Produktionsverfahren werden verschiedene Kalkulationsverfahren angewendet. Die Grundregel lautet:

> *Das Produktionsverfahren bestimmt das Kalkulationsverfahren.*

Der Rahmenstoffplan nennt folgende, ausgewählte Verfahren der Kalkulation:

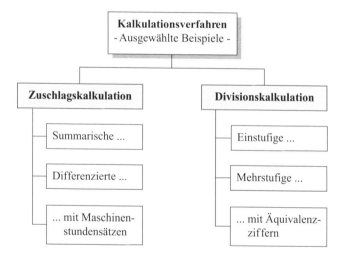

02. Wie ist das Verfahren bei der einstufigen Divisionskalkulation?

Voraussetzungen:
- Massenfertigung; Einproduktunternehmen (z. B. Energieerzeuger: Stadtwerke, Wasserwerke)
- einstufige Fertigung
- keine Kostenstellen
- keine Aufteilung in Einzel- und Gemeinkosten
- produzierte Menge = abgesetzte Menge; $x_p = x_A$

Berechnung:
Die Stückkosten (k) ergeben sich aus der Division der Gesamtkosten (K) durch die in der Abrechnungsperiode produzierte und abgesetzte Menge (x).

$$\text{Stückkosten} = \frac{\text{Gesamtkosten}}{\text{Ausbringungsmenge}}$$

$$k = \frac{K}{x} \ \text{€/Stk.}$$

Beispiel: Ein Einproduktunternehmen produziert und verkauft im Monat Januar 1.200 Stück bei 360.000 € Gesamtkosten. Die Stückkosten betragen:

$$k = \frac{K}{x} \ \text{€/Stk.} = \frac{360.000 \ \text{€}}{1.200 \ \text{Stück}} = 300 \ \text{€/Stk.}$$

03. Wie ist das Verfahren bei der mehrstufigen Divisionskalkulation?

Voraussetzungen:

- Massenfertigung; Einproduktunternehmen
- zwei oder mehrstufige Fertigung
- produzierte Menge ≠ abgesetzte Menge; $x_P \neq x_A$
- Aufteilung der Gesamtkosten (K) in Herstellkosten (K_H) sowie Vertriebskosten ($K_{Vertr.}$) und Verwaltungskosten ($K_{Verw.}$)
- die Herstellkosten werden auf die produzierte Menge (x_P) bezogen, die Vertriebs- und Verwaltungskosten auf die abgesetzte Menge (x_A).

Berechnung: Bei einer zweistufigen Fertigung ergibt sich folgende Berechnung:

$$\text{Stückkosten} = \frac{\text{Herstellkosten}}{\text{produzierte Menge}} + \frac{\text{Vertriebs- und Verwaltungskosten}}{\text{abgesetzte Menge}}$$

$$\text{Stückkosten} = \frac{K_H}{x_P} + \frac{K_{Vertr.} + K_{Verw.}}{x_A}$$

Beispiel 1: Ein Betrieb produziert im Monat Januar 1.200 Stück, von denen 1.000 verkauft werden. Die Herstellkosten betragen 240.000 €, die Vertriebs- und Verwaltungskosten 120.000 €. Die Stückkosten sind:

$$\text{Stückkosten} = \frac{240.000 \ \text{€}}{1.200 \ \text{Stück}} + \frac{120.000 \ \text{€}}{1.000 \ \text{Stück}} = 200 \ \text{€/Stk.} + 120 \ \text{€/Stk.}$$

$$= 320 \ \text{€/Stk.}$$

Beispiel 2:
Die Herstellkosten betrugen im Juni d. J. 400.000 €, die Vertriebs- und Verwaltungskosten 100.000 €. Die produzierte und abgesetzte Menge war 50.000 E. Im Oktober d. J. trat eine Absatzschwäche auf, sodass – unter sonst gleichen Bedingungen – 30 % der Fertigung auf Lager genommen werden musste. Zu ermitteln ist, um wie viel sich die Selbstkosten pro Einheit verändert haben.

Im Juni d. J. gilt:

$$k = \frac{K}{x} \; \text{€/E} = 500.000 \, \text{€} : 50.000 \, \text{E} = 10,- \text{€/E}$$

Im Oktober d. J. gilt:

$$\text{Stückkosten} = \frac{K_H}{x_P} + \frac{K_{Vertr.} + K_{Verw.}}{x_A} = \frac{400.000}{50.000} + \frac{100.000}{35.000} = 10,86 \, \text{€/E}$$

Die Produktion, die im Oktober d. J. zum Teil auf Lager genommen werden musste, erhöhte die Stückkosten um 8,6 % und verschlechterte die Liquidität.

Analog geht man bei einer *n-stufigen Fertigung* vor: Die Kosten je Fertigungsstufe werden auf die entsprechenden Stückzahlen bezogen:

$$\boxed{\text{Stückkosten} = \frac{K_{H1}}{x_{P1}} + \frac{K_{H2}}{x_{P2}} + ... + \frac{K_{Hn}}{x_{Pn}} + \frac{K_{Vertr.} + K_{Verw.}}{x_A}}$$

04. Wie ist das Verfahren bei der Divisionskalkulation mit Äquivalenzziffern?

Voraussetzungen:

- Sortenfertigung (gleichartige, aber nicht gleichwertige Produkte), z. B. Bier, Zigaretten, Ziegelei, Walzen von Blechen.

- Die Stückkosten der einzelnen Sorten stehen langfristig in einem konstanten Verhältnis; man geht aus von einer Einheitssorte (Bezugsbasis), die die Äquivalenzziffer 1 erhält; alle anderen Sorten erhalten Äquivalenzziffern im Verhältnis zur Einheitssorte; sind z. B. die Stückkosten einer Sorte um 40 % höher als die der Einheitssorte, so erhält sie die Äquivalenzziffer 1,4 usw. Äquivalenzziffern werden durch Messungen, Beobachtungen, Beanspruchung der Kosten entsprechend den betrieblichen Bedingungen ermittelt.

- produzierte Menge = abgesetzte Menge; $x_P = x_A$

Beispiel: In einer Ziegelei werden drei Sorten hergestellt. Die Gesamtkosten betragen in der Abrechnungsperiode 104.400 €. Die produzierten Mengen sind: 30.000, 15.000, 20.000 Stück. Das Verhältnis der Kosten beträgt 1 : 1,4 : 1,8.

Sorte	Produzierte Menge	Äquivalenz- ziffer	Rechen- einheiten	Stückkosten	Gesamtkosten
	in Stk.			in EUR/Stk.	in EUR
	[1]	[2]	[3]	[4]	[5]
I	30.000	1,0	30.000	1,20	36.000
II	15.000	1,4	21.000	1,68	25.200
III	20.000	1,8	36.000	2,16	43.200
Summe			87.000		104.400

Rechenweg:

1. Ermittlung der Äquivalenzziffern bezogen auf die Einheitssorte.

2. Die Multiplikation der Menge je Sorte mit der Äquivalenzziffer ergibt die Recheneinheit je Sorte (= Umrechnung der Mengen auf die Einheitssorte).

3. Die Division der Gesamtkosten durch die Summe der Recheneinheiten (RE) ergibt die *Stückkosten der Einheitssorte*: 104.000 € : 87.000 RE = 1,20 €/Stk.

4. Die Multiplikation der Stückkosten der Einheitssorte mit der Äquivalenzziffer je Sorte ergibt die Stückkosten je Sorte: 1,20 · 1,4 = 1,68

5. Spalte [5] zeigt die anteiligen Gesamtkosten je Sorte (z. B.: 1,68 · 15.000 = 25.200). Die Summe muss den gesamten Produktionskosten entsprechen (rechnerische Probe der Verteilung).

05. Wie ist das Verfahren bei der summarischen Zuschlagskalkulation?

Voraussetzungen:

- Die summarische Zuschlagskalkulation ist ein sehr einfaches Verfahren, das bei Serien- oder Einzelfertigung angewendet wird.

- Die Gesamtkosten werden in Einzel- und Gemeinkosten getrennt. Dabei werden die Einzelkosten der Kostenartenrechnung entnommen und dem Kostenträger direkt zugeordnet.

- Die Gemeinkosten werden als eine Summe („summarisch"; en bloc) erfasst und den Einzelkosten in einem Zuschlagssatz zugerechnet.

- *Es gibt nur eine Basis zur Berechnung des Zuschlagssatzes: entweder das Fertigungsmaterial oder die Fertigungslöhne oder die Summe [Fertigungsmaterial + Fertigungslöhne].*

Beispiel:
In dem nachfolgenden Fallbeispiel wird angenommen, dass Möbel in Einzelfertigung hergestellt werden. Die verwendeten Einzel- und Gemeinkosten wurden in der zurückliegenden Abrechnungsperiode ermittelt und sollen als Grundlage zur Feststellung des Gemeinkostenzuschlages dienen:

Fall A:

$$\text{Gemeinkostenzuschlag} = \frac{\text{Gemeinkosten} \cdot 100}{\text{Fertigungsmaterial}}$$

z. B.:

$$\text{Gemeinkostenzuschlag} = \frac{120.000 \, € \cdot 100}{340.000 \, €} = 35,29 \, \%$$

Fall B:

$$\text{Gemeinkostenzuschlag} = \frac{\text{Gemeinkosten} \cdot 100}{\text{Fertigungslöhne}}$$

z. B.:

$$\text{Gemeinkostenzuschlag} = \frac{120.000 \, € \cdot 100}{260.000 \, €} = 46,15 \, \%$$

Fall C:

$$\text{Gemeinkostenzuschlag} = \frac{\text{Gemeinkosten} \cdot 100}{\text{Fertigungsmaterial} + \text{Fertigungslöhne}}$$

z. B.:

$$\text{Gemeinkostenzuschlag} = \frac{120.000 \, € \cdot 100}{340.000 \, € + 260.000 \, €} = 20,0 \, \%$$

Es ergeben sich also unterschiedliche Zuschlagssätze - je nach Wahl der Bezugsbasis:

Fall	Zuschlagsbasis	Gemeinkostenzuschlagssatz
A	Fertigungsmaterial	35,29 %
B	Fertigungslöhn e	46,15 %
C	Fertigungsmaterial + Fertigungslöhn e	20,00 %

In der Praxis wird man die summarische Zuschlagskalkulation nur dann einsetzen, wenn relativ wenig Gemeinkosten anfallen; im vorliegenden Fall darf das unterstellt werden.

Als Basis für die Berechnung des Zuschlagssatzes wird man *die Einzelkosten* nehmen, *bei denen der stärkste Zusammenhang zwischen Einzel- und Gemeinkosten gegeben ist* (z. B. proportionaler Zusammenhang zwischen Fertigungsmaterial und Gemeinkosten).

Beispiel: Das Unternehmen hat einen Auftrag zur Anfertigung einer Schrankwand erhalten. An Fertigungsmaterial werden 3.400 € und an Fertigungslöhnen 2.200 € anfallen. Es sollen die Selbstkosten dieses Auftrages alternativ unter Verwendung der unterschiedlichen Zuschlagssätze (siehe oben) ermittelt werden (Kostenangaben in Euro).

Fall A:

Fertigungsmaterial		3.400,00
+ Fertigungslöhne		2.200,00
= Einzelkosten		5.600,00
+ Gemeinkosten	35,29 %	1.199,86
= Selbstkosten des Auftrages		6.799,86

Fall B:

Fertigungsmaterial		3.400,00
+ Fertigungslöhne		2.200,00
= Einzelkosten		5.600,00
+ Gemeinkosten	46,15 %	1.015,30
= Selbstkosten des Auftrages		6.615,30

Fall C:

Fertigungsmaterial		3.400,00
+ Fertigungslöhne		2.200,00
= Einzelkosten		5.600,00
+ Gemeinkosten	20,00 %	1.120,00
= Selbstkosten des Auftrages		6.720,00

Ergebnisbewertung:
Man erkennt an diesem Beispiel, dass die Selbstkosten bei Verwendung alternativer Zuschlagssätze ungefähr im Intervall [6.600 ; 6.800] streuen – ein Ergebnis, das durchaus befriedigend ist. Die Ursache für die verhältnismäßig geringe Streuung ist in den relativ geringen Gemeinkosten zu sehen.

Bei höheren Gemeinkosten (im Verhältnis zu den Einzelkosten) wäre die beschriebene Streuung größer und könnte zu der Überlegung führen, dass eine summarische Zuschlagskalkulation betriebswirtschaftlich nicht mehr zu empfehlen wäre, sondern *ein Wechsel auf die differenzierte Zuschlagskalkulation vorgenommen werden muss.*

06. Wie ist das Verfahren bei der differenzierten Zuschlagskalkulation?   → 4.5.4

Die differenzierte Zuschlagskalkulation (auch: selektive Zuschlagskalkulation) liefert i. d. R. genauere Ergebnisse als die summarische Zuschlagskalkulation (vgl. oben). Voraussetzung dafür ist eine Kostenstellenrechnung. Die Gemeinkosten werden nach Bereichen getrennt erfasst und die Zuschlagssätze differenziert ermittelt:

Bereich	Gemeinkosten	Zuschlagsbasis
Materialbereich	Materialgemeinkosten	Materialeinzelkosten
Fertigungsbereich	Fertigungsgemeinkosten	Fertigungseinzelkosten
Verwaltungsbereich	Verwaltungsgemeinkosten	Herstellkosten des Umsatzes
Vertriebsbereich	Vertriebsgemeinkosten	Herstellkosten des Umsatzes

Demzufolge werden die differenzierten Zuschlagssätze folgendermaßen ermittelt (vgl. ausführlich: 4.5.3, BAB).

$$\text{Materialgemeinkostenzuschlag} = \frac{\text{Materialgemeinkosten} \cdot 100}{\text{Materialeinzelkosten}}$$

$$\text{Fertigungsgemeinkostenzuschlag} = \frac{\text{Fertigungsgemeinkosten} \cdot 100}{\text{Fertigungseinzelkosten}}$$

$$\text{Verwaltungsgemeinkostenzuschlag} = \frac{\text{Verwaltungsgemeinkosten} \cdot 100}{\text{Herstellkosten des Umsatzes}}$$

$$\text{Vertriebsgemeinkostenzuschlag} = \frac{\text{Vertriebsgemeinkosten} \cdot 100}{\text{Herstellkosten des Umsatzes}}$$

Für die differenzierte Zuschlagskalkulation wird bei dem Gesamtkostenverfahren (vgl. 4.5.4/01.) folgendes *Schema verwendet:*

Zeile		Kostenart	Abkürzung	Berechnung (Z = Zeile)
1		Materialeinzelkosten	MEK	direkt
2	+	Materialgemeinkosten	MGK	Z 1 · MGK-Zuschlag
3	=	Materialkosten	MK	Z 1 + Z 2
4		Fertigungseinzelkosten	FEK	direkt
5	+	Fertigungsgemeinkosten	FGK	Z 4 · FGK-Zuschlag
6	+	Sondereinzelkosten der Fertigung	SEKF	direkt
7	=	Fertigungskosten	FK	$\sum$ Z 4 bis 6
8	=	Herstellkosten der Fertigung/Erzeugung	HKF	Z 3 + Z 7
9	–	Bestandsmehrung, fertige/unfertige Erzeugnisse	BV+	direkt
10	+	Bestandsminderung, fertige/unfertige Erzeugnisse	BV–	direkt
11	=	Herstellkosten des Umsatzes	HKU	$\sum$ Z 8 bis 10
12	+	Verwaltungsgemeinkosten	VwGK	Z 11 · VwGK-Zuschlag
13	+	Vertriebsgemeinkosten	VtGK	Z 11 · VtGK-Zuschlag
14	+	Sondereinzelkosten des Vertriebs	SEKV	direkt
15	=	Selbstkosten des Umsatzes	SKU	$\sum$ Z 11 bis 14

Hinweise zur Berechnung:

Zeile 6:   *Sondereinzelkosten der Fertigung* fallen nicht bei jedem Auftrag an, z. B. Einzelkosten für eine spezielle Konstruktionszeichnung.

Zeile 9 - 10: *Bestandsmehrungen* an fertigen/unfertigen Erzeugnissen haben zum Umsatz nicht beigetragen, sie sind zu subtrahieren (werden auf Lager genommen). *Bestandsminderungen* an fertigen/unfertigen Erzeugnissen haben zum Umsatz beigetragen, sie sind zu addieren (werden vom Lager genommen und verkauft).

Zeile 14:   *Sondereinzelkosten des Vertriebs* (analog zu Zeile 6) fallen nicht generell an und werden dem Auftrag als Einzelkosten zugerechnet, z. B. Kosten für Spezialverpackung.

Beispiel:
Wir kehren noch einmal zurück zu der Möbelfirma (vgl. Beispiel „summarische Zuschlagskalkulation",
05.): Das Unternehmen will den vorliegenden Auftrag über die Schrankwand nun mithilfe der differenzierten Zuschlagskalkulation berechnen.

Folgende Daten liegen aus der zurückliegenden Abrechnungsperiode vor:

Fertigungsmaterial	340.000 €
Fertigungslöhne	260.000 €

Aus dem BAB ergaben sich folgende Gemeinkosten:

Materialgemeinkosten	60.000 €
Fertigungsgemeinkosten	30.000 €
Verwaltungsgemeinkosten	10.000 €
Vertriebsgemeinkosten	20.000 €

Für den Auftrag werden 3.400 € Fertigungsmaterial und 2.200 € Fertigungslöhne anfallen. Bestandsveränderungen sowie Sondereinzelkosten liegen nicht vor. Zu kalkulieren sind die Selbstkosten des Auftrags.

1. Schritt: Ermittlung der Zuschlagssätze für Material und Lohn

$$\text{MGK-Zuschlag} = \frac{\text{MGK} \cdot 100}{\text{MEK}} = \frac{60.000 \cdot 100}{340.000} = 17,65\,\%$$

$$\text{FGK-Zuschlag} = \frac{\text{FGK} \cdot 100}{\text{FEK}} = \frac{30.000 \cdot 100}{260.000} = 11,54\,\%$$

2. Schritt: Ermittlung der Herstellkosten des Umsatzes als Grundlage für die Berechnung
des Verwaltungs- und des Vertriebsgemeinkostensatzes

	Materialeinzelkosten	340.000,00
+	Materialgemeinkosten	60.000,00
+	Fertigungseinzelkosten	260.000,00
+	Fertigungsgemeinkosten	30.000,00
=	**Herstellkosten des Umsatzes**	**690.000,00**

$$\text{VwGK-Zuschlag} = \frac{\text{VwGK} \cdot 100}{\text{HKU}} = \frac{10.000 \cdot 100}{690.000} = 1,45\,\%$$

$$\text{VtGK-Zuschlag} = \frac{\text{VtGK} \cdot 100}{\text{HKU}} = \frac{20.000 \cdot 100}{690.000} = 2,90\,\%$$

3. Schritt: Kalkulation der Selbstkosten des Auftrages mithilfe des Schemas:

	Materialeinzelkosten		3.400,00
+	Materialgemeinkosten	17,65 %	600,10
=	**Materialkosten**		4.000,10
	Fertigungseinzelkosten		2.200,00
+	Fertigungsgemeinkosten	11,54 %	253,88
=	**Fertigungskosten**		2.453,88
	Herstellkosten der Fertigung		6.453,98
=	**Herstellkosten des Umsatzes**		6.453,98
+	Verwaltungsgemeinkosten	1,45 %	93,58
+	Vertriebsgemeinkosten	2,90 %	187,17
=	**Selbstkosten (des Auftrags)**		**6.734,73**

Bewertung des Ergebnisses:
Man kann an diesem Beispiel erkennen, dass die Selbstkosten auf Basis der differenzierten Zuschlagskalkulation nur wenig von denen auf Basis der summarischen Zuschlagskalkulation abweichen. Die Ursache ist darin zu sehen, dass wir im vorliegenden Fall einen Kleinbetrieb mit nur sehr geringen Gemeinkosten haben. Es lässt sich zeigen, dass bei hohen Gemeinkosten die differenzierte Zuschlagskalkulation eindeutig zu besseren Ergebnissen als die summarische Zuschlagskalkulation führt.

07. Wie werden Maschinenstundensätze (im Rahmen der differenzierten Zuschlagskalkulation) berechnet?

Die Kalkulation mit Maschinenstundensätzen ist eine *Verfeinerung der differenzierten Zuschlagskalkulation:*

In dem oben dargestellten Schema der differenzierten Zuschlagskalkulation (vgl. 05.) wurden in Zeile 2 die Fertigungsgemeinkosten als Zuschlag auf Basis der Fertigungseinzelkosten berechnet:

Bisher: Fertigungseinzelkosten (z. B. Fertigungslöhne)
    +   Fertigungsgemeinkosten
    =   Fertigungskosten

Bei dieser Berechnungsweise *wird übersehen, dass die Fertigungsgemeinkosten bei einem hohen Automatisierungsgrad nur noch wenig von den Fertigungslöhnen beeinflusst sind*, sondern vielmehr vom Maschineneinsatz verursacht werden. Von daher sind die Fertigungslöhne bei zunehmender Automatisierung nicht mehr als Zuschlagsgrundlage geeignet.

Man löst dieses Problem dadurch, indem die *Fertigungsgemeinkosten aufgeteilt werden* in maschinenabhängige und maschinenunabhängige Fertigungsgemeinkosten.

• Die *maschinenunabhängigen Fertigungsgemeinkosten* bezeichnet man als „Restgemeinkosten"; als Zuschlagsgrundlage werden die *Fertigungslöhne* genommen.

• Bei den *maschinenabhängigen Fertigungsgemeinkosten* werden als Zuschlagsgrundlage die Maschinenlaufstunden genommen. Es gilt:

$$\text{Maschinenstundensatz} = \frac{\text{maschinenabhängige Fertigungsgemeinkosten}}{\text{Maschinenlaufstunden}}$$

Das bisher verwendete Kalkulationsschema (vgl. Zeile 2) modifiziert sich. Es gilt:

Neu: Fertigungslöhne
    +   Restgemeinkosten   (in Prozent der Fertigungslöhne)
    +   Maschinenkosten   (Laufzeit des Auftrages · Maschinenstundensatz)
    =   Fertigungskosten

Merke:

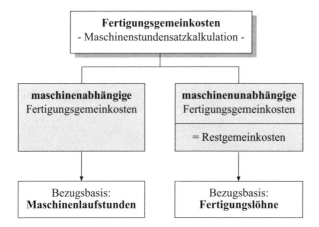

Beispiele für maschinenabhängige Fertigungsgemeinkosten:

- Kalkulatorische Abschreibung (AfA; Absetzung für Abnutzung),
- kalkulatorische Zinsen,
- Energiekosten,
- Raumkosten,
- Instandhaltung, Werkzeuge.

Achtung: Beachten Sie bitte, dass bei der kalkulatorischen AfA die *Wiederbeschaffungs*kosten (WW; falls vorhanden) und bei den kalkulatorischen Zinsen die *Anschaffungs*kosten (AW) als Bezugsbasis genommen werden. Ein evt. Restwert (RW) ist dabei zu berücksichtigen (Zinsen = (AW + RW) : 2 · p/100; AfA = (WW - RW) : n). Außerdem sind bei der Berechnung der maschinenabhängigen Kosten die Zeiträume einheitlich zu wählen (z. B. pro Jahr, pro Monat, pro Laufstunde).

Beispiel: Zuschlagskalkulation mit Maschinenstundensatz
Auf einer NC-Maschine wird ein Werkstück bearbeitet. Die Bearbeitungsdauer beträgt 86 Minuten; der Materialverbrauch liegt bei 160,00 €. Der anteilige Fertigungslohn für die Bearbeitung beträgt 40,00 € (Einrichten, Nacharbeit). Es sind Materialgemeinkosten von 80 % und Restgemeinkosten von 60 % zu berücksichtigen. Zu kalkulieren sind die Herstellkosten der Fertigung.

1. Schritt: Berechnung des Maschinenstundensatzes

Zur Berechnung des Maschinenstundensatzes wird auf folgende Daten der vergangenen Abrechnungsperiode zurückgegriffen:

- Anschaffungskosten der NC-Maschine: 100.000 €
- Wiederbeschaffungskosten der NC-Maschine: 120.000 €
- Nutzungsdauer der NC-Maschine: 10 Jahre
- kalkulatorische Abschreibung: linear
- kalkulatorische Zinsen: 6 % vom halben Anschaffungswert
- Instandhaltungskosten: 2.000 € p. a.
- Raumkosten:
  · Raumbedarf: 20 qm
  · Verrechnungssatz je qm: 10 €/qm/Monat
- Energiekosten:
  · Energieentnahme der NC-Maschine: 11 kWh
  · Verbrauchskosten: 0,12 €/kWh
  · Jahresgrundgebühr: 220 €
- Werkzeugkosten: 6.000 € p. a., Festbetrag
- Laufzeit der NC-Maschine: 1.800 Std. p.a.

Berechnung (vgl. dazu ausführlich: 4.1.5/01. Ermittlung der Kostenarten):

1) Kalkulatorische Zinsen $= \dfrac{\text{Anschaffungskosten} + \text{RW}}{2} \cdot \dfrac{\text{Zinssatz}}{100}$

$$= \frac{100.000 + 0}{2} \cdot \frac{6}{100} = 3.000 \text{ €}$$

2) Kalkulatorische Abschreibung $= \dfrac{\text{Wiederbeschaffungskosten - RW}}{\text{Nutzungsdauer}}$

$$= \frac{120.000 - 0}{10} = 12.000 \text{ €}$$

3) Raumkosten $= \text{Raumbedarf} \cdot \text{Verrechnungssatz/qm/Monat} \cdot 12 \text{ Monate}$

$$= 20 \text{ qm} \cdot 10 \text{ €/qm/Mon.} \cdot 12 \text{ Mon.}$$
$$= 2.400 \text{ €}$$

4) Energiekosten $= \text{Energieverbrauch/Std.} \cdot \text{€/kWh} \cdot \text{Laufleistung p. a.} + \text{Grundgebühr}$

$$= 11 \text{ kWh} \cdot 0,12 \text{ €/kWh} \cdot 1.800 \text{ Std. p. a.} + 220 \text{ €}$$
$$= 2.596 \text{ €}$$

5) Instandhaltungskosten $= \text{Festbetrag p. a.} = 2.000 \text{ €}$

6)   Werkzeugkosten   = Festbetrag p. a. = 6.000 €

Daraus ergibt sich folgender Maschinenstundensatz:

$$\text{Maschinenstundensatz} = \frac{\text{maschinenabhängige Fertigungsgemeinkosten}}{\text{Maschinenlaufstunden}}$$

$$= 27.996,- € : 1.800 \text{ Std.}$$
$$= 15,55 € / \text{Std.}$$

lfd. Nr.	maschinenabhängige Fertigungsgemeinkosten	€ p. a.
1	kalk. Zinsen	3.000
2	kalk. Abschreibung	12.000
3	Raumkosten	2.400
4	Energiekosten	2.596
5	Instandhaltungskosten	2.000
6	Werkzeugkosten	6.000
	Σ	27.996
Maschinenstundensatz		
= 27.996 € : 1.800 Std. =		**15,55 €/Std.**

2. Schritt: Kalkulation der Herstellkosten der Fertigung

	Materialeinzelkosten		160,00
+	Materialgemeinkosten	80 %	128,00
=	**Materialkosten**		**288,00**
	Fertigungslöhne		40,00
+	Restgemeinkosten	60 %	24,00
=	Maschinenkosten	86 min. · 15,55 €/Std. : 60 min.	22,29
=	**Fertigungskosten**		**86,29**
Herstellkosten der Fertigung			**374,29**

Im vorliegenden Fall gilt: Herstellkosten der Fertigung/Erzeugung = Herstellkosten des Umsatzes

08. Wie wird der Minutensatz bei der Kalkulation mit Maschinenstundensätzen ermittelt?

Der Maschinenstundensatz bezieht sich auf 60 Minuten. Der Minutensatz der Maschinenkosten ist:

$$\text{Minutensatz} = \frac{\text{Maschinenstundensatz } € / \text{Std.}}{60 \text{ min/Std.}}$$

z. B.:   = 15,55 : 60 = 0,2592 €/min

Für die auftragsbezogenen Maschinenkosten gilt:

$$\text{Maschinenkosten}_{\text{Auftrag}} = \text{Minutensatz} \cdot \text{Belegungszeit}$$

z. B.: $= 0{,}2592 \ \text{€/min} \cdot 86 \ \text{min}$
$= 22{,}29 \ \text{€}$

4.6.2 Deckungsbeitragsrechnung

01. Was bezeichnet man als Deckungsbeitrag?

• Der *Deckungsbeitrag* (DB) gibt an,
welchen Beitrag ein Kostenträger bzw. eine Mengeneinheit *zur Deckung der fixen Kosten* leistet.

Mathematisch erhält man den Deckungsbeitrag (DB), wenn man *von den Erlösen eines Kostenträgers dessen variable Kosten subtrahiert*:

$$\text{Deckungsbeitrag} = \text{Erlöse - variable Kosten}$$

Es gilt:

• *Periodenbezogen:*
$$DB = U - K_v$$
$$DB = x \cdot p - x \cdot k_v$$

mit
U = Umsatz, Erlöse
p = Preis
x = Menge
K_v = variable Kosten
k_v = variable Stückkosten

• *Stückbezogen:*
$$db = U_{\text{Stk.}} - k_v$$

$$= \frac{x \cdot p}{x} - \frac{x \cdot k_v}{x}$$

$$db = p - k_v$$

• *Grafisch* lässt sich der Deckungsbeitrag folgendermaßen veranschaulichen:

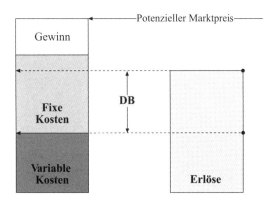

02. Welche Merkmale sind für die Deckungsbeitragsrechnung (DBR) charakteristisch?

1. Auflösung der Kosten jeder Kostenart in
   - fixe (beschäftigungsunabhängige) Kostenbestandteile und
   - variable (beschäftigungsabhängige) Kostenbestandteile.

2. Verzicht auf die Umlage der Fixkosten auf einzelne Mengeneinheiten.

3. Verrechnung der Kostenarten mit ihren fixen und variablen Bestandteilen nur auf die Kosten-stellen, Abteilungen oder Unternehmensbereiche bzw. auf die Kostenträger oder Kostenträger-gruppen, denen sie als Einzelkosten zugeordnet werden können (Verzicht auf die Aufteilung von Gemeinkosten).

03. Welche Aufgabe erfüllt die Deckungsbeitragsrechnung als Instrument der Teilkosten-rechnung?

Die unter Ziffer 4.6.1 dargestellten Kalkulationsverfahren gehen von dem *Vollkostenprinzip* aus, d. h. fixe und variable Kosten werden bei der Kalkulation (z. B. Ermittlung des Angebotspreises im Rahmen der Vorkalkulation) insgesamt berücksichtigt.

Die Deckungsbeitragsrechnung (DBR) ist eine *Teilkostenrechnung* und geht von der Überle-gung aus, dass es *kurzfristig* und vorübergehend von Vorteil sein kann, *nicht alle Kosten* bei der Preisberechnung zu berücksichtigen (vgl. Systeme der KLR: 4.1.1/05.).

Die Kosten werden unterteilt in fixe und variable Kosten (Voraussetzung der DBR). Die fixen Kosten entstehen, gleichgültig, ob der Betrieb produziert oder ruht. Das Unternehmen kann also kurzfristig die Entscheidung treffen, einen Einzelauftrag unter dem Marktpreis anzunehmen, wenn der Auftrag einen positiven DB liefert, d. h. die variablen Kosten dieses Auftrags abgedeckt werden und *zusätzlich ein Beitrag zur „Deckung der fixen Kosten entsteht".*

Langfristig gilt jedoch:

> *Nur die Vollkostenrechnung kann als dauerhafte Grundlage der Kostenkontrolle und der Kalkulation der Preise genommen werden.*

04. Wie erfolgt die Deckungsbeitragsrechnung als Stückrechnung und als Periodenrechnung?

• Die Deckungsbeitragsrechnung kann als *Stückrechnung* (Kostenträgerstückrechnung) erfolgen:

Beispiel:

Kalkulation einer Mengeneinheit (EUR/Stk.)		
Verkaufspreis je Stück	p	54,00
- variable Stückkosten	k_v	28,00
= DB pro Stück	db	26,00
- fixe Kosten pro Stück	k_f	16,00
Betriebsergebnis pro Stück	$BE_{Stk.}$	10,00

• Die Deckungsbeitragsrechnung kann als *Periodenrechnung* (Kostenträgerzeitrechnung) durchgeführt werden (Beispiel: 2-Produkt-Unternehmen):

DBR als Periodenrechnung (Beispiel: 2-Produkt-Unternehmen)					
Produkt 1			Produkt 2		
Erlöse	$x_1 \cdot p_1$	100.000	Erlöse	$x_2 \cdot p_2$	200.000
- variable Kosten	K_{v1}	-40.000	- variable Kosten	K_{v2}	-120.000
= Deckungsbeitrag	DB_1	60.000	= Deckungsbeitrag	DB_2	80.000
Gesamtdeckungsbeitrag, GDB		140.000			
- fixe Gesamtkosten, $\sum K_f$		-70.000			
= Gesamt-Betriebsergebnis, BE		**70.000**			

05. Wie ist das Produktionsprogramm unter dem Aspekt der Vollkosten- und der Teilkostenrechnung zu bewerten?

Beispiel: Mehrproduktunternehmen bei einstufiger Deckungsbeitragsrechnung
Ein Unternehmen stellt drei Produkte her. In der zurückliegenden Periode wurden die dargestellten Werte ermittelt.

(1) *Produktionsentscheidung auf Basis der Vollkostenrechnung:*

Betriebsergebnis auf Basis der Vollkostenrechnung				
	Produkt 1	Produkt 2	Produkt 3	$\sum$
Erlöse	200.000	320.000	300.000	820.000
− Selbstkosten	− 190.000	− 350.000	− 260.000	− 800.000
= **Betriebsergebnis**	10.000	− 30.000	40.000	**20.000**

Nach der Vollkostenrechnung würde die Entscheidung über das Produktionsprogramm entsprechend dem jeweiligen Beitrag zum Betriebsergebnis zu treffen sein und demzufolge lauten:

> Produkt 3 – Produkt 1 – Produkt 2

Der Schluss liegt nahe, das Produkt 2 aus dem Programm zu nehmen; dies würde das Betriebsergebnis auf den Wert 50.000 anheben (10.000 + 40.000). Diese Entscheidung wäre jedoch nur dann richtig, wenn alle Kosten variabel wären, d. h. die Einstellung des Produkts 2 würde nicht nur zu einer Umsatzreduzierung von 320.000, sondern auch zu einer Kostenreduzierung von 350.000 führen.

Betriebsergebnis auf Basis der Vollkostenrechnung - ohne Produkt 2 [?]				
	Produkt 1	[Produkt 2]	Produkt 3	∑
Erlöse	200.000		300.000	500.000
– Selbstkosten	– 190.000		– 260.000	– 450.000
= **Betriebsergebnis**	10.000		40.000	**50.000**

> *Da die Vollkostenrechnung jedoch keine Aussage über das Verhalten der Kosten bei Beschäftigungsänderungen macht, lässt sie die beschriebene Entscheidung gar nicht zu.*

(2) *Produktionsentscheidung auf Basis der Teilkostenrechnung (einstufige Deckungsbeitragsrechnung):*

Selbstverständlich stimmen die ermittelten Betriebsergebnisse in beiden Verfahren überein.

Betriebsergebnis auf Basis der Teilkostenrechnung				
	Produkt 1	Produkt 2	Produkt 3	∑
Erlöse	200.000	320.000	300.000	820.000
– variable Kosten	– 130.000	– 220.000	– 160.000	– 510.000
= Deckungsbeitrag	70.000	100.000	140.000	310.000
– fixe Kosten				– 290.000
= **Betriebsergebnis**				**20.000**

Nach der Teilkostenrechnung würde die Entscheidung über das Produktionsprogramm entsprechend der jeweiligen Höhe des Deckungsbeitrages zu treffen sein und demzufolge lauten:

> Produkt 3 – Produkt 2 – Produkt 1

Würde man nun die Entscheidung treffen, Produkt 1 aus dem Programm zu nehmen, hätte dies ein Betriebsergebnis von -50.000 zur Konsequenz:

Betriebsergebnis auf Basis der Teilkostenrechnung - ohne Produkt 1 [?]				
		Produkt 1	Produkt 2	Produkt 3	Σ
	Erlöse		320.000	300.000	620.000
–	variable Kosten		– 220.000	– 160.000	– 380.000
=	Deckungsbeitrag		100.000	140.000	240.000
–	fixe Kosten				– 290.000
=	**Betriebsergebnis**				**– 50.000**

Die Ergebnisrechnung würde um die variablen Kosten von Produkt 1 entlastet werden. Die übrigen Kostenträger müssten jedoch allein zur Deckung der fixen Kosten beitragen, was im vorliegenden Fall zu einem negativen Betriebsergebnis führt.

Aus dem dargestellten Sachverhalt lässt sich ableiten:

Solange ein Kostenträger einen positiven Deckungsbeitrag leistet, ist es im Allgemeinen unwirtschaftlich, ihn aus dem Produktionsprogramm zu nehmen.

Für Entscheidungen über das Produktionsprogramm ist das Betriebsergebnis und der Deckungsbeitrag je Kostenträger relevant.

(3) *Produktionsentscheidung auf Basis der Teilkostenrechnung mit stufenweiser Fixkostendeckung:*

Im Fall (2) wurden die fixen Kosten keiner näheren Betrachtung unterzogen, sondern en bloc von der Summe der Einzeldeckungsbeiträge subtrahiert. In der Praxis wird man jedoch die fixen Kosten weiter untergliedern, um die Entscheidung über das Produktionsprogramm zu verbessern. Man unterscheidet[1]:

- *Erzeugnisfixe Kosten:*
  Der Teil der fixen Kosten, der sich dem Kostenträger direkt zuordnen lässt, z. B. Kosten einer spezifischen Fertigungsanlage, Spezialwerkzeuge.

- *Erzeugnisgruppenfixe Kosten:*
  Der Teil der fixen Kosten, der sich zwar nicht einem Kostenträger, jedoch einer Kostenträgergruppe (Erzeugnisgruppe) zuordnen lässt.

- *Unternehmensfixe Kosten:*
  Ist der restliche Fixkostenblock, der sich weder einem Erzeugnis noch einer Erzeugnisgruppe direkt zuordnen lässt, z. B. Kosten der Geschäftsleitung/der Verwaltung.

---

[1] Eine weitere Untergliederung ist möglich.

Demzufolge arbeitet man in der mehrstufigen Deckungsbeitragsrechnung mit einer modifizierten Struktur von Deckungsbeiträgen:

	Erlöse
−	variable Kosten
=	**Deckungsbeitrag I**
−	erzeugnisfixe Kosten
=	**Deckungsbeitrag II**
−	erzeugnisgruppenfixe Kosten
=	**Deckungsbeitrag III**
−	unternehmensfixe Kosten
=	Betriebsergebnis

Beispiel:
Das Beispiel aus Fall (2) wird entsprechend variiert; die fixen Kosten in Höhe von 290.000 € sollen folgendermaßen aufteilbar sein:

		Produkt 1	Produkt 2	Produkt 3	Σ
	Betriebsergebnis auf Basis der Teilkostenrechnung - mehrstufige Deckungsbeitragsrechnung -				
	Erlöse	200.000	320.000	300.000	820.000
=	variable Kosten	− 130.000	− 220.000	− 160.000	− 510.000
=	Deckungsbeitrag I	70.000	100.000	140.000	310.000
−	erzeugnisfixe Kosten	− 20.000	− 90.000	− 60.000	− 170.000
=	Deckungsbeitrag II	50.000	10.000	80.000	140.000
−	erzeugnisgruppenfixe Kosten	− 40.000		−	− 40.000
=	Deckungsbeitrag III	20.000		80.000	100.000
−	unternehmensfixe Kosten				− 80.000
=	**Betriebsergebnis**				**20.000**

Analyse des Ergebnisses:

- Produkt 2 liefert den geringsten DB II, da seine erzeugnisfixen Kosten relativ hoch sind. Sein Beitrag zur Deckung der übrigen Fixkosten beträgt nur noch 10.000 €.

- Die Reihenfolge für das Produktionsprogramm würde daher lauten: P3 − P1 − P2

- Würde man sich entschließen, Produkt 2 einzustellen, ergäbe sich folgendes Betriebsergebnis:

	Betriebsergebnis auf Basis der Teilkostenrechnung - mehrstufige Deckungsbeitragsrechnung - ohne Produkt 2 - [?]			
		Produkt 1	[Produkt 2]	Produkt 3	Σ
	Erlöse	200.000		300.000	500.000
–	variable Kosten	– 130.000		– 160.000	– 290.000
=	Deckungsbeitrag I	70.000		140.000	210.000
–	erzeugnisfixe Kosten	– 20.000		– 60.000	– 80.000
=	Deckungsbeitrag II	50.000		80.000	130.000
–	erzeugnisgruppenfixe Kosten	– 40.000		–	– 40.000
=	Deckungsbeitrag III	10.000		80.000	90.000
–	unternehmensfixe Kosten				– 80.000
=	**Betriebsergebnis**				**10.000**

Ergebnis:

- Eine Einstellung des Produkts 2 hätte eine Vermeidung der abhängigen Kosten in Höhe von 310.000 € zur Folge. Es würde jedoch der DB II zur Deckung der übrigen Fixkosten in Höhe von 10.000 € fehlen; dies hätte dann eine Verminderung des Betriebsergebnisses um genau diesen Betrag zur Folge.

- Der DB II sagt jedoch noch nichts darüber aus, welchen Deckungsbeitrag ein Stück des Produkts 2 erbringt.

Beispiel: Der DB II pro Stück (= db II) ergibt folgendes Ergebnis (es werden 1.000 – 100 – 1.000 Stück angenommen):

	Betriebsergebnis auf Basis der Teilkostenrechnung - mehrstufige Deckungsbeitragsrechnung - Ermittlung des Stückdeckungsbeitrags			
		Produkt 1	Produkt 2	Produkt 3	Σ
	Erlöse	200.000	320.000	300.000	820.000
–	variable Kosten	– 130.000	– 220.000	– 160.000	– 510.000
=	Deckungsbeitrag I	70.000	100.000	140.000	310.000
–	erzeugnisfixe Kosten	– 20.000	– 90.000	– 60.000	– 170.000
=	Deckungsbeitrag II	50.000	10.000	80.000	140.000
$\Rightarrow$	DB II pro Stk. = **db II**	50.000 : 1.000 = **50,–**	10.000 : 100 = **100,–**	80.000 : 1.000 = **80,–**	

Ergebnis:
Obwohl der DB II gering ist, ergibt sich aufgrund des Stückdeckungsbeitrags db II ein Produktionsprogramm in der Rangfolge P2 – P3 – P1.

06. Wie kann kurzfristig das optimale Produktionsprogramm bei einem Engpass ermittelt werden?

Liegt ein Engpass vor, kann nicht mit dem (absoluten) Deckungsbeitrag gearbeitet werden, da die Fertigungszeiten zu berücksichtigen sind. Man ermittelt daher den relativen Deckungsbeitrag. Er ist der Deckungsbeitrag, der pro Engpasszeiteinheit erwirtschaftet wird (im vorliegenden Fall die Fertigungszeit in min/Stück).

Relativer Stückdeckungsbeitrag	$= \dfrac{\text{(absoluter) Deckungsbeitrag pro Stück}}{\text{Engpass-Fertigungszeit pro Stück}}$

Beispiel: Ein Unternehmen stellt drei Produkte her. Es existiert ein Engpass: Die verfügbare Kapazität beträgt nur 3.000 Stunden.

Produkt	Fertigungszeit [min/Stück]	Erwarteter Absatz [Stück pro Monat]	Verkaufspreis [€/Stück]	Variable Kosten [€/Stück]	Deckungsbeitrag pro Stück [€/Stück]
A	40	8.000	150	160	-10
B	20	10.000	270	180	90
C	10	4.000	300	250	50

Im vorliegenden Fall ergibt sich für Produkt B und C:

Relativer db$_{\text{Produkt B}}$	= (absoluter) db : min/Stück	= 90 : 20 = 4,5 €/min = 270,– €/h
Relativer db$_{\text{Produkt C}}$		= 50 : 10 = 5,0 €/min = 300,– €/h

Anhand der relativen Deckungsbeiträge wird das Produktionsprogramm in eine Rangfolge (Priorität) gebracht. Die begrenzte Kapazität ist entsprechend der Rangfolge zu verteilen: Von Produkt C wird die erwartete Absatzmenge hergestellt; von B können nur noch 7.000 Stück produziert werden.

	Produkt A	**Produkt B**	**Produkt C**
(absoluter) db	-10	90	50
benötigte Fertigungszeit (min/Stück)	40	20	10
relativer db (€/min)	-0,25	4,50	5,00
Priorität/Reihenfolge	**3**	**2**	**1**
Erwarteter Absatz	8.000	10.000	4.000
zugewiesene Fertigungsminuten	0	140.000	40.000
Produktionsmenge	0	7.000	4.000
Deckungsbeitrag je Produkt	0	630.000	200.000
Deckungsbeitrag insgesamt			830.000

07. Wie lässt sich der Zusammenhang von Erlösen, Kosten und alternativen Beschäftigungsgraden darstellen (Break-even-Analyse)?

• *Der Break-even-Punkt* ist die Beschäftigung, bei der das Betriebsergebnis gleich Null ist (Erlöse = Kosten). Die Break-even-Analyse erstreckt sich i. d. R nur auf eine Produktart.

• Voraussetzungen: - Konstante Fixkosten   - konstanter Preis
                - konstantes Leistungsprogramm   - keine Lagerhaltung
                - linearer Gesamtkostenverlauf.

• Die Break-even-Analyse kann zur Ermittlung der Gewinnschwelle sowie zur Gewinnplanung eingesetzt werden.

(1) *Ermittlung der Gewinnschwelle:*

Rechnerisch gilt $BE = 0$ bzw. $U = K$
im Break-even-Punkt: Erlöse = Kosten $U = \text{Menge} \cdot \text{Preis} = x \cdot p$
                                     $K = \text{fixe Kosten} + \text{variable Kosten} = K_f + K_v$

Daraus ergibt sich für die kritische Menge (= die Beschäftigung, bei der das Betriebsergebnis BE gleich Null ist): $BE = U - K = x (p - k_v) - K_f$

Da im Break-even-Punkt $BE = 0$ ist gilt: $K_f = x (p - k_v)$

$$\Rightarrow \quad \boxed{ x = \frac{K_f}{p - k_v} }$$

Da die Differenz aus Preis und variablen Stückkosten der Deckungsbeitrag pro Stück ist ($DB_{Stk.} = db$) gilt:

$$\boxed{ x = \frac{K_f}{db} }$$

In Worten:

> *Im Break-even-Punkt ist die Beschäftigung (kritische Menge) gleich dem Quotienten aus den fixen Gesamtkosten K_f und dem Deckungsbeitrag pro Stück db.*

(2) *Planung des Gewinns* (BE) mithilfe der Break-even-Analyse:

$$\begin{aligned} BE &= U - K_f - x \cdot k_v \\ &= x \cdot p - K_f - x \cdot k_v \end{aligned}$$

$$\Rightarrow \quad \boxed{ x^* = \frac{K_f + BE^*}{db} }$$

In Worten:

> *Für das geplante Betriebsergebnis BE* muss notwendigerweise eine Menge von x**
> *realisiert werden; sie ergibt sich als Quotient aus [Fixkosten + Betriebsergebnis]*
> *dividiert durch den Deckungsbeitrag pro Stück db.*

Beispiel:
Ein Unternehmen verkauft in einer Abrechnungsperiode eine Menge x zu einem Preis von 50,00 € pro
Stück bei fixen Gesamtkosten von 1 Mio. € und variablen Stückkosten von 25,00 €.

(1) Ermittlung der Gewinnschwelle:

$$x = \frac{K_f}{p - k_v} = 1 \text{ Mio. } € : (50,- - 25,-) = 40.000 \text{ Stück}$$

Die kritische Stückzahl liegt bei 40.000; die Erlöse sind im Break-even-Punkt gleich den Gesamtkosten und betragen im vorliegenden Fall 2 Mio. €.

(2) *Gewinnplanung* mithilfe der Break-even-Analyse:
Angenommen, das Unternehmen plant einen Gewinn von 500.000 €, so müssen 60.000 Stück produziert und abgesetzt werden.

$$x^* = \frac{K_f + BE^*}{db} = (1 \text{ Mio. } € + 0{,}5 \text{ Mio. } €) : 25,- = 60.000 \text{ Stück}$$

Grafisch gilt im Break-even-Punkt (bei linearen Kurvenverläufen):

- Das Lot vom Schnittpunkt der Erlösgeraden mit der Gesamtkostengeraden auf die x-Achse
  zeigt die kritische Menge (= Beschäftigung im Breakeven-Punkt), bei der das Betriebsergebnis
  gleich Null ist (BE = 0 bzw. U = K), in diesem Fall bei x = 40.000 Stück.

- Oberhalb dieses Beschäftigungsgrades wird die Gewinnzone erreicht; unterhalb liegt die
  Verlustzone. Der Maximalgewinn wird bei Erreichen der Kapazitätsgrenze von 100.000 Stück
  realisiert.

- Die fixen Gesamtkosten verlaufen für alle Beschäftigungsgrade parallel zur x-Achse (=
  konstanten Verlauf); hier bei $K_f = 1.000.000$ €.

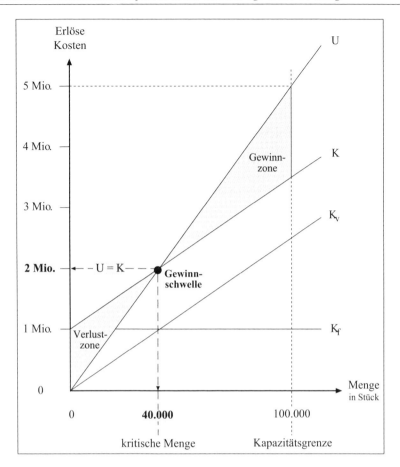

08. Welche Aussagekraft hat die Ermittlung der „kritischen Menge" im Rahmen der Kostenvergleichsrechnung?

• Die *kritische Menge*[1] (auch: Grenzstückzahl) ist die Menge, bei der zwei verschiedene Fertigungsverfahren mit gleichen Kosten arbeiten.

[1] Im Rahmen der Break-even-Analyse ist die kritische Menge erreicht, wenn U = K (vgl. 06.).
Im Gebiet der statischen Investitionsrechnung bezeichnet man als kritische Menge die Menge, bei der eine Investition gerade vorteilhaft wird (vgl. ausführlich: A 2.5.8).

• Allgemein gilt für die kritische Stückzahl x:

$$K_1 = K_2 \qquad \text{1, 2: Verfahren 1, 2}$$

$$K_{f1} + x \cdot k_1 = K_{f2} + x \cdot k_2$$

$$\Rightarrow \quad x = \frac{K_{f1} - K_{f2}}{k_2 - k_1} = \frac{K_{f2} - K_{f1}}{k_1 - k_2}$$

In Worten:

$$\text{Grenzstückzahl} = \frac{\text{Fixkosten}_1 - \text{Fixkosten}_2}{\text{var. Stückkosten}_2 - \text{var. Stückkosten}_1}$$

Betrachtet man die Formel, so lässt sich leicht erkennen, dass die Errechnung der kritischen Menge auf der Differenz der Fixkosten und der Differenz der variablen Stückkosten beruht.

Beispiel 1: Wahl des Fertigungsverfahrens
Für einen Auftrag stehen zwei Maschinen mit folgenden Daten zur Verfügung:

Wahl des Fertigungsverfahrens			
Kostenart		Verfahren 1	Verfahren 2
		CNC-Maschine	Bearbeitungsautomat
K_f	Rüstkosten	50,– €	300,– €
k_v	Materialkosten	3,– €/Stk.	3,– €/Stk.
	Fertigungslohn	10,– €/Stk.	5,– €/Stk.

$$x = \frac{K_{f1} - K_{f2}}{k_2 - k_1} = \frac{300,- € - 50,- €}{10,- €/\text{Stk.} - 5,- €/\text{Stk.}} = 50 \text{ Stück}$$

Die kritische Menge liegt bei 50 Stück; oberhalb von 50 Stück ist Verfahren 2 kostengünstiger.

Grafische Lösung:

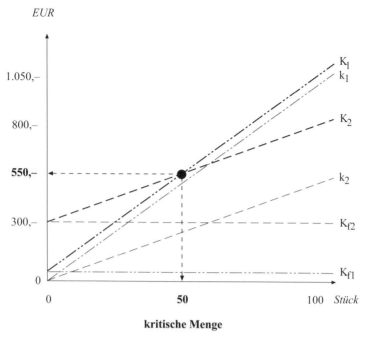

EUR

kritische Menge

Legende:
k = variable Kosten; K_f = fixe Kosten; K = Gesamtkosten; 1, 2 = Verfahren 1, 2

Ergebnis:

> *Bei Überschreiten der kritischen Menge ist das kostengünstigere Verfahren zu wählen; es ist das Verfahren, das zwar höhere Fixkosten aber geringere variable Kosten hat.*

Beispiel 2: Eigen- oder Fremdfertigung
Für die Fertigung werden Blechgehäuse Typ T2706 seit längerer Zeit fremd zugekauft. Der Lieferant hat zu Jahresbeginn seine Konditionen angehoben und bietet Ihnen jetzt folgende Bedingungen an: Listeneinkaufspreis 100,– € je Stück, 10 % Rabatt und 3 % Skonto innerhalb von 10 Tagen oder 30 Tage ohne Abzug. Die Bezugskosten betragen 2,70 € pro Stück.

Aufgrund der Preisanhebung soll geprüft werden, ob die Eigenfertigung des Blechgehäuses unter Kostengesichtspunkten vertretbar ist. Der Jahresbedarf wird bei rd. 1.800 Stück liegen. Für die Eigenfertigung wurden folgende Plandaten ermittelt: Anschaffung einer Fertigungslinie (Stanzen, Pressen, Lackieren) zum Preis von 400.000 €; die Anlage soll auf zehn Jahre linear abgeschrieben werden mit einem Restwert von 50.000 €. Der Zinssatz für die kalkulatorische Abschreibung wird mit 8 % angenommen (Eigenfinanzierung). Sonstige Fixkosten p. a. in Höhe von 9.000 € sind zu berücksichtigen. Der Fertigungslohn beträgt 25,– € je Stück, die Materialkosten 15,– € je Stück.

Zu ermitteln ist rechnerisch und grafisch, bei welcher Stückzahl die kritische Menge liegt und welche Kostendifferenz sich bei dem geplanten Jahresbedarf ergibt.

Rechnerische Lösung:

Stückkalkulation - Fremdbezug -			Stückkalkulation - Eigenfertigung -	
	Listeneinkaufspreis	100,00	kakulatorische Abschreibung: $(400.000 - 50.000) : 10 =$	35.000
-	10 % Rabatt	-10,00	+ kalkulatorische Zinsen: $(400.000 + 50.000) : 2 \cdot 8 : 100 =$	18.000
=	Zieleinkaufspreis	90,00	+ sonstige Fixkosten	9.000
-	3 % Skonto	-2,70	= **Fixkosten, gesamt**	**62.000**
=	Bareinkaufspreis	87,30	Fertigungslohn/Stk.	25,00
+	Bezugskosten	2,70	+ Materialkosten/Stk.	15,00
=	**Einstandspreis**	**90,00**	= **variable Stückkosten, gesamt**	**40,00**

$$x = \frac{K_{f2} - K_{f1}}{k_1 - k_2}$$

2: Eigenfertigung
1: Fremdfertigung

modifiziert sich zu

$$x = \frac{K_f \,(\text{Eigenfertigung})}{\text{Bezugspreis} - k_v \,(\text{Eigenfertigung})}$$

mit K_f (Fremdfertigung) = 0
      k_1 = Bezugspreis

$$= \frac{62.000\ \text{€}}{90,-/\text{Stk.} - 40,-\ \text{€/Stk.}}$$

$$= 1.240 \ \text{Stück}$$

Die kritische Menge liegt bei 1.240 Stück. Oberhalb dieser Menge ist die Eigenfertigung kostengünstiger, da die variablen Stückkosten niedriger sind.

• Für die Planmenge p.a. ergibt sich

- bei *Eigenfertigung:* 1.800 Stk. · 40,– €/Stk. + 62.000 €   = 134.000 €
- bei *Fremdbezug:*   1.800 Stk. · 90,– €/Stk.   = 162.000 €

⇒ Kosteneinsparung p.a. durch den
   Wechsel von Fremdbezug zur Eigenfertigung   = 28.000 €

Grafische Lösung:

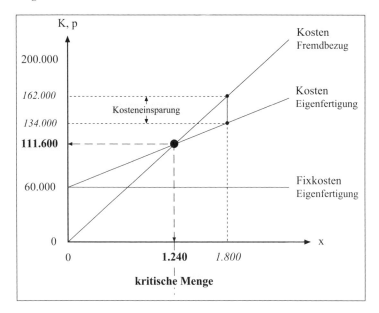

4.7 Anwenden von Methoden der Zeitwirtschaft

4.7.1 Gliederung der Zeitarten   → A 2.2, 5.1.4, 2.1.1 f.

01. Welche Aufgaben hat die Zeitplanung?

Aufgabe der Zeitplanung ist es, den *Zeitbedarf* für die Ausführung von Arbeitsaufgaben zu *ermitteln*. Man benötigt diese Planzeiten u. a. für die

- Arbeitsplanung und -steuerung,
- Personalbedarfsermittlung,
- Entlohnung,
- Ermittlung von Lieferfristen.

Die Zeitplanung umfasst vor allem folgende Schwerpunkte („Studien"):

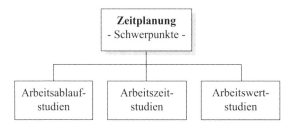

02. Was sind Arbeitsablaufstudien?

Arbeitsablaufstudien untersuchen das räumliche und zeitliche Zusammenwirken von Mensch, Betriebsmittel und Arbeitsgegenstand. Die Ergebnisse der Arbeitsablaufstudien werden dargestellt durch

- Beschreibung	z. B. Zeitaufnahmen,
- Bilder	z. B. Materialfluss in Fertigungsräumen,
- Bilder, Strukturen und Symbole	z. B. Flussdiagramm, Netzplan, Blockdiagramm usw.

03. Was sind Arbeitszeitstudien?

Arbeitszeitstudien dienen der Ermittlung von Arbeitszeiten zur Einteilung der Arbeit in zeitlicher Sicht. Wenn die Ablaufarten (vgl. 05.) feststehen, erfolgt die Ermittlung der Zeiten, d. h. die Ablaufarten sind mit Zeitwerten zu versehen.

04. Was sind Arbeitswertstudien?

Arbeitswertstudien ermitteln den Schwierigkeitsgrad von Tätigkeiten als Basis für die Entlohnung.

05. Welche Ablauf- und Zeitarten werden nach REFA unterschieden?

Bei der *Analyse und Optimierung der Zeiten* für Arbeitsvorgänge bedient man sich der *Ablauf-* und *Zeitarten* nach REFA:

• *Ablaufarten* sind *Ereignisse*, die beim Zusammenwirken von Mensch, Betriebsmittel und Arbeitsgegenstand auftreten können. Man unterscheidet Ablaufarten bezogen auf den Menschen, das Betriebsmittel und den Arbeitsgegenstand:

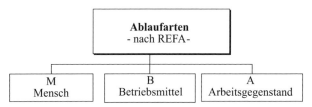

• *Zeitarten* sind Zeiten für bestimmte, gekennzeichnete Ablaufabschnitte; *grundsätzlich* unterscheidet man:

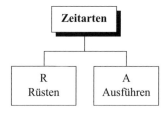

• *Rüsten* R ist das Vorbereiten eines Arbeitssystems und das Rückführen in den ursprünglichen Zustand.

• *Ausführen* A ist das Verändern des Arbeitsgegenstandes entsprechend der Arbeitsaufgabe.

06. Wie ist die Ablaufgliederung für den Menschen (M)?

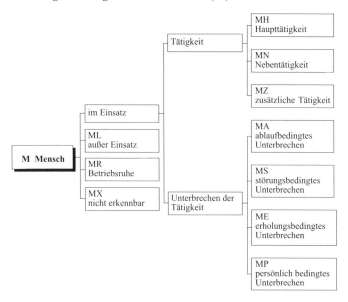

07. Wie ist die Ablaufgliederung für das Betriebsmittel (B)?

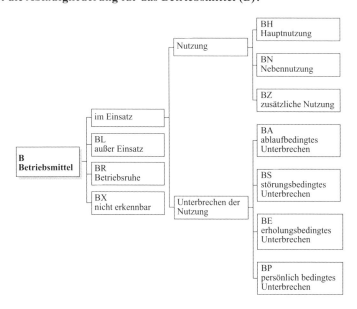

08. Wie ist die Ablaufgliederung für den Arbeitsgegenstand (A)?

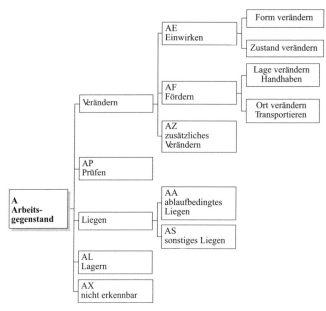

09. Was sind Vorgabezeiten?

• Vorgabezeiten sind *Sollzeiten für Arbeitsabläufe*, die von Menschen und Betriebsmitteln ausgeführt werden. Man unterscheidet:

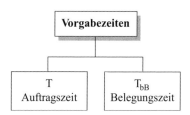

• Die *Auftragszeit* T ist die Vorgabezeit für das Ausführen eines Auftrags durch den Menschen (Grundzeiten + Verteilzeiten + Erholzeiten).

• Die *Belegungszeit* T_{bB} ist die Vorgabezeit für die Belegung des Betriebsmittels durch den Auftrag (Grundzeiten + Verteilzeiten).

• Die *Vorgabezeit* setzt sich also zusammen aus:

$$\textit{Grund}\text{zeiten } + \textit{ Verteil}\text{zeiten } + \textit{ Erhol}\text{zeiten}_{\text{(beim Menschen)}}$$

10. Wie ist die Auftragszeit (für den Menschen) nach REFA gegliedert?

Dabei gelten folgende *Definitionen und Begriffe nach REFA* (Verband für Arbeitsstudien und Betriebsorganisation e.V.):

• *Menge* m
  Anzahl der zu fertigenden Einheiten (Losgröße des Auftrags)

• *Zeit je Einheit* t_e
  Stückzeit (wird meist gebildet aus der Grundzeit t_g und prozentualen Zuschlägen für t_{er} und t_v bezogen auf t_g)

• *Rüstzeit* t_r
  Ist die Zeit, während das Betriebsmittel gerüstet (vorbereitet) wird, z. B. Arbeitsplatz einrichten, Maschine einstellen, Werkzeuge bereit stellen und Herstellen des ursprünglichen Zustandes nach Auftragsausführung; i. d. R. einmalig je Auftrag.

• *Grundzeit* t_g
  Ist die Zeit, die zum Ausführen einer Mengeneinheit durch den Menschen erforderlich ist, z. B. Rohling einlegen, Maschine einschalten, Rohling bearbeiten usw.

• *Erholzeit* t_{er}
  Ist die Zeit, die für das Erholen des Menschen erforderlich ist, z. B. planmäßige Pausen.

• *Verteilzeit* t_v
  Ist die Zeit, die zusätzlich zur planmäßigen Ausführung erforderlich ist:

- *sachliche Verteilzeit*: Zusätzliche Tätigkeit, störungsbedingtes Unterbrechen; z. B. unvorhergesehene Störung an der Maschine.
- *persönliche Verteilzeit*: Persönlich bedingtes Unterbrechen; z. B. Übelkeit, Erschöpfung.

Beispiel 1:
Bei der Durchführung eines Auftrags fallen folgende Ablaufabschnitte an; sie sind sachlogisch zu gliedern und den richtigen Zeitarten zuzuordnen (vgl. nächste Seite):

Nr	Ablaufabschnitte	Rüstzeit t_r			Ausführungszeit t_e				
		t_{rg}	t_{rv}	t_{rer}	t_g		t_{er}	t_v	
					t_t	t_w		t_p	t_s
	1 min ausruhen - nach Fehlerbehebung an der Justiereinrichtung								
	Werkzeug holen und bereit legen								
	Bohren ohne Überwachung								
	Justiereinrichtung klemmt; Fehler beheben								
	Maschine einschalten								
	Arbeitsplan lesen								
	Werkzeug einspannen								
	1. Werkstück aufnehmen und spannen								
	Maschine nachjustieren								
	Bohrvorgang und Überwachung des Bohrvorgangs								
	Maschine einrichten								
	Vor der 2. Werkstückbearbeitung zur Toilette gehen								
	Nach Bearbeitung der Werkstücke Arbeitskarte ausfüllen und abzeichnen								
	Nachjustierung erfolglos; neues Werkzeug holen und einspannen								
	1. Werkstück ablegen								
	9:15 Planmäßige Pause, 15 min								
	Werkzeug ausspannen und ablegen								
	1. Werkstück abspannen								
	2. Werkstück aufnehmen und spannen								
	Von der Toilette zurückkommen								
	1. Werkstück prüfen								

Lösung:

Nr.	Ablaufabschnitte	Rüstzeit t_r			Ausführungszeit t_e				
		t_{rg}	t_{rv}	t_{rer}	t_g		t_{er}	t_v	
					t_t	t_w		t_p	t_s
1	Arbeitsplan lesen	•							
2	Werkzeug holen und bereit legen	•							
3	Maschine einrichten	•							
4	Justiereinrichtung klemmt; Fehler beheben		•						
5	1 min ausruhen - nach Fehlerbehebung an der Justiereinrichtung		•						
6	Werkzeug einspannen	•							
7	1. Werkstück aufnehmen und spannen				•				
8	Maschine einschalten				•				
9	Bohrvorgang und Überwachung des Bohrvorgangs				•				
10	Bohren ohne Überwachung					•			
11	1. Werkstück abspannen				•				
12	1. Werkstück prüfen				•				
13	1. Werkstück ablegen				•				
14	Maschine nachjustieren	•							
15	Nachjustierung erfolglos; neues Werkzeug holen und einspannen		•						
16	Vor der 2. Werkstückbearbeitung zur Toilette gehen							•	
17	Von der Toilette zurückkommen							•	
18	2. Werkstück aufnehmen und spannen				•				
...	...								
...	9:15 Planmäßige Pause, 15 min						•		
...	...								
...	Nach Bearbeitung der Werkstücke Arbeitskarte ausfüllen und abzeichnen	•							
...	Werkzeug ausspannen und ablegen	•							

Beispiel 2:
Zu ermitteln ist die Auftragszeit T für den Auftrag „Drehen von 20 Anlasserritzeln" nach folgenden Angaben:

Lfd. Nr.	Vorgangsstufen	Sollzeit in min
1	Zeichnung lesen	4,0
2	Werkzeugstahl einspannen	1,5
3	Maschine einrichten	2,0
4	Rohling einspannen	0,5
5	Maschine einschalten	0,2
6	Ritzel drehen	4,5
7	Maschine ausschalten	0,2
8	Ritzel ausspannen und ablegen	0,4
9	Werkzeugstahl ausspannen und ablegen	0,5
10	Maschine endreinigen	3,0
Verteilzeitzuschlag für Rüsten: 20 %		
Verteilzeitzuschlag für Ausführungszeit: 10 %		

Lösung:

	Vorgangsstufen	Sollzeit in min	Rüstzeit			Ausführungszeit		
			t_{rg}	t_{rv}	t_{rer}	t_g	t_v	t_{er}
1	Zeichnung lesen	4,0	4,0					
2	Werkzeugstahl einspannen	1,5	1,5					
3	Maschine einrichten	2,0	2,0					
4	Rohling einspannen	0,5				0,5		
5	Maschine einschalten	0,2				0,2		
6	Ritzel drehen	4,5				4,5		
7	Maschine ausschalten	0,2				0,2		
8	Ritzel ausspannen und ablegen	0,4				0,4		
9	Werkzeugstahl ausspannen und ...	0,5	0,5					
10	Maschine endreinigen	3,0	3,0					
	Summe t_{rg} bzw. t_g		11,0			5,8		
	Verteilzeitzuschlag: 20 % bzw. 10 %			2,2			0,58	
	Summe t_r bzw t_e		13,2			6,38		
$T = t_r + t_a = t_r + 20 \cdot t_e = 13{,}2 \text{ min} + 20 \cdot 6{,}38 \text{ min} = 140{,}8 \text{ min}$								

Beispiel 3:
Zu berechnen ist die Auftragszeit T nach folgenden Angaben:

Anzahl der zu fertigenden Einheiten	100 E
Einspannen des Rohlings	0,20 min/E
Maschinenlaufzeit	1,50 min/E
Erholzeit 5 %	
Verteilzeit 15 %	
Rüstzeit 20 min	

Lösung:

$$T = t_r + m \cdot t_e$$
$$= t_r + m(t_g + t_{er} + t_v)$$
$$= t_r + m(t_{g1} + t_{g2} + t_{er} + t_v) \qquad \text{mit:} \quad t_{g1} \text{ Rohling einspannen}$$
$$\qquad\qquad\qquad\qquad\qquad\qquad\qquad\qquad\qquad t_{g2} \text{ Maschinenlaufzeit}$$

$$= 20 \text{ min} + 100 (1,7 + 0,05 \cdot 1,7 + 0,15 \cdot 1,7)$$

$$= 224 \text{ min}/100 \text{ E}$$

11. Wie ist die Belegungszeit (für das Betriebsmittel) nach REFA gegliedert?

Die Belegungszeit T_{bB} für das Betriebsmittel ist analog zur Auftragszeit T (für den Menschen) gegliedert – ohne die Erholzeit:

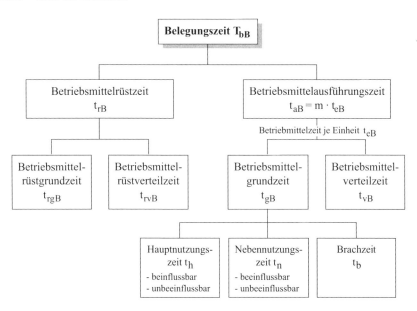

Dabei gelten folgende *Definitionen und Begriffe nach REFA:*

• *Menge* m
  Anzahl der zu fertigenden Einheiten (Losgröße des Auftrags).

• *Betriebsmittelzeit je Einheit* t_{eB}
  Die Vorgabezeit für das Belegen eines Betriebsmittels bei der Mengeneinheit 1, 100 oder 1.000.

- *Betriebsmittelgrundzeit* t_{gB}
Summe der Soll-Zeiten aller Ablaufschritte, die für das planmäßige Ausführen des Ablaufs durch das Betriebsmittel erforderlich sind; sie besteht aus den Zeitarten:

- Hauptnutzungszeit t_h (auch: Prozesszeit; zur Berechnung vgl. 4.7.3/06.)
- Nebennutzungszeit t_n
- Brachzeit t_b (Unterbrechungszeit)

- *Betriebsmittelverteilzeit* t_{vB}
Summe der Sollzeiten aller Ablaufabschnitte, die zusätzlich zur planmäßigen Ausführung eines Ablauf durch das Betriebsmittel erforderlich sind; sie besteht aus den Zeitarten:

- Zusätzliche Nutzung BZ
- störungsbedingtes Unterbrechen BS
- persönlich bedingtes Unterbrechen BP.

- *Betriebsmittelrüstzeit* t_{rB}
analog zur Auftragszeit – ohne Erholzeit.

Im Allgemeinen wird bei der Berechnung der Belegungszeit der gleiche Verteilprozentsatz gewählt wie bei der Auftragszeit.

4.7.2 Leistungsgrad und Zeitgrad

01. Was ist Leistung?   → A 5.1.4

Im physikalischen Sinne ist

$$\text{Leistung} = \frac{\text{Arbeit}}{\text{Zeit}}$$

Nach REFA ist die

$$\text{Arbeitsleistung} = \frac{\text{Arbeitsergebnis}}{\text{Zeit}} \qquad \text{bzw.}$$

$$\text{Mengenleistung} = \frac{\text{Menge}}{\text{Zeit}}$$

02. Was ist der Wirkungsgrad?

Der Wirkungsgrad eines Arbeitssystems ist das Verhältnis von Ausgabe (Arbeitsergebnis) zu Eingabe (Arbeitsgegenstand):

$$\text{Wirkungsgrad} = \frac{\text{Ausgabe}}{\text{Eingabe}}$$

03. Nach welchen Merkmalen wird der menschliche Leistungsgrad ermittelt?

Der Leistungsgrad L eines Arbeitenden ist die Beurteilung des Verhältnisses der Istleistung zur Bezugsleistung (i. d. R. = Normalleistung):

$$\text{Leistungsgrad in \%} = \frac{\text{beobachtete (Ist-)Leistung}}{\text{Bezugs- (Normal-)Leistung}} \cdot 100$$

Die Beurteilung des Leistungsgrades erfolgt i. d. R. nur bei Vorgängen, die vom Menschen beeinflussbar sind. Der Leistungsgrad ist abhängig von *subjektiver* Bewertung und setzt voraus, dass der Mitarbeiter *eingearbeitet*, hinreichend *geübt*, *motiviert* ist und geeignete *Arbeitsbedingungen* vorliegen. Der Leistungsgrad sollte während einer Zeitaufnahme laufend geschätzt werden.

Die Höhe des Leistungsgrades hängt von zwei Faktoren ab:

- Der Intensität,
- der Wirksamkeit.

• *Intensität* äußert sich in der Bewegungsgeschwindigkeit und der Kraftanspannung der Bewegungsausführung.

• *Wirksamkeit* ist der Ausdruck für die Ausführungsgüte. Sie ist daran zu erkennen, wie geläufig, zügig, beherrscht usw. gearbeitet wird.

Die Bezugs-Mengenleistung (Normalleistung) hat den Leistungsgrad 100 %. Sie kann

- als *Durchschnittsleistung* über viele Ist-Leistungserfassungen,
- als *Standard-Leistung* (System vorbestimmter Leistungen auf Basis von Ist-Leistungen) oder
- als *REFA-Normalleistung*

gebildet werden.

04. Wie ist die REFA-Normalleistung definiert?

Unter der REFA-Normalleistung wird eine Bewegungsausführung verstanden, die dem Beobachter hinsichtlich der Einzelbewegungen, der Bewegungsfolge und ihrer Koordination besonders harmonisch, natürlich und ausgeglichen erscheint. Sie kann erfahrungsgemäß von jedem in erforderlichem Maße geeigneten, geübten und voll eingearbeiteten Arbeiter auf die Dauer und im Mittel der Schichtzeit erbracht werden, sofern er die für persönliche Bedürfnisse und ggf. auch für Erholung vorgegebenen Zeiten einhält und die freie Entfaltung seiner Fähigkeit nicht behindert wird.

05. Wie wird die Normalzeit ermittelt?

Bei allen gemessenen Ablaufabschnitten müssen die gemessenen Istzeiten mithilfe des Leistungsgrades in *Normalzeiten* umgerechnet werden:

$$\text{Normalzeit} = \frac{\text{Leistungsgrad} \cdot \text{gemessene Istzeit}}{100}$$

06. Wie wird der Zeitgrad errechnet?

Der Zeitgrad ist das Verhältnis von Vorgabezeit (Sollzeit) zur tatsächlich erzielten Zeit (Istzeit).

$$\text{Zeitgrad in \%} = \frac{\sum \text{Vorgabezeiten (Normalzeiten)}}{\sum \text{Istzeiten}} \cdot 100$$

Der Zeitgrad ist also Ausdruck der Soll-Zeit in Prozenten der Istzeit. Er wird i. d. R. für einen zurückliegenden Zeitraum berechnet und kann sich auf einen Auftrag, einen Mitarbeiter, eine Abteilung oder einen Betrieb beziehen.

Merke:

> *Der Leistungsgrad wird beurteilt!*
> *Der Zeitgrad wird berechnet!*

Beispiel 1: Berechnung des Zeitgrades (vereinfachte Darstellung)
In dem zurückliegenden Monat wurden am Arbeitsplatz X für Herrn Y folgende Werte gemessen und der Zeitgrad ermittelt (Ausschnitt der Messwerte).

Mitarbeiter: Y		Arbeitsplatz: X		Monat: Juni	
Auftrag Nr.	**Istzeit** (Zeitaufnahme) in h	**Leistungsgrad** (geschätzt) in %	**Normalzeit** (Vorgabezeit) in h	**Erzielte Istzeit** in h	**Zeitgrad** (berechnet) in %
1	2	3	4	5	6
01800	5,60	110	6,16	5,50	112,0
01804	3,20	115	3,68	3,20	115,0
01823	4,80	105	5,04	4,60	109,6
03722	8,35	100	8,35	8,50	98,2
03724	3,60	105	3,78	3,50	108,0
03728	2,50	110	2,75	2,60	105,8
...	...	...	...	...	...

Erläuterung:
- Spalte 2: Summe der während der Zeitaufnahme gemessenen Istzeiten.
- Spalte 3: Durch Beurteilen wurde während der Zeitaufnahme festgelegt, um wie viel Prozent die beobachtete Leistung von der Bezugsleistung (= 100 %) abweicht – in Schritten gestaffelt von je 5 %.
- Spalte 4: Die Normalzeit ist das Produkt von [gemessene Istzeit · Leistungsgrad : 100];
  [Spalte 2 · Spalte 3 : 100].
- Spalte 5: Die vom Mitarbeiter Y im Abrechnungszeitraum tatsächlich erzielte Zeit pro Auftrag.
- Spalte 6: Der Zeitgrad ergibt sich rechnerisch als Quotient aus Vorgabezeit und (erzielter) Istzeit:
  [Spalte 4 : Spalte 5 · 100].

Beispiel 2: Berechnung des Zeitgrades für einen Auftrag.
Nach Durchführung eines Auftrags wurden folgende Zeiten gegenübergestellt:

1. Vorgabezeit:
   - Die Maschinenlaufzeit (unbeeinflussbare Tätigkeit) steht bei 100 Einheiten (E) zum Personaleinsatz (beeinflussbare Tätigkeit) im Verhältnis von 100 min : 20 min.
   - Die Wartezeit ist mit 30 % der unbeeinflussbaren Tätigkeitszeit zu berücksichtigen.
   - Die Zuschläge für die Erholzeit und die Verteilzeit betragen 2 % bzw. 10 %.

2. Istzeit: Der Arbeitskarte sind zu entnehmen:
   - Anzahl der gefertigten Einheiten: 300 E
   - Fertigungszeit: 7,5 h

Lösung:

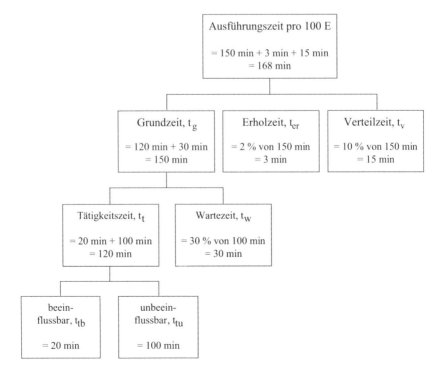

$$\text{Zeit je Einheit} \quad t_e \;=\; 168 \text{ min} : 100 \quad = \quad 1{,}68 \text{ min/E}$$

Vorgabezeit

$$\text{für den Auftrag} \quad t_a \;=\; m \cdot t_e \quad\quad = \quad 300 \text{ E} \cdot 1{,}68 \text{ min/E}$$

$$= \quad 504 \text{ min/300 E}$$

$$= \quad 8{,}4 \text{ h/300 E}$$

$$\Rightarrow \quad \boxed{\text{Zeitgrad in \%} \;=\; \frac{\sum \text{Vorgabezeiten (Normalzeiten)}}{\sum \text{Istzeiten}} \cdot 100}$$

$$= \quad \frac{8{,}4 \text{ h} \cdot 100}{7{,}5 \text{ h}} \quad = \quad 112 \%$$

Beispiel 3: Zeitgradberechnung

In einer Stunde wurden 12 E gefertigt; die Vorgabezeit beträgt 10 E/h. Zu ermitteln ist der Zeitgrad der Fertigungsstunde:

Vorgabezeit:	10 E/60 min	$\Rightarrow$	6 min/E
Istzeit:	12 E/60 min	$\Rightarrow$	5 min/E

Zeitgrad = 6 min/E : 5 min/E · 100 = 120 %

4.7.3 Methoden der Datenermittlung

01. Wie werden Zeiten ermittelt? Welche Methoden gibt es?

Bei der Ermittelung von Zeiten ist zu unterscheiden zwischen folgenden Zeitarten:

• *Istzeiten* sind *tatsächlich* vom Menschen/Betriebsmittel für das Ausführen von Ablaufabschnitten *gebrauchte Zeiten*.

• *Sollzeiten* sind aus Istzeiten *abgeleitete Zeiten* für geplante Abläufe.

Es werden folgende *Zeitermittlungsmethoden* eingesetzt:

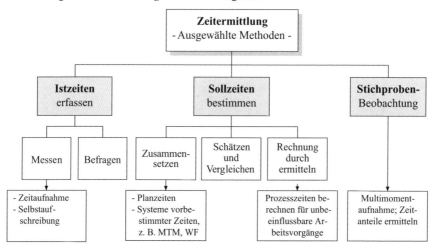

02. Welchen Zweck haben Zeitaufnahmen?

- *Zeitaufnahmen* sind das Ermitteln von Sollzeiten durch Messen und Auswerten von Istzeiten (Definition nach REFA).

- Der *Vorgang der Zeitaufnahme* umfasst:
  - Beschreibung des Arbeitssystems (Arbeitsaufgabe, -verfahren, -methode, -bedingungen),
  - Gliederung des Arbeitsablaufs in messbare Ablaufabschnitte und Bestimmung der Messpunkte,
  - Erfassung der Bezugsmengen und Einflussgrößen,
  - Messen der Ist-Zeiten und Schätzen des Leistungsgrades (vgl. 4.7.2/03.),
  - Auswerten der Messergebnisse nach statistischen Methoden (z. B. Mittelwertberechnung),
  - Ermittlung der Sollzeiten unter Berücksichtigung der Erhol- und Verteilzeiten.

- *Voraussetzungen* der Zeitaufnahme:
  - Die Zeitaufnahme muss reproduzierbar sein (Protokoll).
  - Die Zeitaufnahme erfolgt am „bereinigten" Arbeitssystem: Der Zeitaufnahme geht eine Optimierung der Arbeitsplatzgestaltung voraus.
  - Zeitaufnahmen dürfen nicht ohne Wissen des Mitarbeiters erfolgen und sind mitbestimmungspflichtig (§ 87 Abs. 1 Nr. 10, 11 BetrVG).
  - Der Zeitaufnahmebogen ist eine Urkunde; es darf nicht radiert und geändert werden.

- Man unterscheidet zwei *Zeitmessmethoden:*

- Einzelzeitmessung:
  Für jeden Ablaufabschnitt wird gesondert gemessen.

- Fortschrittsmessung:
  Die Zeit wird von einer permanent laufenden Stoppuhr abgelesen (Zeitdauer = Differenz zweier Fortschrittszeiten).

03. Was versteht man unter Systemen vorbestimmter Zeiten (SvZ)?

Neben der Ermittlung der *Vorgabezeit* nach REFA gibt es noch das Verfahren auf der Grundlage von Systemen vorbestimmter Zeiten: Der *Grundgedanke* ist, *dass manuelle Tätigkeiten des Menschen systematisch bestimmbar sind.*

- Unter *Systemen vorbestimmter Zeiten* (SvZ) versteht man Verfahren zur Ermittlung von Sollzeiten für manuelle Tätigkeiten, die vom Menschen beeinflussbar sind (Definition nach REFA).

Die Bestimmung der Sollzeiten erfolgt bei allen SvZ in vier Arbeitsschritten:

1. *Analyse des Bewegungsablaufs*, z. B. Hinlangen, Greifen usw.
2. *Zeitanalyse* (Bestimmen der Einflussgrößen), z. B. Bewegungslänge,
3. *Ablesen* der Elementarzeiten aus Tabellen,
4. *Addieren* der Elementarzeiten zur Gesamtbewegungszeit für einen Ablauf.

Für die Anwendung derartiger Systeme müssen *sechs Voraussetzungen* gegeben sein:

1. Die Standardzeiten der Verfahren müssen mithilfe eines *Umrechnungsfaktors* an die REFA-Normalleistungszeit angepasst werden.

2. Die Arbeitsabläufe müssen *konstant und reibungslos* sein. Die SvZ benötigen für ihre starre Methodik „genormte" Arbeiten. Etwaige Unregelmäßigkeiten müssen in der Häufigkeit ihres Auftretens bestimmbar sein.

3. Die Konstanz des Arbeitsablaufs bedingt wiederum *stationäre Arbeitsplätze*, an denen Werkzeuge, Vorrichtungen und Teilebehälter stets im gleichen, „normalen" Griffbereich des Arbeiters liegen.

4. Ebenso muss der zu bearbeitende *Werkstoff* in seinen Abmessungen und Qualitätskriterien stets *einheitlich* sein.

5. Die SvZ beziehen sich *nur auf geistige oder manuelle Bearbeitungszeiten*. Alle anderen Zeiten (Erhol-, Verteil-, Wartezeiten usw.) werden mithilfe von Stoppuhr oder Multimomentaufnahme errechnet und den Tabellenwerten (meist prozentual) zugeschlagen.

6. Die SvZ analysieren *nur die menschliche Bewegungsleistung*.

In Deutschland sind vor allem folgende SvZ gebräuchlich:

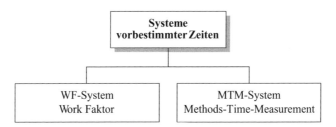

04. Welche Systematik hat das Work-Faktor-System?

Das Work-Faktor-System (englisch: work factor = Summe der Merkmale des Schwierigkeitsgrades der Arbeit) wurde 1945 in den USA entwickelt. Es unterscheidet:

- *Acht Grundbewegungen* als Standardelemente; die Zeitwerte sind in Tabellen zusammengefasst.

- *Sechs Körperbewegungen* als *weitere Bewegungselemente*; sie sind in Abhängigkeit von den jeweiligen *Einflussgrößen* als Festwert der Tabelle zu entnehmen.

- *Vier Merkmale der Bewegungsbeherrschung* (Schwierigkeitsgrad = work factor).

Work-Faktor-System			
Bewegungs-elemente	**Grundbewegungen** (Standardelemente)	1	Bewegen
		2	Greifen
		3	Loslassen
		4	Vorrichten
		5	Fügen
		6	Demontieren
		7	Ausführen
		8	Geistige Vorgänge
	Körperbewegungen (weitere Bewegungs-elemente)	1	Kopfdrehungen
		2	Körperdrehungen
		3	Gehen, unbehindert
		4	Gehen, behindert
		5	Gehen auf Treppen
		6	Aufstehen, Hinsetzen
	Einflussgrößen	1	Bewegter Körperteil
		2	Zurückgelegter Weg, in cm
		3	Schwierigkeitsgrad: - Bestimmtes Ziel - Steuern - Sorgfalt/Präzision - Richtungsänderung/Umweg

Für die analysierte *Bewegung* werden die *Einflussgrößen* und die Anzahl der *Merkmale* (der Bewegungsbeherrschung) ermittelt und der entsprechende Zeitwert der Tabelle entnommen. Die Zeitwerte sind in Zeiteinheiten (ZE) angegeben (1 ZE = 0,0001 min).

Das WF-System wird überwiegend in der Massenfertigung angewendet. Aus dem Grundverfahren (s. o.) wurden vereinfachte Verfahren abgeleitet, die bei Kleinserien wirtschaftlich vertretbar sind:

- Work-Faktor-Schnellverfahren (WFS)
- Work-Faktor-Kurzverfahren (WFK)

05. Welche Systematik hat das MTM-System?

Das MTM-System wurde 1948 in den USA veröffentlicht und bedeutet übersetzt: Methoden-Zeit-Messung (Methods-Time-Measurement). Hier ist *die Methode das Maß für die Zeit.* Es werden sowohl quantitative als auch qualitative Einflussgrößen erfasst (z. B. Bewegungslänge bzw. Lage des Gegenstandes).

Das MTM-System unterscheidet:

- neun *Grundbewegungen* (z. B. R = Reach = Hinlangen),
- acht *Körper-, Bein- und Fußbewegungen,*
- zwei *Blickfunktionen,*

- *Bewegungsfälle* A, B, C, ... (sie werden bestimmt durch: Ort, Größe und Beschaffenheit des Gegenstands).

Zur Beschreibung der MTM-Grundbewegungen dienen Buchstaben-Zahlen-Kombinationen, z. B.:

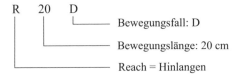

R   20   D
                └───── Bewegungsfall: D
         └──────────── Bewegungslänge: 20 cm
  └─────────────────── Reach = Hinlangen

Die *Maßeinheit* für MTM-Zeiteinheiten (TMU = Time-Measurement-Unit) ist:

1 TMU   = $^1/_{100.000}$ Stunde   =   0,0006 min
16,7 TMU = 1 cmin

Vereinfachte Verfahren wurden aus dem MTM-Grundsystem abgeleitet, z. B.:

- *MTM-Standarddaten* (MTM-SD):
  · Zeitbausteine werden zusammengefasst
  · Zeitwerte werden gerundet
  · Bewegungslängen werden geschätzt

- *MTM 2*:
  · Reduzierung auf zehn Verrichtungselemente

- *MTM 3*:
  · Reduzierung auf vier Bewegungskategorien

06. Wie werden Prozesszeiten (Hauptzeiten) berechnet?   → 2.1.2

Prozesszeiten (auch: Hauptzeiten) sind Sollzeiten für automatisch ablaufende Abschnitte, die vom Menschen nicht beeinflussbar sind. *Hauptnutzungszeiten* t_h werden vorrangig bei der spanenden Bearbeitung als Grundlage zur Ermittlung der Vorgabezeit (für Betriebsmittel) verwendet; vgl. 2.1.2 Fertigungsaufträge sowie oben, 4.7.1/12.

Ausschnitt aus der Systematik „Belegungszeit T_{bB}":

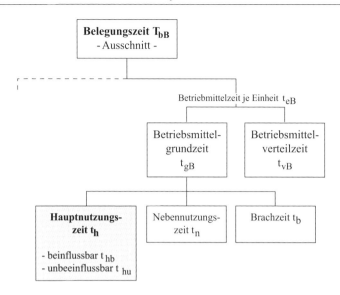

Die Grundformel der Hauptnutzungszeit t_{hu} ist:

$$t_{hu} = \frac{\text{Arbeitsweg (Maße des Arbeitsgegenstandes)}}{\text{Arbeitsgeschwindigkeit des Werkzeugs}}$$

Die *Berechnung* erfolgt mithilfe spezieller *Formeln* (Hauptnutzungszeit beim Drehen, beim Bohren, beim Fräsen usw.), die den einschlägigen Tabellenwerken entnommen werden können, vgl. z. B.: *Friedrich Tabellenbuch, Bildungsverlag EINS, a. a. O., S. 7-4 ff.* oder *Tabellenbuch Metall, Europa Lehrmittel Verlag, a. a. O., S. 264 ff.*

Beispiel: Berechnung der Hauptnutzungszeit (vereinfacht: t_h) beim Drehen:

Berechnungsgrößen:

t_h	Hauptnutzungszeit	f	Vorschub je Umdrehung
L	Vorschubweg in mm	l	Werkstücklänge in mm
i	Anzahl der Schnitte	l_a	Anlauf in mm
n	Drehfrequenz in min^{-1}	l_u	Überlauf in mm
d	Werkstückdurchmesser in mm		

Berechnung von L				
Längs-Runddrehen		**Quer-Plandrehen**		
ohne Ansatz	*mit Ansatz*	*ohne Ansatz*	*mit Ansatz*	*Hohlzylinder*
$L = 1 + l_a + l_u$	$L = 1 + l_a$	$L = d : 2 + l_a$	$L = (d - d_1) : 2 + 1a$	$L = (d - d_1) : 2 + l_a + l_u$

Skizze: Längs-Runddrehen ohne Ansatz

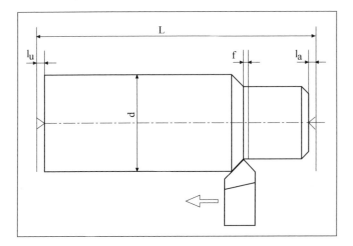

Beispiel: Berechnung von t_h beim Längs-Runddrehen ohne Ansatz

Ein Bolzen mit der Länge 160 mm wird bei einem Vorschub von 0,3 mm und einer Drehfrequenz von 1.000/min überdreht ($l_a = l_u = 2$ mm).

Gesucht: t_h = ?

Gegeben: L = $l + l_a + l_u$ i = 1
                    = 160 mm + 2 mm + 2 mm f = 0,3 mm
                    = 164 mm n = 1.000 min^{-1}

Berechnung: $t_h = \dfrac{L \cdot i}{f \cdot n} = \dfrac{164 \cdot 1}{0,3 \cdot 1.000} \cdot \dfrac{\text{mm} \cdot \text{min}}{\text{mm} \cdot 1} = 0,55$ min

07. Wie erfolgt das Schätzen und Vergleichen?

• *Schätzen* ist das ungefähre Bestimmen von Sollzeiten auf der Basis von Erinnerung oder Erfahrung.

• *Vergleichen* ist das Nebeneinanderstellen von Abläufen, um Unterschiede/Übereinstimmungen fest zu stellen.

Durch methodisches Vorgehen können Schätzfehler gering gehalten werden: Der gesamte Ablauf wird in kleine, überschaubare Abschnitte zerlegt, deren Sollzeit einzeln geschätzt wird.

Arbeitsschritte:

1. Arbeitsaufgabe beschreiben.
2. Ähnlichen Arbeitsablauf bereit legen (Vergleichsunterlagen[1]).
3. Arbeitsbedingungen vergleichen.
4. Abweichungen hinsichtlich Arbeitsablauf und -gegenstand betrachten.

---

[1] Systematische Vergleichsunterlagen (*Zeitklassenverfahren*) verbessern und erleichtern das Verfahren.

5. Zu- und Abschläge für unterschiedliche Ablaufabschnitte festlegen.
6. Einzelzeiten zur Sollzeit addieren.

Schätzen und Vergleichen ist eine wirtschaftlich vertretbare Methode der Sollzeitermittlung und wird bei Einzel- und Kleinserien, in der Instandhaltung sowie im Handwerk eingesetzt.

08. Was sind Planzeiten?

Die Ermittlung von Sollzeiten ist wirtschaftlich aufwändig. Daher ist man bestrebt, dass ermittelte Sollzeiten möglichst häufig wieder verwendet werden. Diesem Ziel dienen Planzeiten.

• *Planzeiten* sind Sollzeiten für bestimmte Abschnitte, deren Ablauf mithilfe von Einflussgrößen beschrieben ist. Die ermittelte Planzeit ist nur so gut, wie ihre Beschreibung zutreffend ist.

Wirtschaftlich sinnvoll ist die Verwendung von Planzeiten dort, wo ähnliche aber nicht genau identische Ablaufabschnitte häufig vorkommen, z. B. in der Einzel- und Kleinserienfertigung.

Arbeitsschritte:

1. Planzeitbereich (Arbeitssystem) abgrenzen.
2. Verwendungszweck der Planzeiten fest legen.
3. Planzeitbereich ordnen (ggf. vorher das Arbeitssystem optimieren → Arbeitsplatzgestaltung).
4. Arbeitsabläufe gliedern und beschreiben; Bezugsmengen und Einflussgrößen erfassen.
5. Zeiten ermitteln für:
   - Mikroabschnitte (durch SvZ oder Zeitstudien)
   - Makroabschnitte (durch Schätzen und Vergleichen oder Selbstaufschreibung).
6. Planzeiten darstellen, z. B. in Planzeitkatalogen.

4.7.4 Multimomentaufnahme als Methode zur Ermittlung von Zeitanteilen

01. Was sind Verteilzeitstudien?

Die unter 4.7.3 behandelten Zeitermittlungsverfahren beziehen sich auf die Erfassung der Sollzeiten *planmäßiger Ablaufabschnitte.*

Die *Verteilzeit* t_v (vgl. oben, 4.7.1/11. /Auftragszeit T) ist definiert als die Summe der Sollzeiten, die *zusätzlich zum planmäßigen Ausführen* eines Ablaufs erforderlich sind.

Dafür sind besondere *Verteilzeitstudien* notwendig, die die Zusammensetzung der Aufnahmezeit AZ aus den verschiedenen Zeitarten notiert. Ziel der Verteilzeitaufnahmen ist es, den relativen Anteil z_v der Verteilzeit V zur Grundzeit G zu ermitteln; der Verteilzeitprozentsatz z_v ist:

$$z_v \text{ in } \% = \frac{\sum \text{Verteilzeiten}}{\sum \text{Grundzeiten}} \cdot 100$$

Es gelten folgende Definitionen:

V = Verteilzeit

V_p = persönliche Verteilzeiten, z. B. zur Toilette gehen, Fenster öffnen/schließen wegen Lüftung, Beleuchtung einschalten/ausschalten.

V_{sk} = sachlich konstante Verteilzeiten: zusätzliche Zeiten, die regelmäßig und auftragsunabhängig anfallen, z. B. Vorbereitungsarbeiten zum Schichtbeginn, Reinigungsarbeiten zum Schichtende, Wartungsarbeiten.

V_{sv} = sachlich variable Verteilzeiten: zusätzliche Zeiten, die auftragsabhängig und gelegentlich anfallen, z. B. kleinere Störungen im Ablauf, Wechsel des Werkzeugs.

$$\Rightarrow \boxed{V = V_p + V_{sk} + V_{sv}}$$

Für die Zusammensetzung der Aufnahmezeit AZ bei Verteilzeitaufnahmen gilt:

$$\boxed{AZ = G + V + Er + N + F}$$

Dabei ist:

G = Grundzeiten

V = Verteilzeiten

Er = Erholzeiten

N = nicht zu verwendende Zeiten, z. B. persönlich verursachte, zusätzliche Zeiten, z. B. Nacharbeit wegen Unaufmerksamkeit, Zuspätkommen, private Gespräche.

F = fallweise zu berücksichtigende Zeiten, die in den Verteilzeiten nicht erfasst werden, z. B. längerer Energieausfall, größere Instandhaltungsarbeiten, Bereitstellung fehlender Hilfs- und Fördervorrichtungen.

Nach der Ermittlung der Verteilzeiten V und der Grundzeiten G kann der Verteilzeitprozentsatz z_v berechnet werden (vgl. oben):

$$\boxed{z_v \text{ in } \% = \frac{\sum \text{Verteilzeiten}}{\sum \text{Grundzeiten}} \cdot 100}$$

Ist z_v bekannt (aus der Verteilzeitaufnahme), so lässt sich die Zeit je Einheit für einen Auftrag t_e berechnen (vgl. 4.7.1/11.); dabei wird die Verteilzeit als Zeitanteil der Grundzeit berücksichtigt:

$$\boxed{t_e = t_g + t_v + t_{er}}$$

$$= t_g + {}^{zv}\!/_{100} \cdot tg + t_{er}$$

Beispiel: Errechnung des Verteilzeitprozentsatzes z_v

Der nachfolgende Bogen (vgl. nächste Seite) fasst die Werte einer Verteilzeitaufnahme zusammen (Vollerhebung über eine Arbeitswoche; Arbeitsaufgabe: Pressen von Kontakten) und zeigt den Berechnungsweg des Verteilzeitprozentsatzes. Die Zeiten N und F wurden bereits eliminiert. Hinweis: Das Beispiel soll die Berechnungsmethode verdeutlichen; es wird nicht davon ausgegangen, dass der Teilnehmer den Sachverhalt in dieser Tiefe für die Prüfung beherrschen muss.

Errechnung des Verteilzeitprozentsatzes z_V

Nr	Beschreibung der Zeitart	Zeit je Woche in min	
1	Vorbereiten des Arbeitsplatzes bei Schichtbeginn	16	$z_{sk} = \dfrac{V_{sk} \cdot 100}{AZ - (V + Er)} = \dfrac{33 \cdot 100}{2.400 - (243 + 45)}$
2	Räumen und Säubern des Arbeitsplatzes bei Schichtbeginn	17	
3	Räumen und Säubern des Arbeitsplatzes am Wochenende		$= \textbf{1,56 \%}$
5	Planmäßige Wartungszeiten an Betriebsmitteln		
6			$z_{sv} = \dfrac{V_{sv} \cdot 100}{G} = \dfrac{96 \cdot 100}{2040}$
V_{sk}	Σ 1 - 6: Schichtkonstante, sachliche Verteilzeiten	33	
8	Gelegentliches Abschmieren von Betriebsmitteln		$= \textbf{4,71 \%}$
9	Arbeits- und Hilfsmittel empfangen und wegbringen	1	$z_p = \dfrac{V_p \cdot 100}{AZ - (V + Er)} = \dfrac{105 \cdot 100}{2.400 - (243 + 45)}$
10	Kleine Störungen an Betriebs- und Arbeitsmitteln	5	
11	Kleine Störungen im Arbeitsablauf	44	$= 4,95 \%$
12	Dienstgespräche	30	
13	Behinderung durch andere Personen	6	$= \textbf{5,00 \%}$ (vereinbart)
14	Gelegentlicher Werkzeugwechsel	10	
15	Schutzkleidung empfangen und wegbringen		$z_V = z_{sk} + z_{sv} + z_p = 11,27 \%$
16			
V_{sv}	Σ 8 - 16: Grundzeitabhängige Verteilzeiten	96	$= \textbf{12,00 \%}$ (vorzugeben)
18	Bedürfnis	75	
19	Sonstige persönliche Verrichtungen	30	Bemerkungen zur Auswertung
20	Lohn empfangen und prüfen		Zeitart — Bemerkungen
21			9 — 1.) Hilfsmittelempfang (Putzlap-
V_p	Σ 18 - 21: Persönliche Verteilzeiten	105	pen) 14-tägig, deshalb nur hal-
V	Σ Verteilzeiten	234	be Zeit je Woche.
Er	Σ erforderliche Erholzeiten	45	18 — 2.) Außergewöhnliches Unwohl-
G	Σ aufgenommene Grundzeiten	2.040	sein, daher nicht verwendet (N).
AZ	Σ Aufnahmezeiten	2.400	

02. Was sind Multimomentstudien?

• *Multimoment-Studien* (MM-Studien) sind Stichprobenverfahren zur Untersuchung (überwiegend) unregelmäßiger Arbeitsabläufe. Die nachfolgenden Ausführungen beziehen sich auf das *MM-Häufigkeits-Zählverfahren* (MMH). Das *MM-Zeitmessverfahren*, bei dem die Zeitdauer der untersuchten Ablaufarten notiert wird, ist weniger verbreitet.

Das Verfahren ist relativ einfach und *gut geeignet für die Ermittlung von Verteilzeiten* (vgl. Frage 01.). Weiterhin wird es eingesetzt bei

- der Ermittlung von Maschinenstillstandszeiten und betrieblichen Kennzahlen sowie bei
- der Untersuchung von Material- und Organisationsabläufen und Angestelltentätigkeiten.

Verfahrensmerkmale:

- Die Häufigkeiten festgelegter Ablaufarten werden durch stichprobenweises, kurzzeitiges Beobachten ermittelt, in Strichlisten eingetragen und durch Zählen ausgewertet.

- Die Kurzbeobachtungen werden auf Rundgängen vorgenommen. Die Rundgänge werden nach dem Zufallsprinzip fest gelegt.

- Bei jedem Rundgang muss eine größere Zahl von Beobachtungsobjekten nacheinander betrachtet werden können.

Nach der Wahrscheinlichkeitstheorie ist bei hinreichend großer Zahl an Beobachtungen (N) der prozentuale Anteil einer bestimmten Ablaufart (p) folgender Quotient:

$$p = \frac{n}{N} \cdot 100$$

p   prozentualer Anteil einer bestimmten Ablaufart
n   Häufigkeit der betreffenden Ablaufart
N   Häufigkeit aller Beobachtungen

Der Prozentsatz p auf der Basis von MM-Studien ist nicht identisch mit dem Verteilzeitzuschlag z_V.

Merke:

p   → bezieht sich auf die Summe aller Beobachtungen N.
z_V → bezieht sich (nur) auf die Summe aller Grundzeiten G.

Um eine statistische Sicherheit von 95 % zu erzielen, muss der Stichprobenumfang N hinreichend groß sein. Es lässt sich mathematisch zeigen, dass dies bei der *Standard-MM-Aufnahme* mit N = 1.600 Beobachtungen ausreichend ist. Multimomentstudien bieten folgende *Vorteile*, haben jedoch aufgrund ihrer statistischen Voraussetzungen auch *Grenzen*:

MM-Studien (Häufigkeitszählverfahren)	
Vorteile	**Grenzen**
Erstrecken sich über einen langen Zeitraum; daher können viele Arbeitssysteme erfasst werden. Das Ergebnis der Untersuchung repräsentiert daher gut den Fertigungs-Ist-Zustand.	Es wird nur der jeweilige Ist-Zustand erfasst; Ursachen oder Einflussgrößen werden nicht berücksichtigt.
Die Untersuchungsdauer kann variiert werden; Unterbrechungen sind möglich.	Jede Notierung ist „zufällig", einmalig und später kaum überprüfbar.
Arbeitsabläufe und Mitarbeiter werden kaum gestört.	Angaben über Leistungsgrad und Erholungsbedarf des Menschen werden nicht erfasst.
Die Genauigkeit der Ergebnisse kann durch den Stichprobenumfang N gesteuert werden.	
Der Aufwand ist um 40 bis 70 % geringer als bei vergleichbaren Zeitstudien.	

4.7.5 Anforderungsermittlung   → 7.3.3

Das Thema wird unter Ziffer 7.3.3/04. ausführlich behandelt. Zur Wiederholung:

Nach REFA dient die Arbeits(platz)bewertung – unter Berücksichtigung der Zeitermittlungsdaten und der Nennung von Leistungskriterien –

- der betrieblichen Lohnfindung,
- der Personalorganisation und
- der Arbeitsgestaltung.

Die Arbeitsbewertung (= Anforderungsermittlung und -bewertung) beantwortet zwei Fragen:

1. Mit welchen Anforderungen wird der Mitarbeiter konfrontiert?
2. Wie hoch ist der Schwierigkeitsgrad einer Arbeit im Verhältnis zu einer anderen?

4.7.6 Entgeltmanagement   → A 2.4.2

Das Thema wird ausführlich im Basisteil unter A 2.4.2, Formen der Entgeltfindung behandelt; bitte ggfs. wiederholen.

4.7.7 Kennzahlen und Prozessbewertung

01. Von welchem gedanklichen Ansatz geht die Prozesskostenrechnung aus?

Die Prozesskostenrechnung (PKR) sieht das gesamte betriebliche Geschehen als eine Folge von Prozessen (Aktivitäten). Zusammengehörige Teilprozesse werden kostenstellenübergreifend zu Hauptprozessen zusammengefasst.

02. Welche Bezugsgrößen wählt die Prozesskostenrechnung zur Verteilung der Gemeinkosten?

Die PKR ist eine Vollkostenrechnung und gliedert die Prozesse in

1. leistungsmengeninduzierte Aktivitäten (lmi)   →   mengenvariabel zum Output
   z. B. Materialbeschaffung: Bestellvorgang,
   Transport, Ware prüfen

2. leistungsmengenneutrale Aktivitäten (lmn)   →   mengenfix zum Output
   z. B. Materialwirtschaft: Leitung der Abteilung

3. prozessunabhängige Aktivitäten (pua)   →   unabhängig vom Output
   z. B. Kantine, Arbeit des Betriebsrates

Primäre Aufgabe der PKR ist die Ermittlung der sog. „Kostentreiber" (Cost-Driver) je leistungsmengeninduzierter Aktivität.

03. Welchen Kennzahlen eignen sich zur Beurteilung interner Prozesse?

- Entwicklungszeiten für neue Produkte
- Durchlaufzeiten
- durchschnittlicher Nutzungsgrad der Anlagen (unter Berücksichtigung von Ausfallzeiten)
- Lagerbestände, Lagerflächen
- Losgrößen
- Bestellmengen
- Häufigkeit von Nachbesserungen/Rückrufaktionen (Wert der ...)
- Kapazitätsauslastung
- Lieferzeiten
- Bearbeitungszeiten
- Vergleichswerte intern und extern (Benchmarking)

5. Planungs-, Steuerungs- und Kommunikationssysteme

―――― *Prüfungsanforderungen:* ――――

Im Qualifikationsschwerpunkt Planungs-, Steuerungs- und Kommunikationssysteme soll der Prüfungsteilnehmer nachweisen, dass er in der Lage ist,

- die Bedeutung von Planungs-, Steuerungs- und Kommunikationssystemen zu erkennen und sie anforderungsgerecht auszuwählen sowie

- Systeme zur Überwachung von Planungszielen und Prozessen anzuwenden.

Qualifikationsschwerpunkt Planungs-, Steuerungs- und Kommunikationssysteme (Überblick)

5.1   **Optimieren von Aufbau- und Ablaufstrukturen und Aktualisieren der Stammdaten für diese Systeme**

5.2   **Erstellen, Anpassen und Umsetzen von Produktions-, Mengen-, Termin- und Kapazitätsplanungen**

5.3   **Anwenden von Systemen für die Arbeitsablaufplanung, Materialfluss-gestaltung, Produktionsprogrammplanung und Auftragsdisposition**

5.4   **Anwenden von Informations- und Kommunikationssystemen**

5.5   **Anwenden von Logistiksystemen, insbesondere im Rahmen der Produkt- und Materialdisposition**

5.1 Optimieren von Aufbau- und Ablaufstrukturen und Aktualisieren der Stammdaten für diese Systeme

5.1.1 Arbeitsteilung als Bestandteil eines effizienten Managements

01. Was versteht man betriebswirtschaftlich unter „Wirtschaftlichkeit"?   → A 2.5.8

Das ökonomische Prinzip erfordert, dass ein bestimmtes Produktionsergebnis mit einem möglichst geringen Einsatz von Material, Arbeitskräften und Maschinen erzielt wird oder umgekehrt der Einsatz einer bestimmten Menge ein möglichst hohes Ergebnis bringt. Die *Wirtschaftlichkeit W ist daher eine Wertkennziffer* und zeigt das Verhältnis von Ertrag zu Aufwand oder von Leistungen zu Kosten. Ist W < 1, so ist der Prozess unwirtschaftlich, die Kosten übersteigen die Leistungen.

oder

$$\text{Wirtschaftlichkeit} = \frac{\text{Ertrag}}{\text{Aufwand}}$$

$$\text{Wirtschaftlichkeit} = \frac{\text{Leistungen}}{\text{Kosten}}$$

02. Was besagt das Rentabilitätsprinzip?

Dem Rentabilitätsprinzip wird dann entsprochen, wenn das im Unternehmen investierte Kapital während einer Rechnungsperiode einen möglichst hohen Gewinn erbringt. Die Angabe einer absoluten Gewinngröße sagt aber noch nichts über den Unternehmenserfolg aus. Dieser wird erst dann erkennbar, wenn der Gewinn in Relation zum eingesetzten Kapital gestellt wird. *Rentabilität ist daher eine Wertkennziffer* und zeigt das Verhältnis von erzieltem Erfolg (Gewinn) zum eingesetzten Kapital.

Die Rentabilität lässt sich anhand unterschiedlicher Relationen definieren:

$$\text{Umsatzrentabilität} = \frac{\text{Erfolg} \cdot 100}{\text{Umsatz}}$$

$$\text{Eigenkapitalrentabilität} = \frac{\text{Erfolg} \cdot 100}{\text{Eigenkapital}}$$

$$\text{Gesamtkapitalrentabilität} = \frac{(\text{Erfolg} + \text{Fremdkapitalzinsen}) \cdot 100}{\text{Gesamtkapital}}$$

03. Welche Aussagekraft hat die Kennziffer „Produktivität"?

Die *Produktivität ist eine Mengenkennziffer* und gibt das Maß der Ergiebigkeit einer bestimmten Faktorkombination an:

$$\text{Produktivität} = \frac{\text{Mengenergebnis der Faktorkombination}}{\text{Faktoreinsatzmengen}}$$

In der Praxis sind folgende *Teilproduktivitäten* von Bedeutung:

$$\text{Arbeitsproduktivität} = \frac{\text{Erzeugte Menge}}{\text{Arbeitsstunden}}$$

$$\text{Materialproduktivität} = \frac{\text{Erzeugte Menge}}{\text{Materialeinsatz}}$$

$$\text{Maschinenproduktivität} = \frac{\text{Erzeugte Menge}}{\text{Maschinenstunden}}$$

Die einzeln errechnete Kennzahl Produktivität lässt keine Aussage zu: Ergibt z. B. die Arbeitsproduktivität pro Schicht in dem Funktionsfeld Montage im Juli den Wert 1,25 (= 200 Baugruppen : 160 Std.), so ist dieser Wert für sich genommen weder „gut" noch „schlecht".

Die Größe Produktivität ist erst im innerbetrieblichen und im zwischenbetrieblichen Vergleich von Interesse:

• *Innerbetrieblicher Vergleich*, z. B.:
  Wie hat sich die Produktivität im Zeitablauf Januar bis Juli im Funktionsfeld Montage entwickelt?

• *Zwischenbetrieblicher Vergleich*, z. B.:
  Wie hat sich die Arbeitsproduktivität des eigenen Unternehmens im Vergleich zum Branchenführer entwickelt?

04. Welchen Einfluss hat die Arbeitsteilung auf die Verbesserung der Produktivität?

Eine der unternehmerischen Zielsetzungen ist die *Gewinnmaximierung:*

> Gewinn = Umsatz − Kosten → max!
>
> *Die Verbesserung der Produktivität ist eine der möglichen Ansätze zur Gewinnmaximierung*

A. *Maximierungsansatz:*   →   Verbesserung der Produktivität durch *Steigerung der Erzeugungsmenge* bei konstantem Faktoreinsatz:

Beispiel:
Situation „alt":

$$\text{Arbeitsproduktivität}_{alt} = \frac{200 \text{ E}}{160 \text{ Std.}} = 1,25 \text{ E/Std.}$$

Situation „neu":

$$\text{Arbeitsproduktivität}_{neu} = \frac{240 \text{ E}}{160 \text{ Std.}} = 1,5 \text{ E/Std.}$$

Gelingt es, bei gleichem Faktoreinsatz die erzeugte Menge zu vergrößern (bei sonst gleichen Bedingungen), so steht einen bestimmten Aufwand eine höhere Leistung gegenüber. Dies führt zu einer Kostensenkung bzw. zu einer Gewinnverbesserung:

| Gewinn ↑ = Umsatz − Kosten ↓ | (bei konstantem Umsatz)

B. Minimierungsansatz   →   Verbesserung der Produktivität durch *Senkung der Faktoreinsatzmenge* bei gleicher Erzeugnismenge:

Situation „neu":

$$\text{Arbeitsproduktivität}_{neu} = \frac{200 \text{ E}}{125 \text{ Std.}} = 1,6 \text{ E/Std.}$$

| *Die Arbeitsteilung ist eine der Ansätze zur Verbesserung der Produktivität!* |

Die Arbeitsteilung ist die *Zerlegung einer Gesamtaufgabe in Teilaufgaben.* Sie kann als *Mengenteilung* oder *Artteilung* erfolgen.

Unter günstigen Bedingungen hat die Arbeitsteilung u. a. folgende Vorteile:

- Steigerung der erzeugten Menge durch Spezialisierung
- Verbesserung der Geschicklichkeit bei gleichen Handgriffen
- Verbesserung der Auslastung der Maschinen

Schlussfolgerungen:

| → *Der Gewinn kann durch eine Verbesserung der Produktivität gesteigert werden!* (unter sonst gleichen Bedingungen)
→ *Die Produktivität kann durch Arbeitsteilung verbessert werden!*
→ Vereinfacht: Arbeitsteilung ⇒ Produktivität↑ ⇒ Gewinn↑ |

05. Welchen Einfluss hat die Organisation auf die Verbesserung der Produktivität?

1. Organisieren heißt, *Regelungen* treffen.

2. Organisation ist die 3. *Phase* im Management-Regelkreis:
   Ziele setzen → Planen → Organisieren → Durchführen → Kontrollieren

3. Die Organisation gehört zu den dispositiven Faktoren:
Die Organisation eines Unternehmens regelt, wie die Faktoren Arbeitskräfte, Arbeitsmittel (Maschinen, Geräte) und Arbeitsstoffe (Zement, Bleche, Steine) so miteinander kombiniert werden, dass das Unternehmensziel (z. B. Gewinnmaximierung) erreicht wird.

Zur Wiederholung:

$$\text{Produktivität} = \frac{\text{Mengenergebnis der Faktorkombination}}{\text{Faktoreinsatzmengen}}$$

Die Organisation entscheidet nicht nur über den Grad der Arbeitsteilung und über die Aufbau- und Ablauforganisation eines Unternehmens sondern es gilt auch:

> *Die Organisation ist zentraler Bestandteil eines effizienten Managements und entscheidet mit über Produktivität und Wirtschaftlichkeit in einem Unternehmen.*

Die Organisation muss

- *Arbeitsvorgänge* so koordinieren, dass Leerlauf vermieden wird,
- muss die *Faktorkombination* wählen, die die Produktivität optimiert,
- wirtschaftlich sein (Aufwand und Nutzen müssen sich entsprechen),
- eine Gratwanderung realisieren zwischen
  · Über- und Unterorganisation,
  · Kontinuität und Flexibilität,
  · Freiräumen für die Mitarbeiter und Kontrolle.

Beispiel: Anhand der nachfolgenden Daten aus der Kostenrechnung ist für die Kostenstelle 4391, Anlasserritzel, ein Vergleich der Produktivität, der Wirtschaftlichkeit und des Gewinns durchzuführen; die Ergebnisse sind für den Betriebsleiter aufzubereiten und begründet zu interpretieren:

Kostenstelle 4391	Jahr 01	Jahr 02
Gefertigte und verkaufte Stück	165.000	180.000
Verkaufspreis je Stück	50,–	55,–
ø Anzahl der Mitarbeiter pro Jahr	12	10
ø Std.zahl je Mitarbeiter pro Jahr	1.725	1.610
Lohngesamtkosten je Stunde	22,–	23,–
Materialkosten je Stück	20,–	21,–
Fixe Gesamtkosten pro Jahr	3.494.600	4.249.700

Es wird folgende *Arbeitstabelle* angelegt:

Kostenstelle 4391	Jahr 01	Jahr 02
Gefertigte und verkaufte Stück	165.000	180.000
Verkaufspreis je Stück	50,–	55,–
Umsatz = Leistungen	50 · 165.000 = 8.250.000	55 · 180.000 = 9.900.000
ø Anzahl der Mitarbeiter pro Jahr	12	10
ø Std.zahl je Mitarbeiter pro Jahr	1.725	1.610
Stunden gesamt pro Jahr	12 · 1.725 = 20.700	10 · 1.610 = 16.100
Lohngesamtkosten je Stunde	22,–	23,–
Materialkosten je Stück	20,–	21,–
Fixe Gesamtkosten pro Jahr	3.494.600	4.249.700
Lohnkosten gesamt	22 · 1.725 · 12 = 455.400	23 · 1.610 · 10 = 370.300
Materialkosten gesamt	20 · 165.000 = 3.300.000	21 · 180.000 = 3.780.000
	455.400	370.300
	3.300.000	3.780.000
	3.494.600	4.249.700
Kosten insgesamt	7.250.000	8.400.000

Berechnungen:

$\text{Produktivität}_{\text{Jahr 01}}$	=	165.000 : 12 · 1.725	=	7,97
$\text{Produktivität}_{\text{Jahr 02}}$	=	180.000 : 10 · 1.610	=	11,18
$\text{Veränderung der Produktivität}_{\text{Jahr 02/01}}$	=	(11,18 – 7,97) : 7,97 · 100	=	40,28 %
$\text{Wirtschaftlichkeit}_{\text{Jahr 01}}$	=	8.250.000 : 7.250.000	=	1,138
$\text{Wirtschaftlichkeit}_{\text{Jahr 02}}$	=	9.900.000 : 8.400.000	=	1,179
$\text{Veränderung der Wirtschaftlichkeit}_{\text{Jahr 02/01}}$	=	(1,179 – 1,138) : 1,138 · 100	=	3,6 %
$\text{Gewinn}_{\text{Jahr 01}}$	=	8.250.000 – 7.250.000	=	1.000.000
$\text{Gewinn}_{\text{Jahr 02}}$	=	9.900.000 – 8.400.000	=	1.500.000
$\text{Veränderung des Gewinns}_{\text{Jahr 02/01}}$	=	(1.500.000 – 1.000.000) : 1.000.000 · 100 =		50 %

Für den Betriebsleiter werden die Ergebnisse aufbereitet:

Als Tabelle:

Kostenstelle 4391	Jahr 01	Jahr 02	Veränderung 2008/2007
Produktivität	7,97	11,18	40,28 %
Wirtschaftlichkeit	1,138	1,179	3,6 %
Gewinn	1.000.000	1.500.000	50 %

Als Grafik:

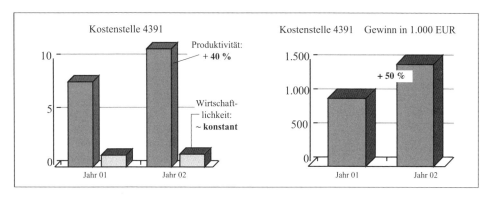

Interpretation der Ergebnisse:

- Die Produktivität ist deutlich gestiegen: Trotz einer Reduzierung der Mitarbeiterzahl und sinkender Jahresstunden konnte die Stückzahl erhöht werden; dies deutet auf Rationalisierungseffekte hin.

- Die Wirtschaftlichkeit ist annähernd konstant geblieben: Den gestiegenen Lohn-, Material- und Fixkosten stand ein ca. proportionaler Anstieg des Umsatzes (Mengen- und Preisanstieg) gegenüber. Der Mengeneffekt ergibt sich aus der Verbesserung der Produktivität; die Anhebung des Verkaufspreises lässt auf eine gute Akzeptanz beim Kunden schließen.

- Gewinn: Bei annähernd konstanter Wirtschaftlichkeit und einer deutlich verbesserten Produktivität muss der Gewinn steigen.

06. Was bezeichnet man als die „4 M der Unternehmensorganisation"?

Mit dem *„4 M der Unternehmensorganisation"* bezeichnet man die vier Themenbereiche, die jede Organisation eines Unternehmens wirtschaftlich gestalten muss (Ziele – Inhalte – Formen – Trends):

1. *Ziele*
   der Organisation, z. B.:   → *Ziele des Unternehmens* (vgl. oben), z. B.:
   - Produktivität
   - Wirtschaftlichkeit
   - Transparenz
   - Ergonomie/Humanität

> → *Ziele der Kunden*, z. B.:
>   - hohe Qualität
>   - angemessene Preise
>   - flexible Anpassung auf Kundenwünsche
> → *Ziele der Mitarbeiter*, z. B.:
>   - Übernahme von Verantwortung
>   - klare Kompetenzen
>   - Entwicklungsmöglichkeiten

2. *Inhalte*
   der Organisation, z. B.:

> → Formelle, informelle Organisation
> → Aufbau-, Ablauf- (Prozess-), Projektorganisation
> → Neu-, Reorganisation

3. *Formen*
   der Organisation z. B.:

> → Zentrale -, dezentrale Organisation
> → Leitungssysteme: Einlinien-, Mehrliniensysteme
> → Organisation in der Fertigung, z. B.:
>   Gruppenfertigung, Fließfertigung

4. *Trends der*
   Organisation, z. B.:

> → Organisation auf Zeit (z. B. Projektorganisation)
> → Vernetzung der (Kern)Prozesse (Prozessorganisation)
> → Tendenz zu Dezentralität, z. B. Profitcenterbildung
> → Verschlankung auf Kernprozesse:
>   - Lean-Management (Hierarchieabbau)
>   - Verkürzen der Entscheidungswege
>   - Outsourcing
>   - Make-or-buy
> → Schlanke Lösungen statt perfekter Konzepte
> → Mitarbeiter im Zentrum:
>   - Teambildung
>   - autonome/teilautonome Gruppen

07. Warum muss bei der Gestaltung von Produktionssystemen sowohl die Aufbau- als auch die Ablauforganisation betrachtet werden?

Umgangssprachlich wird nicht immer zwischen *Produktion* und *Fertigung* bzw. Produktionsorganisation und Fertigungsorganisation unterschieden. *In der Theorie wird differenziert:*

- *Produktion*[1] umfasst alle Arten der betrieblichen Leistungserstellung. Produktion erstreckt sich somit auf die betriebliche Erstellung von materiellen (Sachgüter/Energie) und immateriellen Gütern (Dienstleistungen/Rechte).

- *Fertigung*[1] meint nur die Seite der industriellen Leistungserstellung, d. h. der materiellen, absatzreifen Güter und Eigenerzeugnisse.

---

[1] Der Rahmenplan verwendet überwiegend den Begriff „Fertigung".

- Die *Aufbauorganisation* ist der statische Teil der Organisation eines Unternehmens; sie legt die *Struktur* des Fertigungssystems sowie die *räumlichen Anordnungen* fest. Die *Fertigungsorganisation ist u. a. abhängig*

  - von Größe des Unternehmens,
  - von der Art des Produktes und
  - von den vorherrschenden Fertigungsverfahren.

  Demzufolge gibt es z. B. *Unterschiede* in

  - der Zahl der Hierarchiestufen,
  - dem Grad der Arbeitsteilung,
  - dem Grad der Zentralisierung/Dezentralisierung.

  Eine *Sonderform* der Aufbauorganisation ist die *Matrixorganisation* (= Zweiliniensystem). Die (übliche) Linienorganisation wird überlagert von einer weiteren Managementfunktion, z. B. der Wahrnehmung von Produktaufgaben (Produktmanagement) oder Projektaufgaben (*Projektmanagement*).

→ A 3.5

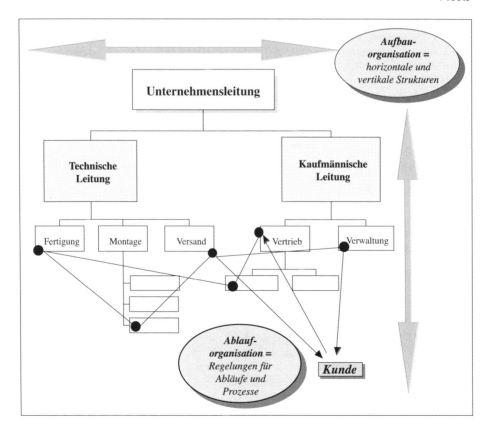

- Die *Ablauforganisation* (nach neuerem Verständnis auch: *Prozessorganisation*) ist der *dynamische* Teil der Organisation und regelt die Abläufe zwischen den Organisationseinheiten nach den Kriterien Ort, Zeit, Kosten und Funktion. Ablauforganisatorische Fragestellungen werden z. B. bearbeitet in der

- Fertigungsprogrammplanung,
- Planung der Fertigungsprozesse,
- Fertigungssteuerung.

Aufgrund der Zielsetzung, den Besonderheiten der Leistungserstellung (z. B. Einzel- oder Massenfertigung) und anderen Faktoren (siehe Vorseite) erfolgt eine Entscheidung über die spezifische Aufbau- und Ablauforganisation des Unternehmens. Dabei sind heute *Make-or-buy-Entscheidungen* zu berücksichtigen (→ *Zwei- bzw. Dreiteilung der Fertigungsorganisation*)

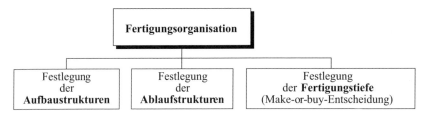

Beispiel: Die nachfolgende Abbildung stellt die Aufbauorganisation eines *mittelgroßen* Fertigungsunternehmens dar. Das Organigramm zeigt eine *funktionsorientierte Stablinienorganisation*. Die wichtigen Stabsstellen (Qualitätsmanagement, Controlling) sind der technischen bzw. der kaufmännischen Leitung zugeordnet. Die Arbeitsteilung im Ressort Fertigung ist mittelstark gegliedert (nach dem Funktionsprinzip). Die Funktion „Fertigung" ist weiter untergliedert dargestellt:

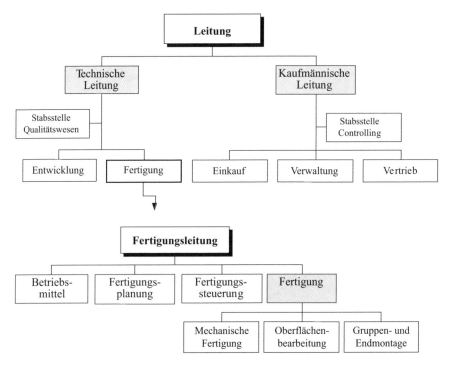

5.1.2 Aufbaustrukturen → A 3.5

01. Wie erfolgt die Bildung und Gliederung funktionaler Einheiten?

• *Aufgabenanalyse:*
Die Gesamtaufgabe des Unternehmens (z. B. Herstellung und Vertrieb von Elektrogeräten) wird in

- *Hauptaufgaben*, z. B. - Montage, Vertrieb, Verwaltung, Einkauf, Lager
- *Teilaufgaben 1. Ordnung* - Marketing, Verkauf, Versand usw.
- *Teilaufgaben 2. Ordnung,*
- *Teilaufgaben 3. Ordnung usw.*

zerlegt.

Gliederungsbreite und Gliederungstiefe sind folglich abhängig von der Gesamtaufgabe, der Größe des Betriebes, dem Wirtschaftszweig usw. und haben sich am Prinzip der Wirtschaftlichkeit zu orientieren. In einem Industriebetrieb wird z. B. die Aufgabe „Produktion", in einem Handelsbetrieb die Aufgabe „Einkauf/Verkauf" im Vordergrund stehen.

• *Aufgabensynthese:*
Im Rahmen der Aufgabenanalyse wird die Gesamtaufgabe nach unterschiedlichen Gliederungskriterien in Teilaufgaben zerlegt (vgl. oben). Diese Teilaufgaben werden nun in geeigneter Form in sog. organisatorische Einheiten zusammengefasst (z. B. Hauptabteilung, Abteilung, Gruppe, Stelle). Diesen Vorgang der Zusammenfassung von Teilaufgaben zu Orga-Einheiten bezeichnet man als *Aufgabensynthese*. Den Orga-Einheiten werden dann *Aufgabenträger* (Einzelperson, Personengruppe, Kombination Mensch/Maschine) zugeordnet.

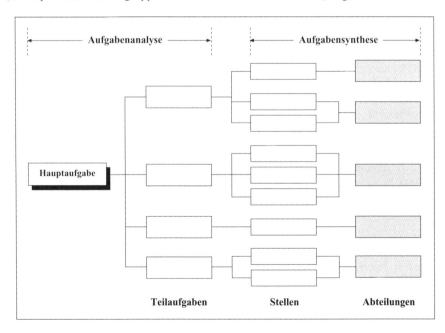

02. Welche Gliederungskriterien gibt es bei der Bildung funktionaler Einheiten?

```
                        ┌──────────────────────────┐
                        │   Gliederungskriterien   │
                        └──────────────────────────┘
             ┌────────────────────────┐        ┌────────────────────────┐
             │   Sachliche Kriterien  │        │    Formale Kriterien   │
             └────────────────────────┘        └────────────────────────┘
                  ┌─────────────────┐                ┌─────────────────┐
                  │   Verrichtung   │                │     Zweck-      │
                  │   (Funktion)    │                │    beziehung    │
                  └─────────────────┘                └─────────────────┘
                  ┌─────────────────┐                ┌─────────────────┐
                  │     Objekt      │                │      Phase      │
                  └─────────────────┘                └─────────────────┘
                                                     ┌─────────────────┐
                                                     │      Rang       │
                                                     └─────────────────┘

          ◄─────────────────────────── Mischformen ───────────────────────────►
```

Die Aufgabenanalyse (und die spätere Einrichtung von Stellen) kann nach folgenden *Gliederungskriterien* vorgenommen werden:

* Nach der *Verrichtung* (*Funktion*):
  Die Aufgabe wird in „Teilfunktionen zerlegt", die zur Erfüllung dieser Aufgabe notwendig sind.

* Nach dem *Objekt:*
  Objekte der Gliederung können z. B. sein:
  - Produkte (Maschine Typ A, Maschine Typ B),
  - Regionen (Nord, Süd; Nielsen-Gebiet 1, 2, 3 usw.; Hinweis: Nielsen Regionalstrukturen sind Handelspanels, die von der A. C. Nielsen Company erstmals in den USA entwickelt wurden),
  - Personen (Arbeiter, Angestellte) sowie
  - Begriffe (z. B. Steuerarten beim Finanzamt).

* Nach der *Zweckbeziehung:*
  Man geht bei diesem Gliederungskriterium davon aus, dass es zur Erfüllung der Gesamtaufgabe (z. B. „Produktion") Teilaufgaben gibt, die *unmittelbar* dem Betriebszweck dienen (z. B. Fertigung, Montage) und solche, die nur *mittelbar* mit dem Betriebszweck zusammenhängen (z. B. Personalwesen, Rechnungswesen, DV).

* Nach der *Phase*:
  Jede betriebliche Tätigkeit kann den Phasen „Planung, Durchführung und Kontrolle" zugeordnet werden. Bei dieser Gliederungsform zerlegt man also die Aufgabe in Teilaufgaben, die sich an den o. g. Phasen orientieren (z. B. Personalwesen: Personalplanung, Personalbeschaffung, Personaleinsatz, Personalentwicklung, Personalfreisetzung).

* Nach dem *Rang:*
  Teilaufgaben einer Hauptaufgabe können einen unterschiedlichen Rang haben. Eine Teilaufgabe kann einen *ausführenden, entscheidenden oder leitenden* Charakter haben. Als Beispiel

sei hier die Hauptaufgabe „Investitionen" angeführt. Sie kann z. B. in Investitionsplanung sowie Investitionsentscheidung gegliedert werden.

* *Mischformen*:
  In der Praxis ist eine bestehende Aufbauorganisation meist das Ergebnis einer Aufgabenanalyse, bei der verschiedene Gliederungskriterien verwendet werden.

Beispiel zur Anwendung der Gliederungsmerkmale im Fall „Behälterbau":
Ein Unternehmen stellt in einer Fertigungssparte Behälter für Flüssigkeiten her. Bezogen auf die oben dargestellten Merkmale wäre eine Gliederung nach folgenden Kriterien denkbar:

* Nach der *Tätigkeit* (*Funktion*), z. B.:
  - Konstruktion
  - Fertigungsplanung
  - Fertigungsversorgung
  - Blechbearbeitung
  - Schweißen
  - Lackieren
  - Verpacken
  usw.

* Nach dem *Objekt* (= Produkt „Behälter"), z. B.:
  - Fertigung einwandiger Behälter
  - Fertigung doppelwandiger Behälter
  - Fertigung von Sonderbehältern
  - Reparatur von Behältern
  u. Ä.

* Nach der *Zweckbeziehung* (= Trennung in unmittelbare/mittelbare Aufgaben), z. B.:
  - Fertigung der Behälter
  - Instandhaltung der Betriebsmittel und Anlagen
  - Fertigungscontrolling

* Nach der *Phase*, z. B.:
  - Fertigungsplanung
  - Fertigungsversorgung
  - Fertigungsdurchführung
  - Fertigungskontrolle

* Nach dem *Rang* (= Trennung in ausführende/entscheidende Tätigkeiten), z. B.
  - Entscheidungsstellen, z. B.:
    · Programmpolitik (z. B Entscheidung über das Produktprogramm)
    · Vertriebspolitik (z. B. Entscheidung über die Absatzmärkte)
  - Ausführungsstellen, z. B.
    · Konstruktion
    · Fertigung 1
    · Fertigung 2
    · Versand

03. Welche Merkmale kennzeichnen eine organisatorische Einheit?

Organisatorische Einheiten sind z. B. Ressorts, Hauptabteilungen, Abteilungen, Gruppen u. Ä. Die kleinste organisatorische Einheit ist die *Stelle*. Sie ist durch folgende Merkmale gekennzeichnet:

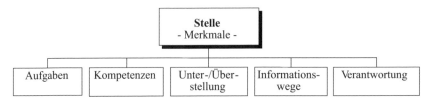

- Die *Aufgaben* sind die Tätigkeiten/Verrichtungen, die der Stelleninhaber dauerhaft auszuführen hat. Man kann dabei Haupt- und Nebentätigkeiten sowie Vollzeit- und Teilzeittätigkeiten unterscheiden.

- Die *Kompetenzen* sind die *Befugnisse* des Stelleninhabers, bestimmte Entscheidungen oder Handlungen vornehmen zu dürfen. Man unterscheidet daher: Handlungs-, Entscheidungs-, Anordnungs-, Vertretungskompetenz.

- Die *Überstellung* gibt an, welche Personalverantwortung der Stelleninhaber hat (welche Mitarbeiter ihm unterstellt sind).

- Die *Unterstellung* gibt an, an wen der Stelleninhaber berichtet.

- Die *Verantwortung* ergibt sich aus der Übertragung von Aufgaben und Kompetenzen und ist das *Einstehen* des Stelleninhabers *für die Folgen seiner Handlung* (Tun oder Unterlassen). Man unterscheidet z. B. Ergebnis-, Sach-, Personalverantwortung.

- *Informationswege* (auch: Verbindungs-, Kommunikationswege) sind festgelegte (formelle) oder informelle Beziehungen zwischen zwei oder mehreren Organisationseinheiten. Man unterscheidet (vgl. u. a. Rahn, a. a. O., S. 228 ff.):

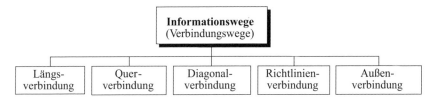

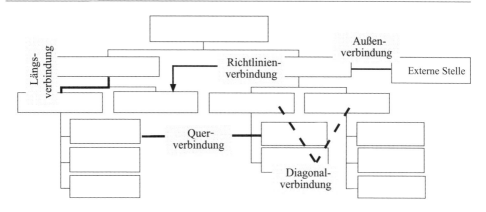

04. Was sind Leitungssysteme und welche Organisationsformen gibt es?

- *Leitungssysteme*
  = Weisungssysteme = Organisationsformen; sind dadurch gekennzeichnet, in welcher Form
  Weisungen von „oben nach unten" erfolgen (auch: Klassische Strukturtypen).

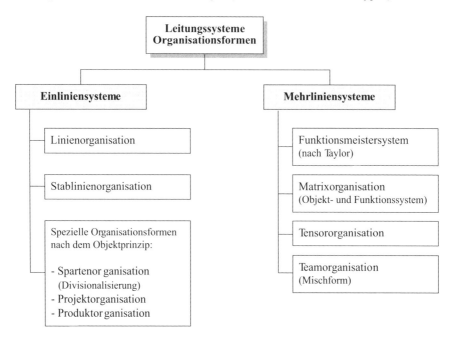

- Bei der *Einlinienorganisation* hat jeder Mitarbeiter nur einen
  Vorgesetzten; es führt nur „eine Linie von der obersten Instanz
  bis hinunter zum Mitarbeiter und umgekehrt". Vom Prinzip her
  sind damit gleichrangige Instanzen gehalten, bei Sachfragen über
  ihre gemeinsame, übergeordnete Instanz zu kommunizieren.

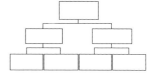

- Die *Stablinienorganisation* ist eine Variante des Einlinien-systems. Bestimmten Linienstellen werden Stabsstellen ergänzend zugeordnet.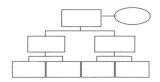

- *Stabsstellen* sind Stellen ohne eigene fachliche und disziplinarische Weisungsbefugnis. Sie haben die Aufgabe, als „Spezialisten" die Linienstellen zu unterstützen. Meist sind Stabsstellen den oberen Instanzen zugeordnet. Stabsstellen sind in der Praxis im Bereich Recht, Patentwesen, Unternehmensbeteiligungen, Unternehmensplanung und Personalgrundsatzfragen zu finden.

- Das *Mehrliniensystem* basiert auf dem Funktionsmeistersystem des Amerikaners Taylor (1911) und ist heute höchstens noch in betrieblichen Teilbereichen anzutreffen. Der Mitarbeiter hat zwei oder mehrere Fachvorgesetzte, von denen er fachliche Weisungen erhält.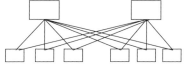

   Die *Disziplinarfunktion ist nur einem Vorgesetzten vorbehalten*. Der Rollenkonflikt beim Mitarbeiter, der „zwei oder mehreren Herren dient", ist vorprogrammiert, da jeder Fachvorgesetzte „ein Verhalten des Mitarbeiters in seinem Sinne" erwartet.

- Bei der *Spartenorganisation (Divisionalisierung)* wird das Unternehmen nach Produktbereichen (sog. Sparten oder Divisionen) gegliedert. Jede Sparte wird als eigenständige Unternehmenseinheit geführt. Die für das Spartengeschäft „nur" indirekt zuständigen Dienstleistungsbereiche wie z. B. Recht, Personal oder Rechnungswesen sind bei der Spartenorganisation oft als verrichtungsorientierte Zentralbereiche vertreten.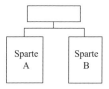

- Die *Projektorganisation* ist eine *Variante der Spartenorganisation* (vgl. oben). Das Unternehmen oder Teilbereiche des Unternehmens ist/sind nach Projekten gegliedert. Diese Organisationsform ist häufig im Großanlagenbau (Kraftwerke, Staudämme, Wasseraufbereitungsanlagen, Straßenbau, Industriegroßbauten) anzutreffen.

   Die Projektorganisation ist abzugrenzen von der „*Organisation von Projektmanagement*".

- Die *Produktorganisation* ist eine *Variante der Spartenorganisation* bzw. der Projektorganisation; sie kann als Einliniensystem oder – bei Vollkompetenz der Produktmanager – als Matrixorganisation ausgestaltet sein.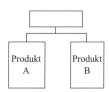

- Die *Matrixorganisation* ist eine Weiterentwicklung der Spartenorganisation und gehört zur Kategorie „Mehrliniensystem". Das Unternehmen wird in „Objekte" und „Funktionen" gegliedert. Kennzeichnend ist: Für die Spartenleiter und die Leiter der Funktionsbereiche besteht bei Entscheidungen Einigungszwang. Beide sind gleichberechtigt. Damit soll einem Objekt- oder Funktionsegoismus vorgebeugt werden. Für die nachgeordneten Stellen kann dies u. U. bedeuten, dass sie zwei unterschiedliche Anweisungen erhalten (Problem des Mehrliniensystems).

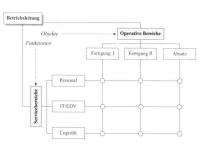

- *Teamorganisation:* Hier liegt die disziplinarische Verantwortung für Mitarbeiter bei dem jeweiligen Linienvorgesetzten (vgl. Linienorganisation). Um eine verbesserte Objektorientierung (oder Verrichtungsorientierung) zu erreichen, werden überschneidende Teams gebildet. Die fachliche Weisungsbefugnis für das Team liegt bei dem betreffenden Teamleiter. Beispiel (verkürzt): Ein Unternehmen der Informationstechnologie hat die drei Funktionsbereiche Hardware, Software und Dokumentation.

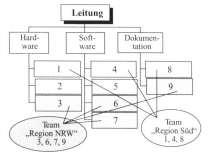

Um eine bessere Marktorientierung und Ausrichtung auf bestimmte Großkunden (oder Regionen) zu realisieren, werden z. B. zwei Teams gebildet: Team „Region NRW" und Team „Region Süd". Die Zusammensetzung und zeitliche Dauer der Teams kann flexibel sein.

05. Welche Vor- und Nachteile sind mit diesen Organisationsstrukturen verbunden?

Liniensystem:
- *Vorteile:*
  - klare Anordnungs- und Entscheidungsbefugnisse,
  - keine Kompetenzschwierigkeiten,
  - gute Kontrollmöglichkeiten.

- *Nachteile:*
  - Dienstweg zu lang und zu schwerfällig,
  - Arbeitskonzentration an der Unternehmensspitze,
  - fachliche Überforderung an der Unternehmensspitze.

Stabliniensystem:
- *Vorteile:*
  - klare Anordnungs- und Entscheidungsbefugnisse,
  - Verminderung von Fehlerquellen infolge der Beratung durch Fachkräfte,
  - Entlastung der Unternehmensleitung.

- *Nachteile:*
  - Da der Stab nur Beratungsfunktionen hat, werden Vorschläge unter Umständen nicht befolgt,
  - langer Instanzenweg.

Mehrliniensystem:
- *Vorteile:*
  - Spezialwissen wird genutzt,
  - Unternehmensleitung wird entlastet.

- *Nachteile:*
  - keine alleinverantwortliche Stelle,
  - mangelnde Information an die Unternehmensleitung,
  - Gefahr der Kompetenzüberschreitung.

Stäbe:
- *Vorteile:*
  - Die Entscheidungsvorbereitung der Instanzen wird schneller und sicherer.
  - Die Pläne werden nicht allein von ihrer Durchsetzbarkeit her, sondern zunächst von ihrer Zweckmäßigkeit her betrachtet.
  - Die Mitarbeiter in Stabsstellen werden nicht durch Tagesarbeiten in ihrer konzeptionellen Tätigkeit unterbrochen und können sich gezielt speziellen Problemen widmen.

- *Nachteile:*
  - Es erfolgt eine Verlagerung von Sachwissen der Mitarbeiter aus den Abteilungen in die Stäbe.
  - Zwischen Stab und Linie entwickelt sich ein Konkurrenzdenken, weil beide der Unternehmensleitung direkt unterstehen und teils identische Aufgaben wahrzunehmen haben, die sich kaum in Grundsatz- und in Detailaufgaben trennen lassen.
  - Die Mitarbeiter der Stabsstellen können wegen mangelnder Kenntnis der einzelnen praktischen Aufgaben in den Betriebsabteilungen Planungen aufstellen, die die Konsequenzen für den Arbeitsablauf im Fall ihrer Realisierung außer Betracht lassen.

06. Welche Einflussfaktoren bestimmen die Aufbaustruktur eines Fertigungsbetriebes?

- *Interne Einflussfaktoren,* z. B.:
  - die Größe: Klein-, Mittel-, Großbetrieb
  - der Grad der Arbeitsteilung/Funktionsdifferenzierung/Spezialisierung: hoch, mittel, gering
  - das Gliederungsprinzip: Funktions-, Objekt-, Phasen-, Rang-, Zweckgliederung
  - Grad der Zentralisierung/Dezentralisierung
  - Entwicklungstand des Unternehmens: Neugründung, Umorganisation
  - Produktionstechnik, Produktionstypen, Produktionsorganisation
  - Art der Fertigung und Kapitalintensität
  - Führungskultur: Traditionell/Lean-Konzept

- *Externe Faktoren,* z. B.:
  - Absatzmarkt, z. B.: Groß-, Kleinkunden, direkter/indirekter Absatz; im Inland/Ausland
  - Rechtsform und gesetzliche Bestimmung, z. B.: Arbeitnehmervertretung im Aufsichtsrat großer Kapitalgesellschaften (Arbeitsdirektor), Betriebsrat, Ausschüsse, Steuerrecht
  - Nationaler/internationaler Wettbewerb, z. B.: Holding und Niederlassungen im In-/Ausland

- Neue Konzepte der Unternehmensführung, z. B.: KVP, Lean Management, TQM, Kunden- orientierung, Outsourcing

5.1.3 Ablaufstrukturen

01. Welche Stellen sind am Fertigungsprozess beteiligt?

Der Prozess der Leistungserstellung ist ein *Kernprozess*. Je nach Größe und Art der Aufbaustruktur sind daran folgende Stellen beteiligt – *Prozesskette innerhalb der Produktion*:

- Forschung/Entwicklung und Konstruktion
- Arbeitsvorbereitung
- Materialwirtschaft und Werkzeuglager
- Fertigung, Montage und Qualitätswesen
- Montage
- Lager und Versand

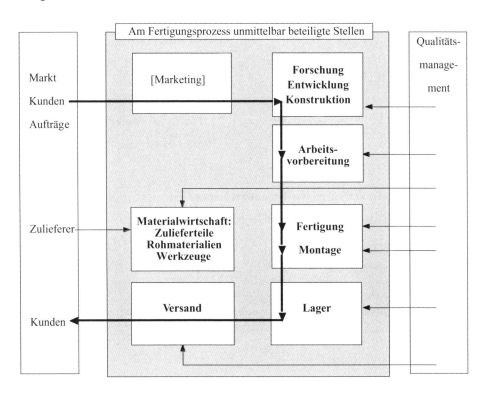

02. Welche Montagestrukturen gibt es?   → 3.1.4

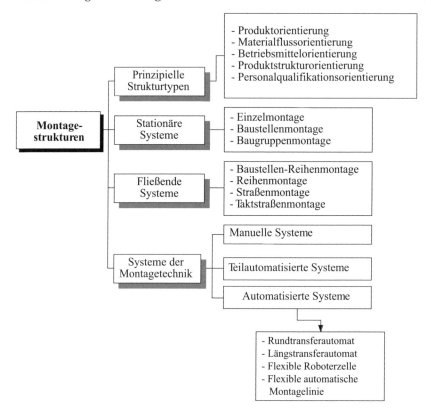

03. Welche Fertigungsverfahren werden unterschieden?   → A 2.2.5

Fertigungsverfahren unterscheidet man nach folgenden Merkmalen:

1. Hinsichtlich der *Fertigungstechnik:*
   Handarbeit, Mechanisierung, Automation

2. Hinsichtlich der *Fertigungstypen:*
   Einzelfertigung, Mehrfachfertigung (Serien-, Sorten-, Massenfertigung)

3. Hinsichtlich der *Fertigungsorganisation* (auch: ablaufbedingte Fertigungsstrukturen; Fertigungsprinzipien):

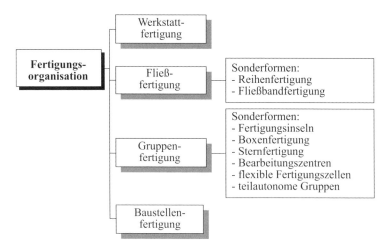

04. Welche charakteristischen Merkmale haben die einzelnen Formen der Fertigungsorganisation (Detaildarstellung)?

Hinweis: Entsprechend dem Rahmenplan werden hier unter dem Aspekt „Ablaufstrukturen in der Fertigung" die unterschiedlichen Formen der Fertigungsorganisation näher behandelt:

1. Bei der *Werkstattfertigung* (auch: *Werkstättenfertigung*)
   wird der Weg der Werkstücke vom Standort der Arbeitsplätze und der Maschinen bestimmt. Als Werkstattfertigung werden daher die Verfahren bezeichnet, bei denen die zur Herstellung oder zur Be- bzw. Verarbeitung erforderlichen Maschinen an einem Ort, der Werkstatt, zusammengefasst sind. Die Werkstücke werden von Maschine zu Maschine transportiert. Dabei kann die gesamte Fertigung in einer *einzigen Werkstatt* erfolgen oder *auf verschiedene Spezialwerkstätten* verteilt werden.

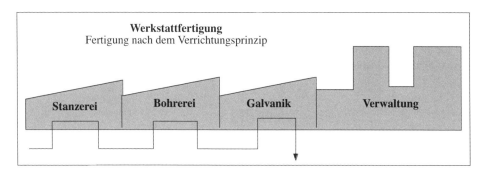

Die Werkstattfertigung ist dort zweckmäßig, wo eine Anordnung der Maschinen nicht nach dem Arbeitsablauf erfolgen kann und eine genaue zeitliche Abstimmung der einzelnen Arbeitsgänge nicht möglich ist, weil die Zahl der Erzeugnisse mit unterschiedlichen Fertigungsgängen sehr groß ist. Bei der Werkstattfertigung sind *längere Transportwege* meist unvermeidlich. Gelegentlich müssen einzelne Werkstücke auch mehrmals zwischen den gleichen Werkstätten hin- und her transportiert werden. Werkstattfertigungen haben oftmals auch eine längere Produktionsdauer, sodass meist *Zwischenlagerungen für Halberzeugnisse* notwendig werden.

Voraussetzungen:

- Einsatz von Universalmaschinen
- hohe Qualifikation der Mitarbeiter, flexibler Einsatz
- optimale Maschinenbelegung

Werkstattfertigung	
Vorteile	**Nachteile**
- geeignet für Einzelfertigung und Kleinserien - flexible Anpassung an Kundenwünsche - Anpassung an Marktveränderungen - geringere Investitionskosten - hohe Qualifikation der Mitarbeiter	- relativ hohe Fertigungskosten - lange Transportwege - Zwischenläger erforderlich - hoher Facharbeiterlohn - aufwändige Arbeitsvorbereitung - aufwändige Kalkulation (Preisgestaltung)

2. Die *Fließfertigung* ist eine örtlich fortschreitende, *zeitlich bestimmte, lückenlose Folge von Arbeitsgängen*. Bei der Fließfertigung ist der Standort der Maschinen vom Gang der Werkstücke abhängig und die *Anordnung der Maschinen und Arbeitsplätze wird nach dem Fertigungsablauf* vorgenommen, wobei sich der Durchfluss des Materials vom Rohstoff bis zum Fertigprodukt von Fertigungsstufe zu Fertigungsstufe ohne Unterbrechung vollzieht. Die Arbeitsgänge erfolgen pausenlos und sind zeitlich genau aufeinander abgestimmt, sodass eine *Verkürzung der Durchlaufzeiten* erfolgen kann.

Sonderformen der Fließfertigung:

2.1 Bei der *Reihenfertigung* (auch: *Straßenfertigung* = Sonderform der Fließfertigung – ohne zeitlichen Zwangsablauf) werden die Maschinen und Arbeitsplätze dem gemeinsamen Arbeitsablauf aller Produkte entsprechend angeordnet. Eine zeitliche Abstimmung der einzelnen Arbeitsvorgänge ist wegen der unterschiedlichen Bearbeitungsdauer nur begrenzt erreichbar. Deshalb sind Pufferlager zwischen den Arbeitsplätzen notwendig, um Zeitschwankungen während der Bearbeitung auszugleichen.

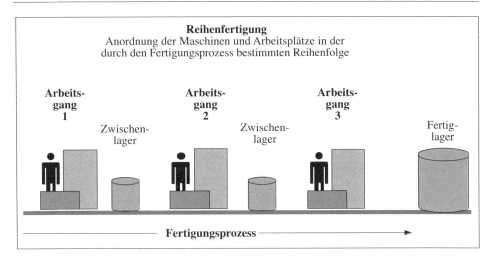

Reihenfertigung
Anordnung der Maschinen und Arbeitsplätze in der
durch den Fertigungsprozess bestimmten Reihenfolge

Reihenfertigung	
Vorteile	**Nachteile**
- geeignet für größere Serien	- Flexibilität der Fertigung nimmt ab
- Verkürzung der Durchlaufzeit	- höhere Investitionskosten für Maschinen
- Spezialisierung der Tätigkeiten	- Anfälligkeit bei Störungen
- verbesserte Maschinenauslastung	- höhere Lagerkosten (Zwischenläger)
- verbesserter Materialfluss	- repetetive Teilarbeit

2.2 Die *Fließbandfertigung* ist eine Sonderform der Fließfertigung – *mit vorgegebener Taktzeit*. Die Voraussetzungen sind:

- große Stückzahlen,
- weitgehende Zerlegung der Arbeitsgänge,
- Fertigungsschritte müssen abstimmbar sein.

Fließbandfertigung
Taktgebundene Fließbandarbeit mit genauer Taktabstimmung ohne Zwischenlager

Nach REFA ist die *Taktzeit* die Zeitspanne, in der jeweils eine Mengeneinheit fertiggestellt wird:

$$\text{Solltaktzeit} = \frac{\text{Arbeitszeit je Schicht}}{\text{Sollmenge je Schicht}} \cdot \text{Bandwirkungsfaktor}$$

Der Bandwirkungsfaktor berücksichtigt Störungen der Anlage, die das gesamte Fließsystem beeinträchtigen. Er ist deshalb immer kleiner als 1,0. Die ideale Taktabstimmung wird in der Praxis nur selten erreicht. Entscheidend ist eine optimale Abstimmung der einzelnen Bearbeitungs- und Wartezeiten.

Beispiel: Die Arbeitszeit einer Schicht beträgt 480 Minuten, die Soll-Ausbringung 80 Stück und der Bandwirkungsfaktor 0,9.

$$\text{Solltaktzeit} = \frac{\text{Arbeitszeit je Schicht}}{\text{Sollmenge je Schicht}} \cdot \text{Bandwirkungsfaktor}$$

$$= \frac{480 \text{ min}}{80 \text{ Stk.}} \cdot 0,9 = 5,4 \text{ min}$$

3. Die *Gruppenfertigung* ist eine *Zwischenform zwischen Fließfertigung und Werkstattfertigung*, die die Nachteile der Werkstattfertigung zu vermeiden sucht. Bei diesem Verfahren werden verschiedene Arbeitsgänge zu Gruppen zusammengefasst und innerhalb jeder Gruppe nach dem Fließprinzip angeordnet.

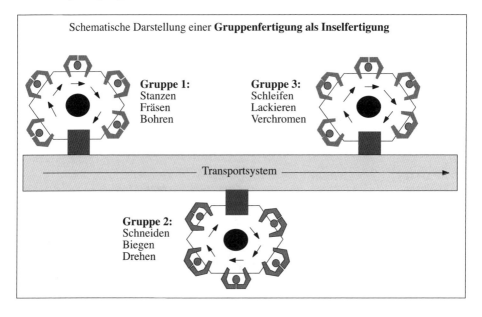

Schematische Darstellung einer **Gruppenfertigung als Inselfertigung**

Gruppe 1:
Stanzen
Fräsen
Bohren

Gruppe 3:
Schleifen
Lackieren
Verchromen

Transportsystem

Gruppe 2:
Schneiden
Biegen
Drehen

Gruppenfertigung	
Vorteile	**Nachteile**

- Eigenverantwortung der Gruppe
- Motivation der Mitarbeiter
- Abwechslung durch Rotation
- Einsatz des Gruppenakkords
	- Verantwortungsdiffusion: Zuordnung der Leistung
	  zu einer Einzelperson ist nicht mehr möglich
	- setzt intensive Vorbereitung voraus: Ausbildung,
	  Teamentwicklung, Gruppendynamik

Sonderformen der Gruppenfertigung: → **7.8.1**

3.1 *Fertigungsinseln:* Bestimmte Arbeitspakete (z. B. Motorblock) werden – ähnlich der ursprünglichen Werkstattfertigung – gebündelt. Dazu werden die notwendigen Maschinen und Werkzeuge zu so genannten Inseln zusammengefügt. Erst nach Abschluss mehrerer Arbeitsgänge verlässt das (Zwischen-)Erzeugnis die Fertigungsinsel.

3.2 Bei der *Boxen-Fertigung* werden bestimmte Fertigungs- oder Montageschritte von einer oder mehreren Personen – ähnlich der Fertigungsinsel – räumlich zusammengefasst. Typischerweise wird die Boxen-Fertigung bzw. -Montage bei der Erzeugung von Modulen/ Baugruppen eingesetzt (z. B. in der Automobilproduktion).

3.3 Die *Stern-Fertigung* ist eine räumliche Besonderheit der Fertigungsinsel bzw. der Boxen-Fertigung, bei der die verschiedenen Werkzeuge und Anlagen nicht insel- oder box-förmig, sondern im Layout eines Sterns angeordnet werden.

3.4 *Bearbeitungszentren:* Nicht nur die Bearbeitungsmaschine arbeitet computergesteuert, sondern auch der Wechsel der Arbeitsstücke sowie der Werkzeuge erfolgt automatisch. Es lassen sich damit komplexe Teile in Kleinserien bei relativ hoher Fertigungselastizität herstellen. Die Überwachung mehrerer Bearbeitungszentren kann von einem Mitarbeiter oder einer Gruppe durchgeführt werden.

3.5 *Flexible Fertigungszellen* haben zusätzlich zum Automatisierungsgrad der Bearbeitungszentren eine automatische Zu- und Abführung der Werkstücke in Verbindung mit einem Pufferlager. Diese Systeme können auch in Pausenzeiten der Belegschaft weiterlaufen.

3.6 *Teilautonome Arbeitsgruppen* sind ein mehrstufiges Modell, das den Mitgliedern Entscheidungsfreiräume ganz oder teilweise zugesteht; u. a.:
- selbstständige Verrichtung, Einteilung und Verteilung von Aufgaben (inklusive Anwesenheitsplanung: Qualifizierung, Urlaub, Zeitausgleich usw.)
- selbstständige Einrichtung, Wartung, teilweise Reparatur der Maschinen und Werkzeuge
- selbstständige (Qualitäts-)Kontrolle der Arbeitsergebnisse.

4. Bei der *Baustellenfertigung* ist der *Arbeitsgegenstand* entweder völlig *ortsgebunden* oder kann zumindest während der Bauzeit nicht bewegt werden. Die Materialien, Maschinen und Arbeitskräfte werden an der jeweiligen Baustelle eingesetzt. Die Baustellenfertigung ist in der Regel bei Großprojekten im Hoch- und Tiefbau, bei Brücken, Schiffen, Flugzeugen sowie dem Bau von Fabrikanlagen anzutreffen.

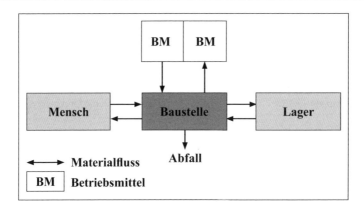

Baustellenfertigung	
Vorteile	**Nachteile**
- Einsatz von Normteilen - Einsatz vorgefertigter Teile - rationelle Fertigung durch Standards - internationale Arbeitsteilung (z. B. Airbus)	- Kosten: Errichtung/Abbau der Baustelle - Transportkosten für Stoffe, Mitarbeiter und Betriebsmittel (Logistikaufwand)

05. Was bezeichnet man als Fertigungssegmentierung?

Segmentierung ist die Zerlegung eines Ganzen in Teilen. Die Fertigungssegmentierung ist die Zerlegung (Gliederung) des Fertigungsprozesses in Teilprozesse nach dem Verrichtungs- oder dem Objektprinzip. Zur Optimierung des gesamten Prozesses ist es von Bedeutung, die Teilprozesse zu optimieren und sie nach dem Fließprinzip zu verknüpfen. Die Fertigungssegmentierung kann auch dazu führen, dass ganze Teile der Herstellung ausgelagert werden: Verlagerung eigener Betriebsteile in das Ausland, Vergabe an Zulieferer (Prinzip der verlängerten Werkbank; Entscheidungen über Make-or-buy).

Beispiel (Automobilbau; verkürzt): Zerlegung des Gesamtprozesses in Teilprozesse: Rahmen, Motorblock, Zusatzaggregate. Vollautomatisierte Fertigung der Motorteile auf Fertigungsstraßen; Montage des Motorblocks in Fertigungsinseln usw.

06. Welche zusätzlichen Gesichtspunkte müssen bei der Gestaltung von Ablaufstrukturen der Fertigung berücksichtigt werden?

Bei der Ablaufstrukturierung des Fertigungsprozesses sind laufend *Überlegungen der Optimierung* zu beachten:

- *Zentralisierungen/Dezentralisierungen in der Aufbaustruktur* führen zu Vor-/Nachteilen in der Ablauforganisation, z. B.: Die Verlagerung eines Profitcenters in das Ausland stellt erhöhte Anforderungen an die Logistik der Komponenten an den Ort der zentralen Montage.

- *Entscheidungen über die Segmentierung der Fertigung* verlangen einen erhöhten Aufwand bei der Synchronisation externer und interner Stellen, z. B.: Materialbereitstellung just in time, einheitliche Qualitätsstandards der beteiligten Stellen, erhöhter Informations- und Datenfluss.

07. Welche Instandhaltungsstrukturen gibt es? Welche Vor- und Nachteile sind mit der Wahl der jeweiligen Struktur verbunden? → A 5.2.6, 1.2.2

Maßnahmen der Instandhaltung nach DIN 31051			
Wartung	**Inspektion**	**Instandsetzung**	**Verbesserung**
Tätigkeiten:			
Reinigen Schmieren Nachstellen Nachfüllen	Planen Messen Prüfen Diagnostizieren	Austauschen Ausbessern Reparieren Funktionsprüfung	Verschleißfestigkeit erhöhen Bauteilsubstitution

Vgl. ausführlich unter 1.2.2/01.

Die *Aufbaustruktur der Instandhaltung* eines Betriebes ist abhängig von der

- Größe des Unternehmens
- räumlichen Ausdehnung/Anordnung der Produktionsstätten,
  z. B. Inland/Ausland, zentrale/dezentrale Fertigung, Fertigungstiefe,
- eingesetzten Technik,
  z. B. Grad der Mechanisierung, Fertigungs-/Montagestrukturen, Förderungstechnik

und *orientiert sich grundsätzlich an den Prinzipien der Aufbauorganisation* (vgl. Ziffer 5.1.2, Gliederungskriterien):

- zentrale/dezentrale Strukturen
- Verrichtungs-/Objektorientierung
- in Eigenleistung/Fremdleistung (Make-or-Buy-Entscheidung)

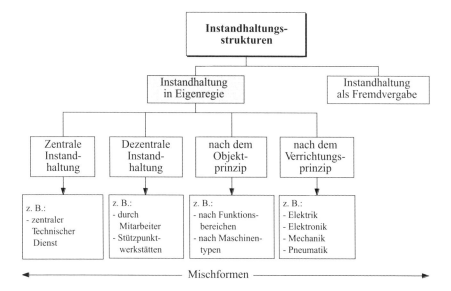

1. *Zentrale Strukturen*, z. B.:

Die Anlagenüberwachung kann vom „*Technischen Dienst*" verantwortlich übernommen werden (zentrale Organisation der Anlagenüberwachung). Er kann dabei Fremdleistungen heranziehen oder die gesamte Instandhaltung selbst durchführen (Mischform; Make-or-buy-Überlegung).

Zentrale Instandhaltung	
Vorteile	**Nachteile**
- optimale Auslastung der Ressourcen - zentrale Planung der Instandhaltung nach Prioritäten - ggf. lange Wegezeiten (Personal und Material) - zentrale Schwachstellenanalyse	- hohe Kosten der zentralen Instandhaltung - relative Unflexibilität - hohe Qualität der ausgeführten Arbeiten

2. *Dezentrale Strukturen*, z. B.:

2.1 *Instandhaltung durch die Mitarbeiter:*

Bei dezentraler Organisation der Anlagenüberwachung übernehmen *die Mitarbeiter in der Fertigung* die erforderlichen Arbeiten. Der Vorteil liegt in der Einbindung/Motivation der unmittelbar Betroffenen und der Chance zur laufenden Weiterqualifizierung. In der Praxis existiert häufig eine *Mischform:*

Instandsetzung und Inspektion übernimmt der technische Dienst; Wartung und Pflege werden vom Mitarbeiter der Fertigung durchgeführt. Eine Ausnahme bildet dabei selbstverständlich die Kontrolle, Wartung und ggf. Instandsetzung elektrischer Anlagen wegen des Gefährdungspotenzials und der existierenden Sicherheitsvorschriften; hier ist ausschließlich Fachpersonal einzusetzen.

2.2 *Instandhaltung durch Stützpunktwerkstätten:*

Beispiel: Ein Unternehmen fertigt an 12 verschiedenen Standorten in Deutschland, Belgien und den Niederlanden. Es wurden vier Stützpunktwerkstätten eingerichtet; ihr Standort wurde unter dem Aspekt der Minimierung der Wegezeiten und der Häufigkeit/Intensität der Anlagenüberwachung festgelegt.

Stützpunktwerkstätten	
Vorteile	**Nachteile**
- relativ kurze Wegezeiten; daher geringe Stillstandszeiten - klare Zuständigkeit: Werk/Stützpunkt - schnelle Verfügbarkeit von Ersatzteilen	- bei Großreparaturen sind meist Fremdfirmen erforderlich - hohe Investitionskosten für mehrere Werkstätten - Aufwand für zentrale Materialplanung - Kommunikationsaufwand

2.3 Instandhaltung nach Betriebs-/Funktionsbereichen

Beispiel: Ein Großunternehmen unterhält an einem Standort drei Instandhaltungswerkstätten jeweils für den Fertigungsbereich 1, 2 und 3.

Dezentrale Werkstätten nach Fertigungsbereichen	
Vorteile	**Nachteile**
- geringe Wegezeiten - genaue Kenntnis des Maschinenparks - gute Zusammenarbeit: Fertigungspersonal/ Instandhaltungspersonal	- hohe Investitionskosten für mehrere Werkstätten - Aufwand für zentrale Materialplanung - Kommunikationsaufwand zwischen den Werkstätten - zum Teil Mehrfachlagerung gleicher Ersatzteile

2.4 Instandhaltung nach Maschinentypen/eingesetzter Fertigungstechnik

Beispiel: Ein Großunternehmen unterhält mehrere Instandhaltungswerkstätten jeweils für hydraulische, pneumatische und elektrische/elektronische Anlagen.

Dezentrale Werkstätten nach Maschinentypen/Fertigungstechnik	
Vorteile	**Nachteile**
- geringe Wegezeiten - genaue Kenntnis der Funktionsweise - gute Zusammenarbeit: Fertigungspersonal/ Instandhaltungspersonal - hoher Grad der Spezialisierung	- hohe Investitionskosten für mehrere Werkstätten - Aufwand für zentrale Materialplanung - Kommunikationsaufwand zwischen den Werkstätten - Abstimmungsaufwand bei sich überschneidenden Verantwortlichkeiten

3. *Mischformen*:
   Die Mischformen versuchen die Vorteile bestimmter Strukturen zu nutzen und die Nachteile zu vermindern; z. B. durch die Kombination von

   - zentraler und dezentraler Instandhaltung, z. B.:
   - Teile der Instandhaltung $\rightarrow$ zentral, z. B. Inspektion, Reparatur, sowie
     $\rightarrow$ dezentral, z. B. Wartung und Pflege
   - verrichtungs- und objektorientierter Instandhaltung,
   - Instandhaltung durch eigenes Personal und Fremdvergabe.

5.1.4 Analyse und Optimierung von Aufbau- und Ablauf-
strukturen   → A 3.6, A 3.1.1, A 2.2

01. Welche Ansätze zur Optimierung von Aufbaustrukturen sind grundsätzlich geeignet?

Die Aufbau- und Ablaufstrukturen eines Unternehmens sind *nicht Selbstzweck*. Sie müssen so gestaltet werden, *dass die Unternehmensziele* (Umsatz, Gewinn, Marktanteile usw.) realisierbar sind. *Es gibt in diesem Sinne keine ideale Organisation.* Die zu einem bestimmten Zeitpunkt gewählte Struktur eines Unternehmens (z. B. bei der Gründung) soll einerseits hinreichend stabil sein, muss jedoch so viel Flexibilität beweisen, dass sie sich den internen und externen Veränderungen schrittweise anpasst.

Frühere Ansätze zur Effizienzverbesserung unterschieden grundsätzlich zwischen den Maßnahmen zur Verbesserung der Aufbauorganisation und denen der Ablauforganisation. Mittlerweile ist bekannt, dass diese isolierte Betrachtung zu Fehlern in der Analyse führt: Legt ein Unternehmen sich auf eine bestimmte Aufbauorganisation fest (z. B. Stab-Liniensystem), so bestimmt diese Entscheidung auch die Art und Weise der Abläufe im Unternehmen; es existieren – streng genommen – nur vertikale Informations- und Entscheidungsprozesse.

> Aus diesem Grunde muss eine *Effizienzuntersuchung* der Organisation immer *ganzheitlich* erfolgen, d. h., die Aufbau- und Ablaufstrukturen gleichermaßen berücksichtigen.

Dieser grundsätzliche Hinweis erscheint uns notwendig, da der Rahmenplan (und so auch die folgende Darstellung) noch weitgehend eine getrennte Betrachtung der Aufbau- und Ablauforganisation vornimmt.

1. *Ansätze zur Verbesserung der Aufbaustrukturen eines Unternehmens:*

Im Rahmen der *Aufgabenanalyse* wird die Gesamtaufgabe eines Unternehmens in Teilaufgaben zerlegt. Die Teilaufgaben werden in geeigneter Weise zu organisatorischen Einheiten zusammen gefasst (*Aufgabensynthese*; vgl. 5.1.2).

Die so entstandene Aufbaustruktur des Unternehmens ist immer ein „Kompromiss" aus verschiedenen Prinzipien der Organisation: Verrichtungs-/Objektorientierung, Instanzenbreite/-tiefe, Anzahl der Hierarchien, Grad der Arbeitsteilung/Spezialisierung, Zentralisierung/Dezentralisierung usw.

Die alten und neueren Ansätze zur Effizienzverbesserung der Aufbaustruktur haben teilweise beachtlich klingende Namen; sie sind letztlich nichts anderes, als eine Überprüfung und ein In-Frage-Stellen der einmal gewählten Strukturierungsprinzipien.

Beispiel (verkürzt): Die Fertigungsstruktur eines Betriebes ist als Liniensystem organisiert. An den Betriebsleiter Merger (Hauptabteilungsleiter) berichten vier Abteilungsleiter. Jedem Abteilungsleiter sind fünf Meisterbereiche unterstellt. Jeder Meisterbereich umfasst eine Personalverantwortung von 15 bis 25 Mitarbeitern mit jeweils zwei Vorarbeitern. Im Rahmen einer Veränderung nach dem Lean-Management-Konzept wird die Anzahl der Führungskräfte verringert, die Zahl der Hierarchien reduziert und durch ein neues Arbeitsgruppenkonzept mehr Verantwortung an die Gruppe delegiert.

Durch die Einrichtung von Qualitätszirkeln soll eine nachhaltige Verbesserung des Qualitätsgedankens erreicht werden. Außerdem wurden zwei Projektgruppen gebildet zur Bearbeitung dringend erforderlicher Veränderungsprozesse.

Aus der Sicht der Organisationslehre wurden hier u. a. folgende Entscheidungen getroffen:

1. *Abkehr von der reinen Linienorganisation* (mit ihren Nachteilen) hin zur Linienorganisation mit Parallelorganisation in Form der Projektorganisation.

2. *Verringerung der Instanzentiefe* durch Aufgabe einer Leitungsebene (Vorarbeiter).

3. *Erweiterung der Kompetenzen* an nachgelagerte Ebenen durch Einführung eines Gruppenkonzepts. Damit auch: Verbesserung des Informationsflusses auf der Ebene der Mitarbeiter und Reduzierung von Personalkosten.

Nach dieser Einführung stellen wir auf den nachfolgenden Seiten prinzipielle Ansätze zur Verbesserung der Aufbaustruktur sowie ausgewählte Beispiele dar:

Beispiele zur Effizienzverbesserung der Aufbaustruktur:

1. *Verringerung der Hierarchien*, z. B.:
   In einem Betrieb wird Gruppenarbeit eingeführt; die Gruppen sind teilweise autonom in der Gestaltung der Arbeitszuweisung, Materialversorgung usw. Es werden Teamsprecher eingerichtet. Die bisherige Funktion „Vorarbeiter" entfällt. Die neu zusammengestellten Meisterbereiche berichten direkt an den Betriebsleiter. Die bisher zwischengeschaltete Funktion „Abteilungsleiter" entfällt ebenfalls.

2. *Gestaltung von Weisungsbeziehungen*, z. B.:
   Die neu geschaffenen Meisterbereiche erhalten einen erweiterten Kompetenzumfang: Materialflusssteuerung und Bestellungen, Zusammenarbeit mit der Arbeitsvorbereitung; die Funktion „Betriebsleiter" konzentriert sich stärker auf Steuerungsaufgaben der Fertigung.

3. *Einrichtung einer Projektorganisation*, z. B.:
   Bisher konnten im Rahmen der Linienorganisation notwendige Optimierungsprozesse in der Fertigung nicht bearbeitet werden; es wird daher ein Projektteam – befristet auf 14 Monate – gebildet, dass die Strukturen und Prozesse der „Fabrik 2010" erarbeiten soll. Die Zusammensetzung des Teams ist interdisziplinär und hierarchiefrei (Facharbeiter, Meister, Assistent des Betriebsleiters, Betriebsrat, Einkauf usw.).

4. *Wechsel von der Verrichtungsorientierung zur Objektorientierung*, *Verbesserung der Informationswege*, z. B.:
   Bei einem bekannten deutschen Luftfahrtunternehmen wurde die Inspektion und Wartung eines Flugzeuges bisher von Wartungsgruppen durchgeführt, die jeweils auf bestimmte Verrichtungen spezialisiert waren: Überprüfen der Bordelektrik, der Bordmechanik und der Kabinen. Diese organisatorischen Regelung war mit Nachteilen verbunden: Abstimmungsprobleme, Schwierigkeiten in der Kompetenzabgrenzung, Verantwortungsdiffusion usw. Nach längeren Überlegungen entschied die Geschäftsleitung, die Wartungsgruppen interdisziplinär zusammenzustellen: Jede Wartungsgruppe wird von einem Meister geleitet; sie erhält einen Fachspezialisten (interne Bezeichnung: Vormann) und setzt sich zusammen aus: 8 Fluggerätemechanikern, 5 Fluggerätelektrikern, 5 Kabinenmechanikern.

   Eine Wartungsgruppe ist innerhalb der Schicht komplett für die Wartung und Inspektion eines Flugzeugs (Objekt; Gruppenverantwortung) zuständig. Damit wurde ein Wechsel von der Verrichtungs- zur Objektorientierung vollzogen. Die Umorganisation hat sich bewährt: Klare Verantwortung der Gruppe für das gesamte Objekt, keine Reibungsverluste, verbesserte Abstimmung und Kommunikation bezogen auf die notwendigen Arbeiten an einem Objekt.

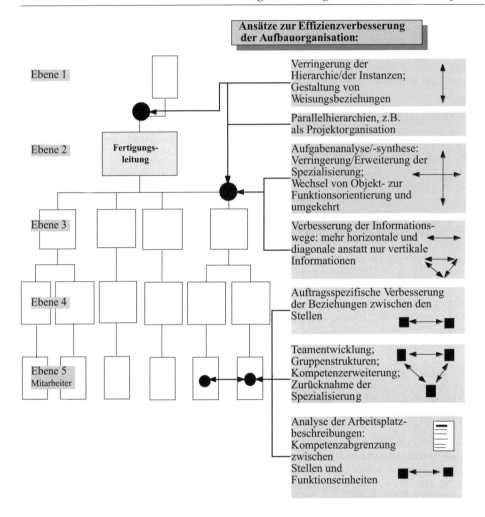

5. *Neugestaltung von Weisungsbeziehungen*, z. B.:
   In einem Metallbauunternehmen musste jede Materialentnahme vom Meister auf dem Materialentnahmeschein gegengezeichnet werden. Dies führte mitunter zu Störungen und verzögerte den Arbeitsablauf.
   Im Rahmen der Einführung eines Gruppenarbeitskonzepts erhielten die Teamsprecher aller Gruppen
   die Befugnis, die Materialbeschaffung und -entnahme eigenverantwortlich durchzuführen.

6. *Überprüfung und Abgrenzung von Aufgaben und Befugnissen laut Arbeitsplatzbeschreibung*, z. B.:
   In einem Metallunternehmen wurde die Instandhaltung bisher von einer „Zentralen Instandhaltungswerkstatt" durchgeführt. Im Rahmen einer Neuorganisation wurden einfache Wartungsarbeiten
   den Facharbeitern in der Fertigung übertragen; für Inspektions- und Reparaturarbeiten war weiterhin
   die Zentrale Instandhaltungswerkstatt zuständig. In der Folgezeit kam es zwischen den Facharbeitern
   der Fertigung und den Instandhaltungsmitarbeitern zu einem Kompetenzkonflikt und bei einigen
   Maschinenstillständen zu gegenseitigen Schuldzuweisungen. In einem gemeinsamen Workshop

wurden die Vorgänge analysiert, klare Kompetenzabgrenzungen vorgenommen und in den jeweiligen Arbeitsplatzbeschreibungen dokumentiert.

7. *Auftragsspezifische Verbesserung der Zusammenarbeit zwischen Stellen, Neugestaltung von Weisungs- und Kommunikationsbeziehungen, z. B. (verkürzte Darstellung):*
In einem Unternehmen des Textilmaschinenbaus erfolgt die Akquisition von Aufträgen über international operierende Vertriebsingenieure (VI). Nach Abschluss eines Auftrages werden kundenspezifische Erfordernisse und besondere, technische Feinjustierungen der Maschine von der Gruppe der Textilingenieure (TI) bearbeitet und an die Arbeitsvorbereitung (AV) weitergegeben. Nach Auslieferung der Maschine erfolgt die Montage der Baugruppen und die Inbetriebnahme beim Kunden durch die Montagetechniker (MT; speziell ausgebildete Facharbeiter Mechanik/Elektronik/Elektrik; Hinweis: Eine Standardtextilmaschine hat Längenabmessungen zwischen 25 bis 40 m.

Zwischen den Stellen, die an der Ausführung eines Kundenauftrags beteiligt waren (insbesondere: VI, AV, TI, MT) war die Zusammenarbeit nicht effizient: Die VIs waren hochdotiert und hatten „Standesdünkel"; die TIs „fühlten sich geringwertiger" und waren der Auffassung, dass ihr textiltechnisches Knowhow nicht genügend beachtet und gewürdigt wurde; die MTs meinten: „Wir müssen beim Kunden laufend improvisieren, nur weil die Herren da oben nicht sorgfältig geplant haben und nicht genügend Detailwissen haben."

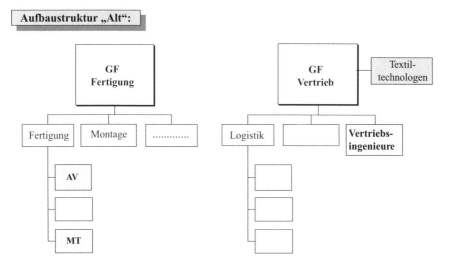

Nach mehreren Arbeitstagungen, in denen Vertreter aller Funktionsfelder beteiligt waren, wurde folgende Entscheidung getroffen:
Die Montagetechniker (MT) werden zukünftig aus der Fertigung „herausgelöst" und einer neu gebildeten Stelle „Auftragsprojektmanagement VFT" unterstellt (V = Vertrieb, F = Fertigung, T = Textiltechnologie); die Stelle VFT berichtet an den GF Vertrieb.

Die Textiltechnologen (TI) – bisher Stabsstelle beim Geschäftsführer Vertrieb werden ebenfalls VFT neu unterstellt. Die disziplinarische Unterstellung der Vertriebsingenieure (VI) verbleibt beim Geschäftsführer Vertrieb; die Stelle VFT ist jedoch den VIs in bestimmten Fragen fachlich weisungsberechtigt.

Je Kundenauftrag werden zeitlich befristete Teams aus VI, AV, TI und MT gebildet. Die fachliche Weisungsberechtigung liegt bei VFT. Nach einer gewissen Anlaufzeit hat sich dieses Konzept bewährt: Im Vordergrund stehen nicht mehr „Abteilungsegoismen", sondern die Erfüllung des Kundenauftrags

– termingerecht und mit der vereinbarten Qualität. Durch die Teambildung gelingt eine Vernetzung der auftragsrelevanten Funktionsfelder Gruppe für das gesamte Objekt, keine Reibungsverluste, verbesserte Abstimmung und Kommunikation bezogen auf die notwendigen Arbeiten an einem Objekt.

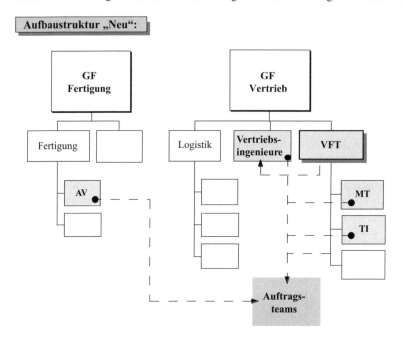

Übung: Es wird empfohlen, in Einzelarbeit oder im Lehrgang die konkrete Aufbaustruktur des eigenen Betriebes zu visualisieren und die Effizienz der Aufbauorganisation zu diskutieren bzw. Ansätze zur Verbesserung zu entwickeln.

02. Welche Ansätze zur Optimierung von Ablaufstrukturen (Prozessen) sind grundsätzlich geeignet?

Die *Ablauforganisation* ist der dynamische Teil der Struktur eines Unternehmens. Der Begriff wird zunehmend durch die Bezeichnung *Prozessorganisation* ersetzt.

Ein *Prozess* ist

(1) *eine strukturierte Abfolge von Ereignissen* zwischen einer Ausgangssituation und einer Ergebnissituation (allgemeine Definition),

(2) *ein bestimmter Ablauf/ein bestimmtes Verfahren* mit gesetzmäßigem Geschehen (sehr allgemeine Definition),

(3) *das effiziente Zusammenwirken der Produktionsfaktoren* zur Herstellung einer bestimmten Leistung/eines bestimmten Produktes (Definition im Sinne der Fertigungstheorie).

Im Sinne der *Prozessorganisation* (auch: Ablauforganisation) werden unterschiedliche *Prozess-arten* unterschieden; die Begriffe sind in der Literatur nicht immer einheitlich. Die nachfolgende Übersicht enthält einen *Überblick über die Prozessarten*, die bei der Behandlung dieses Stoffgebietes relevant sind:

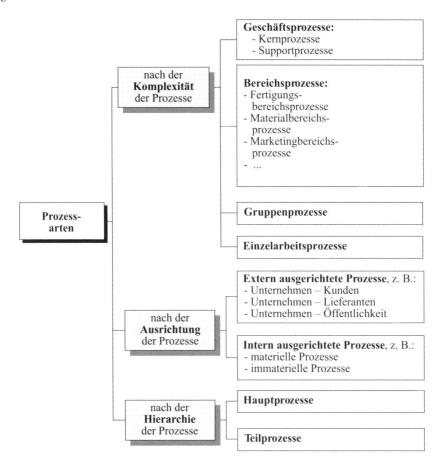

Ablaufstrukturen können dadurch optimiert werden, indem man die zu untersuchenden Prozesse definiert und dann analysiert unter den Aspekten: Zeitaufwand, Kosten, Effizienz, Wirschaftlichkeit und Zielbeitrag.

Hinweis: Die Forderung des Rahmenplanes „Der Teilnehmer soll die Ablaufstrukturen von informationellen und materiellen Prozessen kennen" erscheint uns zu komplex und ist vom Teilnehmer nicht zu leisten; dazu ist die Zahl der an der Fertigung beteiligten Kern- und Supportprozesse zu umfangreich.

Im Folgenden werden wir beispielhaft einige Haupt- und Teilprozesse der industriellen Leistungserstellung betrachten und kommentieren:

1. *Geschäftsprozess:*
   Beim *Geschäftsprozess* (auch: Unternehmensprozess) wird das gesamte Unternehmen betrachtet: Der Prozess der industriellen Leistungserstellung lässt sich beispielsweise in die Phasen „Beschaffung" → „Produktion" → „Absatz" bzw. „Input" → „Transformation" (auch: Throughput) → „Output" einteilen und schematisch folgendermaßen darstellen:

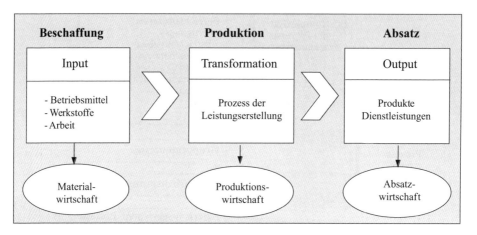

2. *Bereichsprozesse:*
   Bereichsprozesse sind Teilprozesse innerhalb des Geschäftsprozesses und betrachten die Abläufe in größeren Organisationseinheiten (z. B. Ressorts, Hauptabteilungen). Dabei dienen *Kernprozesse* der unmittelbaren Leistungserstellung (z. B. Fertigungsprozess, Montageprozess), während *Supportprozesse* mittelbar wirken und die Kernprozesse unterstützen.

   Neben der Darstellung von *materiellen Prozessen* (Ablauf und Veränderung der Stoffe/Produkte) interessiert bei stärkerer Mikrobetrachtung auch der Ablauf/die Vernetzung der *Informationsprozesse* (auch: immaterielle/informationelle Prozesse). Materielle und informationelle Prozesse können parallel (z. B. Beipackzettel) oder nacheinander sowie auf gemeinsamen oder getrennten Wegen verlaufen (z. B. Bearbeitungsprozess einer Baugruppe → materieller Prozess; dv-gestützte Betriebsdatenerfassung → informationeller Prozess).

   Die Darstellung der Struktur derartiger Prozesse ist unterschiedlich, je nachdem, welcher Gesichtspunkt besonders hervorgehoben werden soll und welches Instrument/welche Technik der Darstellung gewählt wird (z. B. Flussdiagramm, Arbeitsablaufdiagramm, Struktogramm).

   Hinweis: Es kann daher keine „einzig richtige visuelle Darstellungsform" einer bestimmten Prozessstruktur geben.

Die folgende Darstellung zeigt vereinfacht den Prozess der industriellen Fertigung eines Produkts im Übergang zum Logistikprozess (Auslieferung) sowie die angrenzenden Bereichsprozesse; dabei wird der Fall einer Einzelfertigung unterstellt:

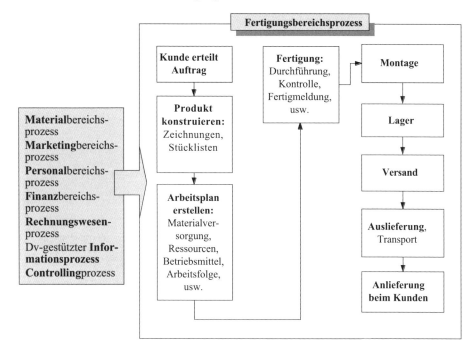

3. *Informationsprozesse:*

3.1 Das nachfolgende Schaubild zeigt einen komplexen Informationsprozess am *Beispiel der statistischen Prozesskontrolle:*

Bei der statistischen Prozesskontrolle (SPC = Statistical Process Controll) wird nicht das Ergebnis des Fertigungsprozesses geprüft, sondern präventiv werden während der Fertigung laufend Qualitätsdaten gesammelt (z. B. mithilfe von: Sensoren, Messeinrichtungen, Betriebsdatenerfassung). Damit sollen Störungen frühzeitig und automatisch erkannt und abgestellt werden.

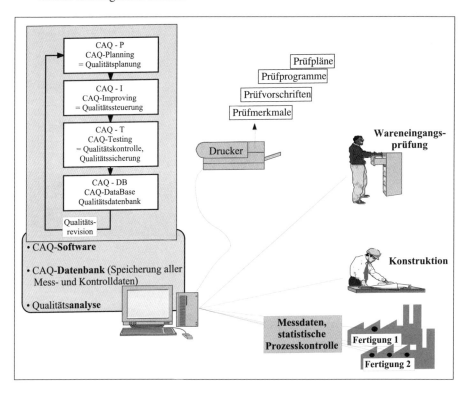

3.2 *Überschneidung von Bereichsprozessen*, hier dargestellt am Beispiel des Informationssystems der Betriebsdatenerfassung und eines Personalinformationssystems (PIS):

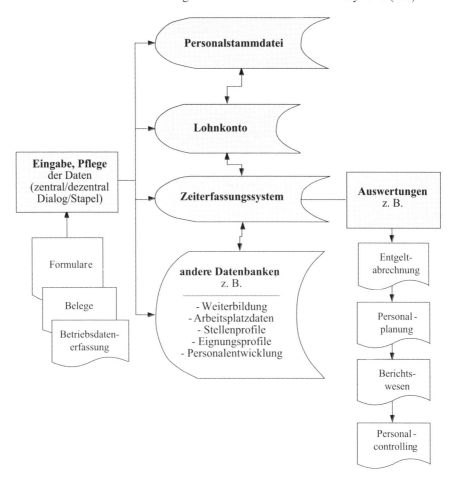

4. *Gruppenprozesse:*
Beispiel einer Ablaufstruktur bei der Fertigung eines Werkstücks in Form von Gruppenarbeit:

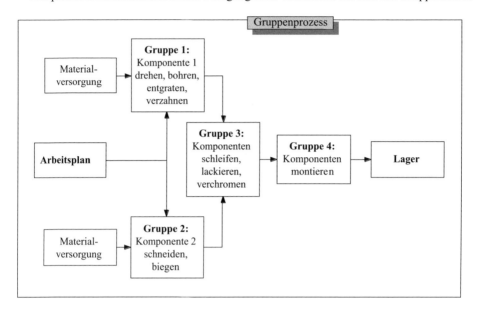

5. *Einzelarbeitsprozesse:*
Das folgende Beispiel zeigt verkürzt den Arbeitsprozess beim Fräsen eines Anlasserritzels unter Einsatz eines Halbautomaten:

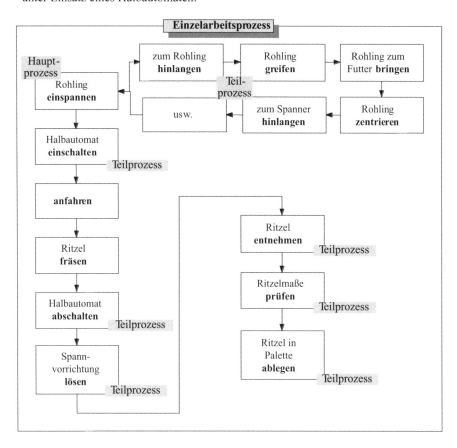

Analog lassen sich weitere Kern- und Supportprozesse bzw. Haupt- und Teilprozesse des Fertigungsbereichsprozesses unter materiellen oder informationellen Gesichtspunkten betrachten.

Übung: Es wird empfohlen, in Einzelarbeit oder im Lehrgang konkrete Ablaufstrukturen des eigenen Betriebes zu visualisieren und die Effizienz der Prozesse zu diskutieren bzw. Ansätze zur Verbesserung zu entwickeln.

03. Nach welchen Gesichtspunkten sind Handlungsvorgänge zu analysieren bzw. Arbeitsprozesse zu gestalten?

Handlungsvorgänge bzw. Arbeitsprozesse müssen wirtschaftlich gestaltet sein; Ziel ist es, Dauer und Kosten eines Vorgangs zu minimieren – bei hoher Qualität und ergonomischer Anordnung. Bei der Analyse von Handlungsvorgängen bzw. Arbeitsprozessen werden die Ablaufstrukturen zerlegt und u. a. nach folgenden Gesichtspunkten bewertet:

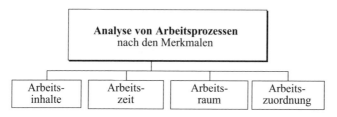

04. Welche Aspekte werden bei der Analyse von Arbeitsinhalten betrachtet?

Bei der *Analyse und Optimierung von Arbeitsinhalten* werden folgende Aspekte betrachtet:

- Artteilung, Mengenteilung,
- Grad der Spezialisierung,
- Delegationsumfang: Eigen-/Fremdbestimmung, Eigen-/Fremdverantwortung,
- Motivation der Mitarbeiter.

05. Welche Aspekte werden bei der Analyse von Zeiten für Arbeitsvorgänge betrachtet?

Bei der *Analyse und Optimierung der Zeiten* für Arbeitsvorgänge bedient man sich der *Ablaufarten* nach REFA.

> *Ablaufarten* sind Ereignisse, die beim Zusammenwirken von Mensch, Betriebsmittel und Arbeitsgegenstand auftreten können. *Zeitarten* sind Zeiten für bestimmte, gekennzeichnete Ablaufabschnitte (Rüst-, Ausführungszeit).

Man unterscheidet Ablaufarten bezogen auf den Menschen, das Betriebsmittel und den Arbeitsgegenstand:

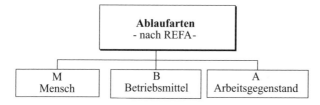

06. Wie ist die Ablaufgliederung für den Menschen (M)?

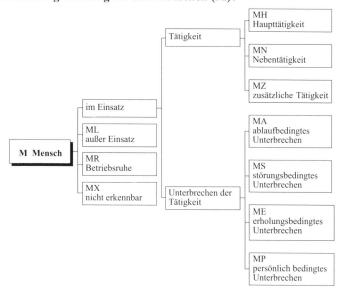

07. Wie ist die Ablaufgliederung für das Betriebsmittel (B)?

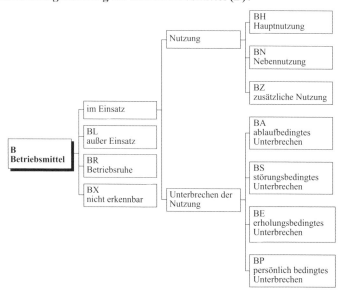

08. Wie ist die Ablaufgliederung für den Arbeitsgegenstand (A)?

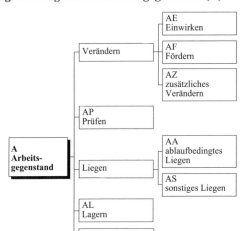

09. Welches Ziel hat die raumorientierte Ablaufplanung?

Die *raumorientierte Ablaufplanung (auch: Layoutplanung) hat das Ziel,*

- einen möglichst geradlinigen Ablauf der Arbeiten zu gewährleisten,
- die Entfernungen zwischen sachlich zusammenhängenden Arbeitsplätzen zu minimieren und
- die Transportzeiten und -kosten gering zu halten.

Beispiel 1: Bild 1 zeigt den Arbeitsfolgenprozess in einer Werkstatt (System „alt"). Stellt man bei der Analyse der Raumordnung fest, dass sich Flusslinien überkreuzen, hin und her bewegen oder rückläufig sind, so sollten diese Vorgänge detaillierter untersucht werden. Bild 2 (System „neu") zeigt eine Optimierung der Maschinenanordnung.

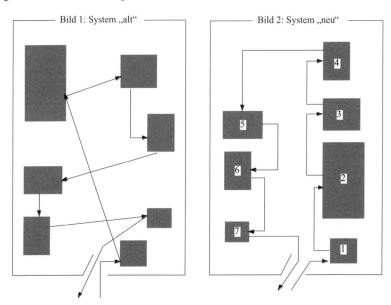

Beispiel 2: Die Geschäftsleitung hat entschieden, einen Teil der Fertigung in das benachbarte Ausland zu verlagern. Betroffen davon ist auch die Mechanische Fertigung 1. Hier wird eine Baugruppe hergestellt, die folgende Fertigungsstufen umfasst: Blechbearbeitung $\rightarrow$ Schleiferei $\rightarrow$ Lackiererei $\rightarrow$ Montage; außerdem sind in der neuen Fertigungshalle das Lager, die Packerei, der Versand und der Wareneingang (mit Wareneingangsprüfung) einzurichten. Der Flächenbedarf der einzelnen Abteilungen kann aus der Vergangenheit übernommen werden.

- Blechbearbeitung: 12 m · 12 m
- Lackiererei: 6 m · 12 m
- Lager: 12 m · 12 m
- Versand: 10 m · 12 m

- Schleiferei: 6 m · 12 m
- Montage: 8 m · 12 m
- Packerei: 6 m · 12 m
- Wareneingang: 12 m · 12 m

Für die neue Fertigungshalle sind der Flächenbedarf sowie die Flächeninnenmaße zu ermitteln. „Die konstruktiven Erfordernisse der Halle stelle ich sicher, darauf müssen Sie keine Rücksicht nehmen; Türen und eine Rampe bekommen Sie natürlich auch, die müssen Sie nicht planen", äußert humorvoll der Bauingenieur des Betriebes. Weiterhin ist eine Anordnung der einzelnen Abteilungen grafisch vorzuschlagen, der eine Minimierung der Durchlaufzeit gewährleistet.

Lösungsvorschlag:
Da alle Abteilungen beim Flächenbedarf eine gleichlautende Länge von 12 m haben, empfiehlt sich für die neue Halle eine Abmessung von $[2 \cdot 12] \cdot [x]$ zur Minimierung der Transportwege. Der gesamte Flächenbedarf beträgt:

12 m · 12 m	=	144 m²	6 m · 12 m	= 72 m²
6 m · 12 m	=	72 m²	8 m · 12 m	= 96 m²
12 m · 12 m	=	144 m²	6 m · 12 m	= 72 m²
10 m · 12 m	=	120 m²	12 m · 12 m	= 144 m²
$\sum$ = 864 m²	=	gesamter Flächenbedarf		
864 m² : 24 m	=	36 m		

Das heißt, dass die neue Fertigungshalle Innenmaße von 24 m x 36 m hat. Die Anordnung der Abteilung richtet sich nach dem Fließprinzip und berücksichtigt die erforderlichen Flächenvorgaben:

Wareneingang → Lager → Blechbearbeitung → Schleiferei → Lackiererei → Montage → Packerei → Versand.

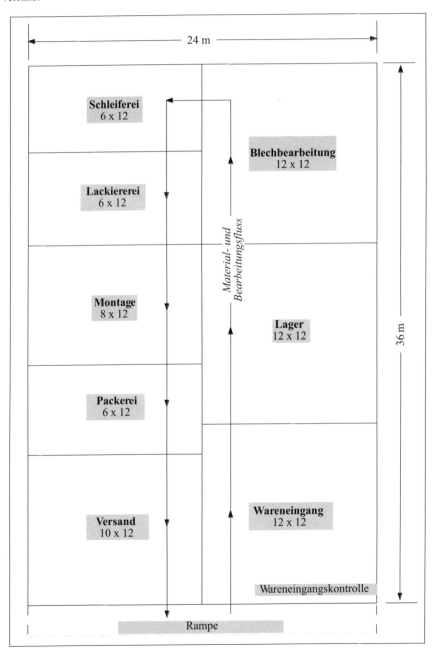

10. Welche Prinzipien werden bei der Analyse und Optimierung der Arbeitszuordnung „Mensch - Betriebsmittel - Arbeitsgegenstand" angewendet?

Zur *Analyse und Optimierung der Arbeitszuordnung* (auch: Koordination) greift man zurück auf die *Gliederung der Arbeitssysteme* (Kombination von Mensch, Betriebsmittel und Arbeitsgegenstand bzw. Einzel- und Gruppenarbeit):

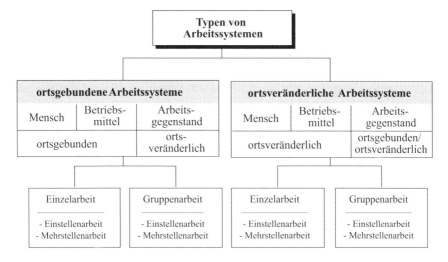

5.1.5 Aktualisierung von Stammdaten

01. Was sind Daten?

Daten sind Informationen aus Ziffern, Buchstaben und Sonderzeichen, z. B. 2706gwf+.

02. In welche Kategorien lassen sich Daten einteilen?

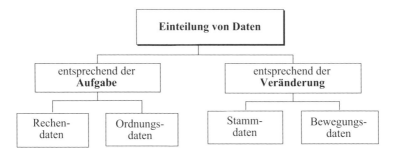

• Mit *Rechendaten* werden Operationen durchgeführt, z. B. Mengen, Preise.

• Mithilfe von *Ordnungsdaten* werden Sachen, Personen und Sachverhalte eindeutig identifiziert, z. B. Artikelnummer, Artikelbezeichnung, Personalnummer, Auftragsnummer, Kundennummer.

- *Stammdaten* sind über einen längeren Zeitraum unveränderlich, z. B.
  - Artikelnummer,
  - Personalnummer,
  - Kundennummer, -name, -anschrift
  - Lieferantennummer, -name, -anschrift
  - Arbeitsplatznummer,
  - Maschinennummer,
  - Betriebsmittelnummer,
  - Werkstattnummer,
  - Nummerung der Niederlassungen.

- *Bewegungsdaten* (auch: Vorgangsdaten) ändern sich schnell bzw. fallen bei jedem Vorgang neu an, z. B. muss für jeden neuen Auftrag eine neue Auftragsnummer vergeben werden.

03. Warum müssen Stammdaten laufend aktualisiert werden?

Die Hauptaufgaben der Fertigung (Fertigungsplanung, -steuerung, -versorgung und -kontrolle) lassen sich heute nur noch durch dv-gestützte Verfahren effizient ausführen.

Nur bei laufender Pflege der Stammdaten sind die Ergebnisse der Planung und Durchführung von Aufträgen u. Ä. eindeutig und aktuell.

04. Welche Merkmale müssen bei der Aktualisierung von Stammdaten beachtet werden?

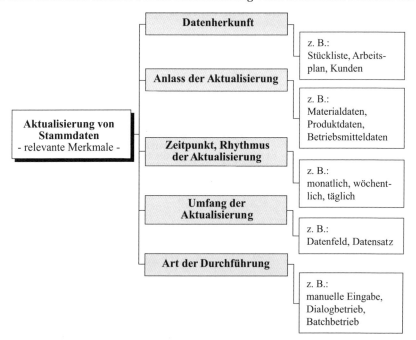

05. Welche Auftragsdaten (Stamm- und Bewegungsdaten) müssen bei der Planung und Durchführung von Aufträgen neu angelegt werden?

In erster Linie sind folgende Auftragsdaten relevant (in Anlehnung an: Ebel, B., a. a. O., S. 285):

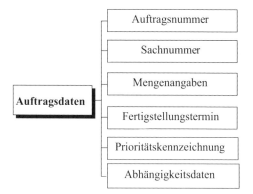

Stammdaten müssen auch dann gepflegt werden bzw. dokumentiert bleiben, wenn z. B. mit Lieferanten oder Kunden keine neuen Aufträge mehr abgewickelt werden (Gewährleistungsfristen z. B. nach BGB, VOB; Aufbewahrungsfristen, z. B. Gesetzgeber, Finanzamt).

06. Welche Auftragsarten unterscheidet man?

• Kundenauftrag
• Lagerauftrag
• Beschaffungsauftrag
• Fertigungsauftrag
• Fertigungsauftrag
• Fremdfertigungsauftrag
• innerbetriebliche Aufträge.

Vgl. ausführlich unter 2.1.2/01.

07. Welchen Umfang kann ein Fertigungsauftrag haben?

1. *Technische Zeichnung + Stückliste:*
   Die einfachste Form eines Fertigungsauftrages ist die technische Zeichnung ggf. in Verbindung mit einer Stückliste, die alle für die Herstellung des Produktes erforderlichen Daten enthält.

2. *Arbeitsplan:* Umfangreiche und detaillierte Fertigungsaufträge werden in Form von Arbeitsplänen erstellt. Sie enthalten u. a.:

   - die einzelnen Arbeitsstufen,
   - die erforderlichen Arbeitsmittel,
   - die Werkzeuge und Vorrichtungen,
   - die Maschineneinstellwerte,
   - die Fertigungsdaten.

08. Was bezeichnet man als Identifikationsdaten?

Identifikationsdaten sind Ordnungsdaten (vgl. Frage 02.). Zur eindeutigen Kennzeichnung einer Sache, einer Person, eines Arbeitsplatzes usw. wird eine bestimmte Nummer zugewiesen: z. B. Zeichnungs-, Stücklisten-, Fertigungsplan-, Betriebsmittel-, Inventar-, Baugruppennummer.

Die Identifikationsnummer

- ist unsystematisch,
- ist einfach in der Erstellung, Zuordnung und Fortführung und
  (z. B. wird kein „sprechender Schlüssel" verwendet: GT786.5 = Gewindeteil 786 aus Werk 5),
- hat keine Lücken.

Beispiel: Mit einer 4-stelligen Identifikationsnummer lassen sich 9.999 Artikel kennzeichnen.

5.1.6 Daten der Kapazitätsplanung, Fertigungstechnologie und Instandhaltung

01. Welche weiteren Daten müssen vor Auftragsfreigabe neu erfasst bzw. aktualisiert werden?

Bevor ein Auftrag frei gegeben wird, muss geprüft werden, ob alle für die Fertigung erforderlichen Daten vorhanden bzw. aktuell sind (Prüfen der Datenverfügbarkeit). Neben der oben beschriebenen Aktualisierung der Stammdaten für Aufträge (→ 5.1.5) *sind weitere Datenbestände zu erfassen bzw. zu aktualisieren* (Hinweis: Es werden nur die im Rahmenplan aufgeführten – nicht vollständigen – Datenbereiche behandelt):

Datenbereich	Beschreibung; Gründe für die Datenerfassung	Beispiele für anfallende Daten
Daten zur Kapazitäts- planung	Ermittlung des Kapazitätsbedarfs und der verfügbaren Kapazität	Leistungsdaten der Betriebsmittel Leistungsdaten der Mitarbeiter: - Anzahl, Qualifikation Zeitarten/Sollzeiten, z. B.: - Rüst-, Verteil-, Stückzeiten - Bearbeitungs-, Transportzeiten
Daten zur Fertigungs- technologie (Fertigungsstruktur)	Bereitstellen der Daten zur Fertigungsplanung und -steuerung	Organisationsstrukturdaten Materialstammdaten Arbeitsplanstammdaten Arbeitsplatzstammdaten Artikelstammdaten Erzeugnisstrukturdaten
Qualitätsparameter	Erfassung, Aktualisierung und Pflege der qualitätsrelevanten Daten	Allgemein: CAQ-Daten Im Einzelnen: Materialstammdatei, z. B.: - Prüftechniken, Chargenpflicht - Prüfmerkmale, Fehlerarten - Stammprüfmerkmale, Prüfpläne

Daten zur Instandhaltung	Vorbereitung und Terminierung der Instandhaltungsmaßnahmen; Abstimmung mit der Fertigungsplanung	Termine, z. B.: - Wartungsaufträge Wartungskapazitäten, z. B.: - Personal, Betriebsmittel, Equipment Kosten, z. B.: - Wartungs-, Material-, Lohnkosten - Reparatur-, Ausfallkosten
Grundlagen für die Kalkulation	Kalkulation der Aufträge: Vorkalkulation, mitlaufende Kalkulation, Nachkalkulation	Mengendaten, z. B.: - Mitarbeiter-, Maschinenstunden - Materialverbräuche Wertdaten, z. B.: - Maschinenstundensätze - Akkordsätze, Ecklöhne - Lieferantenpreise - Rüstkosten, Transportkosten - Gemeinkostenzuschläge

5.2 Erstellen, Anpassen und Umsetzen von Produktions-, Mengen-, Termin- und Kapazitätsplanungen

5.2.1 Produktions-/Fertigungsplanung und -steuerung als Teilsystem
→ A 2.2, 2.1.2

01. Welcher Unterschied besteht zwischen Produktion und Fertigung?

- *Produktion* umfasst *alle Arten* der betrieblichen Leistungserstellung. Produktion erstreckt sich somit auf die betriebliche Erstellung von *materiellen* (Sachgüter/Energie) und *immateriellen* Gütern (Dienstleistungen/Rechte).

- *Fertigung* meint nur die Seite der *industriellen* Leistungserstellung, d. h. der materiellen, absatzreifen Güter und Eigenerzeugnisse.

Hinweis: Der Unterschied zwischen diesen Begriffen muss hier vernachlässigt werden, da er im Rahmenplan ebenfalls keine Berücksichtigung findet (zum Teil synonyme Verwendung).

02. Welche Hauptaufgaben bearbeitet die Produktionswirtschaft? Welche „Nebenaufgaben" muss sie dabei berücksichtigen?

Die Hauptaufgaben der Produktionswirtschaft sind – entsprechend dem Management-Regelkreis:

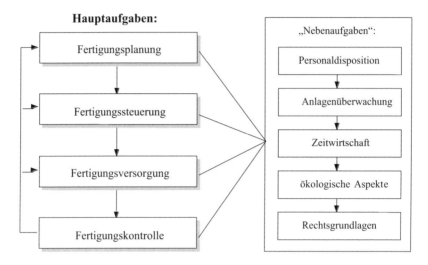

03. Wie wird der Produktionsplan (das Produktvolumen) im Rahmen der Unternehmens-Gesamtplanung abgeleitet?

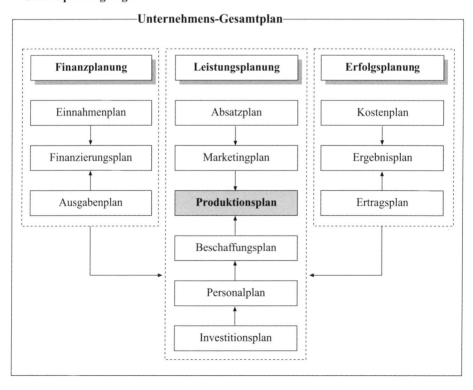

04. Welche betriebliche Kernfunktion erfüllt die industrielle Produktion?

Die Produktion ist das *Bindeglied* zwischen den betrieblichen Funktionen „*Beschaffung*" (Input) und „*Absatz*" (Output). Im Prozess der betrieblichen Leistungserstellung erfüllt sie die Funktion der „*Transformation*" (Throughput): Der zu beschaffende Input wird transformiert in den am Markt anzubietenden Output.

05. Welche Bedeutung hat die Produktion/Fertigung für einen Industriebetrieb?

Die Produktion/Fertigung ist in Industriebetrieben die Funktion, mit der der Hauptbeitrag zur Wertschöpfung realisiert wird. Als *betriebliche Wertschöpfung* bezeichnet man den wertmäßigen Unterschied zwischen den *Vorleistungen* anderer Wirtschaftseinheiten (z. B. Materialaufwand), die der Betrieb zur Erzeugung/Veredlung seiner Leistungen braucht und den vom Betrieb erzeugten und abgesetzten *Leistungen*:

Beispiel:					
	Erlöse	4.000 Geldeinheiten	⇐	Güterwerte <u>nach</u> außen
−	Vorleistungen	2.500 Geldeinheiten	⇐	Güterwerte <u>von</u> außen
=	Wertschöpfung	1.500 Geldeinheiten		

06. Welche Aufgabenstellung hat die Produktionsplanung und -steuerung?

Die Produktionsplanung und -steuerung umfasst die *mengen- und terminbezogene*

→ *Planung,*
→ *Veranlassung* und
→ *Überwachung*

der Produktionsdurchführung (in Anlehnung an: Ebel, B., a. a. O., S. 241). In der Literatur werden ähnliche Begriffe meist synonym verwendet, z. B.: Arbeitsvorbereitung, Produktionsvorbereitung, Produktionssteuerung.

Weiterhin wird der Begriff „Produktionsplanung und -steuerung" (PPS) *integrierter PPS-Systeme* verwendet. Man bezeichnet damit rechnergestützte integrierte Systeme, die möglichst alle relevanten Daten der Produktionsplanung und -steuerung zusammenfassen und vernetzen (z. B. CIM-Konzepte).

07. Welche Aufgaben umfasst die Produktionsplanung im engeren Sinn?

Die Produktionsplanung wird im Allgemeinen als ein geschlossenes System gesehen. Betrachtet man die Produktionsplanung isoliert, so ergeben sich folgende Aufgaben:

1. Aufgaben der Produktionsplanung – *nach Fristigkeiten:*

    Die Aufgaben der Produktionsplanung können nach Planungshorizonten unterschieden werden:

    - *kurzfristige* Produktionsplanung:
      ca. 1 – 12 Monate z. B. unmittelbare Vorbereitung der Produktion: Materialbereitstellung, Personaleinsatzplanung

- *mittelfristige* Produktionsplanung:
  ca. 1 – 4 Jahre z. B. mittelfristige Investitions- und Personalplanung

- *langfristige* Produktionsplanung:
  > 4 Jahre z. B. langfristige Planung der Fertigungstechnologie, der Produktprogramme.

Bei der Verwendung des Begriffes „Produktions-/Fertigungsplanung und -steuerung" wird in der Regel der kurzfristige Planungszeitraum betrachtet.

2. *Generelle Aufgaben der Produktionsplanung:*

Vernachlässigt man den Aspekt „Fristigkeiten", so rechnet man insgesamt zu den Aufgaben der Produktionsplanung:

Aufgaben der Produktionsplanung	
Produktions- programmplanung	*Strategische Programmplanung*, z. B.: - Planung der Produktfelder auf der Basis von Maktprognosen - Investitionsplanung - Planung der Fertigungstechnologie/-tiefe
	Taktische Programmplanung, z. B.: - Konkretisierung der Produktfelder - Grobplanung der Produktionskapazitäten
	Operative Programmplanung, z. B.: - Feinplanung der Kapazitäten - Produktart - Menge - Termin usw. - Werkstattsteuerung
Produktions- bedarfsplanung (auch: Ressourcenplanung)	- Personal-, Material-, Betriebsmittelbedarf - Planung der Eigen-/Fremdfertigung
Produktions- ablaufplanung	- Arbeits- und Zeitplanung - Planung der Fertigungsfolgen - Termin-, Mengen-, Transportplanung
Kostenplanung	- Vorkalkulation - mitlaufende Kalkulation - Nachkalkulation
Fertigungsvorbereitung (auch: Arbeitsvorbereitung)	- Auftragsumwandlung/-koordination - Losgrößenplanung - Erstellen der Stücklisten - Datenverwaltung - Arbeitspläne

08. Welche Aufgaben hat die Produktions-/Fertigungssteuerung?

Die Produktions-/Fertigungssteuerung hat operativen Charakter. Sie ist der Übergang von der Produktionsplanung zur Produktionsdurchführung. Im Gegensatz zur Produktions-/Fertigungsplanung befasst sich die Fertigungssteuerung unmittelbar mit der *Lenkung und Überwachung der Fertigungsdurchführung.*

Die Aufgaben der Fertigungssteuerung sind:

- Strukturierung der Arbeitsvorgänge
- Veranlassen der Fertigung
- unmittelbares Bereitstellen der Produktionsfaktoren
- Lenken der Fertigungsabläufe (Arbeits-, Transport- und Informationsplanung)
- Überwachen/Sichern der Fertigung

Die Fertigungssteuerung ist vom Charakter her ein geschlossener Regelkreis, der die Elemente Fertigungsplanung (das Soll) mit der Fertigungsdurchführung (das Ist) im Wege der Fertigungskontrolle (der Soll-Ist-Vergleich) miteinander verbindet.

Immer dann, wenn die Fertigungsdurchführung vom Plan abweicht (Termine, Qualitäten, Mengen usw.) – wenn also Störungen im Prozess erkennbar sind – müssen über Korrekturmaßnahmen/ Maßnahmenbündel die Störungen beseitigt und (möglichst) zukünftig vermieden werden; mitunter kommt es aufgrund von Soll-Ist-Abweichungen auch zu Änderungen in der (ursprünglichen) Planung:

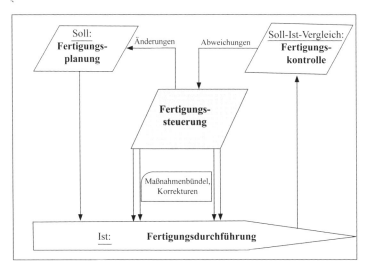

09. Welche Ziele hat die Produktionsplanung und -steuerung?

Hinweis: Wegen der Überschneidung der Prozesse innerhalb der Produktionsplanung und -steuerung (PPS) werden die Ziele der Produktionsplanung und die der Produktionssteuerung nicht isoliert betrachtet.

Die *Ziele der Produktionsplanung und -steuerung* leiten sich aus den Unternehmenszielen ab und sind auf ihre Vereinbarkeit mit diesen zu gestalten:

- Minimierung der Fertigungskosten
- kontinuierliche Auslastung der Kapazitäten
- kurze Durchlaufzeiten
- hoher Nutzungsgrad der Betriebsmittel
- hohe Lieferbereitschaft
- Einhaltung der Termine
- optimale Lagerbestandsführung
- Gewährleistung der Sicherheit am Arbeitsplatz
- Ergonomie der Fertigung

Die optimale Realisierung dieser Ziele verschafft Wettbewerbsvorteile am Absatzmarkt und gehört daher zu den *Erfolgsfaktoren der industriellen Fertigung.*

10. Welche Zielkonflikte können innerhalb des Zielbündels der Produktionsplanung und -steuerung (PPS) bestehen?

Die Ziele der PPS sind nicht immer indifferent oder komplementär; zum Teil gibt es konkurrierende Beziehungen (*Zielkonflikte*), z. B.:

- kurze Durchlaufzeiten	⇔	kontinuierliche Auslastung der Kapazitäten
- kontinuierliche Kapazitätsauslastung	⇔	Einhaltung der Termine
- optimale Lagerbestandsführung	⇔	hohe Lieferbereitschaft
- Minimierung der Fertigungskosten	⇔	Ergonomie der Fertigung

5.2.2 Kernaufgaben der Produktions-/Fertigungsplanung und -steuerung

Hinweis: Im Folgenden werden Kernaufgaben der PPS behandelt. Die Darstellung ist aus der Sicht der Theorie der Produktionswirtschaft nicht vollständig, sondern orientiert sich eng am Rahmenplan. Damit der Zusammenhang nicht verloren geht., wird jeweils auf das nachfolgende Schaubild „Kernaufgaben der Produktions-/Fertigungsplanung und -steuerung" Bezug genommen. Die Begriffe Produktion und Fertigung werden dabei synonym verwendet (vgl. Rahmenplan).

01. Mit welchen Fragestellungen und Entscheidungen beschäftigt sich die Produktions-programmplanung?

Die Produktionsprogrammplanung beschäftigt sich vor allem mit den Fragen:

- Welche Erzeugnisse,   - mit welchen Verfahren,
- in welchen Mengen,   - bei welchen Kapazitäten,
- zu welchen Terminen,   - mit welchem Personal

sollen gefertigt werden?

Jeder Industriebetrieb will selbstverständlich alle Güter, die er produziert, auch verkaufen. Es sollen deshalb nur solche Güter hergestellt werden, die auch absetzbar sind.

Das Fertigungsprogramm ist damit entscheidend für den Erfolg und das wirtschaftliche Über-leben eines Unternehmens.

> *Die Planung des Fertigungsprogramms hat damit eine Schlüsselstellung innerhalb aller Planungsfelder.*

Wichtige Merkmale der Produktions-/Fertigungsprogrammplanung sind:

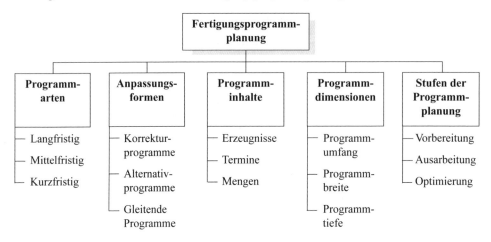

02. Die Produktions-/Fertigungsprogrammplanung wird in langfristige, mittelfristige und kurzfristige Programmpläne aufgeteilt. Welchen Inhalt haben diese unterschiedlichen Teilpläne?

* Themen der *langfristigen* (strategischen) *Programmplanung* sind z. B.:

  - Festlegen der Produktfelder, der Produktlinien, der Produktideen
  - Strategie der Produktentwicklung, z. B.:
  - Innovation
  - Verbesserung
  - Diversifikation
  - Variation

* Themen der *mittelfristigen* (taktischen) *Programmplanung* sind z. B.:

  - Entwurf/Konstruktion des Produktes
  - Eigen-/Fremdfertigung (Make-or-buy-Analyse)
  - Altersstruktur, Lebenszyklus

* Themen der *kurzfristigen* (operativen) Programmplanung sind z. B.:

  - Welche Menge,
  - in welchen Fertigungszeiträumen werden gefertigt?

Zwischen der kurzfristigen Produktions-/Fertigungsprogrammplanung und -steuerung und der Fertigungsvorbereitung besteht ein fließender Übergang.

03. Welche Aufgaben hat die Produktionsbedarfsplanung?

Die Produktionsbedarfsplanung (auch: Ressourcenplanung, Fertigungsversorgung) hat die *Aufgabe* den Bedarf an

- Personal   → vgl. Personalbedarfsplanung, 7.1, 8.1
- Betriebsmittel
- Material und
- Informationen/Daten   → vgl. oben, Ziffer 5.1.5 f.

zu ermitteln. Dabei ist zwischen

- *auftragsneutraler* und   → allgemeiner Bedarf ohne Bezug auf konkrete Aufträge
- *auftragsbezogener*   → spezieller Bedarf aufgrund der vorliegenden Aufträge

Produktionsbedarfsplanung zu unterscheiden.

04. Welche Aufgaben hat die Betriebsmittelplanung?

Aufgabe der Betriebsmittelplanung ist die Planung

- des Betriebsmittel*bedarfs*
- der Betriebsmittel*beschaffung*
  (Auswahl der Lieferanten; Finanzierung durch Kauf, Miete oder Leasing; Beschaffungszeitpunkte usw.)
- des Betriebsmittel*einsatzes*
- der *Einsatzbereitschaft* der Betriebsmittel.
  (Instandhaltung, Instandsetzung; vgl. dazu 5.1.3/07.)

Bei der Planung der *Betriebsmittel* sind folgende *Objekte* zu berücksichtigen:

- Grundstücke und Gebäude
- Ver- und Entsorgungsanlagen
- Maschinen und maschinelle Anlagen
- Werkzeuge, Vorrichtungen
- Transport- und Fördermittel
- Lagereinrichtungen
- Mess-, Prüfmittel, Prüfeinrichtungen
- Büro- und Geschäftsausstattung.

Neben der Anzahl der Betriebsmittel (*quantitative Betriebsmittelplanung*) ist zu entscheiden, welche Eigenschaften und welche Leistungsmerkmale die Betriebsmittel haben müssen (*qualitative Betriebsmittelplanung*).

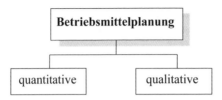

Bei der *qualitativen Betriebsmittelplanung* geht es z. B. um folgende Fragestellungen:

- handgesteuerte oder teil- bzw. vollautomatische Maschinen
- Bearbeitungszentren und/oder flexible Fertigungszellen/-systeme/-Transferstraßen
- Größendegression der Anlagen (Senkung der Kosten bei Vollauslastung)
- Spezialisierungsgrad der Anlagen (Spezialmaschine/Universalanlage)
- Grad der Umrüstbarkeit der Anlagen
- Aufteilung des Raum - und Flächenbedarfs in Fertigungsflächen, Lagerflächen, Verkehrsflächen, Sozialflächen und Büroflächen.

05. Welche Aufgaben hat die Materialplanung?

Aufgabe der Materialplanung ist insbesondere die Planung

- des Material*bedarfs*
  (z. B. Methoden der Bedarfsermittlung)
- der Material*beschaffung*, vor allem:
  - Lieferantenauswahl
  - Beschaffungszeitpunkte
  - Bereitstellungsprinzipien (Bedarfsfall, Vorratshaltung, JiT usw.)
  - Bereitstellungssysteme/Logistik (Bring-/Holsysteme)

Bei den Werkstoffen wird unterschieden in:

- *Rohstoffe*   = *Hauptbestandteil* der Fertigungserzeugnisse,
                      z. B. Holz bei der Möbelherstellung
- *Hilfsstoffe*   = *Nebenbestandteile* der Fertigerzeugnisse,
                      z. B. Leim bei der Möbelherstellung
- *Betriebsstoffe* = gehen nicht in das Produkt ein, sondern *werden* bei der Fertigung *verbraucht*, z. B. Energie (Strom, Dampf, Luftdruck)

06. Welche Verfahren der Bedarfsermittlung gibt es?

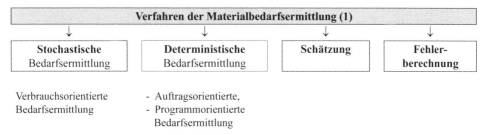

Verfahren der Materialbedarfsermittlung (1)			
↓	↓	↓	↓
Stochastische Bedarfsermittlung	**Deterministische** Bedarfsermittlung	**Schätzung**	**Fehler-berechnung**

Verbrauchsorientierte Bedarfsermittlung

- Auftragsorientierte,
- Programmorientierte Bedarfsermittlung

• Die (subjektive) *Schätzung*
dient der Ermittlung des Bedarfs geringwertiger Güter. Sie wird angewandt, wenn weder Informationen über das Produktionsprogramm, noch eine ausreichende Anzahl von Vergangenheitswerten vorliegen. Bei der Einführung eines neuen Produktes bleibt häufig nur das Instrument der subjektiven Schätzung. Nach dem Vorliegen erster Verbrauchswerte kann dann auf die stochastischen Verfahren zurückgegriffen werden.

Man unterscheidet folgende Arten der Schätzung:

- *Analogschätzung:*
Der zukünftige Bedarf wird analog zu vergleichbaren Materialien geschätzt.

- *Intuitivschätzung:*
Der Bedarf wird intuitiv von einer Person (Lagerleiter, Disponent o. Ä.) geschätzt.

• *Methoden zur Fehlerberechnung in der Disposition, z. B.:*

- Varianz; mittlere quadratische Abweichung: $\sigma^2 = \sum (x_i - \mu)^2 : N$
  bzw. die positive Quadratwurzel daraus, Standardabweichung; $\sigma = \sqrt{\sigma^2}$
- Mittlere absolute Abweichung; $d = \sum |x_i - \mu| : N$

07. Welche zentralen Unterschiede bestehen zwischen der deterministischen und der stochastischen Bedarfsermittlung?

Verfahren der Materialbedarfsermittlung (2)		
	Stochastische Bedarfsermittlung	**Deterministische Bedarfsermittlung**
Bezugs-basis	**Verbrauchsorientiert**	**Auftragsorientiert** auch: programmgesteuert
	Der Bedarf wird ohne Bezug zur Produktion aufgrund von Vergangenheitswerten ermittelt. Relevant sind: - Vorhersagezeitraum - Vorhersagehäufigkeit - Verlauf der Vergangenheitswerte	Der Bedarf wird aufgrund des Produktionsprogramms exakt ermittelt.
Vor-, Nachteile	- einfaches Verfahren - kostengünstig - kann mit Fehlern behaftet sein	- sorgfältiges und genaues Verfahren - kostenintensiv und zeitaufwändig

Informa-tionsbasis	- auf der Basis von Lagerstatistiken
	- bestellt wird bei Erreichen des Lagerbe-standes
		1. Produktionsprogramm:
		  - Lageraufträge
		  - Kundenaufträge
		2. Erzeugnisstruktur
		  - Stücklisten
		  - Verwendungsnachweise
		  - Rezepturen

An-wendung	- Tertiär- und Zusatzbedarf – wenn determi-nistische Verfahren nicht anwendbar oder nicht wirtschaftlich sind	Bei allen Roh- und Hilfsstoffen lässt sich ein direkter Zusammenhang zum Primärbedarf herstellen; meist dv-gestützt.
Dispositi-onsver-fahren	Verbrauchsgesteuerte Disposition: - Bestellpunktverfahren - Bestellrhythmusverfahren	Programmgesteuerte Disposition: - auftragsgesteuerte Disposition - plangesteuerte Disposition

Methoden	Mittelwertbildung:
	- arithmetischer Mittelwert
	  · gewogen/ungewogen
	- gleitender Mittelwert
	  · gewogen/ungewogen
		Analytische Materialbedarfsauflösung
		→ Stücklisten

	Regressionsanalyse: - lineare - nicht-lineare	Synthetische Materialbedarfsauflösung → Verwendungsnachweise
	Exponentielle Glättung: - 1. Ordnung - 2. Ordnung	

08. Welche Verfahren der analytischen Materialbedarfsauflösung gibt es?

- *Fertigungsstufen-Verfahren:*
  Die Teile des Erzeugnisses werden in der Reihenfolge der Fertigungsstufen aufgelöst.

- *Das Renetting-Verfahren*
  ist geeignet, den Mehrfachbedarf von Teilen zu berücksichtigen; hat in der Praxis nur geringe Bedeutung.

- *Das Dispositionsstufen-Verfahren*
  wird eingesetzt, wenn gleiche Teile in mehreren Erzeugnissen/Fertigungsstufen vorkommen. Alle gleichen Teile werden auf die unterste Verwendungsstufe (Dispositionsstufe) bezogen und nur einmal aufgelöst.

- *Das Gozinto-Verfahren*
  verwendet mathematische Methoden zur Bedarfsauflösung. Der Gozinto-Graf zeigt die Er-zeugnisstruktur.

09. Wie werden der gleitende Mittelwert und der gewogene, gleitende Mittelwert berechnet?

1. *Gleitender Mittelwert V:*

$$V = \frac{\sum T_i}{n}$$

i = 1, ..., n
n = Anzahl der Perioden
V = Vorhersagewert der nächsten Perioden
T_i = Materialbedarf der einzelnen Perioden

2. *Gewogener gleitender Mittelwert V:*

$$V = \frac{\sum T_i \cdot G_i}{\sum G_i}$$

i = 1, ..., n
n = Anzahl der Perioden
V = Vorhersagewert der nächsten Perioden
T_i = Materialbedarf der einzelnen Perioden
G_i = Gewichtung der einzelnen Perioden

10. Wie erfolgt die stochastische Bedarfsermittlung unter Anwendung der Methode der exponentiellen Glättung?

$$V_n = V_a + \alpha\,(T_i - V_a)$$

i = 1, ..., n
V_n = neue Vorhersage
V_a = alte Vorhersage
T_i = tatsächlicher Bedarf der abgelaufenen Periode
α = Glättungsfaktor

11. Welche Gesichtspunkte sind bei einer Make-or-Buy-Analyse zu berücksichtigen?

• Die *Eigenfertigung* hat z. B. dann Vorrang, wenn

- freie Kapazitäten vorliegen oder
- Fertigungs-Know-how erforderlich ist, das nur im eigenen Unternehmen zur Verfügung steht.

• Die *Fremdfertigung* wird z. B. bevorzugt, wenn

- die eigenen Kapazitäten ausgeschöpft sind,
- der Fremdbezug preiswerter ist oder
- das erforderliche Fertigungs-Know-how nur beim Lieferanten vorhanden ist.

Generell können folgende Kriterien zur Entscheidung „Make-or-Buy" herangezogen werden:

Vorteile der Eigenfertigung	Vorteile der Fremdfertigung
• Transportkosten entfallen	• Einstandspreis < Selbstkosten
• direkte Steuerung der Produktqualität	• Spezialisten arbeiten rationeller
• Nutzung der eigenen Kapazitäten	• Senkung der Lagerkosten (Just in Time)
• kein Knowhow-Verlust	• keine Finanzierung von Kapazitätserweiterungen
• Senkung der Fixkosten	• Imageverbesserung bei Zukauf von Markennamen
• Qualitätsimage	• variable Bedarfsdeckung
• höhere Informationsdichte	• gezielte Sortimentspflege
• Betriebsgeheimnisse gehen nicht verloren	

Bei der Kosten-Gewinn-Analyse werden im Regelfall gegenübergestellt:

Eigenfertigung	Fremdfertigung
• Fixe Kosten - Entwicklungskosten - Einführungskosten • Variable Kosten pro Stück	• Fixe Kosten: = Einführungskosten • Variable Kosten pro Stück

Beispiel:
Von einem Bauteil werden 10.000 Stück benötigt. Der Lieferant verlangt dafür 3,80 €/Stück. Zu entscheiden ist, ob die Teile fremd bezogen oder in Eigenregie hergestellt werden. Für die Eigenfertigung entstehen folgende Kosten:

Fertigungszeit:	1,5 min pro Stück
einmalige Vorrichtungskosten:	3.500,00 €
Rüstzeit:	2,0 Stunden
Stundenlohn:	45,00 €/Std.
Maschinenstundensatz:	120,00 €/Std.

Lösung:

$$K_f = 3.500,00 €$$

$$K_v = (120 \text{ min} + 10.000 \text{ Stk.} \cdot 1,5 \text{ min/Stk.}) \cdot \frac{165 €}{60 \text{ min}} = 41.580,00 €$$

$$K = K_f + K_v = 41.850,00 € + 3.500,00 € = 45.080,00 €$$

$$K : x = \text{Stückkosten} = 45.080,00 € : 10.000 \text{ Stk.} \approx 4,51 €/\text{Stk.}$$

Es ist günstiger die Teile fremd zu beziehen.

12. Was ist Aufgabe der Mengenplanung?

Die *Mengenplanung* (auch: Materialbedarfsrechnung) stellt sicher, dass alle für ein Erzeugnisprogramm notwendigen Einzelteile und Baugruppen in der richtigen Anzahl termingerecht zur Verfügung stehen. Dazu erfolgt eine Auflösung der Stücklisten, sodass Dispositionsentscheidungen des Einkaufs möglich werden und ggf. gleichartige Bedarfe zusammengefasst werden können; die *Dispositionsstückliste* weist alle zu beschaffenden Teile separat aus.

Bei der *bedarfsgesteuerten Beschaffung* (bei höherwertigen Teilen) wird der Bedarf auf der Basis der Stücklistenauflösung korrigiert um die vorhandenen Lagerbestände und die bereits getätigten Bestellbestände:

> Bedarf auf Basis der Stücklistenauflösung
> – Lagerbestände
> – Bestellbestände
>
> = Beschaffungsmenge

Die Einhaltung der Lieferungen muss zeitlich, mengen- und qualitätsmäßig überprüft werden, da Abweichungen die Realisierung der eigenen Produktionsprogramme gefährden. Die zeitliche Kontrolle der Liefertermine kann z. B. über entsprechende Zeitraster erfolgen.

13. Welche Dispositionsverfahren werden unterschieden?

Im Wesentlichen werden folgende Dispositionsverfahren (auch: Verfahren der Bestandsergänzung) unterschieden:

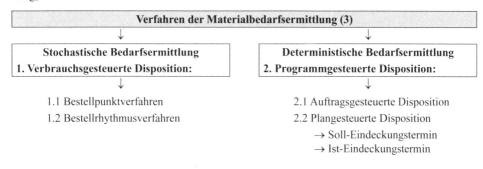

1. *Verbrauchsgesteuerte Disposition:*
   Der Bestand eines Lagers wird zu einem bestimmten Termin oder bei Erreichen eines bestimmten Lagerbestandes ergänzt. Das Verfahren ist nicht sehr aufwändig. Die Ergebnisse sind jedoch ungenau. Es ist mit erhöhten Sicherheitsbeständen zu planen. Voraussetzung für diese Dispositionsverfahren sind eine aktuelle und richtige Fortschreibung der Lagerbuchbestände.

1.1 *Bestellpunktverfahren (Mengenverfahren):*
   Hierbei wird bei jedem Lagerabgang geprüft, ob ein bestimmter Bestand (Meldebestand oder Bestellpunkt) erreicht oder unterschritten ist.

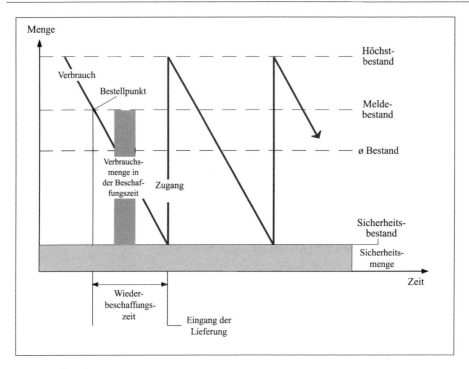

Merkmale:
- feste Bestellmengen
- variable Bestelltermine

Ermittlung des Bestellpunktes:

Bestellpunkt (Meldebestand)	=	ø Verbrauch pro Zeiteinheit	·	Beschaffungs- zeit	+	Sicherheits- bestand
BP	=	DV · BZ + SB				

1.2 Bestellrhythmusverfahren (Terminverfahren):

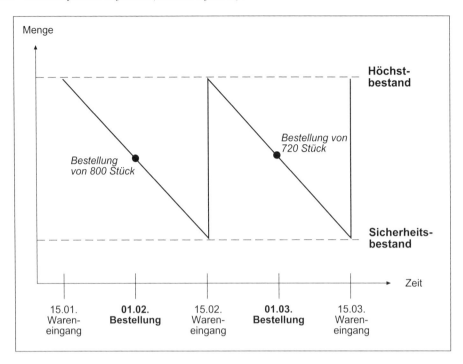

Hierbei wird der Bestand in festen zeitlichen Kontrollen überprüft. Er wird dann auf einen vorher fixierten Höchstbestand aufgefüllt.

Merkmale:
- feste Bestelltermine
- variable Bestellmengen

Berechnung des Höchstbestandes:

$$\text{Höchstbestand} = \frac{\text{ø Verbrauch}}{\text{pro Zeiteinheit}} \cdot \left(\begin{array}{c} \text{Beschaffungs-} \\ \text{zeit} \end{array} + \begin{array}{c} \text{Überprüfungs-} \\ \text{zeit} \end{array} \right) + \begin{array}{c} \text{Sicherheits-} \\ \text{bestand} \end{array}$$

$$HB = DV \cdot (BZ + ÜZ) + SB$$

2. Programmgesteuerte Disposition:

2.1 Auftragsgesteuerte Disposition:
Bestelltermine und Bestellmengen werden entsprechend der Auftragssituation festgelegt. Bestellmengen sind fast immer identisch mit den Bedarfsmengen. In der Regel gibt es keine Sicherheitsbestände, da es weder Überbestände noch Fehlmengen geben kann. Zu unterscheiden ist weiterhin in:

- Einzelbedarfsdisposition
- Sammelbedarfsdisposition

2.2 *Plangesteuerte Disposition:*
Ausgehend von einem periodifizierten Produktionsplan und dem deterministisch ermittelten Sekundärbedarf wird der Nettobedarf unter Berücksichtigung des verfügbaren Lagerbestandes ermittelt.

14. Was versteht man unter dem Soll-Eindeckungstermin?

Der Soll-Eindeckungstermin ist der Tag, bis zu dem der verfügbare Lagerbestand ausreichen muss, um in der nächsten Periode zeitlich normale Bestellungen abwickeln zu können.

15. Was ist der Ist-Eindeckungstermin?

Der Ist-Eindeckungstermin ist der Tag, bis zu dem der verfügbare Lagerbestand den zu erwartenden Bedarf deckt.

16. Wie ist der Soll-Liefertermin definiert?

Der Soll-Liefertermin ist der letztmögliche Termin, der die Lieferbereitschaft sicherzustellen in der Lage ist. Er ergibt sich aus dem Ist-Eindeckungstermin abzüglich einer Sicherheits-, Einlager- und Überprüfungszeit.

17. Welche Auswirkungen können Fehler in der Bedarfsermittlung haben?

Fehler in der Materialbedarfsermittlung und mögliche Folgen	
Vorhersagewert zu hoch:	**Vorhersagewert zu niedrig:**
- Bestände steigen - Lagerhaltungskosten steigen - Liquidität sinkt	- Fehlmengenkosten - Zusatzkäufe - Kundennachfrage wird nicht befriedigt - Absatzrückgang
↓	↓
Gefährdung der Wirtschaftlichkeit	**Gefährdung der Leistungsfähigkeit**

18. Welchen Einflussfaktoren unterliegt die Bestellmenge?

Bestellmenge • Einflussfaktoren			
Materialpreise	Lagerhaltungskosten	Beschaffungskosten	Bestellkosten
Rabatte	Losgrößeneinheiten	Fehlmengenkosten	Finanzvolumen

- *Bestell*(abwicklungs)*kosten*
  sind die Kosten, die innerhalb eines Unternehmens für die Materialbeschaffung anfallen. Sie sind von der *Anzahl der Bestellungen abhängig*, nicht dagegen von der Beschaffungsmenge.

• *Fehlmengenkosten*
entstehen, wenn das beschaffte Material den Bedarf der Fertigung nicht deckt, wodurch der Leistungsprozess teilweise oder ganz unterbrochen wird. Die *Folgen* sind:

- mögliche Preisdifferenzen
- entgangene Gewinne
- Konventionalstrafen
- Goodwill-Verluste

19. Mit welchen Verfahren lässt sich die Beschaffungsmenge optimieren?   → A 2.2.9

20. Wie lautet die Formel zur Berechnung der optimalen Bestellmenge nach Andler?

$$x_{opt} = \sqrt{\frac{200 \cdot M \cdot K_B}{E \cdot L_{HS}}}$$

x_{opt} = optimale Beschaffungsmenge
M = Jahresbedarfsmenge
E = Einstandspreis pro ME
K_B = Bestellkosten/Bestellung
L_{HS} = Lagerhaltungskostensatz

Bei größeren Bestellmengen x sinken die Bestellkosten je Stück, erhöhen aber die Lagerkosten und umgekehrt. Bestellkosten und Lagerkosten entwickeln sich also gegenläufig. Die optimale Bestellmenge x_{opt} ist grafisch dort, wo die Gesamtkostenkurve aus Bestellkosten und Lagerkosten ihr Minimum hat:

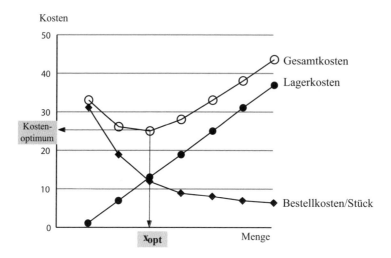

21. Wie lässt sich die optimale Bestellhäufigkeit errechnen?

Die optimale Bestellhäufigkeit lässt sich in Abwandlung der Andler-Formel wie folgt errechnen:

$$N_{opt} = \sqrt{\frac{M \cdot E \cdot L_{HS}}{200 \cdot K_B}}$$

Ferner gilt auch:

$$N_{opt} = \frac{M}{X_{opt}}$$

Dabei ist:

N_{opt} = optimale Beschaffungshäufigkeit
M = Jahresbedarfsmenge
E = Einstandspreis pro ME
K_B = Bestellkosten/Bestellung
L_{HS} = Lagerhaltungskostensatz

mit:

M = Jahresbedarfsmenge
X_{opt} = Optimale Bestellmenge

Aus der Formel von Andler lässt sich direkt erkennen, dass folgende Beziehungen gelten:

Die optimale *Bestellmenge* nach Andler *erhöht sich*

- bei steigendem Jahresbedarf (Zähler des Bruches)
- bei fallendem Zinssatz (Nenner des Bruches)

Die optimale *Bestellmenge* nach Andler *verringert sich*

- bei fallenden Bestellkosten/Bestellung (Zähler des Bruches)
- bei steigendem Einstandspreis pro ME (Nenner des Bruches)
- bei steigendem Lagerkostensatz (Nenner des Bruches)

22. Wie ist die Vorgehensweise bei der Bestellmengenoptimierung unter Anwendung des gleitenden Beschaffungsmengenverfahrens?

Die Ermittlung der optimalen Bestellmenge erfolgt in einem schrittweisen Rechenprozess, indem die Summe der anfallenden Bestell- und Lagerhaltungskosten pro Mengeneinheit für jede einzelne Periode ermittelt wird. Die Kosten werden für jede Periode miteinander verglichen. In der Periode mit den geringsten Kosten wird die Rechnung abgeschlossen. Der bis dahin aufgelaufene Bedarf ist die optimale Beschaffungsmenge.

23. Wie ist der Sicherheitsbestand definiert?

Der Sicherheitsbestand, auch eiserner Bestand, Mindestbestand oder Reserve genannt, ist der Bestand an Materialien, der normalerweise nicht zur Fertigung herangezogen wird. Er stellt einen Puffer dar, der die Leistungsbereitschaft des Unternehmens bei Lieferschwierigkeiten oder sonstigen Ausfällen gewährleisten soll.

24. Welche Funktion hat der Sicherheitsbestand?

Er dient zur Absicherung von Abweichungen verursacht durch:

- Verbrauchsschwankungen
- Überschreitung der Beschaffungszeit
- quantitative Minderlieferung
- qualitative Mengeneinschränkung
- Fehler innerhalb der Bestandsführung

25. Welche Folgen können aus einem zu ungenau bestimmten Sicherheitsbestand entstehen?

- Der Sicherheitsbestand ist im Verhältnis zum Verbrauch *zu hoch*:
  → es erfolgt eine unnötige Kapitalbindung.
- Der Sicherheitsbestand ist im Verhältnis zum Verbrauch *zu niedrig*:
  → es entsteht ein hohes Fehlmengenrisiko.

26. Wie kann der Sicherheitsbestand bestimmt werden?

- Bestimmung aufgrund subjektiver Erfahrungswerte
- Bestimmung mittels grober Näherungsrechnungen:
  - durchschnittlicher Verbrauch je Periode · Beschaffungsdauer
  - errechneter Verbrauch in der Zeit der Beschaffung + Zuschlag für Verbrauchs- und Beschaffungsschwankungen
  - längste Wiederbeschaffungszeit:
    herrschende Wiederbeschaffungszeit · durchschnittlicher Verbrauch je Periode
  - arithmetisches Mittel der Lieferzeitüberschreitung je Periode · durchschnittlicher Verbrauch je Periode
- mathematisch nach dem Fehlerfortpflanzungsgesetz
- Bestimmung durch eine pauschale Sicherheitszeit

- Festlegung eines konstanten Sicherheitsbestandes
- Festlegung eines konstanten Sicherheitsbestandes nach dem Fehlerfortpflanzungsgesetz
- statistische Bestimmung des Sicherheitsbestandes

27. Welche Aufgaben hat die Terminplanung? Welche Techniken werden eingesetzt?

→ A 3.2, 2.2.2, 3.1.2

Die Terminplanung (auch: Terminierung, Terminermittlung, Timing) ermittelt die Anfangs- und Endtermine der einzelnen Aufträge, die in der betreffenden Planungsperiode fertig gestellt werden müssen. Man unterscheidet

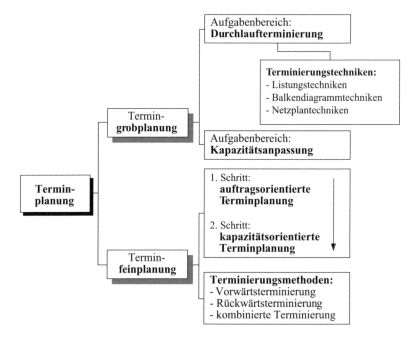

28. Welches Ziel hat die Termingrobplanung?

Die Termingrobplanung wird im Allgemeinen bei größeren Aufträgen bzw. Großprojekten durchgeführt.

Sie hat das *Ziel*, Ecktermine der Produktion grob zu bestimmen und die kontinuierliche Auslastung der Kapazitäten sicher zu stellen. Zur Terminermittlung werden bestimmte Techniken eingesetzt (vgl. Abb. zu 16.).

29. Welche Einzelaufgaben hat die Termingrobplanung?

1. *Durchlaufterminierung:*
   Terminierung der Projekte/Teilprojekte zu den vorhandenen Ressourcen – ohne Berücksichtigung der Kapazitätsgrenzen.

2. *Kapazitätsanpassung:*
   Einbeziehung der Kapazitätsgrenzen in die Durchlaufterminierung; ggf. Kapazitätsabstimmung.

30. Aus welchen Elementen setzt sich die Durchlaufzeit zusammen?

Die Durchlaufzeit ist die Zeitdauer, die sich bei der Produktion eines Gutes zwischen Beginn und Auslieferung eines Auftrages ergibt.

Für einen betrieblichen Fertigungsauftrag setzt sich die Durchlaufzeit aus folgenden Elementen zusammen:

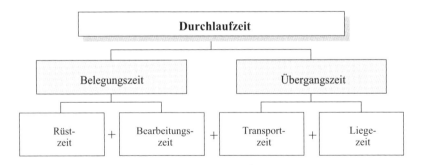

Dabei fasst man zusammen:

Rüstzeit + Bearbeitungszeit	=	Belegungszeit
Transportzeit + Liegezeit	=	Übergangszeit

• Die *Rüstzeit* ist das Vor- und Nachbereiten einer Maschine oder eines Arbeitsplatzes; z. B. Einspannen des Bohrers in das Bohrfutter, Demontage des Bohrfutters, Ablage des Bohrers.

- Die *Bearbeitungszeit* ergibt sich aus der Multiplikation von Auftragsmenge mal Stückzeit mal Leistungsgrad.

> Bearbeitungszeit = Auftragsmenge · Stückzeit · Leistungsgrad

- Die *Transportzeit* ist der Zeitbedarf für die Ortsveränderung des Werkstücks. Es gilt:

> Transportzeit = Förderzeit + Transportwartezeit

- Die *Liegezeit* ergibt sich aus den Puffern, die sich daraus ergeben, das ein Auftrag nicht sofort begonnen wird bzw. transportiert wird. Ursachen dafür sind:
  - nicht alle Einzelvorgänge können exakt geplant werden
  - es gibt kurzzeitige Störungen
  - es gibt notwendige (geplante) Puffer zwischen einzelnen Arbeitsvorgängen (so genannte Arbeitspuffer)

Beispiel: Die Firma erhält einen Auftrag über 20 Stück eines Getriebeteiles. Nachfolgend ist die Erzeugnisgliederung des Getriebeteiles dargestellt:

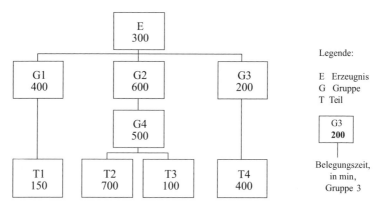

Hinweis zum Fertigungsablauf: Jede Fertigung erfolgt an unterschiedlichen Arbeitsplätzen. Nach jedem Fertigungsabschnitt (E, G, T) ist eine Übergangszeit (= Transport- + Liegezeit) in Höhe von 20 % zur Belegungszeit zu berücksichtigen. Es ist grafisch dazustellen, welche Fertigungsabschnitte auf dem kritischen Weg liegen; die Durchlaufzeit des Auftrages ist zu berechnen. Mit welchen Maßnahmen könnte eine Verkürzung der Durchlaufzeit realisiert werden?

Lösung:

Durchlaufzeit$_E$	=	1,2 · 300	=	360
Durchlaufzeit$_{G2}$ usw.	=	1,2 · 600	=	720

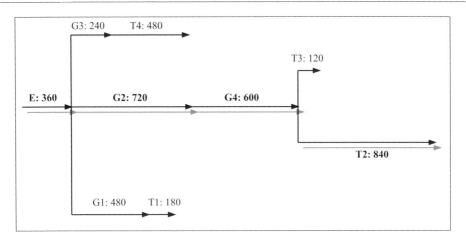

Kritischer Weg: E, G2, G4, T2
Durchlaufzeit des Auftrages = 20 (360 + 720 + 600 + 840) = 50.400 min
Maßnahmen zur Verkürzung der Durchlaufzeit, z. B.:
- Parallelfertigung
- Zusatzschichten
- Verringerung der Transportzeiten
- Überlappung von Arbeitsvorgängen

31. Welche Aufgabe hat die Terminfeinplanung?

Aufgabe der Terminfeinplanung ist die Ermittlung der frühesten und spätesten Anfangs- und Endtermine der Aufträge bzw. Arbeitsgänge.

Im Allgemeinen erfolgt die Terminfeinplanung in zwei Schritten:

1. *Auftragsorientierte* Terminplanung:
   Ermittlung der Ecktermine der Aufträge *ohne Berücksichtigung der Kapazitätsgrenzen* auf der Basis der Durchlaufzeiten.

2. *Kapazitätsorientierte* Terminplanung:
   Im zweiten Schritt werden die vorhandenen Kapazitäten des Betriebes beachtet; es kann dabei im Wege der Kapazitätsabstimmung (vgl. Frage 22. ff.) zu Terminverschiebungen kommen.

In jedem Fall orientiert sich die Terminplanung an den Kundenterminen und der optimalen Kapazitätsauslastung (Zielkonflikt).

32. Welche Methoden der Terminermittlung werden eingesetzt?   → A 3.2.4, 2.2.2, 3.1.2

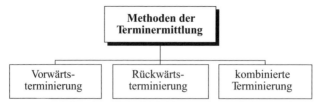

- *Vorwärtsterminierung* (auch: progressive Terminierung):
  Ausgangsbasis der Zeitplanung ist der *Starttermin* des Auftrags: Die Arbeitsvorgänge (110, 120, 130, ...) werden entsprechend dem festgelegten Ablauf fortschreitend abgearbeitet.

Vorteile: - Terminsicherheit
               - einfache Methode

Nachteile: - keine Möglichkeit der Verkürzung der Durchlaufzeit
               - ggf. Kapazitätsengpässe → Verschiebung des Endtermins
               - ggf. höhere Lagerkosten

Beispiel (5 Arbeitstage pro Woche; 1-Schicht-System; frühester Starttermin ist der 09.08.):

Vorgang	geplanter Start	geplantes Ende	Dauer in Tagen	**Vorwärtsterminierung** → → →									
				32. KW 20..					33. KW 20..				
				9.	10.	11.	12.	13.	16.	17.	18.	19.	20.
100	09.08.20..	17.08.20..	7										
110	09.08.20..	13.08.20..	5						*Puffer*				
120	09.08.20..	11.08.20..	3				*Puffer*						
130	18.08.20..	19.08.20..	2										

Kritischer Pfad
= Ende 17.08.

Der Auftrag mit den Vorgängen 100 ... 130 kann Ende des 19.08.2011 fertig gestellt werden.

- *Rückwärtsterminierung* (auch: retrograde Terminierung):
  Ausgangspunkt für die Zeitplanung ist der späteste Endtermin des Auftrags: Ausgehend vom spätesten Endtermin des letzten Vorgangs werden die Einzelvorgänge rückschreitend den Betriebsmitteln zugewiesen. Sollte der so ermittelte Starttermin in der Vergangenheit liegen, muss über Methoden der Durchlaufzeitverkürzung eine Korrektur erfolgen.

Beispiel (5 Arbeitstage pro Woche; 1-Schicht-System; der Auftrag mit den Vorgängen 100 ... 130 muss spätestens bis Ende des 26.08. 20.. fertig gestellt werden.):

Vor-gang	ge-planter Start	ge-plantes Ende	Dauer in Tagen	← ← ← Rückwärtsterminierung													
				32. KW 20..					33. KW 20..					34. KW 20..			
				9.	10.	11.	12.	13.	16.	17.	18.	19.	20.	23.	24.	25.	26.
100	16.08...	24.08...	7														
110	18.08...	24.08...	5						*Puffer*								
120	20.08...	24.08...	3								*Puffer*						
130	25.08...	26.08...	2														

Starttermin →   *Kritischer Pfad = Ende 24.08.*

Der Auftrag mit den Vorgängen 100 ... 130 muss spätestens am 16.08. (zu Schichtbeginn) begonnen werden.

- *Kombinierte Terminierung:*
  Ausgehend von einem Starttermin wird in der Vorwärtsrechnung der früheste Anfangs- und Endtermin je Vorgang ermittelt. In der Rückwärtsrechnung wird der späteste Anfangs- und Endtermin je Vorgang berechnet. Aus dem Vergleich von frühesten und spätesten Anfangs- und Endterminen können die Pufferzeiten sowie der kritische Pfad ermittelt werden. Das Verfahren der kombinierten Terminierung ist aus der Netzplantechnik bekannt.

33. Welche Bedeutung und welche Aufgaben hat die Kapazitätsplanung?

- *Definition:*
  Als *Kapazität* (auch: Beschäftigung) wird das technische Leistungsvermögen in Einheiten pro Zeitabschnitt bezeichnet. Sie wird bestimmt durch die Art und Menge der derzeit vorhandenen Produktionsfaktoren (Stoffe, Betriebsmittel, Arbeitskräfte). Die Kapazität kann sich auf eine Fertigungsstelle, eine Fertigungsstufe oder auf das gesamte Unternehmen beziehen.

- *Aufgabe* der Kapazitätsplanung:
  Ist die Gegenüberstellung der erforderlichen und der verfügbaren Kapazität (Kapazitätsbedarf ⇔ Kapazitätsbestand).

• *Bedeutung* der Kapazitätsplanung:
Ist die verfügbare Kapazität auf Dauer höher als die erforderliche Kapazität, so führt dies zu einer Minderauslastung. Es werden mehr Ressourcen zur Verfügung gestellt als notwendig. Die Folge ist u. a. eine hohe Kapitalbindung mit entsprechenden Kapitalkosten (Wettbewerbsnachteil).

Im umgekehrten Fall besteht die Gefahr, dass die Kapazität nicht ausreichend ist, um die Aufträge termingerecht fertigen zu können (Gefährdung der Aufträge und der Kundenbeziehung).

34. Welcher Unterschied besteht zwischen quantitativen und qualitativen Kapazitätsmerkmalen?

• *Quantitative Kapazitätsmerkmale* sind messbare Größen:
Zeiten, Mengen oder Werte je Mensch oder Betriebsmittel/Betriebsstätte. Meist wird in Zeitmaßstäben gerechnet.

• Zu den *qualitativen Kapazitätsmerkmalen* gehören die nicht direkt messbaren Faktoren wie z. B.:

 - Leistungspotenzial der Mitarbeiter: Ausbildung, Motivation, Erfahrung usw.
 - Leistungsvermögen der Betriebsmittel: Ausstattung, Zustand der Technik, Präzision usw.
 - Leistungsmerkmale der Betriebsstätte: Standort, Beschaffenheit der Gebäude, innerbetriebliche Logistik usw.

35. Wie ist der Zusammenhang zwischen Kapazitätsbedarf, Kapazitätsbestand und Auslastungsgrad?

• Der *Kapazitätsbestand* ist die verfügbare Kapazität
 (= maximale quantitative und qualitative Leistungsvermögen).

• Der *Kapazitätsbedarf* ist die erforderliche Kapazität, die sich aus den vorliegenden Fertigungsaufträgen und der Terminierung ergibt.

• Der *Auslastungsgrad* (auch: Beschäftigungsgrad) ist das Verhältnis von Kapazitätsbedarf und Kapazitätsbestand in Prozent des Bestandes:

$$\text{Auslastungsgrad} = \frac{\text{Kapazitätsbedarf}}{\text{Kapazitätsbestand}} \cdot 100$$

auch:

$$\text{Beschäftigungsgrad} = \frac{\text{Eingesetzte Kapazität}}{\text{Vorhandene Kapazität}} \cdot 100$$

oder:

$$\text{Beschäftigungsgrad} = \frac{\text{Ist-Leistung}}{\text{Kapazität}} \cdot 100$$

Beispiel: Eine Fertigungsstelle hat pro Periode einen Kapazitätsbestand von 3.000 Stunden; der Kapazitätsbedarf beträgt laut Planung 2.400 Stunden. Der Auslastungsgrad ist in diesem Fall also 80 %:

$$\text{Auslastungsgrad} = \frac{2.400 \text{ Std.}}{3.000 \text{ Std.}} \cdot 100 = 80\%$$

36. Wie wird der Planungsfaktor P ermittelt?

Bei der Planung des Kapazitätsbestandes werden weitere Kapazitätsgrößen unterschieden:

Technische Kapazität:	z. B. 1.000 E	→	die Anlagen laufen mit der höchsten Geschwindigkeit – ohne Pausen
Maximalkapazität auch: *Theoretische Kapazität:*	z. B. 800 E	→	die Anlagen laufen mit der höchsten Geschwindigkeit – inkl. Pausen
Realkapazität:	z. B. 500 E	→	tatsächlich mögliche Mengenproduktion bei „normaler" Geschwindigkeit und durchschnittlichem Krankenstand der Mitarbeiter

Da die Planung des Kapazitätsbestandes realistisch sein sollte, korrigiert der Planungsfaktor die maximale Kapazität (auch: theoretische Kapazität); er ist die Rechengröße aus dem Verhältnis von realer zu theoretischer Kapazität:

$$\text{Planungsfaktor} = \frac{\text{reale Kapazität}}{\text{theoretische Kapazität}}$$

Beispiel:

$$\text{Planungsfaktor} = \frac{500 \text{ E}}{800 \text{ E}} = 0,625$$

37. Was bezeichnet man als Kapazitätsabstimmung?

Mit *Kapazitätsabstimmung* bezeichnet man die kurzfristige Planungsarbeit, in der die vorhandene Kapazität mit den vorliegenden und durchzuführenden Werkaufträgen in Einklang gebracht werden muss. Die Kapazitätsabstimmung erfolgt kurzfristig durch eine *Kapazitätsabgleichung* bzw. kurz- oder mittelfristig durch eine *Kapazitätsanpassung*.

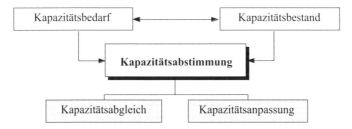

- **Kapazitätsabgleich:**
  Bei unverändertem Kapazitätsbestand wird versucht, die (kurzfristigen) Belegungsprobleme zu optimieren (z. B. Ausweichen, Verschieben, Parallelfertigung)

- **Kapazitätsanpassung:**
  Anpassung der Anlagen und ihrer Leistungsfähigkeit (kurz-/mittelfristiges Angebot) an die Nachfrage (Kundenaufträge).

Beispiel: Kapazitätsanpassung durch Erhöhung der Kapazität:

Kurzfristig: - Überstunden/Mehrarbeit
              - zusätzliche Schichten,
              - Veränderung der Wochenarbeitszeit/Samstagsarbeit (Betriebsvereinbarung)
              - verlängerte Werkbank

Mittelfristig: - Kauf/Bau neuer Anlagen, Gebäude
               - Fertigungstiefe verändern
               - Personalneueinstellungen

Die Abbildung auf der nächsten Seite zeigt die grundsätzlichen Möglichkeiten der Kapazitätsabstimmung.

38. Welche Einflussgrößen bestimmen die Kapazitätsplanung?

Aufgabe der Kapazitätsplanung ist die Gegenüberstellung der erforderlichen und der verfügbaren Kapazität. Diese Aufgabe wird von einer Reihe interner und externer Einflussgrößen bestimmt; dazu ausgewählte Beispiele:

- Der *technologische Fortschritt* der Produktions-/Fertigungstechnik kann zu einer Erhöhung des Kapazitätsbestandes führen: Der Einsatz verbesserter Fertigungstechnologie führt zu einem höheren Leistungsangebot pro Zeiteinheit (z. B. Ersetzung halbautomatischer durch voll automatische Anlagen).

- *Veränderungen auf dem Absatzmarkt* können zu einem Nachfrageanstieg bzw. -rückgang führen mit der Folge, dass das Kapazitätsangebot erhöht bzw. gesenkt werden muss.

- Die Kapazitätsplanung steht in *Abhängigkeit zur gesamtwirtschaftlichen Entwicklung*: Bei einem Konjunkturaufschwung wird tendenziell die Notwendigkeit einer Kapazitätserhöhung bestehen; umgekehrt wird man bei einem Abschwung die angebotene Kapazität mittelfristig nach unten korrigieren.

- Analog gilt dies für *Veränderungen der Konkurrenzsituation*: Die Zunahme von Wettbewerb kann zu einem Rückgang der Kundennachfrage beim eigenen Unternehmen führen und mittelfristig eine Reduzierung des Kapazitätsbestandes zur Folge haben.

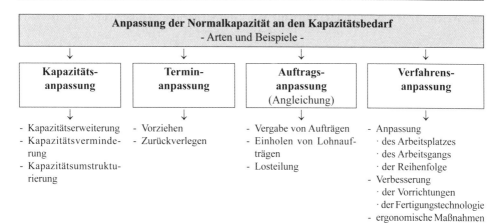

Beispiel: Veränderung des Beschäftigungsgrades in Abhängigkeit von der Jahreskapazität

Das Unternehmen fertigt an 230 Tagen, im 1-Schicht-System bei einer täglichen Arbeitszeit von 8,0 Stunden lt. Tarif. Die Grundzeit je Einheit beträgt 150 Sekunden, die Verteilzeit 10 %. Pro Schicht ist eine Rüstzeit von 0,5 Stunden erforderlich. Das Jahreslos lag bisher im 1-Schicht-System bei 30.000 Einheiten (E). Zu ermitteln ist der Beschäftigungsgrad beim 1-, 2- und 3-Schicht-System, da mit ansteigendem Auftragseingang zu rechnen ist. Man rechnet beim 2- Schicht-Betrieb mit einer Planbeschäftigung von 70.000 E p. a. und beim 3-Schicht-Betrieb mit 100.000 E p. a.

Anzahl Schichten	Arbeits-tage p. a.	Ausführungs-zeit/Schicht[1]		Ausführungs-zeit p. a.	vorhandene Kapazität	Beschäftigungs-grad[2]
		in Std.	in sek	in sek	in E	in %
1-Schicht	230	7,5	7,5 · 60 · 60 = 27.000	27.000 · 230 = 6.210.000	6.210.000 : 165 = 37.637	79,7
2-Schicht	230	7,5	7,5 · 60 · 60 · 2 = 54.000	27.000 · 230 · 2 12.420.000	75.273	93,0
3-Schicht	230	7,5	81.000	18.630.000	112.909	88,6

1) Auftragszeit/Schicht   = Rüstzeit + Ausführungszeit   (vgl. S. 698)
         = 0,5 Std. + Grundzeit + Verteilzeit
         = 0,5 Std. + 8,0 Std.

⇒ Ausführungszeit/Schicht = 8,0 Std. – 0,5 Std. = 7,5 Std.

 Ausführungszeit/E   = Grundzeit + Verteilzeit
         = 150 sek + 15 sek = 165 sek

2) Beschäftigungsgrad$_{\text{1-Schicht}}$ = eingesetzte Kapazität : vorhandene Kapazität · 100
         = 30.000 E : 37.637 E · 100 = 79,7 %

 Beschäftigungsgrad$_{\text{2-Schicht}}$ = 70.000 E : 75.273 E · 100 = 93,0 %

 Beschäftigungsgrad$_{\text{3-Schicht}}$ = 100.000 E : 112.909 · 100 = 88,6 %

Im Fall des 1- und 3-Schicht-Betriebes sollten zusätzliche Aufträge eingeholt werden, um den Beschäftigungsgrad nicht unter 90 % sinken zu lassen (Fixkostenbelastung).

39. Welche Arbeiten sind im Rahmen der Werkstattsteuerung zu planen und umzusetzen?

Als *Werkstattsteuerung* bezeichnet man die operative (kurzfristige) unmittelbare Vorbereitung, Lenkung und Überwachung der für einen Auftrag notwendigen Arbeitsvorgänge.

Der Ablauf der Werkstattsteuerung lässt sich schematisch folgendermaßen darstellen:

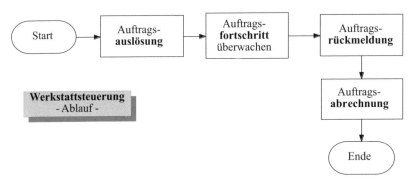

- Die *Auftragsauslösung* wird durch die Auftragsfreigabe erreicht. Diese setzt voraus: Die Verfügbarkeit über die nötige Kapazität, das Vorhandensein aller benötigten Daten und die Verfügbarkeit über das erforderliche Material.

- Die *Überwachung des Auftragsfortschritts* bezieht sich auf folgende Steuerungsgrößen:

  - Mengen
  - Qualität
  - Betriebsmittel
  - Termine
  - Kosten
  - Arbeitsbedingungen

- Die *Auftragsrückmeldung* sagt aus, in welcher Weise die Aufträge erledigt worden sind. Sie muss jeweils kurzfristig, fehlerfrei und vollständig erfolgen, um bei Erledigung des Auftrages aus der Auftragsnummer die weiteren kaufmännischen Schritte abzuleiten und aus der aufgewendeten Zeit die Löhne zu errechnen (*Auftragsabrechnung*). Die Rückmeldung signalisiert zugleich, dass über die Maschinen neu verfügt werden kann und andere Aufträge bearbeitet werden können.

40. Wie erfolgt die Festlegung der Auftragsreihenfolge?

Das Problem der Maschinenbelegung bei einer Mehrzahl anstehender Aufträge versucht man in der Praxis meist durch so genannte *Prioritätsregeln* zu lösen; die nachfolgende Übersicht zeigt eine Auswahl der gebräuchlichsten Regeln:

Prioritätsregeln		
Kurz-bezeichnung	*Regel*	*Beschreibung*
KOZ	Kürzeste Operationszeit	Der Auftrag mit der kürzesten Bearbeitungszeit wird zuerst bedient.
LOZ	Längste Operationszeit	Der Auftrag mit der längsten Bearbeitungszeit wird zuerst bedient.
GRB	Größte Restbearbeitungszeit	Priorität hat der Auftrag mit der größten Restbearbeitungszeit für alle noch auszuführenden Arbeitsvorgänge.
KRB	Kürzeste Restbearbeitungszeit	Priorität hat der Auftrag mit der kürzesten Restbearbeitungszeit für alle noch auszuführenden Arbeitsvorgänge.
WT	Wert	Vorrang hat der Auftrag mit dem bisher höchsten Produktwert.
ZUF	Zufall	Jedem Auftrag wird eine Zufallszahl zugeordnet; die Zufallszahl entscheidet über die Reihenfolge der Bearbeitung.
FLT	Frühester Liefertermin	Vorrang hat der Auftrag mit dem frühesten Liefertermin.
WAA	Wenigste noch auszuführende Arbeitsgänge	Vorrang hat der Auftrag mit den wenigsten noch auszuführenden Arbeitsgängen.
MAA	Meiste noch auszuführende Arbeitsgänge	Vorrang hat der Auftrag mit den meisten noch auszuführenden Arbeitsgängen.
FCFS	First come first served	Vorrang hat der Auftrag, der zuerst an der Bearbeitungsstufe ankommt.
GR	Geringste Rüstzeit	Vorrang hat der Auftrag mit der geringsten Rüstzeit.
EP	Externe Priorität	Es gelten externe Prioritätsvorgaben, z. B. Höhe der Konventionalstrafe, Fixtermine, Bedeutung aus der Sicht des Kunden.

Beispiel zur Anwendung der Prioritätsregeln KOZ, LOZ, FLT:
An drei Maschinen (M1, M2, M3) liegen drei Aufträge (A1, A2, A3) vor. Die Bearbeitungsfolge ist für alle Aufträge: M1 → M2 → M3. Die Arbeitszeit pro Tag beträgt acht Stunden. Für die Aufträge sind folgende Daten vorgegeben:

Fertigungszeiten je Auftrag in Stunden			
Maschinen	A1	A2	A3	Σ
M1	6	4	3	13
M2	2	3	5	10
M3	3	6	2	11
Σ	11	13	10	34
Liefertermin in Tagen	3	2	1,5	
Kosten für Verzug je Tag in €	100,–	150,–	200,–	

1. Prioritätsregel KOZ, Kürzeste Operationszeit: A3 → A1 → A2

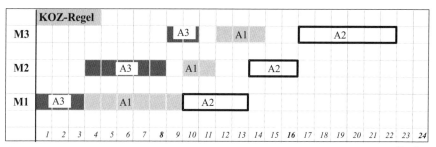

2. Prioritätsregel LOZ, Längste Operationszeit: A2 → A1 → A3

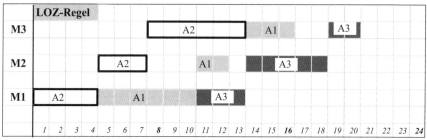

3. Prioritätsregel FLT, Frühester Liefertermin: A3 → A2 → A1

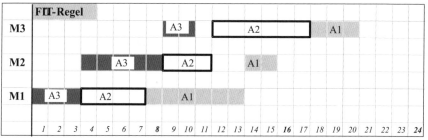

Die nachfolgende Tabelle stellt die Ergebnisse der drei Prioritätsregeln gegenüber:

Prioritätsregeln - Vergleich -				
Betrachtungsmerkmal	Maschine/ Auftrag	*Regel*		
		KOZ	**LOZ**	**FLT**
Durchlaufzeit gesamt in Std. (für alle 3 Aufträge):		**22**	**20**	**20**
Stillstandszeiten je Maschine:	M1	0	0	0
	M2	3	4	2
	M3	3	2	1
	∑	6	6	**3**
Liegezeiten je Auftrag:	A1	0	1	2
	A2	0	0	1
	A3	0	0	0
	∑	**0**	1	3
Kosten für Verzug je Auftrag:	A1	0,00	0,00	0,00
	A2	150,00	0,00	150,00
	A3	0,00	200,00	0,00
	∑	**150,00**	200,00	**150,00**

Im vorliegenden Fall zeigen sich hinsichtlich der angestrebten Ziele folgende Ergebnisse:

- Minimale Durchlaufzeit: LOZ und FLT führen zu den besten Ergebnissen.
- Stillstandszeiten: → FLT
- Liegezeiten: → KOZ
- Verzugskosten: → KOZ und FLT

In der Praxis wird die KOZ-Regel bzw. die Kombination von KOZ- und WT-Regel bevorzugt, da sie sich als besonders wirtschaftlich erwiesen haben.

Die Einhaltung von Prioritätsregeln kann generell nicht zu einer optimalen Lösung des Problems führen. Sie verhindert jedoch, dass nach subjektiven Interessen einzelner Mitarbeiter oder Führungskräfte in einer Produktion verfahren wird.

5.3 Anwenden von Systemen für die Arbeitsablaufplanung, Materialflussgestaltung, Produktionsprogrammplanung und Auftragsdisposition

5.3.1 Maßnahmen zur Arbeitsplanung und Arbeitssteuerung
→ A 2.2.4 ff.

01. Wie ist der Zusammenhang zwischen der Fertigungsablaufplanung und der Arbeitsplanung?

Man unterteilt die Fertigungsablaufplanung in die strategische und die operative Fertigungsablaufplanung.

* *Gegenstand der strategischen Fertigungsablaufplanung*
  - ist die Wahl geeigneter Fertigungsverfahren und
  - die Planung zur Bereitstellung der benötigten Produktionsmittel.

* Gegenstand der operativen Fertigungsablaufplanung ist die konkrete, kurzfristige und auf einen Werkauftrag bezogene Planung und Steuerung
  - der Arbeitsabläufe,
  - der Arbeitsinhalte,
  - der Transporte und
  - des Belegwesens.

Für die kurzfristige Fertigungsablaufplanung verwendet man in der Praxis auch den Begriff *„Arbeitsplanung"*.

* *Planung* ist zukunftsorientiert; sie ist die gedankliche Vorwegnahme von Entscheidungen.
* *Steuerung* ist das Planen, Veranlassen und Überwachen von Vorgängen.
* *Inhalt der Arbeitsplanung und -steuerung* ist die mengen- und termingemäße Planung, Veranlassung und Überwachung der Fertigungsdurchführung.

02. Was sind die Ziele der Arbeitsplanung und -steuerung?

Oberziel ist die *Minimierung der Fertigungskosten* durch die Realisierung folgender Unterziele:

- kurze Durchlaufzeiten
- exakte Termineinhaltung
- wirtschaftliche Nutzung der Fertigungskapazitäten
- optimale Lagerbestände
- bestmögliches Zusammenwirken von Mensch, Betriebsmittel und Werkstoff
- Einsatz der wirtschaftlichsten Betriebsmittel
- geringe Fehleranfälligkeit

03. Was sind die Aufgaben der Arbeitsplanung und -steuerung?

- Bearbeitung der einzelnen Aufträge
- Festlegung der Durchlaufzeiten einschließlich der Ermittlung der Start- und Endtermine
- Planung und Auslastung der Kapazitäten
- Steuerung der Fertigungsaufträge durch die einzelnen Werkstätten

04. Welche Elemente enthält der Arbeitsplan?   → A 2.2.4 ff.

Das Ergebnis der Arbeitsplanung mündet in den *Arbeitsplan*, der gemeinsam mit den Zeichnungen und Stücklisten die Grundlage der Fertigung bildet. Die Abbildung auf der nächsten Seite zeigt schematisch den *Ablauf der Arbeitsplanung* bzw. die *Erstellung des Arbeitsplanes*.

Beispiel Arbeitsplan:

Arbeitsplan 1736

Erstellt am: 27.06....	von: G. Huber			Losgröße:	200
Teilenummer:	9317			Einheit:	Stück
Bezeichnung:	Kupplungsgehäuse				

Arbeits-gang Nr.	Arbeitsgang	Kosten-stelle	Maschinen-gruppe	Lohn-gruppe	tr (min)	te (min)
10	Bohren	3411	12	6	5,00	0,50
20	Entgraten	3411	12	6	–	2,00
30	Gewinde schneiden	3411	13	7	10,00	2,50
40	Entgraten	3411	13	7	–	2,00
50	Fräsen	3411	14	7	15,00	3,00
60	Entgraten	3411	14	7	–	2,00
...						

Vgl. Musterklausuren, S. 1222

05. Welche Informationen können aus Arbeitsplänen gewonnen werden (Aufgaben der Arbeitspläne)?

- Aus den Arbeitsplänen können die Bearbeitungszeiten entnommen werden (= Terminplanung).

- Die Arbeitspläne dienen der verantwortlichen Produktionsstelle als Vorlage für die Produktion und die Montage.

- Die Kosten- und Leistungsrechnung (KLR) kann den Arbeitsplänen Angaben zur Kostenarten-, Kostenstellen- und Kostenträgerrechnung entnehmen – u. a. für die Vor- und Nachkalkulation.

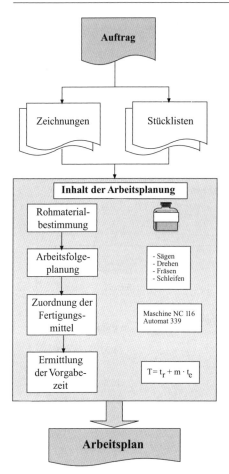

5.3.2 Grundlagen der Systemgestaltung

01. Was ist ein System und was versteht man unter der Systemanalyse? → A 3.2.4

- Als *System* bezeichnet man eine Menge von Elementen, die durch bestimmte Relationen verknüpft sind (z. B. Arbeitssystem: Input + Kombination von Mensch und Arbeitsmittel + Output). Die Menge und die Art und Weise der Relationen zwischen den Elementen ergibt die Struktur des Systems.

- Die *Systemanalyse* ist ein Verfahren zur Ermittlung und Beurteilung des Ist-Zustandes von Systemen; im Rahmen der Prozessanalyse steht die *Beurteilung und Optimierung von Arbeitsabläufen* im Mittelpunkt.

Bestandteile der Systemanalyse sind die Ist-Aufnahme und die Ist-Analyse.

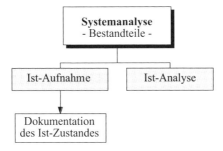

02. Welche Aufgabe erfüllt die Ist-Aufnahme?

Die Ist-Aufnahme ist die *wertfreie Erfassung und Beschreibung* des arbeitsorganisatorischen Zustandes mithilfe geeigneter Techniken. Man gewinnt auf diese Weise Informationen über Abläufe, Mengen, Zeiten, Anforderungen, Kosten usw.

03. Welche Methoden und Techniken werden im Rahmen der Ist-Aufnahme eingesetzt?

- Als *Methoden der Datenerhebung* kommen z. B. infrage:

- Für die *Darstellung von Ist-Zuständen* in der Ablauforganisation bedient man sich bestimmter Techniken der Dokumentation, die eine Kombination aus Sprache, Symbolen, Tabellen, Grafiken und Formeln sind; unterscheidet man nach dem Aspekt, der dargestellt wird, gibt es folgende Varianten:

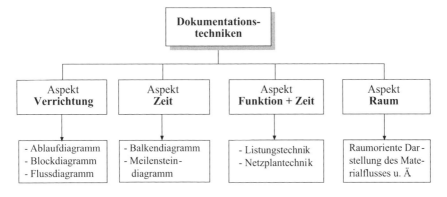

Die nachfolgende Abbildung zeigt eine Übersicht der Dokumentationstechniken nach der Art der Darstellungsform:

Techniken/Darstellungsformen	Darstellungsbeispiele
Baumstruktur	- Organigramm - Baumdiagramm - Fischgrätendiagramm - Struktogramm
Netzstruktur	- Flussdiagramm - Datenflussdiagramm - Ablaufdiagramm - Netzplantechnik
Tabellenstruktur **(Matrix)**	- Blockdiagramm - Entscheidungstabelle - Zuordnungsmatrix - Kommunikationsmatrix
Grafik + Tabelle + Text	- Balkendiagramm - Meilensteindiagramm
Sprache	- Stellenbeschreibung - Funktionsbeschreibung - Programmiersprachen - Anforderungsanalyse - Gefährdungsanalyse
Formel	- Kennzahlen - Mathematik - Informationsalgebra

04. Welche Aufgabe hat die Ist-Analyse?

Aufgabe der *Ist-Analyse* ist das Erkennen von Strukturen, Gesetzmäßigkeiten, Quasi-Gesetzmäßigkeiten und Zusammenhängen in real existierenden Daten durch subjektive Wahrnehmung und Bewertung. Die Ist-Analyse ist die Grundlage der *Kritik des Ist-Zustandes*: Die im Wege der Ist-Aufnahme gewonnenen Erkenntnisse werden mit einem Soll-Zustand verglichen.

Beispiel: In einer Werkstatt wird der Fluss der Arbeitsvorgänge untersucht und mithilfe einer raumorientierten Darstellung dokumentiert (Ist-Aufnahme). Als Sollzustand gilt: Die Transportzeiten und -wege zwischen den einzelnen Arbeitsvorgängen sollen minimiert werden. Die Ist-Analyse (Schwachstellen-Analyse) ergibt z. B., dass zwischen Arbeitsvorgang x und Arbeitsvorgang y das Flussprinzip optimiert werden kann durch eine verbesserte räumliche Anordnung der Arbeitsstationen.

05. In welchen Schritten erfolgt die Systemgestaltung?

Führt die Ist-Analyse (auf der Basis der Ist-Aufnahme) zu Schwachstellen in der Ablauforganisation, so ist eine Überarbeitung des Systems erforderlich.

Als *Systemgestaltung* bezeichnet man den Entwurf eines (völlig) neuen Systems bzw. die Überarbeitung eines bestehenden Systems. Die Systemgestaltung baut auf der Systemanalyse auf; ihr folgt die *Systemeinführung* (auch: *Systemanwendung*) und die Systemkontrolle.

Dieser *Kreislauf zur Optimierung der* (Ablauf-)*Organisation* lässt sich folgendermaßen darstellen:

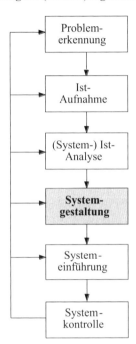

Das oben dargestellte Kreislauf-Modell wurde von REFA erweitert und ist als „6-Stufen-Methode der Systemgestaltung" (REFA-Standardprogramm Arbeitsgestaltung) für alle Untersuchungen zur Gestaltung bzw. Reorganisation von Aufbau- und Ablaufstrukturen einsetzbar:

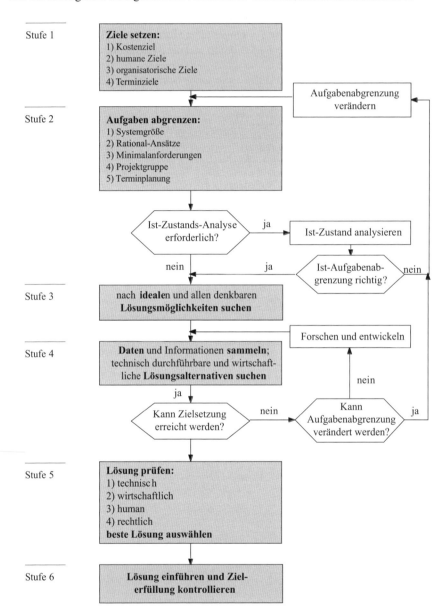

06. Wie erfolgt die Systemanwendung?

Die Systemanwendung (auch: Systemeinführung) schließt sich an die Systemgestaltung an. Sie umfasst alle Arbeiten von der Erstellung des Systementwurfs bis zum Systemablauf (z. B. Informationsaufgaben, Schulungsaufgaben u. Ä.).

07. Welche DV-Programme können im Rahmen der Systemrealisierung eingesetzt werden?

Die Auswahl der DV-Programme muss problemorientiert erfolgen:

- CIM-Systeme sind der Oberbegriff für mehr oder weniger integrierte Module der Ablaufgestaltung der Fertigung, z. B. CAD-Programme, PPS-Programme.

- Weiterhin gibt es DV-Programme zur Steuerung von Werkzeugmaschinen und Robotern.

5.3.3 Arbeitsablauforganisatorische Systeme der Materialflussgestaltung

→ A 2.2.8 f.

01. Was bezeichnet man als „Materialfluss"?

Der *Materialfluss* ist die geordnete Verkettung aller Vorgänge der Beschaffung, Lagerung und der Verteilung von Stoffen innerhalb und zwischen festgelegten Bereichen.

Im einfachsten Fall besteht also ein *Materialflusssystem* aus den drei *Funktionen*:

02. Welche Aufgaben hat der betriebliche Materialfluss und welche Einflussgrößen lassen sich nennen?

- *Aufgaben*, z. B.:
  - Durchlaufzeit verkürzen
  - Kapitalbindung verringern
  - Betriebsmittelnutzung erhöhen.

- *Einflussfaktoren*, z. B.:
  - räumliche Faktoren
  - Standort des Betriebes sowie Transportbedingungen und Bauvorschriften
  - Betriebsgebäude und Transporthilfsmittel
  - Förderwege und Förderarbeiten.

03. Welche Materialflusssituationen müssen bei der Layoutplanung der Fertigungslogistik im Einzelnen betrachtet werden?

→ **B 5.5**

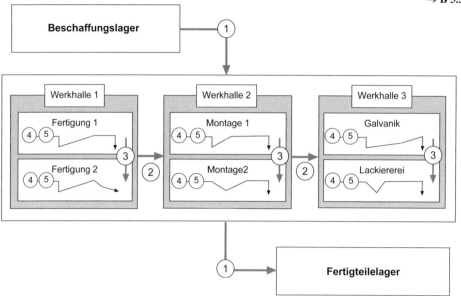

Legende:

(1)   Materialfluss *außerhalb* der Werkhallen
(2)   Materialfluss *zwischen* den Werkhallen
(3)   Materialfluss *zwischen* den Fertigungsbereichen
(4), (5) Materialfluss *innerhalb der* Fertigungsbereiche (die Anordnung der Maschinen/Tätigkeiten richtet sich vor allem nach der Fertigungsfolge, z. B. Bohren und Schleifen vor Montage).

04. Welche Grundfunktionen des Materialflusses werden unterschieden?

Im einfachsten Fall besteht ein Materialflusssystem aus den drei Funktionen *Beschaffen, Lagern und Verteilen.* Eine gebräuchliche Abkürzung für die Gesamtheit der Materialprozesse ist auch die Bezeichnung

> *TUL-Prozesse* – <u>T</u>ransfer, <u>U</u>mschlag, <u>L</u>agerung

Eine weitere Differenzierung liefert die *Ablaufgliederung für den Arbeitsgegenstand nach REFA*, vgl. 5.1.4/08.

05. Wie kann die automatische Verkettung von Lager-, Transport- und Bearbeitungssysteme erfolgen?

Bei sehr hohen Fertigungsstückzahlen kann die Verkettung der Lagereinrichtungen mit den Bearbeitungssystemen über geeignete Transport- (Förder-)systeme erfolgen, die eine nahezu vollautomatische Materialversorgung der Arbeitsplätze ermöglichen (Beispiele: Automobilproduktion, Mineralölindustrie). Die Kapitalbindung für derartige Fördersysteme ist sehr hoch.

06. Nach welchen Prinzipien kann die Materialversorgung der Produktion durchgeführt werden?

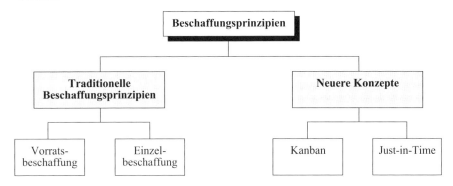

07. Welche Ziele werden mit dem Just-in-Time-Konzept verfolgt? Welche Probleme können damit verbunden sein?

- *Ziele:* Just in Time (JiT) verfolgt als Hauptziel, alle nicht-wertschöpfenden Tätigkeiten zu reduzieren. Jede Verschwendung und Verzögerung auf dem Weg „vom Rohmaterial bis zum Fertigprodukt an den Kunden" ist auf ein Minimum zu senken. Teile und Produkte werden erst dann gefertigt, wenn sie – intern oder extern – nachgefragt werden. Das erforderliche *Material wird fertigungssynchron beschafft.*

- Im Einzelnen kann dies folgende Vorteile bedeuten:
  - eine Minimierung der Wartezeiten, der Arbeitszeiten, der Lagerkosten, der Rüstzeiten, der Durchlaufzeiten, der Losgrößen, der Qualitätsfehler, der Fertigungsschwankungen sowie
  - schnellste Fehlerbearbeitung und präventive Instandhaltung.

- Probleme können dann auftreten, wenn die *Voraussetzungen von JiT* nicht ausreichend beachtet werden, z. B.:
  - vertrauensvolle Zusammenarbeit zwischen Lieferant und Abnehmer
  - hohe Qualitätssicherheit und hoher Grad der Lieferbereitschaft des Lieferanten
  - Abstimmung zwischen Lieferant und Abnehmer (z. B. Strategie, Planung, Informationstechnologie, Bestandsführung)

- möglichst: Zugriff des Abnehmers auf das PPS-System des Lieferanten
- kontinuierlicher Transport muss sicher gestellt werden
- Wirtschaftlichkeit der Transportkosten.

• *Risiken/Nachteile von JiT*, z. B.:

- Abhängigkeit vom Lieferanten; jeder Lieferverzug hat Störungen der Produktion zur Folge
- die erhöhten Transportkosten müssen durch eine Reduzierung der Lagerhaltungskosten kompensiert werden
- ökologische Kosten der Logistik

08. Welche Merkmale weist das Kanban-System auf?

Das Kanban-System ist eine von mehreren Möglichkeiten zur Realisierung des JiT-Konzepts: Jede Fertigungsstelle hat kleine Pufferlager mit sog. Kanban-Behältern (jap. Kanban = Karte), in denen die benötigten Teile/Materialien liegen. Wird ein bestimmter Mindestbestand unterschritten wird eine Identifikationskarte (Kanban) an dem Behälter angebracht. Dies ist das Signal für die vorgelagerte Produktionsstufe, die erforderlichen Teile zu fertigen.

Die Abholung der Teile erfolgt nach dem Hol-Prinzip, d. h. die verbrauchende Stelle muss die Teile von der vorgelagerten Stelle abholen. Auf diese Weise werden die Bestände in den Pufferlagern minimiert bei gleichzeitig hoher Servicebereitschaft.

Zentrale Merkmale des Kanban-Systems sind:

- Hol-Prinzip (Pull) statt Bring-Prinzip (Push)
- Identifikationskarte (Kanban) als Informationsträger
- geschlossener Regelkreis aus verbrauchender Stelle (Senke) und produzierender Stelle (Quelle)
- Fließfertigung und weitgehend regelmäßiger Materialfluss
- Null-Fehler-Produktion.

5.3.4 Produktions-/Fertigungsprogrammplanung

→ A 2.2.4,
A 2.2.9, 5.2.2

01. Welchen Inhalt hat die Produktionsprogrammplanung (Fertigungsprogrammplanung)?

Im Rahmen der *Absatzplanung* ermittelt das Unternehmen, welche Produkte in welchen Mengen zu welchen Terminen am Markt abgesetzt werden sollen. *Aus dem Absatzprogramm wird das Produktionsprogramm abgeleitet.* Dabei sind externe und interne Rahmenbedingungen zu berücksichtigen:

• *Externe Rahmenbedingungen*, z. B.:

- Entwicklung der *Absatzmärkte*: Kundennachfrage, Wettbewerb, Konjunktur usw.
- Entwicklung der *Beschaffungsmärkte*: Beschaffungspreise, Verfügbarkeit usw.
- Entwicklung der *Finanzmärkte*: Zinsniveau, Möglichkeiten der Kreditbeschaffung usw.
- Entwicklung des *Arbeitsmarktes*: Verfügbarkeit der Arbeitskräfte (quantitativ, qualitativ)

• *Interne Rahmenbedingungen*, z. B.:

- *Produktion*, z. B.: Fertigungstechnik/-verfahren, Kapazitätsauslastung, Betriebsmittel
- *Absatz*, z. B.: Kunden, Märkte, Produktvielfalt
- *Finanzen*, z. B.: Kapitalausstattung, Liquidität
- *Arbeitskräfte*, z. B.: Qualifikation der Mitarbeiter

Das Produktionsprogramm ist also im Spannungsfeld zwischen Absatz (= Nachfrage der Produktionsfaktoren; Produktionserfordernisse) und Produktion (Kapazitäten; Angebot an Produktionsfaktoren) zu entwickeln. Dabei sind die oben beschriebenen Rahmenbedingungen zu berücksichtigen. Dieser Abgleich von „Absetzbarkeit der Produkte" und „verfügbare Produktionsmöglichkeiten" erfordert eine laufende Aktualisierung der Programmplanung.

02. Welche Teilpläne müssen im Rahmen der Produktionsprogrammplanung bearbeitet werden?

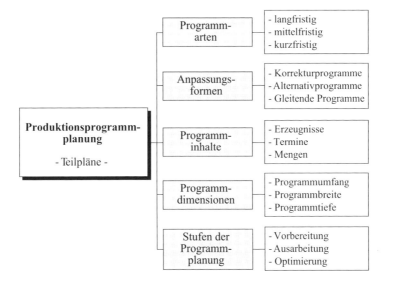

03. Wie lässt sich die Entwicklung eines Erzeugnisses darstellen?

Beispiel: Ein deutscher Automobilhersteller plant sein Pkw-Programm um ein Cabrio-Modell zu erweitern, das er bisher nicht in seiner Programmpalette hatte. Der Auslöser für diese Überlegung ist vielfältig: Programmpalette des Wettbewerbs, eigene Umsatz-/Ergebnisplanung, Marktanteils-/Wachstumsziele, Lebenszyklus der übrigen Pkw-Typen.

(1) Am Anfang steht also die *Analyse der Ist-Situation:*
Umsatz, Ergebnis usw.

(2) *Zielsetzung* (strategisch/operativ):
Im nächsten Schritt muss überlegt werden, welche Zielsetzung mit der Einführung des Cabrio-Modells verbunden werden soll:

- strategisch, z. B.: Neuentwicklung, Image, neue Käuferschichten
- operativ, z. B.: Gewinnsteigerung, Nutzung vorhandener Kapazitäten, Umsatzbeitrag

(3) *Erzeugnisideen:*
Im weiteren Schritt sind Erzeugnisideen zu sammeln, zu selektieren und zu bewerten:

- Welches Preissegment?
- Welche Käuferschicht?
- Wer sind die relevanten Wettbewerber?
- Welche Leistungsmerkmale (z. B. cw-Wert, Verbrauch, PS/kw, Abmessungen usw.)

Die relevanten Ergebnisse dazu ergeben sich aus der Marktforschung

- beim Verbraucher
- beim Wettbewerb
- bei den Absatzmittlern.

Die Erzeugnisideen werden außerdem begrenzt durch die internen Rahmenbedingungen: Kapazitäten, Betriebsmittel, Finanzkraft, Vertriebsorganisation usw.

Beispiel: Es wird angenommen, dass die Überlegungen zur Produktidee des neuen Cabrio-Modells u. a. zu folgenden Entscheidungen geführt haben:

Angesprochen werden soll die Zielgruppe der „gutverdienenden Ein- und Zweipersonenhaushalte" im hochpreisigen Marktsegment (Gewinnspanne!). Ausstattung und Motorisierung sind exklusiv, modern und unter Unterschreitung der EU-Umweltschutznormen: Leder (naturbehandelt); Turbodieselantrieb (geringer Verbrauch, Rußfilter, geräuscharme Laufkultur); geringes Gewicht der Karosserie, recycelfähige/wiederverwertbare Materialien, hohe Lebensdauer, lange Garantiezeiten u. Ä.

Anschließend kann mit der Produktentwicklung begonnen werden: Ein Prototyp wird konstruiert.

(4) *Entwicklungsphase*
Entwurf, Kalkulation, Kosten, Pflichtenheft, Preisgestaltung usw.

(5) *Herstellung eines Prototyps*
Herstellung und Erprobung (Verbrauch, Testfahrten, Fahreigenschaften usw.)

(6) *Planungsphase:*
   - Fertigungsplanung (Verfahren, Betriebsmittel, Investitionen usw.)
   - Beschaffungsplanung (Lieferanten, Bauteile, Ersatzteile usw.)

(7) *Fertigung einer Nullserie*
   (z. B. 50 Stück; Test, Erfahrungsberichte, ABE-Genehmigung usw.)

(8) *Serienfertigung*
   Herstellung in großen Stückzahlen; Optimierung der Fertigungssteuerung; laufende Fertigungsversorgung

9) *Markteinführungsphase und Produktpflege*

Beispiel: Es bleibt zu hoffen, dass es dem Automobilhersteller gelingt, ein Coupé-Modell herzustellen, das die Gratwanderung zwischen Ökologie und Ökonomie meistert, vom Kunden angenommen wird und dem Hersteller einen Beitrag zur nachhaltigen Existenzsicherung bietet.

Unser neues Coupé aus dem Hause ...:
gering im Verbrauch dank neuester
Turbodieseltechnik, extrem geräuscharme
Laufkultur, Sicherheits- und Sportpakete,
Einhaltung der neuesten Abgas- und
Umweltschutzbestimmungen und ... und ... Alles
können wir nicht nennen, ... Also:
Vereinbaren Sie die erste Probefahrt!

Einen Überblick über alle Phasen der Erzeugnisentwicklung zeigt die Abbildung auf der nächsten Seite.

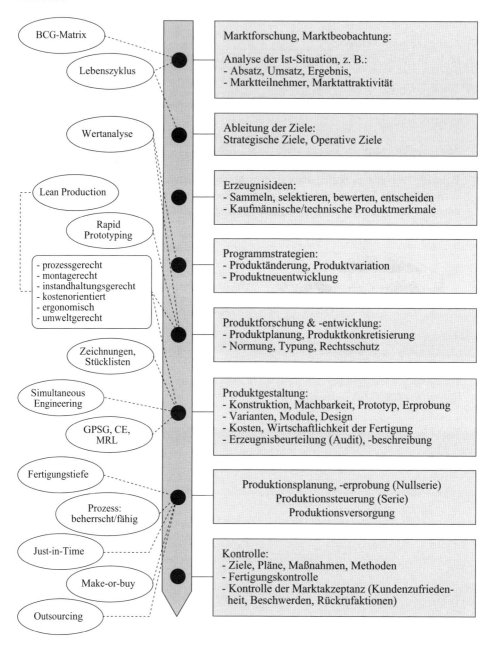

04. Welche Entscheidungen sind bei der Festlegung der Programmbreite und Programmtiefe zu treffen?

1. *Produktkonzept:*
   Die Aufgabe der *mittelfristigen Produktionsprogrammplanung* ist es, ein *Produktkonzept*, d. h. eine Gesamtplanung des Erzeugnisses und seiner Varianten festzusetzen. Dazu müssen die herzustellenden Produkte im Einzelnen entworfen ($\rightarrow$ Konstruktion), die Zahl der unterschiedlichen Erzeugnisse oder Erzeugnisgruppen fixiert ($\rightarrow$ *Programmbreite*) und die verschiedenen Abwandlungen eines Erzeugnisses festgelegt ($\rightarrow$ *Programmtiefe*) werden.

2. *Fertigungstiefe:*
   Außerdem wird entschieden, welche Bauteile selbst gefertigt und welche fremd bezogen werden ($\rightarrow$ Entscheidung über die Fertigungstiefe = Anzahl der Fertigungsstufen):

   Beispiel: Automobilhersteller

Programmbreite:	$\rightarrow$	Kleinwagen, Mittelklassewagen, Wagen der gehobenen Klasse, Sportwagen, Geländewagen
Programmtiefe:	$\rightarrow$	Kleinwagen: Typ 310, 312, 315; Ausstattung: X, Y, Z; Farben: ... usw.

3. *Lebenszyklus:*
   Zur mittelfristigen Fertigungsprogrammplanung gehört ebenfalls die Einschätzung über den voraussichtlichen *Lebenszyklus des Produktes*: Zuerst muss das Produkt entwickelt und eingeführt werden. Anschließend folgt die Wachstums- und die Reifephase usw. (vgl. BCG-Matrix).

05. Welche Beschaffungsprogramme müssen als Voraussetzung für einen optimalen Leistungsprozess geplant werden?

Voraussetzung für einen optimalen Leistungsprozess ist die rechtzeitige sowie quantitativ und qualitativ richtige Bereitstellung aller benötigten Sachmittel (Betriebsmittel, Materialien), Arbeitskräfte, Finanzen und Informationen.

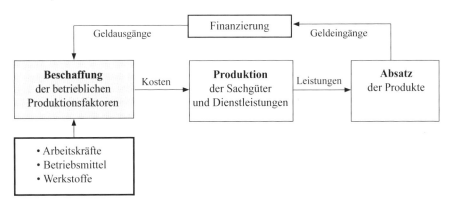

Im Einzelnen müssen also folgende Beschaffungsprogramme (auch: Fertigungsversorgung) geplant werden:

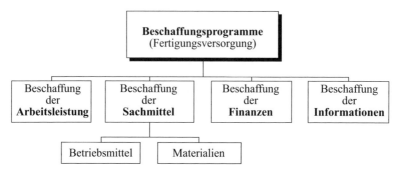

06. Welche Aufgaben umfasst die Betriebsmittelplanung?   → **5.2.2**

- Aufgabe der *Betriebsmittelplanung* ist die Planung

  - des Betriebsmittelbedarfs
  - *der Betriebsmittelbeschaffung*
    (Auswahl der Lieferanten; Finanzierung durch Kauf, Miete oder Leasing; Beschaffungszeitpunkte usw.)
  - des Betriebsmitteleinsatzes
  - der Einsatzbereitschaft der Betriebsmittel (Instandhaltung, Instandsetzung usw.)

- Die *Betriebsmittel* sind vielfältiger Natur; insbesondere sind folgende *Arten* bei der Planung zu berücksichtigen:

  - Grundstücke und Gebäude
  - Ver- und Entsorgungsanlagen
  - Maschinen und maschinelle Anlagen
  - Werkzeuge, Vorrichtungen
  - Transport- und Fördermittel
  - Lagereinrichtungen
  - Mess-, Prüfmittel, Prüfeinrichtungen
  - Büro- und Geschäftsausstattung

Neben der Anzahl der Betriebsmittel (*quantitative Betriebsmittelplanung*) ist zu entscheiden, welche Eigenschaften und welche Leistungsmerkmale die Betriebsmittel haben müssen (*qualitative Betriebsmittelplanung*):

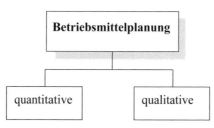

• Bei der *qualitativen Betriebsmittelplanung* geht es z. B. um folgende Fragestellungen:

- handgesteuerte oder teil- bzw. vollautomatische Maschinen
- Bearbeitungszentren und/oder flexible Fertigungszellen/-systeme/-Transferstraßen
- Größendegression der Anlagen (Senkung der Kosten bei Vollauslastung)
- Spezialisierungsgrad der Anlagen (Spezialmaschine/Universalanlage)
- Grad der Umrüstbarkeit der Anlagen
- Aufteilung des Raum- und Flächenbedarfs in Fertigungsflächen, Lagerflächen, Verkehrsflächen, Sozialflächen und Büroflächen

07. Was ist Gegenstand der Materialplanung? → 5.2.2

• Aufgabe der *Materialplanung* ist insbesondere die Planung

- des Materialbedarfs (z. B. Methoden der Bedarfsermittlung)
- der *Materialbeschaffung*,; vor allem:
  · Lieferantenauswahl
  · Beschaffungszeitpunkte
  · Bereitstellungsprinzipien (Bedarfsfall, Vorratshaltung, JiT usw.)
  · Bereitstellungssysteme/Logistik (Bring-/Holsysteme)

• Welche *Werkstoffe* müssen geplant werden?

- Rohstoffe	=	Hauptbestandteil der Fertigungserzeugnisse, z. B. Holz bei der Möbelherstellung
- Hilfsstoffe	=	Nebenbestandteile der Fertigerzeugnisse, z. B. Leim bei der Möbelherstellung
- Betriebsstoffe	=	gehen nicht in das Produkt ein, sondern werden bei der Fertigung verbraucht, z. B. Energie (Strom, Dampf, Luftdruck)

Bei der Planung des Materialbedarfs stehen sich zwei grundsätzliche *Prinzipien* gegenüber:

Materialbedarfsermittlung	
Stochastische Bedarfsermittlung	**Deterministische Bedarfsermittlung**
→ verbrauchsorientiert, auftragsunabhängig	→ auftragsorientiert, auftragsabhängig
- für lagermäßig geführte Materialien - anhand von Vergangenheitswerten - auf der Basis von Lagerstatistiken - bestellt wird bei Erreichen des Meldebestandes	Wird aufgrund des Bedarfs für bestimmte Aufträge jeweils neu ermittelt.
Methoden:	
- Mittelwertbildung - exponentielle Glättung - Regressionsanalyse	- analytische Disposition: → Stücklisten - synthetische Disposition: → Teileverwendungsnachweis

- *ABC-Analyse:*
  Mithilfe der *ABC-Analyse* können die zu beschaffenden Sachmittel entsprechend ihrer Wertigkeit in A-, B- und C-Güter klassifiziert werden; auf der Basis dieser Information kann dann z. B. eine Analyse des Verbrauchs nach Materialien oder nach Lieferanten erfolgen. Außerdem zeigt die Analyse, welche Materialien bei der Bedarfsplanung im Mittelpunkt stehen müssen bzw. welche Methode der Beschaffung wirtschaftlich ist.

- *XYZ-Analyse:*
  Die *XYZ-Analyse* stellt nicht wie die ABC-Analyse den Wert der zu beschaffenden Güter in den Mittelpunkt, sondern klassifiziert nach dem Grad der Vorhersagbarkeit des Verbrauchs. Eine mögliche Einteilung kann z. B. in folgender Form erfolgen:

Materialart	Grad der Vorhersage-genauigkeit	Beispiel:
X-Güter	hoch	konstanter Verbrauch; kaum Schwankungen
Y-Güter	mittel	schwankender, dennoch planbarer Verbrauch
Z-Güter	niedrig	sehr unregelmäßiger Verbrauch

08. Wie wird die Beschaffung der Arbeitsleistung geplant?   → 7.1

→ 8.1

Die Personalbedarfsplanung ist das „Herzstück" der Personalplanung. Sie ermittelt den quantitativen und qualitativen Bedarf für die Planungsperiode und stellt die Verbindung zwischen der Umsatz, Ergebnis- und Produktionsplanung einerseits und der Anpassungs- und Kostenplanung andererseits her. Der geplante Personalbedarf hat Zielcharakter für die anderen Felder der Personalplanung. Dabei

- ermittelt die *quantitative Personalplanung*   → *Wie viele?*
  das zahlenmäßige Mengengerüst
  (Anzahl der Mitarbeiter je Bereich,
  Vollzeit-/Teilzeit-„Köpfe" usw.).

- geht es bei der *qualitativen Personalplanung*   → *Mit welchen Qualifikationen?*
  um die Qualifikationserfordernisse des fest-
  gestellten Mitarbeiterbedarfs (z. B. Angestellte/
  Arbeiter, angelernt/ungelernt, mit/ohne Ausbil-
  dungsabschluss, Fachrichtung Metall/Elektro-
  technik/Mechatronik usw.)

Das Grundgerüst zur Ermittlung des Personalbedarfs wird ausführlich unter 7.1 behandelt:

Bruttopersonalbedarf = Stellenbestand zum Planungszeitpunkt	+	**Personalbestand** = Mitarbeiter zum Planungszeitpunkt	
+ **Ersatzbedarf** + **Reservebedarf** − **Stellenabbau**		+ **Mitarbeiterzugänge** − **Mitarbeiterabgänge**	
abhängig von z. B.:		abhängig von z. B.:	
- Absatz - Produktion - Tarifvertrag - Gesetze	- Urlaub - Fehlheiten - Einarbeitung - Freistellungen	- Fluktuation - Kündigungen - Tod - Mutterschutz	- Neueinstellungen - Rückkehrer - Übernahmen
Methoden, z. B.:		**Methoden**, z. B.:	
Globale Bedarfsprognose:	**Differenzierte** Bedarfsprognose:	- Abgangs-/Zugangstabelle - Altersstrukturstatistik - Personalentwicklung - Befragung	
- Schätzverfahren - globale Kennzahlen	- Stellenplanmethode - Personalbemessung - differenzierte Kenn- zahlen		
		=	
Nettopersonalbedarf			
> 0: → Beschaffungsbedarf		< 0: → Freisetzungsbedarf	

09. Welchen Inhalt hat die Planung der Finanzbeschaffung?

Die Bereitstellung der für das Produktionsprogramm erforderlichen Betriebsmittel kann zu *Ersatz- oder Erweiterungsinvestitionen* führen. Insbesondere wenn der Kapitalbedarf hoch ist, muss mittel- und langfristig sichergestellt werden, dass die benötigten Finanzmittel rechtzeitig und in der geplanten Höhe zur Verfügung stehen (Stichworte: Eigen-/Fremdfinanzierung, Innen-/Außenfinanzierung).

10. Welche Informationen müssen als Voraussetzung für einen optimalen Leistungsprozess vorliegen? → 5.1.5

Voraussetzung für einen optimalen Ablauf des Leistungsprozesses ist die Aktualität und Richtigkeit der *Stammdaten* sowie der *Bewegungsdaten* der Produktion. Weiterhin müssen alle *Auftragsdaten* und *Identifikationsdaten* angelegt werden (vgl. ausführlich unter Ziffer 5.1.5). Weitere Datenarten sind: Daten zur Kapazitätsplanung, zur Fertigungstechnologie, zur Instandhaltung, zum Qualitätsmanagement (vgl. ausführlich unter 5.1.6). Zur Bewältigung dieser Datenmengen werden heute fast ausschließlich dv-gestützte Programme der Produktionsplanung und -steuerung eingesetzt (z. B. SAP-R/3®, MAPICS, Navision, Oracle/MANUFACTORING).

11. Welchen Inhalt haben (kurzfristige) Fertigungsprogramme?

Die kurzfristige Fertigungsprogrammplanung wird aus der Produktionsplanung abgeleitet und bestimmt,

- welche Produkte
- in welchen Mengen
- innerhalb der nächsten Zeit (z. B. innerhalb der nächsten sechs Monate).

im Unternehmen gefertigt werden. Die Planung richtet sich in erster Linie nach dem Absatz, muss aber auch vorhersehbare Engpasssituationen in der Fertigung berücksichtigen.

5.3.5 Abwicklung von externen und internen Aufträgen

01. Was ist ein Auftrag und welche Auftragsarten werden unterschieden?

Ein Auftrag ist ein Aufforderung an eine bestimmte Stelle im Unternehmen, eine beschriebene Handlung vorzunehmen. Man unterscheidet folgende Arten:

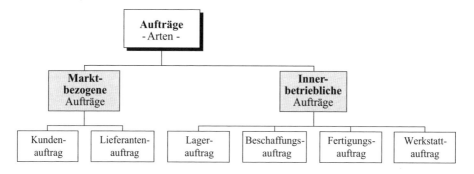

02. Welche Zielgrößen müssen bei der Auftragsabwicklung beachtet werden?

- *Termineinhaltung* (Beachtung der Durchlaufzeit)
- Einhaltung des vereinbarten *Verkaufspreises* (Beachtung der Kosten)
- Einhaltung der vereinbarten *Qualitätsstandards* (Beachten der Qualitätssicherung)

03. Welche Arten der Auftragsauslösung sind möglich?

Der Impuls zur Fertigung eines Auftrags kann von mehreren Stellen innerhalb oder außerhalb des Betriebes ausgehen, z. B.:

- vom Kunden	→	aufgrund einer Bestellung
- vom Vertrieb	→	Weiterleitung einer Kundenbestellung
- von einer Lagereinrichtung innerhalb des Betriebes	→	Erreichen des Sicherheitsbestandes (vgl. Kanban-System)
- von einer bestimmten Kostenstelle des Betriebes	→	Werkstattauftrag

Dabei erfolgt die Auftragsauslösung entweder

- aufgrund eines(r) internen/externen Auftrags/Bestellung oder
- aufgrund eines Programms/Systems (z. B. Kanban, JiT).

04. Welche Bearbeitungsschritte sind im Rahmen der Auftragsabwicklung erforderlich?

• Der (idealtypische) Ablauf der Auftragsabwicklung umfasst folgende Bearbeitungsschritte:

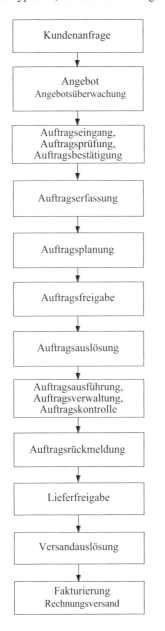

Kundenanfrage	Der Kunde beurteilt einen Lieferan-ten auch danach, wie schnell und zuverlässig eine Anfrage bearbeitet wird.
Angebot / Angebotsüberwachung	Angebotsentwürfe, Angebot, Ange-botspflege, -aktualisierung
Auftragseingang, Auftragsprüfung, Auftragsbestätigung	Prüfen der Bestellung (z. B. Kredit-würdigkeit, Lieferfähigkeit), Annah-me/Ablehnung des Auftrags
Auftragserfassung	Erfassung der Daten: Auftragsnum-mer, Sachnummer, Mengenangaben, Fertigstellungstermin, Prioritäts-/abhängigkeitsdaten (vgl. 5.1.5)
Auftragsplanung	Gedankliche Vorwegnahme der Rea-lisierung: Materialbedarf, Betriebs-mittel, Arbeitskräfte, Kapazitäten usw.
Auftragsfreigabe	Übergang von der Planung zur Aus-führung kurz vor Beginn der Ferti-gung: Starttermin? Verfügbarkeit: Kapazität? Daten? Material? usw.
Auftragsauslösung	Beginn der Fertigungssteuerung: Werkstattpapiere erstellen, Ressourcen bereitstellen
Auftragsausführung, Auftragsverwaltung, Auftragskontrolle	Fortschreibung der Auftragsdaten nach Auftragsfreigabe (vgl. 5.1.5)
Auftragsrückmeldung	Meldung, in welcher Weise der Auf-trag erledigt wurde.
Lieferfreigabe	Gesamtlieferung oder Lieferung in Teilen
Versandauslösung	Versandverpackung, Frachtpapiere; ggf. Montage und Inbetriebnahme beim Kunden
Fakturierung / Rechnungsversand	Lieferschein, Rechnung; Überwachen des Zahlungseingangs

Je nach Größe, Wert und Komplexität des Auftrags bzw. nach der Lieferanten-Kundenbeziehung existieren für bestimmte *Branchen* unterschiedliche *Arten der Auftragsauslösung*:

Branche:		Art der Auftragsauslösung:
• *Anlagenbauer:*	→	*durch Kundenauftrag*; komplexe Aufträge mit spezifischen Kundenanforderungen
• *Werkzeugmaschinenhersteller:*	→	*durch Kundenauftrag;* bei hochwertigen, komplexen Aufträgen
	→	aufgrund der Lagerbestandsfortschreibung (z. B. Erreichen des Sicherheitsbestandes)
• *Systemlieferer – Zulieferer:*	→	aufgrund definierter *Lose*
	→	in definierten *Zeitabständen*
	→	aufgrund von *Abrufen des Kunden* innerhalb eines Rahmenvertrages
	→	*synchron zur Fertigung* des Kunden (*JiT*)
• *Serienfertiger:*	→	*aufgrund der Lagerbestandsfortschreibung* (z. B. Erreichen des Sicherheitsbestandes)
	→	*aufgrund von Kundenabrufen*
• *Automobilhersteller:*	→	aufgrund spezieller Kundenwünsche (Endverbraucher) erfolgt die Fertigung (Identifikationsdaten ermöglichen die genaue Zuordnung von Pkw und Kunde) aufgrund der Markteinschätzung der Vertriebsorganisation werden bestimmte Typen und Ausstattungsvarianten in Masse für den Markt gefertigt.

• Alternativ lässt sich die Auftragsabwicklung folgendermaßen darstellen:

Hauptprozess	Auftragsabwicklung						Ziele:
Prozessschritte (Teilprozesse)	Auftrags-annahme	Terminierung, Bestätigung	Konstruktion	Material-bestellung	Montage	Auslieferung	Reduktion der Durchlaufzeit Termin-einhaltung
Beteiligte Funktionen (Bereiche)	Verkauf	Entwicklung, Verkauf, Produktion	Verkauf, Entwicklung, Produktion	Material-wirtschaft, Logistik	Produktion, Logistik	Logistik	Einhaltung des Kostenrahmens und der Qualität

5.4 Anwenden von Informations- und Kommunikations- systemen → A 3.6.1

5.4.1 Informations- und Kommunikationssysteme als Grundlage betrieblicher Entscheidung und Abwicklung von Prozessen

01. Wie kann man Nachrichten, Informationen und Daten unterscheiden?

* *Nachrichten* sind Aussagen und Hinweise ohne eine besondere Anforderung an Form und Inhalt. Auch: Nachrichten sind die regelmäßigen Informationen im Hörfunk bzw. Fernsehen.

* *Informationen* sind Nachrichten, die aus einem Inhalt und einer Darstellung bestehen. Eine Information ist *zweckorientiertes Wissen* über Personen, Sachen oder Sachverhalte.

* *Daten* sind Informationen aus Ziffern, Buchstaben und Sonderzeichen, z. B. 2706gwf+ (vgl. 5.1.5).

02. Welche Bedeutung haben Informationen für Geschäftsprozesse?

Der Zweck von Informationen besteht in der Regel darin, Handlungen vorzubereiten, durch-zuführen und zu kontrollieren. Informationen reduzieren den Unsicherheitsgrad von Entschei-dungssituationen.

03. In welcher Form werden Informationen in Unternehmen verwertet?

Informationen sind sowohl *Instrument* als auch Gegenstand des Handelns. Informationen als Führungsinstrument besitzen Lenkungscharakter und sind geeignet, Unternehmensprozesse zu steuern.

Informationen als Gegenstand des Handels sind Wirtschaftsgüter, die einen Marktpreis besitzen und einer Kosten-Nutzen-Analyse unterworfen werden. Beispiele für die Zuordnung von Infor-mationen in den Bereich eines Wirtschaftsgutes sind alle Statistiken und Informationsblätter, die der Informationsgewinnung dienen.

04. Welche Einsatzgebiete lassen sich heute für die Edv-gestützte Informationsverarbeitung nennen?

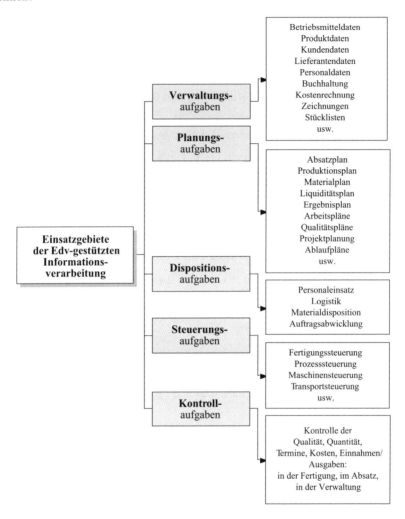

05. Welchen Nutzen kann die Edv-gestützte Informationsverarbeitung aus betrieblicher Sicht bieten?

Beispiele:

- Automatisierung sich wiederholender Prozesse
- Vereinfachung von Tätigkeiten und Abläufen (Rationalisierung)
- Beschleunigung der Informationsverarbeitung
- Verbesserung der Arbeitsproduktivität
- Reduzierung der Kosten
- Möglichkeit der Personalreduktion
- exakte Dokumentation und Reproduktion von Daten (z. B. Zeichnungen, Stücklisten)

06. Welche Anforderungen werden an Informationen und Informationssysteme gestellt?

- Vollständigkeit
- Eindeutigkeit
- Aktualität
- Benutzerfreundlichkeit
- Aktivität (Erleichterung des Zugriffs)

07. Wie lässt sich der Prozess der Informationsgewinnung, -speicherung und -weiterleitung beschreiben?

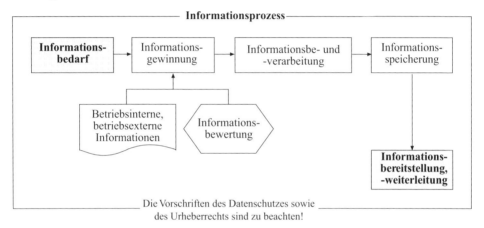

08. Was versteht man unter dem Informationsbedarf?

Informationsbedarf ist die Menge von Informationen, die von einem oder mehreren Entscheidungsträgern zur Lösung anstehender Probleme benötigt wird.

09. Was sind Informationsquellen?

Informationsquellen sind sämtliche Personen, Gegenstände und Prozesse, die Informationen liefern. Es kommt daher darauf an, dass ein Unternehmen über die richtigen, d. h. für seine Zwecke notwendigen und geeigneten Informationsquellen verfügt und damit alle benötigten Informationen in der richtigen *Zeit* und *Menge* beschaffen kann.

Beispiel: Führungskräfte in der Produktion müssen ihr Wissen über den laufenden Stand der Technik ständig aktualisieren; geeignete Möglichkeiten sind z. B.: Fachzeitschriften, Informationsmaterialien/ Messen der Hersteller, Fachtagungen, Erfahrungsaustausch mit Kollegen.

10. Was ist das Problem der Informationsbeschaffung?

Die Güte einer Entscheidung hängt wesentlich von der Eignung und Qualität der verfügbaren Informationen ab. Der Verarbeiter von Informationen muss daher über genügend Fachwissen und Gespür für die Bewertung seiner Informationen und deren Aussagekraft besitzen, wenn er nicht Gefahr laufen will, seine Entscheidungen auf falschen oder unvollständigen Informationen aufzubauen.

11. Welche Bereiche sind für eine Informationsbeschaffung besonders wichtig und aussagefähig?

- Die Absatzregion und ihre Eigenheit,
- Bedarf und Nachfrage am Markt,
- die Konkurrenzverhältnisse,
- Produkt- und Programmpolitik für den Markt,
- Distribution zum und auf dem Markt,
- Kontrahierungspolitik für die anzubietenden Produkte.

12. Auf welche Weise wird die Informationsbeschaffung vorgenommen?

Zunächst müssen die erforderlichen Informationsquellen (externe, interne) ausgewählt werden und sodann müssen Umfang, Genauigkeit und Häufigkeit der zu beschaffenden Informationen festgelegt werden. Diese orientieren sich am Informationsbedarf.

13. Welche Arten der Informationsbearbeitung werden unterschieden?

Man unterscheidet

a) die *verwender- und die nichtverwenderorientierte Informationsbeschaffung*, wobei die verwenderorientierte Informationsbeschaffung als Informationsnachfrage und die nicht verwenderorientierte Beschaffung als Informationsangebot bezeichnet werden,

b) nach dem Ort der Entstehung unterscheidet man zwischen
   - *betriebsinterner* und
   - *betriebsexterner* Informationsbeschaffung.

14. Wie lassen sich betriebsinterne Informationen beschaffen und auswerten?

Bei betriebsinternen Informationen werden Daten weiterverwendet, die aus anderen Anlässen anfallen. Beispiele sind die Kosten, die der betrieblichen Kostenrechnung entnommen werden, und Personaldaten, die von der Personalabteilung zur Verfügung gestellt werden. Allerdings ist in jedem Fall darauf zu achten, dass die Datengrundlagen übereinstimmen, um nicht methodisch zu falschen Ergebnissen zu gelangen.

15. Was sind externe Quellen der Informationsbeschaffung?

Betriebsexterne Daten lassen sich über selbstständige Institute und statistische Ämter und anderen Institutionen (Kammern, Verbände) oder freien Anbietern oder einfach aus statistischen Quellen beschaffen.

16. Was versteht man unter einer Informationsbewertung?

Oftmals können Informationen nur unter erheblichen Kosten beschafft werden. In jedem Fall ist eine *Kosten-Nutzen-Analyse* anzustellen, um sicherzustellen, dass die Kosten nicht höher sind als der durch die Informationsbeschaffung erreichte Nutzen.

17. Welchen Arbeiten sind im Rahmen der Informationsbe- und -verarbeitung auszuführen?

Die im Wege der Informationsbeschaffung gewonnenen Informationen/Daten liegen in der Regel nicht in der für den Betrieb erforderlichen Form und Darstellungsart vor. Daher ist eine Be- und Verarbeitung der Informationen notwendig:

• *Aufbereitung* der Informationen, z. B.:
  - selektieren
  - ordnen
  - zusammenfassen, verdichten

• *Speichern* der ausgewählten Informationen

• *Pflege* und Aktualisierung der Informationen/Datenbestände

18. Wie werden Informationen weitergeleitet?

Informationen erfordern einen Informationsträger in Form von Nachrichten oder Daten, die ihrerseits durch Datenträger wie Signale oder Schriftstücke dargestellt werden.

19. Welche Informationsträger lassen sich unterscheiden?

Informationen können auf verschiedenen Trägern (auch: Datenträger, Speichermedien) erfasst, bearbeitet, gespeichert und weitergeleitet werden – manuell oder maschinell:

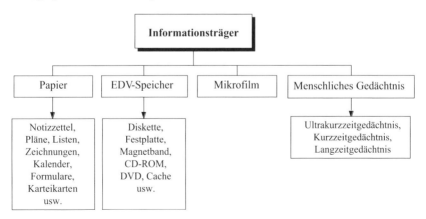

Man kann daher *EDV-verwaltete Informationen* und *Nicht-EDV-verwaltete Informationen* unterscheiden. Die steigenden Anforderungen an das Informationsmanagement bezüglich Geschwindigkeit, Qualität, Menge, Sektion, Vernetzung und Wirtschaftlichkeit der Datenbearbeitung und -bereitstellung führen zu einer weiteren Zunahme der DV-gestützten Informationsbe- und -verarbeitung.

20. Wer benötigt Informationen aus dem Unternehmensbereich?

- Die Gesellschafter,
- der Aufsichtsrat,
- der Betriebsrat,
- die Gläubiger (Lieferanten, Kreditgeber, Banken),
- die Finanzbehörden zur Feststellung der Steuerlast,
- die Öffentlichkeit über die Bedeutung, die Produkte, die Beschäftigungslage, die konjunkturelle Lage und die Umweltpolitik,
- die statistischen Ämter,
- die Institute, die sich mit Betriebsvergleichen befassen.

21. Welche Aufgabe und Bedeutung hat das Informationsmanagement aus betrieblicher Sicht?

Informationen sind heute eine wichtige Ressource eines Unternehmens. Die Aufgabe des Informationsmanagements ist die planmäßige Gewinnung, Verarbeitung und Weiterleitung aller relevanter Informationen in dem betreffenden Unternehmen. In größeren Betrieben wird dafür zunehmend eine eigenständige Organisationseinheit gebildet. Die Aufgaben werden überwiegend mithilfe der EDV/IT gelöst.

Als Gründe für die wachsende Bedeutung lassen sich nennen:

- Verdichtung von Raum und Zeit
- rasante Zunahme des Wissens
- zunehmende Globalisierung
- rasch wachsende Entwicklung der technischen Kommunikationsmittel
- Notwendigkeit der Informationsselektion

Ein Informationsmanagementsystem muss folgende Schwerpunkte in vernetzter Form bearbeiten und betriebsbezogene Lösungen bereitstellen:

Das Informationsmanagement muss sich auf alle *Planungsebenen* beziehen:

- *Strategisches Informationsmanagement:*
  Grundsätzliche, langfristige Planungen und Entscheidungen der Informationsbeschaffung, -verarbeitung und -weiterleitung (z. B. grundsätzliche Entscheidungen zur EDV-Technologie und -struktur).

- *Taktisches Informationsmanagement:*
  Mittelfristige Planungen und Entscheidungen, die aus dem strategischen Informationsmanagement abgeleitet werden (z. B. Wahl einer bestimmten Rechnertechnologie und Entscheidungen zur innerbetrieblichen Vernetzung).

- *Operatives Informationsmanagement:*
  Kurzfristige Planungsarbeiten und Entscheidungen unter Nutzung der vorliegenden Informationsstrukturen (z. B. dv-gestützte Generierung der Auftragsdaten, Erzeugen von Reports zur Kostenkontrolle).

5.4.2 Betriebliche Informations- und Übertragungssysteme

01. Was ist ein System?

Als *System* bezeichnet man eine Menge von Elementen, die durch bestimmte Relationen verknüpft sind (z. B. Arbeitssystem: Input + Kombination von Mensch und Arbeitsmittel + Output). Die Menge und die Art und Weise der Relationen zwischen den Elementen ergibt die Struktur des Systems.

02. Was ist ein betriebliches Informationssystem?

Ein betriebliches Informationssystem hat die Aufgabe, jedem Mitarbeiter die notwendigen Informationen in geeigneter Weise zum richtigen Zeitpunkt zur Verfügung zu stellen. Folgende Fragen sind beim Aufbau eines Informationssystem zu klären:

1. Festlegen der Verantwortlichkeiten:
   - Erfassung der Daten
   - Pflege der Daten
   - Weitergabe der Daten
   - Beschreibung der Informationsquellen
   - Zugriff auf Daten (ganz oder selektiv)
   - Zugriffssicherung

2. Quantität und Qualität der Daten:
   - Vollständigkeit
   - Eindeutigkeit
   - Aktualität
   - Verständlichkeit
   - Art der Speicherung
   - Art der Aufbereitung
   - Art der Weitergabe/Veröffentlichung (Datenträger, Intranet, Infomappe, Mitarbeiterzeitschrift)

03. In welcher Form können Informationen/Daten vorliegen?   → **5.1.6/01.**

Unter Ziffer 5.1.5 wurden Datenarten unterschieden nach der Häufigkeit der Veränderung (Stammdaten, Bewegungsdaten). Eine weitere Unterscheidungsmöglichkeit ist die Form, in der Daten/Informationen vorliegen können:

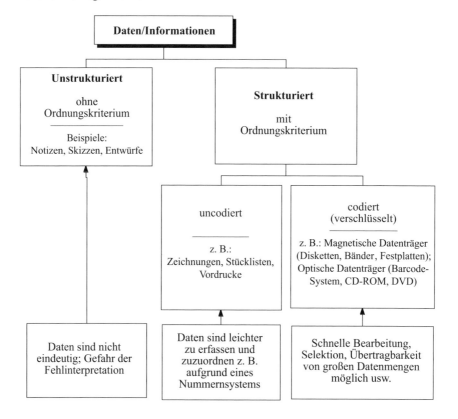

04. Welche Möglichkeiten der Datenübertragung gibt es?

Unter Ausnutzung der Netzstrukturen der Telekommunikationsanbieter können Informationen/ *Daten* auf folgende Arten *übertragen* werden (*Kopplungstechnik*):

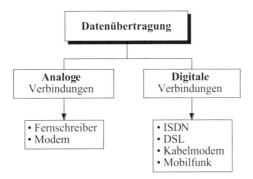

- *Fernschreiber* (Telex/Teletex) ist ein Dienst, mit dem Texte zeichenweise übertragen werden.

- *Modem* ist die Abkürzung für <u>Mo</u>dulator und <u>Dem</u>odulator. Modems werden zur Übertragung von Daten zwischen zwei Rechnersystemen eingesetzt.

- *ISDN* ist die Abkürzung für <u>I</u>ntegrated <u>S</u>ervices <u>D</u>igital <u>N</u>etwork; zu deutsch: Dienstintegrierendes, digitales Telekommunikationsnetz. Die einzelnen Begriffe dieser Abkürzung bedeuten:
  - *Integrated:* Alle über ISDN zur Verfügung stehenden Kommunikationsdienste werden über eine Leitung angeboten.
  - *Services:* Es werden verschiedene Kommunikationsdienste angeboten: Sprach-, Bild-, Text- und Datendienste.
  - *Digital:* Die Übertragung der unterschiedlichen Daten erfolgt digital.
  - *Network:* Es handelt sich um ein weltweites Telekommunikationsnetz, das physikalisch auf dem herkömmlichen, analogen Telefonnetz basiert.

  ISDN ist ein digitales Telekommunikationsnetz, das verschiedene Kommunikationsdienste anbietet und aufgrund der Digitalisierung eine höhere Leistungsfähigkeit als das *analoge Telefonnetz* besitzt. ISDN steht als internationaler Standard europaweit als Euro-ISDN zur Verfügung. Das Netz stellt neben den verschiedenen Kommunikationsdiensten auch eine Vielzahl an Leistungen zur Verfügung, sodass sich die Nutzung des ISDN für den Benutzer komfortabel gestaltet. Von der Struktur her besteht eine ISDN-Leitung aus *zwei Nutzkanälen (B-Kanälen)* und einem *Steuerungskanal (D-Kanal)*. Da es sich um ein digitales Netz handelt, werden alle Informationen, so z. B. auch Sprachdaten, digitalisiert übertragen.

- Funktionsweise von *DSL*: „<u>D</u>igital <u>S</u>ubscriber <u>L</u>ine" benötigt zwei Modems, eines in der Vermittlungsstelle des Anbieters und eines beim Kunden. Die DSL-Technik nutzt die Tatsache, dass der herkömmliche analoge Telefonverkehr im Kupferkabel nur Frequenzen bis 4 kHz belegt. Theoretisch jedoch sind auf Kupferleitungen Frequenzen bis 1,1 MHz möglich. Durch Aufsplitten der Bandbreite in unterschiedliche Kanäle, z. B. für Sprach- und Dateninformationen, und die Nutzung der bislang ungenutzten höheren Frequenzbereiche, puschen heutige DSL-Technologien das Kupferkabel auf Übertragungsraten von bis zu 52 Mbits pro Sekunde – abhängig von der eingesetzten DSL-Variante. In der Praxis werden aber meist nur reduzierte Transferraten benutzt, da dann die gegenseitigen Störungen in den Kabelsträngen geringer ausfallen.

- Beim *Kabelmodem* werden vorhandene Anschlüsse für die Datenübertragung genutzt, z. B. Kabel-TV. Die Datenübertragungsrate ist höher als bei DSL. Da mehrere Teilnehmer einen Verteiler nutzen, kann es zu Problemen der Datensicherheit kommen.

- Die Datenübertragung per *Mobilfunk* arbeitet über das *GSM* (Global System for Mobile Communications) mit einer Kompression der Daten. Die Übertragung kann mit Verlusten behaftet sein; die Datenübertragungsrate ist in der Regel noch unbefriedigend und wird sich erst durch den Einsatz von *UMTS* (Universal Mobile Telecommunications System) verbessern.

05. Was ist ein Netzwerk?

Ein *Netzwerk* (auch: *Netz*, Computernetz) ist die Kopplung mehrerer Computer, die auf bestimmte Ressourcen gemeinsam zugreifen (z. B. Programme, Datenbanken, Peripheriegeräte). Man unterscheidet:

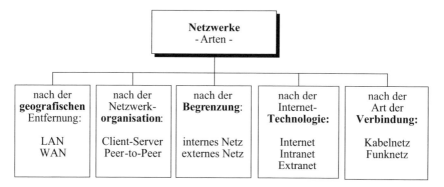

06. Wie lässt sich ein LAN erklären?

Ein *LAN* (Local Area Network) ist ein lokales Netzwerk, das über eine Entfernung von bis zu mehreren hundert Metern Rechner und Peripheriegeräte miteinander verbindet. Die Ausdehnung des Netzes ist in der Regel auf ein Gebäude oder Gelände beschränkt, sodass auch die rechtliche Kontrolle des Netzwerkes beim Benutzer liegt. In solch einem privaten Netz können ein oder mehrere Server, Arbeitsplatzrechner (meist PCs oder Workstations), Drucker, Modems etc. über ein Ring- oder Bussystem verbunden werden um Informationen auszutauschen und Ressourcen gemeinsam zu nutzen. Für Verkabelung, Netzwerk-Protokolle und Netzwerk-Betriebssystem stehen in einem LAN viele Alternativen zur Auswahl.

07. Was ist ein WAN?

Ein *WAN* (Wide Area Network) ist ein Weitverkehrs- bzw. Fernnetz, das Rechner über sehr große Entfernungen miteinander verbindet und sich dabei über mehrere Länder oder auch Kontinente erstrecken kann. Häufig werden lokale Unternehmensnetzwerke (z. B. in Niederlassungen) über Telefonleitungen miteinander zu einem WAN-Verbund gekoppelt. Bei den Telefonleitungen kann es sich um herkömmliche, analoge Leitungen oder ISDN handeln, die sowohl als normale Wählleitungen wie auch als Standleitungen zur Verbindung genutzt werden können.

Unterschiede ergeben sich, je nach Alternative, in der Übertragungsgeschwindigkeit und in den Verbindungskosten. Neben Telefonleitungen kommen auch Glasfaserkabel, Breitband-ISDN, ATM und Satelliten zum Einsatz.

08. Wie ist eine Client-Server-Architektur aufgebaut?

Ein *Client* stellt einen Kunden dar, ein *Server* einen Dienstleister. In einer Client-Server-Architektur bieten ein oder mehrere Dienstleister (Server) Dienste über ein Netzwerk für ein oder mehrere Kunden (Clients) an. Bei den Servern handelt es sich um Rechner, die z. B. als Datei-Server (bietet Dateidienste an), Drucker-Server (bietet Druckdienste an) oder Fax-Server (bietet Faxdienste an) eingesetzt werden. Diese Dienstleistungen stehen allen am Netzwerk angeschlossenen Rechnern, also den Clients, zur Verfügung.

• Beispiel einer *Client-Server-Architektur:*

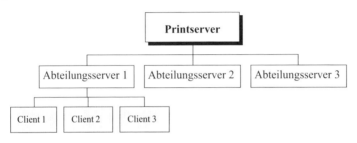

•Beispiele für *Serverfunktionen:*

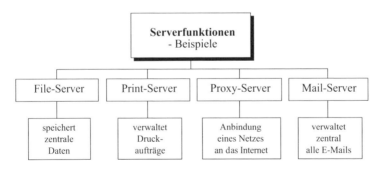

09. Welche Merkmale hat ein Peer-to-Peer-Netzwerk?

Allen Nutzern stehen die festgelegten Ressourcen zur Verfügung – ohne Zugangskontrolle und ohne Server.

10. Welcher Unterschied besteht zwischen einem internen und einem externen Netz?

Ein internes Netz ist ein innerbetriebliches Netz; das externe Netz ist zwischenbetrieblich.

11. Wie lässt sich das Internet erklären?

Das Internet ist das weltweit größte Computer-Netzwerk. Es besteht aus Millionen von Rechnern und tausenden von kleineren Computer-Netzen in mehr als 150 Ländern der Welt. Das Netzwerk hat eine chaotische Struktur. Das bedeutet, dass es nicht zentral organisiert ist und die Vernetzung sehr unterschiedlich (über Stand- und Wählleitungen sowie über Satellitenverbindungen) ausfällt. Anders als bei Online-Diensten unterliegen die Rechner im Internet keiner zentralen Kontrollinstanz. Daher gibt es auch keinen, der für das weltweite Netzwerk oder die weltweit angebotenen Inhalte verantwortlich zu machen wäre. Jeder Rechner, der dem Internet angeschlossen ist, unterliegt der Verantwortung des jeweiligen Betreibers. Da diese Betreiber in unterschiedlichen Ländern mit unterschiedlichen Gesetzen sitzen, ist es bisher noch nicht gelungen, eine für das Internet weltweit gültige Rechtsprechung zu verabschieden.

Heutzutage ist nahezu jedes Rechner-Netzwerk mit dem Internet verbunden. Hochschulen und Universitäten, Unternehmen aller Art, Informationsanbieter wie Verlage, Rundfunk- und Fernsehanstalten, Vereine und Parteien sowie Privatpersonen sind an das Internet angeschlossen. Sie treten häufig sowohl als Anbieter wie auch als Benutzer auf. Als Anbieter hat man die Möglichkeit, eigene Rechner als Server an das Internet anzuschließen oder Teile eines Rechners für die Bereitstellung der Informationen anzumieten.

Angeboten bzw. genutzt werden können Internet-Dienste wie World Wide Web, Datenübertragung (FTP), E-Mail, Diskussionsforen (Newsgroups) und vieles mehr. Diese Dienste werden über Internet-Server angeboten. Jeder an das Internet angeschlossene Server bzw. Rechner verfügt über eine eindeutige Adresse, die so genannte *IP-Adresse*. Die Datenübermittlung erfolgt über das standardisierte Internet-Protokoll TCP/IP. Über dieses Protokoll werden Daten in einzelne Datenpakete aufgeteilt und auf die Reise geschickt. Der Weg dieser Pakete zum adressierten Ziel (IP-Adresse eines Rechners) ist aufgrund der chaotischen Netzstruktur jedoch nicht eindeutig. Im Falle eines Rechnerausfalls hat dies aber den Vorteil, dass die Datenpakete den Weg über andere Verbindungen und Rechner zum geplanten Ziel nehmen können. Das Internet bleibt also bei Teilausfällen von Rechnern oder Leitungen immer noch funktionsfähig.

Aufgrund der Millionen von Rechnern und der chaotischen Struktur des Internets ist das Internet-Angebot entsprechend vielfältig und unstrukturiert. Ist man auf der Suche nach Informationen zu einem speziellen Thema, so ist es kaum möglich, die entsprechenden Informationsanbieter alle direkt selbst ausfindig zu machen. Aus diesem Grunde gibt es verschiedene *Suchmaschinen*, die die angebotenen Informationen des Internets nach Suchbegriffen durchsuchen und die Suchergebnisse dem Suchenden zur Verfügung stellen.

Der Zugang zum Internet erfolgt über *Internet-Zugangs-Provider* bzw. auch über Online-Dienste. Meist werden die Internet-Zugänge dieser Provider per Modem oder ISDN angewählt. Die Kosten für die Nutzung des Internets sind von Provider zu Provider recht unterschiedlich. In der Regel fallen neben den Telefonverbindungskosten monatliche Grundgebühren und zeit- oder volumenabhängige Nutzungsgebühren an.

Zur Nutzung der unterschiedlichen Internet-Dienste ist jeweils eine Client-Software (E-Mail-Client, FTP-Client, Telnet-Client etc.) oder ein Internet-Browser, der meist mehrere Client-Funktionen unterstützt, erforderlich.

12. Was bezeichnet man als Intranet?

Ein Intranet ist ein *internes Netz*, das von externer Seite nicht ohne Weiteres zugänglich ist. Anzutreffen sind Intranets z. B. in Unternehmen, um Mitarbeitern den Zugriff auf Unternehmensinformationen zu ermöglichen. Die Informationen werden mit entsprechenden Programmen selbst erstellt und von einem Administrator in das Intranet eingestellt. Mithilfe eines Web-Browsers können die Mitarbeiter über ein LAN auf den Intranet-Server zugreifen und die entsprechenden Informationen abrufen. Ein Zugang von außen auf das Intranet kann gewährt werden, wenn es sich um zugangsberechtigte Personen handelt. Dies können z. B. Außendienst- oder Telemitarbeiter sein. Da es sich bei diesen um unternehmensinterne Benutzer handelt, wird der Begriff Intranet auch hier sinngemäß verwendet.

13. Was ist der Unterschied zwischen einem Intranet und dem Internet?

Technisch gesehen unterscheidet sich ein Intranet nicht vom Internet: Es kommen dieselben Technologien, Protokolle, Standards und Software zum Einsatz. *Der Unterschied besteht in der Ausdehnung und in der Ausrichtung.*

Während das Internet weltweit für jeden zugänglich ist und die bereitgestellten Informationen meist öffentlich sind, ist ein Intranet grundsätzlich von der Ausdehnung meist nicht größer als ein LAN und intern ausgerichtet. In einem Intranet werden in der Regel nur interne Informationen abgelegt und der Zugriff ist auf die Mitarbeiter, meist über ein LAN, beschränkt. Häufig ist ein Intranet-Server physikalisch auch nicht mit weiteren Netzwerken oder Gateways verbunden.

14. Was ist ein Extranet?

Das Extranet ist eine *Sonderform des Intranets*: Es verwendet die Internet-Technologie für den Zugriff eingeschränkter Nutzer (Stammlieferanten, Stammkunden) auf ein bestimmtes Intranet eines Unternehmens. Die Zugriffsberechtigung wird gesondert vergeben und ist eingeschränkt.

15. Was sind Netzwerk-Topologien und welche Formen stehen zur Verfügung?

Unter Netzwerk-Topologien versteht man die physische oder logische Auslegung von Netzwerkknoten und Netzwerkverbindungen. Die Topologie stellt die Struktur eines Netzwerks dar. Server, Arbeitsstationen, Drucker, Router, Hubs und Gateways werden darin häufig als Netzknoten aufgeführt. Topologien unterscheiden sich im WAN- und LAN-Bereich. Im WAN spielen ökonomische und geografische Gegebenheiten eine andere Rolle als in einem LAN; deshalb ist eine klare Netzstruktur im WAN-Bereich kaum zu realisieren.

Typische Netzwerkstrukturen sind Stern-, Ring-, Baum- und Bus-Topologien; daneben gibt es vermischte Strukturen.

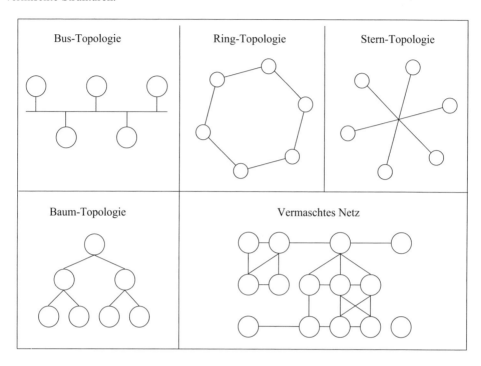

Netzwerkstrukturen		
	Vorteile, z. B.:	**Nachteile, z. B.:**
Ring-Topologie	Netzwerkmanagement	ggf. Ausfall aller Rechner bei Störung eines Rechners
	Fehlersuche	
		teure Netzwerkkomponenten
Stern-Topologie	relativ störunfällig	große Kabelmengen
	leicht erweiterbar	Ausfall aller Rechner bei Störungen im zentralen Verteiler
	höherer Datendurchsatz	
Bus-Topologie	Ausfall eines Rechners beeinträchtigt nicht die anderen Rechner	aufwändige Fehlersuche
		Beanspruchung des zentralen Kabels
	niedrige Kosten, z. B.: - Kabelkosten - Netzwerkkomponenten	Auswirkungen auf alle Rechner bei Störungen im Netz

16. Was versteht man unter dem Begriff „Anwendungs-Software"?

Als Anwendungs-Software (auch: Anwendungssysteme) bezeichnet man Programme, die von einem *Anwender* (Benutzer) zur Lösung seiner speziellen Aufgaben mittels eines Computers *eingesetzt werden*. Will ein Benutzer einen Brief schreiben, so steht ihm dafür als Anwendungs-Software ein Textverarbeitungsprogramm zur Verfügung. Sollen Adressdaten verwaltet werden, so kann ein Datenbankprogramm als Anwendungs-Software gewählt werden.

Je nach Art und Umfang der Spezialisierung lassen sich unterscheiden:

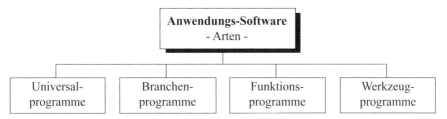

- *Universalprogramme* können vielfältig eingesetzt werden - für unterschiedliche Anwendungen, auf unterschiedlichen Rechnersystemen. Es handelt sich um integrierte Standardsoftware, die auf die betrieblichen Zwecke angepasst werden kann; Beispiele: Programme für das Rechnungswesen, das Personalwesen, die Logistik usw.

- *Werkzeugprogramme* (auch: Office Programme) dienen der Erledigung bestimmter Aufgaben; Beispiele:

  - Tabellenkalkulation, z. B. Excel, Visicalc, Lotus 1 2 3
  - Planungsprogramme, z. B. Multiplan, MS Project
  - Textverarbeitung, z. B. MS WORD, Word, Word Perfect
  - Geschäftsgrafik, z. B. MS Chart, Powerpoint
  - Terminverwaltung, z. B. Now up to Date
  - Bildbearbeitung, z. B. Photoshop
  - DTP-Programme (Desktop Publishing), z. B. Quark Express, InDesign
  - E-Mail Systeme, Fax-Software (z. B. Fritz Card)
  - Archivierung
  - Taschenrechner
  - Notizbuch
  - Datenbank-Anwendungen

- *Branchenprogramme* werden zur Lösung branchenspezifischer Aufgabenstellungen eingesetzt; Beispiele: Programme der Bauwirtschaft, des Handels (Warenwirtschaftssysteme), des Handwerks, der steuerberatenden Berufe (Datev).

- *Funktionsprogramme* sind nicht auf Branchen spezifiziert, sondern unterstützen die Arbeitsausführung in bestimmten Funktionen; z. B. Programme für die Materialwirtschaft, die Fertigung (z. B. PPS-Software, CIM-Programme, CAD-Programme), das Rechnungswesen usw.

Weiterhin lässt sich Anwendungssoftware unterscheiden in:

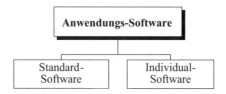

17. Wozu dient Standard-Software?

Unter Standard-Software versteht man Programme, die einen *festen Leistungsumfang* haben und die aufgrund ihrer allgemeinen Ausrichtung möglichst viele Anwender ansprechen sollen. Daher handelt es sich bei den Anwendungen der Standard-Software sehr häufig um Standard-Anwendungen wie z. B. Textverarbeitung, Tabellenkalkulation, Datenbankverwaltung etc. Da Standard-Software in hohen Stückzahlen produziert und verkauft werden kann, sind die Preise entsprechend gering.

18. Wo findet Individual-Software Anwendung?

Wie der Name sagt, handelt es sich hierbei um *speziell auf den einzelnen Anwender* zugeschnittene Software. Die Software wird meist nach den Wünschen des Anwenders entwickelt, sodass dieser auch den genauen Leistungsumfang vorgibt. In der Regel kommt eine solche Individual-Software auch nur bei einem Anwender zum Einsatz. Beispiel für den Einsatz von Individual-Software ist der Bereich der Betriebsdatenerfassung. Da eine Individual-Software für einen Anwender entwickelt wird, sind die Kosten entsprechend hoch.

19. Was versteht man unter „Freeware", „Shareware" und „Open-Source-Software"?

- *Freeware*   =   kann ohne Lizenzkosten genutzt werden.

- *Shareware*   =   kann unter gewissen Einschränkungen unentgeltlich
                                         genutzt und getestet werden; zur uneingeschränkten
                                         Nutzung ist die Lizenz zu erwerben.

- *Open-Source-Software*   =   unentgeltliche Nutzung; außerdem ist der Quellcode frei
                                         verfügbar.

20. Was versteht man unter CIM?

CIM steht für *Computer Integrated Manufacturing*; zu deutsch: rechnergestützte integrierte Fertigung. Es ist ein Modell zur Verknüpfung aller unternehmensrelevanten Anwendungen in Verbindung mit dem integrierten Einsatz von Computern. CIM ist keine integrierte Software.

21. Was sind CA-Techniken?

Bei CA-Techniken handelt es sich um:

CAD	= Computer Aided Design	= rechnergestützte Konstruktion
CAE	= Computer Aided Engineering	= rechnergestütztes Ingenieurwesen
CAP	= Computer Aided Planning	= rechnergestützte Fertigungsplanung
CAQ	= Computer Aided Quality Assurance	= rechnergestützte Qualitätssicherung
CAM	= Computer Aided Manufacturing	= rechnergestützte Fertigung

22. Welches Ziel wird mit CIM verfolgt?

Zielsetzung ist die Integration aller Unternehmensbereiche und -funktionen zu einem Gesamtsystem. Konkret sollen alle anfallenden Planungs- und Steuerungsdaten in die betriebswirtschaftlichen Aufgaben, die technische Fertigung und den Vertrieb integriert werden. Kernstück des CIM-Konzeptes ist ein gemeinsamer Datenbestand, der für die unterschiedlichsten Aufgaben eines Betriebes aufbereitet wird und dessen bereichsübergreifende Nutzung zu einem Informationsfluss zwischen allen Unternehmensbereichen führt und so zu einer Automatisierung beiträgt. Alle an der Fertigung beteiligten CA-Techniken und für die Fertigung notwendigen Aufgaben werden zu einem System verknüpft:

- Planung/Konstruktion (CAP/CAD/CAE)
- Qualitätssicherung/-management (CAQ)
- Kalkulation
- Materialwirtschaft
- Termin- und Ressourcenplanung
- Auftragssteuerung
- Produktionsplanung und -steuerung (PPS)
- Produktionsdurchführung (CAM)
- Versand
- Rechnungswesen

23. Welchen Nutzen hat CIM für ein Unternehmen?

Eine effiziente Produktherstellung durch den Einsatz von EDV in allen zusammenhängenden Betriebsbereichen nach dem CIM-Konzept ermöglicht:

- Bessere Nutzung der Fertigungseinrichtungen
- kürzere Durchlaufzeiten
- geringere Lagerbestände
- hohe Materialverfügbarkeit
- erhöhte Flexibilität
- hohe Termintreue
- erhöhte Transparenz
- gleichmäßigen Produktionsablauf und somit gesicherte Qualität
- höhere Produktivität
- Kostensenkung
- Steigerung der Wirtschaftlichkeit

24. In welcher chronologischen Abfolge stehen die zu einem CIM-System verbundenen Organisationseinheiten mit ihren jeweiligen rechnergestützten Teilsystemen?

1. Konstruktion – CAD
2. Fertigungsplanung – CAP
3. Produktionssteuerung – PPS
4. Fertigung – CAM
5. Qualitätssicherung – CAQ

25. Wozu dient CAD-Software?

CAD-Software kommt häufig im Entwicklungs- und Konstruktionsbereich unterschiedlicher Branchen zum Einsatz. Hierzu gehören Architektur, Bauwesen, Maschinen- und Anlagenbau, Konstruktion, Elektrotechnik und Kartographie. CAD-Software dient dem rechnergestützten, zwei- und dreidimensionalen Konstruieren, inklusive Durchführung technischer Berechnungen und grafischer Ausgabe. Die Rechnerunterstützung bietet über die Software eine ganze Reihe Vorteile gegenüber dem konventionellen Konstruieren bzw. Zeichnen.

26. Welche Aufgaben erfüllt ein PPS-System?

Ein PPS(Produktionsplanung und -steuerung)-System führt alle Aufgaben zur Planung, Steuerung und Überwachung von Produktions- und Arbeitsabläufen, angefangen bei der Angebotserstellung bis hin zum Versand, durch.

Im Einzelnen erfüllt es folgende Tätigkeiten:

1. Produktionsplanung:
   - Produktionsprogrammplanung
   - Mengenplanung
   - Termin- und Kapazitätsplanung

2. Produktionssteuerung
   - Auftragsveranlassung
   - Reihenfolgeplanung
   - Auftragsüberwachung

- *Produktionsprogrammplanung*
  = Festlegung, welche Produkte in welcher Menge und zu welchem Termin fertig gestellt sein sollen.

- *Mengenplanung*
  = Ermittlung des Bedarfs an Einzelteilen, Baugruppen und Zukaufteilen

- *Termin- und Kapazitätsplanung*
  = Berechnung von Anfangs- und Endterminen für die Produktionsaufträge

- *Auftragsveranlassung*
  = Bestimmung des Übergangs von Produktionsplanung zur Produktionssteuerung und Freigabe der Aufträge nach Verfügbarkeit aller notwendigen Ressourcen.

- *Reihenfolgeplanung*
  = Planung der Auftragsreihenfolge

- *Auftragsüberwachung:*
  = Durchführung von Soll-Ist-Vergleichen der Mengen und Termine aufgrund von aktuellen Betriebsdaten zum Auftragsstatus.

27. Welche Möglichkeiten der Betriebsdatenerfassung gibt es?

Betriebsdaten können über

- Barcodekarten,
- Magnetkarten,
- Stempelkarten,
- Lochkarten,
- Sensoren und
- manuelle Eingabe von Belegen

erfasst werden.

28. Welche Datenarten können über die Betriebsdatenerfassung erfasst werden?

- Mengen
- Zeiten (Takt-, Rüstzeiten)
- Maße
- Formen
- Ausschuss
- Störungen
- Anwesenheit

29. Wie kann man Systemsoftware erklären?

Unter der Systemsoftware versteht man nach DIN 44300 die Gesamtheit aller anwendungs-neutralen Programme zur Steuerung und Überwachung des Betriebs der Computerhardware. Die Systemsoftware lässt sich einteilen in Steuerprogramme, auch Organisationsprogramme genannt, Übersetzungsprogramme und Dienstprogramme (Hilfsprogramme). Für die Überset-zungsprogramme und einen Teil der Dienstprogramme wird auch die Bezeichnung „Systemnahe Software" gebraucht.

30. Was sind Hilfsprogramme?

Hilfsprogramme sind Dienstprogramme zur Abwicklung häufig vorkommender anwendungsneu-traler Aufgaben bei der Benutzung des EDV-Systems, dazu zählen Editoren, Sortier-, Misch- und Kopierprogramme, Diagnose-, Test- und Dokumentationsprogramme.

31. Wo wird eine Datenbank eingesetzt?

Eine Datenbank ist eine Ansammlung von Daten, die mithilfe einer Datenbank-Software innerhalb einer Datenbasis verwaltet werden. Die Datenbank ermöglicht

- die Eingabe von Daten (meist in vorgegebenen Formaten bzw. Masken),
- die Speicherung von Daten,
- den Zugriff auf bestimmte Daten,
- das Suchen nach Daten aufgrund spezieller Suchbegriffe und
- die Speicherverwaltung der Daten.

So lassen sich z. B. aus einer Kunden-Datenbank sehr schnell Kundendaten nach Kriterien wie Postleitzahl, Umsatzzahl oder zuständiger Sachbearbeiter selektieren. Die Selektion erfolgt über verknüpfte Suchabfragen, die in einer entsprechenden Syntax formuliert werden. So werden z. B. alle Kunden des Postleitzahlgebietes 4 über eine Abfrage „suche alle PLZ größer 39999 und kleiner 50000" ausgefiltert.

32. Was versteht man unter Groupware?

Groupware ist eine Software, die *basierend auf einer integrierten Datenbank arbeitsgruppenspezifische Abläufe automatisiert*. Dazu gehören:

- Kommunikation im Unternehmen,
- Planungen,
- Datenaustausch bzw. Zugriff auf gemeinsame Datenbanken,
- Steuerung von Unternehmensprozessen und
- Informationsfluss im Unternehmen.

Die Arbeitsgruppen, die eine solche Software einsetzen, können verschiedene Größen annehmen – von einzelnen Personen über Projektgruppen und Abteilungen bis hin zu Niederlassungen oder sogar ganzen Firmen.

Die Groupware besteht aufgrund der vielfältigen Einsatz- und Anwendungsmöglichkeiten aus mehreren Software-Modulen:

- E-Mail zur internen und auch externen Kommunikation,
- Ressourcenplanung, z. B. Terminplanung, Urlaubsplanung, Personaleinsatzplanung etc.,
- Datenbankverwaltung, insbesondere für Dokumentenverwaltung und Formularwesen,
- Programmierung von Arbeitsabläufen (so genannte Workflows).

Die Groupware wird üblicherweise als Client-Server-Software in einem Netzwerk eingesetzt. Häufig wird Groupware auch in heterogenen Netzen mit unterschiedlichen Rechnern und Betriebssystemen eingesetzt. Ein Zugriff per Remote-Access und der Zugriff über eine LAN-Kopplung sind ebenfalls möglich.

33. Was unterscheidet horizontale und vertikale Software?

Unter *horizontaler* Software versteht man branchenneutrale Anwendungen, z. B. Finanzbuchhaltung, Lohn- und Gehaltsabrechnung, Textverarbeitung, Auftragsverwaltung und Fakturierung, Lohn- und Gehaltsbuchführung (Standardsoftware).

Unter *vertikaler* Software versteht man branchenspezifische Software. Zur branchenspezifischen Software gehören in erster Linie Programme des bereits beschriebenen CIM-Konzeptes der Industrie. Im kaufmännischen Bereich und im Dienstleistungsbereich sind dies vor allem Verwaltungsprogramme, welche die Problematiken einer Branche besonders berücksichtigen. Die Schulverwaltung einer großen Schule oder das Reservierungsprogramm eines Hotelunternehmens sind typische Vertreter.

34. Nach welchen ergonomischen Gesichtspunkten kann eine Software beurteilt werden?

Für die Ergonomie der Software kann folgender Anforderungskatalog als Beurteilungsgrundlage dienen:

- Erfolgen Eingaben per Maus und Tastatur betriebssystemkonform?
- Entspricht die Benutzer-Oberfläche der Software den üblichen Oberflächenmerkmalen des Betriebssystems in Bezug auf Farben, Schriftarten, Schriftgrößen, Symbolen (Icons), Menüs, Meldungen etc.?
- Beinhaltet die Software eine Hilfefunktion, nach Möglichkeit sogar eine kontextsensitive Hilfe?
- Beinhalten die Bildschirmmasken bzw. -anzeigen immer nur die erforderlichen und relevanten Daten und nicht eine zu hohe Informationsflut?
- Beinhaltet eine erforderliche Dateneingabe keine Eingabe-Redundanzen, also Daten, die aus bereits vorhandenen Daten ermittelt werden können?
- Ist es in der Dialogführung möglich, jede bereits gemachte Eingabe nachträglich nochmal zu korrigieren?
- Beinhaltet die Dialogführung sinnvolle oder häufig verwendete Standardeingaben als Vorbelegung der Eingabefelder?
- Werden Dateneingaben auf Plausibilität hin überprüft?
- Sind die Fehlermeldungen der Software verständlich?
- Erhält man aufgrund einer Fehlermeldung Lösungsvorschläge?

35. Welche Kriterien sind bei der Auswahl von Software grundsätzlich zu berücksichtigen?

Je nach betrieblicher Situation können folgende Aspekte bei der Auswahl von Software eine Rolle spielen:

Kriterien bei der Auswahl von Software			
Merkmale der Software		**Merkmale des Herstellers**	
Preis	√	Referenzen	√
Entwicklungsversion	√	Erfahrung	√
Ergonomie	√	Service, z. B. Hotline	√
Kompatibilität	√	Schulungsangebot	√
Leistungsumfang	√	Pflege, z. B. Updates	√
Netzwerkfähigkeit	√		
Datenschutz	√		
Datensicherheit	√		

Arbeitsgeschwindigkeit	√		
Verfügbarkeit	√		
Dokumentation	√		
Hardware-Voraussetzungen	√		

36. Welche Phasen sind bei der Auswahl und Einführung von Software in der Regel einzuhalten?

Grundsätzlich ist es für die spätere Akzeptanz einer neuen Software wichtig, die Benutzer dieser Software, also die Mitarbeiter, mit in die Auswahl und die einzelnen Phasen der Einführung einzubeziehen. Dabei sind folgende Phasen einzuhalten:

- *Ist-Analyse:* Es wird der aktuelle Zustand des Bereiches, für den eine neue Software ausgewählt werden soll, analysiert und dokumentiert. Für die Software-Auswahl ist auch eine Aufnahme der vorhandenen Hardware erforderlich.

- *Schwachstellen-Analyse:* Es werden aktuelle Probleme bei der Anwendung und im Prozessablauf ermittelt und dokumentiert.

- *Soll-Analyse:* Basierend auf der Ist- und Schwachstellenanalyse werden Anforderungen erstellt. Die Anforderungen sollten nach Prioritäten geordnet werden, um mögliche spätere Kompromisse oder Abstriche (Kosten/Nutzen) schnell vornehmen zu können.

- *Ausschreibung:* Es werden mögliche Anbieter ausgesucht und angeschrieben. Aufgrund des notwendigen Aufwandes zur Auswertung von Angeboten, sollte die Anzahl der Anbieter nicht zu groß gewählt werden.

- *Angebotsgespräche:* Können Fragen, die sich bei der Auswertung der Angebote ergeben haben, ggf. auch vor Ort geklärt werden?

- *Vertragsverhandlungen:* Hierzu gehört die Festlegung des endgültigen Pflichtenheftes für den Anbieter, die Preisverhandlung und der Vertragsabschluss.

- *Installation:* Je nach Vertrag wird die Installation vom Anbieter oder durch die eigene IT-Abteilung des Unternehmens durchgeführt. Im letzteren Fall ist sicherlich die Unterstützung des Anbieters oder des Software-Herstellers (Support-Leistung) hilfreich.

- *Betrieb:* Es sollte ein Benutzer-Service eingerichtet werden, der Anwenderschulungen durchführt und für Fragen zur Software im betrieblichen Alltagsgeschäft zur Verfügung steht. Darüber hinaus müssen vermutlich von Zeit zu Zeit Software-Updates installiert werden.

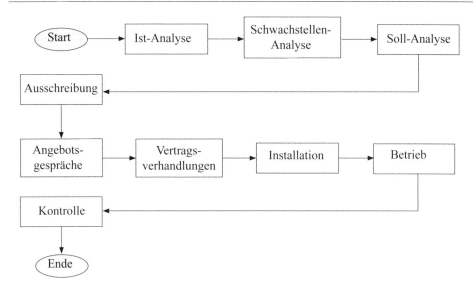

37. Was versteht man unter integrierter Software?

Integrierte Software zeichnet sich dadurch aus, dass

- die verschiedenen Funktionen eines Programms auf eine gemeinsame Datenbasis zugreifen,
- Daten aus operativen Bereichen auch für Planungs- und Steuerungsaufgaben zur Verfügung stehen,
- ein Vorgang, z. B. Erfassen und Schreiben einer Rechnung oder eines Arbeitsplans, automatisch andere Aktivitäten in anderen Funktionsbereichen, z. B. im Rechnungswesen, im Lager, auslöst.

38. Was fällt unter den Begriff Insellösung?

Als Insellösung bezeichnet man einen *selbstständigen, nicht-integrierten Systemverbund* aus Hardware, Software und Daten. Anfallende Aufgaben können selbstständig bearbeitet werden und bedürfen keiner Unterstützung von anderer Seite. Die Prozessabläufe erfolgen innerhalb der Insel, Schnittstellen zu anderen Systemen bestehen nicht.

39. Was versteht man unter Kommunikation?

- *Definition im Sinne der Datenverarbeitung (technische Kommunikation):*
  Mit dem Begriff Kommunikation bezeichnet man den Austausch von Daten (Nachrichten oder Informationen) zwischen einem Sender und einem Empfänger. Der Austausch kann wechselseitig erfolgen, das heißt, dass der Empfänger nach Erhalt einer Nachricht selbst auch Sender einer Nachricht werden kann.

- *Definition im Sinne der Kommunikationstheorie (soziale Kommunikation):*
Kommunikation ist die Übermittlung von Reizen/Signalen vom Sender zum Empfänger. Man unterscheidet:

  - die *verbale Kommunikation* (verbal = in Worten)
  (Unterhaltung, Bitte, Information, Anweisung, Dienstgespräch, Fachgespräch, Lehrgespräch, Diskussion, Debatte, Aussprache, vertrauliches Gespräch) und

  - die *non-verbale* Kommunikation (non-verbal = ohne Worte)
  (Blickkontakt, Mimik, Gestik, Körperhaltung, Körperkontakt).

40. Welche Aspekte der betrieblichen Kommunikation sind von Bedeutung?

→ A 3.6.2, 7.5.1

Dazu ausgewählte Beispiele (entsprechend dem Rahmenstoffplan):

- *Ebenen* der Kommunikation (hierarchischer Aspekt)?
Wer, auf welcher Ebene muss über einen bestimmten Sachverhalt informiert werden?
→ Verteiler, Vorgesetzter, Geschäftsleitung, Mitarbeiter

- In welcher *Form* soll die Kommunikation erfolgen?
→ persönlich, schriftlich (Telefax, Brief, Bericht, Protokoll, Aktennotiz, Präsentation, E-Mail, Diskussion usw.)

- *Häufigkeit* der Kommunikation?
→ anlassbezogen, regelmäßig, unregelmäßig, wöchentlich/täglich/monatlich/jährlich usw.

- *Qualität* der Kommunikation?
→ vollständig/auszugsweise, kurz/ausführlich, endgültig/Entwurf, sachlich/mit eigenem Kommentar usw.

41. Welche Technikkomponenten der Informationssysteme können eingesetzt werden?

- *Text-, Daten-, Bildkommunikation:*
Kommunikation über Schriftwechsel, über Mensch-Maschine-Kombinationen (PC u. Ä.) sowie über elektronische Medien.

- *Telekommunikation*
ist die Übermittlung von Informationen mithilfe spezieller Geräte (auch: Nachrichtentechnik); man unterscheidet z. B.:

  - *Sprachkommunikation*, z. B. über das T-Net (Telefonnetz der Deutschen Telekom AG, Festnetzsparte T-Com), analog oder digital (ISDN, DSL) oder über andere Telefonanbieter im Festnetz (Arcor, Tele 2); Formen: Telefax, Teletex.

  - *Datenkommunikation* ist der Austausch von Daten zwischen Computern; erforderlich sind Übertragungsnetze und Datendienste (Internet, Intranet, Extranet)

  - *Multimediakommunikation*, z. B. Bildtelefon, Videokonferenz, Beamer

  - *Mobilkommunikation*, z. B. Mobilfunknetze (D 1, D 2, E-plus, E 2)

* *Daten(verarbeitungs)technik*; relevant sind u. a. folgende Komponenten und Unterscheidungen:

  - *Größe* der Rechner:
    - Handhelds (Mini-Notebooks, Organizer, Palmtops)
    - Personalcomputer (IBM, Microsoft, Apple; stationäre Geräte/Laptops)
    - Minicomputer (auch: Workstations; z. B. HP-PA von Hewlett Packard)
    - Großrechner (auch: Mainframes, Host; z. B. IBM: System/390, Siemens, Hitachi)
    - Superrechner (Einsatz in Forschungszentren)

  - *Hardwarekomponenten:*
    Systemeinheit, Bildschirm, Tastatur, Festplatte, Prozessor, Speicherchips, Peripheriegeräte (Drucker, Scanner, externe Speicher usw.)

  - *Software:*
    - Anwendungs-Software
    - System-Software (Betriebssystem, Compiler, Tools, Editoren, Shell usw.)
    - Standard-/Individual-Software

  - *Vernetzung* der Datentechnik:
    - ohne Vernetzung (Insellösungen)
    - mit Vernetzung (teilweise oder gesamt); vgl. oben, „integrierte Software"

* *Integrationstechnik* (auch: Schnittstellentechnik, Netzwerkschnittstellen)
  Wenn Daten während der Übertragung das Medium wechseln (Hardwareschnittstellen) oder von einer Software in eine andere wechseln (Softwareschnittstelle) müssen entsprechende Übergangsstellen den Datenaustausch gewährleisten.

  Bei den *Hardwareschnittstellen* unterscheidet man: serielle, parallele, USB (Universal Serial Bus). Weiterhin werden Weichen, Wandler, Modems und Netzwerkkarten eingesetzt.

  Als *Softwareschnittstellen* werden eingesetzt: EDI, TCP/IP, ALE, OLE; außerdem Netzwerkprotokolle (z. B. ISO/OSI Modell).

  Netzwerkintegration:
  Zur Verbindung zweier oder mehrerer Netzwerke werden Kopplungselemente eingesetzt, z. B. Repeater, Hub, Switch, Bridge, Router, Gateway.

Hinweis: Die folgenden Fragen/Antworten behandeln ausführlicher eine Reihe der in Nr. 41. genannten Stichworte; sie sind im Rahmenplan nicht ausdrücklich genannt, jedoch zum Verständnis der Technikkomponenten von Nutzen.

42. Was ist das ISO/OSI-Schichtenmodell?

Das ISO/OSI-Schichten- oder auch ISO/OSI-Referenzmodell ist ein Modell für die *Kommunikation zwischen Datenstationen bzw. Kommunikationspartnern*. Um eine koordinierte und fehlerfreie Kommunikation zu gewährleisten, bedarf es der Berücksichtigung einiger Regeln. Da die Durchführung von Kommunikation sehr komplex ist, wird sie in mehrere Teilaufgaben unterteilt. Jede Teilaufgabe wird in einer speziellen von insgesamt sieben Funktionsschichten erledigt.

Die sieben Schichten für den Datentransport sind:

- Anwendungsschicht oder Application Layer
- Darstellungsschicht oder Presentation Layer
- Steuerungsschicht oder Session Layer
- Transportschicht oder Transport Layer
- Netzwerkschicht oder Network Layer
- Datensicherungsschicht oder Data Link Layer
- Bitübertragungsschicht oder Physical Layer.

Die Abkürzungen bedeuten:

ISO   International Organization for Standardization
OSI   Open System Interconnection.

43. Was ist der Unterschied zwischen einem ISDN-Basisanschluss und einem ISDN-Primärmultiplexanschluss?

Ein ISDN-Basisanschluss verfügt über *zwei Nutzkanäle* und wird überwiegend in privaten Haushalten und kleinen Firmen eingesetzt. Ein Primärmultiplexanschluss verfügt über *30 Nutzkanäle* und wird aufgrund dieser Menge von ISDN-Leitungen nur in größeren Unternehmen installiert. Beide Anschluss-Varianten können mehrfach nebeneinander eingesetzt werden, sodass z. B. acht Nutzkanäle durch vier parallel betriebene Basisanschlüsse zu realisieren sind.

Während die Geschwindigkeit der Nutz-Kanäle (B-Kanäle) in beiden Varianten 64 kbit/s beträgt, werden die beiden Steuerkanäle (D-Kanäle) mit unterschiedlicher Geschwindigkeit betrieben: beim Basisanschluss mit 16 kbit/s und beim Primärmultiplexanschluss mit 64 kbit/s. Dieser Unterschied spielt für die praktischen Anwendungen jedoch keine Rolle.

44. Was bezeichnet man als Remote Access?

Remote Access bezeichnet den Zugriff „aus der Ferne". Damit ist in der Regel der Zugriff von zu Hause oder von unterwegs auf das lokale Netzwerk eines Unternehmens gemeint. Anwendung findet Remote Access bei Telearbeitern, Heimarbeitern und Außendienstmitarbeitern. Diesen wird von ihrem PC zu Hause oder von ihrem Notebook unterwegs der Zugang zum Firmen-LAN und somit zu Firmendaten und -datenbanken ermöglicht. Neben dem Datenabruf kann auch per E-Mail über das LAN kommuniziert werden. Der Fernzugriff erfolgt über das analoge Telefonnetz, ISDN, DSL oder mobil über das GSM-Netz. Der Zugang zum Firmennetzwerk geschieht unter Berücksichtigung entsprechender Sicherheitsregeln und wird auch nur an einer definierten Stelle im LAN zugelassen.

45. Was ist ein Gateway?

Ein Gateway ist eine Schnittstelle oder ein Übergang zwischen zwei unterschiedlichen Kommunikationssystemen bzw. -netzen, das den Datentransfer zwischen diesen ermöglicht. Ein Gateway ermöglicht z. B. den Versand von E-Mails von einem Online-Dienst in einen anderen.

46. Welche Aufgabe hat ein Router?

Ein Router *verbindet zwei oder mehrere Netzwerke* mit dem Ziel, dass zwischen den Netzen bzw. den einzelnen Benutzern Daten ausgetauscht werden können. Bei ISDN-Routern werden z. B. zwei physikalisch getrennte LANs über eine ISDN-Strecke miteinander verbunden. Grundsätzlich stehen dann die Daten des lokalen Netzes auch dem entfernten Netz zur Verfügung.

47. Was ermöglicht ein Hub?

Ein Hub ermöglicht eine *sternförmige Verzweigung von Netzwerkkabeln*. Durch den Einsatz eines Hubs an einem Netzwerkkabel lassen sich mehrere Rechner an diesen Hub und somit an das Netzwerk anschließen. Darüber hinaus kann ein Hub auch zur Umsetzung eines Anschluss-Typs auf einen anderen eingesetzt werden.

48. Was versteht man unter einer LAN-Kopplung?

Unter einer LAN-Kopplung versteht man die Verbindung zweier oder mehrerer lokaler Netzwerke (LANs). Die Verbindung wird über Fernnetze bzw. Weitverkehrsnetze wie z. B. ISDN realisiert. Werden zwei oder mehrere LANs miteinander gekoppelt, nennt man einen solchen Verbund auch ein WAN.

49. Wofür steht die Abkürzung TCP/IP?

Die Abkürzung steht für *Transmission Control Protocol/Internet Protocol* und bezeichnet ein spezielles Netzwerk-Protokoll, welches die technische Grundlage für den Datentransfer im Internet und in Unix-Netzwerken bildet, ähnlich dem IPX-Protokoll in Novell-Netzwerken.

Darüber hinaus wird mit TCP/IP-Suite auch eine Menge von Kommunikationsprotokollen und -anwendungen bezeichnet. Diese lassen sich in Prozessprotokolle (z. B. Telnet und FTP), Host-zu-Host-Protokolle und Verbundnetzprotokolle unterscheiden.

50. Welche Funktion übernimmt ein Internet-Provider?

Bei einem Internet-Provider handelt es sich um den *Anbieter eines Internet-Zugangs*. Der Anbieter stellt mehrere Modems und ISDN-Adapter zur Einwahl in das Internet zur Verfügung. Hierfür verlangt der Provider von seinen Benutzern (Kunden) Gebühren. Diese werden je nach Provider unterschiedlich abgerechnet. Aufgrund verschiedener Gebührenmodelle (pauschal, zeit- oder datenvolumenabhängig, teilweise mit unterschiedlichen Grundgebühren etc.) fällt ein Kostenvergleich zwischen unterschiedlichen Providern nicht leicht. Auch die Online-Dienste, Mailbox-Betreiber und Telefon-Anbieter treten heute als Internet-Provider auf.

51. Was versteht man unter Videoconferencing?

Videoconferencing wird auch als Bildtelefonie bezeichnet. Zwischen zwei Videoconference-Systemen oder zwei Bildtelefonen besteht eine Verbindung, über die Sprach- und Video-Daten gleichzeitig übertragen werden. Zwei Teilnehmer können also gleichzeitig miteinander sprechen und den Gesprächspartner sehen. Wie der Name vermuten lässt, beschränkt sich die visuelle Kommunikation nicht nur auf ein Gegenüber, sondern ermöglicht auch, mehrere Konferenzteilnehmer zu übertragen. Die Verbindung zwischen zwei Videoconference-Systemen wird über das ISDN-Netz oder ein lokales Netzwerk hergestellt. Da mit einer höheren Bandbreite der Verbindung meist auch eine bessere Bildqualität erzielt werden kann, wird bei ISDN-Verbindungen häufig die Kanalbündelung verwendet.

Je nach Größe des Videoconference-Systems besteht ein solches System neben Kamera und Mikrofon aus einer Übertragungseinheit (ISDN/DSL-Adapter oder Netzwerkkarte), einem Steuerungsmodul bzw. einem PC mit geeigneter Software und einem Anzeigemedium (Projektor, Fernseher oder PC-Monitor).

52. Welches Ziel verfolgt man mit Multimedia?

Mit Multimedia bezeichnet man die *Integration verschiedener Medien*. Ziel von Multimedia ist die Optimierung der Darstellung von Informationen. Die Darstellung spricht durch den Einsatz verschiedener Medien und Präsentationstechniken wie Audio, Video, Text, Bilder und Grafiken verschiedene Sinne des Wahrnehmers an. Durch das gleichzeitige Ansprechen mehrerer Sinne werden komplexere Informationen einfacher und besser verarbeitet. Multimedia wird heute in den verschiedensten Bereichen, wie z. B. Werbe- und Medienindustrie, bei Lernsoftware, Lexika und zur Web-Seitendarstellung im Internet eingesetzt.

53. Was sind Internet-Dienste?

Das Internet bietet verschiedene Dienste an:

* *WWW (World Wide Web):*
  = multimediales Informationssystem mit integrierten Querverweisen (= Links)

* *E-Mail:*
  = elektronische Post zum Austausch von Nachrichten und Briefen. Programme zur Nutzung und Verwaltung von E-Mails sind z. B. Outlook, Outlook Express und Mozilla Thunderbird.

* *FTP (File Transfer Protocol):*
  = Dateitransfer zwischen verschiedenen Rechnern; wird meist zum Download von Software verwendet.

* *News:*
  = Sammlung von Diskussionsforen (Newsgroups) zu verschiedensten Themen

* *Chat:*
  = schriftliche Echtzeitunterhaltung mit beliebig vielen Nutzern

* Weitere Dienste sind z. B. Telefonie, Fernsehen, Radio und Spiele.

54. Was versteht man unter dem Begriff World Wide Web?

Das WWW (Abkürzung für World Wide Web) ist ein Verbund von Servern im Internet, die ihre Daten und Informationen im HTML-Format zum Abruf bereitstellen und damit den Internet-Dienst WWW anbieten. Im Gegensatz zu einfachen Textdarstellungen ist es über das WWW möglich, Daten multimedial anzubieten. Dies bedeutet, dass Dokumente neben herkömmlichen Textinformationen auch Grafiken, Tabellen, Bilder, Ton und Videos beinhalten können. Ein weiteres Merkmal des WWW ist die Verwendung von so genannten *Links*. Diese bieten die Möglichkeit, einen Querverweis auf eine andere WWW-Seite einfach per Mausklick anzuwählen.

Um die Möglichkeiten des WWW vollständig nutzen zu können, ist als Software ein so genannter Web-Browser erforderlich. Dieser ist in der Lage, multimediale Daten auf einem Computer darzustellen.

55. Was ist eine Homepage?

Eine Homepage ist die *Leitseite, Startseite* oder einfach die erste (Web-)Seite eines Anbieters im Internet. Die Homepage gibt einen Überblick über die folgenden Angebotsseiten, stellt also *ein Inhaltsverzeichnis* dar. Wie alle Web-Seiten können auch in der Homepage Links, also Verweise, eingebunden sein, sodass man direkt aus dem Inhaltsverzeichnis per Mausklick auf weitere Seiten des Anbieters verzweigen kann. Die Homepage erreicht man üblicherweise über die Internet-Adresse des Anbieters, z. B. http://www.firma.de (nicht zu verwechseln mit der E-Mail-Adresse).

Handelt es sich bei den Anbietern z. B. um Privatpersonen, so besteht das Angebot häufig nur aus einer einzigen Seite. Auch diese eine Seite bezeichnet man als Homepage.

5.5 Anwenden von Logistiksystemen, insbesondere im Rahmen der Produkt- und Materialdisposition

5.5.1 Logistik als betriebswirtschaftliche Funktion

01. Was versteht man unter Logistik?

Eine der wichtigen Aufgaben in einem Unternehmen ist die reibungslose Gestaltung des Material-, Wert- und Informationsflusses, um den betrieblichen Leistungsprozess optimal realisieren zu können. Die Umschreibung des Begriffs „Logistik" ist in der Literatur uneinheitlich:

Ältere Auffassungen sehen den Schwerpunkt dieser Funktion im Transportwesen – insbesondere in der Beförderung von Produkten und Leistungen zum Kunden (= reine Distributionslogistik).

Die Tendenz geht heute verstärkt zu einem *umfassenden Logistikbegriff*, der alle Aufgaben miteinander verbindet – und zwar nicht als Aneinanderreihung von Maßnahmen, sondern als ein in sich geschlossenes *logistisches Konzept:*

> *Logistik ist daher die Vernetzung von planerischen und ausführenden Maß-*
> *nahmen und Instrumenten, um den Material-, Wert- und Informationsfluss*
> *im Rahmen der betrieblichen Leistungserstellung zu gewährleisten. Dieser*
> *Prozess stellt eine eigene betriebliche Funktion dar.*

02. Welche Aufgabe hat die Logistik?

Aufgabe der Logistik ist es,

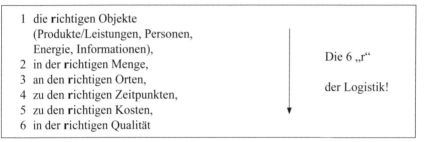

1 die richtigen Objekte (Produkte/Leistungen, Personen, Energie, Informationen),	
2 in der richtigen Menge,	Die 6 „r"
3 an den richtigen Orten,	
4 zu den richtigen Zeitpunkten,	der Logistik!
5 zu den richtigen Kosten,	
6 in der richtigen Qualität	

zur Verfügung zu stellen im Rahmen einer integrierten Gesamtkonzeption.

Die Globalisierung führt heute zu einer weltweiten Vernetzung der Beschaffungs- und Absatzmärkte. Unternehmen gewinnen damit Möglichkeiten, dort die Beschaffung vorzunehmen, wo die Kosten gering sind und sich auf den Absatzmärkten zu positionieren, wo hohe Erlöse erzielt werden können.

Die Logistik erfährt *aus betriebswirtschaftlicher Sicht eine Zunahme der Bedeutung*, weil

- die Produktvielfalt und der Produktwechsel ansteigen,
- die Kapitalbindung aufgrund der Lagerhaltung gesenkt werden muss,
- der weltweite Handel zu einer Zunahme der Datenmengen führt, die miteinander vernetzt werden müssen,
- die Vergleichbarkeit und Austauschbarkeit der Produkte die Unternehmen zwingt, sich über Service und logistische Lösungen Wettbewerbsvorteile zu erarbeiten.

Diese Markterfordernisse führen dazu, dass *eine Optimierung der logischen Prozesse heute als strategischer Faktor der Unternehmensführung angesehen werden muss.* Größere Unternehmen *(Global Player)* werden sich am Markt nur dann behaupten können, wenn es ihnen gelingt,

- durch dezentrale Beschaffung Kontakte zu geeigneten Lieferanten auf der ganzen Welt aufzubauen,
- die Produktion zu dezentralisieren (Inland/Ausland), zu segmentieren und die Fertigungsstufen zu verringern,
- die Lagerhaltungskosten zu senken und trotzdem eine kundennahe Distribution sicher zu stellen,
- ein zentral gesteuertes logistisches System aller Beschaffungs- Fertigungs- und Absatzprozesse einzurichten.

03. Welche Bedeutung hat die Logistik aus volkswirtschaftlicher Sicht?

Die Volkswirtschaft eines Landes kann heute nicht mehr isoliert betrachtet werden; sie ist einge-bunden in das Wirtschaftsgeschehen der gesamten Welt. Die Volkswirtschaften einzelner Länder konkurrieren um Beschaffungsressourcen (Energie, Rohstoffe usw.), Standortbedingungen für die Fertigung von Erzeugnissen sowie um Absatzchancen für die inländischen Produkte. Sie tun das, um die Existenz ihrer Wirtschaft für die Zukunft zu gewährleisten.

Eine Volkswirtschaft, der es z. B. nicht gelingt, die Energieversorgung des eigenen Landes nach-haltig zu sichern, ist möglicherweise gezwungen, die Ressourcen am Weltmarkt zu Höchstpreisen einzukaufen. Die Folge ist ein nachhaltiger Wettbewerbsnachteil: Hohe Energiekosten führen zu hohen Produktionskosten und beeinträchtigen damit die Wettbewerbsfähigkeit der inländischen Produkte auf dem Weltmarkt. Stagnierender oder sinkender Export führt in der Folge zu einer geringeren Beschäftigung, sinkendem Steueraufkommen und damit zu geringeren Staatseinnah-men. Auftretende Haushaltsdefizite des Staates erschweren die Lösung von Zukunftaufgaben (Bildung, soziale Sicherung, Beschäftigung usw.).

Aus diesen Gründen muss die Volkswirtschaft eines Landes logistische Voraussetzungen schaf-fen, um an den weltweiten Prozessen der Beschaffung, Produktion und Distribution teilhaben zu können. Geeignete Maßnahmen dazu sind:

- *Einbindung in internationale Vertragswerke und Organisationen* zur Förderung der Wirtschafts-beziehungen der Länder (z. B. EU-Binnenmarkt, OECD - Organisation für wirtschaftliche Zusammenarbeit und Entwicklung, WTO - Welthandelsorganisation u. Ä.),

- *Aufbau und Pflege der Verkehrsnetze* für den internationalen Warenverkehr, z. B. Straßennetze, Schifffahrtswege, Containerhäfen, Flughäfen usw.

- *Aufbau und Sicherung nationaler Standortvorteile* als Anreiz für ausländische Investoren z. B. Genehmigungsverfahren, Infrastruktur, Steuergesetze, Potenzial der inländischen Arbeit-nehmer usw.

- Aufbau von Kompetenzen und den *technischen Voraussetzungen zur Nachrichtentechnik* und zum Datentransfer,

- *Einbindung des nationalen Bankensystems in das internationale Finanzgeschehen* (Kapital-beschaffung und -anlage sowie Finanzierung wirtschaftlicher Vorhaben der Unternehmen und des Staates).

04. Was bezeichnet man als „Logistische Kette"? → 5.1.4/02.

> *Als logistische Kette bezeichnet man die Verknüpfung aller logistischen Prozesse vom Lieferanten bis hin zum Kunden.*

Man kann dabei differenzieren in die Betrachtung

- der *physischen Prozesse* (Beschaffung, Transport, Umschlag, Lagerung, Ver-/Bearbeitung und Verteilung der Produkte/Güter)

- *der Informationsprozess*e (Nachrichtengewinnung, -verarbeitung und -verteilung; → 5.4/09.)
sowie

- der *monetären Prozess*e (Geldflüsse).

Die Optimierung der gesamten Prozesse der Güter, der Informationen sowie der Geldflüsse entlang der Wertschöpfungskette vom Lieferanten bis zum Kunden bezeichnet man auch als *Supply Chain Management* (SCM; englisch: supply = liefern, versorgen; chain = Kette).

05. Welche Teilbereiche der Logistik werden unterschieden?

Entsprechend den Phasen des Güterflusses unterscheidet man die Unternehmenslogistik in folgende Teilbereiche:

Vgl. dazu auch 1.7.1/01.

Diese Teilbereiche sind nicht isoliert zu betrachten, sondern müssen als *Logistiksystem* gestaltet werden.

5.5.2 Beschaffungslogistik   → 4.3.1

01. Welche Aufgabe hat die Beschaffungslogistik?

Die Beschaffungslogistik steht am Anfang der logistischen Kette und umfasst die *Bereitstellung der physischen Güter sowie der Information*en, die zur Leistungserstellung erforderlich sind. Sie beginnt also nicht erst mit der Prüfung eingehender Waren, sondern bereits bei der Beschaffungsplanung (Welche Lieferanten? Welche Bedarfe? usw.). Die Beschaffungslogistik endet mit der Übergabe der Güter und Informationen an die Produktionslogistik.

02. Welche Entwicklungen und Fragestellungen stehen im Mittelpunkt der Beschaffungslogistik?

Hinweis: Der Rahmenplan behandelt innerhalb der Teilbereiche der Logistik ausgewählte Fragestellungen, z. B. das Thema Fertigungstiefe/Make-or-buy-Entscheidungen im Rahmen der Beschaffungslogistik. Diese Einzelthemen werden bereits an anderer Stelle ausführlich behandelt (Überschneidungen im Rahmenplan). Wir beschränken uns daher im Weiteren auf die Darstellung von Kernaussagen und Stichworte; außerdem verweisen wir auf die betreffenden Textstellen im Buch/Ziffern des Rahmenplans.

Zentrale Fragestellungen und Entwicklungen der Beschaffungslogistik sind u. a.:

1. *Lieferantenauswahl- und bewertung*

2. *Verringerung der Fertigungstiefe*, z. B.:   → **4.3.1**
   - Make-or-buy-Überlegungen (MOB-Entscheidung)   → **5.2.2/06.**
   - Outsourcing
   - Durchführung der logistischen Aufgaben in Eigenregie oder durch Fremdvergabe

3. *Produktionssynchrone Anlieferung* der Bedarfsmengen, z. B.:   → **5.3.3/05. ff.**
   - Just-in-time-Beschaffung (JiT)   → **5.3.4/07. ff.**
   - Optimierung des Materialeingangs, der Material- und Qualitätsprüfung

4. *Globalisierung der Beschaffungsvorgänge* (*Global sourcing*)

5. *Einkauf ganzer Funktionsgruppen* statt einzelner Teile (*Modular Sourcing*)

6. *Behebung von Leistungsstörungen im Beschaffungsprozess*, z. B.:

Bereich		Maßnahmen, z. B.:	
- im Materialbereich:	→	Qualitätsmanagement, Materialflusssysteme Vertragsgestaltung	→ **5.2.2/05. ff.** → **9.**
- im Personalbereich:	→	Personalauswahl, -führung und -entwicklung, Vertragsgestaltung	→ **7.** → **8.** → **A 1.1.2**
- im Betriebsmittelbereich:	→	Lieferantenauswahl, Instandhaltungsmanagement	→ **5.2.2/03. ff.**
- im Informationsbereich:	→	Informationsmanagement	→ **5.1.5**

5.5.3 Produktionslogistik

01. Welche Aufgabe hat die Produktionslogistik?

Die Produktionslogistik gibt es nur in Industriebetrieben. Sie ist die Verbindung zwischen der Beschaffungslogistik und der Absatzlogistik innerhalb der logistischen Kette. Ihre Aufgabe ist die Planung, Steuerung und Kontrolle aller Güter- und Informationsflüsse im Unternehmen. Einzelentscheidungen betreffen z. B. den innerbetrieblichen Transport, die Ausgestaltung von Zwischenlagern, die Versorgung der Produktionsanlagen, die Übergabe von einer Produktions-stufe zur nächsten sowie die Verknüpfung mit der Absatzlogistik.

02. Welche Entwicklungen und Fragestellungen stehen im Mittelpunkt der Produktionslogistik?

Zentrale Fragestellungen und Entwicklungen der Produktionslogistik sind u. a.:

1. *Gestaltung der Produktionsbereiche und Fertigungsstrukturen*	→ **5.1.1**
nach logistischen, ganzheitlichen, prozessorientierten	→ **5.1.3/01.**
und bereichsübergreifenden Gesichtspunkten, z. B.:	→ **5.1.4/01. f.**
- in der Produktentwicklung:	→ **5.3.4/05.**
- Erhöhung der Planungsgeschwindigkeit und -qualität	→ **5.4/09.**
durch den Einsatz von CAD, CAE, CAP,	
NC-Programmierung usw.	
- in der Produktion/Produktionsstruktur:	→ **A 3.1.2**
- Vernetzung der Entwicklungs- und Produktionsprozesse	
durch den Einsatz von CAM, CAI, CIM, PPS-Systemen usw.	
- Lean-Production-Prinzip	
- Fertigungssegmentierung	→ **5.1.3/05.**
- Verrichtungs-, Objekt-, Gruppenprinzip	→ **5.1.2/02.; 5.1.3/01. ff.**
- Layoutplanung der Produktionsstätte und -abläufe	→ **5.1.4/09.**
- Kanban-System, JiT-Produktion	→ **5.3.3/06. ff.**
- Optimierung des internen Materialflusses	→ **5.3.3**
- Flexibilisierung der Produktion und damit Verringerung	
der Reaktionszeiten auf Marktveränderungen	
2. *Planen und Optimieren der Produktionsabläufe,* z. B:	→ **5.2.2/19. ff.**
- Verkürzung der Durchlaufzeiten	
- Optimierung der Liege- und Wartezeiten	
3. *Gestaltung der Ersatzteillogistik*	→ **5.1.3/07.**

5.5.4 Absatzlogistik

01. Welche Aufgabe hat die Absatzlogistik?

Die Absatzlogistik (auch: Distributionslogistik, Marketinglogistik) ist der für den Kunden sichtbare Teil der Logistik am Ende der logistischen Kette und umfasst die Planung, Steuerung und Kontrolle aller Güter und Informationen aus dem Unternehmen. Sie muss sicherstellen, dass der Kunde die bestellte Waren (mit den dazugehörigen Informationen) zur richtigen Zeit, in der richtigen Menge und in der vereinbarten Qualität zu wirtschaftlich vertretbaren Transportkosten erhält.

02. Welche Entwicklungen und Fragestellungen stehen im Mittelpunkt der Absatzlogistik?

Zentrale Fragestellungen und Entwicklungen der Absatzlogistik sind u. a.:

1. *Lagerlogistik, z. B.:* → unten: 03. ff.
   - *Tendenz zur zentralen Lagerhaltung* (vgl. den Aufbau von Logistikzentren großer Firmen wie z. B. Lidl, Aldi, DHL)
   - *Optimierung der Lagertechnik, z. B.:*
     - Automatisierung, chaotische Lagerhaltung
     - Identifikationssysteme, Lagerbeschilderung
     - Kommissionierungssysteme und -techniken
   - *Make-or-Buy-Überlegungen, z. B.:*
     - Eigenlager/Fremdlager,
     - Eigentransport/Fremdtransport

2. *Optimierung der Auftragsabwicklung* → 5.3.5/03; 5.2.2/29.

3. *Entscheidungen über geeignete Distributionskanäle, z. B.:*
   - direkter/indirekter Absatz
   - Sonderformen (z. B. E-Commerce, FOC–Factory-Outlet-Center)

4. *Optimierung der Absatzwege, z. B.:* → unten: 18. ff.
   - unternehmenseigene Absatzorgane, z. B.:
     Geschäftsleitung, Mitarbeiter der Marketingabteilung, Reisende
   - unternehmensfremde Absatzorgane, z. B.:
     Handelsvertreter, Kommissionäre, Makler

5. *Einsatz der Telekommunikation* beim Transport, z. B.: → 5.1.5; B 5.4
   - Funktelefonsysteme
   - mobile Datenkommunikation (Laptop, ISDN, DSL)
   - satellitengestützte Systeme (z. B. GPS – Global Positioning System)

6. *Optimierung der Tourenplanung, z. B.:* → 5.4
   - Minimierung von: Transportstrecke/-zeit, der variablen Kosten, der Anzahl der Fahrzeuge
   - Einsatz von Softwaresystemen zur Tourenplanung

7. *Tendenzen:*
   - Die Individualisierung der Kundenbedarfe wird mit einer *Anonymisierung der Versorgung* beantwortet, z. B. Kostensenkung durch Zusammenfassung von Transportaufträgen (zeitlich und mengenmäßig)
   - Unterstützung der Güter- und Informationsverteilung durch EDV-Einsatz und Telekommunikation
   - Abkehr vom Bestandsmanagement hin zum Bewegungsmanagement: Neue Informationstechnologien erlauben das frühzeitige Erkennen von Planabweichungen in den Prozessen; Störungen werden nicht mehr durch eine Steuerung der Bestände, sondern durch eine Beschleunigung/Verzögerung der Prozesse korrigiert.

Hinweis: Nachfolgend werden einige ausgewählte Fragestellungen zur Absatzlogistik behandelt:

03. Nach welchen Kriterien können Läger gegliedert bzw. aufgebaut sein?

- *nach Funktionen:*
  - Beschaffungslager   - Fertigungslager
  - Absatzlager

- *nach Lagergütern:*
  - Materiallager   - Erzeugnislager
  - Handelswarenlager   - Werkzeuglager
  - Materialabfalllager   - Büromateriallager

- *nach der Bedeutung:*   - Hauptlager   - Nebenlager

- *nach dem Standort:*   - Innenlager   - Außenlager

- *nach dem Eigentümer:*   - Eigenlager   - Fremdlager
                                                            · Konsignationslager
                                                            · Kommissionslager
                                                            · Lagereien

- *nach der Bauart:*   - offene Bauart   - halboffene Bauart
                                         - geschlossene
                                           Lager (Baulager)

- *nach der Lagertechnik:*   - Flachlager   - Bodenlager
                                         - Stapellager   - Blocklager
                                         - Regallager

- *nach dem Automatisierungsgrad:*   - manuelle Lager - mechanisierte Lager
                                         - automatische
                                           Lager

- *nach dem Grad der Zentralisierung:*   - Zentrallager   - dezentrale Lager

04. Welche wesentlichen Packmittel gibt es?

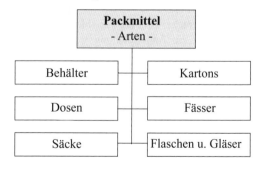

05. Welche Lagermittel werden eingesetzt?

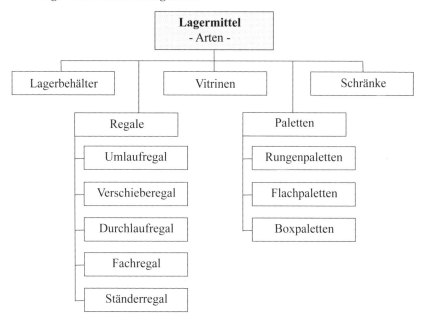

06. Welche Einlagerungssysteme gibt es?

- *Magazinierprinzip:*
  Jedes Material hat seinen festen Lagerplatz.

- *Lokalisierprinzip* (chaotische Lagerung):
  Die Festlegung des Lagerplatzes erfolgt bei jedem Eingang neu.

07. Welche Kommissioniersysteme sind geläufig?

- *Statische Kommissionierung:*
  Mann-zur-Ware

- *Dynamische Kommissionierung:*
  Ware-zum-Mann

08. Was versteht man unter Lagerhaltungskosten?

Die Lagerhaltungskosten sind die Kosten, die durch die Lagerung von Material verursacht werden. Sie beinhalten folgende Einzelkosten:

- Zinskosten
- Lagerraumkosten
- Abschreibungen
- Kosten für Heizung
- Kosten für Wartung
- Kosten für Verderb

- Versicherungskosten
- Mietkosten
- Kosten für Beleuchtung
- Kosten für Instandhaltung
- Kosten für Schwund
- Kosten für Veralterung

09. Welche unterschiedlichen Verkehrsträger gibt es?

- Eisenbahngüterverkehr
- Güterkraftverkehr
- Paketdienste
- Binnenschifffahrt

- Luftfrachtverkehr
- Seeschifffahrt
- Rohrleitungssysteme

10. Welche Leistungsmerkmale sind für die Auswahl von Verkehrsträgern von Bedeutung?

- *Schnelligkeit*:
  tatsächliche Beförderungszeit des Verkehrsmittels

- *Sicherheit*:
  steht im Zusammenhang mit der Transportdauer, den eingesetzten Verkehrsmitteln, den Verkehrswegen und der Umschlagshäufigkeit der Güter

- *Zuverlässigkeit*:
  Pünktlichkeit und Regelmäßigkeit des Verkehrsträgers

- *Frequenz*:
  Planmäßigkeit und Häufigkeit von Verbindungen

- *Netzdichte*:
  Anzahl der Stationen für die Anlieferung und Abholung von Gütern

- *Kapazität*:
  Fassungsvermögen des Verkehrsträgers bezogen auf Gewicht und Volumen der Güter

- *Kosten*:
  Gesamtkosten für den Verlader

11. Welche Merkmale der zu befördernden Güter sind für die Transportwahl von Bedeutung?

- das Gewicht der Güter
- der Wert der Güter
- die Verderblichkeit der Güter
- der Zustand der Güter
- die zu bewältigende Strecke

- der Umfang des Transports
- die Dringlichkeit des Transports
- die Häufigkeit des Transports
- die Empfindlichkeit der Güter

12. Welchen generellen Transportbedarf hat ein Unternehmen?

- *Innerhalb der Materialwirtschaft*:
  - Transport vom Lieferanten
  - Transport beim Wareneingang
  - Transport der Lagerung

- *innerhalb der Produktion*:
  - der innerbetriebliche Transport

- *innerhalb der Absatzwirtschaft*:
  - der Transport zum Lieferanten

13. In welche Verkehrsarten unterteilt sich die Verkehrswirtschaft?

- Personenverkehr
- Nachrichtenverkehr
- Zahlungsverkehr
- Güterverkehr

14. Bei welchen materialwirtschaftlichen Funktionen (= Verrichtungen) entsteht innerbetrieblich ein Transporterfordernis?

Innerbetrieblicher Transport fällt bei folgenden Verrichtungen an:

- der Warenannahme
- der Einlagerung
- der Bereitstellung
- der Umlagerung
- der Kommissionierung
- der Auslagerung u. Beladung der externen Verkehrsträger

15. Welche Transportmittel des innerbetrieblichen Transportes sind zu unterscheiden?

- *Hubwagen*:
  - Handhubwagen
  - Elektrohubwagen
  - Elektrogabelhubwagen
  - Hochhubwagen (bis ca. 3 m)
- *Kisten- und Sackkarre*

- *Stetigförderer/Förderanlagen:*
  - Förderband
  - Rollenförderer
  - Rollenbahn

- *Flurförderfahrzeuge*:
  - Hochregalstapler (ca. 7,5 bis 12 m)
  - Hubstapler
  - Schlepper
  - fahrerlose Kommissioniersysteme

- *Hebezeuge:*
  - Kräne
  - Aufzüge
  - Hebebühnen

16. Was ist die Gefahrgutverordnung Straße (GGVSEB)?

Die Gefahrgutverordnung *Straße, Eisenbahn und Binnenschifffahrt* von 2009, die durch die Verordnung vom 3. August 2010 geändert worden ist, dient der Umsetzung der Richtlinie 2008/68/ EG des Europäischen Parlaments über die *Beförderung gefährlicher Güter im Binnenland.*

Die Verordnung regelt die innerstaatliche und grenzüberschreitende Beförderung einschließlich der Beförderung von und nach Mitgliedstaaten der Europäischen Union (innergemeinschaftliche Beförderung) gefährlicher Güter

- auf der Straße mit Fahrzeugen (Straßenverkehr),
- auf der Schiene mit Eisenbahnen (Eisenbahnverkehr) und
- auf allen schiffbaren Binnengewässern

in Deutschland. Sie regelt nicht die Beförderung gefährlicher Güter mit Seeschiffen auf Seeschifffahrtsstraßen.

Die an der Beförderung gefährlicher Güter Beteiligten haben die nach Art und Ausmaß der vorhersehbaren Gefahren erforderlichen Vorkehrungen zu treffen, um Schadensfälle zu verhindern und bei Eintritt eines Schadens dessen Umfang so gering wie möglich zu halten.

17. Wie müssen Verpackungen zum Transport von Gütern beschaffen sein?

Die Verpackungen müssen generell so hergestellt sein, dass unter normalen Beförderungsbedingungen das Austreten des Inhaltes ausgeschlossen ist. Beim Transport von gefährlichen Gütern müssen sie baumustergeprüft und der Gefahr angemessen sein.

18. Welche Absatzwege sind möglich?

Zwischen Hersteller und Verbraucher können folgende Stufen eingeschaltet sein:

a) Hersteller – Spezialgroßhandel – Sortimentsgroßhandel – Einzelhandel – Verbraucher;

b) Hersteller – Großhandel – Einzelhandel – Verbraucher;

c) Hersteller – Einkaufsgenossenschaft – Einzelhandel – Verbraucher;

d) Hersteller – Einzelhandel – Verbraucher;

e) Hersteller – Verbraucher;

f) im Außenhandel tritt zwischen Hersteller und Groß- bzw. Einzelhändler zusätzlich noch der Importeur bzw. Exporteur.

19. Welche Vertriebsformen werden unterschieden?

Man unterscheidet den *Direktabsatz* und den *indirekten Absatz* – durch *betriebseigene* Verkaufsorgane oder durch *betriebsfremde* Verkaufsorgane.

20. Wann ist der direkte Absatz zweckmäßig?

Der direkte Absatz ist nur dann zu empfehlen, wenn Fertigung und Verbrauch räumlich nicht zu weit entfernt liegen, der Hersteller die Waren bereits in konsumfähiger Größe und Verpackung liefert, die Qualität gleichbleibend ist, Fertigung und Absatz gleichmäßigen Marktschwankungen unterworfen sind oder bei Objekten, die nur auf Bestellung geliefert werden.

21. Wie erfolgt der Vertrieb im Rahmen des direkten Absatzes?

Zum direkten Absatz zählen alle Vertriebsformen, die nicht den Handel einschalten. Der Vertrieb erfolgt

- bei Großprojekten durch die *Geschäftsleitung* selbst;
- durch dezentrale *Verkaufsbüros*, die bestimmte Absatzgebiete betreuen und den Geschäftsverkehr mit den Kunden abwickeln;
- durch *Reisende* oder durch Fabrikfilialen, die sich insbesondere für Massenartikel eignen (z. B. Salamanderschuhe);
- durch *Franchising*;
- über *Sonderformen* (Automaten, Postversand, Messen, Börsen usw.),
- über *Handelsvertreter, Kommissionäre oder Makler.*

22. Welche Formen des indirekten Absatzes werden unterschieden?

Beim indirekten Absatz wird der Handel zwischengeschaltet. Grundsätzlich wird zwischen dem *Großhandel* und dem *Einzelhandel* unterschieden.

23. Wann ist der indirekte Absatz vorherrschend?

Der indirekte Absatz ist notwendig, wenn der Vertrieb nicht von den Herstellern selbst vorgenommen werden soll oder kann. Das trifft in der Regel zu bei Massenprodukten, die in kleinen Mengen verbraucht werden; wie z. B.

- beim so genannten Aufkaufhandel;
- bei einer Weiterverarbeitung durch den Handel;
- bei technisch aufwändiger Lagerhaltung und schwierigem Transport;
- bei der Notwendigkeit besonderer Sachkenntnis von Waren und Marktverhältnissen;
- beim Absatz komplementärer Güter;
- bei großen Qualitätsunterschieden in der Produktion, denen beim Verbraucher ein Bedarf nach gleichwertigen Erzeugnissen gegenübersteht und bei weitgehender Spezialisierung der Produktion, die als Folge des Fehlens eines Vollsortiments die Zwischenschaltung des Handels erfordert.

24. Wann werden zur Intensivierung des Absatzes Handelsvertreter und wann Reisende eingesetzt?

Handelsvertreter sind rechtlich selbstständige Kaufleute und üben ihre Tätigkeit auf eigenes Risiko aus. *Reisende* hingegen sind angestellte Mitarbeiter des Unternehmens.

Es ist daher zu prüfen, ob die Kosten der Reisenden oder die der Handelsvertreter höher sind. Die Handelsvertreter erhalten eine umsatzabhängige Provision, die Reisenden ein umsatzunabhängiges Gehalt und eine umsatzabhängige Prämie.

Jedoch dürfen Kostengesichtspunkte nicht allein ausschlaggebend sein, da die Handelsvertreter in der Regel nur die Erfolg versprechenden Kunden aufsuchen.

Durch Reisende, deren Aufgabe auch eine intensivere Betreuung der Kunden und potenzieller Abnehmer ist, lässt sich der vorhandene Markt für die eigenen Produkte besser erschließen.

25. Welche Vor- und Nachteile des indirekten Absatzes lassen sich nennen?

Indirekter Absatz	
Vorteile	**Nachteile**
• großer Kundenkreis wird erreicht	• Identität kann verloren gehen
• hohe Absatzmengen können realisiert werden	• Störungen/Auflagen in der Zusammenarbeit
• Degression der Vertriebs- und Logistikkosten möglich	• kein direkter Zugang zu Marktinformationen
	• fehlende Beeinflussung der Marketingaktionen
• Sortimentsverbund des Handels wird genutzt	• Umgehung der Preisempfehlungen

26. Was bezweckt das Produkthaftungsgesetz?

Das Produkthaftungsgesetz vom 01. Januar 1990, in der letzten Änderung vom 02.11.2000, ist eine Umsetzung der EG Richtlinie „Angleichung der Rechts- und Verwaltungsvorschriften der Mitgliedstaaten über die Haftung für fehlerhafte Produkte" (Produkthaftungsrichtlinie) in nationales Recht. Somit wurde der Verbraucherschutz EG-weit vereinheitlicht.

27. Was sind die Schwerpunkte des Produkthaftungsgesetzes?

Das Produkthaftungsgesetz ist als verschuldenunabhängige Haftung (*Gefährdungshaftung*) ausgelegt. D. h. Produzenten haften allein aufgrund des Umstandes, dass sie Produkte in den Verkehr bringen und hierdurch Personen- oder Sachschäden hervorgerufen werden.

28. Welches sind die Rechtsgrundlagen der Produkthaftung?

Die Haftung von Herstellern für die Fehlerfreiheit und damit auch für die Sicherheit von Produkten wird durch unterschiedliche Regelungen begründet:

Zum einen können Ansprüche aus speziellen gesetzlichen Sondervorschriften, wie z. B. das *Produkthaftungsgesetz,* abgeleitet werden.

Zum anderen kann die Haftung für ein fehlerhaftes Produkt im *BGB* begründet sein. Hierbei ist noch zwischen Ansprüchen aus den gesetzlichen Gewährleistungsansprüchen und Ansprüchen aus dem vertragsunabhängigem BGB-Deliktrecht § 823 zu unterscheiden.

29. Was folgt aus der Generalklausel der deliktischen Haftung nach BGB für die Produkthaftung?

§ 823 Abs. 1 BGB legt fest:

> *Wer vorsätzlich oder fahrlässig das Leben, den Körper die Gesundheit, die Freiheit, das Eigentum oder ein sonstiges Recht eines anderen widerrechtlich verletzt, ist dem anderen zum Ersatz des daraus entstehenden Schadens verpflichtet.*

Daraus kann für die Hersteller von Produkten folgendes abgeleitet werden:

Er muss sich so verhalten und dafür Sorge tragen, dass nicht innerhalb seines Einflussbereiches widerrechtlich Ursachen für Personen- und Sachschäden gesetzt werden.

5.5.5 Entsorgungslogistik

01. Welche Aufgabe hat die Entsorgungslogistik?

Die Entsorgungslogistik (auch: Retrologistik) befasst sich mit der Planung, Steuerung und Kontrolle der Reststoffströme sowie der Retouren einschließlich der dazugehörigen Informationsflüsse.

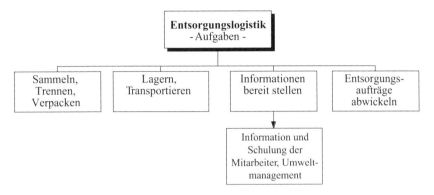

02. Mit welchen Objekten befasst sich die Entsorgungslogistik?

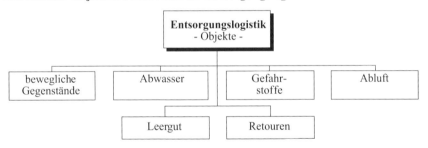

03. Warum hat die Entsorgungslogistik an Bedeutung zugenommen?

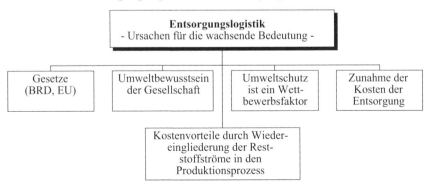

04. Welche Formen der Entsorgung von Reststoffen werden unterschieden?

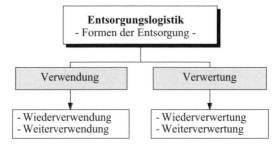

05. Welche Prinzipien gelten in der Umweltpolitik?

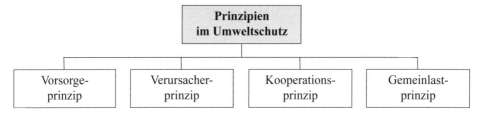

- *Vorsorgeprinzip*
  = vorbeugende Maßnahmen, damit Umweltschäden erst gar nicht entstehen.

- *Verursacherprinzip*
  = der Verursacher hat für die Beseitigung der von ihm verursachten Umweltschäden zu sorgen
  und die dafür anfallenden Kosten zu tragen.

- *Kooperationsprinzip*
  = Zusammenarbeit; z. B. zwischen den Betreibern umweltgefährdender Anlagen und den zuständigen Behörden sowie zwischen Nachbarländern bei grenzüberschreitenden Problemen.

- *Gemeinlastprinzip*
  = die Kosten der Beseitigung von Umweltschädigungen werden von der Allgemeinheit (Bund,
  Länder, Gemeinden) getragen; dies gilt:
  - bei Altlasten,
  - wenn der Verursacher nicht zu ermitteln ist oder
  - wenn die Kosten dem Betreiber/Verursacher wirtschaftlich nicht zugemutet werden können.

06. Welchen Inhalt hat das Umweltstrafrecht?

Das Umweltstrafrecht wurde 1980 in das Strafgesetzbuch eingearbeitet. Bestraft werden können nur natürliche Personen. Straftatbestand kann ein bestimmtes Handeln, aber auch ein bestimmtes Unterlassen sein. Die Geschäftsleitung haftet stets in umfassender Gesamtverantwortung.

Bestraft werden z. B. folgende Tatbestände:

- Verunreinigung von Gewässern,
- Boden- und Luftverunreinigung,
- unerlaubtes Betreiben von Anlagen,
- umweltgefährdende Beseitigung von Abfällen.

07. Welchen Inhalt hat das Umwelthaftungsrecht?

Es regelt die *zivilrechtliche Haftung bei Umweltschädigungen*. Hier können auch juristische Personen verklagt und in Anspruch genommen werden.

Die Ansprüche gliedern sich in drei Bereiche:

- Gefährdungshaftung,
- Verschuldenshaftung,
- nachbarrechtliche Ansprüche.

08. Welche Bedeutung hat das europäische Umweltrecht?

Die Umweltpolitik hat innerhalb der EU an Bedeutung gewonnen. Mit dem Vertrag von Maastricht wurden der EU umfangreichere Regelungskompetenzen übertragen. Zurzeit existieren etwa 200 europäische Rechtsakte mit umweltpolitischem Bezug. Diese Rechtsakte regeln nicht nur das Verhältnis zwischen den Staaten, sondern sie sind auch verbindlich für den einzelnen Bürger und die Unternehmen. Die europäischen Rechtsakte haben unterschiedlichen Verbindlichkeitscharakter.

09. Warum muss bei der Betrachtung der Kosten des Umweltschutzes zwischen betriebswirtschaftlicher und volkswirtschaftlicher sowie kurz- und langfristiger Sichtweise differenziert werden?

Dazu einige Thesen: Maßnahmen des Umweltschutzes

- sind *betriebswirtschaftlich* zunächst Kosten bzw. führen zu einem Kostenanstieg; dies kann kurzfristig zu einer Wettbewerbsverzerrung führen;

- können *langfristig* vom Betrieb als Wettbewerbsvorteil genutzt werden – bei verändertem Verhalten der Endverbraucher (z. B. Gütesiegel, Blauer Engel, chlorarm, ohne Treibgas, biologisch abbaubar);

• *werden z. T. nicht verursachergerecht umgelegt* – je nach den politischen Rahmenbedingungen; z. B.:
- die Nichtbesteuerung von Flugbenzin wird beklagt,
- es wird argumentiert, dass die durch Lkw verursachten Straßenschäden nicht verursachergerecht belastet werden und es deshalb zu einer Wettbewerbsverzerrung zwischen „Straße und Schiene" kommt;

• *werden nicht in erforderlichem Umfang durchgeführt*; das führt kurzfristig zu einzelwirtschaftlichen Gewinnen und langfristig zu volkswirtschaftlichen Kosten (z. B.: Atomenergie und die bis heute ungeklärten Kosten der Entsorgung von Brennstäben; Altlastensanierung der industriellen Produktion in den Gebieten der ehemaligen DDR).

10. Warum ist ein betriebliches Umweltmanagement erforderlich und was versteht man darunter?

Im Laufe der Jahre hat sich gezeigt, dass das Vorhandensein gesetzlicher Bestimmungen zum Umweltschutz allein nicht ausreichend ist. Umweltschutz muss in das Managementsystem integriert werden. Als Vorbild können hier z. B. Managementsysteme der Qualitätssicherung genommen werden.

11. Welche wesentlichen Bestimmungen enthält das Kreislaufwirtschaftsgesetz und wie ist der Begriff „Abfall" definiert?

Mit dem neuen Kreislaufwirtschaftsgesetz (KrWG) von 2012 wird das bestehende deutsche Abfallrecht umfassend modernisiert. Ziel des neuen Gesetzes ist eine nachhaltige Verbesserung des Umwelt- und Klimaschutzes sowie der Ressourceneffizienz in der Abfallwirtschaft durch Stärkung der Abfallvermeidung und des Recyclings von Abfällen.

Kern des KrWG ist die fünfstufige Abfallhierarchie (§ 6 KrWG):

• Abfallvermeidung
• Wiederverwendung
• Recycling
• sonstige Verwertung von Abfällen
• Abfallbeseitigung.

Vorrang hat die jeweils beste Option aus Sicht des Umweltschutzes. Die Kreislaufwirtschaft wird somit konsequent auf die Abfallvermeidung und das Recycling ausgerichtet, ohne etablierte ökologisch hochwertige Entsorgungsverfahren zu gefährden.

Der Abfallbegriff ist in § 3 KrwG definiert: Danach sind unter Abfall „alle beweglichen Sachen, deren sich der Besitzer entledigen will oder deren geordnete Entsorgung zur Wahrung des Wohls der Allgemeinheit, insbesondere des Schutzes der Umwelt, geboten ist" zu verstehen.

Beim Recycling unterscheidet man im Einzelnen:

Recycling • Formen	
Wieder-verwendung	Die gebrauchten Materialien werden in derselben Art und Weise mehrfach wiederverwendet, z. B. Paletten, Fässer, Behälter, Flaschen und andere Verpackungsmaterialien. Die Wiederverwendung ist innerbetrieblich relativ problemlos zu organisieren. Auch im Warenverkehr zwischen Unternehmen können wiederverwendbare Materialien eingesetzt werden. Das Rückholsystem oder Sammelsystem kann ggf. mit Kosten verbunden sein, die höher sind als der Einsatz von Einwegmaterialien. Aus ökologischer Sicht ist die Wiederverwendung allen anderen Formen der Abfallentsorgung vorzuziehen.
Weiter-verwendung	Die gebrauchten Materialien bzw. Abfälle werden für einen anderen Zweck (Beispiele: Abgase zur Energiegewinnung, Abwärme zum Heizen, Schlacken im Bauwesen) eingesetzt. Der Weiterverwendung sind Grenzen gesetzt: Materialien und Abfälle, die mit Umweltschadstoffen belastet sind, können meist nicht weiterverwendet werden.
Wieder-verwertung	Gebrauchte Materialien und Abfälle werden aufgearbeitet, sodass sie im Produktionsprozess erneut entsprechend ihrem ursprünglichen Zweck eingesetzt werden können; Beispiele: Gebrauchte Reifen werden zerkleinert und wieder als Rohstoff eingesetzt; analog: Kunststofffolien, Altöl, Glas, Papier. Die Regenerierung hat Grenzen: Mit jeder Aufbereitung verschlechtert sich in der Regel die Qualität der Ausgangsmaterialien.
Weiter-verwertung	Die gebrauchten Materialien/Abfälle werden aufgearbeitet und einem anderen als dem ursprünglichen Verwendungszweck zugeführt. Es handelt sich dabei meist um Materialien, deren Qualität bei der Aufarbeitung stark abnimmt, sodass die wiedergewonnenen Rohstoffe nicht mehr für den ursprünglichen Zweck verwendet werden können. Aus Regenerat von Kunststoffgemischen oder verunreinigten Kunststoffen werden z. B. Tische und Bänke oder Schallschutzwände produziert.

Grundsätze des KrwG, § 4:

(1) Abfälle sind
 	
1. in erster Linie zu vermeiden, insbesondere durch die Verminderung ihrer Menge und Schädlichkeit,
2. in zweiter Linie
    a) stofflich zu verwerten oder
    b) zur Gewinnung von Energie zu nutzen (energetische Verwertung).

(2) Maßnahmen zur Vermeidung von Abfällen sind insbesondere die anlageninterne Kreislaufführung von Stoffen, die abfallarme Produktgestaltung sowie ein auf den Erwerb abfall- und schadstoffarmer Produkte gerichtetes Konsumverhalten.
(3) Die stoffliche Verwertung beinhaltet die Substitution von Rohstoffen durch das Gewinnen von Stoffen aus Abfällen (sekundäre Rohstoffe) oder die Nutzung der stofflichen Eigenschaften der Abfälle für den ursprünglichen Zweck oder für andere Zwecke mit Ausnahme der unmittelbaren Energierückgewinnung. Eine stoffliche Verwertung liegt vor, wenn nach einer wirtschaftlichen Betrachtungsweise, unter Berücksichtigung der im einzelnen Abfall bestehenden Verunreinigungen, der Hauptzweck der Maßnahme in der Nutzung des Abfalls und nicht in der Beseitigung des Schadstoffpotentials liegt.
(4) Die energetische Verwertung beinhaltet den Einsatz von Abfällen als Ersatzbrennstoff; vom Vorrang der energetischen Verwertung unberührt bleibt die thermische Behandlung von Abfällen zur Beseitigung, insbesondere von Hausmüll. Für die Abgrenzung ist auf den Hauptzweck der Maßnahme abzustellen. Ausgehend vom einzelnen Abfall, ohne Vermischung mit anderen Stoffen, bestimmen Art und Ausmaß seiner Verunreinigungen sowie die durch seine Behandlung anfallenden weiteren Abfälle und entstehenden Emissionen, ob der Hauptzweck auf die Verwertung oder die Behandlung gerichtet ist.
(5) Die Kreislaufwirtschaft umfasst auch das Bereitstellen, Überlassen, Sammeln, Einsammeln durch Hol- und Bringsysteme, Befördern, Lagern und Behandeln von Abfällen zur Verwertung.

12. Welche Maßnahmen sind geeignet, um das umweltbewusste Handeln der Mitarbeiter zu fördern?

Beispiele:

* Der Vorgesetzte muss eine Vorbildfunktion ausüben.
* Sein Handeln und Denken muss überzeugend und schlüssig sein.
* Die Unterweisungen in Sachen „Umweltschutz" müssen motivierend sein. Dabei sollte er über die aktuelle Lage der Gesetze, Verordnungen und Vorschriften informieren.
* Der Vorgesetzte sollte unternehmerisches Handeln anregen.

6. Arbeits-, Umwelt- und Gesundheitsschutz

Prüfungsanforderungen:

Im Qualifikationsschwerpunkt Arbeits-, Umwelt- und Gesundheitsschutz soll der Prüfungsteilnehmer nachweisen, dass er in der Lage ist,

- einschlägige Gesetze, Vorschriften und Bestimmungen in ihrer Bedeutung zu erkennen und ihre Einhaltung sicherzustellen,

- Gefahren vorzubeugen, Störungen zu erkennen und zu analysieren sowie Maßnahmen zu ihrer Vermeidung oder Beseitigung einzuleiten,

- sicherzustellen, dass sich die Mitarbeiter arbeits-, umwelt- und gesundheitsschutzbewusst verhalten und entsprechend handeln.

**Qualifikationsschwerpunkt Arbeits-, Umwelt- und Gesundheitsschutz
(Überblick)**

6.1   Überprüfen und Gewährleisten der Arbeitssicherheit sowie des Arbeits-, Umwelt- und Gesundheitsschutzes

6.2   Fördern des Mitarbeiterbewusstseins

6.3   Planen und Durchführen von Unterweisungen

6.4   Lagerung und Umgang von/mit umweltbelastenden/gesundheitsgefährdenden Betriebsmitteln, Einrichtungen, Werk-/Hilfsstoffen

6.5   Planen, Vorschlagen, Einleiten und Überprüfen von Maßnahmen zur Verbesserung des Arbeitsschutzes

6.1. Überprüfen und Gewährleisten der Arbeitssicherheit sowie des Arbeits-, Umwelt- und Gesundheitsschutzes im Betrieb

6.1.1 Arbeitssicherheit und Arbeitsschutz   → A 1.3.4

01. Welche Bedeutung hat der Arbeitsschutz in Deutschland?

Das *Grundgesetz* der Bundesrepublik Deutschland sieht das Recht der Bürger auf *Schutz der Gesundheit und körperliche Unversehrtheit* als ein *wesentliches Grundrecht* an. Die Bedeutung dieses Grundrechtes kommt auch dadurch zum Ausdruck, dass es in der Abfolge der Artikel des Grundgesetzes schon an die zweite Stelle gesetzt wurde.

> *„Jeder hat das Recht auf Leben und körperliche Unversehrtheit.“*
> Art. 2 Abs. 2 GG

02. Warum ist der Arbeitgeber der Hauptgarant für die Arbeitssicherheit und den Arbeitsschutz der Mitarbeiter?

Alle wesentlichen Normen des Arbeitsschutzrechtes wenden sich an den *Arbeitgeber* als Adressaten. Dies ist die logische Folge dessen, dass das Rechtssystem der Bundesrepublik Deutschland streng dem sog. *„Verursacherprinzip“* folgt.

Im Arbeitsschutzrecht bedeutet dies konkret, dass *dem Arbeitgeber* vom Gesetzgeber *öffentlich-rechtliche Pflichten* zum Schutz der Arbeitnehmer *auferlegt werden*, weil er

* mit dem Geschäft, das auf seine Rechnung läuft, die Ursachen für die Gefährdungen setzt und
* seiner Stellung gemäß das Direktionsrecht ausübt.

Dem Arbeitgeber/Unternehmer wird damit vom Gesetz her eine sogenannte *„Garantenstellung“ gegenüber* seinen Mitarbeitern zugewiesen. Insofern kann man das *„Arbeitsschutzrecht“* auch als *„Arbeitnehmerschutzrecht“* bezeichnen. Die Schutzrechte für die Arbeitnehmer gelten als Bestandteile der Arbeitsverhältnisse und sind somit arbeitsrechtlich verpflichtend.

03. Wie ist das deutsche Arbeitsschutzrecht gegliedert?

Es gibt kein einheitliches, in sich geschlossenes Arbeitsschutzrecht in Deutschland. Es umfasst eine Vielzahl von Vorschriften. Grob unterteilen lassen sich die Arbeitsschutzvorschriften in:

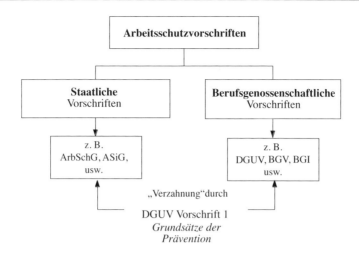

• *Staatliche Vorschriften*, z. B.:

- Arbeitsschutzgesetz   ArbSchG
- Arbeitssicherheitsgesetz   ASiG
  (Gesetz über Betriebsärzte, Sicherheitsingenieure
  und andere Fachkräfte für Arbeitssicherheit)
- Betriebssicherheitsverordnung   BetrSichV
- Verordnung zur Arbeitsmedizinischen Vorsorge   ArbMedV
- Arbeitsstättenverordnung   ArbStättV
- Gefahrstoffverordnung   GefStoffV
- Produktsicherheitsgesetz   ProdSG
- Chemikaliengesetz   ChemG
- Bildschirmarbeitsverordnung   BildscharbV
- Bundesimmissionsschutzgesetz   BImSchG
- Jugendarbeitsschutzgesetz   JArbSchG
- Mutterschutzgesetz   MuSchG
- Betriebsverfassungsgesetz   BetrVG
- Sozialgesetzbuch Siebtes Buch   SGB VII
  (Gesetzliche Unfallversicherung)
- Sozialgesetzbuch Neuntes Buch   SGB IX
  (Rehabilitation und Teilhabe behinderter Menschen)
- EU-Richtlinien

• *Berufsgenossenschaftliche Vorschriften*, z. B.:

- Berufsgenossenschaftliche Vorschriften   DGUV-Vorschriften
  (früher: Unfallverhütungsvorschriften)   (Deutsche Gesetzliche
    Unfallversicherung)
- Berufsgenossenschaftliche Regeln   BGR
- Berufsgenossenschaftliche Informationen   BGI
- Berufsgenossenschaftliche Grundsätze   BGG

> Die *DGUV-Vorschrift 1* ist somit die wichtigste und grundlegende Vorschrift der Berufsgenossenschaften und kann daher als *„ Grundgesetz der Prävention "* bezeichnet werden.

04. Nach welchem Prinzip ist das Arbeitsschutzrecht in Deutschland aufgebaut?

Der Aufbau des Arbeitsschutzrechtes in Deutschland folgt streng dem *„Prinzip vom Allgemeinen zum Speziellen".* Diese Rangfolge ist ein wesentlicher Grundgedanke in der deutschen Rechtssystematik und wird vom Gesetzgeber deswegen durchgängig verwendet:

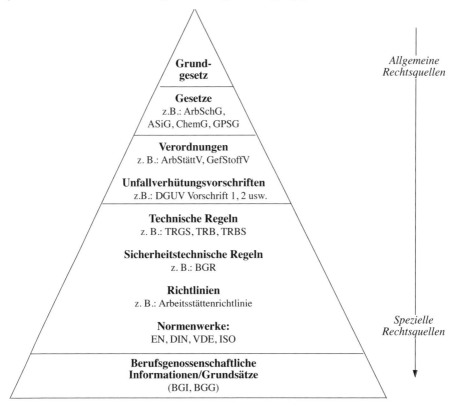

Den allgemeinen Rechtsrahmen stellt das Grundgesetz dar. Alle gesetzgeberischen Akte, auch die gesetzlichen Regelungen für den Arbeitsschutz, müssen sich am Grundgesetz messen lassen. Ebenso muss jede nachfolgende Rechtsquelle mit der übergeordneten vereinbar sein (*Rangprinzip*). Die Gesetze und Vorschriften unterteilen sich in Regeln des *öffentlichen Rechts* (regelt die Beziehungen des Einzelnen zum Staat) und allgemein anerkannte Regeln des *Privatrechts* (Rechtsbeziehungen der Bürger untereinander). Der Arbeitnehmerschutz und die Arbeitssicherheit gehören zum öffentlichen Recht.

05. Welche Schwerpunkte hat der Arbeitsschutz?

Die Schwerpunkte des Arbeitsschutzes sind:

- *Unfallverhütung* (klassischer Schutz vor Verletzungen)
- Schutz vor *Berufskrankheiten*
- Verhütung von *arbeitsbedingten Gesundheitsgefahren*
- Organisation der *Ersten Hilfe.*

06. Wie lässt sich der Arbeitsschutz in Deutschland unterteilen?

07. Wer überwacht die Einhaltung der Vorschriften und Regeln des Arbeitsschutzes?

Das Arbeitsschutzsystem in Deutschland ist dual aufgebaut. Man spricht vom *„Dualismus des deutschen Arbeitsschutzsystems".* Diese Struktur ist in Europa einmalig:

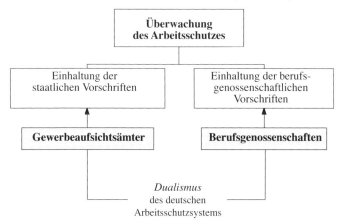

- Dem dualen Aufbau folgend wird die *Einhaltung der staatlichen Vorschriften von den staatlichen Gewerbeaufsichtsämtern* überwacht. Die Gewerbeaufsicht unterliegt der Hoheit der Länder.

- *Die Einhaltung der berufsgenossenschaftlichen Vorschriften wird von den Berufsgenossenschaften* überwacht. Die Berufsgenossenschaften sind Körperschaften des öffentlichen Rechts und agieren hoheitlich wie staatlich beauftragte Stellen.

Die Berufsgenossenschaften sind nach Branchen gegliedert. Sie liefern Prävention und Entschädigungsleistungen aus „einer Hand". Sie arbeiten als bundesunmittelbare Verwaltungen, d. h. sie sind entweder bundesweit oder aber zumindest in mehreren Bundesländern tätig.

08. Welche Zielsetzung hat das Arbeitsschutzgesetz?

Die Zielsetzung des Arbeitsschutzgesetzes (ArbSchG) kommt bereits in der „Langfassung" des Namens deutlich zum Ausdruck: Es ist das Gesetz über die Durchführung von Maßnahmen des Arbeitsschutzes zur Verbesserung der Sicherheit und des Gesundheitsschutzes der Beschäftigten bei der Arbeit.

09. Welchen Inhalt hat das Arbeitsschutzgesetz?

Das Gesetz ist in fünf Abschnitte gegliedert:

Erster Abschnitt **Allgemeine Vorschriften**	§ 1	Zielsetzung und Anwendungsbereich
	§ 2	Begriffsbestimmungen
Zweiter Abschnitt **Pflichten des Arbeitgebers**	§ 3	Grundpflichten des Arbeitgebers
	§ 4	Allgemeine Grundsätze
	§ 5	Beurteilung der Arbeitsbedingungen
	§ 6	Dokumentation
	§ 7	Übertragung von Aufgaben
	§ 8	Zusammenarbeit mehrerer Arbeitgeber
	§ 9	Besondere Gefahren
	§ 10	Erste Hilfe und sonstige Notfallmaßnahmen
	§ 11	Arbeitsmedizinische Vorsorge
	§ 12	Unterweisung
	§ 13	Verantwortliche Personen
	§ 14	Unterrichtung und Anhörung der Beschäftigten des öffentlichen Dienstes
Dritter Abschnitt **Pflichten und Rechte der Beschäftigten** v	§ 15	Pflichten der Beschäftigten
	§ 16	Besondere Unterstützungspflichten
	§ 17	Rechte der Beschäftigten
Vierter Abschnitt **Verordnungsermächtigungen**	§ 18	Verordnungsermächtigungen
	§ 19	Rechtsakte der Europäischen Gemeinschaften und zwischenstaatliche Vereinbarungen
	§ 20	Regelungen für den öffentlichen Dienst
Fünfter Abschnitt **Schlussvorschriften**	§ 21	Zuständige Behörden; Zusammenwirken mit den Trägern der gesetzlichen Unfallversicherung
	§ 22	Befugnisse der zuständigen Behörden
	§ 23	Betriebliche Daten; Zusammenarbeit mit anderen Behörden; Jahresbericht
	§ 24	Ermächtigung zum Erlass von allgemeinen Verwaltungsvorschriften
	§ 25	Bußgeldvorschriften
	§ 26	Strafvorschriften

10. Welcher Unterschied besteht zwischen Rechtsvorschriften und Regelwerken im Arbeitsschutz?

- *Rechtsvorschriften* (Gesetze, Verordnungen) schreiben allgemeine *Schutzziele* vor.

  - Dabei sind Gesetze ihrer Natur gemäß mit einem weitaus höheren Allgemeinheitsgrad versehen als Verordnungen.

  - Verordnungen sind vom Gesetzgeber schon etwas spezieller formuliert. Aus Anwendersicht sind sie jedoch immer noch sehr allgemein gehalten und eng am Schutzziel orientiert.

  - Die DGUV-Vorschriften der Berufsgenossenschaften sind lediglich eine besondere Form von Rechtsvorschriften und im Range von Verordnungen zu sehen.

  Die *Befolgung der Forderungen* von Gesetzen und Verordnungen ist *zwingend*.

- *Regelwerke:*
  Um dem Anwender Hilfestellung zu geben auf welche Weise er die Vorschriften einhalten kann, werden von staatlich oder berufsgenossenschaftlich autorisierten Ausschüssen *Regelwerke* erarbeitet. Sie geben dem Unternehmer *Orientierungshilfen*, die ihm die *Erfüllung* seiner Pflichten im Arbeitsschutz *erleichtern*.

  Beachtet der Unternehmer die im Regelwerk angebotenen Lösungen, löst dies die sog. *Vermutungswirkung aus. Es wird in diesem Fall vermutet*, dass er die ihm obliegenden *Pflichten* im Arbeitsschutz *erfüllt* hat, weil er die Regel befolgt hat.

  Anders als es die Gesetzesvorschrift oder die Verordnung notwendig macht, muss der Unternehmer dem Regelwerk jedoch *nicht zwingend* folgen. Er kann *in eigener Verantwortung* genau die *Maßnahmen auswählen*, die er in seinem Betrieb für geeignet erachtet. Dass der Unternehmer von der Regel abweichen kann, ist vom Gesetzgeber gewollt, weil dazu die Notwendigkeit besteht. Diese Möglichkeit, *von der Regel abweichen* zu können, ist sehr wichtig, um den *wissenschaftlichen und technischen Fortschritt nicht* zu *behindern*.

- *Normenwerke:*
  Die Aussagen über die Regelwerke gelten gleichermaßen für die in den bekannten Normenwerken festgehaltenen technischen und sicherheitstechnischen Regeln.

  Die Fachausschüsse für Prävention der *Berufsgenossenschaften* haben eine Fülle von *Regeln für Sicherheit und Gesundheit* bei der Arbeit erarbeitet, die den Unternehmern im konkreten Fall Orientierungshilfen bei der Erfüllung der Unfallverhütungsvorschriften geben können.

  - TRBS:
    Die vom Bund autorisierten *Ausschüsse für Betriebssicherheit* ermitteln regelmäßig *Technische Regeln für Betriebssicherheit* (TRBS), um Orientierungshilfen zur Erfüllung der *Betriebssicherheitsverordnung* zu geben.

  - TRGS:
    Die Ausschüsse für Gefahrstoffe ermitteln regelmäßig *Technische Regeln* für den sicheren *Umgang mit Gefahrstoffen* (TRGS), die dem Unternehmer helfen, die *Gefahrstoffverordnung* richtig anzuwenden.

  - BGR:
    Die berufsgenossenschaftlichen Ausschüsse für Prävention bereiten die Rechtsetzung der Unfallverhütungsvorschriften vor und ermitteln berufsgenossenschaftliche Regeln (BGR).

Sowohl in den berufsgenossenschaftlichen als auch in den staatlich autorisierten Ausschüssen ist dafür gesorgt, dass alle relevanten gesellschaftlichen Gruppen an der Regelfindung beteiligt sind. So sind in den Gremien Arbeitgeber, Gewerkschaften, die Wissenschaft und die Behörden angemessen vertreten.

11. Welche Berufsgenossenschaft ist für die Metallindustrie tätig?

Die Berufsgenossenschaft Holz und Metall ist der Unfallversicherer der Metall- und Holzindustrie sowie und des Holzhandwerks. Sie erledigt als moderner Dienstleister nicht nur die *Unfallversicherung*, sondern arbeitet, wie der Gesetzgeber es vorschreibt, mit allen geeigneten Mitteln an der *Prävention* von *Arbeitsunfällen*, *Berufskrankheiten* und *arbeitsbedingten Gesundheitsgefahren*.

12. In welchem Verhältnis stehen die Regelungen der deutschen Arbeitsschutzgesetzgebung zum Gemeinschaftsrecht der Europäischen Union?

Die nationalen gesetzlichen Regelungen der Mitgliedstaaten setzen im Arbeitsschutz das gültige Gemeinschaftsrecht der Europäischen Union um. Das Gemeinschaftsrecht für den Arbeitsschutz wird in der Hauptsache durch *EG-Richtlinien* bestimmt.

- *Technischer Arbeitsschutz* nach Artikel 95 EG-Vertrag:
  Die wesentlichsten Regeln, die die Sicherheit von Maschinen und Anlagen betreffen, wie z. B. die EG-Maschinenrichtlinie, sind Regeln nach Artikel 95 EG-Vertrag und ihrem Charakter nach sog. *„Binnenmarktrichtlinien"*. Sie haben ihren gesetzgeberischen Ursprung in der *Generaldirektion III* (GD III). Diese hat die Aufgabe, den freien Warenverkehr in den Mitgliedsländern sicherzustellen.

Beispielsweise wurde durch die EG-Maschinenrichtlinie dafür gesorgt, dass nur *„sichere Maschinen und Anlagen"* frei verkehren dürfen. *Details* sind der *Normung* vorbehalten. So wird das *technische Arbeitsschutzrecht* ganz wesentlich von *Binnenmarktregeln* bestimmt.

Die nachfolgende Abbildung zeigt die Umsetzung des europäischen Rechts in nationales Recht – dargestellt am Beispiel des technischen Arbeitsschutzes:

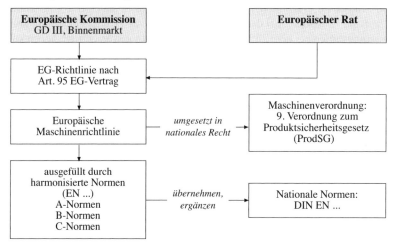

- *Sozialer Arbeitsschutz* nach Artikel 137 EG-Vertrag:
Nationale *Arbeitsschutzvorschriften*, die das *soziale Arbeitsschutzrecht* betreffen, setzen das soziale Gemeinschaftsrecht nach Artikel 137 EG-Vertrag um. Die Richtlinien, die den sozialen Arbeitsschutz im weiteren Sinne betreffen, stammen aus der *Generaldirektion V* (GD V) der Europäischen Kommission. Sie sollen helfen, die *sozialen Standards* der Union zu *vereinheitlichen*.

Die nachfolgende Abbildung zeigt die Umsetzung des europäischen Rechts in nationales Recht – dargestellt am Beispiel des sozialen Arbeitsschutzes:

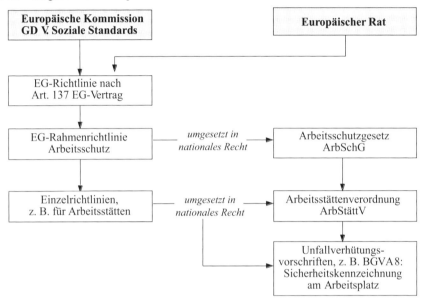

13. Was ist ein Arbeitsunfall?

Ein *Arbeitsunfall* liegt vor, wenn

- eine *versicherte Person*   bei einer

- *versicherten Tätigkeit*   durch ein

- *zeitlich begrenztes, von außen* her einwirkendes Ereignis

- einen *Körperschaden* erleidet.

Beispiel:

- Ein Schlosser arbeitet   →   *versicherte Person (Schlosser)*
  in einer Metallwarenfabrik.   *versicherte Tätigkeit*
                                              +
- Er klemmt sich an einer Maschine die Hand. → *Unfallereignis*
                                              +
- Die Hand wird leicht gequetscht und blutet. → *Körperschaden*

→ *Der Unfall des Schlossers war ein Arbeitsunfall.*

14. Was ist ein Wegeunfall?

Unfälle auf dem Weg zur Arbeitsstelle und auf dem Weg zurück zur Wohnung sind dem Arbeits-unfall gleichgestellt. Sie werden von den Berufsgenossenschaften *wie Arbeitsunfälle* entschädigt und tragen die Bezeichnung *Wegeunfälle*.

15. Wann liegt eine Berufskrankheit vor?

Eine *Berufskrankheit* liegt vor, wenn

* eine *versicherte Person* durch ihre *berufliche Tätigkeit*

* *gesundheitlich geschädigt* wird und

* die *Erkrankung in der Berufskrankheiten-Verordnung* (BeKV) der Bundesregierung ausdrück-lich als Berufskrankheit bezeichnet ist.

Beispiel:

• Ein Schlosser arbeitet viele Jahre in einem Stahlwerk und führt Reparaturarbeiten an Elektrolichtbogenöfen aus, die extreme Lärmpegel von bis zu 120 dB(A) erzeugen.	→ *versicherte Person* (Schlosser) + *langjährige Lärmeinwirkung am Arbeitsplatz* + *versicherte Tätigkeit*
• Lärm gilt ab einem Pegel von 80 dB(A) als gesundheitsschädigend. Der Schlosser wird infolge des gesundheitsschädigenden Lärms an seinem Arbeitsplatz schwerhörig.	→ *Körperschaden*
• Die *Lärmschwerhörigkeit* ist eine der wichtigsten und *häufigsten Berufskrankheiten* in der *Metall-industrie* und im Metallhandwerk. Sie gilt schon sehr lange als Berufskrankheit und ist in der BeKV ausdrücklich verzeichnet.	→ *in der BeKV erfasst*

→ *Bei dem Schlosser liegt eine Berufskrankheit vor.*

Der wesentliche *Unterschied* zwischen Arbeitsunfällen und Berufskrankheiten ist im *Zeitfaktor* zu sehen. Während der *Körperschaden* beim Arbeitsunfall *plötzlich* verursacht wird, geschieht dies bei der *Berufskrankheit* über *längere Zeiträume* hinweg.

16. Welche Pflichten hat der Arbeitgeber im Rahmen des Arbeits- und Gesundheitsschut-zes?
                                                                              → **ArbSchG**

Der Arbeitgeber trägt – vereinfacht formuliert – die Verantwortung dafür, dass „seine Mitarbeiter am Ende des Arbeitstages möglichst genauso gesund sind, wie zu dessen Beginn". Er hat dazu alle erforderlichen Maßnahmen zur Verhütung von

* Arbeitsunfällen,
* Berufskrankheiten und

- arbeitsbedingten Gesundheitsgefahren sowie für
- wirksame Erste Hilfe

zu ergreifen.

Das *Arbeitsschutzgesetz* (ArbSchG) legt die *Pflichten des Arbeitgebers im Arbeits- und Gesundheitsschutz* als Umsetzung der Europäischen Arbeitsschutz-Rahmenrichtlinie fest. *Die Grundpflichten des Unternehmers sind also Europa weit harmonisiert.* Nach dem Arbeitsschutzgesetz kann man die Verantwortung des Arbeitgebers für den Arbeitsschutz in Grundpflichten, besondere Pflichten und allgemeine Grundsätze gliedern:

- *Grundpflichten des Arbeitgebers* nach § 3 ArbSchG:
  Die Grundpflichten des Unternehmers sind im § 3 des Arbeitsschutzgesetzes genau beschrieben. Danach muss der Unternehmer

  - alle notwendigen Maßnahmen des Arbeitsschutzes treffen,
  - diese Maßnahmen auf ihre Wirksamkeit überprüfen und ggf. anpassen,
  - dafür sorgen, dass die Maßnahmen den Mitarbeitern bekannt sind und beachtet werden,
  - für eine geeignete Organisation im Betrieb sorgen und
  - die Kosten für den Arbeitsschutz tragen.

- *Besondere Pflichten des Arbeitgebers* nach §§ 4 - 14 ArbSchG, z. B.:
  Um sicherzustellen, dass wirklich geeignete und auf die Arbeitsplatzsituation genau zugeschnittene wirksame Maßnahmen ergriffen werden, schreibt § 5 des Arbeitsschutzgesetzes vor, dass der Arbeitgeber

  - die Gefährdungen im Betrieb ermittelt und
  - die Gefährdungen beurteilen muss.

  Der Arbeitgeber ist verpflichtet, *Unfälle* zu *erfassen*. Dies betrifft insbesondere *tödliche Arbeitsunfälle*, Unfälle mit *schweren Körperschäden* und Unfälle, die dazu geführt haben, dass der Unfallverletzte *mehr als drei Tage arbeitsunfähig* war. Für Unfälle, die diese Bedingungen erfüllen, besteht gegenüber der Berufsgenossenschaft eine *Anzeigepflicht*. Der Arbeitgeber muss für eine *funktionierende Erste Hilfe* und die erforderlichen *Notfallmaßnahmen* in seinem Betrieb sorgen (§ 10 ArbSchG).

- *Allgemeine Grundsätze* nach § 4 ArbSchG:
  Der Arbeitgeber hat bei der Gestaltung von Maßnahmen des Arbeitsschutzes folgende allgemeine Grundsätze zu beachten:

  1. Eine Gefährdung ist möglichst zu vermeiden; eine verbleibende Gefährdung ist möglichst gering zu halten.

  2. Gefahren sind an ihrer Quelle zu bekämpfen.

  3. Zu berücksichtigen sind: Stand der Technik, Arbeitsmedizin, Hygiene sowie gesicherte arbeitswissenschaftliche Erkenntnisse.

  4. Technik, Arbeitsorganisation, Arbeits- und Umweltbedingungen sowie soziale Beziehungen sind sachgerecht zu verknüpfen.

  5. Individuelle Schutzmaßnahmen sind nachrangig.

6. Spezielle Gefahren sind zu berücksichtigen.

7. Den Beschäftigten sind geeignete Anweisungen zu erteilen.

8. Geschlechtsspezifische Regelungen sind nur zulässig, wenn dies biologisch zwingend ist.

Pflichten des Arbeitgebers nach dem ArbSchG (Überblick)				
Grundpflichten § 3 ArbSchG	**Besondere Pflichten** §§ 5-14 ArbSchG		**Allgemeine Grundsätze** § 4 ArbSchG	
Maßnahmen treffen	Gefährdungsbeurteilung, Analyse und Dokumentation	§§ 5-6	Gefährdungsvermeidung	
Wirksamkeit kontrollieren	Sorgfältige Aufgabenübertragung	§ 7	Gefahrenbekämpfung	
Verbesserungspflicht	Zusammenarbeit mit anderen Arbeitgebern	§ 7	Überprüfen des Technik-standes	
Vorkehrungs-/Bereit-schaftspflicht	Vorkehrungen bei besonders gefährlichen Arbeitsbereichen	§ 9	Schutz besonderer Personengruppen	
Kostenübernahme	Erste Hilfe	§ 10	Planungspflichten	
	Arbeitsmedizinische Vorsorge	§ 11	Anweisungspflicht	
	Unterweisung der Mitarbeiter	§ 12	Diskriminierungsverbot	

17. Welche Bedeutung hat die Übertragung von Unternehmerpflichten nach § 7 ArbSchG?

Dem Unternehmer/Arbeitgeber sind vom Gesetzgeber Pflichten im Arbeitsschutz auferlegt worden. Diese Pflichten obliegen ihm *persönlich.* Im Einzelnen sind dies (vgl. oben, Grundpflichten)

• die Organisationsverantwortung,
• die Auswahlverantwortung (Auswahl der „richtigen" Personen) und
• die Aufsichtsverantwortung (Kontrollmaßnahmen).

Je größer das Unternehmen ist, desto umfangreicher wird natürlich für den Unternehmer das Problem, die sich aus der generellen Verantwortung ergebenden Pflichten im betrieblichen Alltag persönlich wirklich wahrzunehmen.

In diesem Falle überträgt er seine persönlichen Pflichten auf *betriebliche Vorgesetzte* und/oder *Aufsichtspersonen.* Er beauftragt sie mit seinen Pflichten und bindet sie so in seine Verantwortung mit ein.

• § 13 der Unfallverhütungsvorschrift DGUV-Vorschrift 1 „Grundsätze der Prävention" legt fest, dass der *Verantwortungsbereich* und die *Befugnisse,* die der Beauftragte erhält, um die beauftragten Pflichten erledigen zu können, vorher *genau festgelegt* werden müssen. Die *Pflichtenübertragung* bedarf der *Schriftform.* Das Schriftstück ist vom Beauftragten zu unterzeichnen. Dem Beauftragten ist ein Exemplar auszuhändigen.

• Die Pflichten von Beauftragten, also Vorgesetzten und Aufsichtspersonen, bestehen jedoch rein rechtlich auch ohne eine solche schriftliche Beauftragung, also unabhängig von § 13

DGUV-Vorschrift 1. Dies ist deswegen der Fall, weil sich die *Pflichten des Vorgesetzten* bzw. der Aufsichtsperson aus deren *Arbeitsvertrag* ergeben. Alle Vorgesetzten, und dazu gehören insbesondere die *Industriemeister*, sollten ganz genau wissen, dass sie ab *Übernahme der Tätigkeit* in ihrem Verantwortungsbereich nicht nur für einen geordneten Arbeits- und Produktionsablauf *verantwortlich* sind, sondern auch für die *Sicherheit der unterstellten Mitarbeiter*.

* Um dieser Verantwortung gerecht zu werden, räumt der Unternehmer dem Vorgesetzten *Kompetenzen* ein. Diese *Kompetenzen* muss der Vorgesetzte *konsequent einsetzen*. Aus der *persönlichen Verantwortung* erwächst immer auch die *persönliche Haftung*. Eine wichtige Regel für den betrieblichen Vorgesetzten lautet:

> *„3-K-Regel" nach Nordmann:*
> „Wer *Kompetenzen* besitzt und diese *Kompetenzen* nicht nutzt, muss im Ernstfall mit *Konsequenzen* rechnen, die er gegebenenfalls ganz allein zu tragen hat."

18. Welche Pflichten sind den Mitarbeitern im Arbeitsschutz auferlegt?

→ §§ 15 f. ArbSchG, DGUV-Vorschrift 1

* *Rechtsquellen:*
  - Die Pflichten der Mitarbeiter sind in § 15 ArbSchG allgemein beschrieben.

  - § 16 ArbSchG legt *besondere Unterstützungspflichten* der Mitarbeiter dem Unternehmer gegenüber fest. Natürlich sind alle Mitarbeiter verpflichtet, im innerbetrieblichen Arbeitsschutz aktiv mitzuwirken.

  - Die §§ 15 und 18 der berufsgenossenschaftlichen Vorschrift „Grundsätze der Prävention" (DGUV-Vorschrift 1) regeln die diesbezüglichen Verpflichtungen der Mitarbeiter im betrieblichen Arbeitsschutz. Das 3. Kapitel der berufsgenossenschaftlichen Unfallverhütungsvorschrift DGUV-Vorschrift 1 „Grundsätze der Prävention" regelt die Pflichten der Mitarbeiter ausführlich.

* *Pflichten der Mitarbeiter im Arbeitsschutz:*
  - Die Mitarbeiter müssen die Weisungen des Unternehmers für ihre Sicherheit und Gesundheit befolgen. Die *Maßnahmen*, die der Unternehmer getroffen hat, um für einen wirksamen Schutz der Mitarbeiter zu sorgen, sind von den Mitarbeitern *zu unterstützen*. Sie dürfen sich bei der Arbeit nicht in einen Zustand versetzen, durch den sie sich selbst oder andere gefährden können (*Pflicht zur Eigensorge und Fremdsorge*). Dies gilt insbesondere für den Konsum von Drogen, Alkohol, anderen berauschenden Mitteln sowie die Einnahme von Medikamenten (§ 15 Abs. 1 ArbSchG).

    § 15 der DGUV-Vorschrift 1 sieht in der neuesten Fassung vom 01.01.2004 derartige Handlungen als Ordnungswidrigkeiten an. Deswegen ist es möglich, dass Mitarbeiter, die bei der Arbeit unter Alkohol- bzw. Drogeneinfluss stehen, durch die Berufsgenossenschaft mit einem *Bußgeld* belegt werden können.

  - Die Mitarbeiter müssen *Einrichtungen*, Arbeitsmittel und Arbeitsstoffe sowie *Schutzvorrichtungen bestimmungsgemäß benutzen* und dürfen sich an gefährlichen Stellen im Betrieb nur im Rahmen der ihnen übertragenen Aufgaben aufhalten; die persönliche Schutzausrüstung ist bestimmungsgemäß zu verwenden (§ 15 Abs. 2 ArbSchG).

- Gefahren und Defekte sind vom Mitarbeiter unverzüglich zu melden (§ 16 ArbSchG).

- Die Mitarbeiter haben gemeinsam mit dem Betriebsarzt (BA) und der Fachkraft für Arbeitssicherheit (Sifa) den Arbeitgeber in seiner Verantwortung zu unterstützen; festgestellte Gefahren und Defekte sind dem BA und der Sifa mitzuteilen (§ 16 Abs. 2 ArbSchG).

19. Wann sind Sicherheitsbeauftragte (Sibea) zu bestellen und welche Aufgaben haben sie?
→ § 20 DGUV-Vorschrift 1

- *Pflicht zur Bestellung von Sicherheitsbeauftragten:*
Wann Sicherheitsbeauftragte (Sibea) zu bestellen sind, ist durch § 20 der DGUV-Vorschrift 1 „Grundsätze der Prävention" sowie § 22 SGB VII genau geregelt:

Sicherheitsbeauftragte sind vom Arbeitgeber zu bestellen, wenn im *Betrieb mehr als 20 Mitarbeiter* beschäftigt werden, d. h. die Verpflichtung, Sicherheitsbeauftragte zu bestellen, erwächst dem Unternehmer genau dann, wenn er den *21. Mitarbeiter* einstellt.

Es hat sich in größeren Betrieben als sehr praktisch erwiesen, Sicherheitsbeauftragte speziell für die einzelnen Abteilungen, Werkstätten bzw. den kaufmännischen Bereich zu bestellen. Die Anzahl der zu bestellenden Sicherheitsbeauftragten richtet sich danach, in welche Gefahrklasse der Gewerbezweig eingestuft ist.

Es gilt grob die Regel:

> Je *gefährlicher* der *Gewerbezweig*,
> desto *mehr Sicherheitsbeauftragte* müssen bestellt werden.

- *Aufgaben der Sicherheitsbeauftragten:*
Sie haben die *Aufgabe,* den *Arbeitgeber* bei der Durchführung des Arbeitsschutzes über das normale Maß der Pflichten der Mitarbeiter im Arbeitsschutz hinaus zu unterstützen.

- Die Sicherheitsbeauftragten arbeiten ehrenamtlich und wirken auf kollegialer Basis auf die Mitarbeiter des Betriebsbereiches ein, für den sie bestellt worden sind.

- Der Sicherheitsbeauftragte ist in der betrieblichen Praxis ein wichtiger Partner für den Industriemeister und hinsichtlich der Erfüllung der Pflichten des Meisters im Arbeitsschutz ein wichtiges Bindeglied zu den Mitarbeitern.

- Das erforderliche Grundwissen für die Tätigkeit im Unternehmen erwirbt sich der Sicherheitsbeauftragte in einem kostenfreien Ausbildungskurs der Berufsgenossenschaft.

  Weiterhin bieten die Berufsgenossenschaften *Fortbildungskurse* für Sicherheitsbeauftragte an und stellen zahlreiche *Arbeitshilfen* zur Verfügung.

20. Wann sind Sicherheitsfachkräfte (Sifa) zu bestellen und welche Aufgaben haben sie?
→ § 5 ASiG, DGUV-Vorschrift 2

- *Pflicht zur Bestellung von Sicherheitsfachkräften:*
Fachkräfte für Arbeitssicherheit (Sicherheitsfachkräfte; Sifa) muss grundsätzlich *jedes Unternehmen,* das *Mitarbeiter beschäftigt,* bestellen. Der Grundsatz der Bestellung sowie die Forderungen an die Fachkunde der Sicherheitsfachkräfte werden in einem *Bundesgesetz,* dem *Arbeitssicherheitsgesetz* (ASiG), geregelt.

Regeln für die betriebliche Ausgestaltung der Bestellung liefert die *DGUV-Vorschrift 2 „Betriebsärzte und Fachkräfte für Arbeitssicherheit"*.

Die Berufsgenossenschaften legen hier fest, wie viele Sicherheitsfachkräfte für welche Einsatzzeit im Unternehmen tätig sein müssen. Wichtigste Anhaltspunkte für diese Einsatzgrößen sind die *Betriebsgröße* und der *Gewerbezweig* (Gefährlichkeit der Arbeit).

Weitere Anhaltspunkte ergeben sich aus den notwendigen Arbeiten in den Tätigkeitsfeldern der Fachkräfte, die sich aus den speziellen Gefährdungen ergeben.

Die Berufsgenossenschaften eröffnen kleinen Unternehmen in dieser Unfallverhütungsvorschrift die Wahlmöglichkeit zwischen der sogenannten *Regelbetreuung* durch eine Sicherheitsfachkraft oder *alternativen Betreuungsmodellen*, bei denen der Unternehmer des Kleinbetriebes selbst zum Akteur werden kann.

- *Aufgaben der Sicherheitsfachkraft:*
  - Die Sicherheitsfachkraft ist für den Unternehmer beratend tätig in allen Fragen des Arbeits- und Gesundheitsschutzes und schlägt Maßnahmen zur Umsetzung vor.

  - Die Sicherheitsfachkraft ist darüber hinaus in der Lage, die *Gefährdungsbeurteilung* des Unternehmens *systematisch* zu betreiben, zu dokumentieren, konkrete Vorschläge zur Umsetzung der notwendigen Maßnahmen zu unterbreiten und deren *Wirksamkeit* im Nachgang zielorientiert zu überprüfen.

  - Der *Industriemeister ist gut beraten, das Potenzial* der Sicherheitsfachkraft für seine Arbeit zu nutzen und eng mit ihr zusammen zu arbeiten.

  - Die Sicherheitsfachkraft ist *weisungsfrei* tätig. Sie trägt demzufolge *keine Verantwortung* im Arbeitsschutz; diese hat der Arbeitgeber. Die Sicherheitsfachkraft muss jedoch die Verantwortung dafür übernehmen, dass sie ihrer Beratungsfunktion richtig und korrekt nachkommt.

  - Sicherheitsfachkräfte müssen entweder einen *Abschluss als Ingenieur, Techniker oder Meister* erworben haben (§ 5 Abs. 1 ASiG). Erst damit besitzen sie die *Zugangsberechtigung* zur Teilnahme an einem berufsgenossenschaftlichen oder staatlichen *Ausbildungslehrgang* zur Fachkraft für Arbeitssicherheit. Mit dem Abschluss eines solchen Ausbildungslehrganges erwirbt die Sicherheitsfachkraft ihre *Fachkunde*; sie ist die gesetzlich geforderte Mindestvoraussetzung, um als Sicherheitsfachkraft tätig sein zu dürfen.

  - Die Ausbildungslehrgänge zum *Erwerb der Fachkunde* umfassen *drei Ausbildungsstufen*:

    · die *Grundausbildung*,
    · die *vertiefende Ausbildung* und
    · die *Bereichsausbildung*.

    Ein begleitendes Praktikum und eine schriftliche sowie mündliche *Abschlussprüfung* runden die Ausbildung ab. *Wichtigster Ausbildungsträger* für diese Ausbildung sind die *gewerblichen Berufsgenossenschaften*.

  - Die Sicherheitsfachkraft muss dem Unternehmer regelmäßig über die Erfüllung ihrer übertragenen Aufgaben *schriftlich berichten*.

  - Die Sicherheitsfachkraft kann *im Unternehmen angestellt* sein (Regelfall in Großbetrieben, häufigster Fall für den Industriemeister Metall) oder sie kann extern vom Unternehmen vertraglich verpflichtet werden. Externe Sicherheitsfachkräfte sind *entweder freiberuflich tätig* oder *Angestellte* sicherheitstechnischer Dienste. *Diese* bieten ihre Dienstleistungen sowohl *regional* als auch *überregional* an.

21. Wann muss ein Arbeitsschutzausschuss gebildet werden, wie setzt er sich zusammen und wie oft muss er tagen? → § 11 ASiG

Der *Arbeitsschutzausschuss* (ASA) nach § 11 ASiG vereint alle Akteure des betrieblichen Arbeitsschutzes und dient der Beratung, Harmonisierung und Koordinierung der Aktivitäten im Unternehmen.

Sind in einem Unternehmen *mehr als 20 Mitarbeiter* beschäftigt, ist ein Arbeitsschutzausschuss zu bilden. Er setzt sich wie folgt zusammen:

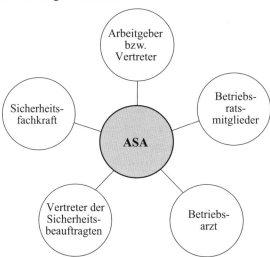

Das Arbeitssicherheitsgesetz schreibt vor, dass der Arbeitsschutzausschuss einmal *vierteljährlich* tagt.

22. Ist der Betriebsrat zur Mitarbeit im Arbeits- und Gesundheitsschutz verpflichtet und welche Rechte hat er? → BetrVG

Nach dem Betriebsverfassungsgesetz hat der Betriebsrat folgende Rechte und Pflichten:

- § 80 Abs. 1 Nr. → *Einhaltung der Gesetze*
  verpflichtet den Betriebsrat darüber zu wachen, dass die einschlägigen Gesetze, also auch die Regelwerke des Arbeitsschutzes, eingehalten werden.

- § 87 Abs. 1 Nr. 7 BetrVG → *Mitbestimmungsrecht*
  räumt dem Betriebsrat ein Mitbestimmungsrecht hinsichtlich aller betrieblichen Regelungen zur Verhütung von Arbeitsunfällen, Berufskrankheiten und zum Gesundheitsschutz ein.

- § 89 Abs. 1 BetrVG → *Pflicht zur Unterstützung*
  verpflichtet den Betriebsrat darüber hinaus ausdrücklich, sich dafür einzusetzen, dass die vor-geschriebenen Arbeits- und Gesundheitsschutzmaßnahmen im Betrieb umgesetzt werden.

- §§ 90, 91 BetrVG → *Unterrichtungs-, Beratungs- und Mitbestimmungsrecht*
  Diese Bestimmungen des BetrVG räumen dem Betriebsrat weitgehende Unterrichtungs-, Beratungs- und Mitbestimmungsrechte ein, wenn Arbeitsplätze, Arbeitsabläufe und die Arbeitsumgebung gestaltet werden.

Die Bestimmungen des Arbeitsschutzes enthalten *weitere Rechte des Betriebsrats* (vgl. ASiG, ArbSchG):

- Mitwirkung bei der Benennung von Sifa, Sibea und BA
- Beteiligung am ASA
- laufende Unterrichtung durch Sifa und BA
- Beteiligung bei Betriebsbegehungen durch die Arbeitsschutzbehörden
- Kopie der Unfallanzeigen.

23. Welche Personen und Organe tragen die Verantwortung für den Arbeits-, Umwelt- und Gesundheitsschutz im Betrieb (Überblick)?

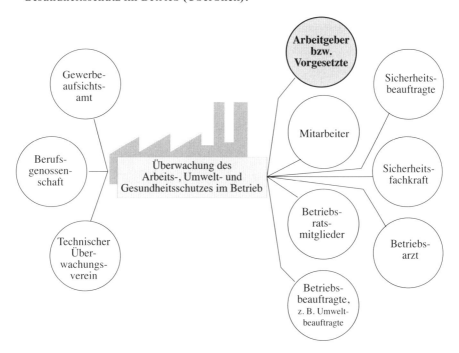

6.1.2 Sicherheitstechnik

01. Wie unterscheiden sich die Maßnahmen der unmittelbaren, mittelbaren und hinweisenden Sicherheitstechnik?

Sicherheitstechnik		
		Beispiele
Unmittelbare Sicherheitstechnik	ist konstruktiv integrierte Sicherheitstechnik, die Gefährdungen ausschließt.	konstruktiv vermiedene Scher- und Klemmstellen; Einsatz möglichst geringer Kräfte und Energien.

Mittelbare Sicherheitstechnik	Es besteht eine Gefährdung, aber durch technische Einrichtungen wird das Unfallereignis vermieden.	mechanische Schutzabdeckung, Auffangen wegfliegender Teile durch Schutzvorrichtungen; räumliche Absperrung.
Hinweisende Sicherheitstechnik	gilt für Restgefährdungen und beinhaltet die Sicherheits- oder Gesundheitsschutzkennzeichnung mithilfe eines Schildes, einer Farbe eines Leucht- oder Schallzeichens, aber auch der Sprache oder eines Handzeichens.	Gefahrstoffsymbole, Verbotszeichen, Warnzeichen, Piktogramme, Betriebs-/Bedienungsanweisung usw.

02. Welche Richtlinien bilden die Grundlage der Sicherheit von Maschinen und Anlagen im Europäischen Wirtschaftsraum (EWR)?

Dies sind im Wesentlichen folgende Richtlinien:

Zentrale Richtlinien zur Sicherheit von Maschinen und Anlagen im EWR			
EG-Maschinenrichtlinie (MRL)	**EG-Niederspannungsrichtlinie**	**EMV-Richtlinie**	**Arbeitsschutz-Richtlinien** gem. Art. 137 EG-Vertrag

↓
* CE-Kennzeichnung
* ProdSG

03. Welche zentralen Bestimmungen enthält die EG-Maschinenrichtlinie (MRL)?

Die wichtigste Richtlinie für den Industriesektor des Maschinenbaus ist die Richtlinie 98/37/EG des Europäischen Parlamentes und Rates vom 22.06.1998 zur Angleichung der Rechtsvorschriften der Mitgliedstaaten für Maschinen. Diese Richtlinie wird im normalen Sprachgebrauch „EG-Maschinenrichtlinie", kurz MRL, genannt. Sie zählt zu den wichtigsten sog. „Binnenmarktrichtlinien" im EWR und soll dafür sorgen, dass Maschinen und Anlagen im EWR frei gehandelt werden können. Die MRL hat sich im Laufe der Jahre durchaus bewährt. Teilweise zeigte sich jedoch, dass Änderungen und Ergänzungen notwendig waren. Diese Diskussionen haben dazu geführt, dass zum 17.05.2006 die *neue Maschinenrichtlinie 2006/42/EG* mit umfangreichen Änderungen unterzeichnet und am 09.06.2006 im Amtsblatt der Europäischen Union veröffentlicht wurde. Sie *musste* ohne Übergangsfrist *bis zum 29. 06.2008 in nationales Recht umgesetzt werden.*

Seit 2009 müssen alle Produkte die Anforderungen der neuen MRL 2006/42/EG erfüllen.

* Die neue Maschinenrichtlinie 2006/42/EG hat den Begriff der *„Gefahrenanalyse"* durch den Begriff *„Risikobeurteilung"* ersetzt.

* *Für alle Phasen der Lebensdauer* einer Maschine oder Anlage müssen

  - die möglichen Gefahrstellen und die dort vorhandenen Gefährdungen bei bestimmungsgemäßer Verwendung ermittelt werden,

  - für jede identifizierte Gefährdung eine Risikobeurteilung durchgeführt werden und

  - Schutzziele formuliert, Schutzmaßnahmen ausgewählt und Restrisiken ermittelt werden.

- Die voraussichtliche Lebensdauer eine Maschine umfasst:

1. Bau und Herstellung		
2. Transport und Inbetriebnahme	• Aufbau • Installation • Tests • Messungen	• Einstellungen • Versuche • Probeläufe.
3. Einsatz/Gebrauch (Verwendung)	• Einrichten • Umrüsten • Einstellen • Programmieren • Testen	• Betrieb • Fehlersuche • Störungsbeseitigung • Reinigung • Instandhaltung
4. Außerbetriebnahme, Demontage, ggf. Entsorgung		

- Der Gesetzgeber führt dabei im Anhang I der Maschinenrichtlinie (in Deutschland Maschinenverordnung) genau aus, was er vom Hersteller (Vertreiber, Importeur) hinsichtlich der Berücksichtigung der Risikobeurteilung bei Konstruktion und Bau der Maschine verlangt:

Der Hersteller (Vertreiber, Importeur) muss	
• die Grenzen der Maschine bestimmen	Dies schließt die Definition der bestimmungsgemäßen Verwendung und auch die vernünftigerweise vorhersehbare Fehlanwendung ein.
• die Gefährdungen ermitteln	Dies beinhaltet mögliche Gefährdungssituationen, die von der Maschine ausgehen können.
• die Risiken abschätzen	Dies geschieht unter Berücksichtigung der möglichen Schwere der Verletzungen, Gesundheitsschäden und Wahrscheinlichkeit des Eintritts.
• die Risiken bewerten	Stimmen sie mit den Zielen der Maschinenrichtlinie überein oder ist eine Minderung der Risiken erforderlich?
• die Gefährdungen ausschalten	Dies erfolgt durch Anwendung probater Schutzmaßnahmen; dabei gilt ein Vorrangprinzip für die technischen, vom Konstrukteur mit der sicheren Konstruktion zu schaffenden Maßnahmen.

04. Welche Aussage ist mit der CE-Kennzeichnung von Maschinen/Anlagen verbunden?

Äußeres Zeichen dafür, dass eine Maschine den grundlegenden Forderungen der Maschinenrichtlinie entspricht, ist das gut sichtbare dauerhaft angebrachte und leserliche CE-Zeichen. Der Anhang III der Richtlinie beschreibt genau, wie die vorschriftsmäßige Kennzeichnung aussehen muss.

Ist die CE-Kennzeichnung vorhanden, muss der Richtlinie folgend eine ausführliche Dokumentation zur Maschine vorhanden sein, die auch die Angaben zur Risikobeurteilung enthält.

Zur Maschine gehört stets die Technische Dokumentation und eine Betriebsanleitung.

Abb: Typenschild einer Maschine mit CE-Kennzeichnung

Wer eine Maschine ohne CE-Kennzeichnung in Verkehr bringt oder ein CE-Kennzeichen anbringt, ohne die Durchführung einer Risikobezeichnung nachweisen zu können, handelt grundsätzlich rechtswidrig. Wer die Konformitätsverantwortung trägt, muss in diesen Fällen mit Rechtsfolgen rechnen. Dies gilt immer besonders dann, wenn ein Sicherheitsmangel die Ursache für einen schweren Unfall ist.

Es sollte immer daran gedacht werden, dass die Inbetriebnahme einer Eigenbaumaschine überall im EWR ein Inverkehrbringen im Sinne der Maschinenrichtlinie ist.

Weitere Ausführungen finden sich dazu z. B. in der BGI 5003. Ausgenommen von der CE-Kennzeichnungspflicht sind z. B. Lebensmittel, Gefahrstoffe und Fahrzeuge (die verkehrsrechtlichen Vorschriften unterliegen).

05. In welchen Fällen ist beim Führen von Transport- und Verkehrseinrichtungen eine arbeitsmedizinische Vorsorgeuntersuchung vorgeschrieben?

- Beim Führen/Steuern von Kraft- oder Schienenfahrzeugen jeglicher Art, Flurförderfahrzeugen mit Fahrsitz/-stand, mitgängergesteuerten Flurförderfahrzeugen mit Hubeinrichtung, Regalbedienungsgeräte, Hebezeugen und Kranen, Hubarbeitsbühnen, Montagewinden und selbstfahrenden Baumaschinen ist eine arbeitsmedizinische Vorsorgeuntersuchung (geistige und körperliche Eignung) vorgeschrieben.

- Keine Notwendigkeit für eine arbeitsmedizinische Vorsorgeuntersuchung besteht u.a. bei mitgängergesteuerten Flurförderfahrzeugen ohne Hubeinrichtung, Schleppern und fahrbaren Arbeitsmaschinen geringer Leistung, ortsgebundenen Kranen für die Maschinenbestückung, einfachen Winden, Hebebühnen mit geringer Hubhöhe und kleinen Abmessungen.

06. Was sind Krane?

Die Unfallverhütungsvorschrift „Krane", DGUV D 6, definiert:

„§ 2 (1) Krane im Sinne dieser Unfallverhütungsvorschrift sind Hebezeuge, die Lasten mit einem Tragmittel heben und zusätzlich in eine oder in mehrere Richtungen bewegen können."

07. Welche Anforderungen werden an Kranführer gestellt?

An den Kranführer werden hohe Anforderungen gestellt. Die Unfallverhütungsvorschrift „Krane", DGUV D 6, trägt dem Rechnung und fordert deshalb vom Unternehmer § 29 Abs. 1 der DGUV:

Der Unternehmer darf mit dem selbstständigen Führen (Kranführer) oder der Instandhaltung eines Kranes nur Versicherte beschäftigen,

- die das 18. Lebensjahr vollendet haben,

- die körperlich und geistig geeignet sind,

- die im Führen oder Instandhalten des Kranes unterwiesen sind und ihre Befähigung hierzu ihm nachgewiesen haben und

- von denen zu erwarten ist, dass sie die ihnen übertragenen Aufgaben zuverlässig erfüllen.

Der Unternehmer muss Kranführer und Instandhaltungspersonal mit ihren Aufgaben beauftragen. Bei ortsveränderlichen kraftbetriebenen Kranen muss der Unternehmer den Kranführer *schriftlich beauftragen.* Die genannten Bestimmungen gelten nicht für handbetriebene Krane.

Der BG-Grundsatz „Auswahl, Unterweisung und Befähigungsnachweis von Kranführern" (BGG 921) enthält Maßstäbe für die Auswahl geeigneter Personen und Hinweise zu deren Ausbildung (Unterweisung), um sie zum sicheren Führen von Kranen zu befähigen. Als Nachweis für die Befähigung und Beauftragung haben viele Betriebe einen Kranführerschein eingeführt.

08. Was sind Flurförderfahrzeuge?

Flurförderfahrzeuge im Sinne der Unfallverhütungsvorschriften sind Fördermittel, die

- mit Rädern auf Flur laufen,
- frei lenkbar sind,
- sich auf Wegen zwischen den gelagerten Gütern bewegen,
- sich zum Befördern, Ziehen und Schieben von Lasten eignen,
- überwiegend innerbetrieblich eingesetzt werden.

Stapler sind die am häufigsten eingesetzten Flurförderfahrzeuge. Bei ihnen erfolgt der Lastangriff außerhalb der Radbasis.

09. Welche Anforderungen werden an Gabelstaplerfahrer gestellt?

Gabelstaplerfahrer müssen

- mindestens 18 Jahre alt sein,
- geistig und körperlich geeignet sein,
- theoretisch und praktisch ausgebildet sein,
- eine Fahrprüfung erfolgreich abgelegt haben und
- vom Unternehmer mit der Führung des Staplers schriftlich beauftragt sein (innerbetrieblicher Fahrausweis).

Die Eignung zum Fahren eines Gabelstaplers soll vom Arzt nach dem Berufsgenossenschaftlichen Grundsatz für arbeitsmedizinische Vorsorgeuntersuchungen (G25 „Fahr-, Steuer- und Überwachungstätigkeiten"; vgl. 01.) festgestellt werden.

Vgl. zu weiteren Einzelheiten die Unfallverhütungsvorschrift „Flurförderfahrzeuge" DGUV D27.

10. Was sind Hubarbeitsbühnen?

Die DIN EN 280 definiert eine fahrbare Hubarbeitsbühne als fahrbare Maschine, die dafür vorgesehen ist, Personen zu Arbeitsplätzen zu befördern, an denen sie von der Arbeitsbühne aus Arbeiten verrichten. Die Arbeitsbühne darf nur an einer festgelegten Zugangsstelle betreten und verlassen werden.

Hubarbeitsbühnen sind je nach der konstruktiven Ausbildung des Fahrgestells im Gelände, auf Straßen und/oder auf Schienen einsetzbar und dienen der Durchführung von Arbeiten an hoch gelegenen Arbeitsplätzen.

Hubarbeitsbühnen bestehen in der Regel aus

- einer Abstützvorrichtung,
- einem Untergestell,
- einer Hubeinrichtung und
- einem Arbeitskorb mit Steuereinrichtung.

11. Welche Anforderungen werden an die Bedienperson einer fahrbaren Hubarbeitsbühne gestellt?

An die Bedienperson einer fahrbaren Hubarbeitsbühne werden folgende Voraussetzungen gestellt: Sie muss

- das 18. Lebensjahr vollendet haben,

- sowohl in der Bedienung der entsprechenden Hubarbeitsbühne als auch über die mit ihrer Arbeit verbundenen Gefährdungen und Schutzmaßnahmen unterwiesen sein,

- ihre Befähigung zum Bedienen der Hubarbeitsbühne nachgewiesen haben,

- eine schriftliche Beauftragung zum Bedienen der speziellen Hubarbeitsbühne besitzen,

- im Besitz der notwendigen Fahrerlaubnis bei Teilnahme am Straßenverkehr sein sowie

- für Arbeiten im Baumdienst entsprechende Fachkunde nachweisen, welche z. B. in einem einwöchigen Lehrgang bei der Gartenbau-Berufsgenossenschaft erlangt werden kann.

Weitere grundsätzliche Anforderungen für eine schriftliche Beauftragung sind, dass die Bedienperson

- körperlich und geistig geeignet ist,

- gut räumlich sehen kann, um die Arbeitsbühne im freien Raum sicher an die vorgesehenen Arbeitsplätze heranzuführen,

- gut hören kann, um akustische Warnsignale rechtzeitig wahrnehmen zu können und

- schnell und sicher reagieren kann.

Um diese Voraussetzungen abzuklären empfiehlt sich eine arbeitsmedizinische Vorsorgeuntersuchung (BG-Grundsätze G 25 „Fahr-, Steuer- und Überwachungstätigkeiten" sowie G 41 „Arbeiten mit Absturzgefahr").

Vgl. zu weiteren Einzelheiten die BGI 720 „Sicherer Umgang mit fahrbaren Hubarbeitsbühnen".

12. Welche Vorschriften müssen für Verkehrswege eingehalten werden?

- Verkehrswege müssen *freigehalten* werden, damit sie jederzeit benutzt werden können.

- In Räumen mit mehr als 1000 m² Grundfläche besteht die gesetzliche Verpflichtung zur *Kennzeichnung der Verkehrswege*. Es empfiehlt sich, Fahr- und Gehwege zu trennen.

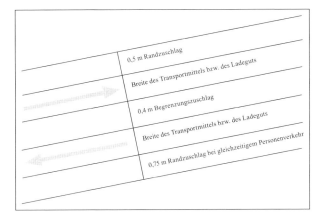

- Verkehrswege sind kein *Ersatz für Lagerflächen*! Verkehrswege müssen ausreichend breit angelegt sein. Bei Benutzung durch kraftbetriebene oder schienengebundene Beförderungsmittel müssen zwischen der äußeren Begrenzung der Beförderungsmittel und der Grenze des Verkehrsweges Sicherheitsabstände von mindestens 0,5 m auf beiden Seiten vorhanden sein. Bei gleichzeitigem Personenverkehr sind die Sicherheitsabstände zu vergrößern.

- An Ausgängen und Treppenaustritten zu Verkehrswegen mit Fahrzeugverkehr ist ein Abstand von 1 m erforderlich; andernfalls muss eine Absicherung durch Umgehungsschranken erfolgen.

6.1.3 Gefährdungsbeurteilung im Sinne des Arbeitsschutzgesetzes

01. Wie hat der Arbeitgeber die Gefährdungsbeurteilung nach § 5 ArbSchG durchzuführen?

Um sicherzustellen, dass wirklich geeignete und auf die Arbeitsplatzsituation genau zugeschnittene wirksame Maßnahmen ergriffen werden, schreibt § 5 ArbSchG vor, dass der Arbeitgeber (vgl. oben/14.)

- die *Gefährdungen* im Betrieb *ermitteln* und
- die *Risiken bewerten* muss.

Dazu ist vorgeschrieben, dass die *Beurteilung* der Gefährdungen *nach Art* der einzelnen *Tätigkeiten*, die im Unternehmen ausgeübt werden, vorgenommen werden muss. Das *Ergebnis* der Gefährdungsbeurteilung *muss dokumentiert* werden. Die Unterlagen, in denen die Gefährdungsbeurteilung dokumentiert ist, muss der Unternehmer so vorhalten, dass sie von den überwachenden Stellen, z. B. der Berufsgenossenschaft, auf Wunsch eingesehen werden können. Die Gefährdungsbeurteilung muss immer dann überarbeitet werden, wenn sich die betrieblichen Gegebenheiten so geändert haben, dass sich die *Gefährdungslage* ganz oder teilweise verschoben hat. Dies bezieht sich nicht nur auf eine *Erhöhung des Niveaus der Gefahren*, sondern gilt auch besonders dann, wenn *neue* oder *andere Gefährdungen* in den Arbeitsablauf Eingang gefunden haben. Zusammengefasst ist eine Gefährdungsbeurteilung also in folgenden Fällen durchzuführen bzw. zu überarbeiten:

- als Erstbeurteilung
- bei Veränderungen der Vorschriften
- bei Veränderungen in der Technik
- bei Erweiterung/Umbau der Einrichtung/Maschine
- bei veränderter Nutzung der Einrichtung/Maschine
- bei Anschaffung neuer Einrichtungen/Maschinen
- bei Änderungen der Arbeitsorganisation
- nach Arbeitsunfällen, Beinaheunfällen, Verdacht auf Berufskrankheit.

02. Welche Gefährdungspotenziale nennt § 5 Abs. 3 ArbSchG (Gefährdungsbeurteilung)?

Gefährdungspotenziale nach § 5 Abs. 3 ArbSchG	
1. Arbeitsstätte	z. B. Sauberkeit, Platz, Beleuchtung
2. Einwirkungen	z. B. physikalisch, chemisch, biologisch
3. Arbeitsmittel	Gestaltung/Auswahl/Einsatz und Umgang von/mit Arbeitsmitteln: z. B. Stoffe, Maschinen, Geräte, Anlagen
4. Arbeits-/Fertigungs-verfahren	Gestaltung/Zusammenwirken von Arbeits-/Fertigungsverfahren sowie Arbeitsabläufen/-zeiten
5. Beschäftigte	z. B. unzureichende Qualifikation, unzureichende Unterweisung

Beispiel: Gefährdungspotenziale bei der Bedienung einer Drehmaschine

Gefährdungspotenziale: – Schwerpunkte –	Einzelaspekte:
Gefährdung durch ...	
1. Arbeitsstätte/Arbeitsplatz:	• *Arbeitsumfeld*, z. B.: - Sauberkeit? - ausreichender Platz zur Maschinenbedienung? - ordnungsgemäße Materiallagerung? - ausreichende Beleuchtung? - ausreichender Abstand zum Fahrverkehr?
2. Einwirkungen:	• *Physikalisch/chemisch/biologisch*, z. B.: - Lärm? - Luft/Klima? - Gefahrstoffe, z. B. Schmierstoffe, Werkstückbeschichtung usw.?
3. Arbeitsmittel:	• *Maschine/Anlage*, z. B.: - sicherer Zustand der Drehmaschine? - sichere Spannvorrichtung? - Späneschutzvorrichtung? • *Stoffe/Werkstücke*, z. B.: - sichere Entnahme aus dem Zwischenlager? - sichere Ablage nach der Bearbeitung? - Materialfehler, Grate usw.?

4. Arbeitsverfahren/-abläufe:	• *Arbeitsablauf*, z. B.:
	    - ergonomisch?
	    - Ablenkung des Mitarbeiters, z. B. durch`benachbarte Arbeitsplätze?
	
	 • *Arbeitszeit*, z. B.:
	    - ausreichend?
	    - Stressbelastung?

5. Beschäftigte:	• *Qualifikation*, z. B.:
	    - vorgeschriebene Ausbildung?
	    - ausreichende Erfahrung in der Bedienung der Drehmaschine?
	
	 • *Unterweisung*, z. B.:
	    - ordnungsgemäß durchgeführt?
	    - Kenntnis der Gefährdungspotenziale?
	
	 • *Einhaltung der Sicherheitsvorschriften*, z. B.:
	    - Verwendung der Schutzvorrichtung?
	    - Tragen geeigneter Kleidung?
	    - Tragen der PSA?

03. Welcher Unterschied besteht zwischen der direkten und der indirekten Gefährdungsbeurteilung?

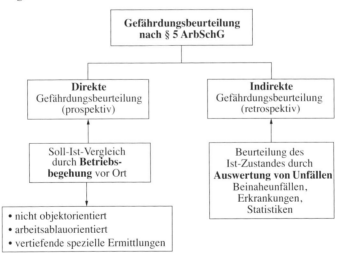

04. In welchen methodischen Einzelschritten ist die Gefährdungsbeurteilung durchzuführen?

	Methodische Einzelschritte der Gefährdungsbeurteilung	
1	Abgrenzung des **Betrachtungsobjektes**	- Arbeitsbereich - Arbeitstätigkeit - Person
2	Ermittlung der **Gefährdungen**	... anhand der Gefährdungspotenziale: - direkte Gefährdungsbeurteilung - indirekte Gefährdungsbeurteilung
3	**Schutzziele** ermitteln und festlegen, ggf. **Risikobewertung**	... entsprechend den - Gesetzen - Regelwerken/Normen
4	Erforderliche **Schutzmaßnahmen** ableiten, planen und durchführen	... in der Reihenfolge (TOP): - technisch - organisatorisch - personenbezogen
5	Maßnahmen auf Wirksamkeit **überprüfen**; Erreichen der Schutzziele sicher stellen	Kontrolle der Maßnahmen: - Durchführung - Wirksamkeit Kontrolle der Schutzziele: - Erreichung - Erhaltung

05. Welche Inhalte hat die Gefährdungsbeurteilung?

Inhalte der Gefährdungsbeurteilung:

* Arbeitsplatzbeschreibung
* Art der Belastungen/Anforderungen
* Beurteilung der Anlagen und der persönlichen Schutzausrüstung (PSA)
* Auswirkungen auf den/die Mitarbeiter
* Ergebnis der Gefährdungsbeurteilung
* festgelegte Maßnahmen (Art/Termin)
* Nennung des Verantwortlichen
* Dokumentation.

6.1.4 Brandschutz

01. Welche Brandschutzmaßnahmen hat der Arbeitgeber zu treffen?   → **6.5.3**
→ **DGUV-Vorschrift 1, §§ 13, 55 ArbStättV, GefStoffV, BGR 133**

Entsprechend der DGUV-Vorschrift 1 „Grundsätze der Prävention" hat der Arbeitgeber alle erforderlichen Maßnahmen zu treffen, um die Beschäftigten vor Brandgefährdungen zu schützen. Einzelheiten dazu enthält u. a. die BGR 133 (bisher: ZH 1/201) „Ausrüstung von Arbeitsstätten mit Feuerlöschern" in Verbindung mit § 13 ArbStättV.

Zu den Brandschutzmaßnahmen gehören vor allem:

1. *Bereitstellung von Feuerlöschern bzw. Feuerlöscheinrichtungen:*

   • Die Anzahl der Feuerlöscher richtet sich nach der Brandgefahr und der Größe des Betriebes; die Berufsgenossenschaft berät den Arbeitgeber. Dies gilt ebenso für Art/Inhalt der Feuerlöscher (z. B. Pulverlöscher in Büroräumen, Kohlesäurelöscher bei EDV-Anlagen).

   • Die Feuerlöscher müssen an gut sichtbarer Stelle im Betrieb angebracht und regelmäßig gewartet werden.

   • Es empfiehlt sich, den Umgang mit Feuerlöschern in geeigneten Zeitabständen zu üben; meist wird die Wirkungsdauer der Feuerlöscher von ungeübten Personen überschätzt (kurze Löschzeiten).

2. *Aufstellung eines Alarmplans:*

   • Der Inhalt des Alarmplans ist vorgeschrieben, z. B. Verhalten im Brandfall, Meldung an entsprechende interne/externe Stellen mit Telefonangaben.

   • Muster dazu hält die Berufsgenossenschaft bereit (vgl. BGI 560).

Verhalten bei Unfällen **Ruhe bewahren**		**Verhalten im Brandfall** **Ruhe bewahren**	
1. **Unfall melden**	Wo geschah es? Was geschah? Wie viele Verletzte? Welche Arten von Verletzungen? Warten auf Rückfragen!	**1.** **Brand melden**	Feuerwehr Telefon Nr. Wer meldet? Was ist passiert? Wie viele sind betroffen/verletzt? Wo ist es passiert? Warten auf Rückfragen!
2. **Erste Hilfe**	Absicherung des Unfallortes Versorgen der Verletzten Anweisungen beachten	**2.** **In Sicherheit bringen**	Gefährdete Personen mitnehmen Türen schließen Gekennzeichnetem Fluchtweg folgen Keinen Aufzug benutzen Auf Anweisungen achten
3. **Weitere Maßnahmen**	Krankenwagen oder Feuerwehr einweisen Schaulustige entfernen	**3.** **Löschversuch unternehmen**	Feuerlöscher benutzen

3. *Kennzeichnung der Flucht- und Rettungswege* (§ 55 ArbStättV)

4. *Kennzeichnung der feuergefährlichen Stoffe* (vgl. GefStoffV) *und Beschilderung der Rauchverbote*

02. Welche Bestimmungen gelten für Flucht- und Rettungswege im Rahmen des Brandschutzes?

- Türen (Fluchtwege) müssen gekennzeichnet, immer zugänglich und ohne Hilfsmittel zu öffnen sein.
- Fluchtwege müssen in sichere Bereiche führen.
- Flucht- und Rettungswege müssen ausgehängt werden.
- Die Zufahrtswege für die Rettungsfahrzeuge müssen frei gehalten werden.

03. Welche Regelungen enthält die novellierte Fassung der Arbeitsstättenverordnung (ArbStättV)?

Wie eine Arbeitsstätte eingerichtet und betrieben werden muss, regelt die *Arbeitsstättenverordnung*. Sie *wurde im Jahr 2004 völlig neu erstellt* und setzt ebenfalls europäisches Recht um. Die EG-Arbeitsstättenrichtlinie 89/654/EWG gibt dabei das Modell für die deutsche Arbeitsstättenverordnung ab. Sie ist modern und kurz gehalten und enthält nur ganze acht Paragrafen.

- Geregelt werden:
    - Einrichten und Betreiben von Arbeitsstätten,
    - besondere Anforderungen (spezielle Arbeitsstätten),
    - Nichtraucherschutz (völlig neue Regelung),
    - Arbeits- und Sozialräume.

- Ein *Anhang* in fünf Abschnitten konkretisiert die Verordnung zu:
    - allgemeinen Anforderungen (Abmessungen von Räumen, Luftraum, Türen, Tore, Verkehrswege)
    - Schutz vor besonderen Gefahren (Absturz, Brandschutz, Fluchtwege, Notausgänge)
    - Arbeitsbedingungen (Beleuchtung, Klima, Lüftung)
    - Sanitär-, Pausen-, Bereitschaftsräume, Erste-Hilfe-Räume, Unterkünfte, Toiletten
    - Arbeitsstätten im Freien (z. B. Baustellen).

Die Regelungen der neuen Arbeitsstättenverordnung sind mit mehr Flexibilität und mehr Gestaltungsspielraum versehen worden.

- Für den Praktiker waren bislang die *Arbeitsstättenrichtlinien* (ASR) wichtig, die die Verordnung konkretisieren. Diese Richtlinien sind noch nicht erneuert worden und deshalb momentan noch gültig.

- In der Neugestaltung befindet sich ein „*Regelwerk Arbeitsstätten*". Der Ausschuss „Arbeitsstätten" erarbeitet dieses Regelwerk und ist beauftragt, es aktuell zu halten. Die derzeitig gültigen Arbeitsstättenrichtlinien werden nach und nach durch das neue Regelwerk ersetzt.

Hinweis: Achten Sie bitte in den nächsten Jahren auf neu erscheinende Regeln zu den Arbeitsstätten.

04. Welche Befugnisse haben Behördenvertreter im Rahmen des Arbeitsschutzes?

Die Befugnisse der Behördenvertreter (z. B. Mitarbeiter des Gewerbeaufsichtsamtes) sind weitreichender als die der zuständigen Berufsgenossenschaft. Der 5. Abschnitt des ArbSchG enthält u. a. folgende Bestimmungen:

Auszug aus dem ArbSchG • Fünfter Abschnitt
Die Überwachung des Arbeitsschutzes nach diesem Gesetz ist staatliche Aufgabe. Die zuständigen Behörden haben die Einhaltung dieses Gesetzes und der auf Grund dieses Gesetzes erlassenen Rechtsverordnungen zu überwachen und die Arbeitgeber bei der Erfüllung ihrer Pflichten zu beraten.
Die zuständige Behörde kann vom Arbeitgeber oder von den verantwortlichen Personen die zur Durchführung ihrer Überwachungsaufgabe erforderlichen Auskünfte und die Überlassung von entsprechenden Unterlagen verlangen.
Die mit der Überwachung beauftragten Personen sind befugt, zu den Betriebs- und Arbeitszeiten Betriebsstätten, Geschäfts- und Betriebsräume zu betreten, zu besichtigen und zu prüfen sowie in die geschäftlichen Unterlagen der auskunftspflichtigen Person Einsicht zu nehmen, soweit dies zur Erfüllung ihrer Aufgaben erforderlich ist. Außerdem sind sie befugt, Betriebsanlagen, Arbeitsmittel und persönliche Schutzausrüstungen zu prüfen, Arbeitsverfahren und Arbeitsabläufe zu untersuchen, Messungen vorzunehmen und insbesondere arbeitsbedingte Gesundheitsgefahren festzustellen und zu untersuchen, auf welche Ursachen ein Arbeitsunfall, eine arbeitsbedingte Erkrankung oder ein Schadensfall zurückzuführen ist. Sie sind berechtigt, die Begleitung durch den Arbeitgeber oder eine von ihm beauftragte Person zu verlangen. Das Grundrecht der Unverletzlichkeit der Wohnung (Artikel 13 des Grundgesetzes) wird insoweit eingeschränkt.
Die zuständige Behörde hat, wenn nicht Gefahr im Verzug ist, zur Ausführung der Anordnung eine angemessene Frist zu setzen.

6.1.5 Gesundheitsschutz

01. Welche generelle Bedeutung hat der Gesundheitsschutz?

Gesundheitsschutz wird in allen Ländern Europas als *gesamtstaatliche Gemeinschaftsaufgabe* angesehen und ist somit als gesamtgesellschaftliche Zielstellung systematisch im gesellschaftlichen Gefüge fest verankert.

Gesundheit ist weit *mehr, als* das *Fehlen von Krankheiten*. Gesundheit umfasst

- *körperliches,*
- *geistiges,*
- *seelisches* und
- *soziales Wohlbefinden* des Menschen.

Der Schutz der Gesundheit wird demzufolge von *vielen Einflussfaktoren* tangiert und ist komplexer Natur. Der Schutz der menschlichen Gesundheit wird

- *bevölkerungsbezogen,*
- *umweltbezogen,*
- *architekturbezogen* und
- *arbeitsplatzbezogen*

betrieben.

Der arbeitsplatzbezogene Gesundheitsschutz findet seinen Ansatzpunkt in den Arbeitsbedingungen. Sie haben eine überragende Bedeutung für die Gesundheit des arbeitenden Menschen. Insofern ist es für den künftigen Industriemeister Metall wichtig, die wesentlichen Einflussfaktoren der Arbeit auf den arbeitenden Menschen und die Grundbegriffe einer menschengerechten Arbeitsgestaltung zu kennen, um sie in seiner zukünftigen Tätigkeit als Orientierungshilfe in der Betriebsorganisation erfolgreich nutzen zu können.

02. Welche Bedeutung hat der Gesundheitsschutz für das Unternehmen?

Grundvoraussetzung für den *Erfolg eines Unternehmens* sind *Gesundheit und Einsatzbereitschaft* seiner Mitarbeiter.

- Nur gesunde Mitarbeiter schaffen ein *„gesundes Unternehmen"*.
- Nur gesunde Mitarbeiter können einen wirksamen Beitrag zur Wettbewerbsfähigkeit leisten.
- Nur mit gesunden und leistungsfähigen Mitarbeitern kann der *Arbeitsprozess* ständig *optimiert* werden.
- Die innerbetrieblichen Arbeitsprozesse sind in modernen Metallunternehmen so eng miteinander verzahnt, dass der *Ausfall von Mitarbeitern* sehr schnell zum *Erliegen der Prozesse* führen kann.

Der Industriemeister ist in der Führung des Metallbetriebes das wichtigste Bindeglied zwischen der Betriebsleitung und den Mitarbeitern. Er organisiert täglich die Arbeitsprozesse vor Ort und hat es zu einem großen Teil selbst in der Hand, den Produktionsprozess gesundheitsförderlich zu lenken.

> Der Schutz der Gesundheit der Mitarbeiter wird zunehmend zu einem wichtigen Faktor der *Zukunfts- und Standortsicherung der Unternehmen.*

03. Welche Elemente des Arbeitssystems berühren den Gesundheitsschutz? → A 2.1.3

Der künftige Industriemeister Metall muss wissen, dass der betriebliche *Gesundheitsschutz* ein *wesentlicher Teil* des *Arbeitsschutzes* ist und ständig an Bedeutung gewinnt.

Moderne *Arbeitssysteme* besitzen sehr komplexe *Wechselwirkungen* der *Maschinen* und *Anlagen* untereinander; *Wechselwirkungen* zwischen *Menschen* und *Maschinen* aber auch Wechselwirkungen von *Menschen* untereinander (vgl. im Detail: „Elemente des Arbeitssystems", → A 2.1.3).

Aus allen Wechselwirkungen entstehen *Belastungen* für den Mitarbeiter. Diese *Belastungen* nimmt der Mitarbeiter als *Beanspruchung* wahr. Können die Belastungen des Mitarbeiters nicht so in das Arbeitssystem eingeordnet werden, dass die *Beanspruchungen* im Normalfall die *Erträglichkeitsgrenzen* des Mitarbeiters nicht *dauerhaft* überschreiten, besteht die Möglichkeit, dass Arbeit krank machen kann.

Merke:
→	Wechselwirkungen im Arbeitssystem
→	Belastungen für den Mitarbeiter
→	bei dauerhaftem Überschreiten der Erträglichkeitsgrenzen Möglichkeit der Gesundheitsschädigung („Die Arbeit macht krank!")

Die *Beanspruchung* des Mitarbeiters äußert sich natürlich sehr unterschiedlich, da die *Erträglichkeitsgrenzen* der Menschen individuell angelegt sind.

Fehlbeanspruchungen, die krank machen, treten in der betrieblichen Praxis nicht nur als *Überforderung* auf. Auch ständige *Unterforderung kann krank machen*.

04. Welches Ziel verfolgt der betriebliche Gesundheitsschutz?

Der betriebliche Gesundheitsschutz sieht sein Ziel darin, die Gesundheit der Mitarbeiter zu *schützen* und zu *fördern*.

Dabei wird das gesamte Belastungsspektrum der Arbeitswelt konkret auf die betrieblichen Belange bezogen, analysiert und die Gefährdung ermittelt.

• Gefährdungen für die Gesundheit sollen vermieden oder minimiert werden.
• Die Arbeitsbedingungen sollen vorausschauend gesundheitsgerecht gestaltet werden.
• Gesunde und sichere Arbeitsplätze sind das Ziel des Gesundheitsschutzes.

Der Gesundheitsschutz erfordert eine effektive Organisation und eine systematische Arbeitsweise aller betrieblichen Akteure. Sie müssen mit den Einrichtungen des *außerbetrieblichen* Arbeits- und Gesundheitsschutzes eng *zusammen arbeiten*, um erfolgreich zu sein.

05. Was versteht man unter arbeitsbedingten Gesundheitsgefahren?

Arbeitsbedingte Gesundheitsgefahren sind *Einwirkungen* bei der Arbeit oder aus der Arbeitsumwelt, die *Gesundheitsstörungen nachvollziehbar* verursachen, begünstigen oder in sonstiger Weise beeinflussen können.

Der *Grad der Gesundheitsstörung* ist im Ergebnis dieser Gefahren meist *geringer*, als es bei den in Kap. 6.1.1. behandelten *Berufskrankheiten* der Fall ist.

Im Sozialgesetzbuch VII ist den Berufsgenossenschaften per Gesetz auferlegt, aktiv die Prävention von arbeitsbedingten Gesundheitsgefahren in den Betrieben voranzutreiben. Sie sind dabei beauftragt, eng mit den Krankenkassen zusammenzuarbeiten.

Zu den *Belastungen*, die mit arbeitsbedingten Gesundheitsgefahren verbunden sind, gehören z. B.:

- Belastungen des Stütz- und Bewegungsapparates durch Heben und Tragen von Lasten

- Belastungen der Atemorgane durch Arbeitsstoffe in der Luft am Arbeitsplatz

- Belastungen durch Haut schädigende Stoffe am Arbeitsplatz oder Lärmbelastungen

- Zunehmende Tendenzen zeigen psychische Belastungen der Mitarbeiter und auch soziale Belastungen. Belastende Arbeitszeiten, Zeitdruck, hektische Arbeitsabläufe, häufige Änderungen der Organisation, Konflikte mit Vorgesetzten, aber auch unter den Mitarbeitern sowie Arbeitsverdichtung können, wenn sie dauerhaft sind, Stressreaktionen hervorrufen, deren Folge arbeitsbedingte Erkrankungen sein können.

- Ein breites Spektrum an arbeitsbedingten Erkrankungen kann durch unergonomische Bildschirmarbeit hervorgerufen werden.

Als *arbeitsbedingte Erkrankungen* treten am *häufigsten Muskel- und Skeletterkrankungen* (Rückenkrankheiten) auf. Immer häufiger werden psychische Beschwerden registriert. Die jährlichen *Verluste* durch *Fehlzeiten* in *Folge arbeitsbedingter Erkrankungen* in der gewerblichen Wirtschaft der Bundesrepublik Deutschland werden von der Bundesanstalt für Arbeitsschutz und Arbeitsmedizin mit *28 Milliarden Euro* beziffert.

06. Welche gesetzlichen Bestimmungen enthalten Regelungen zum Gesundheitsschutz am Arbeitsplatz?

Den groben Rahmen, die Verpflichtung des Arbeitgebers, für die Gesundheit der Mitarbeiter Sorge zu tragen, setzt das *Arbeitsschutzgesetz*.

Die wesentlichen, unmittelbaren Gesundheitsgefahren im modernen Metallbetrieb sind bei

- der manuellen Handhabung von Lasten,
- den Bedingungen der Arbeitsstätten mit ihren Wechselwirkungen auf den Menschen,
- der Arbeit am Bildschirm und
- letztlich auch bei der Benutzung persönlicher Schutzausrüstungen bei der Arbeit

zu finden.

Abgeleitet aus diesen Gefahren gelten als Umsetzung europäischer Einzelrichtlinien des Arbeitsschutzes (siehe Kap. 6.1.1/06.) die

• Lastenhandhabungsverordnung	LasthandhabV
• Arbeitsstättenverordnung	ArbStättV
• Bildschirmarbeitsverordnung und die	BildscharbV
• PSA-Benutzungsverordnung	PSA-BV.

Das Arbeitsschutzgesetz sowie die vorstehend genannten Verordnungen sind sehr moderne, kurze und prägnante Regelungen.

Hinweis: Bitte lesen Sie den Text des Arbeitsschutzgesetzes und der gen. Verordnungen. Sie sind wenige Seiten kurz und über das Bundesministerium für Wirtschaft und Arbeit günstig als Broschüre erhältlich.

Die *Unfallverhütungsvorschrift DGUV-Vorschrift 1* und die dazugehörige *BG-Regel „BGR A1, Grundsätze der Prävention"* enthalten ebenfalls allgemeine Regelungen zum Gesundheitsschutz.

Der Gesundheitsschutz wird aber auch wesentlich durch das *Arbeitssicherheitsgesetz* (ASiG) tangiert. Hier ist, wie schon in Kap. 6.1.1/16 angesprochen, ein wichtiges Anliegen des Gesetzgebers auf dem Gebiet des Gesundheitsschutzes, die arbeitsmedizinische Betreuung der Mitarbeiter geregelt.

Bestimmungen zum Gesundheitsschutz sind auch wesentlicher Bestandteil der kürzlich novellierten Arbeitsstättenverordnung (ArbStättV) als Rahmenvorschrift. Technische Regeln für Arbeitsstätten (ASR) geben den Stand der Technik, Arbeitshygiene und Arbeitsmedizin sowie sonstige arbeitswissenschaftliche Erkenntnisse für das Einrichten und Betreiben von Arbeitsstätten wieder und konkretisieren die Arbeitsstättenverordnung.

Technische Regeln werden vom *Ausschuss für Arbeitsstätten* ermittelt und vom Bundesministerium für Arbeit und Soziales bekannt gemacht. Seit der Novellierung der Arbeitsstättenverordnung sind die Arbeitsstättenregel A 1.3 Sicherheits- und Gesundheitsschutzkennzeichnung sowie die Arbeitsstättenregel A 2.3 Fluchtwege, Notausgänge, Flucht- und Rettungsplan bekannt gemacht worden.

Die DGUV-Vorschrift 2 „Betriebsärzte und Fachkräfte für Arbeitssicherheit" der BG Holz und Metall konkretisiert die Forderungen des Arbeitssicherheitsgesetzes für die Anwendung in den Holz- und Metallbetrieben.

Rechtsvorschriften zum Gesundheitsschutz (Überblick):

Gesetze	Verordnungen	Vorschriften/Richtlinien/Regeln
• ArbSchG • ASiG	• LasthandhabV • ArbStättV • BildscharbV • DGUV-Vorschrift 1 • DGUV-Vorschrift 2 • PSA-BV	• ASR • BGR A1

07. Wann muss ein Betriebsarzt bestellt werden?   → § 2 ASiG, DGUV V1

Grundsätzlich *muss jedes Unternehmen*, das *Mitarbeiter beschäftigt*, einen Betriebsarzt bestellen. Diese *Verpflichtung* erwächst dem Unternehmer, genau wie die Verpflichtung zur Bestellung von Sicherheitsfachkräften, aus dem *Arbeitssicherheitsgesetz* (vgl. §§ 2 ff. ASiG).

Die Berufsgenossenschaften regeln mit der DGUV-Vorschrift 2 „Betriebsärzte und Fachkräfte für Arbeitssicherheit", wie viele Betriebsärzte für welche Einsatzzeit bestellt werden müssen und konkretisieren damit die Rahmenbedingungen für die betriebsärztliche Tätigkeit.

Sehr *kleinen Unternehmen* räumt die DGUV V2 die *Möglichkeit* ein, anstelle der Bestellung eines Betriebsarztes (Regelmodell) ein *alternatives Betreuungsmodell* zu wählen.

08. Wer darf als Betriebsarzt bestellt werden?   → § 4 ASiG

Als Betriebsarzt darf nur ein Mediziner bestellt werden, der über die *arbeitsmedizinische Fachkunde* verfügt; in der Regel ist der Betriebsarzt *Facharzt für Arbeitsmedizin*.

Betriebsärzte sind, sofern sie nicht Angestellte des Unternehmens sind, für das sie arbeiten, entweder freiberuflich tätig oder in Arbeitsmedizinischen Diensten angestellt. Diese arbeiten sowohl regional als auch überregional – große Dienste sogar bundesweit.

Große Unternehmen verfügen über *angestellte Betriebsärzte*, in sehr großen Unternehmen arbeiten sogar mehrere Betriebsärzte in firmeninternen arbeitsmedizinischen Einrichtungen. *Kleine und mittlere Unternehmen haben* in der Regel Betriebsärzte *vertraglich verpflichtet*.

09. Welche Aufgaben haben die Betriebsärzte?

Die Betriebsärzte (BA) haben die Aufgabe, den Unternehmer/Arbeitgeber und die Fachkräfte in allen Fragen des betrieblichen Gesundheitsschutzes zu unterstützen. Sie sind bei dieser Tätigkeit genauso *beratend tätig* wie die Fachkräfte für Arbeitssicherheit.

• Betriebsärzte sind gehalten, im Rahmen ihrer Tätigkeit Arbeitnehmer zu *untersuchen, arbeitsmedizinisch zu beurteilen und zu beraten* sowie die Untersuchungsergebnisse auszuwerten und zu dokumentieren.

• Sie sollen die Durchführung des Arbeitsschutzes im Betrieb beobachten und sind eine wichtige Hilfe für den Unternehmer bei der *Beurteilung der Arbeitsbedingungen*.

• Sie eröffnen dem Unternehmer die Thematik *aus arbeitsmedizinischer Sicht* und unterstützen ihn natürlich bei der *Organisation der Ersten Hilfe* im Betrieb.

• Sie arbeiten in der Regel eng mit den Sicherheitsfachkräften zusammen und sind für den *Industriemeister ein wichtiger Partner*.

> Zu den Aufgaben des Arbeitsmediziners gehört es *ausdrücklich nicht*, *Krankmeldungen* der Arbeitnehmer auf ihre Berechtigung *zu überprüfen*.

10. Was muss der Unternehmer/Arbeitgeber für die Erste Hilfe tun?   → § 10 ArbSchG, DGUV-Vorschrift 1, BGR V A1

Die Pflicht, für eine wirksame Erste Hilfe zu sorgen, erwächst dem Unternehmer allgemein aus § 10 ArbSchG, der die allgemeine Fürsorgepflicht des Unternehmers vertieft.

Die Unfallverhütungsvorschrift „Grundsätze der Prävention" DGUV-Vorschrift 1 beschreibt die *Unternehmerpflichten für die Erste Hilfe* genauer:

• Der 3. Abschnitt dieser Vorschrift gibt dem Unternehmer auf, dass er in seinem Unternehmen Maßnahmen

  - zur Rettung aus Gefahr und
  - zur Ersten Hilfe

treffen muss.

- Er hat dazu

  - die erforderlichen Einrichtungen und Sachmittel sowie
  - das erforderliche Personal

  zur *Verfügung* zu stellen und organisatorisch deren *funktionelle Verzahnung* zu gewährleisten.

- Er muss weiterhin dafür sorgen, dass

  - nach einem Unfall unverzüglich Erste Hilfe geleistet wird,
  - Verletzte sachkundig transportiert werden,
  - die erforderliche ärztliche Versorgung veranlasst und
  - die Erste Hilfe dokumentiert wird.

Die *BG-Regel* „Grundsätze der Prävention" BGR A1 beschreibt als Orientierungshilfe genau, was zu tun ist, was zu den notwendigen Einrichtungen und Sachmitteln zählt und was zu veranlassen sowie zu dokumentieren ist.

11. Wie viele Ersthelfer müssen bestellt werden und wie werden sie aus- und fortgebildet?

- Arbeiten in einem Unternehmen *2 bis 20 Mitarbeiter*, muss ein *Ersthelfer* zur Verfügung stehen.

- Bei mehr als *20 Mitarbeitern* müssen *5 % der Belegschaft* als Ersthelfer zur Verfügung stehen, wenn der Betrieb ein *Verwaltungs- oder Handelsbetrieb* ist.

- In *Handwerks- und Produktionsbetrieben*, hierzu zählen die Betriebe der Metallindustrie, müssen *10 % der Belegschaft* Ersthelfer sein.

Ersthelfer sind Personen, die bei einer von der Berufsgenossenschaft zur Ausbildung von Ersthelfern ermächtigten Stelle ausgebildet worden sind.

Ausbildende Stellen sind z. B. das Deutsche Rote Kreuz, der Arbeiter-Samariter-Bund, die Johanniter-Unfallhilfe sowie der Malteser Hilfsdienst. Die Ausbildung in einem Erste-Hilfe-Lehrgang dauert acht Doppelstunden. Hinweis: Die kurze Schulung, die Führerscheinbewerber nach § 19 Abs. 1 der Fahrerlaubnis-Verordnung (FeV) erhalten, reicht als Ausbildung *nicht* aus!

Der Unternehmer muss dafür sorgen, dass die Ersthelfer *in Zeitabständen von zwei Jahren fortgebildet* werden. Die Fortbildung besteht aus der Teilnahme an einem vier Doppelstunden dauernden Erste-Hilfe-Training. Wird die 2-Jahres-Frist überschritten, ist ein neuer Lehrgang erforderlich. Die gewerblichen *Berufsgenossenschaften übernehmen die Kosten* für Ersthelfer-Lehrgänge und -trainings.

12. Welche Einrichtungen und Sachmittel zur Ersten Hilfe müssen im Betrieb vorhanden sein (Erste-Hilfe-Ausrüstung)? → **DGUV-Vorschrift 1, BGR A1, DIN 13169, 13175**

§ 25 der Unfallverhütungsvorschrift „Grundsätze der Prävention" DGUV-Vorschrift 1 schreibt allgemein die erforderlichen Einrichtungen und Sachmittel vor; in der Regel BGR A1 sind sie näher bezeichnet:

- Wesentliche Einrichtungen sind die *Meldeeinrichtungen*. Über sie wird sichergestellt, dass

  - Hilfe herbeigerufen und
  - an den Einsatzort geleitet werden kann.

  Zu den *Meldeeinrichtungen* zählen vor allem die allgemein gebräuchlichen, mittlerweile in ihrer Ausführung breit gefächerten modernen *Kommunikationsmittel* bis hin zu Personen-Notsignal-Anlagen.

- Zu den wichtigsten *Sachmitteln* gehören die allgemein bekannten *Verbandskästen*. Sie enthalten Erste-Hilfe-Material in leicht zugänglicher Form und in ausreichend gegen schädigende Einflüsse schützender Verpackung. Die Baugrößen, die der Vertrieb bereit hält, sind in Deutschland genormt.

  - Es gibt den „kleinen" Verbandskasten nach DIN 13157 und
  - den „großen" Verbandskasten nach DIN 13169.

  Richtwerte, wann der „kleine" und wann der „große" Verbandskasten zur Anwendung kommen muss, liefert die berufsgenossenschaftliche *Regel* BGR A1. Wichtigste Hilfsgrößen zur Ermittlung sind dabei die Anzahl der Mitarbeiter und die Art des Betriebes (Verwaltung, Handwerk/Produktion, Baustelle).

- *Rettungsgeräte* kommen zum Einsatz, wenn bei besonderen Gefährdungen besondere Maßnahmen erforderlich werden. Beispiele dafür sind:

  - *Gefahrstoffunfälle*
  - *Höhenrettung*
  - *Rettung aus tiefen Schächten*
  - *Gefahren durch extrem heiße oder kalte Medien.*

  Zu den *Rettungsgeräten* gehören z. B.:

  - *Notduschen*
  - *Rettungsgurte*
  - *Löschdecken*
  - *Sprungtücher*
  - *Atemschutzgeräte.*

- Wichtige Sachmittel sind auch *Rettungstransportmittel.* Sie dienen dazu, den Verletzten dort hin zu transportieren, wo ihn der Rettungsdienst übernehmen kann. Die *einfachsten* Rettungstransportmittel sind *Krankentragen.*

13. Wann muss ein Sanitätsraum vorhanden sein?

- Ein *Sanitätsraum* muss vorhanden sein, wenn in einer Betriebsstätte *mehr als 1.000 Beschäftigte* arbeiten.

- Gleichfalls muss ein Sanitätsraum vorhanden sein, wenn in der Betriebsstätte nur zwischen *100 und 1.000 Mitarbeiter* tätig sind, aber die Art und Schwere der zu erwartenden Unfälle einen solchen gesonderten Raum erfordern.

- Arbeiten auf einer *Baustelle mehr als 50 Mitarbeiter*, schreibt die Unfallverhütungsvorschrift DGUV-Vorschrift 1 ebenfalls einen Sanitätsraum vor.

Der *Sanitätsraum* muss mit Rettungstransportmitteln *leicht erreichbar* sein.

14. Wann muss ein Betriebssanitäter zur Verfügung stehen und wie werden Betriebssanitäter ausgebildet? → BGG 949

- Arbeiten in einer Betriebsstätte *mehr als 1.500 Mitarbeiter*, muss ein *Betriebssanitäter* zur Verfügung stehen.

- Gleiches gilt für Betriebsstätten zwischen *250 und 1.500 Mitarbeitern*, wenn die Art und Schwere der zu erwartenden Unfälle den Einsatz von Sanitätspersonal erfordern.

- Arbeiten mehr als *100 Mitarbeiter auf einer Baustelle*, muss ein *Sanitäter* zur Verfügung stehen.

Betriebssanitäter nehmen an einer Grundausbildung von 63 Unterrichtseinheiten und einem Aufbaulehrgang von 52 Unterrichtseinheiten teil. Die Anforderungskriterien sind im berufsgenossenschaftlichen Grundsatz BGG 949 „Aus- und Fortbildung für den betrieblichen Sanitätsdienst" zusammengefasst.

15. Wie ist die Erste Hilfe zu dokumentieren? → § 24 Abs. 6, DGUV-Vorschrift 1,
BGI 511-1, 2

Die Erste-Hilfe-Leistungen sind *lückenlos* zu dokumentieren. Die Dokumentation ist gemäß § 24 Abs. 6 der DGUV-Vorschrift 1 „Grundsätze der Prävention" *fünf Jahre lang* aufzubewahren. Für die Dokumentation eignet sich das sogenannte *Verbandsbuch*. *Verbandsbücher* sind im Fachhandel kartoniert unter der Bezeichnung BGI 511-1 oder gebunden als BGI 511-2 erhältlich.

Achtung: Die Daten sind vertraulich zu behandeln und müssen gegen den Zugriff Unbefugter gesichert werden.

16. Auf welche Art und Weise trägt die arbeitsmedizinische Vorsorge zum Gesundheitsschutz bei?

Arbeitsmedizinische Vorsorgeuntersuchungen zielen darauf ab,

- bei *gesundheitsgefährdenden Arbeiten* oder
- beim *Umgang mit gefährlichen Stoffen*

vorbeugenden Gesundheitsschutz zu betreiben und rechtzeitig gesundheitliche Beeinträchtigungen zu erkennen.

17. Welche Arten von arbeitsmedizinischer Vorsorge gibt es?   → ArbMedV. ArbSchG,
                                                                                    ASiG

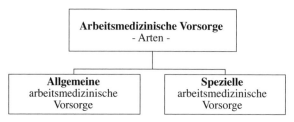

Die Forderungen für die *allgemeine arbeitsmedizinische Vorsorge* sind im Arbeitssicherheitsgesetz sowie in § 11 des Arbeitsschutzgesetzes geregelt. Die wichtigsten speziellen Forderungen enthält die Verordnung zur arbeitsmedizinischen Vorsorge (ArbMedV) aber auch einige andere Gesetzesvorschriften, z. B. die GefStoffV, die BioStoffV oder die LärmVibrations-ArbschV, nehmen auf die arbeitsmedizinische Vorsorge Bezug.

18. Wer führt die allgemeine arbeitsmedizinische Vorsorge und die speziellen arbeitsmedizinischen Vorsorgeuntersuchungen durch?

Die *allgemeine arbeitsmedizinische Vorsorge* erfolgt in der Regel durch den *Betriebsarzt*. Wie bereits oben dargestellt (vgl. 6.1.2/07. ff.) ist der Betriebsarzt ein Facharzt für Arbeitsmedizin, also entsprechend ausgebildet und befähigt. Zur allgemeinen arbeitsmedizinischen Vorsorge gehört die Beurteilung der Arbeitsplätze aus arbeitsmedizinischer und ergonomischer Sicht.

Der Betriebsarzt berät aufgrund der von ihm durchgeführten Beurteilung der Arbeitsplätze den Arbeitgeber, die Vorgesetzten, die Sicherheitsfachkraft, den Betriebsrat aber auch den Mitarbeiter.

19. Welchen Umfang hat die spezielle arbeitsmedizinische Vorsorge?   → ArbMedV

Den Umfang der *speziellen arbeitsmedizinischen Vorsorge* regelt die Verordnung zur arbeitsmedizinischen Vorsorge. Sie kommt für alle Beschäftigten in Betracht, die bestimmten gesundheitsgefährdenden Einwirkungen ausgesetzt sind oder waren.

Nach der Art der Gefährdung unterscheidet die Verordnung:

* *Pflichtuntersuchungen*
* *Angebotsuntersuchungen*
* *Wunschuntersuchungen.*

Dabei gilt:

* Pflichtuntersuchungen muss der Arbeitgeber veranlassen.
* Angebotsuntersuchungen sind anzubieten.
* Wunschuntersuchungen sind gem. § 11 ArbSchG zu ermöglichen.

Die arbeitsmedizinischen Vorsorgeuntersuchungen sind jedoch auch in weiteren Regelungen des staatlichen Rechts verankert, wie z. B. die arbeitsmedizinische Vorsorge bei Tätigkeiten im Lärm. Hier gelten z. B. die Maßgaben der Lärm- und Vibrations-Arbeitsschutzverordnung.

Nach dem Zeitpunkt der Durchführung gibt drei Arten der Untersuchung:

- *Erstuntersuchung:*
  Sie erfolgt nicht später als 12 Wochen vor Aufnahme der Tätigkeit, um zu prüfen, ob gesundheitliche Bedenken bestehen.

  Beispiel:
  Es ist wissenschaftlich belegt, dass sich 25 % der Berufsanfänger in der Freizeit schon vor Beginn ihrer Ausbildung einen manifesten Gehörschaden zugezogen haben (Disco, Walkman).

  In der Metallindustrie und im Metallhandwerk gibt es nach wie vor die Gefährdung durch gesundheitsgefährliche Lärmpegel. Es ist deshalb nicht ratsam, dass ein junger Mensch, der bereits einen Gehörschaden „mitbringt", eine Tätigkeit in der Metallbranche antritt.

- *Nachuntersuchung:*
  Es wird geprüft, ob die gesundheitliche Unbedenklichkeit fortbesteht. Die Nachuntersuchungsfristen sind je nach Gefährdung unterschiedlich lang.

  Beispiel:
  Bei der Gehörvorsorgeuntersuchung, die normalerweise alle drei Jahre erfolgt, stellt der Arzt eine geringfügige Verschlechterung des Gehörs fest. Der Arzt verkürzt zur Sicherheit die Frist auf 12 Monate.

- *Nachgehende Untersuchung:*
  Sie erfolgen nach Aufgabe der Tätigkeit, z. B. durch Arbeitsplatzwechsel, Berentung u. Ä.. und finden z. B. Anwendung, wenn der Beschäftigte mit Krebs erzeugenden Stoffen oder Asbest gearbeitet hat. Die Berufsgenossenschaften kommen für diese nachgehenden Untersuchungen auf und haben dafür spezielle Einrichtungen geschaffen. Beschäftigte, die mit Krebs erzeugenden Stoffen gearbeitet haben, werden im Rahmen des Organisationsdienstes für nachgehende Untersuchungen (ODIN) betreut. ODIN ist bei der Berufsgenossenschaft Rohstoffe und chemische Industrie (RCI) in Heidelberg angesiedelt.

  Beschäftigte, die Umgang mit Asbest hatten, werden nachgehend durch die GVS (Zentrale Dienstleistungsorganisation der gewerblichen Berufsgenossenschaften für die gesundheitliche Vorsorge; vormals ZAS) betreut. Die GVS befindet sich bei der Berufsgenossenschaft Energie, Textil, Elektro und Medienerzeugnisse (ETEM) in Augsburg.

20. Welche Ärzte führen spezielle arbeitsmedizinische Vorsorgeuntersuchungen durch?

Den Auftrag, arbeitsmedizinische Vorsorgeuntersuchungen, die nach der ArbMedV, der Gefahrstoffverordnung (GefStoffV), der Biostoffverordnung (BioStoffV) bzw. der Lärm- und Vibrations-ArbeitsschutzVerordnung (LärmVibrationsArbSchV) durchgeführt werden müssen, darf der Arbeitgeber nur Ärzten erteilen, die Fachärzte für Arbeitsmedizin sind oder die Zusatzbezeichnung „Betriebsmedizin" führen.

21. Welche Gruppen von Beschäftigten sind durch den Gesetzgeber besonders geschützt?

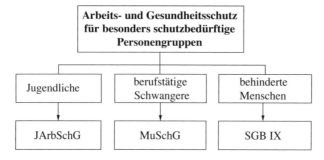

→ Einzelheiten dazu werden in Ziffer 6.5.4 behandelt.

22. Welche Regelungen enthält das Produktsicherheitsgesetz (ProdSG)?

Das Produktsicherheitsgesetz (ProdSG) enthält Regelungen zu den Sicherheitsanforderungen von technischen Arbeitsmitteln und Verbraucherprodukten vor. Es ersetzt ab Dezember 2011 das Geräte- und Produktsicherheitsgesetz (GPSG).

Das Produktsicherheitsgesetz (ProdSG)) ist ein umfassendes Gesetz für die Sicherheit technischer Produkte. Es umfasst nicht nur *technische Arbeitsmittel* sondern auch *Gebrauchsgegenstände*. Es dient sowohl dem *Schutz von Verbrauchern* als auch dem *Schutz der Beschäftigten*.

Kernpunkt ist die Sicherheit der technischen Arbeitsmittel und der Verbraucherprodukte. Diese müssen so beschaffen sein, dass sie bei *bestimmungsgemäßer Verwendung* den Benutzer *nicht gefährden*. In die Pflicht genommen werden Hersteller, Inverkehrbringer (auch Importeure) und Aussteller der Produkte. Auf Grundlage des neuen Gesetzes hat der Bund inzwischen eine ganze Reihe *spezieller Verordnungen* zum ProdSG (ProdSV) erlassen.

6.1.6 Umweltschutz   → A 1.5.2

Hinweis: Der Rahmenplan enthält hier den Hinweis zur Vermittlung „Anwendung von A 1.5.2". Dies bedeutet, dass die Inhalte der Ziffer 1.5.2 „Wichtige Gesetze und Verordnungen zum Umweltschutz" der Basisqualifikationen vorausgesetzt werden. Um dem Leser die Orientierung in diesem Abschnitt zu erleichtern, werden in diesem Buch zentrale Bestimmungen des Umweltschutzes wiederholt, bevor auf die Qualifikationselemente der Ziffer 5.1.6 eingegangen wird.

01. Was versteht man unter dem Begriff „Umweltschutz"?

Der Umweltschutz umfasst alle Maßnahmen zur Erhaltung der natürlichen Lebensgrundlagen von Menschen, Pflanzen und Tieren.

Der Umweltschutz ist in Deutschland ein Staatsziel. Er ist deshalb in Art. 20a des Grundgesetzes festgeschrieben. Im Gegensatz zum Arbeitsschutzrecht zielt der Begriff nicht nur auf den Schutz von Menschen als Lebewesen, sondern schließt den Schutz von Tieren und Pflanzen sowie den Schutz des Lebensraumes der Bürger ein.

02. Welche Aufgabe verfolgt die Umweltpolitik?

Aufgabe der Umweltpolitik im engeren Sinne ist der *Schutz vor den schädlichen Auswirkungen der ökonomischen Aktivitäten des Menschen auf die Umwelt.*

Hierbei haben sich herausgebildet:

- die Maßnahmen zur Bewahrung von *Boden und Wasser* vor Verunreinigung durch chemische Fremdstoffe und Abwasser,
- die Reinhaltung der *Luft*,
- die Reinhaltung der *Nahrungskette*,
- die *Lärmbekämpfung*,
- die *Müllbeseitigung*, die Wiedergewinnung von Abfallstoffen (*Recycling*) und
- mit besonderer Aktualität der *Strahlenschutz.*

Ferner gehören hierzu Vorschriften und Auflagen zur Erreichung größerer Umweltverträglichkeit von *Wasch- und Reinigungsmitteln*. In der Textilindustrie und dem Handel kommt deshalb dem Umweltschutz eine große und vielfältige Bedeutung zu.

03. Nach welchen Gesichtspunkten lässt sich der Umweltschutz unterteilen?

Unterteilen kann man den Umweltschutz in die *Bereiche*:

- *Medialer* Umweltschutz:
  → Schwerpunkt ist der Schutz der Lebenselemente Boden, Wasser und Luft.

- *Kausaler* Umweltschutz:
  → Schwerpunkt ist die Prävention von Gefahren.

- *Vitaler* Umweltschutz:
  → Naturschutz, Landschaftsschutz und Waldschutz zählen zum vitalen Umweltschutz.

04. Welche Sachgebiete des Umweltschutzes gibt es?

Als Sachgebiete des Umweltschutzes gelten:

- Immissionsschutz
- Landschaftspflege
- Gewässerschutz
- Abfallwirtschaft und Abfallentsorgung
- Naturschutz
- Strahlenschutz
- Wasserwirtschaft.

05. Welche Prinzipien gelten im Umweltschutz und daraus folgend im Umweltrecht?

Verursacherprinzip	**Vorsorgeprinzip**	**Kooperationsprinzip**	**Gemeinlastprinzip**
Der Verursacher hat für die Beseitigung der von ihm verursachten Umweltschäden zu sorgen und die Kosten dafür zu tragen.	Vorbeugende Maßnahmen müssen ergriffen werden, damit Umweltschäden erst gar nicht entstehen.	Zwischen Betreibern Umwelt gefährdender Anlagen und den zuständigen Behörden ist die Zusammenarbeit vorgeschrieben. Gleichzeitig müssen Nachbarländer bei grenzüberschreitenden Problemen zusammen arbeiten.	Die Kosten der Beseitigung von Umweltschäden werden von der Allgemeinheit getragen (Bund, Länder, Gemeinden); Dies gilt bei Altlasten, wenn der Verursacher nicht zu ermitteln ist oder wenn die Kosten die wirtschaftliche Leistungsfähigkeit des Verursachers/Betreibers übersteigen.

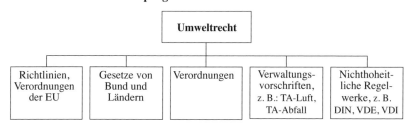

Beispiele für technische Maßnahmen der ...	
Vorsorge	Reduzierung des Energie- und Stoffverbrauch (Abwärmerückgewinnung, Änderung der Energieart, Kaskadenspülung), Stoffsubstitution (z. B. Einsatz wasserlöslicher Lacke), Abfallvermeidung/-verminderung, Mehrwegverpackung/Verpackungsrücknahme, geänderte Produktpolitik (z. B. Einsatz unproblematischer Rohstoffe)
Nachsorge	Einsatz von Filteranlagen (Rauchgas, Staub) und chemischer Reaktionen (Fällung, Neutralisation), Kläranlagen

06. Welche Rechtsvorschriften prägen das Umweltrecht?

Umweltrecht

Richtlinien, Verordnungen der EU	Gesetze von Bund und Ländern	Verordnungen	Verwaltungsvorschriften, z. B.: TA-Luft, TA-Abfall	Nichthoheitliche Regelwerke, z. B. DIN, VDE, VDI

07. Was unterscheidet Emissionen von Immissionen?

Nach dem Bundes-Immissionsschutzgesetz (BImSchG) sind:

- *Emissionen* alle von einer Anlage *ausgehenden* Luftverunreinigungen, Geräusche, Erschütterungen, Licht, Wärme, Strahlen und ähnliche Erscheinungen

- *Immissionen* sind auf Menschen, Tiere und Pflanzen, den Boden, das Wasser sowie die Atmosphäre *einwirkende* Luftverunreinigungen, Geräusche und ähnliche Belastungen.

08. Welcher Zusammenhang lässt sich zwischen Produktion, Konsum und Umweltbelastungen herstellen?

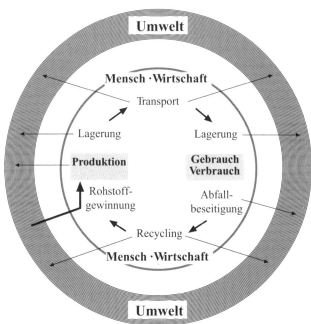

09. Welches ist der wesentliche Berührungspunkt zwischen Umweltschutz und Arbeitsschutz?

Die Immissionen, also die *Einwirkungen* von Belastungen *aus der Umwelt* (hier Arbeitsumwelt) *auf die Menschen*, ist der wesentliche Berührungspunkt zwischen Arbeitsschutz und Umweltschutz.

Berührungspunkte in der Praxis der Metallbranche sind:

• *Luftverunreinigungen*, die von Arbeitsprozessen verursacht werden.

Beispiel: Schweißrauche in der Metallindustrie wirken als Schadstoffe auf die Atmungsorgane der Schweißer.

• *Lärm*, der durch den Arbeitsprozess verursacht wird.

Beispiel: Lärm, der durch Pressen und Stanzen in der Metallfertigung entsteht, wirkt langfristig schädigend auf das Hörvermögen der Mitarbeiter – die Berufskrankheit Lärmschwerhörigkeit kann entstehen.

Immissionsschutz und Arbeitsschutz haben besonders in der Metallindustrie einen engen Zusammenhang.

10. Warum ist ein betriebliches Umweltmanagement erforderlich und was versteht man darunter?   → **EU-Öko-Audit-Verordnung, DIN EN ISO 14001, EMAS-Verordnung**

Es hat sich gezeigt, dass das Vorhandensein *gesetzlicher Bestimmungen* der Unternehmen zum Umweltschutz *allein nicht ausreichend* ist. Umweltschutz muss in das Management integriert werden. Weiterhin zeigt die Erfahrung, dass der betriebliche Umweltschutz nur sicher und wirtschaftlich gelenkt werden kann, wenn er *systematisch* betrieben wird.

Umweltmanagement ist eine besondere Form der Betriebsorganisation, bei der alle Mitarbeiter dem Ziel der Verbesserung des betrieblichen Umweltschutzes verpflichtet werden (Öko-Audit). Damit sich das Engagement der Mitarbeiter nicht in kurzfristigen Aktionen erschöpft und über einen längeren Zeitraum aufrecht erhalten werden kann, soll das Umweltmanagementsystem als automatisch ablaufender Prozess im Unternehmen integriert werden. Kriterien für ein fortschrittliches Umweltmanagement enthalten die EU-Öko-Audit-Verordnung und die DIN EN ISO 14001.

Das Umweltmanagement *berücksichtigt* bei der Planung, Durchsetzung und Kontrolle der Unternehmensaktivitäten in allen Bereichen *Umweltschutzziele* zur Verminderung und Vermeidung der Umweltbelastungen und *zur langfristigen Sicherung der Unternehmensziele*. Mit der EMAS-Verordnung der EU und der ISO 14000-Normenreihe wurde eine umfassende, systematische Konzeption für das betriebliche Umweltmanagement vorgelegt und zugleich normiert. Der Grundgedanke der Verordnung ist Ausdruck einer geänderten politischen Haltung: Weg von Verboten und Grenzwerten, *hin zu marktwirtschaftlichen Anreizen*. Betriebliche *Eigenverantwortung* und *Selbststeuerung* sollen (aufgrund der besseren Ausbildung aller Mitarbeiter) in Zukunft für globale Veränderungen (Verbesserungen) mehr bewirken als unflexible staatliche Top-down-Steuerungen.

Modern geführte Industrieunternehmen haben schon lange Umweltschutzmanagementsysteme implementiert, die der Norm DIN EN ISO 14001 entsprechen.

11. Was sind integrierte Managementsysteme?

Integrierte Managementsysteme fassen zwei oder *mehrere einzelne Managementsysteme* zusammen, um *Synergieeffekte* zu erzielen. Sehr häufig werden Arbeitsschutz- und Umweltmanagementsysteme zusammengefasst. Durch die natürlichen Berührungspunkte zwischen beiden Gebieten ist diese Variante sehr praktikabel.

Voll integrierte Managementsysteme fassen das Qualitätsmanagement, das Umwelt- und das Arbeitsschutzmanagement für das gesamte Unternehmen in einem System zusammen und erzielen damit *sehr hohe Synergieeffekte*.

Praktisch ist dabei, dass sich die Methoden der einzelnen Managementsysteme sehr gleichen. Qualitäts- und Umweltmanagementsysteme sind weltweit genormt. Für Arbeitsschutzmanagementsysteme gibt es bislang nur Ansätze von einzelnen wenigen nationalen Normungsgremien. Harmonisierte EN-Normen gibt es für Arbeitsschutzmanagementsysteme bisher nicht.

12. Warum muss bei der Betrachtung der Kosten des Umweltschutzes zwischen betriebswirtschaftlicher und volkswirtschaftlicher sowie kurz- und langfristiger Sichtweise differenziert werden?

Dazu einige Thesen:

Maßnahmen des Umweltschutzes ...

- sind *betriebswirtschaftlich* zunächst Kosten bzw. führen zu einem Kostenanstieg; dies kann kurzfristig zu einer Wettbewerbsverzerrung führen

- können *langfristig* vom Betrieb als Wettbewerbsvorteil genutzt werden – bei verändertem Verhalten der Endverbraucher (z. B. Gütesiegel, Blauer Engel, chlorarm, ohne Treibgas, biologisch abbaubar)

- *werden z. T. nicht verursachergerecht umgelegt* – je nach den politischen Rahmenbedingungen, z. B.:

  - Die Nichtbesteuerung von Flugbenzin wird beklagt.

  - Es wird argumentiert, dass die durch die Lkws verursachten Straßenschäden nicht verursachergerecht belastet werden und es deshalb zu einer Wettbewerbsverzerrung zwischen „Straße und Schiene" kommt.

- *werden nicht in erforderlichem Umfang durchgeführt;* das führt kurzfristig zu einzelwirtschaftlichen Gewinnen und langfristig zu volkswirtschaftlichen Kosten (z. B.: Atomenergie und die bis heute ungeklärten Kosten der Entsorgung von Brennstäben; Altlastensanierung der industriellen Produktion in den Gebieten der ehemaligen DDR).

13. Welche Bedeutung hat das europäische Umweltrecht?

Die Umweltpolitik besitzt innerhalb der EU eine hohe Bedeutung. Mit dem Vertrag von Maastricht wurden der EU umfangreichere Regelungskompetenzen übertragen. Zurzeit existieren etwa 200 *europäische Rechtsakte* mit umweltpolitischem Bezug. Diese Rechtsakte regeln nicht nur das Verhältnis zwischen den Staaten, sondern sie sind auch verbindlich für den einzelnen Bürger und die Unternehmen. Die europäischen Rechtsakte haben allerdings einen sehr unterschiedlichen Verbindlichkeitscharakter:

- *EU-Richtlinien* werden von den Mitgliedstaaten der EU innerhalb einer bestimmten Frist in nationales Recht umgesetzt (z. B. UVP-Richtlinie → UVP-Gesetz).

- *EU-Verordnungen* gelten unmittelbar in allen Mitgliedstaaten; gegebenenfalls werden sie durch nationales Recht ergänzt (z. B. Öko-Audit-Verordnung).

14. Welche deutschen Rechtsvorschriften sind beim Umweltschutz vom Unternehmer zu beachten?

15. Welchen Inhalt hat das Umwelthaftungsrecht?

Es regelt die *zivilrechtliche Haftung bei Umweltschädigungen.* Hier können auch *juristische Personen* verklagt und in Anspruch genommen werden. Die Ansprüche gliedern sich in drei *Bereiche:*

- Gefährdungshaftung
- Verschuldenshaftung
- nachbarrechtliche Ansprüche.

16. Welchen Inhalt hat das Umweltstrafrecht?

Das Umweltstrafrecht wurde 1980 in das Strafgesetzbuch eingearbeitet. *Bestraft werden können nur natürliche Personen.* Straftatbestand kann ein bestimmtes Handeln, aber auch ein bestimmtes Unterlassen sein. Die Geschäftsleitung haftet stets in umfassender Gesamtverantwortung.

Bestraft werden z. B. folgende Tatbestände:

- Verunreinigung von Gewässern
- Boden- und Luftverunreinigung
- unerlaubtes Betreiben von Anlagen
- Umwelt gefährdende Beseitigung von Abfällen.

17. Welche Rechtsnormen existieren im Bereich der Luftreinhaltung?

Rechtsnormen zur Luftreinhaltung	Stichworte zum Inhalt
- Bundesimmissionsschutzgesetz - Verordnung über genehmigungsbedürftige Anlagen - Emissionserklärungsverordnung - Verordnung über das Genehmigungsverfahren - Verordnung über Immissionsschutz und - Störfallbeauftragte - TA Luft	Leitgesetz zur Luftreinhaltung Spezielle Regelungen Spezielle Regelungen Konkretisierung des Genehmigungsverfahrens Spezielle Regelungen Verwaltungsvorschrift (Emissions-/Immissionswerte)

18. Welche Rechtsnormen existieren im Bereich des Gewässerschutzes?

Rechtsnormen zum Gewässerschutz	Stichworte zum Inhalt
- Wasserhaushaltsgesetz - Klärschlammverordnung - Abwasserabgabengesetz - Allgemeine Rahmenverwaltungsvorschrift über Mindestanforderungen an das Einleiten von Abwasser in Gewässer	Nutzung von Gewässern Aufbringen von Klärschlamm, Grenzwerte Abgabe für Direkteinleiter Konkretisierung von Anforderungen

19. Welche Rechtsnormen existieren im Bereich der Abfallwirtschaft?

Rechtsnormen der Abfallwirtschaft	Stichworte zum Inhalt
- Kreislaufwirtschaftsgesetz - Verordnung über Betriebsbeauftragte für Abfall - Verpackungsverordnung - Abfallbestimmungsverordnung - Reststoffbestimmungsverordnung - TA Abfall, Teil 1	Leitgesetz für den Abfallbereich Pflicht zur Bestellung eines Beauftragten Verpflichtung zur Rücknahme von Verpackungen Zusammenstellung spezieller Abfallarten Zusammenstellung spezieller Reststoffe Vorschriften zur Lagerung, Behandlung, Verbrennung usw.

20. Welchen wesentlichen Zweck und Inhalt haben die Vorschriften zur Vermeidung von Arbeits- und Verkehrslärm?

→ **BImSchG, IV Teil, TA-Lärm, ArbStättV, DGUV B3 „Lärm"**

• Lärm vermindert die Konzentration, macht krank und kann zur Schwerhörigkeit führen.

Weitere Einzelaspekte:

- die akustische Verständigung wird durch Lärm behindert

- Schreckreaktionen können zu Unfällen führen

- die kritische Grenze liegt bei 80 dB(A), ab 85 dB(A) wirkt Lärm gesundheitsschädigend

- ab 85 dB(A) sind Gehörschutzmittel zu verwenden; außerdem besteht die Verpflichtung zu Gehörvorsorgeuntersuchungen.

• Vorschriften über den Lärmschutz finden sich:

- im BImSchG, IV. Teil (Betrieb von Fahrzeugen, Verkehrsbeschränkungen, Verkehrslärmschutz)

- in der technischen Anleitung zum Schutz gegen Lärm (TA-Lärm; sie dient dem Schutz der Allgemeinheit und legt Richtwerte für das Betreiben von Anlagen fest)

- in der Arbeitsstättenverordnung

- in der Lärm- und Vibrations-Arbeitsschutz-Verordnung (LärmVibraArbSchV); sie kennt hinsichtlich des Lärms sogenannte Auslösewerke; unterer Auslösewert = 80 dB(A), oberer Auslösewert = 85 dB(A)

- ab 85 dB(A) sind Gehörschutzmittel zu verwenden; außerdem besteht die Verpflichtung zu Gehörvorsorgeuntersuchungen.

• Der Vorgesetzte sollte es sich daher zur Aufgabe machen, den Lärmpegel in der Produktion so gering wie möglich zu halten; z. B.:

- durch technische Maßnahmen
  (z. B. beim Neukauf von Anlagen; nur lärmarme Maschine)

- durch Schallschutzmaßnahmen
  (z. B. Einsatz von Schallschutzhauben)

- durch organisatorische Maßnahmen
  (zeitliche Verlagerung lärmintensiver Arbeiten; Vermeidung von Lärm während der Nachtarbeit)

- durch persönliche Schutzausrüstungen (Gehörschutz).

21. Welchen wesentlichen Zweck und Inhalt hat das Chemikaliengesetz?

Das Chemikaliengesetz (ChemG; Gesetz zum Schutz vor gefährlichen Stoffen) gilt sowohl für den privaten als auch für den gewerblichen Bereich und soll Menschen und Umwelt vor gefährlichen Stoffen und gefährlichen Zubereitungen schützen. Stoffe bzw. Zubereitungen sind dann gefährlich, wenn sie folgende Eigenschaften haben (§ 4 GefStoffV): explosionsgefährlich, brandfördernd, giftig, sehr giftig, reizend, entzündlich, hoch entzündlich usw.

Hersteller und Handel

* haben die Eigenschaften der in Verkehr gebrachten Stoffe zu ermitteln und
* entsprechend zu verpacken und zu kennzeichnen.

Mit der Einführung der (neuen) *Arbeitsplatzgrenzwerte* und der (neuen) *biologischen Grenzwerte* hat sich der Gesetzgeber von den Jahrzehnte lang geltenden MAK-Werten (Maximale Arbeitsplatzkonzentration), BAT-Werten (Biologische Arbeitsstoff-Toleranz-Werte) und TRK-Werten (Technische Richtkonzentration) abgewendet.

* *Arbeitsplatzgrenzwert:*
  Der mit Abstand häufigste Weg in den menschlichen Körper führt über die Atmungsorgane in die Lunge des Menschen. Daher sind die meisten Grenzwerte Luftgrenzwerte, also Werte, bei denen der Beschäftigte im Allgemeinen gesund bleibt.

* *Biologischer Grenzwert:*
  Gemessen wird bei diesem Grenzwert die Konzentration von Gefahrstoffen oder ihrer Metaboliten in Körperflüssigkeiten. Wird dieser biologische Grenzwert eingehalten, bleibt der Beschäftigte nach arbeitsmedizinischen Erkenntnissen im Allgemeinen gesund.

Auch zum ChemG gibt es ein umfangreiches Regelwerk, z. B.:

ChemVerbotsV	Die Chemikalienverbotsverordnung untersagt das Inverkehrbringen bestimmter Stoffe, z. B. Asbest, DDT, Formaldehyd, Dioxin.
ChemOzon-SchichtV	Die Chemikalien-Ozonschichtverordnung verfolgt die Zielsetzung, den Einsatz ozonschädigender Stoffe zu reduzieren, z. B. die Verwendung von Kohlenwasserstoffverbindungen als Kältemittel in Kühl- und Klimaanlagen.
GefStoffV	Die Gefahrstoffverordnung ist die bedeutendste Regel für den sicheren Umgang mit gefährlichen Arbeitsstoffen für Industrie und Handwerk in Deutschland. Die Gefahrstoffverordnung ist dem deutschen Chemikaliengesetz als Leitvorschrift nachgeordnet.
EU-Verordnung Nr. 1907/2006 „Reach"	Am 1.07.2007 ist eine der bedeutensten Vorschriften im Bereich des Chemikaliengesetzes unter dem Namen REACH in Kraft getreten (Registration, Evaluation and Authorisation of Chemicals; dt.: Registrierung, Bewertung, Zulassung und Beschränkung chemischer Stoffe). Diese Verordnung, die unmittelbar auf die Mitgliedstaaten wirkt, hat die Zielsetzung, alle vor 1981[1] in der EU hergestellten und in Verkehr gebrachten, chemischen Stoffen zu registrieren und deren Zulassung zu prüfen. Nach dem Motto „No Data, No Market" dürfen künftig nur noch Stoffe in Verkehr gebracht und verwendet werden, zu denen ein umfangreicher Datensatz vorliegt. Das heißt konkret: Etwa 30.000 im Handel erhältliche Stoffe müssen in der europäischen Chemikalienagentur in Stockholm erfasst werden und bis zu 1.500 besonders kritische Chemikalien werden zulassungspflichtig. Dazu sind umfangreiche Test und Prüfungen durch die Hersteller erforderlich. Der Aufwand ist beträchtlich. Die damit geschaffene Transparenz wird jedoch eine weitere Verbesserung zur Verminderung umwelt- und gesundheitsgefährdender Stoffe ermöglichen. [1] Stoffe, die nach 1981 produziert und in Verkehrgebracht wurden, unterlagen bereits einem Zulassungsrecht.

6.1.7 Überprüfen und Gewährleisten des Umweltschutzes

01. Wann ist ein Umweltschutzbeauftragter zu bestellen?

→ 6.4.5, BImSchG, WHG, KrWG, StörfallV

In verschiedenen Gesetzen und Verordnungen ist die schriftliche Bestellung von *Betriebsbeauftragten* unter bestimmten Bedingungen vorgeschrieben:

* *Betriebsbeauftragter für Immissionsschutz* nach § 53 BImSchG sowie 5. BImSchV:
  → muss bestellt werden, wenn eine in der Verordnung bezeichnete genehmigungsbedürftige Anlage betrieben wird (vgl. Anhang zur 5. BImSchV).

- *Betriebsbeauftragter für den Störfall* nach § 58 a BImSchG sowie 5. BImSchV:
  → muss bestellt werden, wenn in der genehmigungsbedürftigen Anlage bestimmte Stoffe vorhanden sein können oder ein Störfall entstehen kann (Störfallverordnung).

- *Betriebsbeauftragter für Gewässerschutz* nach § 21 WHG:
  → ist zu bestellen, wenn mehr als 750 m³ Abwässer täglich in öffentliche Gewässer eingeleitet werden.

- *Betriebsbeauftragter für Abfall* nach § 54 KrwG:
  → muss bestellt werden, wenn im Betrieb regelmäßig überwachungsbedürftige Abfälle anfallen (z. B. Abfälle, die luft- oder wassergefährdend, brennbar usw. sind).

Der *Umweltschutzbeauftragte* ist als Begriff in den einschlägigen Gesetzen und Verordnungen nicht genannt, sondern hat sich als Terminus der Praxis herausgebildet. Er ist der „Betriebsbeauftragte für alle Fragen des Umweltschutzes" im Betrieb (Abfall-, Gewässer-, Immissionsschutz usw.).

02. Welche Rechte und Pflichten hat der Umweltschutzbeauftragte?

Der Umweltschutzbeauftragte hat nach dem Gesetz *keine Anordnungsbefugnis*, sondern er *berät* die Leitung/den Betreiber sowie die Mitarbeiter in allen Fragen des Umweltschutzes und *koordiniert* die erforderlichen Maßnahmen (Stabsfunktion; vgl. dazu analog: Sicherheitsbeauftragte, → 6.1.1/17.). Seine Aufgaben werden von einem *fachkundigen Mitarbeiter* des Unternehmens oder einem *Externen* wahrgenommen.

Die Bestellung des Beauftragten ist der Behörde anzuzeigen. Sie prüft, ob der Beauftragte *zuverlässig und fachkundig* ist. Bei der Fachkunde wird z. B. in der 5. BImSchV die Qualifikation näher bestimmt (Abschluss als Ingenieur der Fachrichtung Chemie oder Physik, Teilnahme an vorgeschriebenen Lehrgängen und 2-jährige Praxis an der Anlage).

Neben der umfassenden Beratung des Betreibers und der Mitarbeiter hat der Umweltschutzbeauftragte folgende *Rechte und Pflichten*:

- Der Beauftragte muss frühzeitig und umfassend in alle Entscheidungen, die den Umweltschutz tangieren, einbezogen werden.

- Der Beauftragte ist zu Investitionsentscheidungen zu hören.

- Er hat jährlich einen Bericht über seine Tätigkeit vorzulegen.

- Lehnt die Geschäftsleitung Vorschläge des Betriebsbeauftragten ab, muss sie ihm diese Ablehnung begründen.

- Geschützt wird der Betriebsbeauftragte durch ein Benachteiligungsverbot und eine besondere Kündigungsschutzregelung.

6.2 Fördern des Mitarbeiterbewusstseins bezüglich der Arbeitssicherheit und des betrieblichen Arbeits-, Umwelt- und Gesundheitsschutzes

6.2.1 Arbeits-, Umwelt- und Gesundheitsschutz   → A 1.3.4

01. Welche Gefahrenpotenziale für das Entstehen von Unfällen werden unterschieden?

Beispiele für Schutzmaßnahmen nach der TOP-Regel:	
T echnik	absaugen, abkapseln, beschichten, Einrichten von Auffangwannen, Gestaltung der Maschine als geschlossene Anlage (z. B. Roboterbetrieb)
O rganisation	Beschränkung des Zugangs, Festlegen der Verantwortlichkeit, Erstellen von Betriebsanweisungen, ordnungsgemäße Kennzeichnung von Gefahrstoffen, Anlegen von Gefahrstoffkatastern
P ersonenverhalten	regelmäßige Sicherheitsunterweisungen, Einsatz der PSA (Atem-, Körper-, Handschutz, Sicherheitsschuhe usw.)

02. Welche Bedeutung haben die einzelnen Gefahrenpotenziale für das Unfallgeschehen in der Metallindustrie?

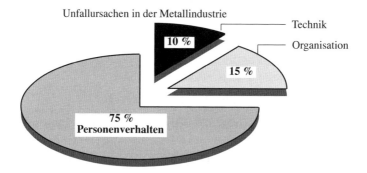

Der Anteil der Unfälle, deren Ursache in fehlerhafter Technik zu suchen ist, ist im letzten Jahrzehnt auf einen sehr geringen Anteil von 10 % an der Gesamtzahl aller Unfälle gesunken.

Mit 15 % ebenfalls relativ gering sind die Ursachen, die sich aus der (fehlerhaften) Organisation des Unternehmens ergeben.

Mehr als 75 %, in Teilen der Metallindustrie sogar *über 80 %,* aller Arbeitsunfälle sind also auf *sicherheitswidriges Personenverhalten* zurückzuführen.

03. Warum ist der Anteil der Unfälle aufgrund sicherheitswidriger Technik so stark zurück gegangen bzw. warum ist der Anteil der Unfälle, bei denen sicherheitswidriges Personenverhalten die maßgebliche Ursache liefert, so hoch?

Die *Technik* ist in den letzten Jahrzehnten *immer sicherer* gestaltet worden. Die sichere Konstruktion und Ausführung von Maschinen, Geräten und Anlagen ist für die Kunden der modernen Maschinenbauunternehmen zu einem *wesentlichen Marktargument* geworden. Die *technische Sicherheit* ist für moderne Maschinenbauer eine *Selbstverständlichkeit. Unsichere Technik* ist in Europa *kaum* noch *marktgängig.*

Aus diesem Grunde hat sich der *Schwerpunkt* der Unfallursachen zwangsläufig zum *sicherheitswidrigen Personenverhalten* hin verschoben.

04. Welche Ansatzpunkte gibt es für das Management in der Metallindustrie, um die Arbeitssicherheit sowie den Arbeits-, Umwelt- und Gesundheitsschutz wirksam zu verbessern?

Das Management muss in der Gestaltung seiner Schutzmaßnahmen und Verbesserungen natürlich immer *dort* ansetzen, wo die *größten Verbesserungspotenziale* liegen.

Dies ist eindeutig im Bereich *„Personenverhalten" zu sehen.* Aber nicht nur das übergroße Verbesserungspotenzial bestimmt die notwendige Konzentration der Kräfte auf dieses Segment. Ganz wesentlich ist auch die Tatsache, dass die weitere Steigerung der Maschinen- und Anlagensicherheit über das heute übliche Maß nur noch mit verstärktem finanziellen Einsatz erzielt werden kann. Die zu erwartenden Ergebnisse, die dadurch erzielt werden könnten, stehen mit den hohen Aufwendungen kaum noch in einem vernünftigen wirtschaftlichen Verhältnis (Prinzip des abnehmenden Grenznutzens).

Insofern führt kein Weg daran vorbei, *alle Mittel und Methoden zum Einsatz* zu *bringen,* die dazu dienen, sicherheitswidriges Verhalten der Mitarbeiter in *sicheres Personenverhalten* zu überführen.

In diesem Führungssegment ist der Industriemeister Metall heute und zukünftig maßgeblich gefordert. Im stetigen Prozess, unsichere Gewohnheiten der Mitarbeiter in sichere zu verändern, hat der *Industriemeister* eine *Schlüsselstellung* inne.

Das „richtige" Bewusstsein der Mitarbeiter hat entscheidenden Einfluss auf die Sicherheit und den Umweltschutz im Betrieb.

05. Welche Körperteile werden in der Metallindustrie am häufigsten verletzt?

Verletzte Körperteile	
Augen	2,2 %
Kopf	7,0 %
Schulter	10,1 %
Brust	4,3 %
Bauch	1,1 %
Arme	6,5 %
Hände	39,8 %
Beine	13,7 %
Füße	15,3 %

Dies lässt erkennen:

> Rund 70 % der Verletzungen in der Metallindustrie entstehen
> an Händen, Beinen und Füßen.

06. Welche Ursachen führen dazu, dass der Anteil der Verletzungen an Händen, Beinen und Füßen so hoch ist?

Die Arbeitsprozesse in der Metallindustrie haben einen sehr hohen Automatisierungsgrad erreicht. Dennoch erfordern *Beschickungs- oder Bedienungsarbeiten* unabhängig davon immer noch den *Körpereinsatz der Mitarbeiter.*

Ein besonders intensiver Körpereinsatz ist bei *Wartungs- und Instandhaltungstätigkeiten* notwendig. Sie *zählen* deshalb in der Metallindustrie *zu den Tätigkeiten mit den höchsten Unfallrisiken.* Verletzungen der Beine und Füße werden naturgemäß häufig auf betrieblichen Wegen im Arbeitsprozess verursacht. Die Zahl der notwendigen Handhabungstätigkeiten ist und bleibt trotz aller Automation in der Fertigung, ganz besonders aber bei Wartungs- und Instandhaltungsarbeiten, sehr hoch, sodass die Verletzungen von Händen und Armen fast die Hälfte aller Fälle repräsentieren.

07. Welche Berufskrankheiten treten in der Metallindustrie und im Metallhandwerk am häufigsten auf?

Bezogen auf 1.000 Mitarbeiter gehen jährlich etwa fünf Verdachtsanzeigen auf eine Berufskrankheit bei den Metall-Berufsgenossenschaften ein.

- 27 % der Anzeigen betreffen die *Schwerhörigkeit durch Lärm* in der Metallbranche.

- 32 % beziehen sich auf teilweise sehr schwere *Erkrankungen der Atemwege* durch die Einwirkung von Asbest. Die Asbesterkrankungen sind eine *Folge lang zurückliegender Arbeitsbedingungen* in der Metallindustrie, die es schon lange nicht mehr gibt. Zwischen dem Ausbruch der Krankheiten Asbestose, asbestinduziertem Lungenkrebs sowie der Mesotheliome durch Asbestkontakt und der beruflichen Einwirkung von Asbest liegen häufig Zeiträume von bis zu 30 Jahren. Das Verbot der Verwendung von Asbest in Deutschland liegt zur Zeit 15 Jahre zurück, sodass noch lange Zeit mit neuen Erkrankungen gerechnet werden muss.

- Aktuell wichtig für den Industriemeister Metall ist die Prävention von beruflich verursachten *Hautkrankheiten*. Sie entstehen oft durch den *Hautkontakt mit Kühlschmierstoffen*, die in der Metallbranche in großen Mengen verwendet werden und betragen derzeit etwa 14 % der angezeigten Berufskrankheiten in der Metallindustrie.

Berufskrankheiten in der Metallindustrie/im Metallhandwerk

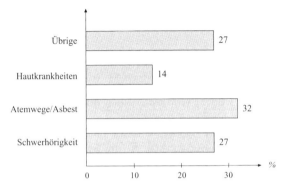

6.2.2 Maßnahmen und Hilfsmittel zur Förderung des Mitarbeiterbewusstseins

01. Warum muss das Mitarbeiterbewusstsein gefördert werden?

Dauerhaft sichere Verhaltensweisen der Mitarbeiter sind *vom Mitarbeiterbewusstsein direkt abhängig*. Die Sicherstellung von Arbeitssicherheit und Gesundheitsschutz aber auch des Umweltschutzes gehören zu den wesentlichen Aufgaben der Führungskräfte.

Die Führungsaufgabe „Arbeitssicherheit/Gesundheitsschutz/Umweltschutz" hat das Ziel

- sicherheitswidrige Verhaltensweisen der Mitarbeiter *zu korrigieren*
  → *kurzfristiges Ziel*

und

- in *sichere Verhaltensweisen* bei der Arbeit zu überführen
  → *mittel- und langfristiges Ziel*.

Der Industriemeister Metall sollte daher mit

- den Modellvorstellungen zum Mitarbeiterverhalten,
- den Grundsätzen des menschlichen Handelns,
- den Motivationsprozessen sowie
- den Möglichkeiten, das Mitarbeiterverhalten nachhaltig zu ändern,

vertraut sein (Einzelheiten dazu unter 03. ff.).

02. Welche Maßnahmen sind geeignet, das Mitarbeiterbewusstsein bezüglich der Arbeitssicherheit und des betrieblichen Arbeits-, Umwelt- und Gesundheitsschutzes zu fördern (Überblick)?

Maßnahmen zur Förderung des Mitarbeiterbewusstseins	
Information der Mitarbeiter	• Geeignete Hilfsmittel einsetzen, z. B.: Plakate, Videosequenzen, Broschüren der Berufsgenossenschaft • Ausbildungsveranstaltungen der Berufsgenossenschaft nutzen und umsetzen • Betriebliche Arbeitsschutzlehrgänge zur Weiterbildung umsetzen • Unterweisungen, Sicherheitskurzgespräche durchführen
Auswertung von Unfällen und Beinaheunfällen	• Unfallberichte, Verbandsbuch, Statistiken u. Ä.
Zentrale Führungsaufgaben des Meisters	• Einfordern der Mitarbeiterpflichten sowie Kontrolle • Vorbildfunktion des Vorgesetzten • Beteiligung der Mitarbeiter an Problemlösungen • Gezielte Verhaltensänderung der Mitarbeiter

• *Information* der Mitarbeiter zum Arbeits-, Umwelt- und Gesundheitsschutz:
  - Neben den Unfallverhütungsvorschriften, die die Berufsgenossenschaften den Betrieben kostenlos zur Verfügung stellen, geben der Informationsdienst der BG sowie der zuständigen Behörden geeignete Materialien und Hilfsmittel heraus: Plakate, Filme, Videos, Zeitschriften, Broschüren usw.

  - Zur eigenen Aus- und Weiterbildung sowie die der Mitarbeiter sollte der Meister die kostenlosen speziellen Schulungen der BG nutzen. Diese Kurse vermitteln das notwendige Wissen zur Sicherheit und zum Gesundheitsschutz am Arbeitsplatz.

  - Der Meister hat als Vertreter des Arbeitgebers die erforderlichen Unterweisungen in der Arbeitssicherheit sowie im Arbeits-, Umwelt- und Gesundheitsschutz durchzuführen; Einzelheiten dazu werden unter Ziffer 6.3 behandelt.

• *Auswertung von Unfällen und Beinaheunfällen:*
Entsprechend der DGUV-Vorschrift 1 „Prävention" sollte das Auffinden von Gefährdungspotenzialen natürlich nicht vorrangig in der Auswertung eingetretener Unfälle sein; trotzdem ist die Unfallanalyse notwendig. Sie kann sich beziehen auf die Auswertung der betrieblichen Unfallstatistik bzw. externer Statistiken und/oder auf die Auswertung des Verbandsbuchs. Selbstverständlich müssen aktuelle Unfälle bzw. Beinaheunfälle sofort analysiert werden. Dazu einige Merkpunkte:

  - Im Vordergrund steht bei der Unfallanalyse nicht die Ermittlung „eines Schuldigen", sondern das Erkennen der Ursachen und die Einleitung geeigneter Maßnahmen zur Vermeidung.

  - Wichtige Betrachtungspunkte bei der Unfall-Analyse sind:

    · *Was hat sich ereignet?*
      → Keine Vermutungen, sondern Tatsachen und Zeugen sind relevant.

    · *Warum hat sich der Unfall ereignet?*
      → Ursachen erkennen und den Gefährdungspotenzialen zuordnen (Technik, Organisation, Personenverhalten; vgl. oben)

· *Wäre der Unfall vermeidbar gewesen?*
→ Welche Maßnahmen sind zur Vermeidung einzuleiten?

Dabei werden untersucht:

→Situation/Organisation/Umgebungseinflüsse am Arbeitsplatz?
→Vorhandensein der erforderlichen Betriebsanweisung/Betriebsanleitung?
→Sicherheit der Technik?
→Verhalten des Mitarbeiters/der Kollegen/des Vorgesetzten?

• *Zentrale Führungsaufgaben des Meisters:*
Arbeits-, Umwelt- und Gesundheitsschutz ist Chefsache. Dazu muss der Meister

- die diesbezüglichen *Pflichten der Mitarbeiter konsequent einfordern und kontrollieren*; die Duldung eines sicherheitswidrigen Zustandes oder eines sicherheitswidrigen Verhaltens der Mitarbeiter ist eine Pflichtverletzung des Vorgesetzten; sie wird vom Mitarbeiter als „Zustimmung" wahrgenommen und führt fatalerweise zur Stabilisierung unerwünschter Verhaltensmuster (vgl. 03. ff.). Erkennt der Meister bestehende Sicherheitsmängel, muss er sofort eingreifen und die Arbeit des Mitarbeiters unterbrechen. Für den Mitarbeiter gilt beim Erkennen von Sicherheitsmängeln die „3-M-Regel":

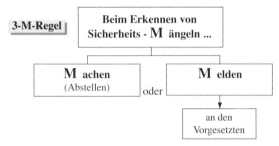

- *die Mitarbeiter in geeigneter Weise beteiligen, z. B.:*
besonders langjährige Mitarbeiter kennen ihren Arbeitsbereich und die Gefährdungspotenziale. Daher: Einbindung der Mitarbeiter bei der Entwicklung und Verbesserung von Sicherheitsmaßnahmen; Mitarbeiter zu Wort kommen lassen, ihre Vorschläge einfordern, ernst nehmen und mit ihrer Beteiligung umsetzen. Dies erhöht die nachhaltige Wirksamkeit getroffener Maßnahmen. Es gilt die bekannte Regel: „Mache die Betroffenen zu Beteiligten!"

- *stets Vorbild in Sachen Arbeits-, Umwelt- und Gesundheitsschutz sein* (vgl. dazu 07.)

- *die psychologischen Grundlagen der Verhaltensänderung kennen und gezielt anwenden:*
Dieses Thema wird nachfolgend ausführlich behandelt, da die Stabilisierung erwünschter (sicherer) Verhaltensweisen und die Vermeidung unerwünschter (sicherheitswidriger) Verhaltensmuster eine zentrale Rolle in der Führungsaufgabe „Arbeitssicherheit/Gesundheitsschutz/Umweltschutz" ist.

03. Was muss der Industriemeister über das Verhalten der Mitarbeiter wissen?

Grundsätzlich ist jede betriebliche Situation mit *Risiken* bzw. *Herausforderungen* für den Mitarbeiter verbunden. Der Mitarbeiter ist – bewusst oder unbewusst – in jeder betrieblichen Situation gezwungen, das *Maß der Herausforderung* für ihn persönlich bzw. das *Risiko* der Situation *einzuschätzen* und seine Handlungen entsprechend darauf einzustellen.

Dabei nimmt er die Situation über *seine Sinne* wahr und muss sie im Anschluss *bewerten*. Zur Bewertung der Situation dienen ihm:

- sein Wissen,
- seine Motivation,
- seine Erwartungen an die Situation,
- seine gegenwärtige emotionale Verfassung,
- seine Erfahrungen und
- seine persönlichen Einstellungen (z. B. Risikobereitschaft).

Der Mitarbeiter muss jedes Mal unter Beachtung der Handlungsmöglichkeiten darüber entscheiden, wie er sich verhält und wie er handelt. Das *Handeln* hat immer *Folgen*. Diese *Handlungsfolgen* gehen dann wiederum in sein Wissen, seine Erfahrungen und auch in seine Einstellung ein. Auf diese Weise *entwickeln* sich Wissen, Motivation, Erfahrungen und Erwartungen, aber auch die persönlichen Einstellungen des Mitarbeiters stetig fort.

Die Folgen des Mitarbeiterhandelns können für ihn persönlich *positiv* aber auch *negativ* sein. Wesentlich in diesem Zusammenhang sind zwei *Erkenntnisse der Psychologie*:

> Verhaltensweisen, die *positive Folgen* haben, werden *wiederholt*.
> Menschen *verändern Verhaltensweisen*, wenn sie *negative Folgen* haben.

Weiterhin gilt:

> Der Mensch und sein Verhalten wird vorwiegend von der *Hoffnung auf Erfolg* gesteuert. Sie ist *das stärkste Motiv* zum Handeln.

> *Angst vor Strafe* tritt im Bewusstsein des Menschen hinter das steuernde Element Hoffnung auf Erfolg weit zurück.

Beispiel:
Schon immer werden Bankräuber schwer bestraft. Die Strafandrohung verhindert nicht, dass immer wieder eine neue Bankräubergeneration heranwächst, die die Hoffnung auf den „großen Coup" in sich trägt.

Darüber hinaus haben sich folgende „Regeln" menschlichen Verhaltens (Erkenntnisse der Psychologie) bestätigt:

> Regel 1:
> Menschen benötigen i. d. R. Herausforderungen („Kick").

Beispiel:
Wenn der persönliche oder berufliche Alltag mutmaßlich wenige Herausforderungen bietet, suchen sich Menschen in der Freizeit derartige Herausforderungen, z. B. üben sie sehr gefährliche Sportarten aus.

> Regel 2:
> Menschen tragen im Allgemeinen die „Illusion der Unverletzlichkeit" der eigenen Person in sich.

Beispiel:
Man muss sich nur einmal selbst überprüfen, um festzustellen, dass man persönlich immer der Meinung ist, dieses oder jenes Böse könnte nur „den anderen" zustoßen, nicht aber der eigenen Person.

> Regel 3:
> In der Regel bewerten Menschen Ereignisse in der Gegenwart sehr viel höher als mögliche Ereignisse in ferner Zukunft.

Beispiel:
Den gegenwärtigen Genuss des Tabaks bewerten die Raucher sehr viel höher, als die Gefahr z. B. 30 Jahre später schwer zu erkranken.

Es ist wichtig, dass der Industriemeister diese wichtigen verhaltensbestimmenden Eigenschaften des Menschen kennt. Dieses Wissen ist notwendig, wenn er sich der *Aufgabe* stellen muss, *Änderungen des Verhaltens* seiner Mitarbeiter zunächst zu *initiieren* und sie danach zu *verstetigen*.

Hinweis: Vgl. dazu auch ausführlich unter A 4.1.2, Entwicklung des Sozialverhaltens.

04. Wie kann der Industriemeister sicherheitswidriges Verhalten der Mitarbeiter nachhaltig in sichere Verhaltensweisen überführen?

Der Industriemeister muss sich Wissen über das menschliche Verhalten zu Eigen machen und die grundsätzlichen „Regeln/Erkenntnisse" konsequent nutzen. Wenn diese Grundregeln im betrieblichen Alltag beim Umgang mit den Mitarbeitern beachtet werden, bleibt der Erfolg nicht aus. Folgende Empfehlungen zur Führungsarbeit des Meisters haben sich bewährt:

- „Verhaltensweisen, die positive Folgen haben, werden wiederholt":
  → Der Meister muss *loben/anerkennen*, wenn sich der Mitarbeiter *sicher verhält*.
    - Es muss vorteilhaft sein, sich sicher zu verhalten.
    - Es darf *keine Nachteile sicheren Verhaltens* geben.
- „Menschen verändern ihre Verhaltensweise, wenn sie zu negativen Folgen führt."
  → Gegen sicherheitswidrige Handlungen der Mitarbeiter muss der Vorgesetzte *sofort einschreiten*, d. h. *negative Folgen* müssen für den Mitarbeiter *sofort erlebbar* sein. *Vorteile* des sicherheitswidrigen Verhaltens *müssen „zerstört" werden*.
- „Der Mensch ist erfolgsgesteuert."
  → Der Meister muss dafür Sorge tragen, dass der Mitarbeiter *Erfolg erlebt,* wenn er *sicher arbeitet* (z. B. materieller/immaterieller Erfolg).
- „Der Mensch ist nicht gesteuert von Angst vor Strafe."
  → Es nutzt nicht viel, Strafen anzudrohen, insbesondere dann nicht, wenn der Meister die angedrohten Sanktionen nicht ausführt.
- „Der Mensch benötigt Herausforderungen."
  → *Sicher arbeiten* kann als *Herausforderung* dargestellt werden.
- „Die Illusion der eigenen Unverletzlichkeit ist fester Bestandteil des menschlichen Denkens und Handelns."
  → Diese Illusion muss vom Meister ständig gestört werden.

05. Wie erreicht der Industriemeister, dass sich die Mitarbeiter trotz der Illusion der eigenen Unverletzbarkeit sicher verhalten?

Der rigorose Abbau dieser Illusion ist schlecht möglich, weil sie für jeden normalen Menschen lebensnotwendig ist. Möglich und erforderlich ist es jedoch, dass ständig und immer wieder

* *Gefahrenpotenziale angesprochen* und bewusst gemacht werden,

* die *Folgen* und Konsequenzen sowie die Tragweite sicherheitswidrigen Verhaltens aufgezeigt werden und

* *Unfälle* von Personen, zu denen die Mitarbeiter einen persönlichen Bezug haben, als *Beispiele* für die „sehr wohl vorhandene Verletzbarkeit" dargestellt werden.

Noch wichtiger ist es, eindeutige und begründete *Regeln/Normen* für den Betrieb aufzustellen:

* Regeln basieren auf der Erfahrung, dass Menschen dazu tendieren, sich und ihre Fähigkeiten zu überschätzen.

* Den Regeln müssen ermittelte Gefährdungen zu Grunde liegen.

* Regeln sind wichtige Handlungs- und Orientierungshilfen. Sie legen einfach und verständlich fest, welches Risiko akzeptiert wird und welches Risiko als inakzeptabel gilt.

Hinweis: | Der Vorgesetzte setzt in seinem Verantwortungsbereich die Normen! |

Beispiel:
Für die Durchführung der Inventurarbeiten im Januar des Jahres beschäftigt Ihr Unternehmen Leiharbeiter. Bei Ihrem Rundgang durch das Lager sehen Sie, wie einer der Leiharbeitnehmer auf einer Palette steht und sich von einem Gabelstapler zum oberen Lagerfach anheben lässt, um dort die Mengenzählung zu erfassen. Ihre einzig richtige und notwendige Reaktion ist: Sie untersagen sofort das sicherheitswidrige Verhalten und verwarnen beide Leiharbeiter. Sie führen eine Kurzunterweisung über die Gefahren durch, erstellen ein Protokoll und lassen sich dieses von beiden Arbeitern bestätigen. Außerdem informieren Sie den verantwortlichen Leiter des Leiharbeitsunternehmens (vgl. u. a.: § 11 Abs. 6 AÜG; bitte lesen).

06. Wann prägen Verhältnisse im Betrieb das sichere Verhalten der Mitarbeiter?

Die Verhältnisse im Betrieb prägen das sichere Verhalten der Mitarbeiter dann, wenn

* Mitarbeiter *laufend* im Erkennen und Einschätzen von Gefahren *geschult und unterwiesen* werden,

* betriebliche Situationen *so gestaltet werden*, dass sicher *gearbeitet werden kann*,

* *sicheres Verhalten gefördert* wird und

* *sicherheitswidriges Verhalten geahndet* und entsprechend unterbunden wird.

Werden diese Regeln stetig konsequent angewendet, wird sich *langsam* eine sicherheitsgerechte Einstellung der Mehrzahl der Mitarbeiter entwickeln.

07. Was ist am Verhalten des Vorgesetzten wesentlich für den Mitarbeiter?

Der Vorgesetzte muss konsequent sein. Viel wichtiger noch ist, dass der Vorgesetzte sich selbst sicher verhält, dass er ein Vorbild ist.

Erfahrung aus der Praxis:

Die Mitarbeiter beobachten die Führungskraft ganz genau. Dabei bewerten sie sehr hoch, was der Vorgesetzte tut. Das Handeln des Vorgesetzten wirkt sehr viel schwerer, als sein Wort. *Der Mitarbeiter orientiert sich sehr stark am Tun des Vorgesetzten, weniger an seinen Worten.*

6.3 Planen und Durchführen von Unterweisungen in der Arbeitssicherheit sowie im Arbeits-, Umwelt- und Gesundheitsschutz → AEVO, DGUV-Vorschrift 1, GefStoffV

6.3.1 Konzepte für Unterweisungen

01. Wer muss die Mitarbeiter unterweisen?

Die Unfallverhütungsvorschrift DGUV-Vorschrift 1 „Grundsätze der Prävention" regelt, dass *der Unternehmer/Arbeitgeber* die Mitarbeiter über die bei ihrer Arbeit auftretenden Gefahren und über die Maßnahmen zu ihrer Abwendung *unterweisen* muss.

Bei der *Unterweisungspflicht* handelt es sich also um eine *Unternehmerpflicht*. Der Unternehmer kann diese Pflicht im Allgemeinen nicht selbst ausüben. Deswegen fällt die Unterweisung der Mitarbeiter im modernen Industriebetrieb normalerweise an den Meister. Ihm wird die Unternehmerpflicht „Unterweisung" übertragen (siehe auch 6.1.1/10).

Besondere Unterweisungspflichten für die Mitarbeiter regelt darüber hinaus die Gefahrstoffverordnung. Hier werden besondere Gefahren bei der Verwendung von gefährlichen Stoffen vom Gesetzgeber besonders hervorgehoben.

Hinweis:

> Die *Unterweisung der Mitarbeiter* gehört im Allgemeinen zum *Tagesgeschäft des Industriemeisters* Metall.

02. In welchen Einzelphasen wird ein Unterweisungskonzept erstellt und durchgeführt?

→ 8. Personalentwicklung

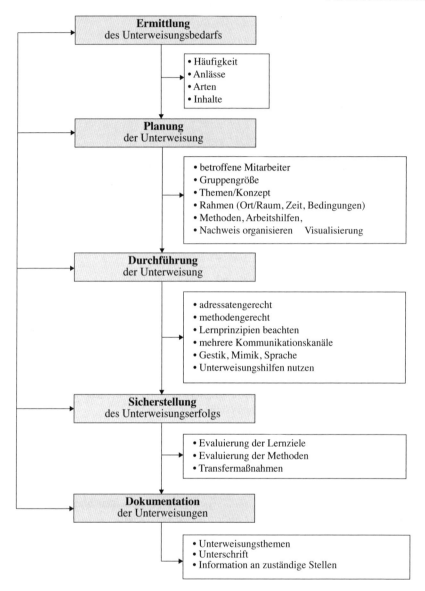

03. Wie oft müssen die Mitarbeiter unterwiesen werden?

Grundsätzlich müssen die Mitarbeiter

- *vor Aufnahme der Tätigkeit* und
- *mindestens einmal jährlich* unterwiesen werden,

so verlangen es die gesetzlichen Regelungen.

Hinweis: Der Industriemeister sollte aus dieser gesetzlichen Regelung, die lediglich ein *unteres Min-destmaß* markiert, für seine Tätigkeit keinesfalls ableiten, dass eine Unterweisung im Jahr ausreichend ist.

04. Warum ist eine einmalige, lang andauernde Unterweisung im Jahr unvorteilhaft und nicht ausreichend?

- Überlegen Sie bitte selbst: Die *Inhalte* – nämlich die wichtigsten Gefahrenmomente bei der Arbeit sind *sehr zahlreich*. Die *Zusammenhänge* der einzelnen Gefährdungen im Betrieb sind oft *sehr komplex*. Der Umfang der Unterweisung müsste demzufolge *sehr groß* werden.

- Nun prüfen Sie bitte selbst: Wollen Sie als Vorgesetzter eine Unterweisungsveranstaltung von etwa zwei Stunden Dauer oder länger vorbereiten, durchführen und nachbereiten?

- Prüfen Sie gedanklich weiter: Würden Sie als Mitarbeiter gern an einer solchen „Mammut-veranstaltung" teilnehmen? Wie viel könnten Sie vom vorgetragenen Stoff behalten?

Erfahrungen der Berufsgenossenschaften belegen sehr eindeutig:

- Der Verständnis- und Behaltenseffekt ist bei wenigen Unterweisungen mit jeweils längerer Dauer sehr gering.

- Durch die lange Zeitdauer von bis zu 12 Monaten zwischen den einzelnen Unterweisungen verblasst die Erinnerung an die Inhalte schon nach wenigen Wochen auf ein sehr geringes Maß.

Dies bedeutet:

- Lange Unterweisungen verbrauchen viel Zeit.
- Liegt ein großer Zeitraum zwischen den einzelnen Unterweisungen, sind den Mitarbeitern die Inhalte schnell nicht mehr geläufig.

Daraus folgt:

> *Wenige* lang andauernde *Unterweisungen* kosten *viel Zeit* und erzielen *keinen* nachhaltigen *Nutzen*. Sie sind *teuer, aufwändig und nicht effektiv.*

Die Erfahrungen der Berufsgenossenschaften zeigen:

- Zwischen den Unterweisungen sollten *nicht mehr als vier Wochen* liegen.
- Die *Zeitdauer einer Unterweisung* sollte die Zeit von 15 Minuten nicht wesentlich übersteigen.

05. Welche Anforderungen stellt die Unterweisung an die Fähigkeiten und Fertigkeiten des Meisters?

Die Unterweisung zielt auf *Verhaltensbeeinflussung* ab. Die Mitarbeiter sollen *Wissen* (Informa-tionen, Daten, Regeln) aber auch *Können* und *Fertigkeiten* erlangen, um sich am Arbeitsplatz sicher verhalten zu können. Sie sollen aber auch *zum sicheren Verhalten motiviert* werden. Die *Wirkung* der Unterweisung zielt also auf das *Wollen, Können und Wissen* der Mitarbeiter ab. Das verlangt natürlich vom Meister, dass er zentrale *Elemente des Lehrens und Lernens anwenden muss*. Er sollte sich dazu die wichtigsten Fähigkeiten und Fertigkeiten aneignen, um erfolgreich unterweisen zu können. Einzelheiten dazu enthält insbesondere die AEVO.

06. Wie plant der Industriemeister eine Unterweisung?

Der *Planungs- und Organisationsaufwand* ist *anfangs erheblich*. Gut geplante Unterweisungen sind grundsätzlich wirksamer als nicht geplante. Sie bringen Erfolg für den Unterweiser und „Gewinn" für die Mitarbeiter und das Unternehmen.

Wesentliche Arbeitsschritte bei der Planung einer Unterweisung sind:

*   Festlegung der *Themen*:
    Ausgangspunkt sind Gefährdungen an Arbeitsplätzen/Arbeitsmitteln, durch Arbeitsstoffe und bestimmte Tätigkeiten (z. B. Gebrauch der PSA, Heben von Lasten, Einhalten von Sicherheitsabständen, elektrotechnische Sicherheitsunterweisung).

*   betroffene Mitarbeiter

*   Erarbeitung des *Konzeptes*

*   Festlegung des *Rahmens* (Zeit, Ort/Raum, Bedingungen)

*   Überlegungen zu *Methoden, Arbeitshilfen und zur Visualisierung*

*   *Nachweis* organisieren.

6.3.2 Unterweisungen   → AEVO

01. Welche Anlässe für Unterweisungen gibt es?

*   Die wesentlichsten *Anlässe* sind:

    - Einstellungen, Umsetzungen im Betrieb
    - im Betriebsablauf sind völlig neue Tätigkeitsbilder entstanden
    - Aufnahme von Arbeiten mit besonders hohen Risiken
    - Umgang mit Gefahrstoffen
    - neue Maschinen/Verfahren im Betrieb
    - nach aktuellen Unfallereignissen im Betrieb.

02. Welche Arten von Unterweisungen gibt es?

*   *Einzelunterweisungen:*
    → *Einzelne Personen* werden unterwiesen.

*   *Sonderunterweisungen:*
    → Dies sind Unterweisungen, die nicht regelmäßig durchgeführt werden und sich in der Regel an besonders schweren *Unfällen,* aber auch an *Schadensfällen* im Betrieb orientieren.

*   *Regelunterweisungen:*
    → Bei Regelunterweisungen handelt es sich um die bekannten regelmäßig *nach Plan* durchgeführten Unterweisungen.

03. Welche Zeitpunkte sind für die Unterweisung günstig?

Unterweisungen finden grundsätzlich *während der Arbeitszeit* statt. *Ungünstig* ist immer das *Schichtende*. Die Leistungsfähigkeit der Mitarbeiter ist nach Schichtende nicht mehr gegeben. Es wurde häufig beobachtet, dass die Mitarbeiter während der Unterweisung sogar zeitweilig eingeschlafen sind.

Vor Beginn der Schicht liegt der *günstigste Zeitpunkt* für die Unterweisung. Der Beginn einer bestimmten, besonderen Arbeit bietet sich ebenfalls als günstiger Zeitpunkt an. Muss eine Unterweisung in Zeiträume von Arbeitsunterbrechungen gelegt werden, sollte die Unterweisung immer *nach einer Pause* erfolgen – *nie davor*.

04. Wie sollte eine Unterweisung gestaltet werden?

Eine Unterweisung sollte immer sehr lebendig gestaltet werden und die bekannten Methoden der AEVO berücksichtigen.

- Bei der *Vorbereitung* bedenken Sie bitte genau:
  - Ziel/Thema
  - persönliche Eigenarten der Mitarbeiter
  - Argumente, mögliche Gegenargumente
  - Beweggründe der Mitarbeiter
  - Art der Durchführung und Abschluss.

- Bei der *Durchführung* beachten Sie bitte:
  - Immer bei Tatsachen bleiben!
  - Stellen Sie offene Fragen!
  - Stellen Sie die Vorteile des sicheren Verhaltens in den Vordergrund!
  - Halten Sie die Ergebnisse fest (Visualisierung, Sichtprotokoll)!

- *Gestaltungsprinzipien* sind u. a.:
  - Benutzen Sie so viele Kanäle der Kommunikation wie möglich, nicht nur die Sprache.
  - Der Einsatz von Mimik, Körpersprache, Gestik sowie
  - die Visualisierung der Inhalte und
  - die aktive Mitgestaltung der Mitarbeiter sichern den Erfolg.

05. Welcher Ort ist für die Unterweisung am günstigsten?

Sehr gute Lernerfolge bieten Unterweisungen direkt am Arbeitsplatz. *Am Arbeitsplatz* ist es möglich, sichere Verhaltensweisen *vor Ort* zu *üben*. Solche praktischen Unterweisungen sind deswegen meist sehr erfolgreich. Störender Lärm und Unruhe durch die Fertigungs- oder Logistikprozesse sorgen aber leider häufig dafür, dass eine Unterweisung direkt am Arbeitsplatz nicht möglich ist. Störender Lärm sollte auf alle Fälle vermieden werden.

Der Raum sollte ausreichend groß sein; frische, sauerstoffreiche Luft ist wichtig. Der Raum sollte zweckmäßig eingerichtet sein. Oft bieten Pausenräume, manchmal aber auch das Meisterbüro einen guten Rahmen.

Große Unternehmen verfügen häufig über Schulungsräume. Sind solche vorhanden, reservieren Sie den Raum rechtzeitig und nutzen Sie die guten Bedingungen, auch wenn der Weg dorthin vielleicht etwas länger ist.

06. Wie groß sollte die Gruppe sein?

Ideal sind Gruppen zwischen *6 bis 10 Personen*. Es ist bei dieser Gruppengröße noch gut möglich, auf den Einzelnen einzugehen und im Dialog zu arbeiten. Wenn der Meisterbereich sehr groß ist, teilen Sie die Belegschaft zur Unterweisung in kleinere Gruppen auf.

07. Wie geht man zweckmäßig bei der Durchführung der Unterweisung vor?   → A 3.3

- Die *Mitarbeiter müssen* für das Thema *interessiert* werden. Der Unterweiser darf nicht nur informieren, sondern muss auch motivieren.

- Die Aussagen sollte man immer begründen.

- Der Unterweiser sollte *den Mitarbeitern stets Fachkompetenz zugestehen.*

- Es ist zweckmäßig, die Auswirkungen sicherheitswidriger Arbeit auf die Lebensqualität in den Mittelpunkt zu stellen.

- Es muss *Aufmerksamkeit erzeugt werden*; dies erreicht man durch eine gute Präsentation.

- Die Mitarbeiter müssen *aktiviert* werden. Dazu sollte man sie *immer wieder einbeziehen*, zur Stellungnahme anhalten, Vorschläge einholen, zur Diskussion auffordern sowie Ergänzungen und Fragen von den Mitarbeitern *abfordern*.

- Wichtig ist es auch, immer wieder die Sichtweise zu wechseln, die Hintergründe der Maßnahmen zu besprechen.

- Schutzmaßnahmen sollten *geübt* werden.

- Der Abschluss einer Unterweisung sollte stets eine *Vereinbarung* sein. Der Mitarbeiter muss *symbolisch verpflichtet werden, künftig sicher zu arbeiten.*

08. Was sind Sicherheitskurzgespräche (Methode der moderierten Kurzunterweisung)?

Modern geführte Unternehmen der Metallindustrie wenden das *Sicherheitskurzgespräch als Unterweisungsmethode* an und sind damit sehr erfolgreich. Die *Grundideen* sind:

- Es wird *öfter* (mindestens einmal monatlich) und *kurz* unterwiesen.

- Die *Mitarbeiter* werden sehr eng in die Unterweisung *einbezogen*; Betroffene werden zu Beteiligten.

- Der Unterweisende moderiert ein etwa *15-minütiges Sicherheitsgespräch mit den Mitarbeitern.*

- Das Sicherheitskurzgespräch wird von den Mitarbeitern selbst *mitgestaltet.*

• Das Sicherheitskurzgespräch hat ein festes Gesprächsraster, das sich an folgenden *Fragen* orientiert:

- Was kann passieren?	→ Gefährdung
- Wie kann es verhindert werden?	→ Lösungsvorschläge
- Welche Maßnahmen werden abgeleitet?	→ · technische Maßnahmen
	· organisatorische Maßnahmen
	· Verhaltensregeln

Die *Vorteile* dieser Methode sind:

• Das Sicherheitskurzgespräch ist schnell und effektiv.

• Die Mitarbeiter beschäftigen sich selbst mit der Optimierung betrieblicher Regeln.

• Die Auseinandersetzung im Gespräch führt zu einer intensiven Beschäftigung mit den Gefährdungen der eigenen Tätigkeiten.

• Die Mitarbeiter ermitteln selbst vielfach sehr gut realisierbare Verbesserungsideen und entwickeln selbst Sicherheitsstandards.

• Die Akzeptanz von verhaltensbezogenen Sicherheitsregeln steigt deutlich, weil sie selbst erarbeitet wurden.

• Durch die systematische Auseinandersetzung mit Gefährdungen und der Erarbeitung von Verhaltensregeln durch die Mitarbeiter selbst wird das vorausschauende Denken gefördert.

• Die Eigenverantwortung der Mitarbeiter wird gefördert.

• Weil die Mitarbeiter selbst mitgestalten können, sind die erlernten Inhalte langanhaltend präsent und der Wissenserwerb ist nachhaltig.

• Das Potenzial der Mitarbeiter wird durch ständiges Fordern gefördert („Fördern heißt fordern!").

09. Wie kann der Industriemeister Kenntnisse und Fertigkeiten für erfolgreiches Unterweisen erwerben?

Die Berufsgenossenschaft Holz und Metall bietet *Seminare* zum Thema Unterweisung für Führungskräfte, insbesondere für die Meisterebene der Metallbetriebe an. In diesen Seminaren wird nicht nur Wissen erworben, sondern die *Unterweisung* wird in Übungsunterweisungen mit Videounterstützung *trainiert*. Die Unterweisungspraxis steht in diesen Seminaren im Vordergrund. Die theoretischen Grundlagen sind auf das notwendige Minimum beschränkt. Die Methode des Sicherheitskurzgespräches als modernste Form der Unterweisung steht dabei im Mittelpunkt.

10. Wo gibt es Hilfn für den Unterweisenden?

Die Berufsgenossenschaft Holz und Metall stellt den Mitgliedsunternehmen gerne *Unterweisungshilfen* zur Verfügung. Über die *örtlichen Präventionsdienste* kann der Industriemeister interessante Druckschriften zu den unterschiedlichsten Themenbereichen erhalten, um seine Unterweisung gut vorzubereiten. Gerne leihen die Präventionsdienste aber auch *VHS-Kassetten* oder *DVD-Medien* aus, mit denen die Unterweisung medial angereichert werden kann. Eine ganze Reihe von Fakten zum Thema Unterweisung findet man natürlich auf der *Präventions-CD* der Metall-Berufsgenossenschaften, die die Mitgliedsunternehmen jährlich aktuell erhalten.

6.3.3 Dokumentation

01. Warum ist es wichtig, die Unterweisungen zu dokumentieren?

Die Dokumentation der Unterweisung hat den Vorteil, dass die Führungskraft den Nachweis darüber führen kann, welche Inhalte wann unterwiesen wurden. Die Dokumentation kann im rechtlichen Sinne für den Vorgesetzten sehr wichtig werden, wenn die Arbeitsschutzbehörden, die Berufsgenossenschaften oder sogar die Staatsanwaltschaft im Rahmen einer Unfalluntersuchung prüft, inwieweit der Vorgesetzte seiner gesetzlichen Unterweisungspflicht nachgekommen ist.

Sehr vorteilhaft ist es in solchen Fällen, wenn die Dokumentation von den Mitarbeitern, die unterwiesen worden sind, mit einer Unterschrift versehen worden ist. *Eine generelle gesetzlich verankerte Dokumentationspflicht mit Unterschriftsleistung gibt es jedoch nicht.*

Es bleibt der Führungskraft vorbehalten, die Vorteile einer solchen Verfahrensweise zu nutzen, der erfahrene Meister tut es mit Sicherheit. In modernen Betrieben der Metallindustrie existieren natürlich betriebliche Regelungen, die die Unterweisungszyklen regeln.

Nur bezüglich der Unterweisungen zum sicheren Umgang mit Gefahrstoffen gibt es eine gesetzliche Pflicht zur Dokumentation der Unterweisung. Diese Pflicht ergibt sich aus § 14 Abs. 2 der GefStoffV. Das Gesetz legt genau fest, dass Inhalt und Zeitpunkt der Unterweisung festzuhalten sind und die Unterweisung vom Unterwiesenen durch Unterschrift zu bestätigen ist.

02. Welche Anforderungen sollte ein geeignetes System zur Dokumentation der Unterweisungen erfüllen?

- übersichtlich
- griffbereit
- gültig
- aktuell
- vollständig
- Darstellung der Verantwortlichkeiten

6.4 Überwachen der Lagerung und des Umgangs von/ mit umweltbelastenden und gesundheitsgefährdenden Betriebsmitteln, Einrichtungen, Werk- und Hilfsstoffen

6.4.1 Eigenschaften von Gefahrstoffen

→ B 2.1.3, § 4 GefStoffV, § 3a ChemG, GefahrstoffR 67/548/EWG, VO (EG) 1272/2008/EG-CLP-Verordnung, VO (EG) 1907/2006 (EG-REACH-Verordnung)

01. Welche Stoffe gelten als Gefahrstoffe?

Welche Stoffe als Gefahrstoffe gelten, regelt die Gefahrstoffverordnung (GefStoffV). Nicht nur *reine Stoffe* sind Gefahrstoffe, auch *Zubereitungen* aus mehreren Stoffen können Gefahrstoffe sein. Gefahrstoffe können aber auch erst *im Prozess während der Herstellung* aus zunächst ungefährlichen Stoffen entstehen.

Gefahrstoffe können explosionsfähig sein, aber auch krebserregend, erbgutverändernd oder fruchtbarkeitsgefährdend. Gefahrstoffe sind Stoffe, die ein oder mehrere Gefährlichkeitsmerkmale aufweisen. Die Gefährlichkeitsmerkmale sind in § 3 der Gefahrstoffverordnung und in § 3a des Chemikaliengesetzes genau beschrieben.

Einstufung, Kennzeichnung und Verpackung von Stoffen und Gemischen richten sich nach der EG-Verordnung 1272/2008 (EG-CLP-Verordnung).

02. Welche Gefährlichkeitsmerkmale gibt es?

Bislang weisen Chemikaliengesetz und Gefahrstoffverordnung den Gefahrstoffen 15 verschiedene Gefährlichkeitsmerkmale zu. Dies sind im Einzelnen die Merkmale:

Gefährlichkeitsmerkmal		Kennbuchstabe	Gefährlichkeitsmerkmal		Kennbuchstabe
1.	explosionsgefährlich	O	10.	reizend	Xi
2.	brandfördernd	E	11.	sensibilisierend	
3.	hochentzündlich	F+		• beim Einatmen	Xn
4.	leichtentzündlich			• über die Haut	Xi
5.	entzündlich	F	12.	krebserzeugend	T
6.	sehr giftig	T+	13.	fortpflanzungsgefährdend	T
7.	giftig	T	14.	erbgutverändernd	
8.	gesundheitsschädlich	X	15.	umweltgefährlich	T
9.	ätzend	C			N

Hinweis: Für krebserzeugende, erbgutverändernde, fortpflanzungsgefährdende und sensibilisierende Eigenschaften gibt es keine eigenen Symbole und Gefahrenbezeichnungen.

03. Welche Gefahrenpiktogramme gibt es?

Es gibt neun (neue) international festgelegte Gefahrenpiktogramme als Warnzeichen. Sie weisen auf die Hauptgefahren hin, die von einem Stoff oder Gemisch ausgehen. Sie sind *weiß* und *rot umrandet*; der Druck des eigentlichen Piktogramms ist *schwarz*.

GHS01

Explodierende Bombe
z. B. Explosive Stoffe

GHS02

Flamme
z. B.
- Entzündbare Feststoffe, Flüssigkeiten, Aerosole, Gase
- Pyrophore Stoffe
- Organische Peroxide

GHS03
Flamme über einem Kreis
- Oxidierende Feststoffe
- Oxidierende Flüssigkeiten
- Oxidierende Gase

GHS04
Gasflasche
Gase unter Druck

GHS05
Ätzwirkung
- Hautätzend, Kat. 1
- Schwere Augenschädigung, Kat. 1
- Korrosiv gegenüber Metallen, Kat. 1

GHS06
Totenkopf mit gekreuzten Knochen
- Akute Toxizität, Kat. 1 - 3

GHS07
Ausrufezeichen
z. B.
- Akute Toxizität, Kat. 4
- Hautreizend, Kat 2

GHS08
Gesundheitsgefahr
z. B.
- Karzinogenität, Kat. 1A/B, 2
- Aspirationsgefahr
- Atemwegssensibilisierend
- Spezifische Zielorgantoxizität

GHS09
Umwelt
- Gewässergefährdend

04. Wie werden Gefahrstoffe eingestuft und gekennzeichnet?

Die bislang gültigen europäischen Regeln zur Einstufung, Kennzeichnung und Verpackung von Chemikalien werden bis zum Jahr 2015 unter Federführung der Vereinten Nationen durch ein weltweit harmonisiertes System abgelöst.

Das System trägt den Namen:

> **„Globalisiertes System zur Einstufung und Kennzeichnung von Chemikalien;**
> **die Kurzbezeichnung lautet GHS."**

Das GHS wird in Europa durch die EG-Verordnung Nr. 1272/2008 über die Einstufung, Kennzeichnung und Verpackung von Stoffen und Gemischen – kurz CLP-Verordnung – umgesetzt. Sie gilt seit 20.01.2009 und ist seither rechtsverbindlich.

Der Industriemeister wird in der Übergangszeit bis 2015 daher mit Sicherheit Chemiekaliengebinde mit den gewohnten (alten) 15 Gefährlichkeitsmerkmalen und auch den gewohnten alten Gefahrensymbolen in der Betriebspraxis antreffen. Gleichermaßen ist zu erwarten, dass mehr und mehr die neu eingeführten 28 Gefahrenklassen, die wiederum in Gefahrenkategorien unterteilt sind, sich in der Praxis durchsetzen.

Die Einstufung erfolgt in Gefahrenklassen und Gefahrenkategorien:

Gefahrenklasse	
Art der • physikalischen Gefahr • Gefahr für die menschliche Gesundheit • Gefahr für die Umwelt	z. B. Gefahrenklasse • Akute Toxizität (3.1) • Sensibilisierung der Atemwege oder Haut (3.4) • Entzündbare Flüssigkeiten (2.6) • Korrosiv gegenüber Metallen (2.16)

Gefahrenkategorie	
• untergliedert die Gefahrenklassen hinsichtlich der Schwere der Gefahr	z. B. in die Gefahrenklasse Akute Toxizität (3.1) • Kategorie 1 • Kategorie 2 • Kategorie 3 • Kategorie 4

Signalworte	weisen auf das Ausmaß der Gefahr hin. • Das Signalwort „Gefahr" weist auf schwerwiegende Gefahren hin. • Das Signalwort „Achtung" kennzeichnet weniger schwerwiegende Gefahrenkategorien.
Gefahren-hinweise	sind Textaussagen; sie erklären Art und Schweregrad der vom Stoff ausgehenden Gefahr.
Sicherheits-hinweise	sind Textaussagen, die geeignete Maßnahmen empfehlen, die helfen, schädliche Wirkungen zu vermeiden.

Gefahren-piktogramme	vermitteln die Information über die betreffende Gefahr optisch auffallend auf dem Etikett der Gebinde. Die Piktogramme werden mit einem Signalwort oder mit zwei Signalwörtern ergänzt „Achtung" oder „Gefahr".
Gefährlichkeits-merkmale	werden durch Gefahrenklassen und Gefahrenkategorien beschrieben.
H-Sätze	beschreiben die gefährlichen Eigenschaften der Chemikalien näher.
P-Sätze	geben Hinweise zum sicheren Umgang mit den Chemikalien.

Beispiel: Etikett für das Lösungsmittel Methanol

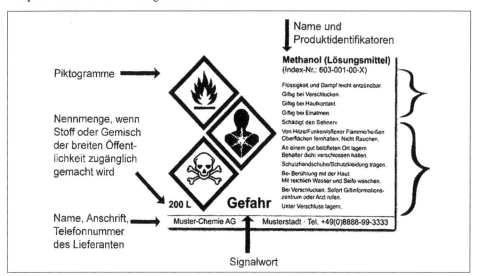

Findet der Industriemeister Metall Kennzeichnungen von Gebinden nach altem Recht, so gibt es im Internetauftritt der Berufsgenossenschaft „Rohstoffe und Chemische Industrie" einen praktischen „GHS-Konverter". Mit diesem erhält er sichere Kenntnisse und Informationen nach neuem Recht (GHS/CLP).

- Die *Kennzeichnung* der Gebinde muss enthalten:
  1. Name des Stoffes, Produktidentifikatoren
  2. deutlich sichtbares Gefahrenpiktogramm
  3. H-Sätze
  4. P-Sätze
  5. Name, Anschrift, Telefon des Herstellers/Einführers oder Vertreibers in der EU
  6. Signalwort.

- *Verpackung*: Chemikalien müssen *sicher verpackt* sein. Jede Einzelverpackung ist zu kennzeichnen.

- *Sicherheitsdatenblatt nach § 5 GefStoffV:*
  Jeder Liefereinheit müssen geeignete *Sicherheitsinformationen*, insbesondere das sog. *Sicherheitsdatenblatt* beigefügt sein. Das Sicherheitsdatenblatt enthält z. B. folgende Informationen:

Stoffbezeichnung, Zusammensetzung, Gefahren, Handhabung/Transport/Lagerung, notwendige PSA, Hinweis auf H- und P-Sätze.

Stoffe, die für jedermann erhältlich sind (Einzelhandel) und die nach T+, T oder C eingestuft sind, müssen auf der Verpackung zusätzlich eine genaue und verständliche *Gebrauchsanweisung* tragen.

05. Wie können die Gefährdungen, die von Gefahrstoffen ausgehen, beurteilt werden und woher nimmt der Praktiker die Informationen, um die Gefährdungen zu ermitteln?

Leider lässt sich die Gefährlichkeit von Stoffen mit den menschlichen Sinnen (Geschmack, Geruch, Aussehen) nur in ganz seltenen Fällen exakt erkennen. Aus diesem Grund gibt es in Europa schon sehr lange die *Richtlinie 91/155/EWG*, die besagt, dass der Lieferant, Hersteller bzw. Importeur für den Gefahrstoff, mit dem er handelt, ein Sicherheitsdatenblatt zu erstellen hat.

Dieses Sicherheitsdatenblatt muss jeder Liefereinheit kostenlos beigegeben werden. Es enthält folgende *Informationen*:

- Stoff-/Zubereitungs- und Firmenbezeichnung
- Zusammensetzung/Angaben zu Bestandteilen
- mögliche Gefahren
- Erste-Hilfe-Maßnahmen
- Maßnahmen zur Brandbekämpfung
- Maßnahmen bei unbeabsichtigter Freisetzung
- Handhabung und Lagerung
- Expositionsbegrenzung und persönliche Schutzausrüstungen
- physikalische und chemische Eigenschaften
- Stabilität und Reaktivität
- Angaben zur Toxikologie
- Angaben zur Ökologie
- Hinweise zur Entsorgung
- Angaben zum Transport
- Vorschriften
- sonstige Angaben.

Der berufsmäßige Verwender bekommt mit dem Sicherheitsdatenblatt alle notwendigen Daten vermittelt, um die für den Gesundheitsschutz, die Sicherheit am Arbeitsplatz und natürlich den Umweltschutz notwendigen Maßnahmen treffen zu können. Alle sicherheitsrelevanten Angaben für den Umgang mit dem Stoff oder der Inhalte sind im Sicherheitsdatenblatt enthalten.

6.4.2 Gefahrstoffkataster

01. Was ist ein Gefahrstoffkataster?   → § 6 Abs. 10 GefStoffV

Jeder Arbeitgeber hat ein vollständiges *Verzeichnis der im Betrieb verwendeten Gefahrstoffe* zu führen. Dies bestimmt § 6 Abs. 10 GefStoffV. Dieses Verzeichnis enthält alle Informationen über den Stoff, wie und wo er im Betrieb verwendet wird und welche Mengen verbraucht werden. Die Informationen über den Stoff aus dem Sicherheitsdatenblatt sind Bestandteil des betrieblichen *Gefahrstoffkatasters*. Das Verzeichnis muss allen Beschäftigten und deren Vertretern zugänglich sein. Unternehmen, die eine große Anzahl von Gefahrstoffen verarbeiten, führen die Gefahrstoffkataster rechnergestützt.

Informationen über die im jeweiligen Meisterbereich verwendeten Gefahrstoffe sind für den Industriemeister meist über die *Sicherheitsfachkraft* des Betriebes erhältlich. Sehr große Unternehmen verfügen über betriebliche Spezialisten, die sich ausschließlich mit Gefahrstoffen befassen.

02. Was ist eine Betriebsanweisung?   → § 14 GefStoffV, TRGS 555

Betriebsanweisungen sind Anweisungen des Betreibers von Einrichtungen, technischen Anlagen, Arbeitsverfahren und damit des Anwenders von Stoffen und Zubereitungen *an seine Mitarbeiter mit dem Ziel, Unfälle und Gesundheitsrisiken zu vermeiden.* Sie sind grundsätzlich *schriftlich* abzufassen. Ganz klar einbezogen ist der Umweltschutz. Betriebsanweisungen werden oft mit Betriebsanleitungen verwechselt, obwohl es zwischen beiden Begriffen einen großen Unterschied gibt. Das Wort Betriebsanleitung klingt nur ähnlich, es hat mit der Betriebsanweisung wenig zu tun.

Betriebsanleitungen sind Anleitungen des Herstellers an den Betreiber. Sie sind dem Sinne nach eigentlich Benutzerinformationen.

Der § 14 der Gefahrstoffverordnung legt fest, dass für die Beschäftigten, die mit Gefahrstoffen umgehen, *schriftliche Betriebsanweisungen* erstellt werden müssen. Die Betriebsanweisungen müssen für die Beschäftigten *in Form und Sprache verständlich* abgefasst werden. Die Betriebsanweisungen für den Umgang mit Gefahrstoffen müssen mindestens folgenden *Inhalt* haben:

* Informationen über den Stoff, wie Bezeichnung, Kennzeichnung und Gefährdungen
* Informationen über Vorsichtsmaßregeln und Schutzmaßnahmen, Tragen und Benutzen persönlicher Schutzausrüstungen
* Informationen über Maßnahmen bei Betriebsstörungen, Unfällen und Notfällen für die Beschäftigten selbst und für Rettungsmannschaften
* Hygienevorschriften
* Informationen zur Verhütung von Expositionen
* Informationen zum Tragen und Verwenden von PSA.

Die Betriebsanweisung muss *an den Arbeitsplätzen*, an denen Gefahrstoffe verwendet werden oder entstehen, *zur Verfügung* stehen. Die Betriebsanweisung ist die *Grundlage der Unterweisung* für die Mitarbeiter. Die Betriebsanweisungen sind meist kurz und knapp abgefasst. Die Größe einer DIN A4-Seite hat sich als zweckmäßig erwiesen und ist heute Standard.

In der Metallindustrie, aber auch in anderen Branchen hat sich ein Formblatt mit einheitlicher Gliederung durchgesetzt. *Das Formblatt für Betriebsanweisungen für den Umgang mit Gefahrstoffen ist leuchtend orange gerändert* und so gut als solches erkennbar.

Das Formblatt für Betriebsanweisungen für das Betreiben von Maschinen und Anlagen ist dagegen blau gerändert.

Die Berufsgenossenschaften bieten in ihren Internet-Auftritten eine Vielzahl gängiger Betriebsanweisungen zum kostenfreien Download an. Zusätzlich enthält die jährlich zu erscheinende Präventions-DVD der Metall-Berufsgenossenschaften eine große Menge an gängigen Beispielen.

03. Wie erfolgt die Unterrichtung und Unterweisung der Beschäftigten, die mit Gefahrstoffen umgehen?

- Die Beschäftigten, die mit Gefahrstoffen umgehen, müssen anhand des Inhalts der Betriebsanweisung vor Beginn der Tätigkeit und regelmäßig, *mindestens* jedoch *einmal jährlich*, arbeitsplatzbezogen unterwiesen werden.

- Die Unterweisung muss *schriftlich dokumentiert* werden.

- Die unterwiesenen Mitarbeiter müssen die Unterweisung *schriftlich quittieren*.

- Die Beschäftigten und ihre Vertreter müssen über die Verwendung von Gefahrstoffen durch den Unternehmer unterrichtet werden.

6.4.3 Vorschriften zur Lagerung

01. Was gilt als „Lagern"?

Lagern ist das Aufbewahren zur späteren Verwendung bzw. Abgabe an andere. Die Gefahrstoffverordnung legt die Grundsätze zur Lagerung von Gefahrstoffen in § 8 fest.

02. Wie muss die Lagerung von Gefahrstoffen organisiert sein? → **§ 8 GefStoffV**

- Die Lagerung von Gefahrstoffen muss stets so erfolgen, dass die menschliche Gesundheit und die Umwelt *nicht gefährdet* werden können. Missbrauch und Fehlgebrauch sind zu verhindern.

- Die mit der Verwendung verbundenen Gefahren müssen auch während der Lagerung durch *Kennzeichnung* erkennbar sein.

- Gefahrstoffe dürfen nicht in *Behältern* aufbewahrt werden, durch deren Form der Inhalt mit Lebensmitteln verwechselt werden kann.

- Sie müssen *übersichtlich gelagert* werden.

- Gefahrstoffe dürfen *nicht in unmittelbarer Nähe* von Arzneimitteln, Lebens- oder Futtermitteln gelagert werden.

- Gefahrstoffe, die nicht mehr benötigt werden und Behälter die geleert worden sind, müssen vom Arbeitsplatz entfernt werden (*Einlagerung oder Entsorgung*).

- Als Maximalmenge von Gefahrstoffen *am Arbeitsplatz* gilt die Menge, die in der Arbeitsschicht verarbeitet werden kann.

- Diese Bestimmungen legen fest, dass für die Lagerung von Gefahrstoffen im Betrieb *spezielle Lagerräume* eingerichtet werden müssen, die den allgemeinen und speziellen Anforderungen der Stoffe genügen müssen.

6.4.4 Umgang mit Gefahrstoffen durch besondere Personen

01. Welche wichtigen Einzelbestimmungen enthält das Jugendarbeitsschutzgesetz (JArb-SchG)?

Wichtige Einzeltatbestände sind:

Kinderarbeit	Die Beschäftigung von Kindern (< 15 Jahre) ist verboten; es gelten Ausnahmen.
Gefahrstoffe, gefährliche Arbeiten	Das Jugendarbeitsschutzgesetz bestimmt, dass Jugendliche schädlichen Einwirkungen von Gefahrstoffen nicht ausgesetzt werden dürfen; Einzelheiten regelt § 22 Abs. 1 Nr. 5-6 JArbSchG (bitte lesen).
	Verbot der Beschäftigung mit gefährlichen Arbeiten.
	Vor Beginn der Beschäftigung und in regelmäßigen Abständen hat eine Unterweisung über Gefahren zu erfolgen.
Arbeitszeit	8 Stunden täglich, die tägliche Arbeitszeit kann auf 8 ½ Stunden erhöht werden, wenn an einzelnen Tagen weniger als 8 Stunden gearbeitet wird,
	40 Stunden wöchentlich,
Ruhepausen	Bei mehr als 4 ½ bis 6 Stunden eine Pause von 30 Minuten, bei mehr als 6 Stunden eine Pause von 60 Minuten; Pausen betragen mindestens 15 Minuten und müssen im Voraus festgelegt werden,
Samstagsarbeit	Jugendliche dürfen an Samstagen nicht beschäftigt werden; Ausnahmen sind z. B. offene Verkaufsstellen, Gaststätten, Verkehrswesen; mindestens 2 Samstage sollen beschäftigungsfrei sein, dafür aber Freistellung an einem anderen berufsschulfreien Arbeitstag,
Sonntagsarbeit	Jugendliche dürfen an Sonntagen nicht beschäftigt werden; Ausnahmen sind z. B. im Gaststättengewerbe. Mindestens zwei Sonntage im Monat müssen beschäftigungsfrei sein. Bei Beschäftigung an Sonntagen ist Freistellung an einem anderen berufsschulfreien Arbeitstag derselben Woche sicherzustellen,
Urlaub	Mindestens 30 Werktage, wer zu Beginn des Kalenderjahres noch nicht 16 Jahre alt ist; mindestens 27 Werktage, wer noch nicht 17 Jahre alt ist; mindestens 25 Werktage, wer noch nicht 18 Jahre alt ist. Bis zum 1. Juli voller Jahresurlaub, ab 2. Juli 1/12 pro Monat.
Berufsschulbesuch	Jugendliche sind für die Teilnahme am Berufsschulunterricht freizustellen und nicht zu beschäftigen: • an einem vor 9:00 Uhr beginnenden Unterricht, • an einem Berufsschultag mit mehr als 5 Unterrichtsstunden von mindestens je 45 Minuten Dauer einmal in der Woche, • in Berufsschulwochen mit Blockunterricht von 25 Stunden an 5 Tagen; Berufsschultage werden mit 8 Stunden auf die Arbeitszeit angerechnet.
Freistellungen	Freistellung muss erfolgen für die Teilnahme an Prüfungen und an dem Arbeitstag, der der schriftlichen Abschlussprüfung unmittelbar vorangeht.
Nachtruhe	Jugendliche dürfen nur in der Zeit von 6:00 - 20:00 Uhr beschäftigt werden, im Gaststättengewerbe bis 22:00 Uhr. In mehrschichtigen Betrieben dürfen nach vorheriger Anzeige an die Aufsichtsbehörde Jugendliche über 16 Jahren ab 5:30 Uhr oder bis 23:30 Uhr beschäftigt werden, soweit sie hierdurch unnötige Wartezeiten vermeiden können.
Feiertagsbeschäftigung	Am 24.12. und 31.12. nach 14:00 Uhr und an gesetzlichen Feiertagen keine Beschäftigung. Ausnahmen bestehen für Gaststättengewerbe, jedoch nicht am 25.12., 01.01., am ersten Ostertag und am 01.05..

Ärztliche Untersuchungen	Beschäftigungsaufnahme nur, wenn innerhalb der letzten 14 Monate eine erste Untersuchung erfolgt ist und hierüber eine Bescheinigung vorliegt. Ein Jahr nach Aufnahme der ersten Beschäftigung Nachuntersuchung; sie darf nicht länger als 3 Monate zurückliegen (nur bis zum 18. Lebensjahr).
Aushänge	Auszuhändigen sind: Jugendarbeitsschutzgesetz, Mutterschutzgesetz, Anschrift der Berufsgenossenschaft, tägliche Arbeitszeit; es ist ein Verzeichnis der beschäftigten Jugendlichen mit Angabe deren täglicher Arbeitszeit zu führen.

02. Welchen besonderen Schutz genießen Frauen?

Gleichbehandlungs-grundsatz	• Art 3,6 GG • Allgemeines Gleichbehandlungsgesetz (AGG)
Förderung	• Frauenförderungsgesetz (FFG)
Mutterschutz	• Mutterschutzgesetz (MuSchG) • Mutterschutzverordnung (MuSchV) • Bundeselterngeld- und Elternzeitgesetz (BEEG)

Der Schutz im Zusammenhang mit der Geburt und Erziehung eines Kindes ist im Mutterschutzgesetz und im Bundeselterngeld- und Elternzeitgesetz geregelt. Insbesondere finden sich folgende Bestimmungen:

• Das MuSchG gilt für alle Frauen, die in einem Arbeitsverhältnis stehen.

• Der Arbeitsplatz ist besonders zu gestalten (Leben und Gesundheit der werdenden/stillenden Mutter ist zu schützen).

• Es existiert ein relatives und ein *absolutes Beschäftigungsverbot* für werdende Mütter.

• Anspruch auf Arbeitsfreistellung für die Stillzeit

• Entgeltschutz: Verbot finanzieller Nachteile

• absolutes Kündigungsverbot (während der Schwangerschaft und vier Monate danach)

• Es besteht Anspruch auf Elterngeld und Elternzeit (vgl. BEEG).

6.4.5 Gefährdungsbeurteilung und Schutzmaßnahmen

01. Welches Konzept verfolgt die überarbeitete Gefahrstoffverordnung?

Achtung: Die Gefahrstoffverordnung ist völlig überarbeitet und neu gestaltet worden Sie gehört damit zu den jüngsten Gesetzen im Themenkreis Arbeits- und Umweltschutz und ist im November 2010 in Kraft getreten.

Die (neue) GefStoffV setzt die Gefahrstoffrichtlinie der EU für Deutschland um. Sie ergänzt das Arbeitsschutzgesetz und baut auf dessen Schutzzielen auf. Die Verordnung enthält *Maßnahmen in gefährdungsorientierter Abstufung* und schließt in das Schutzkonzept auch Stoffe ohne Grenzwert ein.

Im Gegensatz zur alten Verordnung beruht das Grenzwertkonzept nur noch auf gesundheits-basierenden Luftgrenzwerten. Vorsorgeuntersuchungen auf Wunsch der Beschäftigten werden möglich. Ausgangspunkt aller Schutzkonzepte und Schutzmaßnahmen ist die Gefährdungsbeurteilung gem. § 6 GefStoffV und § 5 ArbSchG.

Die Beurteilung der Gefährdungen wird im Betrieb nach folgenden Gesichtspunkten durchgeführt:

1. gefährliche Eigenschaften der Stoffe (auch Zubereitungen physikalisch-chemische Wirkungen)

2. Informationen des Herstellers (auch Inverkehrbringers) zum Gesundheitsschutz (Sicherheits-datenblatt)

3. Art und Ausmaß der Exposition, Expositionswege, Messwerte, andere Ermittlungen

4. Möglichkeit des Ersatzes von Gefahrstoffen durch weniger gefährliche oder ungefährliche Stoffe

5. Arbeitsbedingungen, Arbeitsmittel, Menge der Gefahrstoffe

6. Grenzwerte

7. Wirksamkeit der Schutzmaßnahmen

8. medizinische Erkenntnisse, Ergebnisse der medizinischen Vorsorge.

02. Welche Schutzmaßnahmen schreibt die neue GefStoffV vor?

Grundlage aller Handlungen, die der Unternehmer in Gang setzen muss, ist, wie im Arbeits-schutzgesetz gefordert, die *Gefährdungsbeurteilung*. Sie muss *dokumentiert werden*.

Die anzuwendenden Schutzmaßnahmen ergeben sich aus dem Gefährdungsgrad, der im Rahmen der Gefährdungsbeurteilung ermittelt wurde.

Die Schutzstufen umfassen

- allgemeine Schutzmaßnahmen (§ 8 GefStoffV),
- zusätzliche Schutzmaßnahmen (§ 9 GefStoffV) und
- besondere Schutzmaßnahmen (§ 10 GefStoffV).

- Allgemeine Schutzmaßnahmen:
  § 8 GefStoffV beschreibt die Grundmaßnahmen, die in jedem Fall ergriffen werden müssen. Die Reihenfolge der Maßnahmen gliedert sich in:

  - Beseitigung der Gefährdung
  - Verringerung der Gefährdung auf ein Mindestmaß
  - Substitution des Stoffes durch weniger gefährliche Stoffe.

  Greifen diese Maßnahmen nicht oder nicht ausreichend, müssen

  - technische oder verfahrenstechnische Maßnahmen nach dem Stand der Technik ergriffen werden

  - kollektive Schutzmaßnahmen in Gang gesetzt werden und organisatorische Maßnahmen als Ergänzung umgesetzt werden

- individuelle Schutzmaßnahmen (persönliche Schutzausrüstungen, PSA) ergänzen die vorstehend aufgeführten.

Die Schutzmaßnahmen umfassen:
- Arbeitsplatzgestaltung, Organisation
- Bereitstellung geeigneter Arbeitsmittel
- Begrenzung der Anzahl der Mitarbeiter
- Begrenzung der Dauer und Höhe der Exposition
- Hygienemaßnahmen, Reinigung der Arbeitsplätze
- Begrenzung der Menge des Gefahrstoffs am Arbeitsplatz
- Anwendung geeigneter Arbeitsm ethoden und -verfahren (Gefährdung so gering wie möglich)
- Vorkehrungen zur sicheren Handhabung, Lagerung und sicherem Transport (inkl. der Abfälle).

Es besteht die Pflicht zu ermitteln, ob die Arbeitsplatzgrenzwerte eingehalten werden. In Arbeitsbereichen, in denen eine Kontamination besteht, darf nicht gegessen, getrunken oder geraucht werden. Es müssen besondere Maßnahmen ergriffen werden, wenn Arbeiten mit Gefahrstoffen von Mitarbeitern allein ausgeführt werden müssen.

- *Zusätzliche Schutzmaßnahmen:*
  Sie geht von *Tätigkeiten mit hoher Gefährdung* aus. Hier sind zusätzliche Schutzmaßnahmen notwendig wie

  - Verwendung in geschlossenen Anlagen und Systemen

  - technische Maßnahmen der Luftreinhaltung

  - besondere Entsorgungstechniken

  - Messen von Gefahrstoffkonzentrationen

  - Bereitstellung von besonders geeigneter PSA

  - Evt. müssen getrennte Aufbewahrungsmöglichkeiten für Arbeits- bzw. Schutzkleidung und Straßenkleidung bereitgestellt werden.

  - Reinigung der kontaminierten Kleidung muss durch den Arbeitgeber zu seinen Lasten veranlasst werden.

  - wirksame Zutrittsbeschränkungen zu gefährdeten Arbeitsbereichen

  - Aufsicht (auch Aufsicht unter Zuhilfenahme technischer Mittel).

Insbesondere Tätigkeiten, bei denen mit Überschreitungen von Grenzwerten zu rechnen ist, erfordern *zusätzliche* Schutzmaßnahmen.

- *Besondere Schutzmaßnahmen* bei Tätigkeiten mit krebserzeugenden, erbgutverändernden und fruchtbarkeitsgefährdenden Gefahrstoffen:

  Hier werden zusätzlich sehr wirksame technische Lösungen, besondere Schutzkleidungen usw. notwendig und die Dauer der Exposition für die Beschäftigten darf nur ein absolutes Minimum darstellen. Abgesaugte Luft darf unabhängig von ihrem Reinigungsgrad nicht wieder an den Arbeitsplatz zurückgeführt werden.

Besondere Schutzmaßnahmen sind im Einzelnen:

- exakte Ermittlung der Exposition (schnelle Erkennbarkeit von erhöhten Expositionen muss möglich sein, z. B. bei unvorhersehbaren Ereignissen, Unfällen)

- Gefahrbereiche sicher begrenzen (z. B. Verbotszeichen für Zutritt, Rauchverbot)

- Beschränkung der Expositionsdauer

- PSA mit besonders hoher Schutzwirkung (Tragepflicht für die Mitarbeiter während der gesamten Expositionsdauer)

- keine Rückführung abgesaugter Luft an den Arbeitsplatz

- Aufbewahrung der genannten Stoffe unter Verschluss.

- *Besondere Schutzmaßnahmen* gegen physikalische und chemische Einwirkungen – insbesondere Brand- und Explosionsgefährdungen:

Ergibt sich aus der Gefährdungsbeurteilung, dass besondere Schutzmaßnahmen gegen physikalische und chemische Einwirkungen – insbesondere Brand- und Explosionsgefährdungen – notwendig sind, eignen sich folgende Schutzmaßnahmen:

- Tätigkeiten vermeiden und verringern

- gefährliche Mengen und Konzentrationen vermeiden

- Zündquellen vermeiden

- Schädliche Auswirkungen von Bränden und Explosionen auf die Sicherheit der Mitarbeiter und anderer Personen verringern. Dies geschieht i. d. R. durch besondere technische Einrichtungen, die durch organisatorische Maßnahmen unterstützt werden.

Im Überblick: *Die Schutzmaßnahmen der neuen GefStoffV 2010:*

§ 7	**Grundpflichten** bei der Durchführung von Schutzmaßnahmen	
	§ 8	+ **Allgemeine Schutzmaßnahmen,** die bei geringer und „normaler" Gefährdung ausreichen
		§ 9	+ **Zusätzliche Schutzmaßnahmen** bei „erhöhter" Gefährdung
			§ 10	+ **Besondere Schutzmaßnahmen** bei Tätigkeiten mit krebserzeugenden, erbgutverändernden und fruchtbarkeitsgefährdenden Gefahrstoffen der Kategorie 1 oder 2 + **Besondere Schutzmaßnahmen** gegen physikalische und chemische Einwirkungen – insbesondere Brand- und Explosionsgefährdungen

03. Wie ist die arbeitsmedizinische Vorsorge beim Umgang mit Gefahrstoffen geregelt?

Spezielle arbeitsmedizinische Vorsorgeuntersuchungen sind vom Arbeitgeber auf dessen Rechnung zu veranlassen. Sie gliedern sich gemäß der Verordnung zur arbeitsmedizinischen Vorsorge (ArbMedVV) in *Plicht- und Angebotsuntersuchungen.*

- Der Arbeitgeber muss *Pflichtuntersuchungen* in regelmäßigen Abständen als Erst- und Nachuntersuchung veranlassen. Ein Anhang der ArbMedVV bestimmt genau, wann Pflichtuntersuchungen angeboten werden müssen.

Im Anhang „Arbeitsmedizinische Pflicht- und Angebotsuntersuchungen und Maßnahmen der arbeitsmedizinischen Vorsorge" sind im Teil I die Pflichtuntersuchungen bei Tätigkeiten mit bestimmten Gefahrstoffen alphabethisch geordnet (von Acrynitril bis Xylol).

Pflichtuntersuchungen sind z. B. zwingend vorgeschrieben, wenn:

- der Arbeitsplatzgrenzwert nicht eingehalten wird

- die Gefahrstoffe durch die Haut in den Körper eindringen können (hautresorptiv)

- bei Feuchtarbeit über vier Stunden am Tag

- Schweißen und Trennen von Metallen mit drei oder mehr mg/m^3 Schweißrauch in der Atemluft

- Tätigkeiten mit Exposition gegenüber Isocyanaten, bei denen ein regelmäßiger Hautkontakt nicht vermieden werden kann oder eine Luftkonzentration von 0,05 Milligramm pro Kubikmeter überschritten wird (PUR-Schäume, PUR-Lache)

- Exposition gegenüber unausgehärteten Epoxidharzen.

- Auch Angebotsuntersuchungen sind derzeit genau aufgelistet. Sie sollten auch dann angeboten werden, wenn die Grenzwerte nicht überschritten werden.

Beispiele:
- Schweißrauchkonzentration unter 3 mg/m^3 Luft
- Tätigkeiten im Zusammenhang mit Begasungen.

Darüber hinaus müssen alle arbeitsmedizinische Vorsorgeuntersuchungen aber auch für die Beschäftigten auf deren Wunsch angeboten werden. Der Arbeitgeber muss eine *Vorsorgekartei* führen und die *Untersuchungsergebnisse* bis zur Beendigung der Tätigkeit wie Personalunterlagen aufbewahren.

6.4.6 Grenzwerte beim Umgang mit umweltbelastenden und gesundheitsgefährdenden Betriebsmitteln, Einrichtungen, Werk- und Hilfsstoffen

01. In welchen Zuständen liegen Gefahrstoffe vor?

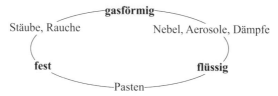

02. Wie gelangen Gefahrstoffe in den menschlichen Körper?

Feste, flüssige und *pastöse* Gefahrstoffe gelangen über die *Mundöffnung* in den *Verdauungstrakt*. *Stäube, Rauche, Nebel, Aerosole, Dämpfe* und *Gase* werden über die *Atmungsorgane* aufgenommen. *Flüssige* Gefahrstoffe gelangen *über die Haut* in den Körper, wenn sie hautresorptiv sind (z. B. Benzol im Ottokraftstoff). Unfälle, bei denen Gefahrstoffe in fester Form in den menschlichen Körper gelangen, sind selten. Die *Aufnahme von gefährlichen Flüssigkeiten* ist *häufiger* anzutreffen. Beide Arten von Unfällen geschehen leider immer dann, wenn Gefahrstoffe in Behältnissen, die eigentlich für die Aufbewahrung von Lebensmittel vorgesehen sind, aufbewahrt werden. Deswegen verbietet die Gefahrstoffverordnung dies streng.

• *Arbeitsplatzgrenzwert:*
  Der mit Abstand *häufigste Weg in den menschlichen Körper* führt über die *Atmungsorgane* in die *Lunge* des Menschen. Daher sind die meisten *Grenzwerte Luftgrenzwerte*, also Werte, bei denen arbeitsmedizinische Erkenntnisse darüber vorliegen, dass der Beschäftigte im Allgemeinen gesund bleibt, wenn diese Werte dauerhaft eingehalten werden. Gemessen wird die Konzentration eines Gefahrstoffes in der Luft am Arbeitsplatz. Sie wird meist in den Einheiten mg/m³ Luft oder ppm angegeben. Dieser Wert heißt *„Arbeitsplatzgrenzwert"*.

• *Biologischer Grenzwert:*
  Daneben gibt es den *„biologischen Grenzwert"*. Gemessen wird bei diesem Grenzwert die *Konzentration* von Gefahrstoffen oder ihrer Metaboliten *in Körperflüssigkeiten*. Wird dieser biologische Grenzwert eingehalten, bleibt der Beschäftigte nach arbeitsmedizinischen Erkenntnissen im Allgemeinen gesund.

Die Grenzwerte sind in Grenzwertlisten zusammengefasst und werden vom sog. Ausschuss für Gefahrstoffe (AGS) verbindlich festgelegt und ständig angepasst.

Mit der Einführung der o. g. „Arbeitsplatzgrenzwerte" und der „biologischen Grenzwerte" *hat sich der Gesetzgeber von den Jahrzehnte lang geltenden*

• MAK-Werten (Maximale Arbeitsplatzkonzentration),
• BAT-Werten (Biologische Arbeitsstoff-Toleranz-Werte) und
• TRK-Werten (Technische Richtkonzentration)

abgewendet.

Diese Werte hatten z. T. keine arbeitsmedizinische, sondern eine technische Begründung für ihre Grenzwertbedeutung. Eine derartige technische Sichtweise gilt im modernen Europa als überholt und hat sich nunmehr mit der Umsetzung der EU-Gefahrstoffrichtlinien auch in Deutschland durchgesetzt.

Merke:

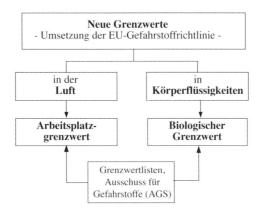

6.4.7 Allgemeine und arbeitsspezifische Umweltbelastungen →A 1.5

01. Welcher Unterschied besteht zwischen allgemeinen und arbeitsspezifischen Umweltbelastungen?

Man unterscheidet zwischen allgemeinen und arbeitsspezifischen Umweltbelastungen:

- *Allgemeine Umweltbelastungen*
  sind diejenigen, die in den einschlägigen Gesetzen beschrieben sind – meist in Form von Oberbegriffen und Generalklauseln, z. B. Luft: → allgemeine Umweltbelastungen durch Immissionen; Boden: → allgemeine Umweltbelastungen durch Altöle.

- *Arbeitsspezifische Umweltbelastungen*
  sind konkrete, arbeitsplatz-/betriebsspezifische Belastungen, deren Vermeidung der Meister in seinem Verantwortungsbereich zu beachten hat, z. B. Wasser/Boden: → Vermeidung der Kontaminierung des Bodens und des Wassers durch unsachgemäß entsorgte Putzlappen, Nichtbeachten der Abwasservorschriften.

02. Welche allgemeinen Umweltbelastungen gibt es? Welche wichtigen, einschlägigen Gesetze und Verordnungen sind zu beachten?

Gegenstand/ Medium	Allgemeine Umweltbelastungen	Gesetze, Verordnungen, z. B.:
Luft	Emissionen, Immissionen (Gase, Dämpfe, Stäube)	BImSchG ChemG StörfallV TA Luft TA Lärm
Wasser	Entnahme von Rohwasser Einleiten von Abwasser	WHG AbwAG WRMG ChemG Landeswasserrecht
Boden	Stoffliche/physikalische Einwirkungen Beeinträchtigung der ökologischen Leistungsfähigkeit Gewässerverunreinigung durch kontaminierte Böden Kontaminierung durch Immissionen Altdeponien und ehemalige Industrieanlagen	BbodSchG ChemG Strafgesetzbuch AltölV Bundesnaturschutzgesetz Ländergesetze
Abfall	Fehlende/fehlerhafte Abfallvermeidung Abfallverwertung, Abfallentsorgung	KrWG AltölV BestbüAbfV NachwV ElektroG
Natur	Beeinträchtigung des Naturhaushalts und des Landschaftsbildes durch Bauten, deren wesentliche Änderung und durch den Bau von Straßen	Bundesnaturschutzgesetz Bauleitplanung Bebauungspläne Flächennutzungspläne

03. Welche zentralen Bestimmungen enthalten die wichtigen Umweltschutzgesetze?

→ 6.1.3/13. ff., A 1.5

- *Bundesimmissionsschutzgesetz* (BImSchG):
  - Schutz von Menschen, Tieren, Pflanzen, Boden, Wasser und Luft vor Immissionen
  - regelt den Betrieb genehmigungsbedürftiger Anlagen
  - regelt die Pflichten der Betreiber.

- *Bundes-Bodenschutzgesetz* (BbodSchG):
  - Sicherung der Beschaffenheit des Boden bzw. Wiederherstellung
  - Bodenverunreinigungen sind unter Strafe gestellt.

- *Kreislaufwirtschaftsgesetz* (KrWG):
  - Förderung der Kreislaufwirtschaft
  - Vermeidung von Abfällen bzw. Sicherung der umweltverträglichen Verwertung.

- *Wasserhaushaltsgesetz* (WHG):
  - Vermeidung von Schadstoffeinleitungen in Gewässer.

04. Welche Bestimmungen im Wasserhaushaltsgesetz (WHG) sind für die Metallindustrie wichtig (Sorgfaltspflichten)?

• Die Schadstofffracht des Kühlwassers muss so gering gehalten werden, wie dies bei Einhaltung der jeweils in Betracht kommenden Verfahren nach dem Stand der Technik möglich ist (§ 7a WHG).

• Eine Vergrößerung und Beschleunigung des Wasserabflusses zu vermeiden.

• Die Erlaubnis gewährt nur die widerrufliche Befugnis, ein Gewässer zu benutzen. Sie kann daher widerrufen werden (§ 7 WHG).

05. Welche wesentlichen Bestimmungen enthält das Kreislaufwirtschaftsgesetz?

Mit dem neuen Kreislaufwirtschaftsgesetz (KrWG) von 2012 wird das bestehende deutsche Abfallrecht umfassend modernisiert. Ziel des neuen Gesetzes ist eine nachhaltige Verbesserung des Umwelt- und Klimaschutzes sowie der Ressourceneffizienz in der Abfallwirtschaft durch Stärkung der Abfallvermeidung und des Recyclings von Abfällen.

Hersteller und Vertreiber tragen die *Produktionsverantwortung* mit folgenden Zielvorgaben:

• Erzeugnisse sollen mehrfach verwendbar, technisch langlebig, umweltverträglich und nach Gebrauch schadlos verwertbar sein.

• Bei der Herstellung sind vorrangig verwertbare Abfälle und sekundäre Rohstoffe einzusetzen.

• Hersteller und Vertreiber müssen hinweisen auf:

Aufgrund des § 23 KrWG können durch *besondere Rechtsverordnung* Verbote, Beschränkungen und Kennzeichnen erlassen werden (z. B. Verpackungsverordnung; Rücknahmepflicht; Rücknahme von Altautos (AltautoV); Dosenpfand, Rücknahme von Batterien; Rücknahme von Druckerzeugnissen, Elektronikschrott. (ElektroG).

06. Welche wesentlichen Bestimmungen enthält das Bundesimmissionsschutzgesetz (BImSchG)?

Das *Bundesimmissionsschutzgesetz* (BImSchG; Gesetz zum Schutz vor schädlichen Umwelteinwirkungen durch Luftverunreinigungen, Geräusche, Erschütterungen und ähnliche Vorgänge) ist die *bedeutendste Rechtsvorschrift auf dem Gebiet des Umweltschutzes.* Es bestimmt den Schutz vor *Immissionen* und regelt den *Betrieb genehmigungsbedürftiger Anlagen* (früher in der Gewerbeordnung enthalten) sowie die Pflichten der Betreiber von nicht genehmigungsbedürftigen Anlagen.

• *Zweck* des Gesetzes ist es,
Menschen, Tiere und Pflanzen, den Boden, das Wasser, die Atmosphäre sowie Kultur- und Sachgüter vor schädlichen Umwelteinwirkungen zu schützen sowie vor den Gefahren und Belästigungen von Anlagen.

- *Geltungsbereich:*
  Die Vorschriften des Gesetzes gelten für

  - die Errichtung und den Betrieb von Anlagen,

  - das Herstellen, Inverkehrbringen und Einführen von Anlagen, Brennstoffen und Treibstoffen,

  - die Beschaffenheit, die Ausrüstung, den Betrieb und die Prüfung von Kraftfahrzeugen und ihren Anhängern und von Schienen-, Luft- und Wasserfahrzeugen sowie von Schwimmkörpern und schwimmenden Anlagen und

  - den Bau öffentlicher Straßen sowie von Eisenbahnen und Straßenbahnen.

07. Welche Bestimmungen zum Bodenschutz gibt es?

- Das Bundes-Bodenschutzgesetz (*BbodSchG*) soll die Zielsetzung erfüllen, die Beschaffenheit des Bodens nachhaltig zu sichern bzw. wiederherzustellen.

- *Strafgesetzbuch:* Bodenverunreinigungen sind unter Strafe gestellt nach § 324 StGB.

- Weitere Gesetze: Der Schutz des Bodens ist mittelbar geregelt durch das Bundesnaturschutzgesetz, durch die Naturschutz- und Landschaftsschutzgesetze der Länder.

08. Welchen wesentlichen Inhalt hat das Gesetz über die Umweltverträglichkeit von Wasch- und Reinigungsmitteln (WRMG)?

Die zentralen Vorschriften der WRMG sind:

- Vermeidbare Beeinträchtigungen der Gewässer oder Kläranlagen durch Wasch- und Reinigungsmittel.

- Der Einsatz von Wasch-/Reinigungsmitteln, Wasser und Energie ist vom Verbraucher zu minimieren.

- Waschmittelverpackungen müssen Hinweise zur Dosierung enthalten.

- Wasserversorgungsunternehmen haben den Verbraucher über den Härtegrad des Wassers zu unterrichten.

- Wasch- und Reinigungsmittel müssen Mindestnormen über die biologische Abbaubarkeit und den Phosphatgehalt erfüllen.

09. Welche Rechtsgrundlagen regeln den Strahlenschutz?

- *Atomgesetz:*
  Zweck des Gesetzes ist die friedliche Verwendung der Kernenergie und der Schutz gegen ihre Gefahren.

- *Strahlenschutzvorsorgegesetz:*
  Zweck des Gesetzes ist es, die Radioaktivität in der Umwelt zu überwachen. Die Überwachung dient dazu, die Strahlenexposition der Bevölkerung und der Umwelt möglichst gering zu halten.

- *Strahlenschutzverordnung:*
  Die Strahlenschutzverordnung regelt den Umgang und den Verkehr mit radioaktiven Stoffen (Genehmigungstatbestände für Ein-/Ausfuhr, Beförderung, Beseitigung, Errichtung von Anlagen). Kern der Strahlenschutzverordnung ist das Strahlenvermeidungsgebot sowie das Strahlenminimierungsgebot. Weiterhin sind Dosisgrenzwerte zum Schutz der Bevölkerung festgelegt.

10. Welche arbeitsspezifischen Umweltbelastungen sollte der Meister kennen und vermeiden?

Dazu ausgewählte Beispiele: Vermeidung arbeitsspezifischer Umweltbelastungen durch:

- Lösemittel
- Kunststoffe
- Asbest
- Lärm
- PVC
- Aluminium
- Farben/Lacke
- saure Belastungsstoffe
- basische Belastungsstoffe
- FCKW
- Auslaufen schädigender Flüssigkeiten (z. B. Öle, Treibstoffe)
- Elektroschrott
- Spraydosen
- Kühl-/Schmierstoffe.

Empfehlung: Bilden Sie im Lehrgang Arbeitsgruppen. Ermitteln Sie potenzielle, spezifische Umweltbelastungen in Ihrem Verantwortungsbereich und beschreiben Sie Maßnahmen zur Vermeidung.

6.5 Planen, Vorschlagen, Einleiten und Überprüfen von Maßnahmen zur Verbesserung der Arbeitssicherheit sowie zur Reduzierung und Vermeidung von Unfällen und von Umwelt- und Gesundheitsbelastungen

6.5.1 Allgemeine arbeitsspezifische Maßnahmen

01. Welche Rangfolge gibt es bei den Schutzmaßnahmen?

Die *Rangfolge* der Schutzmaßnahmen folgt der *Wirksamkeit* der Maßnahmen. Aus diesem Grunde sind *technische Schutzmaßnahmen stets vorrangig* vor organisatorischen oder personenabhängigen Schutzmaßnahmen zu ergreifen.

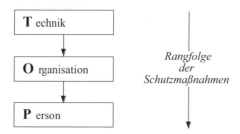

Die Rangfolge „*T-O-P*" ist seit Jahrzehnten *Grundlage des deutschen Arbeitsschutzes*. *Technische Maßnahmen wirken direkt*, organisatorische und personenabhängige Maßnahmen sind sehr stark vom Menschen abhängig. Aufgrund der i. d. R. guten technischen und organisatorischen Standards ist heute der *Mensch* im Industriebetrieb *der größte Risikofaktor* bei der Wirksamkeit von Schutzmaßnahmen.

6.5.2 Persönliche Schutzausrüstung

01. Welchen Zweck haben persönliche Schutzausrüstungen?

Persönliche Schutzausrüstungen gehören zu den *personengebundenen Schutzmaßnahmen*. Sie sind *in der Wirkung* technischen und organisatorischen Maßnahmen *nachrangig*. Sie sind vom Wissen, Wollen und Können des Benutzers sehr stark abhängig. Sie sind *jedoch unverzichtbar* zur *Abdeckung der Restrisiken* und schließen oft Lücken, die die technischen und organisatorischen Schutzmaßnahmen lassen. Auch in der Freizeit werden zum Körperschutz persönliche Schutzausrüstungen selbstverständlich verwendet.

02. Welche gesetzlichen Regeln gibt es für persönliche Schutzausrüstungen (PSA)?

Die gesetzlichen Anforderungen an die persönlichen Schutzausrüstungen sind durch eine EU-Richtlinie, die sog. PSA-Richtlinie, europaweit einheitlich geregelt. In den Mitgliedstaaten dürfen nur PSA gehandelt werden, die dieser Richtlinie entsprechen. Einheitlich sind

- sicherheitstechnische Merkmale
- Prüf- und Zertifizierungsverfahren.

03. Welchen Kategorien werden persönlichen Schutzeinrichtungen zugeordnet?

Es gibt die Kategorien I, II und III. Je höher das Risiko, bei dem die PSA zum Einsatz kommt, je höher ist die Kategorie. Sie reicht von Kategorie I (einfach) bis zur Kategorie III (tödliche Gefahren). Die PSA der Kategorien II und III erkennt man daran, dass hinter dem CE-Zeichen der PSA eine vierstellige Zahlenfolge angebracht ist. Diese dient zur Identifizierung der Prüfstelle, die die jeweilige PSA geprüft hat.

04. Wer bezahlt die persönliche Schutzausrüstung?

Persönliche Schutzausrüstungen müssen zur Verfügung gestellt werden, wenn die Gefährdung im Betrieb besteht und das Restrisiko der Verletzung von Körperteilen besteht. Existiert die Gefahr von Kopfverletzungen, muss Kopfschutz zur Verfügung gestellt werden, besteht die Gefahr von Augenverletzungen, müssen Schutzbrillen zur Verfügung gestellt werden usw. Die Kosten müssen vom Unternehmer getragen werden.

05. Welches sind die wichtigsten persönlichen Schutzausrüstungen in der Metallindustrie?

Schutzhandschuhe, Schutzbrillen, Schutzhelme, Schutzschuhe und Gehörschutzmittel gehören in der Metallindustrie zu den wichtigsten persönlichen Schutzausrüstungen.

Die nachfolgende Aufstellung zeigt beispielhaft einige Zuordnungen von „Arbeitsplatz und vorgeschriebener PSA":

Arbeitsplatz	Sicherheitsschuhe	Sicherheitshelm	Schutzbrille	Handschuhe	Atemschutz	Gehörschutz	Gesichtsschutz	Schürze
Spritzlackierer	x	x	x	x	x			
Universaldreher	x		x			x		
Universalschleifer	x		x	x		x	x	
Betriebsschlosser	x	x	x	x		x		
Werkzeugmacher	x		x	x		x		x
Universalschweißer	x	x	x	x		x	x	x
Blechschlosser	x	x	x	x		x		x

06. Was ist entscheidend für die Wirksamkeit der persönlichen Schutzausrüstung?

Die persönlichen Schutzausrüstungen (PSA) wirken nur unter der Voraussetzung, dass die Person, die geschützt werden soll, sie auch wirklich verwendet. Es ist eine wesentliche Aufgabe des Vorgesetzten, dafür zu sorgen, dass die PSA am Arbeitsplatz auch getragen wird. Der Meister muss ständig dafür sorgen, dass die oftmals kostenintensiven PSA, die vom Unternehmer kostenfrei zur Verfügung zu stellen sind, auch getragen werden und so ihren vorgesehenen Zweck erfüllen.

> PSA, die nicht verwendet werden,
> erzeugen Kosten, ohne Nutzen zu stiften.

07. Welche Ursachen können dazu führen, dass persönliche Schutzausrüstungen nicht verwendet werden?

Das entscheidende Merkmal für die *Akzeptanz*, die die Mitarbeiter einer bestimmten PSA entgegenbringen, ist die *Tragequote*. An dieser Quote kann der Meister in seinem Verantwortungsbereich schnell erkennen, welche PSA von den Mitarbeitern akzeptiert wird und welche nicht.

Persönliche Schutzausrüstungen bieten generell den *Vorteil*, dass sie den Körper der Mitarbeiter vor Verletzungen schützen. Dazu sind sie konstruiert und gefertigt.

Neben diesem ganz wesentlichen Merkmal besitzen jedoch alle persönliche Schutzausrüstungen auch *Nachteile*; sie äußern sich immer in den *Trage- und Verwendungseigenschaften*. Grundsätzlich ist jeder zusätzliche Ausrüstungsgegenstand, den der Mitarbeiter für seine Arbeit benutzen muss, hinderlich. Außerdem kann der Mitarbeiter den *Nutzen der PSA* nicht immer unmittelbar erkennen.

Beispiel:
Gehörschutz ist für den Mitarbeiter sehr wichtig. Aber: Selbst wenn man den „besten" Gehörschutz verwendet – mit Gehörschutz ist es immer ein wenig unbequemer als ohne. Es dauert etwa zwei bis drei Wochen bis man sich an den Gehörschutz gewöhnt hat. Der Vorteil beim Tragen ist für den Mitarbeiter nicht unmittelbar erkennbar, denn er wird ja nicht sofort lärmschwerhörig, sondern erst nach sehr langer Zeit. Insgesamt motiviert dies den Mitarbeiter nicht, Gehörschutz zu tragen. Die Akzeptanz ist also primär gering.

Daneben muss gesagt werden, das sich die persönlichen Schutzausrüstungen, die am Markt angeboten werden, hinsichtlich ihrer Trage- und Verwendungseigenschaften mitunter deutlich unterscheiden. Nicht selten lassen sich gute und weniger gute Eigenschaften am Preis festmachen. Die Auswahl von persönlichen Schutzausrüstungen nur nach preislichen Gesichtspunkten stellt sich oft als Fehlentscheidung heraus.

08. Was muss der Vorgesetzte tun, damit die persönlichen Schutzausrüstungen von den Mitarbeitern verwendet werden?

• Der Vorgesetzte muss *konsequent* sein. Er muss das Tragen der PSA ständig einfordern.

> Wenn der Meister in seinem Verantwortungsbereich duldet, dass die PSA nicht verwendet wird, dann wird sie auch nicht verwendet!

• Die Verwendung der PSA muss *ständig kontrolliert* werden. Der Meister darf *keine Ausnahmen* zulassen und muss jedem Mitarbeiter konsequent klar machen, dass er es nicht duldet, wenn gegen die Tragepflicht verstoßen wird.

• Der Meister muss in diesen Angelegenheiten aber auch immer *gut argumentieren* können. Wichtig ist, dass er dabei den *persönlichen Vorteil*, den der Mitarbeiter hat, wenn er die Schutzausrüstung verwendet, *argumentativ überzeugend herausstellen* kann.

• Der Meister sollte *Rückmeldungen seiner Mitarbeiter*, die sich auf die Trage- und Verwendungseigenschaften der persönlichen Schutzausrüstungen beziehen, *sehr ernst nehmen* und dies den Mitarbeitern gegenüber auch zeigen.

• In modern geführten Metall-Unternehmen werden die *Mitarbeiter an der Auswahl* der persönlichen Schutzausrüstungen beteiligt und die Ausrüstungen werden vor Einführung am Arbeitsplatz *ausreichend erprobt*. Stellt es sich heraus, dass eine bestimmte Schutzausrüstung extrem schlechte Eigenschaften hat, muss der Vorgesetzte bei seiner übergeordneten Führungsebene darauf drängen, dass besser geeignete beschafft werden.

• Der Einkauf besserer, möglicherweise sogar preiswerterer persönlicher Schutzausrüstungen ist eine sehr anspruchsvolle Arbeit. Der Markt für persönliche Schutzausrüstungen ist groß, die Zahl der Anbieter und der Produkte ebenso. Das Sortiment ist schwer zu überschauen. Hilfe erhält der Meister bei der Auswahl der geeigneten Ausrüstungen von der Sicherheitsfachkraft des Unternehmens. Sie verfügt über genügend spezielles Fachwissen und Kenntnisse hinsichtlich der aktuellen Angebote und Anbieter. Die Anbieter von persönlichen Schutzausrüstungen sind gerne bereit, für die Unternehmen auch sehr spezielle, individuelle Lösungen anzubieten.

09. Was muss der Vorgesetzte tun, wenn er den Mitarbeiter bei der Arbeit ohne die vorgeschriebene PSA antrifft?

1. Die Arbeit des Mitarbeiters sofort unterbrechen.
2. Dem Mitarbeiter die Maßnahme erklären und Folgen des Nichttragens der PSA nennen.
3. Gegebenenfalls Abmahnung.
4. Vorfall für die nächste Unterweisung zum Anlass nehmen.

10. Welche Folgen kann das Nichttragen der PSA haben?

Das Nichttragen der PSA kann insbesondere bei einem Unfall zu folgenden Konsequenzen führen:

* Folgekosten für den Betrieb, z. B.
  Ausfall des Mitarbeiters und evtl. Neueinstellung eines anderen Mitarbeiters – bei lang andauernder Krankheit; Erhöhung der Umlage der Berufsgenossenschaft; Geldbuße für den Arbeitgeber

* Arbeitsrechtliche Folgen für den Mitarbeiter, z. B.
  Abmahnung oder ggf. Kündigung

* Gesundheitliche Folgen für den Mitarbeiter, z. B.
  ggf. bleibende, körperliche Beeinträchtigung

* Finanzielle Folgen für den Mitarbeiter, z. B.
  ggf. Einschränkung der berufsgenossenschaftlichen Leistung (z. B. geringere Erwerbsunfähigkeitsrente)

6.5.3 Brand- und Explosionsschutzmaßnahmen
→ 6.1.1/27, GefStoffV, BetrSichV

01. Was versteht man unter Brandschutz?

Unter Brandschutz versteht man die Einheit aller Maßnahmen von Brandverhütung und Brandbekämpfung. Oft bezeichnet man die Brandverhütung auch als vorbeugenden Brandschutz, die Brandbekämpfung als abwehrenden Brandschutz.

02. Was ist vorbeugender Brandschutz (Brandverhütung)?   **DIN EN ISO 13943**

Zum vorbeugenden Brandschutz gehören alle Vorkehrungen, die der Brandverhütung sowie der Verhinderung der Ausbreitung von Bränden dienen. Auch alle Vorbereitungen zum Löschen von Bränden und zum Retten von Menschen und Tieren gehören dazu. Im Einzelnen sind dies:

Die Terminologie der Brandsicherheit ist international genormt (DIN EN ISO 13943).

03. Welche baulichen Brandschutzmaßnahmen sind wesentlich?

- Bauliche Brandschutzmaßnahmen erfassen alle dem Brandschutz dienenden *Anforderungen* an

  - Baustoffe,
  - Bauteile und
  - Bauarten.

- Ebenfalls zum baulichen Brandschutz zählen die Bildung von *Brandabschnitten* und die Schaffung von Rettungswegen.

Der bauliche Brandschutz ist in den Bauordnungen der Länder genau geregelt und mit einer Fülle nationaler Normen und EU-Normen unterlegt.

04. Welche Anforderungen werden an Baustoffe und Bauteile gestellt?
→ **DIN 4102, Teil 2, DIN EN 1363 - 1365, DIN EN 13501**

- *Brandverhalten der Baustoffe:*
  Die *Baustoffe* werden nach ihrem *Brandverhalten* in Klassen eingeteilt. Die bauaufsichtliche Benennung der Baustoffklassen sind entweder

  - nicht brennbare Baustoffe (A, A1, A2) oder
  - brennbare Baustoffe (B, B1, B2, B3).

  Die *brennbaren Baustoffe* unterteilen sich in schwer entflammbare (B1), normal entflammbare (B2) und leicht entflammbare Baustoffe (B3). Die Zuordnung der einzelnen Baustoffe zu den Baustoffklassen ist in der Normenreihe DIN 4102 genormt, eine Zusammenstellung findet man im Teil 4 der Norm.

• *Feuerwiderstandsdauer der Bauteile:*
Bauteile sind hinsichtlich ihrer Feuerwiderstandsdauer klassifiziert. Die bauaufsichtliche Benennung der Bauteile ist entweder

- feuerhemmend (F30, F60) oder
- feuerbeständig (F90, F120, F180).

Die Zahlangabe hinter dem *„F"* ist *die Feuerwiderstandsdauer in Minuten.* In der Norm DIN 4102, Teil 2, findet man die Klassifizierung vieler gebräuchlicher Baustoffe. Die *Prüfung* der *Bauteile* erfolgt nach EU-Normen für die Feuerwiderstandsprüfung (DIN EU 1363 - 1366, DIN EN 13501).

Im Überblick:

Anforderungen an Baustoffe/Bauteile			
1. Brandverhalten der Baustoffe → Einteilung in Brandklassen			
nicht brennbar	**brennbar**		
A, A1, A2	schwer entflammbar B1	normal entflammbar B2	leicht entflammbar B3
2. Brandverhalten der Bauteile Klassifizierung der Feuerwiderstandsdauer			
feuerhemmend	**feuerbeständig**		
F30, F60	F90, F120, F180		

05. Welche technischen Anlagen dienen der Abwehr von Brandgefahren?

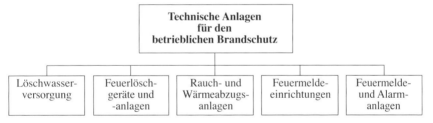

Zu den technischen Brandschutzmaßnahmen zählt die *Löschwasserversorgung.* Sie umfasst die Gewinnung, Bereitstellung und Förderung von Löschwasser. Sehr wichtig ist die Bereitstellung von geeigneten *Feuerlöschern* in der erforderlichen Anzahl. Spezielle technische Anlagen für den Brandschutz sind *ortsfeste Feuerlöschanlagen.* Sie sollen ermöglichen, Brände in *besonders gefährdeten Räumen* sofort nach dem Ausbruch sicher zu löschen. Die *Auslösung* kann von *Hand* oder *automatisch* erfolgen.

06. Welchen Anwendungsbereich haben tragbare Feuerlöscher?

→ ArbStättV, ArbSchG

Tragbare Feuerlöscher dienen der Bekämpfung von *Entstehungsbränden.* Sie sind als technische Einrichtung zur Selbsthilfe von den im Betrieb anwesenden Personen zu sehen. Nur Brände in der Entstehungsphase sollen mit tragbaren Feuerlöschern bekämpft werden. Ausgedehnte Brandereignisse überschreiten die Einsatzgrenzen von Selbsthilfekräften bei Weitem und gefährden die Sicherheit dieser Menschen, die ja nicht zur Brandbekämpfung ausgebildet sind und auch im Moment des Brandes nicht entsprechend ausgerüstet sind. Ausgedehnte Brände zu bekämpfen ist der Feuerwehr vorbehalten.

- § 4 Abs. 3 ArbStättV fordert in allen Betrieben tragbare Feuerlöscheinrichtungen.

- Aus den §§ 9 f. ArbSchG leitet sich ab, dass die Mitarbeiter über die Benutzung der tragbaren Feuerlöscher unterwiesen sein müssen. Hierfür bietet sich unbedingt an, die Handhabung der Löscher im Rahmen einer Unterweisung zu trainieren (siehe auch 6.3.2).

07. Welche Feuerlöscherarten müssen im Betrieb vorhanden sein? Welche Brandklassen gibt es?

→ DIN EN 2

Feuerlöscher sind tragbare Kleinlöschgeräte, deren Gewicht 20 kg im Allgemeinen nicht überschreitet. Sie sind aufgrund ihrer *Löschwirkung*, die im Wesentlichen vom *Löschmittel* abhängig ist, nur zum Löschen ganz *bestimmter Arten von Bränden* geeignet.

Um dem Anwender im Ernstfall die richtige Wahl zu erleichtern, hat man die *Arten* der möglichen Brände in Brandklassen eingeteilt. Die *Brandklassen*, für die ein *Feuerlöscher* geeignet ist, sind *auf jedem Feuerlöscher abgebildet*. Zusätzlich ist ein *Piktogramm* angebracht, aus dem die Verwendbarkeit einfach abzuleiten ist. Normiert sind europaweit die Brandklassen A, B, C, D und F. Den Brandklassen nach DIN EN 2 sind folgende Löschmittel zugeordnet:

	Brandklasse	Beispiel	Löschmittel
A	Feste Stoffe/Glutbildung	Holz, Kohle, Papier, Textilien	Wasser, ABC-Pulver, Schwerschaum
B	Flüssige Stoffe (auch flüssig werdende Stoffe)	Benzin, Alkohol, Teer, z. T. Kunststoffe, Wachs	Schaum, ABC-Pulver, BC-Pulver, CO_2
C	Gase	Ethin, Wasserstoff, Erdgas	ABC-Pulver, BC-Pulver
D	Metalle	Aluminium, Magnesium, Natrium	Metallbrand-Pulver (D-Pulver), Sand, Gussspäne
F[1]	Speisefette und -öle in Frittier- und Fettbackgeräten	Speiseöl, Speisefett	Topfdeckel, Speziallöschmittel (F-Handfeuerlöscher)

[1] Die Brandklasse F wurde mit Erscheinen der neuesten Norm DIN EN 2 im Januar 2005 neu gebildet und aufgrund des hohen Gefahrenpotenzials wurden von der Feuerlöschindustrie Löscher mit einem speziellen Löschmittel für diese Brandklasse entwickelt. Ein offizielles Piktogramm für die Brandklasse F gab es zu Redaktionsschluss für Europa noch nicht. Wahrscheinlich wird das weltweit genormte Piktogramm für die Brandklasse F (ISO 7195) verwendet werden.

Die Brandklasse E gibt es mit dem Erscheinen der DIN EN 2 nicht mehr. Sie war früher für Brände an elektrischen Anlagen bis 1000 V vorgesehen. Mit den heute verwendeten Feuerlöschern und modernen Löschmitteln sind Brandbekämpfungen an elektrischen Anlagen möglich, wenn die Mindestabstände eingehalten werden. Insofern wurde die Brandklasse E entbehrlich.

08. Wie wird die erforderliche Anzahl der Feuerlöscher für eine Betriebsstätte ermittelt?

$\rightarrow$ **BGR 133**

Jeder Feuerlöscher hat ein ganz bestimmtes *Löschvermögen*; es ist nicht immer abhängig von der Löschmittelmenge im Löscher. Deswegen und aus anderen Gründen wurde für die Ermittlung des Bedarfs eine *Rechenhilfsgröße*, die *Löschmitteleinheit* LF, eingeführt. In die Berechnung der erforderlichen Anzahl geht die *Brandgefährdung* des Betriebsbereiches, der bestückt werden soll, ein. Sie wird in zwei *Brandgefährdungsklassen* eingeteilt:

• geringe Brandgefährdung (z. B. mechanische Werkstatt) und
• große (hohe) Brandgefährdung (z. B. Materiallager mit hoher Brandlast).

Als weitere Rechengröße dient die *Grundfläche* des Betriebsbereiches. Wenn diese drei Rechengrößen bestimmt sind, kann man mithilfe der Berufsgenossenschaftlichen Regel BGR 133 sehr einfach den Bedarf errechnen.

Ergeben sich spezielle Fragen, hilft die örtliche Feuerwehr gerne weiter; auch bei den Landesfeuerwehrverbänden ist fast jede gewünschte Information zum Thema erhältlich.

09. Welches sind die richtigen Aufstellungsorte für Feuerlöscher?

• Feuerlöscher sollen:

- *gut sichtbar* an Stellen, die auch im Brandfall gut erreichbar sind sowie
- *an zentralen* Punkten der Rettungswege positioniert werden.

Als zentrale Punkte der Rettungswege gelten:

Wichtige Aufstellungsorte sind besonders brandgefährdete Arbeitsplätze.

10. Wie oft müssen Feuerlöscher geprüft werden?

• Feuerlöscher müssen alle zwei Jahre geprüft werden. Dies regelt die berufsgenossenschaftliche Sicherheitsregel BGR 133 „Ausrüstung von Arbeitsstätten mit Feuerlöschern".

• Die Prüfung sichert die Funktionsfähigkeit im Notfall und muss durch einen Fachmann (befähigte Person) erfolgen. In der Regel übernehmen dies örtliche Service-Unternehmen der Löschgerätehersteller und/oder deren Vertriebsorganisationen bzw. Partner.

• Erkennbar ist die letzte Prüfung an einer Prüfplakette, die der Prüfer am Löscher anbringt.

• Die Prüfung eines Löschers selbst dauert etwa 15 Minuten. Kontrolliert werden die Qualität des Löschmittels, der innen oder außen liegende Treibmittelbehälter, die Dichtungen und der Stahlmantel.

11. Welche Arten von ortsfesten Löschanlagen sind gebräuchlich?

Am häufigsten werden *Sprinkleranlagen* verwendet. Daneben gibt es ortsfeste Schaumlöschanlagen, Pulverlöschanlagen und CO_2-Löschanlagen (werden manchmal auch als Kohlensäure-Löschanlagen bezeichnet).

Wenn die ortsfesten Löschanlagen im Gefahrfall selbsttätig (automatisch) wirken und Arbeitnehmer dadurch gefährdet werden können, müssen die Anlagen mit ebenfalls selbsttätig wirkenden *Warneinrichtungen* versehen sein. Die Vorwarnzeit muss so bemessen sein, dass die Arbeitnehmer den gefährdeten Bereich ohne Hast verlassen können, bevor der Raum geflutet wird. Sehr wichtig ist diese technische Schutzmaßnahme bei CO_2-Löschanlagen und besonders dann, wenn tiefer gelegene Räume, z. B. Ölkeller die zu schützenden Objekte sind.

12. Was versteht man unter Explosionsschutz?

Alle Maßnahmen zum Schutz vor Gefahren durch Explosionen werden als Explosionsschutz bezeichnet. Die wichtigsten Maßnahmen sind:

• Verhinderung oder Einschränkung der Bildung von explosionsfähigen Atmosphären,
• Verhinderung der Entzündung von gefährlichen explosionsfähigen Atmosphären und
• Beschränkung der Auswirkungen von möglichen Explosionen auf ein ungefährliches Maß.

Zur Anwendung gelangen diese Maßnahmen in der betrieblichen Praxis sowohl einzeln als auch in Kombination miteinander.

13. Was ist eine Explosion?

Als Explosionen werden sehr schnell verlaufende Oxidations- oder Zerfallsreaktionen bezeichnet. Diese Reaktionen sind stets mit einem ebenfalls extrem schnellen Temperatur- und Druckanstieg verbunden. Die Volumenausdehnung der Explosionsgase setzt sehr kurzfristig hohe Energiemengen frei und verursacht eine Druck- oder Detonationswelle. Der Ausgangspunkt sind explosionsfähige Atmosphären, die von einer Zündquelle gezündet werden.

Technische Zündquellen sind in der Metallindustrie in sehr mannigfaltiger Form vorhanden, z. B. heiße Oberflächen, durch elektrische Entladungen ausgelöste Funken, Funken reißende Werkzeuge und offene Flammen.

14. Was sind explosionsfähige Atmosphären?

Explosionsfähige Atmosphären umfassen *Gemische* von Gasen, Nebeln, Dämpfen oder Stäuben *mit Luft* (einschließlich der üblichen Beimengungen, wie z. B. Luftfeuchte), die unter atmosphärischen Bedingungen explosionsfähig sind.

15. Welche sicherheitstechnischen Kennzahlen beschreiben die Explosionsfähigkeit der Arbeitsstoffe?

- Die *untere und die obere Explosionsgrenze*
  (auch Zündgrenzen genannt) geben den Bereich an, in dem ein Gemisch explosionsfähig ist. Diesen Bereich nennt man *Explosionsbereich.* Unterhalb der unteren und oberhalb der oberen Explosionsgrenze ist eine Explosion nicht möglich (Gemisch zu mager/zu fett). Einen sehr großen Zünd- oder Explosionsbereich, das sollte der Industriemeister wissen, hat Acetylen, das wichtigste Schweiß- und Brennschneidgas.

- Der *Flammpunkt*
  von brennbaren Flüssigkeiten ist die *niedrigste Temperatur,* bei der eine brennbare Flüssigkeit ein *entflammbares* Gemisch bildet.

- Die *Zündtemperatur* eines brennbaren *Gases oder* einer *Flüssigkeit* gibt die *niedrigste Temperatur* einer *heißen Fläche* an, die gerade noch in der Lage ist, eine Flammerscheinung anzuregen.

- Die *Zündtemperatur* eines *Staub-/Luftgemisches* gibt die *niedrigste Temperatur*, an der das Gemisch entzündet und zur Verbrennung oder Explosion gebracht werden kann.

Mit diesen Größen besitzt der betriebliche Praktiker genügend Informationen, um gemeinsam mit den Fachleuten die richtigen Maßnahmen zur Gefahrenabwehr konzipieren zu können.

16. Was sind explosionsgefährdete Bereiche?

Explosionsgefährdete Bereiche sind Betriebsbereiche, in denen eine explosionsfähige Atmosphäre auftreten kann. Dies ist z. B. der Fall im Inneren von Apparaturen, in engen Räumen, Gruben oder Kanälen.

In der Metallindustrie sind explosionsgefährdete Bereiche besonders dort anzutreffen, wo Beschichtungsstoffe zerstäubt werden (Lackiererei, Farbgebung), wo mit Kraftstoffen oder technischen Gasen umgegangen wird, aber auch dort, wo explosive Metallstäube erzeugt werden (z. B. Schleifen von Aluminium, Bearbeitung von Magnesium und entsprechenden Legierungen).

17. Wie werden explosionsgefährdete Bereiche in Zonen eingeteilt?   → § 5 BetrSichV

Gemäß § 5 der Betriebssicherheitsverordnung (BetrSichV) muss der Unternehmer die in seinem Betrieb vorhandenen explosionsgefährdeten Bereiche in sogenannte *Zonen* einteilen. Im Anhang 3 der Betriebssicherheitsverordnung sind diese Zonen genau definiert:

- Handelt es sich bei den Atmosphären um Gemische aus Luft und brennbaren Gasen, Nebeln oder Dämpfen, wird in die Zonen 0, 1 und 2 eingeteilt.

- Handelt es sich bei den Atmosphären um Luftgemische von brennbaren Stäuben heißen die Zonen 20, 21, 22.

Atmosphäre	Zone	Bereich	Zone	Atmosphäre
Gemische aus Luft und brennbaren Gasen, Nebeln oder Dämpfen	0	Eine explosionsgefährdete Atmosphäre ist ständig (über Langzeiträume) oder häufig vorhanden.	20	Luftgemische aus brennbaren Stäuben
	1	Im Normalbetrieb bildet sich gelegentlich eine explosionsgefährdete Atmosphäre.	21	
	2	Im Normalbetrieb tritt eine explosionsgefährdete Atmosphäre normalerweise nicht oder nur kurzfristig auf.	22	

Entsprechend der Zoneneinteilung sind Explosionsschutzmaßnahmen zu treffen und gemäß § 6 der Betriebssicherheitsverordnung im *Explosionsschutzdokument* zu dokumentieren.

18. Welche Vorschriften regeln den Schutz vor Explosionen?

• Die Vorschriften zum Schutz der Arbeitnehmer vor den Gefährdungen chemischer Arbeitsstoffe sind europaweit einheitlich in der *Richtlinie 98/24/EG* geregelt.

• Der betriebliche Explosionsschutz wird durch die *Richtlinie 1999/92/EG* geregelt.

• In das deutsche Arbeitsschutzrecht wurde diese Richtlinie so umgesetzt, dass die *Gefahrstoffverordnung* (GefStoffV) im Anhang V Nr. 8 konkrete Vorschriften zum Schutz vor Brand- und Explosionsgefahren enthält.

   Die Gefahrstoffverordnung bestimmt im *Anhang V Nr. 8*, wie die *Bildung* explosionsfähiger Atmosphären *verhindert* werden soll. Darüber hinaus sind im Anhang V auch Regeln enthalten, die zur Anwendung gelangen können, wenn explosionsfähige Atmosphären *beseitigt* werden müssen.

• Alle Maßnahmen hingegen, die ergriffen werden müssen, wenn die Bildung gefährlicher explosionsfähiger Atmosphären *nicht sicher verhindert* werden kann, sind Bestandteil der *Betriebssicherheitsverordnung* (BetrSichV). Für den Industriemeister Metall ist die Kenntnis der §§ 5 f. BetrSichV besonders relevant.

19. Welche Bestimmungen enthält die Betriebssicherheitsverordnung (BetrSichV)?

• Die *Betriebssicherheitsverordnung* regelt Sicherheit und Gesundheitsschutz

  - bei der Bereitstellung von Arbeitsmitteln,
  - bei der Benutzung von Arbeitsmitteln bei der Arbeit sowie
  - die Sicherheit beim Betrieb überwachungsbedürftiger Anlagen.

• Die *Betriebssicherheitsverordnung regelt vor allem folgende Einzeltatbestände*:

  - Gefährdungsbeurteilung
  - Anforderungen an die Bereitstellung und Benutzung von Arbeitsmitteln
  - Explosionsschutz inkl. Explosionsschutzdokument
  - Anforderungen an die Beschaffenheit von Arbeitsmitteln
  - Schutzmaßnahmen

- Unterrichtung/Unterweisung
- Prüfung der Arbeitsmittel
- Betrieb überwachungsbedürftiger Anlagen (Druckbehälter, Aufzüge, Dampfkessel).

• Wie auch in allen anderen modernen Arbeitsschutzgesetzen und -verordnungen *wurde die Gefährdungsbeurteilung in den Mittelpunkt gerückt.*

• Folgende wichtige *Verordnungen* wurden *integriert* und somit als Einzelverordnung *abgeschafft*:

- Druckbehälterverordnung
- Dampfkesselverordnung
- Aufzugsverordnung
- Ex-Schutz-Verordnung.

Die Verordnung dient der Umsetzung einer ganzen Reihe von europäischen Richtlinien in deutsches Recht und sorgt dafür, dass *viele deutsche Einzelverordnungen abgeschafft werden konnten.* Die Betriebssicherheitsverordnung ermöglicht es weiterhin, *eine große Anzahl von speziellen Unfallverhütungsvorschriften der Berufsgenossenschaften außer Kraft zu setzen.* Somit hat diese Verordnung eine große Bedeutung für die Rechtsvereinfachung auf dem Gebiet des Arbeits- und Gesundheitsschutzes und insgesamt für die Entbürokratisierung.

• Neu ist:

- Das Anlagensicherheitsrecht ist in Deutschland erstmalig einheitlich geregelt.

- Für die Anlagensicherheit gibt es nur noch ein Technisches Regelwerk.

- Die Verordnung ist sehr modern.

- Die Trennung „Beschaffenheit" (Bau- und Ausrüstung) und „Betrieb" der Arbeitsmittel ist klar vollzogen.

- Das Recht für überwachungsbedürftige Anlagen ist neu geordnet.

- Mindestvorschriften für den betrieblichen Explosionsschutz, für hochgelegene Arbeitsplätze und für die Benutzung der Arbeitsmittel sind geschaffen worden.

- Es findet eine Deregulierung des Marktes der Prüfung und Überwachung statt. Maßstab ist grundsätzlich der Stand der Technik.

- Die Rechtsvorschriften sind widerspruchsfrei in sich und ihrer Systematik; das Vorschriftenwerk ist durchgängig gleich und logisch aufeinander aufbauend konstruiert.

- Die Eigenverantwortung der Unternehmen und ihre Eigeninitiative werden gestärkt.

- Das Schutzkonzept ist übergreifend. Starres Vorschriftendenken soll Gestaltungsspielräumen für die Unternehmen weichen. Im gegebenen Rahmen kann der Arbeitsschutz besser betriebsspezifisch organisiert werden.

• Überflüssig wurden:

- 17 Verordnungen
- ca. 70 Unfallverhütungsvorschriften.

6.5.4 Maßnahmen im Bereich des Arbeits-, Umwelt- und Gesundheitsschutzes

Entsprechend dem Rahmenplan ist in diesem Abschnitt kein neues Stoffgebiet zu bearbeiten, sondern aus dem gesamten Qualifikationsschwerpunkt „Arbeits-, Umwelt- und Gesundheitsschutz" sind „typische", relevante und konkrete Schutzmaßnahmen aus der Praxis des Industriemeisters Metall zu bearbeiten (Wiederholung anhand ausgewählter Fälle). Infrage kommen z. B.:

- Vorkehrungen zur Ersten Hilfe
- Durchführung einer Gefährdungsbeurteilung
- Rangfolge der Schutzmaßnahmen („TOP")
- Umgang mit Gefahrstoffen
- Zuordnung und Einsatz der PSA
- Vorsorgeuntersuchungen und Berufskrankheiten
- Maßnahmen des Umweltschutzes am Arbeitsplatz
- Einhaltung und Verbesserung der Schutzmaßnahmen als Führungsaufgabe.

Es wird empfohlen, diese Thematik im Lehrgang in Arbeitsgruppen und Kleinprojekten zu bearbeiten. Als Anregung dazu werden nachfolgend einige, geeignete Aufgabenstellungen behandelt.

01. Welche Maßnahmen zur Beachtung des Umwelt- und Gesundheitsschutzes sind bei der Demontage einer Maschine erforderlich?

Eine Stanzmaschine für Anlasserritzel (Halbautomat mit automatischer Zuführung der Kühlflüssigkeit) hat nur noch Schrottwert und soll demontiert werden.

Beispiele für Schutzmaßnahmen:

1. Gesundheitsschutz:

- präzise Einweisung der Mitarbeiter in die Aufgabe
- Unterweisung der Mitarbeiter (Sicherheitsmerkblatt)
- PSA tragen (Kontrolle)
- Sicherheitsvorschriften für Leckagen beachten
- Vorschriften beim Umgang mit Gefahrstoffen (Kühlflüssigkeit);
  → GefStoffV, BG-Vorschriften und -Regeln
- Demontage der Elektrik: nur Fachpersonal einsetzen
- Betriebsanweisung beachten
- geeignete Behälter und Transportmittel für die Entsorgung der Stoffe einsetzen.

2. Umweltschutz:

- Sortenreine Trennung und Entsorgung der Stoffe (z. B. Metalle, Öle, ölverschmierte Lappen und Handschuhe, Kühlflüssigkeit); vorgeschriebene Behälter verwenden; → KrWG, BbodSchG, WHG.

- Prüfen, welche Stoffe ggf. betriebsintern recycelt werden können (z. B. verbrauchtes Öl, Alttextilien/Putzlappen); ansonsten Vorbereitung für externes Recycling (sortenrein trennen und in gesonderte Behälter füllen: z. B. Metallabfälle, Metallspäne, Elektroschrott).

02. Welche Rechtsfolgen ergeben sich bei Verstößen und Ordnungswidrigkeiten im Rahmen des Arbeitsschutzes?

- *Ordnungswidrig handelt*, wer vorsätzlich oder fahrlässig gegen Verordnungen des Arbeitsschutzes verstößt (betrifft Arbeitgeber und Beschäftigte; § 25 ArbSchG).

- *Ordnungswidrigkeiten* werden mit Geldstrafe bis zu 5.000 €, in besonderen Fällen bis zu 25.000 € geahndet (§ 25 ArbSchG).

- Wer dem Arbeitsschutz zu wider laufende Handlungen beharrlich wiederholt oder durch vorsätzliche Handlung *Leben oder Gesundheit* von Beschäftigten gefährdet, wird mit *Freiheitsstrafe bis zu einem Jahr oder mit Geldstrafe* bestraft.

- Auch seitens der Berufsgenossenschaften sind Rechtsfolgen zu erwarten, weil auch die Unfallverhütungsvorschriften z. T. *bußgeldbewehrt* sind. Neben der Ahndung von Verstößen gegen Unfallverhütungsvorschriften (OWiG) kann die Berufsgenossenschaft *Personen in Regress nehmen*, die einen schweren Arbeitsunfall vorsätzlich oder grob fahrlässig herbeigeführt haben. Gemäß § 110 SGB VII kann die Berufsgenossenschaft in einem solchen Fall alle ihre Aufwendungen für den einzelnen Versicherungsfall von der Person, der das Verschulden nachgewiesen wird, fordern. Das Verschulden bezieht sich sowohl auf Handeln als auch auf Unterlassen.

Der angehende Industriemeister, der in seinem Meisterbereich die Verantwortung für Arbeitssicherheit und Gesundheitsschutz trägt, sollte wissen und beachten, dass auch die Herbeiführung eines schweren oder tödlichen Arbeitsunfalls mit einer Freiheitsstrafe geahndet werden kann.

03. Welche Aufgaben ergeben sich für den Industriemeister aus der Betriebssicherheitsverordnung?

- *Gefährdungsbeurteilung* organisieren.

- Feststellen, welche Arbeitsmittel wie oft und wann wie geprüft werden müssen (*Prüfkataster* für „normale" und überwachungsbedürftige Arbeitsmittel). Anhaltspunkte sind die Umstände, die die Beschaffenheit der Arbeitsmittel bei der Benutzung negativ beeinflussen.

- *Befähigte Personen*, die die Prüfung durchführen können, ermitteln und beauftragen.

- *Unterweisungen* für den Umgang mit Arbeitsmitteln organisieren (siehe 6.3).

- *Nachrüstbedarf* ermitteln, Instandhaltung organisieren.

- *Explosionssicherheit* prüfen, Organisation des Ex-Schutzes prüfen.

- *Koordination* der Maßnahmen überprüfen.

- *Ex-Schutz-Dokument* erstellen.

- *Aufzeichnungen* über die Prüfungen erstellen und bereithalten.

Für die Industriemeister Metall haben die §§ 10 und 11 der Betriebssicherheitsverordnung eine besondere Bedeutung. § 10 beschreibt die notwendigen Prüfungen von Arbeitsmitteln und die Aufzeichnungen, die über die Prüfung erstellt werden müssen.

Die Prüfung von Arbeitsmitteln wird durch *befähigte Personen* vorgenommen. Welche Eigenschaften und welche Ausbildung, Fähigkeiten und Fertigkeiten eine solche befähigte Person auszeichnen, ist Bestandteil einer Regel zur Betriebssicherheitsverordnung.

Die Regeln für Betriebssicherheit werden vom Ausschuss für Betriebssicherheit ermittelt und erstellt. Die Prüfung überwachungsbedürftiger Anlagen erfolgt durch sogenannte „Zugelassene Überwachungsstellen". Bekannte, derzeit zugelassene Überwachungsstellen sind z. B. der TÜV und andere bislang unter dem Begriff „Sachverständigenorganisationen" bekannte Unternehmen. Die Prüffristen ermittelt grundsätzlich der Betreiber der Anlage. Er zeigt diese der Aufsichtsbehörde an. Die Aufsichtsbehörde überprüft die Frist und korrigiert sie gegebenenfalls.

04. Wann ist die Prüfung von Arbeitsmitteln, die nicht überwachungsbedürftig sind, fällig?

1. Wenn die sichere Funktion des Arbeitsmittels von der ordnungsgemäßen Montage abhängt:

- nach der Montage
- vor der ersten Inbetriebnahme
- nach jeder neuen Montage, z. B. auf einer neuen Baustelle
- an einem neuen Standort.

2. Wenn Schäden verursachende Einflüsse vorhanden sind:

- nach außergewöhnlichen Ereignissen mit schädigenden Auswirkungen

3. Sind Instandsetzungsarbeiten durchgeführt worden, die Rückwirkungen auf die Sicherheit haben könnten, muss das Arbeitsmittel geprüft werden.

05. Welchen Inhalt muss ein Explosionsschutzdokument haben?

- Betriebsbereich, Erstellungsdatum
- Verantwortliche für diesen Bereich
- bauliche und geographische Gegebenheiten (Lageplan)
- Verfahrensparameter (wo wird versprüht, wo entstehen Funken, wo greifen Mitarbeiter ein)
- Stoffdaten (Sida-Blätter)
- Gefährdungsbeurteilung, Entscheidung Ex-Schutz ja/nein
- Schutzkonzept (Technik, Zoneneinteilung, organisatorische Maßnahmen, Koordinierung der Schutzmaßnahmen).

7. Personalführung

──────── *Prüfungsanforderungen:* ────────

Im Qualifikationsschwerpunkt Personalführung soll der Prüfungsteilnehmer nachweisen, dass er in der Lage ist,

- den Personalbedarf zu ermitteln,
- den Personaleinsatz entsprechend den Anforderungen sicherzustellen und
- die Mitarbeiter zielgerichtet zu verantwortlichem Handeln hinzuführen.

Qualifikationsschwerpunkt Personalführung (Überblick)

7.1 Ermitteln und Bestimmen des qualitativen und quantitativen Personalbedarfs

7.1.1 Personalbedarfsermittlung   → A 2.2.8, 2.4.2, 8.1.2

01. Welche Ziele verfolgt die Personalplanung?

Dem Unternehmen ist vorausschauend das Personal

- in der erforderlichen *Anzahl* (→ *quantitative* Personalplanung),
- mit den erforderlichen *Qualifikationen* (→ *qualitative Personalplanung* → PE),
- zum richtigen *Zeitpunkt* (unter Berücksichtigung der Einsatzdauer)
- am richtigen *Einsatzort*

zur Verfügung zu stellen.

02. Welche Aufgaben hat die Personalplanung?

- Planung des Personal*bedarfs:*
  → quantitativ
  → qualitativ
- Planung der Personal*beschaffung* (intern und extern),
- Planung des Personal*einsatzes*,
- Planung der Personal*entwicklung* und Förderung,
- Planung des Personal*abbaus*,
- Planung der Personal*kosten*.

03. Welche Aufgabe hat die quantitative Personalbedarfsermittlung?

Die quantitative Personalbedarfsermittlung bestimmt das zahlenmäßige Mengengerüst der Planung (Anzahl der Mitarbeiter je Bereich, Vollzeit-/Teilzeit-„Köpfe" usw.).

04. Welche Aufgabe hat die qualitative Personalbedarfsermittlung?

Bei der qualitativen Personalbedarfsermittlung geht es um die Qualifikationserfordernisse des festgestellten Mitarbeiterbedarfs: Dazu werden die Anforderungen einer bestimmten Stelle untersucht und es wird ein *Anforderungsprofil* erstellt.

05. Was versteht man unter der Qualifikation eines Mitarbeiters?

Qualifikation ist das *individuelle Arbeitsvermögen* eines Mitarbeiters zu einem bestimmten Zeitpunkt; es wird i. d. R. erfasst durch folgende Merkmale:

06. Was sind Fähigkeiten?

Fähigkeiten sind ein Teil der Qualifikation von Mitarbeitern. Man unterscheidet in geistige und körperliche Fähigkeiten:

07. Was versteht man unter Eignung?   → **7.3.3**

Eignung ist die Summe *derjenigen* Qualifikationsmerkmale, die einen Mitarbeiter dazu befähigen, eine bestimmte Tätigkeit erfolgreich ausüben zu können. Der Begriff Eignung ist also immer in Relation zu den Anforderungen eines Arbeitsplatzes (→ Arbeitsplatzbewertung) zu sehen. *Der Begriff der Eignung ist also mit dem der Qualifikation nicht gleich zu setzen.*

Ein Mitarbeiter ist in dem Maße geeignet, wie seine für den Arbeitsplatz relevanten Qualifikationsmerkmale mit den Anforderungsmerkmalen (→ Arbeits(platz)bewertung) übereinstimmen. Die Eignung eines Mitarbeiters ist nicht statisch, sondern verändert sich: Verbesserung: durch Übung, Erfahrung, Weiterbildung; Verschlechterung: aufgrund mangelnder Praxis; nachlassende Eignung: aufgrund gesundheitlicher Veränderungen.

Weder in der Literatur noch in der Praxis gibt es einen Konsens darüber, mithilfe welcher Merkmale Eignungs- bzw. Anforderungsprofile zu erfassen sind:

Einen Ansatzpunkt bieten die *Anforderungsarten der Arbeitsbewertung* (→ 7.3.1); daneben gibt es einfache Merkmalsstrukturen, die in der betrieblichen Praxis eingesetzt werden:

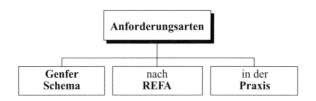

1. Anforderungsarten
   nach dem *Genfer Schema*:

1 Geistige Anforderungen	→ 1. Können
	→ 2. Belastung
2 Körperliche Anforderungen	→ 3. Können
	→ 4. Belastung
3 Verantwortung	→ 5. Belastung
4 Arbeitsbedingungen	→ 6. Belastung

2. Anforderungsarten
   nach *REFA:*

1 Kenntnisse
2 Geschicklichkeit
3 Verantwortung
4 geistige Belastung
5 muskelmäßige Belastung
6 Umgebungseinflüsse

3. In der *Praxis*
   werden zum Teil
   (vereinfachte) Eignungs-
   bzw. Anforderungsmerk-
   male eingesetzt, z. B.:

Eignungsmerkmale:
• Fachlich: --------------

• Persönlich: --------------
                   ----

oder

Eignungsmerkmale:
• Geistige: --------------

• Körperliche: --------------

• Persönliche: --------------

Mitunter wird bei den Anforderungsmerkmalen noch zwischen *Muss- und Kann-Merkmalen* (notwendig/wünschenswert) unterschieden; dies zeigt z. B. der folgende Ausschnitt aus einem Anforderungsprofil:

Fachliche Merkmale	notwendig	wünschenswert
- Branchenkenntnisse		x
- Englischkenntnisse	x	
- AEVO-Prüfung	x	
- Schweißerpass		
- usw.	x	

08. Wie kann die Eignung eines Mitarbeiters ermittelt werden?

1. Auswahl geeigneter *Merkmale* (siehe oben)
2. Festlegung einer geeigneten *Skalierung* für die Ausprägung des Merkmals (im einfachen Fall: geeignet – bedingt geeignet – ungeeignet)
3. Auswahl eines geeigneten *Verfahrens* zur „Messung" der Merkmale
4. Durchführung des Verfahrens und *Ermittlung der Messwerte*
5. *Vergleich* des Eignungsprofils mit dem Anforderungsprofil

zu 3. Folgende Verfahren können z. B. eingesetzt werden:
- Tests
- Beurteilung (Leistungs-/Potenzialbeurteilung)
- Interview, Gespräche mit dem Mitarbeiter
- Assessmentcenter

Grundsätzlich ist die Aufstellung von Eignungs- und Anforderungsprofilen subjektiv; es existieren immer Quantifizierungs-, Mess- und Bewertungsprobleme.

Beispiel einer qualitativen Personalbedarfsermittlung:

In der Montageabteilung eines Unternehmens hat die quantitative Bedarfsermittlung zu einer Unterdeckung von 14 Mitarbeitern geführt (auf Vollzeitbasis). Im zweiten Schritt wurden die Anforderungen der betreffenden Stellen analysiert. Aus der Anforderungsanalyse ergab sich folgender *qualitativer Personalbedarf:*

Ermittlung des qualitativen Personalbedarfs					
	Lehrberuf aus dem Bereich ...				
Montagegruppe	angelernt	Elektrotechnik	Mechanik	Hydraulik	Summe
Montage 1	2	2	–	1	**5**
Montage 2	1	–	2	–	**3**
Montage 3	–	3	–	3	**6**
Summe	**3**	**5**	**2**	**4**	**14**

Das Beispiel zeigt eine einfache, pragmatische Ermittlung des qualitativen Personalbedarfs: Es wird (lediglich) differenziert in gelernte und angelernte Tätigkeiten; die gelernten Tätigkeiten werden grob nach Ausbildungsberufen differenziert, indem man auf den Kern eines Berufsbildes abstellt. Selbstverständlich hätte man auch nach „anerkannten Ausbildungsberufen" differenzieren können (z. B. Mechatroniker usw.).

09. Welche Arten des Personalbedarfs sind zu unterscheiden?

Hinsichtlich der Entstehungsursache unterscheidet man folgende Bedarfsarten:

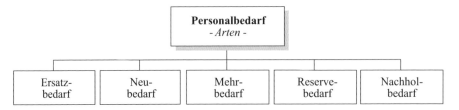

- *Ersatzbedarf*   = Bedarf aufgrund ausscheidender Mitarbeiter
- *Neubedarf*   = Bedarf aufgrund neu geplanter/genehmigter Stellen (→ Kapazitätserweiterung)
- *Mehrbedarf*   = Bedarf aufgrund gesetzlicher Veränderungen bei gleicher Kapazität (→ Verkürzung der Arbeitszeit; Fachkraft für Umweltschutz)
- *Reservebedarf* = Bedarf aufgrund von Ausfällen und Abwesenheiten (Urlaub, Erkrankung usw.)
- *Nachholbedarf* = Bedarf aufgrund noch offener Planstellen der zurückliegenden Planungsperiode

10. Welche Instrumente können bei der Personalbedarfsbestimmung eingesetzt werden?

Personalbedarfsbestimmung:	*Instrumente*[1]*, z. B.:*
• *Qualitative* Personalbedarfsbestimmung:	→ Anforderungsprofile
	→ Eignungsprofile
	→ Arbeitsbewertung
	→ Leistungsbeurteilungen
	→ Potenzialbeurteilungen
	→ Personalakten, Personalstammdaten
	→ Eignungs-/Leistungstests
	→ Assessmentcenter
	→ PE-Datei
	→ Personalinformationssystem (PIS)
• *Quantitative* Personalbedarfsbestimmung:	→ Absatzpläne
	→ Produktionspläne
	→ Fertigungsstufen/Fertigungstiefe
	→ Aufbau-/Ablauforganisation
	→ Schichtpläne
	→ Bedarfsprognosen
	→ Stellenbesetzungspläne
	→ REFA-Verfahren
	→ Abgangs-/Zugangstabellen

---

[1] Zwischen dem Einsatz dieser Instrumente hinsichtlich qualitativer, quantitativer, räumlicher und temporärer Bedarfsbestimmung gibt es Überschneidungen.

	→	Personalstatistiken, z. B.:
		- Belegschaftsstruktur/Altersstruktur
		- Fluktuationsquote
		- Fehlzeiten/Absentismus

• *Räumliche* Personalbedarfsbestimmung: → Zentrale/dezentrale Struktur des Betriebes
→ Produktionsverfahren, z. B. Werkstättenfertigung, Baustellenfertigung usw.
→ Gebäudepläne/-grundrisse
→ Personaleinsatzpläne

• *Temporäre* Personalbedarfsbestimmung: → Produktionsverfahren, z. B. Einschichtbetrieb, Konti-Schicht
→ Absatzpläne, z. B. saisonale Absatzschwankungen
→ Auftragsbücher/Auftragsvorlauf
→ tarifliche/individuelle Arbeitszeiten, ggf. betriebliches Arbeitssystem (Wochen-, Monats-, Jahresarbeitszeit)

11. Von welchen Bestimmungsfaktoren ist die Personalplanung abhängig?

Fundierte Personalplanung steht und fällt in ihrem Aussagewert mit der Qualität der erhobenen internen und externen Daten. Man spricht auch von *internen und externen Bestimmungsgrößen (Determinanten)*. Beispielhaft lassen sich folgende Bestimmungsfaktoren nennen:

Determinanten der Personalplanung	
Externe Faktoren - Beispiele -	**Interne Faktoren** - Beispiele -
Marktentwicklung	Unternehmensziele
Technologiewandel	Investitionen
Arbeitsmarkt	Fluktuation
Arbeitszeiten	Altersstruktur
Sozialgesetze	Fehlzeiten
Tarifentwicklung	Arbeitszeitsysteme
Alterspyramide	Qualifikationsniveau

7.1.2 Methoden der Bedarfsermittlung

01. Welche Methoden der (quantitativen) Bedarfsermittlung werden unterschieden?

Bei den Methoden (oder auch: Verfahren) der Bedarfsermittlung geht es grundsätzlich um die quantitative Betrachtung: Welche Mitarbeiteranzahl wird in der nächsten Planungsperiode benötigt?

Zur Ermittlung des quantitativen Personalbedarfs sind *zwei Betrachtungsrichtungen* anzustellen:

1. Wie entwickelt sich die Anzahl der *Stellen*?
   Man nennt diese Betrachtung die *„Ermittlung des Bruttopersonalbedarfs"*.
   Es gibt dazu verschiedene globale oder differenzierte Verfahren (vgl. unten).

2. Wie entwickelt sich die Anzahl der *Mitarbeiter*?
   Man nennt diese Betrachtung die *„Ermittlung des fortgeschriebenen Personalbestandes"*.
   Auch hier gibt es verschiedene Verfahren (vgl. unten). In der Praxis wird vor allem die Abgangs-/Zugangstabelle eingesetzt.

Der Vergleich von Bruttopersonalbedarf (Anzahl der Stellen) und fortgeschriebenem Personalbestand (Anzahl der Mitarbeiter) ergibt den *Nettopersonalbedarf*, d. h. den Personalbedarf im eigentlichen Sinne.

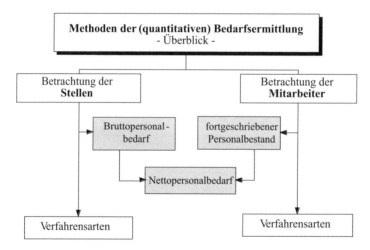

02. Aus welchen Berechnungsgrößen setzt sich der quantitative Personalbedarf zusammen?

A.		**Bruttopersonalbedarf**	=	Stellenbestand +/- Veränderungen
B.	./.	**fortgeschriebener**		
		Personalbestand	=	Personalbestand +/- Veränderungen
C.	=	**Nettopersonalbedarf**		

Die Ermittlung erfolgt in drei Arbeitsschritten:

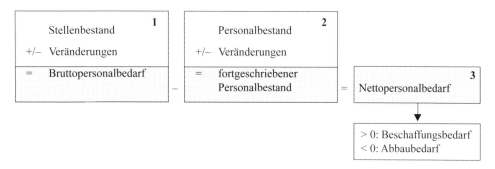

1. Schritt: Ermittlung des Bruttopersonalbedarfs (*Aspekt „Stellen"*):
Der gegenwärtige Stellenbestand wird aufgrund der zu erwartenden Stellenzu- und -abgänge „hochgerechnet" auf den Beginn der Planungsperiode. Anschließend wird der Stellenbedarf der Planungsperiode ermittelt.

2. Schritt: Ermittlung des *fortgeschriebenen Personalbestandes* (Aspekt *„Mitarbeiter"*):
Analog zu Schritt 1 wird der Mitarbeiterbestand „hochgerechnet" aufgrund der zu erwartenden Personalzu- und -abgänge.

3. Schritt: Ermittlung des *Nettopersonalbedarfs* (= *„Saldo"*):
Vom Bruttopersonalbedarf wird der fortgeschriebene Personalbestand subtrahiert. Man erhält so den Nettopersonalbedarf (= Personalbedarf i. e. S.).

Man verwendet folgendes *Berechnungsschema*:

Berechnungsschema zur Ermittlung des Nettopersonalbedarfs			
Lfd. Nr.		Berechnungsgröße	Zahlenbeispiel
1		Stellenbestand	28
2	+	Stellenzugänge (geplant)	2
3	–	Stellenabgänge (geplant)	– 5
4		Bruttopersonalbedarf	25
5		Personalbestand	27
6	+	Personalzugänge (sicher)	4
7	–	Personalabgänge (sicher)	– 2
8	–	Personalabgänge (geschätzt)	– 1
9		Fortgeschriebener Personalbestand	28
10		**Nettopersonalbedarf (Zeile 4 - 9)**	– 3

03. Welche Verfahren werden zur Ermittlung des Bruttopersonalbedarfs eingesetzt?

Zur Prognose des Bruttopersonalbedarfs bedient man sich verschiedener Verfahren. Grundsätzlich unterscheidet man dabei zwei *Verfahrensarten*:

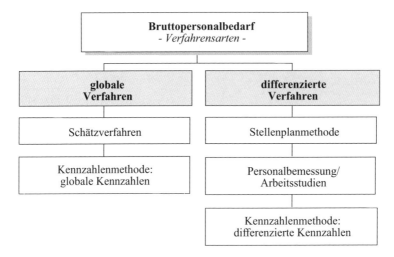

- Bei den *Verfahren zur globalen Bedarfsprognose* geht es um die Ermittlung von Unternehmens-Gesamtdaten, die „globalen" Charakter haben (z. B. Gesamtheit aller Planstellen eines Unternehmens oder eines Ressorts).

- Die Verfahren zur *differenzierten Bedarfsprognose* sind meist kurz- oder mittelfristig angelegt und beziehen sich auf detaillierte sowie begrenzte Personalbereiche/Einzelaufträge, in denen einigermaßen zuverlässige Datenrelationen hergestellt werden können.

Die Unterscheidung der Verfahren zur Ermittlung des Bruttopersonalbedarfs in globale und differenzierte Verfahren ist eine Form der Differenzierung; eine weitere Möglichkeit der Gliederung dieser Verfahren ist die Unterteilung in vergangenheitsorientierte Methoden, Schätzmethoden und arbeitswissenschaftliche Methoden:

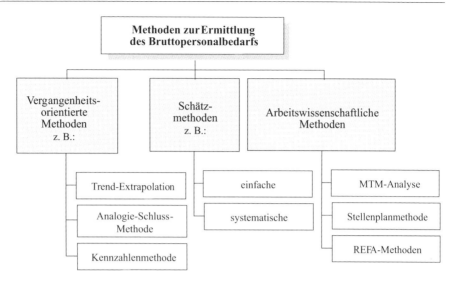

1. *Schätzverfahren* sind relativ ungenau, trotzdem – gerade in Klein- und Mittelbetrieben – sehr verbreitet

   - Bei der *einfachen Schätzmethode* erfolgt die Ermittlung des Personalbedarfs aufgrund *subjektiver Einschätzung* einzelner Personen. In der Praxis werden meist *Experten* und/oder die kostenstellenverantwortlichen Führungskräfte gefragt, wie viele Mitarbeiter mit welchen Qualifikationen für eine bestimmte Planungsperiode gebraucht werden; die Geschäftsleitung gibt dazu in der Regel Eckdaten vor (Geschäftsentwicklung; Absatz-/Umsatzrelationen). Die Antworten werden zusammengefasst, einer Plausibilitätsprüfung unterworfen und dann in das Datengerüst der Unternehmensplanung eingestellt.

   - Bei der *systematischen Schätzmethode* werden interne und ggf. zusätzlich externe Experten mithilfe eines *Fragebogens* befragt (Delphi-Methode); die Ergebnisse der schriftlichen Befragung werden ausgewertet, zusammengefasst und zusammen mit den Analysen an die befragten Experten *zurückgemeldet*, die dann eine *erneute verfeinerte Schätzung* auf der Basis ihres neuen Informationsstandes abgeben. Der typische Ablauf der systematischen Schätzung erfolgt in folgenden Schritten:

     → 1. Schätzung mithilfe eines systematischen Fragebogens
     → Auswertung und Analyse der 1. Schätzung
     → Rückmeldung der zusammengefassten Ergebnisse an die Experten
     → 2. (verfeinerte) Schätzung auf der Basis der gewonnenen Ergebnisse (s. 1. Schätzung)
     → Analyse der 2. Schätzung und Ableitung des Personalbedarfs

2. *Die Kennzahlenmethode* kann sowohl als globales Verfahren aufgrund globaler Kennzahlen sowie als differenziertes Verfahren aufgrund differenzierter Kennzahlen durchgeführt werden. Bei der Kennzahlenmethode versucht man, Datenrelationen, die sich in der Vergangenheit als relativ stabil erwiesen haben, zur Prognose zu nutzen; infrage kommen z. B. Kennzahlen wie

- Umsatz : Anzahl der Mitarbeiter,
- Absatz : Anzahl der Mitarbeiter,
- Umsatz : Personalgesamtkosten,
- Arbeitseinheiten : geleistete Arbeitsstunden.

- **Beispiel 1** zur Kennzahlenmethode (*globales Verfahren*):
  Das Maschinenbauunternehmen X-GmbH ermittelt in der *Berichtsperiode* die Relation

$$\boxed{\frac{\text{Umsatz p. a}}{\text{Anzahl der Mitarbeiter}^{1)}}} = \frac{61,2 \text{ Mio. €}}{510 \text{ Mitarbeiter}} = 120.000 \text{ € pro Mitarbeiter}$$

Die Analyse der Vergangenheitswerte in den zurückliegenden Jahren zeigt, dass diese Relation recht stabil um den Wert 120.000 €/Mitarbeiter schwankt. Der für die kommende Planungsperiode angestrebte Umsatz von 67,32 Mio. € (Umsatzanstieg = 10 %) wird als Zielgröße zur Ermittlung des Brutto-Personalbedarfs genommen:

$$\frac{67,32 \text{ Mio €}}{x} = 120.000 \text{ €/Mitarbeiter}$$

$$\Rightarrow \quad x = 561 \text{ Mitarbeiter}$$

d. h., es ergibt sich ein Bruttopersonalbedarf von 561 Stellen bzw. ein Mehrbedarf von 51 Stellen. Mit anderen Worten: Unterstellt man derart stabile Zahlenrelationen entwickeln sich rein rechnerisch Bezugsgröße (hier: Umsatz) und Personalbedarf *proportional zueinander*, d. h. wenn der Umsatz um 10 % ansteigt, so ist beim Personalbedarf ebenfalls eine Zunahme von 10 % anzunehmen.

- **Beispiel 2** zur Kennzahlenmethode (*differenziertes Verfahren*):
  Aus der Vergangenheit weiß man in einem Unternehmen, dass ein Lohn- und Gehaltssachbearbeiter rund 350 Mitarbeiter abrechnen und betreuen kann. Aufgrund der geplanten Umsatzausweitung wird die Zahl der zu betreuenden Mitarbeiter im Produktionsbereich/Abrechnungskreis um rund 280 ansteigen.

Daraus folgt: $\quad \dfrac{1}{350} = \dfrac{x}{280}$

$$\Rightarrow \quad x = 0,8$$

Ergebnis: Es besteht ein Mehrbedarf von 0,8 Mitarbeiter. Man entschließt sich, eine zusätzliche Stelle einzurichten – als Teilzeitstelle bei 80 % der Regelarbeitszeit.

3. Bei der *Trendextrapolation* werden die Zukunftswerte einer Zeitreihe fortgeschrieben (extrapoliert = ergänzt) auf der Basis (dem Trend) der Vergangenheitswerte (vgl. zur Trendextrapolation ausführlich im 1. Handlungsbereich, Ziffer 1.7.2). Dabei wird unterstellt, dass die Rahmenbedingungen und Gesetzmäßigkeiten der Vergangenheit (der Trend) mehr oder weniger stabil auch für die Zukunft gelten.

Beispiel:
In einem Zulieferbetrieb der Kfz-Industrie hat sich die durchschnittliche Anzahl der Belegschaft pro Jahr (nach Vollzeitköpfen) folgendermaßen entwickelt:

---

[1] *auf Vollzeitbasis*

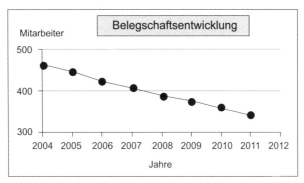

Zu ermitteln ist im Rahmen der mittelfristigen Personalplanung der durchschnittliche Bruttopersonalbedarf der Jahre 2012 - 2013:

Die Analyse der Daten zeigt folgende Gesetzmäßigkeit: Seit 2004 bis zum Jahr 2007 ist die Belegschaft gesunken und zwar jeweils um 5 % und im Folgejahr um 3 %. Bei unveränderten Bedingungen (z. B. Beibehaltung von Rationalisierungsinvestitionen, Marktentwicklung) kann davon ausgegangen werden, dass sich die Belegschaft wie folgt entwickelt:

2007:	Bestand:	412 Mitarbeiter
		(Vollzeitstellen)
Rückgang um	ø Bestand:	
2008: 5 %	391	
2009: 3 %	380	
2010: 5 %	361	
2011: 3 %	350	
2012: 5 %	333	
2013: 3 %	323	

4. Bei der *Trendanalogie* (Analogie-Schlussmethode) wird der Zusammenhang zwischen zwei oder mehreren Zeitreihen extrapoliert, z. B. der Zusammenhang zwischen „Zahl der Verkäufer + Anzahl der Kunden", „Zahl der Wartungsverträge + Anzahl der Servicetechniker". Meist werden dabei aus den Bezugsgrößen (Absatz, Umsatz, Mitarbeiter usw.) eine oder mehrere Kennziffern gebildet und der „wahrscheinlich zukünftige Wert" extrapoliert unter Berücksichtigung notwendiger Eckdaten wie z. B. Veränderung der tariflichen Arbeitszeit, Veränderung der Produktivitäten (Maschinen-/Arbeitsproduktivität) u. Ä.

5. *Verfahren der Personalbemessung (Arbeitsstudien):*
   Hier wird auf Erfahrungswerte oder arbeitswissenschaftliche Ergebnisse zurückgegriffen (REFA, MTM, Work-Factor). Zu ermitteln ist die Arbeitsmenge, die dann mit dem Zeitbedarf pro Mengeneinheit multipliziert wird („Zähler"). Im Nenner der Relation wird die übliche Arbeitszeit pro Mitarbeiter eingesetzt; der Bruttopersonalbedarf wird folgendermaßen berechnet:

$$\text{Personalbedarf (in Vollzeitkräften)} = \frac{\text{Arbeitsmenge} \cdot \text{Zeitbedarf pro Einheit}}{\text{übliche Arbeitszeit pro Mitarbeiter}}$$

Bei der REFA-Methode führt dies zu folgender Formel:

$$\text{Personalbedarf (in Vollzeitkräften)} = \frac{\text{Rüstzeit} + (\text{Einheiten/Auftrag} \cdot \text{Zeit/Einheit})}{\text{mtl. Regelarbeitszeit/Mitarbeiter} \cdot \text{Leistungsfaktor}}$$

Beispiel 1:
In einem Unternehmen existieren folgende Werte:

- Rüstzeit pro Auftrag X   = t_r 42 Stunden
- Anzahl der Fertigungseinheiten   = m 2.900 Stück
- Ausführungszeit pro Einheit   = t_e 1,31 Stunden
- tatsächlicher durchschnittlicher
  Leistungsgrad   = L_t 115 %
  ⇒ Leistungsgradfaktor   = $L_t : 100$ 1,15
- monatliche Regelarbeitszeit   = Z 167 Stunden

Nach der REFA-Methode ergibt sich also für den Personalbedarf:

$$\text{Personalbedarf} = \frac{t_r + (m \cdot t_e)}{Z} \cdot \frac{1}{L_t}$$

$$= \frac{42 + (2.900 \cdot 1,31)}{167 \cdot 1,15}$$

$$= 20 \text{ (Vollzeit)Mitarbeiter}$$

Berücksichtigt man weiterhin eine *Fehlzeitenquote* der betreffenden Fertigungsabteilung z. B. in Höhe von 10 %, so ergibt sich folgender *Reservebedarf*:

(1)   20 Mitarbeiter   · 167 Std.   =   3.340 Std. (Regelarbeitszeit gesamt)

(2)   10 % von 3.340   =   334 Stunden

(3)   334 Std. : 167   =   2 Vollzeitmitarbeiter

Mit anderen Worten:
Der Bruttopersonalbedarf (= Einsatzbedarf + Reservebedarf) liegt unter Berücksichtigung der Fehlzeitenquote bei diesem Auftrag bei 22 Vollzeitmitarbeitern.

Beispiel 2: Für den Folgemonat August sind in der Werkstatt 1 folgende Aufträge gelistet:

Auftragsnummer	Rüstzeit t_r (in min)	Ausführungszeit t_e (in min)	Losgröße x (in Stück)
4711	20	12	200
4712	15	10	300
4713	25	5	150
4714	10	8	250
4715	30	20	100
Σ	100		1.000

Die Werkstatt arbeitet im 1-Schicht-Betrieb bei täglich 8 Stunden; der Monat wird mit 20 Arbeitstagen gerechnet. Bei der Berechnung der erforderlichen Personalressource ist ein Planungsfaktor von 0,85 vorgegeben (Urlaub: 5 %, Krankheit: 2 %, sonstige Ausfallzeiten: 8 %).

Zu ermitteln ist der Personalbedarf (in Vollzeitmitarbeitern) für den Monat August der Werkstatt 1:

Die Auftragszeit$_{gesamt}$ T ergibt sich als Summe der Rüstzeiten t_r plus den Ausführungszeiten je Stück t_{ei} multipliziert mit der entsprechenden Losgröße x_i:

→A 2.2.5

$$T = \sum t_r + \sum t_{ei} \cdot x_i$$

$$= 100 \text{ min} + 10.150 \text{ min} = 10.250 \text{ min}$$

Arbeitstabelle:

Auftragsnummer	Rüstzeit t_r (in min)	Ausführungszeit t_{ei} (in min)	Losgröße x_i (in Stück)	$t_{ei} \cdot x_i$ (in min)
4711	20	12	200	2.400
4712	15	10	300	3.000
4713	25	5	150	750
4714	10	8	250	2.000
4715	30	20	100	2.000
$\sum$	**100**			**10.150**

Für die Personalkapazität K_p in Minuten ergibt sich:

K_p = Arbeitszeit in Std./Tag · Anzahl der Arbeitstage/Monat · Planungsfaktor · 60 Minuten

$$= 8 \text{ Std./Tag} \cdot 20 \text{ Tg./Monat} \cdot 0,85 \cdot 60$$
$$= 8.160 \text{ min/Mon.}$$

Die ermittelten Werte werden in die Formel (Personalbemessung) eingesetzt:

$$\frac{\text{Personalbedarf}}{\text{(in Vollzeitkräften)}} = \frac{\text{Arbeitsmenge} \cdot \text{Zeitbedarf pro Einheit}}{\text{übliche Arbeitszeit pro Mitarbeiter}}$$

$$= \text{T (in min)} : K_p \text{ (in min)}$$

$$= 10.250 \text{ min} : 8.160 \text{ min/Mon.}$$

$$= 1,2561 \text{ Mitarbeiter (Vollzeitbasis)}$$

Das heißt, es wird ein Mitarbeiter für den gesamten Monat für die in der Werkstatt vorliegenden Aufträge benötigt; der Überhang von 0,2561 Mitarbeiter (= 34,8 Std./Mon.) wird durch Mehrarbeit aufgefangen.

Beispiel 3:
Die Ermittlung der Daten bei den Verfahren der Personalbemessung kann erfolgen auf der Basis

- von Erfahrungswerten
- von Selbstaufschreibungen
- der REFA-Methode (siehe oben)
- des MTM-Verfahrens

Beim *MTM-Verfahren* (<u>M</u>ethods of <u>T</u>ime <u>M</u>easurement) wird körperliche Arbeit in Grundbewegungen zerlegt; den Grundbewegungen werden *Normalzeitwerte* zugeordnet, die aufgrund systematischer Zeitstudien von Fachleuten ermittelt wurden. Die Abbildung zeigt die *Grundbewegungen* des MTM-Bewegungszyklusses:

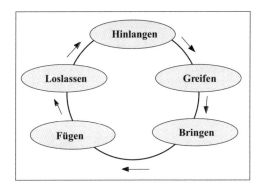

6. *Stellenplanmethode:*
   Bei diesem Verfahren werden Stellenbesetzungspläne herangezogen, die sämtliche Stellen einer bestimmten Abteilung enthalten bis hin zur untersten Ebene – inkl. personenbezogener Daten über die derzeitigen Stelleninhaber (z. B. Eintrittsdatum, Vollmachten, Alter). Der Kostenstellenverantwortliche überprüft den Stellenbesetzungsplan i. V. m. den Vorgaben der Geschäftsleitung zur Unternehmensplanung für die kommende Periode (Absatz, Umsatz, Produktion, Investitionen) und ermittelt durch Schätzung/Erfahrung die erforderlichen personellen und ggf. organisatorischen Änderungen. Der weitere Verfahrensablauf vollzieht sich wie im oben dargestellten Schätzverfahren.

Beispiel:
Das nachfolgende Beispiel zeigt den Stellenbesetzungsplan der Hauptabteilung „Personal- und Sozialwesen" eines Unternehmens; die Zahlenangaben bedeuten: Lebensalter/Betriebszugehörigkeit; lt. Betriebsvereinbarung existiert eine Vorruhestandsregelung ab Alter 63. Das Unternehmen expandiert. Es ist der quantitative Personalbedarf für das kommende Jahr zu ermitteln. Er wird mit Ansätzen zur qualitativen Personalplanung verbunden.

Die Analyse des Stellenbesetzungsplanes sowie der anstehenden Personalveränderungen zeigt folgendes Bild:

- Für die Gruppe „Sozialwesen" wurde eine neue Stelle bewilligt.
- Zwei Stellen sind noch nicht besetzt (Nachholbedarf).
- Hr. Endres und Hr. Knurr: → Vorruhestand.
- Frau Gohr wird Nachfolgerin von Herrn Knurr.
- Frau Mahnke wird das Unternehmen zum März n. J. verlassen (Aufhebungsvertrag).
- Rückkehr Mutterschutz und Bundeswehr: 2 Sachbearbeiter (nach: → LG).
- Übernahme nach der Ausbildung: 2 Sachbearbeiter (nach: → SW).

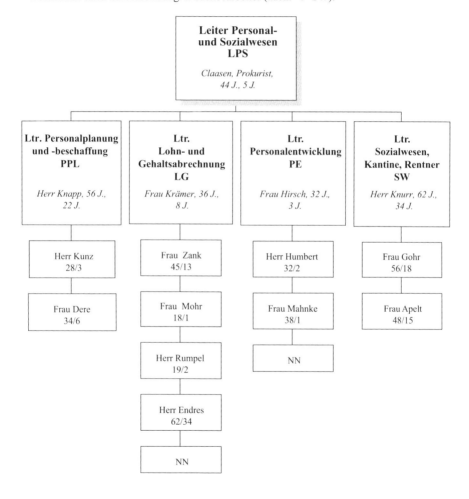

Die nachfolgende Tabelle zeigt den aktualisierten Nettopersonalbedarf:

	LPS	PPL	LG	PE	SW	Σ
Stellenbestand	1	3	6	4	3	17
+ Zugänge	0	0	0	0	1	1
– Abgänge	0	0	0	0	0	0
= Bruttopersonal-bedarf	1	3	6	4	4	**18**
Mitarbeiterbestand	1	3	5	3	3	
+ Zugänge	0	0	2	0	2	4
– Abgänge	0	0	– 1	– 1	– 1	– 3
= fortgeschriebener Personalbestand	1	3	6	2	4	**16**
Netteopersonalbedarf	(18 ./. 16)					**2**

Ergebnis:
Es ergibt sich ein *Nettopersonalbedarf von 2 Mitarbeitern*; diese sind für PE zu beschaffen, da bereits qualitative Entscheidungen vorgenommen wurden (Besetzungen in LG und SW). Im Anschluss daran ist die Planung der Personalbeschaffung der 2 Mitarbeiter/PE durchzuführen (Wann? Woher? Wie? Qualifikation?).

04. Welche Verfahren setzt man zur Ermittlung des (fortgeschriebenen) Personalbestandes ein?

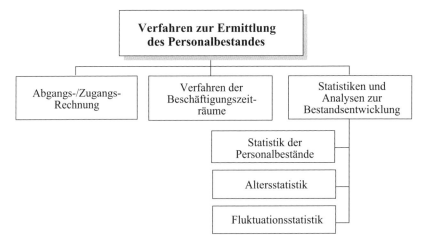

05. Wie wird die Abgangs-/Zugangsrechnung durchgeführt?

Bei der Methode der Abgangs-/Zugangsrechnung werden die Arten der Ab- und Zugänge möglichst stark differenziert. Die Aufstellung kann sich auf Mitarbeitergruppen oder Organisationseinheiten beziehen. Dabei sind die einzelnen Positionen mit einer unterschiedlichen Eintrittswahrscheinlichkeit behaftet. Man kann daher die einzelnen Werte der Tabelle noch differenzieren in feststehende Ereignisse und wahrscheinliche Ereignisse.

Abgangs-/Zugangsrechnung zur Prognose des Personalbestandes		
	Berichtsperiode	Planungsperiode
Bestand zu Beginn der Periode	40	38
− Abgänge:		
Pensionierungen	− 1	− 2
Bundesfreiwilligendienst	− 2	− 1
Aus-/Fortbildung	− 1	0
AG-Kündigung	0	− 1
AN-Kündigung	− 1	0
Tod	− 1	0
Mutterschutz	0	− 2
Sonstige	0	0
= Summe Abgänge	− 6	− 6
+ Zugänge:		
Bundesfreiwilligendienst	1	2
Versetzungen	1	1
Aus-/Fortbildung	0	0
Mutterschutz	0	1
Übernahme (Lehre)	2	3
Sonstige	0	1
= Summe Zugänge	4	8
Bestand zum Ende der Periode	**38**	**40**

06. Wie wird das Verfahren zur Ermittlung der Beschäftigungszeiträume durchgeführt?

Bei diesem Verfahren wird die Frage betrachtet: „Wie lange dauert es, bis sich die Belegschaft aufgrund der Abgänge auf 75 % (bzw. 50 % o. Ä.) reduziert hat?" Man kann daraus Schlüsse ziehen, in welchem Rhythmus/in welcher Größenordnung sich in etwa der Belegschaftsbestand verringert.

Nachteil: Man erfasst lediglich die Abgänge; die Zugänge bleiben unberücksichtigt.

	2005	2006	2007	2008	2009	2010	2011	2012	2013	Durchschnitt
Bestand*	3.200	3.165	3.109	3.061	2.966	2.944	2.876	2.800	2.735	
Abgänge	– 35	– 56	– 48	– 65	– 52	– 68	– 76	– 65	– 97	– 562
Signalbestand										
= 75 % = 2.400										
* ohne Zugänge										

07. Welche Statistiken können zur Prognose des fortgeschriebenen Personalbestandes herangezogen werden?

Infrage kommen zum Beispiel:

- Altersstatistiken/Statistiken der Altersstruktur
- Fluktuationsstatistiken
- Statistiken der durchschnittlichen Verbleibenszeiträume.

Beispiel zur Altersstruktur nach Führungsebenen:
Ein Unternehmen hat vier Führungsebenen: Hauptabteilungsleiter, Abteilungsleiter, Gruppenleiter, Meister. Die selektive Suchabfrage (→ PIS (= Personalinformationssystem) „Welche Führungskräfte werden in fünf Jahren aus Altersgründen ausscheiden?") liefert folgendes Ergebnis:

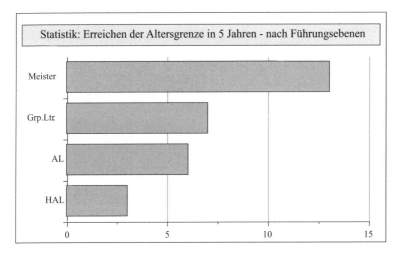

Legende: Grp. Ltr. = Gruppenleiter; AL = Abteilungsleiter; HAL = Hauptabteilungsleiter

Unterstellt man, dass die Beschaffung und Einarbeitung einer Meisterstelle z. B. ca. vier Jahre dauert, so ist im vorliegenden Beispiel erkennbar, dass für das Unternehmen Handlungsbedarf besteht: → Beschaffung (extern/intern), Einarbeitungspläne, Nachfolgepläne usw.

7.2 Auswahl und Einsatz der Mitarbeiter

7.2.1 Verfahren und Instrumente der Personalauswahl

01. Welches Ziel muss eine effektive Personalauswahl realisieren?

Ziel der Personalauswahl ist es,

- auf rationellem Wege,
- zum richtigen Zeitpunkt, den Kandidaten zu finden,
- der möglichst schnell die geforderte Leistung erbringt und
- der in das Unternehmen „passt" (in die Gruppe, zum Chef).

02. Welche Grundsätze sind bei der Personalauswahl zu beachten?

Es ist jeder Führungskraft zu empfehlen, bei der Auswahl von Bewerbern einige Grundsätze zu beachten, die sich in der Praxis bewährt haben:

- Es gibt nie den idealen Kandidaten;
  (Wo können oder müssen (bewusst, vertretbar) Kompromisse gemacht werden?)
- Personalauswahl ist immer ein subjektiver Bewertungsvorgang;
  (Wie kann man trotzdem eine gewisse Objektivität erreichen?)
- keine Auswahl von Bewerbern ohne genaue Kenntnis des Anforderungsprofils;
- Analyse des „Umfeldes" der zu besetzenden Stelle vornehmen;
  (Mitarbeiter, Kollegen, Vorgesetzter, Unternehmenskultur usw.)
- Systematik einhalten;
  (Reihenfolge der Auswahlstufen, Berücksichtigung aller Informationen, Berücksichtigung interner Bewerber im Verhältnis zu externen);
- Versuch, ein Höchstmaß an Objektivität zu erreichen;
- Aufwand und Zeitpunkt der Auswahl der Bedeutung der Stelle anpassen;
- Fehlentscheidungen kosten Zeit und Geld;
  (Wie kann man Einstellungsentscheidungen möglichst gut absichern?)
  Wie gestaltet man die Probezeit zur „Ausprobierzeit"?)
- den Betriebsrat rechtzeitig und angemessen einbeziehen.

03. Wie ist der Prozess der Personalauswahl?

1	2	3	4
Festlegung der Anforderungen	Analyse und Bewertung der Bewerbungsunterlagen	Einsatz der Auswahlinstrumente - Testverfahren - Vorstellungsgespräche - Assessmentcenter - Biografische Fragebögen	Gesamtbewertung und Entscheidung

04. Welche Bedeutung hat die Festlegung von Anforderungsprofilen im Rahmen der Personalauswahl?

Das Anforderungsprofil ist die Summe der Anforderungen (Soll-Vorstellungen), die von einer konkreten Aufgabenstellung ausgehen und vom Stelleninhaber erfüllt sein müssen. *Das Anforderungsprofil ist der Maßstab* für Entscheidungen im Verlauf des Prozesses der Personalauswahl.

Man unterscheidet im Allgemeinen folgende Anforderungen (→ 7.1.1):

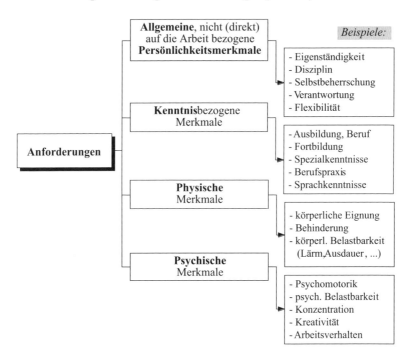

Bei der Festlegung der Anforderungen ist es entscheidend, *diejenigen Merkmale zu ermitteln, die wirklich für eine bestimmte Stelle relevant sind* und im Auswahlprozess auch beobachtet und beurteilt werden können (keine „Wunschliste", z. B.: „... ist kreativ, belastbar, jung, leistungsfähig, mit 12 Jahren Praxis ...").

05. Welche internen Möglichkeiten der Personalbeschaffung lassen sich unterscheiden?

Intern kann die Beschaffung erfolgen durch Versetzung aufgrund

- innerbetrieblicher Stellenausschreibung,
- von Vorschlägen des Fachvorgesetzten,
- von Nachfolge- oder Laufbahnplanungen sowie
- systematisch betriebener Personalentwicklung.

06. Welche indirekten Maßnahmen der internen Personalbeschaffung sind ebenfalls von Bedeutung?

Als weitere Maßnahmen der internen Personalbeschaffung müssen indirekt folgende Möglichkeiten berücksichtigt werden:

- Mehrarbeit,
- Urlaubsverschiebung sowie
- Verbesserung der Mitarbeiterqualifikation (Leistungssteigerung).

07. Welche externen Möglichkeiten der Personalbeschaffung kann der Betrieb nutzen?

- Personalanzeige (externe Stellenausschreibung; Tageszeitung/Internet),
- Personalleasing,
- IHK-Nachfolgebörse (www.change-online.de),
- private Arbeitsvermittler,
- Personalberater,
- Anschlag am Werkstor,
- Auswertung von Stellengesuchen in Tageszeitungen,
- Auswertung unaufgeforderter („freier") Bewerbungen,
- Arbeitsagenturen,
- Messen,
- über Mitarbeiter (Bekannte, Freunde, Angehörige usw.),
- Kontaktpflege zu Schulen, Bildungseinrichtungen usw.

08. Welche Argumente lassen sich für und gegen eine interne Besetzung vakanter Stellen nennen?

• *Argumente für eine interne Personalbeschaffung*, z. B.:
  - Zügige Stellenbesetzung
  - geringere Einarbeitungszeit
  - geringeres Auswahlrisiko
  - kaum Kosten der Personalauswahl
  - Motivation und Förderung der Mitarbeiter (günstiges Personalentwicklungsklima)
  - arbeitsrechtliches Risiko, das mit externen Bewerbern verbunden ist, wird vermieden
  - Gehalt ist passend zum Entgeltniveau

• *Argumente gegen eine interne Personalbeschaffung*, z. B.:
  - „Aufreißen von Lücken" (Personalbedarf wird verlagert)
  - „Betriebsblindheit"
  - Frustration bei abgewiesenen Bewerbern
  - Verschlechterung der Altersstruktur
  - Abschottung nach außen (kein „frisches Blut")
  - Negativimage am externen Arbeitsmarkt
  - geringere Auswahlmöglichkeiten
  - ggf. relativ hohe Fortbildungskosten
  - Kollege wird zum Chef (Gefahr der „Verkumpelung").

09. Nach welchen Kriterien werden die Bewerbungsunterlagen geprüft?

Es werden die Unterlagen *formal* und *inhaltlich* geprüft und analysiert.

10. Was bedeutet die formale Prüfung eingereichter Unterlagen?

Unter der formalen Prüfung eingereichter Unterlagen versteht man eine Sichtung im Hinblick auf die formale Gestaltung, d. h. auf die äußere Form und die positionsbezogene Gliederung, die Prüfung auf Vollständigkeit der Unterlagen, wobei es darauf ankommt, festzustellen, ob alle angeforderten Unterlagen eingereicht worden sind, ob alle Zeiten lückenlos und mit Zeugnissen versehen sind.

11. Was bedeutet die inhaltliche Prüfung eingereichter Unterlagen?

Die Unterlagen können nach dem Informationsgehalt, d. h., den Hinweisen zur Qualifikation, über ausgeübte Tätigkeiten, des Gehaltswunsches, des gekündigten oder ungekündigten Beschäftigungsverhältnisses, des bezogenen Einkommens, des Eintrittsdatums, vom Arbeitgeber überprüft werden, um festzustellen, ob der Bewerber die geforderten Voraussetzungen erfüllen könnte und zu einer Vorstellung eingeladen werden soll. Bei einer Vielzahl von Bewerbungen ist eine solche Vorauswahl unerlässlich.

12. Wie erfolgt die Analyse des Lebenslaufs?

- Die *Zeitfolgeanalyse* fragt nach Lücken im Lebenslauf und den Arbeitsplatzwechseln (Häufigkeit, Branchen, aufsteigender oder absteigender Wechsel).

- Die *Aufgaben- oder Positionsanalyse* fragt nach dem Wechsel des Arbeitsgebiets, dem Berufswechsel und bisher durchlaufenen Unternehmen (Klein-/Großbetriebe, Konkurrenzbetrieb).

Ein mehrmaliger Arbeitsplatzwechsel des Bewerbers während der Probezeit oder eine auffällig kurze Dauer der Betriebszugehörigkeit können ungünstig wirken. Hohe Mobilität in jüngeren Jahren wirkt eher positiv. Mit zunehmendem Lebensalter sollte die Stetigkeit zunehmen. Überzeugende Anlässe eines Bewerbers für einen Arbeitsplatzwechsel können sein: mangelnde Aufstiegschancen, ungünstige Einkommenserwartungen, Spannungen mit Vorgesetzten, erhebliche technische oder organisatorische Mängel im Betrieb, Unterforderung, mangelnde Entfaltungsmöglichkeiten. Ein aufsteigender Wechsel in einem Betrieb mit einem größeren Verantwortungsbereich und umfassenderen Aufgaben ist stets günstiger zu bewerten als ein absteigender Wechsel. Ein Berufswechsel wirkt in Zeiten schnellen Wandels nicht unbedingt negativ. Auffällig ist jedoch ein mehrfacher Wechsel zwischen mehreren grundverschiedenen Berufen oder Tätigkeiten.

• Schließlich kann im Rahmen einer *Kontinuitätsanalyse* der sinnvolle Aufbau der bisherigen beruflichen Entwicklung des Bewerbers analysiert werden.

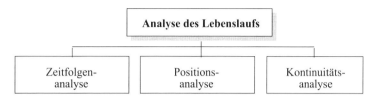

13. Nach welchen Merkmalen werden Arbeitszeugnisse analysiert?

Die Analyse der Arbeitszeugnisse erstreckt sich auf

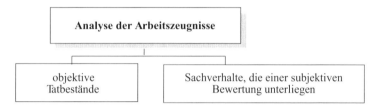

• *Objektive Tatbestände* sind z. B.:
  - Persönliche Daten,
  - Dauer der Tätigkeit,
  - Tätigkeitsinhalte,
  - Komplexität, Umfang der Aufgaben,
  - Anteil von Sach- und Führungsaufgaben,
  - Vollmachten wie Prokura, Handlungsvollmacht,
  - Termin der Beendigung.

• *Tatbestände, die einer subjektiven Bewertung unterliegen,* wie z. B.:
  - Die *Schlussformulierung*
    (z. B. „... wünschen wir Herrn ... Erfolg bei seinem weiteren beruflichen Werdegang und ...")

  - der Grund der Beendigung; er ist nur auf Verlangen des Mitarbeiters in das Zeugnis aufzunehmen (z. B. „auf eigenen Wunsch", „in beiderseitigem Einvernehmen")

  - Formulierungen aus dem sog. *Zeugniscode* (Formulierungsskala):

    - sehr gut   = „stets zur vollsten Zufriedenheit"
    - gut   = „stets zur vollen Zufriedenheit"
    - befriedigend = „zur vollen Zufriedenheit"
    - ausreichend   = „zur Zufriedenheit"
    - mangelhaft   = „im Großen und Ganzen zur Zufriedenheit"
    - ungenügend   = „hat sich bemüht"

  - der Gebrauch von *Spezialformulierungen* (ist in der Rechtsprechung umstritten)

  - das Hervorheben unwichtiger Eigenschaften und Merkmale

- das Fehlen relevanter Aspekte
(Eigenschaften und Verhaltensweisen, die bei einer bestimmten Tätigkeit von besonderem Interesse sind; z. B. Führungsfähigkeit bei einem Meister).

14. Welche Bedeutung hat die Analyse von Schulzeugnissen?

Die Bedeutung von Schulzeugnissen nimmt mit zunehmendem beruflichen Alter ab. Vorsichtige Anhaltspunkte können u. U. – speziell beim Quervergleich mehrerer Bildungsabschlüsse – über Neigung, Fleiß und Interessenschwerpunkte gewonnen werden. Bei Lehrstellenbewerbern sind sie zunächst die einzigen Leistungsnachweise, die herangezogen werden können.

15. Welche Grundsätze sind bei der Durchführung des Vorstellungsgesprächs (Einstellungsgespräch, Auswahlinterview) einzuhalten?

- Der Hauptanteil des Gesprächs liegt beim Bewerber.
- Überwiegend öffnende Fragen verwenden, geschlossene Fragen nur in bestimmten Fällen, Suggestivfragen vermeiden.
- Zuhören, Nachfragen und Beobachten, sich Notizen machen, zur Gesprächsfortführung ermuntern usw.
- In der Regel: Keine ausführliche Fachdiskussion mit dem Bewerber führen.
- Die Dauer des Gesprächs der Position anpassen.
- Äußerer Rahmen: keine Störungen, kein Zeitdruck, entspannte Atmosphäre.

16. Welche Informationsquellen können bei der Auswahl interner Bewerber herangezogen werden?

- Personalakte,
- Weiterbildungskartei/-datei,
- Leistungs-/Potenzialbeurteilung,
- Leistungsverhalten bei Sonderaufgaben (Stellvertretung, Projektarbeit u. Ä.),
- Auswertung betrieblicher Gespräche (z. B. PE-Gespräch).

17. Welche Fragen können im Auswahlgespräch zum Beispiel wirksam sein?

- Wie war Ihre Anreise? Konnten Sie uns gut finden? Kennen Sie unsere Firma bereits? (Atmosphäre)
- Was hat Sie an unserer Anzeige besonders angesprochen?
- Weshalb haben Sie sich beworben?
- Beschreiben Sie Ihre Vorstellungen, um welche Aufgabe es hier geht?
- Was erhoffen Sie sich von einem Stellenwechsel?
- Welche Pläne haben Sie für Ihre zukünftige Weiterbildung?
- Betrachten wir einmal Ihre derzeitige Tätigkeit. Was gefällt Ihnen daran besonders? Was liegt Ihnen weniger?
- Warum möchten Sie Ihre derzeitige Firma verlassen? Sie haben bisher Ihre Stelle noch nie gewechselt. Warum gerade jetzt?

- Ich sehe anhand Ihrer Unterlagen, dass Sie in der vergangenen Zeit den Arbeitgeber recht häufig gewechselt haben. Wie erklären Sie das?
- Was erwarten Sie von Ihrer zukünftigen Stelle?

18. Nach welchen Phasen wird das Vorstellungsgespräch üblicherweise strukturiert?

Phasenverlauf beim Personalauswahlgespräch		
Phase	Inhalt	z. B.
I	Begrüßung	- gegenseitige Vorstellung - Anreisemodalitäten - Dank für Termin
II	Persönliche Situation des Bewerbers	- Herkunft - Familie - Wohnort
III	Bildungsgang des Bewerbers	- Schule - Weiterbildung
IV	Berufliche Entwicklung des Bewerbers	- erlernter Beruf - bisherige Tätigkeiten - berufliche Pläne
V	Informationen über das Unternehmen	- Größe, Produkte - Organigramm der Arbeitsgruppe
VI	Informationen über die Stelle	- Arbeitsinhalte - Anforderungen - Besonderheiten
VII	Vertragsverhandlungen	- Vergütungsrahmen - Zusatzleistungen
VIII	Zusammenfassung, Verabschiedung	- Gesprächsfazit - ggf. neuer Termin

19. Welche charakterischen Merkmale hat das Assessmentcenter?

- Charakteristisch für ein Assessmentcenter (AC) sind folgende *Merkmale*:

  - Mehrere Beobachter (z. B. sechs Führungskräfte des Unternehmens) beurteilen mehrere Kandidaten (i. d. R. 8 bis 12) anhand einer Reihe von Übungen über ein bis drei Tage.
  - Aus dem Anforderungsprofil werden die markanten Persönlichkeitseigenschaften abgeleitet; dazu werden dann betriebsspezifische Übungen entwickelt.

  Die „Regeln" lauten:
  - jeder Beobachter sieht jeden Kandidaten mehrfach
  - jedes Merkmal wird mehrfach erfasst und mehrfach beurteilt
  - Beobachtung und Bewertung sind zu trennen
  - die Beobachter müssen geschult sein (werden)
  - in der „Beobachterkonferenz" erfolgt eine Abstimmung der Einzelbewertungen
  - das AC ist zeitlich exakt zu koordinieren
  - jeder Kandidat erhält am Schluss im Rahmen eines Auswertungsgesprächs sein Feedback.

• *Typische Übungsphasen* beim AC sind:

- Gruppendiskussion mit Einigungszwang
- Einzelpräsentation
- Gruppendiskussion mit Rollenverteilung
- Einzelinterviews
- Postkorb-Übung
- Fact-finding-Übung.

20. Welche Testverfahren können im Rahmen der Personalauswahl eingesetzt werden?

a) Testverfahren im strengen Sinne des Wortes sind wissenschaftliche Verfahren zur Eignungs-diagnostik. Testverfahren müssen folgenden Anforderungen genügen:

- Die Testperson muss ein typisches Verhalten zeigen können.
- Das Verfahren muss gleich, erprobt und zuverlässig messend sein.
- Ergebnisse müssen für das künftige Verhalten typisch (gültig) sein.
- Die Anwendung bedarf grundsätzlich der Zustimmung des Bewerbers.
- I. d. R. ist die Mitbestimmung des Betriebsrates zu berücksichtigen.

b) Man unterscheidet folgende Testverfahren:

• *Persönlichkeitstests* erfassen Interessen, Neigungen, charakterliche Eigenschaften, soziale Verhaltensmuster, innere Einstellungen usw. (z. B. Interessentests, Formdeutungstests, Thematische Tests, Farbtests).

• *Leistungstests* messen die Leistungs- und Konzentrationsfähigkeit einer Person in einer bestimmten Situation (z. B. Pauli-Test, Figuren-/Buchstabentest).

• *Intelligenztests* erfassen die Intelligenzstruktur in Bereichen wie Sprachbeherrschung, Re-chenfähigkeit, räumliche Vorstellung usw. (z. B.: IST 70, WILDE-Intelligenz-Test).

• *Spezielle Fähigkeitstests* messen z. B. die technische Begabung, Fingerfertigkeit und/oder Geschicklichkeit des Kandidaten (z. B. Drahtbiegeprobe).

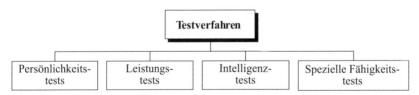

Testverfahren können – bei richtiger Anwendung – das Bewerberbild abrunden oder auch Hinweise auf Unstimmigkeiten geben, die dann im persönlichen Gespräch hinterfragt werden sollten. Der Aufwand ist i. d. R. nicht unbeträchtlich und rechtfertigt sich nur bei einer großen Anzahl von Kandidaten und homogenem Anforderungsprofil. Anspruchsvolle Testverfahren sollten nicht von Laien eingesetzt werden.

Daneben gibt es im betrieblichen Alltag eine Reihe von Auswahlmethoden, die sich mehr oder weniger stark an Prüfungsverfahren anlehnen; z. B. Rechenaufgaben, Rechtschreibübungen, Fragen zum Allgemeinwissen u. Ä., die vor allem bei der Auswahl von Lehrstellenbewerbern eingesetzt werden; fälschlicherweise hat sich auch hier die Bezeichnung „Test" eingebürgert.

21. Wie ist die Vorgehensweise beim „Biografischen Fragebogen"?

Das Verfahren stammt aus den USA und wird z. T. in Deutschland seit den 80er-Jahren eingesetzt. Man nimmt dabei an, dass sich aus den Persönlichkeitsmerkmalen und Verhaltensmustern der Vergangenheit eine Prognose für den Berufserfolg ableiten lässt. Hinterfragt werden z. B.:

- Eltern/Kind-Beziehung
- Rollenverhalten in der Freizeit (Sportgruppe; Mitglied oder Trainer?)
- Einstellungen und Erfahrungen im Studium (Erfolge/Misserfolge, Lieblingsfächer)
- Motive der Berufswahl.

Die Erfolge dieses Verfahrens erscheinen relativ hoch; wissenschaftlich bewiesen sind sie nicht. Der Einsatz Biografischer Fragebögen setzt eine intensive Schulung voraus.

22. Welche Bedeutung hat die „Ärztliche Eignungsuntersuchung"?

Die ärztliche Eignungsuntersuchung überprüft, ob der Bewerber den Anforderungen der Tätigkeit physisch und psychisch gewachsen ist. In Groß- und Mittelbetrieben wird der Werksarzt die Untersuchung vornehmen, ansonsten führt sie der Hausarzt des Bewerbers durch auf Kosten des Arbeitgebers.

Das Ergebnis der Untersuchung wird dem Bewerber und dem Arbeitgeber anhand eines Formulars oder Kurzgutachtens mitgeteilt und enthält wegen der ärztlichen Schweigepflicht nur die Aussage:

- Geeignet
- nicht geeignet
- bedingt geeignet.

Der untersuchende Arzt muss sich präzise über die Anforderungen des Arbeitsplatzes informieren – u. U. vor Ort. Der Wert der ärztlichen Untersuchung ist vor allem darin zu sehen, dass ein Fachmann die gesundheitliche Tauglichkeit für eine bestimmte Tätigkeit überprüft; so können Fehleinschätzungen und mögliche spätere gesundheitliche Schäden bereits im Vorfeld vermieden werden.

Daneben ist für bestimmte Tätigkeiten die Untersuchung gesetzlich vorgeschrieben (z. B. Arbeiten im Lebensmittelbereich).

Hinzu kommt, dass Jugendliche nur beschäftigt werden dürfen, wenn sie innerhalb der letzten 14 Monate von einem Arzt untersucht worden sind (Erstuntersuchung) und dem Arbeitgeber eine von diesem Arzt ausgestellte Bescheinigung vorliegt (§§ 32 ff. JArbSchG).

23. Wie kann die Gesamtbewertung aller Informationen des Auswahlprozesses erfolgen?

1. Abschließende Sichtung aller Kandidaten der „engsten Wahl": Sind die Auswahlgespräche abgeschlossen, werden alle Informationen über die infrage kommenden Kandidaten verdichtet. Fachbereich und Personalbereich werden sich darüber verständigen, welchen Kandidaten sie für den geeignetsten halten. Dies wird in einem Abschlussgespräch erfolgen und kann z. B. anhand eines Entscheidungsbogens geführt werden.

2. Vorbereitung eines Entscheidungsbogens: Sollte ein derartiger Auswertungs- und Entscheidungsbogen eingesetzt werden, so lassen sich hier die maßgeblichen Kriterien (fachliche, persönliche Eignungsmerkmale; z. B.: Alter, Ausbildung, berufliche Erfahrung, Termin der Verfügbarkeit, Gehaltsniveau u. Ä.; Muss- und Wunschkriterien) sowie die dazugehörige Eignung der Kandidaten in einer Matrix festhalten. Beispielsweise könnten in einem derartigen Auswertungs- und Entscheidungsbogen Unterschiede im Eignungsprofil festgehalten werden durch ein Ranking der Bewerber in Form von

   −   =   nicht erfüllt,
   +   =   erfüllt,
   ++ =   sehr gut erfüllt.

3. Durchführung des Abschlussgesprächs mit dem Fachbereich: Auf der Basis aller relevanten Kriterien treffen Fachbereich und Personalabteilung eine abschließende Entscheidung. Bei unterschiedlicher Auffassung über die endgültige Entscheidung für einen Kandidaten sollte der Fachbereich „das letzte Wort sprechen", denn er muss – bei aller Sachkompetenz des Personalwesens – mit dem Kandidaten zusammenarbeiten.

Hinweis: Vielfach werden an dieser Stelle in der Literatur Empfehlungen gegeben, die „Muss- und Kann-Kriterien" zu quantifizieren, d. h. mit Wertziffern zu versehen. Die Autoren empfehlen diese Vorgehensweise nicht, da sie zu einer Quasiobjektivität führt. Persönliche Eigenschaften und oft auch fachliche Eignungen entziehen sich der Möglichkeit sie kardinal zu messen. Besser ist es, wenn sich Fachbereich und Personalwesen über eine ordinale Skalierung – im Sinne von „besser oder schlechter" – verständigen (vgl. oben).

7.2.2 Einsatz der Mitarbeiter

01. Welche Kriterien muss der Vorgesetzte bei einem effektiven Mitarbeitereinsatz berücksichtigen?

Der Vorgesetzte kann den Personaleinsatz seiner Mitarbeiter nicht dem Zufall überlassen; er muss ihn *planen* – kurzfristig und auch mittelfristig. Seine Hauptverantwortung besteht darin, *eine Gesamtaufgabe zu erfüllen – mit der ihm zur Verfügung stehenden Gruppe.* Außerdem wird er seine *Mitarbeiter entsprechend ihrer Eignung und Neigung einsetzen.* Dies vermeidet Über- und Unterforderung, verbessert die Motivation und beugt Fehlzeiten und Fluktuation vor.

Der effektive *Mitarbeitereinsatz* muss sich an folgenden *Kriterien* orientieren:

1. *Quantitative Zuordnung:*
   - die täglich und wöchentlich anfallenden Arbeiten; *das Arbeitsvolumen im Verhältnis zur Anzahl der Mitarbeiter*

2. *Qualitative Zuordnung:*
   2.1 die *Anforderungen* der einzelnen Arbeitsplätze
       (Stellenbeschreibung und Anforderungsprofil)
   2.2 *Eignung und Neigung* der Mitarbeiter - „das Können und das Wollen"
       (Eignungsprofil*, Mitarbeiterbeurteilung, Neigung/Interesse).

   *Beim Eignungsprofil sind in der Regel folgende Anforderungen zu prüfen:
                                                              → 7.2.1/04.
   • *Allgemeine und persönliche Merkmale:*
     Alter, Geschlecht, Familienstand, körperliche Merkmale (Größe, Kraft, Motorik,
     Hören, Sehen, physische und psychische Belastbarkeit, Arbeitstempo, Selbstständig-
     keit, Teamfähigkeit, Sozialverhalten, Verhalten gegenüber Vorgesetzten)
   • *Fachliche Merkmale:*
     Schulausbildung, Berufsausbildung, Fortbildung, Berufserfahrung, Wissen, Können
   • *Physiologische Merkmale*:
     Seh- und Hörvermögen, körperliche Beanspruchung usw.
   • *Psychologische Merkmale:*
     Denkvermögen, sprachlicher Ausdruck, Einsatzbereitschaft, Stressstabilität usw.

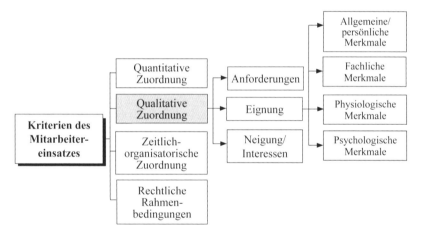

3. *Zeitlich-organisatorische Zuordnung:*
   - Zu welchen Terminen in welchen Arbeitsgruppen werden Mitarbeiter benötigt?
   - Müssen für den Einsatz Vorbereitungen geplant werden?

4. *Rechtliche Rahmenbedingungen:*
   - Einschränkungen des Weisungsrechts durch Betriebsvereinbarungen, Tarif oder Gesetz.
   - Bei Versetzungen/Umsetzungen bleibt die Vergütungsseite unberührt.
   - Enthält der Arbeitsvertrag eine Versetzungsklausel?
   - Grundsätzlich gilt: Je genauer die Tätigkeit des Mitarbeiters im Arbeitsvertrag vereinbart
     wurde, umso geringer ist der Spielraum für die Zuweisung anderer Tätigkeiten.
   - Die Mitbestimmung des Betriebsrates bei Versetzungen ist zu beachten (Ausnahme: be-
     triebliche Notfallsituation).

Diese Merkmale sind nicht für jeden Arbeitsplatz gleich wichtig. Es empfiehlt sich daher, die *Kriterien je Arbeitsplatz zu gewichten* (z. B. Ausprägung: gering, mittel, hoch). Die ausgewogene und planmäßige Berücksichtigung dieser Merkmale bildet die Basis für einen optimalen Personaleinsatz nach dem Motto:

> *„Der richtige Mann am richtigen Platz!"*

Dem Vorgesetzten stehen beim flexiblen Einsatz seiner Mitarbeiter Instrumente zur Verfügung, die er unterschiedlich kombinieren kann, z. B.:

- flexible Handhabung der *Arbeitszeiten*
  wie z. B. Überstunden, kurzfristige Schichtänderungen u. Ä.
- *Leiharbeitnehmer*
- *Umsetzungen* und
- *Versetzungen.*

Der Vorgesetzte kann die Maßnahmen des Personaleinsatzes gegenüber den Mitarbeitern anordnen; er hat das *Weisungsrecht.* Seine Grenzen findet das Weisungsrecht

- in den *individual-rechtlichen Bestimmungen* des jeweiligen Arbeitsvertrages
- in den *kollektiv-rechtlichen Bestimmungen* (z. B. Mitbestimmung des Betriebsrates in den Fällen des § 87 BetrVG, Mitbestimmung bei Versetzungen, § 95 Abs. 3 BetrVG)
- in der Frage, wie die geplante Maßnahme unter dem *Aspekt der Führung* zu bewerten ist (Aspekt der Motivation).

Beispiel 1 für die Einsatzplanung/Mitarbeiterauswahl: Zu Beginn des Jahres sollen Sie die Fortbildungsplanung für Ihre Mitarbeiter an die Personalabteilung weitergeben. Die Auswahl der Mitarbeiter erfolgt nach *betrieblichen Erfordernissen* und den (berechtigten) Erwartungen der Mitarbeiter, z. B.:

• betriebliche Erfordernisse, z. B.:
  - Bedarf für zukünftige Qualifizierungen
  - zeitlich/organisatorische Erfordernisse
  - Förderung eines Mitarbeiters aus betrieblicher Sicht.

• Erwartungen der Mitarbeiter, z. B.:
  - eigene Fortbildungsplanung
  - Neigungen/Wünsche
  - Befragung der Mitarbeiter.

Beispiel 2 für die Einsatzplanung/Mitarbeiterauswahl: Ein wichtiger Kundenauftrag kann nur durch die Einrichtung von drei Sonderschichten realisiert werden. Bei Ihrer Planung müssen Sie folgende Aspekte berücksichtigen:

- Auswahl der erforderlichen Mitarbeiter (Anzahl, Qualifikation/Eignung und Neigung/Motivation),
- Dauer und Lage der Sonderschichten (betriebliche Erfordernisse/betroffene Fachabteilungen/Interessenslage der beteiligten Mitarbeiter),
- Zustimmung des Betriebsrates nach § 87 Abs. 1 Nr. 2 BetrVG
- Beachtung der gesetzlichen Regelungen (Tarif-/Arbeitsvertrag, MuSchG, JArbSchG, ArbZG),
- Planung der Material- und Werkzeugdisposition,
- Planung des exakten Mitarbeitereinsatz/Einteilung der Schichten,
- Motivation der Mitarbeiter und Information über die Form der Vergütung (z. B. Mehrarbeitszuschlag, Schichtzulage, Freizeitausgleich) sowie über die Besonderheiten des Auftrags.

7.3 Erstellen von Anforderungsprofilen, Stellenplanungen und -beschreibungen sowie von Funktionsbeschreibungen

7.3.1 Anforderungsprofile

01. Wie werden Anforderungsprofile erstellt?

• *Begriff:*
  Das Anforderungsprofil ist unabhängig von derzeitigen oder zukünftigen Stelleninhabern und enthält *Aussagen über Art und Höhe der Anforderungen einer Stelle.*

• *Probleme:*
  Die Erstellung von Anforderungsprofilen ist mit folgenden Fragen/Problemen verbunden:

  1. Welche *Anforderungsmerkmale* sind relevant?
     z. B. Wissen, Verantwortung usw.

  2. Welche *Skalierung*/Ausprägungsgrade sollen gewählt werden?
     z. B.: hoch/mittel/gering o. Ä.

  3. Kann die *Ausprägung je Anforderungsmerkmal* beobachtet und „gemessen" werden?

  4. Wie kann der *Konflikt zwischen Stabilität* und *Aktualität* gelöst werden?

• *Vorgehensweise/Verfahren:*

  1. Ausgangspunkt für die Erstellung eines Anforderungsprofils ist die *Arbeitsplatzanalyse.* Sie gliedert sich in drei *Teilanalysen:*

     1.1 *Aufgabenanalyse:*
         Die Gesamtaufgabe wird in Teilaufgaben zerlegt (Struktur), die spezifische Anforderungen verlangen.

     1.2 *Bedingungsanalyse:*
         Hier werden die sachlichen Arbeitsbedingungen einschließlich der Umwelt-/Umfeldeinflüsse untersucht (z. B. Arbeitsverfahren und -hilfsmittel, ergonomische Gestaltung).

     1.3 *Rollenanalyse:*
         Sie beschreibt die erforderlichen Interaktionsbeziehungen zwischen dem Stelleninhaber und Dritten (Kontakte, Abhängigkeiten, organisatorische Eingliederung, Gespräche usw.).

  2. Aus diesen Teilanalysen wird die *Anforderungsanalyse* abgeleitet, d. h. welche Anforderungen werden an die Qualifikation des Stelleninhabers gestellt. Dabei wird in der Regel

auf spezifische Anforderungsarten zurückgegriffen; üblich sind das *Genfer Schema* oder die *Anforderungsarten nach REFA* (vgl. unten):

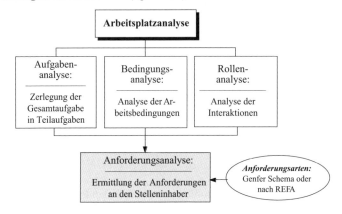

Beispiel:
Das nachfolgende Beispiel ist bewusst einfach gestaltet, um den Vorgang der Erstellung eines Anforderungsprofils zu verdeutlichen: Im Lagerbereich von Meister Kantig gibt es die Stelle des „Lagerhelfers".

1.1 Die *Aufgabenanalyse* ergibt folgende Tätigkeitsstruktur:
→ Packen
→ Transportieren
→ Botengänge

1.2 Die *Bedingungsanalyse* führt zu folgendem Ergebnis:
→ Der Umgang mit einem Hubwagen muss beherrscht werden.
→ Die Sicherheitsbestimmungen müssen eingehalten werden.
→ Der Stelleninhaber muss das Lagersystem kennen und einhalten.

1.3 Die *Rollenanalyse* zeigt folgende Einzelheiten:
Der Stelleninhaber
→ muss die Anweisungen des Lagerleiters einhalten
→ muss mit den Lkw-Fahrern des Unternehmens und externen Speditionen Kontakt halten.

2. Aus den drei Teilanalysen wird die Anforderungsanalyse abgeleitet; dabei wird auf vier Anforderungsarten (in Anlehnung an das *Genfer Schema*) zurückgegriffen:

Anforderungsarten	Anforderungsanalyse: Der Stelleninhaber muss ...
• *Fachkönnen:*	- das sachgerechte Verpacken in Holz und Pappe beherrschen - die Bedienung des Hubwagens beherrschen - Transport und Lagerung der Materialien unter Einhaltung der Sicherheitsbestimmungen durchführen
• *Körperliche Belastung:*	- Materialien bis zu 50 kg auch über längere Zeit heben und tragen können
• *Geistige Belastung:*	- die Sicherheitsbestimmungen kennen - das Lagersystem kennen - Anweisungen einhalten - mit den Lkw-Fahrern einfache Abläufe besprechen können - auch unter Stress termin- und sachgerecht arbeiten
• *Umwelteinflüsse:*	- gesundheitlich robust sein, da das Lager nicht beheizt ist und oft Zugluft existiert

Dieses einfache Beispiel zeigt bereits die *Problematik der Anforderungsanalyse:*

- Die Analyse ist immer auch subjektiv geprägt: Unterschiedliche Analytiker werden zu unterschiedlichen Ergebnissen kommen. Die Anforderungsarten lassen sich teilweise nur schwer voneinander abgrenzen, z. B. die Überschneidungen bei geistigen und körperlichen Belastungen (vgl. oben, „Stress").

- Die Ausprägung eines Merkmals lässt sich mitunter nur unzuverlässig messen, z. B. bei der Anforderungsart „Umwelteinflüsse".

02. Auf welche Anforderungsarten wird üblicherweise bei der Anforderungsanalyse zurückgegriffen?

Am gebräuchlichsten ist das *Genfer Schema* mit vier Anforderungsarten; es wurde nach *REFA* auf sechs Anforderungsarten erweitert. Die Abbildung zeigt den Zusammenhang zwischen den Anforderungsarten nach dem Genfer Schema und nach REFA:

03. Worin besteht der Unterschied zwischen Soll-Anforderungsprofilen und Ist-Anforderungsprofilen?

• Das *Soll-Anforderungsprofil* (auch kurz: Anforderungsprofil) ist das Ergebnis der Arbeitsplatzanalyse (s. oben).

• Das *Ist-Anforderungsprofil* (auch kurz: *Eignungsprofil*) ergibt sich aus der Analyse und Bewertung des Kandidaten für eine bestimmte Stelle anhand der festgelegten Anforderungsarten (s. oben).

Beispiel 1:
Die nachfolgende Abbildung zeigt als Grafik die Gegenüberstellung eines Soll- und eines Ist-Anforderungsprofils (modellhafte Darstellung). Den Abgleich zwischen beiden Profilen nennt man *Profilvergleichanalyse*; sie zeigt die Defizite des Kandidaten:

Profilvergleich				
Anforderungs-arten	**Ausprägung**			
	hoch	mittel	gering	nicht vorhanden
1. Können				
2. Verantwortung				
3. Belastung				
4. Arbeitsbedingungen				

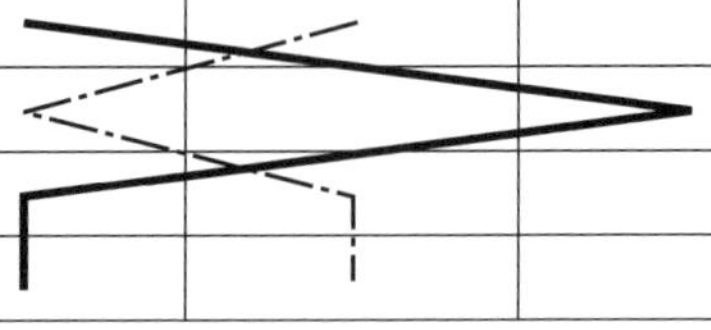

────────── Soll-Anforderungsprofil

─·──·─ Ist-Anforderungsprofil (Eignungsprofil)

Beispiel 2:   → **7.3.2**
Sie sind u. a. für ein Bearbeitungszentrum (12 Mitarbeiter) zuständig. Da Sie dringend Entlastung brauchen, planen Sie, einen Ihrer Mitarbeiter zum Vorarbeiter zu ernennen. Um einen zuverlässigen Maßstab für die Auswahl eines geeigneten Mitarbeiters zu haben, erarbeiten Sie sich die Stellenbeschreibung sowie das Anforderungsprofil der Stelle „Vorarbeiter Bearbeitungszentrum":

Stellenbeschreibung:

1 Stellenbezeichnung:	Vorarbeiter Bearbeitungszentrum
2 Unterstellung:	Meisterbereich 2
3 Überstellung:	12 Mitarbeiter
4 Stellvertretung:	wird vertreten durch den Leiter/Meisterbereich 3
5 Ziel der Stelle:	Sicherstellen der Erfüllung der geforderten Aufträge im Bearbeitungszentrum unter Beachtung terminlicher, kostenmäßiger, qualitativer, quantitativer und personeller Vorgaben sowie der Arbeitsschutzbestimmungen
6 Hauptaufgaben:	- Vertretung Meisterbereich 3 - Bedienung der Universalfräsmaschine - Justierung der Maschinen im Bearbeitungszentrum usw.
7 Kompetenzen:	- Materialbestellung laut Vorgaben - personelle Maßnahmen durchführen usw.

Anforderungsprofil:

A. *Fachliche*
    Anforderungen: - abgeschlossene Berufsausbildung, möglichst als ...
                        - mindestens 5 Jahre Erfahrung im Betrieb (Abläufe, Regelungen)
                        - fundierte Kenntnisse/Fähigkeiten an Dreh-, Fräs- und Schleifmaschinen
                        - Zusatzkenntnisse (Programmierung, SPS usw.)
B. *Persönliche*
    Anforderungen: - persönliche Eignung als Führungskraft
                        - Fähigkeit, Konflikte wirksam zu bewältigen
                        - Bereitschaft zur Übernahme der Verantwortung

04. Welche Bedeutung (Relevanz) haben außerfachliche Qualifikationen für das Anforderungsprofil? → A 4.4.3

• *Qualifikation ist das individuelle Arbeitsvermögen* eines Mitarbeiters zu einem bestimmten Zeitpunkt (→ 7.1.1/05. ff.).

• Der Begriff *„Kompetenz"* wird in doppelter Bedeutung verwendet:

→ Fähigkeit als Teil der Qualifikation (neben Wissen und Verhalten)
→ Befugnis zur Vornahme von Entscheidungen

• Man unterscheidet vier *Kompetenzbereiche:*

Mit außerfachlichen Qualifikationen sind also die Methoden-, Sozial- und die Führungskompetenz gemeint. In der Praxis ist folgendes Phänomen zu beobachten:

Bei der Auswahl interner oder externer Kandidaten anhand eines Anforderungsprofils *wird häufig die Fachkompetenz in ihrer Bedeutung für den zukünftigen Erfolg in einer Tätigkeit überschätzt bzw. die Bedeutung der außerfachlichen Qualifikation unterschätzt.*

Beispiel: Ein Unternehmen mittlerer Größe sucht einen Lagerleiter; im Anforderungsprofil ist zu lesen (Kurzfassung): Abschluss als Meister für Lagerwirtschaft o. Ä., mindestens drei Jahre Erfahrung in der Leitung eines Lagers, REFA-Grundausbildung, hohes Organisationsvermögen, Erfahrung in der Führung gewerblicher Mitarbeiter, psychisch und physisch belastbar – auch bei Termindruck usw.

Wer im vorliegenden Fall bei der Kandidatenauswahl die fachlichen Anforderungen überbetont, läuft Gefahr, den falschen Kandidaten zu wählen. Die REFA-Grundausbildung ist ggf. verzichtbar oder kann nachgeholt werden. Außerfachliche Qualifikationen wie z. B. „hohe psychische Belastbarkeit in Stresssituationen" ist relativ unveränderbar und kaum zu trainieren. Fehlt also beispielsweise diese Eigenschaft bei einem Kandidaten, so sollte er für die Position nicht ausgewählt werden. Selbstverständlich existiert immer das Problem, dass fachliches Können „leichter überprüfbar" ist als Elemente der außerfachlichen Qualifikation.

05. Welche Qualitätsansprüche sollten bei der Erstellung von Anforderungsprofilen beachtet werden?

Anforderungsprofile erfüllen nur dann ihren Zweck, wenn sie bestimmten *Qualitätsansprüchen* genügen. Diese sind:

1. *Relevanz:*
   → Es werden *nur* die *wesentlichen Merkmale* einer Stelle berücksichtigt; nur die wichtigsten Zuständigkeiten, die sog. „WIZUs", werden erfasst.

2. *Vollständigkeit:*
   → *Alle* wichtigen Merkmale werden erfasst.

3. *Überschneidungsfreiheit:*
   → Gleiche Tatbestände (z. B. Führung der Mitarbeiter) werden *nicht mehrfach erhoben.*

4. *Objektivität:*
   → Die Ergebnisse dürfen (möglichst) *nicht durch subjektive Einflüsse* des Untersuchenden beeinflusst sein.

5. *Reliabilität* (Zuverlässigkeit)*:*
   → Der Vorgang der Merkmalserhebung soll zuverlässig sein, d. h., *im Wiederholungsfall zu gleichen Ergebnissen* führen.

6. *Validität:*
   → Das Messergebnis soll die tatsächliche Ausprägung der Anforderungshöhe wiedergeben („es muss tatsächlich das messen, was es messen soll").

06. Welchen Inhalt könnte das Anforderungsprofil eines Anlern-Arbeitsplatzes in der Montage mechanischer Bauteile haben, wenn man das Anforderungsschema nach REFA zu Grunde legt?

Beispiel:

Kenntnisse	Grundkenntnisse der Metallverarbeitung, der Montage und der EDV; Kenntnisse der Produkte und deren Bedeutung
Geschicklichkeit	Fügetechnik, gute Motorik
Verantwortung	Einhaltung der Qualitätsvorgaben, Erkennen von Fehlern, Identifikation mit dem Produkt
Geistige Belastung	Auswertung von Montageanleitungen, Einhalten der Vorgabezeiten
Muskelmäßige Belastung	körperliche Belastbarkeit
Umgebungseinflüsse	Einsatz an wechselnden Montagestellen, Fähigkeit zur Teamarbeit

07. Wie könnte das Anforderungsprofil für technische Führungskräfte der unteren Ebene inhaltlich gestaltet sein?

Eine exakte Antwort auf diese Frage ist nicht möglich, da ein konkretes Anforderungsprofil aus der Analyse einer bestimmten Tätigkeit eines Funktionsfeldes abzuleiten wäre (→ 7.3.1/ 01.).

Vereinfacht dargestellt *enthält das Anforderungsprofil fachliche und persönliche Merkmale;* dabei kann hinsichtlich der fachlichen Merkmale eine Abstufung in „notwendig/wünschenswert" und hinsichtlich der persönlichen Voraussetzungen eine Skalierung (Merkmalsausprägung) in „hoch/mittel/gering" erfolgen.

Technische Führungskräfte der unteren Ebene eines Betriebes können z.B. Vorarbeiter, Einrichter und Springer sein. Das nachfolgende Beispiel zeigt in Ausschnitten das Anforderungsprofil des Arbeitsplatzes „CNC-Dreher":

Beispiel:

1.	Arbeitsplatz	CNC-Dreher		
		Einzelarbeitsplatz:		*x*
2.	Tätigkeiten:	Gruppenarbeitsplatz:		
	Justieren des Werkzeugs Einspannen des Werkzeugs Einspannen des Rohlings Start der Maschine Überwachung des Maschinenlaufs Kontrolle des gefertigten Teils Programmieren einfacher Teilprogramme Beschaffen der Rohlinge Einfache Wartungsarbeiten ...			
3.	Anforderungen:			
3.1	Fachliche Anforderungen:	*notwen-dig*	*wünschenswert*	
	Kenntnisse/Fertigkeiten in/von ... - Abgeschlossene Ausbildung als Zerspanungsmechaniker - Spanende Formgebung - Bedienung von CNC-Drehmaschinen - Programmierung einfacher Teilprogramme - Einlesen von Daten zur Einrichtung - Verstehen und lesen von Arbeitsplänen ...	*x* *x* *x* *x*	*x* *x*	
3.2	Persönliche Anforderungen:	*hoch*	*mittel*	*gering*
	- Selbstständige Arbeitsweise - Genaue Arbeitsweise - Verantwortung für Qualität - Fähigkeit zur Bewältigung wechselnder Aufgaben ...	*x* *x*	*x* *x*	

7.3.2 Stellenplanung und Stellenbeschreibung

01. Welche Bedeutung haben Stellenbeschreibungen?

Anforderungsprofile werden auf der Basis von *Stellenbeschreibungen* erstellt (→ 7.3.1). Stellenbeschreibungen zeigen dem Mitarbeiter, welche Aufgaben und Entscheidungsbefugnisse er hat. Sie werden als *Instrument der Organisation* sowie als *personalpolitisches Instrument* für vielfältige Zwecke eingesetzt, z. B.:

- Kompetenzabgrenzung,
- Personalauswahl,
- Personalentwicklung,
- Organisationsentwicklung,
- Stellenbewertung,
- Lohnpolitik/Gehaltsfindung,
- Mitarbeiterbeurteilung,
- Feststellung des Leitenden-Status,
- interne und externe Stellenausschreibung.

02. Welchen Inhalt haben Stellenbeschreibungen?

Stellenbeschreibungen sind *formalisierte Darstellungen der wesentlichen Merkmale einer Stelle;* sie werden auch als Arbeitsplatz-, Tätigkeits-, Aufgaben- oder Positionsbeschreibungen sowie als Job description bezeichnet. Es gibt in der Literatur und in der Praxis keine einheitliche Darstellung über Inhalt und Struktur einer Stellenbeschreibung. Üblicherweise sind enthalten: Bezeichnung der Stelle, Über-/Unterstellung, Zielsetzung, Aufgaben und Befugnisse. *In der Praxis wird vielfach das entsprechende Anforderungsprofil der Stelle mit aufgenommen.*

Stellenbeschreibung	
I.	**Beschreibung der Aufgaben:**

	1. Stellenbezeichnung
	2. Unterstellung
	   An wen berichtet der Stelleninhaber?
	3. Überstellung
	   Welche Personalverantwortung hat der Stelleninhaber?
	4. Stellvertretung
	   - Wer vertritt den Stelleninhaber? (passive Stellvertretung)
	   - Wen muss der Stelleninhaber vertreten? (aktive Stellvertretung)
	5. Ziel der Stelle
	6. Hauptaufgaben und Kompetenzen
	7. Einzelaufträge
	8. Besondere Befugnisse

II.	**Anforderungsprofil:**
	Fachliche Anforderungen: - Ausbildung - Berufspraxis - Weiterbildung - Besondere Kenntnisse ... **Persönliche Anforderungen:** - Kommunikationsfähigkeit - Führungsfähigkeit - Analysefähigkeit ...

03. Wie können Stellenpläne als Instrument der Personalplanung eingesetzt werden?

→ 7.1.2/03./Nr. 6

- Der *Stellenplan* zeigt alle Stellen eines Betriebes oder eines organisatorischen Bereichs – unabhängig davon, ob sie besetzt sind oder nicht. Insofern hat der Stellenplan Soll-Charakter. Der Stellenplan baut auf vorhandene Stellenbeschreibungen auf und enthält Angaben über die Anzahl und Bezeichnung der vorhandenen Planstellen. Er kann in Form eines Organigramms oder als Tabelle dargestellt werden.

- Der *Stellenbesetzungsplan* wird aus dem Stellenplan entwickelt und enthält weitere Angaben: Ob und von wem die Stelle besetzt ist und ggf. weitere Informationen über den Mitarbeiter (Alter, Eintrittdatum, Vollmacht).

- Von einem *Stellenbewertungsplan* spricht man, wenn die Funktionswerte je Stelle eingetragen werden, d. h. die tarifliche oder außertarifliche Eingruppierung (z. B. T 6, AT 2; T = Tarifgruppe; AT = außertarifliche Gruppe).

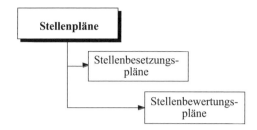

Stellenpläne und Stellenbesetzungspläne gehören zu den wichtigsten Instrumenten der Personalplanung (→ 7.1.2/03./Nr. 6). Ein Nachteil der Stellenpläne ist die relativ große Starrheit dieses Instruments bzw. der Korrekturaufwand bei der Anpassung an Veränderungen in der Organisation des Betriebes.

Diesen Nachteil versucht man auszugleichen, indem man Stellenpläne nach der Methode *„Planung offener Systeme"* unter Berücksichtigung sich verändernder Arbeitsprozesse gestaltet:

- Als *System* bezeichnet man die Gesamtheit von Elementen, die zueinander in Beziehung stehen, von der Umwelt abgegrenzt sind und verschiedene Bestandteile haben (z. B. Aufgaben, Aufgabenträger, Mittel, Informationen).

  Beispiel für Systeme, speziell Subsysteme: Fertigung, Personalwesen, Absatz.

- In einem *offenen System* stehen nicht nur die Elemente untereinander in Beziehung, sondern es bestehen auch Verbindungen zu den Elementen anderer Systeme.

  Beispiel: Das Subsystem „Personalplanung" wird so gestaltet, dass Verbindungen zu den Systemen „Fertigungsplanung" und „Absatzplanung" existieren.

Konkret dargestellt lässt sich die Personalplanungsaktivität dadurch verbessern, indem man Stellenpläne vereinfacht und als offenes System plant: Gleichartige/gleichwertige Stellen werden nach Kategorien zusammengefasst, sodass sich eine direkter Zusammenhang bei der Veränderung im Fertigungsprozess oder in den Arbeitsprozessen zur Personalplanung herstellen lässt.

Beispiel (vereinfacht): Der unten dargestellte Stellenplan weist Anzahl und Kategorien der Stellen in der Montage aus. Bei einer Änderung des Fertigungs- und/oder der Arbeitsprozesse kann direkt auf die Veränderung in der Stellenstruktur und -anzahl geschlossen werden; die Einführung teilautonomer Gruppenarbeit kann z. B. zu einer Reduzierung der Vorarbeiter führen. Die Einführung neuer Robotertechnik und variabler Transportsysteme kann Anlernkräfte entbehrlich machen bzw. zu einer Reduzierung der Fachkräfte „Mechanik" führen.

Stellenplan		
Stellenbezeichnung:	*Abteilung:*	*Bereich:*
	Montage	**Fertigung 1**
	Nr.	*Anzahl*
Abteilungsleiter	1	1
Meister	11	5
Vorarbeiter	12	10
Facharbeiter:	13	
Elektrik	131	20
Mechanik	132	36
Elektronik	133	8
Pneumatik	134	4
...	...	...
Angelernte:	14	
Mechanik	141	8
Versorgung	142	4
...	...	...

7.3.3 Funktionsbeschreibung

01. Was sind Funktionsbereiche?

Als *Funktion* bezeichnet man die Betätigungsweise und die Leistung eines Elements in einem System.

Beispiel: Die Hauptfunktionen eines Industriebetriebes sind: Leitung, Beschaffung, Absatz usw.

Betriebliche Funktionen beanspruchen Ressourcen und Zeit. Sie können hierarchisch aufgebaut sein (Hauptfunktion, Unterfunktion) und weiter untergliedert werden.

Hinsichtlich des Beitrags zur Wertschöpfung unterscheidet man *operative Funktionsbereiche* und *Servicebereiche*. Zum Beispiel rechnet man in einem Industriebetrieb den Fertigungs- und den Absatzbereich zu den operativen Funktionsbereichen, während das Personalwesen, der IT-Bereich und die Logistik den Servicebereichen zugeordnet werden (sie leisten keinen unmittelbaren Beitrag zur Wertschöpfung).

Beispiel: Die Abbildung zeigt die Hauptfunktionen eines Industriebetriebes als Matrixstruktur – unterteilt in operative Bereiche und Servicebereiche.

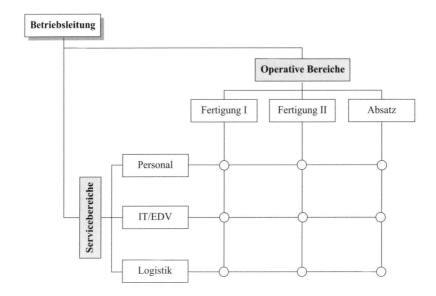

02. Was leisten Funktionsbeschreibungen und welchen Inhalt haben sie?

Funktionsbeschreibungen stellen den Leistungsbeitrag einer betrieblichen Funktion dar. Häufig wird aus Gründen der Effektivität nicht eine einzelne Funktion beschrieben, sondern gleichartige Aufgaben werden zu Funktionstypen gebündelt.

Beispiele für Funktionstypen: - Facharbeiter Fertigung
                                     - Facharbeiter Montage
                                     - Außendienstmonteur

Dadurch können bestimmte, gleichartige Aufgabenbündel standardisiert werden; Erstellungsaufwand und Pflege reduzieren sich. Funktionsbeschreibungen zeigen die Schwerpunktaufgaben und die zu verantwortenden Ergebnisse.

Beispiel (Auszug):

Funktionsbeschreibung: ***Leiter Technik***	erstellt am: ... wird geführt von: GF Technik Eingruppierung: AT	
Schwerpunktaufgaben: - Strategische Weiterentwicklung des technischen Bereichs - Kostenplanung und wirtschaftliche Steuerung - Führung der Mitarbeiter usw.		

03. Gibt es Unterschiede zwischen einer Funktionsbeschreibung und einer Stellenbeschreibung?

In der Literatur werden zum Teil Unterschiede dargestellt. In der Praxis werden beide Bezeichnungen meist synonym verwendet. Nachfolgend das Praxisbeispiel der Funktionsbeschreibung der „Montage-Arbeitsvorbereitung" innerhalb der Abteilung „Technischer Service" eines größeren Industriebetriebes, das eine ähnliche inhaltliche Struktur wie die unter 7.3.2/02. dargestellte Stellenbeschreibung hat.

Beispiel einer Funktionsbeschreibung:

Funktionsbeschreibung		
Name:		Vorgesetzter:
Abteilung:	Technischer Service	Vertreter:
Aufgabengebiet:	Montage-Arbeitsvorbereitung - Auftragsabwicklung - Materialbeschaffung, Rechnungsprüfung - Vor- und Nachkalkulation	
Vollmachten:	Zeichnungsberechtigung „i. A."	
Hauptziele:	- Wirtschaftliche Durchführung der Aufträge - Auftragsannahme; Vertragsprüfung und termingerechte Abwicklung - Qualitätssicherung - Vergleich der Soll-/Ist-Werte	
Hauptaufgaben:	- Koordination der Aufträge/Projekte für interne/externe Kunden - WE-Kontrolle - termingerechte Materialbestellung - Führen des Kommissions-Lagers - Dokumentation und Archivierung der Aufträge/Projekte	
Sonderaufgaben:	- Unterstützung der Versuchs-/Testeinrichtungen	
Befugnisse:	- Kalkulationserstellung - Kostenkontrolle - Erstellung von Prüfzeugnissen - Material- und Lieferantenauswahl	
Mitarbeiter-führung:	- einweisen, unterweisen - Festlegen der Termine	
Verteiler:	übergeben am/Unterschrift	
	Mitarbeiter:	Vorgesetzter:

04. Welche Ziele und Aufgaben hat die Arbeits(platz)bewertung?

Nach REFA dient die Arbeits(platz)bewertung – unter Berücksichtigung der Zeitermittlungsdaten und der Nennung von Leistungskriterien –

- der betrieblichen Lohnfindung,
- der Personalorganisation und
- der Arbeitsgestaltung.

Die Arbeitsbewertung beantwortet zwei Fragen:

(1) Mit welchen Anforderungen wird der Mitarbeiter konfrontiert?

(2) Wie hoch ist der Schwierigkeitsgrad einer Arbeit im Verhältnis zu einer anderen?

Dabei bleiben der Mitarbeiter, seine persönliche Leistungsfähigkeit, sein Schwierigkeitsempfinden und die Leistungsbeurteilung durch Vorgesetzte außer Acht. Konkret werden z. B. die Arbeiten eines Entwicklungsingenieurs und eines Einkäufers verglichen und entweder als gleich eingestuft oder als relativer Stufenabstand festgestellt. Bei der Untersuchung der Arbeitsanforderungen wird von der Gesamtaufgabe des Arbeitsplatzes ausgegangen; sie wird in Teilaufgaben zerlegt, um festzustellen, welche Tätigkeiten vorgenommen werden müssen, damit die gestellte Aufgabe erfüllt werden kann und welche Anforderungen an den Mitarbeiter damit im Einzelnen verbunden sind.

Der Umfang der Untersuchung hängt vor allem von vier Faktoren ab:

- Der Vielseitigkeit der Aufgaben
- dem Grad der Arbeitsteilung
- dem Sachmitteleinsatz
- der Häufigkeit, mit der diese Aufgabe anfällt.

Die Untersuchung von Aufgaben und den daraus folgenden Arbeiten ist erforderlich, weil sich daraus Konsequenzen ergeben hinsichtlich

- der Arbeitsgestaltung,
- des Mitarbeitereinsatzes,
- der Unterweisung und
- der Mitarbeiterbeurteilung.

05. Welches Beteiligungsrecht hat der Betriebsrat bei der Einführung einer anforderungsgerechten Lohngestaltung?

Der Betriebsrat hat ein Mitbestimmungsrecht bei Fragen der betrieblichen Lohngestaltung nach § 87 Abs. 1 Nr. 10 BetrVG.

06 . In welchen Schritten wird eine analytische Arbeitsbewertung durchgeführt?

Nach REFA erfolgt die analytische Arbeitsbewertung in drei Schritten:

1. *Arbeitsbeschreibung:*
   Eindeutige, ausführliche und sachlogische Beschreibung des Arbeitssystems und ggf. dessen Arbeitssituation. Daraus ist Art, Dauer und Intensität der Aufgaben abzuleiten, die die Tätigkeiten an den Mitarbeiter stellen.

2. *Anforderungsanalyse:*
   Ermitteln von Daten für die einzelnen Anforderungsarten; dies sind z. B. nach REFA (vgl. S. 939): Kenntnisse, Geschicklichkeit, Verantwortung, körperliche/muskelmäßige Belastung, Umgebungseinflüsse.

3. *Quantifizierung der Anforderungen:*
   Bewerten der Anforderungen und Errechnen der Anforderungswerte, z. B. beim Rangreihenverfahren: Bewertung von 0, 20, 40, 80, 100 (20er-Abstände) für Höhe und Dauer der Anforderungen je Anforderungsart und Addition der Zahlenwerte. Die Höhe der Wertzahlsumme zeigt den Schwierigkeitgrad im Vergleich zu anderen Arbeitsplätzen.

07. Worin unterscheiden sich die summarische und die analytische Arbeitsbewertung?

- Die *summarische Arbeitsbewertung* beurteilt den Arbeitsinhalt als Ganzes. Alle Arbeitsplätze werden miteinander in Bezug gesetzt (en bloc). Vorteilhaft ist die einfache Durchführbarkeit dieses Verfahrens. Von Nachteil ist, dass sich einzelne Ausprägungen nur ungewichtet auf den Gesamtwert auswirken. Insofern ist die summarische Arbeitsbewertung ein grobes Verfahren.

- Die *analytische Arbeitsbewertung* betrachtet die einzelnen *Anforderungsarten* im Detail. Der Erstellungsaufwand ist größer. Das Verfahren liefert i.d.R. genauere Anforderungswerte.

08. Welche Methoden (Prinzipien) der Quantifizierung gibt es bei der Arbeitsbewertung?

- *Prinzip der Stufung:*
  Es wird eine (gesonderte) Skalierung erstellt (z. B. tariflicher Lohngruppenkatalog oder Stufenwertzahlen von z. B. 0 bis 10). Die einzelnen Anforderungsarten werden mit dieser Skalierung verglichen und erhalten eine dementsprechende Wertzahl.

- *Prinzip der Reihung:*
  Hier wird eine skalenunabhängige Rangfolge der Anforderungsarten erstellt durch paarweisen Vergleich untereinander – im Sinne von „höher oder geringer" (summarisch: ordinale Abstände; analytisch: kardinale Abstände).

09. Welche Einzelverfahren der Arbeitsbewertung gibt es, wenn man die Prinzipien der Quantifizierung mit den Methoden der qualitativen Analyse kombiniert?

	Verfahren	
	Summarisch	**Analytisch**
Reihung Verleich der Anforderungen *unter einander*	**Rangfolgeverfahren:** A < B = F < D < E = C	**Rangreihenverfahren:** 1. Anforderungsart: *Geistige Anforderungen* A < B = F < D < E = C 20 40 40 80 80 100 2. Anforderungsart: *Körperliche Anforderungen* ... 3. Anforderungsart: ...
Stufung Verleich der Anforderungen mit einem *Maßstab*	**Lohngruppenverfahren:** Maßstab A ⟶ Lohngruppe 1 B ⟶ Lohngruppe 2 C ⟶ Lohngruppe 3 D ⟶ Lohngruppe 4 E ⟶ Lohngruppe 5 F ⟶ ...	**Stufenwertzahlverfahren:** Maßstab Arbeitsplatz A: *Anforderungsart 1* ⟶ äußerst gering 0 Arbeitsplatz A: *Anforderungsart 2* ⟶ gering 2 mittel 4 Arbeitsplatz A: *Anforderungsart 3* ⟶ groß 6 sehr groß 8 ... extrem groß 10

Beispiel einer (einfachen) Arbeitsbewertung:
Im Fertigungsbereich III gibt es folgende Stellen: Meister, Vorarbeiter, Sachbearbeiter, Monteur, Hilfskraft. Mithilfe des Prinzips der Reihung soll eine summarische Arbeitsbewertung der genannten Stellen durchgeführt werden; auf die in der Praxis erforderliche Darstellung der betreffenden Stellenbeschreibungen wird hier verzichtet. Für den paarweisen Vergleich werden folgende Kennzeichnungen verwendet:

0	=	die Anforderungen der Stellen sind gleich
+	=	die Anforderungen der Stelle sind höher
−	=	die Anforderungen der Stelle sind geringer

Die Bewertung wird in nachfolgender Matrix durchgeführt:

	Vergleichsstellen					
Stellen	Meister	Vorarbeiter	Sach-bearbeiter	Monteur	Hilfskraft	*Ranking*
Meister	0	+	+	+	+	*4*
Vorarbeiter	–	0	+	+	+	*3*
Sach-bearbeiter	–	–	0	–	+	*1*
Monteur	–	–	+	0	+	*2*
Hilfskraft	–	–	–	–	0	*0*

Der paarweise Vergleich der Stellen führt zu dem *Ranking:*

Meister > Vorarbeiter > Monteur > Sachbearbeiter > Hilfskraft

Selbstverständlich wäre man im vorliegenden Fall auf dieses Ergebnis auch ohne die tabellarische Erfassung gekommen; das Beispiel hat Modellcharakter.

7.4 Delegieren von Aufgaben und der damit verbundenen Verantwortung

7.4.1 Delegation

Fallbeispiel „Delegation":
Herr Dieter Huber ist ein erfahrener Mechaniker in der Montage eines Maschinenbauunternehmens und gehört zu den besten Mitarbeitern von Meister Bernd Clever. In letzter Zeit macht sich Meister Clever allerdings Sorgen: Herr Huber ist nicht mehr so engagiert wie früher und zeigt sich mürrisch in der Zusammenarbeit mit seinen Kollegen, was man sonst von ihm überhaupt nicht kannte.

Als Meister Clever Zeit findet, mit Herrn Huber über diese Veränderung zu sprechen, beklagt sich der Mitarbeiter: „Stimmt ja schon, was Sie da sagen und tut mir auch Leid, aber wissen Sie Chef, irgendwie fehlt mir der Anreiz. Seit Jahren mache ich hier die gleiche Arbeit. Nichts ändert sich, immer der gleiche Trott. Vielleicht wäre ja eine innerbetriebliche Versetzung möglich, damit ich endlich mal etwas Neues sehe?"

Meister Clever macht sich Gedanken: Zurzeit kann er auf seinen erfahrenen Mitarbeiter Huber nicht verzichten. Er untersucht seinen gesamten Verantwortungsbereich und hat eine Überlegung: Seit langem bereitet die Ausgabe und Wartung der Spezialwerkzeuge für die Montage erhebliche Probleme; da eine klare Zuständigkeit für dieses Kleinlager fehlt, kommt es des Öfteren zu Fehlbeständen und Beschädigungen, die nicht rechtzeitig ausgeführt werden.

Meister Clever trifft eine Entscheidung und teilt sie Herrn Huber mit:

Der Mechaniker übernimmt zukünftig die Ausgabe und Pflege des Lagers für Spezialwerkzeuge; dafür wird sein bisheriges Aufgabenvolumen reduziert und zum Teil von einem Mitarbeiter übernommen, der sich bisher noch in der Einarbeitung befand. Herr Huber ist einverstanden und freut sich über das Vertrauen, das man ihm entgegenbringt.

Die Entscheidung erweist sich als richtig: Huber zeigt wieder Elan an seinem bisherigen Arbeitsplatz; er organisiert die Werkzeugausgabe neu, Fehlbestände gehören der Vergangenheit an und die Kollegen loben die Einsatzfähigkeit und Wartung des Werkzeugs.

01. Was bezeichnet man als Delegation?

Delegieren bedeutet Übertragen. Die Übertragung von Aufgaben kann auf Dauer oder für einen einmaligen Vorgang erfolgen.

Delegation ist die Übertragung von Aufgaben und Verantwortlichkeiten mit klar umrissenen Befugnissen (Kompetenzen) an geeignete Mitarbeiter zur selbstständigen Erledigung.

02. Welche Elemente muss eine effektive Delegation umfassen?

Richtig delegieren heißt für den Vorgesetzten, folgende Fragestellungen sachgerecht zu beantworten und zu regeln:

1. *Aufgabe:*
   Was soll delegiert werden?

2. *Ziel:*
   Wie soll die Aufgabe erledigt werden (z. B. Qualitäts-, Quantitäts- und Zeitvorgaben)?

3. *Mitarbeiter:*
   Wem soll die Aufgabe übertragen werden?

4. *Kompetenz:*
   Welche Befugnisse erhält der Mitarbeiter?

03. Welche Aufgaben können delegiert werden und welche nicht?

Der Vorgesetzte kann aus seinem gesamten Verantwortungsbereich Aufgaben herauslösen, die er an geeignete Mitarbeiter überträgt. Die Analyse aller Einzelaufgaben kann nach dem Eisenhower-Prinzip unter den Aspekten „Dringlichkeit" und „Wichtigkeit" erfolgen; der Grad der Delegation wird sich am *Schwierigkeitsgrad* der Aufgabe sowie an der *Erfahrung des Mitarbeiters* orientieren.

Nicht delegieren kann der Vorgesetzte i. d. R. seine eigenen *Führungsaufgaben*; dazu gehören z. B.:

- die Planung und Kontrolle für seinen gesamten Verantwortungsbereich,
- die Auswahl, Förderung, Führung und Betreuung der ihm unterstellten Mitarbeiter, insbesondere Versetzungen, Beurteilungen, Gehaltseingruppierungen und Kündigungen,
- die Zusammenarbeit mit dem nächsthöheren Vorgesetzten.

04. Warum muss jede delegierte Aufgabe mit einer Zielsetzung verbunden sein?

Voraussetzung für eine wirksame Delegation ist die Vorgabe oder Vereinbarung einer klaren Zielsetzung: „Warum und mit welchem Zweck ist etwas zu tun?"

Wird diese Zielsetzung nicht geklärt, *fehlt dem Mitarbeiter die Vorgabe eines Maßstabs für sein Handeln.*

05. Welche Gesichtspunkte sind beim Mitarbeiter im Rahmen der Delegation zu prüfen?

Bei der Auswahl eines Mitarbeiters für einen bestimmten Delegationsbereich muss der Vorgesetzte eine Reihe von Fragen prüfen, die sich auf das „Wollen und Können" der Mitarbeiter zur Übernahme von Aufgaben beziehen:

- *Motivation:*
  Ist der Mitarbeiter *bereit* zur Übernahme der Aufgabe?
  alternativ:
  Was muss der Vorgesetzte tun, um die Bereitschaft des Mitarbeiters zu fördern?

- *Fähigkeiten:*
  Ist der Mitarbeiter *fähig* zur Übernahme der Aufgabe?
  Zum Beispiel: Führungsfähigkeit, notwendige Fachkompetenz.
  alternativ:
  Welche Kenntnisse und Fähigkeiten müssen vom Mitarbeiter zur Übernahme der Aufgabe erworben werden? Wie soll die Vermittlung erfolgen?

- *Persönliche Eigenschaften:*
  z. B. Zuverlässigkeit, Loyalität, Durchsetzungsvermögen, Vorbildfunktion, Akzeptanz bei den zu unterstellenden Mitarbeitern.

Beispiel 1 (Delegation für einen einmaligen Vorgang):
Soeben ist eine neue Maschine per Lkw angeliefert worden. Da Sie in einer halben Stunde an einer wichtigen Projektsitzung teilnehmen müssen, beauftragen Sie einen Ihrer Mitarbeiter, den Ablade- und Transportvorgang der Maschine in die Werkhalle zu veranlassen.

Der Mitarbeiter, dem Sie diese Aufgabe übertragen, sollte folgende *Voraussetzungen* erfüllen:

Fachlich, z. B.:	*Persönlich*, z. B.:
- notwendige Fachkompetenz - Erfahrung mit dieser Tätigkeit - Kenntnis der UVV, BGV - Kenntnis der Gefahrenquellen	- Bereitschaft und Fähigkeit, Verantwortung zu übernehmen - Führungsfähigkeit - Selbstständiges Handeln - Physische und psychische Voraussetzungen

Beispiel 2 (Delegation auf Dauer):
Zu Ihrer Entlastung soll einer Ihrer Mitarbeiter zu Ihrem Stellvertreter ernannt werden. Neben den fachlichen und persönlichen Voraussetzungen, die der infrage kommende Mitarbeiter erfüllen sollte (vgl. analog: Beispiel 1, oben) müssen Sie die *organisatorischen Voraussetzungen* der Delegation (auf Dauer) klären – insbesondere:

- Abgrenzung der Aufgaben (Delegationsumfang, z. B. fachliche Aufgaben, Teilverantwortung bei der Budgeterstellung und -überwachung, Aufgaben im Arbeits-, Umwelt- und Gesundheitsschutz, Stellvertretung in betriebliche Gremien/Projektgruppen)
- Festlegen der Befugnisse/Kompetenzen
- Regelung der Mittel und Ressourcen
- Bekanntgabe der Delegation in geeigneter Weise
- Änderung der Stellenbeschreibung
- Zugang des Mitarbeiters zu allen für die übertragene Aufgabe erforderlichen Informationen

06. Warum müssen sich Ziel, Aufgabe und Kompetenz bei der Delegation entsprechen?

- Die *Zielsetzung* ist der Maßstab für ein bestimmtes Handeln. Fehlt das Ziel, fehlt die Orientierung für das Handeln der Mitarbeiter.

- Die Übertragung der *Aufgabe* umfasst die Beschreibung der notwendigen Einzeltätigkeiten. Ist die Aufgabe nicht klar umrissen und von anderen Tätigkeiten abgegrenzt, kann dies zur Folge haben, dass einzelne Tätigkeiten nicht erfüllt werden oder „Übergriffe" in Aufgabenbereiche anderer Mitarbeiter geschehen.

- Der Begriff „*Kompetenz*" hat einen doppelten Wortsinn:

  - Kompetenz im Sinne von Befähigung/eine Sache beherrschen
    (z. B. Führungskompetenz)
  - *Kompetenz im Sinne von Befugnis*/eine Sache entscheiden dürfen
    (z. B. die Kompetenz/Vollmacht zur Unterschrift)

Der Mitarbeiter kann die übertragenen Aufgaben nur dann sachgerecht ausführen, wenn er die dazu erforderlichen Befugnisse hat und diese im vorgegebenen Umfang nutzt. Außerdem muss er mit den notwendigen Ressourcen (zeitlich, finanziell, personell) ausgestattet sein. Es fehlen ihm sonst die Mittel für die sachgerechte Aufgabenerfüllung.

> *Äquivalenzprinzip der Delegation:*
> *Ziel, Aufgabe und Kompetenz (Befugnis) müssen sich im*
> *Rahmen der Delegation entsprechen!*

Beispiel:
Die Herrn Huber übertragene Aufgabe (vgl. Fallbeispiel 2 aus Aufgabe 05.) hat das Ziel, dass jederzeit die erforderlichen Werkzeuge in ausreichender Menge und gebrauchsfähigem Zustand zur Verfügung stehen. Dazu muss Herr Huber z. B. die rechtzeitige Rückgabe überwachen, die Instandsetzung bzw. Wartung veranlassen u. Ä. (Einzeltätigkeiten). Verbunden damit ist u. a. die Kompetenz, Aufträge an eine Fremdfirma zur Instandsetzung einzelner Werkzeuge auszulösen, die Ausgabe von Werkzeugen an die Mitarbeiter zu verweigern, wenn notwendige Unterschriften fehlen und Unbefugten den Zutritt zum Lager zu verweigern u. Ä. Weiterhin muss die zeitliche Belastung für diese Aufgabe mit seinen sonstigen Tätigkeiten abgeglichen werden. Notwendig erscheint auch, dass er ein bestimmtes finanzielles Budget für die Instandsetzung von Werkzeugen erhält, über das er disponieren kann.

07. Welche Verantwortung muss der Vorgesetzte und welche der Mitarbeiter im Rahmen der Delegation wahrnehmen?

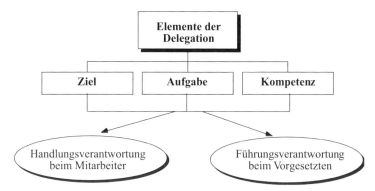

Im Rahmen der Delegation werden dem Mitarbeiter Ziel, Aufgabe und Kompetenz übertragen.

- Aus der Verbindung dieser *drei Elemente der Delegation* erwächst für den Mitarbeiter die *Handlungsverantwortung* – nämlich seine Verantwortung für die Aufgabenerledigung im Sinne der Zielsetzung sowie die Nutzung der Kompetenzen innerhalb des abgesteckten Rahmens. *Verantwortung übernehmen heißt, für die Folgen einer Handlung einstehen.*

- *Die Führungsverantwortung bleibt immer beim Vorgesetzten*: Er trägt als Führungskraft immer die Verantwortung für Auswahl, Einarbeitung, Aus- und Fortbildung, Einsatz, Unterweisung, Kontrolle usw. des Mitarbeiters (*Voraussetzungen der Delegation*).

Diese Unterscheidung von Führungs- und Handlungsverantwortung ist insbesondere immer dann wichtig, wenn Aufgaben schlecht erfüllt wurden und die Frage zu beantworten ist: „Wer trägt für die Schlechterfüllung die Verantwortung? Der Vorgesetzte oder der Mitarbeiter?"

Beispiel:
Hat Meister Clever den Mitarbeiter Huber richtig ausgewählt, in die neue Aufgabe eingewiesen und kontrolliert er die Ausführung der Aufgabe in angemessenem Umfang, so hat er seine Führungsverantwortung wahrgenommen. Unterläuft Herrn Huber ein Fehler, hat er z. B. die Vorbestellung einer Werkzeuggruppe aus der Montage vergessen zu notieren, so trägt er dafür die Handlungsverantwortung. Er muss für diesen Fehler einstehen und sich ggf. eine Ermahnung „gefallen lassen".

08. Welche Ziele werden mit der Delegation verfolgt?

Effektive Delegation ist ein wesentlicher Faktor positiver Führung und hat folgende Auswirkungen beim Vorgesetzten und beim Mitarbeiter:

- *Beim Vorgesetzten:*   - Entlastung, Prioritäten setzen
                                        - Know-how der Mitarbeiter nutzen
                                        - Vertrauen an die Mitarbeiter übertragen

• *Beim Mitarbeiter:*   - Förderung der Fähigkeiten („Fördern heißt fordern!")
                          - Motivation
                          - Arbeitszufriedenheit
                          - Vertrauensbeweis durch den Vorgesetzten

7.4.2 Prozess- und Ergebniskontrolle

01. Welche Handlungsspielräume kann der Vorgesetzte seinen Mitarbeitern bei der Delegation einräumen?

Den Umfang der Delegation kann der Vorgesetzte unterschiedlich gestalten: Betrachtet man die „Elemente der Delegation" (vgl. oben), so ergeben sich für den Meister folgende Möglichkeiten, den Umfang der Delegation enger oder weit zu fassen; dementsprechend geringer oder umfangreicher sind die sich daraus ergebenden Handlungsspielräume für die Mitarbeiter:

1. Der Meister kann das Ziel

   - vorgeben: → einseitige Festlegung:
                                     Zielvorgabe, Arbeitsanweisung

   - mit dem Mitarbeiter   → Zielfestlegung im Dialog:
     vereinbaren: *Zielvereinbarung*

2. Er kann den Umfang und   → *Art + Umfang* der Aufgabe:
   die Art der delegierten Aufgabe   leicht/schwer bzw. klein/groß;
   unterschiedlich gestalten: geringe/hohe Bedeutung der Aufgabe

3. Er kann den Umfang der Kompetenzen → *Kompetenzumfang:*
   weit fassen oder begrenzen   gering/umfassend

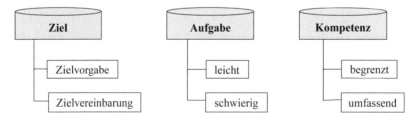

Welchen Handlungsspielraum der Vorgesetzte dem Mitarbeiter einräumt, muss im Einzelfall entschieden werden und hängt ab

- von der Erfahrung, der Fähigkeit und der Bereitschaft des Mitarbeiters sowie

- von der betrieblichen Situation und der Bedeutung der Aufgabe
  (wichtig/weniger wichtig; dringlich/weniger dringlich; Folgen bei fehlerhafter Ausführung).

02. Wie kann der Vorgesetzte die Delegation in Stufen durchführen und dabei den Entwicklungsstand des Mitarbeiters berücksichtigen?

Die Übertragung von Aufgaben und Kompetenzen muss sich nicht nach dem Prinzip „entweder ganz oder gar nicht" vollziehen. Der Vorgesetzte kann die Delegation stufenweise, in einzelnen Schritten durchführen:

1. Der Mitarbeiter schaut dem Vorgesetzten bei der Erledigung einer Aufgabe „über die Schulter".

2. Der Mitarbeiter erläutert den Vorgang, führt ihn aber noch nicht selbst aus.

3. Der Mitarbeiter erledigt Teilvorgänge selbst; der Vorgesetzte schaut zu und korrigiert.

4. Der Mitarbeiter führt die Aufgabe selbstständig aus; Entscheidungen von größerer Tragweite werden vom Vorgesetzten noch bestätigt.

5. Der Mitarbeiter arbeitet und entscheidet zunehmend selbstständig; der Vorgesetzte beschränkt sich auf Stichprobenkontrollen.

Die schrittweise Erweiterung des Delegationsumfangs bezeichnet man auch als *Stufenmodell der Delegation:*

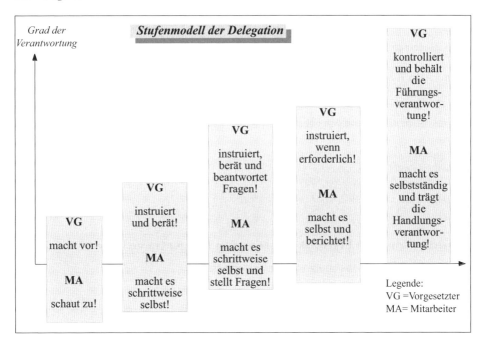

03. Welche Grundsätze müssen bei der Delegation eingehalten werden (Zusammenfassung)?

1. Ziel, Aufgabe und Kompetenz müssen sich entsprechen!
   (*vgl. oben;* → *Äquivalenzprinzip* der Delegation)

2. Der Vorgesetzte muss die *Voraussetzungen* schaffen:

   • bei *sich selbst:*
     Bereitschaft zur Delegation, Vertrauen in die Leistung des Mitarbeiters

   • beim *Mitarbeiter:*
     das Wollen (Motivation) und das Können (Beherrschen der Arbeit)

   • beim *Betrieb:*
     Organisatorische Voraussetzungen:
     - Werkzeuge, Hilfsmittel, Ressourcen, Informationen
     - abgegrenztes Aufgabengebiet
     - ggf. Stellenbeschreibung ändern
     - Information im Betrieb, dass der Mitarbeiter für diese Aufgabe zuständig ist

3. *Keine Rückdelegation* zulassen!

4. Analyse, *welche Aufgaben delegiert werden können* und welche nicht!
   Führungsaufgaben können i. d. R. nicht delegiert werden.

5. *Hintergrund* der Aufgabenstellung erklären!
   z. B. Bedeutung, Abläufe u. Ä.

6. Formen der *Kontrolle* festlegen/vereinbaren (z. B. Zwischenkontrollen)!
   Jede Aufgabe, die delegiert wurde, muss auch kontrolliert werden!

7. *Genaue Arbeitsanweisungen* geben!

8. Die richtige *Fehlerkultur praktizieren:*
   - *Fehler können vorkommen!*
   - *Aus Fehlern lernt man!*
   - *Einmal gemachte Fehler sind zu vermeiden!*

04. Welche Formen der Ergebniskontrolle sind im Fertigungsprozess geeignet?

• Aufbereitung und Visualisierung von Messergebnissen
• Checklisten
• Auswertung und Aufbereitung von Fehleranalysen
• Einrichtung geeigneter Warnsystemen (z. B. optische) bei häufigen Fehlern.

7.5 Fördern der Kommunikations- und Kooperationsbereitschaft

7.5.1 Bedingungen der Kommunikation und Kooperation im Betrieb

→ A 3.6.2 ff.

01. Welche Bedeutung hat Kommunikation im beruflichen Alltag?

Menschen sind soziale Wesen und brauchen den Austausch mit anderen. Die zwischenmenschliche Kommunikation befriedigt das *Kontaktbedürfnis*; sie gibt dem Einzelnen *Orientierung* in der Gruppe und schafft das Gefühl der *Zusammengehörigkeit.*

Kommunikation im beruflichen Alltag nimmt bei vielen Mitarbeitern den überwiegenden Teil ihrer Arbeitszeit in Anspruch. Fast immer geht es um *zweckgerichtete Kommunikation*:

Wir telefonieren mit dem Kunden, weil wir seine Zustimmung zu einem Angebot wollen.
Wir reden mit dem Kollegen, weil wir von ihm eine Information benötigen.
Der Vorgesetzte bespricht mit dem Mitarbeiter eine Arbeitsaufgabe, weil er möchte, dass diese sach- und termingerecht erledigt wird.

Regel 1:

> *Das Gespräch ist also das zentrale Instrument, andere zu erreichen und selbst erreicht zu werden.*
> *Führung ohne wirksames Gesprächsverhalten ist nicht denkbar.*

Im betrieblichen Alltag erlebt man häufig genug die Aussagen:

- „Ich rede und rede und keiner hört mir zu!"
- „Der hat überhaupt nicht verstanden, was ich meine!"
- „Warum erkläre ich meinen Mitarbeitern eigentlich lang und breit, wie das geht, wenn sie es doch nicht kapieren!"
- „Diese Abteilungsbesprechung lief ab wie immer:
  Der Chef schwang die große Rede und alle schwiegen!"
- „Warum redet der nicht mit mir? Hat der etwas gegen mich?"

Dies sind Beispiele für eine nicht-erfolgreiche Gespräche. Obwohl die Kommunikation eine zentrale Bedeutung in der betrieblichen Zusammenarbeit hat, sind nicht viele Menschen fähig, mit anderen wirksam zu kommunizieren.

02. Was ist Kommunikation?

> *Kommunikation ist die Übermittlung von sprachlichen und nicht-sprachlichen Reizen vom Sender zum Empfänger.*

Praxisfälle „Kommunikation":

1. Mitarbeiter zum Chef „Sie werden es nicht noch einmal erleben, dass ich bei einer Gruppenbesprechung den Mund aufmache!"
2. Kollegin zum Kollegen: „Ihr Schlips, Herr Müller, ist mal wieder unmöglich!"
3. Kollegin zum Kollegen: „Möchten Sie eine Tasse Kaffee?"

Jeder Kommunikation liegt das Sender-Empfänger-Modell zu Grunde (nach Schulz von Thun):

- Der *Sender* gibt eine Information. Dabei sagt er nicht unbedingt alles, was er wirklich sagen will, er *filtert* (1). Außerdem verknüpft er seine Aussage mit *Wertungen* (2).

(1) **Beispiele** *für „Filtern" beim Sender:*

Fall 1: 　„... denn ich fand, dass sich Kollege Heinrich unmöglich verhalten hat ..."
Fall 2: 　„... der ist genau so bunt wie der, den Sie neulich getragen haben ..."
Fall 3: 　„... Sie sehen so müde aus..."

(2) **Beispiele** *für „Wertungen" beim Sender:*

Fall 1: 　- Besprechungen, die der Chef leitet, sind unerträglich.
　　　　　- Ich komme hier nie zu Wort.
Fall 2: 　- Sie haben keinen Geschmack.
　　　　　- So einen Schlips kann man doch nicht tragen.
Fall 3: 　- Ich finde Sie sympathisch.
　　　　　- Ich möchte mit Ihnen reden.

- Analog verhält sich der *Empfänger:*
Auch er nimmt nicht (unbedingt) den gesamten Inhalt der Nachricht auf; *er filtert*. Auch er versieht die angekommene Nachricht mit seiner *Wertung*.

(1) **Beispiele** *für „Filtern" beim Empfänger:*

Fall 1: 　Warum meckert er schon wieder?
Fall 2: 　Zu meinen neuen Schuhen sagt sie gar nichts.
Fall 3: 　Kaffee, nein danke, das verträgt mein Blutdruck nicht.

(2) **Beispiele** *für „Wertungen" beim Empfänger:*

Fall 1: 　Was habe ich falsch gemacht?
Fall 2: 　Sie mag mich nicht.
Fall 3: 　Sie ist freundlich zu mir (angenehmes Gefühl).

Daraus lässt sich ableiten:

Regel 2: *Es gibt keine objektive Information, keine objektive Nachricht, keinen objektiven Reiz.*

03. Welche vier Aspekte einer Nachricht werden im Kommunikationsmodell unterschieden?

Beispiel: Ein Arbeitskollege kommt in den Büroraum. Er möchte sich eine Tasse Kaffee holen; er stellt fest, dass die Kaffeekanne leer ist und sagt: „Der Kaffee ist alle!" Die Kollegin antwortet: „Wie wäre es, wenn Sie selbst einmal Kaffee kochen würden?"

Zum Grundwissen über zwischenmenschliche Kommunikation gehört *das Modell nach Schulz von Thun* (Prof. Dr. Friedemann Schulz von Thun, geb. 1944, Hochschullehrer am Fachbereich für Psychologie der Universität Hamburg):

Regel 3: *Ein und dieselbe Nachricht enthält vier verschiedene Aussagen:*
1. Sachaspekt
2. Beziehungsaspekt
3. Aspekt der Selbstoffenbarung
4. Appellaspekt

1. Der *Sachaspekt* zeigt die Sachinformation.	→	*Worüber ich informiere!* Im Beispiel von oben erfahren wir, dass kein Kaffee mehr in der Kanne ist.
2. Der *Beziehungsaspekt* zeigt, wie der Sender zum Empfänger steht, was er von ihm hält. Zum Ausdruck kommt dies z. B. im Tonfall, in der Wortwahl oder in begleitenden Signalen der Körpersprache.	→	*Was ich von Dir halte/ wie wir zueinander stehen!* Da wir nicht den Tonfall und evtl. begleitende Körpersignale aus dem Beispiel kennen, lässt sich die Beziehung nur vermuten, z. B. der Mitarbeiter missbilligt, dass die Kollegin nicht für neuen Kaffee gesorgt hat.
3. Die *Selbstoffenbarung* zeigt Informationen über die Person des Senders; dieser Anteil an Selbstdarstellung kann gewollt oder unfreiwillig sein.	→	*Was ich von mir selbst kundgebe!* Im Beispiel ist zu erkennen: Der Mitarbeiter kennt sich im Büro aus; er weiß, wo die Kaffeemaschine steht und möchte vermutlich Kaffee trinken.
4. Der *Appell* ist der Teil der Nachricht, mit dem man auf den Empfänger Einfluss nehmen will. Kaum etwas wird „nur so", ohne Grund gesagt. Fast immer möchte der Sender den Empfänger veranlassen, Dinge zu tun, zu unterlassen oder etwas zu denken oder zu fühlen. Der Appell kann offen oder verdeckt erfolgen.	→	*Wozu ich Dich veranlassen möchte!* Im Beispiel ist anzunehmen, dass der Mitarbeiter möchte, dass die Kollegin neuen Kaffee kocht; evtl. möchte er weiterhin, dass sie zukünftig regelmäßig darauf achtet, dass immer ausreichend Kaffee vorhanden ist.

In der Praxis der betrieblichen Gesprächsführung kann nicht von jedem Vorgesetzten und jedem Mitarbeiter erwartet werden, dass er dieses Kommunikationsmodell beherrscht. Aus der Theorie in die Praxis hat sich jedoch die (reduzierte) Erkenntnis übertragen:

Regel 4:	*Es ist hilfreich, bei jeder Nachricht nicht nur die* <u>*Sachinhalte,*</u> *sondern auch die* <u>*Beziehungsinhalte*</u> *zu beachten.*

04. Welche Bedeutung haben der Sachaspekt und der Beziehungsaspekt einer Nachricht?

Viele Einzel- und Gruppengespräche im Betrieb verlaufen erfolgreich: Der Sender transportiert seine Nachricht zum Empfänger; trotz möglicher Filter und Bewertungen auf beiden Seiten führt das Gespräch zu dem angestrebten Ziel: Eine Information wird ausgetauscht, eine Handlung oder eine bestimmte Haltung wird veranlasst.

Wenn die Kommunikation allerdings versagt, ist es hilfreich, sich genauer mit der Sachebene und der Beziehungsebene einer Nachricht zu befassen. Diese Analyse bietet Ansätze, um die vorliegende Kommunikationsstörung zu beheben. In vielen Fällen liegt die Ursache einer missglückten Gesprächsführung nicht in sachlich begründeten Auffassungsunterschieden, sondern in einer Störung der Beziehungsebene. Trotz aller Beteuerungen, „Lassen Sie uns doch bitte sachlich bleiben!", führt die Diskussion nicht zum Ziel und eskaliert oft genug in Wortgefechten, Scheinargumenten und unnötigen Selbstdarstellungen der Teilnehmer.

Ist man in seiner Gesprächsführung an einem derartigen Punkt angekommen, so hilft es nur weiter, wenn die Beteiligten bewusst überprüfen, ob ihre Beziehungsebene gestört ist. Man muss die Sachebene verlassen, die Beziehungsebene überprüfen und „reparieren", indem man Störungen aufarbeitet. Dies lässt sich erreichen, indem Gefühle und Befindlichkeiten beim Sender und Empfänger offen ausgesprochen und geklärt werden. Die Aussagen dazu erfolgen in der Ich-Form; in der Psychologie nennt man dies Ich-Botschaften („Von sich selbst darf man sprechen; seine eigenen Gefühle darf man zeigen."):

> „Ich glaube, dass Kollege Müller etwas gegen mich hat, weil ..."
> „Warum werde ich ständig von Ihnen unterbrochen. Das machen Sie doch bei den anderen nicht ..."

Regel 5: | *Ist eine Kommunikation missglückt aufgrund einer gestörten Beziehung zwischen Sender und Empfänger, muss erst die Beziehungsebene wieder hergestellt werden, bevor auf der Sachebene weiter argumentiert wird.*

Beispiel: Der nachfolgende Sachverhalt zeigt einen Streit zwischen zwei Kollegen. Sie müssen den Streit aufarbeiten.

Ahrendt: „Das lasse ich mir nicht mehr bieten; ich lasse mich in Gegenwart von Kunden nicht so zur Sau machen, vor allem nicht von Ihnen!"

Burger: „Ich musste doch einfach eingreifen, wenn Sie wie immer keine Ahnung haben. Wer weiß, was da noch alles passiert wäre? Und überhaupt finde ich, dass Sie ..."

Es ist hier nicht möglich, den gesamten Vorgang der Konfliktbearbeitung ausführlich darzustellen. Trotzdem wird ein kurzer Lösungsansatz dargestellt: Analysiert man die Aussagen beider Mitarbeiter, so lässt sich erkennen, dass die Beziehung bereits seit längerem gestört ist:

> „... vor allem nicht von Ihnen!"
> „... Sie wie immer keine Ahnung haben. ... Und überhaupt finde ich, dass Sie ..."

Der Vorgesetzte sollte an dieser Stelle die Störung der Beziehungsebene thematisieren, bevor er mit beiden Mitarbeitern den Sachgehalt der Kommunikation klärt. Ergebnis dieser Gesprächsmoderation sollte nicht nur die Konfliktbearbeitung sein. Der Vorgesetzte sollte den Mitarbeitern auch bewusst machen, warum die Kommunikation scheiterte. Diese Erkenntnis sollten die Mitarbeiter bei zukünftigen Störungen berücksichtigen.

Vorgesetzter: „Mir scheint, dass Sie beide sich häufiger streiten. Ich denke, dass dies wohl tiefere Ursachen hat. Wie sehen Sie das?"

05. Welche Formen der Kommunikation gibt es?

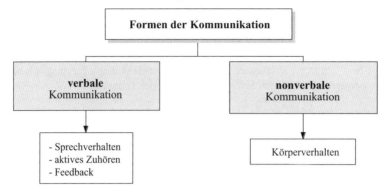

- Unter *verbaler Kommunikation*
  versteht man den sprachlichen Inhalt von Nachrichten. Von Bedeutung sind hier Wortschatz und Wortwahl, Satzbauregeln, Regeln für das Zusammenfügen von Wörtern (Grammatik) sowie Regeln für den Einsatz von Sprache, z. B. aktive oder passive Verben.

Regel 6:	*Der Sender hat immer die höhere Verantwortung für das Gelingen der Kommunikation; er muss sich hinsichtlich Wortwahl und Satzbau der Gesprächssituation/dem Empfängerkreis anpassen.*

- Unter *nonverbaler Kommunikation*
  versteht man alle Verhaltensäußerungen außer dem sprachlichen Informationsgehalt einer Nachricht: Körperhaltung, Mimik, Gestik aber auch Stimmmodulation.

Eigentlich ist der oft verwendete Begriff „Körpersprache" irreführend: Obwohl es in der Interpretation bestimmter Körperhaltungen z. T. ein erhebliches Maß an Übereinstimmung gibt (z. B. hochgezogene Augenbrauen, verschränkte Arme) unterliegen doch die Signale des Körpers einem weniger eindeutigen Regelwerk als das gesprochene Wort. Man unterscheidet folgende Aspekte der „Körpersprache":

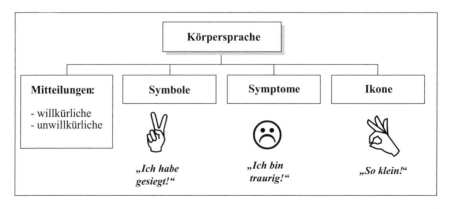

- Eine *willkürliche Mitteilung* ist eine absichtliche Kommunikation, z. B. bewusster Einsatz der Körpersprache.

- Eine *unwillkürliche Mitteilung* ist Ausdruck des inneren Zustandes, z. B. unbewusste Reaktionen des Körpers; Verlegenheit → Erröten.

- *Symbole* sind Zeichen mit fester Bedeutung: Handzeichen „V" → victory; flache ausgesteckte Hand → „Halt, stopp!".

- *Symptome* sind unwillkürliche Ausdrucksformen des Körpers: offener Mund → „Staunen"; Mund verziehen → „Ekelgefühl".

- *Ikonen* sind Zeichen, die die Nachricht „abbilden" sollen: „Die Öffnung war so groß!" „Der Fisch war so klein!"

Für den Vorgesetzten ist es nicht wichtig, sich die Formen der Körpersprache und deren Fachbegriffe einzuprägen. Ihm muss bewusst sein, dass nicht nur das gesprochene Wort, sondern auch flankierende Signale des Körpers beim Empfänger Reize auslösen.

Regel 7: | *Jede Nachricht wirkt auf den Empfänger über die Sprache und die sie begleitende Körpersprache.*

06. Warum müssen verbale und non-verbale Kommunikation übereinstimmen?

Nachrichten werden nicht nur über das gesprochene Wort, sondern auch über Gestik, Mimik und die Art des Blickkontaktes gesendet und rückgesendet. Im Allgemeinen unterstützt und akzentuiert die Körpersprache die verbale Kommunikation.

Beispiel: „Ich freue mich, Sie zu sehen!" Der Sender zeigt eine offene Körperhaltung, er lächelt, hat die Arme geöffnet; die Körperhaltung ist vorgebeugt und signalisiert Zuwendung.

Die Körpersprache ist Ausdruck der seelischen Befindlichkeit eines Menschen. Sie ist „grundsätzlich wahrheitsgemäßer als die wörtliche Sprache" (Horst Rückle). Die Körpersprache ist die Primärsprache. Sie ist überwiegend vom Unbewussten des Einzelnen bestimmt.

Menschen haben gelernt, in schwierigen Situationen kontrolliert zu sprechen. Sie wollen keine Fehler machen. Ergebnis: Es wird nicht das gesagt, was man wirklich denkt oder fühlt, sondern was man für scheinbar richtig hält.

Die Körpersprache ist ehrlicher; sie folgt dieser Verfälschung der sprachlichen Nachricht nicht im gleichen Maße und sendet ehrliche Signale. Die Folge, Sprache und Körpersprache harmonieren nicht miteinander; sie senden unterschiedliche Signale. Beim Empfänger führt dies zur Irritation, zu Misstrauen und Zweifel. Er weiß nicht, welcher Botschaft er glauben soll.

Beispiel: „Ich heiße Sie als neues Mitglied in unserem Team herzlich willkommen und freue mich auf die Zusammenarbeit mit Ihnen."

Die Stimme des Senders zeigt wenig Engagement; die Mimik wirkt kontrolliert, distanziert und drückt „keine Freude" aus; die Arme sind verschlossen. Folge: Für den Empfänger ist die verbale Nachricht nicht überzeugend. Sie steht im Widerspruch zu der registrierten Körpersprache des Senders.

Regel 8: | *Je echter und harmonischer die sprachlichen und nicht-sprachlichen Wirkungsmittel eines Menschen sind, desto glaubwürdiger und authentischer wird er von der Umwelt wahrgenommen.*

Welche Schlussfolgerungen lassen sich aus diesen Erkenntnissen für die tägliche Führungspraxis des Meisters ableiten?

1. Formal logisch könnte man antworten, dass es notwendig wäre, die Körpersprache dem gesprochenen Wort anzupassen. Dieses Ansinnen wäre falsch: Es würde dazu führen, dass wir die Körpersprache permanent bewusst steuern würden, um sie gezielt in unterschiedlichen Situationen einzusetzen. Das Ergebnis: Der Mensch verliert seine Spontaneität, er wirkt „kopfgesteuert" und vermittelt keine Glaubwürdigkeit.

2. In einem Unternehmen sollte eine Kommunikationskultur aufgebaut werden, die von Ehrlichkeit und Vertrauen geprägt ist. Eine intakte Beziehungsebene zwischen den Mitarbeitern ist die Basis jeder wirksamen Kommunikation. Liegen hier Störungen vor, die z. B. über die Art der Körpersprache signalisiert wurden, so sind sie zu beachten und aufzuarbeiten.

Es muss erlaubt sein, sich in der betrieblichen Kommunikation ehrlich zu verhalten. Wenn der Einzelne sich z. B. in einer Besprechung missverstanden oder nicht beachtet fühlt, muss es zulässig sein, dies ohne Sanktionen äußern zu dürfen.

Regel 9: | *Störungen in der Kommunikation haben Vorrang! Gefühle und Empfindungen dürfen geäußert werden!*

In einer derartigen Kommunikationskultur ist es nicht erforderlich zu taktieren und ständig zu überlegen, was man sagen darf und was nicht. *Man kann das sagen, was man wirklich meint, denkt und fühlt, sodass der Empfänger ehrliche Botschaften erhält.* Es besteht eine wesentlich geringere Tendenz, das Sprache und Körpersprache unharmonisch wirken und beim Empfänger widersprüchliche Signale aufgenommen werden.

07. Warum müssen Reden und Handeln des Senders übereinstimmen?

Beispiele:

Vorgesetzter (zu seinen Mitarbeitern): „Sie können sich darauf verlassen, dass ich Sie bei dieser schwierigen Aufgabe, die bis heute Abend erledigt sein muss, nach besten Kräften unterstützen werde." Ist-Situation: Der Vorgesetzte ist den restlichen Tag über nicht erreichbar, da er Termine in Besprechungen wahrnimmt.

Mitarbeiter (zum Kollegen): „Also abgemacht, bis Montag nachmittag erhalten Sie von mir den EDV-Ausdruck aller offenen Posten, ich denke daran." Ist-Situation: Der Kollege erhält die Liste bis Montagnachmittag nicht. Am Dienstagmorgen bittet er erneut um die Liste: „Ich brauche sie dringend, weil ich sonst die Sitzung um 14:00 Uhr nicht vorbereiteten kann." Ist-Situation: Die Liste wird auch zum 2., vereinbarten Termin nicht geliefert. Der Kollege beschwert sich bei seinem Vorgesetzten. Dieser wendet sich an den Chef des Mitarbeiters.

Werden wörtliche Aussagen des Senders nicht eingehalten, so führt dies beim Empfänger zur Frustration, Verärgerung bis hin zur Aggression. Driften Reden und Handeln häufig auseinander, wird das Vertrauen in den anderen belastet. Geschieht dies häufiger, so ist jedes neue Zusammentreffen überschattet von der Frage: „Kann ich mich diesmal auf ihn verlassen? Wird er seine Zusage einhalten?" Der Empfänger empfindet Unsicherheit und Stress. Das wiederholte Einfordern der Übereinstimmung von Reden und Handeln kostet Zeit, verbraucht psychische und physische Ressourcen und mindert das gesamte Leistungspotenzial eines Unternehmens.

Regel 10: | *Reden und Handeln aller Mitarbeiter eines Unternehmens müssen übereinstimmen. Dies schafft eine Atmosphäre des Vertrauens und der Verlässlichkeit.*

Konsequenzen für die Führungs- und Kommunikationspraxis:

Der Vorgesetzte muss den Mitarbeitern die Abhängigkeit der eigenen Leistung von der anderer verdeutlichen. In dem gesamten Leistungsprozess *ist jeder wechselweise Kunde und Lieferant* einer Teilleistung. Jeder Mitarbeiter muss sich auf seine internen Kunden verlassen können und dieses Vertrauen auch bei seinen Kollegen vermitteln, für die er Lieferant ist.

Diese Kultur der Kommunikation und Zusammenarbeit stellt einen Wert dar. Sie muss vom Meister vorgelebt und von allen Mitarbeitern eingefordert werden.

08. Welche Regeln der betrieblichen Kommunikation sollte der Meister beachten und seinen Mitarbeitern vermitteln?

Hier die *Zusammenfassung der* oben behandelten *Kommunikationsregeln*:

Regel 1:	*Das Gespräch ist also das zentrale Instrument, andere zu erreichen und selbst erreicht zu werden.* *Führung ohne wirksames Gesprächsverhalten ist nicht denkbar.*
Regel 2:	*Es gibt keine objektive Information, keine objektive Nachricht, keinen objektiven Reiz.*
Regel 3:	*Ein und dieselbe Nachricht enthält vier verschiedene Aussagen:* *1. Sachaspekt* *2. Beziehungsaspekt* *3. Aspekt der Selbstoffenbarung* *4. Apellaspekt*
Regel 4:	*Es ist hilfreich, bei jeder Nachricht nicht nur die Sachinhalte, sondern auch die Beziehungsinhalte zu beachten.*
Regel 5:	*Ist eine Kommunikation missglückt aufgrund einer gestörten Beziehung zwischen Sender und Empfänger, muss erst die Beziehungsebene wieder hergestellt werden, bevor auf der Sachebene weiter argumentiert wird.*
Regel 6:	*Der Sender hat immer die höhere Verantwortung für das Gelingen der Kommunikation; er muss sich hinsichtlich Wortwahl und Satzbau der Gesprächssituation/dem Empfängerkreis anpassen.*
Regel 7:	*Jede Nachricht wirkt auf den Empfänger über die Sprache und die sie begleitende Körpersprache.*
Regel 8:	*Je echter und harmonischer die sprachlichen und nicht-sprachlichen Wirkungsmittel eines Menschen sind, desto glaubwürdiger und authentischer wird er von der Umwelt wahrgenommen.*
Regel 9:	*Störungen in der Kommunikation haben Vorrang!* *Gefühle und Empfindungen dürfen geäußert werden!*
Regel 10:	*Reden und Handeln aller Mitarbeiter eines Unternehmens müssen übereinstimmen. Dies schafft eine Atmosphäre des Vertrauens und der Verlässlichkeit.*

7.5.2 Optimierung der Kommunikation und Kooperation im Betrieb

01. Wie lässt sich der Prozess der Identifikation beschreiben?

• *Identifikation beschreibt den Vorgang*, dass Individuen die Einstellungen und Verhaltensmuster einer Organisation übernehmen.

• *Identifikation* mit den gestellten Aufgaben, der Arbeit, den Personen und Gruppen sowie den Zielen des Unternehmens *ist ein wesentlicher Faktor der Leistungsbereitschaft* der Mitarbeiter.

Eine Umfrage der Unternehmensberatung Gallup Deutschland ergab, dass nur 12 Prozent der Mitarbeiter eine hohe emotionale Bindung an ihr Unternehmen haben; 70 Prozent der Arbeitnehmer machen Dienst nach Vorschrift und 18 Prozent haben bereits innerlich gekündigt.

Woran liegt es, dass die Anpassung der Werte des Individuums und der der Organisation so schlecht gelingt?

Wenn ein Mitarbeiter in einem Unternehmen seine Tätigkeit aufnimmt, so hat er mit dem Arbeitgeber einen *Arbeitsvertrag* geschlossen, der die gegenseitigen Rechte und Pflichten festlegt. Dieser Teil fixiert die rechtliche Seite zwischen beiden Parteien.

Daneben schließen Mitarbeiter und Arbeitgeber einen weiteren Kontrakt:

Im *psychologischen Vertrag* (= Wertevertrag) werden die gegenseitigen Ansprüche der Organisation und der Mitarbeiter geregelt: Die Organisation erwartet von ihren Mitarbeitern, dass diese als Gegenleistung für den Lohn, die Sicherung der Existenz und die allgemeine Betreuung (Gesundheit, Betriebsklima u. Ä.) ihre Arbeitskraft uneingeschränkt zur Verfügung stellt. Dazu gehören Gehorsam und die Einhaltung betrieblicher Regeln und Normen. Dieser psychologische Vertrag setzt eine hinreichend notwendige Übereinstimmung der Werte des Individuums und der der Organisation voraus.

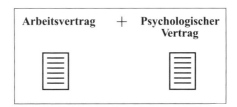

Der psychologische Vertrag ist nicht statisch: Menschen verändern im Laufe des Lebens ihre Einstellungen und Werthaltungen; Unternehmen passen ihre Ziele den sich wandelnden Marktbedingungen an. Übersteigen nun die „Leistungsbeiträge" des Mitarbeiters nach seinem Empfinden die „Vergütungsbeiträge" der Organisation, ist der psychologische Vertrag in seinem Gleichgewicht gestört. Der Mitarbeiter beginnt damit, seinen Leistungsbeitrag zu überdenken, infrage zu stellen oder zu mindern. Die innere Verbindung zur betrieblichen Aufgabe geht schrittweise verloren. Es kommt zu einem *Identifikationsverlust.*

Beispiel: Die nachfolgende Darstellung beschreibt hypothetisch die Arbeitssituation des Außendienstmonteurs Herrn Kantig. Er ist seit sechs Jahren in einem Maschinenbauunternehmen erfolgreich tätig.

Aufgrund des zunehmenden Konkurrenzdrucks hat das Unternehmen schrittweise die Arbeitsbedingungen für die Mitarbeiter verschärft. Erwartete Leistungsanforderungen der Organisation und akzeptable Leistungsanforderungen aus der Sicht der Mitarbeiter driften auseinander.

Die Abbildung zeigt beispielhaft eine Reihe von Faktoren, bei denen die „Vertragsgrenzen" bzw. das Leistungs-Anreiz-System verschoben wurden und Herr Kantig die neuen „offiziellen Grenzen" nicht mehr akzeptiert. Seine Identifikation mit dem Unternehmen sinkt:

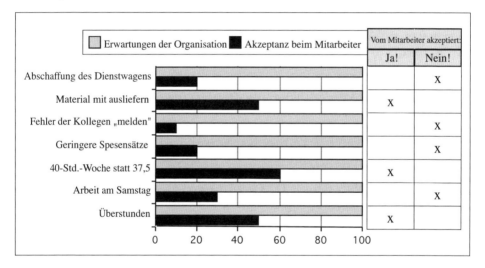

02. Welche Faktoren bestimmen den Grad der Mitarbeiteridentifikation und müssen vom Unternehmen und den Führungskräften positiv gestaltet werden?

Die Antwort auf diese Frage kann nicht erschöpfend sein. Trotzdem kennt man aus vielen Befragungen eine Reihe von Faktoren, die aus der Sicht der Arbeitnehmer eine Spitzenreiterstellung einnehmen:

→ *Geld – Arbeit:*
  Lohn und geleistete Arbeit müssen als gerecht empfunden werden.

→ *Sinn – Arbeit:*
  Zweck und Sinn der Arbeit müssen für den Mitarbeiter erkennbar sein.

→ *Zeit – Arbeit:*
  Dauer und Lage der Arbeitszeit sollen den individuellen Bedürfnissen und unterschiedlichen Lebensphasen der Mitarbeiter entsprechen, dazu gehört auch die ausgewogene Balance zwischen Arbeits- und Freizeit. Stichworte: Teilzeit, Altersteilzeit, Elternzeit, Schichtsysteme.

→ *Freude – Arbeit:*

   Neben den o. g. Faktoren macht Arbeit dann Freude, wenn dem Mitarbeiter *Freiräume* zur Entfaltung seiner Talente gestattet werden, die Zusammenarbeit im Team von *Vertrauen* geprägt ist und er die notwendigen *Arbeitsbedingungen* vorfindet, z. B. Werkzeuge, Abläufe, Regelungen, Gesundheit, körperliches und psychisches Wohlbefinden.

→ *Führung – Arbeit:*

   Die Qualität der *Führung* durch den unmittelbaren Vorgesetzten *ist eine zentrale Quelle der Motivation und Identifikation* mit dem Unternehmen; dazu gehören u. a.: Delegation, Anerkennung für geleistete Arbeit, respektieren der Persönlichkeit des Mitarbeiters und Formen der Wertschätzung.

03. Wie kann der Vorgesetzte die Selbstorganisation der Mitarbeiter fördern?

→ A 3.2.1

Erfolg im privaten Bereich und im Berufsleben wird nur derjenige haben, der sich selbst effektiv organisieren kann.

> *Effektivität* beschreibt, <u>was</u> wir tun!
> *Effizienz* ist die Art und Weise, <u>wie</u> wir etwas tun!

Effektive Selbstorganisation ist eine Frage der richtigen „Hebelwirkung": Es gilt, seine *Zeit* und seine *Kräfte* für die Dinge einzusetzen, die eine hohe Wirkung im Sinne der gesteckten Ziele entfalten.

1. Voraussetzung dafür ist, sich selbst zu erkennen und die Stärken und Risiken der eigenen Persönlichkeit real einzuschätzen (Selbsterkenntnis). Im Weiteren muss sich jedes Individuum über die eigenen Ziele und Wertvorstellungen im Klaren werden:

   - Was will ich im Leben erreichen?
   - Was will ich beruflich erreichen?
   - Was möchte ich nicht?
   - Welchen „Preis" bin ich bereit, dafür zu zahlen? usw.

   Der Vorgesetzte muss bereit sein zu akzeptieren, dass die beruflichen und privaten Zielvorstellungen seiner Mitarbeiter auf unterschiedlichen Wertesystemen beruhen. Er muss die Ziele des Unternehmens vertreten und dabei die Werthaltung seiner Mitarbeiter angemessen respektieren. Er sollte die Mitarbeiter beraten, sich die eigenen Stärken- und Risikopotenziale bewusst zu machen und daraus persönliche Zielsetzungen abzuleiten.

   Beispiel: Nicht jeder Mitarbeiter will ein „Aufsteiger" sein oder sich anpassen ohne Einschränkung. Nicht jeder Mitarbeiter möchte eine Veränderung seiner Arbeitsaufgaben oder benötigt weitergehende Verantwortlichkeiten als Anreiz.

2. Zur effektiven Selbstorganisation gehört der richtige *Umgang mit der Zeit*. Subjektiv empfundene Zeitverschwendung macht krank, unzufrieden, unproduktiv und verhindert die Realisierung der gesetzten Ziele. Mangelnde Selbstorganisation und ineffektive Zeitverwendung stören

die betriebliche Kooperation: Termine und Zusagen werden nicht oder verspätet eingehalten, Arbeiten unter Zeitdruck und Stress bei meist geringerer Qualität erledigt usw.

> *Vergeudete Zeit ist vergeudetes Leben!*
> *Genutzte Zeit ist erfülltes Leben!*
>
> Quelle: Alain Lakein

Der Vorgesetzte kann hier seine Mitarbeiter fördern, indem er ihnen bei der Analyse der Zeitverwendung, dem Erkennen persönlicher Störfaktoren, dem Setzen von Prioritäten, der schriftlichen Zielplanung u. Ä. hilft und geeignete Techniken vermittelt.

Zur Überprüfung der eigenen Selbstorganisation lassen sich beispielhaft folgende Fragen bearbeiten:

- Nutze ich meine Zeit effektiv?
- Setze ich die richtigen Prioritäten?
- Analysiere ich die Verwendung meiner Zeit in regelmäßigen Abständen?
- Verfüge ich über eine Zeitdisziplin?
- Nutze ich geeignete Techniken und Hilfsmittel?
- Schließe ich angefangene Arbeiten und Projekte termin- und qualitätsgerecht ab?

3. Zur effektiven Selbstorganisation gehört eine *optimale Nutzung der betrieblichen Informationen:* Zeitschriften, Gespräche mit Experten, Internet und Intranet, Datenbanken, Besprechungen, Protokolle, Projekte usw.

→ A 3.6.1 ff.

4. Ebenfalls eine Basis der effektiven Selbstorganisation ist die angemessene *Gratwanderung zwischen Eigen- und Fremdbestimmung*: Wer nur ein „Spielball" der Erwartungshaltung anderer ist, kann über seine eigenen Ressourcen nicht frei verfügen. Obwohl wirtschaftliche Zwänge und betriebliche Rahmenbedingungen für jeden Mitarbeiter ein deutliches Maß an Fremdbestimmung schaffen, gibt es dennoch die Möglichkeit, die eigene Zeit- und Ressourcenverwendung zu beeinflussen. Dazu gehört das Bewusstsein über die eigenen Werte und Ziele (vgl. oben) sowie eine gehörige Portion Mut und Selbstvertrauen.

Der Meister hat hier die Möglichkeit, seine Mitarbeiter auf dieser Gratwanderung zwischen Eigen- und Fremdbestimmung zu beraten; transparente Vereinbarungen über Prioritäten sowie über die Verwendung von Ressourcen geben dem Mitarbeiter Klarheit und Sicherheit.

> *Die effektive Selbstorganisation der Mitarbeiter ist eine der Voraussetzungen für eine wirksame Kooperation im Unternehmen.*
>
> *Sie schafft Zufriedenheit im Arbeitsprozess, verhindert psychische und physische Überlastungen und sichert die Produktivität der eigenen Arbeitsleistung.*

04. Welche Arten von Gruppengesprächen werden unterschieden? → 7.6.3

Es gibt im betrieblichen Alltag eine Vielzahl von Situationen, in denen Gruppengespräche erforderlich werden: die anlassbedingte Arbeitsbesprechung, das Schichtwechselgespräch, die periodische wiederkehrende Abteilungsbesprechung, die Zirkel-Besprechung, die Themenkonferenz, die Projektsitzung, die Erörterung der Zusammenarbeit zwischen benachbarten Abteilungen, die Arbeitssitzung (Workshop) u. Ä.

Je nach Inhalt kann man folgende Gesprächsarten unterscheiden:

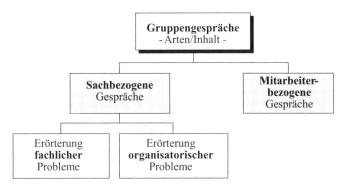

Gruppenbesprechungen sind keine „Plauderstunden bei einer guten Tasse Kaffee"; sie sind ein Instrument der Kooperation zur Bearbeitung fachlicher und mitarbeiterbezogener Themen.

Beispiel: Der Meister hat seine vier Gruppenleiter zu einer Besprechung über die Einführung des neuen Verpackungssystems in der Waschmittelherstellung gebeten. Der Termin ist für 16:00 Uhr angesetzt. Wir unterstellen, dass die Besprechung um 18:00 Uhr beendet ist. Betrachtet man die unmittelbar „verbrauchten Lohnkosten", ergibt sich folgender Wert:

Stundensatz Meister:		20,00 €
Stundensatz Gruppenleiter:		15,00 €
„verbrauchte Lohnkosten" für zwei Stunden Besprechung:		
$20,- \cdot 2 + 15,- \cdot 2 \cdot 4$	=	160,00 €
+ 80 % Personalzusatzkosten	=	128,00 €
Summe	=	288,00 €

Unterstellt man weiterhin, dass diese Gruppe zwei Besprechungen pro Woche durchführt, so ergibt sich bei rd. 45 Arbeitswochen ein Kostenfaktor für Besprechungen in der Größenordnung von ca. 26.000 €. Dieses Beispiel ließe sich leicht „hochrechnen" auf die Gesamtzahl der in einem Betrieb durchgeführten Gruppengespräche.

Das Beispiel zeigt:
Der Vorgesetzte ist gehalten, Gruppengespräche erfolgreich vorzubereiten, durchzuführen und nachzubereiten. Die Verbesserung der Effizienz von Besprechungen ist eine permanente Aufgabe des Meisters.

05. Wann ist eine Besprechung erfolgreich?

Der Erfolg von Besprechungen wird an drei *Bewertungskriterien* gemessen:

1. Der *Zielerfolg* ist dann realisiert, wenn das Thema inhaltlich angemessen bearbeitet wurde; dabei ist das Prinzip der Wirtschaftlichkeit zu beachten: Der Zeit- und Kostenaufwand hat in einem vertretbaren Verhältnis zur Bedeutung des Problems zu stehen.

   Beispiel oben: Nach dieser bzw. ggf. weiteren Besprechungen sind die technischen, personellen und ablaufbedingten Voraussetzungen für die Verpackung nach dem neuen System geschaffen worden. Das System kann eingeführt werden; die neue Kombination „Mensch–Maschine" erbringt die geplante Leistung.

2. Mit dem *Erhaltungserfolg* ist gemeint, dass eine Besprechung die Zusammenarbeit der Gruppenmitglieder verbessert und stabilisiert. Das Wir-Gefühl wird gestärkt, das Bewusstsein wächst, dass Besprechungen im Team bei bestimmten Themen bessere Ergebnisse erbringen als Einzelarbeit.

   Beispiel oben: Die Besprechung verlief erfolgreich. Die vor einiger Zeit im Team verabschiedeten Besprechungsregeln wurden weitgehend eingehalten; die Gruppe war mit dem Besprechungsergebnis zufrieden, der Zeitaufwand wurde als sinnvoll erachtet. Die Mitarbeit war ausgewogen.

3. Der *Individualerfolg* setzt voraus, dass jedes Gruppenmitglied als Einzelperson respektiert wird und seine (berechtigten) persönlichen Bedürfnisse erfüllt worden sind: Fragen einzelner Mitarbeiter werden beantwortet, Bedenken werden berücksichtigt, auf spezielle Arbeitssituationen wird eingegangen u. Ä.

   Beispiel oben: Der noch relativ neue Gruppenleiter M. konnte sich gut in die Gruppe integrieren, seine Fragen zum Verständnis der Besonderheiten des Verpackungssystems wurden von den erfahrenen Kollegen beantwortet, unliebsame Sticheleien an den Neuen unterblieben.

06. Welche Variablen bestimmen den Erfolg eines Gruppengespräches?

Eine erfolgreiche Besprechung setzt voraus, dass eine Reihe von Variablen wirksam gestaltet werden:

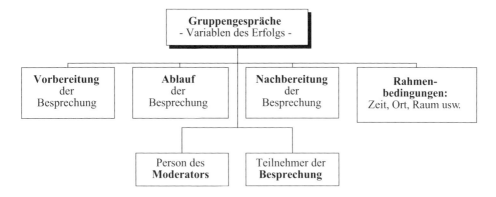

Hinweis:
Bitte prägen Sie sich diese Variablen der Gesprächsführung besonders gut ein; sie sind für die Praxis und die Prüfung von Bedeutung.

07. Welcher Ablauf einer Besprechung ist wirksam?

Jede betriebliche Besprechung hat ihre Besonderheiten. Trotzdem lässt sich für den *Besprechungsprozess* eine brauchbare Ablaufsystematik empfehlen, die wesentlich zum Erfolg von Gruppengesprächen beiträgt:

Ablauf von Gruppengesprächen:

1) Begrüßung, Atmosphäre, Kontakt

2) Thema, Gesprächsziel

3) Analyse der Probleme

4) Sammeln und Bewerten der Lösungen

5) Entscheidung, Dokumentation der Ergebnisse

6) Umsetzung: - Aktionen
   - Vereinbarungen

7) Reflexionen über die Besprechung

08. Warum muss zu jedem Gruppengespräch ein Protokoll angefertigt werden?

Die mitlaufende Visualisierung der Schwerpunkte einer Besprechung zeigt der Gruppe und dem Moderator den Stand der Ergebnisse: Jeder Teilnehmer *hört und sieht* den wesentlichen Verlauf des Gesprächs; dies trägt zur Behaltenswirksamkeit bei; jeder Teilnehmer kann bei Unstimmig-keiten sofort intervenieren; die Visualisierung trägt zur Konsensbildung bei und stellt sicher, dass nichts vergessen wird. Die Ergebnisse werden von der Tafel, dem Flipchart oder von den Karten abgeschrieben oder ggf. auch fotografiert. Das Besprechungsprotokoll erfüllt folgende Aufgaben:

- *Zweck:*   - Niederschrift der Besprechung; Beweismittel
             - Gedächtnisstütze für Teilnehmer: Ablauf, Inhalte, Vereinbarungen
             - Informationsmittel für Abwesende
             - Dokumentation und Kontrolle der notwendigen Aktionen

- *Formen:* - *Ergebnisprotokoll:*
             Es enthält lediglich die Ergebnisse des Gesprächs; in der Besprechungspraxis des Meisters wird das Ergebnisprotokoll Vorrang haben.

             - *Verlaufsprotokoll:*
             Es enthält eine lückenlose Wiedergabe des Verlaufs einer Sitzung; dazu gehören die einzelnen Diskussionsbeiträge und die Ergebnisse.

- *Schema:* - *Überschrift:*   Protokoll der ....
                                     Art/Gegenstand der Sitzung
             - *Ort, Tag, Uhrzeit:* am ... von ... bis ... Uhr .....
             - *Anwesende,*
               Entschuldigte,
               ggf. Gäste: ....
             - *Aktionen,*
               Verantwortlichkeiten,
               Termin: ....

             Zu jedem Tagesordnungspunkt wird festgehalten:
             Wer?   V: Verantwortlich
             Macht was?
             Bis wann?   T: Termin

             Diese Form der Zielvereinbarung (V; T) stellt sicher, dass Besprechungser-
             gebnisse und notwendige Aktionen auch tatsächlich in die Praxis umgesetzt
             werden.

Beispiel eines Besprechungsprotokolls:

Protokoll
der Besprechung über die Einführung des neuen Verpackungssystems
in der Waschmittelherstellung

Ort, Zeit: 25.02... 16:00 - 18:00 Uhr
          Raum 3, Produktionsgebäude

Teilnehmer: Herren Muhrjahn, Kurz, Mende, Engel, Kerner

Verteiler: Betriebsleitung, Personalabteilung, Betriebsrat

Protokoll: Herr Mende

Tagesordnungspunkte, Ergebnisse:

1. Allgemeine Information der Teilnehmer

2. Information der Facharbeiter über die geplante Umstellung
                              V: Kurz
                              T: bis 23.03...

3. Demontage des alten Verpackungssystems   V: Kerner
                              V: Fa. Rheiniger
                              T: bis Ende März

4. Probelauf der neuen Verpackungsanlage   V: Engel
                              T: 10.04...

5. ...

6. Nächste Besprechung: 24.03..., 17:00 - 18:30 Uhr, gleicher Ort

   Anlage:
   Funktionsbeschreibung der neuen Verpackungsanlage der
   Fa. Rheiniger

09. Nach welchen Gesichtspunkten muss der Meister Gruppengespräche analysieren, bewerten und umsetzen?

Gruppengespräche sind dann erfolgreich, wenn das Gesprächsziel erreicht wurde (Zielerfolg), der Zusammenhalt der Gruppe gefördert (Erhaltungserfolg) und die (berechtigten) persönlichen Bedürfnisse der Teilnehmer (Individualerfolg) befriedigt wurden (→ Frage 05.).

Der Vorgesetzte bzw. der Moderator von Gruppengesprächen muss daher im Anschluss an die Besprechung in einer Rückschau überprüfen, ob das Gruppengespräch erfolgreich war. Diese *Gesprächsreflexion* wird er *anhand der Erfolgsvariablen* durchführen (→ Frage 06.).

Der Vorgesetzte wird im Einzelnen überprüfen:

- die *Sachebene:*   → - Gesprächsziel erreicht?
                           - Alle Aspekte ausreichend behandelt?

- die *Prozessebene:*   → - Vorbereitung ausreichend?
                           - Ablauf systematisch?
                           - Wurde eine Nachbereitung durchgeführt? Mit welchen Ergebnissen/Aktionen?

- die *Orga-Ebene:*   → - Ort, Zeit, Raum und sonstige Rahmenbedingungen passend?

- die *Interaktionsebene:* → - Kommunikation und Verhalten des Moderators wirksam?
                           - Kommunikation und Interaktion der Teilnehmer untereinander und in Beziehung zum Moderator wirksam?
                           - Waren Thema/Ziel, Gruppe und Individuum in der Balance?

Zeigen sich in der Rückschau durchgeführter Besprechungen *Schwachstellen*, so *müssen* sie *thematisiert werden*, um den Erfolg zukünftiger Gruppengespräche zu verbessern.

Beispiele für Schwachstellen betrieblicher Gespräche:

1. *Sachebene:*
   Das Gesprächsziel wurde im Rahmen der Vorbereitung nicht hinreichend präzisiert; Folge: die Realisierung kann nicht messbar überprüft werden.
   → *Aktion/Abhilfe:*
   Präzise, möglichst messbare Zielformulierung bei jeder Vorbereitung auf eine Gruppenbesprechung.

2. *Prozessebene:*
   Der Ablauf der Besprechung war unsystematisch.
   → *Aktion/Abhilfe:*
   Vereinbarung und Visualisierung eines Gesprächsleitfadens. Die Teilnehmer legen fest, dass jeder den anderen unterstützt, diesen Leitfaden zu beachten.

3. *Orga-Ebene:*
   Der Besprechungsbeginn 16:00 Uhr ist für die Herren Kurz und Mende nicht gut geeignet, da sie in dieser Zeit ihre Schicht übergeben und es zu Verzögerungen kommen kann.
   → *Aktion/Abhilfe:*
   Der Besprechungsbeginn wird auf 16:30 Uhr verlegt.

4. *Interaktionsebene:*
   Herrn Kerner fällt es schwer, themenzentriert zu argumentieren; er schweift häufig ab und assoziiert Randthemen, die nicht direkt zum Gesprächsziel führen.
   → *Aktion/Abhilfe:*
   Der Meister führt mit Herrn Kerner ein Einzelgespräch und verdeutlicht anhand konkreter Beispiele dieses Gesprächsverhalten. Er versucht bei Herrn Kerner Einsicht zu erzeugen und gibt ihm Hilfestellung für eine themenzentrierte Kommunikation.

7.6 Anwenden von Führungsmethoden und -mitteln zur Bewältigung betrieblicher Aufgaben und zum Lösen von Problemen und Konflikten

7.6.1 Führungsmethoden und -mittel

01. Was heißt „Mitarbeiter führen"?

- *Führen* heißt, das Verhalten der Mitarbeiter *zielorientiert* zu *beeinflussen*, sodass die betrieblichen Ziele erreicht werden – unter Beachtung der Erwartungen der Mitarbeiter.

- *Ziel* der Führungsarbeit:

- Der *Zielerfolg* (betrieblicher Aspekt) bedeutet:
  - Leistung zu erzeugen,
  - Leistung zu erhalten und
  - Leistung zu steigern

- Der *Individualerfolg* (Mitarbeiteraspekt) bedeutet:
  - Erwartungen und Wünsche der Mitarbeiter in Abhängigkeit von den betrieblichen Möglichkeiten zu berücksichtigen und
  - Mitarbeiter zu motivieren

02. Welche Bedeutung hat zielorientierte Führungsarbeit?

a) Die Leistung der Mitarbeiter muss sich stets zielorientiert entfalten, d. h., Führung hat die Aufgabe, *alle Kräfte des Unternehmens zu bündeln und auf den Markt zu konzentrieren*: Führung → Ziele → zielorientierte Aufgabenerfüllung → Leistung → Wertschöpfung → Zielerreichung.

b) Die *Ziele* des Unternehmens *werden aus der Wechselwirkung von Betrieb und Markt gewonnen*. Sie werden „heruntergebrochen" in Zwischen- und Unterziele für nachgelagerte Führungsebenen, z. B. für den Meisterbereich.

c) Im Prozess der Zielerreichung hat die Mitarbeiterführung die Funktion der *Klammer, der Koordination und der Orientierung*.

d) Führung muss dabei den „Spagat" zwischen der Beachtung ökonomischer und sozialer Ziele herbeiführen:

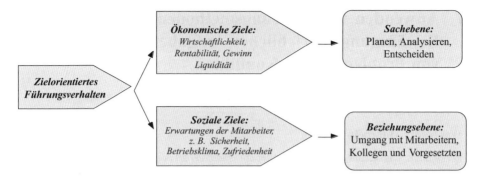

03. Wie sind Zielvereinbarungsprozesse zu gestalten?

Führen durch Zielvereinbarung (*Management by Objektives*; MbO) bedeutet: Die Entscheidungsebenen arbeiten gemeinsam an der Zielfindung. Dabei legen Vorgesetzter und Mitarbeiter zusammen das Ziel fest, überprüfen es regelmäßig und passen das Ziel an. Da das Gesamtziel der Unternehmung und die daraus abgeleiteten Unterziele ständig am Markt orientiert sein müssen, ist „Führen durch Zielvereinbarung" aufgrund kontinuierlicher Zielpräzisierung ein Prozess.

• Als *Voraussetzungen* von MbO müssen u. a. geschaffen werden:

  - ein System hierarchisch abgestimmter, klar formulierter und erreichbarer Ziele (möglichst messbar),
  - Bewertungskriterien festlegen,
  - klare Abgrenzung der Kompetenzen,
  - Bereitschaft der Vorgesetzten zur Delegation,
  - Fähigkeit und Bereitschaft der Mitarbeiter, Verantwortung zu übernehmen.

• *Vorteile* von MbO:

  - Entlastung der Vorgesetzten,
  - das Streben der Mitarbeiter nach Eigenverantwortlichkeit und selbstständigem Handeln wird unterstützt,
  - das Konzept ist auf allen hierarchischen Ebenen anwendbar,
  - die Beurteilung kann am Grad der Zielerreichung fixiert werden und wird damit unabhängig von den Schwächen merkmalsorientierter Bewertungsverfahren,
  - die Mitarbeiter werden gefördert und erhalten das Gefühl, ernst genommen zu werden.

• *Zielvereinbarungsgespräch*

  Das Zielvereinbarungsgespräch (auch: *zielführendes Mitarbeitergespräch*) ist Bestandteil des Führungsprinzips MbO. Vorgesetzter und Mitarbeiter haben eine Reihe von Aspekten zu berücksichtigen – und zwar vor, während und nach dem Gespräch:

→ *Vor dem Gespräch*:
  Der *Vorgesetzte* soll
  - Mitarbeiter auffordern, einen Zielkatalog für die zu planenden Perioden zu erstellen (evtl. vor dem Gespräch als schriftliche Kopie vorlegen lassen),
  - eine eigene Position über die zu vereinbarenden Ziele erarbeiten,
  - Gesprächstermin vereinbaren,

- Rahmenbedingungen klären und organisieren (Raum, Getränke),
- möglichst jegliche Störungen des Gespräches schon im Vorfeld ausschließen.

Der *Mitarbeiter* soll
- eigene Zielvorstellungen erarbeiten und eventuell als Kopie dem Vorgesetzten übergeben,
- Argumente erarbeiten und festhalten,
- Fragen und Probleme, die besprochen werden sollen, aufschreiben.

→ *Während des Gesprächs*:

Der *Vorgesetzte* soll
- zu Beginn den Kontakt zum Mitarbeiter herstellen, eine entspannte Gesprächsatmosphäre schaffen, nicht mit der Tür ins Haus fallen,
- kurze Einführung in das Thema geben und dabei die Ziele des Unternehmens und seine eigenen Ziele (als Vorgesetzter) darstellen,
- den Mitarbeiter seine Zielvorstellungen detailliert erklären lassen; hierbei nicht unterbrechen oder frühzeitig bewerten,
- nicht die eigene Meinung an den Anfang stellen,
- sich auf die Zukunft konzentrieren und dem Mitarbeiter Vertrauen in sich selbst und in die Unterstützung durch den Vorgesetzten vermitteln,
- zu einer gemeinsamen Entscheidung „moderieren" und festhalten (vom Vorgesetzten dominierte Ziele motivieren eher wenig),
- mit Vereinbarung der schriftlich fixierten Ziele abschließen.

Der *Mitarbeiter* soll
- die eigene Zielkonzeption ausführlich darlegen,
- seine Wünsche an den Vorgesetzten offen äußern,
- die Meinung des Vorgesetzten erfassen und überdenken (respektieren),
- selbst auf eine konkrete tragfähige Vereinbarung achten.

→ *Nach dem Gespräch*:

Der *Vorgesetzte* soll
- mit Interesse das Vorankommen des Mitarbeiters verfolgen,
- Hilfsmittel erarbeiten, um den Grad der Zielerreichung zu erfassen und um den Mitarbeiter unterstützen zu können.

Der *Mitarbeiter* soll
- für sich selbst ein Kontrollsystem installieren,
- bei Änderungen der Rahmenbedingungen das Gespräch über Zielmodifikationen suchen,
- bei Problemen den Vorgesetzten informieren,
- bei schlechtem Vorankommen den Vorgesetzten um Unterstützung bitten.

04. Wie lassen sich die Begriffe „Führungsstil" und „Führungsmittel" voneinander abgrenzen?

- Mit *Führungsstil* (synonym: *Führungsmethode*) will man das *Führungsverhalten eines Vorgesetzten* beschreiben, dass durch eine einheitliche Grundhaltung gekennzeichnet ist.

Der Führungsstil *ist also ein Verhaltensmuster*, dass sich aus mehreren Orientierungsgrößen zusammensetzt (Werte, Normen, Grundsätze), zeitlich *relativ überdauernd* und in unterschiedlichen Situationen *relativ konstant* ist, z. B. der kooperative Führungsstil.

• *Führungsmittel* (synonym: Führungsinstrumente) sind Mittel und Verfahren, die zur Gestaltung des Führungsprozesses eingesetzt werden, z. B. Delegation, Beurteilung, Anreizsysteme usw.

**05. Wie lassen sich die Begriffe „Führungsprinzip, Führungskonzeption" und „Führungs-
modell" voneinander abgrenzen?**

• *Führungsprinzip* ist der am wenigsten umfassende Begriff. Er beschreibt den Sachverhalt, dass sich eine Führungskraft in ihrem konkreten Verhalten an einem oder mehreren Grundsätzen orientiert – z. B. dem Prinzip der Delegation.

• *Führungskonzeptionen* basieren auf den Erkenntnissen über Führungsstile, bringen diese in Beziehung zueinander und ergänzen sie durch weitere Dimensionen. In der Regel haben Führungskonzepte eine Leitidee (z. B. Delegation) und integrieren diese in (unterschiedlich ausgestaltete) Regelkreise der Planung, Durchführung und Kontrolle.

• *Führungsmodelle* erheben den Anspruch, praxisorientierte Konzeptionen mit normativem oder idealtypischem Charakter zu sein.

06. Welche Führungsstile werden unterschieden?

Der Versuch zu beschreiben, unter welchen Bedingungen Führungsarbeit erfolgreich ist, hat zu einer Fülle von Erklärungsansätzen geführt. Der älteste Erklärungsansatz ist die Eigenschafts-theorie; die neueren Ansätze basieren auf der Verhaltenstheorie.

• Der *Eigenschaftsansatz* geht aus von den Eigenschaften des Führers, z. B. Antrieb, Energie, Durchsetzungsfähigkeit usw. Es wurde daraus eine *Typologie der Führungskraft* entwickelt:
- autokratischer Führer
- demokratischer Führer
- laissez faire Führer.

Andere Erklärungsansätze, die ebenfalls von der Eigenschaftstheorie ausgehen, nennen unter der Überschrift „Tradierte Führungsstile" (= überlieferte Führungsstile):

- patriarchalisch   →   väterlich
- charismatisch   →   Persönlichkeit mit besonderer Ausstrahlung
- autokratisch   →   selbstbestimmend
- bürokratisch   →   Führen nach Regeln

Der Eigenschaftsansatz unterstellt, dass Führungserfolg von den Eigenschaften des Vorgesetzten abhängt. Der Eigenschaftsansatz konnte empirisch nicht bestätigt werden.

• Der *Verhaltensansatz* basiert in seiner Erklärungsrichtung auf den *Verhaltensmustern der Führungskraft* innerhalb des Führungsprozesses. Im Mittelpunkt stehen z. B. Fragen: „Wie kann Führungsverhalten beschrieben werden?" „Welche unterschiedlichen Ausprägungen von Führungsverhalten zeigten sich in der Praxis". Ergebnisse dieser Forschungen sind die Führungsstile und Führungsmodelle mit ihren unterschiedlichen Orientierungsprinzipien, wie sie in der nachfolgenden Darstellung abgebildet sind:

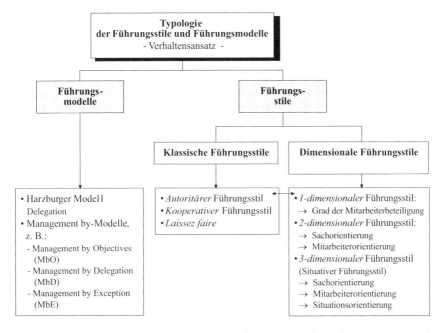

• Die *klassischen Führungsstile* können mit den eindimensionalen Führungsstilen gleichgesetzt werden. Das Orientierungsprinzip ist der *Grad der Mitarbeiterbeteiligung*:

Ein Führungsstil ist eindimensional, wenn zur Beschreibung und Beurteilung von Führungsverhalten nur ein Kriterium herangezogen wird. Daher gehören „Klassische Führungsstile" typologisch zu den eindimensionalen. Bei den zwei- und mehrdimensionalen Führungsstilen ist der Erklärungsansatz von zwei oder mehr Orientierungsprinzipien geprägt.

• Das *zweidimensionale Verhaltensmodell* (= Grid-Modell) wählt „Sache" und „Mitarbeiter" als Orientierungsprinzipien.

• Das *dreidimensionale Verhaltensmodell* wählt „Führungskraft", „Mitarbeiter" und „betriebliche Aufgabe/Situation" als Orientierungsprinzipien.

• Die *Führungsmodelle* wählen ein spezielles Führungsinstrument bzw. ein Element des Management-Regelkreises zur Grundlage eines mehr oder weniger geschlossenen Verhaltensmodells, z. B. das Prinzip der Delegation (vgl. Management by Delegation, Harzburger Modell). Das Harzburger Modell wurde lange Jahre in der Führungsstillehre und in der Praxis favorisiert, wird jedoch inzwischen aufgrund seines starren Regelwerkes als nicht mehr zeitgemäß angesehen. Die Flut der Management bys hat sich im Führungsalltag deutscher Unternehmen nicht durchgesetzt - mit Ausnahme der Prinzipien „Management by Objectives" = Führen durch Zielvereinbarung und „Management by Delegation" = Führen durch Delegation von Aufgaben und Verantwortung.

07. Wie lässt sich das Grid-Modell erklären?

Aus der Reihe der mehrdimensionalen Führungsstile hat der Ansatz von Blake/Mouton in der Praxis starke Bedeutung gefunden: Die Studien von Ohio zeigten, dass sich Führung grundsätzlich an den beiden Werten „Mensch/Person" bzw. „Aufgabe/Sache" orientieren kann. Daraus wurde ein zweidimensionaler Erklärungsansatz entwickelt:

- Ordinate des Koordinatensystems: Mitarbeiter
- Abszisse des Koordinatensystems: Sache

Teilt man beide Achsen des Koordinatensystems in jeweils neun „Intensitätsgrade" ein, so ergeben sich insgesamt 81 Ausprägungen des Führungsstils bzw. 81 Variationen von Sachorientierung und Menschorientierung. Die Koordinaten 1.1 („Überlebenstyp") bis 9.9 („Team") zeigen die fünf dominanten Führungsstile, die sich aus dem Verhaltensgitter ableiten lassen. Das zweidimensionale Verhaltensgitter (Managerial Grid) nach Blake/Mouton hat folgende Struktur:

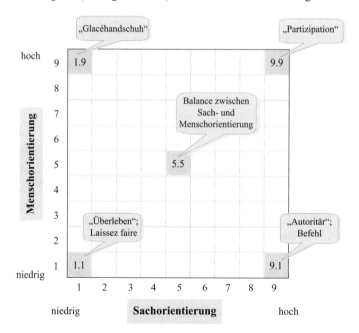

Kurz gesagt:

> *Das Grid-Modell spiegelt die Überzeugung wider, dass der 9.9-Stil, hohe Sach- und Mensch-Orientierung, der effektivste ist.*

08. Was versteht man unter dem situativen Führungsstil?

Die Erklärungsansätze „eindimensionaler und zweidimensionaler Führungsstil" haben Lücken und führen zu Problemen:

- Zwischen Führungsstil und Führungsergebnis besteht nicht unbedingt ein lineares Ursache-Wirkungs-Verhältnis.

- Führungsstil und Mitarbeiter„typus" stehen miteinander in Wechselbeziehung. Andere Mitarbeiter können (müssen) zu einem veränderten Führungsverhalten bei ein und demselben Vorgesetzten führen.

- Die äußeren Bedingungen (die Führungssituation), unter denen sich Führung vollzieht, verändern sich und beeinflussen den Führungserfolg.

Diese Einschränkungen haben dazu geführt, dass heute

> *effektive Führung als das Zusammenwirken mehrerer Faktoren begriffen wird, die insgesamt ein Spannungsfeld der Führung ergeben:*

→ die Führungskraft
→ die Mitarbeiter
→ die Aufgabe/Situation

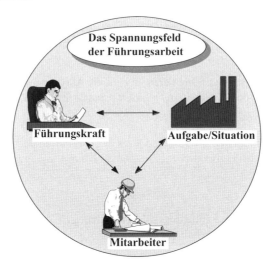

- Man bezeichnet diesen Ansatz als *„Situationsgerechten Führungsstil"*. Es ist Aufgabe der Führungskraft,

  - die jeweils *spezifische Führungssituation zu erfassen*,
    (Führungskultur, Zeitaspekte, Besonderheit der delegierten Aufgabe usw.),

  - die Wahl und *Ausgestaltung der Führungsmittel* auf die jeweilige Persönlichkeit des Mitarbeiters abzustellen (Erfahrung, Persönlichkeit, Motivstruktur, Erwartungen, Ziele usw.) und dabei

- die Vorzüge und *Stärken der eigenen Person einzubringen* (Entschlusskraft, Sensibilität, Systematik, Überzeugungskraft u. Ä.).

Beispiel: Sie sind zuständig für die Sonderfertigung und seit 12 Jahren in diesem Unternehmen tätig. Ihr Führungsstil wird von Ihren Mitarbeitern als kooperativ eingeschätzt. Von Ihrem Betriebsleiter haben Sie einen eiligen Auftrag erhalten, der morgen bis 18:00 Uhr ausgeführt sein muss. Ihre Firma macht 25 % des Umsatzes mit diesem Kunden. Um 14:00 Uhr treffen Sie sich mit Ihren Vorarbeitern (alles langjährig erfahrene Mitarbeiter) und erklären: „Also, die Sache ist so, wir haben da noch einen eiligen Auftrag vom Kunden Meiering herein bekommen. Sie wissen, er gehört zu unseren Hauptkunden. Treffen Sie mit Ihren Leuten alle Vorbereitungen, dass wir den Auftrag termingerecht ausliefern können. Ich weiß, dass Überstunden gemacht werden müssen, aber – die Sache duldet keinen Aufschub. Machen Sie Ihren Mitarbeitern die Bedeutung des Auftrags klar und holen Sie sich die Zustimmung des Betriebsrats. Herr Merger, Sie nehmen die Sache bitte in die Hand und geben mir bis 16:00 Uhr Bescheid, ob alles nach Plan verläuft."

- Aufgabe/Situation: Der Auftrag hat eine hohe Bedeutung und ist dringlich.
- Mitarbeiter: sind erfahren, kennen die Situation
- Führungskraft: ein kooperativer Führungsstil ist vorherrschend

→ Obwohl der Vorgesetzte überwiegend kooperativ führt, müssen in der vorliegenden *Ausnahme-Situation* klare Anweisungen gegeben werden. Es bleibt wenig Raum für eine Beteiligung der Mitarbeiter. Lediglich die Einzelheiten der Durchführung des Auftrags wird von den Mitarbeitern eigenverantwortlich durchgeführt, da sie über langjährige Erfahrung verfügen. Der Vorgesetzte beschränkt sich daher auf eine „Endkontrolle" mit vorgegebenem Termin. Im vorliegenden Fall muss der *Führungsstil also tendenziell autoritär und aufgabenorientiert* sein, obwohl der Vorgesetzte im Allgemeinen eine kooperative Grundhaltung praktiziert, die sich gleichermaßen an der Aufgabe und der Person des Mitarbeiters orientiert.

Analog ließe sich ein Beispiel formulieren, in dem die Aufgabe nicht unter Zeitdruck erledigt werden muss und von den Mitarbeitern *kreative Lösungen* erwartet werden. Hier ist tendenziell *mehr kooperativ und mitarbeiterorientiert* zu führen.

Weiterhin gibt es Mitarbeiter, die aufgrund ihres *Reifegrades* und/oder ihrer *Ausbildung* nicht kooperativ und mitarbeiterorientiert geführt werden können. Sie erwarten einen überwiegend *autoritären Führungsstil.*

09. Warum ist der situative Führungsstil in der heutigen Zeit Erfolg versprechender als tradiertes Vorgesetztenverhalten?

Heute sind betriebliche Situationen und Entscheidungsprozesse geprägt von Zeitdruck, Komplexität der Zusammenhänge und einer fortschreitenden Abhängigkeit der Einzelmärkte von der weltwirtschaftlichen Entwicklung (Stichworte: Entwicklung des Rohölpreises, politische Krisengebiete, Umweltpolitik, Informationsflut usw.). Der Anspruch an die Führungsqualität der Vorgesetzten ist deutlich gestiegen: Sie müssen sich permanent auf wechselnde Situationen einstellen, diese richtig analysieren und kompetent handeln. Ein absolut starrer Führungsstil wird bei diesen Entwicklungen wenig Erfolg haben: Führungskräfte müssen z. B. in Ausnahmesituationen schnell und eindeutig handeln; die Anweisungen werden stark direktiv sein und lassen wenig Spielraum für Beteiligung. In anderen Fällen sind die betrieblichen Probleme derart komplex und können nur mit Unterstützung und Akzeptanz aller Mitarbeiter durchgeführt werden. Hier ist kooperativ zu führen; den Mitarbeitern müssen Freiräume und Eigenständigkeit eingeräumt werden. Der situative Führungsstil verlangt von den Führungskräften ein hohes Maß an Flexibilität. Trotzdem müssen sie gegenüber ihren Mitarbeitern ihre Identität bewahren und glaubwürdig bleiben. Weicht ein Vorgesetzter von seinen vorherrschend erlebten Verhaltensmustern ab, so müssen die Gründe für die Mitarbeiter nachvollziehbar sein.

10. Wie kann der Mitarbeiter an Entscheidungsprozessen partizipieren?   → 7.4

Partizipation bedeutet, dass der Mitarbeiter an Entscheidungsprozessen seines Aufgabenfeldes bzw. seines Betriebes teilhat. Die Beteiligung der Mitarbeiter kann unterschiedlich ausgeprägt sein (Intensitätsgrade) und auf verschiedenen Ebenen stattfinden:

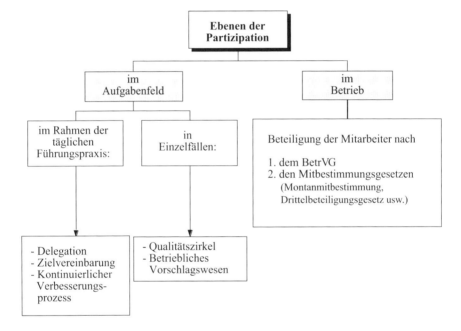

Partizipation verlangt vom Vorgesetzten, die (ehrliche) Bereitschaft, den Mitarbeiter zu beteiligen und setzt Vertrauen in die Leistungsfähigkeit voraus. Der Mitarbeiter muss bereit und in der Lage sein, sich am Entscheidungsprozess zu beteiligen. Er darf nicht über- oder unterfordert sein. Die Teilhabe der Mitarbeiter darf weder ein Alibivorgang sein, noch dürfen Beteiligungsprozesse in fruchtlose Diskussionen münden, die das Leistungsziel infrage stellen.

Partizipation

→ ist ein Führungsinstrument, dass die Erfahrung der Mitarbeiter nutzt und i. d. R. die *Qualität* von Entscheidungen verbessert,

→ führt zu mehr *Akzeptanz* auf der Mitarbeiterebene,

→ fördert die *Motivation* und *Zufriedenheit* der Mitarbeiter.

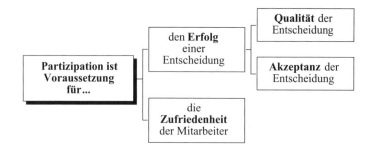

11. In welchen Phasen des Entscheidungsprozesses kann der Mitarbeiter beteiligt werden?

Jeder Entscheidungsprozess kann in folgende Phasen zerlegt werden:

———————————— Phasen des Entscheidungsprozesses ————————————▶

1	2	3	4	5	6
Problem	Suche nach Lösungen	Alternativen	Bewertung der Alternativen	Entscheidung	Ausführung, Kontrolle

Hier ist die Frage zu betrachten, in welchen Phasen des Entscheidungsprozesses der Mitarbeiter beteiligt werden kann oder nicht und in welchem Ausmaß? Die nachfolgende Aufstellung soll dies in vereinfachter Weise schematisch zeigen:

Phase	Kommentar		Partizipation
1	Die Problemwahrnehmung kann auf der Ebene des Managements oder der Mitarbeiter erfolgen.	→	ja; in hohem Umfang; vgl. KVP u. Ä.
2 3	Insbesondere für „Probleme an der Basis" kennt der Mitarbeiter häufig bereits die Lösung aufgrund seiner täglichen Praxis	→	ja; speziell bei Problemen an der Basis; vgl. z. B. Qualitätszirkel; bei strategischen Problemen nicht oder weniger.
4 5	Die Bewertung von Alternativen und die Entscheidung erfolgt unter Beteiligung der Mitarbeiter.	→	ja; der Grad der Beteiligung orientiert sich an der Bedeutung des Problems und der Kompetenz der Mitarbeiter.
6	Die Ausführung der Entscheidung bietet i. d. R. einen breiten Raum für die Beteiligung der Mitarbeiter.	→	ja; in hohem Maße; der Grad der Beteiligung orientiert sich an der Bedeutung der Aufgabe und an der Erfahrung des Mitarbeiters.

12. Warum sind Problemlösungen der Mitarbeiter im Rahmen der Prozessverbesserung umzusetzen?

Partizipation der Mitarbeiter an Entscheidungsprozessen *darf keine Alibifunktion einnehmen.* Von den Mitarbeitern erarbeitete und verabschiedete Lösungen zur Verbesserung geschäftlicher Teilprozesse sind in die Praxis umzusetzen. Nur so kann die engagierte und eigenverantwortliche Beteiligung der Mitarbeiter gewonnen und erhalten werden. Neue Lösungen, die umgesetzt werden und zur Verbesserung der Wertschöpfung beitragen, vermitteln Sinn, Zufriedenheit und fördern die Identifikation.

13. Welcher Zusammenhang besteht zwischen dem Betriebsklima und dem in einem Unternehmen vorherrschenden Führungsstil?

→ A 4.5.9

Das Betriebsklima ist *Ausdruck für die soziale Atmosphäre*, die von den Mitarbeitern empfunden wird. Das Betriebsklima umfasst Faktoren, die mit der sozialen Struktur eines Betriebes zu tun haben, also zum Teil auch „außerhalb" des arbeitenden Menschens liegen, jedoch auf ihn einwirken, aber auch von ihm z. T. wiederum beeinflusst werden.

Faktoren des Betriebsklimas sind u. a.:

Eine gute Betriebsorganisation, die Arbeitssysteme und Arbeitsbedingungen, die Kommunikation der Mitarbeiter mit ihren Vorgesetzten und der Mitarbeiter untereinander; ferner Möglichkeiten der Mitbestimmung und der Partizipation, direkte und indirekte Anerkennung, Gruppenbeziehungen, die Art der erlebten Führung durch den Vorgesetzten, letztendlich auch der Ton – wie man miteinander umgeht.

Der Führungsstil des einzelnen Vorgesetzten allein vermag nicht das Betriebsklima positiv zu prägen; das Führungsverhalten der Vorgesetzten muss in die Führungskultur des Unternehmens eingebettet sein und von ihr getragen werden. Ist dies der Fall, so bewirkt ein überwiegend kooperativer Führungsstil, der auf Vertrauen, Delegation und Beteiligung beruht, Motivationsanreize, die auch nicht ausreichend vorhandene Hygienefaktoren ausgleichen können.

Beispiel 1 (verkürzt): Eine Niederlassung der X-GmbH befindet sich in einer wirtschaftlich schwierigen Situation: Die wöchentliche Arbeitszeit wurde von 38 auf 40 Stunden angehoben, das Urlaubs- und Weihnachtsgeld gekürzt. Die Geschäftsleitung hat sich mit allen Managementebenen frühzeitig zusammen gesetzt und die Situation erläutert. Die Vorgesetzten haben die Informationen an ihre Mitarbeiter weiter vermittelt, Bedenken diskutiert, Ängste um den Arbeitsplatz thematisiert und Zuversicht vermittelt, mit der schwierigen Situation fertig zu werden. Gemeinsam wurden in den einzelnen Funktionsfeldern Schritte zur Kostensenkung, zur Umsatz- und Qualitätsverbesserung eingeleitet. Aufgrund der finanziellen Zugeständnisse der Mitarbeiter konnten Entlassungen vermieden werden.

Fazit: Trotz negativer Rahmenbedingungen in der Niederlassung der X-GmbH war die Arbeitsatmosphäre und der Kontakt zwischen dem Management und den Mitarbeitern nach wie vor positiv. Der vorherrschende Führungsstil hatte sich erneut als tragende Säule der Leistungsfähigkeit und der Erneuerung bewiesen.

Beispiel 2: In einem dezentral organisierten Fertigungsunternehmen mit 12 Niederlassungen und ca. 600 Mitarbeitern fühlen sich die Mitarbeiter schlecht informiert, beklagen den unzureichenden Kontakt untereinander und beschweren sich über die unterschiedlichen Eingruppierungen, obwohl die Niederlassungen im selben Tarifgebiet liegen; ein Betriebsrat existiert nicht. Die Geschäftsleitung beauftragt ein Projektteam, in dem auch mehrere Meister aus den Niederlassungen vertreten sind, um die vorgebrachten Beschwerden zu prüfen und geeignete Abhilfemaßnahmen vorzuschlagen.

Im Rahmen der Projektdurchführung bestätigen sich die vorgebrachten Beschwerden der Mitarbeiter (Befragung der Mitarbeiter- und der Vorgesetztenebene). In mehreren Teamsitzungen werden folgende Vorschläge erarbeitet:

*   *Problem „mangelnde Information/unzureichender Kontakt":*
    → Maßnahmen, z. B.:
    -   Durchführung gemeinsamer Veranstaltungen, z. B. zentral durchgeführte Informationsveranstaltung in einem festen Rhythmus,
    -   Sonderaufgaben/Projekte niederlassungsübergreifend,
    -   Mitarbeiterzeitschrift,
    -   Standardisierung der Strukturen, Abläufe und Regeln,
    -   innerbetrieblicher Stellenmarkt/interne Versetzungen,
    -   Job-Rotation,
    -   niederlassungsübergreifende Fortbildungs- und Freizeitangebote.

*   *Problem „unterschiedliche Eingruppierungen":*
    → Maßnahmen, z. B.:
    -   Einrichten einer Projektgruppe
    -   Erhebung der typischen Stellen/Arbeitsplätze in den Niederlassungen
    -   Arbeitsplatzanalyse
    -   Erstellen der entsprechenden Funktionsbeschreibungen
    -   Durchführung der Stellenbewertungen (Kommission)
    -   Eingruppierung der Stellen (z. B. anhand des gültigen Tarifvertrages)
    -   Information aller Mitarbeiter über die Stellensysteme und Lohnstrukturen
        (Ziel: Transparenz, Vergleichbarkeit, „Lohngerechtigkeit", Anwendbarkeit)

7.6.2 Konfliktmanagement

01. Was sind Konflikte?

Konflikte sind *der Widerstreit gegensätzlicher Auffassungen*, Gefühle oder Normen von Personen oder Personengruppen.

Konflikte gehören zum Alltag eines Betriebes. Sie sind normal, allgegenwärtig, Bestandteil der menschlichen Natur und nicht grundsätzlich negativ. Die Wirkung von Konflikten kann *destruktiv* oder *konstruktiv* sein.

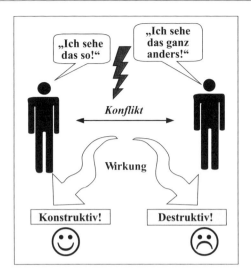

02. Welche Konfliktarten werden unterschieden?

- Konflikte können *latenter Natur* (unterschwellig) oder auch *offensichtlich* sein. Konflikte sind als Prozess zu sehen, der immer dann auftaucht, wenn zwei oder mehr Parteien in einer Sache/ einer Auffassung nicht übereinstimmen.

- Konflikte können auftreten:
    - innerhalb einer Person (innere Widersprüche; intrapersoneller Konflikt)
    - zwischen zwei Personen (interpersoneller Konflikt)
    - zwischen einer Person (Moderator) und einer Gruppe
    - innerhalb einer Gruppe
    - zwischen mehreren Gruppen.

- Beim *Konfliktinhalt* werden drei Arten/Dimensionen unterschieden:
    - *Sachkonflikte:*
    Der Unterschied liegt in der Sache, z. B. unterschiedliche Ansichten darüber, welche Methode der Bearbeitung eines Werkstückes richtig ist.

    - *Emotionelle Konflikte (Beziehungskonflikte):*
    Es herrschen unterschiedliche Gefühle bei den Beteiligten: Antipathie, Hass, Misstrauen.

    Hinweis:
    Sachkonflikte und emotionelle Konflikte überlagern sich häufig. Konflikte auf der Sachebene sind mitunter nur vorgeschoben; tatsächlich liegt ein Konflikt auf der Beziehungsebene vor. Beziehungskonflikte erschweren die Bearbeitung von Sachkonflikten.

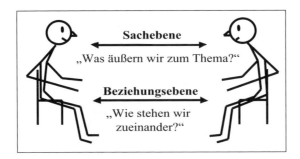

- *Wertekonflikte:*
Der Unterschied liegt im Gegensatz von Normen; das Wertesystem der Beteiligten stimmt nicht überein.

Beispiel 1 (verkürzt): Der ältere Mitarbeiter ist der Auffassung: „Die Alten haben grundsätzlich Vorrang – bei der Arbeitseinteilung, der Urlaubsverteilung, der Werkzeugvergabe – und überhaupt."

Beispiel 2: Zwischen dem Arbeitgeber bzw. dem Kapitaleigner und der Arbeitnehmerschaft besteht ein grundsätzlicher Konflikt über die Verteilung der erbrachten Wertschöpfung („Industrieller Konflikt; vgl. „Mehrwert" in: Marx, Das Kapital).

Die Mehrzahl der Konflikte tragen Elemente aller drei Dimensionen (siehe oben) in sich und es bestehen *Wechselwirkungen.*

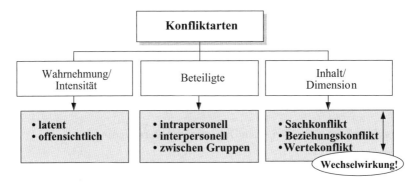

03. Wie ist der „typische" Ablauf bei Konflikten?

Kein Konflikt gleicht dem anderen. Trotzdem kann man im Allgemeinen sagen, dass folgendes Ablaufschema „typisch" ist:

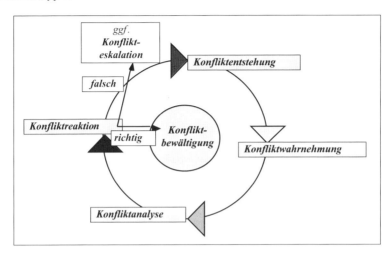

04. Welche Maßnahmen zur Vermeidung und zum bewussten Umgang mit Konflikten sind wirksam?

*   *Ziel der Konfliktbewältigung* ist es, durch offenes Ansprechen eine sachliche Problemlösung zu finden, aus der Situation gestärkt hervorzugehen und den vereinbarten Konsens gemeinsam zu tragen.

*   *Konfliktstrategien:*

    Dazu bietet sich nach Blake/Mouton (1980) an, eine *gleichmäßig hohe Gewichtung* zwischen den *Interessen des Gegenübers* (Harmoniestreben) und *Eigeninteressen* (Macht) vorzunehmen: *Konsens zu stiften.*

    Fließen die Interessen beider Parteien nur halb ein, dann ist das Ergebnis (nur) ein *Kompromiss.*

    Wird der Konflikt nur schwach oder gar nicht thematisiert (Flucht/Vermeidung/„unter den Teppich kehren"), ist nichts gewonnen.

    Dominiert der andere, ist ebenfalls wenig gewonnen, man gibt nach, verzichtet auf den konstruktiven Streit. Setzt man sich allein durch, ist das Resultat erzwungen und wird mit Sicherheit von der Gegenpartei nicht getragen.

Rein theoretisch sind folgende *Reaktionen der Konfliktparteien* denkbar:

Konflikt	Konfliktreaktionen der Beteiligten		
	unvermeidbar; Ausgleich nicht möglich	*vermeidbar; Ausgleich nicht möglich*	*vermeidbar; Ausgleich möglich*
Reaktion: aktiv	Kämpfe	Rückzug: „Eine Partei gibt auf"	**Problemlösung**
	Vermittlung, Schlichtung	Isolation	**tragfähiger Kompromiss**
Reaktion: passiv	zufälliges Ergebnis	Ignorieren des anderen	friedliche Koexistenz

Strategie der Konfliktvermeidung

Der Vorgesetzte sollte die Reaktionen fördern, die für eine Konfliktbearbeitung konstruktiv sind (siehe gerasterte Felder)

→ Vermittlung, Schlichtung
→ Problemlösung
→ ausgewogener tragfähiger Kompromiss

bzw.

→ Bedingungen im Vorfeld von Konflikten vermeiden, die eine konstruktive Bearbeitung unmöglich werden lassen, z. B. länger andauernde irreparable „Verletzungen" durch Mobbing, Vermeidung unklarer Aufgabenstellungen/Kompetenzabgrenzungen o. Ä.

05. Wie ist ein Konfliktgespräch zu führen?

Bei der Behandlung von Konflikten gilt für den Meister grundsätzlich:

Nicht Partei ergreifen, sondern die Konfliktbewältigung moderieren!

Dazu sollte er bei der Moderation von Konfliktgesprächen in folgenden Schritten vorgehen:

1. *Kontaktphase:*
   entspannen, emotionale Beziehung herstellen

2. *Orientierungsphase:*
   Konflikt erkennen und definieren: Worum geht es den Parteien – auf der Sachebene, auf der Beziehungsebene?

3. *Argumentations-/Diskussions-/Bearbeitungsphase:*
   logisch argumentieren, zuhören; die Meinung des anderen respektieren/nicht interpretieren; Lösungsalternativen suchen; dabei alle Beteiligten einbeziehen.

4. *Entscheidungs- und Kontraktphase:*
   Lösungsalternativen bewerten: Was spricht für Alternative 1, was spricht dagegen? Vereinbarungen (Kontrakte) treffen; den anderen dabei nicht überreden; Wege der Umsetzung ermitteln.

5. *Abschlussphase:*
   Rückschau: Wird die vereinbarte „Lösung" allen Beteiligten gerecht? Wird das Problem gelöst? Formen der Umsetzungskontrolle verabschieden; Emotionen glätten, „nach vorn schauen"; sich höflich und verbindlich verabschieden (Wertschätzung).

Beispiel für die Bearbeitung eines Sachkonflikts:
Für die nächste Woche haben Sie den Vorarbeiter Hurtig zwei Tage für wichtige Sonderaufgaben abgestellt, die schon lange geplant waren. Sie erfahren heute (Mittwoch), dass Ihr Chef Herrn Hurtig in der nächsten Woche für die Betriebsbegehung mit einem wichtigen Kunden unbedingt braucht. Er hatte noch keine Zeit, Ihnen seine Absicht mitzuteilen. Der Kontakt zu Ihrem Chef ist unbelastet. Am Nachmittag haben Sie ein Gespräch mit ihm, um die Sache zu klären. Wie werden Sie das Gespräch strukturieren? Welche Argumente wollen Sie vortragen?

Lösungsansätze für den Gesprächsablauf:

- Verständnis die Betriebsbegehung zeigen.
- Dem Chef die Bedeutung der Sonderaufgabe an Herrn Hurtig beschreiben.
- Dem Chef einen anderen, ebenfalls geeigneten Mitarbeiter vorschlagen.
- Mit dem Chef gemeinsam einen geeigneten *Maßstab* (aus der Sicht des Betriebes) für die Lösung des Problems erarbeiten, z. B.:
  Was passiert, wenn Herr Hurtig nicht für die Betriebsbegehung zur Verfügung steht?
  Welche Folgen für den Betrieb treten ein, wenn er die Sonderaufgabe nicht ausführen kann?
  Dabei keine „Gewinner-Verlierer-Strategie" einschlagen.
- Bei Zustimmung durch den Chef (Hurtig → Sonderaufgabe):
  - Für das Verständnis danken.
  - Dem Chef Unterstützung anbieten bei der Lösung „seines Problems".
- Bei Ablehnung durch den Chef (Hurtig → Betriebsbegehung):
  - Lösungen für das „eigene Problem" erarbeiten und dabei den Chef um Unterstützung bitten.

Die Bearbeitung von (tatsächlichen) *Sachkonflikten* ist auch über *Anweisungen* oder einseitige Regelungen (mit Begründung) durch den Vorgesetzten möglich; z. B. Festlegung von Arbeitsplänen.

Bei *Beziehungs- und Wertekonflikten* führt dies nicht zum Ziel. Hier ist es als Vorstufe zur Konfliktregelung wirksam, dass die Konfliktparteien jeweils dem anderen sagen, wie er die Dinge sieht oder empfindet. Man zeigt damit dem anderen seine eigene Haltung, ohne ihn zu bevormunden.

In der Psychologie bezeichnet man dies *als „Ich-Botschaften":*

Beispiele: - „Ich sehe es so";
                    - „Ich empfinde es so";
                    - „Auf mich wirkt das ...";
                    - „Mich ärgert, wenn Sie ...".

Destruktiv sind Formulierungen wie:

        - „Sie haben immer ...";
        - „Können Sie nicht endlich mal ...";
        - „Kapieren Sie eigentlich gar nichts?"

Abgesehen vom Tonfall wird hier der andere auf *„Verteidigungsposition"* gehen, seinerseits seine „verbalen Waffen aufrüsten und zurückschießen", da er diese Aussagen als Bevormundung empfindet; sein Selbstwertgefühl ist gefährdet.

- *Wechselwirkung zwischen Sachebene und Beziehungsebene:*

  In vielen Fällen des Alltags beruht der Konflikt nicht in dem vermeintlichen Unterschied in der Sache, sondern in einer Störung der Beziehung:

  „Der andere sieht mich falsch, hat mich verletzt, hat mich geärgert ..."

  Der Meister muss hier zunächst die Beziehungsebene wieder tragfähig herstellen, bevor das eigentliche Sachthema erörtert wird. Sachkonflikte sind häufig Beziehungskonflikte (vgl. oben).

06. Wie lassen sich Konfliktsignale frühzeitig wahrnehmen?

Die Mehrzahl der betrieblichen Konflikte hat eine „Entstehungsgeschichte". Oft kann man bereits in einem frühen Stadium so genannte Konfliktsignale wahrnehmen; dies können sein:

- *Offene Signale*:
  Mündliche oder schriftliche Beschwerden

- *Verdeckte Signale*:
  Desinteresse, förmliches Verhalten, unnötiges Beharren auf dem eigenen Standpunkt

Geht der Vorgesetzte mit Konfliktsignalen bewusst um, so bietet sich ihm die Chance, bestehende Differenzen frühzeitig zu klären, bevor die Gegensätze kaum noch überbrückbar sind.

07. Welche praktischen Empfehlungen im Umgang mit Konflikten haben sich bewährt?

- Der Vorgesetzte sollte sich im Erkennen von Konfliktsignalen trainieren!

- Der Vorgesetzte sollte eine klare Meinung von den Dingen haben, sich aber davor hüten, alles nur von seinem Standpunkt heraus zu betrachten!

- Der Vorgesetzte sollte bei der Konfliktbewältigung keine „Verlierer" zurück lassen. Verlierer sind keine Leistungsträger!

- Konflikte in Gesprächen bearbeiten!

- Spielregeln der Zusammenarbeit vereinbaren!

- Je früher ein Konflikt erkannt und bearbeitet wird, umso besser sind die Möglichkeiten der Bewältigung.

- Konflikte bewältigen heißt „Lernen". Dafür ist Zeit erforderlich!

Beispiel zur Konfliktbearbeitung:
Ausgangslage: Wir befinden uns in der Kargen GmbH, einem mittelständischen Hersteller eingelegter Konservenprodukte (süß-saure Gurken, Kürbis, Artischocken usw.) im Raum Mönchengladbach. Das Unternehmen ist in den zurückliegenden Jahren stark gewachsen und konnte sich erfreulich gegenüber dem Hauptkonkurrenten, der Firma Kühne, behaupten. In den letzten Monaten häuften sich jedoch die Probleme:

Es kommt zu Stockungen in der Materialversorgung; dies führt zu Stillstandszeiten der Verpackungsanlage. Die Mitarbeiter in der Fertigung beschweren sich zunehmend über ungerechte Vorgabezeiten. Terminüberschreitungen bei Kundenaufträgen häufen sich. Außerdem geht in der Belegschaft das Gerücht um, die Firmenleitung wolle den Standort nach Thüringen verlegen, weil dort bessere Produktionsbedingungen angeboten würden. Insgesamt hat sich die Ertragslage der Kargen GmbH verschlechtert.

Der Meisterbereich 1 wird seit sechs Jahren von *Herrn Knabe* geleitet; er berichtet an *Herrn Kurz*, Leiter der Fertigung. Herr Knabe ist ein erfahrener Meister. Aufgrund seiner betriebswirtschaftlichen Weiterbildung machte er sich bis vor kurzem Hoffnung, Nachfolger von Herrn Kurz zu werden, der im nächsten Jahr altersbedingt seine Tätigkeit beenden wird. Vor zwei Wochen hat die Geschäftsleitung entschieden, die Stelle extern zu besetzen. Herr Knabe erfuhr davon auf Umwegen.

Herrn Knabe sind unmittelbar vier Mitarbeiter unterstellt:
Frau Balsam ist Werkstattschreiberin und „Mädchen für Alles". Sie ist gutmütig und arbeitet pflichtbewusst. Leider gibt es häufiger „Zusammenstöße" mit dem Vorarbeiter, *Herrn Merger,* der wenig Kontakt mit den Kollegen pflegt; außerdem findet er, „dass Frauen in der Fertigung nichts zu suchen haben".

Herr Knabe wird vertreten durch *Herrn Kern*, der vor kurzem von außen eingestellt wurde; er befindet sich noch in der Probezeit und ist der zukünftige Schwiegersohn des Inhabers. Die Mitarbeiter in der Fertigung beschweren sich zunehmend über seinen rüden Umgangston; es zeichnen sich Führungsprobleme ab. Herr Kern scheint recht isoliert im Meisterbereich zu sein. Keiner „wird mit ihm richtig warm".
Herr Hurtig ist ebenfalls Vorarbeiter. Von seiner bisher zügigen Art, auftretende Probleme anzupacken, ist kaum noch etwas zu merken; er vernachlässigt seine Arbeit und wälzt Aufgaben an Frau Balsam ab. Zwischen den Herren Hurtig und Merger klappt die Vertretung bei kurztägigen Abwesenheiten nicht.

Analyse der Konfliktarten und Lösungsansätze zur Konfliktbearbeitung:

Konfliktfelder	Konfliktart	Lösungsansätze
• Materialversorgung, Stillstandszeiten, Vorgabezeiten, Terminüberschreitungen	Sachkonflikt; muss kurzfristig gelöst werden	Meeting der Verantwortlichen - Suche nach Ursachen - Lösung - Umsetzung - Kontrolle der Umsetzung und der Wirksamkeit
• Gerüchte über Standortverlegung	Sach- und Beziehungskonflikt; kurz- und mittelfristiges Problem	kurzfristig: klare Mitteilung der Geschäftsleitung, ob eine Verlegung geplant ist langfristig: laufende Information der Belegschaft über zentrale Vorgänge im Betrieb; Information ist Sachinformation und Wertschätzung zugleich.
• Herr Knabe: Nachfolge?	Sachkonflikt Beziehungskonflikt? kurzfristiges Problem	kurzfristiges Gespräch der Herren Knabe und Kurz: Darlegung der Entscheidung der Geschäftsleitung, Aufarbeitung der „Verletzungen", Erneuerung einer stabilen Arbeitsbasis.
• Herr Hurtig:	Sachkonflikt Beziehungskonflikt? mittelfristig	Kritikgespräch: Knabe/Hurtig über „Abwälzen", „Urlaubsvertretung" und „Vernachlässigung"; ggf. zusätzliche Einzelgespräche mit Fr. Balsam („Abwälzen") und Hr. Merger („Urlaubsvertretung"). Möglich auch: Hurtig und Merger erhalten den Auftrag, bis zum ... eine tragfähige Lösung in Sachen Vertretung zu präsentieren.
• Herr Kern: Führungsprobleme?	Beziehungskonflikt mittelfristig	Gespräch: Knabe/Kern; Kern schildert die Dinge aus seiner Sicht; Ergebnis offen: ggf. Coaching, Unterstützung oder auch Beendigung des Arbeitsverhältnisses, falls gravierender Fehler bei der Personalauswahl; Problemlösung ist erschwert (angehender Schwiegersohn).
• Herr Merger: Haltung zu Frauen?	Beziehungskonflikt mittelfristig	Gespräch: Knabe/Merger; Einsicht erzeugen bei Merger, dass hier Vorurteile bestehen und wie diese wirken; ggf. Dreiergespräch: Knabe/Merger/Balsam; führt dies nicht zum Ergebnis: Ermahnung, Anordnung, ggf. Abmahnung bei frauenfeindlichen Äußerungen (vgl. BGB, AGG, Grundgesetz, EG-Gesetz).

08. Welche betrieblichen Folgen können sich aus schwelenden Konflikten ergeben, die nicht thematisiert werden?

Mögliche Folgen, z. B.:

- Gefahr der Eskalation
- Störung des Betriebsklimas
- Gerüchtebildung
- Vertrauensverluste
- Frustration, ggf. mit der Folge von Aggression
- Minderung der Leistungsergebnisse
- innere Kündigung

7.6.3 Mitarbeitergespräche

01. Welche Phasen sind bei einem Beurteilungsvorgang einzuhalten? → A 4.5.5

Ein wirksamer Beurteilungsvorgang setzt die Trennung folgender Phasen voraus:

- *Phase 1: Beobachtung*
  = gleichmäßige Wahrnehmung der regelmäßigen Arbeitsleistung und des regelmäßigen Arbeitsverhaltens

- *Phase 2: Beschreibung*
  = möglichst wertfreie Wiedergabe und Systematisierung der Einzelbeobachtungen im Hinblick auf das vorliegende Beurteilungsschema

- *Phase 3: Bewertung*
  = Anlegen eines geeigneten Maßstabs an die systematisch beschriebenen Beobachtungen

- *Phase 4: Beurteilungsgespräch*
  = Zweier-Gespräch zwischen dem Vorgesetzten und dem Mitarbeiter über die durchgeführte Beurteilung

- *Phase 5: Gesprächsauswertung*
  = Initiierung erforderlicher Maßnahmen (Verhaltensänderung, Schulung, Aufstieg usw.)

1. Beobachtung

Phasen der Beurteilung

2. Beschreibung

Strukturierter Beurteilungsbogen (Beispiel)						
Merk-male	Gewich-tung	entspricht selten den Erwartun-gen	entspricht im Allge-meinen den Erwar-tungen	entspricht voll den Erwartun-gen	liegt über den Erwartun-gen	liegt weit über den Erwartun-gen
		1	2	3	4	5
Arbeits-quantität						
Arbeits-qualität						
Fachkennt-nisse						
Arbeits-kenntnisse						
Zusammen-arbeit						
...						

3. Bewertung

4. Beurteilungs-gespräch

5. Auswertung

02. Welche Elemente enthält ein strukturiertes Beurteilungssystem?

Jedes Beurteilungssystem/-verfahren enthält *mindestens drei Elemente* – unabhängig davon, in welchem Betrieb oder für welchen Mitarbeiterkreis es eingesetzt wird:

- Beurteilungsmerkmale
- Gewichtung der Merkmale
- Ausprägung der Merkmale (Skalierung)

03. Wie ist ein Beurteilungsgespräch vorzubereiten?

Beurteilungsgespräche müssen, wenn sie erfolgreich verlaufen sollen, *sorgfältig vorbereitet werden.* Dazu empfiehlt sich für den Vorgesetzten, folgende Überlegungen anzustellen bzw. Maßnahmen zu treffen:

- Dem Mitarbeiter rechtzeitig den *Gesprächstermin* mitteilen und ihn bitten, sich ebenfalls vorzubereiten.

- Den *äußeren Rahmen* gewährleisten: Keine Störungen, ausreichend Zeit, keine Hektik, ge-eignete Räumlichkeit, unter „4-Augen" usw.

- *Sammeln und Strukturieren der Informationen:*
  - Wann war die letzte Leistungsbeurteilung?
  - Mit welchem Ergebnis?

- Was ist seitdem geschehen?
- Welche positiven Aspekte?
- Welche negativen Aspekte?
- Sind dazu Unterlagen erforderlich?

• *Was ist das Gesprächsziel?*
  Mit welchen Argumenten?
  Was wird der Mitarbeiter vorbringen?

04. Wie ist das Beurteilungsgespräch durchzuführen?

Für ein erfolgreich verlaufendes Beurteilungsgespräch gibt es kein Patentrezept. Trotzdem ist es sinnvoll, dieses Gespräch in Phasen einzuteilen, das heißt, das Gespräch zu strukturieren und dabei eine Reihe von Hinweisen zu beachten, die sich in der Praxis bewährt haben:

1. *Eröffnung:*
   - sich auf den Gesprächspartner einstellen, eine zwanglose Atmosphäre schaffen
   - die Gesprächsbereitschaft des Mitarbeiters gewinnen, evtl. Hemmungen beseitigen
   - ggf. Verständnis für die Beurteilungssituation wecken

2. *Konkrete Erörterung der positiven Gesichtspunkte*:
   - nicht nach der Reihenfolge der Kriterien im Beurteilungsraster vorgehen
   - ggf. positive Veränderungen gegenüber der letzten Beurteilung hervorheben
   - Bewertungen konkret belegen
   - nur wesentliche Punkte ansprechen (weder „Peanuts" noch „olle Kamellen")
   - den Sachverhalt beurteilen, nicht die Person

3. *Konkrete Erörterung der negativen Gesichtspunkte:*
   - analog wie Ziffer 2
   - negative Punkte zukunftsorientiert darstellen (Förderungscharakter)

4. *Bewertung der Fakten durch den Mitarbeiter:*
   - den Mitarbeiter zu Wort kommen lassen, interessierter und aufmerksamer Zuhörer sein
   - aktives Zuhören, durch offene Fragen ggf. zu weiteren Äußerungen anregen
   - asymmetrische Gesprächsführung, d. h. in der Regel dem Mitarbeiter den größeren Anteil an Zeit/Worten überlassen
   - evtl. noch einmal einzelne Beurteilungspunkte genauer begründen
   - zeigen, dass die Argumente ernst genommen werden
   - eigene „Fehler" und betriebliche Pannen offen besprechen
   - in der Regel keine Gehaltsfragen diskutieren (keine Vermengung); falls notwendig, „abtrennen" und zu einem späteren Zeitpunkt fortführen.

5. *Vorgesetzter und Mitarbeiter diskutieren* alternative Strategien und *Maßnahmen* zur Vermeidung zukünftiger Fehler:
   - Hilfestellung nach dem Prinzip „Hilfe zur Selbsthilfe" („ihn selbst darauf kommen lassen")
   - ggf. konkrete Hinweise und Unterstützung (betriebliche Fortbildung, Fachleute usw.)
   - kein unangemessenes Eindringen in den Privatbereich
   - sich Notizen machen; den Mitarbeiter anregen, sich ebenfalls Notizen zu machen

6. *Positiver Gesprächsabschluss mit Aktionsplan:*
   - wesentliche Gesichtspunkte zusammenfassen
   - Gemeinsamkeiten und Unterschiede klarstellen
   - ggf. zeigen, dass die Beurteilung überdacht wird
   - gemeinsam festlegen:
   - Was unternimmt der Mitarbeiter?
   - Was unternimmt der Vorgesetzte?
   - ggf. Folgegespräch vereinbaren: Wann? Welche Hauptaufgaben/Ziele?
   - Zuversicht über den Erfolg von Leistungskorrekturen vermitteln
   - Dank für das Gespräch

05. Wie werden standardisierte Beurteilungsformulare in der betrieblichen Praxis eingesetzt?

Trotz mancher Schwächen werden in vielen Mittel- und Großbetrieben standardisierte Beurteilungsbögen eingesetzt. Zum Teil ist die Verwendung im Rahmen der Leistungsbeurteilung tariflich vorgeschrieben bzw. in einer Betriebsvereinbarung festgelegt. Man will auf diese Weise den Beurteilungsvorgang erleichtern und systematisieren.

In der Praxis werden am häufigsten *merkmalsorientierte Beurteilungen nach dem Einstufungsverfahren* eingesetzt: Für jedes Merkmal werden Ausprägungsabstufungen festgelegt, die ausführlich beschrieben werden. Das Verhalten des Mitarbeiters ist je Merkmal einem bestimmten Skalenwert zuzuordnen.

In einigen tariflich vorgeschriebenen Leistungsbeurteilungen führt die Bewertung zu einer bestimmten Punktsumme, aus denen die Leistungszulage berechnet wird.

Das nachfolgende **Beispiel** zeigt einen standardisierten Beurteilungsbogen für gewerbliche Arbeitnehmer im Zeitlohn:

Beurteilungsbogen für gewerbliche Arbeitnehmer im Zeitlohn*						
Name:		*Abteilung:*			*Datum:*	
Beurteilungsmerk-male	*Beurteilungsstufen/Skalierung*					
	nicht ausreichend	im Allgemeinen ausreichend	entspricht der Normal-leistung	liegt über den Erwartungen	liegt weit über den Erwartungen	Punkt-summe
	0 - 2	3 - 4	5 - 6	7 - 8	9 - 10	
Arbeitsquantität		x				**4**
Arbeitsqualität			x			**5**
Arbeitseinsatz				x		**7**
Kostenbewusstsein			x			**6**
Zusammenarbeit				x		**8**
Punktsumme						**30**
Unterschrift des Beurteilenden (direkter Vorgesetzter):						
Unterschrift des Beurteilten: Damit wird die Kenntnisnahme der Beurteilung und die Durchführung des Beurteilungsgesprächs bestätigt.						
* Zutreffendes ist anzukreuzen.						

06. Was ist Anerkennung und welche Bedeutung hat sie als Führungsmittel?

Anerkennung ist die *Bestätigung positiver (erwünschter) Verhaltensweisen*. Da jeder Mensch nach Erfolg und Anerkennung durch seine Mitmenschen strebt, verschafft die Anerkennung dem Mitarbeiter ein Erfolgsgefühl und bewirkt eine Stabilisierung positiver Verhaltensmuster. Wichtig ist: Anerkennung und Kritik müssen sich die Waage halten; besser noch: häufiger richtiges Verhalten bestätigen, als (nur) falsches kritisieren.

Befragungen in Betrieben „Was dem Arbeitnehmer wichtig ist?" führen fast alle zu dem selben Ergebnis: Neben der Sicherheit des Arbeitsplatzes, der Freude an der Arbeit und einer kollegialen Zusammenarbeit *rangiert die Anerkennung durch den Vorgesetzten noch vor dem Faktor Lohn:*

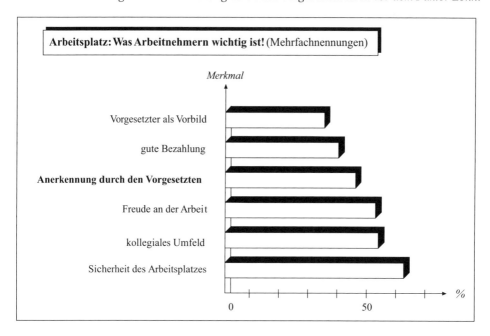

Zur Unterscheidung:

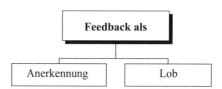

- *Anerkennung* bezieht sich auf die *Leistung*:

  „Dieses Werkstück ist passgenau angefertigt. Danke!"

- Nur in seltenen Fällen ist *Lob* angebracht. Lob ist die sprachlich stärkere Form und eine Bestätigung der (ganzen) *Person*:

  „Sie sind ein sehr guter Fachmann!"

- Merke:

  $\rightarrow$ *Mehrmaliger Erfolg führt zur Stabilisierung* des Verhaltens.

  $\rightarrow$ *Mehrmaliger Misserfolg führt zu einer Änderung* des Verhaltens.

07. Welche Grundsätze sind bei der Anerkennung einzuhalten?

- *Auch* (scheinbare) *Selbstverständlichkeiten* bedürfen der Anerkennung. Der Grundsatz „Wenn ich nichts sage, war das schon o. k." ist falsch.

- Die beste Anerkennung kommt *aus der Arbeit selbst*. Arbeit und Leistung müssen *wichtig* sein und *Sinn* geben.

- Anerkennung kommt im Regelfall vom unmittelbaren Vorgesetzten; Ausnahme: Der nächsthöhere Vorgesetzte will die Leistung besonders würdigen.

- Anerkennung muss *verdient* sein.

- Anerkennung soll
  - anlassbezogen/sofort,
  - sachlich,
  - konstruktiv,
  - ohne Übertreibung
  - zeitnah,
  - eindeutig,
  - konkret,
  - ohne Untertreibung

- Anerkennung muss sich an einem klaren *Maßstab* orientieren: Was ist erwünscht/unerwünscht?

- Das *Maß der Anerkennung* muss sich am Zielerfolg und dessen Bedeutung orientieren (wichtige/weniger wichtige Aufgabe).

- Anerkennung *unter vier Augen* ist i. d. R. besser, als Anerkennung vor der Gruppe.

- Anerkennung und Kritik sollten sich auf lange Sicht die *Waage* halten.

08. Welche Formen der Anerkennung sind denkbar?

- *Nonverbal, z. B.:* Kopfnicken, Zustimmung signalisieren, Daumen nach oben, „Hm, hm, ..." u. Ä.

- *Verbal, z. B.:*
  - in *einzelnen Worten:*
    „Ja!", „Prima"!, „Klasse!", „Freut mich!"

  - in *(ganzen) Sätzen:*
    „Klasse, dass wir den Termin noch halten können!"
    „Scheint gut geklappt zu haben?"

- Unter *vier Augen*; vor der *Gruppe* (Vorsicht!):
  - Anerkennung der *Einzel*leistung/der *Gruppen*leistung
  - Anerkennung *verbunden mit einer materiellen/immateriellen Zuwendung:*
    Prämie, Geschenk, Sonderzahlung, Beförderung, Erweiterung des Aufgabengebietes u. Ä.

09. Welche Phasen des Anerkennungsgesprächs ist zu beachten?

Die Fragestellung ist etwas „theorielastig": In vielen Fällen der Praxis erfolgt die Anerkennung durch nonverbale oder kurze verbale Hinweise (vgl. oben). Außerdem ist die Anerkennung meist kein Gespräch, sondern überwiegend eine Einwegkommunikation: Der Vorgesetzte anerkennt die positive Leistung, der Mitarbeiter hört zu.

Anmerkung: Der Rahmenstoffplan gibt den Hinweis auf „Phasen des Anerkennungsgesprächs"; wir halten dies für irreführend; der Begriff suggeriert einen längeren Gesprächsverlauf.

Trotzdem lässt sich für das richtige *Verhaltensmuster des Vorgesetzten bei der „1-Minuten-Anerkennung"* eine Empfehlung geben:

1. Kommen Sie *sofort* und *ohne Umwege* zum Thema!
   „Guten Tag, Herr Merger, ich sehe, dass Sie die Vorrichtung schon fast fertig haben."

2. Sagen Sie *konkret*, was der Mitarbeiter gut gemacht hat! Gehen Sie ins *Detail*.

3. *Zeigen* Sie dem Mitarbeiter, dass Sie sich über seine Leistung *freuen* – angemessen, ohne Übertreibung!
   „Ich freue mich, dass Sie das trotz Termindruck noch erledigen konnten und (der Vorgesetzte betrachtet die Vorrichtungskonstruktion). Sie haben ja sogar an die Neujustierung gedacht."

4. *Vermitteln* Sie dem anderen das *Gefühl*: „Weiter so!"
   „Prima, dann kommen wir ja mit dem Projekt voran."

5. Geben Sie dem Mitarbeiter die Hand oder *tun Sie etwas* Ähnliches!
   Er soll wissen, dass Sie an seiner Leistung interessiert sind und ihn unterstützen.
   „Also – vielen Dank (Vorgesetzter berührt mit seiner Hand leicht die Schulter des Mitarbeiters und geht)."

10. Was ist Kritik und welches Ziel wird damit verfolgt?

Kritik ist der Hinweis/das Besprechen *eines bestimmten fehlerhaften/unerwünschten Verhaltens.* Hauptziel der Kritik ist die *Überwindung des fehlerhaften Verhaltens des Mitarbeiters für die Zukunft.*

Um dieses Hauptziel zu erreichen, werden zwei *Unterziele* verfolgt:

1. *Die Ursachen*
   des fehlerhaften Verhaltens werden im gemeinsamen 4-Augen-Gespräch sachlich und nüchtern besprochen. Dabei ist mit – oft heftigen – emotionalen Reaktionen auf beiden Seiten zu rechnen. Der Mitarbeiter wird zur Akzeptanz der Kritik nur dann bereit sein, wenn seine Gefühle vom Vorgesetzten ausreichend berücksichtigt werden und das Gespräch in einem allgemein ruhigen Rahmen verläuft.

2. *Bewusstwerden* und *Einsicht*
   in das fehlerhafte Verhalten aufseiten des Mitarbeiters zu erreichen, ist das nächste Unterziel. Die besonders schwierige Führungsaufgabe im Kritikgespräch besteht in der Bewältigung der Affekte und der Erzielung von Einsicht in die notwendige Verhaltensänderung.

11. Welche Grundsätze müssen bei der Kritik eingehalten werden?

1. *Der Maßstab* für das kritisierte Verhalten *muss o. k. sein*, d. h.

   - er muss *existieren:*   z. B.: Gleitzeitregelung aufgrund einer Betriebsvereinbarung
   - er muss *bekannt* sein: z. B.: dem Mitarbeiter wurde die Gleitzeitregelung ausgehändigt
   - er muss *akzeptiert* sein: z. B.: der Mitarbeiter erkennt die Notwendigkeit dieser Regelungen

   - die *Abweichung* ist eindeutig: z. B.: der Mitarbeiter verstößt nachweisbar gegen die Gleitzeitregelung (Zeugen, Zeiterfassungsgerät)

2. Kritik muss *mit Augenmaß* erfolgen (sachlich, angemessen, konstruktiv, zukunftsorientiert).

3. Das Kritikgespräch muss *vorbereitet* und *strukturiert geführt* werden.

4. Nicht belehren, sondern *Einsicht erzeugen* (fragen statt behaupten!).

5. Kritik
   - an der Sache/nicht an der Person
   - sprachlich einwandfrei (keine Beschimpfung)
   - nicht vor anderen
   - nicht über Dritte
   - nicht bei Abwesenheit des Kritisierten
   - nicht per Telefon

6. Die *Wirkung* des negativen Verhaltens *aufzeigen*.

7. Bei der Sache bleiben, nicht abschweifen!
   Keine ausufernde Kritik!
   Keine „Nebenkriegsschauplätze".

12. Wie sollte das Kritikgespräch geführt werden?

1. Phase: Der Vorgesetzte: *Kontakt/Begrüßung, Sachverhalt*

           Sachlich-nüchterne, präzise Beschreibung des Gesprächs- und Kritikanlasses durch den Vorgesetzten. Dabei soll er auf eine klare, prägnante und ruhige Sprache achten.

2. Phase: Der Mitarbeiter: *Seine Sicht der Dinge.*

           Der Mitarbeiter kommt zu Wort. Auch wenn die Sachlage scheinbar klar ist, der Mitarbeiter muss zu Wort kommen. Nur so lassen sich Vorverurteilungen und damit Beziehungsstörungen vermeiden. Diese Phase darf nicht vorschnell zu Ende kommen. Erst wenn die Argumente und Gefühle vom Mitarbeiter bekannt gemacht wurden, ist fortzufahren.

3. Phase: *Vorgesetzter/Mitarbeiter:*   *Ursachen erforschen*

           Gemeinsam die Ursachen des Fehlverhaltens feststellen - liegen sie in der Person des Mitarbeiters oder der des Vorgesetzten, oder in der betrieblichen Situation usw.

4. Phase: *Vorgesetzter/Mitarbeiter:* *Lösungen/Vereinbarungen für die Zukunft*

Wege zur zukünftigen Vermeidung des Fehlverhaltens vereinbaren. Erst jetzt erreicht das Gespräch seine produktive, zukunftsgerichtete Stufe. Auch hier gilt es, die Vorschläge des Mitarbeiters miteinzubeziehen.

Beispiel 1 (Kritikgespräch, negativer Verlauf):
Frau Luise Müller arbeitet in einem Unternehmen, dass gleitende Arbeitszeit hat. Die Kernarbeitszeit ist von 09:00 bis 16:00 Uhr. Die Mittagspause von 30 Minuten kann in der Zeit von 12:00 bis 14:00 Uhr genommen werden. Weiterhin heißt es in der Betriebsvereinbarung: „Der Mitarbeiter kann Gleitzeitguthaben ausgleichen, indem er seine Arbeit bereits um 15:00 Uhr und am Freitag bereits um 12:00 Uhr beendet. Das „Gleitzeitnehmen" ist mit dem zuständigen Fachvorgesetzten abzustimmen".

Frau Müller hatte bei Aufnahme ihrer Arbeit in diesem Unternehmen eine kurze, mündliche Erklärung über die Gleitzeit erhalten. Die sonst übliche „Gleitzeitfibel" wurde ihr nicht ausgehändigt.

Frau Müller nutzt die Vorteile der Gleitzeit – insbesondere am Freitag – um dann schon Einkäufe für die Familie zu erledigen. Sie sagt dabei ihren Kolleginnen in der Versandabteilung Bescheid:
„Also bis Montag, ich gehe jetzt ... und ein schönes Wochenende."

Meister Bernd Kummer, Leiter im Versandbereich ärgert sich bereits seit einiger Zeit über das – wie er meint eigenmächtige „Freinehmen" von Frau Müller und stellt sie gleich am Montag morgen zur Rede:

Meister: „Also, so geht das nicht. Sie können nicht ohne weiteres abhauen, schon gar nicht am Freitag. Wenn das jeder machen würde."

Müller: „Wieso ..., ich denke wir haben Gleitzeit. Ich hatte doch 3,5 Stunden gut."

Meister: „Ja, ja, ... aber das ist ja gar nicht das Thema. Es geht darum, dass Sie mich zu fragen haben, bevor Sie gehen. Das wissen Sie genau: Im Übrigen ... ich empfehle Ihnen mal in der Gleitzeitfibel nachzulesen – da steht das nämlich drin."

Müller: „Verstehe ich nicht. ... wieso ... was heißt hier Gleitzeitfibel? Ich habe doch den Kolleginnen Bescheid gesagt, dass ich gehe und die waren einverstanden, das reicht doch wohl?"

Gesprächsanalyse:
- Der Maßstab hat existiert (Betriebsvereinbarung, Nehmen von Gleitzeitguthaben);
- er war jedoch nicht ausreichend bekannt (Gleitzeitfibel nicht ausgehändigt).

Damit fehlte ein Element (vgl. oben). Der Meister und Frau Müller haben kaum eine Chance, den Weg zur Verhaltensänderung erfolgreich zu gehen. Fazit: Man kann Meister Kummer nur empfehlen, auf Rechthaberei zu verzichten, Frau Müller präzise über die Gleitzeit zu informieren, ihr die Gleitzeitfibel auszuhändigen und damit den Maßstab bekannt zu machen.

Beispiel 2 (Kritikgespräch, negativer Verlauf):
Frau Luise Müller kennt inzwischen den exakten Wortlaut der Gleitzeitordnung. Es sind ein paar Wochen vergangen, Frau Müller hat sich gut eingearbeitet, der Meister ist mit ihr zufrieden. Am Freitag morgen ruft Klaus Müller, ihr Mann, in der Firma an:

Klaus: „Du, ich kann mir heute nachmittag frei nehmen. Wir wollten uns doch immer schon das neue Küchencenter in R. anschauen ... Geht das bei Dir? Ich hole dich um zwei ab."

Luise: „Hm, ... ja, ... eigentlich ... ich weiß nicht .... ach nein, ich bitte meine Kollegin noch hierzubleiben. Die schaffen den Auftrag von Müller & Co. auch allein. Also, ... Du, ich freue mich ... dann bis um zwei."

Frau Müller spricht mit ihrer Kollegin und sucht nach Meister Kummer, um sich sein Einverständnis geben zu lassen. Der ist zur Zeit beim Betriebsleiter und bis auf Weiteres nicht erreichbar. Frau Müller, noch etwas unschlüssig, sagt sich schließlich „na ja, es wird schon so gehen – schließlich weiß ja Kollegin S. Bescheid." Am nächsten Morgen kommt ihr Meister Kummer entgegen. Frau Müller ist etwas unbehaglich zumute. Der Meister nimmt sie beiseite:

Meister: „Also, das enttäuscht mich. Ich hatte gedacht, das wäre aus der Welt geschafft ... und nun dies. Ist das eigentlich so schwer zu verstehen?"

Frau Müller: „Ja, ... ich weiß schon. Es tut mir ja auch Leid. Ich wollte Ihnen ja Bescheid sagen .... Aber, ... Sie sind ja auch nie da, wenn man Sie braucht."

Meister: „Was heißt hier nie da. Ich war beim Betriebsleiter. Ich habe ja schließlich auch noch was anderes zu tun, ... als immer nur für die Damen des Versands da zu sein."

Frau Müller: (über die Bezeichnung „Damen" verärgert): „Ach ... so sehen Sie das! Was mich aber wundert, ... für Frau Kern, ... da haben Sie immer Zeit. Ich muss schon sagen ..."

Meister: (nun seinerseits verärgert): „Also, ... ich verbitte mir solche Unterstellungen. Frau Kern geht Sie nun gar nichts an ... und überhaupt ...!"

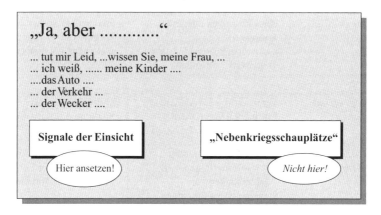

Gesprächsanalyse:
Der Maßstab war o. k.: existierte, war bekannt und akzeptiert; die Soll-Ist-Abweichung war eindeutig. Frau Müller zeigte Signale der Einsicht: „Ja, ... ich weiß schon. Es tut mir ja auch Leid. Ich wollte ..."

Problem: Meister Kummer begibt sich auf „Nebenkriegsschauplätze", indem er das (Schein-)Argument „Sind nie da" aufgreift und erörtert.

Beispiel 3 (Kritikgespräch, positiver Verlauf):
Das Gespräch oben hätte auch anders verlaufen können, wenn Meister Kummer die zweite Hürde des Kritikgesprächs (keine „Nebenkriegsschauplätze") geschickter angegangen wäre; zum Beispiel so:

Meister: „Schon o. k., ... die Besprechung hat diesmal wirklich lange gedauert. ... Frau Müller, Sie sagen selbst, es tut Ihnen leid. Schauen Sie, ich will Ihnen nicht einen freien Nachmittag vermiesen ... Es ist nur so, ... wenn ich nicht weiß, wer insgesamt Gleitzeit nimmt, kann ich die Mitarbeiter nicht entsprechend einteilen. Und die Folgen sind dann ..."

Frau Müller: „Ja, ... ist schon klar, Herr Kummer ... Ich verstehe das ja und ich will Sie ja auch nicht ärgern. Also ... in Zukunft ... Sie können sich darauf verlassen ... sage ich Ihnen Bescheid."

Meister: „O. k., prima, ... und ... mir fällt noch ein ... Ich werde mit dem Kollegen Happel reden, er kennt die Abläufe und kann die Koordination übernehmen, wenn ich wirklich mal unauffindbar bin. Erinnern Sie mich doch daran, dass wir das in unserer nächsten Monatsbesprechung an alle weitergeben. Also, ... bis dann ... und einen guten Tag."

13. Welche Arten des Feedbacks sind in welchen Situationen angemessen?

Arten des Feedbacks	Wann? Anlass?	Wirkung?
Anerkennung, verbal - 4-Augen-Gespräch -	- gute Einzelleistung	- Motivation - Stolz
Anerkennung, verbal - vor der Gruppe -	- eher in Ausnahmefällen - gute Leistung des einzelnen ist allen bekannt und nachvollziehbar	- Mitarbeiter fühlt sich geehrt - Vorsicht: andere Mitarbeiter beachten (deren Wertung usw.)
Anerkennung, verbal - in Verbindung mit materiellen Zuwendungen -	- Herausragende Leistung - eines Einzelnen oder einer Gruppe - nachvollziehbarer Maßstab/ Regelwerk vorhanden	- Leistungsmotivation - Freude über Sachzuwendung - Vorsicht: die Wirkung von Geld nicht überbewerten
Anerkennung, verbal - der Arbeitsgruppe -	- Verbesserung der Abläufe - Einsparung von Kosten	- Motivation der gesamten Gruppe - Stärkung des Wir-Gefühls
(Einzel-) Kritik - 4-Augen-Gespräch -	- Korrektur ist notwendig - muss sofort erfolgen, z. B. Nichteinhalten von Sicherheitsbestimmungen	- Chance zur Veränderung - Verbesserung der Leistung - Mitarbeiter erfährt Hilfe
(Einzel-) Kritik - vor der Gruppe -	- im „Vorbeigehen" - Korrektur ist gering und muss sofort erfolgen	- maßvoll, sachlich - Vorsicht: „Gesichtsverlust des Mitarbeiters" vermeiden
Kritikgespräch - 4-Augen-Gespräch -	- grundsätzliche Korrektur des Leistungsverhaltens	- Verbesserung der Leistung, bei positivem Verlauf - Gefahr des Konflikts

14. Wie kann man eigene Führungsdefizite erkennen?

Jede Führungskraft, die ernsthaft gewillt ist, Führung als Lernprozess zu begreifen, sollte die Bereitschaft und Fähigkeit entwickeln, den eigenen Führungsstil zu erkennen und zu verbessern. Verbesserung bedeutet hier, dass das eigene Führungsverhalten *effektiver* wird in Bezug auf den *Führungserfolg* sowie den *Individualerfolg* (→ 7.6.1/01. - 03.).

Die Schlüsselfragen lauten:

- Wie bin ich?   →   Persönlichkeit
- Wie verhalte ich mich? →   Äußerlich sichtbares Verhalten
- Wie wirke ich?   →   Reaktion der anderen auf das eigene Verhalten

Führungsdefizite können sich aus folgenden Variablen ergeben:

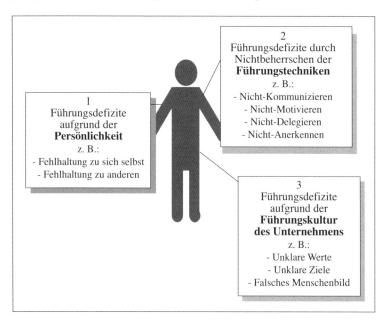

15. Welche Maßnahmen sind geeignet, um Führungsdefizite zu verringern?

Bei der Verbesserung und dem Training des eigenen Führungsverhaltens geht es nicht darum, die eigene Persönlichkeit „zu verbiegen", sondern um die Beantwortung der Fragen:

- Welche *Chancen* bietet die eigene Person?
  Welche Verhaltensmuster sind positiv und müssen daher stabilisiert werden?

- Welche *Risiken* sind mit der eigenen Persönlichkeit verbunden?
  Welche Verhaltensweisen wirken sich im Führungsprozess negativ aus?

Die Antworten darauf können gewonnen werden durch

• *Fremdbeobachtung* – Fremdanalyse, z. B. Feedback von Vorgesetzten, Kollegen, Mitarbeitern, Mentoren, Trainern

• *Eigenbeobachtung* – Eigenanalyse, z. B. Reflexion über Erfolg oder Misserfolg in der Bewältigung bestimmter Führungsaufgaben, durch Selbstaufschreibung geeigneter Beobachtungen.

Führungskräfte sollten also

- den eigenen Führungsstil erkennen,
- sich bewusst machen, an welchen Prinzipien und Normen sie sich in ihrem Führungsverhalten orientieren,
- reflektieren, welche positiven und negativen Wirkungen ihr Führungsstil entfaltet,
- bereit sein, den eigenen Führungsstil kritisch aus der Sicht „Eigenbild" und „Fremdbild" zu betrachten sowie Stärken herauszubilden und Risiken zu mildern.

Übung:
Im Anhang zu diesem Kapitel finden Sie einen Fragebogen zur Analyse Ihres Führungsverhaltens. Bitte bearbeiten!

Neben diesen Maßnahmen, die sich auf die eigene Person beziehen und in Eigeninitiative umgesetzt werden können, lassen sich *Aktivitäten innerhalb der Unternehmensorganisation* entwickeln, die die Wirkung des eigenen Führungsstils positiv unterstützen:

- Diskussion der Vorgesetzten und der Mitarbeiter über Fragen der Zusammenarbeit zulassen!
- Training der Führungskräfte „off-the-job" sowie Umsetzung und Kontrolle „on-the-job"!
- Befragung der Mitarbeiter zum Führungsverhalten der Vorgesetzten durchführen!
- Diskussion und Verabschiedung von Führungsleitlinien (in größeren Unternehmen)!

16. Welche Möglichkeiten (Strategien) zur Überwindung von Widerständen der Mitarbeiter gegenüber Veränderungen sind geeignet?

Unternehmen sind auf Dauer nur dann erfolgreich, wenn sie sich den Erfordernissen der Umwelt in richtiger Weise anpassen. Dieser Wandel kann geplant oder ungeplant verlaufen; er kann aktiv durch entsprechende Konzepte des Managements oder gezwungenermaßen durch Krisen ausgelöst werden.

Veränderungen im Unternehmen lösen beim Mitarbeiter unterschiedliche Reaktionen hervor – je nach Erfahrung, Ausbildungsstand und Persönlichkeit, z. B.:

- *Unsicherheit:*
  Gewohnheit schafft Sicherheit und gibt eine klare Orientierung für das eigene Verhalten.

- *Ängste:*
  Die Auswirkungen von Veränderungen können nicht eingeschätzt werden. Ungewissheit über die Folgen und Bedenken, den Veränderungen nicht gewachsen zu sein, führen zu Ängsten.

- *Neugier, positive Spannung:*
Was kommt an Neuem? Was kann ich hinzulernen?

Dem Management stehen grundsätzlich zwei Extremansätze zur Überwindung von Widerständen in der Organisation zur Verfügung (in Anlehnung an: Staehle, Management, a.a.O., S. 860 ff.):

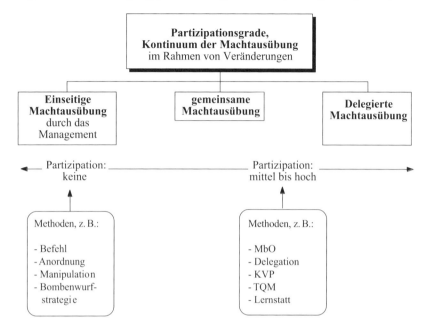

1. ***Extrem:***
   → *Strategien der einseitigen Machtausübung; Top-down-Prinzip; ohne Beteiligung (Partizipation) der Mitarbeiter.* Denkbar sind folgende Methoden:

   1.1 Befehl:
   Knappe und im Tonfall verbindliche Anweisung an den Mitarbeiter, die keinen Widerspruch duldet; Sonderfall der Arbeitsanweisung (vgl. arbeitsrechtlich: Direktionsrecht).
   „Sie erledigen das bis 14:00 Uhr!"

   1.2 Anordnung:
   Synonym für „Befehl"; wird im Gegensatz zum Befehl auch schriftlich erteilt.

   1.3 Manipulation:
   Bewusste Beeinflussung der Mitarbeiter mit unehrlichen/egoistischen Zielen.

   „Ich kann Ihnen versprechen, ... wenn Sie diese Aufgabe lösen, wird sich das auf jeden Fall für Sie lohnen!" Die „Belohnung" ist nichtssagend formuliert; der Vorgesetzte weiß, dass eine „Belohnung" betrieblich nicht möglich ist; sein Ziel ist lediglich die Erledigung der Arbeit; er motiviert mit unlauteren Mitteln.

1.4   Bombenwurfstrategie:
Das Management entwickelt ein geheimes Veränderungskonzept und wirft es ohne
Vorbereitung wie eine Bombe in das gesamte Unternehmen. Zweck dieser Strategie
ist es, massiven Widerstand durch unveränderbare Ganzheitlichkeit und aufgrund des
Überraschungseffekts zu vermeiden.

Vorstand auf der Betriebsversammlung: „Ich darf Ihnen mitteilen, dass unser Wettbewerber, die norwe-
gische ZZ-Gruppe, uns übernehmen wird. Alle Verträge sind bereits unter Dach und Fach. Ich kann Ihnen
versprechen, dass soziale Härtefälle im Rahmen der Übernahme selbstverständlich abgefedert werden.
Es wurde an alles gedacht. Einzelheiten erfahren Sie aus dem Rundschreiben der Personalabteilung."

2. Extrem:
→ *Strategie der delegierten Macht; Bottom-up-Prinzip; Wandel durch Beteiligung der Be-*
troffenen.

Zwischen den beiden Extremen lassen sich abgestufte Ausprägungen der Machtverteilung zwischen Management und Mitarbeiter ansiedeln, z. B. die *Strategie der gemeinsamen Machtaus-*
übung.

Für die Strategie der delegierten Machtausübung und die der gemeinsamen Machtausübung
bieten sich u. a. folgende Verfahren/Methoden an:

- Führen durch Zielvereinbarung (MbO)
- Delegation
- Information und Feedback (Holen und Geben)
- Mitarbeiterzeitschrift
- Lernstatt, Qualitätszirkel, KVP, TQM
- Projektmanagement
- Arbeitstrukturierung, z. B. Teilautonomie in der Gruppenarbeit

Aus der Sozialpsychologie weiß man, dass Veränderungen im Unternehmen dann von den Mitarbeitern tendenziell eher mitgetragen werden, wenn

- der Nutzen des Wandels rational nachvollziehbar ist und

- die Mitarbeiter in die Veränderungs- und Lernprozesse (möglichst frühzeitig) einbezogen
  werden: „Mache die Betroffenen zu Beteiligten!"

> *In der Mehrzahl der geplanten Veränderungen im Unternehmen wird*
> *also die Strategie der Beteiligung (Partizipation) erfolgreicher sein als*
> *die einseitige Machtausübung durch das Management.*

In Ausnahmesituationen, z. B. unvorhersehbaren Krisen, kann der Einsatz einseitiger Top-down-
Strategien notwendig werden. Das Aufgeben von Widerständen wird erzwungen.

Anhang zu Kapitel 7.6 Führungsmethoden und -mittel

Beispiel zur Analyse des eigenen Führungsverhaltens:

Dieser Fragebogen erhebt nicht den Anspruch, Ihr Führungsverhalten umfassend zu charakterisieren. Er verfolgt den Zweck, sich anhand typischer Situationen eines Vorgesetzten das eigene Führungsverhalten bewusst zu machen und darüber zu reflektieren (Quelle: in Anlehnung an: Robert R. Blake/Jane S. Mouton, Verhaltenspsychologie im Betrieb, Econ Verlag, Düsseldorf · Wien).

Die folgenden Aussagen beschreiben einige Aspekte Ihres Verhaltens als Leiter einer betrieblichen Arbeitsgruppe. Bewerten Sie die folgenden Aussagen so, wie Sie sich als Vorgesetzter dieser Arbeitsgruppe verhalten/verhalten würden. Denken Sie kurz nach und treffen Sie dann eine Entscheidung, indem Sie auf der Skala einen Wert ankreuzen.

		trifft nicht zu trifft zu
1.	Sie versichern sich der Zustimmung Ihrer Mitarbeiter, bevor Sie wichtige Angelegenheiten in die Wege leiten.	1 2 3 4 5 6 7 8 9
2.	Sie tadeln mangelhafte Arbeit.	1 2 3 4 5 6 7 8 9
3.	Sie verlangen von Ihren Mitarbeitern, sich den gesetzten Zielen unterzuordnen.	1 2 3 4 5 6 7 8 9
4.	Bei Problemlösungen legen Sie besonders Wert darauf, im Voraus die Schritte festzulegen.	1 2 3 4 5 6 7 8 9
5.	Sie sagen Ihren Mitarbeitern offen, wenn Sie sich über sie ärgern.	1 2 3 4 5 6 7 8 9
6.	Sie legen besonderen Wert auf das Einhalten von Terminen.	1 2 3 4 5 6 7 8 9
7.	Sie verlangen von Ihren Mitarbeitern mit geringerer Leistung, mehr aus sich herauszuholen.	1 2 3 4 5 6 7 8 9
8.	Sie respektieren Kommentare und Beiträge Ihrer Mitarbeiter.	1 2 3 4 5 6 7 8 9
9.	Ihre Beiträge sind auf die in Ihrer Arbeitsgruppe behandelten Themen und Ziele bezogen.	1 2 3 4 5 6 7 8 9
10.	Sie befürworten die Anwendung einheitlicher Arbeitstechniken in Ihrer Arbeitsgruppe.	1 2 3 4 5 6 7 8 9
11.	Sie sind spontan und sagen, was Sie denken.	1 2 3 4 5 6 7 8 9
12.	Sie versuchen, die Gefühle anderer zu verstehen und bemühen sich, Informationen von Ihnen zu erhalten.	1 2 3 4 5 6 7 8 9
13.	Sie regen Überstunden an, damit das Arbeitsziel erreicht wird.	1 2 3 4 5 6 7 8 9

	trifft nicht zu trifft zu

14. Sie bekennen sich voll und ganz zu einem Auftrag.   1 2 3 4 5 6 7 8 9

15. Sie legen großen Wert auf klare und logische Ent-
    scheidungen, die dann auch durchgesetzt werden.   1 2 3 4 5 6 7 8 9

16. Bei auftretenden Problemen fragen Sie Ihre Mitarbei-
    ter nach Lösungen.   1 2 3 4 5 6 7 8 9

17. Sie sprechen Anerkennung aus, wenn Ihre Mitarbei-
    ter gute Arbeit leisten.   1 2 3 4 5 6 7 8 9

18. Sie pflegen bewusst ein Vertrauensverhältnis zu
    Ihren Mitarbeitern.   1 2 3 4 5 6 7 8 9

Auswertung:
Der Fragebogen basiert auf dem Grid-Modell, d. h. er erfasst, ob Ihr Führungsverhalten tendenziell mehr
mitarbeiterorientiert (**M**) oder mehr *sachorientiert* (**S**) ist (→ 7.6.1/06.). Übertragen Sie die Antwort aus
Frage 3, 4, 6 usw. in die Spalte S (= Sache) sowie die Antwort aus Frage 1, 2, 5 usw. in die Spalte M
(= Mitarbeiter). Bilden Sie je Spalte S und M die Summe und dividieren Sie jeweils durch 9 (runden!).

Faktor S (= Sache)		Faktor M (= Mitarbeiter)	
Frage	*Ausprägung*	*Frage*	*Ausprägung*
3.		1.	
4.		2.	
6.		5.	
7.		8.	
9.		11.	
10.		12.	
13.		16.	
14.		17.	
15.		18.	
Summe:		*Summe:*	
$\sum : 9 =$		$\sum : 9 =$	

Sie erhalten auf diese Weise zwei Zahlenwerte [S; M]. Tragen Sie den S-Wert auf der Abzisse und den M-
Wert auf der Ordinate ab (vgl. Abb. unten). Der Koordinatenwert [S; M] zeigt im Grid-Modell, wie stark
Ihr Führungsstil mehr sach- oder eher mitarbeiterorientiert ausgeprägt ist bzw., ob beide Ausprägungen
sich die Waage halten. Aus Gründen der Anschaulichkeit wird nachfolgend eine ausgefüllte Wertetabelle
berechnet und der Koordinatenwert in das Grid-Schema übertragen:

Beispiel:

Faktor S (= Sache)		Faktor M (= Mitarbeiter)	
Frage	*Ausprägung*	*Frage*	*Ausprägung*
3.	8	1.	7
4.	6	2.	8
6.	9	5.	8
7.	6	8.	8
9.	9	11.	4
10.	5	12.	8
13.	3	16.	7
14.	7	17.	9
15.	8	18.	9
Summe:	61	*Summe:*	68
$\sum : 9 =$	**7**	$\sum : 9 =$	**8**

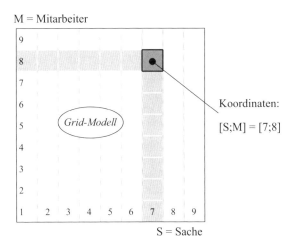

M = Mitarbeiter

Grid-Modell

Koordinaten:

[S;M] = [7;8]

S = Sache

Auswertung/Analyse:

Der Wert [7;8] zeigt im Sinne des Grid-Modells nach Blake/Mouton einen Führungsstil, der anzustreben ist, da er auf hohem Niveau gleichermaßen die Sachorientierung und die Mitarbeiterorientierung berücksichtigt.

7.7 Beteiligen der Mitarbeiter am kontinuierlichen Verbesserungsprozess (KVP)

7.7.1 Kontinuierlicher Verbesserungsprozess

01. Welcher Ansatz verbirgt sich hinter dem Begriff „KVP"?

Der *kontinuierliche Verbesserungsprozess* (KVP), der insbesondere im Automobilbau im Einsatz ist, erfordert einen neuen Typ von Mitarbeitern und Vorgesetzten:

Abgeleitet aus der japanischen Firmenkultur der *starken Einbindung der Mitarbeiter,* das heißt, ihrer Ideen und Kenntnisse vor Ort, die dem Wissen jeder Führungskraft regelmäßig überlegen sind, hat der *Kaizen-Gedanke* auch in europäischen Industriebetrieben Einzug gehalten (KAIZEN = „Vom Guten zum Besseren"; japanisch: Kai = der Wandel, zen = das Gute).

Die Idealvorstellung ist der qualifizierte, aktive, eigenverantwortliche und kreative Mitarbeiter, der für seinen Einsatz eine differenzierte und individuelle Anerkennung und Entlohnung findet. *Fehler sind nichts Schlechtes, sondern notwendig um das Unternehmen weiter zu entwickeln.*

KVP bedeutet, die eigene Arbeit ständig neu zu überdenken und Verbesserungen entweder sofort selbst, mit dem Team oder unter Einbindung der Vorgesetzten umzusetzen. Gerade kleine Verbesserungen, die wenig Geld und zeitlichen Aufwand kosten, stehen im Vordergrund. In der Summe werden aus allen kleinen Verbesserungen dann doch deutliche Wettbewerbsvorteile.

KVP wird entweder in *homogenen Teams* (aus demselben Arbeitsgebiet/derselben Abteilung) *oder in heterogenen* (unterschiedliche betriebliche Funktionen und/oder Hierarchien) gestaltet.

In den Zeiten der Fahrzeugbau-Krise, Anfang der 90er-Jahre, gelangte der *KVP-Workshop* zum Einsatz, bei dem ein Moderator (Facharbeiter, Angestellter oder eine Führungsnachwuchskraft) im direkten (Produktion) oder indirekten Bereich (z. B. Vertrieb, Personalwesen, Logistik usw.) Linienabschnitte oder Prozesse auf Verbesserungspotenziale hin untersuchte. *Noch während des Workshops setzen die Mitglieder eigene Ideen um.* Dienstleister (Planer, Logistiker, Instandhalter, Qualitätssicherer usw.) und Führungskräfte müssen sich im Hintergrund zur Verfügung halten, um bei Bedarf in die Workshop-Diskussion hereingerufen zu werden. Dort *schreiben sie sich erkannte Problemfelder auf und verpflichten sich zusammen mit einem Workshop-Teilnehmer als Paten zur Umsetzung.* Klare Verantwortlichkeiten werden namentlich auf Maßnahmenblättern festgehalten. Der Workshop-Moderator fasst am Ende die – in Geld bewerteten – Ergebnisse zusammen. Workshop-Teilnehmer präsentieren am Ende der Woche vor dem Gesamtbereich und dritten Gästen das Workshop-Resultat.

Das besondere Kennzeichen der KVP-Workshops ist die zeitweilige Umkehr der Hierarchie für die Woche: *Die Gruppe trifft Entscheidungen, die Führung setzt um.* Die Verbesserungsvorschläge dürfen sich beim KVP auf die Produktbestandteile, Prozesse und – indirekt – auf Organisationsstrukturen beziehen. Kultur- und Strategie-Änderungen dürfen nicht angeregt werden.

Kostenreduktion, Erhöhung der Produktqualität und Minimierung der Durchlaufzeiten sowie die Verbesserung der Mitarbeitermotivation sind die wichtigsten Faktoren von KVP. Vor allem letzteres soll durch eine stärkere Integration der Basis in Entscheidungsprozesse erreicht werden – eine weitgehend *optimierte Form des betrieblichen Vorschlagswesens sozusagen.*

Als Initiator dieses Denkens in den westlichen Chefetagen gilt der Japaner Masaahii Imai, der in seinem Buch „Kaizen" beschrieb, was die „Japan AG" so stark machte – nämlich die *uneingeschränkte Kundenorientierung* und die *Mitarbeiter im Mittelpunkt der Innovation.*

KVP im Überblick – charakteristische Merkmale:

- Alle *Mitarbeiter stehen im Zentrum* der Optimierungsprozesse.
  Sie sind die *Experten* für laufende Veränderungsprozesse und erhalten in ihrer neuen Rolle einen *höheren Freiheitsgrad.* Probleme werden als Chance begriffen und prozessorientiert bearbeitet.

- Im Vordergrund stehen *kleine und permanente Verbesserungen*, die in der Summe Wettbewerbsvorteile erbringen. Standards werden also in kleinen Schritten verbessert; die Zahl der Standards wird laufend erhöht. Kleine Nutzenfortschritte haben Vorrang vor großen, spektakulären Lösungen.

- Der Vorrang der vertikalen Informationswege wird aufgehoben; seitwärts gerichtete (*laterale*) *Kommunikation* ist erwünscht.

- *Das Management muss umdenken:* Es übernimmt die Rolle des Wegbereiters und schafft die Rahmenbedingungen für erarbeitete Verbesserungen.

---

02. Wie ist der Ablauf in einem KVP-Workshop?

Workshop bedeutet „Arbeitstagung". Ein Moderator (Facharbeiter, Angestellter oder Führungsnachwuchskraft) untersucht mit der Gruppe Prozesse im direkten oder indirekten Bereich (Produktion bzw. Vertrieb, Personalwesen, Logistik usw.) auf Verbesserungspotenziale.

Noch während des Workshops setzen die Mitglieder eigene Ideen um. *Dienstleister* (Planer, Logistiker, Instandhalter, Qualitätssicherer usw.) und *Führungskräfte* müssen sich im Hintergrund zur Verfügung halten, um bei Bedarf in die Workshop-Diskussion hereingerufen zu werden. Dort schreiben sie sich erkannte Problemfelder auf und verpflichten sich zusammen mit einem Workshop-Teilnehmer als Paten zur Umsetzung. Klare Verantwortlichkeiten werden namentlich auf Maßnahmenblättern festgehalten: „Wer macht was, bis wann – mit wem gemeinsam?" Der Workshop Moderator fasst am Schluss die – in Geld bewerteten – Ergebnisse zusammen. Workshop-Teilnehmer präsentieren am Ende der Woche vor dem Gesamtbereich und Gästen das Workshop-Resultat.

Die Arbeitsweise des Teams orientiert sich am *Deming-Zyklus* (vgl. auch S. 1135):

$$\text{Plan} \rightarrow \text{Do} \rightarrow \text{Check} \rightarrow \text{Akt}$$

03. In welchen Einzelschritten wird der PDCA-Zyklus nach Deming durchgeführt?

Plan
- Zielsetzung/Inhalte festlegen, z. B. Reduzierung der Liegezeiten - Daten sammeln - Daten analysieren - Lösungsideen sammeln - Lösungsansätze bewerten - Lösungen und Methoden auswählen - Realisierungsschritte planen: Wer? Was? Wie? Wann? Wo?
Do
- Realisierungsschritte/Aktionspläne umsetzen - Zwischenergebnisse dokumentieren
Check
- Ergebnisse dokumentieren - Erreichung der Ziele überprüfen
Act
- Aktionen zusammenfassen und als Standards verabschieden - Ergebnisse visualisieren - nächste Zielsetzung wählen

7.7.2 Bewertung von Verbesserungsvorschlägen

01. Wie ist der Ablauf bei der Bearbeitung von Verbesserungsvorschlägen im Rahmen des Betrieblichen Vorschlagswesens?

Die Regelungen des Betrieblichen Vorschlagswesens (BVW) sind im Allgemeinen in einer *Betriebsvereinbarung* festgeschrieben. Das nachfolgende Diagramm zeigt den typischen Verlauf der Bearbeitung von Verbesserungsvorschlägen (VV) und die daran beteiligten Personen/Ausschüsse:

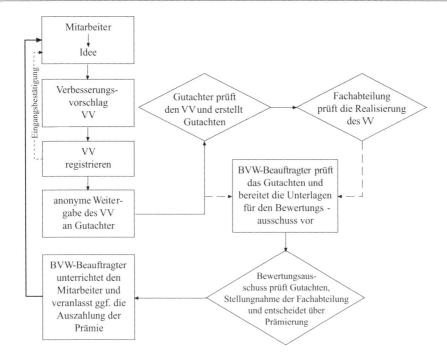

02. Wie werden Prämien im Rahmen des Betrieblichen Vorschlagswesens honoriert?

Jedes Unternehmen, das ein Betriebliches Vorschlagswesen einführt, wird dies nach seinen speziellen Erfordernissen und *unter Beachtung der Mitbestimmung* entwickeln. Nachfolgend wird eine mögliche Form der Gestaltung beschrieben (sinngemäßer Auszug aus der Betriebsvereinbarung eines großen Unternehmens):

- *Prämienberechtigt* sind
  - alle Belegschaftsmitglieder

- *Nicht prämienberechtigt* sind
  - Vorschläge, die in den eigenen Aufgabenbereich fallen
  - Vorschläge, deren Lösungen bereits nachweislich gefunden wurden
  - Vorschläge des BVW-Beauftragten
  - Vorschläge von leitenden Mitarbeitern

- *Prämienarten:*
  - a) Geldprämien
  - b) Zusatzprämien in Geld (bei Reduzierung der eigenen Leistungsvorgabe)
  - c) Vorabprämien (wenn der Nutzen des VV nicht in angemessener Zeit ermittelt werden kann)
  - d) Anerkennungsprämien
  - e) Anerkennung (z. B. Teilnahme an einer jährlich stattfindenden Verlosung)

• *Arten von Verbesserungsvorschlägen* und Ermittlung der Prämie:

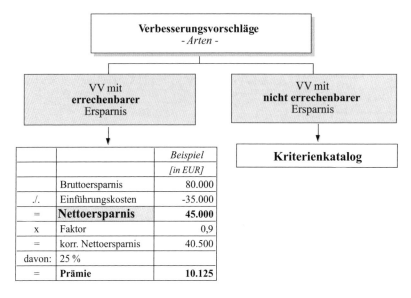

		Beispiel [in EUR]
	Bruttoersparnis	80.000
./.	Einführungskosten	-35.000
=	**Nettoersparnis**	**45.000**
x	Faktor	0,9
=	korr. Nettoersparnis	40.500
davon:	25 %	
=	**Prämie**	**10.125**

a) Bei VV mit *errechenbarem Nutzen* wird die *Nettoersparnis* zu Grunde gelegt:

Nettoersparnis = Bruttoersparnis$_{(z.\ B.\ im\ 1.\ Jahr)}$ *./. Einführungskosten*

Ggf. wird die Nettoersparnis noch mit einem *Faktor* multipliziert, der die Stellung des Mitarbeiters berücksichtigt, z. B.:

Faktor 1,0 → *für Auszubildende*
Faktor 0,9 → *für Tarifangestellte*
Faktor 0,8 → *für AT-Angestellte*

Von dem so ermittelten Wert (= *korrigierte Nettoersparnis*) wird eine Prämie von 25 % ausgezahlt.

b) Bei VV mit *nicht errechenbarem Nutzen* wird die Prämie über einen *Kriterienkatalog* ermittelt (vgl. dazu Beispiel unten):

• *Kriterienkatalog bei der Ermittlung nicht berechenbarer VV* (Beispiel):

1. Schritt: Jeder VV ist nach folgender *Tabelle* zu bewerten („*Vorschlagswert*"):

Vorschlagswert	einfache Verbesserung	gute Verbesserung	sehr gute Verbesserung	wertvolle Verbesserung	ausgezeichnete Verbesserung
Anwendung einmalig	1	4	10	25	53
Anwendung in kleinem Umfang	1,5	5	13	32	63
Anwendung in mittlerem Umfang	2,5	7	18	41	75
Anwendung in großem Umfang	4	10	25	53	90
Anwendung in sehr großem Umfang	6	14	35	70	110

Beispiel

2. Schritt: Für jeden VV ist die Summe der Punkte folgender Merkmale zu ermitteln (*„Merkmalswert"*):

Merkmalsliste		
1. Neuartigkeit:	*Punkte*	*Beispiel*
Gedankengut ...		
- übernommen	2	
- neuartig	4	
- völlig neuartig	7	**7**
2. Durchführbarkeit:		
Durchführbar ...		
- sofort	4	**4**
- mit Änderungen	2	
- mit erheblichen Änderungen	1	
3. Einführungskosten:		
- keine	4	
- geringe	3	**3**
- beträchtliche	2	
- sehr hohe	1	
Summe		**14**

3. Schritt: Bei jedem VV ist die *Stellung des Mitarbeiters* zu berücksichtigen (vgl. oben):

Faktor 1,0 → *für Auszubildende*

Faktor 0,9 → *für Tarifangestellte*   (Beispiel)

Faktor 0,8 → *für AT-Angestellte*

4. Schritt: Maßgeblich für die Ermittlung des Geldwertes ist der *Ecklohn* des Mitarbeiters lt. Tarif.

Im Beispiel wird ein Ecklohn von 12,00 € pro Stunde angenommen.

5. Schritt: *Berechnung der Prämie:*

$$\text{Prämie} = \text{Vorschlagswert} \cdot \text{Merkmalswert} \cdot \text{Faktor}_{(Stellung)} \cdot \text{Ecklohn}$$

$$= 53 \cdot 14 \cdot 0,9 \cdot 12,00\ €$$
$$= 8.013,60\ €$$

7.8 Einrichten, Moderieren und Steuern von Arbeits- und Projektgruppen

7.8.1 Einrichten von Arbeitsgruppen und Projektgruppen

01. Welche Merkmale hat eine soziale Gruppe?   → A 4.3

In der Soziologie, der Wissenschaft zur Erklärung gesellschaftlicher Zusammenhänge, bezeichnet man als soziale Gruppe mehrere Individuen mit einer bestimmten Ausprägung sozialer Integration (Eingliederung, Zusammenschluss).

> In diesem Sinne hat eine *Gruppe* folgende *Merkmale*:
>
> 1. direkter Kontakt zwischen den Gruppenmitgliedern (Interaktion)
> 2. physische Nähe
> 3. Wir-Gefühl (Gruppenbewusstsein)
> 4. gemeinsame Ziele, Werte, Normen
> 5. Rollendifferenzierung, Statusverteilung
> 6. gegenseitige Beeinflussung
> 7. relativ langfristiges Überdauern des Zusammenseins.

Eine zufällig zusammentreffende Mehrzahl von Menschen (z. B. Fahrgäste in einem Zugabteil, Zuschauer im Theater) ist daher keine Gruppe im Sinne dieser Definition; ihr fehlen z. B. die Merkmale 3, 5 und 7.

02. Welche Gruppenarten unterscheidet man in der Soziologie?

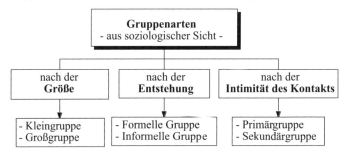

- *Kleingruppe/Großgruppe:*
  Es gibt keine gesicherte Erkenntnis über die ideale Gruppengröße bzw. eine exakte zahlenmäßige Abgrenzung zwischen Klein- und Großgruppe. Häufig wird als Kleingruppe eine Mitgliederzahl von drei bis sechs genannt; der kritische Übergang zur Großgruppe wird vielfach bei 20 bis 25 Mitgliedern gesehen.

  In der Praxis wird die Arbeitsfähigkeit einer Kleingruppe von den Variablen Zeit, Aufgabe, Bedingungen und soziale Qualifikation der Mitglieder abhängen.

- *Formelle Gruppen*
  entstehen durch bewusste Planung und Organisation; im Betrieb entsprechen diese Gruppen den festgelegten Organisationseinheiten: die Arbeitsgruppe in der Montage von Produkt X, die Abteilung Z, die Hauptabteilung Y. Die Verhaltensweisen der Mitglieder sind von außen vorgegeben und normiert, z. B. Arbeitszeit, Arbeitsort, Arbeitsmenge und -qualität.

  Formelle Gruppen können auf Dauer (Abteilung) oder befristet (Projektgruppe) gebildet werden.

- *Informelle Gruppen*
  können innerhalb oder neben formellen Gruppen entstehen. *Gründe* für die Bildung informeller Gruppen sind die Bedürfnisse der Menschen nach Kontakt, Nähe, Freundschaft, Sicherheit,

Anerkennung, Orientierung und Geborgenheit. *Anlässe* zur Bildung informeller Gruppen können sein:

- *Im Betrieb:*
  Organisatorische Gelegenheiten und Vorgaben fördern die Entstehung informeller Gruppen; z. B.:
  - Fünf der zwanzig Montagemitarbeiter nehmen regelmäßig ihre Mahlzeit gemeinsam in der Kantine ein.
  - Innerhalb einer Projektgruppe (formelle Gruppe) bildet sich im Verlauf mehrerer Sitzungstermine eine informelle Gruppe: Die Gruppenmitglieder stehen regelmäßig in den Sitzungspausen beieinander und unterhalten sich; sie begrüßen sich zu jedem Sitzungsbeginn betont herzlich und suchen bei ihrer Sitzordnung physische Nähe.

- *Außerhalb des Betriebes:*
  Gemeinsame Interessen, Ziele oder Nutzenüberlegungen führen zur Bildung informeller Gruppen; Beispiele: Fahrgemeinschaft, Sportgruppe, private Treffen und Feiern.

Der Einfluss informeller Gruppen auf das Betriebsgeschehen kann positiver oder negativer Natur sein.

- *Primärgruppen*
  sind Kleingruppen mit besonders stabilen, meist lang andauernden und intimen Kontakten. Es besteht eine hohe emotionale Bindung und eine starke Prägung der Verhaltensmuster der Mitglieder durch die Gruppe. Als Beispiel für eine Primärgruppe wird als Erstes die Familie angeführt; denkbar sind jedoch auch: Freundschaften aus der Militärzeit, Cliquen aus der Jugendzeit, Freundschaften aus langjähriger Zusammenarbeit im Arbeitsleben.

- Die *Sekundärgruppe*
  ist nicht organisch gewachsen, sondern bewusst extern vorgegeben und organisiert. Es besteht keine oder nur eine geringe emotionale Bindung der Mitglieder untereinander.

03. Welche Bedeutung hat die betriebliche Arbeitsgruppe für den Prozess der Leistungserstellung gewonnen?

> *Die betriebliche Arbeitsgruppe ist eine formell gebildete Sekundärgruppe zur Bewältigung einer gemeinsamen Aufgabe; sie kann eine Klein- oder Großgruppe sein.*

→ Zum Begriff „Team als Sonderform der Arbeitsgruppe" vgl. Frage 04.

Bis etwa 1930 interessierte man sich in der Betriebswirtschaftslehre und der Führungsstillehre überwiegend für den arbeitenden Menschen als Einzelperson: Es wurde untersucht, unter welchen Bedingungen der Mitarbeiter zur Leistung bereit und fähig ist und wie diese Arbeitsleistung gesteigert werden kann.

Erst schrittweise wurden Erkenntnisse der Soziologie in die Betriebswirtschaftslehre übertragen: Man begann den arbeitenden Menschen weniger als Individuum, sondern mehr als Gruppenmitglied zu begreifen. *Die Bildung und Führung von Gruppen als Instrument zur Verbesserung der Produktivität und der Zufriedenheit der Mitglieder wurde zum zentralen Gegenstand.*

In der Folgezeit entwickelte die Betriebswirtschaftslehre sowie die Führungsstillehre eine Vielzahl fast unüberschaubarer Formen betrieblicher Arbeitsgruppen (vgl. 05. ff.). Der Glaube an die Überlegenheit der Gruppenarbeit gegenüber der Einzelarbeit geht teilweise auch heute noch soweit, *dass Arbeit in Gruppen als Allheilmittel aller betrieblichen Effizienz- und Produktivitätsprobleme betrachtet wird* (vgl. Staehle, a.a.O., S. 241 ff.).

Hier ist Skepsis angebracht:

> *Gruppenarbeit ist nicht nur mit Vorteilen verbunden, sondern birgt auch Risiken in sich!*
>
> *Gruppenarbeit führt nur dann zu einer Verbesserung der Produktivität des Arbeitssystems und der Zufriedenheit der Mitarbeiter, wenn die notwendigen Voraussetzungen vorliegen!*

Beispiele für notwendige Voraussetzungen: Klare Zielsetzung und Zuweisung der Verantwortlichkeiten, passende Aufgabenstellung, Umgebungsbedingungen, Führung der Gruppe u. Ä.; zu den Einzelheiten vgl. 07.

04. Was ist ein Team?

Der Oberbegriff ist Gruppenarbeit. *Das Team ist eine Sonderform der Gruppenarbeit.*

> *Das Team ist eine Kleingruppe*
>
> - mit intensiven Arbeitsbeziehungen und
>   einem ausgeprägten Gemeinschaftssinn,
>   der nach außen hin auch gezeigt wird,   → *Wir sind ein Team!*
> - mit spezifischer Arbeitsform und   → *Teamwork!*
> - einem relativ starken Gruppenzusammenhalt   → *Teamgeist!*

Beispiel für eine informelle Teambildung: Im Versand für Kleinartikel arbeiten vier Frauen (Arbeitsgruppe Versand). Im Laufe der Zusammenarbeit entwickelt die Arbeitsgruppe ohne äußere Einflüsse, aber mit Zustimmung des Vorgesetzten, eine spezielle Form der Zusammenarbeit:

Die Einzelarbeiten werden entsprechend dem Ablauf auch nach Neigung und Fähigkeit der Gruppenmitglieder zugeordnet. Die Vertretung bei kurzer Abwesenheit wird selbstständig geregelt. Telefonanrufe anderer Abteilungen werden von der Mitarbeiterin entgegengenommen, die gerade Zeit hat; die Gruppenmitglieder verstehen sich gut untereinander und treten nach außen hin geschlossen auf; sie sind stolz auf ihre reibungslose Zusammenarbeit und das Arbeitsergebnis ihrer Gruppe. Bei auftretenden Problemen helfen sie sich untereinander.

Umgangssprachlich werden diese Unterschiede von Gruppenarbeit und Teamarbeit nicht immer eingehalten.

Im Rahmen der Organisationsentwicklung wird versucht, die Gruppenarbeit zur Teamarbeit zu gestalten (extern initiierte Teamentwicklung) in der Überzeugung, dass Teamarbeit die allgemeinen Vorzüge der Gruppenarbeit weiter steigern kann (weniger Reibung, mehr Effizienz, mehr Zufriedenheit u. Ä.).

05. Welche Chancen und Risiken können mit der Gruppenarbeit verbunden sein?

Gruppenarbeit führt *nicht automatisch* zu bestimmten Vorteilen (vgl. oben/03.). Ebenso wenig ist jede Gruppenarbeit immer mit Nachteilen verbunden. Deshalb werden hier die Begriffe Chancen und Risiken verwendet. Die in der nachfolgenden Tabelle dargestellten Aussagen sind im Sinne von „möglich, tendenziell" zu bewerten. Die Aufstellung ist nicht erschöpfend:

Gruppenarbeit	
Chancen, z. B.	**Risiken, z. B.**
• Breites Erfahrungsspektrum	• Gefahr von Konflikten
• Unterschiedliche Qualifikationen	• Hoher Koordinierungsaufwand
• Korrektur von Einzelmeinungen, weniger Fehlentscheidungen	• Gefahr risikoreicher Entscheidungen bei unklarer Verantwortlichkeit: „Keiner muss die Folgen der Entscheidung verantworten."
• Formen der Beteiligung führen zu mehr Akzeptanz der Lösungen und Identifikation mit den Ergebnissen.	• Intelligente Lösungen werden unterdrückt. Die „unfähige Mehrheit dominiert."
• Die Erfahrung der Mitglieder wird erweitert.	• Spielregeln werde nicht eingehalten. Folgen: hoher Zeitaufwand, geringe Qualität der Lösung u. Ä.
• Training der Sozial- und der Methodenkompetenz; Gruppe als lernende Organisation.	
• Stimulanz im Denken, mehr Assoziationen	• Informelle Gruppennormen stören betriebliche Normen.
• „Wir-Gefühl" entsteht; Leistungsausgleich/-unterstützung; Kontakt; Geborgenheit in der Gruppe.	• Unvereinbarkeit der Erwartungen der Gruppenmitglieder

06. Welche Formen von Arbeitsgruppen werden in der Betriebswirtschaftslehre unterschieden?

Die Formen der *Gruppenarbeit* unterscheiden sich im Wesentlichen hinsichtlich folgender *Merkmale:*

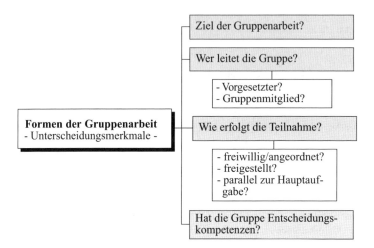

Aus betriebswirtschaftlicher Sicht werden Formen der Gruppenarbeit (auch: Konzepte/Modelle der Gruppenarbeit) meist nach drei Merkmalen differenziert. Es gibt dabei Überschneidungen:

1. Unterscheidung *nach der betrieblichen Funktion:*

Betriebliche Arbeitsgruppen kann es in der Fertigung, der Montage, der Instandhaltung, im Versand usw. geben. In der Fertigung wurden spezielle Formen der Gruppenarbeit entwickelt (Gruppenfertigung); sie sind der Versuch, die Vorteile der Werkstatt- und der Fließfertigung zu verbinden und die Nachteile zu mildern: Gegenüber der Werkstattfertigung werden geringere Transportzeiten und eine höhere Übersichtlichkeit realisiert; gegenüber der Fließfertigung steigt die Flexibilität.

Bekannte Formen der Gruppenfertigung sind:

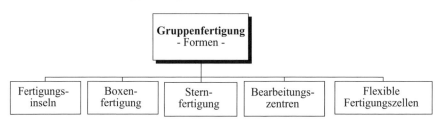

• *Fertigungsinseln:*
  Bestimmte Arbeitspakete (z. B. Motorblock) werden - ähnlich der ursprünglichen Werkstattfertigung – gebündelt. Dazu werden die notwendigen Maschinen und Werkzeuge zu

so genannten Inseln zusammengefügt. Erst nach Abschluss mehrerer Arbeitsgänge verlässt das (Zwischen-)Erzeugnis die Fertigungsinsel.

- Bei der *Boxen-Fertigung*
  werden bestimmte Fertigungs- oder Montageschritte von einer oder mehreren Personen – ähnlich der Fertigungsinsel – räumlich zusammengefasst. Typischerweise wird die Boxen-Fertigung bzw. -Montage bei der Erzeugung von Modulen/Baugruppen eingesetzt (z. B. in der Automobilproduktion).

- Die *Stern-Fertigung*
  ist eine räumliche Besonderheit der Fertigungsinsel bzw. der Boxen-Fertigung, bei der die verschiedenen Werkzeuge und Anlagen nicht insel- oder box-förmig, sondern im Layout eines Sterns angeordnet werden.

- *Bearbeitungszentren:*
  Nicht nur die Bearbeitungsmaschine arbeitet computergesteuert, sondern auch der Wechsel der Arbeitsstücke sowie der Werkzeuge erfolgt automatisch. Es lassen sich damit komplexe Teile in Kleinserien bei relativ hoher Fertigungselastizität herstellen. Die Überwachung mehrerer Bearbeitungszentren kann von einem Mitarbeiter oder einer Gruppe durchgeführt werden.

- *Flexible Fertigungszellen*
  haben zusätzlich zum Automatisierungsgrad der Bearbeitszentren eine automatische Zu- und Abführung der Werkstücke in Verbindung mit einem Pufferlager. Diese System können auch in Pausenzeiten der Belegschaft weiterlaufen.

2. Unterscheidung nach der *Eingliederung in die Arbeitsorganisation bzw. den -ablauf:*

2.1 *Arbeitsgruppen* sind in den Prozess der betrieblichen Leistungserstellung integriert.

- *(Teil)Autonome Arbeitsgruppen* sind ein mehrstufiges Modell, das den Mitgliedern Entscheidungsfreiräume ganz oder teilweise zugesteht; u. a.:
  - selbstständige Verrichtung, Einteilung und Verteilung von Aufgaben (inklusive Anwesenheitsplanung: Qualifizierung, Urlaub Zeitausgleich usw.)
  - selbstständige Einrichtung, Wartung, teilweise Reparatur der Maschinen und Werkzeuge
  - selbstständige (Qualitäts-)Kontrolle der Arbeitsergebnisse.

2.2 Es gibt daneben Formen der Gruppenarbeit, die *aus dem eigentlichen Leistungsprozess ausgegliedert sind,* z. B.:

- *Projektgruppen:*
  Im Unterschied zu Kollegien stellen Projektgruppen fachliche Kriterien in den Vordergrund und werden für einen befristeten Zeitabschnitt gebildet. Projektgruppen werden bei komplexeren, besonders wichtigen und interdisziplinären Aufgabenstellungen gebildet.

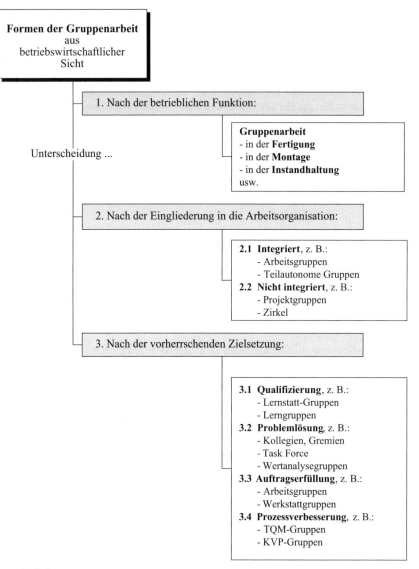

- *Zirkel:*
  Mitarbeiter eines Arbeitsbereiches beschäftigen sich hier – im direkten Kontakt mit einer Führungskraft – mit Verbesserungen betrieblicher Zustände und Abläufe. Zeitweise kommt es zum Rollentausch (z. B. Arbeiter im Zirkel sind höher angesiedelt als ihre Kollegen und Meister im Arbeitsbereich), mit der Folge, dass Zirkel-Mitglieder z. T. weit über ihren Bereich hinaus Maßnahmen zur Verbesserung anregen können. Traditionell bekannt sind die Qualitäts-Zirkel aus der Zeit, als insbesondere in der industriellen (Massen-)Fertigung die Produkt-Qualität zum höchsten Kunden-Anspruch erhoben wurde. Der Werkstattzirkel unter Leitung des Meisters oder Vorarbeiters befasst sich mit Problemstellungen vor Ort (z. B. Ausschussverringerung, Transportabläufe). Mittlerweile wird dieses Gruppenmodell auch zu weiteren Anlässen herangezogen, z. B. bei der Suche nach Kostensenkungspotenzialen.

3. Unterscheidung *nach der vorherrschenden Zielsetzung:*

3.1 *Lernstatt-Gruppen/Lerngruppen:*
Das Ziel der Qualifizierung steht z. B. bei Lernstatt-Gruppen und Lerngruppen in innerbe-trieblichen Seminaren im Vordergrund.

Lernstattgruppen stellen noch stärker als die Problemlösegruppen (Aufgaben-Orientierung) und Werkstattgruppen (technische Ablauf-Orientierung) die Person und das Potenzial des Mitarbeiters in den Vordergrund. Sie sind ein Instrument der Personalentwicklung und lösen den Mitarbeiter für die Teilnahmezeiten ganz aus dem betrieblichen Pflichtenkreis heraus. Ziel der Lernstattgruppen ist die planvolle Höherqualifizierung von Mitarbeitern aller Hierarchiestufen zur Vorbereitung auf anspruchsvollere Aufgaben. Im Gegensatz zu Zirkel-Tätigkeiten stehen hier das Erlernen allgemeiner Analyse-, Problemlösungs- und Kommunikationsfähigkeiten sowie die sozio-kulturelle Persönlichkeitsentwicklung im Vordergrund.

3.2 *Problemlösegruppen:*
Sie dienen der Problembewältigung (Aufgaben-Orientierung). Ihr Ziel ist das Aufzeigen von Lösungen und Verbesserungen:

• *Kollegien* werden aus mehreren Personen der gleichen oder unterschiedlichen Hierarchie-stufen zeitlich befristet gebildet. Bestehen sie aus
  - Vertretern höherer Hierarchiestufen, dann heißen sie *Gremien*,
  - Vertretern der unteren Ebenen nennt man sie dagegen schlicht *Arbeitsgruppen*.

Nur zu den Tagungszeitpunkten werden die Mitglieder vollständig von anderen Tätigkeiten befreit. Kollegien sollen die direkte Kooperation zwischen verschiedenen Abteilungen und Bereichen erhöhen. Außerdem werden sie immer dann eingesetzt, wenn bestimmte fach-übergreifende Probleme regelmäßig auftreten. Am bekanntesten sind das Entscheidungs-Gremium (z. B. für Investitionen) und die Qualitäts-Zirkel (Sonderfall der Arbeitsgruppen).

• *Gremien:*
  Sie sind dauerhaft oder ad hoc eingerichtete Gruppen, die in regelmäßigen Abständen tagen. In Abhängigkeit vom Rang der Teilnehmer werden sie auch als Komitees, Kommissionen und Ausschüsse bezeichnet. Gremien dienen verschiedenen Zwecken, abhängig von der Phase des Lösungsprozesses. Es gibt
  - Informationsaustausch-Gremien
  - Beratungs-Gremien
  - Entscheidungs-Gremien
  - Ausführungs-Gremien.

• *Task Force:*
  Als Sonderfall der Projektgruppen gehen Task-Forces – als „Aufgaben(bewältigungs)-Kräfte" – einen Schritt weiter: Sie beinhalten generell die Aufhebung der Herrschaftsdif-ferenzen während der Projektzeit und sind damit ein erster Schritt in Richtung Teamarbeit – alle Mitglieder haben eine gleichwertige Stimme. Typischerweise werden Task-Forces in Krisenfällen gebildet, bei denen unter höchstem Zeitdruck Lösungen herbeizuführen sind.

• *Wertanalysegruppen* (auch: Wertanalyseteams):
Im Vordergrund stehen Rationalisierungs- und Kostensenkungsmaßnahmen. Die Vorgehensweise ist stark normiert und orientiert sich an quantifizierten Zielen.

3.3 Weiterhin gibt es Formen der Gruppenarbeit, bei denen die *Ausführung des Auftrages im Vordergrund steht* verbunden mit einer Optimierung des Arbeitssystems:
- Arbeitsgruppen
- Werkstattgruppen

3.4 Ansätze zur *Verbesserung aller Prozesse* eines Unternehmens werden mit den Konzepten „TQM-Gruppen" und „KVP-Gruppen" verfolgt.

07. Welche Maßstäbe sind geeignet, um den Erfolg von Gruppenarbeit zu messen?
→ 7.5.2/05.

1. *Zielerfolg:*
Gruppenarbeit ist dann erfolgreich, wenn die übertragene Aufgabe umfassend bewältigt und das vereinbarte Ziel erreicht wurde. In Verbindung damit wird meist zusätzlich die Verbesserung des Arbeitssystems gefordert. z. B. Mengen-, Qualitäts-, Ablaufverbesserung, Senkung der Kosten usw.

2. Mit *Individualerfolg*
ist gemeint, dass die (berechtigten) Erwartungen der Gruppenmitglieder erfüllt werden, z. B. Kontakt, Respektieren der Meinung, gerechte Entlohnung beim Gruppenakkord u. Ä.

3. *Erhaltungserfolg:*
Neben dem Ziel- und Individualerfolg ist der Zusammenhalt der Gruppe durch geeignete Maßnahmen zu sichern.

08. Welche Bedingungen muss der Meister gestalten, um Gruppenarbeit zum Erfolg zu führen?

Damit betriebliche Arbeitsgruppen erfolgreich sein können, müssen

1. die *Ziele* messbar formuliert sowie die *Aufgabenstellung* klar umrissen sein, z. B.
   - Art und Schwierigkeitsgrad der Aufgabe?
   - Befugnisse der Gruppe bzw. Restriktionen?

- Befugnisse einzelner Gruppenmitglieder?
- ausgewogene fachliche Qualifikation der Gruppenmitglieder im Hinblick auf die Gesamt-aufgabe (Alter, Geschlecht, Erfahrungshintergrund)?
- laufende Information über Veränderungen im Betriebsgeschehen?

2. die *Bedürfnisse der Gruppenmitglieder* berücksichtigt werden, z. B.
   - Sympathie/Antipathie?
   - bestehende informelle Strukturen berücksichtigen und nutzen?
   - gegenseitiger Respekt und Anerkennung?

3. Maßnahmen zum inneren *Zusammenhalt der Gruppe* gesteuert werden, z. B.
   - Größe der Gruppe?
   - Solidarität untereinander?
   - Bekanntheit und Akzeptanz der Gruppe im Betrieb (Gruppensprecher)?
   - Stellung der Gruppe innerhalb der Organisation?
   - Arbeitsstrukturierung (Mehrfachqualifikation, Rotation, Springer)?
   - Förderung der Lernbereitschaft und der Teamfähigkeit durch den Führungsstil des Vorge-setzten

09. Welches Sozialverhalten der Gruppenmitglieder ist für eine effiziente Zusammenarbeit erforderlich?

Effektiv heißt, die richtigen Dinge tun! → Hebelwirkung	
Effizient heißt, die Dinge richtig tun! → Qualität	

Eine formell gebildete Arbeitsgruppe ist nicht grundsätzlich „aus dem Stand heraus" effizient in ihrer Zusammenarbeit. *Gruppen- bzw. Teamarbeit entwickelt sich in der Regel nicht von allein, sondern muss gefördert und erarbeitet werden.*

Neben den notwendigen *Rahmenbedingungen* der Gruppenarbeit

- Zielfestlegung,
- klare Aufgabenbeschreibung,
- Zuweisung von Kompetenzen und Ressourcen,
- ergonomische Arbeitsbedingungen

müssen die Mitglieder der Arbeitsgruppe *Verhaltensweisen* beherrschen/erlernen, um zu einer echten Teamarbeit zu gelangen:

Grundsätze und Spielregeln der Zusammenarbeit:

1. Jedes Teammitglied muss nach dem *Prinzip* handeln:
   Nicht jeder für sich allein, sondern alle gemeinsam und gleichberechtigt!

2. Jedes Teammitglied muss die *Ausgewogenheit/Balance* zwischen dem Ziel der Aufgabe, der Einzelperson und der Gesamtgruppe anstreben!

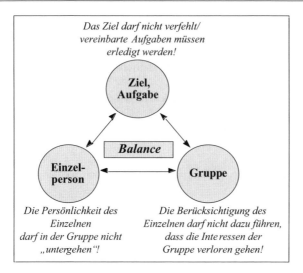

Das Ziel darf nicht verfehlt/
vereinbarte Aufgaben müssen
erledigt werden!

Ziel, Aufgabe

Balance

Einzel- person   **Gruppe**

Die Persönlichkeit des   *Die Berücksichtigung des*
Einzelnen   *Einzelnen darf nicht dazu führen,*
darf in der Gruppe nicht   *dass die Interessen der*
„untergehen"!   *Gruppe verloren gehen!*

3. Jedes Teammitglied respektiert das andere Gruppenmitglied im Sinne von *„Ich bin o. k., du bist o. k.!"*

4. Fehler können gemacht werden! Jeder Fehler nur einmal! Aus Fehlern lernt man! Ziel ist das Null-Fehler-Prinzip!

5. Jedes Teammitglied erarbeitet mit den anderen schrittweise *Regeln* der Zusammenarbeit und der Kommunikation, die eingehalten werden, solange sie gelten, z. B.:

Regeln für Gruppenmitglieder bei der Moderation:

- Jeder ist für den Erfolg (mit-)verantwortlich!
- Vereinbarte Termine und Zusagen werden eingehalten!
- Jeder hat das Recht, auszureden!
- Jede Meinung ist gleichberechtigt! Jeder kommt zu Wort!
- Jeder spricht zu den Anwesenden, nicht über sie!
- Keine langen Monologe!
- Es gibt keine dummen Fragen!
- Störungen haben Vorrang!
- Kritik wird konstruktiv und in der Ich-Form vorgebracht!

6. Jedes Teammitglied verfügt über die Bereitschaft, gemeinsam verabschiedete *Veränderungen* mitzutragen.

→   Einen interessanten Artikel zur Business Moderation
finden Sie in der Ausgabe 9/2004 der
Zeitschrift BETRIEB&meister.

10. Wie wird eine Projektgruppe richtig besetzt?   → A 3.5

Die Ziele von Projektmanagement sind immer:

• *Erfüllung des Sachziels*:
  Der Projektauftrag muss *quantitativ* und *qualitativ* erfüllt werden.

• *Einhaltung der Budgetgrößen:*
  Termine und *Kosten*

Eine der Voraussetzungen zur Realisierung der Projektziele ist *die richtige Besetzung der Projektgruppe* (synonym: Projektteam). Dies bedeutet, dass *folgende Aspekte* bei der Bildung der Projektgruppe *geprüft werden müssen:*

1. Hinsichtlich der *Zielvorgabe:*
   In der Projektgruppe müssen die Fachbereiche vertreten sein, deren *Kompetenz* gefordert ist. Die Bedeutung des Projektziels entscheidet u. a. darüber, in welcher Form das Projektteam in die Organisation eingebunden ist und ob die Mitglieder für die Arbeit im Projekt freigestellt sind oder nicht.

2. *In personeller Hinsicht:*
   - Anzahl der Mitglieder?
     Bei großen, komplexen Projekten sind ggf. ein *Kernteam* (vier bis sieben Mitglieder), *spezielle Fachteams* und/oder *Ad-hoc-Teams* (fallweise Inanspruchnahme) zu bilden.
   - Freistellung der Mitglieder oder nicht?
   - Erforderliche Fach-, Methoden- und Sozialkompetenz vorhanden?

3. In *sachlicher Hinsicht:*
   - Sind die entsprechenden betrieblichen Funktionen vertreten, deren
     · Kompetenz benötigt wird (Experten)?
     · Entscheidung benötigt wird (Leiter)?
     · Bereich von Veränderungen betroffen ist?
   - Sind Mentoren und Machtpromotor erforderlich?
   - Verfügt das Projektteam über ausreichende Befugnisse?

4. *In finanzieller Hinsicht:*
   - Ist die Gruppe mit finanziellen Mitteln angemessen ausgestattet?
     Mittel zur Fremdvergabe? Reisekosten? Beschaffung von Sachmitteln? usw.

5. *In zeitlicher Hinsicht:*
   Stehen Projektaufwand und -komplexität in ausgewogenem Verhältnis zur Kapazität des Projektteams?

Beispiel zur Bildung eines Projektteams (verkürzt): Die Tronk GmbH (160 Mitarbeiter) stellt Baustoffe her und beliefert den Großhandel mit eigenem Fuhrpark. Die Geschäftsleitung erteilt den Projektauftrag „Tronk-Logistik 2012". Ziel ist die Prozessoptimierung der Annahme, Ausführung und Auslieferung der Kundenaufträge. Das Projekt ist von existenzieller Bedeutung für das Unternehmen. Die Kapazitätsbedarf des Projekts wird mit 36 Mitarbeitermonaten (MM) veranschlagt; die Projektdauer darf neun Monate nicht überschreiten. In mehreren Entscheidungsrunden wird folgendes Projektteam gebildet:

Struktur der personellen Ressourcen:		*Kommentar:*
Projektleiter:	Herr Gerd Herder, Leiter der EDV	Er verfügt über die erforderliche Fach-, Methoden- und Sozialkompetenz und kennt das Unternehmen seit neun Jahren; wird durch einen Stellvertreter für die Dauer des Projekts entlastet. Vor zwei Jahren hat H. bereits das interne Projekt „Umstellung auf SAP" erfolgreich geleitet.
Projektmitglieder: hauptamtlich:	1 Mitarbeiter - Einkauf 1 Mitarbeiter - Rechnungswesen 1 Mitarbeiter - Fertigung 1 Mitarbeiter - Fertigung 1 Mitarbeiter - Fuhrpark 1 Mitarbeiter - Verkauf	zu 50 % zu 50 % Assistent des Betriebsleiters; kennt aufgrund eines Job-Rotation-Programms alle Funktionsfelder der Fertigung Meister; Mitglied des Betriebsrats zu 50 % zu 50 %
nebenamtlich:	Fallweise stehen interne Experten aus den Fachbereichen zur Verfügung. Für komplexe Fragen wurde eine externe Consultingfirma (Logistikexperten) verpflichtet. Der kaufmännische Geschäftsführer hat sich zur Teilnahme an Projektsitzungen verpflichtet, in denen wichtige Arbeitspakete abgeschlossen werden.	 Verpflichtung eines Machtpromotors

Der überschlägige Vergleich von Kapazitätsbedarf und personeller Ausstattung ergibt, dass das Projektteam in personeller Hinsicht hinreichend ausgestattet ist (die Kapazität des Projektleiters sowie des externen Beraters bleibt bei der Berechnung unberücksichtigt):

Kapazitätsbedarf : Mitarbeiteranzahl   =   Projektdauer (geplant)
36 MM   : $(2 \cdot 100\,\% + 4 \cdot 50\,\%)$ =   9 Monate

7.8.2 Moderation von Arbeits- und Projektgruppen → A 4.6.6

01. Was versteht man unter „Moderation"?

Moderation kommt aus dem Lateinischen (= *moderatio*) und bedeutet, das *„rechte Maß finden, Harmonie herstellen"*. Im betrieblichen Alltag bezeichnet man damit eine *Technik,* die hilft,

- Einzelgespräche,
- Besprechungen und
- Gruppenarbeiten (Lern- und Arbeitsgruppen)

so zu steuern, dass das Ziel erreicht wird.

02. Welche Aufgaben hat der Moderator?

Das Problem bei der Moderation liegt darin, dass die traditionellen Strukturen der Gruppenführung noch nachhaltig wirksam sind. Die Mitarbeiter sind es gewohnt, Anweisungen zu erhalten; die Vorgesetzten verstehen sich in der Regel als Leiter einer Gruppe mit hierarchischer Kompetenz und Anweisungsbefugnissen.

Bei der Moderation von Gruppengesprächen müssen diese traditionellen Rollen abgelegt werden:

> *Der Vorgesetzte als Moderator einer Besprechung steuert mit Methodenkompetenz den Prozess der Problemlösung in der Gruppe und nicht den Inhalt! Der Moderator ist der erste Diener der Gruppe!*

Der Meister als Moderator ist *kein „Oberlehrer",* der alles besser weiß, sondern er ist *primus inter pares* (Erster unter Gleichen). Er beherrscht das „Wie" der Kommunikation und kann Methoden der Problemlösung und der Visualisierung von Gesprächsergebnissen anwenden. In fachlicher Hinsicht muss er nicht alle Details beherrschen, sondern einen Überblick über Gesamtzusammenhänge haben.

Eine der schwierigsten Aufgaben für den Moderator ist die Fähigkeit zu erlangen, *seine eigenen Vorstellungen* zur Problemlösung denen der Gruppe *unterzuordnen*, sich selbst zurückzunehmen und ein erforderliches Maß an *Neutralität* aufzubringen. Dies verlangt ein Umdenken im Rollenverständnis des Meisters.

Der Moderator hat somit folgende *Aufgaben:*

1. *Er steuert den Prozess und sorgt für eine Balance* zwischen Individuum, Gruppe und Thema!
   Ablauf der Besprechung, Kommunikation innerhalb der Gruppe, roter Faden der Problembearbeitung, Anregungen, Zusammenfassen, kein Abschweifen vom Thema, verschafft allen Gruppenmitgliedern Gehör.

2. *Er bestimmt das Ziel* und den Einsatz der *Methodik* und der *Techniken*!
   Die Gruppe bestimmt vorrangig die Inhalte und Lösungsansätze.

3. Er sorgt dafür, dass *Spannungen und Konflikte thematisiert* werden!
   Sachliche Behandlung.

4.   Er *spielt sich nicht (inhaltlich) in den Vordergrund*!
      Zuhören, ausreden lassen, kein Besserwisser, Geduld haben.

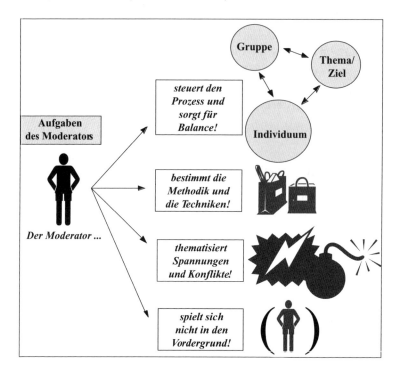

03. Wie ist die Moderation vorzubereiten?

1. *Inhaltliche Vorbereitung*, z. B.:

- Hat der Moderator sich einen Überblick über das Thema verschafft?
- Sind Schlüsselfragen/Strategiefragen vorbereitet?
- Wer muss eingeladen werden, damit alle erforderlichen Kompetenzen abgedeckt sind?
- Sind die Teilnehmer ausreichend über das Thema informiert – z. B. anhand von Unterlagen? Präzise Formulierung des Besprechungsziels?
- Sollen die Teilnehmer Materialien zur Sitzung mitbringen?

2. *Methodische Vorbereitung*, z. B.:

- Welche Methoden können/müssen eingesetzt werden?
- Beherrscht der Moderator die Methoden?
- Welche Instruktionen muss er der Gruppe geben, damit die Methoden verstanden werden?

3. *Organisatorische Vorbereitung*, z. B.:

- Raum: ausreichende Größe, ohne Störungen, Lichtverhältnisse, geeignete Sitzordnung usw.
                 ggf. Unterbringung von Teilnehmern/Gästen im Hotel o. Ä.

- Zeit: Planung der Rüstzeiten und der Durchführungszeiten; Zeiten je Besprechungs-
              und Arbeitsphase usw.
              Rechtzeitige Einladung der Teilnehmer?
- Technik: Bereitstellung der Technik und Hilfsmittel; vollständig und funktionsfähig?
- Pausen: Kaffeepausen; Mahlzeiten; Getränke im Raum?

4. *Persönliche Vorbereitung*, z. B.:

- Ausreichend Schlaf am Vortag!
- Kein Alkohol!
- Rechtzeitig vor Sitzungsbeginn erscheinen!
  (Pufferzeit, falls noch Änderungen oder Komplikationen auftreten; sich mit den Räum-
  lichkeiten vertraut machen)
- Sich positiv einstimmen: Auf das Thema und die Teilnehmer freuen und sich den persön-
  lichen Nutzen verdeutlichen!
- Lernen, mit dem Lampenfieber fertig zu werden!
  (Entspannung, Atmung, Ablenken, sich einen Fehler erlauben u. Ä.)

04. Wann empfiehlt sich die Moderation zu zweit?

Die Steuerung von Kleingruppen bei einfach strukturierten Problemen lässt sich von einem
geübten Moderator allein bewältigen.

Insbesondere bei Großgruppen und/oder komplexen Themen bietet die *Moderation zu zweit*
(auch: geteilte Moderation, Teammoderation) *Vorteile*, da die Vielzahl der Wahrnehmungs- und
Steuerungsprozesse eine Person überfordern kann.

Vorteile der Teammoderation:

- *Arbeitsteilung*, z. B.:
  - Ein Moderator steuert den Gruppenprozess, der andere visualisiert.
  - Ein Moderator leitet die Diskussion in der Gruppe, der andere bereitet die nächste
    Moderationsphase vor (z. B. Kartenabfrage, Kleingruppenarbeit, Auswertung)

- *Stimulanz*, z. B.:
  Die Gruppe erlebt zwei Personen mit ihren unterschiedlichen Erfahrungen und Verhaltensweisen: Fach- und Methodenkenntnisse, Persönlichkeit, Sprache, Einsatz von Techniken u. Ä.
  Dies schafft zusätzliche Aufmerksamkeit und regt zur Mitarbeit an. Man kennt diese Erfahrung
  aus dem „Lehren zu zweit" (Team-Teaching).

- *Unterstützung, Hilfe, Coaching*, z. B.:
  Die Steuerung der Gruppenprozesse verlangt vom Leiter permanent eine präzise Wahrnehmung der Vorgänge bei hoher Konzentration. Dies führt zu einer psychischen Ermüdung mit
  der Gefahr, den roten Faden zu verlieren. Beide Moderatoren können sich hier wechselseitig
  unterstützen bzw. dem anderen Hilfestellung leisten.

  Gruppensteuerung im Team bietet einem weniger erfahrenen Moderator die Möglichkeit, von
  dem anderen zu lernen. Im Anschluss an die Veranstaltung können beide gemeinsam über den
  Prozessablauf reflektieren und Verbesserungsansätze besprechen (Coaching-Ansatz).

Voraussetzung für die Moderation zu zweit ist, dass sich beide Personen gut kennen und den Ablauf gemeinsam vorbereitet haben. Die unterschiedlichen Arbeitsbeiträge müssen im Grundsatz abgesprochen sein. Die Chemie zwischen beiden muss stimmen; sie müssen den anderen in seiner persönlichen Eigenart respektieren. Falsches Konkurrenzdenken kann schnell zum Misserfolg der Moderation zu zweit führen.

05. Was bezeichnet man als „Entscheidungsfähigkeit"?

- *Als Entscheidung bezeichnet man die Wahl einer Handlung aus einer Menge von Alternativen.*

Beispiel: Für die Besetzung einer freiwerdenden Stelle in der Fertigung I stehen zur Wahl:

1. Versetzung eines Mitarbeiters aus der Fertigung II
2. Besetzung der Stellung von außen
3. Übernahme eines Auszubildenden im Anschluss an die Ausbildung

Aufgrund bestimmter Merkmale (Maßstab!) entscheidet man sich für die Alternative 3.

- *Der Entscheidungsprozess erfolgt in fünf Phasen:*

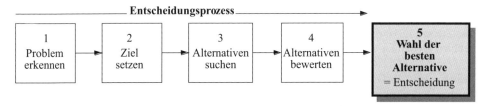

- *Mit Entscheidungsfähigkeit der Gruppe ist also die Befähigung (das Können) gemeint,* den Entscheidungsprozess methodisch zu beherrschen und zu sachlich zutreffenden Entscheidungen zu gelangen.

06. Wie kann der Moderator die Entscheidungsfähigkeit von Gruppen analysieren und beurteilen?

Entscheidungsprozesse in der Gruppe können mit Defiziten behaftet sein, z. B.:

- der Zeitaufwand ist unangemessen hoch
- es beteiligen sich nur wenige Mitglieder
- die Suche nach Alternativen fällt schwer
- das Problem wird nicht hinreichend erkannt
- es werden nicht alle für die Entscheidung relevanten Faktoren berücksichtigt

Im Ergebnis ist die Quantität und/oder Qualität der Entscheidung mit Mängeln behaftet. Der Moderator muss derartige Schwächen in der Entscheidungsfähigkeit der Gruppe erkennen und Maßnahmen zur Verbesserung einleiten.

Die Entscheidungsfähigkeit der Gruppe hängt von einer Vielzahl von Variablen (auch: Einflussfaktoren) ab; sie stehen zum Teil in wechselseitiger Abhängigkeit. Die nachfolgende Aufstellung beschreibt einige dieser Variablen und gibt dem Meister entsprechende Handlungsempfehlungen:

Beispiel: *Variablen für die Entscheidungsfähigkeit der Gruppe*

1. Variablen der Persönlichkeit

1.1 Bei den Gruppenmitgliedern:

Der Gruppe oder einzelnen Mitgliedern fehlt aufgrund der Persönlichkeit und/oder mangelnder Erfahrung der Reifegrad, im Team zu arbeiten, z. B. unangemessenes Dominanzstreben, Respektieren der Meinung anderer usw.

→ *Handlungsempfehlung*, z. B.:

Bewusstmachen der negativen Verhaltensmuster; Vorzüge wirksamen Verhaltens zeigen und trainieren; Vereinbarung von Regeln der Zusammenarbeit.

Die Gruppe entscheidet sich häufig nicht für die „beste", sondern für die „einfachste" Lösung.

→ *Handlungsempfehlung*, z. B.:

Risikobereitschaft der Gruppe trainieren; Konsequenzen „einfacher" Lösungen aufzeigen; Rückhalt für „unbequeme" Entscheidungen in der Organisation suchen (beim Vorgesetzten, in der Geschäftsleitung).

1.2 Beim Moderator:

Unwirksame Verhaltensmuster des Moderators dominieren die Meinung der Mitglieder; die Beteiligung an der Entscheidungsfindung wird eingeschränkt.

→ *Handlungsempfehlung*, z. B.:

Erkennen des eigenen Verhaltens; Ziele der Verhaltensänderung erarbeiten; ggf. Coaching durch einen erfahrenen Moderator (z. B. den eigenen Vorgesetzten).

2. Variablen der Kommunikation, z. B.:

Die Gruppenmitglieder zeigen keine Rededisziplin, haben nicht gelernt zuzuhören, die Argumente der anderen werden nicht einbezogen, die Beteiligung ist nicht ausgewogen u. Ä.

→ *Handlungsempfehlung*, z. B.:

Schwachstellen in der Kommunikation bewusst machen; wirksame Kommunikation in der Gruppe trainieren; Spielregeln der Kommunikation erarbeiten und beachten.

3. Variablen der Techniken, z. B.:

Die Gruppe beherrscht Techniken der Ideenfindung nicht ausreichend; die Suche nach Alternativen fällt schwer, dauert unangemessen lang, die Lösungsalternativen sind dem Problem nicht angemessen.

Die Gruppe kann sich über geeignete Maßstäbe bei der Bewertung von Alternativen nicht verständigen und beherrscht Techniken der Entscheidungsfindung nicht ausreichend.

→ *Handlungsempfehlung*, z. B.:

Erläutern und Trainieren der notwendigen Techniken.

4. Variablen der Organisation, z. B.:

Entscheidungen kommen unter (echtem oder vermeintlichem) Zeitdruck zu Stande. Die Mitglieder der Gruppe oder die Organisation erkennen nicht den Zeitbedarf bei komplexen Problemen.

Das Unternehmen verlangt „schnelle Lösungen". Die Arbeits- und Rahmenbedingungen beeinträchtigen die Suche nach angemessenen Alternativen (Krisenstimmung, Unruhe/Unsicherheit im Unternehmen aufgrund genereller Veränderungen u. Ä.).

→ *Handlungsempfehlung*, z. B.:

Der Vorgesetzte/der Moderator muss die notwendigen Umfeldbedingungen für die Gruppenarbeit absichern: Gespräche mit dem Management, Ergebnisse und Nutzen dokumentieren und informieren; Bedeutung aufzeigen u. Ä.

5. Variablen der Wertekultur, z. B.:

Das Management schenkt den Ergebnissen der Gruppenarbeit wenig Beachtung und setzt Ergebnisse nicht oder nur zögerlich um.

Einige Mitglieder erscheinen nicht oder mit Verspätung zu den Teamsitzungen; übernommene Aufgaben aus den Gruppengesprächen werden nicht erledigt.

→ *Handlungsempfehlung*, z. B.:
Bedeutung der Ergebnisse aufzeigen (vgl. oben, 4. Variablen der Organisation).
Den Mitgliedern die Notwendigkeit einer konstruktiven Teilnahmeethik verdeutlichen; Konsequenzen erläutern für andere: Warten, Verärgerung, ungenutzte Zeit u. Ä.
Regeln vereinbaren und auf deren Einhaltung drängen.

Die Abbildung zeigt die Variablen (Einflussgrößen) der Entscheidungsfähigkeit von Gruppen im Überblick:

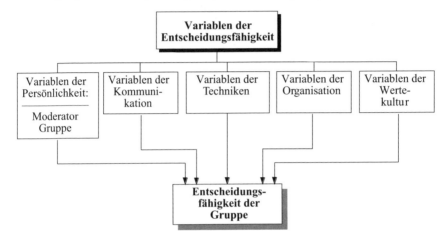

07. Was ist Kreativität?

Als Kreativität bezeichnet man die Fähigkeit eines Menschen, *neue Problemlösungen hervor zu bringen.* Voraussetzung dafür ist die Fähigkeit/Bereitschaft, *von alten Denkweisen abzurücken* und zwischen bestehenden Erkenntnissen neue Verbindungen herzustellen. Man unterscheidet u. a. zwei Arten der Kreativität:

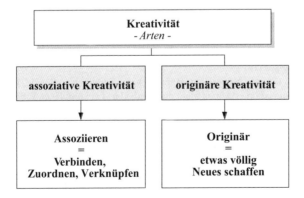

Beispiel für *assoziative Kreativität:*
Der Mitarbeiter verbessert den Ablauf bei der Motormontage und stützt sich dabei auf seine bisherige Erfahrung und betriebliche Erkenntnisse.

Beispiel für *originäre Kreativität:*
Der Mitarbeiter einer Druckerei entwickelt ein völlig neues Verfahren, um bei der Bearbeitung und dem Transport von Papierbögen die elektromagnetische Aufladung des Papiers zu verringern.

Übung: Testen Sie Ihre Kreativität! Die unten stehenden neun Punkte sind mit vier geraden Linien in einem Zug (ohne abzusetzen) zu verbinden:

Die Lösung sehen Sie auf Seite 1053.

08. Welche Kreativitätstechniken und Methoden der Ideenfindung lassen sich in der Praxis einsetzen?

→ A 3.2.2/4.5.8

Dazu ausgewählte **Beispiele** (die Aufzählung kann nicht erschöpfend sein):

Bezeichnung:	Kurzbeschreibung:	Anwendung:
Brainstorming	„Gedankensturm": Ideen werden gesammelt und visualisiert; die Phase der Bewertung erfolgt später:	Kleingruppe: 5 - 12
Brainwriting auch: *Pinnwandtechnik*	analog zum Brainstorming; die Ideen werden auf Karten notiert, gesammelt, dann bewertet usw.	Kleingruppe: 5 - 12
Synektik	Durch geeignete Fragestellungen werden Analogien gebildet. Durch Verfremdung des Problems will man zu neuen Lösungsansätzen kommen. Beispiel: „Wie würde ich mich als Kolben in einem Dieselmotor fühlen?"	Kleingruppe: 5 - 12; auch Einzelarbeit
Bionik	Ist die Übertragung von Gesetzen aus der Natur auf Problemlösungen. Beispiel: „Echo-Schall-System der Fledermaus ⇒ Entwicklung des Radarsystems".	
Morphologischer Kasten	Die Hauptfelder eines Problems werden in einer Matrix mit x Spalten und y Zeilen dargestellt. Zum Beispiel erhält man bei einer „4 x 4-Matrix" 16 grundsätzliche Lösungsfelder.	Kleingruppe; auch Einzelarbeit

Assoziieren	Einem Vorgang/einem Begriff werden einzeln oder in Gruppenarbeit weitere Vorgänge/Begriffe zugeordnet; z. B.: „Lampe": Licht, Schirm, Strom, Birne, Schalter, Fuß, Hitze.	Kleingruppe; auch Einzelarbeit
Methode 635	6 Personen entwickeln 3 Lösungsvorschläge; jeder hat pro Lösungsvorschlag 5 Minuten Zeit.	Kleingruppe; einfache Handhabung
CNB-Methode	Es wird ein gemeinsames Notizbuch angelegt (Collective Notebook): In einer Expertengruppe erhält jeder ein CNB und trägt einzeln, über einen Monat lang seine Ideen ein. Der Moderator fasst alle Ideen aller CNBs zusammen. Danach erfolgt eine gemeinsame Arbeitssitzung.	Einzelarbeit + Gruppen- arbeit; lange Phase der Ideensammlung
Pareto-Analyse, IO-Analyse	Vgl. Fragen 09. und 10.	

09. Wie wird die IO-Methode eingesetzt?

Die IO-Methode (= Input-Output-Methode) ist ein analytischer Weg, der hauptsächlich auf komplizierte dynamische Systeme angewendet wird (z. B. Bewegung, Energie, Konstruktion). Die Bearbeitung des Problems erfolgt in vier Stufen:

Stufen:	Vorgang:	Beispiel:
Stufe 1	Das erwünschte Ergebnis wird festgesetzt.	
	= Output	Warnsignal bei Feuer!
Stufe 2	Die gewünschte Ausgangsbasis wird festgelegt.	
	= Input	Zu hohe Wärme!
Stufe 3	Man fügt die Nebenbedingungen hinzu ohne den Fluss der Kreativität einzuschränken.	z. B.: Das Warnsignal muss wartungs- frei sein; die Kosten dürfen nicht ...
Stufe 4	Es werden Lösungen entwickelt.	?

10. Welche Erkenntnisse liefert die Pareto-Analyse?

Das *Pareto-Prinzip* (Ursache-Wirkungs-Diagramm; auch: Pareto-Analyse; benannt nach dem italienischen Volkswirt und Soziologen Vilfredo Pareto, 1848-1923) besagt, dass wichtige Dinge normalerweise einen kleinen Anteil innerhalb einer Gesamtmenge ausmachen. Diese Regel hat sich in den verschiedensten Bereichen betrieblicher Fragestellungen als sog. *80:20-Regel* bestätigt:

80:20 Regel:			
20 % der Kunden	„bringen"	80 % des Umsatzes
20 % der Fehler	„bringen"	80 % des Ausschusses

Beispiel: Bei der Untersuchung eines Fertigungsprozesses werden fünf Fehlerarten mit folgenden Häufigkeiten erkannt:

Bild 1: Darstellung als Säulendiagramm, Häufigkeiten in Prozent

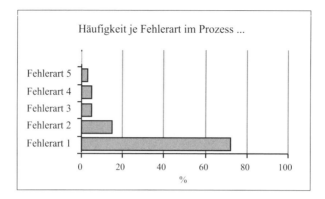

Bild 2: Darstellung als Säulendiagramm, Häufigkeiten kumuliert in Prozent:
(so genannte *Summenkurve*)

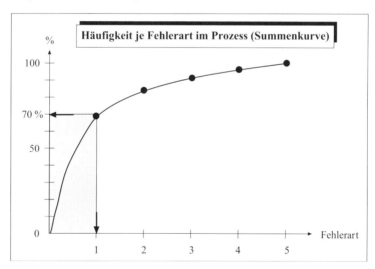

Das Diagramm zeigt, dass 20 % der Fehler mit einer Häufigkeit von rd. 70 % vertreten sind (1 : 5 · 100 = 20 %); mit anderen Worten: Behebt man durch geeignete Maßnahmen die Ursachen für Fehlerart 1, so erreicht man bereits eine Reduzierung der Fehlerhäufigkeit um rd. 70 %.

11. Wie erfolgt die Nachbereitung der Moderation?

Die Moderation ist persönlich und organisatorisch nachzubereiten:

• *Persönliche Nachbereitung:*

Der Moderator wird über seine Rolle, die eigene Wirkung im Moderationsprozess und das Ergebnis der Gruppensitzung reflektieren (→ oben/03.):

- War die Vorbereitung ausreichend?
- Wie war die Wirkung des Moderators?
  Sprache, Verhalten, Beherrschen der Techniken
- Wurde das gesetzte Ziel erreicht?

Das Ergebnis dieser Analyse wird einzeln oder mit dem Co-Moderator durchgeführt und mündet in Verbesserungsaktionen für die nächste Sitzung.

• *Organisatorische Nachbereitung:*

- Erstellen des Protokolls (→ oben/7.5.2)
- Steuern, Überwachen und Unterstützen der Erledigung von Aufgabenpaketen bis zur nächsten Sitzung
- Dokumentieren von Merkpunkten für die nächste Sitzung
- Rückgabe von Medien und Hilfsmitteln
- Sitzungszimmer aufräumen

7.8.3 Phasen der Steuerung von Arbeits- und Projektgruppen

01. Welche Phasen der Teamentwicklung werden unterschieden?

Wenn eine Arbeits- oder Projektgruppe gebildet wird, so benötigen Menschen immer eine hinreichende Entwicklungszeit, um zu einer effizienten Zusammenarbeit zu gelangen. Der amerikanische Psychologe Tuckmann teilt den Prozess der Gruppenbildung in vier Phasen ein:

Der Gruppenentwicklungsprozess – Phasen der Teamentwicklung nach Tuckmann			
Forming	**Storming**	**Norming**	**Performing**
Kontaktaufnahme, Kennenlernen, Höflichkeit, Unsicherheiten	Machtkämpfe, Egoismus, Frustrationen, Konflikte, Statusdemonstrationen	Lernprozesse, Spielregeln, Vertrauen und Offenheit, sachliche Auseinandersetzung	Reifephase: Entwicklung zu einem leistungsfähigen Team
Formende Phase	Stürmische Phase	Regelungsphase	Phase der Zusammenarbeit

Der Vorgesetzte und Moderator muss diese Entwicklungsphasen kennen; die Prozesse sind bei jeder Gruppenbildung mehr oder weniger ausgeprägt und gehören zur „Normalität". Der Zeitaufwand, „bis die Gruppe sich gefunden hat" ist notwendig und muss eingeplant werden.

Es kann in der Praxis auch vorkommen, dass Gruppen die Phasen 1 bis 2 nicht überwinden und sehr ineffizient arbeiten; ggf. muss dann die Gruppe neu gebildet werden, wenn die Voraussetzungen einer Teamarbeit nicht gegeben sind (→ 7.8.1).

02. Wie kann der Vorgesetzte den Gruppenbildungsprozess fördern?

Der Vorgesetzte/der Moderator kann z. B. in der

Phase 1 → den Kontakt, das Kennenlernen fördern (Übungen, Vorstellungsrunde),

Phase 2 → die Ursachen und Hintergründe von Machtkämpfen bewusst machen und die Konsensbildung fördern (→ Konfliktmanagement/7.6.2),

Phase 3 → motivieren, Fortschritte in der Kooperation verdeutlichen, bei der Erarbeitung von Spielregeln der Zusammenarbeit helfen,

Phase 4 → der Gruppe mehr Freiräume zugestehen; Selbststeuerung zulassen; die Gruppe fordern; Sachziele realisieren und Erfolge erleben lassen.

03. Nach welchen (soziologischen) Regeln bilden sich Gruppen?

1. *Interaktionsregel:*
   Im Allgemeinen gilt: Je häufiger Interaktionen zwischen den Gruppenmitgliedern stattfindet, umso mehr werden Kontakt, „Wir-Gefühl" und oft sogar Zuneigung/Freundschaft gefördert. Die räumliche Nähe beginnt an Bedeutung zu gewinnen.

2. *Angleichungsregel:*
   Mit längerem Bestehen einer Gruppe gleichen sich Ansichten und Verhaltensweisen der Einzelnen an. Die Gruppen-Normen stehen im Vordergrund.

3. *Distanzierungsregel:*
   Sie besagt, dass eine Gruppe sich nach außen hin abgrenzt - bis hin zur Feindseligkeit gegenüber anderen Gruppen (vgl. dazu die Verhaltensweisen von sog. Fußballfan-Gruppen). Zwischen dem „Wir-Gefühl" (Solidarität) und der Distanzierung besteht oft eine Wechselwirkung. „Wir-Gefühl" entsteht über die Abgrenzung zu anderen (z. B. „Wir nach dem Kriege, wir wussten noch ..., aber heute - die junge Generation ...").

04. Welche (soziologischen) Erkenntnisse gibt es über Gruppenbeziehungen?

- *Beziehungen zu anderen Gruppen*
  können sich positiv oder negativ gestalten. Die Unterschiede hinsichtlich der Normen und Verhaltensmuster können gravierend oder gering sein - bis hin zu Gemeinsamkeiten. Von Bedeutung ist auch die Stellung einer Gruppe innerhalb des Gesamtbetriebes (z. B. Gruppe der Leitenden). Im Allgemeinen beurteilen Menschen *das Verhalten der eigenen Gruppenmitglieder positiver als das fremder Gruppenmitglieder* (vgl. auch oben, „Distanzierung"). Auch die Leistung der Fremdgruppe wird im Allgemeinen geringer bewertet (z. B. Mitarbeiter der Personalabteilung Angestellte versus Personalabteilung Arbeiter). Bedrohung der eigenen Sicherheit kann zu feindseligem Verhalten gegenüber der anderen Gruppe oder einzelnen Mitgliedern dieser Gruppe führen.

- *Beziehungen innerhalb der Gruppe:*
  Innerhalb einer Gruppe, die über längere Zeit existiert, entwickelt sich *neben der formellen Rangordnung* (z. B. Vorgesetzter-Mitarbeiter) *eine informelle Rangordnung* (z. B. informeller Führer). Die informelle Rangordnung ist geeignet, die formelle Rangordnung zu stören.

- *Störungen innerhalb der Gruppe:*
  Massive Störungen in der Gruppe (z. B. erkennbar an: häufige Beschwerden über andere Gruppenmitglieder, verbale Aggressionen, Cliquenbildung, Absonderung, Streit, Fehlzeiten) sollten vom Vorgesetzten bewusst wahrgenommen werden. Er muss die Störungsursache „diagnostizieren" und entgegenwirken. Zunehmende Störungen und nachlassender Zusammenhalt können zum *Zerfall einer Gruppe* führen.

05. Welche besonderen Rollen werden zum Teil von einzelnen Gruppenmitgliedern wahrgenommen? Welcher Führungsstil ist jeweils angebracht?

→ A 4.3.1

Dazu ausgewählte Beispiele:

- Der *„Star"* ist meist der informelle Führer der Gruppe und hat einen hohen Anteil an der Gruppenleistung.
  → fördernder Führungsstil, Anerkennung, tragende Rolle des Gruppen-„Stars" nutzen und einbinden in die eigene Führungsarbeit, Vorbildfunktion des Vorgesetzten ist wichtig.

- Der *„Freche"*: Es handelt sich hier meist um extrovertierte Menschen mit Verhaltenstendenzen wie Provozieren, Aufwiegeln, „Quertreiben", unangemessenen Herrschaftsansprüchen (Besserwisser, Angeber, Wichtigtuer usw.).
  → Sorgfältig beobachten, Grenzen setzen, mitunter auch Strenge und vor allem Konsequenz zeigen; Humor und Geduld nicht verlieren.

- Der *„Intrigant"*:
  → Negatives Verhalten offen im Dialog ansprechen, bremsen und unterbinden, auch Sanktionen „androhen".

- Der *„Problembeladene"*:
  → Ermutigen, unterstützen, Hilfe zur Selbsthilfe leisten, (auch kleine) Erfolge ermöglichen, Verständnis zeigen („Mitfühlen aber nicht mitleiden").

- Der *„Drückeberger"*:
  → Fordern, Anspornen und Erfolg „erleben" lassen, zu viel Milde wird meist ausgenutzt.

- Der *„Neuling"*:
  → Maßnahmen zur Integration, schrittweise einarbeiten, Orientierung geben durch klares Führungsverhalten, in der Anfangsphase mehr Aufmerksamkeit widmen und betreuen.

- Der *„Außenseiter"*:
  → Versuchen, den Außenseiter mit Augenmaß und viel Geduld zu integrieren, es gibt keine Patentrezepte, mitunter ist das vorsichtige Aufspüren der Ursachen hilfreich.

Nachfolgend ein Überblick über Empfehlungen zum Führungsverhalten bei Gruppenmitgliedern, die eine spezielle Rolle wahrnehmen (Quelle: in Anlehnung an Rahn, H.-J., Führung von Gruppen, S. 70 f.); die Hinweise können nur eine grobe Orientierung sein:

Spezielle Rolle des Gruppenmitglieds:	*Führungsempfehlung:*
• Überehrgeizige • Intriganten • Freche • Clowns	→ bremsen, Grenzen aufzeigen
• Stars • Leistungsstarke	→ fördern; Vorsicht: Gleichbehandlung der anderen beachten
• Drückeberger • Faule	→ fordern, anspornen, Erfolge erleben lassen
• Außenseiter • Neulinge	→ integrieren, Kontakte vermitteln
• Schüchterne • Problembeladene	→ ermutigen, unterstützen, Hilfe zur Selbsthilfe
• Frohnaturen • Ausgleichende	→ anerkennen, wertschätzen

06. Welche „Signale" können Hinweise auf Störungen im Gruppenprozess sein?

→ **7.6.2/7.8.2/06.**

Störungen im Gruppenprozess sind u. a. erkennbar an folgenden „Signalen":

- unverhältnismäßig hoher Zeitaufwand bei der Bearbeitung gestellter Aufgaben
- geringe Produktivität der Leistung
- nicht ausreichende Qualität der Leistung
- Beschwerden der Gruppenmitglieder und Unzufriedenheit
- verbale Aggression, Streit

- Cliquenbildung
- Absonderung
- fehlende Mitarbeit
- Absentismus

07. Welche Arten von Störungen im Gruppenprozess können auftreten?

Störungen im Gruppenprozess lassen sich folgenden Ebenen zuordnen (Variablen = Störungs-ursachen):

Störungen im Gruppenprozess · Ebenen und Variablen		
Ebene		*Variablen, z. B.:*
1	**Persönlichkeit des Einzelnen**	Persönlichkeit einzelner Gruppenmitglieder; Persönlichkeit des Moderators: Interrollenkonflikte
2	**Beziehung zwischen zwei Gruppen-mitgliedern**	Sympathie; Antipathie; Rivalität; Konkurrenz; Sachkonflikte; Beziehungskonflikte; Kommunikation; Vorurteile
3	**Beziehung zwischen dem Einzelnen und der Gruppe**	Rollen; Intrarollenkonflikte; Erwartungen; Normen; Kommunikation; Einzelziele versus Gruppenziele
4	**Beziehung zwischen der Gruppe und dem Moderator**	Personale und fachliche Autorität; gegenseitige Erwartungen; Kommunikation; Befugnisse; informeller Führer
5	**Beziehung von Gruppen untereinander**	Konflikte zu anderen Gruppen; Konflikte innerhalb der Gruppe; Cliquenbildung; Gruppengröße;
6	**Beziehung der Gruppe zur Organisation (Unternehmen)**	Werte; Normen; Erwartungen; Ziele; Stellung der Gruppe in der Organisation; Restriktionen, Auflagen; Führungskultur

08. Wie lassen sich Störungen in der Gruppenarbeit bearbeiten/lösen?

Der Vorgesetzte/Moderator hat verschiedene *Instrumente* und *Verhaltensweisen*, um Störungen im Gruppenprozess zu bearbeiten; es folgen ausgewählte Beispiele:

Ebene 1: z. B.: *Einzelgespräch*; Einsicht in fehlerhaftes Verhalten erzeugen; vgl. auch Frage 05. (Rollen von Gruppenmitgliedern)

Ebene 2: z. B.: vgl. *Strategien der Konfliktbearbeitung*; Ziffer 7.6.2

Ebene 3: z. B.: *Einzelgespräch*; Klären und Vermitteln; vgl. Strategien der Konfliktbearbeitung; Ziffer 7.6.2

Ebene 4: z. B.: *Reflexion über das eigene Verhalten*; Sichern der fachlichen Autorität; Beherrschen der Techniken; Aussprache mit der Gruppe: Konflikt thematisieren (*Methode „Blitzlicht"*)

Ebene 5: z. B.: *Gemeinsame Sitzung* der rivalisierenden Teams: Konflikt thematisieren, Erwartungen klären, Regeln der Zusammenarbeit vereinbaren

Ebene 6: z. B.: *Erwartungen der Gruppe* an das Management *formulieren* und vortragen; unterschiedliche Werthaltungen thematisieren und Konsens anstreben; Stellung der Gruppe in der Organisation klären; Unterstützung im Management suchen

09. Warum muss der Vorgesetzte über das Ergebnis von Gruppenprozessen reflektieren?

Über den Ablauf der Arbeit in Gruppen zu reflektieren, heißt sich Gruppenprozesse bewusst zu machen. Stärken bzw. Schwachstellen im Gruppenprozess zu erkennen und zu analysieren bietet die Möglichkeit, bewusst positive Entwicklungen zu stärken und bei negativen gegen zu steuern. Dazu wird der Vorgesetzte/der Moderator sein *Instrumentarium* einsetzen, z. B.:

- seine Persönlichkeit und Erfahrung
- das Beherrschen der Moderations- und Kommunikationstechniken
- Kenntnisse über Gruppenprozesse und die „Gütekriterien" erfolgreicher Gruppenarbeit
- Strategien zur Konfliktbearbeitung

Lösung zur Übung: Testen Sie Ihre Kreativität!

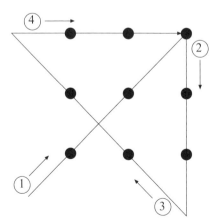

Sie müssen die Geschlossenheit der dargestellten Figur verlassen, um die Aufgabe lösen zu können.

8. Personalentwicklung

──────── *Prüfungsanforderungen:* ────────

Im Qualifikationsschwerpunkt Personalentwicklung soll der Prüfungsteilnehmer nachweisen, dass er in der Lage ist,

- eine systematische Personalentwicklung auf der Basis einer qualitativen und quantitativen Personalplanung durchzuführen,
- Personalentwicklungspotenziale einzuschätzen,
- Personalentwicklungs- und Qualifizierungsziele festzulegen,
- entsprechende Maßnahmen zu planen, zu realisieren und zu überprüfen.

Qualifikationsschwerpunkt Personalentwicklung (Überblick)

8.1 Ermitteln des quantitativen und qualitativen Personalentwicklungsbedarfs

8.1.1 Grundlagen

01. Wie wird Personalentwicklung heute verstanden?

Personalentwicklung (PE) ist die systematisch vorbereitete, durchgeführte und kontrollierte Förderung der Anlagen und Fähigkeiten der Mitarbeiter in Abstimmung mit ihren Erwartungen und den zukünftigen Veränderungen der Tätigkeiten im Unternehmen.

Nach dieser Definition ist Personalentwicklung

- ein systematischer Regelkreis,
- Bestandteil der Organisations- und Unternehmensentwicklung,
- eingebunden in die kurz- und langfristige Zielplanung des Unternehmens und
- hat sich an wirtschaftlichen Zielen und den Erwartungen der Mitarbeiter zu orientieren.

02. Welche Zielsetzungen hat die Personalentwicklung?

- *Hauptziel:*

  Personalentwicklung zielt ab auf die Veränderung menschlichen Verhaltens. Zur langfristigen Bestandssicherung muss ein Unternehmen über die Verhaltenspotenziale verfügen, die erforderlich sind, um die *gegenwärtigen* und *zukünftigen Anforderungen* zu erfüllen, die vom Betrieb und der Umwelt gestellt werden.

- Als *Unterziele* können daraus abgeleitet werden:

  - firmenspezifisch qualifiziertes Personal entwickeln,
  - Mitarbeiter dazu motivieren, ihr Qualifikationsniveau anzuheben (Erweiterung und Aktualisierung von Fachwissen),
  - Mitarbeiterpotenziale erkennen,
  - Flexibilität und innerbetriebliche Mobilität der Mitarbeiter erhöhen,
  - Kompetenzen der Fach- und Führungskräfte verbessern,
  - Zusammenarbeit fördern, (Team- und Kommunikationsfähigkeit),
  - Erhöhung des Qualitätsbewusstseins und Verbesserung der Eigenverantwortlichkeit,
  - Innovationen auslösen und systematisch fördern,
  - Organisations- und Arbeitsstrukturen motivierend gestalten,
  - Berücksichtigung des individuellen und sozialen Wertewandels,
  - Beitrag zur Sicherung der Personalbedarfsdeckung.

03. Wie ist die Personalentwicklung in die Unternehmensentwicklung integriert?

PE vollzieht sich innerhalb der *Organisationsentwicklung* und diese wiederum ist in die *Unternehmensentwicklung* eingebunden. Die Aus-/Fort- und Weiterbildung *ist ein Instrument der Personalentwicklung.*

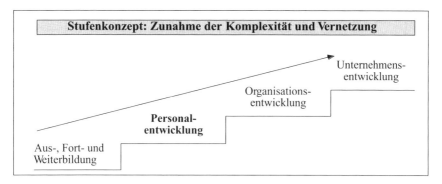

Jedes Element ist Teil einer ganzheitlichen Konzeption. Mit jeder Stufe nehmen Komplexität und Vernetzung zu.

Personalentwicklung muss als Netzwerk begriffen werden, das unterschiedliche Marktentwicklungen mit unterschiedlichen Produkt- und Unternehmenszyklen sowie mit den persönlichen Lebensphasen und Entwicklungsmöglichkeiten der Mitarbeiter verbindet.

In der Praxis muss daher beachtet werden: Jede Personalentwicklung, die nicht in eine ihr entsprechende Organisations- und Unternehmensentwicklung eingebettet ist, führt in eine *Sackgasse,* da sich die Aktivitäten der betrieblichen Bildungsarbeit dann meistens in der Durchführung von Seminaren erschöpfen und lediglich Aktionen „per Gießkanne" praktiziert werden.

04. Welche Elemente und Phasen enthält ein Personalentwicklungskonzept?

Jedes Personalentwicklungskonzept geht immer von zwei Grundelementen aus – nämlich den *Stellendaten* und den *Mitarbeiterdate*n – und mündet über mehrere Phasen in die Kontrolle der Personalentwicklung (= Evaluierung):

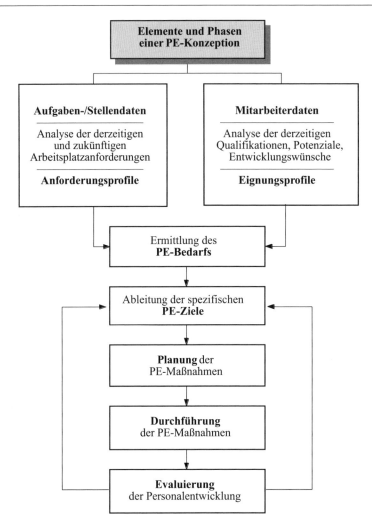

Hinweis:

Im Anhang zu diesem Kapitel finden Sie zur Vertiefung drei Personalentwicklungskonzepte, die von Lehrgangsteilnehmern für die Praxis ihres Betriebes erarbeitet wurden; sie zeigen am konkreten Fall die Systematik der Planung, Durchführung und Evaluierung von PE-Maßnahmen.

05. Was versteht man unter operativer Personalentwicklung?

Als operative Personalentwicklung bezeichnet man alle *kurzfristigen* Maßnahmen, die dazu dienen, *zeitnah* auf betriebliche Probleme zu reagieren.

Beispiele:

(1) Die Stelle eines Facharbeiters in der Fertigung wird vakant, ohne dass dies vorhersehbar war; es muss kurzfristig ein geeigneter Nachfolger gesucht und eingearbeitet werden.

(2) Ein Mitarbeiter des Instandhaltungsteams kündigt. Der Meister hat die Aufgabe, einen neuen Mitarbeiter für diese Aufgabe zu qualifizieren.

(3) In drei Monaten wird der Betrieb eine neue Laserschweißanlage anschaffen. Der Meister hat die Aufgabe, zwei Mitarbeiter aus der Schweißerei auszuwählen und schulen zu lassen.

06. Was versteht man unter strategischer Personalentwicklung?

Der Begriff „Strategie" kommt von dem griechischen Wort „strategos" und bedeutet Heerführerschaft. In der Betriebswirtschaftslehre spricht man dann von Strategien, wenn es darum geht, grundsätzliche Entscheidungen von längerfristiger Bedeutung zu treffen.

Strategische Personalentwicklung ist *also vorbeugend*, *grundsätzlich* und *langfristig* angelegt. Sie ist ein Ergebnis der strategischen Unternehmensplanung.

In der strategischen Unternehmensplanung geht es um die Ermittlung zukünftiger Geschäftsfelder und die Planung von Erfolgsfaktoren der Zukunft:

> *„In welchen Märkten mit welchen Produkten wollen wir morgen tätig sein?"*

Die strategische Personalentwicklung ist Sache der Unternehmensleitung. Aber auch für mittlere Führungskräfte wie den Meister besteht die Notwendigkeit, einen Teilbeitrag zur strategischen Personalentwicklung zu leisten:

Jede Führungskraft muss in ihrem Funktionsfeld analysieren, welche Positionen langfristig für den Erhalt der Wertschöpfung von zentraler Bedeutung sind. Man bezeichnet derartige Stellen als *Erfolgspositionen*. Dafür muss der Meister die derzeitigen und zukünftigen Aufgaben und Anforderungen kennen und sicherstellen, dass geeignet qualifizierte Mitarbeiter rechtzeitig zur Verfügung stehen.

Beispiele:
(1) Ein Unternehmen stellt Spezialbehälter für flüssige Stoffe her. Besonderes Qualitätsmerkmal der Produkte ist das Fertigen der Schweißnähte und deren zerstörungsfreie Kontrolle. Da die Absatzentwicklung steigende Tendenz verzeichnet, wird es erforderlich, innerhalb von sechs Monaten eine weitere Stelle „PT 1-Prüfer" (zerstörungsfreie Schweißnahtprüfung) einzurichten und einen Mitarbeiter für diese Befähigung zu schulen.

(2) Eine der Erfolgspositionen in einer Zuckerfabrik ist die Stelle des Lademeisters. Er steuert und kontrolliert u. a. die ausgehenden Lkw-Ladungen hinsichtlich der Zuckerkörnung. Geringe Abweichungen in der Körnung führen beim Kunden – z. B. einem Konfitürenhersteller – zu Stillständen in der Produktion. Die Fehllieferung muss dann kurzfristig und auf eigene Kosten durch eine einwandfreie Charge ersetzt werden. Da der derzeitige Lademeister 59 Jahre alt ist, muss für diese Erfolgsposition rechtzeitig ein geeigneter Nachfolger ausgewählt und qualifiziert werden.

(3) In einem Unternehmen des Textilmaschinenbaus gibt es derzeit 25 Außendienstmonteure. Diese Mitarbeiter verfügen über eine Berufsausbildung in der Metallbearbeitung und/oder der Elektrotechnik/Elektronik. Nach Abschluss ihrer Ausbildung als Facharbeiter werden sie unternehmensintern einige Jahre in der Montage eingesetzt. Nach weiteren Qualifizierungsmaßnahmen (Sprachen, Schulungen der Inbetriebnahme und Behebung von Störfällen) werden sie weltweit als Außendienstmonteure in Indien, den USA usw. eingesetzt. Die Einarbeitung und Qualifizierung dieser Monteure kostet in drei Jahren ca. 130.000 € pro Mitarbeiter.

Der selbstständig arbeitende Außendienstmonteur gehört zu den Erfolgspositionen auf der Ebene der Facharbeiter. Die zuständigen Meister müssen frühzeitig Vorsorge treffen, dass diese Positionen zahlenmäßig und qualitativ ausreichend besetzt werden können.

07. Welche Beispiele lassen sich für Erfolgspositionen auf der Facharbeiterebene anführen?

Weitere Beispiele für strategische Erfolgspositionen auf der Facharbeiterebene, die für die Personalentwicklungsarbeit des Meisters relevant sein können:

Funktionsfeld: →	*strategische Erfolgsposition:*	→ *Anforderungen u. a.:*
Montage →	Außendienstmontage	- Spezialkenntnisse und Befähigungen für Anlage X - langjährige Erfahrung in der Montage - Technisches Englisch
Fertigung →	Laserschweißanlage	- Schweißerpass XY - PT 1-Prüfung - Kenntnis der Arbeitssicherheitsvorschriften bei der Arbeit an Hochleistungslasern
→	Schichtführer Vorarbeiter	- Kenntnis der Fertigungsverfahren - Mitarbeiterführung - Erfahrungen in neuen Formen der Gruppenarbeit
Forschung/ Entwicklung →	Gerätefeinmechaniker	- Anfertigen feinwerktechnischer Apparaturen nach Vorgaben des wissenschaftlichen Personals im Labor

Als **Übung** im Lehrgang eignet sich hier die Bearbeitung der Fragestellung:
Beschreiben Sie zwei strategische Erfolgspositionen auf der Facharbeiterebene Ihres Unternehmens und begründen Sie, warum ein strategischer Personalentwicklungsbedarf vorliegt.

8.1.2 Personalbedarfsermittlung → 7.1.2

Hinweis:
Die Methoden der Personalbedarfsermittlung werden ausführlich im Qualifikationsschwerpunkt Personalführung, Ziffer 7.1 behandelt (Überschneidung im Rahmenplan) und daher an dieser Stelle nur knapp wiederholt.

01. Wie wird die Ermittlung des Personalbedarfs durchgeführt?

• Jede *quantitative Personalbedarfsermittlung* vollzieht sich in drei Schritten:

1. Schritt: Ermittlung des *Bruttopersonalbedarfs* (Aspekt „Stellen"):
Der gegenwärtige Stellenbestand wird aufgrund der zu erwartenden Stellen zu- und -abgänge „hochgerechnet" auf den Beginn der Planungsperiode. Anschließend wird der Stellenbedarf der Planungsperiode ermittelt.

2. Schritt: Ermittlung des fortgeschriebenen Personalbestandes (Aspekt „Mitarbeiter"):
Analog zu Schritt 1 wird der Mitarbeiterbestand „hochgerechnet" aufgrund der zu erwartenden Personalzu- und -abgänge.

3. Schritt: Ermittlung des Nettopersonalbedarfs (= „Saldo"):
Vom Bruttopersonalbedarf wird der fortgeschriebene Personalbestand subtrahiert.

Man verwendet folgendes *Berechnungsschema:*

Lfd. Nr.		Berechnungsgröße	Zahlen-beispiel
1		Stellenbestand	250
2	+	Stellen-Zugänge (geplant)	3
3	–	Stellenabgänge (geplant)	– 6
4	=	**Bruttopersonalbedarf**	247
5		Personalbestand	248
6	+	Personal-Zugänge (sicher)	12
7	–	Personal-Abgänge (sicher)	– 5
8	–	Personal-Abgänge (geschätzt)	– 3
9	=	Fortgeschriebener Personalbestand	252
10		**Nettopersonalbedarf (Zeile 4 ./. Zeile 9)**	– 5

Im vorliegenden Beispiel besteht ein Freisetzungsbedarf von fünf Mitarbeitern (auf Vollzeitbasis).

• Zur *Prognose des Bruttopersonalbedarfs* (Aspekt „Stellen") bedient man sich verschiedener Verfahren. Grundsätzlich unterscheidet man dabei Verfahren der globalen Bedarfsprognose sowie der differenzierten Bedarfsprognose (vgl. dazu im Einzelnen Ziffer 7.1.2).

- Als *Methoden/Techniken zur Berechnung des fortgeschriebenen Personalbestandes* (Aspekt „Mitarbeiter") werden eingesetzt: Abgangs-/Zugangsrechnung, Verfahren der Beschäftigungszeiträume, Statistiken und Analysen der Belegschaftsentwicklung (Einzelheiten vgl. Ziffer 7.1.2).

Die *quantitative Ermittlung des Personalbedarfs*, d. h. die Berechnung des *Nettopersonalbedarfs*, verwendet also folgendes Berechnungsschema bzw. folgende Verfahren:

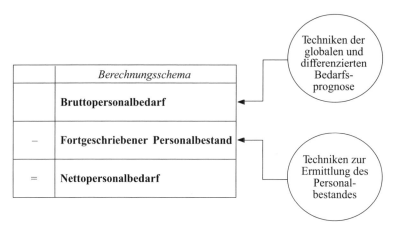

02. Welche internen und externen Einflussfaktoren bestimmen das Ergebnis der quantitativen Personalbedarfsermittlung?

Eine fundierte Personalplanung steht und fällt in ihrem Aussagewert mit der Qualität der erhobenen internen und externen Daten. Man spricht auch von internen und externen Bestimmungsgrößen (Determinanten). Beispielhaft lassen sich folgende interne und externe Faktoren nennen, von denen das Ergebnis der Planung abhängt:

| Determinanten der Personalplanung ||
Externe Faktoren, z. B.	**Interne Faktoren,** z. B.
- Marktentwicklung	- Unternehmensziele
- Technologiewandel	- Investitionen
- Arbeitsmarkt	- Fluktuation
- Arbeitszeiten	- Altersstruktur
- Sozialgesetze	- Fehlzeiten
- Tarifentwicklung	- Arbeitszeitsysteme
- Alterpyramide	- Qualifikationsniveau
- demografische Entwicklung	

03. Wie wird der qualitative Personalbedarf ermittelt?   → 7.1.1

Nach der Berechnung des *quantitativen* Personalbedarfs ist im nächsten Schritt der *qualitative Personalbedarf* zu ermitteln:

Der erforderliche Nettopersonalbedarf, d. h. die „Planung nach Köpfen", ist mit den erforderlichen Qualifikationen zu verknüpfen. Dabei kann der Ansatz relativ grob sein, indem z. B. nur eine Unterscheidung in „ungelernte Mitarbeiter, angelernte Mitarbeiter und Facharbeiter" vorgenommen wird.

Präziser und aussagefähiger wäre z. B. eine *Differenzierung nach Berufsabschlüssen*, z. B. Mechatroniker, Industriemechaniker, Zerspanungsmechaniker, Anlagenmechaniker sowie eine Ergänzung spezieller Erfahrungen und persönlicher Eigenschaften.

04. Wie wird der Personalentwicklungsbedarf ermittelt? → 7.3.1

Der Personalentwicklungsbedarf ergibt sich als Differenz zwischen dem Sollprofil der Stelle (= *Anforderungsprofil*) und dem Istprofil (= *Eignungsprofil*) des infrage kommenden Mitarbeiters.

Dabei sind vorhandene *Entwicklungspotenziale* und berechtigte *Entwicklungswünsche* des Mitarbeiters zu berücksichtigen.

8.2 Festlegen der Ziele für eine kontinuierliche und innovationsorientierte Personalentwicklung

8.2.1 Bedeutung der Personalentwicklung für den Unternehmenserfolg

01. Welche Bedeutung hat eine systematische Personalentwicklung für den Unternehmenserfolg?

- *Aus betrieblicher Sicht:*
  Die Unternehmen verbinden heute mit den Maßnahmen der Personalentwicklung folgende „Nutzenerwartungen":

  - Erhaltung und Verbesserung der Wettbewerbsfähigkeit durch Erhöhung der Fach-, Methoden- und Sozialkompetenz der Mitarbeiter,
  - Verbesserung der Mitarbeitermotivation und Erhöhung der Arbeitszufriedenheit,
  - Verminderung der internen Stör- und Konfliktsituationen,
  - größere Flexibilität und Mobilität von Strukturen und Mitarbeitern,
  - Verbesserung der Wertschöpfung.

- *Für den Mitarbeiter* bedeutet Personalentwicklung, dass er

  - ein angestrebtes Qualifikationsniveau besser erreichen kann,
  - bei Qualifikationsmaßnahmen i. d. R. seine Arbeit nicht aufgeben muss,
  - seinen „Marktwert" und damit seine Lebens- und Arbeitssituation systematisch verbessern kann.

Die generelle Bedeutung einer systematisch betriebenen Personalentwicklung ergibt sich heute auch aus der Globalisierung der Märkte:

- Kapital- und Marktkonzentrationen auf dem Weltmarkt lassen regionale Teilmärkte wegbrechen. Veränderungen der Wettbewerbs- und Absatzsituation sind die Folge.

- Die Möglichkeiten der Differenzierung über Produktinnovationen nimmt ab; gleichzeitig nimmt die Imitationsgeschwindigkeit durch den Wettbewerb zu.

Umso wichtiger ist es für die Unternehmen, sich auf die Bildung und Förderung interner Ressourcen zu konzentrieren, die nur schwer und mit erheblicher Verzögerung imitiert werden können. Die Qualifikation und Verfügbarkeit von Fach- und Führungskräften spielt eine zentrale Rolle im Kampf um Marktanteile, Produktivitätszuwächse und Kostenvorteile.

> *Personalentwicklung ist ein kontinuierlicher Prozess, der bei systematischer Ausrichtung zu langfristigen Wettbewerbsvorteilen führt.*

02. Welche Bedeutung haben die Regeln von Salvador Minuchin für die Personalentwicklung?

Erfolgreiche Personalentwicklungsarbeit führt zu einer Veränderung im Denken und Handeln der Mitarbeiter und hat Umstrukturierungen der betrieblichen Aufbau- und Ablauforganisation zur Folge:

Einerseits muss sich das Unternehmen dynamisch und flexibel auf geänderte Ziele und neue Markterfordernisse einstellen. Andererseits existiert die Erfahrung, dass eine permanente Veränderung der Organisation die Kontinuität und Stabilität eines Unternehmens gefährdet: Nach einem realisierten Veränderungsprozess, z. B. Einführung der Gruppenarbeit in der Fertigung, müssen die Mitarbeiter Gelegenheit haben, mit den neuen Arbeitsabläufen Erfahrungen zu sammeln, Schwachstellen zu beheben und alte Gewohnheiten abzulegen.

Grundsätzlich bestehen also in der Entwicklung von Unternehmen (Systemen) immer zwei extreme Möglichkeiten:

- Entweder das System lässt *zu wenig Veränderung* zu und wird damit zu *starr* oder
- das System verändert sich *zu schnell* und *verliert* damit seine *Stabilität.*

Dieser theoretische Ansatz von Salvador Minuchin wurde ursprünglich für die Familientherapie entwickelt und später auf die betriebliche Organisationslehre übertragen.

Bezogen auf die Personalentwicklung können folgende Grundsätze abgeleitet werden:

• *Erfolgreiche Personalentwicklungsarbeit ist eine Balance zwischen Flexibilität und Veränderung sowie Kontinuität und Stabilität!*

• *Dabei gilt: „Annäherung kommt vor Neustrukturierung!"*
  (Regel von Salvador Minuchin)

03. Wie kann der Meister die Ziele von PE-Maßnahmen arbeitsnah gestalten?

Die Zielplanung ist die zweite Phase innerhalb eines Personalentwicklungs-Konzepts; sie wird eingeteilt in die Planung der Leistungsziele, der Prozessziele und der Ressourcenziele:

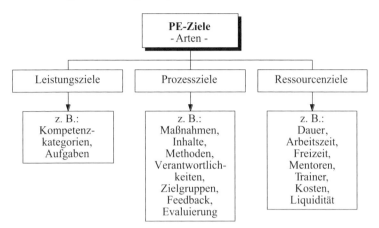

- *Leistungsziele* beschreiben, was im Rahmen einer Qualifizierung zu lernen ist. Man unterscheidet hier:

  - *Kompetenzfelder* (Fach-, Methoden-, Sozialkompetenz) und
  - *Lernzielkategorien* (kognitive, affektive, psychomotorische Lernziele)

- *Prozessziele* enthalten Aussagen über die Art und Weise, wie bei der Qualifizierung vorgegangen werden soll:

  - Welche Maßnahmen?
  - Welche Methoden sollen eingesetzt werden?
  - Intern/extern?
  - Wer ist für welche Aktivität verantwortlich?
  - Wie wird die Erfolgskontrolle (Evaluierung) durchgeführt?
  usw.

- *Ressourcenziele* zeigen, welche personellen, finanziellen und zeitlichen Rahmenbedingungen gelten, z. B.:

  - Welche Kosten entstehen für die Qualifizierung?
  - Welche Kostenstelle wird belastet?
  - Wer unterstützt intern die Lern- und Umsetzungsprozesse?
  - Wann findet die Qualifizierung statt? Freizeit und/oder Arbeitszeit?

Beispiel: Die Z-GmbH ist ein Kleinunternehmen der Metallbearbeitung mit 35 Mitarbeitern. Der Auftragseingang ist ansteigend, sodass ein Mitarbeiter der Fertigung ausgewählt und an der Bedienung der CNC-Maschine eingearbeitet werden soll. Bisher beherrschen nur der Inhaber und der Mitarbeiter Huber diese Maschine:

(1) *Leistungsziele:*
Der Mitarbeiter aus der Fertigung muss die erforderliche *Fachkompetenz* erwerben; dazu sind ihm Kenntnisse der CNC-Technik zu vermitteln (→ *kognitives Lernziel*) und er muss lernen, die CNC-Maschine zu beherrschen (→ *psychomotorisches Lernziel*).

Daneben muss der Mitarbeiter sich in das für ihn neue Arbeitsteam integrieren (→ Sozialkompetenz → *affektives Lernziel*).

(2) *Ressourcenziele:*
Mit der Planung der „Ressourcenzielen" ist gemeint, welcher finanzielle und personelle Aufwand mit der PE-Maßnahme verbunden ist: Die Maßnahmen der Schulung und Einarbeitung für den Mitarbeiter -sollen mit möglichst geringen Kosten verbunden sein. Der Lieferant der CNC-Maschine berechnet für die 14-tägige Schulung pauschal 3.000 €. Die auswärtige Unterbringung ist bei geringen Kosten im Schulungszentrum des Lieferanten möglich. Die Ausbildung erfolgt während der Arbeitszeit und wird vergütet. Bei Überschreitung von täglich acht Stunden erfolgt keine weitere Vergütung lt. Arbeitsvertrag. Der Inhaber sowie Herr Huber haben die zeitlich-organisatorischen Voraussetzungen geschaffen und steuern den Einarbeitungsprozess.

(3) *Prozessziele:*
Ein Prozess ist die strukturierte Abfolge von Ereignissen zwischen einer Ausgangs- und einer Ergebnissituation. Bei der Formulierung der Prozessziele für den Mitarbeiter geht es um folgende Festlegungen:

- Welche *Maßnahmen* mit welchen Lerninhalten sind zu planen?
  → u. a.: externe Schulung beim Lieferanten und intern vor Ort.
- Welche *Methoden* werden bei den Lernprozessen eingesetzt?
  → u. a.: Lehrvortrag und Unterweisung beim Lieferanten; Unterweisung vor Ort.
- Wie erfolgt die *Lernerfolgskontrolle* (Evaluierung)?
  → Kognitive Lerninhalte können z. B. mithilfe eines Abschlusstests beim Lieferanten überprüft werden; die zu erlernenden Fertigkeiten werden vor Ort vom Inhaber bzw. Herrn Huber an der Maschine bei simulierter Auftragsausführung überprüft.

04. Welche Kompetenzfelder gibt es?   → 7.3.1

Kompetenz hat hier die Bedeutung von „Befähigung"; bezogen auf die Befähigungsinhalte unterscheidet man folgende *Kompetenzfelder:*

- *Fachkompetenz:*
  = *fachliche Qualifikationen/Sachkenntnisse,* z. B.: Schweißverfahren; Grundlagenkenntnisse der Hydraulik und Pneumatik; Beherrschen von Drehautomatensystemen; Grundlagen der Instandhaltung.

- *Methodenkompetenz:*
  = *überfachliche Qualifikationen* = Beherrschen von Methoden und Techniken der Präsentation, Moderation, Entscheidungsfindung, Analyse, Problemlösung usw., z. B.: Wertanalyse, Mindmapping, Techniken der Visualisierung, Moderation von Gruppengesprächen, Präsentationstechnik.

- *Sozialkompetenz:*
  = *soziale Qualifikationen* = nicht fachliche Qualifikationen = Fähigkeit, mit anderen konstruktiv in Kontakt zu treten, z. B.: Fähigkeit zur Kommunikation, Kooperation, Integration; soziale Verantwortung für das eigene Handeln übernehmen; Führungskompetenz ist Teil der Sozialkompetenz.

- *Handlungskompetenz:*
  Umschließt als Obergriff die Fach-, Methoden- und Sozialkompetenz und bezeichnet die Fähigkeit, sich beruflich und privat sachlich angemessen sowie individuell und gesellschaftlich verantwortungsvoll zu verhalten.

05. Was sind Schlüsselqualifikationen?

Damit sind Qualifikationen gemeint, die relativ *positionsunabhängig* und *langfristig* von Bedeutung sind, z. B. die Moderation, d. h. die Fähigkeit, Gruppenaktivitäten ausgewogen steuern zu können; ähnlich: Präsentationsfähigkeit, Führungsfähigkeit, analytisches Denken. Schlüsselqualifikationen sind die Basis („der Schlüssel") zum Erwerb spezieller Fachqualifikationen.

06. Welche Lernzielkategorien gibt es?

- *Kognitive* Lernziele:
  betreffen die geistige Wahrnehmung: Kenntnisse, Wissen; z. B.: Kenntnis der Sicherheitsvorschriften, Beherrschen der Zuschlagskalkulation.

- *Affektive* Lernziele:
  beziehen sich auf die Veränderung des Verhaltens und der Gefühle, z. B.: Einsicht in die Notwendigkeit der Teamarbeit, Respektieren der Meinung anderer sowie seine eigene Meinung überzeugend vertreten.

- *Psychomotorische* Lernziele:
  Umfassen den Bereich der körperlichen Bewegungsabläufe; z. B.: Bedienen eines Gewindeschneiders, Anfertigen einer Schweißnaht, Zweihandbedienung einer Presse.

07. Wie unterscheidet man Qualifizierungsvorgänge im Lernfeld und im Funktionsfeld?

- Als *Lernfeld* bezeichnet man den Ort, an dem sich Lernen außerhalb des Arbeitsplatzes vollzieht; Beispiele: Lernen im Seminar, im Lehrgang, in der Schulung beim Lieferanten.

- Als *Funktion* bezeichnet man in der Betriebswirtschaftslehre die Betätigungsweise und die Leistung von Bereichen eines Unternehmens. So unterscheidet man im Wesentlichen die betrieblichen Funktionen: Leitung, Beschaffung, Fertigung, Materialwirtschaft usw.

- Das *Funktionsfeld* ist ein Teilbereich einer betrieblichen Funktion; beispielweise lässt sich die Fertigung gliedern in die Funktionsfelder Materialdisposition, Arbeitsplanung, Dreherei, Schweißerei, Lackieren, Montage 1, Montage 2, Lager usw.

  Lernen im Funktionsfeld bedeutet also Lernen vor Ort, am zugewiesenen Arbeitsplatz.

08. Welcher Zusammenhang besteht zwischen Lernzielkategorien, Kompetenzfeldern und dem Leistungserfolg eines Mitarbeiters?

Die *Lernzielkategorie* legt den Inhalt der Qualifizierung fest: „Der Mitarbeiter soll nach der Unterweisung die Bedeutung der Sicherheitsvorschrift XYZ erkennen und sie bei der Maschinenbedienung einhalten." → kognitives und affektives Lernziel.

Das *Kompetenzfeld* beschreibt, welche Befähigung erweitert werden soll. Im vorliegenden Beispiel wird durch die Unterweisung die Fachkompetenz verbessert.

Kompetenz (das „Können") ist die Grundlage der *Leistungsfähigkeit*. Sie ist notwendig, aber nicht hinreichend. Hinzukommen muss die *Leistungsbereitschaft* (das „Wollen") des Mitarbeiters und die Motivation durch den Vorgesetzten. Die nachfolgende Abbildung zeigt den Zusammenhang:

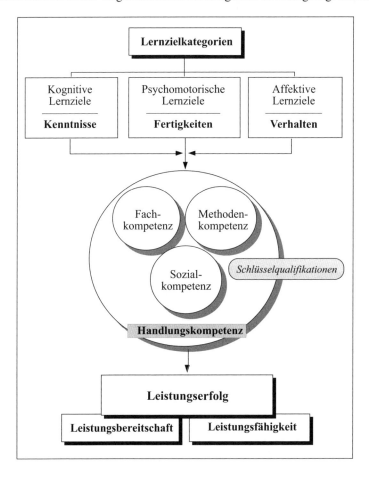

09. Wie wirkt das betriebliche Umfeld auf das Verhalten der Mitarbeiter im Verlauf von PE-Prozessen?

→ 7.6.1

Der Erfolg von Personalentwicklungs-Maßnahmen ist eng mit dem betrieblichen Umfeld verknüpft; es kann sich positiv oder hemmend auf das Verhalten der Mitarbeiter im PE-Prozess auswirken; dazu einige ausgewählte Beispiele:

(1) *Auswirkungen des Führungsstils:*
Verhaltensänderung ist nur dann möglich, wenn der Mitarbeiter aktiv in den PE-Prozess einbezogen wird. Der Mitarbeiter muss zum unmittelbar Beteiligten werden, um sich ändern zu können. Dabei kann es nicht darum gehen, seine Gesamtpersönlichkeit zu verändern; „erlaubter" Ansatz der PE ist immer, Teilkorrekturen im Verhalten des Mitarbeiters vorzunehmen (z. B. sein Verhalten zu anderen, sein Verhalten bei der Erfüllung seiner Aufgaben). Dies erreicht der Vorgesetzte durch einen sachorientierten und zugleich mitarbeiterorientierten Führungsstil (vgl. das Modell von Blake/Mouton, Ziffer 7.6.1).

(2) *Auswirkungen der Gruppennormen:*
Neu erlernte Verhaltensmuster im Rahmen einer PE-Maßnahme müssen sich festigen und bewähren. In der betrieblichen Praxis ist das nur möglich, wenn sie zugelassen werden (von der Gruppe, vom Vorgesetzten). Beispielsweise muss das (veränderte) Verhalten eines Mitarbeiters, zukünftig bei der Lösung von Konflikten konstruktiv vorzugehen, von seinen Kollegen mitgetragen werden. Neue Verhaltenswerte des Einzelnen müssen mit den Normen der Gruppe in Einklang gebracht werden und korrespondieren. Geschieht dies nicht, wird der einzelne zu den (alten) Verhaltensmustern der Gruppe zurückkehren.

> *Die Umsetzung von Erlerntem (Transfer) kann am Gruppendruck scheitern.*

→ 7.6.2

(3) *Auswirkungen der Organisationsstruktur:*
PE ist ein ganzheitlicher Ansatz und umfasst auch die Veränderung der Arbeitsstrukturen.

> *Die im Lernfeld neu erworbenen Qualifikationen lassen sich nur dann erfolgreich in das Funktionsfeld übertragen, wenn auch in der Organisationsstruktur notwendige Veränderungen durchgeführt werden.*

10. Wie können neu erworbene Fähigkeiten und Fertigkeiten bei weiteren Qualifizierungen berücksichtigt werden?

Mitarbeiter erreichen aufgrund ihrer unterschiedlichen Ausgangsbasis (vorhandenes Wissen und Können sowie erbliche Veranlagung) bei gleichen Lerninhalten und Maßnahmen unterschiedliche Ergebnisse. Diese Erfahrungen mit dem Mitarbeiter sollte der Vorgesetzte auswerten und bei der Planung zukünftiger Trainings berücksichtigen. Dazu eignen sich z. B. folgende Fragestellungen:

- Welche Flexibilität zeigte der Mitarbeiter im Lernprozess?
- War die Einarbeitungszeit bei neuen Aufgaben angemessen?

- Liegen die Stärken des Mitarbeiters mehr im kognitiven, psychomotorischen oder im affektiven Bereich?
- Welche Lernzuwächse des Mitarbeiters lassen sich für zukünftige Qualifizierungen nutzbringend einsetzen?

Beispiel: Die Lohn- und Gehaltsabrechnung soll zu einem Servicecenter umgestaltet werden: Alle Mitarbeiter der Lohn- und Gehaltsabrechnung erhalten einen festen Kreis von Mitarbeitern des Unternehmens, die sie direkt betreuen. Aufgrund dessen müssen die Sachbearbeiter zukünftig kundenorientierte Gespräche führen können und Tagesfragen zur Abrechnung und zu allgemeinen Fragen des betrieblichen Geschehens beantworten können. Es besteht die Notwendigkeit, die Sachbearbeiter in ihrer Fachkompetenz und in ihrem Kommunikationsverhalten zu trainieren. Verbunden damit ist eine organisatorische Umgestaltung der Abläufe und der Raumaufteilung.

Im Verlauf der Trainingsmaßnahme zeigt Herr J. Kerner folgendes Verhalten: Seine Lern- und Leistungszuwächse im kognitiven Bereich sind beachtlich. Insbesondere bei der Einweisung in das neue SAP-Abrechnungsprogramm übernimmt er schrittweise spezielle Aufgaben: Einrichtung der Daten, Überprüfung der Dialogprozesse u. Ä. Am Kommunikationstraining zeigt er wenig Interesse; die Notwendigkeit wird von ihm angezweifelt. Es fällt ihm schwer, die Kommunikationsübungen wirksam durchzuführen.

Wir machen aus Platzgründen einen zeitlichen Sprung in der Entwicklung: Der Vorgesetzte entschied sich nach längeren Überlegungen und Gesprächen, Herrn J. Kerner das neue Aufgabengebiet „Statistik, Dokumentation und Datenpflege sowie Vorbereitung der dv-gestützten Personalplanung" zu übertragen. Kerner war in dieser Tätigkeit erfolgreich; sein Interesse an der Arbeit wuchs und er entwickelte Eigeninitiative bei der Aufgabenerfüllung.

8.2.2 Ziele der Personalentwicklung

01. Wie müssen Personalentwicklungs-Ziele festgelegt bzw. vereinbart werden?

Nachdem die Ziele eines PE-Prozesses zugeordnet und fixiert wurden, müssen sie dem Mitarbeiter bekannt gemacht werden. Nur wenn er die Ziele kennt und akzeptiert, kann er auf die Realisierung Einfluss nehmen.

Der Vorgesetzte hat zwei Möglichkeiten: Er kann die Ziele ermitteln und dem Mitarbeiter verbindlich vorgeben (*„Zieldiktat"*). Wirksamer ist es jedoch i. d. R., die Ziele mit dem Mitarbeiter gemeinsam zu erarbeiten und mit ihm (in einem machbaren Rahmen) zu vereinbaren (*„Zielvereinbarung"*).

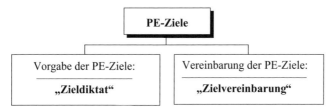

Dieser Teilprozess ist die erste Phase des PE-Gesprächs. Es müssen vorrangig folgende Fragen geklärt werden:

- Welche *Entwicklungsziele* werden angestrebt?
- Welche *Kompetenzfelder* sollen gefördert werden?
- Welche *Lernzuwächse* sind besonders wichtig und müssen in jedem Fall erreicht werden?
- Welche *Maßnahmen* sind geplant?
  - · Wann?
  - · In welcher Zeit?
  - · Mit welchen Mitteln?
  - · Von wem?
- Welche *Führungsverantwortung* hat dabei der Vorgesetzte (Aufgaben: Vorbereitung, Unterstützung, Transferhilfen u. a.) und welche *Handlungsverantwortung* muss der Mitarbeiter übernehmen (Aufgaben: Termine einhalten, Lernziele beachten und erfüllen, den Vorgesetzten über Fortschritte oder Hemmnisse unterrichten usw.)?
- Welche *Teilschritte der Transferkontrolle* werden vereinbart?
  - · Welche Maßstäbe werden angelegt?
  - · Welche Lernzielkategorien werden wie und wann überprüft?

8.3 Durchführung von Potenzialeinschätzungen

8.3.1 Potenzialeinschätzungen als Baustein des Personalentwicklungskonzepts

01. Welchen Stellenwert hat die Potenzialeinschätzung innerhalb der Personalentwicklung?

Jedes Personalentwicklungs-Konzept setzt sich aus mindestens fünf *Elementen* zusammen:

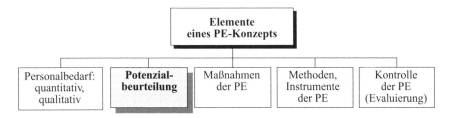

Die *Potenzialbeurteilung* (auch: Potenzialeinschätzung) ist zukunftsorientiert und versucht eine Prognose über die zukünftigen Entwicklungsmöglichkeiten des Mitarbeiters zu treffen. Betriebliche Personalentwicklungsarbeit kann auf die Erfassung der Mitarbeiterpotenziale nicht verzichten.

Im Gegensatz dazu ist die *Leistungsbeurteilung* vergangenheitsbezogen; sie bewertet die Leistung eines Mitarbeiters über einen längeren, zurückliegenden Zeitraum; sie bezieht sich auf die arbeitsplatzrelevanten Merkmale, z. B. Quantität/Qualität der Leistung, Einsatzbereitschaft, Teamfähigkeit, und misst den Grad der Erfüllung von Leistungsanforderungen mithilfe eines geeigneten Maßstabs (Skalierung, z. B.: nicht ausreichend – ausreichend – gut – sehr gut).

02. Welche Bedeutung hat die Potenzialbeurteilung für den Entwicklungsweg des Mitarbeiters?

Die Antwort darauf ist problematisch: Die Prognose über das zukünftige Leistungsverhalten ist mit Unsicherheit und subjektiven Einflüssen verbunden. Dazu einige Hinweise:

- Die Entwicklung eines Menschen im lebenslangen Lernprozess hängt von der Umwelt und seiner genetischen Prägung ab. Es gibt kein eindeutiges Verfahren, Anlagen exakt zu bestimmen. Der Zusammenhang zwischen Anlagen und beruflichem Erfolg ist nicht exakt nachweisbar.

- Mithilfe der Potenzialbeurteilung soll die Eignung für zukünftige Aufgaben ermittelt werden. Der Schluss vom derzeitigen Verhalten auf zukünftiges ist schwierig.

- Bis zur Übernahme einer neuen Aufgabe können im Verlaufe eines PE-Prozesses
  · Wandlungen in der Aufgabenstruktur bzw. den -inhalten sowie
  · Veränderungen im Können und Wollen des Mitarbeiters erfolgen.

Potenzialbeurteilungen sind also mit Schwächen behaftet und unterliegen subjektiven Einflüssen der Beurteiler.

Trotzdem kann man auf diese Form der Beurteilung nicht verzichten. Für die berufliche Entwicklung des Mitarbeiters gibt eine verantwortungsvoll durchgeführte Potenzialbeurteilung wichtige Erkenntnisse:

- Sie ist eine Feedback-Maßnahme und zeigt dem Mitarbeiter, welche Aufgaben und Entwicklungsmöglichkeiten man ihm im Unternehmen „zutraut".

- Sie ermöglicht dem Mitarbeiter seine Selbsteinschätzung über vermutliche Potenziale mit der Fremdeinschätzung durch das Unternehmen zu vergleichen. Das birgt Konflikte, eröffnet aber auch Chancen, Stärken zu entdecken, die bisher wenig ausgeprägt in Erscheinung traten.

- Erkannte Stärken eines Mitarbeiters können gefördert und auf ihre Entwicklungsfähigkeit hin überprüft werden.

- Die Nutzung bisher „brachliegender" Potenziale motiviert, verstärkt das Selbstvertrauen und schafft Erfolge im Arbeitsleben, die bisher nicht realisiert werden konnten.

> *Im Umkehrschluss führt Potenzialunterdrückung zur Demotivation beim Mitarbeiter und auf der Unternehmensseite zu einer unzureichenden Nutzung der personellen Ressourcen.*

03. Welchen Inhalt haben Potenzialbeurteilungen?

Es gibt keinen Konsens darüber, welche Form und welchen Inhalt Potenzialbeurteilungen haben sollen (Hinweis: Im Rahmenplan wird statt „Form und Inhalt" der Ausdruck „Erscheinungsformen" verwendet).

In der Regel haben Potenzialbeurteilungen folgende Bestandteile:

1. Geeignete *Fragestellungen* zur Potenzialerfassung, z. B.:

   - *Wohin* kann sich ein Mitarbeiter entwickeln?   →   *Entwicklungsrichtung*
   - *Wie weit* kann er dabei kommen?   →   *Entwicklungshorizont*
   - Welche *Potenzialmerkmale* sollen beurteilt werden?   →   *Merkmale*
   - Welche *Veränderungsprognose* wird abgegeben?   →   *Prognose/Bewertung*
   - Welche *Einsatzalternativen* sind denkbar?   →   *Einsatz*
   - Welche *Fördermaßnahmen* sind geeignet?   →   *PE-Maßnahmen*

2. Festlegung geeigneter *Beurteilungsmerkmale*, z. B.:

   - *Fachkompetenz,*
   - *Sozialkompetenz,*
   - *Methodenkompetenz,*
   - *spezielle persönliche Eigenschaften*: Stärken und Schwächen, die als besonders leistungsfördernd oder leistungshemmend angesehen werden, z. B.:
     · Lernbereitschaft,
     · Leistungsbereitschaft (Antrieb),
     · intellektuelle Beweglichkeit,
     · Organisationsgeschick (sich selbst und andere organisieren).

3. Festlegen einer aussagefähigen *Skalierung*:

   Als Ausprägung der Merkmale kann z. B. eine Unterteilung in

stark – mittel – gering – zzt. keine Aussage möglich

   gewählt werden.

Das Ergebnis einer Potenzialbeurteilung wird in einem strukturierten Beurteilungsbogen vertraulich festgehalten (handschriftlich!) und mit dem Mitarbeiter ausführlich besprochen.

In der Praxis muss jedes Merkmal beschrieben werden, damit eine Bewertung durchführbar ist:

Beispiele:

• *Fachpotenzial:*
Fähigkeit des Mitarbeiters, in seinem Fachgebiet höherwertige Aufgaben zu übernehmen. Hinweis: Stützen Sie sich u. a. auf die in der jetzigen Stelle gezeigte Einarbeitungsgeschwindigkeit!

• *Führungspotenzial:*
Ausprägung der Fähigkeiten und Eigenschaften (nicht Fachkenntnisse/Fachfähigkeiten), die die Übernahme von Führungsaufgaben bzw. höherwertigen Führungsaufgaben rechtfertigen: Ziele setzen, delegieren, beim Mitarbeiter Leistung erzeugen, kontrollieren, fördern; Durchsetzungsvermögen, Entschlusskraft, Kontaktfähigkeit, personale Autorität, Selbstvertrauen.

Die nachfolgende Abbildung zeigt den Entwurf einer Stärken-Schwächen-Analyse auf der Basis einer Potenzialbeurteilung:

Potenzialbeurteilung		Stärken-Schwächen-Analyse	
Führungskraft [ ]		*Führungsnachwuchskraft [ ]*	
Name, Vorname:	....	*Stelle/Funktion:*	....
Geburtsdatum	....	*seit:*	....
Familienstand:	....	*Bisherige betriebliche Aufgaben:*	
Stärken/Neigungen		**Schwächen/Abneigungen**	
....		....	
Potenziale			
Fachpotenzial:	Methodenpotenzial:	Führungspotenzial:	Sozialpotenzial:
....	....	....	....
Fördermaßnahmen			
....			
Veränderungsprognose/Einsatzalternativen			
Folgende Aufgaben/Positionen/Entwicklungsschritte sind denkbar:			
Aufgabe/Position:		Zeitpunkt:	
1.		....	
2.		....	
3.		....	
Kommentar, Bemerkungen			
....			
Erstellt am:	....	*Besprochen am:*	....
Unterschriften:	ppa. *Krause*	i. V. *Hurtig*	i. A. *Kantig*

8.3.2 Instrumente und Methoden

01. Welche Instrumente und Verfahren können eingesetzt werden, um Informationen über das Potenzial der Mitarbeiter zu gewinnen?

Die Potenzialermittlung ist stets mit Unsicherheiten behaftet. Daher sollte jede „verlässliche" und relevante Informationsquelle im Unternehmen genutzt werden. Infrage kommen u. a. folgende Instrumente und Verfahren:

1. *Informationsgewinnung durch den unmittelbaren Vorgesetzten* im Rahmen

   - der Leistungsbeurteilung,
   - allgemeiner Betreuungsgespräche (vgl. dazu ausführlich unter Ziffer 7.6.3),
   - eines Gesprächs/Interviews zur Potenzialbeurteilung,
   - eines Förder-/PE-Gesprächs.

   Allein diese Aufzählung zeigt, dass das Gespräch „Vorgesetzter – Mitarbeiter" im Mittelpunkt steht; es liefert unmittelbar, gezielt oder mehr „als Nebenergebnis" Informationen, die für die Potenzialeinschätzung verwertet werden können. Das „Bild" des Mitarbeiters wird im Laufe der Zeit mit jedem weiteren Informationsbaustein umfassender und zuverlässiger.

2. *Informationsgewinnung durch Aussagen des nächsthöheren Vorgesetzten*:

   Der nächsthöhere Vorgesetzte ist zwar nicht unmittelbar vor Ort, kann aber stark subjektive Beurteilungen des direkten Vorgesetzten korrigieren; er hat mehr Abstand zum Geschehen und einen größeren Einblick in betriebliche Zusammenhänge, in Förderungs- und Einsatzmöglichkeiten.

3. *Informationsgewinnung im Rahmen spezieller Aufgabenzuweisung,* z. B.:

   - Bewährung als Stellvertreter,
   - Leistungen bei der Übernahme von Sonderaufgaben,
   - Tätigkeiten in Projektgruppen.

4. *Informationsgewinnung im Rahmen eines Assessmentcenters* (vgl. unten).

02. Welche charakteristischen Merkmale hat das Assessmentcenter?

Das Assessmentcenter (AC) ist ein systematisches Verfahren zur Beurteilung, Auswahl und Entwicklung von Führungskräften. Das AC ist ein zwei- bis dreitägiges Seminar mit dem Ziel, festzustellen, welcher Teilnehmer für eine Führungsposition am besten geeignet ist bzw. welche Qualifizierungsnotwendigkeiten bestehen. Charakteristisch sind folgende Merkmale:

(1) *Mehrere Beobachter*, z. B. sechs Führungskräfte des Unternehmens beurteilen

(2) *mehrere Kandidaten* (i. d. R. zwischen 6 bis 12) anhand

(3) einer *Reihe von Übungen* über ein bis drei Tage.
   Aus dem Anforderungsprofil der Stelle werden die relevanten Persönlichkeitseigenschaften abgeleitet; dazu werden dann betriebsspezifische Übungen entwickelt.

(4) Die *Regeln* lauten:
- jeder Beobachter sieht jeden Kandidaten mehrfach,
- jedes Merkmal wird mehrfach erfasst und mehrfach beurteilt
- Beobachtung und Bewertung sind zu trennen
- die Beobachter müssen geschult sein
- in der Beobachterkonferenz erfolgt eine Abstimmung der Einzelbewertungen
- das AC ist zeitlich exakt zu koordinieren
- jeder Kandidat erhält am Schluss im Rahmen eines Auswertungsgesprächs sein Feedback.

(5) *Typische Übungsphasen* beim AC können sein:
- Gruppendiskussion mit Einigungszwang
- Gruppendiskussion mit Rollenverteilung
- Einzelpräsentation, Einzelinterviews
- Postkorb-Übung, Fact-finding-Übung.

Zeitplan zur Durchführung des Assessmentcenters am ...			
Uhrzeit		*Teilnehmer*	*Beobachter*
09:00 - 09:30	Begrüßung und Einweisung	Zuhören, verstehen	Vortrag
09:30 - 10:30	Gruppendiskussion „RIRAAG"	Diskussion	Beobachtung
			Auswertung 1
10:30 - 11:00	Pause	Pause	Auswertung 1
11:00 - 11:30	Postkorb: Vorbereitung	Lesen, vorbereiten	Vorbereitung
11:30 - 12:30	Postkorb: Durchführung	Bearbeiten	Beobachten
12:30 - 13:30	Mittagspause	Pause	Auswertung 2
13:30 - 16:30	Einzelinterviews, Runde 1	Interview	Auswertung 3
	Einzelinterviews, Runde 2	Interview	Auswertung 3
	Einzelinterviews, Runde 3	Interview	Auswertung 3
	(zeitlich versetzte Pausen)		
16:30 - 18:00	Übung „Kreativität"	Übung	Beobachtung
			Auswertung 4

Ein internes AC im Rahmen der Personalentwicklung sollte nicht nur zur Selektion im Hinblick auf die Besetzung bestimmter Positionen eingesetzt werden, sondern als generelles Instrument zur Potenzialerkennung und Förderung genutzt werden. Es darf keine Gewinner oder Verlierer geben. Das Auswertungsgespräch (Abschluss-Feedback) muss mit Augenmaß und hoher Verantwortung geführt werden. Der Einsatz professioneller Unterstützung ist unbedingt erforderlich. Kosten und Zeitaufwand sind beträchtlich.

8.4 Planen, Durchführen und Veranlassen von Maßnahmen der Personalentwicklung

8.4.1 Maßnahmen der Personalentwicklung

01. Welche Aspekte muss der Industriemeister bei der Umsetzung von PE-Maßnahmen berücksichtigen?

Bei der *Durchführung* vereinbarter Qualifizierungsziele sind die spezifisch erforderlichen Maßnahmen zu planen, zu veranlassen und zu kontrollieren. Der Vorgesetzte muss dabei folgende Aspekte berücksichtigen:

- Welche *Maßnahmen* sind im vorliegenden Fall besonders geeignet?
- Welche *Methoden* und *Instrumente* „passen" speziell zu den angestrebten Entwicklungszielen?

Beispiel: Kognitive Lernziele lassen sich i.d.R. gut in Form von internen oder externen Lehrgängen vermitteln. Bei psychomotorischen Lernzielen wird man meist auf die Unterweisung vor Ort, bei affektiven Lernzielen auf Coaching, Mentoring und/oder gruppendynamische Seminare zurückgreifen. Die Vorbereitung auf höherwertige Führungsaufgaben kann über Methoden wie Stellvertretung, Assistenzaufgaben, Job-Rotation, Job-Enlargement bzw. Mitarbeit in Projektgruppen erfolgen. Veränderungen in der Arbeitsstrukturierung können durch interne Maßnahmen der Teamentwicklung unterstützt werden.

Praxisfall: In einem größeren Unternehmen der Chemieindustrie wurde eine neue biaxiale Reckanlage zur Folienherstellung installiert. Insgesamt mussten 60 Mitarbeiter in der Bedienung und Störfallbeseitigung an der neuen Anlage ausgebildet werden. Externe Dozenten gab es für diesen Spezialfall nicht. Ebenso wenig gab es Trainingsunterlagen auf dem Markt. Man entschied sich, mithilfe eines Medienfachmanns der Muttergesellschaft, einen Trainingsfilm mit Trickzeichnungen (Querschnitte der Anlage usw.) zu erstellen und ein kurzes Trainingsprogramm „selbst zu schreiben". Da die zu schulenden Mitarbeiter im Schichtdienst arbeiteten, wurden zwölf Kleingruppen gebildet und an der neuen Reckanlage vor Ort und im Schulungsraum jeweils 3 x 4 Stunden eingewiesen. Die Maßnahme war erfolgreich: Mit geringen Kosten waren alle Mitarbeiter nach vier Wochen in der Lage, die Maschine fehlerfrei zu bedienen und evtl. auftretende Störungen zu beheben.

Die Entscheidung des Meisters bei der Wahl geeigneter Maßnahmen, Methoden und Instrumente ist vor allem eine Frage

- der angestrebten Entwicklungsziele,
- des jeweiligen Teilnehmerkreises (z. B. einzelne Mitarbeiter oder Gruppen) sowie
- der Ressourcen (z. B. Zeiten, Kosten, Personen, innerbetriebliche Schulungsmöglichkeiten).

Dabei sind die Maßnahmen am betrieblichen Bedarf sowie den berechtigten Interessen der Mitarbeiter auszurichten:

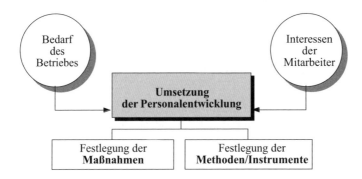

02. Welche Maßnahmen der Personalentwicklung kommen grundsätzlich infrage?

Die Maßnahmen der Personalentwicklung sowie der Aus-, Fort- und Weiterbildung sind vielfältig und lassen sich nach unterschiedlichen Gesichtspunkten klassifizieren; dabei gibt es zwischen den einzelnen Formen Überschneidungen:

(1) Unterscheidung der PE-Maßnahmen *nach der Phase der beruflichen Entwicklung*:

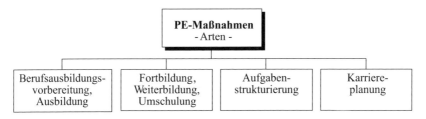

- Als *Maßnahmen der Berufsausbildungsvorbereitung/Ausbildung* kommen z. B. in Betracht:

  - die Berufsausbildung   - die Anlernausbildung
  - die Traineeausbildung   - die Einarbeitung
  - die Übungsfirma   - das Praktikum

- Die *Maßnahmen der Fort- und Weiterbildung* sowie der *Umschulung* können z. B. sein:

  - interne/externe Seminare   - Lernstattmodelle
  - Coaching   - Junior Board
  - generelle Beratung und
    Förderung der Mitarbeiter

- Einige *Maßnahmen der Aufgabenstrukturierung* haben gerade in den letzten Jahren an Bedeutung zugenommen (Stichworte: Lean Management, KVP), z. B.

  - Job-Enlargement, Job-Enrichment, Job-Rotation
  - Bildung von Arbeitsgruppen, Teambildung

- teilautonome Arbeitsgruppen
- Projekteinsatz
- Sonderaufgaben
- Assistentenmodell
- Auslandsentsendung
- Qualitätszirkel
- Stellvertretung

- Als *Maßnahmen der Karriereplanung* (individuell oder kollektiv) kommen z. B. infrage:

- horizontale/vertikale Versetzung
- innerbetriebliche Stellenausschreibung (innerbetrieblicher Stellenmarkt)
- Bildung von Parallelhierarchien
- Nachfolge- und Laufbahnplanung.

Speziell die Möglichkeiten der Fort- und Weiterbildung lassen sich noch nach weiteren Gesichtspunkten untergliedern:

(2) PE-Maßnahmen können in „Aktivitäten des Betriebes" und „selbstständige Maßnahmen des Mitarbeiters" unterteilt werden:

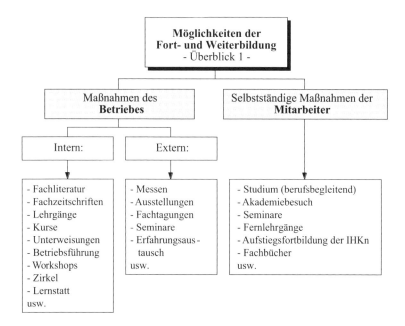

Die Eigeninitiative der Mitarbeiter kann der Betrieb unterstützen; z. B. durch

- finanzielle Zuschüsse zu den Fortbildungskosten,
- Empfehlungen an bestimmte Bildungsträger zur Durchführung spezieller Maßnahmen,
- unterschiedliche Formen der Freizeitgewährung,
- andere Formen der Unterstützung (Bereitstellung von Räumen, Lernmitteln u. Ä.).

(3) Weiterhin lassen sich die Maßnahmen der Fort- und Weiterbildung nach *„Zielsetzung, Inhalt und Dauer"* gliedern:

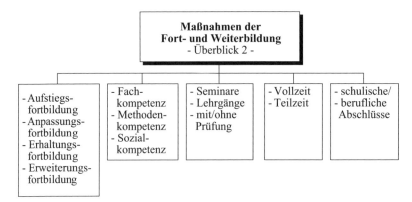

(4) Sehr häufig wird auch eine Unterscheidung der PE-Maßnahmen *„nach der Nähe zum Arbeitsplatz"* vorgenommen:

Personalentwicklung		
on the job *am Arbeitsplatz*	**near the job** *in der Nähe zum Arbeitsplatz*	**off the job** *außerhalb des Arbeitsplatzes*
- Assistenz - Stellvertretung - Arbeitskreis - Projektarbeit - Unterweisung - Job-Enlargement - Job-Enrichment - Job-Rotation - teilautonome Arbeitsgruppe - Auslandseinsatz	- Lernstattmodelle - Zirkelarbeit - Coaching - Mentoring - Entwicklungsgespräche - Ausbildungswerkstatt - Gruppendynamik - Konflikttraining - Übungsfirma - Routinebesprechungen	- Vortrag - Tagung - Fernlehrgang - Förderkreise - Lehrgespräch - Programmierte Unterweisung - Online-Training - CBT - Planspiel - Fallstudie

03. Welche Lehr- und Lernmethoden können bei der Umsetzung von PE-Maßnahmen gewählt werden?

Zwischen den Maßnahmen und den Methoden der Personalentwicklung gibt es zum Teil Überschneidungen; grundsätzlich kann zwischen folgenden Methoden gewählt werden:

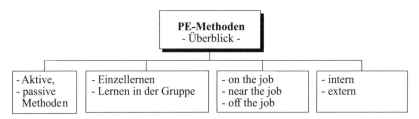

Außerdem ist vielfach eine bestimmte PE-Maßnahme mit einer speziellen Methode verbunden:

Beispiele	Methoden-Mix

(1) In der Berufsausbildung werden vorrangig
 - die Methoden „Unterweisung"
    (4-Stufen-Methode, 7-Stufen-Methode) und
 - die „Leittextmethode" eingesetzt.
	→ aktive Methode, on the job, interaktives
	    Einzellernen oder Lernen in der Gruppe
	 → aktive Methode, off the job, intern
	    oder extern, Lernen in der Gruppe

(2) Trainingsmaßnahmen mit dem Ziel der Verhaltensänderung können in der Regel auf „Rollenspiele" und „gruppendynamische Übungen" nicht verzichten.	→ aktive Methode, Lernen in der Gruppe, off the job, extern

(3) Für die Vermittlung von Fachwissen eignen
 sich z. B. besonders gut die Methoden
 - „Fallbeispiel" oder
 	
 - „Lehrvortrag".
	
	 → aktive Methode, Lernen in der Gruppe,
	    off the job, intern oder extern
	 → passive Methode, Einzellernen, intern
	    oder extern, off the job

04. Welche Medien und Hilfsmittel können im PE-Prozess eingesetzt werden?

Aus der Lerntheorie ist bekannt:

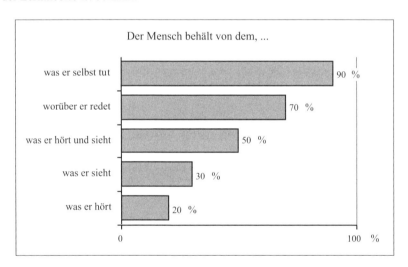

Daraus kann abgeleitet werden:

1. *Aktive Lernmethoden* sind passiven vorzuziehen!

2. Kein Lernvorgang sollte ohne *visuelle Unterstützung* erfolgen!

Außerdem liefert die Lerntheorie drei weitere „Gesetze", die der Meister bei der Umsetzung von PE-Maßnahmen beachten sollte:

3. *Frequenzgesetz:*
   Häufiges Üben eines Lerninhaltes verstärkt den Lernfortschritt!

4. *Effektgesetz* (Erfolgsgesetz):
   Lernen muss mit Erfolgserlebnissen verbunden sein! Man lernt am Erfolg!

5. *Motivationsgesetz:*
   Kein Lernvorgang sollte ohne eine stabile Motivationslage erfolgen!
   Sich bewusst machen, warum lerne ich? Was habe ich davon?

Erfolge im Lernfeld sowie Erfolge im Funktionsfeld bewirken einen Motivationsschub – auch für zukünftiges Lernen.

Der Industriemeister ist bei internen PE-Maßnahmen für die Wahl der Methoden verantwortlich oder zumindest mitverantwortlich. Im konkreten PE-Prozess sind die Lernziele oft unterschiedlich und die Teilnehmer sind meist heterogen zusammengesetzt (Alter, Berufserfahrung, Lerngewohnheit, Bildungsniveau usw.). Der Vorgesetzte muss also darauf hinwirken, dass ein lernförderndes Klima geschaffen wird, z. B.:

- der Teilnehmer „ist dort abzuholen, wo er steht" (seine Erfahrung, sein Wissen, seine Motivation),
- Methoden und Maßnahme müssen sich entsprechen,
- der Praxisbezug ist herzustellen (Nutzen aufzeigen),
- Möglichkeiten zur Umsetzung des Gelernten müssen angeboten werden (Übungen, Fallbeispiele, aktive Lernmethoden, Hilfe zur Selbsthilfe, Handlungsorientierung).

8.4.2 Entwicklungsmaßnahmen nach Vereinbarung

01. Wie müssen Entwicklungsziele und Entwicklungsvereinbarungen umgesetzt werden?

Damit wichtige Punkte bei der Planung und Umsetzung von PE-Maßnahmen nicht verloren gehen, empfiehlt sich der Einsatz einer *Checkliste*:

Checkliste zur Planung und Umsetzung von PE-Maßnahmen		
Schlüsselfrage:	*Planung/Entscheidung/Umsetzung:*	*erledigt?*
Warum?	Lernziele	√
Wer?	Zielgruppe, Mitarbeiter, Teilnehmer	√
Was?	Inhalte	√
Wie?	Methoden, Hilfsmittel	
Wann?	Zeitpunkt, Dauer	
Wo?	Ort (intern/extern)	
Wozu?	erwartetes Ergebnis (Evaluierung)	

8.5 Überprüfen der Ergebnisse aus Maßnahmen der Personalentwicklung

8.5.1 Instrumente der Evaluierung

01. Was versteht man unter Evaluierung?

Evaluierung (auch: Evaluation, Erfolgskontrolle) ist die *Überprüfung und Bewertung von Entwicklungsmaßnahmen* hinsichtlich

- ihres Inputs,
- ihres Prozesses und
- ihres Outputs.

Von zentraler Bedeutung bei der Erfolgskontrolle von PE-Maßnahmen ist der Transfer des Gelernten in die Praxis (Umsetzung vom Lernfeld in das Funktionsfeld). Inhalte und Erfahrungen von Qualifizierungsmaßnahmen, die keinen Eingang in die Praxis finden sind das Geld nicht wert, das sie kosten.

Es müssen daher im Rahmen der Evaluierung folgende *Schlüsselfragen* bearbeitet werden:

- Was sollte gelernt werden?	→ Evaluierung der Lernziele
- Was wurde tatsächlich gelernt?	→ Evaluierung der Lernprozesse und -methoden
- Was wurde davon behalten?	→ Evaluierung des Lernerfolges
- Was wurde davon in die Praxis umgesetzt?	→ Evaluierung des Anwendungserfolges
- In welchem Verhältnis stehen Aufwand und Nutzen zueinander?	→ Evaluierung des ökonomischen Erfolges

Die Evaluierung eines PE-Prozesses ist mehr als die „bloße Kontrolle einer Bildungsmaßnahme". Ebenso wie in anderen betrieblichen Funktionen ist sie ein geschlossenes System von Zielsetzung, Planung, Organisation, Durchführung und Kontrolle – mit den generellen Phasen:

(1) Analyse der Ist-Situation

(2) Zielsetzung (Sollwert)

(3) Vergleich von Soll und Ist (Abweichungsanalyse)   *Evaluierungssystem*

(4) Ursachenanalyse

(5) Entwicklung von Maßnahmen und Methoden

(6) Kontrolle der Wirkung der durchgeführten Maßnahmen

→ **Vgl. Anhang zu diesem Kapitel**

02. Welche Methoden zur Evaluierung können eingesetzt werden?

Zur Erfolgskontrolle von Maßnahmen der Personalentwicklung sind vor allem vier Methoden geeignet:

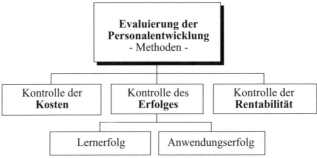

03. Wie wird die Kontrolle des Lernerfolgs durchgeführt?

Die *Kontrolle des Lernerfolgs* (auch: pädagogische Erfolgskontrolle im Lernfeld) wird über die Beantwortung folgender Fragen durchgeführt:

- Was *sollte gelernt* werden?
- Was *wurde gelernt*?
- Was *wurde* davon im Lernfeld *behalten*?

Zu überprüfen sind also beispielsweise die ausreichende und messbare Formulierung der Lernziele, ihre Übermittlung an den Mitarbeiter, der Vergleich der angestrebten Lernziele mit den tatsächlich vermittelten Lernzielen sowie die Wirksamkeit der im Lernfeld eingesetzten Methoden.

Die Absicherung des Lernerfolges wird durchgeführt:

1. *Vor* der Maßnahme: →   *Gespräch* Vorgesetzter – Mitarbeiter:
                                                   Ziele und Inhalte der Maßnahme

2. *Während* der Maßnahme: →   *Tests* oder *Prüfungen*

3. *Nach* der Maßnahme: →   Befragung der Teilnehmer am Schluss der Maßnahme:
                                                   strukturierte oder freie *Seminar- bzw. Lehrgangsbewertung*

                                               →   *Feedback-Gespräche:*

                                               3.1 *Vorgesetzter – Mitarbeiter:*
                                                   - direkt nach Beendigung der Maßnahme
                                                   - im Rahmen von Beurteilungs- und PE-Gesprächen

                                               3.2 *Vorgesetzter – Trainer:*
                                                   Selbsteinschätzung, Fremdeinschätzung der Teil-
                                                   nehmer, Einleitung von begleitenden Maßnahmen zur
                                                   Umsetzung

Der Lernerfolg sagt noch nichts aus über den Anwendungserfolg, d. h. die Umsetzung der Lernzuwächse in der Praxis. Es gilt die Erfahrung aus der Kommunikationslehre:

> *„Gesagt heißt (nicht unbedingt) gehört."*
> *„Gehört heißt (nicht unbedingt) verstanden."*
> *„Verstanden heißt (nicht unbedingt) angewendet."*

Die Umsetzung des Gelernten in die Praxis kann mit folgenden Schwierigkeiten verbunden sein:

- Lerninhalte, vereinbarte Lernziele und Methoden entsprechen sich nicht;

- Lernerfolge führen beim Mitarbeiter erst zu einem späteren Zeitpunkt zu Anwendungserfolgen (z. B. Transferblockaden, Transferhemmnisse);

- die Praxis bietet kurzfristig keine Transfermöglichkeiten: neue Fertigkeiten können im Funktionsfeld nicht sofort erprobt werden.

Daher ist neben der Kontrolle des Lernerfolgs auch die Kontrolle des Anwendungserfolgs durchzuführen.

04. Wie erfolgt die Kontrolle des Anwendungserfolgs?

Die *Kontrolle des Anwendungserfolgs* beantwortet die Frage: „Welche der zu lernenden Inhalte konnten kurz- und mittelfristig in die Praxis umgesetzt werden?"

Die Anwendungskontrolle sollte unmittelbar nach der Qualifizierung im Lernfeld aber auch zu späteren Zeitpunkten erfolgen, da die Mitarbeiter sich in der Transferleistung unterscheiden; sie kann erfolgen über

- Befragung der Mitarbeiter (Selbsteinschätzung),
- Befragung des Vorgesetzten (Fremdeinschätzung),
- Beobachtung und Bewertung im Rahmen der Leistungsbeurteilung,
- Erörterung im Rahmen von PE-Gesprächen:
  · Lernzuwächse im Bereich der Problembewältigung,
  · verbesserte Sensibilisierung für neue Probleme und Lösungsansätze
  · Identifikationszuwächse (für die gestellte Aufgabe; für neu erlernte Methoden)
- Follow-up-Maßnahmen: Arbeits-/Lerngruppen und Anschlussmaßnahmen bieten den Teilnehmern die Möglichkeit, Erfahrungen über den Transfer auszutauschen und zusätzlich erforderliche Maßnahmen einzuleiten.

05. Welche Möglichkeiten der Kostenkontrolle gibt es?

Die *Kostenkontrolle* setzt eine Erfassung aller Kosten voraus, die im Zusammenhang mit der Qualifizierung entstanden sind: Art und Höhe der Kosten sowie Zeitpunkt der Entstehung und verursachende Kostenstelle.

Hinsichtlich der Kostenart lassen sich folgende Beispiele nennen:

- Kosten externer Maßnahmen (off the job), z. B.:
Kursgebühren, Reisekosten, ausgefallene und bezahlte Arbeitszeit, Opportunitätskosten, anteilige Personal- und Verwaltungskosten usw.

- Kosten interner Maßnahmen am Arbeitsplatz (on the job), z. B.:
Unterweisung, Kosten innerbetrieblicher Referenten usw.

- Kosten interner Maßnahmen außerhalb des Arbeitsplatzes (near the job), z. B.:
Raumkosten, Honorare, Lehr- und Lernmittel usw.

- Weitere Kosten können mit PE-Maßnahmen „into the job", „out of the job" und speziellen PE-Maßnahmen verbunden sein, z. B.: Einarbeitungsprogramme, Förderprogramme für Nachwuchskräfte, Auslandsentsendung, Laufbahn-PE. Die Kosten für ausgefallene Arbeitszeiten werden in der Praxis meist in Ansatz gebracht.

Im Rahmen der Kostenkontrolle können Kostenvergleichsrechnungen, Bildungsbudgets sowie Kennziffern (Kosten je Mitarbeiter) erhoben werden.

06. Kann man die Rentabilität einer Personalentwicklungsmaßnahme erfassen?

Die *Kontrolle der Rentabilität* von Qualifizierungsmaßnahmen (auch: *ökonomische Erfolgskontrolle*) wird in der Theorie meist anhand der folgenden Kennziffer dargestellt:

$$\text{Rendite der Qualifizierung} = \frac{[\text{Wert der Qualifizierung} - \text{Kosten (in €)}] \cdot 100}{\text{Kosten der Qualifizierung}}$$

Beispiel (verkürzte Darstellung): Die Anzahl der Kundenreklamationen bei der Montage von Rasenmähern lag in der Berichtsperiode bei 12 pro 1.000 Stück Absatz. In einer Periode werden rd. 35.000 Stück gefertigt. Die Nachbearbeitungskosten pro Reklamation wurden vom Rechnungswesen mit 180,00 € beziffert (inkl. entgangener Gewinne aufgrund eines Negativimages).

Mit einem externen Trainer wurde eine Schulungsmaßnahme zur Qualitätsverbesserung in der Montage durchgeführt. Nach Abschluss der Maßnahme konnte im Laufe von zwei Monaten die Anzahl der Reklamationen auf 3 pro 1.000 Stück Absatz gesenkt werden.

Es entstanden folgende Qualifizierungskosten für die Schulung der 30 Montagemitarbeiter:

- *Feldarbeit* des Trainers im Unternehmen: Diagnose der Probleme und Abläufe	3 Tage à 1.100 €	=	3.300 €
- *Reisekosten* des Trainers:		=	1.080 €
- *Honorar* des Trainers:	2 · 2 Tage à 1.200 €	=	4.800 €
- Ausgefallene *Arbeitszeit*: 30 Mitarbeiter · 16 Std. · 24 €/Std. (Std.satz: inkl. Sozialkosten)		=	11.520 €
- Anteilige *Verwaltungskosten*:		=	5.000 €
Kosten, gesamt:			25.700 €

Der ökonomische Wert der Qualifizierung ist die Differenz zwischen den Reklamationskosten vor und nach der Maßnahme:

Reklamationskosten vor der Maßnahme:	12 · 35.000 : 1.000 · 180,–	=	75.600 €
Reklamationskosten nach der Maßnahme:	3 · 35.000 : 1.000 · 180,–	=	18.900 €
Ökonomischer Wert der Qualifizierungsmaßnahme		=	56.700 €

Daraus ergibt sich:

$$\text{Rendite der Qualifizierung} = \frac{[\text{Wert der Qualifizierung} - \text{Kosten (in €)}] \cdot 100}{\text{Kosten der Qualifizierung}}$$

$$= \frac{(56.700 - 25.700) \cdot 100}{25.700} = 120{,}6\,\%$$

Die Investition in die Qualifizierung hat sich „gelohnt", die Rendite liegt bei 120,6 %. Die Kosten der Qualifizierung betragen ca. die Hälfte des Wertes der Qualifizierung bezogen auf ein Jahr. Daraus lässt sich ableiten: Die Kosten der Qualifizierung fließen bereits nach rd. einem halben Jahr über die eingesparten Reklamationskosten wieder zurück.

Obwohl das oben dargestellte Beispiel plausibel ist, lassen sich in der Praxis die ökonomischen Effekte einer Qualifizierungsmaßnahme oft schwer in Zahlen darstellen.

Der Meister ist also bei der Evaluierung von Personalentwicklungsmaßnahmen überwiegend darauf angewiesen, sich auf die Kontrolle der PE-Kosten sowie die Erfolgskontrolle im Lernfeld und im Funktionsfeld zu stützen.

---

07. Welchen Stellenwert haben Personalentwicklungsgespräche im Rahmen der Evaluierung? Welcher Gesprächsleitfaden ist zu empfehlen?

Das Personalentwicklungsgespräch dient u. a. der Vorbereitung und der Nacharbeit von Qualifizierungsmaßnahmen. Der Meister sollte die einzelnen Phasen der Evaluierung beherrschen und sich an dem folgenden Phasenverlauf orientieren (Leitfaden zur Evaluierung von PE-Maßnahmen):

(1) *Formulierung der PE-Ziele*

(2) *Vorbereitungsgespräch:*
Festlegung/Vereinbarung der Lernziele mit dem Mitarbeiter

(3) *Durchführung der PE-Maßnahme*

(4) *Feedback-Gespräch:*
PE-Gespräch nach Beendigung der Maßnahme; Auswertung; Umsetzungsmaßnahmen

(5) *Umsetzung der Qualifizierungsergebnisse in die Praxis*

(6) *PE-Gespräch zur Transfersicherung*
Sind Follow-up-Maßnahmen erforderlich? Gibt es Hemmnisse bei der praktischen Umsetzung?

Beispiel (verkürzt; Ablauf der Evaluierung): Das Unternehmen X-AG produziert und vertreibt Zellulosederivate weltweit. In sechs Monaten werden in der Fertigung zwei neue biaxiale Reckanlagen zur Folienherstellung angeliefert, die eine Reihe technischer Neuerungen aufweisen sowie eine geänderte Bedienerführung erforderlich machen. Der Einkauf hat in Abstimmung mit der Unternehmensleitung, der Fertigungsleitung und der PE-Abteilung eine zweitägige Qualifizierung durch den Lieferanten ausgehandelt. Der Betriebsrat ist informiert und begrüßt die Maßnahmen. Betroffen sind 160 Arbeiter. Die Steuerung und Kontrolle der Qualifizierungsmaßnahmen im Detail erfolgt durch die zwölf Schichtmeister.

(1) *Formulierung der PE-Ziele:*
Formulierung überprüfbarer Lernziele: „Nach Abschluss der Qualifizierungsmaßnahme soll der Mitarbeiter wissen ... können ... beherrschen ...".
Beteiligte: Einkauf, Fertigungsleitung, Schichtmeister, PE-Abteilung, Betriebsrat.

(2) *Vorbereitungsgespräch:*
Jeder Schichtmeister bespricht mit seinem Team Anlass und Hintergrund der Qualifizierung und vermittelt die Lernziele an seine Mitarbeiter. Er nimmt dabei Erwartungen und ggf. Bedenken der Mitarbeiter entgegen.

(3) *Durchführung der PE-Maßnahme:*
Dreitägige Schulung je Arbeitsgruppe beim Lieferanten; Einsatz geeigneter Methoden; Tests und Kontrollfragen; Verabschiedung eines Leitfadens zur Störungssuche und -behebung.

(4) *Feedback-Gespräch:*
Erörterung des Lernerfolgs; Erfahrungen mit der Schulung durch den Lieferanten; Rückkopplung zu den festgelegten Lernzielen; Verabschiedung von Transfermaßnahmen zur Umsetzung der Lernerfolge am Arbeitsplatz.

(5) *Umsetzung der Qualifizierungsergebnisse in die Praxis:*
Anwendung der Lernzuwächse; Kontrolle und Unterstützung durch den Schichtmeister; Erfahrungsaustausch; Behandlung des Themas in den Schichtwechselgesprächen.

(6) *PE-Gespräch zur Transfersicherung:*
Welche Nachbereitung ist noch erforderlich? Welche Erfahrungen aus dieser Qualifizierungsmaßnahme lassen sich auf zukünftige PE-Projekte übertragen?

8.5.2 Förderung betrieblicher Umsetzungsmaßnahmen

01. Wie sind Entwicklungserfolge der Mitarbeiter umzusetzen?

Entwicklungserfolge der Mitarbeiter müssen vom Meister beobachtet, analysiert und bewertet werden. Sie müssen langfristig zu folgerichtigen Entscheidungen im Sinne der Unternehmensziele und der (berechtigten) Erwartungen der Mitarbeiter führen.

Die Umsetzung der Entwicklungserfolge geschieht auf verschiedenen Ebenen; dabei sind folgende Fragen zu bearbeiten:

(1) *Entwicklungserfolge und Personaleinsatz:*

- Wie können Qualifizierungsergebnisse beim einzelnen Mitarbeiter langfristig durch eine entsprechende Einsatzplanung abgesichert und als Potenzial genutzt werden?
- Werden positive Resultate angemessen im Rahmen von Überlegungen wie Stellvertretung, Job-Enrichment, Nachfolgeplanung und Einrichtung neuer Stellen etabliert?
- Ist die derzeitige Aufgabenstellung des Mitarbeiters langfristig geeignet, die neu erworbene Qualifizierung on the job zu trainieren? (Problem z. B. bei Qualifikationen, die nur selten, dann aber intensiv angewandt werden müssen, z. B.: Sprachkenntnisse, spezielle Elektronikkenntnisse).

(2) *Entwicklungserfolge und Karriere:*

- Welcher Art sind die Qualifizierungserfolge?
- Zeigen sich persönliche Stärken im Lernzuwachs, z. B. hinsichtlich der Lernfelder Methodenkompetenz, Sozialkompetenz, Fachkompetenz?
- Lassen sich daraus längerfristige Karriereüberlegungen ableiten, z. B. als Generalist oder Spezialist, innerhalb der Führungs- oder der Fachlaufbahn?
- Welche Risiken und Grenzen der Entwicklung des Einzelnen wurden aufgrund der durchgeführten Qualifizierungsmaßnahmen sichtbar (z. B. Geschwindigkeit und Umsetzung des Gelernten, Systematik des Lernens; Veränderungsbereitschaft)?
- Wie wird das derzeitige Entwicklungspotenzial langfristig eingeschätzt?
  (eher gering, eher groß? In welchem Zeitraum? In welche Richtung? Bis zu welcher Führungsebene?)
- Welche Personalentscheidungen sind für den Mitarbeiter längerfristig vorzubereiten?

(3) *Entwicklungserfolge und Follow-up:*

- Wann veraltet das erworbene Wissen?
- Wann verändern sich die Umstände/Bedingungen, sodass eine Anpassung erforderlich wird?
- Welche längerfristigen Maßnahmen zur Stabilisierung des Lerntransfers und der praktischen Erfahrungszuwächse müssen ergriffen werden?
  (z. B. Sonderaufgaben, Projektleitung, Auffrischung/Follow-up nach zwei Jahren, Auslandsaufenthalt, Einsatz in einer Tochtergesellschaft; Assessmentcenter nach einem Jahr als Feedback und Transferanalyse).

(4) *Entwicklungserfolge und PE-Methoden:*

- Welche Methoden der Qualifizierung und der Transfersicherung haben sich rückschauend im konkreten Fall bewährt und welche nicht unter Zeit- und Kostengesichtspunkten?

Insgesamt darf nicht vergessen werden:

Das Lernvermögen und die Lernbereitschaft der Mitarbeiter ist aufgrund ihrer Anlagen sowie ihrer beruflichen und privaten Entwicklung unterschiedlich ausgeprägt: Es können Lernhemmnisse vorliegen; die Angst vor Veränderungen kann nicht immer ausreichend abgebaut werden.

Der Meister muss daher bei der Planung und Durchführung von Qualifizierungsmaßnahmen die Grenzen der Mitarbeiter im „Können und Wollen", intellektuell, im Verhalten oder aufgrund gesundheitlicher Einschränkungen hinreichend berücksichtigen.

8.6 Beraten, Fördern und Unterstützen von Mitarbeitern hinsichtlich ihrer beruflichen Entwicklung → AEVO

8.6.1 Faktoren der beruflichen Entwicklung

01. Warum sollte sich der Meister bei der Mitarbeiterförderung an der Berufsausbildung und der schulischen Entwicklung seiner Mitarbeiter orientieren?

In Deutschland fordern das Bildungssystem und die Arbeitswelt in der Regel bestimmte *Schulabschlüsse als Voraussetzung* für den Einstieg in weiterführende Schulen bzw. bei der Wahl bestimmter Berufsbilder. Bei der Zulassung zu Fortbildungsprüfungen der IHK ist im Regelfall eine abgeschlossene Berufsausbildung in einem anerkannten Ausbildungsberuf sowie eine mehrjährige Praxis in diesem Berufsfeld erforderlich.

Beispiele:

Angestrebtes Bildungsziel, z. B.:	Voraussetzung, u. a.:
- Ausbildung im Malerhandwerk	→ Hauptschulabschluss
- Ausbildung als Gas- und Wasserinstallateur	→ Realschulabschluss
- Zulassung zur IHK-Aufstiegsfortbildung Fachwirte/Fachkaufleute und Meister	→ abgeschlossene Berufsausbildung und mehrjährige, einschlägige Praxis

Die *Schulen* vermitteln je nach Schulform und Bildungsbereich Wissen, Fähigkeiten, Fertigkeiten und zum Teil auch Ansätze zur Verbesserung der Sozial- und Methodenkompetenz.

Umfragen des Deutschen Industrie- und Handelskammertages zeigen, dass eine berufliche Ausbildung nach dem dualen System und eine weiterführende Fortbildung, z. B. als Fachwirt, Fachkaufmann, Meister oder Technischer Betriebswirt, *auch den Mitarbeitern Aufstiegschancen für mittlere Führungsebenen öffnen, die nicht über einen Hochschulabschluss verfügen.*

Daraus lässt sich ableiten:

Der Einstieg in die berufliche Qualifizierung ist mit der Überwindung von „Hürden" verbunden; der Aufstieg über weiterführende Fortbildungsmaßnahmen verlangt den Nachweis bestimmter Qualifikationen. Wer also einen anerkannten Ausbildungsberuf erlernt und in der Praxis erfolgreich ausgeübt hat, beweist damit ein Qualifikationsniveau, das eine bestimmte Lernfähigkeit und

Lernbereitschaft voraussetzt. Diese Aussage gilt trotz mancher Zweifel, die am Wert schulischer und beruflicher Prüfungsverfahren gemacht werden können. Aus diesem Grunde sind die in der Schule und in der beruflichen Ausbildung erworbenen Qualifikationen von Bedeutung: Sie haben den Mitarbeiter geprägt; er hat bestimmte Erfahrungen erworben, auf die bei weiterführenden Qualifizierungsmaßnahmen aufzubauen ist.

Im Beruf erfahrene Lernprozesse, die vom Einzelnen konstruktiv umgesetzt werden, beeinflussen seine Haltung im Arbeitsprozess nachhaltig und sind die Grundlage für Erfolge.

Der Industriemeister sollte daher bei der individuellen Beratung und Förderung des einzelnen Mitarbeiters die vorhandene schulische Ausbildung und den bisherigen theoretischen und praktischen beruflichen Werdegang erkennen und analysieren. Die *vorhandene schulische und berufliche Ausbildung und Erfahrung ist als Sockel* der weiterführenden Mitarbeiterförderung zu betrachten.

Bei der Planung von Fördermaßnahmen für einzelne Mitarbeiter sollte sich daher der Meister an folgende Fragestellungen orientieren:

- Hat sich die Wahl des bisherigen Berufsbildes als richtig erwiesen?
- Entspricht das Berufbild den Neigungen, den Begabungsschwerpunkten sowie der Persönlichkeitsstruktur des Mitarbeiters?
- Welche schulischen Wissensinhalte sind für die Arbeitswelt besonders relevant und verwertbar? Sind hier bereits Neigungs- und Begabungsschwerpunkte erkennbar geworden?
- Welche Erfahrungen hat der Mitarbeiter mit sich selbst in bestimmten berufstypischen Situationen gemacht?
- Welche Funktionsfelder, z. B. operative Arbeit oder administrative, „liegen ihm" mehr?
- Was hat der Mitarbeiter bisher erreicht? Was nicht? Mit welchen Ergebnissen? In welchen Funktionsfeldern?

Schule und Berufsbildung müssen vor dem Hintergrund der individuellen Persönlichkeit für den Industriemeister bei der beruflichen Beratung seiner Mitarbeiter handlungsleitend sein. Lernprozesse der Schule und der Berufspraxis sind zu erfassen, zu analysieren und auf zukünftige Anforderungen und persönliche berufliche Ziele des Mitarbeiter auszurichten.

02. Wie kann der Industriemeister seine Mitarbeiter in schwierigen Situationen des beruflichen Alltags beraten und unterstützen?

Leistungsfähigkeit und Leistungsbereitschaft des Mitarbeiters hängen nicht nur vom Betriebsklima und anderen Rahmenbedingungen des Unternehmens ab, sondern sie sind auch dadurch bestimmt, wie der Einzelne es vermag, für sich und andere die tägliche Zusammenarbeit positiv zu gestalten.

Nur wenn es dem Mitarbeiter gelingt, sich kooperativ in den Arbeitsprozess zu integrieren, kann sich ein Klima zur Umsetzung innovativer Ideen entwickeln. Zum anderen wird der Mitarbeiter in dem Maße an beruflicher Zufriedenheit gewinnen, wie er seine Vorstellungen und seine Individualität bei Problemlösungen einbringen kann.

Dies verlangt vom Betrieb die Schaffung eines positiven Umfeldes und vom Einzelnen eine Lernbereitschaft und -fähigkeit im Umgang mit schwierigen Situationen. Der Vorgesetzte kann hier helfend eingreifen, um so die Sozialkompetenz des Einzelnen zu stärken.

Beispiel: Wenn unterschiedliche Auffassungen, Meinungen und Verhaltensmuster sich unversöhnlich gegenüberstehen, kommt es im betrieblichen Alltag zu Konflikten. Die Hauptquelle aller Konflikte sind Störungen auf der Beziehungsebene. Der Industriemeister muss hier regelnd eingreifen: Er kann z. B. bei einem sich abzeichnenden Konflikt zwischen zwei Mitarbeitern zunächst in Einzelgesprächen herausarbeiten, wo die Ursachen liegen.

Mit geeigneten Fragestellungen wird er versuchen, dass der Mitarbeiter sich öffnet und seine Sicht der Dinge beschreibt:

- Wie fühlen Sie sich in dieser Situation?
- Was stört Sie?
- Was ärgert Sie?
- Welche Verhaltensweisen würden Sie von Ihrem Kollegen gerne sehen?
- Was müsste passieren, damit Sie sich wieder wohl fühlen?

→ 7.6.2

Auf diese Weise kann der Vorgesetzte die Motiv- und Wertestruktur der einzelnen Mitarbeiter in getrennten Sitzungen herausarbeiten. Im darauf folgenden, gemeinsamen Gespräch wird er zwischen beiden Parteien den Prozess der Konfliktbewältigung moderieren. Er wird Unterschiede bewusst machen, helfen Verletzungen aufzuarbeiten und themenzentriert auf die Gestaltung tragfähiger Vereinbarungen für die Zukunft hinarbeiten. Der Meister wird dabei in keinem Fall Partei ergreifen.

Nur wenn die Interessen und (berechtigten) Wünsche beider Parteien bei der Konfliktlösung vollständig einfließen, vermeidet man eine Sieg-Niederlage-Strategie und es kann gelingen, für die Zukunft wieder eine tragfähige Arbeitsbasis zu schaffen.

Der besondere Förderungscharakter dieser Gespräche sollte für den Industriemeister auch darin liegen, den Mitarbeitern nicht nur bei der Lösung schwieriger Arbeitsituationen zu helfen. Es sollte ihm auch gelingen, Strategie und Prozess derartiger Lösungsansätze bewusst auf die Mitarbeiter zu übertragen, um so ihre Sozialkompetenz gezielt zu stärken.

Beispiel „Mobbing": Bei Mobbing (englisch; bedeutet soviel wie Schikanieren des anderen; bewusst oder aufgrund von Fahrlässigkeit) muss der Vorgesetzte gezielt und sofort eingreifen. Mobbing ist kein Kavaliersdelikt, sondern eine massive Verletzung der Persönlichkeit mit zum Teil schwerwiegenden Folgen: Abkehr vom Unternehmen, Krankheit, psychosomatische Störungen, Depressionen, Verlust des Arbeitsplatzes, Verlust der Entscheidungssicherheit.

03. Wie lassen sich Auswahl- und Lernprozesse miteinander verbinden?

Für den Industriemeister ist die Gestaltung von Auswahlprozessen tägliche Praxis: Dies beginnt bei der Auswahl interner Mitarbeiter oder externer Bewerber bei der Stellenbesetzung, setzt sich fort bei der Zuweisung von Arbeitsaufgaben oder Sonderprojekten, ist Gegenstand bei Beförderungsbeurteilungen und Nachfolgeüberlegungen und kann münden in die Frage arbeitsrechtlicher Sanktionierungen bei Fehlverhalten (Ermahnung, Abmahnung, Kündigung).

- Jeder Auswahlprozess bedarf der Ermittlung relevanter *Auswahlkriterien*.

- Diese müssen fassbar umschrieben sein und die Bandbreite der *Merkmalsausprägungen* muss festgelegt werden.

- Jeder Auswahlprozess ist ein *Beurteilungsvorgang* und lässt sich deshalb trennen in die Phasen: Beobachten → Beschreiben → Bewerten → Auswerten und Entscheiden → Übermitteln und Umsetzen der Entscheidung).

- Der Vorgang der Auswahl ist für den Vorgesetzten mit einer Reihe von *Hürden* verbunden (Stichworte: Beurteilungsfehler, Fehler in der Gesprächsführung).

Der Vorgesetzte kann hier seine Führungsfähigkeit verbessern, indem er zum Nutzen für sich, für den Betrieb und für den Mitarbeiter Auswahl- und Lernprozesse miteinander verknüpft:

Beispiel (Feedback-Schleife 1): Angenommen, ein Mitarbeiter wird vom Meister für eine bestimmte Aufgabe vorgeschlagen (Auswahlvorgang), so erfolgt dies aufgrund relevanter Entscheidungsmerkmale und deren Einschätzung (z. B. Fachkönnen, Führungsfähigkeit, Istbewertung). Interessant ist im Weiteren, wie sich die Fremdeinschätzung des Mitarbeiters in der Praxis der neuen Aufgabe bewährt. Zeigt er eine hohe Einarbeitungsgeschwindigkeit? Beherrscht er seine Funktion fachlich? Kann er sich und andere organisieren? Diese Betrachtungen sollten kurzfristig angestellt werden, sind aber auch für einen längeren Beobachtungszeitraum erforderlich.

Bewältigt der Mitarbeiter seine Aufgabe positiv, so kann im Allgemeinen daraus gefolgert werden, dass die Einschätzung zum Zeitpunkt des Auswahlvorgangs treffsicher war – mit allen damit verbundenen Aspekten (Entscheidungsfähigkeit des Meisters, Auswahlinstrumente, -methoden, -merkmale, -gespräche; Umsetzung der Entscheidung).

> *Der Vorgesetzte erfährt also eine positive Rückmeldung über sein Verhalten und seine Methodenkompetenz im Auswahlvorgang.*

Im umgekehrten Fall ist er verpflichtet, den Prozess zu analysieren, Schwachstellen aufzudecken und in der täglichen Praxis bewusst zu trainieren. Die permanente Verknüpfung von Auswahlvorgängen und den hier bewusst wahrgenommenen Erfolgen oder Schwachstellen, führt zu laufenden Lernprozessen, die die Führungsfähigkeit des Vorgesetzten stützen und verbessern. Die Fähigkeit in der Bewertung anderer wird zunehmend wirklichkeitsnäher und treffsicherer.

Beispiel (Feedback-Schleife 2): Betrachtet man den gleichen Sachverhalt aus der Sicht des Mitarbeiters so können ebenfalls Lernprozesse gemacht bzw. vom Meister bewusst initiiert werden: Der Mitarbeiter hat über sich und seine Fähigkeiten eine Meinung. Auch er wird in der Bewältigung der neuen Aufgabe weitere Erfahrungen mit sich selbst machen. Wird sein Eigenbild in der neuen Funktion zunehmend bestätigt, so wird auch er in der Selbsteinschätzung seiner eigenen Person bestärkt.

Beispiel (Verknüpfung der Feedback-Schleifen): Der Vorgesetzte kann diese Lernprozesse (Feedback-Schleife 1 und 2) bewusst miteinander verbinden, indem er z. B.

- dem Mitarbeiter offen die Auswahlkategorien darlegt (Transparenz des Maßstabs);
- offen seine Einschätzung erläutert (Transparenz des Fremdbildes);
- Stärken und Risiken der Persönlichkeit des Mitarbeiters aus seiner Sicht beschreibt;
- den Mitarbeiter anregt, seine Einschätzung der Eignung für die neue Aufgabe offen darzulegen, Bedenken zu äußern und über Stärken und Risikopotenziale zu sprechen (Transparenz des Eigenbildes);
- offen mit dem Mitarbeiter den Fall des Misserfolgs bespricht: Ursachen, Differenz von Fremd- und Eigenbild, fehlerhafte Rahmenbedingungen u. Ä.

In der bewussten Verknüpfung von Auswahl- und Lernprozesse liegt der besondere Förderungscharakter für den Mitarbeiter und für den Vorgesetzten.

04. In welcher Form sollte der Meister kulturelle Werte des Mitarbeiters bei der Förderung
berücksichtigen?

Beratung und Förderung kann u. a. nur dann erfolgreich sein, wenn der Vorgesetzte die Motive
und die Wertestruktur des Mitarbeiters hinreichend in Erfahrung bringt, im Förderungsprozess
berücksichtigt und generell dem anderen mit einer positiven Grundhaltung begegnet.

→ **A 4.2.2 Maslow, Herzberg, McGregor**

Im Einzelnen sollte sich der Meister an folgenden *Leitgedanken* orientieren:

- den Mitarbeiter in seiner Persönlichkeit respektieren und seine Eigenarten verstehen lernen;
- Förderung heißt nicht Veränderung der Persönlichkeit;
- dem Mitarbeiter Vertrauen entgegenbringen;
- ihn dort abholen, wo er steht („Bahnhofsprinzip");
- dem Mitarbeiter keine vorgefertigten Werthaltungen „überstülpen".

Beispiel: Ein 28-jähriger Mitarbeiter zeigt derzeit keine besondere Bereitschaft, höherwertige Aufgaben
zu übernehmen, obwohl dies vom Betrieb geplant ist. Überstunden will er nur in begrenztem Umfang
machen. Seine Begründung: Derzeit sind ihm seine Familie sowie der Umbau seines geerbten Hauses
besonders wichtig. Außerdem möchte er seine Aufgabe als aktiver Spieler im dörflichen Fußballclub
nicht vernachlässigen. Seine Arbeit im Betrieb wird positiv bewertet; sein Teamverhalten besonders
gelobt. Aus der Sicht des Vorgesetzten wäre es zwar verständlich aber falsch, hier die „psychologische
Brechstange" anzusetzen, z. B.: „Diese Chance bietet Ihnen der Betrieb nur einmal. Wenn Sie wüssten,
wie viele andere auf eine derartige Möglichkeit warten. Ich bin von Ihnen sehr enttäuscht."

Der Mitarbeiter und seine derzeitige Prioritätensetzung hinsichtlich Familie, Beruf, persönlicher und
beruflicher Verpflichtung sind zu respektieren, auch wenn die Werthaltung des Vorgesetzten zum Thema
Familie und Beruf eine andere ist.

8.6.2 Maßnahmen der Mitarbeiterentwicklung   → A 2.3.1

01. Wie kann der Meister die berufliche Entwicklung der Mitarbeiter fördern?

Zum überwiegenden Teil wurde diese Frage bereits in den oben dargestellten Passagen beantwortet
(Überschneidung im Rahmenplan). Zusammenfassend lassen sich folgende Anforderungen an
den Meister formulieren: Er sollte im Rahmen der Mitarbeiterförderungs-Prozesse

- ein persönliches Interesse an der Entwicklung seiner Mitarbeiter haben: „Förderung ist Chefsache!",

- die Sozialkompetenz des Mitarbeiters entwickeln helfen – insbesondere im Hinblick auf die
  Bewältigung schwieriger Arbeitssituationen (Hilfe zur Selbsthilfe),

- Auswahl- und Lernprozesse bei sich selbst und beim Mitarbeiter verknüpfen, Eigen- und
  Fremdbild bei der Mitarbeiterbeurteilung transparent gegenüberstellen und daraus Erkenntnisse
  für die Zukunft ableiten,

- den Mitarbeiter als individuelle Persönlichkeit begreifen und dessen berechtigte Motiv- und Wertestruktur respektieren,

- beim Mitarbeiter Entwicklungsenergien freilegen,

- arbeitsbegleitende, individuelle Förderprogramme für und mit dem Mitarbeiter erstellen,

- turnusmäßig bzw. bei auftretender Notwendigkeit Personalentwicklungs-Gespräche führen.

02. Welche generellen Möglichkeiten der Mitarbeiterförderung kann der Meister einsetzen und welche unternehmensbezogen Wirkungen lassen sich dadurch anstreben?

Möglichkeiten der Mitarbeiterförderung (genereller Überblick)	Angestrebte, potenzielle und unternehmens- bezogene Wirkung
Beispiele:	*Beispiele:*
Ansprechen der Mitarbeitermotive und Eingehen auf die Bedürfnisse des Mitarbeiters (vgl.: Maslow, Herzberg).	Motivation der Mitarbeiter und Verbesserung eines flexiblen Einsatzes.
Verbesserung von Selbstorganisation, Lernfähigkeit, Stressstabilität u. Ä.	Reduzierung von Fluktuation und Fehlzeiten.
Vermittlung der Fähigkeit, mit Konflikten angemessen umzugehen.	*Langfristig und nachhaltig:* Verbesserung der Wettbewerbsfähigkeit des Unternehmens und Identifikation der Mitarbeiter mit den Unternehmenszielen.
Dem Mitarbeiter die eigene Stärken bewusst machen und helfen, diese erfolgreich einzusetzen (persönliche Schwächen mildern).	
Delegation höherwertiger Aufgaben und Übertragung von erweiterter Kompetenzen.	

Anhang zum Kapitel 8. Personalentwicklung

Nachfolgend finden Sie zur Vertiefung drei Personalentwicklungs-Konzepte, die von Lehrgangsteilnehmern in unseren Seminaren für die Praxis ihres Betriebes erarbeitet wurden; sie zeigen am konkreten Fall die Systematik der Planung, Durchführung und Evaluierung von PE-Maßnahmen:

(1) PE-Konzept · CNC-Maschine

Die Z-GmbH ist auf dem Gebiet der Metallbearbeitung tätig. Eine CNC-Maschine (Zerspanung) ist der Engpass in der Fertigung und kann derzeit nur von einem Mitarbeiter, Herrn Huber und dem Inhaber selbst bedient werden. Der Inhaber ist häufig mit neuen Akquisitionsvorhaben beschäftigt. In der Vergangenheit konnte die CNC-Maschine an fünf Tagen nicht gefahren werden, weil der Inhaber auf Geschäftsreise und Herr Huber erkrankt war. Zwei Aufträge konnten erst verspätet ausgeliefert werden. Einer der Kunden drohte damit, zukünftige Aufträge zu stornieren. Die Analyse des Sachverhalts zeigt folgenden *Ist-Zustand:*

- Eine wichtige Maschine ist der Engpass in der Fertigung.

- Die Maschine kann nur von einem Mitarbeiter bedient werden, da der Inhaber neue Projekte bearbeitet.

- Fällt der Mitarbeiter Huber aus, sind die vertraglich zugesicherten Liefertermine und damit die Existenz des Unternehmens gefährdet.

- In der betrieblichen Funktion „Fertigung" gibt es die Erfolgsposition Zerspanung. Sie ist von strategischer Bedeutung. Aufgabe des Meisters bzw. des Inhabers ist es, diese kritische Situation zu beheben. Nachfolgend wird eine mögliche Lösungsvariante dargestellt:

1. *Ermittlung des PE-Bedarfs*:

   - Es wird für die Bedienung der CNC-Maschine eine *Aufgabenbeschreibung* erstellt.

   - Aus der Aufgabenbeschreibung wird das *Anforderungsprofil* abgeleitet; dabei wird zwischen fachlichen und persönlichen Anforderungen unterschieden.

   - Da das Unternehmen keine Ausbildung im gewerblichen Bereich durchführt, soll ein Mitarbeiter extern beschafft und eingearbeitet werden; aufgrund des hohen Einarbeitungsaufwandes und wegen der Bedeutung der Erfolgsposition ist eine Kündigungsfrist von drei Monaten vorzusehen.

2. *Zielsetzung:*

   In der nächsten Periode ist ein geeigneter Mitarbeiter innerhalb von drei Monaten extern zu beschaffen und einzuarbeiten.

3. *Planung der PE-Maßnahmen:*

   Die Einarbeitung wird von Herrn Huber und dem Inhaber vorgenommen. Der Inhaber hat sich verpflichtet, dafür entsprechende Zeiträume zu planen. Die Einarbeitung soll innerhalb von drei Monaten abgeschlossen sein.

Die PE-Maßnahmen orientieren sich an der Defizitanalyse, d. h. der Differenz zwischen dem Anforderungsprofil der Stelle „CNC-Maschine" und dem Eignungsprofil des externen Kandidaten. Ein Einarbeitsplan ist zu erstellen: Einzelmaßnahmen, Zeiten, Inhalte, Orte, Verantwortlichkeiten, detaillierte Lernziele.

4. *Durchführung der PE-Maßnahmen:*

Auswahl und Einarbeitung des neuen Mitarbeiters werden vom Inhaber und Herrn Huber durchgeführt. Herr Huber wird sich bei Abweichungen vom PE-Plan mit dem Inhaber über geeignete Korrekturmaßnahmen verständigen.

Die Einarbeitung wird zum Teil beim Hersteller der CNC-Fräsmaschine und zum Teil vor Ort im Betrieb durchgeführt.

5. *Evaluierung (Kontrolle) der PE-Maßnahmen:*

- Kontrolle des Lernerfolges beim Lieferanten (Theorie und Praxis; Prüfung mit Zertifikat)
- Kontrolle des Anwendungserfolges vor Ort durch den Inhaber und Herrn Huber (Erreichung der vorher definierten Lernziele)

(2) PE-Konzept · Schaltberechtigung für 110 KV-Anlagen

1. *PE-Bedarf:*
In einem Unternehmen der Energieversorgung ist ein Mitarbeiter für die genannte Berechtigung zu qualifizieren.

2. *PE-Ziel:*
Der Mitarbeiter soll nach Durchführung in der Lage sein, die genannten Schaltungen fehlerfrei und selbstständig durchführen zu können.

3. *PE-Maßnahmen/Methoden:*
Die Schulung soll 14-tägig in der Kraftwerksschule in Essen mit anschließender Zertifikatsprüfung durchgeführt werden.

4. *PE-Durchführung:* wie geplant

5. *Evaluierung:*
Lernerfolg: →   Bestehen der Zertifikatsprüfung

Anwendungserfolg: →   Der Mitarbeiter muss in der Praxis mehrfach unter Aufsicht des vorgesetzten Meisters die Schaltungen fehlerfrei und sicher durchführen.

(3) PE-Konzept · PT1-Prüfung/zerstörungsfreie Schweißnahtprüfung

1. PE-Bedarf:
In einem Unternehmen des Behälterbaus zeichnet sich ein Engpass bei der zerstörungsfreien Schweißnaht-Prüfung ab. Es soll ein Mitarbeiter aus dem bisherigen Personal zum PT 1-Prüfer befähigt werden.

2. PE-Ziel:
Der Mitarbeiter soll nach Durchführung der Maßnahme in der Lage sein, fehlerfrei und sicher die PT 1-Prüfung vornehmen zu können.

3. PE-Maßnahmen/Methoden:
Einwöchige Schulung in einem Schweißinstitut bei Rostock mit anschließender Zertifikatsprüfung.

4. PE-Durchführung: wie geplant

5. Evaluierung:
Lernerfolg: →   Bestehen der Zertifikatsprüfung im Institutslehrgang.
Anwendungserfolg: →   Der MA muss in der Praxis mehrfach unter Aufsicht seines PT 2-Prüfers die Prüfung fehlerfrei und sicher durchführen.

9. Qualitätsmanagement

──────── *Prüfungsanforderungen:* ────────

Im Qualifikationsschwerpunkt Qualitätsmanagement soll der Prüfungsteilnehmer nachweisen, dass er in der Lage ist,

- die Qualitätsziele durch Anwendung entsprechender Methoden und die Beeinflussung des Qualitätsbewusstseins der Mitarbeiter und Mitarbeiterinnen zu sichern,

- mitzuwirken bei der Realisierung eines Qualitätsmanagementsystems und bei dessen Verbesserung und Weiterentwicklung.

9.1 Einfluss des Qualitätsmanagements auf das Unternehmen und die Funktionsfelder

9.1.1 Bedeutung, Funktion und Aufgaben von Qualitätsmanagementsystemen

01. Was ist ein Qualitätsmanagementsystem?

Die Einführung eines Qualitätsmanagementsystems ist eine strategische Entscheidung für eine Organisation. Ein Qualitätsmanagement ist die festgelegte Methode der Unternehmensführung, an der sich das Qualitätsmanagement orientiert. Ein QM-System stellt sicher, dass die Qualität der Prozesse und Verfahren geprüft und kontinuierlich verbessert wird. Ziel eines QM-Systems ist die dauerhafte Verbesserung der Prozesse innerhalb des Unternehmens.

02. Was ist das Ziel eines Qualitätsmanagementsystems?

- Steigerung der Unternehmens-Effizienz und der Qualitätsfähigkeit in allen Bereichen und Prozessen des Unternehmens,

- Schaffung von umfassenden Voraussetzungen zur Realisierung einer anforderungsgerechten Produktbeschaffenheit,

- Festigung des Qualitätsgedankens bei allen Mitarbeitern,

- Verbesserung der Kundenzufriedenheit.

03. Was ist die Aufgabe eines Qualitätsmanagementsystems?

Durchsetzung des Qualitätsmanagements zur Verbesserung der Produktqualität durch:

- gezielte Fehlervermeidung,
- frühzeitige Ermittlung möglicher Fehlerursachen und ganzheitliche Fehlererfassung und Auswertung,
- umfassende Fehlererkennung und effektive Fehlerbeseitigung.

04. Welche Bedeutung hat ein Qualitätsmanagementsystem für das Unternehmen?

- *Interne Bedeutung:*

    - eindeutige Organisationsstruktur
    - klare Verantwortlichkeiten und Zuständigkeiten
    - geregelte Abläufe und Verfahren

- *Externe Bedeutung:*

    - Erhöhung der Akzeptanz des Unternehmens auf dem Markt und bei den Kunden
    - Imagesteigerung
    - verbesserte Auftragsvergabe an zertifizierte Unternehmen

Die führenden Branchen in der Anwendung von Qualitätsmanagementsystemen sind weltweit die Unternehmen der Luftfahrt- und Fahrzeugindustrie sowie ihre Zulieferer, wie z. B. Webasto (Fahrzeugheizungen, Schiebedächer), Bosch (Steuergeräte), Hella (Elektrik, Leuchten) u. a.

05. Wie wirkt das Qualitätsmanagement auf den kontinuierlichen Verbesserungsprozess?

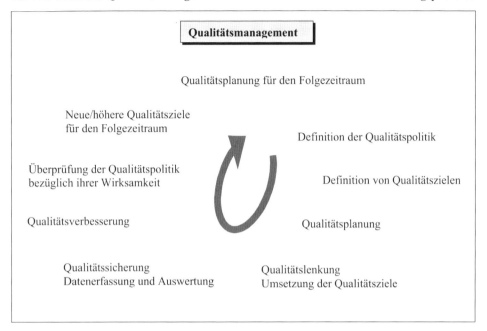

06. Welchen Einfluss hat das Qualitätsmanagementsystem auf die Kunden-Lieferanten-Kette?

Die Globalität eines Qualitätsmanagementsystems schließt sämtliche Kunden-Lieferanten-Beziehungen mit ein und wirkt als permanente, intensive Wechselbeziehung zwischen ihnen.

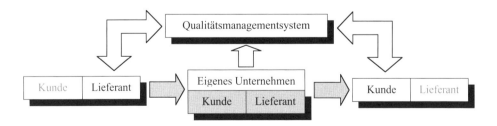

07. Was ist Qualität?

Die DIN ISO 8402 definiert die Qualität als *„realisierte Beschaffenheit einer Einheit bezüglich der Einzelanforderungen an diese"*.

Der Qualitätsbegriff vereint also die Begriffe *Beschaffenheit*, *Einheit* und *Qualitätsanforderung*.

Qualität ist demnach *nicht* das Maximum an Realisierbarkeit, sondern *die korrekte Realisierung der für eine Einheit definierten Qualitätsforderungen*.

$$\text{Qualität}_{\text{Einheit}} = \frac{\text{Realisierte Beschaffenheit}}{\text{Qualitätsforderung}} \cdot 100$$

→ Hierbei beträgt der Wert für die Qualitätsforderung *immer* 100.

→ Ist Qualität$_{\text{Einheit}}$ < 100%, ist die Qualitätsforderung *nicht* erfüllt.

08. Was ist eine Einheit?

Eine *Einheit* ist der *Gegenstand* und die *Basis aller Qualitätsbetrachtungen*.

Einheit	Beispiel
Materielles Produkt	Einzelteil (Zahnrad) Baugruppe (Getriebe) Angebotsprodukt (Auto)
Immaterielles Produkt	Dienstleistung (Raumreinigung, Beratung, Software)
Prozess	Fertigungsprozess (Montage einer Kamera)
Verfahren	Arbeitsverfahren (Blechumformung)
Organisation	Servicebereich (Informationsfluss)
Person	Monteur, Dreher, Abteilungsleiter

09. Was ist ein Qualitätsmerkmal?

Ein Qualitätsmerkmal ist die Eigenschaft einer Einheit, auf deren Grundlage die Qualität dieser Einheit beurteilt werden kann.

Eine Einheit kann mehrere Qualitätsmerkmale beinhalten.

Beispiel:
Eine gedrehte Welle besitzt die Qualitätsmerkmale Längenmaß, Durchmesser und Oberflächenrauheit.

10. Wodurch sind die Anforderungsmerkmale gekennzeichnet?

Anforderungsmerkmal = Beschaffenheitsmerkmal

Hinweis zur ISO 9000:

Ende 2005 wurde eine neue Revision der DIN EN ISO 9000 veröffentlicht. *Die neue DIN EN ISO 9000:2005 bringt keine wesentliche Änderung der Grundlagen* und hat in der Regel keine Auswirkungen auf ein existierendes QM-System.

11. Welche Faktoren beeinflussen den Prozess im Arbeitssystem?

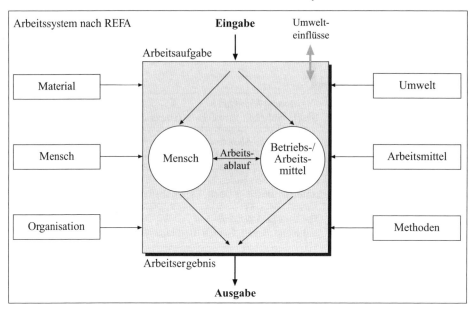

12. Wer definiert die Qualitätsforderungen an eine Einheit?

Forderer	Ursachen
Kunde (z. B. Handel, Endkunde, Verbraucher)	- Entwicklungs- und Modetrends - Geändertes Anspruchsdenken - Preisbewusstsein - Zeitgeist - Mangelhafter Service
Markt	- Moralischer Verschleiß des Produktes - Konkurrenzvergleich - Anpassung an Regionalmärkte - Neue Technologien und Materialien
Produktlebenszyklus	- Erforderliche Produktverbesserung - Materialsubstitution - Rationalisierung der Prozesse
Gesetzliche Regelungen	- Umweltgesetze - Zulassungs- und Betriebsbestimmungen - Arbeitsschutzvorschriften

13. Was ist ein Qualitätsregelkreis?

Der *Qualitätsregelkreis* ist ein Prozessablauf zur Feststellung von Anforderungsabweichungen und Einleitung von Regulierungsmaßnahmen für eine Einheit.

14. Wie ist die Wirkungsweise eines Qualitätsregelkreises?

Ähnlich der Wirkungsweise des Qualitätsmanagements im kontinuierlichen Verbesserungsprozess wirkt der Qualitätsregelkreis konkret auf die betreffende Einheit:

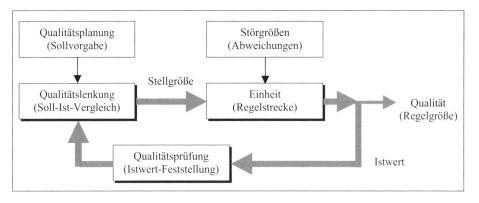

15. Welcher Zusammenhang besteht zwischen Wirtschaftlichkeit und Qualitätsmanagement?

Alle Prozesse eines Unternehmens unterliegen den Anforderungen des Prinzips „Wirtschaftlichkeit".

Diese Anforderungen kennzeichnen die Qualität der Prozesse.

Die durch Störungen entstehenden Abweichungen und deren Beseitigung führen zu (ungeplanten) Mehrkosten und beeinträchtigen damit die Wirtschaftlichkeit der Prozesse.

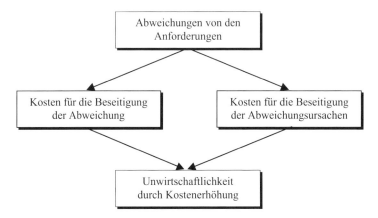

Die Wirtschaftlichkeit eines Unternehmens wird durch die konsequente Anwendung des Qualitätsmanagements nachhaltig verbessert.

16. Wann beginnt die Beeinflussung des Unternehmens durch das Qualitätsmanagement?

Durch seine umfassende, auf die gesamte Organisation bezogene Wirkungsweise nimmt das Qualitätsmanagement bereits auf die Zielsetzungen eines Unternehmens direkten Einfluss:

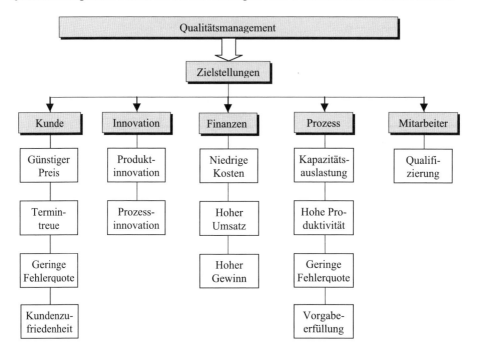

17. Was sind Qualitätskosten?

Qualitätskosten sind – in Anlehnung an DGQ (Deutsche Gesellschaft für Qualität) und DIN 55350 – die *Summe aller Kosten zur Fehlerverhütung, Kosten der planmäßigen Qualitätsprüfungen, Fehlerkosten, Fehlerfolgekosten* und *Darlegungskosten*.

- *Fehlerverhütungskosten* sind Kosten für die vorbeugende Qualitätssicherung, z. B.:

  - Qualitätsmanagement,
  - Fähigkeitsuntersuchungen,
  - Durchführbarkeitsuntersuchungen,
  - Lieferantenbeurteilungen,
  - Qualitätsförderungsmaßnahmen,
  - Prüfplanung.

- *Prüfkosten* sind Kosten für alle planmäßigen Qualitätsprüfungen in den laufenden Prozessen, z. B.:

  - Wareneingangsprüfung,
  - Fertigungsbegleitende Prüfung,
  - Endprüfung,
  - Abnahmeprüfung,
  - Prüfdokumentationen,
  - Prüfmittel,
  - Instandhaltung und Überprüfung von Prüfmitteln,
  - Qualitätsuntersuchungen und -gutachten.

- *Fehlerkosten* sind Kosten, die durch Abweichungen von den Qualitätsanforderungen an eine Einheit entstehen, z. B.:

  - fehlerbedingte Ausfallzeiten,
  - Ausschuss,
  - Wertminderung.

- *Fehlerfolgekosten* sind Kosten, die aus der Fehlerbehebung und Fehlerauswertung entstehen, z. B.:

  - Nacharbeit, innerhalb und außerhalb des Unternehmens,
  - Aussortieren,
  - Garantieleistungen,
  - Rückrufaktionen,
  - Fehlerursachenanalyse.

- *Darlegungskosten* sind Kosten für externe Qualitätsaudits und Zertifizierungen.

18. Wie lassen sich Qualitätskosten durch das Qualitätsmanagement reduzieren?

Die *Erfassung und Auswertung der Qualitäts(kosten)kennzahlen* gibt Auskunft über die Wirksamkeit des Qualitätsmanagements. Aus den Ergebnissen werden Trends und Ansatzpunkte erkennbar, die auf technische, organisatorische oder personelle Schwachstellen hinweisen. Durch *Kostenanalysen* werden diese Schwachstellen identifiziert und durch Maßnahmen der Qualitätslenkung bereinigt.

19. Wie lassen sich Qualitätskosten strukturiert darstellen?

- *Zeitliche Zusammenfassung:*
  Darstellung der Qualitätskosten eines definierten Zeitraumes (Woche, Monat, Jahr)

- *Zeitliche Entwicklung:*
  Darstellung der Zusammenfassungen über eine Zeitschiene (Monatsvergleich, Quartalsvergleich)

- *Zusammenfassung nach Struktureinheiten:*
Darstellung der Qualitätskosten von Struktureinheiten (Geschäftsbereiche, Abteilungen, Kostenstellen)

- *Schwerpunkt-Betrachtung:*
Darstellung der Qualitätskosten bestimmter Schwerpunkte (Anlieferqualität, Nacharbeit, Ausschuss)

Für den Vergleich von Qualitätskosten, z. B. von Kostenstellen, ist es unbedingt erforderlich, eine einheitliche Bezugsbasis zu verwenden, z. B. gleicher Erfassungszeitraum.

20. Was ist ein Fehler?

Nach DIN EN ISO 9000:2005 ist ein Fehler die »*Nichterfüllung einer Anforderung*«.

Dabei kann der Begriff „Nichterfüllung" eine oder auch mehrere Qualitätsmerkmale umfassen, einschließlich Zuverlässigkeitsmerkmale sowie auch deren Nichtvorhandensein.

21. Welche Fehlerarten gibt es?

Die DIN 40 080 definiert folgende Fehlerarten:

- *Kritischer Fehler:*
Ist – *personenbezogen* – ein Fehler, von dem anzunehmen oder bekannt ist, dass er für Personen, die mit der fehlerhaften Einheit umgehen (z. B. Benutzung oder Instandhaltung), *gefährliche oder unsichere Situationen* schafft.

Ist – *sachbezogen* – ein Fehler, von dem anzunehmen oder bekannt ist, dass er die *Erfüllung der Funktion* einer größeren Einheit (z. B. Lokomotive oder Schiff) *verhindert*.

- *Hauptfehler:*
Ist ein *nicht kritischer* Fehler, der voraussichtlich die *Brauchbarkeit* der betreffenden Einheit für den eigentlichen Verwendungszweck *wesentlich herabsetzt* oder zu einem *Ausfall* der Einheit führt.

- *Nebenfehler:*
Ist ein Fehler, der voraussichtlich den *Gebrauch* oder den *Betrieb* der Einheit nur *geringfügig beeinflusst* oder den Verwendungszweck nur *unwesentlich herabsetzt.*

22. Was sind mögliche Fehlerursachen?

Ursachen-Beispiele, die zu einem Fehler führen können:

Bedienungsfehler, Beschädigung, Einstellfehler, Korrosion, falsche Arbeitsunterlagen, falscher Arbeitsablauf, fehlende Schmierung, Materialermüdung, Unachtsamkeit, Verschleiß.

23. Was sind mögliche Fehlerfolgen?

Beispiele von Fehlerauswirkungen:

Ausschuss, Brandgefahr, erhöhter Verbrauch, Funktionsaussetzer, Kurzschluss, Leistungsabfall, Maßabweichung, Nacharbeit, Risse, Stillstand, Undichtheit, Verunreinigung.

24. Was bezeichnet man als „Null-Fehler-Strategie"?

Es ist praktisch unmöglich, dauerhaft eine 100 %-ige Fehlerfreiheit zu erreichen. Dazu sind viele der Einflussfaktoren wenig oder gar nicht kalkulierbar.

Die Null-Fehler-Strategie versucht, im Rahmen des Qualitätsmanagementsystems, alle Maßnahmen zu ergreifen, um sich in einem permanenten Prozess diesem Ziel (100 % Fehlerfreiheit) *weitestgehend zu nähern*.

25. Was bedeutet 99,9 % Fehlerfreiheit?

99,9 % Qualität bedeutet,[1)]

- eine Stunde je Monat unsauberes Wasser trinken müssen,
- 500 falsch vorgenommene chirurgische Eingriffe pro Woche,
- 16.000 verlorene Postsendungen pro Tag,
- 19.000 bei ihrer Geburt vom Arzt fallen gelassene Neugeborene pro Jahr,
- 20.000 falsche Medikamentenverordnungen pro Jahr,
- 22.000 von falschen Konten gebuchte Schecks pro Stunde.

oder, ganz allgemein gültig, dass der Herzschlag eines Menschen 32.000 Mal im Jahr aussetzen würde.

26. Wodurch unterscheiden sich Fehlerverhütung und Fehlerentdeckung?

• Die *Fehlerverhütung* beinhaltet alle Maßnahmen, die Fehlerursachen von vorn herein ausschließen und eine Fehlerentstehung verhindern. Sie wird vorrangig bei der Produktplanung und Entwicklung sowie im Rahmen der Vorbereitung und Umsetzung des Produkt-Realisierungsprozesses betrieben.

• Die *Fehlerentdeckung* ist das Erkennen oder Bemerken eines bereits vorhandenen Fehlers. Damit ist die Fehlerentdeckung die letzte Möglichkeit, die sich für eine Fehlerbeseitigung bietet. Der schlimmste Fall ist hierbei die Fehlerentdeckung durch den Kunden.

[1)] Die Beispiele nach J. Dewar, QCI International basieren auf Erhebungsdaten der USA.

27. Wie stellen sich die Fehlerkosten im Produktentstehungs- und Realisierungsprozess dar?

Je früher in einem Produktentwicklungsprozess die Fehlermöglichkeiten beeinflusst und reduziert oder vermieden werden, desto geringer werden die Fehlerkosten sein. Die „teuersten" Fehler sind die, die durch den Kunden entdeckt werden.

Hier gilt beispielhaft die *Zehnerregel* der Fehlerkosten (nach Pfeifer):

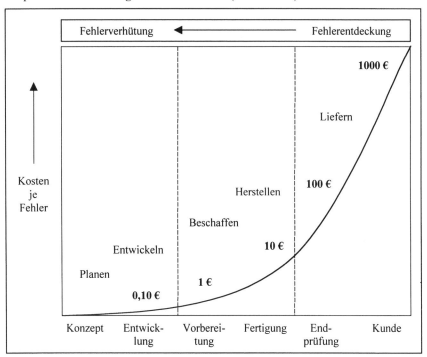

28. Worauf basieren Qualitätsmanagementsysteme (QM-Systeme)?

Qualitätsmanagementsysteme basieren auf nationalen oder internationalen Normen und Standards. Diese sind branchenbezogen oder allgemein anwendbar. Eine Verknüpfung unterschiedlicher Normen zu einer gemeinsamen Basis für ein Qualitätsmanagementsystem eines definierten Unternehmens ist möglich und in bestimmten Branchen, z. B. der Fahrzeugindustrie, gefordert. Daraus wird erkennbar, dass die angestrebte *Qualitätsphilosophie* in der Regel das *Totale Qualitätsmanagement (TQM)* ist.

Nach der Definition der Deutschen Gesellschaft für Qualität (DGQ) ist das TQM eine „auf der Mitwirkung aller Mitglieder beruhende Führungsmethode einer Organisation, die Qualität in den Mittelpunkt stellt...".

29. Welchen Inhalt haben die Normen der ISO 9000:2005 bis 9004:2008?

• *DIN EN ISO 9000:2005*
beschreibt die Grundlagen für QM-Systeme und legt die Terminologie fest.

• *DIN EN ISO 9001:2008*
legt Anforderungen an QM-Systeme fest, die für interne Anwendungen oder für Zertifizierungs- bzw. Vertragszwecke verwendet werden können.

• *DIN EN ISO 9004:2009*
ist der „Leitfaden zur Leistungsverbesserung von QM-Systemen" (Erläuterungen und Ergänzungen zur ISO 9001:2005).

• *DIN EN ISO 19011*
stellt eine Anleitung für das Auditieren von Qualitäts- und Umweltmanagementsystemen bereit.

30. Welche allgemein gültigen Normen sind für ein QM-System maßgebend?

Norm	Erläuterung
DIN EN ISO 9000:2005 bis 9004:2008; umgangssprachlich wird nur der Begriff „ISO 9000" verwendet.	Abgestuftes, universelles internationales Normenwerk als Grundlage und Leitfaden zur Realisierung eines wirksamen QM-Systems. Gilt als weltweite qualitätsbezogene Bewertungsbasis von Unternehmen.
DIN EN ISO 14001	International gültiger Forderungskatalog für ein systematisches Umweltmanagement (UM). Wird im Rahmen des TQM voll in das Qualitätsmanagement integriert.

31. Was sind Branchenstandards?

Branchenstandards sind Normen mit branchenbezogener Anwendung, die nationale oder internationale Gültigkeit besitzen können. Sie wirken häufig in Verbindung/auf der Grundlage der allgemeingültigen Qualitätsnormen.

Beispiel Fahrzeugbranche:

Norm	Erläuterung
QS 9000	Qualitätsstandard der amerikanischen und europäischen Automobilindustrie
VDA 6.1	Deutsches Regelwerk der Automobilindustrie. Es basiert auf der Norm QS 9000 und bezieht sich auf die Zulieferer der Branche. Es beinhaltet u. a. umfassende Auditierungen (Überprüfungen) von Prozessen *und* Produkten.
ISO/TS 16949:2009	Weltweit einheitlicher technischer Standard (TS) zur Realisierung einheitlicher QM-Systeme in der Automobilindustrie. Er basiert auf der DIN EN ISO 9001:2000.

32. Warum ist die ISO 9001:2008 von zentraler Bedeutung für QM-Systeme?

Die ISO 9001:2008 stellt mit ihren Anforderungen den direkten Bezug zur Umsetzung eines QM-Systems im Unternehmen dar.

In dieser Norm werden definiert:

- das *Qualitätsmanagementsystem* als solches,
- dessen grundlegende Dokumentation, das *„Qualitätsmanagementhandbuch",*
- die *Verantwortung der Leitung,*
- das *Management von Ressourcen,*
- die *Produktrealisierung* und
- die *Messung, Analyse und Verbesserung.*

33. Wie werden die unterschiedlichen Qualitätsmanagement-Anforderungen der Unternehmen in der ISO 9001:2008 berücksichtigt?

Die Unternehmen haben unterschiedliche Voraussetzungen, die eine vergleichbare Anwendung eines QM-Systems mit einheitlichen Anforderungen erschweren. Diese Voraussetzungen können z. B. bedingt sein durch die Betriebsstruktur, die Produktpalette oder die Einbindung des Unternehmens in übergeordnete Organisationsstrukturen.

In der ISO 9001:2008 werden diese unterschiedlichen Voraussetzungen durch drei entsprechende Anwendungsmodule berücksichtigt. Unternehmen, die ein QM-System anwenden wollen, müssen sich gemäß der Definition dieser Module einordnen.

34. Wodurch sind die drei Module der ISO 9001:2008 gekennzeichnet?

Die ISO 9001:2008 unterscheidet die Module *E, D* und *H* mit folgenden Anwendungsbereichen eines Unternehmens oder einer Organisation:

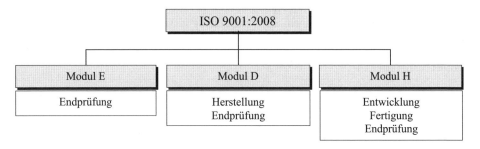

Beispiele:

(1) Ein Unternehmen, dessen Organisationsstruktur alle Bereiche (Entwicklung, Fertigung, Endprüfung) umfasst, hat das *QM-System entsprechend Modul H* anzuwenden und die betreffenden Anforderungen zu erfüllen.

(2) Ein Unternehmen, das z. B. ein reiner Montagebetrieb ist und keinen eigenen Entwicklungsbereich hat, kann sein *QM-System „nur" entsprechend Modul D* anwenden.

(3) Bietet ein Unternehmen Dienstleistungen an, bei denen nur die Endergebnisse kontrolliert werden, so ist das *QM-System nach Modul E* anzuwenden.

35. Wie ist die Prozessvalidierung nach ISO 9001:2008 definiert?

Die Prozessvalidierung ist die *Feststellung der Zuverlässigkeit* eines Prozesses. Sie ist also ein *Fähigkeitsnachweis* darüber, dass der Prozess in der Lage ist, die geplanten Ergebnisse dauerhaft und reproduzierbar zu erreichen.

36. Was ist das EFQM-Modell und wodurch ist es gekennzeichnet?

Das EFQM-Modell ist das TQM-Modell der European Foundation For Quality Management (Europäische Gesellschaft für Qualitätsmanagement).

Das Modell definiert sich über die Unterscheidung zwischen *„Befähiger"* und *„Ergebnisse"*. Es weist damit der Unternehmensführung die Schlüsselrolle als „Befähiger" zu. Weiterhin enthält es eine festgelegte prozentuale Bewertungsmatrix, deren maximale Erreichbarkeit 100 % beträgt. Dieses Ziel ist praktisch kaum erreichbar.

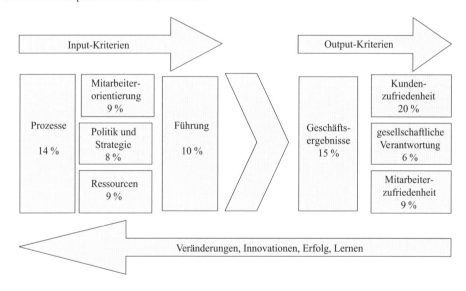

37. Worin unterscheiden sich die DIN EN ISO 9000:2005 ff. und das EFQM-Modell?

DIN EN ISO 9000:2005 ff.	EFQM - Modell
- Konkret formulierte, allgemein gültige Anforderungen - Stellt festgeschriebene Mindestanforderungen dar - Weltweite Verbreitung und Anwendung	- Weniger konkretisiert, aber umfassender im Ansatz - Wirkt als dynamisches Bewertungssystem - Geringere Verbreitung, vorwiegend im EU-Raum

Die Bewertungsergebnisse beider QM-Systeme sind *nicht vergleichbar*. Da das EFQM-Modell schon in der Systemstruktur von der ISO 9000:2005 ff. grundlegend abweicht, würde im direkten Vergleich der Erfüllungsgrad nach ISO 9000:2005 ff. dem Erfüllungsgrad des EFQM-Modells nur zu etwa 30 % entsprechen.

9.1.2 Steuerung und Lenkung der Prozesse durch das Qualitätsmanagementsystem

01. Durch welche Elemente ist das Qualitätsmanagement gekennzeichnet?

Die einzelnen *Elemente des Qualitätsmanagements* lassen sich im Wesentlichen *in drei Gruppen* einteilen. Hierbei gelten die Führungselemente nach DIN 55350 als das Regelwerk für die Umsetzung der Qualitätspolitik in einem Unternehmen. Die prozessbezogenen Gruppen orientieren sich auf die Prozesse der Produktentstehung und des Produktlebenslaufes.

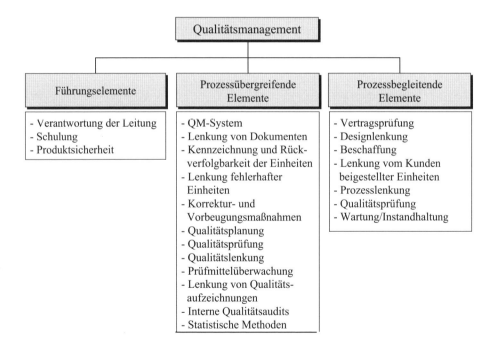

02. Warum stellen die Führungselemente die bedeutsamste Gruppe dar?

Die Führungselemente kennzeichnen deutlich die *Verantwortung der obersten Leitung* für eine nachvollziehbare, reproduzierbare Qualitätspolitik.

Die *Verantwortlichkeit der Leitung* für das Personal hinsichtlich *Schulung* ist ebenfalls ein wesentliches Führungselement. Hierbei wird der Schulungsbedarf der Mitarbeiter *aller* Ebenen eines Unternehmens, von der Unternehmensleitung bis zum Produktionsbereich, ermittelt, dokumentiert und geplant.

03. Worin liegt die Bedeutung der Produktsicherheit?

Die *Produktsicherheit* als Führungselement erhält ihre Bedeutung durch die technische Dokumentation, in der der Bezug zu Sicherheitsbestimmungen, Gesetzen, Vorschriften und Normen herzustellen ist. Die Bedeutung wird erkennbar, wenn z. B. durch Unklarheiten in Bedienungs- oder Instandhaltungsanweisungen gefährliche Situationen für die betreffende Person entstehen können bzw. Fehlinterpretationen zum Funktionsausfall des Produktes führen.

04. Welche Dokumentationsebenen gibt es in einem QM-System?

Ebene	Art der Dokumentation
Oberste Leitungsebene	Qualitätsmanagementhandbuch
Führungsebene	Verfahrensanweisungen
Ausführungsebene	Arbeitsanweisungen
Alle Ebenen	Qualitätsaufzeichnungen

05. Durch welches Instrumentarium wird die Wirksamkeit des Qualitätsmanagements auf das gesamte Unternehmen erreicht?

Durch das *Qualitätsmanagementhandbuch.*

06. Wozu dient das Qualitätsmanagementhandbuch?

Das QM-Handbuch bildet als *Führungs- und Dokumentationsinstrument* die dokumentarische Grundlage des QM-Systems. In ihm sind enthalten:

- Die *Qualitätspolitik* des Unternehmens,
- die *Qualitätsziele,*
- der *Anwendungsbereich* des QM-Systems (Einzelheiten und Begründung für Ausschlüsse einzelner Orga-Einheiten),
- die *Organisation* zur Sicherstellung einer wirkungsvollen Planung, Lenkung und Durchführung der Prozesse, sowie der erforderlichen *Dokumente,*
- die für diese Prozesse definierten *Zuständigkeiten und Verantwortlichkeiten,*
- *dokumentierte Verfahren* für das QM-System sowie
- die *Beschreibung der Wechselwirkungen der Prozesse* des QM-Systems.

07. Was ist unter „dokumentierten Verfahren" zu verstehen?

Dokumentierte Verfahren sind Verfahren des Qualitätsmanagements, die hinsichtlich der Erreichung der Qualitätsziele und der Bewertung der Ergebnisse in ihrer Gesamtheit zu dokumentieren sind.

08. Wozu dienen dokumentierte Verfahren?

Diese Verfahren dienen der Festlegung von Anforderungen, um

- potenzielle Fehler festzustellen,
- Fehlerursachen zu ermitteln,
- das Auftreten von Fehlern zu verhindern und
- dazu geeignete Maßnahmen festzulegen,
- die erzielten Ergebnisse aufzuzeigen und
- die Maßnahmen auf ihre Wirksamkeit zu beurteilen.

09. Ist die Erstellung eines Qualitätsmanagementhandbuches erforderlich?

Ja! Jedes Unternehmen, das mit einem QM-System arbeitet, ist verpflichtet, ein Qualitätsmanagementhandbuch zu erstellen und es permanent, entsprechend den Verbesserungs- bzw. Veränderungsprozessen, zu aktualisieren.

10. In welcher Form ist das Qualitätsmanagementhandbuch aufgebaut?

Das Managementhandbuch für Qualität ist heute meist prozessorientiert aufgebaut. Der Umfang wird vom Unternehmen festgelegt. Der Detaillierungsgrad ist in der Regel kurz und prägnant. Das Handbuch muss in schriftlicher Form erstellt werden. Es ist dem Unternehmen freigestellt, es z. B. als Datei im Intranet zu veröffentlichen.

Beispiel:

1. Inhalt, Inkraftsetzung, Ausschließung
2. Vorstellung Unternehmen
3. Begriffe Übersichten (Liste aller Dokumente)
4. Dokumente (Lenkung Dokumente und Aufzeichnungen)
5. Verantwortung der Leitung
   · Zielvorgaben
   · QM-Bewertung
   · QM-Review
6. Mittelplanung und Personal (Schulungen, Material, Arbeitsumgebung)
7. Produktion, Entwicklung
   · Produktfreigabe, Auftragsannahme
   · Arbeitsvorbereitung
   · Beschaffung, Lieferantenauswahl und -bewertung, MFU
   · Prüfmittelverwaltung, Planung
   · Fertigung, Montage, Maschinen und Instandhaltung/Wartung
   · Kennzeichnung der Produkte, Prozessüberwachung
   · Wareneingang
   · Verpackung, Lagerung, Versand
8. Analyse und Verbesserung
   · Prozessfähigkeit (PFU), Reklamationen, Korrekturmaßnahmen
   · Vorbeugemaßnahmen, Internes Audit, Lenkung fehlerhafter Produkte
   · Umgang mit Kundeneigentum

11. Worin unterscheiden sich Verfahrensanweisungen von Arbeitsanweisungen?

Eine *Verfahrensanweisung* regelt die Anwendung eines definierten Verfahrens nach einer bestimmten Methodik und die Verantwortlichkeit.

Die *Arbeitsanweisung* ist eine Untersetzung der Verfahrensanweisung bezüglich der Anwendung der Methodik mit der dazu gehörigen Verantwortlichkeit.

12. Was sind Qualitätsaufzeichnungen?

Qualitätsaufzeichnungen sind ein wesentlicher Bestandteil der Qualitätsdokumentation. Sie bilden den Nachweis über die Erfüllung der Qualitätsanforderungen und die Effektivität des QM-Systems.

Beispiele:
Fehlererfassungslisten, Prüfberichte, Auditberichte, Reviews, Qualitätsauswertungen, Gutachten, Datenbänke EDV-mäßig erfasster Qualitätsdaten.

13. Was ist unter Designlenkung zu verstehen?

Die *Lenkung des Produktentstehungsprozesses* ist ein komplexer Ablauf und beinhaltet in großem Umfang eine zum Teil sehr intensive Zusammenarbeit mit dem Kunden. Dieser Prozess kennzeichnet die Phase eines Produktes zur Erlangung der Serienreife. Hier wird der Lebenslauf des Produktes entscheidend beeinflusst.

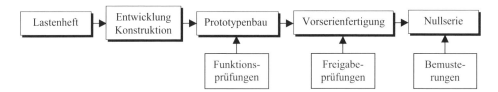

14. Wodurch beeinflusst die Designlenkung den Produktlebenslauf?

Die Beeinflussung ist durch die Qualität des Lenkungsprozesses gekennzeichnet. Wird z. B. der Produktentstehungsprozess so gelenkt, dass das Produkt die Kundenanforderungen nicht oder nur teilweise erfüllt, aber trotzdem zur Serienreife gelangt, kann das dazu führen, dass der Kunde das Produkt ablehnt.

Im schlechtesten Fall (*Worst Case*) muss das Produkt durch Rückrufaktionen nachgebessert oder ganz vom Markt genommen werden. Der geplante Produktlebenszyklus wird dadurch vorzeitig beendet; das Produkt erwirtschaftet Verluste.

15. Welcher Zusammenhang besteht zwischen der Ausfallrate eines Produkts und dem Produktlebenslauf?

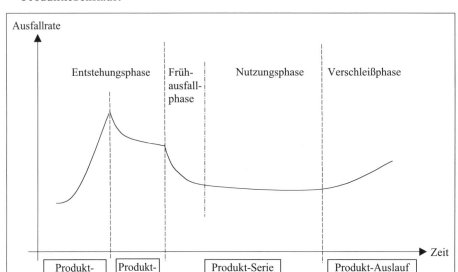

Die für den Kunden relevanten „Lebensabschnitte" eines Produktes sind die *Produkt-Serie* und der *Produkt-Auslauf*. Hier ist die Ausfallrate das Maß der Zuverlässigkeit des Produktes.

Unabhängig von der wieder ansteigenden Ausfallwahrscheinlichkeit in der Verschleißphase kann, bezogen auf die *Produktgruppe*, ein „moralischer Verschleiß" entstehen, bei dem das Anforderungsmerkmal „Attraktivität des Produktes" für den Kunden nicht mehr vorhanden ist.

16. Welche Elemente des Qualitätsmanagements sind für den Herstellungsprozess von vorrangiger Bedeutung?

• *Qualitätsplanung* ist die grundlegende Festlegung der qualitativen Produkteigenschaften durch Spezifizierung der Qualitätsmerkmale und deren Realisierungsprozesse.

   Sie bezieht sich auf drei Komplexe: 1. das QM-System,
                                        2. die Produkte,
                                        3. die Abläufe und technischen Prozesse.

• *Qualitätsprüfung* ist die Feststellung der Übereinstimmung der Anforderungen mit dem realisierten Zustand einer Einheit.

• *Qualitätslenkung* wird nach DIN ISO 8402 realisiert durch „die Arbeitstechniken und Tätigkeiten, die zur Erfüllung der Qualitätsforderungen angewendet werden".

• *Qualitätssicherung* beinhaltet im umgangssprachlichen Sinne alle Maßnahmen, um eine dauerhafte Erfüllung der Qualitätsforderungen einer Einheit zu erzielen.

Gemäß DIN ISO 8402 und DGQ ist unter Qualitätssicherung die „*Qualitätsmanagementdarlegung"* zu verstehen. Es sind „alle geplanten und systematischen Tätigkeiten" *darzulegen,* die ein „angemessenes Vertrauen schaffen, dass eine Einheit die Qualitätsforderungen erfüllen wird".

17. Was ist unter Qualitätsprüfung zu verstehen?

Nach DGQ ist die Qualitätsprüfung die Feststellung, „inwieweit eine Einheit die Qualitätsforderung erfüllt". Durch den Prüfprozess erfolgt *keine Fehlervermeidung, sondern eine Fehlerfeststellung.* Dazu haben *Qualitätsaufzeichnungen* zu erfolgen. Diese dienen der Auswertung der Ergebnisse der Qualitätsprüfung und bilden u. a. die Grundlage für Maßnahmen zur Fehlervermeidung im Rahmen der Qualitätsplanung.

Ausgehend von den Qualitätsanforderungen ist zur Durchführung der Qualitätsprüfung gegebenenfalls die Anwendung entsprechender *Prüftechnik* erforderlich.

18. Wie lautet der oberste Grundsatz der Qualitätsprüfung?

Für die Qualitätsprüfung gilt der oberste Grundsatz:

> *Qualität wird nicht erprüft sondern hergestellt.*

19. Bezieht sich die Qualitätsprüfung nur auf materielle Produkte?

Nein! Entsprechend der Definition des Begriffes „Einheit" (siehe auch 9.1.1/08.) bezieht sich die Qualitätsprüfung auf *materielle und immaterielle Produkte, Verfahren und Prozesse, Organisation und Personen.*

20. Wo ist die klassische Form der Qualitätsprüfung am ausgeprägtesten?

Die klassische Form der Qualitätsprüfung findet man in ihrer ausgeprägtesten Form in der Fertigung. So erstreckt sich der Wirkungsbereich der produktbezogenen Qualitätsprüfung von der Wareneingangskontrolle über prozessorientierte oder prozessbegleitende Prüfungen bis zur Endkontrolle und Versandprüfung.

21. Welche Funktion hat die Qualitätsprüfung im QM-System?

Erst die Einführung eines QM-Systems erweitert die Qualitätsprüfung auf die Gesamtheit der vor- und nachgelagerten Bereiche.

22. Welche grundlegenden Arten der Qualitätsprüfung gibt es?

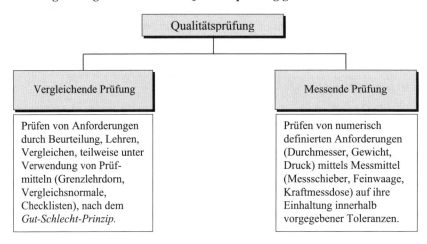

23. Welche Ausrüstung rechnet man zur Prüftechnik?

Unter Prüftechnik versteht man die Gesamtheit der zur Qualitätsprüfung erforderlichen technischen Ausrüstung, einschließlich zugehöriger Software.

Die ISO 9001:2008 definiert diese Ausrüstung als „Überwachungs- und Messmittel" zur „Verwirklichung von Überwachungen und Messungen".

Ausgehend von den grundlegenden Arten der Qualitätsprüfung lässt sich die Prüftechnik folgendermaßen unterteilen:

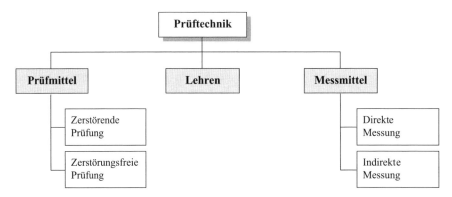

24. Worin besteht der Unterschied zwischen Prüf- und Messmitteln?

- *Prüfmittel* dienen zur Beurteilung oder zum Vergleich von Qualitätsergebnissen innerhalb vorgegebener Toleranzbereiche, ohne deren genauen Wert zu ermitteln. Je nach Art der Qualitätsanforderungen kann das erreichte Ergebnis *zerstörungsfrei* oder nur durch *Zerstörung der Einheit* festgestellt werden.

Beispiele für eine *zerstörungsfreie Prüfung*:
- Ultraschallprüfung von Schweißnähten,
- Digitale Bildverarbeitung zur Prüfung auf Vorhandensein von Merkmalen,
- Sensorabfrage zur Unterscheidung von falschen und richtigen Teilen.

Beispiele für eine *zerstörende Prüfung*:
- Ausknöpfprobe von Punktschweißungen durch Auseinanderreißen der geschweißten Teile,
- Schleifprobe zur Materialanalyse,
- Auflösen von Materialien bei chemischen Analysen.

- *Lehren* werden zur Abweichungsfeststellung nach dem Gut-Schlecht-Prinzip verwendet. Es wird geprüft, ob sich ein Prüfmerkmal Einheit innerhalb vorgegebener Grenzen (Toleranzen) befindet, ohne dessen genauen Wert zu ermitteln. Die Einhaltung der Qualitätsforderung wird nur in „Gut" oder „Schlecht" unterschieden.

- *Messmittel* werden zur Feststellung des genauen Ist-Ergebnisses eingesetzt. Durch Messung kann der Ist-Wert und dessen Abweichung vom Soll-Wert exakt festgestellt werden. Die Lage des Ist-Wertes im Bezug zum Soll-Wert und seinem vorgegebenen Toleranzbereich lässt sich somit grafisch darstellen und mittels statistischer Methoden auswerten. Die Messung kann auf *direktem* oder *indirektem* Weg erfolgen.

Beispiele für eine *direkte Messung*:
- Messung eines Längenmaßes in mm mittels Messschieber,
- Messung von 3D-Positionen mittels Messmaschine,
- Messung einer Pumpenleistung in Liter/Stunde mittels Durchflussmengenmessgerätes.

Beispiele für *indirekte Messung*:
- Digitale Bildverarbeitung zur Messung von Abständen,
- Dickenmessung der Bodendicke von Clinchpunkten mittels Ultraschallsensoren,
- Geschwindigkeitsmessung mittels Lasertechnik.

25. Wodurch wird die Auswahl der Prüftechnik bestimmt?

Die Auswahl und Anwendung der Prüftechnik ergibt sich aus der Art der erforderlichen Prüfung und aus der konkreten Prüfungsaufgabe.

Bei der Prüfung mit Messmitteln ist weiterhin die Größenordnung des Soll-Wertes und die geforderte Genauigkeit (Toleranz) für die Auswahl bestimmend.

Beispiele:

Soll-Wert	Messmittel
Durchmesser $12,3 \pm 0,007$ mm	Bügelmessschraube
Länge 65 ± 2 mm	Stahllineal
Gewicht $98,5 \pm 0,3$ g	Feinwaage

26. Wer prüft die Prüftechnik?

Die Prüftechnik unterliegt ebenfalls einem Verschleiß und ist in festgelegten Abständen auf ihre Genauigkeit und Funktionsfähigkeit zu überprüfen (z. B. nachkalibrieren, neu eichen). Dies erfolgt ggf. durch den Hersteller der Prüftechnik, durch zertifizierte Prüflabore oder den TÜV; der Vorgang wird dokumentiert. Es wird dabei die Messunsicherheit bestimmt und die Rückführbarkeit auf nationale Normen sichergestellt.

27. Welche Maßnahmen müssen weiterhin getroffen werden, um die Funktionsfähigkeit der Prüftechnik zu gewährleisten?

Zum Beispiel:

- die Prüftechnik wird an zentraler Stelle im Betrieb gelagert und überwacht,
- es werden nur funktionsfähige Prüfmittel ausgegeben,
- für jedes Werkzeug der Prüftechnik wird eine Prüfkarte geführt,
- benutzte Prüfmittel und Messwerkzeuge werden bei Rückgabe überprüft (ggf. ausgesondert).

28. Welche statistischen Methoden zur Qualitätsüberwachung gibt es?

Die ISO 9000:2005 verweist bezüglich der Auswahl und Anwendung von statistischen Methoden auf die *ISO/TR 10017*. Damit wirkt diese Norm als Ergänzung zur ISO 9000:2005 und als Leitfaden zur Auswahl und Anwendung statistischer Methoden.

Übersicht über wesentliche statistische Methoden:

- *Fehlerbaumanalyse:*
  Ist nach DIN 25424, Teil 1 die systematische Fehleruntersuchung zur Erkennung möglicher Fehlerursachen und die Ermittlung deren Eintrittshäufigkeiten.

- *Maschinenfähigkeitsuntersuchung* (MFU):
  Untersuchung eines Arbeitsmittels auf seine Prozessfähigkeit. Wird auch häufig als „Kurzzeitfähigkeit" betrachtet.

- *Messsystemanalyse:*
  Bewertung der Messfähigkeit und Messunsicherheit von Messsystemen unter Anwendungsbedingungen.

- *Prozessfähigkeitsuntersuchung:*
  Untersuchung der Fähigkeit eines Prozesses hinsichtlich seiner Stabilität bei der Erfüllung der Anforderungen.

- *Six Sigma:*
  Dient als statistische Methode der Feststellung des Null-Fehler-Status. Dabei bedeutet *6 Sigma* 3,4 Ausfälle bei einer Million Möglichkeiten (3,4 ppm) oder einen Qualitätsgrad von 99,9997 %. Wird auch als allgemeine „Qualitätsphilosophie" und Bewertungsmethodik angewandt.

- *Statistische Prozesskontrolle* (SPC):
  Statistical Process Control, Bewertung der Prozessstabilität über die Zeit mittels Qualitätsregelkarten.

- *Statistische Toleranzrechnung:*
  Verfahren zur Bestimmung von Toleranzbereichen.

- *Stichprobenprüfung:*
  Ermittlung der Fehleranteile einer Grundgesamtheit durch Untersuchung einer repräsentativen Stichprobe.

- *Versuchsplanung* (DoE):
  Design of Experiments, ist die Planung und Auswertung von Versuchen mittels statistischer Methoden, vorrangig nach *Shainin* oder *Taguchi*. Das Ziel liegt darin, mit möglichst wenigen Versuchen Daten mit hohem Aussagegehalt zu erreichen.

9.2 Förderung des Qualitätsbewusstseins der Mitarbeiter

9.2.1 Förderung des Qualitätsbewusstseins

01. Was kennzeichnet das qualitätsbewusste Handeln der Mitarbeiter?

- Die Mitarbeiter *wirken aktiv* in der Qualitätsarbeit mit.

- Begangene Fehler werden nicht verschwiegen oder vertuscht, sondern dem Vorgesetzten oder Qualitätsmitarbeiter gemeldet und so für deren Bereinigung gesorgt.

- Die Mitarbeiter beteiligen sich im Vorschlagswesen und tragen so mit ihren Verbesserungsvorschlägen zur Qualitätssteigerung bei. Die Vergütung hat motivierenden Charakter.

02. Wodurch werden die Mitarbeiter zu einem qualitätsbewussten Handeln motiviert?

- Die Nicht-Bestrafung des Mitarbeiters für einen begangenen Fehler (ausgenommen rechtliche Konsequenzen) führt zur weiteren Motivation und Ehrlichkeit hinsichtlich der Meldung eigener Fehler.

- Der Mitarbeiter sollte im Rahmen der Möglichkeiten an der Fehlerbeseitigung beteiligt werden bzw. sie vollständig selbst durchführen.

- Steigt bei einem Mitarbeiter die Fehlerhäufigkeit, sollten die persönlichen Ursachen in einem Gespräch ermittelt werden.

- Bei der Einarbeitung in neue Arbeitsaufgaben sollte der Mitarbeiter den Sinn seiner Tätigkeit erkennen und ihm die Auswirkung von Fehlern erläutert werden.

- Ihm sollte die Möglichkeit gegeben werden, seine Fähigkeiten und Fertigkeiten zu verbessern bzw. durch Übertragung anderer Arbeitsaufgaben besser zu nutzen.

- Die Visualisierung von Qualitätsergebnissen wirkt auf die Mitarbeiter informierend und trägt zur Motivationssteigerung bei.

9.2.2 Formen der Mitarbeiterbeteiligung als Maßnahmen der Qualitätsverbesserung

01. In welcher Form können Mitarbeiter in die Qualitätsverbesserung einbezogen werden?

- Qualitätsschulungen,
- Integration in *KVP*-Teams (KVP = Kontinuierlicher Verbesserungsprozess),
- Durchführung von Qualitätszirkeln,
- Selbstprüfersystem,
- Realisierung von Gruppenarbeit und Übertragung von Entscheidungskompetenzen,
- Mitwirkung bei Entscheidungen und Problemlösungen sowie in QM-Projekten,
- Visualisierung von Qualitätsergebnissen, z. B. Darstellung von Qualitätskennzahlen auf Plakaten/Infowänden, Einsatz der Metaplantechnik, Vergleichsdiagramme, Audiosysteme (Foto, Film, Video u. Ä.).

02. Was ist das Ziel von Qualitätsschulungen?

Ein Mitarbeiter kann nur dann Qualität produzieren, wenn er weiß, *warum* er die Tätigkeit ausführt, wie sie in den Gesamtablauf *eingeordnet* ist und welche *Folgen* sie hat.

Ziele der Qualitätsschulung:

- Kennen lernen der Gesamtzusammenhänge,
- Verständnis bekommen für vorgegebene Abläufe,
- Darstellung und Diskussion der aktuellen Qualitätssituation,
- Hilfestellung zur Bewältigung von Qualitätsproblemen,
- Motivation zur Qualitätsverbesserung.

03. Wodurch ist der Kontinuierliche Verbesserungsprozess (KVP) gekennzeichnet?

Durch die Integration der Mitarbeiter in das KVP-Team erhalten sie die Möglichkeit, ihre Erfahrungen und Ideen zur Verbesserung des Prozesses direkt beizutragen und umzusetzen. Dabei wirkt der KVP in *drei Zielrichtungen*, die jede für sich, aber auch zusammengefasst, Gegenstand einer KVP-Aufgabenstellung sein können.

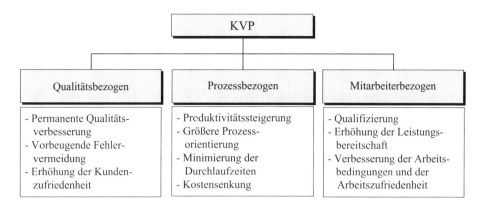

04. Worin ist die Notwendigkeit von Qualitätszirkeln begründet?

Qualitätszirkel, auch unter den Begriffen Qualitätsarbeitskreis oder Qualitätskreis bekannt, finden in regelmäßigen Abständen statt und dienen entsprechend ISO 9001:2008 der Erhöhung der Wirksamkeit des QM-Systems. Sie haben im Wesentlichen die aktuelle Qualitätsproblematik zum Inhalt.

• *Ziele*:

- Förderung des Qualitätsbewusstseins der Mitarbeiter,
- Einbeziehen der Mitarbeiterkenntnisse und -erfahrungen sowie Verbesserung der Mitarbeiter-motivation (Erfolge erleben lassen, Mitverantwortung),
- gemeinsame Lösung aktueller Qualitätsprobleme,
- Festlegung von operativen, kurz- und langfristigen Maßnahmen zur Fehlervermeidung mit Termin und Verantwortlichkeit (Protokoll),
- Kontrolle der festgelegten Maßnahmen und erreichten Ergebnissen.

• *Teilnehmer*:

- Fertigungsleiter
- Fertigungstechnologe/Arbeitsvorbereiter
- Qualitätsmitarbeiter
- Konstrukteur/Serienbetreuer
- Meister
- Mitarbeiter der betreffenden Fertigungsbereiche

• *Vorgehensweise:*

- Festlegung des Funktionsmerkmals
- Ermittlung des Fehlers
- Bewertung des Fehlers
- Analyse der Fehlerursache
- Festlegung erforderlicher Abstellmaßnahmen
- Kontrolle und Neubewertung nach Durchführung der Abstellmaßnahmen

05. Wodurch ist die Selbstprüfung charakterisiert?

Die Selbstprüfung ist mitarbeiterbezogen. Der Mitarbeiter führt an *seinem* Arbeitsplatz die Qualitätsprüfung *seines* Arbeitsergebnisses *selbst* durch.

06. Welche Zielsetzung hat die Selbstprüfung?

- Stärkung des Qualitätsbewusstseins des Mitarbeiters,
- Durchführung der Prüfung direkt im Fertigungsprozess,
- Verkürzung der Durchlaufzeiten durch Entfall von separaten Prüfprozessen,
- Reduzierung der Qualitätskosten,
- Steigerung der Motivation des Mitarbeiters.

07. Welche Voraussetzungen müssen beim Mitarbeiter für die Durchführung der Selbstprüfung vorliegen bzw. geschaffen werden?

- Zuverlässigkeit und Ehrlichkeit,
- Qualifikation hinsichtlich Qualitätsprüfung,
- Kenntnisse über die Anwendung geeigneter Prüftechnik,
- Kenntnisse über die Auswirkungen von Fehlern,
- Kenntnisse im Umgang mit Prüfanweisungen.

08. Was ist Gruppenarbeit?

Gruppenarbeit ist die gemeinsame Bewältigung einer Arbeitsaufgabe. Es wird zwischen zeitweiliger und dauerhafter Gruppenarbeit unterschieden.

- *Zeitweilige Gruppenarbeit* wird üblicherweise als *Teamarbeit* bezeichnet. Kennzeichnend dafür ist die *zeitweise* Zusammenarbeit von Mitarbeitern, zum Teil unterschiedlicher Bereiche und Qualifikation, zur Lösung bestimmter Arbeitsaufgaben, z. B. im Qualitätszirkel oder KVP-Team.

- *Dauerhafte Gruppenarbeit* wird durch eine *(teil)autonome Gruppe* ausgeführt. Die Mitarbeiter dieser Gruppe arbeiten in einem Team mit *ständig gleicher* Besetzung. Die Aufgabenverteilung sowie die Durchführung und Kontrolle der jeweiligen Arbeitsaufgabe erfolgt im Wesentlichen *autonom* innerhalb der Gruppe. Vorgegeben werden häufig nur der Arbeitsauftrag und der Fertigstellungstermin.

09. Worin besteht die Zielsetzung der Gruppenarbeit?

- Erhöhung des Qualitätsbewusstseins,
- Verbesserung der Qualität,
- Produktivitätssteigerung,
- Kostensenkung für Prozesse und Produkt,
- Vereinfachung der Abläufe,
- Teilweise Reduzierung von Leitungsebenen,
- Weitestgehende Nutzung der Flexibilität der Mitarbeiter,

- Verbesserung der Arbeitsbedingungen,
- Steigerung der Leistungsbereitschaft und Motivation der Mitarbeiter,
- Besserer Ausgleich bei Kapazitätsschwankungen.

10. Welche Besonderheiten sind für die Gruppenarbeit von Bedeutung?

- Der *Gruppensprecher* sollte nicht vom Vorgesetzten bestimmt werden, sondern *von den Gruppenmitgliedern* gewählt werden.

  Hierbei gibt es zwei Varianten:
  - der Gruppensprecher wird *auf Zeit* gewählt, z. B. vierteljährlich, dann wird ein anderes Gruppenmitglied gewählt. So wird jeder einmal der „Bestimmer".
  - der Gruppensprecher wird *auf unbestimmte Dauer* gewählt.

- Die *Kompetenzen* des Gruppensprechers sind genau zu definieren.

- Die *Gruppengröße* sollte „überschaubar" sein. Sozial-psychologische Untersuchungen nennen als optimale Gruppengröße 5 bis 6 Mitarbeiter. In der Praxis orientiert sich die Gruppengröße an den betrieblichen Fertigungsbedingungen und liegt oftmals höher.

- Das *Entlohnungssystem* sollte für die Gruppenarbeit spezifiziert sein.

11. Wie kann die Mitwirkung der Mitarbeiter bei Entscheidungen zur Qualitätsverbesserung gestaltet sein?

Die Mitarbeiter entwickeln nicht nur Vorschläge und Lösungen zur Qualitätssteigerung, sondern erarbeiten auf dieser Grundlage im Rahmen der Maßnahmen zur Qualitätsverbesserung entscheidungsreife Vorlagen.

Die Qualität dieser Vorlagen wird bestimmt durch die Erarbeitung und Gegenüberstellung von Lösungs*varianten.*

12. Ist die Einbeziehung von Mitarbeitern aus der Fertigung in die Projektarbeit sinnvoll?

Ja! Die Nutzung der praktischen Erfahrungen aus der Fertigung kann einen wesentlichen Beitrag zur Verbesserung des Produktes und der Fertigungsprozesse darstellen. Die Mitarbeit in einem Projekt führt zur Motivationssteigerung und trägt zur Erhöhung des Qualitätsbewusstseins bei.

13. Über welche Fähigkeiten/Kompetenzen sollten Mitarbeiter verfügen, die in Qualitätszirkeln/Projekten mitarbeiten?

- Einschlägige *Fachkenntnisse* über die zu bearbeitenden Themen

- *Sozialkompetenz*, z. B.:
  - Konfliktfähigkeit
  - Zuhören können

- *Methodenkompetenz*, z. B.:
  - Moderationsfähigkeit
  - Dialogfähigkeit
  - Techniken der Kreativität
  - Fähigkeiten der Problemlösung

- *Persönliche Eigenschaften*, z. B.:
  - Kreativität
  - Motivation zur Zusammenarbeit

9.3 Anwenden von Methoden zur Sicherung und Verbesserung der Qualität

9.3.1 Werkzeuge und Methoden im Qualitätsmanagement

01. Was ist Statistik und worin besteht ihre Zielsetzung?

Statistik ist „die Lehre von der Zustandsbeschreibung" mittels geeigneter Methoden.

- *Zielsetzung* (im Rahmen des Qualitätsmanagements):

  Überprüfung und Bewertung von Qualitätsergebnissen durch Anwendung statistischer Methoden bei der Datenermittlung, Datenaufbereitung und Datenanalyse.

Es werden zwei Gebiete der Statistik unterschieden:

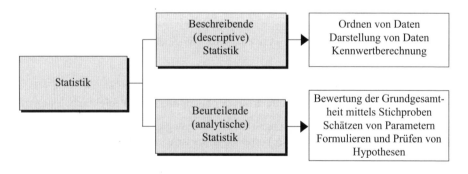

02. Wodurch ist die statistische Qualitätsprüfung gekennzeichnet?

Die statistische Qualitätsprüfung ermöglicht auf der Grundlage der – durch die Prüfverfahren ermittelten – Daten die gewichtete Aussage über Abweichungen von Qualitätsmerkmalen, deren Häufigkeiten und Auftretenswahrscheinlichkeiten.

Mit der statistischen Qualitätsprüfung lässt sich anhand einer Stichprobe die Fehlerwahrscheinlichkeit in einer Gesamtmenge (Grundgesamtheit) bestimmen.

03. Welches sind die sieben klassischen Qualitäts-Werkzeuge (Q7)?

Werkzeug	Anwendung
1. *PDCA* (Plan Do Check Act) nach Deming	Permanenter Kreislauf zur Reduzierung der Abweichungen vom Soll-Wert: Überlegen→Probieren→Prüfen→Anwenden
2. *Datenermittlung* qualitätsbestimmender Produkt- und Prozessdaten	Methode der 7-W-Fragen: Warum – Was – Wie – Wie viel – Womit – Wann – Wer
3. *Fehlersammelkarte*	Geordnete Fehlererfassung mittels Strichliste
4. *Darstellung* der Auswertungsergebnisse	Übersichtliche Ergebnisdarstellung, z. B. durch Histogramme, Kurven, Ablaufpläne.
5. *Pareto-Analyse*	Visuelle Darstellung der Fehlerhäufigkeiten von Merkmalsfehlern nach ihrer Bedeutung.
6. *Ursache-Wirkungs-Diagramm* (nach Ishikawa)	Erfassung möglicher Fehlerursachen und ihre Wirkung auf die Qualitätsanforderung.
7. *Regelkarten*	Erfassung der Abweichungen vom Soll-Wert und ihre grafische Darstellung.

04. Wie werden Abweichungen in der Qualitätsprüfung definiert?

Abweichungen vom Soll-Wert liegen praktisch immer vor, da es nahezu unmöglich ist, den absoluten Soll-Wert mit einer Abweichung ± 0 zu erreichen. Deshalb ist es zwingend erforderlich, zusammen mit den Soll-Werten zulässige Abweichungen zu definieren und sie, zugeordnet, zu dokumentieren. *Die Gesamtheit der zulässigen Abweichungen ist die Toleranz.*

05. Was gekennzeichnet die Toleranz?

Die Toleranz kennzeichnet die *Differenz zwischen der kleinsten zulässigen Abweichung und der größten zulässigen Abweichung* in Bezug zum Soll-Wert.

Wird durch die Qualitätsprüfung festgestellt, dass der *Ist-Wert* die Unter- oder die Obergrenze überschreitet, liegt ein *Fehler* vor.

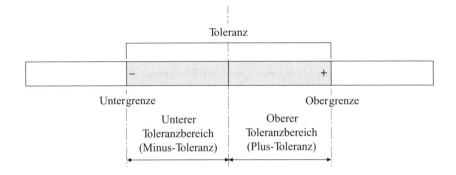

Die Toleranzbereiche können, entsprechend den Anforderungen, unterschiedliche Größe haben. Es wird nur ein Toleranzbereich angegeben, wenn die Abweichungen nur in eine Richtung zulässig sind.

Beispiele:

Soll-Wert	Gemessener Ist-Wert	Ergebnis
125 ± 0,7	125 + 0,3 125 – 0,6	Gut Gut
98 – 0,5	98 – 0,5	Gut
247 + 0,3	247 + 0,4	Fehler

06. Inwieweit stellt die Statistik ein wesentliches Hilfsmittel zur Qualitätsverbesserung dar?

Durch die Auswertung der ermittelten Daten mithilfe geeigneter statistischer Methoden wird die Qualitätssituation exakt dargestellt. Daraus lassen sich Fehlerschwerpunkte eindeutig erkennen und gewichten. Auf dieser Grundlage erfolgt die Festlegung gezielter Maßnahmen zur Qualitätsverbesserung.

07. Worin liegen die Grenzen der statistischen Qualitätsprüfung?

- In der Wirtschaftlichkeit der Anwendung von statistischen Methoden,
- in den Auftrags- bzw. Losgrößen bezüglich der statistisch erforderlichen Datenmenge,
- im personellen bzw. zeitlichen Aufwand für die Ermittlung der erforderlichen Daten und der statistisch erforderlichen Datenmenge,
- in der Kompliziertheit der Prüfmerkmale,
- in den Kosten für Prüftechnik hinsichtlich der Datenermittlung.

9.3.2 Statistische Methoden im Qualitätsmanagement

01. Was sind die Voraussetzungen für den Einsatz statistischer Methoden in der Qualitätsprüfung?

- *Datenerfassung:*
  Sie ist die Grundvoraussetzung. Die bei der Merkmalsprüfung entstehenden Ist-Daten sind in geeigneter Form zu erfassen.

- *Datenzuordnung:*
  Die erfassten Daten sind den Erfassungsorten bzw. den Merkmalen zuzuordnen.

- *Datendefinition:*
  Die ermittelten Abweichungen sind in Form einer *Fehlerbeschreibung* eindeutig zu definieren.

- *Datenmenge:*
  Für eine gesicherte statistische Aussage ist eine ausreichende Datenmenge eines Merkmals erforderlich. Ist diese nicht vorhanden, ist der Aussagegehalt der statistischen Ergebnisse fraglich.

- *Qualifikation:*
  Das Qualitätspersonal ist für die Arbeit mit der Prüftechnik und der Anwendung der statistischen Methoden ausreichend zu qualifizieren.

02. Mit welchen Möglichkeiten (Techniken/Instrumenten) lassen sich Qualitätsdaten erfassen?

- Die *Fehlersammelkarte* ist ein Formular zur handschriftlichen Eintragung von Fehlern mit ihrer Häufigkeit in Form einer Strichliste. Die Eintragungen erfolgen für einen definierten Zeitraum und werden anschließend nach den Fehlerarten geordnet aufsummiert.

- Die mitunter in der Prüftechnik enthaltene *Software* beinhaltet auch Module zur Datenerfassung und Auswertung.

- *Automatische Datenerfassung* durch den Einsatz von Sensoren, Kameras oder Tastern, die die ermittelten Ergebnisse an einen Computer weiterleiten, wo sie in einer Datenbank zugeordnet abgelegt werden. Von hier aus können sie zur Auswertung abgerufen werden.

- *Zentrale Datenerfassung* über ein Netzwerk. Die an unterschiedlichen Orten ermittelten Qualitätsdaten werden in einer zentralen Datenbank abgelegt. Diese ermöglicht einen Zugriff auf die Daten vom Arbeitsplatz der Qualitätsmitarbeiter aus. Bei entsprechender Datenorganisation lassen sich die Daten in vorhandene Statistiksoftware übernehmen und zur Auswertung weiterbearbeiten.

03. Welche statistischen Methoden sind speziell für die Prozesslenkung relevant?

Die wesentlichsten statistischen Methoden für die Prozesslenkung sind:

- *Stichprobenprüfung:*
  Eine 100 %-Prüfung ist bei einer größeren Menge gleicher Einheiten wirtschaftlich nicht sinnvoll. Über eine definierte Anzahl von Einheiten aus dieser Gesamtmenge (*Grundgesamtheit*) wird die Stichprobengröße (*Stichprobenumfang*) festgelegt. Hierbei wird von der Annahme ausgegangen, die in der Stichprobe ermittelten Abweichungen lassen den Rückschluss auf die Fehlerhaftigkeit der Gesamtmenge zu.

- *SPC:*
  Die *Statistische Prozessregelung* dient zur Überwachung der Wirksamkeit der Fertigungsanlagen durch prozessbegleitende Fehlererkennung. Sie basiert auf der Anwendung von *Qualitätsregelkarten*. Ihr Einsatz erfolgt vorrangig in der Großserienfertigung. Durch rechtzeitige Eingriffe in den Prozess bei Überschreitung der Prozesseingriffsgrenzen erfolgt eine systematische Prozessverbesserung.

- *Prozessfähigkeit:*
  Bei der Prozessfähigkeit wird in *Kurzzeitfähigkeit* und *Langzeitfähigkeit* unterschieden. Sie liefert Aussagen über die Beherrschung des Prozesses und seine Stabilität.

- *Messsystemanalyse:*
  Die *MSA* dient zur Ermittlung der Messunsicherheit, der Abgrenzungsfaktoren bei Qualitätsregelkarten, der Genauigkeit der Prüfmittel und zur Varianzanalyse.

9.3.3 Ausgewählte Werkzeuge und Methoden des Qualitätsmanagements

01. Was ist eine FMEA und welche Zielsetzung hat sie?

Die *FMEA* (Fehler-Möglichkeits- und Einfluss-Analyse) ist ein Werkzeug zur systematischen Fehlervermeidung bereits im Entwicklungsprozess eines Produktes.

Ziele:

- Frühzeitige Erkennung von Fehlerursachen, deren Auswirkungen und Risiken,
- Festlegung von Maßnahmen zur Fehlervermeidung und Fehlererkennung,
- Risikoanalyse durch Bewertung und Gewichtung der möglichen Fehlersituation mithilfe eines einheitlichen Punktesystems,
- Hohe Kundenzufriedenheit,
- stabile Prozessabläufe mit höchster Prozesssicherheit.

02. Welche Arten der FMEA werden unterschieden?

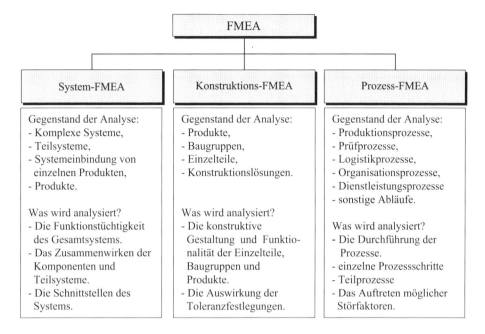

03. Wie stellen sich die Zusammenhänge der unterschiedlichen FMEA dar?

Die einzelnen Arten der FMEA bauen aufeinander auf und bilden ein äußerst komplexes System. Die jeweils vorhergehende FMEA bildet die Grundlage für die nachfolgende:

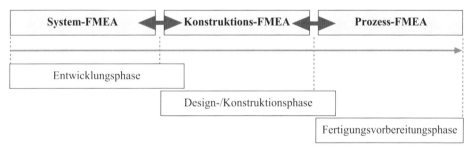

Ebenso können die Ergebnisse der nachfolgenden FMEA Auswirkungen auf die vorhergehende haben und zu einer Neubetrachtung (z. B. durch Konstruktionsänderung) führen.

In der Praxis wird häufig nicht zwischen System- und Konstruktions-FMEA unterschieden. Unter dem Begriff *Produkt-FMEA* werden beide Arten zusammengefasst.

04. Wann gilt eine FMEA als abgeschlossen?

Eine FMEA gilt dann als abgeschlossen, wenn keine Veränderungen am System, Produkt oder Prozess mehr auftreten. Sobald Veränderungen erfolgen, ist die betreffende FMEA zu überprüfen und ggf. entsprechend zu aktualisieren.

Beispiel der Aktualisierungshäufigkeit:

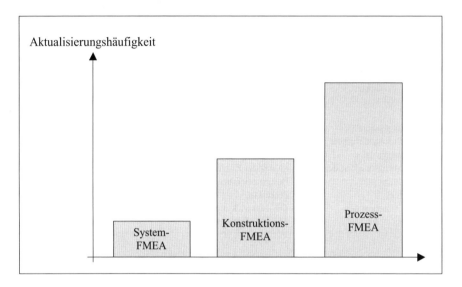

05. Wie wird eine FMEA durchgeführt?

Die acht Schritte der FMEA:

1. *Teambildung* aus Mitarbeitern der Konstruktion, der Arbeitsvorbereitung, dem Qualitätsbereich, der Fertigung und ggf. dem Kunden
2. *Organisatorische Vorbereitung*
3. *Systemstruktur* erstellen mit Abgrenzung des Analyseumfanges
4. *Funktionsanalyse* und Beschreibung der Funktionsstruktur
5. *Fehleranalyse* mit Darstellung der Ursache-Wirkungs-Zusammenhänge
6. *Risikobewertung*
7. *Dokumentation im FMEA-Formblatt*
8. *Optimierung* durchführen mit Neubewertung des Risikos

06. Wodurch ist die Struktur einer FMEA gekennzeichnet?

Die *Struktur einer FMEA* ist ein Datenmodell zur Darstellung aller für die FMEA relevanten Informationen. Sie stellt die Objekte des Modells und ihre Beziehungen und Verknüpfungen untereinander dar.

Eine FMEA-Struktur sollte nach QS 9000 *nicht mehr als drei Ebenen* beinhalten. Die 3. Ebene ist durch die *5 M* (Mensch, Maschine, Material, Methode und Mitwelt), soweit zutreffend, gekennzeichnet.

Beispiel: Systemstruktur einer Prozess-FMEA

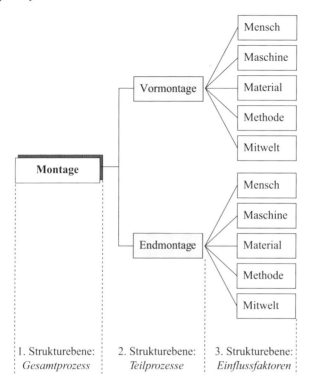

Besteht in der 3. Ebene ein weiterer Teilprozess (z. B. für eine weitere Unterbaugruppe), ist dafür eine neue Teilstruktur zu erstellen und mit der übergeordneten zu verbinden.

07. Wie ist der Zusammenhang zwischen Fehlerursache und Fehlerfolge?

Ausgehend vom obigen Beispiel entstehen die Fehler in den Teilprozessen der 2. Ebene. Die Fehlerursachen liegen in den Prozessmerkmalen. Die Folgen der Fehler wirken auf das Produkt.

Nur das Erreichen der <u>*Prozess*</u>*merkmale stellt das Erreichen der* <u>*Produkt*</u>*merkmale sicher.*

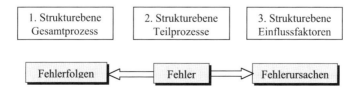

08. Wie erfolgt die Risikobewertung?

Jedes Produkt und jeder Prozess besitzt ein Grundrisiko. Die Risikoanalyse einer FMEA quantifiziert das Fehlerrisiko in Verbindung mit den Fehlerursachen und den Fehlerfolgen. Die Höhe des Risikos wird durch die *Risiko-Prioritäts-Zahl* (RPZ) dargestellt.

Die Bewertung erfolgt anhand von drei Kenngrößen:

- die *Wahrscheinlichkeit des Auftretens* eines Fehlers (*Auftreten A*) mit seiner Ursache,
- die *Bedeutung der Fehlerfolge* für den Kunden (*Bedeutung B*),
- die *Entdeckungswahrscheinlichkeit* (*Entdeckung E*) der analysierten Fehler und deren Ursachen durch Prüfmaßnahmen.

Bewertet werden diese Kenngrößen mit Zahlen zwischen 1 und 10. Ausgehend von der Bewertungssystematik liegt das *niedrigste Risiko* bei RPZ = 1 und das *höchste Risiko* bei RPZ = 1.000. Je größer der RPZ-Wert ist, desto höher ist das mit der Konstruktion oder dem Herstellungsprozess verbundene Risiko, ein fehlerhaftes Produkt zu erhalten.

Formell lassen sich *drei RPZ-Bereiche* definieren:

[RPZ < 40] → es liegt ein beherrschbares Risiko vor.

[41 ≤ RPZ ≤ 125] → Risiken sind weitgehend beherrschbar, Optimierungsmaßnahmen sind einem vertretbaren Aufwand gegenüberzustellen.

[RPZ > 125] → es sind zwingend geeignete Abstellmaßnahmen festzulegen, deren Abarbeitung und Ergebnisse zu protokollieren sind.

Praktisch gibt es unternehmens- oder branchenbezogen weitere Restriktionen, die je nach Bewertung *einer* Kenngröße bereits Abstellmaßnahmen als zwingend erforderlich vorschreiben.

09. Wie entsteht die Risiko-Prioritäts-Zahl?

Die RPZ ergibt sich aus der Multiplikation der Bewertungsfaktoren der drei Kenngrößen:

RPZ = Bedeutung · Auftretenswahrscheinlichkeit · Entdeckungswahrscheinlichkeit
RPZ = B · A · E

Somit kann der Wert der Risiko-Prioritäts-Zahl zwischen 1 (=1·1·1) und 1.000 (=10·10·10) liegen.

Beispiel: Bewertungstabelle einer Prozess-FMEA

Bewertungszahl für die *Bedeutung* B	Bewertungszahl für die *Auftretenswahrscheinlichkeit* A	Bewertungszahl für die *Entdeckungswahrscheinlichkeit* E
Sehr hoch 10 Sicherheitsrisiko, 9 Nichterfüllung gesetzlicher Vorschriften.	**Sehr Hoch** 10 Sehr häufiges Auftreten der 9 Fehlerursache, unbrauchbarer, ungeeigneter Prozess.	**Sehr gering** 10 Entdecken der aufgetretenen 9 Fehlerursache ist unwahrscheinlich, die Fehlerursache wird oder kann nicht geprüft werden.
Hoch 8 Funktionsfähigkeit des 7 Produktes stark eingeschränkt, Funktionseinschränkung wichtiger Teilsysteme.	**Hoch** 8 Fehlerursache tritt 7 wiederholt auf, ungenauer Prozess.	**Gering** 8 Entdecken der aufgetretenen 7 wahrscheinlich nicht zu entdeckenden Fehlerursache, unsichere Prüfung.
Mäßig 6 Funktionsfähigkeit des 5 Produktes eingeschränkt, 4 Funktionseinschränkung von wichtigen Bedien- und Komfortsystemen.	**Mäßig** 6 Gelegentlich auftretende 5 Fehlerursache, weniger 4 genauer Prozess.	**Mäßig** 6 Entdecken der aufgetretenen 5 Fehlerursache ist wahrscheinlich, Prüfungen sind 4 relativ sicher.
Gering 3 Geringe Funktionsbeeinträchtigung des Produktes, 2 Funktionseinschränkung von Bedien- und Komfortsystemen.	**Gering** 3 Auftreten der Fehlerursache ist gering, genauer 2 Prozess.	**Hoch** 3 Entdecken der aufgetretenen 2 Fehlerursache ist sehr wahrscheinlich, Prüfungen sind sicher, z. B. mehrere voneinander unabhängige Prüfungen.
Sehr gering 1 Sehr geringe Funktionsbeeinträchtigung, nur vom Fachpersonal erkennbar.	**Sehr gering** 1 Auftreten der Fehlerursache ist unwahrscheinlich.	**Sehr hoch** 1 Aufgetretene Fehlerursache wird sicher entdeckt.

Die Entscheidung, welche Bewertungszahl innerhalb einer Risiko-Kategorie zutreffend ist, erfolgt innerhalb des FMEA-Teams nach Abwägung aller Risiken.

Beispiel:
Nach Durchführung einer FMEA ergibt sich eine Bewertungszahl für die Entdeckungswahrscheinlichkeit von 8. Daraus folgt: Die Wahrscheinlichkeit, den Fehler im Produktionsprozess zu entdecken, ist gering. Es kann der schlechteste Fall eintreten, dass der Fehler erst beim Kunden entdeckt wird.

Die RPZ (vgl. oben) ergibt sich als Multiplikation der Bewertungsfaktoren B, A, E:

$$\text{RPZ} = \text{Bedeutung} \cdot \text{Auftretenswahrscheinlichkeit} \cdot \text{Entdeckungswahrscheinlichkeit}$$

Sollte sich aufgrund der Gewichtung mit den Faktoren B und A (bei E = 8) eine RPZ $\geq$ 125 ergeben, sind geeignete Abstellmaßnahmen (vgl. unten, 10.) festzulegen und zu dokumentieren.

10. Welches sind geeignete Abstellmaßnahmen zur Systemoptimierung?

Beispiele für typische Abstellmaßnahmen:

- Materialänderungen,
- Konstruktive Veränderungen,
- Lebensdaueruntersuchungen vor der Material- oder Konstruktionsfreigabe,
- Lieferantenvereinbarungen,
- redundante technische Lösungen,
- prozessbegleitende Qualitätsprüfungen,
- Statistische Prozessüberwachung,
- Wareneingangs- und Endprüfungen,
- Produkt- und Prozessaudits.

11. Worin besteht das Ziel der statistischen Versuchsplanung DoE?

Das Ziel der DoE (Design of Experiments) besteht darin, mit einer *geringen Anzahl von Versuchen Daten mit hohem Aussagegehalt* über das zu untersuchende System zu erhalten. Das ist nur durch die Anwendung *systematischer und rationeller Methoden* erreichbar.

12. Welche Versuchsmethoden gibt es?

Versuchsmethode	Definition
Taguchi	Die *Taguchi-Methode* ist eine Methode zur statistischen Versuchsplanung, deren hauptsächlicher Einsatzbereich vor allem die Entwicklung ist. Die Strategie dieser Versuchsmethodik zielt darauf ab, Erkenntnisse zu gewinnen, welche Einflussfaktoren mit welcher Stärke auf den Prozess einwirken. Er ist (kostenneutral) auf die kleinstmögliche Streuung der Merkmalswerte auszurichten und die dazu erforderlichen Versuche sind auf eine effektive Anzahl zu reduzieren. Das *Ziel* liegt in robusten Prozessen mit geringer Anfälligkeit gegenüber Störgrößen.
Pareto	Die *Pareto-Analyse* ist eine einfache Methode, um mit minimalem Aufwand wesentliche Einflussgrößen oder Fehler von unwesentlichen zu unterscheiden. Fehlerschwerpunkte werden übersichtlich dargestellt und Abarbeitungsprioritäten festgelegt. Der Einsatz qualitätssichernder Maßnahmen erfolgt in der Praxis oft nicht zuerst dort, wo die meisten Fehler auftreten, sondern die höchsten Kosten entstehen.
Kaizen	*Kaizen* geht von der Erkenntnis aus, dass in einem Unternehmen jedes System einem allgemeinen Verschleiß unterliegt. Die Philosophie besteht darin, diese Probleme in einem *ständigen* Verbesserungsprozess zu lösen. Die Verbesserungen der Qualität der Produkte und Prozesse sowie die Senkung der Kosten münden letztendlich in einer höheren Kundenzufriedenheit.

9.3.4 Verteilung qualitativer und quantitativer Merkmale und deren Interpretation → A 3.1.6, A 3.4.3 f., A 5.4, 9.1.2/9.3.1

01. Welche Begriffe werden in der Fachsprache der Statistik verwendet?

* Als *Grundgesamtheit*
  (= statistische Masse) bezeichnet man die Gesamtheit der statistisch erfassten gleichartigen Elemente (z. B. alle gefertigten Teile für Auftrag X).

* *Bestandsmassen*
  sind diejenigen Massen, die sich auf einen *Zeitpunkt* beziehen (z. B. 1.7. des Jahres).

* *Bewegungsmassen*
  sind auf einen bestimmten *Zeitraum* bezogen (z. B. 1.1. bis 30.6. d. J.).

* *Abgrenzung der Grundgesamtheit*: Je nach Fragestellung ist die Grundgesamtheit abzugrenzen. Vorherrschend sind folgende *Abgrenzungsmerkmale*:
  - *sachliche* Abgrenzung (z. B. Baugruppe Y)
  - *örtliche* Abgrenzung (z. B. Montage I)
  - *zeitliche* Abgrenzung (im Monat Januar)

* Als *Merkmal*
  bezeichnet man die Eigenschaft, nach der in einer statistischen Erfassung gefragt wird (z. B. Alter, gute Teile/schlechte Teile).

* *Merkmalsausprägungen*
  nennt man die Werte, die ein bestimmtes Merkmal annehmen können (z. B. gut/schlecht; männlich/weiblich; 48, 50, 55 usw.).

* *Diskrete Merkmale*
  können *nur abzählbar viele Werte annehmen* (z. B. Anzahl der Kinder, der fehlerhaften Stücke).

* *Stetige Merkmale*
  können jeden Wert (= überabzählbar) annehmen (z. B. Körpergröße, Durchmesser einer Welle).

* *Qualitative Merkmale*
  erfassen Eigenschaften/Qualitäten eines Merkmalsträgers (z. B. Geschlecht eines Mitarbeiters: weiblich - männlich oder Ergebnis der Leistungsbeurteilung: 2 - 4 - 6 - 8 usw.).

* *Quantitative Merkmale*
  sind Merkmale, deren *Ausprägungen in Zahlen* angegeben werden – mit Benennung der Maßeinheit, z. B. Stück, kg, Euro.

* *Ordinalskala:*
  Erfolgt eine Festlegung der *Rangfolge* der Merkmalsausprägungen, so spricht man von Ordinalskalen (z. B. gut/schlecht/unbrauchbar) – ansonsten von

* *Nominalskalen* (z. B. männlich/weiblich; gelb/rot/grün).

* *Häufigkeit:*
  Anzahl der Messwerte einer Messreihe zu einem bestimmten Messwert x_i.

02. In welchen Schritten erfolgt die Lösung statistischer Fragestellungen?

1. *Analyse der Ausgangssituation,*

2. *Erfassen* des Zahlenmaterials,

3. *Aufbereitung*, d. h. Gruppierung und Auszählung der Daten und Fakten,

4. *Auswertung*, d. h. Analyse des Zahlenmaterials nach methodischen Gesichtspunkten.

03. Wie wird das statistische Zahlenmaterial aufbereitet?

Das Zahlenmaterial kann erst dann ausgewertet und analysiert werden, wenn es in aufbereiteter Form vorliegt. Dazu werden die Merkmalsausprägungen *geordnet* – z. B. nach Geschlecht, Alter, Beruf, Region, gut/schlecht, Länge, Materialart usw.).

Grundsätzliche *Ordnungsprinzipien* im Rahmen der Aufbereitung sind:

- *Ordnen* des Zahlenmaterials *in einer Nominalskala.*

- *Ordnen* des Zahlenmaterials *in einer Kardinalskala*
  ($x_1 = 1, x_2 = 5, x_3 = 7$ ...) oder einer *Ordinalskala* (x_i = nicht ausreichend, x_i = ausreichend, x_i = befriedigend, x_i = gut, ...).

- Unterscheidung in *diskrete* und *stetige Merkmale.*

- Ggf. Aufbereitung in Form einer *Klassenbildung*

- Aufbereitung ungeordneter Reihen *in geordnete Reihen.*

- Bildung absoluter und relativer Häufigkeiten (*Verteilungen*).

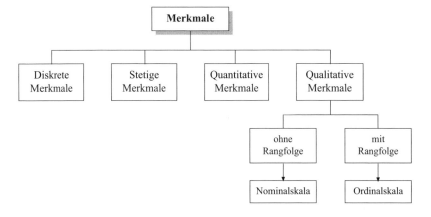

Beispiele für quantitative und qualitative Prüfmerkmale:

Prüfmerkmale			
qualitative		quantitative	
ordinal	nominal	stetig	diskret
gut/schlecht	grün/gelb	Durchmesser einer Welle	unbrauchbare Teile
Note 1, Note 2, ...	i.O/n.i.O	Umfang eines Körpers	Fehltage pro Monat
Güteklassen 1...5	männlich/weiblich	Länge des Werkstücks	Ausfallzeiten

04. In welchen Arbeitsschritten geht die technische Statistik vor?

1. Schritt: Formulierung des Problems

Beispiel:

In einem stahlerzeugenden Unternehmen soll der angelieferte Koks auf seine Dichte hin überprüft werden. Der beauftragte Mitarbeiter erhält die Aufgabe, *die durchschnittliche Dichte* des gelieferten Kokses *zu bestimmen.*

2. Schritt: Planung des Experiments

Beispiel:

Da die Dichte der einzelnen Koksbrocken unterschiedlich ist, müsste der Mitarbeiter – genau genommen – alle Koksbrocken untersuchen und ihre Dichte bestimmen. Diese Vorgehensweise ist jedoch aus Kosten- und Zeitgründen nicht akzeptabel. Man wählt daher in der Praxis folgenden Weg: Der Mitarbeiter soll *eine hinreichend große Anzahl von Koksbrocken zufällig auswählen und deren Dichte bestimmen (= Stichprobe).*

3. Schritt: Durchführung des Experiments

Beispiel:

Der Mitarbeiter verfährt wie geplant. Diesen Vorgang des *Auswählens und Messens* der Koksbrocken nennt man in der Statistik ein *Zufallsexperiment* (kurz: Experiment). Die erhaltenen Messwerte werden als *Stichprobe aus der Grundgesamtheit* bezeichnet. Die Anzahl der ausgewählten und gemessenen Werte ist der *Umfang der Stichprobe.*

4. Schritt: Aufbereitung des experimentellen Ergebnisses und Berechnung von Maßzahlen

Beispiel:

Bei umfangreichen Untersuchungen mit vielen Zahlenwerten ist es erforderlich, *die Ergebnisse tabellarisch und ggf. auch grafisch aufzubereiten* Außerdem werden *Maßzahlen* berechnet; diese sog. *Lageparameter* charakterisieren das Ergebnis einer statistischen Reihe. Vorwiegend berechnet man zwei Maßzahlen: das *arithmetische Mittel* $\bar{x}$ und die *Standardabweichung s.* Wir nehmen an, dass der Mitarbeiter im vorliegenden Fall eine durchschnittliche Dichte der Koksbrocken von 1,41 g/cm^3 und eine Standardabweichung von 0,02 g/cm^3 (gerundet) ermittelt.

5. Schritt: Schluss von der Stichprobe auf die Grundgesamtheit

Beispiel:

Der Mitarbeiter kann den Schluss ziehen, dass die durchschnittliche Dichte der Koksbrocken in der Grundgesamtheit etwa den Wert 1,41 g/cm^3 hat; er kann weiterhin schließen, dass die tatsächliche (unbekannte) Dichte der Grundgesamtheit *mit rund 99 %iger Wahrscheinlichkeit im Intervall*

$$[-3s+ \ ; \ +3s]$$
$$= \quad [-3 \cdot 0,02 + 1,41; 1,41 + 3 \cdot 0,02]$$
$$= \quad [1,35; 1,47]$$

liegt. Dieser Schluss ist möglich aufgrund der Aussagen, die aus der Normalverteilung abgeleitet werden können (zur Normalverteilung von Messfehlern vgl. unten).

Es stellt sich weiterhin die Frage, ob das Ergebnis noch weiter verbessert werden könnte, ob also der Mitarbeiter durch eine weitere Stichprobe zu einem Intervall gelangen könnte, in dem die Werte näher beieinander liegen. Die Antwort lautet ja! Der Mitarbeiter könnte den Stichprobenumfang vergrößern (statt z. B. 10 Messwerte werden 30 ermittelt und die durchschnittliche Dichte x und die Standardabweichung s ermittelt). Es lässt sich mathematisch zeigen, dass mit größerem Stichprobenumfang die Genauigkeit der Schlüsse ansteigt. Gleichzeitig steigen damit aber auch der Zeitaufwand und die Kosten der Untersuchung. Genau diese Frage (Stichprobenumfang, Zeitaufwand, Kosten, statistische Genauigkeit) ist im 2. Schritt (vgl. oben) zu klären. Man wird versuchen, bei gegebenem Aufwand an Zeit und Kosten den Informationsgehalt der Untersuchung zu maximieren. Festzuhalten bleibt aber: Einen vollkommen sicheren Schluss von einer Stichprobe auf die Grundgesamtheit gibt es nicht.

Abschließend hat der Mitarbeiter zu entscheiden, ob das Ergebnis seiner Stichprobe die Entscheidung zulässt, den angelieferten Koks anzunehmen oder abzulehnen. Im vorliegenden Fall hängt dies davon ab, ob der Sollwert der Dichte (festgelegt oder mit dem Lieferanten vereinbart) innerhalb des Intervalls liegt oder nicht.

05. Wie erfolgt die Erfassung und Verarbeitung technischer Messwerte?

Die Erfassung und Verarbeitung technischer Messwerte kann unterschiedlich komplex sein; folgende Arbeitsweisen können unterschieden werden:

(1) Die Erfassung der Daten erfolgt über eine *einfache Messeinrichtung* (z. B. Thermometer, Druckmesser); die *Prozesssteuerung* bzw. ggf. notwendige Eingriffe in den Prozess erfolgen *manuell*.

   Beispiel:
   An einer Anlage wird die Temperatur mithilfe eines Thermometers gemessen; wird ein bestimmter Temperaturgrenzwert überschritten, erfolgt eine manuell eingeleitete Kühlung der Anlage durch den Mitarbeiter.

(2) Die Messwerte werden durch die Messeinrichtung erfasst, *innerhalb der Messeinrichtung verarbeitet* und der *Prozess wird „automatisch" gesteuert* (z. B. über Prozessrechner).

   Beispiel:
   An der Anlage (vgl. oben) wird die Temperatur laufend von einem Prozessrechner erfasst. Bei Erreichen des Grenzwertes erfolgt ein Warnsignal und die Kühlung der Anlage wird ausgelöst.

(3) *Elementare Messwertverarbeitung:*
   Die Verarbeitung der Messwerte erfolgt auf der Basis einfacher mathematischer Operationen (z. B. Summen-/Differenzbildung in Verbindung mit elektrischer oder pneumatischer Analogtechnik).

(4) *Höhere Messwertverarbeitung:*
   Die Verarbeitung der Messwerte erfolgt auf der Basis komplexer mathematischer Operationen (z. B. Integral-/Differenzialrechnung in Verbindung mit Digitalrechnern).

Hinsichtlich der *Form* der Datenverdichtung wird weiterhin unterschieden:

- *Signalanalyse:*
  Es wird der Verlauf von Messsignalen untersucht (z. B. Verlauf von Schwingungen).

- *Messdatenverarbeitung:*
  Aufbereitung, Verknüpfung, Prüfung und Verdichtung von Messdaten.

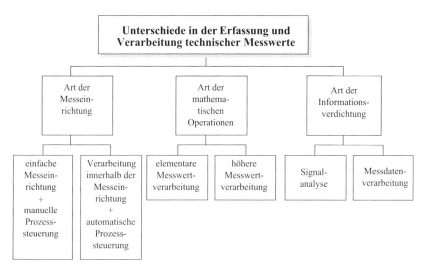

06. Lassen sich Fehler bei der Erfassung von Messwerten vermeiden?

In der Praxis ist jede Messung von Daten (vgl. das Beispiel „Dichte der Koksbrocken") *mit Fehlern behaftet.* Man unterscheidet zwischen *systematischen* und *zufälligen* Fehlern:

- *Systematische Fehler* sind *Fehler in der Messeinrichtung*, die sich gleichmäßig auf alle Messungen auswirken. Sie lassen sich durch eine verbesserte Messtechnik beheben.

Beispiele:
Fehlerhafter Messstab, nicht ausreichende Justierung einer Waage usw.

- *Zufällige Fehler* entstehen durch unkontrollierbare Einflüsse während der Messung; sie sind bei jeder Messung verschieden und unvermeidbar.

Beispiele:
Bei der Prüfung von Wellen in der Eingangskontrolle stellt man fest, dass von 50 Stück drei fehlerhaft sind; die Wiederholung der Stichprobe kommt zu einem anderen Ergebnis, obwohl die Messverfahren gesichert sind und die Versuchsdurchführung nicht geändert wurde.

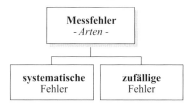

07. Wie erfolgt die Aufbereitung von Messstichproben?

Mithilfe der Stichprobentheorie lässt sich von Teilgesamtheiten (z. B. einer Stichprobe) auf Grundgesamtheiten schließen.

Im Allgemeinen benutzt man bei der Kennzeichnung von Maßzahlen der *Grundgesamtheit griechische* und bei der Kennzeichnung von Maßzahlen der *Stichprobe lateinische Buchstaben*:

x_i	=	alle Messwerte/Merkmalsausprägungen der Urliste/Stichprobe (i = 1, ..., n)
x_j	=	die verschiedenen Messwerte/Merkmalsausprägungen der Urliste/Stichprobe (j = 1, ..., r)
μ	=	Mittelwert der Grundgesamtheit
N	=	Umfang der Grundgesamtheit
M_z	=	Median (= Zentralwert)
M_o	=	Modalwert (= Modus = häufigster Wert)
R	=	Spannweite
σ^2	=	Varianz der Grundgesamtheit
σ	=	Standardabweichung der Grundgesamtheit
$\bar{x}$	=	Mittelwert der Stichprobe
n	=	Umfang der Stichprobe
s^2	=	Varianz der Stichprobe
s	=	Standardabweichung der Stichprobe
$\sum$	=	Summenzeichen

• Bei *kleinen Stichproben* (z. B. n = 10) ist es ausreichend, die Werte der Größe nach zu ordnen:

Beispiel: Urliste: 5, 3, 9, 1, 3, 2, 8, 4, 6, 12

Geordnete Urliste: 1, 2, 3, 3, 4, 5, 6, 8, 9, 12

• Bei *großen Stichproben* werden gleiche Werte zusammengefasst und deren Häufigkeit in einer *Strichliste* notiert:

Beispiel: Es liegt folgende ungeordnete Messwertreihe vor:

4,35	4,80	3,75	4,95	4,20	5,10	4,65	6,00	4,05	5,25
5,10	4,50	3,15	5,25	4,65	3,45	5,85	4,50	5,55	4,80
6,45	4,05	3,00	4,20	5,10	3,15	5,40	4,65	5,10	4,50

Man ordnet die verschiedenen Werte in aufsteigender Reihenfolge und notiert die Häufigkeit ihres Auftretens; auf diese Weise erhält man die Strichliste; zur Weiterbearbeitung der Werte wird die Häufigkeit in der nächsten Spalte der Tabelle in Zahlen angegeben:

Messwerte	Strichliste	Häufigkeit
x_j		n_j
3,00	|	1
3,15	||	2
3,45	|	1
3,75	|	1
4,05	||	2
4,20	||	2
4,35	|	1
4,50	|||	3
4,65	|||	3
4,80	||	2
4,95	|	1
5,10	||||	4
5,25	||	2
5,40	|	1
5,55	|	1
5,85	|	1
6,00	|	1
6,45	|	1
$\sum$		30

- Man bezeichnet diese Tabelle als *Häufigkeitstabelle*.

Der Wert n_j gibt die *absolute Häufigkeit* der verschiedenen Merkmalsausprägungen der Stichprobe wieder; z. B. hat der Wert n_{22} die absolute Häufigkeit 4. Die Summe der absoluten Häufigkeiten in einer Stichprobe ist immer gleich dem Stichprobenumfang. Es gilt:

$$\boxed{\sum n_j = n} \qquad\qquad j = 1, 2, ..., r$$

- Dividiert man die absolute Häufigkeit n_j durch den Stichprobenumfang n (im Beispiel: n = 30), so erhält man die *relative Häufigkeit* (in Prozent oder absolut). Die relative Häufigkeit ist eine nicht negative Zahl, die höchstens gleich 1 sein kann:

$$\boxed{\frac{n_j}{n} \quad = \quad \text{relative Häufigkeit}} \qquad\qquad j = 1, 2, ..., r$$

Im Beispiel:

$$\frac{n_{22}}{30} = \frac{4}{30} = 0{,}1333$$

Die Summe der relativen Häufigkeit ist immer gleich 1:

$$\sum \frac{n_j}{n} = 1 \qquad\qquad j = 1, 2, ..., r$$

- Eine weitere Verbesserung der Aussagekraft der Tabelle erhält man, indem die relativen Häufigkeiten schrittweise aufaddiert werden; es ergeben sich die *kumulierten relativen Häufigkeiten* (auch: relative Summenhäufigkeiten).

Beispiel: Die nachfolgende Tabelle zeigt die Messwerte absolut, relativ und kumuliert relativ:

Messwerte	Häufigkeit (absolut)		Häufigkeit (relativ)	
x_j			einfach	kumuliert
3,00	|	1	0,0333	0,0333
3,15	||	2	0,0666	0,0999
3,45	|	1	0,0333	0,1332
3,75	|	1	0,0333	0,1665
4,05	||	2	0,0666	0,2331
4,20	||	2	0,0666	0,2997
4,35	|	1	0,0333	0,3330
4,50	|||	3	0,1000	0,4330
4,65	|||	3	0,1000	0,5330
4,80	||	2	0,0666	0,5996
4,95	|	1	0,0333	0,6329
5,10	||||	4	0,1333	0,7662
5,25	||	2	0,0666	0,8328
5,40	|	1	0,0333	0,8661
5,55	|	1	0,0333	0,8994
5,85	|	1	0,0333	0,9327
6,00	|	1	0,0333	0,9660
6,45	|	1	0,0333	1,0000
$\sum$		30	1,0000	

08. Wie wird das Histogramm bei klassierten Daten erstellt?

Enthält eine Stichprobe sehr viele, zahlenmäßig verschiedene Werte, so ist die oben dargestellte Häufigkeitstabelle noch sehr unübersichtlich. Man führt daher eine Vereinfachung durch, indem man eine so genannte *Gruppierung* oder *Klassenbildung* vornimmt:

1. Schritt: *Ermittlung der Klassen* k

$$k \quad = \quad \sqrt{n}$$ Im Beispiel: $k = \sqrt{30} \approx 5$

2. Schritt: *Ermittlung der Klassenbreite* w

$$w \quad = \quad \frac{R}{k}$$ mit R =   Spannweite (= Range) = $x_{max} - x_{min}$
                                        =   (Maximalwert – Minimalwert)

Im Beispiel: w   = $(6,45 - 3,00) : 5 \approx 0,7$

3. Schritt: *Bildung der Klassen*; nach Möglichkeit sollten alle Klassen gleich breit sein.
                Bei k = 5 und w = 0,7 ergibt sich folgende Klasseneinteilung:

Klassen
3,0 bis unter 3,7
3,7 bis unter 4,4
4,4 bis unter 5,1
5,1 bis unter 5,8
5,8 bis unter 6,5

4. Schritt: *Zuordnung der Stichprobenwerte zu den einzelnen Klassen*; es ist üblich, dass
                die Klassenobergrenze nicht mit zur betreffenden Klasse hinzugerechnet wird; es
                werden also Klassenintervalle i. d. R. in folgender Form gebildet:

10 bis unter 11   bzw. $[10 \leq x_j < 11]$
11 bis unter 12 $[11 \leq x_j < 12]$ usw.

Klassen	Strichliste	absolute Häufigkeit
3,0 bis unter 3,7	||||	4
3,7 bis unter 4,4	|||| |	6
4,4 bis unter 5,1	|||| ||||	9
5,1 bis unter 5,8	|||| |||	8
5,8 bis unter 6,5	|||	3
Σ		30

5. Schritt: *Zeichnen des Histogramms*

$\rightarrow$ *Das Histogramm ist die grafische Darstellung der Häufigkeiten eines klassier-
                ten, quantitativen Merkmals durch rechteckige Flächen über den Klassen; dabei
                entspricht die Größe der Flächen der Häufigkeit der jeweiligen Klasse.*

$\rightarrow$ *Sind alle Klassen gleich breit, können die Häufigkeiten durch die Höhe der Fläche
                dargestellt werden* (häufig gewählter Fall in der Praxis).

Klassen	Strichliste	absolute Häufigkeit	absolute Häufigkeit, kumuliert	relative Häufigkeit	relative Häufigkeit, kumuliert
3,0 bis unter 3,7	||||	4	4	0,1333	0,1333
3,7 bis unter 4,4	||||| |	6	10	0,2000	0,3333
4,4 bis unter 5,1	||||| ||||	9	19	0,3000	0,6333
5,1 bis unter 5,8	||||| |||	8	27	0,2666	0,89999
5,8 bis unter 6,5	|||	3	30	0,1000	1,0000
$\sum$		30		1,0000	

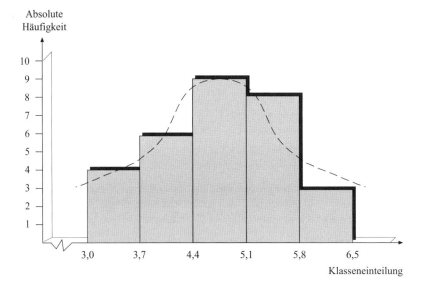

Im vorliegenden Fall hat das Histogramm annähernd die Form einer Normalverteilung (vgl. dazu im Einzelnen weiter unten).

09. Was versteht man unter einer Häufigkeitsverteilung bzw. einer Verteilungsfunktion?

Teilt man den geordneten Merkmalsausprägungen die entsprechenden Häufigkeiten zu (absolute oder relative), so erhält man die *Häufigkeitsverteilung* (kurz: Verteilung) des betreffenden Merkmals.

Die Darstellung der Verteilung eines Merkmals kann

• *tabellarisch* (vgl. oben) oder

• *grafisch* erfolgen, z. B. als

   - Stabdiagramm   - Säulendiagramm
   - Histogramm (vgl. oben)   - Liniendiagramm
   - Kreisdiagramm   - Piktogramm

Man unterscheidet in der Statistik spezielle Verteilungen, u. a.:

(1) *Diskrete Verteilungen*, z. B.: - Binomialverteilung
                                       - Poisson-Verteilung
                                       - Hypergeometrische Verteilung

(2) *Stetige Verteilungen*, z. B.:   - Normalverteilung (= Gauss-Verteilung)

Insbesondere die Normalverteilung spielt in der Prüfstatistik eine besondere Rolle (vgl. unten, 14. ff.).

Die *Häufigkeitsfunktion* (auch: Verteilungsfunktion) ist die mathematische Beschreibung der Verteilung eines Merkmals.

Es sei: $x_1, x_2, ..., x_r$ Die verschiedenen Werte (r) einer Stichprobe vom Umfang n
                                    aus einer Grundgesamtheit mit der Größe N.

         $h_1, h_2, ..., h_r$ Die dazugehörigen relativen Häufigkeiten der Werte x_1 bis x_r.

Dabei gilt:

$$h_j = \frac{n_j}{n}$$ mit j = 1, 2, ..., r

Die *Verteilungsfunktion* f(x) hat für x_1 den Wert h_1, für x_2 den Wert h_2 usw. und für jede Zahl x, die nicht in der Stichprobe vorkommt, ist sie gleich null; in Formeln:

$$f(x) = \begin{cases} h_j & \text{für} \quad x = x_j \\ 0 & \text{für} \quad \text{alle übrigen x} \end{cases}$$ mit j = 1, 2, ..., r

10. Welche Maßzahlen sind relevant zur Charakterisierung einer Verteilungsfunktion?

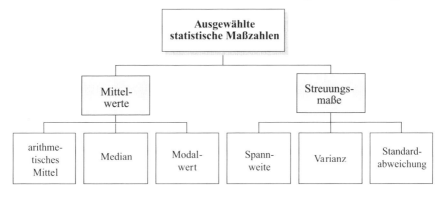

11. Wie werden Maßzahlen der Grundgesamtheit berechnet?

Die Beispielrechnungen gehen von folgender Messwertreihe (vgl. oben) aus:

4,35	4,80	3,75	4,95	4,20	5,10	4,65	6,00	4,05	5,25
5,10	4,50	3,15	5,25	4,65	3,45	5,85	4,50	5,55	4,80
6,45	4,05	3,00	4,20	5,10	3,15	5,40	4,65	5,10	4,50

Zu berechnen sind folgende Parameter der Messreihe:

  a) das arithmetische Mittel
  b) der Median
  c) der Modalwert
  d) die Spannweite
  e) die Varianz
  f) die Standardabweichung

a) *Das arithmetische Mittel* μ
   einer Häufigkeitsverteilung ist die Summe aller Merkmalsausprägungen dividiert durch die
   Anzahl der Beobachtungen:

  • μ, *ungewogen:*

$$\mu = \frac{\sum x_i}{N} \qquad i = 1, 2, ..., N$$

  • μ, *gewogen:*

$$\mu = \frac{\sum N_j x_j}{N} \qquad j = 1, 2, ..., r$$

Beispiel:

										$\sum$
4,35	4,80	3,75	4,95	4,20	5,10	4,65	6,00	4,05	5,25	47,10
5,10	4,50	3,15	5,25	4,65	3,45	5,85	4,50	5,55	4,80	46,80
6,45	4,05	3,00	4,20	5,10	3,15	5,40	4,65	5,10	4,50	45,60
$\sum$										139,50

$$\mu = \frac{139{,}50}{30} = 4{,}65$$

b) *Median M_z (= Zentralwert):*
   Ordnet man die Werte einer Urliste der Größe nach, so ist der Median dadurch gekennzeichnet,
   dass 50 % der Merkmalsausprägungen kleiner/gleich und 50 % der Merkmalsausprägungen
   größer/gleich dem Zentralwert M_z sind. Der Median teilt also die der Größe nach geordneten
   Werte in zwei „gleiche Hälften":

- *bei N = gerade*

ist der Median das arithmetische Mittel der in der Mitte stehenden Werte:

$$M_z = \frac{1}{2} \quad (x_{N/2} + x_{N/2+1})$$

Beispiel:

Da N = 30 ist, wird das arithmetische Mittel aus dem 15. und 16. Wert der (geordneten) Häufigkeitstabelle gebildet:

x_j	3,00	3,15	3,45	3,75	4,05	4,20	4,35	4,50	4,65	$\sum N_j$
N_j	1	2	1	1	2	2	1	3	3	*16*
x_j	4,80	4,95	5,10	5,25	5,40	5,55	5,85	6,00	6,45	
N_j	2	1	4	2	1	1	1	1	1	*14*
$\sum N_j$										*30*
j = 1, … , 18										

- *bei N = ungerade* ist der Median der in der Mitte stehende Wert der geordneten Urliste:

$$M_z = x_{(n+1)/2}$$

Beispiel:

Angenommen, man würde die vorliegende Messreihe von 30 Werten um den Wert $x_{31} = 6{,}55$ ergänzen, so erhält man als Median den Wert x_{16}:

$$M_z = x_{(31+1)/2} = x_{16} = 4{,}65$$

Da es sich beim Median um einen *relativ „groben" Lageparameter* zur Charakterisierung einer Verteilung handelt, sollte er *nur bei einer kleinen Messreihe* ermittelt werden. Im vorliegenden Fall von 30 Urlistenwerten ist er eher nicht zu empfehlen.

c) Als *Modalwert* M_0 (= dichtester Wert = Modus)

bezeichnet man innerhalb einer Häufigkeitsverteilung die Merkmalsausprägung mit *der größten Häufigkeit* (soweit vorhanden):

x_j	3,00	3,15	3,45	3,75	4,05	4,20	4,35	4,50	4,65	$\sum N_j$
N_j	1	2	1	1	2	2	1	3	3	*16*
x_j	4,80	4,95	5,10	5,25	5,40	5,55	5,85	6,00	6,45	
N_j	2	1	4	2	1	1	1	1	1	*14*
$\sum N_j$										*30*
j = 1, …, 18										

Beispiel:
Aus der vorliegenden Häufigkeitstabelle lässt sich der Modalwert direkt ablesen: Es ist die Merkmalsausprägung mit der maximalen Häufigkeit

$$N_j = \quad 4$$
$$M_o = \quad 5,10$$

Mittelwerte, die die Lage einer Verteilung beschreiben, reichen allein nicht aus, um eine Häufigkeitsverteilung zu charakterisieren. Es wird nicht die Frage beantwortet, wie weit oder wie eng sich die Merkmalsausprägungen um den Mittelwert gruppieren.

Man berechnet daher so genannte *Streuungsmaße,* die kleine Werte annehmen, wenn die Merkmalsbeträge stark um den Mittelwert konzentriert sind bzw. große Werte bei weiter Streuung um den Mittelwert.

d) Die *Spannweite* R (= Range) ist das *einfachste Streuungsmaß.* Sie wird als die *Differenz zwischen dem größten und dem kleinsten Wert* definiert. Die Aussagekraft der Spannweite ist sehr gering und sollte daher nur für eine kleine Anzahl von Messwerten berechnet werden (im vorliegenden Beispiel also eher nicht geeignet).

$$R \quad = \quad x_{max} - x_{min}$$ oder bei geordneter Urliste:

$$R \quad = \quad x_N - x_1$$

Beispiel: $\quad R \quad = \quad x_{30} - x_1 = \quad 6,45 - 3,00 \quad = \quad 3,45$

e) *Mittlere quadratische Abweichung* σ^2 (= Varianz):
Bei der Varianz σ^2 wird das jeweilige Quadrat der Abweichungen zwischen der Merkmalsausprägung x_i und dem Mittelwert berechnet. Durch den Vorgang des Quadrierens erreicht man, dass große Abweichungen stärker und kleine Abweichungen weniger berücksichtigt werden. Die Summe der Quadrate wird durch N dividiert.

- σ^2, *ungewogen:*

$$\sigma^2 = \frac{\sum (x_i - \mu)^2}{N}$$ $i = 1, 2, ..., N$

- σ^2, *gewogen:*

$$\sigma^2 = \frac{\sum (x_j - \mu)^2 \cdot N_j}{N}$$ $j = 1, 2, ..., r$

Durch Umrechnung gelangt man zu folgender Formel; damit lässt sich die Varianz leichter berechnen:

$$\sigma^2 = \frac{1}{N} \sum N_j x_j^2 - \mu^2$$

Bei einer hohen Zahl von Messwerten empfiehlt sich eine Arbeitstabelle zur Berechnung der Varianz:

x_j	N_j	x_j^2	$N_j x_j^2$	$x_j - \mu$	$(x_j - \mu)^2$	$(x_j - \mu)^2 N_j$
3,00	1	9,00	9,00	$-1,65$	2,72	2,72
3,15	2	9,92	19,84	$-1,50$	2,25	4,50
3,45	1	11,90	11,90	$-1,20$	1,44	1,44
3,75	1	14,06	14,06	$-0,90$	0,81	0,81
4,05	2	16,40	32,80	$-0,60$	0,36	0,72
4,20	2	17,64	35,28	$-0,45$	0,20	0,40
4,35	1	18,92	18,92	$-0,30$	0,09	0,09
4,50	3	20,25	60,75	$-0,15$	0,02	0,06
4,65	3	21,62	64,87	0,00	0,00	0,00
4,80	2	23,04	46,08	0,15	0,02	0,04
4,95	1	24,50	24,50	0,30	0,09	0,09
5,10	4	26,01	104,04	0,45	0,20	0,80
5,25	2	27,56	55,12	0,60	0,36	0,72
5,40	1	29,16	29,16	0,75	0,56	0,56
5,55	1	30,80	30,80	0,90	0,81	0,81
5,85	1	34,22	34,22	1,20	1,44	1,44
6,00	1	36,00	36,00	1,35	1,82	1,82
6,45	1	41,60	41,60	1,80	3,24	3,24
$\sum$	30		668,97			20,26

Beispiel:

$$\sigma^2 = \frac{\sum (x_j - \mu)^2 \cdot N_j}{N} = \frac{20,26}{30} \approx 0,68$$

bzw.

$$\sigma^2 = \frac{1}{N} \sum N_j x_j^2 - \mu^2 = \frac{668,97}{30} - 21,6225 \approx 0,68$$

f) Die *Standardabweichung* σ (kurz: „Streuung") ist die positive Wurzel aus der Varianz; sie ist das wichtigste Streuungsmaß:

$$\sigma = \sqrt{\sigma^2}$$

Beispiel:

$$\sigma = \sqrt{0,68} \approx 0,82$$

12. Wie werden Maßzahlen der Stichprobe berechnet?

Die oben dargestellten Formeln zur Berechnung der Maßzahlen *sind – bis auf die Berechnung der Varianz – analog*. Zur Kennzeichnung von Stichprobenparametern wird

$\overline{x}$ statt μ,

n statt N,

s^2 statt σ^2 und

s statt σ verwendet.

- Somit modifizieren sich die Formeln für den *Mittelwert der Stichprobe* zu:

$$\overline{x} = \frac{\sum x_i}{n}$$

bzw.

$$\overline{x} = \frac{\sum x_j n_j}{n}$$

- Bei der Berechnung der *Varianz einer Stichprobe* wird – genau genommen – keine mittlere quadratische Abweichung berechnet, sondern man verwendet die Formel

$$s^2 = \frac{\sum (x_i - \overline{x})^2}{n - 1}$$

Man dividiert also die Summe der Quadrate durch den um Eins verminderten Stichprobenumfang (= so genannte *empirische Varianz*). Für die Standardabweichung s gilt Entsprechendes. Es lässt sich mathematisch zeigen, dass diese Berechnungsweise notwendig ist, wenn von der Varianz der Stichprobe auf die Varianz der Grundgesamtheit geschlossen werden soll.

Hinweis für die Praxis:
Funktionsrechner und Statistik-Software verwenden häufig den Faktor $^1/_{n-1}$ anstatt $^1/_n$. Bitte beachten Sie dies bei der Berechnung von Varianzen, die nicht aus einer Stichprobe stammen.

13. Welche Prüfmethoden werden im Rahmen der Qualitätskontrolle eingesetzt?

Bei der Qualitätskontrolle bedient man sich vor allem der drei folgenden Methoden, die wiederum verschiedene Unterarten verzeichnen:

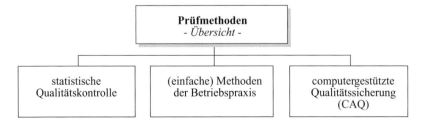

14. Wie erfolgt die statistische Qualitätskontrolle unter der Annahme der Normalverteilung?

Untersucht man eine große Anzahl von Einheiten eines gefertigten Produktes hinsichtlich der geforderten Qualitätseigenschaften (Stichprobe aus einem Los), so lässt sich mathematisch zeigen, dass die „schlechten Werte" in einer bestimmten Verteilungsform vom Mittelwert (dem Sollwert) abweichen: Es entsteht bei hinreichend großer Anzahl von Prüfungen das Bild einer Gauss'schen Normalverteilung (so genannte symmetrische Glockenkurve):

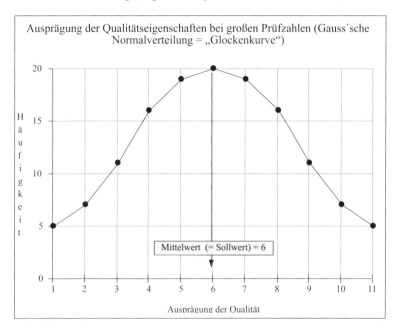

Es lässt sich mathematisch zeigen, dass – bei Vorliegen einer Normalverteilung der Qualitätseigenschaften –

- ungefähr **68,0 %** (68,26 %)
  aller Ausprägungen streuen im Bereich   [Mittelwert +/- 1 · Standardabweichung]

- ungefähr **95,0 %** (95,44 %)
  aller Ausprägungen streuen im Bereich   [Mittelwert +/- 2 · Standardabweichung]

- ungefähr **99,8 %** (99,73 %)
  aller Ausprägungen streuen im Bereich   [Mittelwert +/- 3 · Standardabweichung]

Die nachfolgende Abbildung zeigt den dargestellten Zusammenhang:

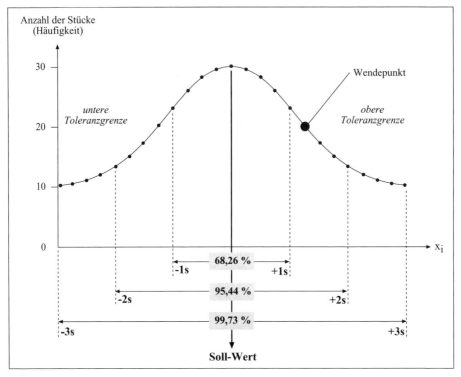

Diese Erkenntnis der Gauss'schen Normalverteilung (bei einer großen Anzahl von Untersuchungseinheiten) macht man sich bei der statistischen Qualitätskontrolle zu Nutze:

Man „zieht" eine zufällig entnommene Stichprobe aus der produzierten Losgröße und schließt (vereinfacht gesagt) von der Zahl der „schlechten Stücke in der Stichprobe auf die Zahl der schlechten Stücke in der Grundgesamtheit" (gesamte Losgröße).

→ **DIN 53804-1 , DGQ 1631**

15. Wie wird der Fehleranteil im Prüflos und in der Grundgesamtheit berechnet?

Aus einem Losumfang (= Grundgesamtheit) von N wird eine hinreichend große Stichprobe mit dem Umfang n zufällig entnommen. Man erhält in der Stichprobe n_f fehlerhafte Stücke (= Überschreitung des zulässigen Toleranzbereichs):

- Der *Anteil der fehlerhaften Stücke* Δx_f *der Stichprobe* ist

$$\Delta x_f = \frac{n_f}{n}$$ oder in %: $$\Delta x_f = \frac{n_f}{n} \cdot 100$$

Beispiel:
Es werden aus einem Losumfang von 4.000 Wellen 10 % überprüft. Die Messung ergibt 20 unbrauchbare Teile.

Es ergibt sich bei $n = 400$ und $n_f = 20$

$$\Delta x_f \quad = \quad \frac{n_f}{n} \quad = \quad \frac{20}{400} \quad = \quad 0,05 \quad \text{bzw. } 5\,\%$$

Bei hinreichend großem Stichprobenumfang und zufällig entnommenen Messwerten kann angenommen werden, dass der Anteil der fehlerhaften Stücke in der Grundgesamtheit N_f wahrscheinlich dem Anteil in der Stichprobe n_f entspricht (Schluss von der Stichprobe auf die Grundgesamtheit). Es wird also gleichgesetzt:

$$\frac{n_f}{n} \cdot 100 \quad = \quad \frac{N_f}{N} \cdot 100$$

Das heißt, es kann angenommen werden, dass die Zahl der fehlerhaften Wellen in der Grundgesamtheit 200 Stück beträgt (5 % von 4.000).

Bezeichnet man die Anzahl der fehlerhaften Stücke als „NIO-Teile" (= „Nicht-in-Ordnung-Teile") so lässt sich der Schluss von der Stichprobe auf die Grundgesamtheit formulieren:

$$\frac{\text{NIO-Teile der Stichprobe}}{\text{Stichprobenumfang}} \quad \longrightarrow \quad \frac{\text{NIO-Teile der Grundgesamtheit}}{\text{Losumfang}}$$

16. Wie hoch ist die Wahrscheinlichkeit bei der zufälligen Entnahme von Werkstücken, ein fehlerhaftes Teil zu erhalten (Fehlerwahrscheinlichkeit)?

Beispiel:
In einem Behälter befinden sich 500 Werkstücke; davon weisen 20 Werkstücke einen Maßfehler auf. Wie hoch ist die Wahrscheinlichkeit, bei der zufälligen Entnahme eines Werkstückes ein fehlerhaftes Teil zu erhalten (= Ereignis A)?

Definition der Wahrscheinlichkeit nach Laplace:

> *Die Wahrscheinlichkeit eines Ereignisses P(A) ist der Quotient aus der Anzahl der für das Eintreten von A günstigen Fälle (g) zur der Anzahl der möglichen Fälle (m).*

$$P(A) = \frac{g}{m}$$

mit: g = Anzahl der günstigen Fälle
m = Anzahl der möglichen Fälle

Beispiel: $P(A) \quad = \quad \dfrac{20}{500} \quad = \quad 0,04 \quad \text{bzw. } 4\,\%$

Die Wahrscheinlichkeit für das Ereignis A (bei der zufälligen Entnahme eines Werkstückes ein fehlerhaftes Teil zu erhalten mit g = 20 und m = 500) beträgt also 4 %.

17. Wie kann mithilfe des Wahrscheinlichkeitsnetzes auf das Vorliegen einer Normalverteilung des Prüfmerkmals geschlossen werden?

Die Normalverteilung wurde bereits oben/13. behandelt. Das *Wahrscheinlichkeitsnetz* (auch: Wahrscheinlichkeitspapier) ist ein funktionales Papier, bei dem die Ordinatenskala (= y-Achse) so verzerrt ist, dass sich *die s-förmige Kurve der Verteilungsfunktion einer Normalverteilung auf diesem Papier zu einer Geraden streckt.*

Die nachfolgende Abbildung zeigt die prinzipielle *Entstehung des Wahrscheinlichkeitsnetzes:*

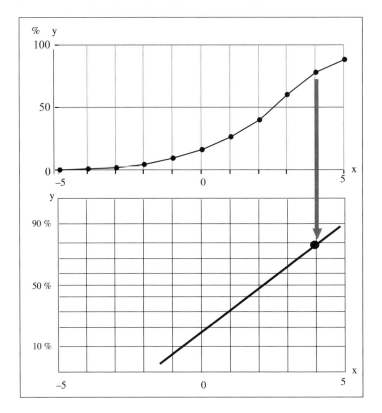

Wie man erkennen kann, nehmen die Ordinatenabstände von der 50 %-Linie nach oben und nach unten hin zu.

Die Summenlinie im Wahrscheinlichkeitsnetz ist eine einfache, grafische Methode, *um zu prüfen, ob das betrachtete Merkmal einer Normalverteilung unterliegt.* Man geht in folgenden Schritten vor:

1. Schritt: Aufbereitung der Messwerte in gruppierter Form (Klassenbildung; vgl. 08.).

2. Schritt: Berechnung der relativen Summenhäufigkeit (= kumulierte relative Häufigkeit) je Klasse in Prozent.

3. Schritt: Eintragung der relativen Summenhäufigkeiten in das Wahrscheinlichkeitsnetz als Punkt vertikal *über der rechten Klassengrenze* (nicht über der Klassenmitte!).

> → *Ergeben die relativen Summenhäufigkeiten im Wahrscheinlichkeitsnetz annähernd eine Gerade, so kann auf eine Normalverteilung der Einzelwerte geschlossen werden.*

Dies bedeutet, dass von der Anzahl der fehlerhaften Stücke der Stichprobe auf die Zahl der fehlerhaften Teile in der Grundgesamtheit geschlossen werden kann; Mittelwert und Standardabweichung der Stichprobe sind annähernd gleich den Werten der Grundgesamtheit; es gilt: $\bar{x} \approx \mu$; $s \approx \sigma$

Beispiel: Gegeben sei folgende Stichprobe in gruppierter Form:

Klassen von ... bis unter	Klassenmitte	Absolute Häufigkeit	Relative Summenhäufigkeit in %
1,795 – 1,825	1,81	2	2
1,825 – 1,855	1,84	3	5
1,855 – 1,885	1,87	6	11
1,885 – 1,915	1,90	18	29
1,915 – 1,945	1,93	25	54
1,945 – 1,975	1,96	18	72
1,975 – 2,005	1,99	14	86
2,005 – 2,035	2,02	11	97
2,035 – 2,065	2,05	3	100
Σ		100	

Überträgt man die relativen Summenhäufigkeiten in das Wahrscheinlichkeitsnetz – wie oben beschrieben – ergibt sich folgendes Bild:

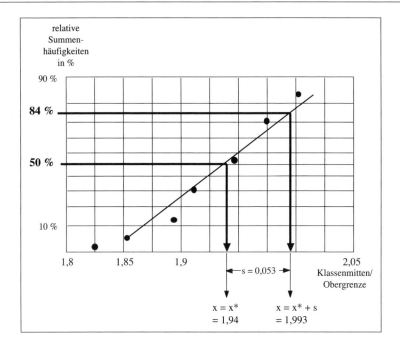

Die relativen Summenhäufigkeiten ergeben annähernd eine Gerade; es kann auf eine Normalverteilung des Merkmals geschlossen werden.

Außerdem können bei einer Stichprobe aus einer normalverteilten Grundgesamtheit aus dem Wahrscheinlichkeitsnetz Mittelwert und Standardabweichung abgelesen werden (vgl. Abb. oben).

→ | *Die Ausgleichsgerade schneidet die 50 %-Linie im Punkt x = $\bar{x}$.* |

Beispiel: In diesem Fall: x = 1,94; $\bar{x}$ der Stichprobe ist gleich μ der Grundgesamtheit.

→ Betrachtet man die Schnittpunkte der Ausgleichsgeraden mit der 50 %-Linie und *der 84 %-Linie* und nimmt von den entsprechenden x-Werten die Differenz, *so erhält man s, die Standardabweichung der Stichprobe*; von s kann näherungsweise auf σ (= Standardabweichung der Grundgesamtheit) geschlossen werden.

Beispiel: x-Wert der 84 %-Linie = 1,993
-          x-Wert der 50 %-Linie = 1,94

Differenz   = s   = 0,053

Beispiel: Tatsächlich führt die rechnerische Überprüfung von $\bar{x}$ und s zu den oben abgelesenen Werten (mit a_j = Klassenmitte bei gruppierten Daten):

$$\bar{x} \;=\; \sum \frac{a_j \cdot n_j}{n} \;=\; \frac{1,81 \cdot 2 + 1,84 \cdot 3 + \ldots + 2,05 \cdot 3}{100}$$

$$=\; 1,94$$

$$s^2 \;=\; \frac{\sum (a_j - \bar{x})^2 \cdot nj}{n-1} \;=\; \frac{(1,81 - 1,94)^2 \cdot 2 + \ldots + (2,05 - 1,94)^2 \cdot 3}{99}$$

$$=\; 0,0028$$

$$\sqrt{s^2} \;=\; s \;\approx\; 0,053$$

18. Welche (einfachen) Prüfmethoden werden außerdem in der Qualitätskontrolle eingesetzt?

Neben dem Verfahren der „Statistischen Qualitätskontrolle" (vgl. oben) gibt es in der Betriebspraxis noch einfache und doch sehr wirkungsvolle Prüfverfahren; drei dieser Methoden werden hier beispielhaft genauer behandelt:

19. Wie wird eine Strichliste erstellt?

Bei der *Strichliste* werden die Ergebnisse einer Prüfstichprobe auf einem Auswertungsblatt festgehalten: Dazu bildet man *Messwertklassen* und trägt pro Klasse ein, wie häufig ein bestimmter Messwert beobachtet wurde. Die Anzahl der Klassen sollte i.d.R. zwischen 5 und 20 liegen; die *Klassenbreite ist gleich groß* zu wählen.

→ vgl. 07. und 08.

Es gilt: Anzahl der Klassen: $\quad k \approx \sqrt{n}$

$\qquad$ Klassenbreite: $\qquad w \approx R : k \qquad$ mit $\qquad R = x_{max.} - x_{min.}$

$\qquad$ Relative Häufigkeit: $\quad h_j = n_j : n \qquad$ und $\qquad j = 1, 2, \ldots r$

$\qquad\qquad\qquad\qquad\qquad\qquad\qquad\qquad$ sowie $\qquad \sum n_j = n$

Beispiel:
Angenommen, wir befinden uns in der Fertigung von Ritzeln für Kfz-Anlasser. Der Sollwert des Ritzeldurchmessers soll bei 250 mm liegen. Aus einer Losgröße von 1.000 Einheiten wird eine Stichprobe von 40 Einheiten gezogen, die folgendes Ergebnis zeigt:

Strichliste		Aufnahme am:	25.10.
Auftrag:	47 333	Losgröße:	1.000
Werkstück	Ritzel	Prüfmenge:	40
Messwertklassen [in mm]	Häufigkeit (absolut)		Häufigkeit in %
≤ 248,0	//	2	5,0
≤ 248,5	//	2	5,0
≤ 249,0	/////	5	12,5
≤ 249,5	///// //	7	17,5
≤ 250,0	///// ///// //	12	30,0
≤ 250,5	///// /	6	15,0
≤ 251,0	///	3	7,5
≤ 251,5	//	2	5,0
≤ 252,0	/	1	2,5
Σ		40	100,0

Die Auswertung der Strichliste erfolgt dann wiederum mithilfe der „Statistischen Qualitätskontrolle" (vgl. oben/13. bis 16.).

20. Wie werden Qualitätsregelkarten zur Überwachung von Prozessen eingesetzt?

Kontrollkarten (auch: *Qualitätsregelkarten QRK bzw. kurz: Regelkarten; auch: „Statistische Prozessregelung"*) werden in der industriellen Fertigung dafür benutzt, die Ergebnisse aufeinander folgender Prüfstichproben festzuhalten. Durch die Verwendung von Kontrollkarten *lassen sich Veränderungen des Qualitätsstandards im Zeitablauf beobachten*; z. B. kann frühzeitig erkannt werden, ob Toleranzen bestimmte Grenzwerte über- oder unterschreiten. Es gibt eine Vielzahl unterschiedlicher Qualitätsregelkarten (je nach Prüfmerkmal, Qualitätsanforderung und Messtechnik).

Häufige Verwendung finden sog. zweispurige QRK, die gleichzeitig einen Lageparameter (Mittelwert oder Median) und einen Streuungsparameter (z. B. Standardabweichung/$\bar{x}$-s-Karte oder Range = Spannweite/$\bar{x}$-R-Karte) anzeigen.

Beispiel:
Die nachfolgende Abbildung zeigt den Ausschnitt einer Kontrollkarte:

(1) Der *Fertigungsprozess ist sicher,* wenn die Prüfwerte innerhalb der oberen und unteren Warngrenze liegen.

(2) Werden die *Warngrenzen* überschritten, ist der Prozess „nicht mehr sicher", *aber „fähig".*

(3) Werden die *Eingriffsgrenzen* erreicht, muss der Prozess wieder sicher gemacht werden (z. B. neues Werkzeug, Neujustierung, Fehlerquelle beheben).

(4) Erfolgt beim Erreichen der Eingriffsgrenzen *keine Korrekturmaßnahme,* so ist damit zu rechnen, dass es zur Produktion von „Nicht-in-Ordnung-Teilen" (*NIO-Teile*) kommt.

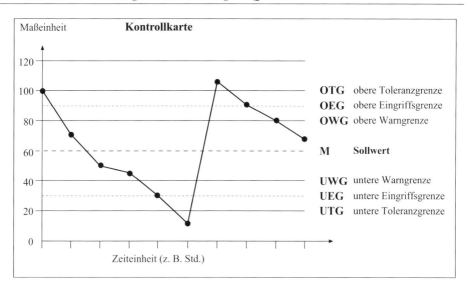

21. Wie sind Regelkarten zu interpretieren?

Nachfolgend werden sechs typische Prozessverläufe dargestellt und erläutert (siehe nächste Seite).

22. Was bezeichnet man als „Fähigkeit" bzw. als „Beherrschung" von Maschinen/Prozessen?

→ **13./19.**

• Die „*Fähigkeit*" C einer Maschine/eines Prozesses ist ein Maß für die Güte – bezogen auf die Spezifikationsgrenzen. Eine Maschine/ein Prozess wird demnach als „*fähig*" bezeichnet, wenn seine Einzelergebnisse *innerhalb der Spezifikationsgrenzen* liegen.

$$→ \quad \boxed{C \quad = \quad \underline{Streuungskennwert}}$$

• Eine Maschine/ein Prozess wird als „*beherrscht*" bezeichnet, wenn seine Ergebnismittelwerte in der Mittellage liegen.

$$→ \quad \boxed{C_k \quad = \quad \underline{Lagekennwert}}$$

In der Praxis wird sprachlich nicht immer zwischen Kennwerten der Streuung und der Beherrschung unterschieden; man verwendet meist generell den Ausdruck „Fähigkeitskennwert" und unterscheidet durch den Index m bzw. p Maschinen- bzw. Prozessfähigkeiten sowie durch den Zusatz k die Kennzeichnung der Lage.

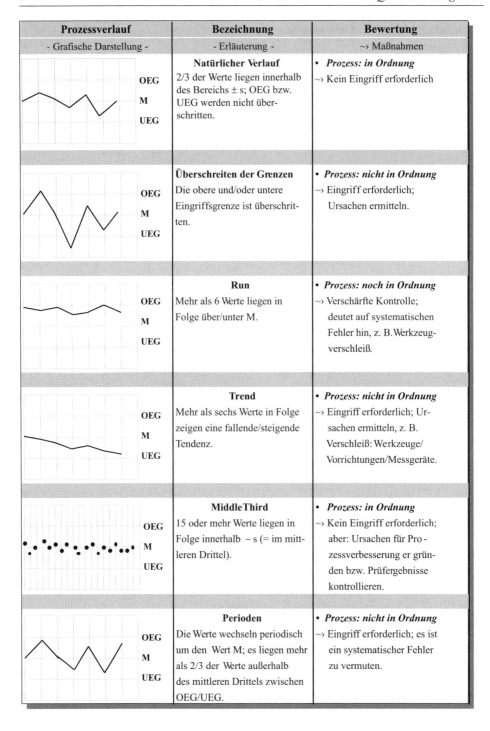

Prozessverlauf	Bezeichnung	Bewertung
- Grafische Darstellung -	- Erläuterung -	~› Maßnahmen
OEG M UEG	**Natürlicher Verlauf** 2/3 der Werte liegen innerhalb des Bereichs ± s; OEG bzw. UEG werden nicht überschritten.	• *Prozess: in Ordnung* ~› Kein Eingriff erforderlich
OEG M UEG	**Überschreiten der Grenzen** Die obere und/oder untere Eingriffsgrenze ist überschritten.	• *Prozess: nicht in Ordnung* ~› Eingriff erforderlich; Ursachen ermitteln.
OEG M UEG	**Run** Mehr als 6 Werte liegen in Folge über/unter M.	• *Prozess: noch in Ordnung* ~› Verschärfte Kontrolle; deutet auf systematischen Fehler hin, z. B. Werkzeugverschleiß.
OEG M UEG	**Trend** Mehr als sechs Werte in Folge zeigen eine fallende/steigende Tendenz.	• *Prozess: nicht in Ordnung* ~› Eingriff erforderlich; Ursachen ermitteln, z. B. Verschleiß: Werkzeuge/ Vorrichtungen/Messgeräte.
OEG M UEG	**Middle Third** 15 oder mehr Werte liegen in Folge innerhalb – s (= im mittleren Drittel).	• *Prozess: in Ordnung* ~› Kein Eingriff erforderlich; aber: Ursachen für Prozessverbesserung ergründen bzw. Prüfergebnisse kontrollieren.
OEG M UEG	**Perioden** Die Werte wechseln periodisch um den Wert M; es liegen mehr als 2/3 der Werte außerhalb des mittleren Drittels zwischen OEG/UEG.	• *Prozess: nicht in Ordnung* ~› Eingriff erforderlich; es ist ein systematischer Fehler zu vermuten.

- Die Untersuchung der *Maschinenfähigkeit* C_m, C_{mk} ist eine *Kurzzeituntersuchung*.
- Die Untersuchung der *Prozessfähigkeit* C_p, C_{pk} ist eine *Langzeituntersuchung*.
- Beide Untersuchungen verwenden die gleichen Berechnungsformeln; es werden jedoch andere Formelzeichen verwendet. Es gilt:

Merkmale	**Maschinenfähigkeit**	**Prozessfähigkeit**
Untersuchungs-zeitraum:	Kurzzeituntersuchung	Langzeituntersuchung
Untersuchungs-gegenstand:	Komponenten einer Maschine	Prozesselemente, z. B.: - Maschinen - Menschen - Material - Methoden - Verfahren
Stichproben-durchführung:	Einmalige, große Stichprobe unter idealen Bedingungen; $n \geq 50$	Kleinere Stichproben über einen längeren Zeitraum; $\sum ni \geq 100$
Streuungskennwert:	$\mathbf{C_m}$	$\mathbf{C_p}$
Lagekennwert:	$\mathbf{C_{mk}}$	$\mathbf{C_{pk}}$

Anschauungsbeispiel zur Unterscheidung des Streuungskennwertes C_m, C_p und des Lagekennwertes C_{mk}, C_{pk}:

Die Breite eines Garagentores sei stellvertretend für geforderte Toleranz: $T = OTG - UTG$.
Die Breite des Pkws soll die Standardabweichung s darstellen; die gefahrene Spur des Pkws entspricht dem Mittelwert $\overline{x}$.

- *Beurteilung der Streuung/Fähigkeit des Prozesses:*
  Je kleiner s im Verhältnis zu T ist, desto größer wird der Fähigkeitskennwert C; Beispiel: „Bei C = 1 muss der Pkw sehr genau in die Garage gefahren werden, wenn keine Schrammen entstehen sollen."

- *Beurteilung der Qualitätslage/Beherrschung des Prozesses:*
  Ist der Mittelwert $\overline{x}$ optimal („Spur des Pkws"), so ist $C = C_k$; bei einer Verschiebung des Mittelwertes (in Richtung OTG bzw. UTG) wird C_k kleiner, „man läuft also Gefahr, die linke oder rechte Seite des Garagentores zu berühren."

23. Welchen Voraussetzungen müssen für die Ermittlung von Fähigkeitskennwerten vorliegen?

Die Merkmalswerte müssen *normalverteilt* sein. Der Prozess muss demnach *frei von systematischen Fehlern* sein; Schwankungen in den Messergebnissen sind also *nur noch zufallsbedingt* (→ 06.).

Hinweis: Meist hat man heute durch die stetig anwachsende Komplexität der Prozesse und Maschinen nicht unbedingt normal verteilte Merkmale. Um trotzdem die Fähigkeitskennwerte zu berechnen wird überwiegend eine Statistik-Software verwendet.

24. Wie werden Fähigkeitswerte ermittelt?

1. *Mittelwert* $\bar{x}$ und *Standardabweichung* s der Stichprobe werden berechnet.

2. Der *Toleranzbereich* T (= OTG - UTG) wird ermittelt; er ist der Bauteilzeichnung zu entnehmen.

3. Der *Streuungskennwert* C_m bzw. C_p wird berechnet, indem der Toleranzwert T durch die 6-fache Standardabweichung (+/- 3s, also 6s) dividiert wird. Dies ergibt sich aus der Forderung, dass mit 99,73%-iger Wahrscheinlichkeit die Stichprobenteile innerhalb der geforderten Toleranzgrenzen liegen sollen.

$$\boxed{C_m \;=\; \frac{T}{6s} \;=\; \frac{OTG - UTG}{6s}} \qquad \text{bzw.} \qquad C_p \;=\; \frac{T}{6s}$$

4. Der *Lagekennwert* C_{mk} bzw. C_{pk} wird berechnet, indem Z_{krit} durch die 3-fache Standardabweichung s dividiert wird:

$$\boxed{C_{mk} \;=\; \frac{Z_{krit}}{3s}} \qquad\qquad C_p \;=\; \frac{Z_{krit}}{3s}$$

Dabei ist Z_{krit} der kleinste Abstand zwischen dem Mittelwert und der oberen bzw. unteren Toleranzgrenze. D. h. es gilt:

$$\boxed{Z_{krit} \;=\; \min(OTG - \bar{x} \;;\; \bar{x} - UTG)!}$$

also: $Z_{krit} = OTG - x$ bzw. $Z_{krit} = \bar{x} - UTG$

25. Welche Grenzwerte gelten für Fähigkeitskennzahlen?

In der Industrie gelten bei der Beurteilung der Fähigkeitskennzahlen folgende Grenzwerte (vgl. z. B. die Empfehlungen der DGQ; in der Automobilindustrie liegen zum Teil strengere Grenzwerte vor):

Maschinenfähigkeit, MFU		Prozessfähigkeit, PFU	
Erfassung des kurzzeitigen Streuverhaltens/des Bearbeitungsergebnisses einer Fertigungsmaschine unter gleichen Randbedingungen		Erfassung des langfristigen Streuverhaltens/des Bearbeitungsergebnisses einer Fertigungsmaschine unter realen Prozessbedingungen	
Streuung, C_m	Lage, C_{mk}	Streuung, Cp	Lage, C_{pk}
$C_m \geq 2{,}00$	$C_{mk} \geq 1{,}66$	Cp $\geq 1{,}33$	$C_{pk} \geq 1{,}33$
Hinweis: Einige Tabellenwerke enthalten veraltete Werte!			

Beispiel 1:
Die Stichprobe aus einem Los von Stahlteilen ergibt eine mittlere Zugfestigkeit von $\bar{x} = 400 \text{ N/mm}^2$ und eine Standardabweichung von $s = 14 \text{ N/mm}^2$. Es ist eine Toleranz von 160 N/mm^2 vorgegeben. Zu ermitteln ist, ob die eingesetzte Maschine „fähig" ist. Dazu ist der Maschinenfähigkeitskennwert C_m zu berechnen:

$$C_m = \frac{T}{6s} = \frac{160 \text{ N/mm}^2}{6 \cdot 14 \text{ N/mm}^2} = 1{,}9048$$

Die Maschine ist nicht fähig, da $C_m < 2{,}0$.

Beispiel 2:
Für ein Fertigungsmaß gilt: $\qquad 100 \quad \pm 0{,}1 \quad \Rightarrow \quad T = 0{,}2$
Aus der Stichprobe ist bekannt: $\qquad s = 0{,}015$
$$\bar{x} = 99{,}92$$

Zu ermitteln sind C_m, C_{mk}:

$$C_m = \frac{T}{6s} = \frac{0{,}2}{0{,}09} = 2{,}22$$

Da $C_m \geq 2{,}0$ gilt: Die Maschine ist fähig; die Streuung liegt innerhalb der Toleranzgrenzen.

$$C_{mk} = \frac{Z_{krit}}{3s}$$

$$\text{OTG} - \bar{x} = 100{,}1 - 99{,}92 = 0{,}18$$
$$\bar{x} - \text{UTG} = 99{,}92 - 99{,}9 = 0{,}02$$
$$Z_{krit} = \min (= \text{OTG} - \bar{x} \; ; \bar{x} - \text{UTG})$$

$$= \frac{0{,}02}{0{,}045} \qquad \Rightarrow \qquad Z_{krit} = 0{,}02$$

$$= 0{,}44$$

Da $C_{mk} < 1{,}66$ gilt: Die Maschine ist nicht beherrscht; die Qualitätslage ist zu weit vom Mittelwert versetzt; die Einstellung der Maschine muss korrigiert werden.

26. Wie wird eine Annahme-Stichprobenprüfung durchgeführt?

Stichprobenpläne werden sehr häufig eingesetzt, wenn fremd beschaffte Teile geprüft werden. Der Stichprobenplan wird üblicherweise zwischen Käufer und Verkäufer *fest vereinbart. Dazu werden drei Größen eindeutig festgelegt:*

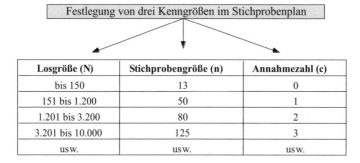

Losgröße (N)	Stichprobengröße (n)	Annahmezahl (c)
bis 150	13	0
151 bis 1.200	50	1
1.201 bis 3.200	80	2
3.201 bis 10.000	125	3
usw.	usw.	usw.

Solange die Annahmezahl c ≤ dem angegebenen Grenzwert ist, wird die Lieferung angenommen. Man spricht davon, dass die Lieferung die *„Annehmbare Qualitätslage"* (AQL = Acceptable Quality Level) erfüllt. Zum Beispiel dürfen bei einer Lieferung von 2.000 Einheiten maximal zwei fehlerhafte Einheiten in der Stichprobe mit n = 80 sein (vgl. Tabelle oben).

In der Praxis werden so genannte *Leittabellen* verwendet, die entsprechende Stichprobenanweisungen enthalten; die relevanten Parameter sind: Losgröße N, Prüfschärfe (normal/verschärft), Annahmezahl c, Rückweisezahl d, AQL-Wert (z. B. 0,40).

Beispiel 1:
Das Unternehmen erhält regelmäßig Bauteile in Losgrößen von N = 250. Mit dem Lieferanten wurde eine Annahme-Stichprobenprüfung als Einfach-Stichprobe bei Prüfniveau II und einem AQL-Wert von 0,40 vereinbart (› DIN ISO 2859-1).

1. *Ermittlung des Kennbuchstabens für den Stichprobenumfang*; nachfolgend ist ein Ausschnitt aus Tabelle I dargestellt:

Losumfang N			Besondere Prüfniveaus				Allgemeine Prüfniveaus			DIN ISO 2859-1
			S-1	S-2	S-3	S-4	I	II	III	
...	...	...								
51	bis	90	B	B	C	C	C	E	F	
91	bis	150	B	B	C	D	D	F	G	
151	bis	280	B	C	D	E	E	G	H	
281	bis	500	B	C	D	E	F	H	J	
501	bis	1.200	C	C	E	F	G	J	K	
...	...	...								

Für einen Losumfang von N = 250 und einem allgemeinen Prüfniveau II wird der Kennbuchstabe G ermittelt.

2. *Ermittlung des Stichprobenumfangs n und der Annahmezahl c* bei AQL 0,40 aus Tabelle II-A (Einfach-Stichproben für normale Prüfung; vgl. unten, Ausschnitt aus der Leittabelle):

Tabelle II-A   **Einfachstichprobenanweisung für normale Prüfung**

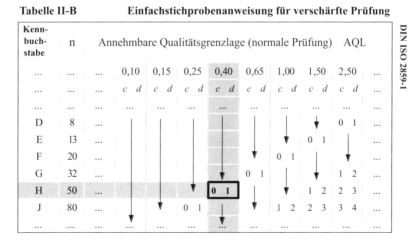

Ergebnis: Bei G/Tabelle II-A ist n = 32, c = 0 und d = 1.

Das ergibt die Prüfanweisung:
Bei regelmäßigen Losgrößen von N = 250, Prüfniveau II und normaler Prüfung darf die Stichprobe vom Umfang n = 32 keine fehlerhaften Teile enthalten; ist c ≥ 1, wird die Lieferung zurückgewiesen.

Beispiel 2:
Es wird für den o. g. Sachverhalt unterstellt, dass die achte und neunte Lieferung zurückgewiesen werden muss, da c ≥ 1. Die zehnte Lieferung ist verschärft zu prüfen. Wie verändert sich unter diesen Bedingungen die Prüfanweisung?

Es wird Tabelle II-B herangezogen (verschärfte Prüfung):

Tabelle II-B   **Einfachstichprobenanweisung für verschärfte Prüfung**

Ergebnis:
Der Stichprobenumfang muss von n = 32 auf n = 50 erhöht werden; die Tabelle II-B zeigt: c = 0 und d ≥ 1, d. h. die Stichprobe bei verschärfter Prüfung vom Umfang n = 50 darf keine fehlerhaften Teile enthalten.

9.4 Kontinuierliches Umsetzen der Qualitätsmanagementziele

9.4.1 Qualitätsmanagementziele

01. Warum gelten die QM-Ziele als Vorgaben zur Qualitätsverbesserung?

Die globalen Ziele eines Qualitätsmanagementsystems (siehe 9.1.1/02.) müssen zur vollen Wirksamkeit des Systems weiter untersetzt werden. Mit der Detaillierung der Ziele und für die daraus folgenden Maßnahmen zur Qualitätsverbesserung sind Verantwortlichkeiten und Befugnisse zu definieren und zuzuordnen. Die Akzeptanz der Ziele durch alle Mitarbeiter ist dazu unerlässlich. Die Mitarbeiter müssen sich mit den Zielen identifizieren können. Die Zielsetzungen wiederum müssen so gestellt sein, dass diese Identifikation ermöglicht wird. Eine dauerhafte Qualitätsverbesserung, verbunden mit einer hohen Prozesssicherheit, kann nur durch konkrete Zielstellungen, nicht durch sporadische Qualitätsarbeit, erreicht werden.

02. Wie wird die Realisierung und Einhaltung der QM-Ziele kontrolliert?

Die Kontrolle der QM-Ziele erfolgt durch ein *Audit*. Audits haben einen sehr hohen Stellenwert, da sie von den Normen des Qualitäts- und Umweltmanagements zwingend gefordert werden. Die Zertifizierung eines Unternehmens nach DIN EN ISO 9000:2005 ff. ist nur nach einer erfolgreichen, externen Auditierung möglich.

03. Was ist ein Audit?

Ein *Audit* ist eine *qualitätsorientierte Bewertungsmethode*, durch Befragung (Audit-Fragenkatalog), Anhörung und Untersuchung von definierten Einheiten die Erreichung der jeweiligen Forderungen festzustellen.

Die ISO 9000 definiert das Audit folgendermaßen:

„Audit ist ein systematischer, unabhängiger und dokumentierter Prozess zur Erlangung von Auditnachweisen (Aufzeichnungen, Feststellungen und andere Informationen, Anm. d. Verf.) und zu deren objektiven Auswertung, um zu ermitteln, inwieweit Auditkriterien (QM-Ziele, Anm. d. Verf.) erfüllt sind."

04. Wer darf Auditierungen durchführen?

Audits dürfen nur durch speziell ausgebildete, offiziell geprüfte Qualitätsexperten, den *Auditoren*, durchgeführt werden. Die DIN EN ISO 19011 stellt eine Anleitung für das Auditieren von Qualitäts- und Umweltmanagementsystemen bereit.

05. Welche Auditarten gibt es?

Grundsätzlich unterscheidet man Audits nach ihrer Objektbezogenheit und ihrer organisatorischen Art. Prinzipiell ist zu jeder Einheit ein Audit möglich. Die Wesentlichsten sind in den nachfolgenden Tabellen enthalten:

• *Objektbezogene Audits:*

Audit	Aufgabe
System-Audit	Prüfung der Organisation eines Unternehmens
Produkt-Audit	Prüfung eines Produktes oder einer Produktgruppe
Prozess-Audit	Prüfung der Prozesse und/oder technologischen Verfahren
Umwelt-Audit (Öko-Audit)	Prüfung des Umweltmanagements eines Unternehmens
Arbeitsplatz-Audit	Prüfung der Arbeitsbedingungen und Ergonomie an einem Arbeitsplatz oder bei Arbeitsplatzgruppen
Logistik-Audit	Prüfung der Logistik eines Unternehmens

• *Audits nach ihrer organisatorischen Art:*

Audit	Inhalt
Externes Audit	wird durch externe Auditoren („neutrale Dritte") durchgeführt
Lieferanten-Audit	der Kunde prüft die Qualitätsfähigkeit des Lieferanten
Kunden-Audit	der Lieferant wird durch den Kunden geprüft
Zertifizierungs-Audit	Audit, in dessen Ergebnis über die Erstzertifizierung bzw. Wiederzertifizierung des Unternehmens entschieden wird
Überwachungs-Audit	Audit im Zeitraum zwischen den Zertifizierungsaudits
Internes Audit	wird durch Auditoren des eigenen Unternehmens durchgeführt

9.4.2 Planung von qualitätsbezogener Datenerhebung und -verarbeitung

01. Wodurch werden die ersten Qualitätsmerkmale eines Produktes bestimmt?

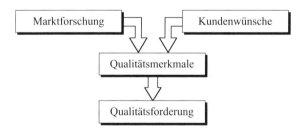

Die aus der Marktforschung ermittelten und durch den Kunden direkt geäußerten Wünsche stellen die *ersten Qualitätsmerkmale* dar, die in der Regel im weiteren Verlauf bis zur Auftragsauslösung und darüber hinaus noch präzisiert bzw. ergänzt werden. Aus diesen Qualitätsmerkmalen definieren sich die Qualitätsforderungen.

02. Wie lassen sich Kundenforderungen an ein Produkt strukturieren?

Nach *Kano* lassen sich Kundenforderungen *an ein Produkt* in drei Kategorien einteilen. Diese Kategorien können unterschiedliche Einflüsse auf die Qualitätsplanung haben:

• *Grundforderungen:*
  Diese Forderungen *müssen* erfüllt werden. Sie stellen die grundlegenden Eigenschaften des Produktes oder der Dienstleistung dar.

• *Normalforderungen:*
  Sie beinhalten die Forderungen, die die überwiegende Mehrheit der Kunden als üblichen Standard ansehen oder die dem allgemeinen Zeitgeschmack entsprechen. Diese Forderungen *sollten* erfüllt werden.

• *Begeisterungsforderungen:*
  Die Funktion dieser Forderungskategorie liegt darin, die Kaufentscheidung des Kunden zielführend zu beeinflussen. Häufig sind die Begeisterungsmerkmale die einzigen Unterschiede in einer gleichartigen Produktpalette mehrerer Wettbewerber. Die Begeisterungsforderungen *können* erfüllt werden.

Diese Anforderungen lassen sich im *Kano-Modell* im Verhältnis zu Zufriedenheit und Erfüllungsgrad abbilden.

Beispiel: Kaffeemaschine

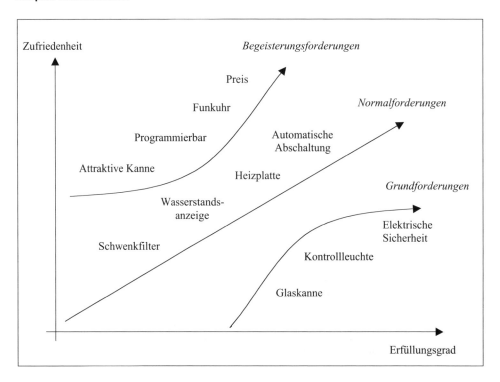

03. Worin ist die unterschiedliche Beeinflussung der Qualitätsplanung durch die Forderungskategorien begründet?

In der Praxis wird kaum zwischen Normal- und Grundforderungen unterschieden. Die Grundforderungen werden eher als fundamentaler Bestandteil der Normalforderungen betrachtet.

Die für die Realisierung der Normalforderungen (einschließlich Grundforderungen) notwendigen Prozesse orientieren sich am Auftrags- bzw. Marktvolumen und definieren sich über Planungseinheiten (z. B. Stückzahl, Hektoliter, Kubikmeter usw.) in einer bestimmten Planungsperiode. Dementsprechend variieren Umfang und Inhalt der Qualitätsplanung für das betreffende Produkt.

Das Auftrags- bzw. Marktvolumen der Begeisterungsforderungen liegt üblicherweise unter dem Volumen der Normalforderungen. Es werden z. B. mehr PKW eines Typs in Normalausstattung verkauft, als der gleiche Typ mit Sonderausstattung. Die Qualitätsforderungen der Begeisterungskategorie liegen aber meist höher, als die der Normalkategorie, bei niedrigerem Auftragsvolumen. Die Folge davon kann ein Einsatz anderer Materialien sein oder andere Realisierungsprozesse und Technologien. Damit ändert sich der Umfang und Inhalt des betreffenden Teils der Qualitätsplanung.

04. Wie werden Lieferanten in die Qualitätsplanung mit einbezogen?

Die Einbeziehung der Lieferanten in die Qualitätsplanung erfolgt mittels APQP (Advanced Product And Control Plan) – die Produkt-Qualitätsvorausplanung und Kontrollplanung.

Diese Qualitäts- und Prüfplanung erfolgt auf der Grundlage der ISO 9000:2005 ff. in der Phase der Produktentwicklung. Das Ergebnis des APQP ist ein vom Lieferanten unterzeichnetes, verbindliches Qualitätsdokument. Der Begriff „Lieferant" steht hier für externe und interne Lieferanten (z. B. aus einem anderen Fertigungsbereich).

05. Welche Bedeutung haben Qualitätsdaten für die Qualitätsplanung?

Die nach 9.3.2 ermittelten Qualitätsdaten geben ein reales Bild über Fehlerschwerpunkte und Schwachstellen des Produktes ebenso wie der Prozesse. Die Auswertung dieser Daten und die Ergebnisse der daraus resultierenden Maßnahmen zur Qualitätsverbesserung bilden eine wesentliche Grundlage für die Qualitätsplanung.

Die Planung einer qualitätsbezogenen Datenerhebung entspricht oft einer Kundenforderung. Sicherheitsregeln und gesetzliche Vorschriften (z. B. Fahrzeugbranche) beinhalten ebenfalls solche Forderungen. Im Rahmen der Qualitätsplanung ist genau zu definieren und ggf. mit dem Kunden abzustimmen, welche Daten in welcher Form erfasst und abgelegt/archiviert werden sollen. Nicht selten ergeben sich daraus Auswirkungen auf die Investitionsplanung.

Beispiel:
Ein Behälter ist nach einem Fügeprozess auf Dichtheit zu prüfen. Der Kunde fordert die dem konkreten Teil zugeordnete Erfassung der Istwerte des Prüfdruckes und das Prüfergebnis (i.O/n.i.O.) mit den Abweichungen vom Solldruck. Diese Qualitätsdaten sind in einem Prüfprotokoll dem Teil bei der Lieferung beizulegen.

Im Rahmen der Qualitätsplanung ist in diesem Beispiel nicht nur der Prüfplan zu erstellen, sondern auch die Art und Weise der Prüfdatenerfassung, -zuordnung und -verarbeitung zu planen.

9.4.3 Grundbegriffe und Abläufe der Qualitätslenkung

01. Was ist unter Qualitätslenkung zu verstehen?

Nach DIN EN ISO 8402 (08/95) versteht man unter *Qualitätslenkung* „Arbeitstechniken und Tätigkeiten, die zur Erfüllung von Qualitätsforderungen angewendet werden".

Diese Definition wurde durch die ISO 9000:2005 entsprechend dem Anliegen eines Qualitätsmanagementsystems neu formuliert:

> *Qualitätslenkung ist der „Teil des Qualitätsmanagements,*
> *der auf die Erfüllung von Qualitätsanforderungen gerichtet ist."*

02. Wie stellt sich die Qualitätslenkung als Teil des Qualitätsmanagements dar?

Der Zusammenhang wird durch den Regelkreis der Qualitätslenkung erkennbar:

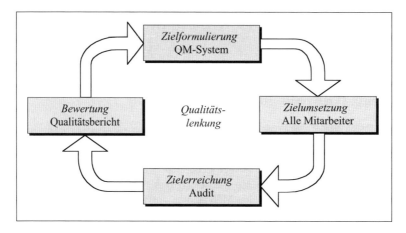

Die Qualitätslenkung ist somit das „Handwerkszeug" des Qualitätsmanagements, um die gestellten Ziele dauerhaft zu erreichen. Sie dient der Umsetzung der Qualitätsplanung.

03. Welche Funktion hat die Qualitätslenkung in der Fertigung?

• *Aufgabe:*
  Die positive Beeinflussung eines Prozesses bei Einwirkung von Störgrößen.

• *Ziel:*
  Die Regulierung des Prozesses, um die weitere Realisierung der Qualitätsforderungen zu gewährleisten oder zu verbessern; siehe hierzu den *Qualitätsregelkreis* in 9.1.1/14.

Die Systematik der Qualitätslenkung wird in der ISO 9001:2008 u. a. auch im Punkt 7.6 „Lenkung von Überwachungs- und Messmitteln" und Punkt 8.3 „Lenkung fehlerhafter Produkte" dargestellt.

04. Welches sind die wesentlichen Grundbegriffe der Qualitätslenkung?

Begriff	Erläuterung
Dokumentenlenkung	Regelung des Umganges und der Verwaltung von Qualitätsdokumenten.
Qualitätsbezogene Kosten	Kosten der Gesamtheit des Qualitätsmanagements.
Qualitätssicherung	„Teil des Qualitätsmanagements, der auf das Erzeugen von Vertrauen darauf gerichtet ist, dass Qualitätsanforderungen erfüllt werden." (ISO 9000:2005).
Qualitätsüberwachung	Ständige Überwachung und Verifizierung (Bestätigung durch Nachweisführung) sowie die Analyse von Qualitätsaufzeichnungen zur Sicherstellung der Erfüllung der festgelegten Qualitätsanforderungen.
Qualitätsverbesserung	Vorbeugende, überwachende und korrigierende Maßnahmen zur Erhöhung der Qualität von Produkten und Prozessen.
Reklamationsmanagement	Der geordnete Umgang mit Reklamationen (interne, Lieferanten- und Kundenreklamationen) mit Optimierung bereichsübergreifender Prozesse und Erhöhung der Kundenzufriedenheit.
SPC	Statistische Fähigkeitsbewertung von Prozessen.
Statistische Qualitätslenkung	Ist der Teil der Qualitätslenkung, bei dem statistische Verfahren zur Anwendung kommen.

Beispiele für *Maßnahmen der Qualitätslenkung:*

Zielsetzung/Wirkung, z. B.:

	Zielsetzung/Wirkung, z. B.:
Sicherung der Produktqualität	Kundenzufriedenheit, Image, Weiterempfehlung des Unternehmens und der Produkte
Sicherung der Prozessqualität	Vermeidung von Ausfallzeiten, Verminderung von Ausschuss, Verringerung der betrieblichen Unfälle
Sicherung der Qualifikation der Mitarbeiter	hohes Qualitätsbewusstsein der Mitarbeiter, Beachtung von Arbeitsschutz und -sicherheit, Zufriedenheit der Mitarbeiter und Identifikation mit der Aufgabe und dem Unternehmen

05. Was sind Risikoanalysen?

Risikoanalysen sind Methoden zur frühzeitigen Fehlererkennung und -vermeidung. Sie gehören zu den vorbeugenden Maßnahmen.

06. Welche vorbeugenden Methoden der Qualitätsverbesserung gibt es?

Bekannte und häufig angewandte Methoden sind die FMEA, das Ursache-Wirkungs-Diagramm, die Fehlerbaumanalyse und Poka Yoke.

07. Wie ist der methodische Ansatz beim Ursache-Wirkungs-Diagramm?

Das Ursache-Wirkungs-Diagramm (auch Fischgräten- oder Ishikawa-Diagramm genannt) *ist eine Methode zur Problemanalyse.* Die Ursachen (7-M-Einflussfaktoren) werden in Bezug zu ihrer Wirkung (Problem) gebracht.

Die *7-M-Einflussfaktoren* sind:
Management, Maschine, Material, Mensch, Messbarkeit, Methode und Milieu (Mitwelt/Umwelt).

Allgemeines Beispiel eines *Ishikawa-Diagrammes*:

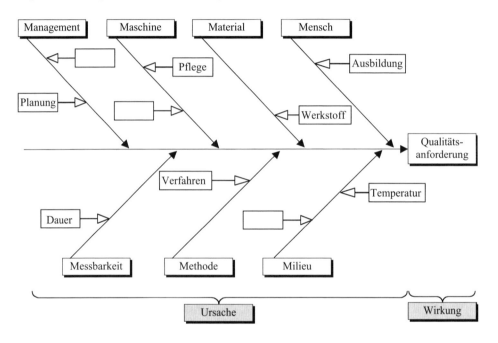

Die Haupteinflussfaktoren werden durch die weitere systematische Analyse mit ihren möglichen Nebenursachen ergänzt. Potenzielle Probleme und Fehler werden auf diese Weise erkennbar und können durch entsprechende Maßnahmen rechtzeitig vermieden werden.

08. Wodurch unterscheidet sich die Fehlerbaumanalyse vom Ishikawa-Diagramm?

Die *Fehlerbaumanalyse* ist nach DIN 24524 Teil 1 ebenfalls eine Methode zur systematischen Fehleruntersuchung.

• *Ziel:* Ermittlung der Fehlerursachen mit ihren Häufigkeiten

Die Methodik entspricht der des Ishikawa-Diagrammes, allerdings werden zur Darstellung des Fehlerbaumes *Symbole* verwendet. Im Prinzip entsteht bei einer 90°-Drehung des Ishikawa-Diagrammes ebenfalls ein Fehlerbaum.

09. Was ist Poka Yoke?

Poka (unbeabsichtigter Fehler) *Yoke* (Verminderung) ist eine japanische Methode zur Vermeidung von (menschlichen) Fehlhandlungen durch eine irrtumssichere und fehlhandlungssichere Gestaltung von Fertigungseinrichtungen und Prozessen. Sie basiert auf der These „Irren ist menschlich", also müssen menschliche Fehler methodisch kompensiert werden.

Beispiele für typische unbeabsichtigte menschliche Fehler:

- Fehlbedienung von Fertigungseinrichtungen,
- Einrichtungs- und Einstellfehler,
- Auslassen von Arbeitsgängen,
- Verbauen von falschen Teilen,
- Teile vergessen zu montieren,
- Verwendung von falschem Material.

10. Welcher Zusammenhang besteht zwischen Instandhaltung und Qualitätslenkung?

Die *planmäßige, vorbeugende Instandhaltung* (PVI; vgl. auch: TPM = Total-Productive-Maintenance) zählt zu den vorbeugenden Maßnahmen mit einem wesentlichen Einfluss auf die Qualitätssicherung und -verbesserung. Sie ist Bestandteil des Qualitätsmanagements und in den Regelkreis der Qualitätslenkung integriert.

Nach DIN 31051 wird Instandhaltung als „Maßnahme zur Bewahrung und Wiederherstellung des Sollzustandes sowie zur Feststellung und Beurteilung des Istzustandes von technischen Mitteln eines Systems" definiert.

• *Ziele:*
  - Sicherung der technischen Realisierungsgrundlagen zur Erfüllung der Qualitätsforderungen,
  - Erhaltung und Verbesserung der Funktionserfüllung der Fertigungssysteme,
  - Erhöhung der Sicherheit der Fertigungssysteme und Prozesse.

• Die PVI beinhaltet *drei Aufgabengebiete*:

Planmäßige, vorbeugende Instandhaltung		
Wartung	**Inspektion**	**Vorbeugende Instandsetzung**
In festgelegten Zeiträumen (Wartungsplan) durchzuführende Maßnahmen zur *Beibehaltung des Sollzustandes* eines Objekts.	*Erfassung des gesamten Istzustandes* eines Objekts einschließlich der Mängel- und Schadensaufnahme.	*Wiederherstellen des technischen Sollzustands* eines Objekts.
Beispiele:		
Reinigen, Hilfsstoffe auffüllen, Ölen/Schmieren, technische Kontrolle	Feststellen von Verschleiß, Abweichungen von Soll-Einstellungen, Erkennen nicht mehr voll funktionsfähiger Teile	Austausch von definierten Verschleißteilen, Austausch fehlerhafter Teile und Baugruppen

11. Wie ist die Prüfmittelverwaltung in die die Qualitätslenkung integriert?

Die Prüfmittelverwaltung beinhaltet die Verwaltung der gesamten Prüftechnik und ist in sechs Kategorien unterteilt:

1. *Beschaffung*
Auswahl erfolgt entsprechend der damit zu realisierenden Prüfaufgabe.

2. *Erfassung*
Eindeutige Kennzeichnung (z. B. Nummerncode) und Registrierung.

3. *Freigabe*
Erstellung von Prüfmittelüberwachungsplänen und Freigabe zum Einsatz in Unternehmen.

4. *Lagerung*
Lagerbedingungen entsprechend den Herstellerangaben. Meist bei Raumtemperatur (20 - 21°C) und konstanter Luftfeuchtigkeit oder in klimatisierten Räumen (z. B. Messmaschinen).

5. *Überwachung*
Ähnlich der Instandhaltung dient sie der Sicherstellung der geforderten Genauigkeiten und Feststellung von Verschleiß. Sie erfolgt auf der Basis der Prüfmittelüberwachungspläne.

6. *Aussonderung*
Ist die Prüftechnik irreparabel verschlissen, erfolgt die Sperrung zur Verwendung und die Aussonderung (häufig mit anschließender Verschrottung).

Im Rahmen der Qualitätslenkung ist besonders Punkt *„5. Überwachung"* relevant.

12. In welcher Form erfolgt die Qualitätsüberwachung innerhalb der Qualitätslenkung?

Die Grundlage für die Qualitätsüberwachung bilden die *Qualitätsaufzeichnungen* (siehe 9.1.2/12.). In einem ständigen Prozess werden die Ist-Daten mit den Soll-Daten verglichen. Werden Überschreitungen der zulässigen Toleranzgrenzen festgestellt, ist es die Aufgabe der Qualitätslenkung, Maßnahmen zur Wiedererlangung bzw. Einhaltung der Qualitätsforderungen einzuleiten und deren Wirksamkeit zu kontrollieren.

13. Wann müssen Abweichungen von den Qualitätsforderungen durch die Qualitätslenkung korrigiert werden?

Die Korrektur von Abweichungen ist dann erforderlich, wenn Toleranzgrenzen überschritten werden oder wenn durch eine zunehmend breiter werdende Streuung innerhalb des Toleranzbereiches eine bevorstehende Überschreitung erkennbar wird.

14. Mit welchen Maßnahmen der Qualitätslenkung können Abweichungen korrigiert werden?

Die Art der Maßnahmen zur Korrektur der Qualitätsabweichungen ist abhängig von der Art des Fehlers und seiner Ursache. Es können sowohl *organisatorische* wie auch *technische* Maßnahmen erforderlich werden.

Beispiele:

- Organisatorische Maßnahmen:
  - Umstellung der Arbeitsgangreihenfolge bzw. des Arbeitsablaufes,
  - 8D-Methode,
  - Förderung des Vorschlagswesens.

- Technische Maßnahme:
  - Reparatur oder Austausch eines Messsensors in einer prozessintegrierten Prüfeinrichtung,
  - Einsatz einer speziellen Prüfvorrichtung.

15. Was ist die 8D-Methode?

Die *8D-Methode* (8 Disziplinen) ist eine teamorientierte Methode zur systematischen, schrittweisen Problemlösung. Ihre Anwendung erfolgt dort, wo die Fehler- bzw. Problemursachen vorerst *unbekannt* sind. Sie vereint in sich drei einander ergänzende Aufgabenstellungen:

- als Standardmethode
- als Problemlösungsprozess
- als eine Berichtsform

• Als *Standardmethode* (nach VDA) basiert sie auf zwei Schwerpunkten. Sie ist ein faktenorientiertes System auf der Grundlage realer Daten und sie zielt auf die Abstellung der Grundursachen.

1. *Gehe das Problem im Team an!*
   Teambildung mit kompetenten Mitarbeitern mit entsprechenden Produkt- und Prozesskenntnissen.

2. *Beschreibe das Problem!*
   Beschreibung des Problems und dessen Quantifizierung auf der Basis ermittelter (statistischer) Daten, sowie die Ermittlung des Ausmaßes des Problems.

3. *Veranlasse temporäre Maßnahmen zur Schadensbegrenzung!*
   Sofortmaßnahmen zur Schadensbegrenzung, um die Auswirkungen des Problems möglichst vom Kunden fern zu halten. Ihre Wirksamkeit gilt bis zur Findung einer Dauerlösung. Sie ist ständig zu überprüfen.

4. *Ermittle die Grundursache und beweise, dass es wirklich die Grundursache ist!*
   Suche nach den möglichen Ursachen. Ermittlung, ob die gefundene(n) Ursache(n) wirklich die Grundursache(n) ist/sind. Das Ergebnis ist durch Tests zu beweisen.

5. *Lege Abstellmaßnahmen fest und beweise ihre Wirksamkeit!*
Festlegung von dauerhaften Abstellmaßnahmen mit Nachweisführung durch Versuche, dass das Problem endgültig und ohne unerwünschte Nebenwirkung gelöst ist.

6. *Führe die Abstellmaßnahmen ein und kontrolliere ihre Wirksamkeit!*
Einführung der Maßnahmen und Festlegung des Aktionsplanes zur Kontrolle ihrer Wirksamkeit. Evtl. sind flankierende Maßnahmen durchzuführen.

7. *Bestimme Maßnahmen, die ein Wiederauftreten des Problems verhindern!*
Anpassung der Management- und Steuerungssysteme zur dauerhaften Vermeidung des Wiederauftretens gleicher oder ähnlich gelagerter Probleme.

8. *Würdige die Leistung des Teams!*
Abschluss der Problemlösung, Beendigung der Teamarbeit mit Sicherung der Erfahrungen und Anerkennung des Erfolges.

Entsprechend den Ergebnissen der Wirksamkeitsprüfung müssen die Disziplinen 4. und 5. ggf. wiederholt werden.

- Als *Problemlösungsprozess* ist die 8D-Methode eine definierte Aktivitätenfolge, die durchlaufen werden sollte, sobald ein Problem auftritt.

- Als *Berichtsform* dient sie der Fortschrittskontrolle. Noch offene Aktionen werden daraus ersichtlich. Die einzelnen Disziplinen können nur dann abgeschlossen werden, wenn die entsprechenden Ergebnisse vorliegen. Erst dann kann mit der folgenden Disziplin begonnen werden.

9.4.4 Sichern der Qualitätsmanagementziele durch Qualifizierung der Mitarbeiter

01. Worin besteht das Erfordernis, die Mitarbeiter qualitätsseitig zu qualifizieren?

Die ISO 9000:2005 definiert „Qualifikation als nachgewiesene Fähigkeit, Wissen und Fertigkeiten anzuwenden."

Das gesamtheitliche Anliegen eines Qualitätsmanagementsystems erfordert die Einbeziehung *aller* Mitarbeiter eines Unternehmens. Die qualitätsbezogene Qualifizierung der Mitarbeiter festigt den Qualitätsgedanken. Jeder Mitarbeiter muss wissen was er tut, warum er es tut und welche Auswirkung sein Tun hat.

02. Welche Formen der Qualifizierungsmaßnahmen gibt es?

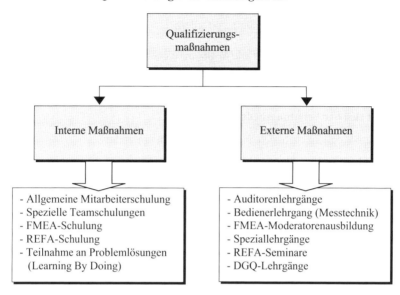

03. Wann ist eine Qualifizierung der Mitarbeiter erforderlich?

Allgemeine interne Qualitätsschulungen sind in regelmäßigen Abständen sinnvoll. In ihnen sollte die jeweilige aktuelle Qualitätslage im Mittelpunkt stehen.

Wird im Rahmen der Qualitätsüberwachung ein konzentrierter Anstieg der Fehlerhäufigkeit erkennbar, kann sich aus der Ursachenermittlung (z. B. nach der 8D-Methode) als Folgemaßnahme eine *qualitätsbezogene Mitarbeiterschulung* (bereichs- oder teambezogen) ergeben.

FMEA-Schulungen sind für den betreffenden Mitarbeiterkreis nach der Erstqualifizierung dann erforderlich, wenn sich beispielsweise aus Kundenforderungen ergibt, dass die FMEA nach der Systematik des Kunden zu erfolgen hat.

Erfolgt die *Anschaffung von Messtechnik*, z. B. einer 3D-Messmaschine, ist das für die Bedienung ausgewählte Personal selbstverständlich zu qualifizieren. Meist bieten die Hersteller entsprechende Lehrgänge im Paket mit dem Produkt an.

Werden geeignete Mitarbeiter in einem anderen Arbeitsbereich eingesetzt, ist eine umfassende und gründliche *Einarbeitung* die Mindestvoraussetzung zur Einhaltung der Qualitätsvorgaben. *Learning by doing* ist nur eine Methode der Einarbeitung. Häufig ist eine weitere zielgerichtete interne oder externe Qualifizierung erforderlich.

Bei Fertigungssystemen mit großer Variantenvielfalt und schwankenden Los- bzw. Auftragsgrößen kommt der flexiblen Einsetzbarkeit der Mitarbeiter eine besondere Bedeutung zu. Je mehr Mitarbeiter an möglichst vielen unterschiedlichen Arbeitsplätzen eingesetzt werden können, desto flexibler lässt sich die Auftragsplanung mit der Schicht- oder Arbeitsplatzbesetzungsplanung in

Einklang bringen. Es erhöht sich dadurch auch der Auslastungsgrad der Fertigungsmittel. Zur Erlangung dieser *Mitarbeiterflexibilität* ist ebenfalls eine *Qualifizierung* durch eine gründliche Einarbeitung mit entsprechendem Training erforderlich.

Auch weiterbildende *Fachlehrgänge und Seminare* dienen letztendlich der Erhöhung der Prozesssicherheit und der Erreichung der Qualitätsziele.

04. Wie lässt sich der Schulungsbedarf ermitteln?

Es gibt mehrere Möglichkeiten, den Schulungsbedarf zu ermitteln:

- Durch Ermittlung des aktuellen Qualifikationsstandes (= Vergleich von Anforderungsprofil und Eignungsprofil),
- durch Mitarbeiterbefragung,
- durch Vorgesetzteneinschätzung,
- bei steigender Fehlerhäufigkeit,
- bei Investitionen von Fertigungseinrichtungen.

Der Schulungsbedarf bzw. der Qualifikationsstand lässt sich in einer *Qualifikationsmatrix* darstellen.

Beispiel einer *Qualifikationsmatrix*:

	Arbeitsplatz A	Arbeitsplatz B	Maschine 1	Maschine 2
Frau C	X	X		X
Herr A	X	X	X	X
Herr G			X	X

Aus der Matrix wird ersichtlich, welche Mitarbeiter für welche Arbeitsplätze qualifiziert (einsetzbar) sind und welche ggf. noch Qualifikationsdefizite haben.

05. Wie muss die Qualifizierung der Mitarbeiter dokumentiert werden?

Der in der ISO 9000:2005 geforderte Nachweis über die Qualifikation (siehe 9.4.4/01.) ist in entsprechenden *Dokumenten* darzulegen. Er wird im Rahmen von externen Auditierungen und Kundenaudits abgefragt. Die durch die Qualifizierungsmaßnahmen erbrachten *Nachweisdokumente* (Teilnahmebescheinigungen, Zeugnisse u. Ä.) liegen normalerweise in der Personalabteilung vor. Interne Qualifikationen sind mindestens in Form einer Teilnehmerliste mit Angabe der Thematik zu dokumentieren. Auch die o. g. *Qualifikationsmatrix* ist ein entsprechendes Nachweisdokument.

II. Prüfungsanforderungen

1. Prüfungsanforderungen

Industriemeister Metall · Handlungsspezifische Qualifikationen

Für die Prüfung der Industriemeister Metall liegen bundeseinheitliche Rechtsvorschriften zu Grunde um sicherzustellen, dass an allen Industrie- und Handelskammern in gleicher Weise geprüft wird. Die von den Berufsbildungsausschüssen der einzelnen Industrie- und Handelskammern beschlossenen Prüfungen basieren auf dem derzeit gültigen Rahmenplan vom März 1998 sowie der Verordnung über die Prüfung vom 18. Dezember 1997 geändert durch die Verordnung vom 29. Juli 2002 (2. Auflage des Rahmenplanes).

1.1 Zulassungsvoraussetzungen (§ 3)

(1) Zur Prüfung im *Prüfungsteil „Handlungsspezifische Qualifikationen"* ist zuzulassen, wer nachweist:

1. Erfolgreich abgeschlossene Prüfung im Teil „Fachrichtungsübergreifende Basisqualifikationen" und

2. eine mit Erfolg abgelegte Abschlussprüfung in einem anerkannten Ausbildungsberuf, der den Metallberufen zugeordnet werden kann und danach eine mindestens zweijährige Berufspraxis[1] oder

3. eine mit Erfolg abgelegte Abschlussprüfung in einem sonstigen anerkannten Ausbildungsberuf und danach eine mindestens vierjährige Berufspraxis[1] oder

4. eine mindestens achtjährige Berufspraxis[1] und

5. der Erwerb der berufs- und arbeitspädagogischen Kenntnisse entsprechend der AEVO.

(2) Abweichend davon kann auch zugelassen werden, wer durch Vorlage von Zeugnissen oder auf andere Weise glaubhaft macht, dass er berufspraktische Qualifikationen erworben hat, die die Zulassung zur Prüfung rechtfertigen.

1.2 Prüfungsteile und Gliederung der Prüfung (§ 5)

Die Qualifikation zum Industriemeister Metall umfasst *drei Prüfungsteile*:

1. Berufs- und arbeitspädagogische Qualifikationen (gemäß der Ausbilder-Eignungsverordnung; AEVO),

2. fachrichtungsübergreifende Basisqualifikationen,

3. handlungsspezifische Qualifikationen.

---

[1] Die Berufspraxis soll wesentliche Bezüge zu den Aufgaben des Industriemeisters haben.

In diesem Buch werden ausschließlich die *Inhalte des 3. Prüfungsteils* behandelt. Zur Vorbereitung auf den 2. Prüfungsteil wird verwiesen auf das ebenfalls im Kiehl Verlag erschienene Buch: *Krause/Krause, Die Prüfung der Industriemeister - Basisqualifikationen*, 7. Auflage, Ludwigshafen 2009. Ebenfalls ausgeklammert wurde der berufs- und arbeitspädagogische Prüfungsteil, da hierzu ein eigenes Prüfungsbuch im Kiehl Verlag erschienen ist: *Ruschel, A., Die Ausbildereignungsprüfung*, 3. Aufl., Ludwigshafen 2007.

Der *Prüfungsteil „Handlungsspezifische Qualifikationen"* umfasst die Handlungsbereiche TECH-NIK, ORGANISATION sowie FÜHRUNG UND PERSONAL mit insgesamt neun Qualifikationsschwerpunkten. Zur Vereinfachung werden die folgenden Abkürzungen verwendet:

HANDLUNGSSPEZIFISCHE QUALIFIKATIONEN								
Handlungsbereiche HB								
TECHNIK T			ORGANISATION O			FÜHRUNG UND PERSONAL F		
1. BT	2. FT	3. MT	4. BKW	5. PSK	6. AUG	7. PF	8. PE	9. QM
Betriebs-technik	Fertigungs-technik	Montage-technik	Betrieb-liches Kosten-wesen	Planungs-, Steuerungs- und Kom-munikations-systeme	Arbeits-, Umwelt- und Ge-sundheits-schutz	Personal-führung	Personal-entwick-lung	Qualitäts-manage-ment

Es werden *drei Situationsaufgaben* gestellt. Die Aufgaben sind funktionsfeldbezogen und integrieren die Handlungsbereiche unter Berücksichtigung der fachrichtungsübergreifenden Basisqualifikationen (§ 5 der Rechtsverordnung). Bitte beachten Sie also, dass die Inhalte der Basisqualifikationen ausdrücklich Gegenstand des 3. Prüfungsteils sind und berücksichtigen Sie dies bei Ihrer Vorbereitung.

1. Situationsaufgabe 1:
Die Situationsaufgabe TECHNIK ist *schriftlich* innerhalb von 240 Minuten zu bearbeiten.

2. Situationsaufgabe 2:
Die Situationsaufgabe ORGANISATION ist *schriftlich* innerhalb von 240 Minuten zu bearbeiten.

3. Situationsaufgabe 3:
Die Situationsaufgabe 3, FÜHRUNG UND PERSONAL – im Folgenden als Fachgespräch bezeichnet – ist mündlich innerhalb von mindestens 45 bis maximal 60 Minuten zu bearbeiten.

4. Mündliche Ergänzungsprüfung:
Hat der Teilnehmer in nicht mehr als einer schriftlichen Situationsaufgabe die Note 5 erbracht, so ist ihm eine mündliche Ergänzungsprüfung von maximal 20 Minuten anzubieten.

Prüfungsteile der Handlungsspezifischen Qualifikationen im Überblick:

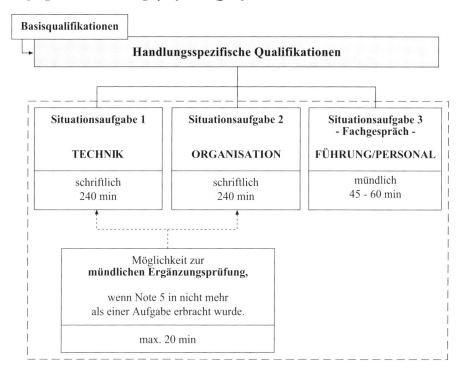

Hinweise:

- Die schriftlichen Situationsaufgaben 1 und 2 werden bundeseinheitlich erarbeitet und an bundeseinheitlichen Terminen geprüft (derzeit: Mai und November des Jahres).

- Für die Situationsaufgabe 3 (Fachgespräch) wird eine bundeseinheitliche Empfehlung durch die DIHK-Bildungs-GmbH erstellt; die konkrete Form der Durchführung liegt im Ermessen der prüfenden Kammer.

- Allen drei Situationsaufgaben liegt eine gemeinsame Ausgangssituation zu Grunde.

- Für alle Prüfungsteile gilt der 100-Punkte-Schlüssel:

100 – 92 Punkte = Note 1	66 – 50 Punkte = Note 4
91 – 81 Punkte = Note 2	49 – 30 Punkte = Note 5
80 – 67 Punkte = Note 3	29 – 00 Punkte = Note 6

- Seit Frühjahr 2013 wird Ihnen mit den Prüfungsaufgaben von der IHK eine bundeseinheitliche Formelsammlung zur Verfügung gestellt. In der Regel sind auch unkommentierte Gesetzestexte und nicht programmierbare Taschenrechner zugelassen. Informieren Sie sich bitte rechtzeitig vor der Prüfung bei Ihrer zuständigen Industrie- und Handelskammer.

1.3 Schriftliche Prüfung

1.3.1 Struktur der schriftlichen Situationsaufgaben

- In der *Situationsaufgabe 1*
  ist einer der Schwerpunkte des Handlungsbereichs TECHNIK zu ca. 50 % vertreten. Die Handlungsbereiche ORGANISATION sowie FÜHRUNG UND PERSONAL sind ca. zu je 25 % zu berücksichtigen – mit mindestens drei Schwerpunkten.

Im Überblick:

Situations-aufgabe 1	Handlungsbereich		
	TECHNIK	ORGANISATION	FÜHRUNG/PERSONAL
	50 %	25 %	25 %
	ein Schwerpunkt	mindestens **drei** Schwerpunkte	

Beispiel 1:

Situations-aufgabe 1	**HB T**			HB O			HB F		
	BT	FT	MT	BKW	**PSK**	**AUG**	**PF**	PE	QM
	50 %			25 %			25 %		

Beispiel 2:

Situations-aufgabe 1	**HB T**			HB O			HB F		
	BT	**FT**	MT	**BKW**	PSK	AUG	**PF**	**PE**	QM
	50 %			25 %			25 %		

- In der *Situationsaufgabe 2*
  sind mindestens zwei Schwerpunkte des Handlungsbereichs ORGANISATION zu ca. 50 % vertreten. Die Handlungsbereiche TECHNIK sowie FÜHRUNG UND PERSONAL sind ca. zu je 25 % zu berücksichtigen – mit mindestens drei Schwerpunkten.

Im Überblick:

Situations-aufgabe 2	Handlungsbereich		
	ORGANISATION	TECHNIK	FÜHRUNG/PERSONAL
	50 %	25 %	25 %
	mindestens **zwei** Schwerpunkte	mindestens **drei** Schwerpunkte	

Beispiel 1:

Situations-aufgabe 2	HB O			HB T			HB F		
	BKW	**PSK**	AUG	BT	**FT**	MT	PF	**PE**	**QM**
		50 %			25 %			25 %	

Beispiel 2:

Situations-aufgabe 2	HB O			HB T			HB F		
	BKW	**PSK**	**AUG**	BT	FT	**MT**	**PF**	**PE**	QM
		50 %			25 %			25 %	

1.3.2 Handlungsbereiche und Qualifikationsschwerpunkte (Überblick, Integration und Zusammenhänge)

Für den erfolgreichen Abschluss der Prüfung ist erforderlich:

1. Aneignung der Lerninhalte: →   kognitives Lernziel

2. Bearbeiten situativer Aufgaben und Verknüpfung der Lerninhalte: →   handlungsorientiertes Lernziel

3. Prüfungstraining: Bearbeiten typischer Klausuraufgaben   →   Evaluierung des Anwendungserfolgs

Eine wesentliche Voraussetzung dafür ist die Kenntnis aller zentralen Qualifikationselemente der Handlungsbereiche und ihre Vernetzung. Die nachfolgende Matrix zeigt das *„Prüfungsraster"*. Um den Überblick zu erleichtern wurden die inhaltlichen Beschreibungen des Rahmenstoffplans auf ein pragmatisches Maß verkürzt. Bitte prägen Sie sich dieses Prüfungsraster ein; es erleichtert das Erkennen von Zusammenhängen und Überschneidungen der einzelnen Lerninhalte.

HANDLUNGSSPEZIFISCHE QUALIFIKATIONEN

- Handlungsbereiche -

TECHNIK			ORGANISATION			FÜHRUNG/PERSONAL		
1. Betriebstechnik	2. Fertigungstechnik	3. Montagetechnik	4. Betriebliches Kostenwesen	5. Planungs-, Steuerungs- und Kommunikationssysteme	6. Arbeits-, Umwelt- und Gesundheitsschutz	7. Personalführung	8. Personalentwicklung	9. Qualitätsmanagement
1.1 Auswahl und Funktionserhalt von Kraft- und Arbeitsmaschinen	2.1 Planen und Analysieren von Fertigungsaufträgen	3.1 Planen und Analysieren von Montageaufträgen	4.1 Plankostenrechnung und BAB; Kostenüberwachung	5.1 Aufbau-/Ablaufstrukturen optimieren und Stammdaten aktualisieren	6.1 Gewährleisten des Arbeits-, Umwelt- und Gesundheitsschutzes	7.1 Ermitteln des Personalbedarfs	8.1 Personalentwicklungsbedarfsermittlung	9.1 Bedeutung, Funktion, Elemente
1.2 Planen und Einleiten von Instandhaltungsmaßnahmen	2.2 Einleiten und Optimieren des Fertigungsprozesses	3.2 Einsatz automatisierter Montagesysteme	4.2 Überwachung des Budgets	5.2 Produktions-, Mengen-, Termin- und Kapazitätsplanungen	6.2 Fördern des Mitarbeiterbewusstseins	7.2 Auswahl und Einsatz der Mitarbeiter	8.2 Festlegung der PE-Ziele	9.2 Fördern des Qualitätsbewusstseins
1.3 Erfassen und Bewerten von Funktionsstörungen	2.3 Umsetzen der Instandhaltungsvorgaben	3.3 Überprüfen von Baugruppen (FMEA)	4.3 Beeinflussen der Kosten	5.3 Arbeitsablauf- und Produktionsprogrammplanung	6.3 Planen und Durchführen von Unterweisungen	7.3 Anforderungsprofile/Stellenbeschreibungen	8.3 Potenzialeinschätzungen	9.3 Methoden/Werkzeuge
1.4 Energieversorgung im Betrieb	2.4 Einsatz neuer Werkstoffe und Verfahren	3.4 Inbetriebnehmen von montierten Anlagen	4.4 Beeinflussen des Kostenbewusstseins der Mitarbeiter	5.4 Informations- und Kommunikationssysteme	6.4 Lagerung/Umgang mit belastenden/gefährdenden Stoffen	7.4 Delegation	8.4 Maßnahmen veranlassen	9.4 Qualitätssichernde Maßnahmen
1.5 Inbetriebnahme von Anlagen	2.5 Numerische Steuerungstechnik/rechnergestützte Systeme		4.5 Kostenarten-, Kostenstellen- und Kostenträgerrechnung	5.5 Logistiksysteme in der Produkt- und Materialdisposition	6.5 Maßnahmen zur Verbesserung der Arbeitssicherheit	7.5 Kommunikation und Kooperation	8.5 Evaluierung und Umsetzung der Ergebnisse	
1.6 Steuer- und Regeleinrichtungen	2.6 Einsatz von Automatisierungssystemen		4.6 Kalkulationsverfahren und DB-Rechnung			7.6 Führungsmethoden/-mittel	8.6 Mitarbeiterförderung	
1.7 Lagerung von Werk-/Hilfsstoffen	2.7 Aufstellen/Inbetriebnehmen von Maschinen		4.7 Methoden der Zeitwirtschaft			7.7 Kontinuierlicher Verbesserungsprozess		
	2.8 Informationen aus rechnergestützten Systemen					7.8 Moderation		

Der Rahmenplan enthält im Prüfungsteil „Handlungsspezifische Qualifikationen" zahlreiche Überschneidungen und zum Teil Wiederholungen einzelner Qualifikationselemente. Vielfach wird dies durch Verweise zu anderen Stoffgebieten/Handlungsbereichen gekennzeichnet.

Die Empfehlung an den Teilnehmer lautet:

> Lernen Sie identische Stoffinhalte nur einmal und verwenden Sie Ihre Aktivität auf das Erkennen von Zusammenhängen und Handlungsabläufen.

1.4 Mündliche Prüfung

1.4.1 Situationsbezogenes Fachgespräch (§ 5 Abs. 5 f.)

1.4.1.1 Struktur

Im situationsbezogenen Fachgespräch (*Situationsaufgabe 3*) sind mindestens zwei Schwerpunkte des Handlungsbereichs FÜHRUNG UND PERSONAL zu ca. 50 % vertreten. Die Handlungsbereiche TECHNIK und ORGANISATION sind ca. zu je 25 % zu berücksichtigen – mit mindestens drei Schwerpunkten.

Im Überblick:

Situations- aufgabe 3 ↓ Fach- gespräch	*Handlungsbereich*		
	FÜHRUNG/PERSONAL	TECHNIK	ORGANISATION
	50 %	25 %	25 %
	mindestens **zwei** Schwerpunkte	mindestens **drei** Schwerpunkte	

Das Fachgespräch hat die gleiche Struktur wie eine schriftliche Situationsaufgabe. Kern des Fachgesprächs ist der Handlungsbereich, der nicht im Mittelpunkt der schriftlichen Situationsaufgaben steht. Insbesondere sind die Qualifikationselemente zu integrieren, die nicht schriftlich geprüft werden.

Beispiel:

	HB T			HB O			HB F		
Situations- aufgabe 1	**BT**	FT	MT	BKW	**PSK**	**AUG**	**PF**	PE	QM
	50 %			25%			25 %		
Situations- aufgabe 2	BT	**FT**	MT	**BKW**	**PSK**	AUG	PF	**PE**	**QM**
	25%			**50 %**			25%		
Fach- gespräch	BT	FT	**MT**	BKW[1]	PSK	AUG[1]	**PF**	**PE[1]**	QM[1]
	25%			25%			**50 %**		

1.4.1.2 Vorbereitung der Handlungsaufträge und Durchführung des Fachgesprächs (§ 5 Abs. 6)

> Im Fachgespräch soll der Teilnehmer nachweisen, dass er in der Lage ist, betriebliche Aufgabenstellungen zu analysieren und einer begründeten Lösung zuzuführen. Er soll seinen Lösungsvorschlag möglichst unter Einbeziehung von Präsentationstechniken erläutern und erörtern. Das Fachgespräch soll pro Teilnehmer mindestens 45 und maximal 60 Minuten dauern (§ 5 Abs. 6 der Rechtsverordnung).

Die Prüfungsordnung enthält damit für die Durchführung des Fachgespräch keine detaillierten Vorgaben. Für den zuständigen Prüfungsausschuss ergeben sich damit Handlungsspielräume, die er gestalten kann. Jeder Ausschuss wird in der Regel für die Durchführung ein *Merkblatt* zur Information der Teilnehmer herausgeben. Bitte machen Sie sich mit den Einzelheiten, die die zuständige Kammer festlegt, rechtzeitig vertraut. Im Folgenden werden Formen der Durchführung des Fachgesprächs dargestellt, die sich in der Prüfungspraxis bewährt haben und bei einer Mehrzahl von Kammern vorherrschend sind:

1. *Handlungsauftrag:*
Der zuständige Prüfungsausschuss erstellt für das Fachgespräch Handlungsaufträge. Die Anzahl richtet sich nach der Zahl der Teilnehmer. Der Ausschuss kann dabei die von der DIHK-Bildungs-GmbH erstellten Vorschläge nutzen und durch vertiefende Fragestellungen ergänzen. Jeder Teilnehmer erhält für das Fachgespräch einen Handlungsauftrag.

---

[1] Insbesondere sind die Qualifikationselemente zu integrieren, die nicht schriftlich geprüft werden.

Beispiel (eines Handlungsauftrags (Quelle: Original-Prüfung vom 21. November 2000)

Handlungsauftrag 1
Ausgangslage für das Fachgespräch ist die Ihnen aus den schriftlichen Aufgaben bekannte Situation.
Mögliche Fragestellungen:

a) Spielt die maschinelle Ausstattung der Sonderfertigung mit konventionellen Maschinen bei Ihren Überlegungen eine Rolle? (2.4)[1]

b) Beachten Sie bei der Auswahl der Mitarbeiter die Altersstruktur, die Erfahrung und die Qualifikation? (7.1 f.)

c) Beurteilen Sie die derzeitigen Entlohnungsformen. (A 2.4)[2]

d) Könnte eine Veränderung der Entlohnungsform in der Sonderfertigung als Motivationsfaktor wirken? (A 4.2, 8.2)

e) Bedingt die Sonderfertigung eine andere Informations- und Kommunikationsstruktur? (5.4, 7.5)

f) Sind für die Mitarbeiter in der Sonderfertigung besondere Qualifizierungsmaßnahmen notwendig? (8.1, 8.6)

g) Kann der Einsatz von NC-Maschinen in der Sonderfertigung zur Optimierung des Fertigungsprozesses beitragen? (2.2, 2.5)

h) Sind bei der Auswahl der Mitarbeiter Aspekte der Arbeitssicherheit beachtet worden? (6.5)

i) In welcher Weise wurde bei der Auswahl der Mitarbeiter dem Faktor Gesundheitsschutz Rechnung getragen? (6.5)

---

[1] Bezug zur Rahmenplanziffer der „Handlungsspezifischen Qualifikationen".
[2] Bezug zur Rahmenplanziffer der „Basisqualifikationen".

2. *Vorbereitungszeit:*

Die Prüfungszeit je Fachgespräch und Teilnehmer beträgt 45 - 60 Minuten (vgl. oben). Davon entfallen 30 Minuten auf die reine Prüfungszeit.

Für die Vorbereitung auf das Fachgespräch werden zwei Varianten von den Kammern praktiziert:

• *Interne Vorbereitung* im Rahmen der Prüfungsdurchführung (30 Minuten):
Der Teilnehmer erhält vor Beginn der Prüfung 30 Minuten Zeit, den Handlungsauftrag zu bearbeiten (Vorbereitungsraum in der Kammer). Der Ausschuss stellt die erforderlichen Materialien zur Verfügung.

• *Externe Vorbereitung:*
Der Teilnehmer erhält ca. eine Woche vor dem Prüfungstermin den Handlungsauftrag zugesandt und kann ihn unter Verwendung aller Hilfsmittel bearbeiten. Mittlerweile gewinnt diese Form der Vorbereitung an Bedeutung.

3. *Durchführung:*
Die mündliche Prüfung besteht aus zwei Teilen:

a) Der Teilnehmer *präsentiert* ungestört seine auf den
Handlungsauftrag bezogene Lösung.   10 Minuten

b) Im Anschluss daran erfolgt das *eigentliche Fachgespräch.*   20 Minuten

• *Hinweise zur Präsentation:*

Präsentieren heißt, eine Idee verkaufen. Im vorliegenden Fall besteht Ihre Aufgabe darin, den Prüfungsausschuss von Ihrer Lösung des Handlungsauftrages zu überzeugen. Sie werden dazu die Techniken der Präsentation vorbereiten und einsetzen.

Wir empfehlen, sich zur Vorbereitung auf das Fachgespräch nochmals die Grundregeln einer erfolgreichen Präsentation bewusst zu machen (ausführlich dargestellt im Buch „Die Prüfung der Industriemeister - Basisqualifikationen" unter Ziffer 3.3.2). Kurzgefasst werden Sie folgendermaßen vorgehen:

Vorbereitung der Präsentation:

Ausgangslage und Handlungsauftrag analysieren
(Aufgabenstellung erfassen)
⇓
Stoffsammlung für Lösungsansätze
(Komplexität beachten)
⇓
Stoffsammlung bewerten und strukturieren
⇓
Feinkonzept erstellen
⇓
Visualisierungsmedien erarbeiten
(Overhead-Folien, Flipchart o.Ä.)
⇓
Bei externer Vorbereitung:
„Generalprobe"
(Präsentation üben)

Durchführung der Präsentation:

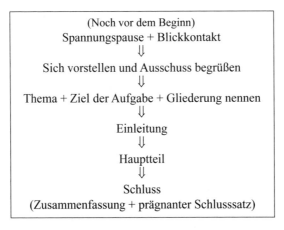

(Noch vor dem Beginn)
Spannungspause + Blickkontakt
⇓
Sich vorstellen und Ausschuss begrüßen
⇓
Thema + Ziel der Aufgabe + Gliederung nennen
⇓
Einleitung
⇓
Hauptteil
⇓
Schluss
(Zusammenfassung + prägnanter Schlusssatz)

Der Prüfungsausschuss wird Ihre *Präsentation* anhand folgender Merkmale bewerten:

> 1. Inhalt
> 2. Gliederung
> 3. Persönliche Wirkung:
>   - Sprache
>   - Gestik, Mimik
> 4. Visualisierung
> 5. Zeit (einhalten!)

- *Hinweise zum (eigentlichen) Fachgespräch:*

Die Präsentation ist der Ausgangspunkt für das anschließende (eigentliche) Fachgespräch. Der Prüfungsausschuss wird zum Beispiel
- ergänzende Fragen zum Inhalt der Präsentation stellen
  (nachfassen, präzisieren lassen, benachbarte Themen ansprechen)
- zusätzliche Situationen/Probleme (im Rahmen des Handlungsauftrags) schildern und nach Lösungen fragen.

Im Gegensatz zur Präsentation gibt es hier kein allgemeingültiges Bewertungsschema. Trotzdem besteht Konsens, dass der Ausschuss vom Teilnehmer erwartet, dass er
- auf gestellte Fragen angemessen eingeht und sie prägnant beantwortet,
- Situationsbeschreibungen der Prüfer zutreffend erfasst und (Zusatz-)informationen in seiner Antwort berücksichtigt,
- seine Argumente sachlich zutreffend und persönlich wirksam (Sprache, Gesamteindruck) vorträgt,
- zu eigenen Lösungen fähig ist und dabei erworbenes Wissen und seine Praxiserfahrung überzeugend einbringt,
- Fachkenntnisse und -begriffe professionell anwendet,
- auch bei kontroverser Diskussion ausgewogen bleibt und flexibel auf den Gesprächsverlauf reagiert.

- *Bewertung der Teilnehmerleistung:*

Die Rechtsverordnung enthält dazu keine Vorgaben. Die Modalitäten liegen im Ermessen des Prüfungsausschusses. In vielen Kammern wurde für die mündliche Prüfung ein Bewertungsbogen erarbeitet, der insgesamt 100 Punkte „vergibt"; davon entfallen 40 % auf die Präsentation und 60 % auf das (eigentliche) Fachgespräch (vgl. dazu auch: Drewes/ Gideon u. a., a.a.O., S. 67 f.).

1.4.2 Mündliche Ergänzungsprüfung (§ 5 Abs. 7)

Hat der Teilnehmer in nicht mehr als einer schriftlichen Situationsaufgabe die Note 5 erbracht, so ist ihm eine mündliche Ergänzungsprüfung von maximal 20 Minuten anzubieten. Bei ungenügender schriftlicher Leistung (Note 6) besteht diese Möglichkeit nicht (§ 5 Abs. 7 der Rechtsverordnung).

• Das Ergebnis der schriftlichen Leistung und der mündlichen Ergänzungsprüfung wird zu einer Note zusammengefasst (Mittelwertberechnung); dabei wird die schriftliche Leistung doppelt gewichtet.

Beispiel:

Schriftliche Leistung:	40 Punkte	40 Punkte · 2 =	80 Punkte
Mündliche Ergänzungsprüfung:	70 Punkte	70 Punkte · 1 =	70 Punkte
		Summe =	150 Punkte
		150 Punkte : 3 =	50 Punkte
		⇒ Note 4	

• Die mündliche Ergänzungsprüfung ist handlungsspezifisch und integriert durchzuführen.

Dazu ansatzweise das **Beispiel** einer handlungsbezogenen, integrierten Fragestellung mit dem Schwerpunkt ORGANISATION, wie sie in der Ergänzungsprüfung gestellt werden könnte:

Ihr Betrieb stellt Spezialmaschinen her und befindet sich wirtschaftlich in folgender Situation: Der Umsatz ist erfreulich positiv, die Marktchancen gut. Der Kunde akzeptiert die Preise weitgehend. Trotzdem verzeichnet der Betrieb eine zunehmend schwache bis negative Tendenz in der Ertragslage. Welche Ursachen sind denkbar? Mit welchen Maßnahmen kann gegengesteuert werden?

Im vorliegenden Fall bezieht sich die Fragestellung im Kern auf den Qualifikationsschwerpunkt „Betriebliches Kostenwesen" in Verbindung mit der Basisqualifikation „Betriebswirtschaftliches Handeln".

Der Prüfungsteilnehmer sollte erkennen, dass die Ursachen im Sachverhalt „hausgemacht" sind (z. B.: interne Kostenstruktur, ungünstige Entwicklung der variablen Stückkosten, Verschlechterung der Durchlaufzeiten o. Ä.).

Im Anschluss an diese Fragestellung könnte der Prüfungsausschuss anhand geeigneter Falldarstellung überleiten zu Qualifikationsschwerpunkten der Handlungsbereiche TECHNIK und/oder FÜHRUNG UND PERSONAL. Geeignete, situationsgebundene Fragestellungen könnten z. B. sein:

- Möglichkeiten der Kosteneinsparung bei der Energieversorgung? → 1.4
- Reduzierung der Instandhaltungskosten? → 1.2
- Optimierung der Aufbau- und Ablaufstrukturen? → 5.1
- Möglichkeiten zur Verbesserung der internen Logistik? → 5.5
- Qualifizierung der Mitarbeiter? → 6.5/7.7/9.2

1.5 Anrechnung anderer Prüfungsleistungen (§ 6)

Der Teilnehmer kann auf Antrag von der Prüfung in den beiden schriftlichen Situationsaufgaben freigestellt werden, wenn er in den letzten fünf Jahren vor Antragstellung eine Prüfung abgelegt hat, die diesen Anforderungen entspricht. Eine Freistellung von der Prüfung im situationsbezogenen Fachgespräch ist nicht zulässig (§ 6 der Rechtsverordnung).

1.6 Bestehen der Prüfung (§ 7)

(1) Die Prüfungsteile „Fachrichtungsübergreifende Basisqualifikationen" und „Handlungsspezifische Qualifikationen" sind gesondert zu bewerten.

(2) Für jede schriftliche Situationsaufgabe und für das Fachgespräch ist jeweils eine Note zu bilden.

(3) Die Prüfung ist bestanden, wenn der Teilnehmer in allen Prüfungsleistungen ausreichende Ergebnisse erbracht hat. Die bestandene Prüfung im Teil „Fachrichtungsübergreifende Basisqualifikationen" darf nicht länger als fünf Jahre zurückliegen.

(4) Der Teilnehmer erhält ein *Zeugnis* mit folgendem Inhalt (vgl. Anlage zu § 7):

I.	*Fachrichtungsübergreifende Basisqualifikationen*	Note	...
	Prüfungsbereiche: ... Punkte ...		
II.	Handlungsspezifische Qualifikationen		
	Situationsaufgabe Technik	Note	...
	Situationsaufgabe Organisation	Note	...
	Situationsgebundenes Fachgespräch	Note	...
III.	Nachweis über den Erwerb der		
	Kenntnisse entsprechend der AEVO	am ... in ... vor ...	

1.7 Wiederholung der Prüfung (§ 8)

(1) Jeder nicht bestandene Prüfungsteil kann zweimal wiederholt werden.

(2) Eine Befreiung von einzelnen Prüfungsbereichen, Situationsaufgaben und dem Fachgespräch in der Wiederholungsprüfung ist auf Antrag möglich, wenn in der vorhergehenden Prüfung eine ausreichende Leistung erzielt wurde. Die Anmeldung muss innerhalb von zwei Jahren erfolgen.

2. Tipps und Techniken zur Prüfungsvorbereitung

Über die Frage der optimalen Prüfungsvorbereitung lassen sich ganze Bücher schreiben. An dieser Stelle sollen nur einige Empfehlungen wieder ins Gedächtnis gerufen werden:

Vor der Prüfung:

1. Richtige Lerntechnik!
   Beginnen Sie frühzeitig mit der Vorbereitung. Portionieren Sie den Lernstoff und wiederholen Sie wichtige Lernabschnitte. Setzen Sie inhaltliche Schwerpunkte: Insbesondere sollten Sie die Gebiete des Rahmenplans mit hoher Lernzieltaxonomie beherrschen. Es heißt dort u. a. „Wissen" (→ Kenntnisse), „Verstehen" (→ Zusammenhänge) und „Anwenden" (→ Handlungen). Lernen Sie nicht „bis zur letzten Minute vor der Prüfung". Dies führt meist nur zur „Konfusion im Kopf". Lenken Sie sich stattdessen vor der Prüfung ab und unternehmen Sie etwas, das Ihnen Freude bereitet.

2. Körperlich und seelisch fit sein!
   Sorgen Sie vor der Prüfung für ausreichend Schlaf. Stehen Sie rechtzeitig auf, sodass Sie „aufgeräumt" und ohne Stress beginnen können.

3. Keine übertriebene Nervosität!
   Akzeptieren Sie eine gewisse Nervosität und beschäftigen Sie sich nicht permanent mit Ihren Stresssymptomen. Eine maßvolle Anspannung ist sogar förderlich und aktiviert die Leistung des Kopfes.

Während der Prüfung:

4. Zutreffende Bearbeitung der Klausuraufgaben!
   Lesen Sie jede Fragestellung konzentriert und in Ruhe durch – am besten zweimal. Beachten Sie die Fragestellung, die Punktgewichtung und die Anzahl der geforderten Argumente.

   Beispiel:
   - „*Nennen* Sie fünf Verfahren der Personalauswahl ...". Das bedeutet, dass Sie fünf (!) Argumente auflisten – am besten mit Spiegelstrichen – und ohne Erläuterung.

   - „*Erläutern* Sie zwei Verfahren der Produktionstechnik und geben Sie jeweils ein Beispiel" heißt, dass Sie zwei Verfahren nennen – jedes der Verfahren mit eigenen Worten beschreiben – (als Hinweis über den Umfang der erwarteten Antwort kann die Punktzahl nützlich sein) und zu jedem Argument ein eigenes Beispiel (keine Theorie) bilden.

5. Richtige Technik der Beantwortung!
   Wenn Sie eine Fragestellung nicht verstehen, bitten Sie die Prüfungsaufsicht um Erläuterung. Hilft Ihnen das nicht weiter, „definieren" Sie selbst, wie Sie die Frage verstehen; z. B.: „Personalplanung wird hier verstanden als abgeleitete Planung innerhalb der Unternehmensgesamtplanung ...". Es kann auch vorkommen, dass eine Fragestellung recht allgemein gehalten ist und Sie zu der Aufgabe keinen Zugang finden. „Klammern" Sie sich nicht an diese Aufgabe – Sie verlieren dadurch wertvolle Prüfungszeit – sondern bearbeiten Sie die anderen Fragen, die Ihnen leichter fallen.

6. Antworten strukturieren!
   Hilfreich kann mitunter auch folgendes *Lösungsraster* sein – insbesondere bei Fragen mit „offenen Antwortmöglichkeiten": Sie strukturieren die Antwort nach einem allgemeinen Raster, das für viele Antworten passend ist:
   - Interne/externe Betrachtung (Faktoren)
   - kurzfristig/langfristig
   - hohe/geringe Bedeutung
   - Arbeitgeber-/Arbeitnehmersicht
   - Vorteile/Nachteile
   - sachlogische Reihenfolge nach dem „Management-Regelkreis": Ziele setzen, planen, organisieren, durchführen, kontrollieren
   - Unterschiede/Gemeinsamkeiten.

7. Effektive Zeitverwendung!
   Beachten Sie die *Bearbeitungszeit*: Wenn z. B. für einen Prüfungsabschnitt 240 Minuten zur Verfügung stehen, ergibt sich ein Verhältnis von 2,4 Minuten je Punkt; beispielsweise haben Sie für eine Fragestellung mit fünf Punkten 12 Minuten Zeit.

8. Laut Üben!
   Speziell für die mündliche Prüfung gilt: Üben Sie zu Hause „laut" die Beantwortung von Fragen bzw. die Durchführung der Präsentation. Bitten Sie Ihre Dozenten, die Prüfungssituation zu simulieren. Gehen Sie ausgeglichen in die mündliche Prüfung. Sorgen Sie für emotionale Stabilität, denn die Psyche ist die Plattform für eine überzeugende Rhetorik. Kurz vor der Prüfung: „Sprechen Sie sich frei" z. B. durch lautes „Frage- und Antwort-Spiel" im Auto auf dem Weg zur Prüfung. Damit werden die Stimmbänder aktiv und der Kopf übt sich in der Bildung von Argumentationsketten.

9. Richtige Vorbereitung führt zum Erfolg!
   Zum Schluss: Wenn Sie sich gezielt und rechtzeitig vorbereiten und einige dieser Tipps ausprobieren, ist ein zufriedenstellendes Prüfungsergebnis fast unvermeidbar.

Die nachfolgenden „Musterklausuren" liefern dazu reichlich Stoff zum Üben.

Die Autoren wünschen Ihnen viel Erfolg bei der Vorbereitung sowie in der bevorstehenden Prüfung.